Lastverteilungszahlen für Brücken

Von

Dr.-Ing. Hellmut Homberg
Hagen/Westfalen

Erster Band

Querverteilungszahlen der Lasten

Mit 10 Abbildungen

Springer-Verlag
Berlin / Heidelberg / New York
1967

ISBN-13: 978-3-642-49049-1 e-ISBN-13: 978-3-642-92944-1
DOI: 10.1007/978-3-642-92944-1

Softcover reprint of the hardcover 1st edition 1967

Library of Congress Catalog Card Number 67-16132

Vorwort

Bei den im Brückenbau verwendeten Tragsystemen handelt es sich um gegliederte Flächentragwerke, sogenannte Kreuzwerke oder Trägerroste. Diese Systeme sind meist mit drehsteifen Hauptträgern ausgerüstet. Sie weisen eine erhebliche statische Unbestimmtheit auf. Last- oder Querverteilungszahlen für Brücken mit untereinander gleichen, drehsteifen Hauptträgern wurden bereits in dem Werk HOMBERG/TRENKS „Drehsteife Kreuzwerke" angegeben. Für Kreuzwerke mit drehweichen Hauptträgern, die untereinander gleich sind bzw. nur Randverstärkungen aufweisen, wurden in HOMBERG/WEINMEISTER „Einflußflächen für Kreuzwerke" ebenfalls Lastverteilungszahlen veröffentlicht. Für die sehr häufig auftretenden *Brückensysteme mit unregelmäßigem Querschnitt* fehlten bisher Lastverteilungszahlen. Diese werden im vorliegenden Werk geboten. Es handelt sich um drei Gruppen von Systemen, und zwar

I. Brückenquerschnitte mit drehsteifen Hauptträgern, wobei die Randhauptträger schwächer oder stärker als die untereinander gleichen Mittelhauptträger ausgebildet sind.

II. Brückenquerschnitte mit einseitiger Querneigung, bei denen alle Hauptträger verschieden steif sind.

III. Brückenquerschnitte mit dachförmiger Ausbildung, bei denen alle Hauptträger verschieden steif, aber symmetrisch zur Brückenlängsachse ausgebildet sind.

Das Buch „Lastverteilungszahlen für Brücken", 1. Band, ist eine Ergänzung zu dem Buch „Drehsteife Kreuzwerke". Eine Einführung in die Berechnung von Kreuzwerken ist angegeben. Die Lastverteilungszahlen können auch zur näherungsweisen Berechnung von Brücken Verwendung finden.

Der 1. Band enthält die Querverteilungszahlen für Belastung durch Einzellasten P = 1. Der 2. Band wird die Größen für Belastung durch äußere Biegemomente M = 1 enthalten.

Die Herstellung des Werkes wurde durch einen Forschungsauftrag des Bundesverkehrsministeriums unterstützt, für dessen Erteilung ich Herrn Ministerialrat THUL herzlich danke.

Hagen, im Januar 1967 **H. Homberg**

Inhaltsverzeichnis

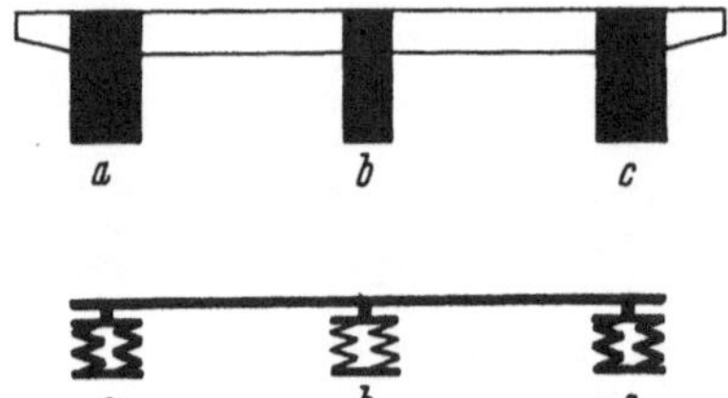

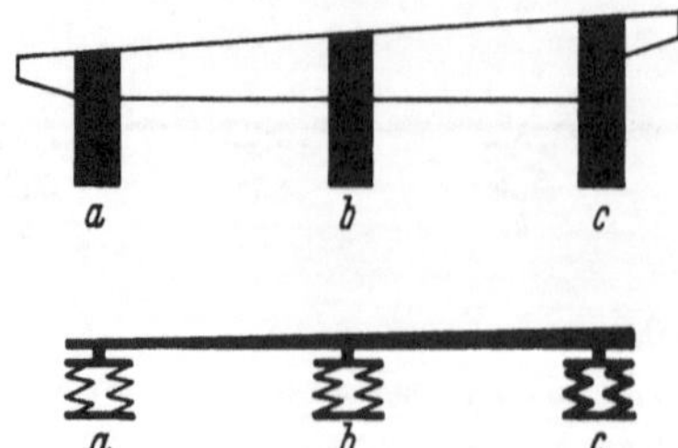
a
b
c
a
b
c

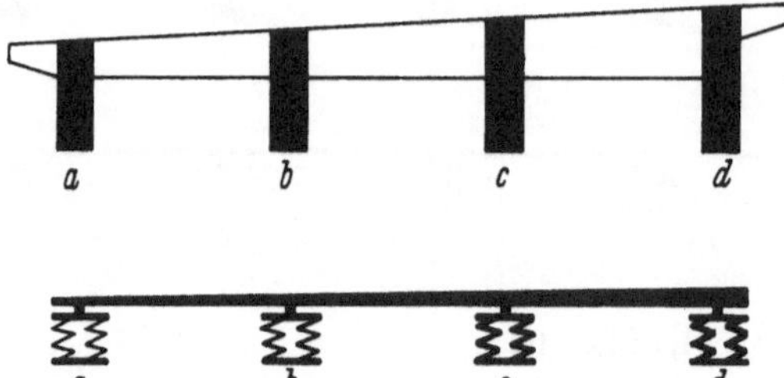
a
b
c
d
a
b
c
d

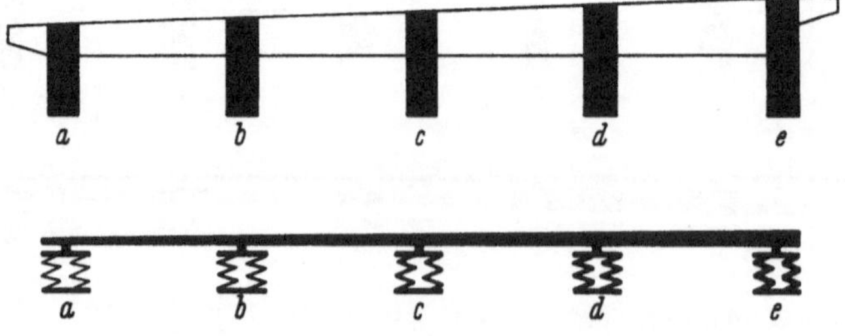
a
b
c
d
e
a
b
c
d
e

Kurze Einführung in die Berechnung von drehsteifen Kreuzwerken

1. Genaue Lösung

Drehsteife Kreuzwerke (Trägerroste), Abb. 1 sind die wichtigsten Bauelemente des Brückenbaus.

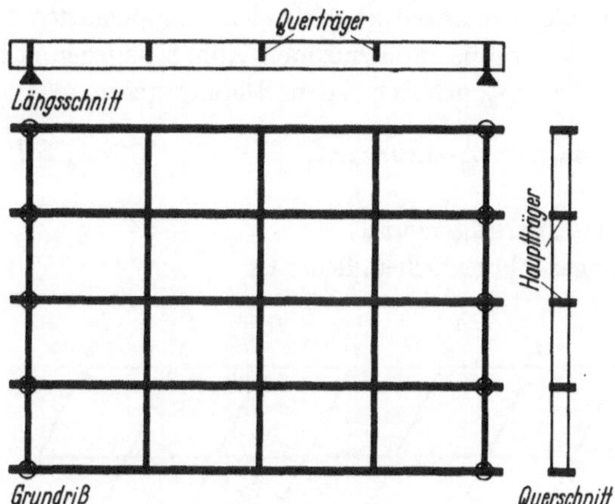

Abb. 1. Drehsteifes Kreuzwerk

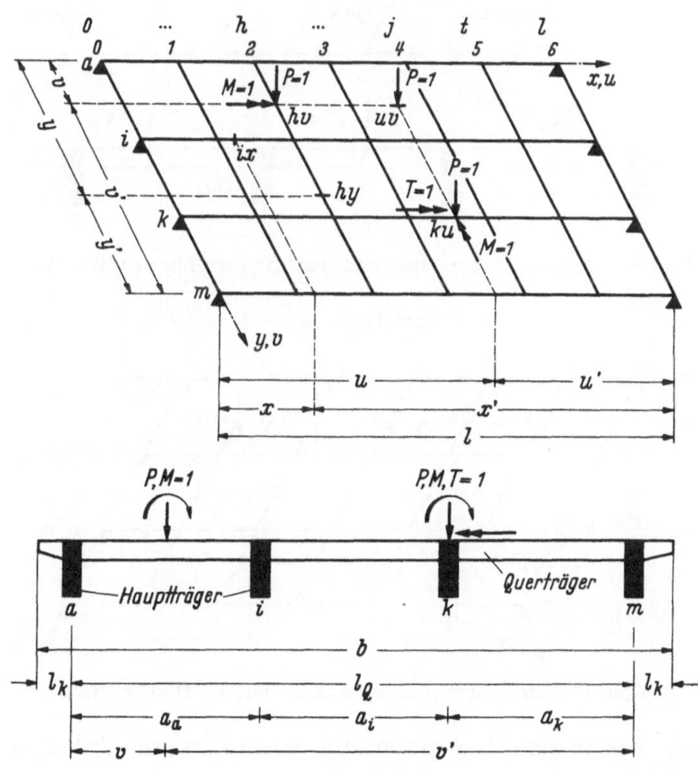

Abb. 2. Drehsteifes Kreuzwerk mit verschiedenen Belastungen

Die Berechnung des Kreuzwerks mit drehsteifen Hauptträgern erfolgt zweckmäßigerweise mit Hilfe des Orthogonalisierungsverfahrens. [1,2]

In Abb. 2 ist ein Kreuzwerk mit $m = 4$ Haupt- und $t = 5$ lastverteilenden Querträgern dargestellt. Zur Bildung eines statisch bestimmten Hauptsystems werden nach Abb. 3 die biegesteifen Querträger 1 bis t an je $(m-1)$ Stellen durchschnitten. An jedem Schnitt werden je zwei statisch überzählige Schnittgrößen, Biegemoment und Querkraft angebracht.

Abb. 4 und 5 zeigen den Angriff der Größen $\alpha_{h(n)}$, der angesetzten Last- und Momentengruppen. Die Hauptträger werden durch die exzentrisch angreifenden Gruppenlasten nach Abb. 4 auf Biegung und Torsion beansprucht, durch die Gruppenmomente nach Abb. 5 dagegen nur auf Torsion.

Die einzelnen Gruppengrößen $\alpha_{h(n)}$ gehorchen dem Bildungsgesetz

$$\alpha_{h(n)} = \alpha^0_{(n)} \sin n\pi x_h / l, \qquad 0 \leqq x_h \leqq l.$$

worin

$h = 1,2,\ldots, t$ der Ort eines Querträgers und

$n = 1,2,\ldots, t$ die Ordnungszahl der Reihenglieder ist.

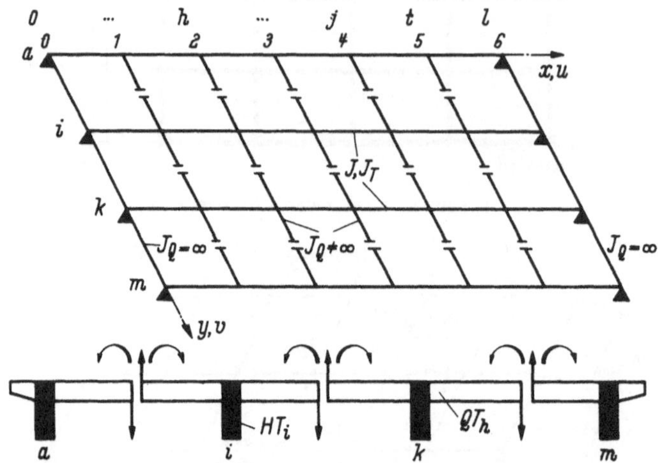

Abb. 3. Statisch bestimmtes Hauptsystem und statisch überzählige Größen am Querträger

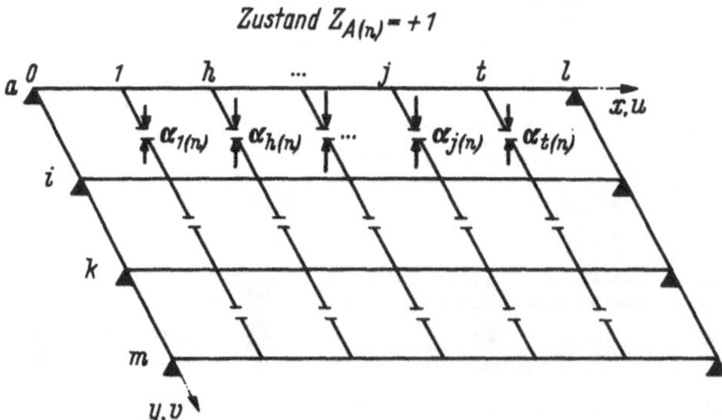

Abb. 4. Gruppenlasten am statisch bestimmten Hauptsystem

Der Koeffizient $\alpha^0_{(n)}$ wird so gewählt, daß nach Abb. 6 und 7 für jedes Reihenglied (n) die maximale Gruppengröße gleich Eins ist.

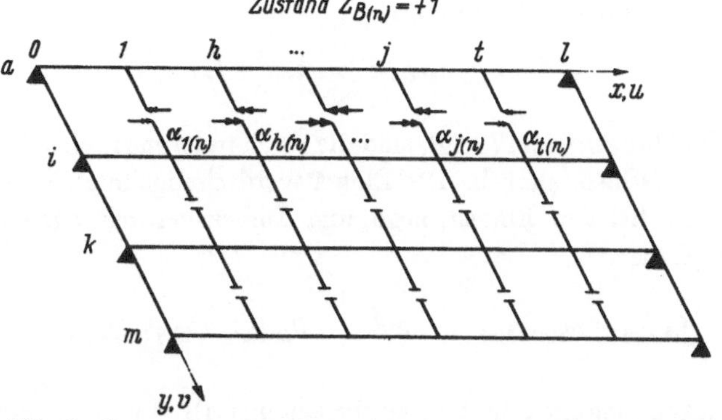

Abb. 5. Gruppenmomente am statisch bestimmten Hauptsystem

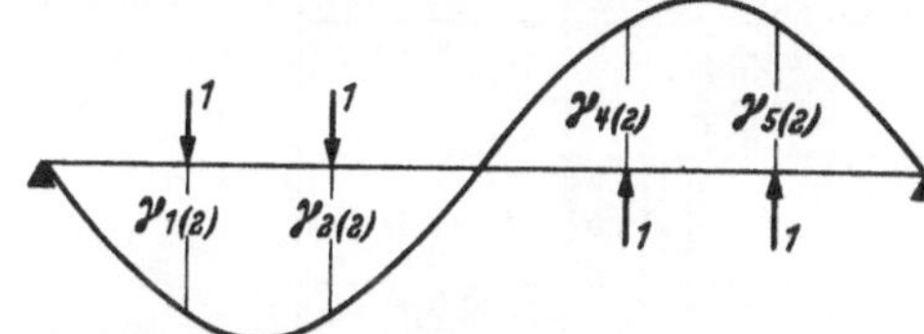

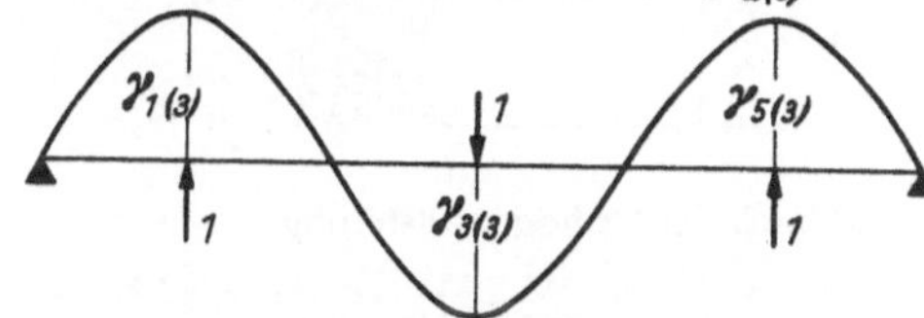

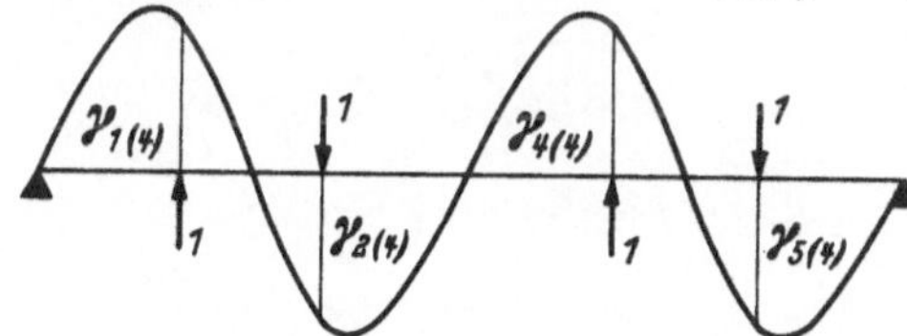

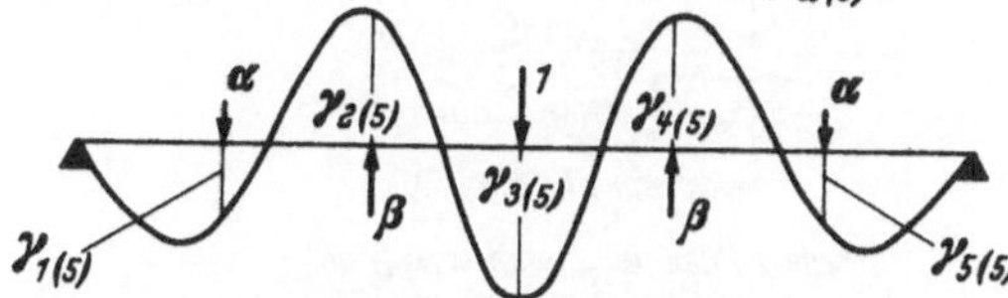

Abb. 6. Gruppenlasten und Einheitsbiegelinien am losgelösten Hauptträger
$\alpha = 0{,}5000$ u. $\beta = 0{,}8660$

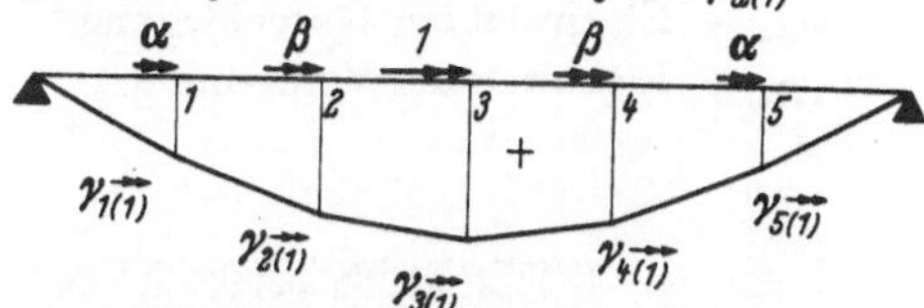

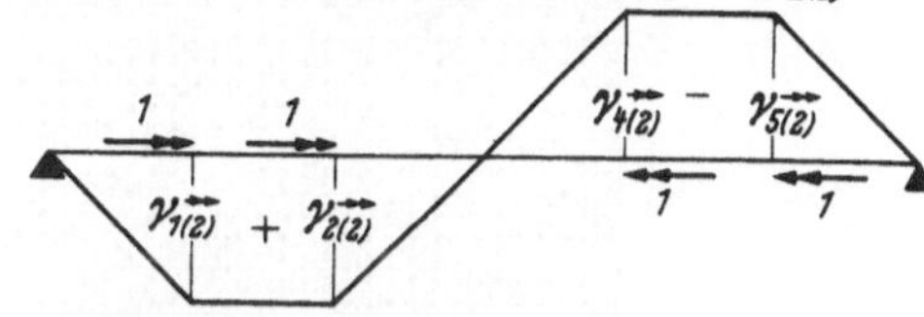

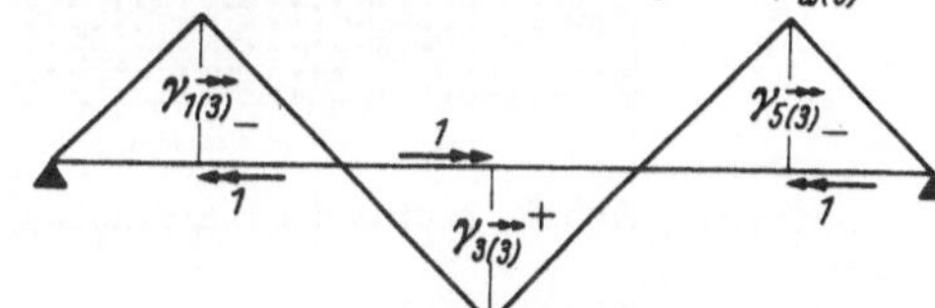

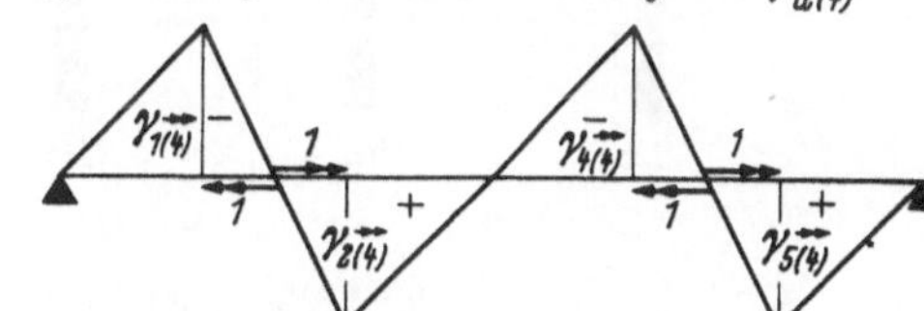

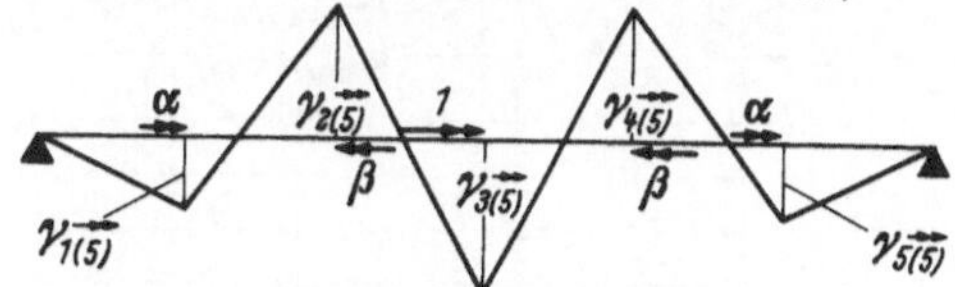

Abb. 7. Gruppenmomente und Einheitsverdrehungslinien am losgelösten Hauptträger

Als Gruppenfaktor $\mu_{(n)}$ bezeichnen wir den Wert

$$\mu_{(n)} = 1 : \sum_h \alpha^2_{h(n)}, \qquad h, n = 1, \ldots, t.$$

Wie ein Vergleich der Abbildungen 6 und 7 zeigt, sind die Formänderungslinien den angreifenden Kräften in den Angriffspunkten derselben ähnlich. Die Einheitsverdrehungslinie ist das einbeschriebene Polygon der Einheitsbiegelinie. Bei den Einheitsbiege- und Einheitsverdrehungslinien handelt es sich um reduzierte Formänderungslinien.

Es ist:

$$f_{ih,i(n)} = \omega_{i(n)}\gamma_{h(n)} \qquad \text{und} \qquad \vartheta_{ih,i(n)} = \omega_{iT(n)}\gamma_{\overrightarrow{h(n)}}.$$

Darin ist:

$f_{ih,i(n)}$ – die Durchbiegung infolge einer Gruppenbelastung (n),

$\vartheta_{ih,i(n)}$ – die Verdrehung infolge der Belastung durch Gruppenmomente (n),

$\gamma_{u(n)}, \gamma_{\overrightarrow{u(n)}}$ – die Ordinaten der Einheitsbiegelinien bzw. Einheitsverdrehungslinien, Abb. 6 und 7,

$\omega_{i(n)}$ – Eigenwert der Durchbiegung,

$\omega_{iT(n)}$ – Eigenwert der Verdrehung.

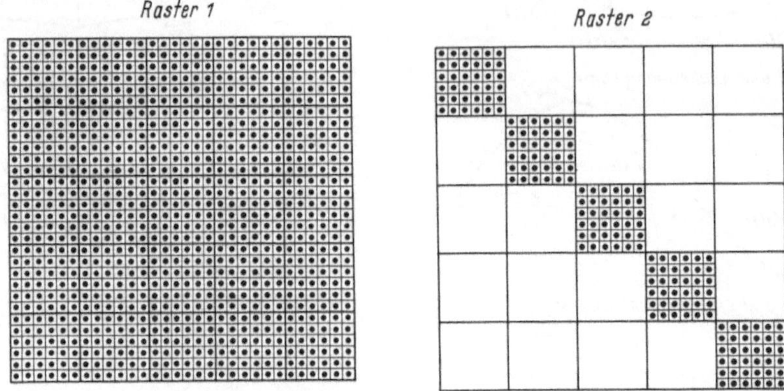

Abb. 8. Matrix der Elastizitätsgleichungen vor und nach der Orthogonalisierung

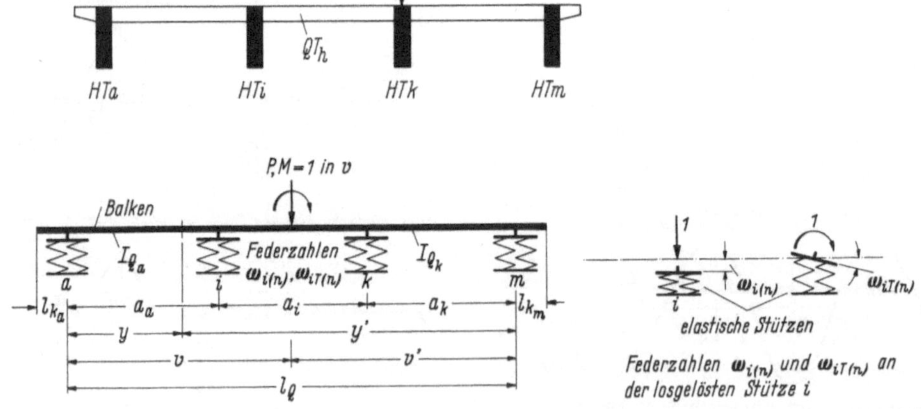

Abb. 9. Der Balken auf elastisch senk- und drehbaren Stützen, das Hilfssystem, das in Brückenquerrichtung auftritt

In Abb. 8 ist die unterteilte Matrix der Elastizitätsgleichungen für das Kreuzwerk in Abb. 2 schematisch dargestellt. In die Teilmatrizen gehen die Größen $\omega_{i(n)}$ und $\omega_{iT(n)}$ als Federzahlen ein. Die Teilmatrizen sind Matrizen selbständiger Hilfssysteme in Kreuzwerkquerrichtung, und zwar treten als Hilfssystem bei t Querträgern t Balken auf elastisch senk- und drehbaren Stützen, Abb. 9, auf. *Die Lösungen der Teilmatrizen sind die Lastverteilungszahlen,*

$B_{ik(n)}$ – Knotenkräfte und $D_{ik(n)}$ – Knoteneinspannmomente, Abb. 10.

Weiter gilt für Lastangriff an der elastischen Stütze selbst

$C_{ik(n)} = B_{ik(n)}$ für $i \neq k$ und $C_{ii(n)} = B_{ii(n)} - 1$.

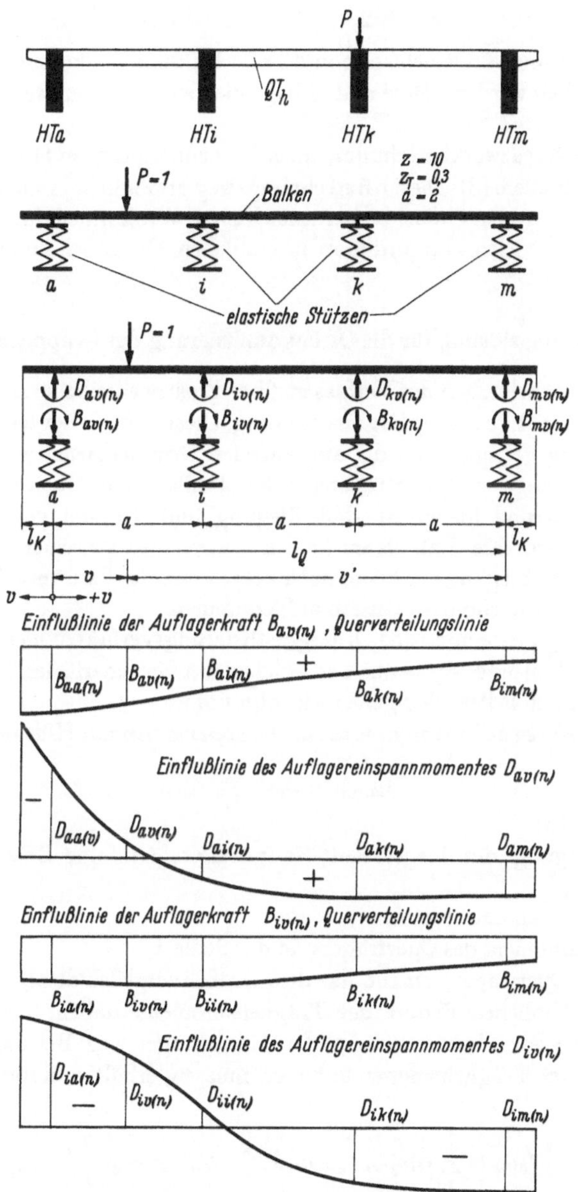

Abb. 10. Einflußlinien der Stützenreaktion des elastisch gestützten Balkens

Einfluß- bzw. Zustandsflächen der Knoten. Die Lösungen für die Einflußflächen gewinnen wir durch Überlagerung der Ergebnisse der t Teilmatrizen.

Knotenkraft

$$K_{ih,ku} = \sum_{n=1}^{t} \mu_{(n)} \alpha_{h(n)} \gamma_{u(n)} C_{ik(n)}$$

Knoteneinspannmoment

$$M_{ih,ku} = \sum_{n=1}^{t} \mu_{(n)} \alpha_{h(n)} \gamma_{u(n)} D_{ik(n)}$$

$$i, k = a \dots m$$

$$h = 1, 2, \dots, t, \qquad 0 \leqq u \leqq l.$$

Sind die Knotenkräfte und Knoteneinspannmomente bekannt, so können hieraus leicht die übrigen statischen Größen entwickelt werden. Diese und Hilfsgrößen zur schnellen Berechnung von Kreuzwerken wurden angegeben. [2]

Vollzieht man bei der Kreuzwerkberechnung einen Grenzübergang, so führt sie zu genauen Lösungen für iso- und orthotrope Platten. [3] Dieser Berechnungsweg ermöglicht es auch den meist diskontinuierlichen Charakter der orthotropen Platten zu berücksichtigen. Wir können daher z. B. eine Fahrbahntafel als ein Kreuzwerk mit ∞ vielen Hauptträgern in endlichen Abständen und mit ∞ vielen, ∞ schmalen Querträgern behandeln.

2. Näherungslösung für die Orthogonalisierung der Gruppenmomente

Die bisherigen Veröffentlichungen des Verfassers über Kreuzwerke behandeln die möglichen genauen Lösungen des Problems mit Hilfe der Orthogonalisierung. Diese haben aber einen beschränkten Umfang.

Die Orthogonalisierung gelingt, wenn die angreifenden Gruppenlasten und Gruppenmomente gleich und die zugehörigen Biegungs- und Verdrehungslinien ähnlich sind. Das ist aber nur in beschränktem Umfang möglich. Der Grund hierzu ist, daß Biegung und Torsion verschiedenen physikalischen Charakter haben. Der verdrehte Stab kennt keinen Unterschied zwischen frei aufliegender und eingespannter Lagerung wie bei Biegung: er kennt auch keine Durchlaufbauweisen. Jedes angreifende Drehmoment wird nur von den benachbarten Lagern aufgenommen.

Wir können also streng genommen das Orthogonalisierungsverfahren nicht zur Berechnung von fest eingespannten und durchlaufenden Systemen und solchen mit veränderlicher Trägerhöhe benutzen. Hier soll das Näherungsverfahren helfen. Wir gehen wie folgt vor:

Für jedes beliebige *drehweiche* System können die *Gruppenlasten* mit Hilfe des Bildungsgesetzes

$$f_{ih,i(n)} = \omega_{i(n)} \frac{J_{Qv}}{J_{Qh}} \alpha_{h(n)}$$

bestimmt werden. Darin ist:

$f_{ih,i(n)}$ – die Durchbiegung des losgelösten Hauptträgers i infolge Belastung durch die Gruppenbelastung (n),

$\alpha_{h(n)}$ – die Gruppenlast an der Stelle h,

J_{Qh} – das Trägheitsmoment des Querträgers an der Stelle h,

J_{Qv} – ein beliebiges Querträgermoment, das dem Größenvergleich dient.

Da die Hauptträger ähnlichen Verlauf der Trägheitsmomente haben, lassen wir für die Eigenwertberechnung den Zeiger i zur Unterscheidung der Hauptträger weg. Bei ungleichen Querträgern, die jedoch ähnlich Verlauf der Trägheitsmomente haben müssen, erhält man durch Gleichsetzung der Ausdrücke

$$f_{h(n)} = \sum_{j}^{t} f_{hj} \alpha_{j(n)} \qquad \text{und} \qquad f_{h(n)} = \omega_{(n)} \frac{J_{Qv}}{J_{Qh}} \alpha_{h(n)}$$

ein System von t homogenen linearen Gleichungen:

	α_1	α_2	...	α_t	
1.	$f_{11} - \frac{J_{Qv}}{J_{Q1}}\omega$	f_{12}	...	f_{1t}	$= 0$
2.	f_{21}	$f_{22} - \frac{J_{Qv}}{J_{Q2}}\omega$	...	f_{2t}	$= 0$
...	...	...	...	...	$= 0$
$t.$	f_{t_1}	f_{t_2}	...	$f_{tt} - \frac{J_{Qv}}{J_{Qt}}\omega$	$= 0$

Dieses Gleichungssystem kann nur in dem besonderen Fall gelöst werden, daß die Nennerdeterminante gleich Null ist. Aus dieser Bedingung erhalten wir die Frequenz-Gleichung, deren Wurzeln

$$\omega_{(1)}, \omega_{(2)}, \ldots, \omega_{(n)}, \ldots, \omega_{(t)}$$

berechnet werden. Die Wurzeln $\omega_{(o)}$ werden in das homogene Gleichungssystem zur Bestimmung der Gruppenlasten $\alpha_{h(n)}$ eingeführt.

Diese Gruppenlasten $\alpha_{h(n)}$ setzen wir auch als Gruppenmomente an. Die zugehörigen Biege- und Verdrehungslinien sind aber nicht ähnlich. Um das Orthogonalisierungsverfahren anwenden zu können, korrigieren wir die Verdrehungslinien der Gruppenbelastungszustände so, daß die Verdrehungslinien den Biegelinien ähnlich werden. Solche Korrekturen sind von altersher in der Technik üblich.

Wir schreiben:

$$\vartheta_{ih,i(n)} = \omega_{iT(n)} \gamma_{h(n)}, \qquad \begin{matrix} i = a \ldots m \\ h, n = 1 \ldots t. \end{matrix}$$

Darin ist:

$\vartheta_{ih,i(n)}$ – die Verdrehung des losgelösten Hauptträgers i infolge der Gruppenmomente $\alpha_{j(n)}$,
$\omega_{iT(n)}$ – eine Konstante,
$\gamma_{h(n)}$ – die Ordinate der Einheitsbiegelinie.

Zur Ermittlung von $\omega_{iT(n)}$ benutzen wir die Bedingung, daß die Summen der Arbeiten der Gruppenmomente gleich sein sollen:

$$\sum_{h=1}^{t} \vartheta_{ih,i(n)} \alpha_{h(n)} = \omega_{iT(n)} \sum_{h=1}^{t} \gamma_{h(n)} \alpha_{h(n)}.$$

Daraus erhalten wir:

$$\omega_{iT(n)} = \frac{\sum_{h=1}^{t} \vartheta_{ih,i(n)} \alpha_{h(n)}}{\sum_{h=1}^{t} \gamma_{h(n)} \alpha_{h(n)}}, \qquad h, n = 1 \ldots t.$$

In die allgemeine Berechnung gehen nur die Näherungs-Werte $\omega_{iT(n)}$ ein. Der korrigierte Verlauf selbst tritt nur für Belastung durch äußere Drehmomente in die Lösungen ein.

Die weitere Berechnung geht wie bei der genauen Kreuzwerkberechnung vor sich.

3. Erläuterungen zu den Zahlentafeln der Lastverteilungszahlen

Die Berechnung der Zahlenwerte erfolgte *elektronisch.* Die Wiedergabe der vom Computer ausgedruckten Werte erfolgte unmittelbar durch Fotodruck. Somit konnten die üblichen Abschreibefehler ausgeschaltet werden. Der Computer konnte aber keine kleinen Buchstaben und Indizes schreiben, wie sie in den Büchern des Verfassers Verwendung fanden. Die kleingeschriebenen Zeiger werden im vorliegenden Werk durch große Buchstaben, die in Klammern gesetzt sind, ersetzt.

In den Tafeln der Lastverteilungszahlen ist

B(AA) = B_{aa} = Auflagerdruck des Balkens auf elastisch senk- und drehbaren Stützen und
D(AA) = D_{aa} = Auflagereinspannmoment an der Stütze a infolge P = 1 in a.
B(IK) = B_{ik} = Auflagerdruck des Balkens auf elastisch senk- und drehbaren Stützen und
D(IK) = D_{ik} = Auflagereinspannmoment an der Stüze i infolge P = 1 in k.
Z = z,
Z(T) = z_T sind die Kennwerte der Systemsteifigkeiten.
Bei einem lastverteilenden Querträger in Stützweitenmitte des frei aufliegenden Kreuzwerkes lauten hierfür die Formeln
Z(T) = Unendl. bedeutet: Die Drehsteifigkeit der elastischen Stützen – Hauptträger – ist gleich Null.
A = a der Abstand der Hauptträger.

$$Z = z = \frac{6\,EJ_Q}{a^3}\,\omega = \left(\frac{l}{2a}\right)^3 \frac{J_Q}{J} \qquad \text{und}$$

$$Z(T) = z_T = \frac{EJ_Q}{2a}\,\omega_T = \frac{l}{8a}\,\frac{EJ_Q}{GJ_T}$$

Darin ist

l die Stützweite der Hauptträger,
EJ die Biegesteifigkeit des Bezughauptträgers (r = 1,0),
GJ_T die Drehsteifigkeit des Bezughauptträgers (r_T = 1,0),
EJ_Q die Biegesteifigkeit des lastverteilenden Querträgers bzw. des Balkens auf elastischen Stützen am Ort des Bezughauptträgers (r = r_T = 1,0),
E Elastizitätsmodul und
G Schubmodul.
ω, ω_T Einsenkung bzw. Verdrehung des Bezugshauptträgers,
r, r_T sind die Steifigkeitswerte, welche die Vergrößerung oder Verkleinerung der Biege- bzw. Drehsteifigkeit der untereinander verschiedenen Hauptträger berücksichtigt, bezogen auf die Biege- bzw. Drehsteifigkeit des Hauptträgers, für den r = r_T = 1 angegeben ist. Es wurde stets vorausgesetzt, daß r = r_T ist.

Soweit das Trägheitsmoment des Balkens auf elastischen Stützen – lastverteilenden Querträgers – als veränderlich angegeben ist, wächst dieses bei den Systemen II und II geradlinig in demselben Verhältnis wie die Steifigkeit der elastischen Stützen – Biegesteifigkeit der Hauptträger –.

4. Literatur

[1] HOMBERG, H.: Kreuzwerke, Statik der Trägerroste und Platten, Springer Berlin/Göttingen/Heidelberg: 1951
[2] HOMBERG, H. u. K. TRENKS: Drehsteife Kreuzwerke, Springer Berlin/Göttingen/Heidelberg: 1962
[3] HOMBERG, H. u. J. WEINMEISTER: Einflußflächen für Kreuzwerke, Springer Berlin/Göttingen/Heidelberg: 1956

I. Auflagerreaktionen von Balken auf zwei bis sechs elastischen Stützen mit schwächeren oder stärkeren Randstützen

1. Der Balken auf zwei ungleichen elastischen Stützen, Steifigkeitsverhältnis $r_a : r_b$

a) $r_a : r_b = 1{,}2 : 1{,}0$

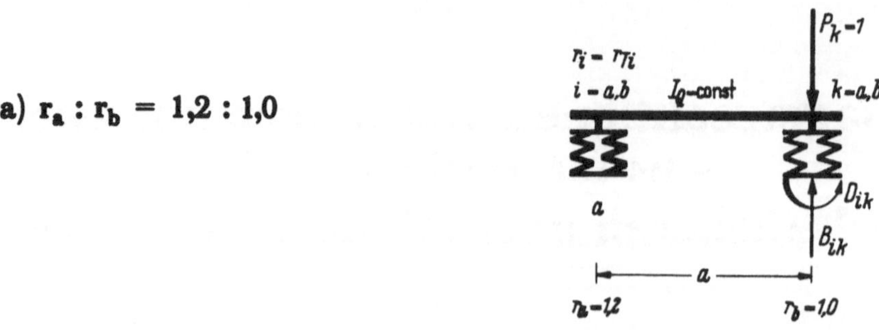

Z	Z(T)	0,00	0,03	0,10	0,30	1,00	3,00	10,0	30,0	100	UNENDL
0,01	B(AA)	0,9839	0,9878	0,9922	0,9961	0,9986	0,9995	0,9998	0,9999	1,0000	1,0000
	B(AB)	0,0193	0,0146	0,0094	0,0046	0,0017	0,0006	0,0002	0,0001	0,0000	0,0000
	B(BA)	0,0161	0,0122	0,0078	0,0039	0,0014	0,0005	0,0002	0,0001	0,0000	0,0000
	B(BB)	0,9807	0,9854	0,9906	0,9954	0,9983	0,9994	0,9998	0,9999	1,0000	1,0000
	D(AA)/A	-0,0080	-0,0062	-0,0040	-0,0020	-0,0007	-0,0003	-0,0001	-0,0000	-0,0000	0,0000
	D(AB)/A	0,0096	0,0074	0,0048	0,0024	0,0009	0,0003	0,0001	0,0000	0,0000	0
	D(BA)/A	-0,0080	-0,0060	-0,0038	-0,0018	-0,0006	-0,0002	-0,0001	-0,0000	-0,0000	-0,0000
	D(BB)/A	0,0096	0,0073	0,0046	0,0022	0,0008	0,0003	0,0001	0,0000	0,0000	0
0,02	B(AA)	0,9689	0,9762	0,9846	0,9924	0,9972	0,9990	0,9997	0,9999	1,0000	1,0000
	B(AB)	0,0373	0,0285	0,0184	0,0092	0,0033	0,0012	0,0004	0,0001	0,0000	0,0000
	B(BA)	0,0311	0,0238	0,0154	0,0076	0,0028	0,0010	0,0003	0,0001	0,0000	0,0000
	B(BB)	0,9627	0,9715	0,9816	0,9908	0,9967	0,9988	0,9996	0,9999	1,0000	1,0000
	D(AA)/A	-0,0155	-0,0120	-0,0079	-0,0040	-0,0015	-0,0005	-0,0002	-0,0001	-0,0000	0,0000
	D(AB)/A	0,0186	0,0144	0,0094	0,0048	0,0018	0,0006	0,0002	0,0001	0,0000	0
	D(BA)/A	-0,0155	-0,0118	-0,0075	-0,0036	-0,0013	-0,0005	-0,0001	-0,0000	-0,0000	-0,0000
	D(BB)/A	0,0186	0,0141	0,0090	0,0044	0,0015	0,0005	0,0002	0,0001	0,0000	0
0,05	B(AA)	0,9296	0,9449	0,9635	0,9814	0,9931	0,9975	0,9992	0,9997	0,9999	1,0000
	B(AB)	0,0845	0,0661	0,0438	0,0224	0,0083	0,0029	0,0009	0,0003	0,0001	0,0000
	B(BA)	0,0704	0,0551	0,0365	0,0186	0,0069	0,0025	0,0008	0,0003	0,0001	0,0000
	B(BB)	0,9155	0,9339	0,9562	0,9776	0,9917	0,9971	0,9991	0,9997	0,9999	1,0000
	D(AA)/A	-0,0352	-0,0278	-0,0187	-0,0098	-0,0037	-0,0013	-0,0004	-0,0001	-0,0000	-0,0000
	D(AB)/A	0,0423	0,0333	0,0225	0,0117	0,0044	0,0016	0,0005	0,0002	0,0000	-0,0000
	D(BA)/A	-0,0352	-0,0273	-0,0178	-0,0089	-0,0032	-0,0011	-0,0003	-0,0001	-0,0000	-0,0000
	D(BB)/A	0,0423	0,0327	0,0214	0,0107	0,0038	0,0014	0,0004	0,0001	0,0000	0,0000
0,10	B(AA)	0,8780	0,9018	0,9324	0,9642	0,9864	0,9951	0,9985	0,9995	0,9998	1,0000
	B(AB)	0,1463	0,1179	0,0812	0,0430	0,0163	0,0059	0,0018	0,0006	0,0002	0,0000
	B(BA)	0,1220	0,0982	0,0676	0,0358	0,0136	0,0049	0,0015	0,0005	0,0002	0,0000
	B(BB)	0,8537	0,8821	0,9188	0,9570	0,9837	0,9941	0,9982	0,9994	0,9998	1,0000
	D(AA)/A	-0,0610	-0,0496	-0,0346	-0,0188	-0,0073	-0,0026	-0,0008	-0,0003	-0,0001	0,0000
	D(AB)/A	0,0732	0,0595	0,0416	0,0225	0,0087	0,0032	0,0010	0,0003	0,0001	0
	D(BA)/A	-0,0610	-0,0487	-0,0330	-0,0171	-0,0063	-0,0022	-0,0007	-0,0002	-0,0001	-0,0000
	D(BB)/A	0,0732	0,0584	0,0396	0,0205	0,0076	0,0027	0,0008	0,0003	0,0001	0,0000

Z	Z(T)	0,00	0,03	0,10	0,30	1,00	3,00	10,0	30,0	100	UNENDL
0,20	B(AA)	0,8077	0,8384	0,8823	0,9336	0,9737	0,9903	0,9970	0,9990	0,9997	1,0000
	B(AB)	0,2308	0,1939	0,1413	0,0797	0,0316	0,0116	0,0036	0,0012	0,0004	0,0000
	B(BA)	0,1923	0,1616	0,1177	0,0664	0,0263	0,0097	0,0030	0,0010	0,0003	0,0000
	B(BB)	0,7692	0,8061	0,8587	0,9203	0,9684	0,9884	0,9964	0,9988	0,9996	1,0000
	D(AA)/A	-0,0962	-0,0815	-0,0603	-0,0348	-0,0141	-0,0052	-0,0016	-0,0006	-0,0002	0,0000
	D(AB)/A	0,1154	0,0978	0,0724	0,0417	0,0169	0,0063	0,0020	0,0007	0,0002	-0,0000
	D(BA)/A	-0,0962	-0,0801	-0,0574	-0,0316	-0,0122	-0,0044	-0,0014	-0,0005	-0,0001	-0,0000
	D(BB)/A	0,1154	0,0961	0,0689	0,0380	0,0147	0,0053	0,0016	0,0006	0,0002	0,0000
0,50	B(AA)	0,7059	0,7365	0,7880	0,8638	0,9394	0,9766	0,9926	0,9975	0,9992	1,0000
	B(AB)	0,3529	0,3161	0,2544	0,1634	0,0727	0,0281	0,0089	0,0030	0,0009	0,0000
	B(BA)	0,2941	0,2635	0,2120	0,1362	0,0606	0,0234	0,0074	0,0025	0,0008	-0,0000
	B(BB)	0,6471	0,6839	0,7456	0,8366	0,9273	0,9719	0,9911	0,9970	0,9991	1,0000
	D(AA)/A	-0,1471	-0,1329	-0,1086	-0,0713	-0,0324	-0,0127	-0,0041	-0,0014	-0,0004	-0,0000
	D(AB)/A	0,1765	0,1595	0,1303	0,0856	0,0389	0,0152	0,0049	0,0017	0,0005	-0,0000
	D(BA)/A	-0,1471	-0,1305	-0,1034	-0,0649	-0,0281	-0,0107	-0,0034	-0,0011	-0,0003	0,0000
	D(BB)/A	0,1765	0,1567	0,1241	0,0778	0,0337	0,0129	0,0041	0,0014	0,0004	-0,0000
1,00	B(AA)	0,6429	0,6664	0,7109	0,7904	0,8931	0,9555	0,9854	0,9950	0,9985	1,0000
	B(AB)	0,4286	0,4003	0,3470	0,2515	0,1282	0,0535	0,0176	0,0060	0,0018	-0,0000
	B(BA)	0,3571	0,3336	0,2891	0,2096	0,1069	0,0445	0,0146	0,0050	0,0015	-0,0000
	B(BB)	0,5714	0,5997	0,6530	0,7485	0,8718	0,9465	0,9824	0,9940	0,9982	1,0000
	D(AA)/A	-0,1786	-0,1683	-0,1481	-0,1098	-0,0573	-0,0241	-0,0080	-0,0027	-0,0008	-0,0000
	D(AB)/A	0,2143	0,2019	0,1777	0,1317	0,0687	0,0290	0,0096	0,0033	0,0010	-0,0000
	D(BA)/A	-0,1786	-0,1653	-0,1410	-0,0998	-0,0496	-0,0204	-0,0067	-0,0023	-0,0007	-0,0000
	D(BB)/A	0,2143	0,1983	0,1693	0,1198	0,0595	0,0245	0,0080	0,0027	0,0008	-0,0000
2,00	B(AA)	0,6000	0,6152	0,6466	0,7131	0,8269	0,9189	0,9716	0,9901	0,9970	1,0000
	B(AB)	0,4800	0,4617	0,4241	0,3443	0,2077	0,0974	0,0341	0,0119	0,0036	-0,0000
	B(BA)	0,4000	0,3848	0,3534	0,2869	0,1731	0,0811	0,0284	0,0099	0,0030	-0,0000
	B(BB)	0,5200	0,5383	0,5759	0,6557	0,7923	0,9026	0,9659	0,9881	0,9964	1,0000
	D(AA)/A	-0,2000	-0,1941	-0,1810	-0,1503	-0,0927	-0,0439	-0,0154	-0,0054	-0,0017	0,0000
	D(AB)/A	0,2400	0,2329	0,2172	0,1803	0,1112	0,0527	0,0185	0,0065	0,0020	0,0000
	D(BA)/A	-0,2000	-0,1907	-0,1724	-0,1366	-0,0803	-0,0372	-0,0129	-0,0045	-0,0014	0,0000
	D(BB)/A	0,2400	0,2288	0,2069	0,1639	0,0964	0,0446	0,0155	0,0054	0,0017	0
5,00	B(AA)	0,5690	0,5762	0,5921	0,6316	0,7246	0,8400	0,9351	0,9760	0,9925	1,0000
	B(AB)	0,5172	0,5086	0,4895	0,4421	0,3304	0,1920	0,0779	0,0288	0,0090	-0,0000
	B(BA)	0,4310	0,4238	0,4079	0,3684	0,2754	0,1600	0,0649	0,0240	0,0075	-0,0000
	B(BB)	0,4828	0,4914	0,5105	0,5579	0,6696	0,8080	0,9221	0,9712	0,9910	1,0000
	D(AA)/A	-0,2155	-0,2138	-0,2089	-0,1930	-0,1475	-0,0867	-0,0353	-0,0131	-0,0041	0,0000
	D(AB)/A	0,2586	0,2566	0,2507	0,2316	0,1770	0,1040	0,0424	0,0157	0,0049	0
	D(BA)/A	-0,2155	-0,2100	-0,1990	-0,1754	-0,1279	-0,0733	-0,0296	-0,0109	-0,0034	-0,0000
	D(BB)/A	0,2586	0,2520	0,2388	0,2105	0,1534	0,0880	0,0355	0,0131	0,0041	0,0000
10,00	B(AA)	0,5575	0,5614	0,5701	0,5930	0,6570	0,7633	0,8865	0,9543	0,9852	1,0000
	B(AB)	0,5310	0,5264	0,5159	0,4884	0,4116	0,2840	0,1363	0,0548	0,0177	-0,0000
	B(BA)	0,4425	0,4386	0,4299	0,4070	0,3430	0,2367	0,1135	0,0457	0,0148	-0,0000
	B(BB)	0,4690	0,4736	0,4841	0,5116	0,5884	0,7160	0,8637	0,9452	0,9823	1,0000
	D(AA)/A	-0,2212	-0,2213	-0,2202	-0,2132	-0,1837	-0,1282	-0,0618	-0,0249	-0,0081	0,0000
	D(AB)/A	0,2655	0,2656	0,2643	0,2558	0,2205	0,1538	0,0742	0,0299	0,0097	0,0000
	D(BA)/A	-0,2212	-0,2173	-0,2097	-0,1938	-0,1592	-0,1085	-0,0517	-0,0208	-0,0067	-0,0000
	D(BB)/A	0,2655	0,2608	0,2517	0,2326	0,1911	0,1302	0,0621	0,0249	0,0081	0,0000

Z	Z(T)	0,00	0,03	0,10	0,30	1,00	3,00	10,0	30,0	100	UNENDL
20,00	B(AA)	0,5516	0,5535	0,5581	0,5706	0,6090	0,6887	0,8183	0,9170	0,9714	1,0000
	B(AB)	0,5381	0,5357	0,5303	0,5153	0,4691	0,3735	0,2180	0,0996	0,0343	-0,0000
	B(BA)	0,4484	0,4465	0,4419	0,4294	0,3910	0,3113	0,1817	0,0830	0,0286	-0,0000
	B(BB)	0,4619	0,4643	0,4697	0,4847	0,5309	0,6265	0,7820	0,9004	0,9657	1,0000
	D(AA)/A	-0,2242	-0,2252	-0,2263	-0,2249	-0,2094	-0,1686	-0,0989	-0,0452	-0,0156	-0,0000
	D(AB)/A	0,2691	0,2703	0,2716	0,2699	0,2513	0,2023	0,1187	0,0543	0,0187	0,0000
	D(BA)/A	-0,2242	-0,2212	-0,2156	-0,2045	-0,1815	-0,1427	-0,0828	-0,0378	-0,0130	-0,0000
	D(BB)/A	0,2691	0,2655	0,2587	0,2454	0,2178	0,1712	0,0994	0,0453	0,0156	-0,0000
50,00	B(AA)	0,5479	0,5487	0,5506	0,5558	0,5732	0,6161	0,7160	0,8371	0,9347	1,0000
	B(AB)	0,5425	0,5415	0,5393	0,5330	0,5121	0,4607	0,3408	0,1955	0,0784	0,0000
	B(BA)	0,4521	0,4513	0,4494	0,4442	0,4268	0,3839	0,2840	0,1629	0,0653	0,0000
	B(BB)	0,4575	0,4585	0,4607	0,4670	0,4879	0,5393	0,6592	0,8045	0,9216	1,0000
	D(AA)/A	-0,2260	-0,2277	-0,2302	-0,2327	-0,2286	-0,2079	-0,1546	-0,0888	-0,0356	-0,0000
	D(AB)/A	0,2712	0,2732	0,2762	0,2792	0,2744	0,2495	0,1855	0,1065	0,0428	0,0000
	D(BA)/A	-0,2260	-0,2236	-0,2192	-0,2115	-0,1981	-0,1759	-0,1294	-0,0741	-0,0297	0,0000
	D(BB)/A	0,2712	0,2683	0,2631	0,2538	0,2378	0,2111	0,1553	0,0889	0,0357	0,0000
100,00	B(AA)	0,5467	0,5471	0,5480	0,5507	0,5598	0,5838	0,6504	0,7602	0,8857	1,0000
	B(AB)	0,5440	0,5435	0,5424	0,5392	0,5283	0,4995	0,4195	0,2878	0,1371	-0,0000
	B(BA)	0,4533	0,4529	0,4520	0,4493	0,4402	0,4162	0,3496	0,2398	0,1143	-0,0000
	B(BB)	0,4560	0,4565	0,4576	0,4608	0,4717	0,5005	0,5805	0,7122	0,8629	1,0000
	D(AA)/A	-0,2267	-0,2285	-0,2315	-0,2353	-0,2358	-0,2255	-0,1903	-0,1307	-0,0623	-0,0000
	D(AB)/A	0,2720	0,2742	0,2778	0,2824	0,2830	0,2706	0,2283	0,1569	0,0748	-0,0000
	D(BA)/A	-0,2267	-0,2244	-0,2205	-0,2139	-0,2044	-0,1908	-0,1593	-0,1091	-0,0520	0,0000
	D(BB)/A	0,2720	0,2693	0,2646	0,2567	0,2453	0,2289	0,1912	0,1309	0,0623	-0,0000
200,00	B(AA)	0,5461	0,5463	0,5468	0,5481	0,5527	0,5655	0,6048	0,6860	0,8174	1,0000
	B(AB)	0,5447	0,5445	0,5439	0,5423	0,5367	0,5215	0,4742	0,3768	0,2191	-0,0000
	B(BA)	0,4539	0,4537	0,4532	0,4519	0,4473	0,4345	0,3952	0,3140	0,1826	-0,0000
	B(BB)	0,4553	0,4555	0,4561	0,4577	0,4633	0,4785	0,5258	0,6232	0,7809	1,0000
	D(AA)/A	-0,2270	-0,2289	-0,2322	-0,2367	-0,2396	-0,2354	-0,2151	-0,1711	-0,0996	0,0000
	D(AB)/A	0,2724	0,2747	0,2786	0,2841	0,2875	0,2825	0,2581	0,2054	0,1195	-0,0000
	D(BA)/A	-0,2270	-0,2248	-0,2211	-0,2152	-0,2077	-0,1992	-0,1801	-0,1428	-0,0830	-0,0000
	D(BB)/A	0,2724	0,2698	0,2653	0,2582	0,2492	0,2390	0,2161	0,1714	0,0996	-0,0000
500,00	B(AA)	0,5457	0,5458	0,5460	0,5465	0,5484	0,5537	0,5712	0,6145	0,7151	1,0000
	B(AB)	0,5452	0,5451	0,5448	0,5442	0,5419	0,5356	0,5145	0,4626	0,3418	-0,0000
	B(BA)	0,4543	0,4542	0,4540	0,4535	0,4516	0,4463	0,4288	0,3855	0,2849	-0,0000
	B(BB)	0,4548	0,4549	0,4552	0,4558	0,4581	0,4644	0,4854	0,5374	0,6581	1,0000
	D(AA)/A	-0,2271	-0,2292	-0,2326	-0,2375	-0,2419	-0,2418	-0,2334	-0,2101	-0,1553	0,0000
	D(AB)/A	0,2726	0,2750	0,2791	0,2850	0,2903	0,2901	0,2800	0,2521	0,1864	-0,0000
	D(BA)/A	-0,2271	-0,2251	-0,2215	-0,2159	-0,2097	-0,2046	-0,1954	-0,1754	-0,1295	0,0000
	D(BB)/A	0,2726	0,2701	0,2658	0,2591	0,2516	0,2455	0,2345	0,2105	0,1554	-0,0000
1000,00	B(AA)	0,5456	0,5456	0,5457	0,5460	0,5469	0,5496	0,5587	0,5828	0,6498	1,0000
	B(AB)	0,5453	0,5453	0,5451	0,5448	0,5437	0,5405	0,5296	0,5006	0,4203	0,0000
	B(BA)	0,4544	0,4544	0,4543	0,4540	0,4531	0,4504	0,4413	0,4172	0,3502	0,0000
	B(BB)	0,4547	0,4547	0,4549	0,4552	0,4563	0,4595	0,4704	0,4994	0,5797	1,0000
	D(AA)/A	-0,2272	-0,2292	-0,2327	-0,2378	-0,2427	-0,2440	-0,2402	-0,2274	-0,1910	0,0000
	D(AB)/A	0,2727	0,2751	0,2792	0,2854	0,2913	0,2928	0,2882	0,2729	0,2292	0
	D(BA)/A	-0,2272	-0,2251	-0,2216	-0,2162	-0,2104	-0,2064	-0,2011	-0,1898	-0,1592	-0,0000
	D(BB)/A	0,2727	0,2702	0,2659	0,2594	0,2524	0,2477	0,2413	0,2278	0,1911	0

b) $r_a : r_b = 1{,}5 : 1{,}0$

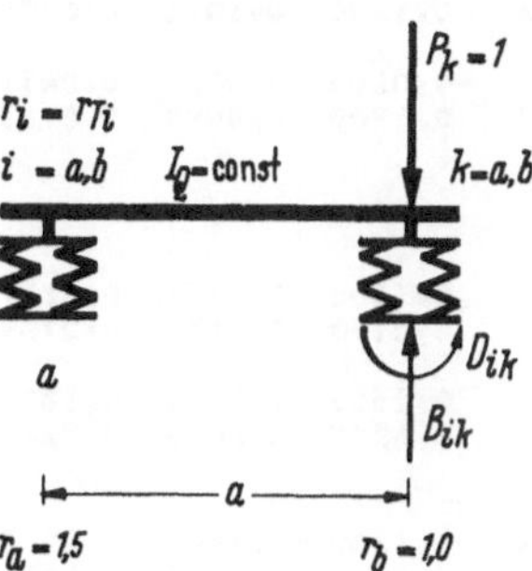

Z	Z(T)	0,00	0,03	0,10	0,30	1,00	3,00	10,0	30,0	100	UNENDL
0,01	B(AA)	0,9871	0,9900	0,9934	0,9966	0,9988	0,9996	0,9999	1,0000	1,0000	1,0000
	B(AB)	0,0194	0,0150	0,0099	0,0050	0,0019	0,0007	0,0002	0,0001	0,0000	0,0000
	B(BA)	0,0129	0,0100	0,0066	0,0034	0,0012	0,0004	0,0001	0,0000	0,0000	0,0000
	B(BB)	0,9806	0,9850	0,9901	0,9950	0,9981	0,9993	0,9998	0,9999	1,0000	1,0000
	D(AA)/A	-0,0065	-0,0051	-0,0035	-0,0018	-0,0007	-0,0003	-0,0001	-0,0000	-0,0000	0,0000
	D(AB)/A	0,0097	0,0076	0,0052	0,0028	0,0011	0,0004	0,0001	0,0000	0,0000	-0,0000
	D(BA)/A	-0,0065	-0,0049	-0,0031	-0,0015	-0,0005	-0,0002	-0,0001	-0,0000	-0,0000	-0,0000
	D(BB)/A	0,0097	0,0074	0,0047	0,0023	0,0008	0,0003	0,0001	0,0000	0,0000	0,0000
0,02	B(AA)	0,9750	0,9805	0,9870	0,9933	0,9975	0,9991	0,9997	0,9999	1,0000	1,0000
	B(AB)	0,0375	0,0293	0,0194	0,0100	0,0037	0,0013	0,0004	0,0001	0,0000	0,0000
	B(BA)	0,0250	0,0195	0,0130	0,0067	0,0025	0,0009	0,0003	0,0001	0,0000	0,0000
	B(BB)	0,9625	0,9707	0,9806	0,9900	0,9963	0,9987	0,9996	0,9999	1,0000	1,0000
	D(AA)/A	-0,0125	-0,0099	-0,0068	-0,0037	-0,0014	-0,0005	-0,0002	-0,0001	-0,0000	0,0000
	D(AB)/A	0,0188	0,0149	0,0102	0,0055	0,0021	0,0008	0,0002	0,0001	0,0000	-0,0000
	D(BA)/A	-0,0125	-0,0096	-0,0062	-0,0030	-0,0010	-0,0004	-0,0001	-0,0000	-0,0000	-0,0000
	D(BB)/A	0,0188	0,0144	0,0092	0,0045	0,0016	0,0005	0,0002	0,0001	0,0000	0,0000
0,05	B(AA)	0,9429	0,9545	0,9691	0,9838	0,9939	0,9978	0,9993	0,9998	0,9999	1,0000
	B(AB)	0,0857	0,0682	0,0464	0,0244	0,0092	0,0033	0,0010	0,0003	0,0001	0,0000
	B(BA)	0,0571	0,0455	0,0309	0,0162	0,0061	0,0022	0,0007	0,0002	0,0001	0,0000
	B(BB)	0,9143	0,9318	0,9536	0,9756	0,9908	0,9967	0,9990	0,9997	0,9999	1,0000
	D(AA)/A	-0,0286	-0,0232	-0,0162	-0,0089	-0,0035	-0,0013	-0,0004	-0,0001	-0,0000	0,0000
	D(AB)/A	0,0429	0,0347	0,0243	0,0134	0,0053	0,0020	0,0006	0,0002	0,0001	-0,0000
	D(BA)/A	-0,0286	-0,0223	-0,0147	-0,0073	-0,0026	-0,0009	-0,0003	-0,0001	-0,0000	-0,0000
	D(BB)/A	0,0429	0,0335	0,0220	0,0110	0,0039	0,0014	0,0004	0,0001	0,0000	0,0000
0,10	B(AA)	0,9000	0,9183	0,9426	0,9688	0,9879	0,9956	0,9986	0,9995	0,9999	1,0000
	B(AB)	0,1500	0,1225	0,0861	0,0468	0,0181	0,0066	0,0021	0,0007	0,0002	0,0000
	B(BA)	0,1000	0,0817	0,0574	0,0312	0,0121	0,0044	0,0014	0,0005	0,0001	0,0000
	B(BB)	0,8500	0,8775	0,9139	0,9532	0,9819	0,9934	0,9979	0,9993	0,9998	1,0000
	D(AA)/A	-0,0500	-0,0416	-0,0301	-0,0172	-0,0070	-0,0026	-0,0008	-0,0003	-0,0001	0,0000
	D(AB)/A	0,0750	0,0624	0,0452	0,0257	0,0105	0,0039	0,0012	0,0004	0,0001	0
	D(BA)/A	-0,0500	-0,0401	-0,0273	-0,0140	-0,0051	-0,0018	-0,0006	-0,0002	-0,0001	-0,0000
	D(BB)/A	0,0750	0,0602	0,0409	0,0211	0,0077	0,0027	0,0008	0,0003	0,0001	0,0000

Z	Z(T)	0,00	0,03	0,10	0,30	1,00	3,00	10,0	30,0	100	UNENDL
0,20	B(AA)	0,8400	0,8643	0,8996	0,9421	0,9765	0,9913	0,9973	0,9991	0,9997	1,0000
	B(AB)	0,2400	0,2035	0,1506	0,0868	0,0352	0,0131	0,0041	0,0014	0,0004	0,0000
	B(BA)	0,1600	0,1357	0,1004	0,0579	0,0235	0,0087	0,0027	0,0009	0,0003	0,0000
	B(BB)	0,7600	0,7965	0,8494	0,9132	0,9648	0,9869	0,9959	0,9986	0,9996	1,0000
	D(AA)/A	-0,0800	-0,0691	-0,0527	-0,0318	-0,0135	-0,0052	-0,0016	-0,0006	-0,0002	-0,0000
	D(AB)/A	0,1200	0,1036	0,0790	0,0478	0,0203	0,0077	0,0024	0,0008	0,0002	-0.0000
	D(BA)/A	-0,0800	-0,0666	-0,0477	-0,0260	-0,0099	-0,0036	-0,0011	-0,0004	-0,0001	0,0000
	D(BB)/A	0,1200	0,0999	0,0715	0,0391	0,0149	0,0054	0,0016	0,0006	0,0002	0,0000
0,50	B(AA)	0,7500	0,7752	0,8177	0,8811	0,9461	0,9789	0,9933	0,9977	0,9993	1,0000
	B(AB)	0,3750	0,3372	0,2735	0,1784	0,0809	0.0317	0,0101	0,0034	0,0010	0,0000
	B(BA)	0,2500	0,2248	0,1823	0,1189	0,0539	0,0211	0,0067	0,0023	0,0007	0,0000
	B(BB)	0,6250	0,6628	0,7265	0,8216	0,9191	0,9683	0,9899	0,9966	0,9990	1,0000
	D(AA)/A	-0,1250	-0,1144	-0,0957	-0,0654	-0,0311	-0,0125	-0,0040	-0,0014	-0,0004	0,0000
	D(AB)/A	0,1875	0,1717	0,1436	0,0981	0,0467	0,0187	0,0060	0,0021	0,0006	-0,0000
	D(BA)/A	-0,1250	-0,1104	-0,0866	-0,0535	-0,0228	-0,0086	-0,0027	-0,0009	-0,0003	-0,0000
	D(BB)/A	0,1875	0,1655	0,1299	0,0803	0,0342	0,0130	0,0041	0,0014	0,0004	0,0000
1,00	B(AA)	0,6923	0,7122	0,7495	0,8167	0,9049	0,9599	0,9867	0,9954	0,9986	1,0000
	B(AB)	0,4615	0,4318	0,3757	0,2750	0,1426	0,0602	0,0199	0,0068	0,0021	0,0000
	B(BA)	0,3077	0,2878	0,2505	0,1833	0,0951	0,0401	0,0133	0,0046	0,0014	0,0000
	B(BB)	0,5385	0,5682	0,6243	0,7250	0,8574	0,9398	0,9801	0,9932	0,9979	1,0000
	D(AA)/A	-0,1538	-0,1465	-0,1315	-0,1008	-0,0548	-0,0237	-0,0079	-0,0027	-0,0008	-0,0000
	D(AB)/A	0,2308	0,2198	0,1972	0,1512	0,0823	0,0356	0,0119	0,0041	0,0012	-0,0000
	D(BA)/A	-0,1538	-0,1413	-0,1190	-0,0825	-0,0402	-0,0164	-0,0053	-0,0018	-0,0006	0
	D(BB)/A	0,2308	0,2120	0,1785	0,1237	0,0603	0,0246	0.0080	0,0027	0,0008	0,0000
2,00	B(AA)	0,6522	0,6652	0,6920	0,7486	0,8464	0,9271	0,9743	0,9910	0,9972	1,0000
	B(AB)	0,5217	0,5022	0,4621	0,3771	0,2304	0,1094	0,0385	0,0135	0,0041	0,0000
	B(BA)	0,3478	0,3348	0,3080	0,2514	0,1536	0,0729	0,0257	0,0090	0,0028	0,0000
	B(BB)	0,4783	0,4978	0,5379	0,6229	0,7696	0,8906	0,9615	0,9865	0,9959	1,0000
	D(AA)/A	-0,1739	-0,1704	-0,1617	-0,1383	-0,0886	-0,0431	-0,0153	-0,0054	-0,0017	-0,0000
	D(AB)/A	0,2609	0,2556	0,2426	0,2074	0,1329	0,0646	0,0230	0,0081	0,0025	-0,0000
	D(BA)/A	-0,1739	-0,1643	-0,1463	-0,1131	-0,0650	-0,0298	-0,0104	-0,0036	-0,0011	-0,0000
	D(BB)/A	0,2609	0,2465	0,2195	0,1697	0,0975	0,0447	0,0155	0,0054	0,0017	0,0000
5,00	B(AA)	0,6226	0,6289	0,6427	0,6765	0,7563	0,8569	0,9414	0,9782	0,9932	1,0000
	B(AB)	0,5660	0,5566	0,5360	0,4853	0,3655	0,2147	0,0879	0,0327	0,0102	0,0000
	B(BA)	0,3774	0,3711	0,3573	0,3235	0,2437	0,1431	0,0586	0,0218	0,0068	0,0000
	B(BB)	0,4340	0,4434	0,4640	0,5147	0,6345	0,7853	0,9121	0,9673	0,9898	1,0000
	D(AA)/A	-0,1887	-0,1889	-0,1876	-0,1779	-0,1406	-0,0846	-0,0350	-0,0131	-0,0041	0,0000
	D(AB)/A	0,2830	0,2834	0,2814	0,2669	0,2109	0,1269	0,0525	0,0196	0,0061	0
	D(BA)/A	-0,1887	-0,1822	-0,1697	-0,1456	-0,1031	-0,0586	-0,0236	-0,0087	-0,0027	0,0000
	D(BB)/A	0,2830	0,2732	0,2546	0,2184	0,1546	0,0878	0,0354	0,0131	0,0041	0
10,00	B(AA)	0,6117	0,6150	0,6225	0,6423	0,6971	0,7892	0,8978	0,9587	0,9866	1,0000
	B(AB)	0,5825	0,5775	0,5662	0,5366	0,4543	0,3162	0,1533	0,0620	0,0201	0,0000
	B(BA)	0,3883	0,3850	0,3775	0,3577	0,3029	0,2108	0,1022	0,0413	0,0134	0,0000
	B(BB)	0,4175	0,4225	0,4338	0,4634	0,5457	0,6838	0,8467	0,9380	0,9799	1,0000
	D(AA)/A	-0,1942	-0,1960	-0,1982	-0,1967	-0,1747	-0,1246	-0,0610	-0,0248	-0,0080	-0,0000
	D(AB)/A	0,2913	0,2940	0,2973	0,2951	0,2621	0,1869	0,0915	0,0372	0,0121	0
	D(BA)/A	-0,1942	-0,1890	-0,1793	-0,1610	-0,1281	-0,0862	-0,0412	-0,0166	-0,0054	-0,0000
	D(BB)/A	0,2913	0,2835	0,2689	0,2415	0,1922	0,1294	0,0618	0,0249	0,0081	0

Z	Z(T)	0,00	0,03	0,10	0,30	1,00	3,00	10,0	30,0	100	UNENDL
20,00	B(AA)	0,6059	0,6076	0,6116	0,6223	0,6553	0,7239	0,8372	0,9250	0,9741	1,0000
	B(AB)	0,5911	0,5885	0,5826	0,5665	0,5171	0,4142	0,2442	0,1124	0,0389	-0,0000
	B(BA)	0,3941	0,3924	0,3884	0,3777	0,3447	0,2761	0,1628	0,0750	0,0259	-0,0000
	B(BB)	0,4089	0,4115	0,4174	0,4335	0,4829	0,5858	0,7558	0,8876	0,9611	1,0000
	D(AA)/A	-0,1970	-0,1997	-0,2039	-0,2077	-0,1989	-0,1632	-0,0972	-0,0449	-0,0156	-0,0000
	D(AB)/A	0,2956	0,2996	0,3059	0,3116	0,2983	0,2447	0,1458	0,0673	0,0233	0.0000
	D(BA)/A	-0,1970	-0,1926	-0,1845	-0,1700	-0,1458	-0,1130	-0,0656	-0,0301	-0,0104	0,0000
	D(BB)/A	0,2956	0,2889	0,2767	0,2549	0,2188	0,1694	0,0984	0,0451	0,0156	0,0000
50,00	B(AA)	0,6024	0,6031	0,6047	0,6092	0,6241	0,6609	0,7473	0,8537	0,9409	1,0000
	B(AB)	0,5964	0,5954	0,5929	0,5861	0,5638	0,5087	0,3791	0,2194	0,0887	-0,0000
	B(BA)	0,3976	0,3969	0,3953	0,3908	0,3759	0,3391	0,2527	0,1463	0,0591	-0,0000
	B(BB)	0,4036	0,4046	0,4071	0,4139	0,4362	0,4913	0,6209	0,7806	0,9113	1,0000
	D(AA)/A	-0,1988	-0,2021	-0,2075	-0,2149	-0,2169	-0,2004	-0,1509	-0,0876	-0,0354	-0,0000
	D(AB)/A	0,2982	0,3031	0,3113	0,3224	0,3253	0,3006	0,2264	0,1314	0,0532	0
	D(BA)/A	-0,1988	-0,1948	-0,1878	-0,1758	-0,1590	-0,1387	-0,1018	-0,0587	-0,0237	-0,0000
	D(BB)/A	0,2982	0,2923	0,2816	0,2638	0,2385	0,2081	0,1527	0,0880	0,0355	-0,0000
100,00	B(AA)	0,6012	0,6016	0,6024	0,6047	0,6124	0,6329	0,6902	0,7858	0,8970	1,0000
	B(AB)	0,5982	0,5977	0,5964	0,5930	0,5814	0,5506	0,4646	0,3213	0,1545	-0,0000
	B(BA)	0,3988	0,3984	0,3976	0,3953	0,3876	0,3671	0,3098	0,2142	0,1030	-0,0000
	B(BB)	0,4018	0,4023	0,4036	0,4070	0,4186	0,4494	0,5354	0,6787	0,8455	1,0000
	D(AA)/A	-0,1994	-0,2028	-0,2088	-0,2174	-0,2236	-0,2169	-0,1850	-0,1283	-0,0618	-0,0000
	D(AB)/A	0,2991	0,3043	0,3131	0,3261	0,3354	0,3254	0,2774	0,1925	0,0927	0,0000
	D(BA)/A	-0,1994	-0,1956	-0,1889	-0,1779	-0,1640	-0,1502	-0,1248	-0,0859	-0,0412	0
	D(BB)/A	0,2991	0,2934	0,2833	0,2668	0,2460	0,2252	0,1872	0,1288	0,0618	-0,0000
200,00	B(AA)	0,6006	0,6008	0,6012	0,6023	0,6063	0,6172	0,6509	0,7210	0,8362	1,0000
	B(AB)	0,5991	0,5988	0,5982	0,5965	0,5905	0,5742	0,5237	0,4185	0,2457	0,0000
	B(BA)	0,3994	0,3992	0,3988	0,3976	0,3937	0,3828	0,3491	0,2790	0,1638	0,0000
	B(BB)	0,4009	0,4012	0,4018	0,4035	0,4095	0,4258	0,4763	0,5815	0,7543	1,0000
	D(AA)/A	-0,1997	-0,2032	-0,2094	-0,2187	-0,2271	-0,2262	-0,2085	-0,1671	-0,0982	0,0000
	D(AB)/A	0,2996	0,3049	0,3141	0,3281	0,3407	0,3393	0,3127	0,2507	0,1474	-0,0000
	D(BA)/A	-0,1997	-0,1960	-0,1894	-0,1789	-0,1666	-0,1566	-0,1407	-0,1119	-0,0656	-0,0000
	D(BB)/A	0,2996	0,2940	0,2842	0,2684	0,2498	0,2349	0,2110	0,1678	0,0984	0,0000
500,00	B(AA)	0,6002	0,6003	0,6005	0,6009	0,6025	0,6071	0,6220	0,6591	0,7463	1,0000
	B(AB)	0,5996	0,5995	0,5993	0,5986	0,5962	0,5894	0,5670	0,5113	0,3805	-0,0000
	B(BA)	0,3998	0,3997	0,3995	0,3991	0,3974	0,3929	0,3780	0,3409	0,2537	-0,0000
	B(BB)	0,4004	0,4005	0,4007	0,4014	0,4038	0,4106	0,4330	0,4887	0,6195	1,0000
	D(AA)/A	-0,1999	-0,2035	-0,2097	-0,2195	-0,2293	-0,2322	-0,2257	-0,2042	-0,1521	0,0000
	D(AB)/A	0,2998	0,3052	0,3146	0,3292	0,3439	0,3483	0,3385	0,3063	0,2282	-0,0000
	D(BA)/A	-0,1999	-0,1962	-0,1898	-0,1796	-0,1682	-0,1608	-0,1523	-0,1367	-0,1016	0,0000
	D(BB)/A	0,2998	0,2943	0,2847	0,2694	0,2522	0,2411	0,2284	0,2050	0,1523	-0,0000
1000,00	B(AA)	0,6001	0,6002	0,6002	0,6005	0,6013	0,6036	0,6113	0,6319	0,6895	1,0000
	B(AB)	0,5998	0,5998	0,5996	0,5993	0,5981	0,5947	0,5830	0,5521	0,4657	-0,0000
	B(BA)	0,3999	0,3998	0,3998	0,3995	0,3987	0,3964	0,3887	0,3681	0,3105	-0,0000
	B(BB)	0,4002	0,4002	0,4004	0,4007	0,4019	0,4053	0,4170	0,4479	0,5343	1,0000
	D(AA)/A	-0,1999	-0,2036	-0,2099	-0,2197	-0,2300	-0,2343	-0,2321	-0,2205	-0,1862	0,0000
	D(AB)/A	0,2999	0,3053	0,3148	0,3296	0,3450	0,3514	0,3481	0,3307	0,2793	0,0000
	D(BA)/A	-0,1999	-0,1963	-0,1899	-0,1798	-0,1687	-0,1622	-0,1566	-0,1476	-0,1243	0,0000
	D(BB)/A	0,2999	0,2944	0,2848	0,2697	0,2530	0,2433	0,2349	0,2214	0,1864	0,0000

c) $r_a : r_b = 2,0 : 1,0$

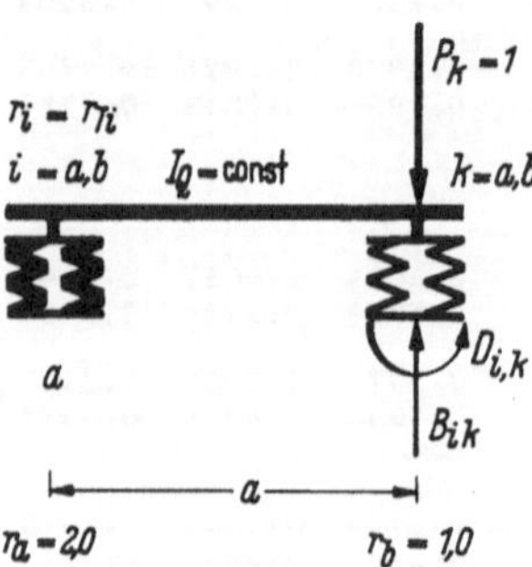

Z	Z(T)	0,00	0,03	0,10	0,30	1,00	3,00	10,0	30,0	100	UNENDL
0,01	B(AA)	0,9903	0,9923	0,9948	0,9972	0,9989	0,9996	0,9999	1,0000	1,0000	1,0000
	B(AB)	0,0194	0,0154	0,0105	0,0056	0,0022	0,0008	0,0002	0,0001	0,0000	-0,0000
	B(BA)	0,0097	0,0077	0,0052	0,0028	0,0011	0,0004	0,0001	0,0000	0,0000	0,0000
	B(BB)	0,9806	0,9846	0,9895	0,9944	0,9978	0,9992	0,9998	0,9999	1,0000	1,0000
	D(AA)/A	-0,0049	-0,0040	-0,0028	-0,0016	-0,0007	-0,0003	-0,0001	-0,0000	-0,0000	-0,0000
	D(AB)/A	0,0097	0,0079	0,0056	0,0032	0,0013	0,0005	0,0002	0,0001	0,0000	0
	D(BA)/A	-0,0049	-0,0037	-0,0024	-0,0012	-0,0004	-0,0001	-0,0000	-0,0000	-0,0000	-0,0000
	D(BB)/A	0,0097	0,0075	0,0048	0,0023	0,0008	0,0003	0,0001	0,0000	0,0000	0
0,02	B(AA)	0,9811	0,9849	0,9897	0,9945	0,9979	0,9992	0,9998	0,9999	1,0000	1,0000
	B(AB)	0,0377	0,0301	0,0207	0,0111	0,0043	0,0016	0,0005	0,0002	0,0000	-0,0000
	B(BA)	0,0189	0,0151	0,0103	0,0055	0,0021	0,0008	0,0002	0,0001	0,0000	-0,0000
	B(BB)	0,9623	0,9699	0,9793	0,9889	0,9957	0,9984	0,9995	0,9998	1,0000	1,0000
	D(AA)/A	-0,0094	-0,0077	-0,0056	-0,0032	-0,0013	-0,0005	-0,0002	-0,0001	-0,0000	0,0000
	D(AB)/A	0,0189	0,0155	0,0111	0,0064	0,0027	0,0010	0,0003	0,0001	0,0000	-0,0000
	D(BA)/A	-0,0094	-0,0073	-0,0048	-0,0023	-0,0008	-0,0003	-0,0001	-0,0000	-0,0000	-0,0000
	D(BB)/A	0,0189	0,0147	0,0095	0,0047	0,0016	0,0006	0,0002	0,0001	0,0000	0,0000
0,05	B(AA)	0,9565	0,9647	0,9753	0,9865	0,9947	0,9980	0,9994	0,9998	0,9999	1,0000
	B(AB)	0,0870	0,0705	0,0493	0,0270	0,0106	0,0039	0,0012	0,0004	0,0001	0,0000
	B(BA)	0,0435	0,0353	0,0247	0,0135	0,0053	0,0020	0,0006	0,0002	0,0001	0,0000
	B(BB)	0,9130	0,9295	0,9507	0,9730	0,9894	0,9961	0,9988	0,9996	0,9999	1,0000
	D(AA)/A	-0,0217	-0,0181	-0,0133	-0,0078	-0,0033	-0,0013	-0,0004	-0,0001	-0,0000	0,0000
	D(AB)/A	0,0435	0,0362	0,0266	0,0156	0,0066	0,0026	0,0008	0,0003	0,0001	0
	D(BA)/A	-0,0217	-0,0172	-0,0114	-0,0057	-0,0020	-0,0007	-0,0002	-0,0001	-0,0000	0,0000
	D(BB)/A	0,0435	0,0343	0,0228	0,0114	0,0040	0,0014	0,0004	0,0001	0,0000	0
0,10	B(AA)	0,9231	0,9362	0,9541	0,9741	0,9895	0,9961	0,9988	0,9996	0,9999	1,0000
	B(AB)	0,1538	0,1276	0,0919	0,0518	0,0209	0,0078	0,0025	0,0008	0,0002	0,0000
	B(BA)	0,0769	0,0638	0,0459	0,0259	0,0105	0,0039	0,0012	0,0004	0,0001	0,0000
	B(BB)	0,8462	0,8724	0,9081	0,9482	0,9791	0,9922	0,9975	0,9992	0,9998	1,0000
	D(AA)/A	-0,0385	-0,0328	-0,0247	-0,0150	-0,0065	-0,0025	-0,0008	-0,0003	-0,0001	0,0000
	D(AB)/A	0,0769	0,0656	0,0495	0,0300	0,0131	0,0051	0,0016	0,0006	0,0002	0
	D(BA)/A	-0,0385	-0,0310	-0,0212	-0,0109	-0,0039	-0,0014	-0,0004	-0,0001	-0,0000	-0,0000
	D(BB)/A	0,0769	0,0620	0,0424	0,0218	0,0079	0,0027	0,0008	0,0003	0,0001	0

Z	Z(T)	0,00	0,03	0,10	0,30	1,00	3,00	10,0	30,0	100	UNENDL
0,20	B(AA)	0,8750	0,8929	0,9193	0,9519	0,9797	0,9923	0,9976	0,9992	0,9998	1,0000
	B(AB)	0,2500	0,2142	0,1615	0,0962	0,0406	0,0154	0,0049	0,0017	0,0005	0,0000
	B(BA)	0,1250	0,1071	0,0807	0,0481	0,0203	0,0077	0,0024	0,0008	0,0002	0,0000
	B(BB)	0,7500	0,7858	0,8385	0,9038	0,9594	0,9846	0,9951	0,9983	0,9995	1,0000
	D(AA)/A	-0,0625	-0,0550	-0,0435	-0,0278	-0,0127	-0,0050	-0,0016	-0,0005	-0,0002	-0,0000
	D(AB)/A	0,1250	0,1100	0,0870	0,0557	0,0254	0,0100	0,0032	0,0011	0,0003	-0,0000
	D(BA)/A	-0,0625	-0,0521	-0,0373	-0,0203	-0,0076	-0,0027	-0,0008	-0,0003	-0,0001	-0,0000
	D(BB)/A	0,1250	0,1041	0,0745	0,0405	0,0152	0,0054	0,0017	0,0006	0,0002	0,0000
0,50	B(AA)	0,8000	0,8193	0,8519	0,9011	0,9535	0,9813	0,9940	0,9979	0,9994	1,0000
	B(AB)	0,4000	0,3613	0,2961	0,1977	0,0930	0,0373	0,0121	0,0041	0,0012	-0,0000
	B(BA)	0,2000	0,1807	0,1481	0,0989	0,0465	0,0187	0,0060	0,0021	0,0006	-0,0000
	B(BB)	0,6000	0,6387	0,7039	0,8023	0,9070	0,9627	0,9879	0,9959	0,9988	1,0000
	D(AA)/A	-0,1000	-0,0928	-0,0797	-0,0572	-0,0291	-0,0121	-0,0040	-0,0014	-0,0004	-0,0000
	D(AB)/A	0,2000	0,1856	0,1595	0,1145	0,0581	0,0243	0,0080	0,0027	0,0008	0,0000
	D(BA)/A	-0,1000	-0,0878	-0,0683	-0,0416	-0,0174	-0,0065	-0,0020	-0,0007	-0,0002	0,0000
	D(BB)/A	0,2000	0,1757	0,1367	0,0832	0,0349	0,0131	0,0041	0,0014	0,0004	0,0000
1,00	B(AA)	0,7500	0,7657	0,7950	0,8475	0,9184	0,9647	0,9881	0,9959	0,9988	1,0000
	B(AB)	0,5000	0,4687	0,4101	0,3050	0,1633	0,0707	0,0237	0,0082	0,0025	0,0000
	B(BA)	0,2500	0,2343	0,2050	0,1525	0,0816	0,0353	0,0119	0,0041	0,0012	-0,0000
	B(BB)	0,5000	0,5313	0,5899	0,6950	0,8367	0,9293	0,9763	0,9918	0,9975	1,0000
	D(AA)/A	-0,1250	-0,1204	-0,1104	-0,0883	-0,0510	-0,0230	-0,0078	-0,0027	-0,0008	0,0000
	D(AB)/A	0,2500	0,2408	0,2208	0,1766	0,1020	0,0459	0,0157	0,0054	0,0017	0,0000
	D(BA)/A	-0,1250	-0,1139	-0,0946	-0,0642	-0,0306	-0,0124	-0,0040	-0,0014	-0,0004	0,0000
	D(BB)/A	0,2500	0,2279	0,1893	0,1284	0,0612	0,0247	0,0080	0,0027	0,0008	0,0000
2,00	B(AA)	0,7143	0,7248	0,7461	0,7907	0,8689	0,9361	0,9771	0,9919	0,9975	1,0000
	B(AB)	0,5714	0,5504	0,5078	0,4185	0,2623	0,1278	0,0458	0,0162	0,0050	0,0000
	B(BA)	0,2857	0,2752	0,2539	0,2093	0,1311	0,0639	0,0229	0,0081	0,0025	0,0000
	B(BB)	0,4286	0,4496	0,4922	0,5815	0,7377	0,8722	0,9542	0,9838	0,9950	1,0000
	D(AA)/A	-0,1429	-0,1414	-0,1367	-0,1211	-0,0820	-0,0415	-0,0151	-0,0054	-0,0017	-0,0000
	D(AB)/A	0,2857	0,2828	0,2734	0,2423	0,1639	0,0831	0,0303	0,0108	0,0033	-0,0000
	D(BA)/A	-0,1429	-0,1338	-0,1172	-0,0881	-0,0492	-0,0224	-0,0078	-0,0027	-0,0008	-0,0000
	D(BB)/A	0,2857	0,2676	0,2344	0,1762	0,0984	0,0447	0,0155	0,0054	0,0017	0
5,00	B(AA)	0,6875	0,6926	0,7037	0,7306	0,7938	0,8759	0,9481	0,9805	0,9939	1,0000
	B(AB)	0,6250	0,6147	0,5925	0,5389	0,4124	0,2481	0,1038	0,0390	0,0122	0,0000
	B(BA)	0,3125	0,3074	0,2963	0,2694	0,2062	0,1241	0,0519	0,0195	0,0061	0,0000
	B(BB)	0,3750	0,3853	0,4075	0,4611	0,5876	0,7519	0,8962	0,9610	0,9878	1,0000
	D(AA)/A	-0,1562	-0,1579	-0,1595	-0,1560	-0,1289	-0,0806	-0,0343	-0,0130	-0,0041	0
	D(AB)/A	0,3125	0,3158	0,3191	0,3120	0,2577	0,1613	0,0687	0,0259	0,0082	0
	D(BA)/A	-0,1562	-0,1495	-0,1367	-0,1134	-0,0773	-0,0434	-0,0176	-0,0065	-0,0020	0
	D(BB)/A	0,3125	0,2989	0,2735	0,2269	0,1546	0,0868	0,0352	0,0131	0,0041	0
10,00	B(AA)	0,6774	0,6802	0,6863	0,7020	0,7452	0,8192	0,9102	0,9631	0,9880	1,0000
	B(AB)	0,6452	0,6396	0,6274	0,5960	0,5096	0,3617	0,1797	0,0737	0,0241	-0,0000
	B(BA)	0,3226	0,3198	0,3137	0,2980	0,2548	0,1808	0,0898	0,0369	0,0120	-0,0000
	B(BB)	0,3548	0,3604	0,3726	0,4040	0,4904	0,6383	0,8203	0,9263	0,9759	1,0000
	D(AA)/A	-0,1613	-0,1643	-0,1689	-0,1725	-0,1592	-0,1175	-0,0594	-0,0245	-0,0080	0
	D(AB)/A	0,3226	0,3286	0,3378	0,3450	0,3185	0,2351	0,1188	0,0490	0,0160	0,0000
	D(BA)/A	-0,1613	-0,1555	-0,1448	-0,1255	-0,0955	-0,0633	-0,0304	-0,0124	-0,0040	0,0000
	D(BB)/A	0,3226	0,3110	0,2896	0,2509	0,1911	0,1266	0,0609	0,0247	0,0080	-0,0000

Z	Z(T)	0,00	0,03	0,10	0,30	1,00	3,00	10,0	30,0	100	UNENDL
20,00	B(AA)	0,6721	0,6736	0,6768	0,6853	0,7112	0,7655	0,8585	0,9336	0,9768	1,0000
	B(AB)	0,6557	0,6529	0,6464	0,6293	0,5776	0,4689	0,2830	0,1327	0,0464	0,0000
	B(BA)	0,3279	0,3264	0,3232	0,3147	0,2888	0,2345	0,1415	0,0664	0,0232	0,0000
	B(BB)	0,3443	0,3471	0,3536	0,3707	0,4224	0,5311	0,7170	0,8673	0,9536	1,0000
	D(AA)/A	-0,1639	-0,1677	-0,1740	-0,1822	-0,1805	-0,1524	-0,0936	-0,0441	-0,0155	0,0000
	D(AB)/A	0,3279	0,3354	0,3481	0,3644	0,3610	0,3048	0,1872	0,0883	0,0309	-0,0000
	D(BA)/A	-0,1639	-0,1587	-0,1492	-0,1325	-0,1083	-0,0821	-0,0479	-0,0222	-0,0078	0,0000
	D(BB)/A	0,3279	0,3175	0,2984	0,2650	0,2166	0,1641	0,0959	0,0445	0,0155	0,0000
50,00	B(AA)	0,6689	0,6695	0,6708	0,6744	0,6860	0,7148	0,7839	0,8722	0,9474	1,0000
	B(AB)	0,6623	0,6611	0,6584	0,6512	0,6279	0,5705	0,4323	0,2555	0,1051	0,0000
	B(BA)	0,3311	0,3305	0,3292	0,3256	0,3140	0,2852	0,2161	0,1278	0,0526	0,0000
	B(BB)	0,3377	0,3389	0,3416	0,3488	0,3721	0,4295	0,5677	0,7445	0,8949	1,0000
	D(AA)/A	-0,1656	-0,1698	-0,1773	-0,1885	-0,1962	-0,1854	-0,1429	-0,0849	-0,0350	0,0000
	D(AB)/A	0,3311	0,3396	0,3545	0,3770	0,3925	0,3708	0,2859	0,1699	0,0700	-0,0000
	D(BA)/A	-0,1656	-0,1607	-0 1519	-0,1371	-0,1177	-0,0998	-0,0732	-0,0428	-0,0175	0,0000
	D(BB)/A	0,3311	0,3214	0,3039	0,2742	0,2355	0,1997	0,1464	0,0856	0,0351	-0,0000
100,00	B(AA)	0,6678	0,6681	0,6687	0,6706	0,6766	0,6926	0,7378	0,8153	0,9092	1,0000
	B(AB)	0,6645	0,6639	0,6625	0,6589	0,6467	0,6148	0,5245	0,3695	0,1816	0,0000
	B(BA)	0,3322	0,3319	0,3313	0,3294	0,3234	0,3074	0,2622	0,1847	0,0908	0,0000
	B(BB)	0,3355	0,3361	0,3375	0,3411	0,3533	0,3852	0,4755	0,6305	0,8184	1,0000
	D(AA)/A	-0,1661	-0,1705	-0,1784	-0,1907	-0,2021	-0,1998	-0,1734	-0,1228	-0,0605	-0,0000
	D(AB)/A	0,3322	0,3411	0,3567	0,3814	0,4042	0,3996	0,3468	0,2456	0,1210	0
	D(BA)/A	-0,1661	-0,1614	-0,1529	-0,1387	-0,1213	-0,1076	-0,0888	-0,0619	-0,0303	0
	D(BB)/A	0,3322	0,3228	0,3058	0,2774	0,2425	0,2152	0,1777	0,1238	0,0606	0,0000
200,00	B(AA)	0,6672	0,6674	0,6677	0,6686	0,6717	0,6802	0,7065	0,7623	0,8573	1,0000
	B(AB)	0,6656	0,6653	0,6646	0,6627	0,6565	0,6397	0,5871	0,4754	0,2854	-0,0000
	B(BA)	0,3328	0,3326	0,3323	0,3314	0,3283	0,3198	0,2935	0,2377	0,1427	-0,0000
	B(BB)	0,3344	0,3347	0,3354	0,3373	0,3435	0,3603	0,4129	0,5246	0,7146	1,0000
	D(AA)/A	-0,1664	-0,1709	-0,1789	-0,1918	-0,2052	-0,2079	-0,1941	-0,1580	-0,0951	-0,0000
	D(AB)/A	0,3328	0,3418	0,3579	0,3837	0,4103	0,4158	0,3882	0,3161	0,1901	0,0000
	D(BA)/A	-0,1664	-0,1617	-0,1534	-0,1395	-0,1231	-0,1119	-0,0994	-0,0797	-0,0477	0
	D(BB)/A	0,3328	0,3235	0,3067	0,2790	0,2462	0,2239	0,1989	0,1594	0,0953	0,0000
500,00	B(AA)	0,6669	0,6669	0,6671	0,6675	0,6687	0,6722	0,6838	0,7129	0,7827	1,0000
	B(AB)	0,6662	0,6661	0,6658	0,6651	0,6626	0,6556	0,6324	0,5743	0,4345	-0,0000
	B(BA)	0,3331	0,3331	0,3329	0,3325	0,3313	0,3278	0,3162	0,2871	0,2173	-0,0000
	B(BB)	0,3338	0,3339	0,3342	0,3349	0,3374	0,3444	0,3676	0,4257	0,5655	1,0000
	D(AA)/A	-0,1666	-0,1711	-0,1793	-0,1925	-0,2071	-0,2131	-0,2091	-0,1909	-0,1447	0,0000
	D(AB)/A	0,3331	0,3422	0,3585	0,3851	0,4141	0,4261	0,4182	0,3818	0,2894	0,0000
	D(BA)/A	-0,1666	-0,1619	-0,1537	-0,1400	-0,1242	-0,1147	-0,1071	-0,0962	-0,0725	0,0000
	D(BB)/A	0,3331	0,3239	0,3073	0,2800	0,2485	0,2295	0,2142	0,1925	0,1451	-0,0000
1000,00	B(AA)	0,6668	0,6668	0,6669	0,6671	0,6677	0,6695	0,6755	0,6915	0,7369	1,0000
	B(AB)	0,6664	0,6664	0,6662	0,6659	0,6646	0,6611	0,6491	0,6170	0,5261	-0,0000
	B(BA)	0,3332	0,3332	0,3331	0,3329	0,3323	0,3305	0,3245	0,3085	0,2631	-0,0000
	B(BB)	0,3336	0,3336	0,3337	0,3341	0,3354	0,3389	0,3509	0,3830	0,4739	1,0000
	D(AA)/A	-0,1666	-0,1712	-0,1794	-0,1928	-0,2077	-0,2149	-0,2146	-0,2051	-0,1752	0,0000
	D(AB)/A	0,3332	0,3424	0,3587	0,3855	0,4154	0,4297	0,4292	0,4102	0,3505	-0,0000
	D(BA)/A	-0,1666	-0,1620	-0,1537	-0,1402	-0,1246	-0,1157	-0,1099	-0,1034	-0,0878	0,0000
	D(BB)/A	0,3332	0,3240	0,3075	0,2804	0,2492	0,2314	0,2198	0,2068	0,1757	-0,0000

2. Der Balken auf drei elastischen Stützen mit schwächeren oder stärkeren Randstützen, Steifigkeitsverhältnis $r_a : r_b : r_c$

a) $r_a : r_b : r_c = 0{,}8 : 1{,}0 : 0{,}8$

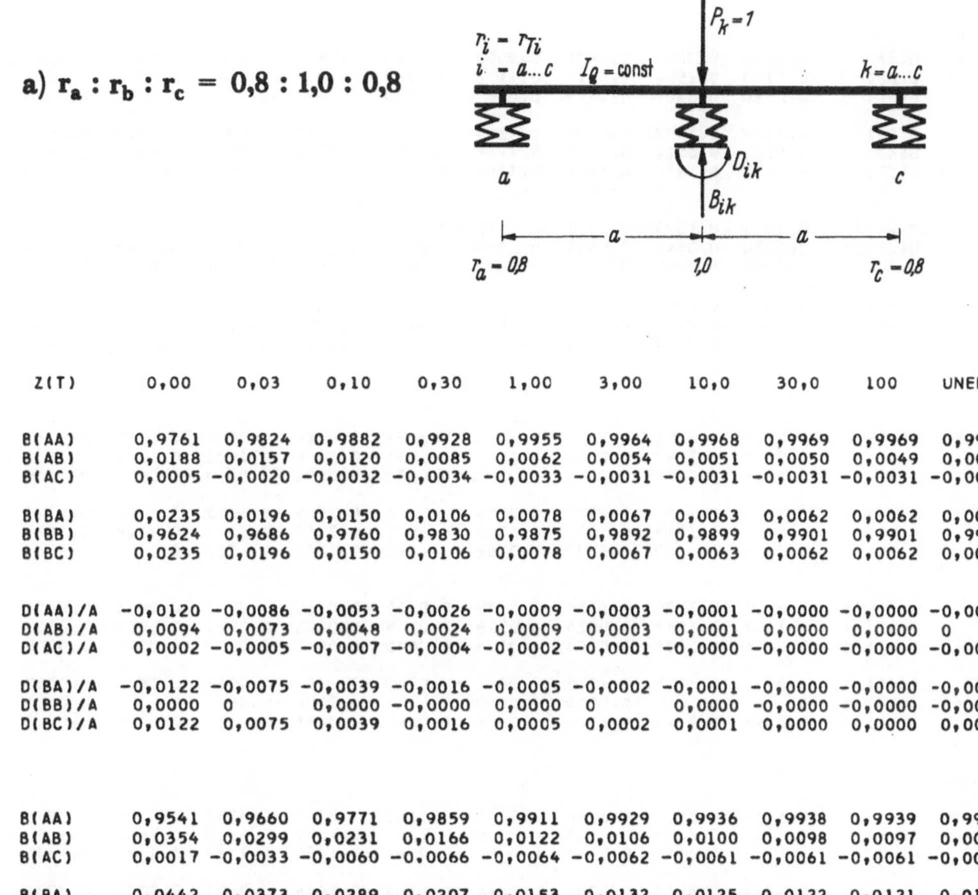

Z	Z(T)	0,00	0,03	0,10	0,30	1,00	3,00	10,0	30,0	100	UNENDL
0,01	B(AA)	0,9761	0,9824	0,9882	0,9928	0,9955	0,9964	0,9968	0,9969	0,9969	0,9969
	B(AB)	0,0188	0,0157	0,0120	0,0085	0,0062	0,0054	0,0051	0,0050	0,0049	0,0049
	B(AC)	0,0005	-0,0020	-0,0032	-0,0034	-0,0033	-0,0031	-0,0031	-0,0031	-0,0031	-0,0031
	B(BA)	0,0235	0,0196	0,0150	0,0106	0,0078	0,0067	0,0063	0,0062	0,0062	0,0062
	B(BB)	0,9624	0,9686	0,9760	0,9830	0,9875	0,9892	0,9899	0,9901	0,9901	0,9902
	B(BC)	0,0235	0,0196	0,0150	0,0106	0,0078	0,0067	0,0063	0,0062	0,0062	0,0062
	D(AA)/A	-0,0120	-0,0086	-0,0053	-0,0026	-0,0009	-0,0003	-0,0001	-0,0000	-0,0000	-0,0000
	D(AB)/A	0,0094	0,0073	0,0048	0,0024	0,0009	0,0003	0,0001	0,0000	0,0000	0
	D(AC)/A	0,0002	-0,0005	-0,0007	-0,0004	-0,0002	-0,0001	-0,0000	-0,0000	-0,0000	-0,0000
	D(BA)/A	-0,0122	-0,0075	-0,0039	-0,0016	-0,0005	-0,0002	-0,0001	-0,0000	-0,0000	-0,0000
	D(BB)/A	0,0000	0	0,0000	-0,0000	0,0000	0	0,0000	-0,0000	-0,0000	-0,0000
	D(BC)/A	0,0122	0,0075	0,0039	0,0016	0,0005	0,0002	0,0001	0,0000	0,0000	0,0000
0,02	B(AA)	0,9541	0,9660	0,9771	0,9859	0,9911	0,9929	0,9936	0,9938	0,9939	0,9939
	B(AB)	0,0354	0,0299	0,0231	0,0166	0,0122	0,0106	0,0100	0,0098	0,0097	0,0097
	B(AC)	0,0017	-0,0033	-0,0060	-0.0066	-0,0064	-0,0062	-0,0061	-0,0061	-0,0061	-0,0061
	B(BA)	0,0442	0,0373	0,0289	0,0207	0,0153	0,0132	0,0125	0,0122	0,0121	0,0121
	B(BB)	0,9292	0,9403	0,9538	0,9669	0,9756	0,9788	0,9801	0,9804	0,9806	0,9806
	B(BC)	0,0442	0,0373	0,0289	0,0207	0,0153	0,0132	0,0125	0,0122	0,0121	0,0121
	D(AA)/A	-0,0230	-0,0166	-0,0104	-0,0051	-0,0019	-0,0007	-0,0002	-0,0001	-0,0000	0,0000
	D(AB)/A	0,0177	0,0139	0,0092	0,0047	0,0017	0,0006	0,0002	0,0001	0,0000	0
	D(AC)/A	0,0008	-0,0007	-0,0012	-0,0008	-0,0003	-0,0001	-0,0000	-0,0000	-0,0000	-0,0000
	D(BA)/A	-0,0238	-0,0148	-0,0077	-0,0032	-0,0010	-0,0003	-0,0001	-0,0000	-0,0000	-0,0000
	D(BB)/A	0	-0,0000	-0,0000	0	-0,0000	0,0000	-0,0000	0	-0,0000	-0,0000
	D(BC)/A	0,0238	0,0148	0,0077	0,0032	0,0010	0,0003	0,0001	0,0000	0,0000	0,0000
0,05	B(AA)	0,8973	0,9226	0,9469	0,9668	0,9788	0,9832	0,9848	0,9853	0,9855	0,9855
	B(AB)	0,0755	0,0652	0,0519	0,0383	0,0288	0,0252	0,0238	0,0233	0,0232	0,0231
	B(AC)	0,0084	-0,0041	-0,0119	-0,0147	-0,0149	-0,0146	-0,0145	-0,0145	-0,0145	-0,0145
	B(BA)	0,0943	0,0815	0,0649	0,0479	0,0360	0,0315	0,0297	0,0292	0,0290	0,0289
	B(BB)	0,8491	0,8696	0,8961	0,9234	0,9423	0,9496	0,9525	0,9533	0,9536	0,9538
	B(BC)	0,0943	0,0815	0,0649	0,0479	0,0360	0,0315	0,0297	0,0292	0,0290	0,0289
	D(AA)/A	0,0514	-0,0380	-0,0242	-0,0122	-0,0045	-0,0016	-0,0005	-0,0002	-0,0000	0,0000
	D(AB)/A	0,0377	0,0303	0,0208	0,0109	0,0041	0,0015	0,0005	0,0002	0,0000	-0,0000
	D(AC)/A	0,0042	0,0001	-0,0018	-0,0015	-0,0007	-0,0003	-0,0001	-0,0000	-0,0000	-0,0000
	D(BA)/A	-0,0556	-0,0353	-0,0187	-0,0078	-0,0025	-0,0009	-0,0003	-0,0001	-0,0000	-0,0000
	D(BB)/A	0	0,0000	0,0000	-0,0000	0	0,0000	-0,0000	-0,0000	-0,0000	0,0000
	D(BC)/A	0,0556	0,0353	0,0187	0,0078	0,0025	0,0009	0,0003	0,0001	0,0000	0

Z	Z(T)	0,00	0,03	0,10	0,30	1,00	3,00	10,0	30,0	100	UNENDL
0,10	B(AA)	0,8242	0,8645	0,9049	0,9393	0,9607	0,9687	0,9718	0,9727	0,9730	0,9731
	B(AB)	0,1212	0,1076	0,0889	0,0681	0,0527	0,0465	0,0441	0,0434	0,0431	0,0430
	B(AC)	0,0242	0,0011	-0,0160	-0,0244	-0,0267	-0,0269	-0,0269	-0,0269	-0,0269	-0,0269
	B(BA)	0,1515	0,1345	0,1111	0,0852	0,0659	0,0582	0,0551	0,0542	0,0539	0,0538
	B(BB)	0,7576	0,7849	0,8222	0,8637	0,8945	0,9069	0,9118	0,9132	0,9138	0,9140
	B(BC)	0,1515	0,1345	0,1111	0,0852	0,0659	0,0582	0,0551	0,0542	0,0539	0,0538
	D(AA)/A	-0,0879	-0,0667	-0,0438	-0,0226	-0,0085	-0,0031	-0,0009	-0,0003	-0,0001	0,0000
	D(AB)/A	0,0606	0,0500	0,0356	0,0195	0,0075	0,0027	0,0008	0,0003	0,0001	0
	D(AC)/A	0,0121	0,0042	-0,0006	-0,0017	-0,0009	-0,0004	-0,0001	-0,0000	-0,0000	0
	D(BA)/A	-0,1000	-0,0657	-0,0360	-0,0154	-0,0050	-0,0017	-0,0005	-0,0002	-0,0001	-0,0000
	D(BB)/A	0	0	0,0000	-0,0000	0,0000	-0,0000	-0,0000	0,0000	-0,0000	0,0000
	D(BC)/A	0,1000	0,0657	0,0360	0,0154	0,0050	0,0017	0,0005	0,0002	0,0001	0,0000
0,20	B(AA)	0,7246	0,7802	0,8405	0,8953	0,9313	0,9451	0,9504	0,9520	0,9526	0,9528
	B(AB)	0,1739	0,1594	0,1379	0,1116	0,0900	0,0809	0,0772	0,0760	0,0756	0,0755
	B(AC)	0,0580	0,0206	-0,0129	-0,0347	-0,0438	-0,0462	-0,0469	-0,0471	-0,0471	-0,0472
	B(BA)	0,2174	0,1993	0,1724	0,1394	0,1125	0,1011	0,0964	0,0950	0,0946	0,0943
	B(BB)	0,6522	0,6812	0,7241	0,7769	0,8199	0,8383	0,8457	0,8479	0,8487	0,8491
	B(BC)	0,2174	0,1993	0,1724	0,1394	0,1125	0,1011	0,0964	0,0950	0,0946	0,0943
	D(AA)/A	-0,1377	-0,1087	-0,0745	-0,0401	-0,0155	-0,0056	-0,0018	-0,0006	-0,0002	0,0000
	D(AB)/A	0,0870	0,0741	0,0552	0,0319	0,0129	0,0048	0,0015	0,0005	0,0002	0
	D(AC)/A	0,0290	0,0160	0,0055	0,0002	-0,0006	-0,0003	-0,0001	-0,0000	-0,0000	0,0000
	D(BA)/A	-0,1667	-0,1157	-0,0667	-0,0297	-0,0100	-0,0034	-0,0010	-0,0003	-0,0001	-0,0000
	D(BB)/A	0	-0,0000	-0,0000	-0,0000	-0,0000	0,0000	-0,0000	0,0000	-0,0000	0,0000
	D(BC)/A	0,1667	0,1157	0,0667	0,0297	0,0100	0,0034	0,0010	0,0003	0,0001	0,0000
0,50	B(AA)	0,5752	0,6390	0,7209	0,8079	0,8723	0,8986	0,9091	0,9122	0,9133	0,9138
	B(AB)	0,2353	0,2243	0,2062	0,1806	0,1564	0,1450	0,1402	0,1387	0,1382	0,1379
	B(AC)	0,1307	0,0807	0,0214	-0,0337	-0,0678	-0,0798	-0,0843	-0,0856	-0,0860	-0,0862
	B(BA)	0,2941	0,2803	0,2577	0,2258	0,1955	0,1812	0,1752	0,1734	0,1727	0,1724
	B(BB)	0,5294	0,5515	0,5876	0,6387	0,6872	0,7100	0,7197	0,7226	0,7237	0,7241
	B(BC)	0,2941	0,2803	0,2577	0,2258	0,1955	0,1812	0,1752	0,1734	0,1727	0,1724
	D(AA)/A	-0,2124	-0,1798	-0,1335	-0,0779	-0,0320	-0,0119	-0,0037	-0,0013	-0,0004	-0,0000
	D(AB)/A	0,1176	0,1043	0,0825	0,0516	0,0223	0,0085	0,0027	0,0009	0,0003	-0,0000
	D(AC)/A	0,0654	0,0494	0,0304	0,0134	0,0040	0,0013	0,0004	0,0001	0,0000	0,0000
	D(BA)/A	-0,2778	-0,2125	-0,1366	-0,0671	-0,0240	-0,0084	-0,0026	-0,0009	-0,0003	-0,0000
	D(BB)/A	0	0	-0,0000	0,0000	0	-0,0000	-0,0000	0	-0,0000	0,0000
	D(BC)/A	0,2778	0,2125	0,1366	0,0671	0,0240	0,0084	0,0026	0,0009	0,0003	0,0000
1,00	B(AA)	0,4762	0,5315	0,6146	0,7210	0,8138	0,8556	0,8730	0,8783	0,8801	0,8810
	B(AB)	0,2667	0,2594	0,2469	0,2276	0,2074	0,1971	0,1926	0,1912	0,1907	0,1905
	B(AC)	0,1905	0,1442	0,0768	-0,0056	-0,0731	-0,1020	-0,1137	-0,1173	-0,1185	-0,1190
	B(BA)	0,3333	0,3243	0,3086	0,2846	0,2593	0,2464	0,2407	0,2390	0,2384	0,2381
	B(BB)	0,4667	0,4811	0,5062	0,5447	0,5852	0,6058	0,6148	0,6176	0,6186	0,6190
	B(BC)	0,3333	0,3243	0,3086	0,2846	0,2593	0,2464	0,2407	0,2390	0,2384	0,2381
	D(AA)/A	-0,2619	-0,2344	-0,1878	-0,1194	-0,0525	-0,0202	-0,0064	-0,0022	-0,0007	-0,0000
	D(AB)/A	0,1333	0,1207	0,0988	0,0650	0,0296	0,0116	0,0037	0,0013	0,0004	-0,0000
	D(AC)/A	0,0952	0,0835	0,0643	0,0381	0,0154	0,0057	0,0018	0,0006	0,0002	0
	D(BA)/A	-0,3571	-0,2948	-0,2101	-0,1158	-0,0452	-0,0165	-0,0051	-0,0017	-0,0005	0,0000
	D(BB)/A	0	0,0000	-0,0000	-0,0000	0	0,0000	-0,0000	0,0000	0	-0,0000
	D(BC)/A	0,3571	0,2948	0,2101	0,1158	0,0452	0,0165	0,0051	0,0017	0,0005	-0,0000
2,00	B(AA)	0,4048	0,4441	0,5127	0,6217	0,7435	0,8092	0,8388	0,8481	0,8515	0,8529
	B(AB)	0,2857	0,2815	0,2740	0,2617	0,2478	0,2403	0,2369	0,2358	0,2355	0,2353
	B(AC)	0,2381	0,2040	0,1449	0,0512	-0,0532	-0,1096	-0,1350	-0,1429	-0,1458	-0,1471
	B(BA)	0,3571	0,3519	0,3425	0,3271	0,3097	0,3004	0,2961	0,2948	0,2943	0,2941
	B(BB)	0,4286	0,4370	0,4521	0,4766	0,5044	0,5194	0,5262	0,5283	0,5291	0,5294
	B(BC)	0,3571	0,3519	0,3425	0,3271	0,3097	0,3004	0,2961	0,2948	0,2943	0,2941
	D(AA)/A	-0,2976	-0,2790	-0,2409	-0,1705	-0,0831	-0,0336	-0,0109	-0,0037	-0,0011	0,0000
	D(AB)/A	0,1429	0,1309	0,1096	0,0748	0,0354	0,0141	0,0046	0,0016	0,0005	0
	D(AC)/A	0,1190	0,1153	0,1039	0,0770	0,0389	0,0159	0,0052	0,0018	0,0005	0,0000
	D(BA)/A	-0,4167	-0,3656	-0,2874	-0,1820	-0,0813	-0,0317	-0,0101	-0,0034	-0,0010	-0,0000
	D(BB)/A	0,0000	-0,0000	0,0000	0,0000	0,0000	0,0000	-0,0000	0,0000	0,0000	0,0000
	D(BC)/A	0,4167	0,3656	0,2874	0,1820	0,0813	0,0317	0,0101	0,0034	0,0010	0,0000

Z	Z(T)	0,00	0,03	0,10	0,30	1,00	3,00	10,0	30,0	100	UNENDL
5,00	B(AA)	0,3505	0,3707	0,4111	0,4939	0,6299	0,7366	0,7967	0,8176	0,8254	0,8288
	B(AB)	0,2985	0,2967	0,2933	0,2875	0,2806	0,2766	0,2748	0,2743	0,2741	0,2740
	B(AC)	0,2764	0,2585	0,2223	0,1468	0,0194	-0,0824	-0,1403	-0,1604	-0,1679	-0,1712
	B(BA)	0,3731	0,3708	0,3666	0,3593	0,3507	0,3458	0,3436	0,3428	0,3426	0,3425
	B(BB)	0,4030	0,4067	0,4135	0,4251	0,4389	0,4467	0,4503	0,4515	0,4519	0,4521
	B(BC)	0,3731	0,3708	0,3666	0,3593	0,3507	0,3458	0,3436	0,3428	0,3426	0,3425
	D(AA)/A	-0,3248	-0,3165	-0,2946	-0,2395	-0,1419	-0,0654	-0,0226	-0,0079	-0,0024	0,0000
	D(AB)/A	0,1493	0,1380	0,1173	0,0821	0,0401	0,0163	0,0053	0,0018	0,0005	0,0000
	D(AC)/A	0,1382	0,1441	0,1479	0,1368	0,0918	0,0450	0,0160	0,0056	0,0017	0,0000
	D(BA)/A	-0,4630	-0,4272	-0,3687	-0,2767	-0,1558	-0,0707	-0,0244	-0,0085	-0,0026	-0,0000
	D(BB)/A	0	0,0000	0,0000	0	0,0000	0	-0,0000	-0,0000	-0,0000	-0,0000
	D(BC)/A	0,4630	0,4272	0,3687	0,2767	0,1558	0,0707	0,0244	0,0085	0,0026	-0,0000
10,00	B(AA)	0,3298	0,3409	0,3644	0,4192	0,5363	0,6646	0,7592	0,7972	0,8121	0,8188
	B(AB)	0,3030	0,3021	0,3003	0,2972	0,2935	0,2913	0,2903	0,2900	0,2899	0,2899
	B(AC)	0,2914	0,2815	0,2602	0,2092	0,0968	-0,0288	-0,1222	-0,1597	-0,1745	-0,1812
	B(BA)	0,3788	0,3776	0,3754	0,3715	0,3669	0,3642	0,3629	0,3625	0,3624	0,3623
	B(BB)	0,3939	0,3959	0,3994	0,4055	0,4130	0,4173	0,4193	0,4200	0,4202	0,4203
	B(BC)	0,3788	0,3776	0,3754	0,3715	0,3669	0,3642	0,3629	0,3625	0,3624	0,3623
	D(AA)/A	-0,3351	-0,3318	-0,3194	-0,2807	-0,1944	-0,1042	-0,0399	-0,0144	-0,0045	0,0000
	D(AB)/A	0,1515	0,1405	0,1201	0,0849	0,0419	0,0171	0,0056	0,0019	0,0006	0
	D(AC)/A	0,1457	0,1562	0,1692	0,1746	0,1420	0,0828	0,0329	0,0121	0,0037	0,0000
	D(BA)/A	-0,4808	-0,4526	-0,4072	-0,3348	-0,2242	-0,1197	-0,0458	-0,0166	-0,0051	0,0000
	D(BB)/A	0,0000	-0,0000	0,0000	-0,0000	-0,0000	0,0000	-0,0000	0,0000	0	-0,0000
	D(BC)/A	0,4808	0,4526	0,4072	0,3348	0,2242	0,1197	0,0458	0,0166	0,0051	-0,0000
20,00	B(AA)	0,3190	0,3248	0,3375	0,3697	0,4530	0,5783	0,7072	0,7721	0,8002	0,8134
	B(AB)	0,3053	0,3049	0,3040	0,3024	0,3004	0,2993	0,2988	0,2986	0,2985	0,2985
	B(AC)	0,2994	0,2941	0,2825	0,2524	0,1714	0,0476	-0,0807	-0,1453	-0,1734	-0,1866
	B(BA)	0,3817	0,3811	0,3799	0,3780	0,3755	0,3741	0,3735	0,3732	0,3732	0,3731
	B(BB)	0,3893	0,3903	0,3921	0,3952	0,3991	0,4014	0,4025	0,4028	0,4029	0,4030
	B(BC)	0,3817	0,3811	0,3799	0,3780	0,3755	0,3741	0,3735	0,3732	0,3732	0,3731
	D(AA)/A	-0,3405	-0,3401	-0,3337	-0,3083	-0,2423	-0,1541	-0,0687	-0,0266	-0,0085	-0,0000
	D(AB)/A	0,1527	0,1418	0,1216	0,0864	0,0429	0,0176	0,0057	0,0020	0,0006	-0,0000
	D(AC)/A	0,1497	0,1628	0,1817	0,2003	0,1887	0,1321	0,0615	0,0242	0,0077	-0,0000
	D(BA)/A	-0,4902	-0,4664	-0,4296	-0,3740	-0,2874	-0,1832	-0,0819	-0,0318	-0,0101	0,0000
	D(BB)/A	-0,0000	0,0000	-0,0000	-0,0000	-0,0000	0,0000	-0,0000	0,0000	0,0000	-0,0000
	D(BC)/A	0,4902	0,4664	0,4296	0,3740	0,2874	0,1832	0,0819	0,0318	0,0101	0
50,00	B(AA)	0,3123	0,3146	0,3200	0,3343	0,3773	0,4655	0,6089	0,7181	0,7783	0,8100
	B(AB)	0,3067	0,3066	0,3062	0,3055	0,3047	0,3043	0,3041	0,3040	0,3040	0,3040
	B(AC)	0,3043	0,3022	0,2973	0,2838	0,2418	0,1541	0,0111	-0,0981	-0,1583	-0,1900
	B(BA)	0,3834	0,3832	0,3827	0,3819	0,3809	0,3803	0,3801	0,3800	0,3800	0,3799
	B(BB)	0,3865	0,3869	0,3876	0,3889	0,3905	0,3914	0,3919	0,3920	0,3921	0,3921
	B(BC)	0,3834	0,3832	0,3827	0,3819	0,3809	0,3803	0,3801	0,3800	0,3800	0,3799
	D(AA)/A	-0,3439	-0,3453	-0,3431	-0,3282	-0,2865	-0,2211	-0,1271	-0,0578	-0,0199	-0,0000
	D(AB)/A	0,1534	0,1426	0,1225	0,0873	0,0435	0,0179	0,0058	0,0020	0,0006	-0,0000
	D(AC)/A	0,1522	0,1671	0,1900	0,2190	0,2321	0,1987	0,1198	0,0553	0,0191	0,0000
	D(BA)/A	-0,4960	-0,4752	-0,4442	-0,4023	-0,3458	-0,2687	-0,1554	-0,0708	-0,0244	-0,0000
	D(BB)/A	0,0000	0	0	-0,0000	0	0	-0,0000	0,0000	-0,0000	0
	D(BC)/A	0,4960	0,4752	0,4442	0,4023	0,3458	0,2687	0,1554	0,0708	0,0244	0,0000
100,00	B(AA)	0,3100	0,3112	0,3139	0,3213	0,3450	0,4010	0,5220	0,6536	0,7493	0,8089
	B(AB)	0,3072	0,3071	0,3069	0,3066	0,3062	0,3060	0,3059	0,3058	0,3058	0,3058
	B(AC)	0,3060	0,3049	0,3024	0,2954	0,2723	0,2165	0,0957	-0,0359	-0,1315	-0,1911
	B(BA)	0,3840	0,3839	0,3837	0,3833	0,3828	0,3825	0,3823	0,3823	0,3823	0,3823
	B(BB)	0,3856	0,3858	0,3861	0,3868	0,3876	0,3880	0,3883	0,3883	0,3884	0,3884
	B(BC)	0,3840	0,3839	0,3837	0,3833	0,3828	0,3825	0,3823	0,3823	0,3823	0,3823
	D(AA)/A	-0,3450	-0,3471	-0,3463	-0,3354	-0,3055	-0,2599	-0,1797	-0,0967	-0,0370	-0,0000
	D(AB)/A	0,1536	0,1428	0,1228	0,0876	0,0437	0,0180	0,0059	0,0020	0,0006	-0,0000
	D(AC)/A	0,1530	0,1685	0,1929	0,2259	0,2508	0,2374	0,1723	0,0942	0,0363	-0,0000
	D(BA)/A	-0,4980	-0,4781	-0,4493	-0,4128	-0,3709	-0,3183	-0,2217	-0,1196	-0,0459	0
	D(BB)/A	0	0	0	-0,0000	0	-0,0000	-0,0000	0	-0,0000	-0,0000
	D(BC)/A	0,4980	0,4781	0,4493	0,4128	0,3709	0,3183	0,2217	0,1196	0,0459	-0,0000

Z	Z(T)	0,00	0,03	0,10	0,30	1,00	3,00	10,0	30,0	100	UNENDL
200,00	B(AA)	0,3088	0,3094	0,3108	0,3146	0,3270	0,3590	0,4437	0,5713	0,7018	0,8083
	B(AB)	0,3075	0,3074	0,3073	0,3072	0,3070	0,3068	0,3068	0,3068	0,3068	0,3067
	B(AC)	0,3068	0,3063	0,3050	0,3015	0,2893	0,2574	0,1728	0,0452	-0,0852	-0,1917
	B(BA)	0,3843	0,3843	0,3841	0,3839	0,3837	0,3835	0,3835	0,3834	0,3834	0,3834
	B(BB)	0,3851	0,3852	0,3854	0,3857	0,3861	0,3863	0,3864	0,3865	0,3865	0,3865
	B(BC)	0,3843	0,3843	0,3841	0,3839	0,3837	0,3835	0,3835	0,3834	0,3834	0,3834
	D(AA)/A	-0,3456	-0,3480	-0,3480	-0,3392	-0,3161	-0,2852	-0,2274	-0,1469	-0,0659	-0,0000
	D(AB)/A	0,1537	0,1430	0,1229	0,0878	0,0439	0,0180	0,0059	0,0020	0,0006	-0,0000
	D(AC)/A	0,1534	0,1692	0,1943	0,2295	0,2613	0,2626	0,2200	0,1444	0,0651	0,0000
	D(BA)/A	-0,4990	-0,4797	-0,4519	-0,4182	-0,3849	-0,3506	-0,2817	-0,1826	-0,0820	-0,0000
	D(BB)/A	0	0,0000	0	-0,0000	0,0000	0,0000	-0,0000	-0,0000	-0,0000	0,0000
	D(BC)/A	0,4990	0,4797	0,4519	0,4182	0,3849	0,3506	0,2817	0,1826	0,0820	0,0000
500,00	B(AA)	0,3082	0,3084	0,3089	0,3105	0,3156	0,3295	0,3726	0,4617	0,6061	0,8079
	B(AB)	0,3076	0,3076	0,3075	0,3075	0,3074	0,3073	0,3073	0,3073	0,3073	0,3073
	B(AC)	0,3074	0,3071	0,3066	0,3052	0,3002	0,2863	0,2432	0,1542	0,0097	-0,1921
	B(BA)	0,3845	0,3845	0,3844	0,3843	0,3842	0,3842	0,3842	0,3841	0,3841	0,3841
	B(BB)	0,3848	0,3848	0,3849	0,3850	0,3852	0,3853	0,3854	0,3854	0,3854	0,3854
	B(BC)	0,3845	0,3845	0,3844	0,3843	0,3842	0,3842	0,3842	0,3841	0,3841	0,3841
	D(AA)/A	-0,3459	-0,3485	-0,3490	-0,3415	-0,3228	-0,3030	-0,2708	-0,2141	-0,1245	0
	D(AB)/A	0,1538	0,1431	0,1230	0,0879	0,0439	0,0181	0,0059	0,0020	0,0006	-0,0000
	D(AC)/A	0,1537	0,1697	0,1952	0,2317	0,2679	0,2804	0,2634	0,2116	0,1238	-0,0000
	D(BA)/A	-0,4996	-0,4806	-0,4535	-0,4215	-0,3938	-0,3734	-0,3364	-0,2668	-0,1553	-0,0000
	D(BB)/A	0	-0,0000	0,0000	-0,0000	0,0000	-0,0000	-0,0000	0	0,0000	-0,0000
	D(BC)/A	0,4996	0,4806	0,4535	0,4215	0,3938	0,3734	0,3364	0,2668	0,1553	-0,0000
1000,00	B(AA)	0,3079	0,3080	0,3083	0,3091	0,3117	0,3189	0,3424	0,3986	0,5203	0,8078
	B(AB)	0,3076	0,3076	0,3076	0,3076	0,3075	0,3075	0,3075	0,3075	0,3075	0,3075
	B(AC)	0,3075	0,3074	0,3072	0,3064	0,3039	0,2967	0,2732	0,2170	0,0953	-0,1922
	B(BA)	0,3846	0,3845	0,3845	0,3845	0,3844	0,3844	0,3844	0,3844	0,3844	0,3844
	B(BB)	0,3847	0,3847	0,3848	0,3848	0,3849	0,3850	0,3850	0,3850	0,3850	0,3850
	B(BC)	0,3846	0,3845	0,3845	0,3845	0,3844	0,3844	0,3844	0,3844	0,3844	0,3844
	D(AA)/A	-0,3460	-0,3487	-0,3493	-0,3423	-0,3251	-0,3094	-0,2893	-0,2528	-0,1773	0
	D(AB)/A	0,1538	0,1431	0,1230	0,0879	0,0439	0,0181	0,0059	0,0020	0,0006	0,0000
	D(AC)/A	0,1538	0,1698	0,1955	0,2324	0,2702	0,2868	0,2819	0,2503	0,1765	0,0000
	D(BA)/A	-0,4998	-0,4809	-0,4540	-0,4226	-0,3969	-0,3816	-0,3596	-0,3152	-0,2213	0,0000
	D(BB)/A	0	0,0000	-0,0000	-0,0000	0	0,0000	0,0000	0,0000	0,0000	0,0000
	D(BC)/A	0,4998	0,4809	0,4540	0,4226	0,3969	0,3816	0,3596	0,3152	0,2213	0,0000

b) $r_a : r_b : r_c = 1{,}2 : 1{,}0 : 1{,}2$

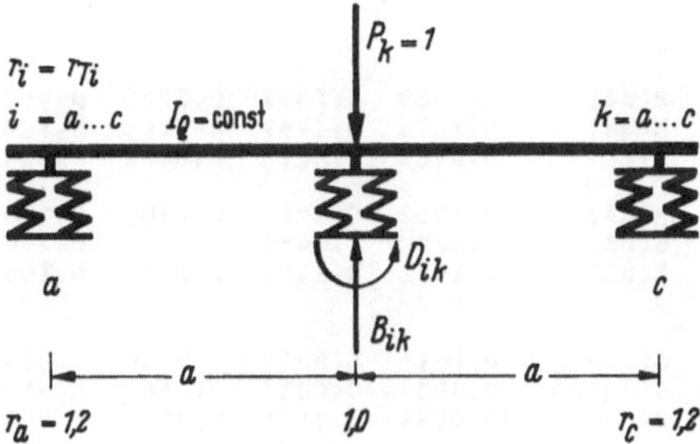

Z	Z(T)	0,00	0,03	0,10	0,30	1,00	3,00	10,0	30,0	100	UNENDL
0,01	B(AA)	0,9839	0,9875	0,9912	0,9945	0,9966	0,9975	0,9978	0,9979	0,9979	0,9979
	B(AB)	0,0189	0,0167	0,0135	0,0097	0,0068	0,0056	0,0051	0,0050	0,0050	0,0049
	B(AC)	0,0003	-0,0014	-0,0024	-0,0026	-0,0023	-0,0022	-0,0021	-0,0021	-0,0021	-0,0021
	B(BA)	0,0158	0,0139	0,0112	0,0081	0,0057	0,0047	0,0043	0,0042	0,0041	0,0041
	B(BB)	0,9621	0,9667	0,9731	0,9806	0,9864	0,9888	0,9897	0,9900	0,9901	0,9901
	B(BC)	0,0158	0,0139	0,0112	0,0081	0,0057	0,0047	0,0043	0,0042	0,0041	0,0041
	D(AA)/A	-0,0080	-0,0062	-0,0042	-0,0023	-0,0009	-0,0003	-0,0001	-0,0000	-0,0000	0,0000
	D(AB)/A	0,0095	0,0079	0,0058	0,0032	0,0013	0,0005	0,0001	0,0000	0,0000	0,0000
	D(AC)/A	0,0002	-0,0004	-0,0006	-0,0004	-0,0002	-0,0001	-0,0000	-0,0000	-0,0000	-0,0000
	D(BA)/A	-0,0082	-0,0052	-0,0027	-0,0011	-0,0003	-0,0001	-0,0000	-0,0000	-0,0000	-0,0000
	D(BB)/A	0	0,0000	0,0000	-0,0000	-0,0000	0	-0,0000	-0,0000	-0,0000	0,0000
	D(BC)/A	0,0082	0,0052	0,0027	0,0011	0,0003	0,0001	0,0000	0,0000	0,0000	0,0000
0,02	B(AA)	0,9689	0,9758	0,9829	0,9891	0,9934	0,9950	0,9957	0,9959	0,9959	0,9959
	B(AB)	0,0359	0,0318	0,0259	0,0189	0,0134	0,0111	0,0101	0,0099	0,0098	0,0097
	B(AC)	0,0012	-0,0024	-0,0045	-0,0049	-0,0045	-0,0042	-0,0041	-0,0041	-0,0041	-0,0041
	B(BA)	0,0299	0,0265	0,0216	0,0158	0,0112	0,0092	0,0085	0,0082	0,0081	0,0081
	B(BB)	0,9281	0,9363	0,9481	0,9621	0,9732	0,9779	0,9797	0,9803	0,9805	0,9806
	B(BC)	0,0299	0,0265	0,0216	0,0158	0,0112	0,0092	0,0085	0,0082	0,0081	0,0081
	D(AA)/A	-0,0155	-0,0121	-0,0083	-0,0045	-0,0018	-0,0006	-0,0002	-0,0001	-0,0000	0,0000
	D(AB)/A	0,0180	0,0152	0,0111	0,0063	0,0025	0,0009	0,0003	0,0001	0,0000	0
	D(AC)/A	0,0006	-0,0005	-0,0010	-0,0008	-0,0003	-0,0001	-0,0000	-0,0000	-0,0000	0,0000
	D(BA)/A	-0,0161	-0,0102	-0,0054	-0,0022	-0,0007	-0,0002	-0,0001	-0,0000	-0,0000	-0,0000
	D(BB)/A	0	0,0000	0	0	0	0	-0,0000	-0,0000	0	0,0000
	D(BC)/A	0,0161	0,0102	0,0054	0,0022	0,0007	0,0002	0,0001	0,0000	0,0000	0,0000
0,05	B(AA)	0,9291	0,9444	0,9601	0,9744	0,9841	0,9880	0,9896	0,9900	0,9902	0,9903
	B(AB)	0,0779	0,0701	0,0584	0,0438	0,0317	0,0264	0,0243	0,0237	0,0234	0,0233
	B(AC)	0,0060	-0,0029	-0,0088	-0,0109	-0,0105	-0,0101	-0,0098	-0,0098	-0,0097	-0,0097
	B(BA)	0,0649	0,0584	0,0487	0,0365	0,0264	0,0220	0,0203	0,0197	0,0195	0,0195
	B(BB)	0,8442	0,8598	0,8832	0,9124	0,9367	0,9471	0,9514	0,9527	0,9531	0,9533
	B(BC)	0,0649	0,0584	0,0487	0,0365	0,0264	0,0220	0,0203	0,0197	0,0195	0,0195
	D(AA)/A	-0,0355	-0,0279	-0,0194	-0,0107	-0,0043	-0,0016	-0,0005	-0,0002	-0,0000	-0,0000
	D(AB)/A	0,0390	0,0334	0,0250	0,0146	0,0059	0,0022	0,0007	0,0002	0,0001	0
	D(AC)/A	0,0030	0,0001	-0,0015	-0,0014	-0,0007	-0,0003	-0,0001	-0,0000	-0,0000	0,0000
	D(BA)/A	-0,0385	-0,0248	-0,0132	-0,0055	-0,0017	-0,0006	-0,0002	-0,0001	-0,0000	-0,0000
	D(BB)/A	0	-0,0000	-0,0000	0,0000	-0,0000	0,0000	0,0000	-0,0000	0,0000	0
	D(BC)/A	0,0385	0,0248	0,0132	0,0055	0,0017	0,0006	0,0002	0,0001	0,0000	0,0000

Z	Z(T)	0,00	0,03	0,10	0,30	1,00	3,00	10,0	30,0	100	UNENDL
0,10	B(AA)	0,8754	0,9012	0,9281	0,9530	0,9705	0,9776	0,9805	0,9813	0,9816	0,9818
	B(AB)	0,1277	0,1170	0,1002	0,0779	0,0581	0,0492	0,0455	0,0444	0,0440	0,0438
	B(AC)	0,0182	0,0013	-0,0116	-0,0179	-0,0189	-0,0186	-0,0184	-0,0183	-0,0183	-0,0182
	B(BA)	0,1064	0,0975	0,0835	0,0649	0,0484	0,0410	0,0379	0,0370	0,0366	0,0365
	B(BB)	0,7447	0,7660	0,7995	0,8442	0,8838	0,9016	0,9090	0,9113	0,9121	0,9124
	B(BC)	0,1064	0,0975	0,0835	0,0649	0,0484	0,0410	0,0379	0,0370	0,0366	0,0365
	D(AA)/A	-0,0623	-0,0497	-0,0352	-0,0200	-0,0081	-0,0030	-0,0009	-0,0003	-0,0001	0,0000
	D(AB)/A	0,0638	0,0557	0,0430	0,0260	0,0109	0,0041	0,0013	0,0004	0,0001	0,0000
	D(AC)/A	0,0091	0,0033	-0,0006	-0,0017	-0,0010	-0,0004	-0,0001	-0,0000	-0,0000	-0,0000
	D(BA)/A	-0,0714	-0,0471	-0,0257	-0,0108	-0,0034	-0,0012	-0,0003	-0,0001	-0,0000	0,0000
	D(BB)/A	0	0,0000	0,0000	-0,0000	0	0	-0,0000	0,0000	0,0000	-0,0000
	D(BC)/A	0,0714	0,0471	0,0257	0,0108	0,0034	0,0012	0,0003	0,0001	0,0000	0,0000
0,20	B(AA)	0,7969	0,8357	0,8780	0,9185	0,9479	0,9603	0,9653	0,9668	0,9673	0,9675
	B(AB)	0,1875	0,1757	0,1561	0,1277	0,0998	0,0863	0,0806	0,0788	0,0782	0,0779
	B(AC)	0,0469	0,0178	-0,0082	-0,0249	-0,0311	-0,0322	-0,0324	-0,0325	-0,0325	-0,0325
	B(BA)	0,1562	0,1464	0,1301	0,1064	0,0832	0,0719	0,0672	0,0657	0,0652	0,0649
	B(BB)	0,6250	0,6485	0,6877	0,7447	0,8004	0,8273	0,8388	0,8423	0,8436	0,8442
	B(BC)	0,1562	0,1464	0,1301	0,1064	0,0832	0,0719	0,0672	0,0657	0,0652	0,0649
	D(AA)/A	-0,1016	-0,0831	-0,0606	-0,0356	-0,0149	-0,0056	-0,0018	-0,0006	-0,0002	0
	D(AB)/A	0,0937	0,0837	0,0669	0,0426	0,0187	0,0072	0,0023	0,0008	0,0002	0
	D(AC)/A	0,0234	0,0134	0,0048	0,0001	-0,0007	-0,0004	-0,0001	-0,0000	-0,0000	-0,0000
	D(BA)/A	-0,1250	-0,0856	-0,0484	-0,0210	-0,0068	-0,0023	-0,0007	-0,0002	-0,0001	-0,0000
	D(BB)/A	0,0000	0,0000	0,0000	0	0,0000	0,0000	0,0000	0,0000	0	0
	D(BC)/A	0,1250	0,0856	0,0484	0,0210	0,0068	0,0023	0,0007	0,0002	0,0001	0,0000
0,50	B(AA)	0,6640	0,7164	0,7807	0,8486	0,9016	0,9249	0,9346	0,9375	0,9386	0,9390
	B(AB)	0,2609	0,2515	0,2346	0,2069	0,1752	0,1579	0,1501	0,1476	0,1467	0,1463
	B(AC)	0,1186	0,0740	0,0237	-0,0210	-0,0476	-0,0565	-0,0596	-0,0605	-0,0608	-0,0610
	B(BA)	0,2174	0,2096	0,1955	0,1724	0,1460	0,1316	0,1251	0,1230	0,1223	0,1220
	B(BB)	0,4783	0,4970	0,5307	0,5862	0,6496	0,6842	0,6999	0,7048	0,7065	0,7073
	B(BC)	0,2174	0,2096	0,1955	0,1724	0,1460	0,1316	0,1251	0,1230	0,1223	0,1220
	D(AA)/A	-0,1680	-0,1446	-0,1117	-0,0698	-0,0309	-0,0120	-0,0038	-0,0013	-0,0004	-0,0000
	D(AB)/A	0,1304	0,1198	0,1006	0,0690	0,0328	0,0132	0,0042	0,0014	0,0004	-0,0000
	D(AC)/A	0,0593	0,0448	0,0279	0,0123	0,0035	0,0010	0,0003	0,0001	0,0000	-0,0000
	D(BA)/A	-0,2273	-0,1681	-0,1034	-0,0483	-0,0165	-0,0057	-0,0017	-0,0006	-0,0002	-0,0000
	D(BB)/A	0,0000	0,0000	0,0000	-0,0000	0,0000	-0,0000	0,0000	-0,0000	-0,0000	0
	D(BC)/A	0,2273	0,1681	0,1034	0,0483	0,0165	0,0057	0,0017	0,0006	0,0002	-0,0000
1,00	B(AA)	0,5625	0,6143	0,6870	0,7759	0,8540	0,8908	0,9065	0,9113	0,9130	0,9138
	B(AB)	0,3000	0,2937	0,2819	0,2609	0,2341	0,2182	0,2106	0,2082	0,2073	0,2069
	B(AC)	0,1875	0,1410	0,0781	0,0067	-0,0492	-0,0726	-0,0820	-0,0848	-0,0858	-0,0862
	B(BA)	0,2500	0,2448	0,2349	0,2174	0,1951	0,1818	0,1755	0,1735	0,1727	0,1724
	B(BB)	0,4000	0,4126	0,4362	0,4783	0,5317	0,5636	0,5788	0,5837	0,5854	0,5862
	B(BC)	0,2500	0,2448	0,2349	0,2174	0,1951	0,1818	0,1755	0,1735	0,1727	0,1724
	D(AA)/A	-0,2187	-0,1978	-0,1626	-0,1089	-0,0510	-0,0203	-0,0065	-0,0022	-0,0007	0,0000
	D(AB)/A	0,1500	0,1399	0,1208	0,0870	0,0439	0,0182	0,0060	0,0020	0,0006	0
	D(AC)/A	0,0938	0,0813	0,0620	0,0364	0,0144	0,0051	0,0016	0,0005	0,0002	0
	D(BA)/A	-0,3125	-0,2476	-0,1664	-0,0855	-0,0315	-0,0112	-0,0034	-0,0012	-0,0003	-0,0000
	D(BB)/A	0,0000	0,0000	-0,0000	-0,0000	0	0,0000	-0,0000	-0,0000	-0,0000	0,0000
	D(BC)/A	0,3125	0,2476	0,1664	0,0855	0,0315	0,0112	0,0034	0,0012	0,0003	0
2,00	B(AA)	0,4802	0,5214	0,5883	0,6875	0,7944	0,8523	0,8787	0,8870	0,8900	0,8913
	B(AB)	0,3243	0,3206	0,3134	0,3000	0,2815	0,2697	0,2638	0,2619	0,2612	0,2609
	B(AC)	0,2495	0,2114	0,1505	0,0625	-0,0290	-0,0770	-0,0985	-0,1052	-0,1076	-0,1087
	B(BA)	0,2703	0,2672	0,2612	0,2500	0,2346	0,2247	0,2198	0,2182	0,2176	0,2174
	B(BB)	0,3514	0,3588	0,3731	0,4000	0,4370	0,4607	0,4724	0,4763	0,4777	0,4783
	B(BC)	0,2703	0,2672	0,2612	0,2500	0,2346	0,2247	0,2198	0,2182	0,2176	0,2174
	D(AA)/A	-0,2599	-0,2464	-0,2175	-0,1597	-0,0816	-0,0339	-0,0111	-0,0038	-0,0012	0,0000
	D(AB)/A	0,1622	0,1527	0,1343	0,1000	0,0528	0,0225	0,0075	0,0026	0,0008	0,0000
	D(AC)/A	0,1247	0,1192	0,1055	0,0764	0,0376	0,0152	0,0049	0,0017	0,0005	0,0000
	D(BA)/A	-0,3846	-0,3244	-0,2392	-0,1389	-0,0574	-0,0216	-0,0068	-0,0023	-0,0007	0,0000
	D(BB)/A	0	0,0000	0,0000	0,0000	0	0	0,0000	0,0000	0,0000	-0,0000
	D(BC)/A	0,3846	0,3244	0,2392	0,1389	0,0574	0,0216	0,0068	0,0023	0,0007	-0,0000

Z	Z(T)	0,00	0,03	0,10	0,30	1,00	3,00	10,0	30,0	100	UNENDL
5,00	B(AA)	0,4115	0,4348	0,4788	0,5626	0,6920	0,7892	0,8429	0,8613	0,8681	0,8711
	B(AB)	0,3409	0,3393	0,3360	0,3297	0,3204	0,3141	0,3109	0,3098	0,3094	0,3093
	B(AC)	0,3044	0,2825	0,2412	0,1626	0,0409	-0,0510	-0,1020	-0,1195	-0,1260	-0,1289
	B(BA)	0,2841	0,2827	0,2800	0,2747	0,2670	0,2618	0,2591	0,2582	0,2579	0,2577
	B(BB)	0,3182	0,3215	0,3280	0,3407	0,3591	0,3717	0,3782	0,3803	0,3811	0,3814
	B(BC)	0,2841	0,2827	0,2800	0,2747	0,2670	0,2618	0,2591	0,2582	0,2579	0,2577
	D(AA)/A	-0,2942	-0,2919	-0,2790	-0,2347	-0,1428	-0,0664	-0,0230	-0,0080	-0,0025	0,0000
	D(AB)/A	0,1705	0,1616	0,1440	0,1099	0,0601	0,0262	0,0088	0,0030	0,0009	0
	D(AC)/A	0,1522	0,1573	0,1590	0,1431	0,0927	0,0446	0,0157	0,0055	0,0017	-0,0000
	D(BA)/A	-0,4464	-0,3985	-0,3245	-0,2222	-0,1134	-0,0488	-0,0164	-0,0057	-0,0017	-0,0000
	D(BB)/A	0	-0,0000	-0,0000	-0,0000	-0,0000	0,0000	-0,0000	-0,0000	0,0000	-0,0000
	D(BC)/A	0,4464	0,3985	0,3245	0,2222	0,1134	0,0488	0,0164	0,0057	0,0017	-0,0000
10,00	B(AA)	0,3838	0,3971	0,4239	0,4830	0,6014	0,7238	0,8100	0,8436	0,8568	0,8626
	B(AB)	0,3468	0,3460	0,3443	0,3409	0,3359	0,3324	0,3306	0,3300	0,3298	0,3297
	B(AC)	0,3272	0,3146	0,2892	0,2330	0,1187	-0,0008	-0,0855	-0,1186	-0,1316	-0,1374
	B(BA)	0,2890	0,2883	0,2869	0,2841	0,2799	0,2770	0,2755	0,2750	0,2748	0,2747
	B(BB)	0,3064	0,3081	0,3115	0,3182	0,3282	0,3352	0,3388	0,3400	0,3405	0,3407
	B(BC)	0,2890	0,2883	0,2869	0,2841	0,2799	0,2770	0,2755	0,2750	0,2748	0,2747
	D(AA)/A	-0,3081	-0,3118	-0,3100	-0,2835	-0,2008	-0,1072	-0,0406	-0,0146	-0,0045	-0,0000
	D(AB)/A	0,1734	0,1647	0,1475	0,1136	0,0630	0,0277	0,0094	0,0032	0,0010	0,0000
	D(AC)/A	0,1636	0,1745	0,1871	0,1888	0,1484	0,0841	0,0328	0,0119	0,0037	0,0000
	D(BA)/A	-0,4717	-0,4313	-0,3682	-0,2778	-0,1681	-0,0842	-0,0311	-0,0111	-0,0034	-0,0000
	D(BB)/A	0	0	-0,0000	-0,0000	-0,0000	0	0,0000	0	-0,0000	0
	D(BC)/A	0,4717	0,4313	0,3682	0,2778	0,1681	0,0842	0,0311	0,0111	0,0034	0,0000
20,00	B(AA)	0,3688	0,3759	0,3909	0,4269	0,5156	0,6414	0,7631	0,8215	0,8464	0,8580
	B(AB)	0,3499	0,3494	0,3485	0,3468	0,3442	0,3424	0,3414	0,3411	0,3410	0,3409
	B(AC)	0,3397	0,3329	0,3186	0,2841	0,1975	0,0733	-0,0476	-0,1058	-0,1305	-0,1420
	B(BA)	0,2915	0,2912	0,2905	0,2890	0,2868	0,2853	0,2845	0,2842	0,2841	0,2841
	B(BB)	0,3003	0,3012	0,3029	0,3064	0,3116	0,3153	0,3172	0,3178	0,3181	0,3182
	B(BC)	0,2915	0,2912	0,2905	0,2890	0,2868	0,2853	0,2845	0,2842	0,2841	0,2841
	D(AA)/A	-0,3156	-0,3229	-0,3287	-0,3180	-0,2570	-0,1619	-0,0705	-0,0270	-0,0086	0,0000
	D(AB)/A	0,1749	0,1664	0,1494	0,1156	0,0645	0,0285	0,0097	0,0033	0,0010	0,0000
	D(AC)/A	0,1698	0,1842	0,2042	0,2217	0,2032	0,1381	0,0625	0,0242	0,0077	0,0000
	D(BA)/A	-0,4854	-0,4499	-0,3948	-0,3175	-0,2216	-0,1320	-0,0564	-0,0215	-0,0068	-0,0000
	D(BB)/A	0,0000	-0,0000	0,0000	0	0,0000	0	-0,0000	-0,0000	0	-0,0000
	D(BC)/A	0,4854	0,4499	0,3948	0,3175	0,2216	0,1320	0,0564	0,0215	0,0068	-0,0000
50,00	B(AA)	0,3594	0,3624	0,3688	0,3852	0,4330	0,5271	0,6705	0,7730	0,8271	0,8550
	B(AB)	0,3517	0,3515	0,3512	0,3505	0,3494	0,3486	0,3482	0,3481	0,3480	0,3480
	B(AC)	0,3475	0,3447	0,3386	0,3227	0,2758	0,1824	0,0393	-0,0631	-0,1172	-0,1450
	B(BA)	0,2931	0,2929	0,2926	0,2921	0,2912	0,2905	0,2902	0,2901	0,2900	0,2900
	B(BB)	0,2966	0,2970	0,2977	0,2991	0,3012	0,3027	0,3035	0,3038	0,3039	0,3039
	B(BC)	0,2931	0,2929	0,2926	0,2921	0,2912	0,2905	0,2902	0,2901	0,2900	0,2900
	D(AA)/A	-0,3203	-0,3300	-0,3413	-0,3438	-0,3117	-0,2396	-0,1336	-0,0592	-0,0201	-0,0000
	D(AB)/A	0,1758	0,1674	0,1505	0,1168	0,0655	0,0291	0,0099	0,0034	0,0010	0
	D(AC)/A	0,1738	0,1905	0,2158	0,2465	0,2571	0,2154	0,1254	0,0563	0,0192	0,0000
	D(BA)/A	-0,4941	-0,4618	-0,4127	-0,3472	-0,2739	-0,2002	-0,1098	-0,0484	-0,0164	0,0000
	D(BB)/A	0,0000	0,0000	-0,0000	0	-0,0000	0	0,0000	0,0000	0	0,0000
	D(BC)/A	0,4941	0,4618	0,4127	0,3472	0,2739	0,2002	0,1098	0,0484	0,0164	0,0000
100,00	B(AA)	0,3562	0,3577	0,3610	0,3696	0,3964	0,4580	0,5845	0,7131	0,8012	0,8540
	B(AB)	0,3523	0,3522	0,3521	0,3517	0,3512	0,3508	0,3506	0,3505	0,3505	0,3505
	B(AC)	0,3502	0,3488	0,3456	0,3373	0,3110	0,2497	0,1233	-0,0052	-0,0933	-0,1460
	B(BA)	0,2936	0,2935	0,2934	0,2931	0,2926	0,2923	0,2921	0,2921	0,2921	0,2921
	B(BB)	0,2954	0,2955	0,2959	0,2966	0,2977	0,2985	0,2989	0,2990	0,2990	0,2991
	B(BC)	0,2936	0,2935	0,2934	0,2931	0,2926	0,2923	0,2921	0,2921	0,2921	0,2921
	D(AA)/A	-0,3219	-0,3325	-0,3457	-0,3535	-0,3361	-0,2871	-0,1933	-0,1007	-0,0376	0,0000
	D(AB)/A	0,1762	0,1677	0,1509	0,1172	0,0658	0,0292	0,0099	0,0034	0,0010	0
	D(AC)/A	0,1751	0,1927	0,2200	0,2558	0,2813	0,2627	0,1851	0,0978	0,0368	0
	D(BA)/A	-0,4970	-0,4659	-0,4190	-0,3584	-0,2973	-0,2419	-0,1604	-0,0832	-0,0311	-0,0000
	D(BB)/A	0,0000	0,0000	0,0000	0,0000	-0,0000	0	-0,0000	-0,0000	0,0000	0,0000
	D(BC)/A	0,4970	0,4659	0,4190	0,3584	0,2973	0,2419	0,1604	0,0832	0,0311	0,0000

Z	Z(T)	0,00	0,03	0,10	0,30	1,00	3,00	10,0	30,0	100	UNENDL
200,00	B(AA)	0,3546	0,3553	0,3570	0,3614	0,3756	0,4115	0,5033	0,6337	0,7580	0,8535
	B(AB)	0,3526	0,3526	0,3525	0,3523	0,3520	0,3519	0,3518	0,3517	0,3517	0,3517
	B(AC)	0,3516	0,3509	0,3493	0,3450	0,3310	0,2953	0,2036	0,0732	-0,0511	-0,1465
	B(BA)	0,2939	0,2938	0,2937	0,2936	0,2934	0,2932	0,2931	0,2931	0,2931	0,2931
	B(BB)	0,2947	0,2948	0,2950	0,2954	0,2959	0,2963	0,2965	0,2966	0,2966	0,2966
	B(BC)	0,2939	0,2938	0,2937	0,2936	0,2934	0,2932	0,2931	0,2931	0,2931	0,2931
	D(AA)/A	-0,3227	-0,3337	-0,3480	-0,3586	-0,3500	-0,3191	-0,2501	-0,1563	-0,0678	0,0000
	D(AB)/A	0,1763	0,1679	0,1511	0,1174	0,0660	0,0293	0,0100	0,0034	0,0010	-0,0000
	D(AC)/A	0,1758	0,1938	0,2221	0,2607	0,2950	0,2947	0,2418	0,1534	0,0669	-0,0000
	D(BA)/A	-0,4985	-0,4680	-0,4222	-0,3643	-0,3105	-0,2700	-0,2085	-0,1298	-0,0562	-0,0000
	D(BB)/A	0	0	-0,0000	0,0000	0,0000	0,0000	-0,0000	-0,0000	-0,0000	-0,0000
	D(BC)/A	0,4985	0,4680	0,4222	0,3643	0,3105	0,2700	0,2085	0,1298	0,0562	0,0000
500,00	B(AA)	0,3536	0,3539	0,3546	0,3564	0,3622	0,3781	0,4262	0,5220	0,6677	0,8531
	B(AB)	0,3528	0,3528	0,3528	0,3527	0,3526	0,3525	0,3525	0,3525	0,3524	0,3524
	B(AC)	0,3524	0,3521	0,3515	0,3497	0,3439	0,3281	0,2800	0,1843	0,0386	-0,1469
	B(BA)	0,2940	0,2940	0,2940	0,2939	0,2938	0,2938	0,2937	0,2937	0,2937	0,2937
	B(BB)	0,2944	0,2944	0,2945	0,2946	0,2948	0,2950	0,2951	0,2951	0,2951	0,2951
	B(BC)	0,2940	0,2940	0,2940	0,2939	0,2938	0,2938	0,2937	0,2937	0,2937	0,2937
	D(AA)/A	-0,3232	-0,3345	-0,3493	-0,3617	-0,3589	-0,3421	-0,3040	-0,2348	-0,1313	-0,0000
	D(AB)/A	0,1764	0,1680	0,1512	0,1176	0,0661	0,0294	0,0100	0,0035	0,0011	-0,0000
	D(AC)/A	0,1762	0,1945	0,2233	0,2637	0,3038	0,3176	0,2957	0,2319	0,1304	-0,0000
	D(BA)/A	-0,4994	-0,4692	-0,4242	-0,3679	-0,3190	-0,2903	-0,2542	-0,1956	-0,1092	-0,0000
	D(BB)/A	0	0	0,0000	-0,0000	-0,0000	0,0000	0,0000	-0,0000	-0,0000	0,0000
	D(BC)/A	0,4994	0,4692	0,4242	0,3679	0,3190	0,2903	0,2542	0,1956	0,1092	0,0000
1000,00	B(AA)	0,3533	0,3534	0,3538	0,3547	0,3576	0,3658	0,3925	0,4546	0,5825	0,8530
	B(AB)	0,3529	0,3529	0,3529	0,3528	0,3528	0,3527	0,3527	0,3527	0,3527	0,3527
	B(AC)	0,3527	0,3525	0,3522	0,3513	0,3484	0,3402	0,3136	0,2514	0,1236	-0,1470
	B(BA)	0,2941	0,2941	0,2940	0,2940	0,2940	0,2939	0,2939	0,2939	0,2939	0,2939
	B(BB)	0,2942	0,2943	0,2943	0,2944	0,2945	0,2946	0,2946	0,2946	0,2946	0,2946
	B(BC)	0,2941	0,2941	0,2940	0,2940	0,2940	0,2939	0,2939	0,2939	0,2939	0,2939
	D(AA)/A	-0,3234	-0,3347	-0,3498	-0,3628	-0,3619	-0,3506	-0,3276	-0,2822	-0,1913	0,0000
	D(AB)/A	0,1764	0,1680	0,1512	0,1176	0,0661	0,0294	0,0100	0,0035	0,0011	0,0000
	D(AC)/A	0,1763	0,1947	0,2238	0,2648	0,3068	0,3261	0,3193	0,2793	0,1905	0,0000
	D(BA)/A	-0,4997	-0,4697	-0,4249	-0,3691	-0,3220	-0,2977	-0,2742	-0,2353	-0,1594	-0,0000
	D(BB)/A	0	0	-0,0000	0,0000	0	0	0,0000	-0,0000	-0,0000	0,0000
	D(BC)/A	0,4997	0,4697	0,4249	0,3691	0,3220	0,2977	0,2742	0,2353	0,1594	0,0000

c) $r_a : r_b : r_c = 1{,}5 : 1{,}0 : 1{,}5$

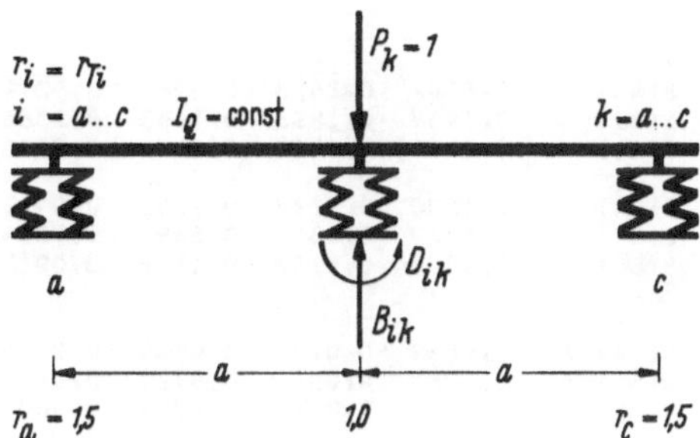

Z	Z(T)	0,00	0,03	0,10	0,30	1,00	3,00	10,0	30,0	100	UNENDL
0,01	B(AA)	0,9871	0,9898	0,9926	0,9952	0,9971	0,9979	0,9982	0,9983	0,9983	0,9984
	B(AB)	0,0190	0,0171	0,0142	0,0105	0,0072	0,0058	0,0052	0,0050	0,0050	0,0049
	B(AC)	0,0002	-0,0012	-0,0020	-0,0022	-0,0019	-0,0018	-0,0017	-0,0017	-0,0016	-0,0016
	B(BA)	0,0127	0,0114	0,0095	0,0070	0,0048	0,0039	0,0035	0,0033	0,0033	0,0033
	B(BB)	0,9620	0,9658	0,9716	0,9791	0,9855	0,9884	0,9896	0,9900	0,9901	0,9901
	B(BC)	0,0127	0,0114	0,0095	0,0070	0,0048	0,0039	0,0035	0,0033	0,0033	0,0033
	D(AA)/A	-0,0065	-0,0052	-0,0037	-0,0021	-0,0009	-0,0003	-0,0001	-0,0000	-0,0000	0,0000
	D(AB)/A	0,0095	0,0082	0,0063	0,0037	0,0015	0,0006	0,0002	0,0001	0,0000	-0,0000
	D(AC)/A	0,0001	-0,0003	-0,0005	-0,0004	-0,0002	-0,0001	-0,0000	-0,0000	-0,0000	-0,0000
	D(BA)/A	-0,0066	-0,0042	-0,0022	-0,0009	-0,0003	-0,0001	-0,0000	-0,0000	-0,0000	-0,0000
	D(BB)/A	0	0	0,0000	0,0000	-0,0000	0,0000	0,0000	0	0	0
	D(BC)/A	0,0066	0,0042	0,0022	0,0009	0,0003	0,0001	0,0000	0,0000	0,0000	0,0000
0,02	B(AA)	0,9750	0,9801	0,9855	0,9906	0,9943	0,9958	0,9965	0,9967	0,9967	0,9968
	B(AB)	0,0361	0,0327	0,0274	0,0204	0,0142	0,0114	0,0103	0,0099	0,0098	0,0097
	B(AC)	0,0009	-0,0020	-0,0038	-0,0042	-0,0038	-0,0034	-0,0033	-0,0033	-0,0033	-0,0032
	B(BA)	0,0241	0,0218	0,0183	0,0136	0,0095	0,0076	0,0068	0,0066	0,0065	0,0065
	B(BB)	0,9277	0,9345	0,9452	0,9593	0,9716	0,9772	0,9795	0,9802	0,9804	0,9805
	B(BC)	0,0241	0,0218	0,0183	0,0136	0,0095	0,0076	0,0068	0,0066	0,0065	0,0065
	D(AA)/A	-0,0125	-0,0100	-0,0072	-0,0041	-0,0017	-0,0006	-0,0002	-0,0001	-0,0000	-0,0000
	D(AB)/A	0,0181	0,0157	0,0121	0,0073	0,0030	0,0011	0,0004	0,0001	0,0000	-0,0000
	D(AC)/A	0,0005	-0,0005	-0,0009	-0,0007	-0,0003	-0,0001	-0,0000	-0,0000	-0,0000	0,0000
	D(BA)/A	-0,0130	-0,0083	-0,0044	-0,0018	-0,0006	-0,0002	-0,0001	-0,0000	-0,0000	-0,0000
	D(BB)/A	0,0000	0,0000	0	-0,0000	-0,0000	0	-0,0000	-0,0000	-0,0000	-0,0000
	D(BC)/A	0,0130	0,0083	0,0044	0,0018	0,0006	0,0002	0,0001	0,0000	0,0000	0
0,05	B(AA)	0,9424	0,9541	0,9662	0,9778	0,9864	0,9900	0,9915	0,9920	0,9921	0,9922
	B(AB)	0,0789	0,0724	0,0617	0,0471	0,0335	0,0273	0,0246	0,0238	0,0236	0,0234
	B(AC)	0,0049	-0,0023	-0,0074	-0,0092	-0,0087	-0,0082	-0,0079	-0,0079	-0,0078	-0,0078
	B(BA)	0,0526	0,0482	0,0412	0,0314	0,0224	0,0182	0,0164	0,0159	0,0157	0,0156
	B(BB)	0,8421	0,8553	0,8765	0,9058	0,9329	0,9455	0,9507	0,9523	0,9529	0,9531
	B(BC)	0,0526	0,0482	0,0412	0,0314	0,0224	0,0182	0,0164	0,0159	0,0157	0,0156
	D(AA)/A	-0,0288	-0,0232	-0,0168	-0,0099	-0,0041	-0,0016	-0,0005	-0,0002	-0,0001	-0,0000
	D(AB)/A	0,0395	0,0348	0,0272	0,0168	0,0072	0,0027	0,0009	0,0003	0,0001	0
	D(AC)/A	0,0025	0,0000	-0,0013	-0,0014	-0,0007	-0,0003	-0,0001	-0,0000	-0,0000	-0,0000
	D(BA)/A	-0,0312	-0,0203	-0,0109	-0,0045	-0,0014	-0,0005	-0,0001	-0,0000	-0,0000	-0,0000
	D(BB)/A	0,0000	0	0	0	0,0000	-0,0000	-0,0000	-0,0000	-0,0000	0
	D(BC)/A	0,0312	0,0203	0,0109	0,0045	0,0014	0,0005	0,0001	0,0000	0,0000	0,0000

Z	Z(T)	0,00	0,03	0,10	0,30	1,00	3,00	10,0	30,0	100	UNENDL
0,10	B(AA)	0,8977	0,9178	0,9390	0,9593	0,9746	0,9813	0,9840	0,9849	0,9852	0,9853
	B(AB)	0,1304	0,1213	0,1060	0,0837	0,0616	0,0508	0,0463	0,0448	0,0443	0,0441
	B(AC)	0,0153	0,0013	-0,0096	-0,0151	-0,0157	-0,0152	-0,0149	-0,0148	-0,0147	-0,0147
	B(BA)	0,0870	0,0809	0,0707	0,0558	0,0411	0,0339	0,0308	0,0299	0,0296	0,0294
	B(BB)	0,7391	0,7574	0,7879	0,8327	0,8768	0,8983	0,9075	0,9103	0,9113	0,9118
	B(BC)	0,0870	0,0809	0,0707	0,0558	0,0411	0,0339	0,0308	0,0299	0,0296	0,0294
	D(AA)/A	-0,0512	-0,0418	-0,0307	-0,0184	-0,0078	-0,0030	-0,0009	-0,0003	-0,0001	-0,0000
	D(AB)/A	0,0652	0,0583	0,0468	0,0299	0,0132	0,0051	0,0016	0,0005	0,0002	-0,0000
	D(AC)/A	0,0077	0,0029	-0,0005	-0,0016	-0,0010	-0,0004	-0,0001	-0,0000	-0,0000	0
	D(BA)/A	-0,0588	-0,0389	-0,0212	-0,0089	-0,0028	-0,0009	-0,0003	-0,0001	-0,0000	-0,0000
	D(BB)/A	0,0000	0	-0,0000	0,0000	0,0000	-0,0000	-0,0000	0	-0,0000	-0,0000
	D(BC)/A	0,0588	0,0389	0,0212	0,0089	0,0028	0,0009	0,0003	0,0001	0,0000	0,0000
0,20	B(AA)	0,8302	0,8618	0,8960	0,9294	0,9551	0,9666	0,9715	0,9729	0,9735	0,9737
	B(AB)	0,1935	0,1833	0,1653	0,1368	0,1058	0,0896	0,0823	0,0801	0,0793	0,0789
	B(AC)	0,0407	0,0160	-0,0062	-0,0206	-0,0257	-0,0263	-0,0264	-0,0263	-0,0263	-0,0263
	B(BA)	0,1290	0,1222	0,1102	0,0912	0,0705	0,0597	0,0549	0,0534	0,0529	0,0526
	B(BB)	0,6129	0,6334	0,6694	0,7264	0,7884	0,8209	0,8353	0,8398	0,8414	0,8421
	B(BC)	0,1290	0,1222	0,1102	0,0912	0,0705	0,0597	0,0549	0,0534	0,0529	0,0526
	D(AA)/A	-0,0849	-0,0706	-0,0530	-0,0326	-0,0144	-0,0056	-0,0018	-0,0006	-0,0002	-0,0000
	D(AB)/A	0,0968	0,0881	0,0729	0,0489	0,0227	0,0090	0,0029	0,0010	0,0003	0
	D(AC)/A	0,0204	0,0118	0,0044	0,0001	-0,0007	-0,0004	-0,0001	-0,0000	-0,0000	0,0000
	D(BA)/A	-0,1053	-0,0718	-0,0404	-0,0173	-0,0056	-0,0019	-0,0006	-0,0002	-0,0001	0,0000
	D(BB)/A	0,0000	0	0,0000	0	0,0000	0,0000	0,0000	-0,0000	0	0
	D(BC)/A	0,1053	0,0718	0,0404	0,0173	0,0056	0,0019	0,0006	0,0002	0,0001	-0,0000
0,50	B(AA)	0,7091	0,7554	0,8105	0,8681	0,9147	0,9364	0,9457	0,9485	0,9496	0,9500
	B(AB)	0,2727	0,2644	0,2488	0,2211	0,1858	0,1648	0,1549	0,1517	0,1505	0,1500
	B(AC)	0,1091	0,0684	0,0237	-0,0155	-0,0386	-0,0463	-0,0489	-0,0496	-0,0499	-0,0500
	B(BA)	0,1818	0,1763	0,1659	0,1474	0,1239	0,1099	0,1032	0,1011	0,1003	0,1000
	B(BB)	0,4545	0,4712	0,5024	0,5579	0,6283	0,6703	0,6903	0,6967	0,6990	0,7000
	B(BC)	0,1818	0,1763	0,1659	0,1474	0,1239	0,1099	0,1032	0,1011	0,1003	0,1000
	D(AA)/A	-0,1455	-0,1260	-0,0991	-0,0644	-0,0298	-0,0119	-0,0038	-0,0013	-0,0004	0,0000
	D(AB)/A	0,1364	0,1271	0,1098	0,0789	0,0398	0,0165	0,0054	0,0018	0,0006	0
	D(AC)/A	0,0545	0,0413	0,0260	0,0117	0,0033	0,0009	0,0002	0,0001	0,0000	-0,0000
	D(BA)/A	-0,2000	-0,1457	-0,0880	-0,0403	-0,0135	-0,0046	-0,0014	-0,0005	-0,0001	-0,0000
	D(BB)/A	0	-0,0000	0	-0,0000	0,0000	0,0000	-0,0000	-0,0000	0	-0,0000
	D(BC)/A	0,2000	0,1457	0,0880	0,0403	0,0135	0,0046	0,0014	0,0005	0,0001	-0,0000
1,00	B(AA)	0,6090	0,6583	0,7246	0,8030	0,8726	0,9066	0,9215	0,9262	0,9278	0,9286
	B(AB)	0,3158	0,3101	0,2991	0,2781	0,2485	0,2290	0,2192	0,2160	0,2148	0,2143
	B(AC)	0,1805	0,1350	0,0760	0,0115	-0,0383	-0,0593	-0,0677	-0,0702	-0,0710	-0,0714
	B(BA)	0,2105	0,2068	0,1994	0,1854	0,1657	0,1527	0,1461	0,1440	0,1432	0,1429
	B(BB)	0,3684	0,3797	0,4018	0,4437	0,5030	0,5420	0,5616	0,5680	0,5704	0,5714
	B(BC)	0,2105	0,2068	0,1994	0,1854	0,1657	0,1527	0,1461	0,1440	0,1432	0,1429
	D(AA)/A	-0,1955	-0,1771	-0,1471	-0,1013	-0,0494	-0,0202	-0,0066	-0,0023	-0,0007	-0,0000
	D(AB)/A	0,1579	0,1491	0,1320	0,0993	0,0533	0,0229	0,0076	0,0026	0,0008	-0,0000
	D(AC)/A	0,0902	0,0777	0,0591	0,0351	0,0139	0,0049	0,0015	0,0005	0,0001	-0,0000
	D(BA)/A	-0,2857	-0,2219	-0,1451	-0,0722	-0,0258	-0,0090	-0,0028	-0,0009	-0,0003	0,0000
	D(BB)/A	0	-0,0000	0	0	0,0000	-0,0000	-0,0000	-0,0000	0,0000	0,0000
	D(BC)/A	0,2857	0,2219	0,1451	0,0722	0,0258	0,0090	0,0028	0,0009	0,0003	0,0000
2,00	B(AA)	0,5221	0,5640	0,6290	0,7210	0,8185	0,8722	0,8971	0,9050	0,9078	0,9091
	B(AB)	0,3429	0,3395	0,3328	0,3194	0,2989	0,2844	0,2767	0,2741	0,2731	0,2727
	B(AC)	0,2494	0,2097	0,1491	0,0661	-0,0178	-0,0618	-0,0815	-0,0877	-0,0899	-0,0909
	B(BA)	0,2286	0,2263	0,2219	0,2129	0,1993	0,1896	0,1845	0,1827	0,1821	0,1818
	B(BB)	0,3143	0,3210	0,3344	0,3612	0,4021	0,4313	0,4466	0,4518	0,4537	0,4545
	B(BC)	0,2286	0,2263	0,2219	0,2129	0,1993	0,1896	0,1845	0,1827	0,1821	0,1818
	D(AA)/A	-0,2390	-0,2270	-0,2016	-0,1508	-0,0795	-0,0338	-0,0112	-0,0039	-0,0012	-0,0000
	D(AB)/A	0,1714	0,1632	0,1468	0,1141	0,0641	0,0284	0,0097	0,0033	0,0010	-0,0000
	D(AC)/A	0,1247	0,1181	0,1037	0,0748	0,0368	0,0148	0,0048	0,0016	0,0005	0
	D(BA)/A	-0,3636	-0,3006	-0,2148	-0,1194	-0,0474	-0,0175	-0,0055	-0,0018	-0,0006	0,0000
	D(BB)/A	-0,0000	0	-0,0000	0	0	-0,0000	-0,0000	-0,0000	0	0
	D(BC)/A	0,3636	0,3006	0,2148	0,1194	0,0474	0,0175	0,0055	0,0018	0,0006	0,0000

Z	Z(T)	0,00	0,03	0,10	0,30	1,00	3,00	10,0	30,0	100	UNENDL
5,00	B(AA)	0,4447	0,4700	0,5158	0,5989	0,7223	0,8140	0,8646	0,8820	0,8885	0,8913
	B(AB)	0,3614	0,3599	0,3569	0,3506	0,3404	0,3326	0,3283	0,3269	0,3263	0,3261
	B(AC)	0,3143	0,2900	0,2462	0,1674	0,0508	-0,0357	-0,0835	-0,0999	-0,1060	-0,1087
	B(BA)	0,2410	0,2400	0,2379	0,2337	0,2269	0,2217	0,2189	0,2179	0,2175	0,2174
	B(BB)	0,2771	0,2801	0,2862	0,2988	0,3193	0,3348	0,3433	0,3463	0,3474	0,3478
	B(BC)	0,2410	0,2400	0,2379	0,2337	0,2269	0,2217	0,2189	0,2179	0,2175	0,2174
	D(AA)/A	-0,2776	-0,2768	-0,2668	-0,2276	-0,1410	-0,0663	-0,0232	-0,0081	-0,0025	0
	D(AB)/A	0,1807	0,1731	0,1575	0,1252	0,0729	0,0333	0,0115	0,0040	0,0012	0
	D(AC)/A	0,1572	0,1615	0,1619	0,1441	0,0924	0,0441	0,0155	0,0054	0,0017	0,0000
	D(BA)/A	-0,4348	-0,3817	-0,3017	-0,1968	-0,0951	-0,0398	-0,0132	-0,0046	-0,0014	0
	D(BB)/A	0	0,0000	-0,0000	0	0,0000	0	0,0000	0	-0,0000	0
	D(BC)/A	0,4348	0,3817	0,3017	0,1968	0,0951	0,0398	0,0132	0,0046	0,0014	-0,0000
10,00	B(AA)	0,4122	0,4270	0,4560	0,5168	0,6338	0,7519	0,8339	0,8658	0,8782	0,8837
	B(AB)	0,3681	0,3673	0,3657	0,3624	0,3568	0,3525	0,3501	0,3493	0,3490	0,3488
	B(AC)	0,3424	0,3281	0,3002	0,2416	0,1283	0,0131	-0,0673	-0,0987	-0,1108	-0,1163
	B(BA)	0,2454	0,2449	0,2438	0,2416	0,2379	0,2350	0,2334	0,2329	0,2326	0,2326
	B(BB)	0,2638	0,2654	0,2686	0,2752	0,2863	0,2949	0,2998	0,3014	0,3021	0,3023
	B(BC)	0,2454	0,2449	0,2438	0,2416	0,2379	0,2350	0,2334	0,2329	0,2326	0,2326
	D(AA)/A	-0,2939	-0,2997	-0,3015	-0,2801	-0,2012	-0,1078	-0,0409	-0,0147	-0,0045	-0,0000
	D(AB)/A	0,1840	0,1766	0,1613	0,1294	0,0765	0,0353	0,0122	0,0043	0,0013	0,0000
	D(AC)/A	0,1712	0,1819	0,1940	0,1938	0,1502	0,0843	0,0327	0,0119	0,0037	0,0000
	D(BA)/A	-0,4651	-0,4195	-0,3487	-0,2509	-0,1431	-0,0692	-0,0251	-0,0089	-0,0027	0,0000
	D(BB)/A	0	0,0000	0	-0,0000	-0,0000	0,0000	0,0000	0	-0,0000	-0,0000
	D(BC)/A	0,4651	0,4195	0,3487	0,2509	0,1431	0,0692	0,0251	0,0089	0,0027	-0,0000
20,00	B(AA)	0,3942	0,4023	0,4188	0,4569	0,5472	0,6717	0,7894	0,8451	0,8686	0,8795
	B(AB)	0,3715	0,3711	0,3703	0,3686	0,3657	0,3634	0,3621	0,3617	0,3615	0,3614
	B(AC)	0,3581	0,3503	0,3343	0,2974	0,2090	0,0860	-0,0309	-0,0862	-0,1097	-0,1205
	B(BA)	0,2477	0,2474	0,2469	0,2457	0,2438	0,2423	0,2414	0,2411	0,2410	0,2410
	B(BB)	0,2570	0,2578	0,2594	0,2628	0,2686	0,2732	0,2757	0,2766	0,2770	0,2771
	B(BC)	0,2477	0,2474	0,2469	0,2457	0,2438	0,2423	0,2414	0,2411	0,2410	0,2410
	D(AA)/A	-0,3029	-0,3128	-0,3231	-0,3186	-0,2612	-0,1644	-0,0712	-0,0272	-0,0086	0,0000
	D(AB)/A	0,1858	0,1784	0,1634	0,1316	0,0784	0,0363	0,0126	0,0044	0,0013	0,0000
	D(AC)/A	0,1790	0,1939	0,2142	0,2309	0,2090	0,1402	0,0628	0,0242	0,0077	0,0000
	D(BA)/A	-0,4819	-0,4413	-0,3781	-0,2909	-0,1916	-0,1097	-0,0457	-0,0173	-0,0054	0,0000
	D(BB)/A	0	0	0,0000	0,0000	-0,0000	-0,0000	-0,0000	-0,0000	-0,0000	0,0000
	D(BC)/A	0,4819	0,4413	0,3781	0,2909	0,1916	0,1097	0,0457	0,0173	0,0054	0,0000
50,00	B(AA)	0,3829	0,3863	0,3934	0,4111	0,4611	0,5572	0,6998	0,7990	0,8506	0,8768
	B(AB)	0,3736	0,3734	0,3731	0,3724	0,3712	0,3703	0,3697	0,3696	0,3695	0,3695
	B(AC)	0,3681	0,3648	0,3578	0,3406	0,2914	0,1959	0,0537	-0,0454	-0,0969	-0,1232
	B(BA)	0,2491	0,2490	0,2487	0,2483	0,2475	0,2469	0,2465	0,2464	0,2463	0,2463
	B(BB)	0,2528	0,2531	0,2538	0,2552	0,2576	0,2594	0,2605	0,2609	0,2610	0,2611
	B(BC)	0,2491	0,2490	0,2487	0,2483	0,2475	0,2469	0,2465	0,2464	0,2463	0,2463
	D(AA)/A	-0,3086	-0,3213	-0,3379	-0,3482	-0,3215	-0,2472	-0,1362	-0,0597	-0,0202	-0,0000
	D(AB)/A	0,1868	0,1795	0,1646	0,1330	0,0795	0,0370	0,0129	0,0045	0,0014	0
	D(AC)/A	0,1840	0,2017	0,2282	0,2595	0,2684	0,2225	0,1276	0,0567	0,0192	0,0000
	D(BA)/A	-0,4926	-0,4555	-0,3983	-0,3217	-0,2403	-0,1691	-0,0901	-0,0391	-0,0132	-0,0000
	D(BB)/A	-0,0000	-0,0000	0	0,0000	-0,0000	0	0,0000	-0,0000	0,0000	-0,0000
	D(BC)/A	0,4926	0,4555	0,3983	0,3217	0,2403	0,1691	0,0901	0,0391	0,0132	-0,0000
100,00	B(AA)	0,3790	0,3807	0,3844	0,3937	0,4220	0,4860	0,6145	0,7413	0,8260	0,8759
	B(AB)	0,3743	0,3742	0,3741	0,3737	0,3731	0,3726	0,3724	0,3723	0,3722	0,3722
	B(AC)	0,3715	0,3698	0,3663	0,3571	0,3293	0,2656	0,1372	0,0106	-0,0741	-0,1241
	B(BA)	0,2495	0,2495	0,2494	0,2491	0,2487	0,2484	0,2482	0,2482	0,2481	0,2481
	B(BB)	0,2514	0,2516	0,2519	0,2526	0,2538	0,2548	0,2553	0,2555	0,2556	0,2556
	B(BC)	0,2495	0,2495	0,2494	0,2491	0,2487	0,2484	0,2482	0,2482	0,2481	0,2481
	D(AA)/A	-0,3105	-0,3243	-0,3432	-0,3595	-0,3490	-0,2990	-0,1992	-0,1023	-0,0379	0,0000
	D(AB)/A	0,1871	0,1799	0,1650	0,1335	0,0800	0,0373	0,0130	0,0045	0,0014	0,0000
	D(AC)/A	0,1858	0,2044	0,2332	0,2705	0,2957	0,2742	0,1905	0,0993	0,0370	0,0000
	D(BA)/A	-0,4963	-0,4605	-0,4056	-0,3335	-0,2626	-0,2064	-0,1331	-0,0677	-0,0250	-0,0000
	D(BB)/A	0,0000	0,0000	0,0000	0,0000	0,0000	0	0,0000	0	-0,0000	0,0000
	D(BC)/A	0,4963	0,4605	0,4056	0,3335	0,2626	0,2064	0,1331	0,0677	0,0250	0,0000

Z	Z(T)	0,00	0,03	0,10	0,30	1,00	3,00	10,0	30,0	100	UNENDL
200,00	B(AA)	0,3770	0,3779	0,3797	0,3845	0,3996	0,4373	0,5322	0,6633	0,7847	0,8755
	B(AB)	0,3746	0,3746	0,3745	0,3743	0,3740	0,3738	0,3737	0,3736	0,3736	0,3736
	B(AC)	0,3732	0,3724	0,3706	0,3659	0,3510	0,3135	0,2187	0,0876	-0,0337	-0,1245
	B(BA)	0,2498	0,2497	0,2497	0,2496	0,2494	0,2492	0,2491	0,2491	0,2491	0,2491
	B(BB)	0,2507	0,2508	0,2509	0,2513	0,2519	0,2524	0,2527	0,2528	0,2528	0,2528
	B(BC)	0,2498	0,2497	0,2497	0,2496	0,2494	0,2492	0,2491	0,2491	0,2491	0,2491
	D(AA)/A	-0,3115	-0,3258	-0,3459	-0,3654	-0,3647	-0,3346	-0,2602	-0,1603	-0,0685	-0,0000
	D(AB)/A	0,1873	0,1801	0,1652	0,1337	0,0802	0,0374	0,0130	0,0046	0,0014	-0,0000
	D(AC)/A	0,1866	0,2057	0,2357	0,2763	0,3113	0,3096	0,2515	0,1573	0,0676	-0,0000
	D(BA)/A	-0,4981	-0,4630	-0,4093	-0,3397	-0,2754	-0,2319	-0,1748	-0,1067	-0,0455	-0,0000
	D(BB)/A	0	0,0000	0,0000	0	0,0000	0,0000	0,0000	0,0000	0,0000	-0,0000
	D(BC)/A	0,4981	0,4630	0,4093	0,3397	0,2754	0,2319	0,1748	0,1067	0,0455	-0,0000
500,00	B(AA)	0,3758	0,3761	0,3769	0,3789	0,3851	0,4019	0,4524	0,5511	0,6968	0,8752
	B(AB)	0,3749	0,3748	0,3748	0,3747	0,3746	0,3745	0,3745	0,3744	0,3744	0,3744
	B(AC)	0,3743	0,3740	0,3732	0,3713	0,3651	0,3484	0,2980	0,1993	0,0536	-0,1248
	B(BA)	0,2499	0,2499	0,2499	0,2498	0,2497	0,2497	0,2496	0,2496	0,2496	0,2496
	B(BB)	0,2503	0,2503	0,2504	0,2505	0,2508	0,2510	0,2511	0,2511	0,2511	0,2511
	B(BC)	0,2499	0,2499	0,2499	0,2498	0,2497	0,2497	0,2496	0,2496	0,2496	0,2496
	D(AA)/A	-0,3121	-0,3267	-0,3475	-0,3691	-0,3749	-0,3605	-0,3195	-0,2441	-0,1342	-0,0000
	D(AB)/A	0,1874	0,1802	0,1654	0,1338	0,0803	0,0375	0,0131	0,0046	0,0014	-0,0000
	D(AC)/A	0,1871	0,2066	0,2373	0,2798	0,3214	0,3355	0,3108	0,2411	0,1333	-0,0000
	D(BA)/A	-0,4993	-0,4645	-0,4115	-0,3435	-0,2837	-0,2505	-0,2153	-0,1631	-0,0894	-0,0000
	D(BB)/A	0	0,0000	0,0000	0,0000	0,0000	-0,0000	0,0000	0,0000	-0,0000	0,0000
	D(BC)/A	0,4993	0,4645	0,4115	0,3435	0,2837	0,2505	0,2153	0,1631	0,0894	0,0000
1000,00	B(AA)	0,3754	0,3756	0,3760	0,3769	0,3801	0,3888	0,4169	0,4818	0,6121	0,8751
	B(AB)	0,3749	0,3749	0,3749	0,3749	0,3748	0,3748	0,3747	0,3747	0,3747	0,3747
	B(AC)	0,3746	0,3745	0,3741	0,3732	0,3700	0,3613	0,3333	0,2684	0,1381	-0,1249
	B(BA)	0,2500	0,2499	0,2499	0,2499	0,2499	0,2498	0,2498	0,2498	0,2498	0,2498
	B(BB)	0,2501	0,2502	0,2502	0,2503	0,2504	0,2505	0,2505	0,2506	0,2506	0,2506
	B(BC)	0,2500	0,2499	0,2499	0,2499	0,2499	0,2498	0,2498	0,2498	0,2498	0,2498
	D(AA)/A	-0,3123	-0,3270	-0,3481	-0,3703	-0,3784	-0,3700	-0,3459	-0,2959	-0,1976	0,0000
	D(AB)/A	0,1875	0,1803	0,1654	0,1339	0,0803	0,0375	0,0131	0,0046	0,0014	0,0000
	D(AC)/A	0,1873	0,2069	0,2378	0,2811	0,3249	0,3450	0,3372	0,2928	0,1966	0,0000
	D(BA)/A	-0,4996	-0,4650	-0,4123	-0,3448	-0,2865	-0,2574	-0,2333	-0,1979	-0,1317	-0,0000
	D(BB)/A	0	0,0000	0,0000	0,0000	0,0000	-0,0000	0,0000	-0,0000	0,0000	-0,0000
	D(BC)/A	0,4996	0,4650	0,4123	0,3448	0,2865	0,2574	0,2333	0,1979	0,1317	-0,0000

d) $r_a : r_b : r_c = 2{,}0 : 1{,}0 : 2{,}0$

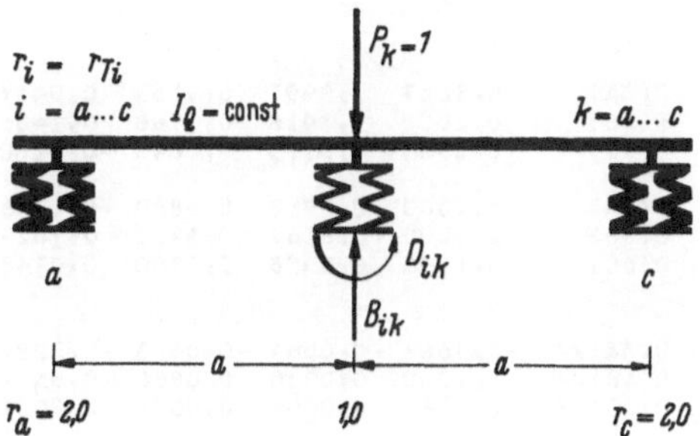

Z	Z(T)	0,00	0,03	0,10	0,30	1,00	3,00	10,0	30,0	100	UNENDL
0,01	B(AA)	0,9903	0,9921	0,9941	0,9960	0,9976	0,9983	0,9986	0,9987	0,9988	0,9988
	B(AB)	0,0190	0,0176	0,0151	0,0115	0,0078	0,0061	0,0053	0,0051	0,0050	0,0049
	B(AC)	0,0002	-0,0009	-0,0016	-0,0018	-0,0015	-0,0014	-0,0013	-0,0012	-0,0012	-0,0012
	B(BA)	0,0095	0,0088	0,0076	0,0057	0,0039	0,0030	0,0026	0,0025	0,0025	0,0025
	B(BB)	0,9619	0,9648	0,9698	0,9770	0,9843	0,9879	0,9894	0,9899	0,9901	0,9901
	B(BC)	0,0095	0,0088	0,0076	0,0057	0,0039	0,0030	0,0026	0,0025	0,0025	0,0025
	D(AA)/A	-0,0049	-0,0040	-0,0030	-0,0019	-0,0008	-0,0003	-0,0001	-0,0000	-0,0000	-0,0000
	D(AB)/A	0,0095	0,0085	0,0069	0,0044	0,0020	0,0008	0,0002	0,0001	0,0000	0
	D(AC)/A	0,0001	-0,0003	-0,0004	-0,0004	-0,0002	-0,0001	-0,0000	-0,0000	-0,0000	0,0000
	D(BA)/A	-0,0050	-0,0032	-0,0017	-0,0007	-0,0002	-0,0001	-0,0000	-0,0000	-0,0000	-0,0000
	D(BB)/A	0,0000	0,0000	0	-0,0000	0,0000	0,0000	0	0,0000	-0,0000	0
	D(BC)/A	0,0050	0,0032	0,0017	0,0007	0,0002	0,0001	0,0000	0,0000	0,0000	0,0000
0,02	B(AA)	0,9811	0,9847	0,9884	0,9922	0,9953	0,9967	0,9973	0,9975	0,9975	0,9976
	B(AB)	0,0364	0,0337	0,0291	0,0223	0,0154	0,0119	0,0105	0,0100	0,0098	0,0098
	B(AC)	0,0007	-0,0015	-0,0030	-0,0034	-0,0030	-0,0027	-0,0025	-0,0025	-0,0024	-0,0024
	B(BA)	0,0182	0,0168	0,0146	0,0112	0,0077	0,0060	0,0052	0,0050	0,0049	0,0049
	B(BB)	0,9273	0,9326	0,9417	0,9554	0,9692	0,9761	0,9791	0,9800	0,9803	0,9805
	B(BC)	0,0182	0,0168	0,0146	0,0112	0,0077	0,0060	0,0052	0,0050	0,0049	0,0049
	D(AA)/A	-0,0094	-0,0078	-0,0059	-0,0036	-0,0016	-0,0006	-0,0002	-0,0001	-0,0000	0,0000
	D(AB)/A	0,0182	0,0164	0,0132	0,0086	0,0038	0,0015	0,0005	0,0002	0,0000	-0,0000
	D(AC)/A	0,0004	-0,0004	-0,0007	-0,0007	-0,0003	-0,0001	-0,0000	-0,0000	-0,0000	0,0000
	D(BA)/A	-0,0098	-0,0064	-0,0034	-0,0014	-0,0004	-0,0001	-0,0000	-0,0000	-0,0000	0,0000
	D(BB)/A	0,0000	0,0000	-0,0000	0,0000	0,0000	-0,0000	-0,0000	0	-0,0000	-0,0000
	D(BC)/A	0,0098	0,0064	0,0034	0,0014	0,0004	0,0001	0,0000	0,0000	0,0000	0,0000
0,05	B(AA)	0,9562	0,9644	0,9730	0,9817	0,9887	0,9920	0,9935	0,9939	0,9941	0,9941
	B(AB)	0,0800	0,0748	0,0657	0,0515	0,0364	0,0286	0,0251	0,0241	0,0237	0,0235
	B(AC)	0,0038	-0,0018	-0,0059	-0,0074	-0,0069	-0,0063	-0,0060	-0,0059	-0,0059	-0,0059
	B(BA)	0,0400	0,0374	0,0328	0,0257	0,0182	0,0143	0,0126	0,0120	0,0118	0,0118
	B(BB)	0,8400	0,8505	0,8687	0,8970	0,9273	0,9429	0,9497	0,9518	0,9526	0,9529
	B(BC)	0,0400	0,0374	0,0328	0,0257	0,0182	0,0143	0,0126	0,0120	0,0118	0,0118
	D(AA)/A	-0,0219	-0,0182	-0,0138	-0,0087	-0,0039	-0,0015	-0,0005	-0,0002	-0,0001	0,0000
	D(AB)/A	0,0400	0,0363	0,0299	0,0198	0,0091	0,0036	0,0011	0,0004	0,0001	0,0000
	D(AC)/A	0,0019	0,0000	-0,0011	-0,0012	-0,0006	-0,0003	-0,0001	-0,0000	-0,0000	0,0000
	D(BA)/A	-0,0238	-0,0156	-0,0084	-0,0035	-0,0011	-0,0004	-0,0001	-0,0000	-0,0000	-0,0000
	D(BB)/A	0,0000	-0,0000	0	0,0000	-0,0000	0,0000	0	0,0000	0,0000	0,0000
	D(BC)/A	0,0238	0,0156	0,0084	0,0035	0,0011	0,0004	0,0001	0,0000	0,0000	0

Z	Z(T)	0,00	0,03	0,10	0,30	1,00	3,00	10,0	30,0	100	UNENDL
0,10	B(AA)	0,9212	0,9358	0,9511	0,9664	0,9790	0,9850	0,9877	0,9885	0,9888	0,9889
	B(AB)	0,1333	0,1260	0,1128	0,0912	0,0667	0,0533	0,0473	0,0454	0,0447	0,0444
	B(AC)	0,0121	0,0012	-0,0075	-0,0120	-0,0124	-0,0117	-0,0113	-0,0112	-0,0111	-0,0111
	B(BA)	0,0667	0,0630	0,0564	0,0456	0,0333	0,0267	0,0237	0,0227	0,0224	0,0222
	B(BB)	0,7333	0,7480	0,7744	0,8175	0,8667	0,8933	0,9054	0,9092	0,9105	0,9111
	B(BC)	0,0667	0,0630	0,0564	0,0456	0,0333	0,0267	0,0237	0,0227	0,0224	0,0222
	D(AA)/A	-0,0394	-0,0329	-0,0252	-0,0161	-0,0074	-0,0029	-0,0009	-0,0003	-0,0001	-0,0000
	D(AB)/A	0,0667	0,0612	0,0513	0,0351	0,0167	0,0067	0,0022	0,0007	0,0002	0
	D(AC)/A	0,0061	0,0023	-0,0004	-0,0014	-0,0009	-0,0004	-0,0001	-0,0000	-0,0000	-0,0000
	D(BA)/A	-0,0455	-0,0301	-0,0165	-0,0069	-0,0022	-0,0007	-0,0002	-0,0001	-0,0000	-0,0000
	D(BB)/A	-0,0000	0	-0,0000	0,0000	-0,0000	-0,0000	-0,0000	-0,0000	-0,0000	-0,0000
	D(BC)/A	0,0455	0,0301	0,0165	0,0069	0,0022	0,0007	0,0002	0,0001	0,0000	0,0000
0,20	B(AA)	0,8667	0,8907	0,9163	0,9417	0,9629	0,9732	0,9778	0,9793	0,9798	0,9800
	B(AB)	0,2000	0,1916	0,1760	0,1486	0,1143	0,0941	0,0846	0,0816	0,0805	0,0800
	B(AC)	0,0333	0,0135	-0,0043	-0,0160	-0,0200	-0,0203	-0,0201	-0,0201	-0,0200	-0,0200
	B(BA)	0,1000	0,0958	0,0880	0,0743	0,0571	0,0471	0,0423	0,0408	0,0402	0,0400
	B(BB)	0,6000	0,6167	0,6480	0,7029	0,7714	0,8118	0,8308	0,8368	0,8390	0,8400
	B(BC)	0,1000	0,0958	0,0880	0,0743	0,0571	0,0471	0,0423	0,0408	0,0402	0,0400
	D(AA)/A	-0,0667	-0,0564	-0,0438	-0,0287	-0,0136	-0,0055	-0,0018	-0,0006	-0,0002	0,0000
	D(AB)/A	0,1000	0,0930	0,0800	0,0571	0,0286	0,0118	0,0038	0,0013	0,0004	-0,0000
	D(AC)/A	0,0167	0,0098	0,0038	0,0001	-0,0007	-0,0004	-0,0002	-0,0001	-0,0000	0
	D(BA)/A	-0,0833	-0,0566	-0,0317	-0,0135	-0,0043	-0,0014	-0,0004	-0,0001	-0,0000	-0,0000
	D(BB)/A	0,0000	0,0000	0,0000	-0,0000	0	-0,0000	-0,0000	0,0000	-0,0000	-0,0000
	D(BC)/A	0,0833	0,0566	0,0317	0,0135	0,0043	0,0014	0,0004	0,0001	0,0000	0
0,50	B(AA)	0,7619	0,8007	0,8451	0,8906	0,9292	0,9485	0,9573	0,9601	0,9611	0,9615
	B(AB)	0,2857	0,2788	0,2651	0,2385	0,2000	0,1739	0,1606	0,1562	0,1546	0,1538
	B(AC)	0,0952	0,0599	0,0224	-0,0099	-0,0292	-0,0355	-0,0376	-0,0382	-0,0384	-0,0385
	B(BA)	0,1429	0,1394	0,1325	0,1193	0,1000	0,0870	0,0803	0,0781	0,0773	0,0769
	B(BB)	0,4286	0,4425	0,4699	0,5229	0,6000	0,6522	0,6788	0,6877	0,6909	0,6923
	B(BC)	0,1429	0,1394	0,1325	0,1193	0,1000	0,0870	0,0803	0,0781	0,0773	0,0769
	D(AA)/A	-0,1190	-0,1037	-0,0833	-0,0567	-0,0281	-0,0117	-0,0038	-0,0013	-0,0004	-0,0000
	D(AB)/A	0,1429	0,1353	0,1205	0,0917	0,0500	0,0217	0,0073	0,0025	0,0008	0,0000
	D(AC)/A	0,0476	0,0360	0,0231	0,0109	0,0031	0,0008	0,0002	0,0001	0,0000	0,0000
	D(BA)/A	-0,1667	-0,1195	-0,0709	-0,0318	-0,0104	-0,0035	-0,0010	-0,0003	-0,0001	-0,0000
	D(BB)/A	0	0	0,0000	0,0000	-0,0000	0,0000	0,0000	0	-0,0000	0,0000
	D(BC)/A	0,1667	0,1195	0,0709	0,0318	0,0104	0,0035	0,0010	0,0003	0,0001	0,0000
1,00	B(AA)	0,6667	0,7120	0,7697	0,8348	0,8933	0,9237	0,9377	0,9421	0,9437	0,9444
	B(AB)	0,3333	0,3285	0,3188	0,2989	0,2667	0,2424	0,2292	0,2246	0,2230	0,2222
	B(AC)	0,1667	0,1237	0,0709	0,0157	-0,0267	-0,0449	-0,0522	-0,0544	-0,0552	-0,0556
	B(BA)	0,1667	0,1643	0,1594	0,1494	0,1333	0,1212	0,1146	0,1123	0,1115	0,1111
	B(BB)	0,3333	0,3429	0,3623	0,4023	0,4667	0,5152	0,5417	0,5507	0,5541	0,5556
	B(BC)	0,1667	0,1643	0,1594	0,1494	0,1333	0,1212	0,1146	0,1123	0,1115	0,1111
	D(AA)/A	-0,1667	-0,1509	-0,1266	-0,0902	-0,0467	-0,0199	-0,0066	-0,0023	-0,0007	0
	D(AB)/A	0,1667	0,1595	0,1449	0,1149	0,0667	0,0303	0,0104	0,0036	0,0011	0,0000
	D(AC)/A	0,0833	0,0711	0,0541	0,0328	0,0133	0,0047	0,0014	0,0005	0,0001	0
	D(BA)/A	-0,2500	-0,1897	-0,1205	-0,0579	-0,0200	-0,0069	-0,0021	-0,0007	-0,0002	0,0000
	D(BB)/A	0	0,0000	-0,0000	-0,0000	-0,0000	0	-0,0000	-0,0000	-0,0000	0
	D(BC)/A	0,2500	0,1897	0,1205	0,0579	0,0200	0,0069	0,0021	0,0007	0,0002	-0,0000
2,00	B(AA)	0,5758	0,6182	0,6798	0,7613	0,8459	0,8941	0,9172	0,9247	0,9274	0,9286
	B(AB)	0,3636	0,3608	0,3548	0,3421	0,3200	0,3019	0,2914	0,2877	0,2863	0,2857
	B(AC)	0,2424	0,2014	0,1428	0,0677	-0,0059	-0,0450	-0,0629	-0,0685	-0,0705	-0,0714
	B(BA)	0,1818	0,1804	0,1774	0,1711	0,1600	0,1509	0,1457	0,1439	0,1432	0,1429
	B(BB)	0,2727	0,2785	0,2903	0,3158	0,3600	0,3962	0,4172	0,4246	0,4274	0,4286
	B(BC)	0,1818	0,1804	0,1774	0,1711	0,1600	0,1509	0,1457	0,1439	0,1432	0,1429
	D(AA)/A	-0,2121	-0,2010	-0,1792	-0,1371	-0,0756	-0,0332	-0,0112	-0,0039	-0,0012	-0,0000
	D(AB)/A	0,1818	0,1751	0,1613	0,1316	0,0800	0,0377	0,0132	0,0046	0,0014	-0,0000
	D(AC)/A	0,1212	0,1134	0,0986	0,0713	0,0356	0,0144	0,0046	0,0016	0,0005	-0,0000
	D(BA)/A	-0,3333	-0,2688	-0,1852	-0,0980	-0,0370	-0,0133	-0,0041	-0,0014	-0,0004	-0,0000
	D(BB)/A	0	0	0	-0,0000	0	0,0000	0	-0,0000	-0,0000	-0,0000
	D(BC)/A	0,3333	0,2688	0,1852	0,0980	0,0370	0,0133	0,0041	0,0014	0,0004	-0,0000

Z	Z(T)	0,00	0,03	0,10	0,30	1,00	3,00	10,0	30,0	100	UNENDL
5,00	B(AA)	0,4872	0,5153	0,5633	0,6440	0,7576	0,8417	0,8887	0,9050	0,9111	0,9138
	B(AB)	0,3846	0,3833	0,3806	0,3746	0,3636	0,3540	0,3481	0,3460	0,3452	0,3448
	B(AC)	0,3205	0,2930	0,2464	0,1687	0,0606	-0,0187	-0,0628	-0,0780	-0,0837	-0,0862
	B(BA)	0,1923	0,1917	0,1903	0,1873	0,1818	0,1770	0,1741	0,1730	0,1726	0,1724
	B(BB)	0,2308	0,2333	0,2388	0,2507	0,2727	0,2920	0,3038	0,3080	0,3096	0,3103
	B(BC)	0,1923	0,1917	0,1903	0,1873	0,1818	0,1770	0,1741	0,1730	0,1726	0,1724
	D(AA)/A	-0,2564	-0,2562	-0,2482	-0,2144	-0,1364	-0,0656	-0,0232	-0,0082	-0,0025	0,0000
	D(AB)/A	0,1923	0,1861	0,1730	0,1441	0,0909	0,0442	0,0158	0,0056	0,0017	0,0000
	D(AC)/A	0,1603	0,1631	0,1617	0,1424	0,0909	0,0435	0,0153	0,0054	0,0016	0,0000
	D(BA)/A	-0,4167	-0,3584	-0,2732	-0,1679	-0,0758	-0,0305	-0,0100	-0,0034	-0,0010	-0,0000
	D(BB)/A	-0,0000	0,0000	0,0000	0,0000	0	0	-0,0000	0	-0,0000	0,0000
	D(BC)/A	0,4167	0,3584	0,2732	0,1679	0,0758	0,0305	0,0100	0,0034	0,0010	0,0000
10,00	B(AA)	0,4474	0,4646	0,4966	0,5591	0,6722	0,7836	0,8607	0,8906	0,9022	0,9074
	B(AB)	0,3922	0,3915	0,3901	0,3869	0,3810	0,3756	0,3723	0,3710	0,3706	0,3704
	B(AC)	0,3565	0,3396	0,3083	0,2474	0,1373	0,0286	-0,0468	-0,0761	-0,0875	-0,0926
	B(BA)	0,1961	0,1957	0,1950	0,1935	0,1905	0,1878	0,1861	0,1855	0,1853	0,1852
	B(BB)	0,2157	0,2170	0,2199	0,2262	0,2381	0,2488	0,2555	0,2579	0,2589	0,2593
	B(BC)	0,1961	0,1957	0,1950	0,1935	0,1905	0,1878	0,1861	0,1855	0,1853	0,1852
	D(AA)/A	-0,2763	-0,2834	-0,2878	-0,2712	-0,1982	-0,1074	-0,0410	-0,0148	-0,0046	0,0000
	D(AB)/A	0,1961	0,1900	0,1773	0,1488	0,0952	0,0469	0,0169	0,0060	0,0018	0,0000
	D(AC)/A	0,1783	0,1884	0,1992	0,1968	0,1506	0,0840	0,0325	0,0118	0,0037	0,0000
	D(BA)/A	-0,4545	-0,4033	-0,3247	-0,2203	-0,1163	-0,0536	-0,0191	-0,0067	-0,0021	0,0000
	D(BB)/A	0	-0,0000	-0,0000	0,0000	0,0000	-0,0000	0	-0,0000	0,0000	-0,0000
	D(BC)/A	0,4545	0,4033	0,3247	0,2203	0,1163	0,0536	0,0191	0,0067	0,0021	0,0000
20,00	B(AA)	0,4248	0,4344	0,4532	0,4940	0,5850	0,7063	0,8189	0,8715	0,8936	0,9038
	B(AB)	0,3960	0,3957	0,3950	0,3933	0,3902	0,3874	0,3856	0,3850	0,3847	0,3846
	B(AC)	0,3772	0,3677	0,3493	0,3094	0,2199	0,0999	-0,0117	-0,0640	-0,0860	-0,0962
	B(BA)	0,1980	0,1978	0,1975	0,1967	0,1951	0,1937	0,1928	0,1925	0,1924	0,1923
	B(BB)	0,2079	0,2086	0,2101	0,2133	0,2195	0,2252	0,2287	0,2301	0,2305	0,2308
	B(BC)	0,1980	0,1978	0,1975	0,1967	0,1951	0,1937	0,1928	0,1925	0,1924	0,1923
	D(AA)/A	-0,2876	-0,2996	-0,3137	-0,3151	-0,2625	-0,1659	-0,0716	-0,0273	-0,0086	-0,0000
	D(AB)/A	0,1980	0,1921	0,1795	0,1513	0,0976	0,0484	0,0175	0,0062	0,0019	-0,0000
	D(AC)/A	0,1886	0,2036	0,2239	0,2394	0,2137	0,1416	0,0629	0,0242	0,0077	-0,0000
	D(BA)/A	-0,4762	-0,4301	-0,3584	-0,2609	-0,1587	-0,0861	-0,0349	-0,0130	-0,0041	-0,0000
	D(BB)/A	0	0	0,0000	0,0000	0,0000	-0,0000	0	-0,0000	0,0000	0,0000
	D(BC)/A	0,4762	0,4301	0,3584	0,2609	0,1587	0,0861	0,0349	0,0130	0,0041	0,0000
50,00	B(AA)	0,4102	0,4143	0,4227	0,4422	0,4945	0,5919	0,7326	0,8280	0,8769	0,9016
	B(AB)	0,3984	0,3983	0,3980	0,3973	0,3960	0,3949	0,3941	0,3939	0,3937	0,3937
	B(AC)	0,3906	0,3865	0,3783	0,3592	0,3075	0,2106	0,0703	-0,0249	-0,0737	-0,0984
	B(BA)	0,1992	0,1991	0,1990	0,1987	0,1980	0,1974	0,1971	0,1969	0,1969	0,1969
	B(BB)	0,2032	0,2035	0,2041	0,2054	0,2079	0,2103	0,2118	0,2123	0,2125	0,2126
	B(BC)	0,1992	0,1991	0,1990	0,1987	0,1980	0,1974	0,1971	0,1969	0,1969	0,1969
	D(AA)/A	-0,2949	-0,3104	-0,3319	-0,3500	-0,3296	-0,2540	-0,1386	-0,0603	-0,0202	-0,0000
	D(AB)/A	0,1992	0,1933	0,1809	0,1528	0,0990	0,0494	0,0179	0,0064	0,0019	-0,0000
	D(AC)/A	0,1953	0,2137	0,2415	0,2736	0,2801	0,2293	0,1296	0,0571	0,0193	-0,0000
	D(BA)/A	-0,4902	-0,4481	-0,3823	-0,2934	-0,2033	-0,1353	-0,0695	-0,0297	-0,0099	-0,0000
	D(BB)/A	0	0	0	-0,0000	0	0,0000	-0,0000	-0,0000	0	-0,0000
	D(BC)/A	0,4902	0,4481	0,3823	0,2934	0,2033	0,1353	0,0695	0,0297	0,0099	-0,0000
100,00	B(AA)	0,4052	0,4073	0,4116	0,4220	0,4521	0,5184	0,6483	0,7726	0,8537	0,9008
	B(AB)	0,3992	0,3991	0,3990	0,3987	0,3980	0,3974	0,3970	0,3969	0,3968	0,3968
	B(AC)	0,3952	0,3932	0,3889	0,3787	0,3489	0,2829	0,1532	0,0290	-0,0521	-0,0992
	B(BA)	0,1996	0,1996	0,1995	0,1993	0,1990	0,1987	0,1985	0,1985	0,1984	0,1984
	B(BB)	0,2016	0,2017	0,2020	0,2027	0,2040	0,2052	0,2059	0,2062	0,2063	0,2063
	B(BC)	0,1996	0,1996	0,1995	0,1993	0,1990	0,1987	0,1985	0,1985	0,1984	0,1984
	D(AA)/A	-0,2974	-0,3142	-0,3385	-0,3636	-0,3612	-0,3110	-0,2050	-0,1039	-0,0381	-0,0000
	D(AB)/A	0,1996	0,1938	0,1814	0,1533	0,0995	0,0497	0,0180	0,0064	0,0020	-0,0000
	D(AC)/A	0,1976	0,2173	0,2479	0,2869	0,3114	0,2862	0,1960	0,1007	0,0371	0,0000
	D(BA)/A	-0,4950	-0,4544	-0,3909	-0,3061	-0,2242	-0,1672	-0,1039	-0,0518	-0,0189	0,0000
	D(BB)/A	0	0	0,0000	0	0	0	0,0000	0	-0,0000	-0,0000
	D(BC)/A	0,4950	0,4544	0,3909	0,3061	0,2242	0,1672	0,1040	0,0518	0,0189	-0,0000

Z	Z(T)	0,00	0,03	0,10	0,30	1,00	3,00	10,0	30,0	100	UNENDL
200,00	B(AA)	0,4026	0,4037	0,4059	0,4112	0,4274	0,4671	0,5649	0,6963	0,8143	0,9004
	B(AB)	0,3996	0,3996	0,3995	0,3993	0,3990	0,3987	0,3985	0,3984	0,3984	0,3984
	B(AC)	0,3976	0,3966	0,3944	0,3891	0,3731	0,3336	0,2359	0,1044	-0,0136	-0,0996
	B(BA)	0,1998	0,1998	0,1997	0,1997	0,1995	0,1994	0,1993	0,1992	0,1992	0,1992
	B(BB)	0,2008	0,2009	0,2010	0,2014	0,2020	0,2026	0,2030	0,2031	0,2032	0,2032
	B(BC)	0,1998	0,1998	0,1997	0,1997	0,1995	0,1994	0,1993	0,1992	0,1992	0,1992
	D(AA)/A	-0,2987	-0,3161	-0,3420	-0,3709	-0,3795	-0,3509	-0,2710	-0,1644	-0,0693	0,0000
	D(AB)/A	0,1998	0,1940	0,1816	0,1536	0,0998	0,0498	0,0181	0,0064	0,0020	0
	D(AC)/A	0,1988	0,2192	0,2512	0,2941	0,3297	0,3260	0,2619	0,1612	0,0683	0,0000
	D(BA)/A	-0,4975	-0,4576	-0,3954	-0,3129	-0,2364	-0,1895	-0,1381	-0,0824	-0,0345	-0,0000
	D(BB)/A	0	-0,0000	0	0	-0,0000	-0,0000	0,0000	-0,0000	0	0,0000
	D(BC)/A	0,4975	0,4576	0,3954	0,3129	0,2364	0,1895	0,1381	0,0824	0,0345	0,0000
500,00	B(AA)	0,4010	0,4015	0,4024	0,4046	0,4113	0,4292	0,4821	0,5837	0,7292	0,9002
	B(AB)	0,3998	0,3998	0,3998	0,3997	0,3996	0,3995	0,3994	0,3994	0,3994	0,3994
	B(AC)	0,3990	0,3986	0,3977	0,3956	0,3889	0,3711	0,3182	0,2166	0,0711	-0,0998
	B(BA)	0,1999	0,1999	0,1999	0,1999	0,1998	0,1997	0,1997	0,1997	0,1997	0,1997
	B(BB)	0,2003	0,2003	0,2004	0,2005	0,2008	0,2010	0,2012	0,2012	0,2013	0,2013
	B(BC)	0,1999	0,1999	0,1999	0,1999	0,1998	0,1997	0,1997	0,1997	0,1997	0,1997
	D(AA)/A	-0,2995	-0,3173	-0,3440	-0,3754	-0,3915	-0,3804	-0,3365	-0,2541	-0,1372	-0,0000
	D(AB)/A	0,1999	0,1941	0,1817	0,1537	0,0999	0,0499	0,0182	0,0064	0,0020	0,0000
	D(AC)/A	0,1995	0,2203	0,2532	0,2985	0,3416	0,3555	0,3274	0,2509	0,1362	0,0000
	D(BA)/A	-0,4990	-0,4596	-0,3982	-0,3171	-0,2444	-0,2061	-0,1721	-0,1278	-0,0686	0,0000
	D(BB)/A	0,0000	0,0000	0	-0,0000	-0,0000	-0,0000	0,0000	0	-0,0000	-0,0000
	D(BC)/A	0,4990	0,4596	0,3982	0,3171	0,2444	0,2061	0,1721	0,1278	0,0686	0,0000
1000,00	B(AA)	0,4005	0,4007	0,4012	0,4023	0,4057	0,4150	0,4447	0,5125	0,6452	0,9001
	B(AB)	0,3999	0,3999	0,3999	0,3999	0,3998	0,3997	0,3997	0,3997	0,3997	0,3997
	B(AC)	0,3995	0,3993	0,3989	0,3978	0,3944	0,3851	0,3554	0,2877	0,1549	-0,0999
	B(BA)	0,2000	0,2000	0,1999	0,1999	0,1999	0,1999	0,1999	0,1998	0,1998	0,1998
	B(BB)	0,2002	0,2002	0,2002	0,2003	0,2004	0,2005	0,2006	0,2006	0,2006	0,2006
	B(BC)	0,2000	0,2000	0,1999	0,1999	0,1999	0,1999	0,1999	0,1998	0,1998	0,1998
	D(AA)/A	-0,2997	-0,3177	-0,3447	-0,3769	-0,3957	-0,3914	-0,3661	-0,3109	-0,2042	-0,0000
	D(AB)/A	0,2000	0,1941	0,1818	0,1538	0,1000	0,0500	0,0182	0,0064	0,0020	-0,0000
	D(AC)/A	0,1998	0,2206	0,2539	0,3000	0,3457	0,3665	0,3571	0,3077	0,2032	-0,0000
	D(BA)/A	-0,4995	-0,4602	-0,3991	-0,3186	-0,2472	-0,2122	-0,1875	-0,1566	-0,1022	-0,0000
	D(BB)/A	0	0	0,0000	0	0,0000	-0,0000	0	0,0000	-0,0000	-0,0000
	D(BC)/A	0,4995	0,4602	0,3991	0,3186	0,2472	0,2122	0,1875	0,1566	0,1022	-0,0000

3. Der Balken auf vier elastischen Stützen mit schwächeren oder stärkeren Randstützen, Steifigkeitsverhältnis $r_a : r_b : r_c : r_d$

a) $r_a : r_b : r_c : r_d = 0{,}8 : 1{,}0 : 1{,}0 : 0{,}8$

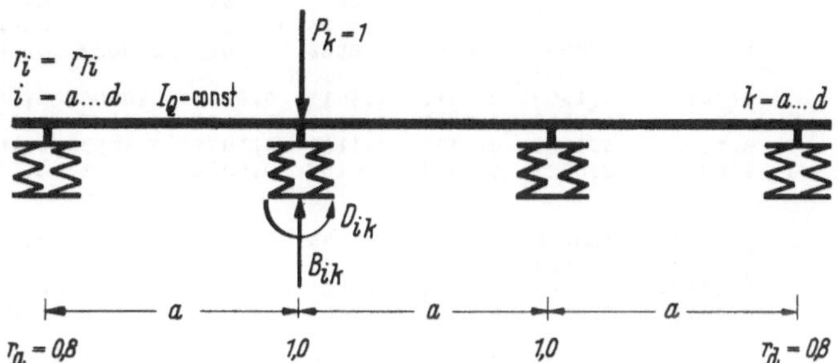

Z	Z(T)	0,00	0,03	0,10	0,30	1,00	3,00	10,0	30,0	100	UNENDL
0,01	B(AA)	0,9761	0,9824	0,9882	0,9927	0,9953	0,9962	0,9966	0,9967	0,9967	0,9967
	B(AB)	0,0188	0,0157	0,0123	0,0091	0,0070	0,0063	0,0060	0,0059	0,0058	0,0058
	B(AC)	0,0004	-0,0018	-0,0032	-0,0038	-0,0039	-0,0039	-0,0038	-0,0038	-0,0038	-0,0038
	B(AD)	0,0000	0,0001	0,0004	0,0007	0,0008	0,0008	0,0008	0,0008	0,0008	0,0008
	B(BA)	0,0235	0,0197	0,0154	0,0114	0,0088	0,0078	0,0075	0,0073	0,0073	0,0073
	B(BB)	0,9623	0,9677	0,9736	0,9790	0,9825	0,9838	0,9843	0,9844	0,9845	0,9845
	B(BC)	0,0185	0,0183	0,0173	0,0157	0,0144	0,0138	0,0136	0,0135	0,0135	0,0135
	B(BD)	0,0005	-0,0022	-0,0040	-0,0047	-0,0048	-0,0048	-0,0048	-0,0048	-0,0048	-0,0048
	D(AA)/A	-0,0120	-0,0086	-0,0053	-0,0026	-0,0009	-0,0003	-0,0001	-0,0000	-0,0000	-0,0000
	D(AB)/A	0,0094	0,0073	0,0049	0,0025	0,0009	0,0003	0,0001	0,0000	0,0000	-0,0000
	D(AC)/A	0,0002	-0,0004	-0,0007	-0,0005	-0,0002	-0,0001	-0,0000	-0,0000	-0,0000	-0,0000
	D(AD)/A	0,0000	0,0000	0,0001	0,0001	0,0000	0,0000	0,0000	0,0000	0,0000	0,0000
	D(BA)/A	-0,0122	-0,0075	-0,0038	-0,0015	-0,0005	-0,0002	-0,0000	-0,0000	-0,0000	-0,0000
	D(BB)/A	-0,0000	-0,0002	-0,0003	-0,0003	-0,0001	-0,0000	-0,0000	-0,0000	-0,0000	0,0000
	D(BC)/A	0,0096	0,0066	0,0038	0,0018	0,0006	0,0002	0,0001	0,0000	0,0000	0
	D(BD)/A	0,0002	-0,0005	-0,0005	-0,0003	-0,0001	-0,0000	-0,0000	-0,0000	-0,0000	-0,0000
0,02	B(AA)	0,9541	0,9660	0,9770	0,9857	0,9908	0,9926	0,9933	0,9935	0,9936	0,9936
	B(AB)	0,0354	0,0299	0,0236	0,0176	0,0136	0,0122	0,0116	0,0114	0,0114	0,0113
	B(AC)	0,0013	-0,0028	-0,0057	-0,0071	-0,0074	-0,0074	-0,0074	-0,0074	-0,0074	-0,0074
	B(AD)	0,0001	0,0001	0,0007	0,0012	0,0014	0,0014	0,0014	0,0014	0,0014	0,0014
	B(BA)	0,0442	0,0374	0,0294	0,0219	0,0170	0,0152	0,0145	0,0143	0,0142	0,0142
	B(BB)	0,9288	0,9386	0,9495	0,9595	0,9661	0,9686	0,9695	0,9698	0,9699	0,9699
	B(BC)	0,0345	0,0342	0,0327	0,0300	0,0277	0,0267	0,0263	0,0262	0,0261	0,0261
	B(BD)	0,0016	-0,0035	-0,0072	-0,0089	-0,0092	-0,0092	-0,0092	-0,0092	-0,0092	-0,0092
	D(AA)/A	-0,0230	-0,0166	-0,0104	-0,0051	-0,0019	-0,0007	-0,0002	-0,0001	-0,0000	-0,0000
	D(AB)/A	0,0177	0,0139	0,0093	0,0048	0,0018	0,0007	0,0002	0,0001	0,0000	0,0000
	D(AC)/A	0,0007	-0,0006	-0,0011	-0,0008	-0,0004	-0,0001	-0,0000	-0,0000	-0,0000	-0,0000
	D(AD)/A	0,0000	0,0000	0,0001	0,0001	0,0001	0,0000	0,0000	0,0000	0,0000	0,0000
	D(BA)/A	-0,0238	-0,0147	-0,0076	-0,0031	-0,0010	-0,0003	-0,0001	-0,0000	-0,0000	-0,0000
	D(BB)/A	-0,0002	-0,0004	-0,0006	-0,0005	-0,0002	-0,0001	-0,0000	-0,0000	-0,0000	-0,0000
	D(BC)/A	0,0185	0,0128	0,0075	0,0035	0,0012	0,0004	0,0001	0,0000	0,0000	0,0000
	D(BD)/A	0,0009	-0,0007	-0,0010	-0,0006	-0,0002	-0,0001	-0,0000	-0,0000	-0,0000	-0,0000

Z	Z(T)	0,00	0,03	0,10	0,30	1,00	3,00	10,0	30,0	100	UNENDL
0,05	B(AA)	0,8973	0,9226	0,9469	0,9666	0,9784	0,9827	0,9843	0,9848	0,9849	0,9850
	B(AB)	0,0753	0,0652	0,0525	0,0399	0,0314	0,0281	0,0268	0,0264	0,0263	0,0262
	B(AC)	0,0063	-0,0031	-0,0105	-0,0146	-0,0161	-0,0164	-0,0164	-0,0165	-0,0165	-0,0165
	B(AD)	0,0007	-0,0003	0,0006	0,0018	0,0025	0,0027	0,0028	0,0028	0,0028	0,0028
	B(BA)	0,0941	0,0815	0,0656	0,0499	0,0392	0,0351	0,0335	0,0330	0,0329	0,0328
	B(BB)	0,8471	0,8662	0,8880	0,9088	0,9227	0,9281	0,9301	0,9307	0,9310	0,9311
	B(BC)	0,0713	0,0716	0,0699	0,0659	0,0620	0,0602	0,0595	0,0593	0,0592	0,0592
	B(BD)	0,0079	-0,0039	-0,0131	-0,0183	-0,0201	-0,0204	-0,0205	-0,0206	-0,0206	-0,0206
	D(AA)/A	-0,0514	-0,0380	-0,0242	-0,0122	-0,0045	-0,0016	-0,0005	-0,0002	-0,0000	0,0000
	D(AB)/A	0,0376	0,0303	0,0208	0,0110	0,0042	0,0015	0,0005	0,0002	0,0000	-0,0000
	D(AC)/A	0,0032	0,0002	-0,0014	-0,0014	-0,0007	-0,0003	-0,0001	-0,0000	-0,0000	0,0000
	D(AD)/A	0,0004	-0,0001	-0,0000	0,0001	0,0001	0,0000	0,0000	0,0000	0,0000	0,0000
	D(BA)/A	-0,0557	-0,0353	-0,0186	-0,0077	-0,0025	-0,0008	-0,0002	-0,0001	-0,0000	0,0000
	D(BB)/A	-0,0011	-0,0010	-0,0012	-0,0010	-0,0005	-0,0002	-0,0001	-0,0000	-0,0000	-0,0000
	D(BC)/A	0,0420	0,0293	0,0174	0,0081	0,0029	0,0010	0,0003	0,0001	0,0000	0,0000
	D(BD)/A	0,0047	-0,0001	-0,0016	-0,0012	-0,0005	-0,0002	-0,0001	-0,0000	-0,0000	-0,0000
0,10	B(AA)	0,8240	0,8644	0,9048	0,9391	0,9603	0,9682	0,9712	0,9721	0,9724	0,9725
	B(AB)	0,1202	0,1074	0,0892	0,0696	0,0555	0,0500	0,0478	0,0472	0,0469	0,0468
	B(AC)	0,0177	0,0017	-0,0124	-0,0217	-0,0259	-0,0271	-0,0275	-0,0276	-0,0277	-0,0277
	B(AD)	0,0035	-0,0007	-0,0008	0,0011	0,0027	0,0033	0,0035	0,0035	0,0036	0,0036
	B(BA)	0,1503	0,1342	0,1115	0,0870	0,0694	0,0625	0,0598	0,0590	0,0587	0,0585
	B(BB)	0,7515	0,7788	0,8111	0,8430	0,8651	0,8737	0,8771	0,8781	0,8785	0,8786
	B(BC)	0,1105	0,1121	0,1121	0,1091	0,1053	0,1034	0,1026	0,1024	0,1023	0,1022
	B(BD)	0,0221	0,0021	-0,0155	-0,0272	-0,0324	-0,0339	-0,0344	-0,0346	-0,0346	-0,0346
	D(AA)/A	-0,0880	-0,0667	-0,0438	-0,0226	-0,0085	-0,0031	-0,0009	-0,0003	-0,0001	0,0000
	D(AB)/A	0,0601	0,0498	0,0354	0,0194	0,0075	0,0027	0,0008	0,0003	0,0001	-0,0000
	D(AC)/A	0,0088	0,0037	0,0001	-0,0011	-0,0007	-0,0003	-0,0001	-0,0000	-0,0000	0,0000
	D(AD)/A	0,0018	-0,0001	-0,0005	-0,0002	-0,0000	-0,0000	-0,0000	-0,0000	-0,0000	0
	D(BA)/A	-0,1008	-0,0658	-0,0358	-0,0152	-0,0049	-0,0017	-0,0005	-0,0002	-0,0001	-0,0000
	D(BB)/A	-0,0040	-0,0023	-0,0019	-0,0015	-0,0007	-0,0003	-0,0001	-0,0000	-0,0000	0,0000
	D(BC)/A	0,0729	0,0519	0,0315	0,0150	0,0053	0,0019	0,0006	0,0002	0,0001	0,0000
	D(BD)/A	0,0146	0,0038	-0,0011	-0,0016	-0,0008	-0,0003	-0,0001	-0,0000	-0,0000	-0,0000
0,20	B(AA)	0,7233	0,7800	0,8403	0,8950	0,9309	0,9446	0,9499	0,9515	0,9521	0,9523
	B(AB)	0,1698	0,1580	0,1375	0,1117	0,0912	0,0827	0,0793	0,0783	0,0779	0,0778
	B(AC)	0,0407	0,0170	-0,0065	-0,0253	-0,0357	-0,0392	-0,0405	-0,0409	-0,0410	-0,0411
	B(AD)	0,0136	0,0012	-0,0040	-0,0029	-0,0002	0,0010	0,0016	0,0017	0,0018	0,0018
	B(BA)	0,2122	0,1976	0,1719	0,1396	0,1140	0,1034	0,0991	0,0978	0,0974	0,0972
	B(BB)	0,6367	0,6695	0,7102	0,7528	0,7838	0,7963	0,8012	0,8027	0,8032	0,8034
	B(BC)	0,1528	0,1555	0,1588	0,1608	0,1607	0,1602	0,1600	0,1599	0,1599	0,1599
	B(BD)	0,0509	0,0213	-0,0081	-0,0316	-0,0446	-0,0490	-0,0506	-0,0511	-0,0513	-0,0513
	D(AA)/A	-0,1384	-0,1088	-0,0745	-0,0401	-0,0155	-0,0056	-0,0017	-0,0006	-0,0002	-0,0000
	D(AB)/A	0,0849	0,0732	0,0545	0,0312	0,0125	0,0046	0,0014	0,0005	0,0001	0
	D(AC)/A	0,0204	0,0127	0,0060	0,0018	0,0003	0,0001	0,0000	0,0000	0,0000	0,0000
	D(AD)/A	0,0068	0,0015	-0,0010	-0,0011	-0,0005	-0,0002	-0,0001	-0,0000	-0,0000	-0,0000
	D(BA)/A	-0,1706	-0,1165	-0,0665	-0,0295	-0,0098	-0,0034	-0,0010	-0,0003	-0,0001	-0,0000
	D(BB)/A	-0,0119	-0,0061	-0,0032	-0,0019	-0,0009	-0,0004	-0,0001	-0,0000	-0,0000	0,0000
	D(BC)/A	0,1171	0,0858	0,0536	0,0262	0,0094	0,0033	0,0010	0,0003	0,0001	0,0000
	D(BD)/A	0,0390	0,0169	0,0036	-0,0009	-0,0008	-0,0004	-0,0001	-0,0000	-0,0000	-0,0000
0,50	B(AA)	0,5658	0,6360	0,7199	0,8059	0,8693	0,8954	0,9058	0,9089	0,9100	0,9105
	B(AB)	0,2184	0,2160	0,2033	0,1784	0,1527	0,1406	0,1355	0,1339	0,1334	0,1331
	B(AC)	0,0893	0,0591	0,0238	-0,0111	-0,0359	-0,0458	-0,0497	-0,0509	-0,0513	-0,0515
	B(AD)	0,0496	0,0201	-0,0038	-0,0149	-0,0153	-0,0138	-0,0130	-0,0127	-0,0126	-0,0126
	B(BA)	0,2730	0,2700	0,2541	0,2229	0,1909	0,1757	0,1693	0,1674	0,1667	0,1664
	B(BB)	0,4913	0,5231	0,5657	0,6151	0,6549	0,6721	0,6791	0,6812	0,6819	0,6823
	B(BC)	0,2010	0,2018	0,2072	0,2177	0,2282	0,2331	0,2352	0,2358	0,2360	0,2361
	B(BD)	0,1117	0,0739	0,0297	-0,0139	-0,0448	-0,0572	-0,0622	-0,0636	-0,0641	-0,0644
	D(AA)/A	-0,2171	-0,1816	-0,1340	-0,0782	-0,0321	-0,0120	-0,0038	-0,0013	-0,0004	-0,0000
	D(AB)/A	0,1092	0,0993	0,0798	0,0499	0,0214	0,0081	0,0026	0,0009	0,0003	-0,0000
	D(AC)/A	0,0447	0,0357	0,0250	0,0140	0,0056	0,0021	0,0006	0,0002	0,0001	-0,0000
	D(AD)/A	0,0248	0,0129	0,0030	-0,0017	-0,0016	-0,0007	-0,0002	-0,0001	-0,0000	0,0000
	D(BA)/A	-0,2978	-0,2200	-0,1372	-0,0663	-0,0236	-0,0083	-0,0025	-0,0009	-0,0003	-0,0000
	D(BB)/A	-0,0360	-0,0212	-0,0095	-0,0030	-0,0008	-0,0002	-0,0001	-0,0000	-0,0000	0,0000
	D(BC)/A	0,1898	0,1464	0,0968	0,0500	0,0188	0,0067	0,0021	0,0007	0,0002	0,0000
	D(BD)/A	0,1055	0,0636	0,0281	0,0076	0,0011	0,0002	0,0000	0,0000	0,0000	0

Z	Z(T)	0,00	0,03	0,10	0,30	1,00	3,00	10,0	30,0	100	UNENDL
1,00	B(AA)	0,4522	0,5198	0,6110	0,7168	0,8042	0,8431	0,8592	0,8641	0,8659	0,8666
	B(AB)	0,2331	0,2384	0,2376	0,2242	0,2028	0,1904	0,1848	0,1831	0,1824	0,1822
	B(AC)	0,1305	0,1015	0,0629	0,0188	-0,0177	-0,0342	-0,0411	-0,0432	-0,0439	-0,0442
	B(AD)	0,0932	0,0554	0,0133	-0,0206	-0,0355	-0,0384	-0,0389	-0,0390	-0,0390	-0,0390
	B(BA)	0,2914	0,2980	0,2971	0,2803	0,2535	0,2380	0,2310	0,2288	0,2281	0,2277
	B(BB)	0,4079	0,4337	0,4709	0,5177	0,5596	0,5792	0,5876	0,5901	0,5910	0,5914
	B(BC)	0,2284	0,2264	0,2286	0,2393	0,2553	0,2645	0,2687	0,2700	0,2705	0,2707
	B(BD)	0,1632	0,1269	0,0787	0,0235	-0,0222	-0,0427	-0,0513	-0,0540	-0,0549	-0,0553
	D(AA)/A	-0,2739	-0,2412	-0,1902	-0,1199	-0,0526	-0,0203	-0,0064	-0,0022	-0,0007	-0,0000
	D(AB)/A	0,1166	0,1085	0,0914	0,0615	0,0283	0,0111	0,0035	0,0012	0,0004	-0,0000
	D(AC)/A	0,0653	0,0583	0,0473	0,0313	0,0144	0,0057	0,0018	0,0006	0,0002	0
	D(AD)/A	0,0466	0,0328	0,0167	0.0038	-0,0007	-0,0007	-0,0003	-0,0001	-0,0000	0,0000
	D(BA)/A	-0,4021	-0,3186	-0,2159	-0,1136	-0,0432	-0,0156	-0,0048	-0,0016	-0,0005	0,0000
	D(BB)/A	-0,0629	-0,0433	-0,0227	-0,0073	-0,0012	-0,0002	-0,0000	-0,0000	-0,0000	0,0000
	D(BC)/A	0,2448	0,1979	0,1383	0,0756	0,0297	0,0109	0,0034	0,0011	0,0003	-0,0000
	D(BD)/A	0,1748	0,1254	0,0714	0,0283	0,0076	0,0022	0,0006	0,0002	0,0001	-0,0000
2,00	B(AA)	0,3621	0,4160	0,5002	0,6153	0,7260	0,7805	0,8041	0,8115	0,8141	0,8152
	B(AB)	0,2345	0,2427	0,2513	0,2540	0,2463	0,2389	0,2349	0,2336	0,2331	0,2329
	B(AC)	0,1655	0,1425	0,1073	0,0602	0,0150	-0,0077	-0,0177	-0,0208	-0,0219	-0,0224
	B(AD)	0,1379	0,1025	0,0515	-0,0081	-0,0526	-0,0695	-0,0757	-0,0775	-0,0781	-0,0784
	B(BA)	0,2931	0,3034	0,3141	0,3175	0,3079	0,2986	0,2937	0,2920	0,2914	0,2912
	B(BB)	0,3517	0,3700	0,3986	0,4382	0,4779	0,4983	0,5074	0,5103	0,5113	0,5118
	B(BC)	0,2483	0,2448	0,2428	0,2476	0,2608	0,2705	0,2753	0,2769	0,2775	0,2777
	B(BD)	0,2069	0,1781	0,1341	0,0753	0,0187	-0,0096	-0,0221	-0,0260	-0,0274	-0,0280
	D(AA)/A	-0,3190	-0,2948	-0,2493	-0,1717	-0,0818	-0,0328	-0,0106	-0,0036	-0,0011	0,0000
	D(AB)/A	0,1172	0,1090	0,0934	0,0661	0,0326	0,0133	0,0043	0,0015	0,0004	0,0000
	D(AC)/A	0,0828	0,0800	0,0721	0,0540	0,0277	0,0115	0,0038	0,0013	0,0004	0,0000
	D(AD)/A	0,0690	0,0587	0,0424	0,0217	0,0065	0,0018	0,0005	0,0001	0,0000	0
	D(BA)/A	-0,4914	-0,4163	-0,3088	-0,1804	-0,0747	-0,0281	-0,0089	-0,0030	-0,0009	0,0000
	D(BB)/A	-0,0897	-0,0704	-0,0447	-0,0190	-0,0046	-0,0011	-0,0002	-0,0001	-0,0000	-0,0000
	D(BC)/A	0,2897	0,2456	0,1826	0,1072	0,0448	0,0169	0,0053	0,0018	0,0005	-0,0000
	D(BD)/A	0,2414	0,1972	0,1364	0,0700	0,0245	0,0083	0,0025	0,0008	0,0002	0
5,00	B(AA)	0,2869	0,3181	0,3758	0,4776	0,6096	0,6910	0,7306	0,7434	0,7481	0,7501
	B(AB)	0,2298	0,2362	0,2469	0,2627	0,2789	0,2870	0,2905	0,2915	0,2919	0,2921
	B(AC)	0,1957	0,1825	0,1587	0,1185	0,0683	0,0377	0,0229	0,0181	0,0164	0,0156
	B(AD)	0,1812	0,1586	0,1172	0,0458	-0,0435	-0,0968	-0,1223	-0,1304	-0,1334	-0,1347
	B(BA)	0,2873	0,2953	0,3086	0,3284	0,3486	0,3587	0,3631	0,3644	0,3649	0,3651
	B(BB)	0,3102	0,3199	0,3368	0,3642	0,3973	0,4171	0,4267	0,4298	0,4309	0,4314
	B(BC)	0,2642	0,2614	0,2576	0,2545	0,2555	0,2582	0,2599	0,2606	0,2608	0,2609
	B(BD)	0,2447	0,2281	0,1984	0,1482	0,0853	0,0471	0,0286	0,0226	0,0204	0,0195
	D(AA)/A	-0,3566	-0,3459	-0,3177	-0,2488	-0,1365	-0,0590	-0,0197	-0,0068	-0,0021	0,0000
	D(AB)/A	0,1149	0,1042	0,0862	0,0589	0,0290	0,0121	0,0040	0,0014	0,0004	0,0000
	D(AC)/A	0,0979	0,1012	0,1010	0,0867	0,0511	0,0228	0,0077	0,0027	0,0008	0,0000
	D(AD)/A	0,0906	0,0892	0,0837	0,0667	0,0364	0,0155	0,0051	0,0018	0,0005	0,0000
	D(BA)/A	-0,5695	-0,5151	-0,4253	-0,2903	-0,1413	-0,0579	-0,0189	-0,0065	-0,0020	-0,0000
	D(BB)/A	-0,1151	-0,1014	-0,0786	-0,0470	-0,0189	-0,0068	-0,0021	-0,0007	-0,0002	0
	D(BC)/A	0,3278	0,2918	0,2346	0,1541	0,0723	0,0291	0,0094	0,0032	0,0010	-0,0000
	D(BD)/A	0,3036	0,2770	0,2303	0,1564	0,0746	0,0300	0,0097	0,0033	0,0010	0,0000
10,00	B(AA)	0,2563	0,2744	0,3108	0,3868	0,5156	0,6202	0,6807	0,7020	0,7100	0,7135
	B(AB)	0,2266	0,2306	0,2385	0,2543	0,2809	0,3033	0,3167	0,3214	0,3232	0,3240
	B(AC)	0,2082	0,2005	0,1856	0,1561	0,1089	0,0719	0,0509	0,0436	0,0408	0,0396
	B(AD)	0,2002	0,1866	0,1590	0,1002	-0,0029	-0,0892	-0,1402	-0,1583	-0,1650	-0,1680
	B(BA)	0,2832	0,2883	0,2981	0,3178	0,3512	0,3792	0,3958	0,4018	0,4040	0,4050
	B(BB)	0,2946	0,3000	0,3101	0,3285	0,3554	0,3751	0,3859	0,3897	0,3910	0,3916
	B(BC)	0,2706	0,2688	0,2658	0,2611	0,2548	0,2496	0,2465	0,2453	0,2449	0,2447
	B(BD)	0,2602	0,2507	0,2320	0,1952	0,1361	0,0899	0,0636	0,0545	0,0511	0,0495
	D(AA)/A	-0,3718	-0,3688	-0,3540	-0,3027	-0,1899	-0,0904	-0,0318	-0,0112	-0,0034	0,0000
	D(AB)/A	0,1133	0,1008	0,0795	0,0481	0,0180	0,0055	0,0014	0,0004	0,0001	0,0000
	D(AC)/A	0,1041	0,1107	0,1162	0,1087	0,0720	0,0348	0,0123	0,0043	0,0013	0
	D(AD)/A	0,1001	0,1044	0,1093	0,1067	0,0774	0,0401	0,0147	0,0052	0,0016	0,0000
	D(BA)/A	-0,6020	-0,5608	-0,4899	-0,3717	-0,2112	-0,0965	-0,0334	-0,0117	-0,0036	0,0000
	D(BB)/A	-0,1261	-0,1166	-0,0993	-0,0716	-0,0388	-0,0175	-0,0061	-0,0021	-0,0006	-0,0000
	D(BC)/A	0,3435	0,3127	0,2625	0,1869	0,0987	0,0433	0,0147	0,0051	0,0016	-0,0000
	D(BD)/A	0,3303	0,3156	0,2859	0,2276	0,1362	0,0642	0,0226	0,0079	0,0024	-0,0000

Z	Z(T)	0,00	0,03	0,10	0,30	1,00	3,00	10,0	30,0	100	UNENDL
20,00	B(AA)	0,2398	0,2495	0,2703	0,3191	0,4244	0,5426	0,6322	0,6688	0,6834	0,6899
	B(AB)	0,2246	0,2269	0,2317	0,2431	0,2696	0,3018	0,3274	0,3381	0,3423	0,3442
	B(AC)	0,2150	0,2109	0,2024	0,1836	0,1457	0,1051	0,0750	0,0628	0,0579	0,0558
	B(AD)	0,2108	0,2033	0,1871	0,1475	0,0564	-0,0512	-0,1352	-0,1698	-0,1837	-0,1899
	B(BA)	0,2807	0,2836	0,2896	0,3039	0,3370	0,3773	0,4093	0,4226	0,4279	0,4303
	B(BB)	0,2863	0,2892	0,2948	0,3059	0,3259	0,3452	0,3588	0,3642	0,3664	0,3673
	B(BC)	0,2741	0,2731	0,2712	0,2673	0,2588	0,2479	0,2388	0,2349	0,2334	0,2327
	B(BD)	0,2687	0,2636	0,2530	0,2295	0,1821	0,1313	0,0937	0,0785	0,0724	0,0697
	D(AA)/A	-0,3801	-0,3818	-0,3769	-0,3439	-0,2469	-0,1349	-0,0522	-0,0190	-0,0059	-0,0000
	D(AB)/A	0,1123	0,0985	0,0746	0,0379	0,0025	-0,0071	-0,0045	-0,0018	-0,0006	-0,0000
	D(AC)/A	0,1075	0,1162	0,1258	0,1252	0,0933	0,0507	0,0195	0,0070	0,0022	-0,0000
	D(AD)/A	0,1054	0,1135	0,1264	0,1401	0,1271	0,0803	0,0334	0,0125	0,0039	-0,0000
	D(BA)/A	-0,6199	-0,5872	-0,5311	-0,4356	-0,2882	-0,1530	-0,0587	-0,0213	-0,0066	0,0000
	D(BB)/A	-0,1323	-0,1256	-0,1131	-0,0921	-0,0630	-0,0352	-0,0140	-0,0051	-0,0016	-0,0000
	D(BC)/A	0,3520	0,3247	0,2800	0,2120	0,1269	0,0631	0,0234	0,0084	0,0026	0
	D(BD)/A	0,3451	0,3383	0,3225	0,2858	0,2083	0,1181	0,0469	0,0172	0,0053	0,0000
50,00	B(AA)	0,2294	0,2335	0,2425	0,2657	0,3282	0,4319	0,5553	0,6254	0,6578	0,6734
	B(AB)	0,2232	0,2242	0,2264	0,2322	0,2496	0,2812	0,3203	0,3428	0,3532	0,3583
	B(AC)	0,2193	0,2175	0,2139	0,2050	0,1827	0,1475	0,1063	0,0831	0,0724	0,0673
	B(AD)	0,2175	0,2144	0,2072	0,1878	0,1314	0,0323	-0,0886	-0,1578	-0,1899	-0,2053
	B(BA)	0,2790	0,2802	0,2830	0,2902	0,3120	0,3515	0,4003	0,4284	0,4415	0,4478
	B(BB)	0,2812	0,2824	0,2848	0,2899	0,3011	0,3168	0,3344	0,3441	0,3486	0,3508
	B(BC)	0,2763	0,2758	0,2750	0,2729	0,2666	0,2545	0,2390	0,2300	0,2257	0,2237
	B(BD)	0,2741	0,2719	0,2673	0,2562	0,2284	0,1843	0,1329	0,1039	0,0905	0,0841
	D(AA)/A	-0,3853	-0,3903	-0,3926	-0,3769	-0,3103	-0,2081	-0,0989	-0,0398	-0,0129	0
	D(AB)/A	0,1116	0,0969	0,0709	0,0289	-0,0166	-0,0302	-0,0195	-0,0085	-0,0029	0
	D(AC)/A	0,1096	0,1197	0,1323	0,1381	0,1164	0,0762	0,0354	0,0141	0,0045	0
	D(AD)/A	0,1088	0,1194	0,1386	0,1681	0,1856	0,1506	0,0790	0,0329	0,0108	0
	D(BA)/A	-0,6311	-0,6044	-0,5598	-0,4874	-0,3751	-0,2475	-0,1175	-0,0473	-0,0153	-0,0000
	D(BB)/A	-0,1362	-0,1315	-0,1228	-0,1093	-0,0915	-0,0662	-0,0333	-0,0137	-0,0045	0
	D(BC)/A	0,3574	0,3324	0,2921	0,2321	0,1580	0,0957	0,0433	0,0172	0,0055	0,0000
	D(BD)/A	0,3546	0,3532	0,3482	0,3338	0,2919	0,2107	0,1050	0,0430	0,0140	0,0000
100,00	B(AA)	0,2258	0,2279	0,2326	0,2449	0,2815	0,3566	0,4820	0,5813	0,6375	0,6675
	B(AB)	0,2227	0,2232	0,2244	0,2275	0,2381	0,2616	0,3024	0,3349	0,3534	0,3633
	B(AC)	0,2207	0,2199	0,2180	0,2133	0,2002	0,1748	0,1330	0,1000	0,0814	0,0715
	B(AD)	0,2199	0,2182	0,2145	0,2041	0,1706	0,0979	-0,0262	-0,1250	-0,1810	-0,2109
	B(BA)	0,2784	0,2790	0,2805	0,2844	0,2976	0,3270	0,3780	0,4187	0,4418	0,4541
	B(BB)	0,2795	0,2801	0,2813	0,2840	0,2904	0,3016	0,3193	0,3330	0,3407	0,3449
	B(BC)	0,2770	0,2768	0,2763	0,2752	0,2713	0,2620	0,2454	0,2320	0,2244	0,2204
	B(BD)	0,2759	0,2748	0,2725	0,2666	0,2503	0,2185	0,1662	0,1251	0,1018	0,0893
	D(AA)/A	-0,3871	-0,3932	-0,3982	-0,3898	-0,3418	-0,2608	-0,1502	-0,0689	-0,0239	0,0000
	D(AB)/A	0,1114	0,0964	0,0695	0,0252	-0,0266	-0,0475	-0,0364	-0,0182	-0,0065	0
	D(AC)/A	0,1104	0,1210	0,1346	0,1432	0,1277	0,0943	0,0526	0,0238	0,0082	-0,0000
	D(AD)/A	0,1099	0,1215	0,1430	0,1793	0,2154	0,2023	0,1299	0,0618	0,0217	0
	D(BA)/A	-0,6350	-0,6103	-0,5702	-0,5078	-0,4185	-0,3159	-0,1823	-0,0838	-0,0290	-0,0000
	D(BB)/A	-0,1375	-0,1336	-0,1263	-0,1162	-0,1060	-0,0891	-0,0549	-0,0258	-0,0090	-0,0000
	D(BC)/A	0,3593	0,3351	0,2965	0,2400	0,1734	0,1190	0,0651	0,0294	0,0101	-0,0000
	D(BD)/A	0,3578	0,3584	0,3575	0,3530	0,3342	0,2785	0,1695	0,0793	0,0277	0,0000
200,00	B(AA)	0,2240	0,2251	0,2274	0,2338	0,2538	0,3007	0,4039	0,5205	0,6083	0,6644
	B(AB)	0,2225	0,2227	0,2233	0,2250	0,2308	0,2457	0,2796	0,3182	0,3473	0,3659
	B(AC)	0,2215	0,2210	0,2201	0,2176	0,2106	0,1947	0,1602	0,1215	0,0923	0,0737
	B(AD)	0,2210	0,2202	0,2183	0,2129	0,1945	0,1489	0,0463	-0,0701	-0,1578	-0,2138
	B(BA)	0,2781	0,2784	0,2791	0,2812	0,2885	0,3071	0,3495	0,3977	0,4341	0,4574
	B(BB)	0,2786	0,2790	0,2796	0,2810	0,2844	0,2913	0,3058	0,3220	0,3341	0,3418
	B(BC)	0,2774	0,2773	0,2770	0,2764	0,2743	0,2683	0,2543	0,2384	0,2263	0,2186
	B(BD)	0,2768	0,2763	0,2751	0,2721	0,2632	0,2433	0,2003	0,1518	0,1154	0,0921
	D(AA)/A	-0,3880	-0,3947	-0,4011	-0,3968	-0,3607	-0,3008	-0,2070	-0,1127	-0,0437	0,0000
	D(AB)/A	0,1112	0,0961	0,0688	0,0232	-0,0326	-0,0607	-0,0553	-0,0328	-0,0131	0
	D(AC)/A	0,1107	0,1216	0,1358	0,1459,	0,1345	0,1080	0,0717	0,0385	0,0148	0
	D(AD)/A	0,1105	0,1226	0,1453	0,1854	0,2334	0,2417	0,1865	0,1055	0,0415	0,0000
	D(BA)/A	-0,6369	-0,6134	-0,5755	-0,5187	-0,4447	-0,3678	-0,2542	-0,1387	-0,0538	0,0000
	D(BB)/A	-0,1382	-0,1346	-0,1282	-0,1199	-0,1148	-0,1065	-0,0789	-0,0441	-0,0173	0,0000
	D(BC)/A	0,3602	0,3365	0,2987	0,2442	0,1827	0,1367	0,0892	0,0477	0,0184	0,0000
	D(BD)/A	0,3595	0,3610	0,3624	0,3633	0,3598	0,3300	0,2413	0,1343	0,0525	0,0000

Z :	Z(T)	0,00	0,03	0,10	0,30	1,00	3,00	10,0	30,0	100	UNENDL
500,00	B(AA)	0,2229	0,2234	0,2243	0,2269	0,2353	0,2571	0,3181	0,4214	0,5449	0,6625
	B(AB)	0,2223	0,2224	0,2227	0,2233	0,2258	0,2328	0,2529	0,2873	0,3284	0,3675
	B(AC)	0,2219	0,2217	0,2214	0,2204	0,2174	0,2100	0,1897	0,1552	0,1141	0,0750
	B(AD)	0,2217	0,2214	0,2207	0,2184	0,2106	0,1894	0,1287	0,0254	-0,0980	-0,2156
	B(BA)	0,2779	0,2780	0,2783	0,2792	0,2823	0,2910	0,3162	0,3591	0,4105	0,4594
	B(BB)	0,2781	0,2782	0,2785	0,2791	0,2805	0,2837	0,2923	0,3066	0,3237	0,3400
	B(BC)	0,2776	0,2776	0,2775	0,2772	0,2763	0,2735	0,2652	0,2509	0,2338	0,2175
	B(BD)	0,2774	0,2772	0,2767	0,2755	0,2717	0,2625	0,2371	0,1940	0,1427	0,0937
	D(AA)/A	-0,3885	-0,3956	-0,4029	-0,4011	-0,3733	-0,3321	-0,2705	-0,1864	-0,0904	-0,0000
	D(AB)/A	0,1112	0,0959	0,0684	0,0219	-0,0367	-0,0712	-0,0765	-0,0573	-0,0286	-0,0000
	D(AC)/A	0,1110	0,1220	0,1366	0,1476	0,1390	0,1187	0,0930	0,0631	0,0304	0,0000
	D(AD)/A	0,1109	0,1232	0,1467	0,1892	0,2454	0,2727	0,2498	0,1792	0,0882	-0,0000
	D(BA)/A	-0,6381	-0,6152	-0,5788	-0,5255	-0,4621	-0,4086	-0,3346	-0,2312	-0,1123	-0,0000
	D(BB)/A	-0,1386	-0,1353	-0,1293	-0,1222	-0,1207	-0,1202	-0,1058	-0,0750	-0,0368	-0,0000
	D(BC)/A	0,3607	0,3373	0,3001	0,2468	0,1889	0,1506	0,1162	0,0786	0,0379	-0,0000
	D(BD)/A	0,3604	0,3626	0,3653	0,3697	0,3769	0,3706	0,3216	0,2267	0,1109	-0,0000
1000,00	B(AA)	0,2226	0,2228	0,2233	0,2246	0,2289	0,2404	0,2759	0,3507	0,4764	0,6619
	B(AB)	0,2223	0,2223	0,2224	0,2228	0,2241	0,2277	0,2395	0,2644	0,3063	0,3680
	B(AC)	0,2221	0,2220	0,2218	0,2213	0,2198	0,2159	0,2040	0,1791	0,1372	0,0754
	B(AD)	0,2220	0,2218	0,2214	0,2203	0,2163	0,2051	0,1697	0,0950	-0,0307	-0,2162
	B(BA)	0,2778	0,2779	0,2781	0,2785	0,2801	0,2847	0,2994	0,3305	0,3828	0,4600
	B(BB)	0,2780	0,2780	0,2781	0,2784	0,2792	0,2808	0,2858	0,2962	0,3137	0,3394
	B(BC)	0,2777	0,2777	0,2776	0,2775	0,2770	0,2755	0,2707	0,2603	0,2429	0,2172
	B(BD)	0,2776	0,2775	0,2772	0,2766	0,2747	0,2699	0,2550	0,2239	0,1715	0,0943
	D(AA)/A	-0,3887	-0,3959	-0,4035	-0,4025	-0,3777	-0,3443	-0,3019	-0,2395	-0,1419	-0,0000
	D(AB)/A	0,1111	0,0958	0,0682	0,0215	-0,0381	-0,0752	-0,0870	-0,0751	-0,0458	0
	D(AC)/A	0,1110	0,1221	0,1368	0,1481	0,1406	0,1228	0,1036	0,0808	0,0476	0,0000
	D(AD)/A	0,1110	0,1234	0,1472	0,1905	0,2497	0,2848	0,2812	0,2323	0,1397	0,0000
	D(BA)/A	-0,6385	-0,6158	-0,5799	-0,5278	-0,4682	-0,4244	-0,3743	-0,2980	-0,1767	0,0000
	D(BB)/A	-0,1388	-0,1355	-0,1297	-0,1230	-0,1228	-0,1255	-0,1191	-0,0973	-0,0583	0,0000
	D(BC)/A	0,3609	0,3376	0,3005	0,2477	0,1910	0,1560	0,1295	0,1009	0,0594	0,0000
	D(BD)/A	0,3608	0,3632	0,3663	0,3719	0,3829	0,3863	0,3613	0,2934	0,1754	-0,0000

b) $r_a : r_b : r_c : r_d = 1{,}2 : 1{,}0 : 1{,}0 : 1{,}2$

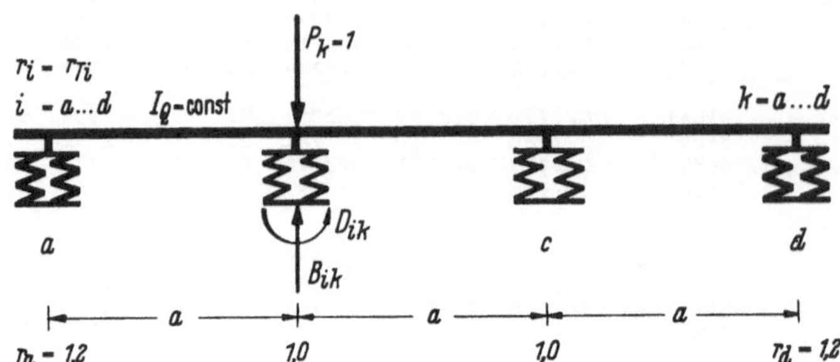

Z	Z(T)	0,00	0,03	0,10	0,30	1,00	3,00	10,0	30,0	100	UNENDL
0,01	B(AA)	0,9839	0,9875	0,9912	0,9944	0,9965	0,9974	0,9977	0,9978	0,9978	0,9978
	B(AB)	0,0189	0,0167	0,0136	0,0102	0,0075	0,0065	0,0060	0,0059	0,0059	0,0058
	B(AC)	0,0004	-0,0018	-0,0034	-0,0040	-0,0040	-0,0039	-0,0039	-0,0039	-0,0038	-0,0038
	B(AD)	0,0000	0,0001	0,0003	0,0005	0,0005	0,0005	0,0005	0,0005	0,0005	0,0005
	B(BA)	0,0158	0,0139	0,0113	0,0085	0,0063	0,0054	0,0050	0,0049	0,0049	0,0049
	B(BB)	0,9622	0,9667	0,9721	0,9777	0,9818	0,9835	0,9842	0,9844	0,9844	0,9845
	B(BC)	0,0185	0,0184	0,0177	0,0162	0,0147	0,0140	0,0137	0,0136	0,0135	0,0135
	B(BD)	0,0003	-0,0015	-0,0028	-0,0034	-0,0033	-0,0033	-0,0032	-0,0032	-0,0032	-0,0032
	D(AA)/A	-0,0080	-0,0062	-0,0042	-0,0023	-0,0009	-0,0003	-0,0001	-0,0000	-0,0000	0,0000
	D(AB)/A	0,0095	0,0079	0,0058	0,0033	0,0013	0,0005	0,0002	0,0001	0,0000	0,0000
	D(AC)/A	0,0002	-0,0005	-0,0008	-0,0006	-0,0003	-0,0001	-0,0000	-0,0000	-0,0000	-0,0000
	D(AD)/A	0,0000	0,0000	0,0001	0,0001	0,0000	0,0000	0,0000	0,0000	0,0000	0,0000
	D(BA)/A	-0,0082	-0,0052	-0,0027	-0,0011	-0,0003	-0,0001	-0,0000	-0,0000	-0,0000	0,0000
	D(BB)/A	0,0000	0,0000	-0,0001	-0,0002	-0,0001	-0,0000	-0,0000	-0,0000	-0,0000	-0,0000
	D(BC)/A	0,0096	0,0066	0,0038	0,0018	0,0006	0,0002	0,0001	0,0000	0,0000	-0,0000
	D(BD)/A	0,0002	-0,0003	-0,0004	-0,0002	-0,0001	-0,0000	-0,0000	-0,0000	-0,0000	-0,0000
0,02	B(AA)	0,9689	0,9758	0,9828	0,9891	0,9932	0,9948	0,9955	0,9956	0,9957	0,9957
	B(AB)	0,0359	0,0318	0,0261	0,0196	0,0147	0,0126	0,0117	0,0115	0,0114	0,0114
	B(AC)	0,0013	-0,0029	-0,0061	-0,0075	-0,0076	-0,0075	-0,0074	-0,0074	-0,0074	-0,0074
	B(AD)	0,0000	0,0001	0,0005	0,0009	0,0010	0,0010	0,0010	0,0010	0,0010	0,0010
	B(BA)	0,0299	0,0265	0,0217	0,0164	0,0122	0,0105	0,0098	0,0096	0,0095	0,0095
	B(BB)	0,9283	0,9366	0,9466	0,9570	0,9648	0,9680	0,9693	0,9697	0,9698	0,9699
	B(BC)	0,0344	0,0345	0,0334	0,0309	0,0282	0,0270	0,0264	0,0263	0,0262	0,0262
	B(BD)	0,0011	-0,0024	-0,0051	-0,0063	-0,0064	-0,0063	-0,0062	-0,0062	-0,0062	-0,0062
	D(AA)/A	-0,0155	-0,0121	-0,0083	-0,0045	-0,0018	-0,0007	-0,0002	-0,0001	-0,0000	-0,0000
	D(AB)/A	0,0180	0,0152	0,0111	0,0064	0,0026	0,0010	0,0003	0,0001	0,0000	0
	D(AC)/A	0,0007	-0,0007	-0,0013	-0,0011	-0,0005	-0,0002	-0,0001	-0,0000	-0,0000	0
	D(AD)/A	0,0000	0,0000	0,0001	0,0001	0,0001	0,0000	0,0000	0,0000	0,0000	0,0000
	D(BA)/A	-0,0161	-0,0102	-0,0054	-0,0022	-0,0007	-0,0002	-0,0001	-0,0000	-0,0000	-0,0000
	D(BB)/A	0,0001	0,0001	-0,0002	-0,0003	-0,0002	-0,0001	-0,0000	-0,0000	-0,0000	0,0000
	D(BC)/A	0,0185	0,0127	0,0075	0,0034	0,0012	0,0004	0,0001	0,0000	0,0000	0,0000
	D(BD)/A	0,0006	-0,0005	-0,0007	-0,0004	-0,0002	-0,0001	-0,0000	-0,0000	-0,0000	-0,0000

Z	Z(T)	0,00	0,03	0,10	0,30	1,00	3,00	10,0	30,0	100	UNENDL
0,05	B(AA)	0,9291	0,9444	0,9601	0,9743	0,9839	0,9878	0,9893	0,9897	0,9899	0,9899
	B(AB)	0,0780	0,0701	0,0584	0,0447	0,0338	0,0291	0,0272	0,0267	0,0265	0,0264
	B(AC)	0,0065	-0,0031	-0,0110	-0,0154	-0,0166	-0,0166	-0,0166	-0,0166	-0,0166	-0,0166
	B(AD)	0,0005	-0,0002	0,0004	0,0013	0,0017	0,0018	0,0019	0,0019	0,0019	0,0019
	B(BA)	0,0650	0,0584	0,0487	0,0373	0,0282	0,0243	0,0227	0,0222	0,0221	0,0220
	B(BB)	0,8447	0,8613	0,8815	0,9030	0,9196	0,9266	0,9294	0,9302	0,9305	0,9307
	B(BC)	0,0708	0,0718	0,0711	0,0677	0,0632	0,0609	0,0600	0,0597	0,0596	0,0595
	B(BD)	0,0054	-0,0026	-0,0092	-0,0128	-0,0138	-0,0139	-0,0138	-0,0138	-0,0138	-0,0138
	D(AA)/A	-0,0355	-0,0279	-0,0194	-0,0107	-0,0043	-0,0016	-0,0005	-0,0002	-0,0001	0,0000
	D(AB)/A	0,0390	0,0334	0,0250	0,0147	0,0060	0,0022	0,0007	0,0002	0,0001	0
	D(AC)/A	0,0033	0,0002	-0,0018	-0,0019	-0,0010	-0,0004	-0,0001	-0,0000	-0,0000	0,0000
	D(AD)/A	0,0003	-0,0001	-0,0000	0,0001	0,0001	0,0000	0,0000	0,0000	0,0000	-0,0000
	D(BA)/A	-0,0384	-0,0248	-0,0133	-0,0054	-0,0017	-0,0006	-0,0002	-0,0001	-0,0000	-0,0000
	D(BB)/A	0,0003	0,0006	-0,0001	-0,0006	-0,0004	-0,0002	-0,0001	-0,0000	-0,0000	0,0000
	D(BC)/A	0,0420	0,0292	0,0173	0,0081	0,0028	0,0010	0,0003	0,0001	0,0000	0,0000
	D(BD)/A	0,0032	-0,0000	-0,0011	-0,0008	-0,0003	-0,0001	-0,0000	-0,0000	-0,0000	-0,0000
0,10	B(AA)	0,8754	0,9012	0,9281	0,9530	0,9704	0,9774	0,9802	0,9811	0,9814	0,9815
	B(AB)	0,1277	0,1171	0,0999	0,0782	0,0600	0,0521	0,0488	0,0478	0,0475	0,0473
	B(AC)	0,0186	0,0021	-0,0127	-0,0226	-0,0267	-0,0276	-0,0279	-0,0280	-0,0280	-0,0280
	B(AD)	0,0027	-0,0005	-0,0007	0,0007	0,0018	0,0022	0,0024	0,0024	0,0024	0,0024
	B(BA)	0,1064	0,0976	0,0832	0,0652	0,0500	0,0434	0,0407	0,0398	0,0395	0,0394
	B(BB)	0,7450	0,7694	0,7997	0,8330	0,8593	0,8707	0,8753	0,8767	0,8772	0,8774
	B(BC)	0,1086	0,1114	0,1131	0,1114	0,1073	0,1049	0,1038	0,1035	0,1034	0,1033
	B(BD)	0,0155	0,0018	-0,0106	-0,0188	-0,0222	-0,0230	-0,0233	-0,0233	-0,0233	-0,0233
	D(AA)/A	-0,0623	-0,0497	-0,0352	-0,0200	-0,0081	-0,0030	-0,0009	-0,0003	-0,0001	0,0000
	D(AB)/A	0,0639	0,0558	0,0429	0,0258	0,0108	0,0041	0,0013	0,0004	0,0001	0
	D(AC)/A	0,0093	0,0040	-0,0001	-0,0016	-0,0011	-0,0004	-0,0001	-0,0001	-0,0000	-0,0000
	D(AD)/A	0,0013	-0,0001	-0,0004	-0,0002	-0,0000	-0,0000	-0,0000	-0,0000	-0,0000	0
	D(BA)/A	-0,0714	-0,0470	-0,0257	-0,0108	-0,0034	-0,0011	-0,0003	-0,0001	-0,0000	0,0000
	D(BB)/A	0,0002	0,0013	0,0005	-0,0006	-0,0006	-0,0003	-0,0001	-0,0000	-0,0000	-0,0000
	D(BC)/A	0,0729	0,0517	0,0312	0,0148	0,0053	0,0019	0,0006	0,0002	0,0001	0,0000
	D(BD)/A	0,0104	0,0028	-0,0007	-0,0011	-0,0005	-0,0002	-0,0001	-0,0000	-0,0000	0
0,20	B(AA)	0,7967	0,8358	0,8780	0,9185	0,9481	0,9604	0,9654	0,9669	0,9675	0,9677
	B(AB)	0,1868	0,1765	0,1558	0,1262	0,0991	0,0867	0,0814	0,0798	0,0793	0,0790
	B(AC)	0,0440	0,0192	-0,0054	-0,0253	-0,0363	-0,0399	-0,0412	-0,0416	-0,0417	-0,0418
	B(AD)	0,0110	0,0011	-0,0033	-0,0026	-0,0005	0,0006	0,0010	0,0012	0,0012	0,0013
	B(BA)	0,1557	0,1471	0,1298	0,1052	0,0826	0,0722	0,0679	0,0665	0,0661	0,0659
	B(BB)	0,6227	0,6529	0,6920	0,7368	0,7738	0,7902	0,7970	0,7991	0,7998	0,8002
	B(BC)	0,1465	0,1514	0,1576	0,1623	0,1634	0,1630	0,1627	0,1626	0,1626	0,1626
	B(BD)	0,0366	0,0160	-0,0045	-0,0211	-0,0302	-0,0333	-0,0343	-0,0347	-0,0348	-0,0348
	D(AA)/A	-0,1016	-0,0830	-0,0606	-0,0356	-0,0149	-0,0056	-0,0018	-0,0006	-0,0002	-0,0000
	D(AB)/A	0,0934	0,0841	0,0671	0,0421	0,0183	0,0070	0,0022	0,0007	0,0002	0
	D(AC)/A	0,0220	0,0140	0,0067	0,0019	0,0002	-0,0000	-0,0000	-0,0000	-0,0000	0
	D(AD)/A	0,0055	0,0012	-0,0009	-0,0011	-0,0005	-0,0002	-0,0001	-0,0000	-0,0000	0
	D(BA)/A	-0,1255	-0,0853	-0,0484	-0,0211	-0,0069	-0,0023	-0,0007	-0,0002	-0,0001	-0,0000
	D(BB)/A	-0,0018	0,0018	0,0017	0,0001	-0,0004	-0,0002	-0,0001	-0,0000	-0,0000	0,0000
	D(BC)/A	0,1172	0,0853	0,0530	0,0258	0,0093	0,0033	0,0010	0,0003	0,0001	0,0000
	D(BD)/A	0,0293	0,0127	0,0029	-0,0005	-0,0005	-0,0002	-0,0001	-0,0000	-0,0000	-0,0000
0,50	B(AA)	0,6606	0,7164	0,7808	0,8475	0,9004	0,9240	0,9339	0,9369	0,9380	0,9385
	B(AB)	0,2534	0,2511	0,2362	0,2046	0,1682	0,1493	0,1409	0,1383	0,1374	0,1370
	B(AC)	0,0995	0,0670	0,0297	-0,0071	-0,0342	-0,0457	-0,0504	-0,0518	-0,0523	-0,0525
	B(AD)	0,0452	0,0185	-0,0024	-0,0121	-0,0121	-0,0104	-0,0094	-0,0091	-0,0089	-0,0089
	B(BA)	0,2112	0,2093	0,1968	0,1705	0,1402	0,1244	0,1174	0,1153	0,1145	0,1142
	B(BB)	0,4646	0,4948	0,5366	0,5888	0,6365	0,6592	0,6690	0,6720	0,6731	0,6735
	B(BC)	0,1825	0,1871	0,1975	0,2137	0,2296	0,2372	0,2404	0,2414	0,2418	0,2420
	B(BD)	0,0830	0,0558	0,0248	-0,0059	-0,0285	-0,0381	-0,0420	-0,0431	-0,0436	-0,0437
	D(AA)/A	-0,1697	-0,1447	-0,1115	-0,0701	-0,0311	-0,0121	-0,0038	-0,0013	-0,0004	-0,0000
	D(AB)/A	0,1267	0,1194	0,1015	0,0690	0,0320	0,0126	0,0040	0,0014	0,0004	-0,0000
	D(AC)/A	0,0498	0,0402	0,0290	0,0171	0,0073	0,0028	0,0009	0,0003	0,0001	-0,0000
	D(AD)/A	0,0226	0,0117	0,0027	-0,0017	-0,0016	-0,0008	-0,0003	-0,0001	-0,0000	0,0000
	D(BA)/A	-0,2338	-0,1689	-0,1027	-0,0481	-0,0166	-0,0058	-0,0017	-0,0006	-0,0002	-0,0000
	D(BB)/A	-0,0143	-0,0038	0,0017	0,0019	0,0007	0,0002	0,0001	0,0000	0,0000	0,0000
	D(BC)/A	0,1908	0,1453	0,0950	0,0487	0,0183	0,0066	0,0020	0,0007	0,0002	-0,0000
	D(BD)/A	0,0867	0,0510	0,0221	0,0059	0,0008	0,0001	0,0000	0,0000	-0,0000	0

Z	Z(T)	0,00	0,03	0,10	0,30	1,00	3,00	10,0	30,0	100	UNENDL
1,00	B(AA)	0,5497	0,6106	0,6876	0,7741	0,8484	0,8839	0,8993	0,9041	0,9058	0,9066
	B(AB)	0,2795	0,2856	0,2828	0,2616	0,2268	0,2052	0,1950	0,1917	0,1906	0,1901
	B(AC)	0,1491	0,1162	0,0748	0,0284	-0,0116	-0,0311	-0,0397	-0,0423	-0,0433	-0,0437
	B(AD)	0,0932	0,0546	0,0144	-0,0157	-0,0276	-0,0290	-0,0288	-0,0286	-0,0285	-0,0285
	B(BA)	0,2329	0,2380	0,2356	0,2180	0,1890	0,1710	0,1625	0,1598	0,1588	0,1584
	B(BB)	0,3727	0,3977	0,4341	0,4831	0,5328	0,5589	0,5706	0,5743	0,5756	0,5762
	B(BC)	0,1988	0,2005	0,2084	0,2269	0,2521	0,2671	0,2741	0,2763	0,2771	0,2775
	B(BD)	0,1242	0,0969	0,0623	0,0237	-0,0097	-0,0259	-0,0331	-0,0353	-0,0361	-0,0364
	D(AA)/A	-0,2252	-0,2001	-0,1624	-0,1088	-0,0515	-0,0207	-0,0067	-0,0023	-0,0007	0,0000
	D(AB)/A	0,1398	0,1349	0,1203	0,0878	0,0439	0,0180	0,0059	0,0020	0,0006	0
	D(AC)/A	0,0745	0,0666	0,0552	0,0386	0,0192	0,0079	0,0026	0,0009	0,0003	0
	D(AD)/A	0,0466	0,0321	0,0162	0,0035	-0,0011	-0,0009	-0,0004	-0,0001	-0,0000	-0,0000
	D(BA)/A	-0,3339	-0,2561	-0,1666	-0,0838	-0,0308	-0,0110	-0,0034	-0,0011	-0,0003	-0,0000
	D(BB)/A	-0,0342	-0,0185	-0,0051	0,0015	0,0018	0,0009	0,0003	0,0001	0,0000	0,0000
	D(BC)/A	0,2484	0,1973	0,1351	0,0729	0,0286	0,0105	0,0033	0,0011	0,0003	0
	D(BD)/A	0,1553	0,1071	0,0583	0,0219	0,0054	0,0015	0,0004	0,0001	0,0000	-0,0000
2,00	B(AA)	0,4512	0,5061	0,5854	0,6867	0,7835	0,8335	0,8562	0,8634	0,8660	0,8671
	B(AB)	0,2865	0,2970	0,3057	0,3022	0,2807	0,2625	0,2527	0,2495	0,2483	0,2477
	B(AC)	0,1935	0,1657	0,1262	0,0764	0,0278	0,0014	-0,0109	-0,0149	-0,0163	-0,0170
	B(AD)	0,1488	0,1083	0,0546	-0,0022	-0,0406	-0,0535	-0,0577	-0,0588	-0,0592	-0,0594
	B(BA)	0,2388	0,2475	0,2547	0,2519	0,2339	0,2188	0,2106	0,2079	0,2069	0,2064
	B(BB)	0,3104	0,3285	0,3564	0,3967	0,4420	0,4685	0,4813	0,4854	0,4869	0,4876
	B(BC)	0,2096	0,2088	0,2117	0,2247	0,2495	0,2676	0,2769	0,2800	0,2812	0,2817
	B(BD)	0,1612	0,1381	0,1052	0,0637	0,0232	0,0012	-0,0091	-0,0124	-0,0136	-0,0141
	D(AA)/A	-0,2744	-0,2553	-0,2202	-0,1590	-0,0811	-0,0339	-0,0112	-0,0038	-0,0012	0,0000
	D(AB)/A	0,1433	0,1391	0,1273	0,0987	0,0536	0,0231	0,0077	0,0027	0,0008	0,0000
	D(AC)/A	0,0967	0,0931	0,0848	0,0664	0,0370	0,0162	0,0054	0,0019	0,0006	0,0000
	D(AD)/A	0,0744	0,0618	0,0435	0,0215	0,0056	0,0012	0,0002	0,0000	0,0000	-0,0000
	D(BA)/A	-0,4295	-0,3515	-0,2481	-0,1365	-0,0540	-0,0200	-0,0063	-0,0021	-0,0006	-0,0000
	D(BB)/A	-0,0583	-0,0417	-0,0219	-0,0052	0,0013	0,0012	0,0005	0,0002	0,0001	0,0000
	D(BC)/A	0,2983	0,2476	0,1790	0,1023	0,0423	0,0161	0,0051	0,0017	0,0005	-0,0000
	D(BD)/A	0,2295	0,1799	0,1172	0,0556	0,0177	0,0056	0,0016	0,0005	0,0002	0,0000
5,00	B(AA)	0,3597	0,3956	0,4578	0,5587	0,6817	0,7572	0,7944	0,8066	0,8111	0,8130
	B(AB)	0,2829	0,2920	0,3054	0,3203	0,3268	0,3247	0,3220	0,3209	0,3204	0,3202
	B(AC)	0,2343	0,2171	0,1882	0,1435	0,0905	0,0576	0,0411	0,0356	0,0336	0,0327
	B(AD)	0,2092	0,1801	0,1309	0,0549	-0,0295	-0,0758	-0,0970	-0,1037	-0,1061	-0,1071
	B(BA)	0,2357	0,2433	0,2545	0,2669	0,2724	0,2706	0,2683	0,2674	0,2670	0,2669
	B(BB)	0,2640	0,2739	0,2907	0,3176	0,3518	0,3743	0,3861	0,3901	0,3916	0,3922
	B(BC)	0,2187	0,2170	0,2158	0,2186	0,2309	0,2433	0,2508	0,2534	0,2544	0,2548
	B(BD)	0,1953	0,1809	0,1568	0,1195	0,0754	0,0480	0,0342	0,0297	0,0280	0,0273
	D(AA)/A	-0,3201	-0,3140	-0,2944	-0,2391	-0,1382	-0,0620	-0,0211	-0,0073	-0,0022	-0,0000
	D(AB)/A	0,1414	0,1348	0,1216	0,0957	0,0557	0,0256	0,0088	0,0031	0,0009	0
	D(AC)/A	0,1172	0,1205	0,1207	0,1065	0,0668	0,0313	0,0109	0,0038	0,0012	0
	D(AD)/A	0,1046	0,1013	0,0925	0,0707	0,0362	0,0146	0,0046	0,0016	0,0005	-0,0000
	D(BA)/A	-0,5224	-0,4595	-0,3617	-0,2300	-0,1047	-0,0417	-0,0135	-0,0046	-0,0014	-0,0000
	D(BB)/A	-0,0851	-0,0735	-0,0541	-0,0278	-0,0075	-0,0015	-0,0002	-0,0001	-0,0000	-0,0000
	D(BC)/A	0,3437	0,3000	0,2336	0,1467	0,0664	0,0265	0,0086	0,0029	0,0009	-0,0000
	D(BD)/A	0,3069	0,2707	0,2122	0,1309	0,0556	0,0209	0,0065	0,0022	0,0007	0,0000
10,00	B(AA)	0,3197	0,3417	0,3839	0,4657	0,5941	0,6936	0,7501	0,7697	0,7771	0,7803
	B(AB)	0,2789	0,2849	0,2956	0,3134	0,3359	0,3507	0,3584	0,3609	0,3619	0,3623
	B(AC)	0,2521	0,2417	0,2226	0,1879	0,1369	0,0989	0,0776	0,0702	0,0675	0,0663
	B(AD)	0,2378	0,2194	0,1842	0,1166	0,0119	-0,0683	-0,1134	-0,1290	-0,1349	-0,1375
	B(BA)	0,2324	0,2374	0,2463	0,2612	0,2799	0,2922	0,2986	0,3008	0,3016	0,3019
	B(BB)	0,2464	0,2520	0,2622	0,2803	0,3062	0,3253	0,3359	0,3396	0,3410	0,3416
	B(BC)	0,2226	0,2214	0,2196	0,2185	0,2210	0,2252	0,2281	0,2292	0,2296	0,2298
	B(BD)	0,2100	0,2014	0,1855	0,1566	0,1141	0,0824	0,0647	0,0585	0,0562	0,0552
	D(AA)/A	-0,3401	-0,3429	-0,3380	-0,3006	-0,1967	-0,0959	-0,0341	-0,0120	-0,0037	0,0000
	D(AB)/A	0,1395	0,1305	0,1135	0,0841	0,0460	0,0206	0,0071	0,0025	0,0008	0,0000
	D(AC)/A	0,1260	0,1337	0,1409	0,1344	0,0928	0,0463	0,0166	0,0059	0,0018	0,0000
	D(AD)/A	0,1189	0,1227	0,1260	0,1185	0,0811	0,0401	0,0144	0,0051	0,0015	0,0000
	D(BA)/A	-0,5640	-0,5141	-0,4315	-0,3061	-0,1608	-0,0704	-0,0239	-0,0083	-0,0025	-0,0000
	D(BB)/A	-0,0979	-0,0911	-0,0767	-0,0510	-0,0226	-0,0086	-0,0027	-0,0009	-0,0003	0,0000
	D(BC)/A	0,3634	0,3255	0,2651	0,1795	0,0895	0,0380	0,0127	0,0044	0,0013	0,0000
	D(BD)/A	0,3428	0,3189	0,2745	0,1990	0,1051	0,0458	0,0155	0,0054	0,0016	0,0000

Z	Z(T)	0,00	0,03	0,10	0,30	1,00	3,00	10,0	30,0	100	UNENDL
20,00	B(AA)	0,2972	0,3095	0,3347	0,3905	0,5030	0,6209	0,7056	0,7392	0,7524	0,7583
	B(AB)	0,2761	0,2796	0,2865	0,3006	0,3275	0,3560	0,3770	0,3854	0,3888	0,3903
	B(AC)	0,2620	0,2562	0,2450	0,2218	0,1791	0,1369	0,1076	0,0962	0,0917	0,0897
	B(AD)	0,2543	0,2439	0,2224	0,1741	0,0749	-0,0316	-0,1095	-0,1406	-0,1528	-0,1583
	B(BA)	0,2301	0,2330	0,2387	0,2505	0,2729	0,2966	0,3141	0,3212	0,3240	0,3252
	B(BB)	0,2370	0,2401	0,2458	0,2569	0,2754	0,2920	0,3028	0,3070	0,3085	0,3092
	B(BC)	0,2249	0,2241	0,2227	0,2207	0,2181	0,2151	0,2126	0,2114	0,2110	0,2108
	B(BD)	0,2183	0,2135	0,2042	0,1849	0,1492	0,1141	0,0897	0,0802	0,0765	0,0748
	D(AA)/A	-0,3514	-0,3601	-0,3673	-0,3514	-0,2632	-0,1453	-0,0560	-0,0203	-0,0063	0,0000
	D(AB)/A	0,1381	0,1273	0,1069	0,0713	0,0290	0,0080	0,0015	0,0003	0,0001	0,0000
	D(AC)/A	0,1310	0,1415	0,1541	0,1565	0,1197	0,0654	0,0249	0,0090	0,0028	0,0000
	D(AD)/A	0,1272	0,1361	0,1498	0,1616	0,1393	0,0842	0,0341	0,0126	0,0039	0,0000
	D(BA)/A	-0,5877	-0,5472	-0,4791	-0,3706	-0,2266	-0,1137	-0,0421	-0,0151	-0,0047	-0,0000
	D(BB)/A	-0,1053	-0,1021	-0,0929	-0,0723	-0,0432	-0,0217	-0,0081	-0,0029	-0,0009	-0,0000
	D(BC)/A	0,3744	0,3406	0,2862	0,2063	0,1148	0,0540	0,0193	0,0068	0,0021	-0,0000
	D(BD)/A	0,3635	0,3485	0,3180	0,2590	0,1670	0,0868	0,0328	0,0118	0,0037	-0,0000
50,00	B(AA)	0,2828	0,2881	0,2994	0,3272	0,3989	0,5104	0,6334	0,6990	0,7284	0,7424
	B(AB)	0,2742	0,2757	0,2789	0,2865	0,3064	0,3390	0,3764	0,3967	0,4059	0,4102
	B(AC)	0,2683	0,2659	0,2609	0,2495	0,2228	0,1842	0,1430	0,1213	0,1116	0,1070
	B(AD)	0,2651	0,2606	0,2508	0,2261	0,1601	0,0536	-0,0662	-0,1307	-0,1596	-0,1734
	B(BA)	0,2285	0,2298	0,2324	0,2388	0,2553	0,2825	0,3137	0,3306	0,3382	0,3419
	B(BB)	0,2312	0,2325	0,2350	0,2401	0,2505	0,2634	0,2760	0,2824	0,2852	0,2865
	B(BC)	0,2263	0,2259	0,2252	0,2239	0,2203	0,2134	0,2046	0,1996	0,1973	0,1962
	B(BD)	0,2236	0,2216	0,2174	0,2079	0,1857	0,1535	0,1191	0,1011	0,0930	0,0892
	D(AA)/A	-0,3586	-0,3716	-0,3883	-0,3948	-0,3427	-0,2313	-0,1075	-0,0426	-0,0137	-0,0000
	D(AB)/A	0,1371	0,1250	0,1015	0,0589	0,0051	-0,0186	-0,0146	-0,0066	-0,0022	-0,0000
	D(AC)/A	0,1342	0,1466	0,1634	0,1747	0,1503	0,0964	0,0429	0,0167	0,0053	0
	D(AD)/A	0,1326	0,1452	0,1675	0,2001	0,2133	0,1665	0,0840	0,0342	0,0111	0,0000
	D(BA)/A	-0,6030	-0,5694	-0,5137	-0,4263	-0,3067	-0,1905	-0,0858	-0,0337	-0,0108	0,0000
	D(BB)/A	-0,1102	-0,1097	-0,1049	-0,0915	-0,0698	-0,0468	-0,0223	-0,0090	-0,0029	0,0000
	D(BC)/A	0,3815	0,3507	0,3012	0,2289	0,1446	0,0811	0,0343	0,0132	0,0042	0,0000
	D(BD)/A	0,3769	0,3686	0,3501	0,3117	0,2444	0,1620	0,0758	0,0302	0,0097	-0,0000
100,00	B(AA)	0,2778	0,2805	0,2864	0,3015	0,3449	0,4298	0,5615	0,6579	0,7097	0,7365
	B(AB)	0,2735	0,2743	0,2760	0,2802	0,2927	0,3188	0,3609	0,3920	0,4088	0,4176
	B(AC)	0,2705	0,2693	0,2667	0,2605	0,2445	0,2153	0,1712	0,1394	0,1223	0,1134
	B(AD)	0,2689	0,2666	0,2614	0,2479	0,2074	0,1251	-0,0049	-0,1007	-0,1522	-0,1790
	B(BA)	0,2279	0,2285	0,2300	0,2335	0,2439	0,2657	0,3007	0,3267	0,3407	0,3480
	B(BB)	0,2293	0,2299	0,2312	0,2339	0,2399	0,2492	0,2620	0,2710	0,2758	0,2783
	B(BC)	0,2268	0,2266	0,2262	0,2254	0,2229	0,2167	0,2059	0,1976	0,1931	0,1907
	B(BD)	0,2254	0,2244	0,2222	0,2171	0,2037	0,1794	0,1427	0,1161	0,1019	0,0945
	D(AA)/A	-0,3611	-0,3756	-0,3961	-0,4125	-0,3848	-0,2976	-0,1666	-0,0742	-0,0253	0,0000
	D(AB)/A	0,1367	0,1242	0,0995	0,0536	-0,0084	-0,0402	-0,0340	-0,0171	-0,0061	0,0000
	D(AC)/A	0,1353	0,1485	0,1669	0,1821	0,1661	0,1197	0,0630	0,0273	0,0092	0
	D(AD)/A	0,1344	0,1484	0,1741	0,2161	0,2535	0,2313	0,1425	0,0657	0,0227	0,0000
	D(BA)/A	-0,6083	-0,5773	-0,5265	-0,4492	-0,3493	-0,2501	-0,1362	-0,0603	-0,0205	0
	D(BB)/A	-0,1119	-0,1124	-0,1094	-0,0995	-0,0844	-0,0668	-0,0391	-0,0178	-0,0061	0,0000
	D(BC)/A	0,3839	0,3542	0,3068	0,2382	0,1603	0,1017	0,0514	0,0221	0,0074	0,0000
	D(BD)/A	0,3816	0,3757	0,3620	0,3336	0,2861	0,2209	0,1260	0,0567	0,0194	0,0000
200,00	B(AA)	0,2753	0,2766	0,2797	0,2875	0,3116	0,3666	0,4807	0,5995	0,6828	0,7335
	B(AB)	0,2731	0,2735	0,2744	0,2766	0,2837	0,3010	0,3381	0,3772	0,4047	0,4214
	B(AC)	0,2716	0,2710	0,2697	0,2664	0,2576	0,2387	0,2006	0,1611	0,1335	0,1167
	B(AD)	0,2708	0,2696	0,2670	0,2599	0,2373	0,1837	0,0704	-0,0481	-0,1313	-0,1819
	B(BA)	0,2276	0,2279	0,2286	0,2305	0,2364	0,2508	0,2818	0,3143	0,3372	0,3511
	B(BB)	0,2283	0,2286	0,2292	0,2306	0,2339	0,2398	0,2507	0,2617	0,2694	0,2740
	B(BC)	0,2270	0,2269	0,2267	0,2263	0,2248	0,2205	0,2106	0,2000	0,1925	0,1879
	B(BD)	0,2263	0,2258	0,2247	0,2220	0,2147	0,1989	0,1671	0,1343	0,1113	0,0973
	D(AA)/A	-0,3624	-0,3777	-0,4001	-0,4222	-0,4110	-0,3504	-0,2357	-0,1236	-0,0465	0
	D(AB)/A	0,1366	0,1237	0,0984	0,0506	-0,0169	-0,0578	-0,0571	-0,0335	-0,0131	0,0000
	D(AC)/A	0,1358	0,1494	0,1686	0,1861	0,1758	0,1381	0,0864	0,0439	0,0163	-0,0000
	D(AD)/A	0,1354	0,1501	0,1776	0,2249	0,2786	0,2835	0,2113	0,1149	0,0439	-0,0000
	D(BA)/A	-0,6109	-0,5813	-0,5331	-0,4617	-0,3759	-0,2976	-0,1953	-0,1017	-0,0382	-0,0000
	D(BB)/A	-0,1128	-0,1137	-0,1118	-0,1039	-0,0935	-0,0829	-0,0589	-0,0316	-0,0120	-0,0000
	D(BC)/A	0,3851	0,3560	0,3096	0,2432	0,1700	0,1182	0,0713	0,0360	0,0134	0,0000
	D(BD)/A	0,3840	0,3794	0,3683	0,3456	0,3121	0,2682	0,1849	0,0981	0,0371	0,0000

Z	Z(T)	0,00	0,03	0,10	0,30	1,00	3,00	10,0	30,0	100	UNENDL
500,00	B(AA)	0,2737	0,2743	0,2755	0,2788	0,2891	0,3153	0,3862	0,4991	0,6232	0,7316
	B(AB)	0,2729	0,2730	0,2734	0,2743	0,2774	0,2857	0,3091	0,3465	0,3877	0,4237
	B(AC)	0,2723	0,2720	0,2715	0,2702	0,2664	0,2574	0,2337	0,1961	0,1548	0,1188
	B(AD)	0,2720	0,2715	0,2704	0,2675	0,2578	0,2321	0,1616	0,0488	-0,0753	-0,1837
	B(BA)	0,2274	0,2275	0,2278	0,2286	0,2312	0,2381	0,2575	0,2887	0,3231	0,3531
	B(BB)	0,2277	0,2278	0,2281	0,2286	0,2300	0,2328	0,2395	0,2500	0,2614	0,2714
	B(BC)	0,2272	0,2271	0,2271	0,2269	0,2262	0,2241	0,2178	0,2075	0,1961	0,1861
	B(BD)	0,2269	0,2267	0,2262	0,2251	0,2220	0,2145	0,1947	0,1634	0,1290	0,0990
	D(AA)/A	-0,3631	-0,3789	-0,4026	-0,4282	-0,4288	-0,3936	-0,3179	-0,2115	-0,0982	-0,0000
	D(AB)/A	0,1364	0,1235	0,0978	0,0488	-0,0228	-0,0723	-0,0846	-0,0628	-0,0303	-0,0000
	D(AC)/A	0,1361	0,1499	0,1697	0,1886	0,1824	0,1531	0,1141	0,0733	0,0336	-0,0000
	D(AD)/A	0,1360	0,1511	0,1797	0,2304	0,2958	0,3263	0,2933	0,2028	0,0955	-0,0000
	D(BA)/A	-0,6126	-0,5837	-0,5372	-0,4695	-0,3940	-0,3366	-0,2655	-0,1756	-0,0814	-0,0000
	D(BB)/A	-0,1133	-0,1146	-0,1133	-0,1067	-0,0998	-0,0961	-0,0824	-0,0563	-0,0264	0,0000
	D(BC)/A	0,3859	0,3571	0,3114	0,2463	0,1766	0,1317	0,0950	0,0607	0,0278	0,0000
	D(BD)/A	0,3854	0,3816	0,3721	0,3532	0,3299	0,3069	0,2550	0,1719	0,0803	0,0000
1000,00	B(AA)	0,2732	0,2735	0,2741	0,2758	0,2810	0,2950	0,3373	0,4227	0,5557	0,7310
	B(AB)	0,2728	0,2729	0,2731	0,2735	0,2751	0,2796	0,2935	0,3219	0,3661	0,4245
	B(AC)	0,2725	0,2724	0,2721	0,2714	0,2695	0,2647	0,2506	0,2221	0,1778	0,1195
	B(AD)	0,2723	0,2721	0,2716	0,2701	0,2651	0,2514	0,2093	0,1240	-0,0090	-0,1843
	B(BA)	0,2273	0,2274	0,2276	0,2279	0,2293	0,2330	0,2446	0,2682	0,3051	0,3537
	B(BB)	0,2275	0,2275	0,2277	0,2280	0,2287	0,2301	0,2341	0,2420	0,2543	0,2705
	B(BC)	0,2272	0,2272	0,2272	0,2271	0,2267	0,2256	0,2218	0,2139	0,2017	0,1855
	B(BD)	0,2271	0,2270	0,2268	0,2262	0,2246	0,2206	0,2088	0,1851	0,1482	0,0996
	D(AA)/A	-0,3634	-0,3793	-0,4034	-0,4303	-0,4351	-0,4108	-0,3606	-0,2790	-0,1579	0,0000
	D(AB)/A	0,1364	0,1234	0,0975	0,0481	-0,0249	-0,0781	-0,0989	-0,0854	-0,0503	0,0000
	D(AC)/A	0,1363	0,1501	0,1701	0,1894	0,1848	0,1591	0,1285	0,0959	0,0535	-0,0000
	D(AD)/A	0,1362	0,1514	0,1804	0,2323	0,3019	0,3433	0,3359	0,2703	0,1552	-0,0000
	D(BA)/A	-0,6131	-0,5845	-0,5386	-0,4722	-0,4004	-0,3520	-0,3020	-0,2324	-0,1313	-0,0000
	D(BB)/A	-0,1135	-0,1148	-0,1137	-0,1077	-0,1020	-0,1014	-0,0947	-0,0753	-0,0431	-0,0000
	D(BC)/A	0,3861	0,3575	0,3120	0,2474	0,1790	0,1370	0,1072	0,0797	0,0444	0,0000
	D(BD)/A	0,3859	0,3824	0,3734	0,3558	0,3363	0,3223	0,2915	0,2287	0,1301	0,0000

c) $r_a : r_b : r_c : r_d = 1{,}5 : 1{,}0 : 1{,}0 : 1{,}5$

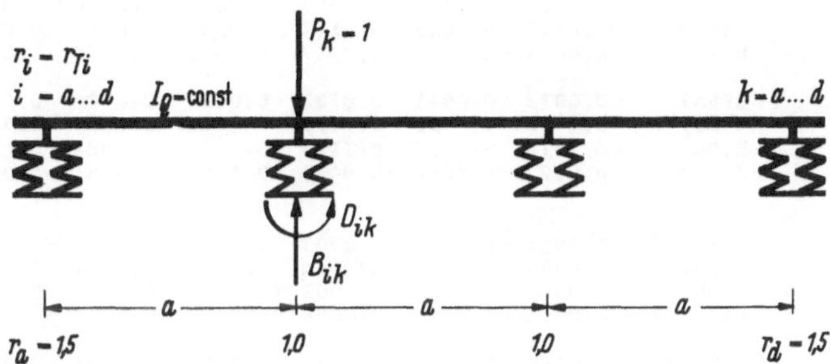

Z	Z(T)	0,00	0,03	0,10	0,30	1,00	3,00	10,0	30,0	100	UNENDL
0,01	B(AA)	0,9871	0,9898	0,9926	0,9952	0,9970	0,9978	0,9981	0,9982	0,9982	0,9983
	B(AB)	0,0190	0,0171	0,0142	0,0108	0,0079	0,0066	0,0061	0,0059	0,0059	0,0058
	B(AC)	0,0004	-0,0019	-0,0035	-0,0042	-0,0041	-0,0040	-0,0039	-0,0039	-0,0039	-0,0038
	B(AD)	0,0000	0,0001	0,0003	0,0004	0,0004	0,0004	0,0004	0,0004	0,0004	0,0004
	B(BA)	0,0127	0,0114	0,0095	0,0072	0,0053	0,0044	0,0041	0,0039	0,0039	0,0039
	B(BB)	0,9621	0,9663	0,9713	0,9769	0,9813	0,9833	0,9841	0,9843	0,9844	0,9845
	B(BC)	0,0185	0,0185	0,0179	0,0165	0,0149	0,0141	0,0137	0,0136	0,0136	0,0135
	B(BD)	0,0002	-0,0012	-0,0023	-0,0028	-0,0027	-0,0026	-0,0026	-0,0026	-0,0026	-0,0026
	D(AA)/A	-0,0065	-0,0052	-0,0037	-0,0021	-0,0009	-0,0003	-0,0001	-0,0000	-0,0000	0,0000
	D(AB)/A	0,0095	0,0082	0,0063	0,0038	0,0016	0,0006	0,0002	0,0001	0,0000	0
	D(AC)/A	0,0002	-0,0005	-0,0009	-0,0007	-0,0004	-0,0001	-0,0000	-0,0000	-0,0000	-0,0000
	D(AD)/A	0,0000	0,0000	0,0001	0,0001	0,0000	0,0000	0,0000	0,0000	0,0000	0,0000
	D(BA)/A	-0,0066	-0,0042	-0,0022	-0,0009	-0,0003	-0,0001	-0,0000	-0,0000	-0,0000	-0,0000
	D(BB)/A	0,0001	0,0001	-0,0000	-0,0001	-0,0001	-0,0000	-0,0000	-0,0000	-0,0000	-0,0000
	D(BC)/A	0,0096	0,0066	0,0038	0,0018	0,0006	0,0002	0,0001	0,0000	0,0000	0,0000
	D(BD)/A	0,0001	-0,0003	-0,0003	-0,0002	-0,0001	-0,0000	-0,0000	-0,0000	-0,0000	-0,0000
0,02	B(AA)	0,9750	0,9801	0,9855	0,9905	0,9942	0,9957	0,9963	0,9965	0,9966	0,9966
	B(AB)	0,0362	0,0327	0,0274	0,0209	0,0154	0,0129	0,0119	0,0115	0,0114	0,0114
	B(AC)	0,0013	-0,0030	-0,0063	-0,0078	-0,0078	-0,0076	-0,0075	-0,0074	-0,0074	-0,0074
	B(AD)	0,0000	0,0001	0,0004	0,0007	0,0008	0,0008	0,0008	0,0008	0,0008	0,0008
	B(BA)	0,0241	0,0218	0,0182	0,0139	0,0102	0,0086	0,0079	0,0077	0,0076	0,0076
	B(BB)	0,9281	0,9358	0,9451	0,9554	0,9639	0,9676	0,9691	0,9696	0,9698	0,9698
	B(BC)	0,0344	0,0346	0,0338	0,0315	0,0286	0,0271	0,0265	0,0263	0,0262	0,0262
	B(BD)	0,0009	-0,0020	-0,0042	-0,0052	-0,0052	-0,0051	-0,0050	-0,0050	-0,0049	-0,0049
	D(AA)/A	-0,0125	-0,0100	-0,0072	-0,0041	-0,0017	-0,0006	-0,0002	-0,0001	-0,0000	-0,0000
	D(AB)/A	0,0181	0,0157	0,0121	0,0074	0,0031	0,0012	0,0004	0,0001	0,0000	0
	D(AC)/A	0,0007	-0,0007	-0,0014	-0,0013	-0,0006	-0,0003	-0,0001	-0,0000	-0,0000	0,0000
	D(AD)/A	0,0000	0,0000	0,0001	0,0001	0,0001	0,0000	0,0000	0,0000	0,0000	-0,0000
	D(BA)/A	-0,0130	-0,0083	-0,0044	-0,0018	-0,0005	-0,0002	-0,0001	-0,0000	-0,0000	-0,0000
	D(BB)/A	0,0002	0,0004	0,0000	-0,0002	-0,0002	-0,0001	-0,0000	-0,0000	-0,0000	-0,0000
	D(BC)/A	0,0185	0,0127	0,0075	0,0034	0,0012	0,0004	0,0001	0,0000	0,0000	0,0000
	D(BD)/A	0,0005	-0,0004	-0,0006	-0,0003	-0,0001	-0,0000	-0,0000	-0,0000	-0,0000	0

Z	Z(T)	0,00	0,03	0,10	0,30	1,00	3,00	10,0	30,0	100	UNENDL
0,05	B(AA)	0,9424	0,9541	0,9663	0,9778	0,9863	0,9898	0,9913	0,9917	0,9919	0,9919
	B(AB)	0,0791	0,0723	0,0614	0,0476	0,0354	0,0298	0,0275	0,0268	0,0266	0,0264
	B(AC)	0,0066	-0,0032	-0,0113	-0,0159	-0,0169	-0,0168	-0,0167	-0,0166	-0,0166	-0,0166
	B(AD)	0,0004	-0,0002	0,0003	0,0011	0,0014	0,0015	0,0015	0,0015	0,0015	0,0015
	B(BA)	0,0527	0,0482	0,0409	0,0317	0,0236	0,0199	0,0183	0,0179	0,0177	0,0176
	B(BB)	0,8436	0,8591	0,8781	0,8996	0,9175	0,9256	0,9289	0,9300	0,9303	0,9305
	B(BC)	0,0707	0,0718	0,0717	0,0687	0,0640	0,0614	0,0602	0,0599	0,0597	0,0597
	B(BD)	0,0044	-0,0021	-0,0075	-0,0106	-0,0113	-0,0112	-0,0111	-0,0111	-0,0111	-0,0111
	D(AA)/A	-0,0288	-0,0232	-0,0168	-0,0099	-0,0041	-0,0016	-0,0005	-0,0002	-0,0001	0,0000
	D(AB)/A	0,0395	0,0348	0,0272	0,0168	0,0073	0,0028	0,0009	0,0003	0,0001	0
	D(AC)/A	0,0033	0,0002	-0,0019	-0,0022	-0,0012	-0,0005	-0,0002	-0,0001	-0,0000	-0,0000
	D(AD)/A	0,0002	-0,0001	-0,0000	0,0001	0,0001	0,0000	0,0000	0,0000	0,0000	0,0000
	D(BA)/A	-0,0312	-0,0203	-0,0109	-0,0045	-0,0014	-0,0005	-0,0001	-0,0000	-0,0000	0,0000
	D(BB)/A	0,0009	0,0013	0,0005	-0,0003	-0,0004	-0,0002	-0,0001	-0,0000	-0,0000	0,0000
	D(BC)/A	0,0420	0,0292	0,0173	0,0081	0,0028	0,0010	0,0003	0,0001	0,0000	0,0000
	D(BD)/A	0,0026	-0,0000	-0,0009	-0,0007	-0,0003	-0,0001	-0,0000	-0,0000	-0,0000	-0,0000
0,10	B(AA)	0,8978	0,9178	0,9390	0,9594	0,9746	0,9812	0,9839	0,9847	0,9850	0,9851
	B(AB)	0,1310	0,1216	0,1053	0,0832	0,0630	0,0534	0,0494	0,0481	0,0477	0,0475
	B(AC)	0,0190	0,0023	-0,0128	-0,0231	-0,0271	-0,0279	-0,0281	-0,0281	-0,0281	-0,0281
	B(AD)	0,0022	-0,0005	-0,0007	0,0005	0,0014	0,0018	0,0019	0,0019	0,0019	0,0020
	B(BA)	0,0873	0,0811	0,0702	0,0555	0,0420	0,0356	0,0329	0,0321	0,0318	0,0317
	B(BB)	0,7422	0,7651	0,7939	0,8272	0,8557	0,8688	0,8743	0,8760	0,8766	0,8769
	B(BC)	0,1078	0,1110	0,1135	0,1126	0,1084	0,1057	0,1044	0,1040	0,1038	0,1038
	B(BD)	0,0127	0,0016	-0,0085	-0,0154	-0,0181	-0,0186	-0,0187	-0,0187	-0,0188	-0,0188
	D(AA)/A	-0,0511	-0,0417	-0,0307	-0,0183	-0,0078	-0,0030	-0,0009	-0,0003	-0,0001	-0,0000
	D(AB)/A	0,0655	0,0586	0,0468	0,0297	0,0131	0,0051	0,0016	0,0005	0,0002	-0,0000
	D(AC)/A	0,0095	0,0041	-0,0002	-0,0019	-0,0013	-0,0006	-0,0002	-0,0001	-0,0000	-0,0000
	D(AD)/A	0,0011	-0,0001	-0,0004	-0,0002	-0,0000	-0,0000	-0,0000	-0,0000	-0,0000	0,0000
	D(BA)/A	-0,0586	-0,0388	-0,0213	-0,0089	-0,0028	-0,0009	-0,0003	-0,0001	-0,0000	-0,0000
	D(BB)/A	0,0021	0,0030	0,0017	-0,0001	-0,0004	-0,0002	-0,0001	-0,0000	-0,0000	-0,0000
	D(BC)/A	0,0729	0,0516	0,0311	0,0148	0,0052	0,0018	0,0006	0,0002	0,0001	-0,0000
	D(BD)/A	0,0086	0,0024	-0,0005	-0,0009	-0,0004	-0,0002	-0,0000	-0,0000	-0,0000	-0,0000
0,20	B(AA)	0,8304	0,8620	0,8960	0,9295	0,9555	0,9670	0,9718	0,9732	0,9738	0,9740
	B(AB)	0,1946	0,1852	0,1652	0,1346	0,1042	0,0891	0,0826	0,0806	0,0799	0,0796
	B(AC)	0,0454	0,0203	-0,0049	-0,0252	-0,0365	-0,0402	-0,0415	-0,0419	-0,0420	-0,0421
	B(AD)	0,0096	0,0010	-0,0029	-0,0024	-0,0006	0,0004	0,0008	0,0009	0,0010	0,0010
	B(BA)	0,1298	0,1235	0,1101	0,0897	0,0694	0,0594	0,0551	0,0537	0,0532	0,0530
	B(BB)	0,6163	0,6451	0,6827	0,7277	0,7678	0,7869	0,7950	0,7975	0,7984	0,7988
	B(BC)	0,1437	0,1494	0,1569	0,1629	0,1645	0,1642	0,1639	0,1637	0,1637	0,1637
	B(BD)	0,0302	0,0135	-0,0032	-0,0168	-0,0243	-0,0268	-0,0277	-0,0279	-0,0280	-0,0280
	D(AA)/A	-0,0848	-0,0704	-0,0530	-0,0327	-0,0144	-0,0056	-0,0018	-0,0006	-0,0002	-0,0000
	D(AB)/A	0,0973	0,0894	0,0736	0,0486	0,0222	0,0087	0,0028	0,0009	0,0003	0,0000
	D(AC)/A	0,0227	0,0146	0,0072	0,0020	0,0001	-0,0001	-0,0000	-0,0000	-0,0000	-0,0000
	D(AD)/A	0,0048	0,0011	-0,0008	-0,0010	-0,0005	-0,0002	-0,0001	-0,0000	-0,0000	0
	D(BA)/A	-0,1047	-0,0712	-0,0404	-0,0175	-0,0056	-0,0019	-0,0006	-0,0002	-0,0001	-0,0000
	D(BB)/A	0,0028	0,0056	0,0042	0,0011	-0,0002	-0,0002	-0,0001	-0,0000	-0,0000	0,0000
	D(BC)/A	0,1172	0,0850	0,0527	0,0256	0,0093	0,0033	0,0010	0,0003	0,0001	-0,0000
	D(BD)/A	0,0247	0,0108	0,0025	-0,0003	-0,0004	-0,0002	-0,0001	-0,0000	-0,0000	0
0,50	B(AA)	0,7083	0,7567	0,8111	0,8674	0,9141	0,9361	0,9457	0,9486	0,9497	0,9502
	B(AB)	0,2708	0,2687	0,2533	0,2194	0,1776	0,1543	0,1437	0,1403	0,1391	0,1386
	B(AC)	0,1042	0,0706	0,0328	-0,0046	-0,0329	-0,0453	-0,0505	-0,0521	-0,0526	-0,0529
	B(AD)	0,0417	0,0171	-0,0019	-0,0106	-0,0106	-0,0088	-0,0078	-0,0075	-0,0073	-0,0073
	B(BA)	0,1806	0,1791	0,1689	0,1463	0,1184	0,1029	0,0958	0,0936	0,0928	0,0924
	B(BB)	0,4514	0,4807	0,5215	0,5743	0,6260	0,6525	0,6643	0,6680	0,6693	0,6699
	B(BC)	0,1736	0,1799	0,1924	0,2109	0,2293	0,2385	0,2425	0,2437	0,2442	0,2444
	B(BD)	0,0694	0,0471	0,0219	-0,0031	-0,0219	-0,0302	-0,0337	-0,0347	-0,0351	-0,0353
	D(AA)/A	-0,1458	-0,1253	-0,0986	-0,0646	-0,0301	-0,0120	-0,0039	-0,0013	-0,0004	-0,0000
	D(AB)/A	0,1354	0,1295	0,1131	0,0803	0,0392	0,0159	0,0052	0,0018	0,0005	-0,0000
	D(AC)/A	0,0521	0,0423	0,0311	0,0190	0,0084	0,0033	0,0011	0,0004	0,0001	-0,0000
	D(AD)/A	0,0208	0,0108	0,0026	-0,0016	-0,0016	-0,0008	-0,0003	-0,0001	-0,0000	0,0000
	D(BA)/A	-0,2014	-0,1441	-0,0867	-0,0402	-0,0137	-0,0047	-0,0014	-0,0005	-0,0001	-0,0000
	D(BB)/A	-0,0035	0,0050	0,0074	0,0045	0,0014	0,0004	0,0001	0,0000	0,0000	0,0000
	D(BC)/A	0,1910	0,1446	0,0940	0,0481	0,0181	0,0065	0,0020	0,0007	0,0002	0,0000
	D(BD)/A	0,0764	0,0444	0,0191	0,0051	0,0007	0,0001	0,0000	-0,0000	-0,0000	0,0000

Z	Z(T)	0,00	0,03	0,10	0,30	1,00	3,00	10,0	30,0	100	UNENDL
1,00	B(AA)	0,6023	0,6587	0,7273	0,8024	0,8684	0,9016	0,9166	0,9213	0,9229	0,9237
	B(AB)	0,3039	0,3104	0,3068	0,2824	0,2408	0,2135	0,2001	0,1957	0,1941	0,1934
	B(AC)	0,1576	0,1231	0,0807	0,0339	-0,0076	-0,0290	-0,0387	-0,0418	-0,0429	-0,0434
	B(AD)	0,0901	0,0523	0,0144	-0,0133	-0,0238	-0,0246	-0,0241	-0,0238	-0,0237	-0,0237
	B(BA)	0,2026	0,2069	0,2045	0,1883	0,1605	0,1423	0,1334	0,1305	0,1294	0,1289
	B(BB)	0,3546	0,3790	0,4147	0,4642	0,5180	0,5485	0,5628	0,5674	0,5690	0,5697
	B(BC)	0,1839	0,1875	0,1978	0,2195	0,2488	0,2670	0,2759	0,2788	0,2798	0,2803
	B(BD)	0,1051	0,0821	0,0538	0,0226	-0,0051	-0,0193	-0,0258	-0,0279	-0,0286	-0,0289
	D(AA)/A	-0,1989	-0,1770	-0,1455	-0,1008	-0,0500	-0,0206	-0,0068	-0,0023	-0,0007	-0,0000
	D(AB)/A	0,1520	0,1489	0,1360	0,1034	0,0544	0,0229	0,0076	0,0026	0,0008	-0,0000
	D(AC)/A	0,0788	0,0705	0,0591	0,0427	0,0224	0,0095	0,0032	0,0011	0,0003	-0,0000
	D(AD)/A	0,0450	0,0307	0,0154	0,0034	-0,0012	-0,0010	-0,0004	-0,0001	-0,0000	0,0000
	D(BA)/A	-0,2964	-0,2239	-0,1430	-0,0705	-0,0254	-0,0090	-0,0028	-0,0009	-0,0003	-0,0000
	D(BB)/A	-0,0188	-0,0053	0,0040	0,0059	0,0033	0,0013	0,0004	0,0001	0,0000	0,0000
	D(BC)/A	0,2495	0,1964	0,1334	0,0715	0,0280	0,0104	0,0032	0,0011	0,0003	-0,0000
	D(BD)/A	0,1426	0,0964	0,0514	0,0189	0,0046	0,0012	0,0003	0,0001	0,0000	-0,0000
2,00	B(AA)	0,5018	0,5565	0,6317	0,7234	0,8106	0,8574	0,8794	0,8865	0,8890	0,8901
	B(AB)	0,3149	0,3267	0,3354	0,3291	0,3003	0,2753	0,2615	0,2568	0,2551	0,2543
	B(AC)	0,2068	0,1767	0,1354	0,0852	0,0355	0,0069	-0,0072	-0,0119	-0,0136	-0,0143
	B(AD)	0,1504	0,1080	0,0544	0,0005	-0,0345	-0,0456	-0,0489	-0,0498	-0,0500	-0,0501
	B(BA)	0,2099	0,2178	0,2236	0,2194	0,2002	0,1836	0,1744	0,1712	0,1701	0,1696
	B(BB)	0,2887	0,3065	0,3338	0,3741	0,4225	0,4534	0,4691	0,4743	0,4762	0,4770
	B(BC)	0,1896	0,1902	0,1953	0,2117	0,2416	0,2644	0,2766	0,2808	0,2823	0,2830
	B(BD)	0,1379	0,1178	0,0903	0,0568	0,0237	0,0046	-0,0048	-0,0079	-0,0091	-0,0096
	D(AA)/A	-0,2491	-0,2315	-0,2009	-0,1486	-0,0791	-0,0340	-0,0114	-0,0039	-0,0012	0
	D(AB)/A	0,1575	0,1556	0,1463	0,1182	0,0677	0,0302	0,0103	0,0036	0,0011	-0,0000
	D(AC)/A	0,1034	0,0992	0,0909	0,0731	0,0429	0,0195	0,0067	0,0023	0,0007	-0,0000
	D(AD)/A	0,0752	0,0616	0,0428	0,0210	0,0053	0,0009	0,0001	0,0000	-0,0000	0,0000
	D(BA)/A	-0,3933	-0,3160	-0,2175	-0,1162	-0,0449	-0,0165	-0,0051	-0,0017	-0,0005	0,0000
	D(BB)/A	-0,0407	-0,0256	-0,0096	0,0016	0,0039	0,0022	0,0008	0,0003	0,0001	0
	D(BC)/A	0,3016	0,2476	0,1765	0,0997	0,0411	0,0157	0,0050	0,0017	0,0005	-0,0000
	D(BD)/A	0,2193	0,1681	0,1063	0,0486	0,0149	0,0046	0,0013	0,0004	0,0001	0,0000
5,00	B(AA)	0,4020	0,4407	0,5047	0,6027	0,7176	0,7887	0,8244	0,8363	0,8406	0,8425
	B(AB)	0,3123	0,3231	0,3382	0,3526	0,3535	0,3449	0,3379	0,3351	0,3341	0,3336
	B(AC)	0,2538	0,2341	0,2025	0,1562	0,1029	0,0688	0,0508	0,0447	0,0424	0,0414
	B(AD)	0,2207	0,1879	0,1348	0,0582	-0,0219	-0,0644	-0,0835	-0,0895	-0,0916	-0,0925
	B(BA)	0,2082	0,2154	0,2254	0,2350	0,2357	0,2299	0,2252	0,2234	0,2227	0,2224
	B(BB)	0,2394	0,2493	0,2658	0,2922	0,3273	0,3525	0,3666	0,3715	0,3734	0,3742
	B(BC)	0,1946	0,1935	0,1935	0,1990	0,2163	0,2338	0,2447	0,2487	0,2502	0,2508
	B(BD)	0,1692	0,1561	0,1350	0,1041	0,0686	0,0458	0,0339	0,0298	0,0283	0,0276
	D(AA)/A	-0,2990	-0,2936	-0,2764	-0,2280	-0,1360	-0,0626	-0,0217	-0,0075	-0,0023	-0,0000
	D(AB)/A	0,1561	0,1520	0,1421	0,1182	0,0738	0,0355	0,0126	0,0044	0,0014	-0,0000
	D(AC)/A	0,1269	0,1300	0,1303	0,1168	0,0765	0,0374	0,0133	0,0047	0,0014	0
	D(AD)/A	0,1103	0,1056	0,0949	0,0713	0,0358	0,0141	0,0044	0,0015	0,0004	0
	D(BA)/A	-0,4939	-0,4279	-0,3282	-0,2008	-0,0881	-0,0346	-0,0111	-0,0038	-0,0011	0,0000
	D(BB)/A	-0,0680	-0,0575	-0,0403	-0,0179	-0,0023	0,0008	0,0006	0,0002	0,0001	-0,0000
	D(BC)/A	0,3511	0,3032	0,2319	0,1423	0,0635	0,0254	0,0083	0,0028	0,0009	0
	D(BD)/A	0,3053	0,2641	0,2005	0,1178	0,0473	0,0171	0,0052	0,0018	0,0005	-0,0000
10,00	B(AA)	0,3560	0,3806	0,4263	0,5099	0,6347	0,7297	0,7837	0,8025	0,8096	0,8127
	B(AB)	0,3077	0,3151	0,3277	0,3467	0,3664	0,3759	0,3797	0,3808	0,3811	0,3813
	B(AC)	0,2748	0,2627	0,2411	0,2039	0,1521	0,1138	0,0920	0,0844	0,0815	0,0803
	B(AD)	0,2556	0,2342	0,1945	0,1230	0,0196	-0,0562	-0,0981	-0,1126	-0,1180	-0,1204
	B(BA)	0,2051	0,2101	0,2185	0,2312	0,2442	0,2506	0,2531	0,2538	0,2541	0,2542
	B(BB)	0,2205	0,2262	0,2364	0,2540	0,2796	0,2995	0,3112	0,3154	0,3170	0,3177
	B(BC)	0,1969	0,1960	0,1948	0,1953	0,2019	0,2108	0,2170	0,2194	0,2203	0,2207
	B(BD)	0,1832	0,1751	0,1607	0,1359	0,1014	0,0759	0,0614	0,0563	0,0544	0,0535
	D(AA)/A	-0,3220	-0,3259	-0,3238	-0,2922	-0,1959	-0,0974	-0,0351	-0,0124	-0,0038	-0,0000
	D(AB)/A	0,1539	0,1471	0,1333	0,1066	0,0655	0,0320	0,0116	0,0041	0,0013	0
	D(AC)/A	0,1374	0,1454	0,1532	0,1478	0,1052	0,0542	0,0199	0,0071	0,0022	0
	D(AD)/A	0,1278	0,1309	0,1328	0,1226	0,0821	0,0399	0,0141	0,0049	0,0015	0,0000
	D(BA)/A	-0,5414	-0,4879	-0,4007	-0,2735	-0,1372	-0,0586	-0,0197	-0,0068	-0,0021	0,0000
	D(BB)/A	-0,0820	-0,0766	-0,0639	-0,0403	-0,0152	-0,0046	-0,0012	-0,0004	-0,0001	0
	D(BC)/A	0,3733	0,3313	0,2655	0,1749	0,0848	0,0357	0,0119	0,0041	0,0013	0,0000
	D(BD)/A	0,3472	0,3181	0,2662	0,1837	0,0908	0,0379	0,0126	0,0043	0,0013	0,0000

Z	Z(T)	0,00	0,03	0,10	0,30	1,00	3,00	10,0	30,0	100	UNENDL
20,00	B(AA)	0,3295	0,3435	0,3717	0,4312	0,5451	0,6605	0,7420	0,7740	0,7865	0,7921
	B(AB)	0,3043	0,3087	0,3171	0,3329	0,3595	0,3849	0,4027	0,4097	0,4124	0,4137
	B(AC)	0,2868	0,2800	0,2669	0,2413	0,1967	0,1544	0,1255	0,1144	0,1100	0,1081
	B(AD)	0,2764	0,2640	0,2390	0,1859	0,0841	-0,0200	-0,0941	-0,1234	-0,1348	-0,1400
	B(BA)	0,2029	0,2058	0,2114	0,2220	0,2397	0,2566	0,2684	0,2731	0,2750	0,2758
	B(BB)	0,2105	0,2136	0,2194	0,2302	0,2481	0,2641	0,2746	0,2785	0,2800	0,2807
	B(BC)	0,1984	0,1977	0,1967	0,1955	0,1956	0,1966	0,1972	0,1974	0,1975	0,1975
	B(BD)	0,1912	0,1866	0,1780	0,1609	0,1311	0,1029	0,0837	0,0762	0,0733	0,0720
	D(AA)/A	-0,3353	-0,3459	-0,3570	-0,3480	-0,2662	-0,1487	-0,0576	-0,0209	-0,0065	0,0000
	D(AB)/A	0,1522	0,1433	0,1255	0,0923	0,0480	0,0198	0,0063	0,0021	0,0006	0,0000
	D(AC)/A	0,1434	0,1547	0,1687	0,1730	0,1351	0,0751	0,0289	0,0104	0,0032	0,0000
	D(AD)/A	0,1382	0,1473	0,1609	0,1711	0,1441	0,0854	0,0342	0,0125	0,0039	0,0000
	D(BA)/A	-0,5691	-0,5255	-0,4522	-0,3380	-0,1969	-0,0956	-0,0348	-0,0124	-0,0038	0,0000
	D(BB)/A	-0,0904	-0,0890	-0,0816	-0,0620	-0,0339	-0,0155	-0,0055	-0,0020	-0,0006	0,0000
	D(BC)/A	0,3860	0,3485	0,2886	0,2025	0,1085	0,0497	0,0176	0,0062	0,0019	0,0000
	D(BD)/A	0,3720	0,3524	0,3142	0,2444	0,1471	0,0728	0,0268	0,0096	0,0030	0,0000
50,00	B(AA)	0,3122	0,3183	0,3312	0,3620	0,4378	0,5516	0,6729	0,7360	0,7639	0,7771
	B(AB)	0,3019	0,3038	0,3078	0,3167	0,3378	0,3701	0,4059	0,4248	0,4332	0,4372
	B(AC)	0,2946	0,2916	0,2857	0,2727	0,2439	0,2040	0,1632	0,1423	0,1331	0,1288
	B(AD)	0,2902	0,2847	0,2731	0,2451	0,1744	0,0657	-0,0522	-0,1140	-0,1415	-0,1544
	B(BA)	0,2012	0,2025	0,2052	0,2111	0,2252	0,2467	0,2706	0,2832	0,2888	0,2915
	B(BB)	0,2043	0,2056	0,2081	0,2132	0,2232	0,2350	0,2458	0,2510	0,2533	0,2543
	B(BC)	0,1993	0,1990	0,1984	0,1974	0,1952	0,1909	0,1851	0,1819	0,1803	0,1796
	B(BD)	0,1964	0,1944	0,1905	0,1818	0,1626	0,1360	0,1088	0,0949	0,0888	0,0859
	D(AA)/A	-0,3439	-0,3595	-0,3817	-0,3976	-0,3541	-0,2406	-0,1112	-0,0438	-0,0140	0,0000
	D(AB)/A	0,1509	0,1404	0,1190	0,0777	0,0215	-0,0081	-0,0100	-0,0049	-0,0017	-0,0000
	D(AC)/A	0,1473	0,1610	0,1800	0,1946	0,1700	0,1092	0,0480	0,0185	0,0059	0
	D(AD)/A	0,1451	0,1586	0,1824	0,2161	0,2264	0,1732	0,0859	0,0347	0,0112	0
	D(BA)/A	-0,5872	-0,5512	-0,4908	-0,3961	-0,2726	-0,1631	-0,0715	-0,0277	-0,0088	-0,0000
	D(BB)/A	-0,0960	-0,0977	-0,0953	-0,0826	-0,0594	-0,0376	-0,0173	-0,0069	-0,0022	-0,0000
	D(BC)/A	0,3942	0,3602	0,3057	0,2267	0,1374	0,0740	0,0303	0,0114	0,0036	-0,0000
	D(BD)/A	0,3884	0,3762	0,3506	0,3000	0,2206	0,1389	0,0629	0,0247	0,0079	-0,0000
100,00	B(AA)	0,3062	0,3093	0,3161	0,3330	0,3799	0,4690	0,6023	0,6965	0,7461	0,7714
	B(AB)	0,3010	0,3020	0,3041	0,3091	0,3228	0,3498	0,3918	0,4219	0,4378	0,4460
	B(AC)	0,2973	0,2957	0,2926	0,2856	0,2679	0,2370	0,1923	0,1612	0,1449	0,1366
	B(AD)	0,2950	0,2922	0,2861	0,2705	0,2263	0,1398	0,0082	-0,0853	-0,1345	-0,1598
	B(BA)	0,2006	0,2013	0,2027	0,2061	0,2152	0,2332	0,2612	0,2813	0,2919	0,2973
	B(BB)	0,2021	0,2028	0,2041	0,2068	0,2126	0,2211	0,2319	0,2391	0,2428	0,2447
	B(BC)	0,1997	0,1995	0,1992	0,1985	0,1967	0,1921	0,1840	0,1778	0,1745	0,1728
	B(BD)	0,1982	0,1972	0,1951	0,1904	0,1786	0,1580	0,1282	0,1075	0,0966	0,0910
	D(AA)/A	-0,3469	-0,3644	-0,3909	-0,4185	-0,4024	-0,3139	-0,1739	-0,0766	-0,0259	0,0000
	D(AB)/A	0,1505	0,1394	0,1164	0,0712	0,0059	-0,0320	-0,0306	-0,0156	-0,0056	0,0000
	D(AC)/A	0,1486	0,1632	0,1842	0,2035	0,1886	0,1353	0,0695	0,0296	0,0099	0,0000
	D(AD)/A	0,1475	0,1627	0,1905	0,2354	0,2728	0,2450	0,1479	0,0673	0,0230	0,0000
	D(BA)/A	-0,5935	-0,5604	-0,5054	-0,4207	-0,3145	-0,2173	-0,1147	-0,0498	-0,0168	-0,0000
	D(BB)/A	-0,0980	-0,1008	-0,1005	-0,0914	-0,0738	-0,0558	-0,0317	-0,0142	-0,0048	-0,0000
	D(BC)/A	0,3971	0,3643	0,3121	0,2368	0,1531	0,0930	0,0450	0,0189	0,0063	0,0000
	D(BD)/A	0,3941	0,3848	0,3644	0,3238	0,2616	0,1925	0,1058	0,0467	0,0158	0,0000
200,00	B(AA)	0,3031	0,3047	0,3082	0,3171	0,3435	0,4023	0,5209	0,6398	0,7205	0,7685
	B(AB)	0,3005	0,3010	0,3021	0,3048	0,3126	0,3310	0,3694	0,4083	0,4347	0,4505
	B(AC)	0,2986	0,2979	0,2963	0,2926	0,2827	0,2623	0,2226	0,1832	0,1565	0,1406
	B(AD)	0,2975	0,2961	0,2929	0,2847	0,2597	0,2022	0,0845	-0,0341	-0,1147	-0,1626
	B(BA)	0,2003	0,2007	0,2014	0,2032	0,2084	0,2207	0,2462	0,2722	0,2898	0,3003
	B(BB)	0,2011	0,2014	0,2021	0,2035	0,2066	0,2120	0,2213	0,2302	0,2361	0,2396
	B(BC)	0,1998	0,1997	0,1996	0,1992	0,1980	0,1947	0,1868	0,1784	0,1727	0,1692
	B(BD)	0,1991	0,1986	0,1975	0,1950	0,1884	0,1749	0,1484	0,1221	0,1043	0,0938
	D(AA)/A	-0,3485	-0,3669	-0,3957	-0,4301	-0,4330	-0,3740	-0,2492	-0,1285	-0,0478	-0,0000
	D(AB)/A	0,1502	0,1388	0,1150	0,0676	-0,0043	-0,0521	-0,0557	-0,0329	-0,0128	-0,0000
	D(AC)/A	0,1493	0,1643	0,1864	0,2084	0,2003	0,1566	0,0951	0,0471	0,0172	-0,0000
	D(AD)/A	0,1488	0,1648	0,1948	0,2461	0,3024	0,3043	0,2229	0,1191	0,0449	0,0000
	D(BA)/A	-0,5967	-0,5652	-0,5130	-0,4343	-0,3411	-0,2618	-0,1666	-0,0848	-0,0314	-0,0000
	D(BB)/A	-0,0990	-0,1024	-0,1033	-0,0963	-0,0832	-0,0710	-0,0491	-0,0259	-0,0097	0
	D(BC)/A	0,3985	0,3665	0,3154	0,2424	0,1630	0,1086	0,0626	0,0306	0,0112	-0,0000
	D(BD)/A	0,3970	0,3892	0,3716	0,3369	0,2878	0,2368	0,1576	0,0817	0,0304	-0,0000

Z	Z(T)	0,00	0,03	0,10	0,30	1,00	3,00	10,0	30,0	100	UNENDL
500,00	B(AA)	0,3012	0,3019	0,3033	0,3070	0,3184	0,3469	0,4226	0,5395	0,6629	0,7667
	B(AB)	0,3002	0,3004	0,3008	0,3020	0,3054	0,3145	0,3393	0,3779	0,4188	0,4533
	B(AC)	0,2994	0,2991	0,2985	0,2970	0,2927	0,2829	0,2575	0,2186	0,1776	0,1431
	B(AD)	0,2990	0,2984	0,2971	0,2938	0,2829	0,2549	0,1796	0,0628	-0,0605	-0,1643
	B(BA)	0,2001	0,2003	0,2006	0,2013	0,2036	0,2096	0,2262	0,2520	0,2792	0,3022
	B(BB)	0,2004	0,2006	0,2008	0,2014	0,2027	0,2053	0,2111	0,2198	0,2289	0,2366
	B(BC)	0,1999	0,1999	0,1998	0,1997	0,1991	0,1974	0,1921	0,1836	0,1746	0,1670
	B(BD)	0,1996	0,1994	0,1990	0,1980	0,1951	0,1886	0,1716	0,1457	0,1184	0,0954
	D(AA)/A	-0,3494	-0,3684	-0,3987	-0,4374	-0,4542	-0,4243	-0,3415	-0,2235	-0,1017	-0,0000
	D(AB)/A	0,1501	0,1385	0,1142	0,0652	-0,0114	-0,0691	-0,0866	-0,0646	-0,0308	-0,0000
	D(AC)/A	0,1497	0,1650	0,1877	0,2115	0,2083	0,1742	0,1264	0,0789	0,0352	-0,0000
	D(AD)/A	0,1495	0,1661	0,1975	0,2529	0,3229	0,3542	0,3150	0,2139	0,0988	-0,0000
	D(BA)/A	-0,5987	-0,5681	-0,5177	-0,4430	-0,3595	-0,2992	-0,2303	-0,1489	-0,0675	-0,0000
	D(BB)/A	-0,0996	-0,1034	-0,1050	-0,0995	-0,0896	-0,0838	-0,0706	-0,0473	-0,0217	-0,0000
	D(BC)/A	0,3994	0,3678	0,3175	0,2459	0,1699	0,1216	0,0842	0,0521	0,0232	0,0000
	D(BD)/A	0,3988	0,3918	0,3761	0,3453	0,3060	0,2739	0,2213	0,1457	0,0665	0
1000,00	B(AA)	0,3006	0,3009	0,3017	0,3035	0,3094	0,3246	0,3704	0,4608	0,5964	0,7661
	B(AB)	0,3001	0,3002	0,3004	0,3010	0,3028	0,3076	0,3227	0,3527	0,3978	0,4542
	B(AC)	0,2997	0,2996	0,2992	0,2985	0,2963	0,2910	0,2756	0,2456	0,2004	0,1440
	B(AD)	0,2995	0,2992	0,2986	0,2969	0,2913	0,2763	0,2306	0,1404	0,0048	-0,1649
	B(BA)	0,2001	0,2001	0,2003	0,2007	0,2018	0,2051	0,2151	0,2351	0,2652	0,3028
	B(BB)	0,2002	0,2003	0,2004	0,2007	0,2014	0,2027	0,2063	0,2130	0,2230	0,2355
	B(BC)	0,2000	0,1999	0,1999	0,1998	0,1996	0,1986	0,1954	0,1888	0,1788	0,1663
	B(BD)	0,1998	0,1997	0,1995	0,1990	0,1975	0,1940	0,1838	0,1637	0,1336	0,0960
	D(AA)/A	-0,3497	-0,3689	-0,3997	-0,4399	-0,4618	-0,4446	-0,3908	-0,2987	-0,1654	0,0000
	D(AB)/A	0,1500	0,1383	0,1139	0,0644	-0,0139	-0,0759	-0,1032	-0,0897	-0,0520	0,0000
	D(AC)/A	0,1499	0,1653	0,1882	0,2125	0,2112	0,1813	0,1431	0,1041	0,0565	0,0000
	D(AD)/A	0,1497	0,1665	0,1984	0,2552	0,3303	0,3743	0,3642	0,2891	0,1624	0
	D(BA)/A	-0,5993	-0,5690	-0,5193	-0,4459	-0,3661	-0,3142	-0,2643	-0,1996	-0,1101	-0,0000
	D(BB)/A	-0,0998	-0,1038	-0,1056	-0,1005	-0,0919	-0,0889	-0,0820	-0,0643	-0,0359	0,0000
	D(BC)/A	0,3997	0,3682	0,3181	0,2471	0,1723	0,1268	0,0956	0,0691	0,0374	-0,0000
	D(BD)/A	0,3994	0,3927	0,3776	0,3482	0,3125	0,2889	0,2553	0,1964	0,1091	-0,0000

d) $r_a : r_b : r_c : r_d = 2{,}0 : 1{,}0 : 1{,}0 : 2{,}0$

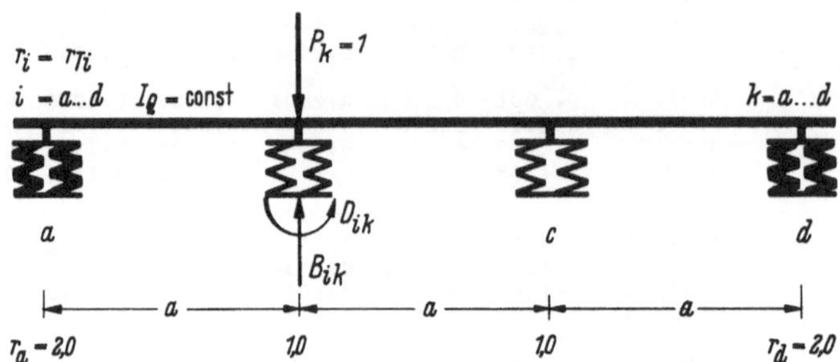

Z	Z(T)	0,00	0,03	0,10	0,30	1,00	3,00	10,0	30,0	100	UNENDL
0,01	B(AA)	0,9903	0,9921	0,9941	0,9960	0,9976	0,9983	0,9986	0,9986	0,9987	0,9987
	B(AB)	0,0191	0,0175	0,0150	0,0117	0,0084	0,0069	0,0062	0,0060	0,0059	0,0058
	B(AC)	0,0004	-0,0019	-0,0036	-0,0044	-0,0043	-0,0040	-0,0039	-0,0039	-0,0039	-0,0038
	B(AD)	0,0000	0,0001	0,0002	0,0003	0,0004	0,0003	0,0003	0,0003	0,0003	0,0003
	B(BA)	0,0095	0,0088	0,0075	0,0058	0,0042	0,0034	0,0031	0,0030	0,0029	0,0029
	B(BB)	0,9621	0,9658	0,9704	0,9758	0,9806	0,9830	0,9840	0,9843	0,9844	0,9845
	B(BC)	0,0185	0,0186	0,0182	0,0169	0,0152	0,0142	0,0138	0,0136	0,0136	0,0135
	B(BD)	0,0002	-0,0009	-0,0018	-0,0022	-0,0021	-0,0020	-0,0020	-0,0019	-0,0019	-0,0019
	D(AA)/A	-0,0049	-0,0040	-0,0030	-0,0019	-0,0008	-0,0003	-0,0001	-0,0000	-0,0000	0,0000
	D(AB)/A	0,0095	0,0085	0,0068	0,0045	0,0020	0,0008	0,0003	0,0001	0,0000	-0,0000
	D(AC)/A	0,0002	-0,0005	-0,0010	-0,0009	-0,0005	-0,0002	-0,0001	-0,0000	-0,0000	0,0000
	D(AD)/A	0,0000	0,0000	0,0001	0,0001	0,0000	0,0000	0,0000	0,0000	0,0000	-0,0000
	D(BA)/A	-0,0049	-0,0032	-0,0017	-0,0007	-0,0002	-0,0001	-0,0000	-0,0000	-0,0000	-0,0000
	D(BB)/A	0,0001	0,0003	0,0001	-0,0001	-0,0001	-0,0000	-0,0000	-0,0000	-0,0000	-0,0000
	D(BC)/A	0,0096	0,0066	0,0038	0,0018	0,0006	0,0002	0,0001	0,0000	0,0000	0,0000
	D(BD)/A	0,0001	-0,0002	-0,0002	-0,0001	-0,0001	-0,0000	-0,0000	-0,0000	-0,0000	0,0000
0,02	B(AA)	0,9811	0,9847	0,9885	0,9922	0,9952	0,9966	0,9972	0,9973	0,9974	0,9974
	B(AB)	0,0364	0,0336	0,0289	0,0226	0,0164	0,0133	0,0120	0,0116	0,0115	0,0114
	B(AC)	0,0013	-0,0030	-0,0065	-0,0081	-0,0081	-0,0077	-0,0075	-0,0075	-0,0074	-0,0074
	B(AD)	0,0000	0,0000	0,0003	0,0006	0,0006	0,0006	0,0006	0,0006	0,0006	0,0006
	B(BA)	0,0182	0,0168	0,0145	0,0113	0,0082	0,0067	0,0060	0,0058	0,0057	0,0057
	B(BB)	0,9279	0,9348	0,9433	0,9534	0,9625	0,9670	0,9689	0,9695	0,9697	0,9698
	B(BC)	0,0344	0,0347	0,0342	0,0322	0,0292	0,0274	0,0266	0,0264	0,0263	0,0262
	B(BD)	0,0007	-0,0015	-0,0032	-0,0041	-0,0040	-0,0039	-0,0038	-0,0037	-0,0037	-0,0037
	D(AA)/A	-0,0094	-0,0078	-0,0059	-0,0036	-0,0016	-0,0006	-0,0002	-0,0001	-0,0000	0,0000
	D(AB)/A	0,0182	0,0163	0,0132	0,0086	0,0039	0,0016	0,0005	0,0002	0,0001	-0,0000
	D(AC)/A	0,0007	-0,0007	-0,0016	-0,0015	-0,0008	-0,0003	-0,0001	-0,0000	-0,0000	0,0000
	D(AD)/A	0,0000	0,0000	0,0001	0,0001	0,0001	0,0000	0,0000	0,0000	0,0000	-0,0000
	D(BA)/A	-0,0098	-0,0064	-0,0034	-0,0014	-0,0004	-0,0001	-0,0000	-0,0000	-0,0000	-0,0000
	D(BB)/A	0,0003	0,0006	0,0003	-0,0001	-0,0002	-0,0001	-0,0000	-0,0000	-0,0000	0
	D(BC)/A	0,0185	0,0127	0,0074	0,0034	0,0012	0,0004	0,0001	0,0000	0,0000	0,0000
	D(BD)/A	0,0004	-0,0003	-0.0004	-0,0003	-0,0001	-0,0000	-0,0000	-0,0000	-0,0000	-0,0000

Z	Z(T)	0,00	0,03	0,10	0,30	1,00	3,00	10,0	30,0	100	UNENDL
0,05	B(AA)	0,9562	0,9644	0,9731	0,9817	0,9887	0,9919	0,9933	0,9937	0,9939	0,9939
	B(AB)	0,0802	0,0746	0,0650	0,0514	0,0378	0,0310	0,0279	0,0270	0,0267	0,0265
	B(AC)	0,0067	-0,0032	-0,0116	-0,0165	-0,0174	-0,0171	-0,0168	-0,0167	-0,0167	-0,0167
	B(AD)	0,0003	-0,0001	0,0002	0,0008	0,0011	0,0011	0,0011	0,0011	0,0011	0,0011
	B(BA)	0,0401	0,0373	0,0325	0,0257	0,0189	0,0155	0,0140	0,0135	0,0133	0,0133
	B(BB)	0,8426	0,8566	0,8742	0,8951	0,9145	0,9241	0,9283	0,9297	0,9301	0,9303
	B(BC)	0,0705	0,0719	0,0724	0,0700	0,0651	0,0620	0,0605	0,0601	0,0599	0,0598
	B(BD)	0,0034	-0,0016	-0,0058	-0,0082	-0,0087	-0,0085	-0,0084	-0,0084	-0,0083	-0,0083
	D(AA)/A	-0,0219	-0,0182	-0,0138	-0,0087	-0,0039	-0,0015	-0,0005	-0,0002	-0,0001	0,0000
	D(AB)/A	0,0401	0,0364	0,0297	0,0198	0,0092	0,0036	0,0012	0,0004	0,0001	0
	D(AC)/A	0,0034	0,0002	-0,0021	-0,0026	-0,0015	-0,0006	-0,0002	-0,0001	-0,0000	-0,0000
	D(AD)/A	0,0002	-0,0001	-0,0000	0,0001	0,0001	0,0000	0,0000	0,0000	0,0000	0,0000
	D(BA)/A	-0,0237	-0,0156	-0,0085	-0,0035	-0,0011	-0,0003	-0,0001	-0,0000	-0,0000	-0,0000
	D(BB)/A	0,0015	0,0021	0,0011	0,0000	-0,0003	-0,0002	-0,0001	-0,0000	-0,0000	-0,0000
	D(BC)/A	0,0420	0,0292	0,0173	0,0081	0,0028	0,0010	0,0003	0,0001	0,0000	0,0000
	D(BD)/A	0,0020	0,0000	-0,0007	-0,0005	-0,0002	-0,0001	-0,0000	-0,0000	-0,0000	-0,0000
0,10	B(AA)	0,9213	0,9358	0,9512	0,9665	0,9791	0,9851	0,9876	0,9884	0,9887	0,9888
	B(AB)	0,1344	0,1265	0,1118	0,0899	0,0673	0,0555	0,0502	0,0485	0,0479	0,0477
	B(AC)	0,0195	0,0026	-0,0130	-0,0236	-0,0277	-0,0283	-0,0283	-0,0283	-0,0283	-0,0283
	B(AD)	0,0018	-0,0004	-0,0006	0,0003	0,0011	0,0013	0,0014	0,0015	0,0015	0,0015
	B(BA)	0,0672	0,0633	0,0559	0,0450	0,0336	0,0277	0,0251	0,0243	0,0240	0,0238
	B(BB)	0,7392	0,7603	0,7872	0,8196	0,8505	0,8661	0,8731	0,8752	0,8760	0,8764
	B(BC)	0,1070	0,1106	0,1140	0,1141	0,1099	0,1067	0,1050	0,1045	0,1043	0,1042
	B(BD)	0,0097	0,0013	-0,0065	-0,0118	-0,0138	-0,0141	-0,0141	-0,0141	-0,0141	-0,0141
	D(AA)/A	-0,0393	-0,0329	-0,0252	-0,0161	-0,0074	-0,0029	-0,0009	-0,0003	-0,0001	0,0000
	D(AB)/A	0,0672	0,0617	0,0514	0,0349	0,0166	0,0066	0,0021	0,0007	0,0002	0,0000
	D(AC)/A	0,0097	0,0042	-0,0003	-0,0023	-0,0017	-0,0008	-0,0003	-0,0001	-0,0000	-0,0000
	D(AD)/A	0,0009	-0,0001	-0,0003	-0,0002	-0,0000	-0,0000	-0,0000	-0,0000	-0,0000	0,0000
	D(BA)/A	-0,0451	-0,0300	-0,0167	-0,0070	-0,0022	-0,0007	-0,0002	-0,0001	-0,0000	-0,0000
	D(BB)/A	0,0040	0,0049	0,0031	0,0006	-0,0003	-0,0002	-0,0001	-0,0000	-0,0000	-0,0000
	D(BC)/A	0,0729	0,0515	0,0310	0,0147	0,0052	0,0018	0,0006	0,0002	0,0001	0,0000
	D(BD)/A	0,0066	0,0019	-0,0004	-0,0007	-0,0003	-0,0001	-0,0000	-0,0000	-0,0000	-0,0000
0,20	B(AA)	0,8672	0,8910	0,9163	0,9419	0,9633	0,9736	0,9782	0,9796	0,9801	0,9804
	B(AB)	0,2031	0,1949	0,1762	0,1456	0,1114	0,0927	0,0842	0,0815	0,0805	0,0801
	B(AC)	0,0469	0,0214	-0,0041	-0,0250	-0,0367	-0,0405	-0,0418	-0,0422	-0,0423	-0,0424
	B(AD)	0,0078	0,0009	-0,0024	-0,0022	-0,0006	0,0002	0,0006	0,0007	0,0008	0,0008
	B(BA)	0,1016	0,0975	0,0881	0,0728	0,0557	0,0464	0,0421	0,0407	0,0403	0,0400
	B(BB)	0,6094	0,6364	0,6718	0,7160	0,7594	0,7822	0,7925	0,7958	0,7970	0,7975
	B(BC)	0,1406	0,1473	0,1561	0,1634	0,1658	0,1655	0,1651	0,1649	0,1648	0,1648
	B(BD)	0,0234	0,0107	-0,0021	-0,0125	-0,0183	-0,0202	-0,0209	-0,0211	-0,0212	-0,0212
	D(AA)/A	-0,0664	-0,0562	-0,0438	-0,0287	-0,0135	-0,0054	-0,0018	-0,0006	-0,0002	-0,0000
	D(AB)/A	0,1016	0,0952	0,0814	0,0571	0,0280	0,0114	0,0037	0,0013	0,0004	-0,0000
	D(AC)/A	0,0234	0,0153	0,0076	0,0021	0,0000	-0,0002	-0,0001	-0,0000	-0,0000	-0,0000
	D(AD)/A	0,0039	0,0009	-0,0007	-0,0009	-0,0005	-0,0002	-0,0001	-0,0000	-0,0000	0,0000
	D(BA)/A	-0,0820	-0,0558	-0,0317	-0,0137	-0,0044	-0,0014	-0,0004	-0,0001	-0,0000	-0,0000
	D(BB)/A	0,0078	0,0097	0,0070	0,0025	0,0002	-0,0001	-0,0001	-0,0000	-0,0000	-0,0000
	D(BC)/A	0,1172	0,0847	0,0523	0,0254	0,0092	0,0033	0,0010	0,0003	0,0001	-0,0000
	D(BD)/A	0,0195	0,0086	0,0020	-0,0002	-0,0003	-0,0001	-0,0000	-0,0000	-0,0000	-0,0000
0,50	B(AA)	0,7636	0,8031	0,8462	0,8903	0,9289	0,9487	0,9578	0,9606	0,9617	0,9621
	B(AB)	0,2909	0,2891	0,2737	0,2384	0,1907	0,1614	0,1472	0,1426	0,1410	0,1403
	B(AC)	0,1091	0,0747	0,0364	-0,0013	-0,0307	-0,0445	-0,0505	-0,0523	-0,0530	-0,0533
	B(AD)	0,0364	0,0150	-0,0013	-0,0089	-0,0089	-0,0072	-0,0062	-0,0058	-0,0057	-0,0056
	B(BA)	0,1455	0,1445	0,1369	0,1192	0,0954	0,0807	0,0736	0,0713	0,0705	0,0701
	B(BB)	0,4364	0,4645	0,5036	0,5559	0,6120	0,6439	0,6589	0,6637	0,6654	0,6662
	B(BC)	0,1636	0,1718	0,1862	0,2069	0,2280	0,2392	0,2444	0,2460	0,2466	0,2468
	B(BD)	0,0545	0,0373	0,0182	-0,0006	-0,0154	-0,0222	-0,0252	-0,0262	-0,0265	-0,0266
	D(AA)/A	-0,1182	-0,1023	-0,0825	-0,0568	-0,0284	-0,0118	-0,0039	-0,0013	-0,0004	-0,0000
	D(AB)/A	0,1455	0,1412	0,1270	0,0952	0,0499	0,0211	0,0070	0,0024	0,0007	0,0000
	D(AC)/A	0,0545	0,0446	0,0335	0,0214	0,0101	0,0041	0,0013	0,0005	0,0001	0,0000
	D(AD)/A	0,0182	0,0094	0,0023	-0,0015	-0,0016	-0,0008	-0,0003	-0,0001	-0,0000	-0,0000
	D(BA)/A	-0,1636	-0,1159	-0,0691	-0,0317	-0,0106	-0,0036	-0,0011	-0,0004	-0,0001	-0,0000
	D(BB)/A	0,0091	0,0151	0,0140	0,0075	0,0022	0,0006	0,0002	0,0001	0,0000	-0,0000
	D(BC)/A	0,1909	0,1437	0,0929	0,0473	0,0178	0,0064	0,0020	0,0007	0,0002	0,0000
	D(BD)/A	0,0636	0,0365	0,0156	0,0043	0,0006	0,0001	0,0000	-0,0000	-0,0000	-0,0000

Z	Z(T)	0,00	0,03	0,10	0,30	1,00	3,00	10,0	30,0	100	UNENDL
1,00	B(AA)	0,6667	0,7168	0,7746	0,8356	0,8905	0,9203	0,9345	0,9391	0,9408	0,9415
	B(AB)	0,3333	0,3401	0,3358	0,3089	0,2599	0,2247	0,2063	0,2002	0,1979	0,1969
	B(AC)	0,1667	0,1305	0,0875	0,0409	-0,0018	-0,0257	-0,0373	-0,0411	-0,0425	-0,0431
	B(AD)	0,0833	0,0479	0,0137	-0,0105	-0,0195	-0,0198	-0,0190	-0,0187	-0,0185	-0,0185
	B(BA)	0,1667	0,1701	0,1679	0,1545	0,1300	0,1123	0,1031	0,1001	0,0990	0,0985
	B(BB)	0,3333	0,3570	0,3914	0,4405	0,4988	0,5354	0,5538	0,5599	0,5621	0,5631
	B(BC)	0,1667	0,1724	0,1853	0,2097	0,2432	0,2656	0,2772	0,2810	0,2825	0,2831
	B(BD)	0,0833	0,0653	0,0438	0,0205	-0,0009	-0,0129	-0,0186	-0,0205	-0,0212	-0,0215
	D(AA)/A	-0,1667	-0,1483	-0,1236	-0,0891	-0,0472	-0,0204	-0,0068	-0,0024	-0,0007	-0,0000
	D(AB)/A	0,1667	0,1657	0,1554	0,1239	0,0699	0,0308	0,0104	0,0036	0,0011	0
	D(AC)/A	0,0833	0,0747	0,0636	0,0479	0,0269	0,0120	0,0041	0,0014	0,0004	0
	D(AD)/A	0,0417	0,0281	0,0141	0,0032	-0,0012	-0,0011	-0,0004	-0,0002	-0,0001	0
	D(BA)/A	-0,2500	-0,1853	-0,1160	-0,0561	-0,0198	-0,0069	-0,0021	-0,0007	-0,0002	0,0000
	D(BB)/A	-0,0000	0,0106	0,0149	0,0111	0,0049	0,0018	0,0006	0,0002	0,0001	0,0000
	D(BC)/A	0,2500	0,1949	0,1311	0,0698	0,0274	0,0102	0,0032	0,0011	0,0003	0
	D(BD)/A	0,1250	0,0826	0,0430	0,0156	0,0037	0,0009	0,0002	0,0001	0,0000	-0,0000
2,00	B(AA)	0,5668	0,6202	0,6889	0,7674	0,8413	0,8833	0,9042	0,9111	0,9137	0,9148
	B(AB)	0,3502	0,3634	0,3722	0,3631	0,3262	0,2922	0,2722	0,2651	0,2625	0,2614
	B(AC)	0,2212	0,1884	0,1456	0,0958	0,0458	0,0143	-0,0025	-0,0083	-0,0104	-0,0114
	B(AD)	0,1475	0,1039	0,0522	0,0032	-0,0273	-0,0366	-0,0390	-0,0396	-0,0397	-0,0398
	B(BA)	0,1751	0,1817	0,1861	0,1815	0,1631	0,1461	0,1361	0,1326	0,1313	0,1307
	B(BB)	0,2627	0,2800	0,3064	0,3459	0,3977	0,4348	0,4551	0,4622	0,4648	0,4659
	B(BC)	0,1659	0,1682	0,1758	0,1952	0,2302	0,2587	0,2752	0,2810	0,2831	0,2841
	B(BD)	0,1106	0,0942	0,0728	0,0479	0,0229	0,0072	-0,0013	-0,0041	-0,0052	-0,0057
	D(AA)/A	-0,2166	-0,2002	-0,1744	-0,1327	-0,0749	-0,0337	-0,0116	-0,0040	-0,0012	-0,0000
	D(AB)/A	0,1751	0,1761	0,1702	0,1441	0,0884	0,0414	0,0144	0,0051	0,0015	-0,0000
	D(AC)/A	0,1106	0,1058	0,0977	0,0813	0,0511	0,0246	0,0087	0,0031	0,0009	-0,0000
	D(AD)/A	0,0737	0,0592	0,0405	0,0200	0,0051	0,0007	-0,0000	-0,0000	-0,0000	0,0000
	D(BA)/A	-0,3456	-0,2714	-0,1814	-0,0937	-0,0352	-0,0128	-0,0040	-0,0013	-0,0004	-0,0000
	D(BB)/A	-0,0184	-0,0054	0,0056	0,0097	0,0068	0,0033	0,0011	0,0004	0,0001	0,0000
	D(BC)/A	0,3041	0,2464	0,1730	0,0964	0,0397	0,0152	0,0049	0,0017	0,0005	0
	D(BD)/A	0,2028	0,1509	0,0921	0,0406	0,0119	0,0035	0,0010	0,0003	0,0001	-0,0000
5,00	B(AA)	0,4577	0,4999	0,5655	0,6576	0,7598	0,8240	0,8577	0,8691	0,8734	0,8752
	B(AB)	0,3493	0,3626	0,3798	0,3936	0,3878	0,3704	0,3568	0,3515	0,3494	0,3485
	B(AC)	0,2757	0,2529	0,2181	0,1708	0,1185	0,0831	0,0627	0,0555	0,0527	0,0515
	B(AD)	0,2298	0,1924	0,1356	0,0601	-0,0130	-0,0507	-0,0675	-0,0726	-0,0745	-0,0752
	B(BA)	0,1746	0,1813	0,1899	0,1968	0,1939	0,1852	0,1784	0,1758	0,1747	0,1743
	B(BB)	0,2096	0,2193	0,2353	0,2607	0,2967	0,3260	0,3441	0,3508	0,3533	0,3545
	B(BC)	0,1654	0,1652	0,1667	0,1748	0,1970	0,2205	0,2363	0,2422	0,2445	0,2455
	B(BD)	0,1379	0,1264	0,1090	0,0854	0,0593	0,0415	0,0314	0,0277	0,0264	0,0257
	D(AA)/A	-0,2711	-0,2653	-0,2496	-0,2088	-0,1300	-0,0624	-0,0221	-0,0078	-0,0024	0,0000
	D(AB)/A	0,1746	0,1739	0,1686	0,1486	0,1002	0,0512	0,0188	0,0067	0,0021	0,0000
	D(AC)/A	0,1379	0,1405	0,1407	0,1287	0,0897	0,0466	0,0173	0,0062	0,0019	0,0000
	D(AD)/A	0,1149	0,1081	0,0950	0,0702	0,0351	0,0135	0,0041	0,0014	0,0004	0,0000
	D(BA)/A	-0,4550	-0,3862	-0,2866	-0,1672	-0,0700	-0,0269	-0,0086	-0,0029	-0,0009	0,0000
	D(BB)/A	-0,0460	-0,0365	-0,0224	-0,0061	0,0032	0,0032	0,0014	0,0005	0,0002	0,0000
	D(BC)/A	0,3585	0,3053	0,2286	0,1366	0,0600	0,0241	0,0079	0,0027	0,0008	0,0000
	D(BD)/A	0,2987	0,2518	0,1835	0,1019	0,0383	0,0132	0,0039	0,0013	0,0004	0,0000
10,00	B(AA)	0,4035	0,4319	0,4821	0,5668	0,6839	0,7713	0,8218	0,8397	0,8465	0,8495
	B(AB)	0,3438	0,3534	0,3688	0,3894	0,4051	0,4073	0,4052	0,4039	0,4033	0,4031
	B(AC)	0,3013	0,2866	0,2616	0,2219	0,1705	0,1325	0,1098	0,1015	0,0983	0,0969
	B(AD)	0,2740	0,2481	0,2027	0,1275	0,0284	-0,0412	-0,0793	-0,0924	-0,0973	-0,0995
	B(BA)	0,1719	0,1767	0,1844	0,1947	0,2025	0,2037	0,2026	0,2020	0,2017	0,2015
	B(BB)	0,1891	0,1948	0,2048	0,2217	0,2468	0,2684	0,2825	0,2878	0,2899	0,2908
	B(BC)	0,1657	0,1651	0,1648	0,1670	0,1777	0,1918	0,2025	0,2068	0,2084	0,2092
	B(BD)	0,1507	0,1433	0,1308	0,1109	0,0852	0,0662	0,0549	0,0507	0,0492	0,0485
	D(AA)/A	-0,2983	-0,3022	-0,3012	-0,2750	-0,1900	-0,0975	-0,0359	-0,0128	-0,0039	0,0000
	D(AB)/A	0,1719	0,1682	0,1591	0,1373	0,0942	0,0502	0,0191	0,0069	0,0021	0,0000
	D(AC)/A	0,1507	0,1588	0,1670	0,1631	0,1217	0,0661	0,0252	0,0091	0,0028	0,0000
	D(AD)/A	0,1370	0,1387	0,1382	0,1249	0,0821	0,0394	0,0137	0,0048	0,0015	0,0000
	D(BA)/A	-0,5106	-0,4532	-0,3618	-0,2349	-0,1110	-0,0460	-0,0153	-0,0053	-0,0016	0,0000
	D(BB)/A	-0,0616	-0,0575	-0,0470	-0,0271	-0,0071	-0,0005	0,0004	0,0002	0,0001	-0,0000
	D(BC)/A	0,3842	0,3370	0,2644	0,1684	0,0790	0,0330	0,0111	0,0038	0,0012	0
	D(BD)/A	0,3493	0,3135	0,2531	0,1643	0,0750	0,0297	0,0095	0,0032	0,0010	-0,0000

Z	Z(T)	0,00	0,03	0,10	0,30	1,00	3,00	10,0	30,0	100	UNENDL
20,00	B(AA)	0,3708	0,3877	0,4202	0,4843	0,5973	0,7071	0,7840	0,8141	0,8260	0,8312
	B(AB)	0,3394	0,3452	0,3558	0,3743	0,4002	0,4206	0,4336	0,4384	0,4403	0,4412
	B(AC)	0,3164	0,3079	0,2922	0,2634	0,2176	0,1759	0,1475	0,1365	0,1322	0,1303
	B(AD)	0,3013	0,2858	0,2558	0,1968	0,0938	-0,0054	-0,0745	-0,1016	-0,1122	-0,1170
	B(BA)	0,1697	0,1726	0,1779	0,1872	0,2001	0,2103	0,2168	0,2192	0,2202	0,2206
	B(BB)	0,1782	0,1813	0,1871	0,1975	0,2146	0,2304	0,2413	0,2455	0,2472	0,2480
	B(BC)	0,1661	0,1656	0,1649	0,1647	0,1677	0,1731	0,1776	0,1795	0,1803	0,1806
	B(BD)	0,1582	0,1539	0,1461	0,1317	0,1088	0,0880	0,0738	0,0683	0,0661	0,0651
	D(AA)/A	-0,3146	-0,3262	-0,3397	-0,3365	-0,2637	-0,1504	-0,0590	-0,0215	-0,0067	0
	D(AB)/A	0,1697	0,1634	0,1496	0,1212	0,0766	0,0391	0,0147	0,0053	0,0016	-0,0000
	D(AC)/A	0,1582	0,1703	0,1856	0,1922	0,1551	0,0894	0,0353	0,0129	0,0040	-0,0000
	D(AD)/A	0,1507	0,1594	0,1721	0,1798	0,1479	0,0861	0,0341	0,0125	0,0039	-0,0000
	D(BA)/A	-0,5443	-0,4974	-0,4188	-0,2993	-0,1631	-0,0758	-0,0271	-0,0096	-0,0029	0,0000
	D(BB)/A	-0,0716	-0,0720	-0,0670	-0,0494	-0,0235	-0,0090	-0,0028	-0,0009	-0,0003	0,0000
	D(BC)/A	0,3994	0,3572	0,2904	0,1968	0,1007	0,0450	0,0157	0,0055	0,0017	0,0000
	D(BD)/A	0,3804	0,3548	0,3070	0,2255	0,1244	0,0578	0,0206	0,0073	0,0022	0,0000
50,00	B(AA)	0,3490	0,3565	0,3720	0,4069	0,4870	0,6013	0,7191	0,7790	0,8053	0,8176
	B(AB)	0,3360	0,3386	0,3439	0,3548	0,3774	0,4087	0,4414	0,4584	0,4659	0,4694
	B(AC)	0,3263	0,3226	0,3152	0,3000	0,2688	0,2281	0,1881	0,1683	0,1596	0,1556
	B(AD)	0,3199	0,3129	0,2985	0,2657	0,1899	0,0803	-0,0339	-0,0924	-0,1180	-0,1301
	B(BA)	0,1680	0,1693	0,1719	0,1774	0,1887	0,2043	0,2207	0,2292	0,2329	0,2347
	B(BB)	0,1713	0,1727	0,1752	0,1802	0,1896	0,2004	0,2097	0,2141	0,2159	0,2168
	B(BC)	0,1664	0,1662	0,1657	0,1650	0,1642	0,1629	0,1607	0,1592	0,1585	0,1582
	B(BD)	0,1631	0,1613	0,1576	0,1500	0,1344	0,1140	0,0941	0,0841	0,0798	0,0778
	D(AA)/A	-0,3255	-0,3432	-0,3697	-0,3947	-0,3613	-0,2483	-0,1146	-0,0450	-0,0144	-0,0000
	D(AB)/A	0,1680	0,1596	0,1412	0,1033	0,0469	0,0100	-0,0017	-0,0016	-0,0006	-0,0000
	D(AC)/A	0,1631	0,1782	0,1997	0,2184	0,1954	0,1272	0,0558	0,0214	0,0068	-0,0000
	D(AD)/A	0,1599	0,1743	0,1993	0,2338	0,2402	0,1797	0,0876	0,0351	0,0113	-0,0000
	D(BA)/A	-0,5670	-0,5287	-0,4636	-0,3609	-0,2331	-0,1323	-0,0560	-0,0214	-0,0068	-0,0000
	D(BB)/A	-0,0784	-0,0826	-0,0832	-0,0718	-0,0475	-0,0274	-0,0120	-0,0047	-0,0015	0,0000
	D(BC)/A	0,4095	0,3714	0,3105	0,2232	0,1283	0,0658	0,0260	0,0097	0,0030	-0,0000
	D(BD)/A	0,4015	0,3844	0,3499	0,2852	0,1927	0,1131	0,0490	0,0189	0,0060	-0,0000
100,00	B(AA)	0,3413	0,3452	0,3534	0,3730	0,4242	0,5171	0,6507	0,7418	0,7887	0,8125
	B(AB)	0,3347	0,3361	0,3389	0,3452	0,3605	0,3882	0,4293	0,4578	0,4725	0,4800
	B(AC)	0,3298	0,3278	0,3240	0,3155	0,2958	0,2631	0,2183	0,1883	0,1729	0,1652
	B(AD)	0,3265	0,3229	0,3151	0,2966	0,2477	0,1572	0,0255	-0,0649	-0,1114	-0,1351
	B(BA)	0,1673	0,1680	0,1694	0,1726	0,1803	0,1941	0,2146	0,2289	0,2362	0,2400
	B(BB)	0,1690	0,1697	0,1710	0,1737	0,1792	0,1867	0,1956	0,2011	0,2039	0,2052
	B(BC)	0,1665	0,1664	0,1661	0,1656	0,1645	0,1619	0,1568	0,1528	0,1507	0,1496
	B(BD)	0,1649	0,1639	0,1620	0,1577	0,1479	0,1316	0,1091	0,0941	0,0865	0,0826
	D(AA)/A	-0,3294	-0,3493	-0,3813	-0,4203	-0,4178	-0,3298	-0,1813	-0,0790	-0,0266	0
	D(AB)/A	0,1673	0,1581	0,1378	0,0950	0,0282	-0,0166	-0,0234	-0,0127	-0,0046	-0,0000
	D(AC)/A	0,1649	0,1811	0,2051	0,2297	0,2179	0,1570	0,0791	0,0331	0,0109	0
	D(AD)/A	0,1633	0,1797	0,2099	0,2580	0,2947	0,2596	0,1534	0,0688	0,0234	0,0000
	D(BA)/A	-0,5751	-0,5402	-0,4809	-0,3881	-0,2738	-0,1796	-0,0910	-0,0387	-0,0129	-0,0000
	D(BB)/A	-0,0808	-0,0865	-0,0896	-0,0819	-0,0619	-0,0435	-0,0236	-0,0104	-0,0035	-0,0000
	D(BC)/A	0,4130	0,3765	0,3182	0,2347	0,1440	0,0828	0,0380	0,0155	0,0051	-0,0000
	D(BD)/A	0,4089	0,3952	0,3667	0,3117	0,2328	0,1600	0,0837	0,0361	0,0121	-0,0000
200,00	B(AA)	0,3373	0,3393	0,3436	0,3540	0,3834	0,4465	0,5692	0,6872	0,7647	0,8098
	B(AB)	0,3340	0,3347	0,3362	0,3396	0,3486	0,3682	0,4074	0,4456	0,4708	0,4855
	B(AC)	0,3315	0,3306	0,3286	0,3241	0,3128	0,2907	0,2496	0,2106	0,1851	0,1702
	B(AD)	0,3299	0,3280	0,3240	0,3142	0,2859	0,2241	0,1023	-0,0153	-0,0926	-0,1377
	B(BA)	0,1670	0,1674	0,1681	0,1698	0,1743	0,1841	0,2037	0,2228	0,2354	0,2428
	B(BB)	0,1678	0,1682	0,1689	0,1703	0,1733	0,1781	0,1857	0,1924	0,1967	0,1992
	B(BC)	0,1666	0,1665	0,1664	0,1661	0,1653	0,1630	0,1574	0,1514	0,1474	0,1451
	B(BD)	0,1658	0,1653	0,1643	0,1620	0,1564	0,1454	0,1248	0,1053	0,0925	0,0851
	D(AA)/A	-0,3313	-0,3525	-0,3875	-0,4347	-0,4546	-0,3991	-0,2636	-0,1337	-0,0491	0,0000
	D(AB)/A	0,1670	0,1573	0,1359	0,0901	0,0157	-0,0400	-0,0508	-0,0308	-0,0121	0,0000
	D(AC)/A	0,1658	0,1825	0,2079	0,2359	0,2324	0,1820	0,1073	0,0516	0,0185	0
	D(AD)/A	0,1649	0,1826	0,2156	0,2716	0,3306	0,3281	0,2354	0,1234	0,0459	0,0000
	D(BA)/A	-0,5792	-0,5461	-0,4902	-0,4034	-0,3005	-0,2199	-0,1342	-0,0665	-0,0242	0,0000
	D(BB)/A	-0,0821	-0,0886	-0,0930	-0,0877	-0,0715	-0,0573	-0,0381	-0,0196	-0,0073	0,0000
	D(BC)/A	0,4148	0,3791	0,3222	0,2411	0,1542	0,0971	0,0528	0,0249	0,0089	0,0000
	D(BD)/A	0,4128	0,4008	0,3756	0,3267	0,2591	0,2000	0,1269	0,0639	0,0234	0,0000

Z	Z(T)	0,00	0,03	0,10	0,30	1,00	3,00	10,0	30,0	100	UNENDL
500,00	B(AA)	0,3349	0,3357	0,3375	0,3418	0,3546	0,3859	0,4670	0,5876	0,7096	0,8081
	B(AB)	0,3336	0,3339	0,3345	0,3359	0,3399	0,3498	0,3763	0,4160	0,4563	0,4889
	B(AC)	0,3326	0,3322	0,3314	0,3295	0,3246	0,3137	0,2865	0,2464	0,2060	0,1733
	B(AD)	0,3319	0,3312	0,3296	0,3255	0,3131	0,2823	0,2016	0,0812	-0,0407	-0,1393
	B(BA)	0,1668	0,1669	0,1672	0,1680	0,1700	0,1749	0,1881	0,2080	0,2282	0,2445
	B(BB)	0,1671	0,1673	0,1676	0,1681	0,1694	0,1717	0,1765	0,1833	0,1901	0,1955
	B(BC)	0,1666	0,1666	0,1665	0,1664	0,1660	0,1648	0,1607	0,1542	0,1476	0,1423
	B(BD)	0,1663	0,1661	0,1657	0,1648	0,1623	0,1569	0,1432	0,1232	0,1030	0,0867
	D(AA)/A	-0,3325	-0,3545	-0,3913	-0,4439	-0,4807	-0,4588	-0,3684	-0,2367	-0,1055	-0,0000
	D(AB)/A	0,1668	0,1569	0,1347	0,0870	0,0067	-0,0603	-0,0861	-0,0652	-0,0308	0
	D(AC)/A	0,1663	0,1834	0,2097	0,2399	0,2425	0,2033	0,1431	0,0862	0,0374	0
	D(AD)/A	0,1660	0,1843	0,2191	0,2804	0,3561	0,3873	0,3399	0,2262	0,1022	0,0000
	D(BA)/A	-0,5817	-0,5497	-0,4959	-0,4133	-0,3193	-0,2547	-0,1893	-0,1188	-0,0525	0,0000
	D(BB)/A	-0,0828	-0,0898	-0,0951	-0,0914	-0,0783	-0,0694	-0,0567	-0,0372	-0,0167	-0,0000
	D(BC)/A	0,4159	0,3807	0,3248	0,2453	0,1613	0,1094	0,0715	0,0425	0,0183	0
	D(BD)/A	0,4151	0,4043	0,3811	0,3363	0,2778	0,2347	0,1819	0,1162	0,0517	0
1000,00	B(AA)	0,3341	0,3345	0,3354	0,3376	0,3442	0,3611	0,4110	0,5067	0,6445	0,8076
	B(AB)	0,3335	0,3336	0,3339	0,3346	0,3367	0,3421	0,3585	0,3902	0,4359	0,4901
	B(AC)	0,3330	0,3328	0,3324	0,3314	0,3289	0,3230	0,3062	0,2744	0,2286	0,1744
	B(AD)	0,3326	0,3323	0,3314	0,3294	0,3230	0,3063	0,2567	0,1610	0,0233	-0,1398
	B(BA)	0,1667	0,1668	0,1670	0,1673	0,1684	0,1711	0,1792	0,1951	0,2180	0,2450
	B(BB)	0,1669	0,1670	0,1671	0,1674	0,1681	0,1693	0,1722	0,1776	0,1852	0,1942
	B(BC)	0,1667	0,1666	0,1666	0,1665	0,1663	0,1656	0,1631	0,1579	0,1503	0,1413
	B(BD)	0,1665	0,1664	0,1662	0,1657	0,1644	0,1615	0,1531	0,1372	0,1143	0,0872
	D(AA)/A	-0,3329	-0,3551	-0,3926	-0,4471	-0,4901	-0,4834	-0,4261	-0,3211	-0,1735	-0,0000
	D(AB)/A	0,1667	0,1567	0,1344	0,0859	0,0034	-0,0687	-0,1055	-0,0935	-0,0536	-0,0000
	D(AC)/A	0,1665	0,1837	0,2103	0,2413	0,2462	0,2120	0,1627	0,1145	0,0601	-0,0000
	D(AD)/A	0,1663	0,1849	0,2203	0,2834	0,3653	0,4117	0,3975	0,3106	0,1703	-0,0000
	D(BA)/A	-0,5825	-0,5509	-0,4978	-0,4167	-0,3262	-0,2690	-0,2196	-0,1618	-0,0867	-0,0000
	D(BB)/A	-0,0831	-0,0902	-0,0959	-0,0927	-0,0807	-0,0743	-0,0670	-0,0516	-0,0281	-0,0000
	D(BC)/A	0,4163	0,3813	0,3256	0,2467	0,1639	0,1144	0,0818	0,0569	0,0298	-0,0000
	D(BD)/A	0,4159	0,4054	0,3829	0,3397	0,2846	0,2489	0,2122	0,1591	0,0859	-0,0000

4. Der Balken auf fünf elastischen Stützen mit schwächeren oder stärkeren Randstützen, Steifigkeitsverhältnis $r_a : r_b : r_c : r_d : r_e$

a) $r_a : r_b : r_c : r_d : r_e = 0{,}8 : 1{,}0 : 1{,}0 : 1{,}0 : 0{,}8$

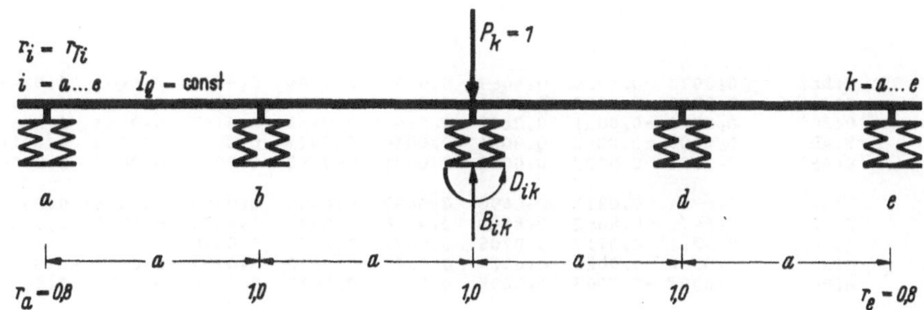

Z	Z(T)	0,00	0,03	0,10	0,30	1,00	3,00	10,0	30,0	100	UNENDL
0,01	B(AA)	0,9761	0,9824	0,9882	0,9927	0,9953	0,9962	0,9966	0,9967	0,9967	0,9967
	B(AB)	0,0188	0,0157	0,0123	0,0091	0,0071	0,0063	0,0060	0,0059	0,0059	0,0059
	B(AC)	0,0004	-0,0018	-0,0032	-0,0039	-0,0041	-0,0041	-0,0041	-0,0041	-0,0041	-0,0041
	B(AD)	0,0000	0,0001	0,0004	0,0007	0,0009	0,0009	0,0009	0,0009	0,0009	0,0009
	B(AE)	0,0000	-0,0000	-0,0001	-0,0001	-0,0002	-0,0002	-0,0002	-0,0002	-0,0002	-0,0002
	B(BA)	0,0235	0,0197	0,0154	0,0114	0,0088	0,0079	0,0075	0,0074	0,0074	0,0074
	B(BB)	0,9623	0,9677	0,9736	0,9788	0,9822	0,9835	0,9839	0,9841	0,9841	0,9842
	B(BC)	0,0185	0,0184	0,0176	0,0165	0,0156	0,0152	0,0151	0,0150	0,0150	0,0150
	B(BD)	0,0004	-0,0019	-0,0039	-0,0052	-0,0058	-0,0059	-0,0060	-0,0060	-0,0060	-0,0060
	B(BE)	0,0000	0,0001	0,0005	0,0009	0,0011	0,0012	0,0012	0,0012	0,0012	0,0012
	B(CA)	0,0005	-0,0022	-0,0040	-0,0049	-0,0051	-0,0051	-0,0051	-0,0051	-0,0051	-0,0051
	B(CB)	0,0185	0,0184	0,0176	0,0165	0,0156	0,0152	0,0151	0,0150	0,0150	0,0150
	B(CC)	0,9623	0,9668	0,9712	0,9747	0,9769	0,9777	0,9780	0,9781	0,9781	0,9782
	B(CD)	0,0185	0,0184	0,0176	0,0165	0,0156	0,0152	0,0151	0,0150	0,0150	0,0150
	B(CE)	0,0005	-0,0022	-0,0040	-0,0049	-0,0051	-0,0051	-0,0051	-0,0051	-0,0051	-0,0051
	D(AA)/A	-0,0120	-0,0086	-0,0053	-0,0026	-0,0009	-0,0003	-0,0001	-0,0000	-0,0000	0,0000
	D(AB)/A	0,0094	0,0073	0,0049	0,0025	0,0009	0,0003	0,0001	0,0000	0,0000	0
	D(AC)/A	0,0002	-0,0005	-0,0007	-0,0005	-0,0002	-0,0001	-0,0000	-0,0000	-0,0000	-0,0000
	D(AD)/A	0,0000	0,0000	0,0001	0,0001	0,0000	0,0000	0,0000	0,0000	0,0000	0,0000
	D(AE)/A	0,0000	-0,0000	-0,0000	-0,0000	-0,0000	-0,0000	-0,0000	-0,0000	-0,0000	-0,0000
	D(BA)/A	-0,0122	-0,0075	-0,0038	-0,0015	-0,0005	-0,0002	-0,0000	-0,0000	-0,0000	-0,0000
	D(BB)/A	-0,0000	-0,0002	-0,0003	-0,0003	-0,0001	-0,0001	-0,0000	-0,0000	-0,0000	-0,0000
	D(BC)/A	0,0096	0,0066	0,0039	0,0018	0,0006	0,0002	0,0001	0,0000	0,0000	-0,0000
	D(BD)/A	0,0002	-0,0004	-0,0005	-0,0004	-0,0001	-0,0001	-0,0000	-0,0000	-0,0000	0,0000
	D(BE)/A	0,0000	0,0000	0,0001	0,0001	0,0000	0,0000	0,0000	0,0000	0,0000	0,0000
	D(CA)/A	-0,0002	0,0005	0,0005	0,0003	0,0001	0,0000	0,0000	0,0000	0,0000	0
	D(CB)/A	-0,0096	-0,0066	-0,0038	-0,0017	-0,0006	-0,0002	-0,0001	-0,0000	-0,0000	0,0000
	D(CC)/A	0	0,0000	0	0	-0,0000	-0,0000	0,0000	-0,0000	0,0000	-0,0000
	D(CD)/A	0,0096	0,0066	0,0038	0,0017	0,0006	0,0002	0,0001	0,0000	0,0000	-0,0000
	D(CE)/A	0,0002	-0,0005	-0,0005	-0,0003	-0,0001	-0,0000	-0,0000	-0,0000	-0,0000	0,0000
0,02	B(AA)	0,9541	0,9660	0,9770	0,9857	0,9908	0,9926	0,9933	0,9935	0,9936	0,9936
	B(AB)	0,0354	0,0299	0,0236	0,0176	0,0137	0,0122	0,0117	0,0115	0,0114	0,0114
	B(AC)	0,0013	-0,0028	-0,0058	-0,0072	-0,0077	-0,0077	-0,0077	-0,0077	-0,0077	-0,0077
	B(AD)	0,0000	0,0001	0,0006	0,0012	0,0015	0,0016	0,0017	0,0017	0,0017	0,0017
	B(AE)	0,0000	0,0000	-0,0001	-0,0002	-0,0003	-0,0003	-0,0003	-0,0003	-0,0003	-0,0003
	B(BA)	0,0442	0,0374	0,0295	0,0220	0,0171	0,0153	0,0146	0,0144	0,0143	0,0143
	B(BB)	0,9288	0,9386	0,9494	0,9593	0,9657	0,9680	0,9690	0,9692	0,9693	0,9694
	B(BC)	0,0344	0,0343	0,0332	0,0313	0,0297	0,0291	0,0288	0,0287	0,0287	0,0287
	B(BD)	0,0013	-0,0030	-0,0068	-0,0094	-0,0106	-0,0110	-0,0111	-0,0111	-0,0111	-0,0111
	B(BE)	0,0001	0,0001	0,0008	0,0015	0,0019	0,0020	0,0021	0,0021	0,0021	0,0021
	B(CA)	0,0016	-0,0035	-0,0072	-0,0091	-0,0096	-0,0097	-0,0097	-0,0097	-0,0097	-0,0097
	B(CB)	0,0344	0,0343	0,0332	0,0313	0,0297	0,0291	0,0288	0,0287	0,0287	0,0287
	B(CC)	0,9285	0,9370	0,9451	0,9518	0,9559	0,9574	0,9579	0,9581	0,9581	0,9582
	B(CD)	0,0344	0,0343	0,0332	0,0313	0,0297	0,0291	0,0288	0,0287	0,0287	0,0287
	B(CE)	0,0016	-0,0035	-0,0072	-0,0091	-0,0096	-0,0097	-0,0097	-0,0097	-0,0097	-0,0097

Z	Z(T)	0,00	0,03	0,10	0,30	1,00	3,00	10,0	30,0	100	UNENDL
	D(AA)/A	-0,0230	-0,0166	-0,0104	-0,0051	-0,0019	-0,0007	-0,0002	-0,0001	-0,0000	-0,0000
	D(AB)/A	0,0177	0,0139	0,0093	0,0048	0,0018	0,0007	0,0002	0,0001	0,0000	0
	D(AC)/A	0,0007	-0,0006	-0,0011	-0,0009	-0,0004	-0,0001	-0,0000	-0,0000	-0,0000	-0,0000
	D(AD)/A	0,0000	0,0000	0,0001	0,0001	0,0001	0,0000	0,0000	0,0000	0,0000	0,0000
	D(AE)/A	0,0000	0,0000	-0,0000	-0,0000	-0,0000	-0,0000	-0,0000	-0,0000	-0,0000	0
	D(BA)/A	-0,0238	-0,0147	-0,0076	-0,0031	-0,0010	-0,0003	-0,0001	-0,0000	-0,0000	-0,0000
	D(BB)/A	-0,0002	-0,0004	-0,0006	-0,0005	-0,0002	-0,0001	-0,0000	-0,0000	-0,0000	-0,0000
	D(BC)/A	0,0185	0,0128	0,0075	0,0035	0,0012	0,0004	0,0001	0,0000	0,0000	0,0000
	D(BD)/A	0,0007	-0,0006	-0,0009	-0,0006	-0,0003	-0,0001	-0,0000	-0,0000	-0,0000	-0,0000
	D(BE)/A	0,0000	0,0000	0,0001	0,0001	0,0000	0,0000	0,0000	0,0000	0,0000	0,0000
	D(CA)/A	-0,0009	0,0007	0,0010	0,0006	0,0002	0,0001	0,0000	0,0000	0,0000	-0,0000
	D(CB)/A	-0,0186	-0,0127	-0,0074	-0,0034	-0,0012	-0,0004	-0,0001	-0,0000	-0,0000	-0,0000
	D(CC)/A	0,0000	0	0	0	0,0000	0,0000	0	-0,0000	0,0000	0
	D(CD)/A	0,0186	0,0127	0,0074	0,0034	0,0012	0,0004	0,0001	0,0000	0,0000	-0,0000
	D(CE)/A	0,0009	-0,0007	-0,0010	-0,0006	-0,0002	-0,0001	-0,0000	-0,0000	-0,0000	0,0000
0,05	B(AA)	0,8973	0,9226	0,9469	0,9666	0,9784	0,9826	0,9843	0,9847	0,9849	0,9850
	B(AB)	0,0753	0,0652	0,0525	0,0399	0,0314	0,0281	0,0269	0,0265	0,0264	0,0263
	B(AC)	0,0063	-0,0031	-0,0105	-0,0147	-0,0163	-0,0167	-0,0168	-0,0169	-0,0169	-0,0169
	B(AD)	0,0005	-0,0002	0,0004	0,0016	0,0024	0,0027	0,0028	0,0028	0,0029	0,0029
	B(AE)	0,0001	0,0000	0,0000	-0,0001	-0,0003	-0,0003	-0,0003	-0,0004	-0,0004	-0,0004
	B(BA)	0,0941	0,0815	0,0656	0,0499	0,0393	0,0352	0,0336	0,0331	0,0330	0,0329
	B(BB)	0,8471	0,8662	0,8880	0,9086	0,9222	0,9274	0,9294	0,9300	0,9302	0,9303
	B(BC)	0,0711	0,0717	0,0705	0,0677	0,0651	0,0640	0,0635	0,0634	0,0633	0,0633
	B(BD)	0,0060	-0,0029	-0,0114	-0,0179	-0,0212	-0,0222	-0,0226	-0,0227	-0,0228	-0,0228
	B(BE)	0,0007	-0,0003	0,0005	0,0020	0,0030	0,0034	0,0035	0,0036	0,0036	0,0036
	B(CA)	0,0079	-0,0038	-0,0131	-0,0184	-0,0204	-0,0209	-0,0210	-0,0211	-0,0211	-0,0211
	B(CB)	0,0711	0,0717	0,0705	0,0677	0,0651	0,0640	0,0635	0,0634	0,0633	0,0633
	B(CC)	0,8452	0,8628	0,8800	0,8940	0,9024	0,9055	0,9067	0,9070	0,9071	0,9072
	B(CD)	0,0711	0,0717	0,0705	0,0677	0,0651	0,0640	0,0635	0,0634	0,0633	0,0633
	B(CE)	0,0079	-0,0038	-0,0131	-0,0184	-0,0204	-0,0209	-0,0210	-0,0211	-0,0211	-0,0211
	D(AA)/A	-0,0514	-0,0380	-0,0242	-0,0122	-0,0045	-0,0016	-0,0005	-0,0002	-0,0000	-0,0000
	D(AB)/A	0,0376	0,0303	0,0208	0,0110	0,0042	0,0015	0,0005	0,0002	0,0000	-0,0000
	D(AC)/A	0,0032	0,0002	-0,0014	-0,0014	-0,0007	-0,0003	-0,0001	-0,0000	-0,0000	-0,0000
	D(AD)/A	0,0003	-0,0001	-0,0000	0,0001	0,0001	0,0000	0,0000	0,0000	0,0000	0,0000
	D(AE)/A	0,0000	-0,0000	0,0000	0,0000	-0,0000	-0,0000	-0,0000	-0,0000	-0,0000	0,0000
	D(BA)/A	-0,0557	-0,0352	-0,0186	-0,0077	-0,0025	-0,0008	-0,0002	-0,0001	-0,0000	-0,0000
	D(BB)/A	-0,0012	-0,0010	-0,0012	-0,0010	-0,0005	-0,0002	-0,0001	-0,0000	-0,0000	-0,0000
	D(BC)/A	0,0419	0,0293	0,0174	0,0082	0,0029	0,0010	0,0003	0,0001	0,0000	0,0000
	D(BD)/A	0,0035	0,0001	-0,0013	-0,0011	-0,0005	-0,0002	-0,0001	-0,0000	-0,0000	0
	D(BE)/A	0,0004	-0,0001	-0,0000	0,0001	0,0001	0,0000	0,0000	0,0000	0,0000	-0,0000
	D(CA)/A	-0,0047	0,0001	0,0016	0,0012	0,0005	0,0002	0,0001	0,0000	0,0000	0,0000
	D(CB)/A	-0,0421	-0,0293	-0,0173	-0,0080	-0,0028	-0,0010	-0,0003	-0,0001	-0,0000	-0,0000
	D(CC)/A	0	0,0000	0	-0,0000	-0,0000	0,0000	0,0000	0	0,0000	0,0000
	D(CD)/A	0,0421	0,0293	0,0173	0,0080	0,0028	0,0010	0,0003	0,0001	0,0000	0,0000
	D(CE)/A	0,0047	-0,0001	-0,0016	-0,0012	-0,0005	-0,0002	-0,0001	-0,0000	-0,0000	-0,0000
0,10	B(AA)	0,8240	0,8644	0,9048	0,9391	0,9603	0,9682	0,9712	0,9721	0,9724	0,9725
	B(AB)	0,1202	0,1074	0,0892	0,0696	0,0555	0,0500	0,0478	0,0472	0,0469	0,0468
	B(AC)	0,0175	0,0017	-0,0123	-0,0216	-0,0258	-0,0270	-0,0274	-0,0275	-0,0276	-0,0276
	B(AD)	0,0026	-0,0006	-0,0009	0,0004	0,0018	0,0023	0,0025	0,0026	0,0026	0,0026
	B(AE)	0,0005	-0,0001	0,0002	0,0003	0,0002	0,0002	0,0001	0,0001	0,0001	0,0001
	B(BA)	0,1503	0,1342	0,1115	0,0870	0,0694	0,0625	0,0598	0,0590	0,0587	0,0586
	B(BB)	0,7514	0,7788	0,8110	0,8429	0,8648	0,8733	0,8766	0,8776	0,8780	0,8781
	B(BC)	0,1096	0,1119	0,1122	0,1103	0,1078	0,1066	0,1061	0,1060	0,1059	0,1059
	B(BD)	0,0161	0,0025	-0,0115	-0,0232	-0,0299	-0,0322	-0,0331	-0,0334	-0,0334	-0,0335
	B(BE)	0,0032	-0,0007	-0,0012	0,0005	0,0022	0,0029	0,0032	0,0033	0,0033	0,0033
	B(CA)	0,0219	0,0021	-0,0153	-0,0269	-0,0322	-0,0338	-0,0343	-0,0344	-0,0345	-0,0345
	B(CB)	0,1096	0,1119	0,1122	0,1103	0,1078	0,1066	0,1061	0,1060	0,1059	0,1059
	B(CC)	0,7456	0,7728	0,8001	0,8225	0,8359	0,8408	0,8426	0,8432	0,8434	0,8434
	B(CD)	0,1096	0,1119	0,1122	0,1103	0,1078	0,1066	0,1061	0,1060	0,1059	0,1059
	B(CE)	0,0219	0,0021	-0,0153	-0,0269	-0,0322	-0,0338	-0,0343	-0,0344	-0,0345	-0,0345
	D(AA)/A	-0,0880	-0,0667	-0,0438	-0,0226	-0,0085	-0,0031	-0,0009	-0,0003	-0,0001	0
	D(AB)/A	0,0601	0,0498	0,0354	0,0194	0,0075	0,0027	0,0008	0,0003	0,0001	0
	D(AC)/A	0,0088	0,0037	0,0001	-0,0010	-0,0007	-0,0003	-0,0001	-0,0000	-0,0000	0,0000
	D(AD)/A	0,0013	-0,0001	-0,0004	-0,0003	-0,0001	-0,0000	-0,0000	-0,0000	-0,0000	0,0000
	D(AE)/A	0,0003	-0,0000	0,0000	0,0000	0,0000	0,0000	0,0000	0,0000	0,0000	0
	D(BA)/A	-0,1008	-0,0658	-0,0358	-0,0152	-0,0049	-0,0017	-0,0005	-0,0002	-0,0001	-0,0000
	D(BB)/A	-0,0041	-0,0023	-0,0019	-0,0015	-0,0008	-0,0003	-0,0001	-0,0000	-0,0000	0,0000
	D(BC)/A	0,0724	0,0517	0,0313	0,0149	0,0053	0,0019	0,0006	0,0002	0,0001	-0,0000
	D(BD)/A	0,0106	0,0034	-0,0004	-0,0011	-0,0006	-0,0002	-0,0001	-0,0000	-0,0000	-0,0000
	D(BE)/A	0,0021	-0,0002	-0,0004	-0,0001	-0,0000	-0,0000	0,0000	0,0000	0,0000	0
	D(CA)/A	-0,0147	-0,0038	0,0011	0,0016	0,0008	0,0003	0,0001	0,0000	0,0000	0,0000
	D(CB)/A	-0,0735	-0,0520	-0,0314	-0,0148	-0,0052	-0,0018	-0,0006	-0,0002	-0,0001	-0,0000
	D(CC)/A	0	-0,0000	0	0	0,0000	-0,0000	0,0000	-0,0000	0,0000	0,0000
	D(CD)/A	0,0735	0,0520	0,0314	0,0148	0,0052	0,0018	0,0006	0,0002	0,0001	0,0000
	D(CE)/A	0,0147	0,0038	-0,0011	-0,0016	-0,0008	-0,0003	-0,0001	-0,0000	-0,0000	0,0000

Z	Z(T)	0,00	0,03	0,10	0,30	1,00	3,00	10,0	30,0	100	UNENDL
0,20	B(AA)	0,7232	0,7800	0,8403	0,8949	0,9308	0,9445	0,9499	0,9514	0,9520	0,9522
	B(AB)	0,1696	0,1580	0,1375	0,1117	0,0912	0,0827	0,0794	0,0783	0,0780	0,0778
	B(AC)	0,0398	0,0170	-0,0063	-0,0246	-0,0346	-0,0379	-0,0391	-0,0395	-0,0396	-0,0396
	B(AD)	0,0096	0,0011	-0,0034	-0,0038	-0,0026	-0,0019	-0,0015	-0,0014	-0,0014	-0,0014
	B(AE)	0,0032	-0,0000	-0,0001	0,0010	0,0016	0,0017	0,0017	0,0017	0,0018	0,0018
	B(BA)	0,2119	0,1975	0,1719	0,1396	0,1141	0,1034	0,0992	0,0979	0,0975	0,0973
	B(BB)	0,6358	0,6693	0,7100	0,7524	0,7834	0,7958	0,8007	0,8022	0,8027	0,8030
	B(BC)	0,1493	0,1541	0,1580	0,1598	0,1598	0,1595	0,1593	0,1593	0,1592	0,1592
	B(BD)	0,0358	0,0176	-0,0021	-0,0201	-0,0318	-0,0362	-0,0379	-0,0384	-0,0386	-0,0386
	B(BE)	0,0119	0,0013	-0,0042	-0,0048	-0,0032	-0,0023	-0,0019	-0,0018	-0,0018	-0,0017
	B(CA)	0,0498	0,0212	-0,0078	-0,0307	-0,0432	-0,0474	-0,0489	-0,0493	-0,0495	-0,0495
	B(CB)	0,1493	0,1541	0,1580	0,1598	0,1598	0,1595	0,1593	0,1593	0,1592	0,1592
	B(CC)	0,6219	0,6579	0,6965	0,7296	0,7496	0,7568	0,7596	0,7604	0,7607	0,7608
	B(CD)	0,1493	0,1541	0,1580	0,1598	0,1598	0,1595	0,1593	0,1593	0,1592	0,1592
	B(CE)	0,0498	0,0212	-0,0078	-0,0307	-0,0432	-0,0474	-0,0489	-0,0493	-0,0495	-0,0495
	D(AA)/A	-0,1384	-0,1088	-0,0745	-0,0401	-0,0155	-0,0056	-0,0018	-0,0006	-0,0002	-0,0000
	D(AB)/A	0,0848	0,0732	0,0545	0,0312	0,0125	0,0046	0,0014	0,0005	0,0001	0,0000
	D(AC)/A	0,0199	0,0126	0,0060	0,0018	0,0003	0,0001	0,0000	0,0000	0,0000	0,0000
	D(AD)/A	0,0048	0,0012	-0,0007	-0,0009	-0,0005	-0,0002	-0,0001	-0,0000	-0,0000	-0,0000
	D(AE)/A	0,0016	0,0001	-0,0002	-0,0000	0,0000	0,0000	0,0000	0,0000	0,0000	-0,0000
	D(BA)/A	-0,1708	-0,1165	-0,0665	-0,0295	-0,0098	-0,0034	-0,0010	-0,0003	-0,0001	-0,0000
	D(BB)/A	-0,0125	-0,0063	-0,0033	-0,0020	-0,0009	-0,0004	-0,0001	-0,0000	-0,0000	0,0000
	D(BC)/A	0,1144	0,0848	0,0530	0,0258	0,0092	0,0033	0,0010	0,0003	0,0001	0,0000
	D(BD)/A	0,0275	0,0135	0,0044	0,0005	-0,0002	-0,0001	-0,0000	-0,0000	-0,0000	-0,0000
	D(BE)/A	0,0092	0,0015	-0,0011	-0,0009	-0,0003	-0,0001	-0,0000	-0,0000	-0,0000	-0,0000
	D(CA)/A	-0,0400	-0,0170	-0,0035	0,0009	0,0009	0,0004	0,0001	0,0000	0,0000	0,0000
	D(CB)/A	-0,1200	-0,0865	-0,0536	-0,0261	-0,0094	-0,0033	-0,0010	-0,0003	-0,0001	-0,0000
	D(CC)/A	-0,0000	-0,0000	-0,0000	-0,0000	-0,0000	-0,0000	-0,0000	0,0000	0	-0,0000
	D(CD)/A	0,1200	0,0865	0,0536	0,0261	0,0094	0,0033	0,0010	0,0003	0,0001	0,0000
	D(CE)/A	0,0400	0,0170	0,0035	-0,0009	-0,0009	-0,0004	-0,0001	-0,0000	-0,0000	-0,0000
0,50	B(AA)	0,5644	0,6358	0,7199	0,8058	0,8691	0,8951	0,9055	0,9087	0,9098	0,9103
	B(AB)	0,2159	0,2155	0,2032	0,1784	0,1530	0,1411	0,1362	0,1346	0,1341	0,1339
	B(AC)	0,0833	0,0571	0,0239	-0,0103	-0,0341	-0,0434	-0,0470	-0,0481	-0,0485	-0,0487
	B(AD)	0,0341	0,0148	-0,0017	-0,0120	-0,0159	-0,0168	-0,0170	-0,0171	-0,0171	-0,0171
	B(AE)	0,0189	0,0050	-0,0017	-0,0010	0,0021	0,0037	0,0043	0,0045	0,0046	0,0046
	B(BA)	0,2699	0,2693	0,2540	0,2230	0,1913	0,1764	0,1702	0,1683	0,1676	0,1673
	B(BB)	0,4858	0,5210	0,5649	0,6132	0,6515	0,6678	0,6745	0,6765	0,6772	0,6775
	B(BC)	0,1875	0,1945	0,2038	0,2139	0,2214	0,2245	0,2257	0,2261	0,2262	0,2263
	B(BD)	0,0767	0,0542	0,0297	0,0065	-0,0100	-0,0167	-0,0194	-0,0202	-0,0205	-0,0206
	B(BE)	0,0426	0,0185	-0,0021	-0,0150	-0,0199	-0,0210	-0,0213	-0,0213	-0,0213	-0,0213
	B(CA)	0,1042	0,0714	0,0299	-0,0128	-0,0426	-0,0543	-0,0588	-0,0601	-0,0606	-0,0608
	B(CB)	0,1875	0,1945	0,2038	0,2139	0,2214	0,2245	0,2257	0,2261	0,2262	0,2263
	B(CC)	0,4583	0,4967	0,5446	0,5927	0,6253	0,6378	0,6426	0,6440	0,6446	0,6448
	B(CD)	0,1875	0,1945	0,2038	0,2139	0,2214	0,2245	0,2257	0,2261	0,2262	0,2263
	B(CE)	0,1042	0,0714	0,0299	-0,0128	-0,0426	-0,0543	-0,0588	-0,0601	-0,0606	-0,0608
	D(AA)/A	-0,2178	-0,1817	-0,1340	-0,0782	-0,0321	-0,0120	-0,0038	-0,0013	-0,0004	-0,0000
	D(AB)/A	0,1080	0,0989	0,0797	0,0498	0,0213	0,0081	0,0025	0,0009	0,0003	-0,0000
	D(AC)/A	0,0417	0,0344	0,0246	0,0137	0,0054	0,0020	0,0006	0,0002	0,0001	-0,0000
	D(AD)/A	0,0170	0,0095	0,0032	-0,0002	-0,0006	-0,0003	-0,0001	-0,0000	-0,0000	0,0000
	D(AE)/A	0,0095	0,0032	-0,0004	-0,0010	-0,0005	-0,0002	-0,0001	-0,0000	-0,0000	0,0000
	D(BA)/A	-0,3007	-0,2206	-0,1373	-0,0662	-0,0235	-0,0083	-0,0025	-0,0008	-0,0003	-0,0000
	D(BB)/A	-0,0412	-0,0230	-0,0100	-0,0034	-0,0010	-0,0003	-0,0001	-0,0000	-0,0000	-0,0000
	D(BC)/A	0,1771	0,1402	0,0943	0,0486	0,0180	0,0064	0,0020	0,0007	0,0002	0,0000
	D(BD)/A	0,0724	0,0462	0,0240	0,0095	0,0029	0,0010	0,0003	0,0001	0,0000	0,0000
	D(BE)/A	0,0402	0,0164	0,0019	-0,0022	-0,0014	-0,0006	-0,0002	-0,0001	-0,0000	-0,0000
	D(CA)/A	-0,1136	-0,0655	-0,0278	-0,0073	-0,0010	-0,0001	-0,0000	-0,0000	-0,0000	0,0000
	D(CB)/A	-0,2045	-0,1521	-0,0977	-0,0496	-0,0185	-0,0067	-0,0021	-0,0007	-0,0002	-0,0000
	D(CC)/A	0,0000	-0,0000	-0,0000	0,0000	0	-0,0000	0,0000	0,0000	-0,0000	0
	D(CD)/A	0,2045	0,1521	0,0977	0,0496	0,0185	0,0067	0,0021	0,0007	0,0002	0,0000
	D(CE)/A	0,1136	0,0655	0,0278	0,0073	0,0010	0,0001	0,0000	0,0000	0,0000	0,0000
1,00	B(AA)	0,4464	0,5180	0,6108	0,7165	0,8038	0,8427	0,8589	0,8638	0,8655	0,8663
	B(AB)	0,2249	0,2352	0,2371	0,2238	0,2023	0,1902	0,1847	0,1831	0,1824	0,1822
	B(AC)	0,1159	0,0940	0,0613	0,0198	-0,0162	-0,0325	-0,0392	-0,0413	-0,0420	-0,0423
	B(AD)	0,0649	0,0393	0,0119	-0,0116	-0,0259	-0,0312	-0,0332	-0,0337	-0,0339	-0,0340
	B(AE)	0,0464	0,0214	0,0013	-0,0066	-0,0040	-0,0009	0,0007	0,0012	0,0014	0,0014
	B(BA)	0,2812	0,2940	0,2963	0,2798	0,2529	0,2377	0,2309	0,2288	0,2281	0,2277
	B(BB)	0,3936	0,4264	0,4681	0,5146	0,5528	0,5698	0,5768	0,5790	0,5797	0,5801
	B(BC)	0,2029	0,2092	0,2196	0,2342	0,2483	0,2550	0,2579	0,2588	0,2591	0,2593
	B(BD)	0,1136	0,0899	0,0634	0,0389	0,0226	0,0162	0,0136	0,0129	0,0126	0,0125
	B(BE)	0,0812	0,0491	0,0149	-0,0145	-0,0324	-0,0390	-0,0414	-0,0422	-0,0424	-0,0425
	B(CA)	0,1449	0,1175	0,0767	0,0248	-0,0203	-0,0406	-0,0490	-0,0516	-0,0525	-0,0529
	B(CB)	0,2029	0,2092	0,2196	0,2342	0,2483	0,2550	0,2579	0,2588	0,2591	0,2593
	B(CC)	0,3623	0,3935	0,4382	0,4920	0,5359	0,5549	0,5626	0,5649	0,5658	0,5661
	B(CD)	0,2029	0,2092	0,2196	0,2342	0,2483	0,2550	0,2579	0,2588	0,2591	0,2593
	B(CE)	0,1449	0,1175	0,0767	0,0248	-0,0203	-0,0406	-0,0490	-0,0516	-0,0525	-0,0529

Z	Z(T)	0,00	0,03	0,10	0,30	1,00	3,00	10,0	30,0	100	UNENDL
	D(AA)/A	-0,2768	-0,2422	-0,1903	-0,1199	-0,0527	-0,0203	-0,0064	-0,0022	-0,0007	0
	D(AB)/A	0,1125	0,1066	0,0908	0,0612	0,0279	0,0109	0,0035	0,0012	0,0004	-0,0000
	D(AC)/A	0,0580	0,0538	0,0454	0,0306	0,0140	0,0055	0,0017	0,0006	0,0002	0
	D(AD)/A	0,0325	0,0232	0,0134	0,0056	0,0016	0,0005	0,0001	0,0000	0,0000	0,0000
	D(AE)/A	0,0232	0,0127	0,0032	-0,0017	-0,0017	-0,0008	-0,0003	-0,0001	-0,0000	0,0000
	D(BA)/A	-0,4130	-0,3226	-0,2165	-0,1135	-0,0431	-0,0156	-0,0048	-0,0016	-0,0005	-0,0000
	D(BB)/A	-0,0783	-0,0505	-0,0249	-0,0082	-0,0017	-0,0004	-0,0001	-0,0000	-0,0000	-0,0000
	D(BC)/A	0,2174	0,1810	0,1303	0,0727	0,0286	0,0105	0,0033	0,0011	0,0003	-0,0000
	D(BD)/A	0,1217	0,0883	0,0541	0,0259	0,0093	0,0033	0,0010	0,0003	0,0001	-0,0000
	D(BE)/A	0,0870	0,0491	0,0171	0,0005	-0,0021	-0,0011	-0,0004	-0,0001	-0,0000	0,0000
	D(CA)/A	-0,2000	-0,1353	-0,0723	-0,0271	-0,0071	-0,0021	-0,0006	-0,0002	-0,0001	-0,0000
	D(CB)/A	-0,2800	-0,2162	-0,1435	-0,0750	-0,0286	-0,0104	-0,0032	-0,0011	-0,0003	0,0000
	D(CC)/A	-0,0000	0	0	-0,0000	0,0000	-0,0000	0,0000	0	-0,0000	0
	D(CD)/A	0,2800	0,2162	0,1435	0,0750	0,0286	0,0104	0,0032	0,0011	0,0003	0,0000
	D(CE)/A	0,2000	0,1353	0,0723	0,0271	0,0071	0,0021	0,0006	0,0002	0,0001	0
2,00	B(AA)	0,3473	0,4088	0,4985	0,6147	0,7240	0,7781	0,8017	0,8090	0,8116	0,8128
	B(AB)	0,2167	0,2327	0,2480	0,2530	0,2440	0,2355	0,2310	0,2296	0,2291	0,2288
	B(AC)	0,1404	0,1253	0,0999	0,0607	0,0180	-0,0050	-0,0153	-0,0185	-0,0197	-0,0202
	B(AD)	0,0991	0,0730	0,0390	0,0022	-0,0266	-0,0393	-0,0446	-0,0462	-0,0468	-0,0470
	B(AE)	0,0826	0,0524	0,0179	-0,0095	-0,0183	-0,0172	-0,0157	-0,0151	-0,0149	-0,0148
	B(BA)	0,2709	0,2909	0,3100	0,3163	0,3050	0,2943	0,2888	0,2870	0,2863	0,2861
	B(BB)	0,3251	0,3526	0,3900	0,4336	0,4700	0,4866	0,4936	0,4958	0,4965	0,4969
	B(BC)	0,2105	0,2150	0,2235	0,2382	0,2559	0,2659	0,2705	0,2720	0,2725	0,2727
	B(BD)	0,1486	0,1267	0,0995	0,0731	0,0567	0,0513	0,0494	0,0489	0,0487	0,0486
	B(BE)	0,1238	0,0912	0,0488	0,0027	-0,0332	-0,0491	-0,0557	-0,0577	-0,0585	-0,0588
	B(CA)	0,1754	0,1567	0,1249	0,0759	0,0224	-0,0062	-0,0191	-0,0232	-0,0246	-0,0253
	B(CB)	0,2105	0,2150	0,2235	0,2382	0,2559	0,2659	0,2705	0,2720	0,2725	0,2727
	B(CC)	0,2982	0,3193	0,3532	0,4022	0,4523	0,4781	0,4895	0,4931	0,4944	0,4949
	B(CD)	0,2105	0,2150	0,2235	0,2382	0,2559	0,2659	0,2705	0,2720	0,2725	0,2727
	B(CE)	0,1754	0,1567	0,1249	0,0759	0,0224	-0,0062	-0,0191	-0,0232	-0,0246	-0,0253
	D(AA)/A	-0,3264	-0,2990	-0,2506	-0,1719	-0,0820	-0,0329	-0,0106	-0,0036	-0,0011	0
	D(AB)/A	0,1084	0,1032	0,0907	0,0650	0,0319	0,0129	0,0042	0,0014	0,0004	0,0000
	D(AC)/A	0,0702	0,0702	0,0660	0,0514	0,0269	0,0112	0,0037	0,0013	0,0004	0,0000
	D(AD)/A	0,0495	0,0417	0,0312	0,0191	0,0085	0,0034	0,0011	0,0004	0,0001	0,0000
	D(AE)/A	0,0413	0,0301	0,0157	0,0026	-0,0022	-0,0015	-0,0006	-0,0002	-0,0001	-0,0000
	D(BA)/A	-0,5173	-0,4302	-0,3129	-0,1803	-0,0745	-0,0281	-0,0088	-0,0030	-0,0009	0,0000
	D(BB)/A	-0,1207	-0,0897	-0,0531	-0,0212	-0,0052	-0,0013	-0,0003	-0,0001	-0,0000	0
	D(BC)/A	0,2456	0,2126	0,1630	0,0992	0,0426	0,0163	0,0052	0,0018	0,0005	0,0000
	D(BD)/A	0,1734	0,1399	0,0976	0,0538	0,0215	0,0080	0,0025	0,0009	0,0003	0,0000
	D(BE)/A	0,1445	0,1017	0,0536	0,0156	0,0008	-0,0007	-0,0004	-0,0001	-0,0000	-0,0000
	D(CA)/A	-0,2941	-0,2267	-0,1445	-0,0676	-0,0221	-0,0073	-0,0022	-0,0007	-0,0002	0,0000
	D(CB)/A	-0,3529	-0,2866	-0,2003	-0,1088	-0,0423	-0,0155	-0,0048	-0,0016	-0,0005	-0,0000
	D(CC)/A	-0,0000	0	0	-0,0000	-0,0000	0	0,0000	0,0000	-0,0000	-0,0000
	D(CD)/A	0,3529	0,2866	0,2003	0,1088	0,0423	0,0155	0,0048	0,0016	0,0005	0,0000
	D(CE)/A	0,2941	0,2267	0,1445	0,0676	0,0221	0,0073	0,0022	0,0007	0,0002	0,0000
5,00	B(AA)	0,2580	0,2974	0,3657	0,4752	0,6039	0,6790	0,7148	0,7263	0,7305	0,7323
	B(AB)	0,1986	0,2124	0,2333	0,2583	0,2756	0,2802	0,2811	0,2813	0,2813	0,2813
	B(AC)	0,1591	0,1517	0,1377	0,1118	0,0751	0,0502	0,0374	0,0332	0,0316	0,0309
	B(AD)	0,1355	0,1168	0,0861	0,0411	-0,0061	-0,0317	-0,0435	-0,0473	-0,0487	-0,0493
	B(AE)	0,1255	0,1015	0,0631	0,0107	-0,0345	-0,0523	-0,0585	-0,0602	-0,0608	-0,0610
	B(BA)	0,2483	0,2655	0,2916	0,3229	0,3445	0,3502	0,3514	0,3516	0,3516	0,3516
	B(BB)	0,2681	0,2857	0,3137	0,3524	0,3895	0,4080	0,4161	0,4187	0,4196	0,4200
	B(BC)	0,2148	0,2171	0,2219	0,2318	0,2473	0,2582	0,2639	0,2658	0,2665	0,2668
	B(BD)	0,1830	0,1680	0,1451	0,1163	0,0937	0,0853	0,0824	0,0816	0,0813	0,0812
	B(BE)	0,1694	0,1460	0,1076	0,0514	-0,0077	-0,0396	-0,0544	-0,0591	-0,0609	-0,0616
	B(CA)	0,1989	0,1896	0,1721	0,1397	0,0938	0,0627	0,0468	0,0415	0,0395	0,0387
	B(CB)	0,2148	0,2171	0,2219	0,2318	0,2473	0,2582	0,2639	0,2658	0,2665	0,2668
	B(CC)	0,2522	0,2625	0,2810	0,3128	0,3553	0,3832	0,3973	0,4020	0,4037	0,4045
	B(CD)	0,2148	0,2171	0,2219	0,2318	0,2473	0,2582	0,2639	0,2658	0,2665	0,2668
	B(CE)	0,1989	0,1896	0,1721	0,1397	0,0938	0,0627	0,0468	0,0415	0,0395	0,0387
	D(AA)/A	-0,3710	-0,3576	-0,3249	-0,2507	-0,1360	-0,0586	-0,0196	-0,0067	-0,0020	0,0000
	D(AB)/A	0,0993	0,0908	0,0765	0,0541	0,0278	0,0119	0,0040	0,0014	0,0004	0,0000
	D(AC)/A	0,0796	0,0838	0,0859	0,0763	0,0468	0,0214	0,0073	0,0025	0,0008	0,0000
	D(AD)/A	0,0678	0,0657	0,0608	0,0487	0,0278	0,0124	0,0042	0,0014	0,0004	0,0000
	D(AE)/A	0,0627	0,0571	0,0460	0,0267	0,0079	0,0016	0,0002	0,0000	0,0000	0
	D(BA)/A	-0,6179	-0,5512	-0,4449	-0,2940	-0,1390	-0,0563	-0,0183	-0,0063	-0,0019	-0,0000
	D(BB)/A	-0,1673	-0,1429	-0,1052	-0,0575	-0,0202	-0,0066	-0,0019	-0,0006	-0,0002	-0,0000
	D(BC)/A	0,2665	0,2379	0,1929	0,1295	0,0631	0,0261	0,0086	0,0030	0,0009	-0,0000
	D(BD)/A	0,2270	0,2035	0,1646	0,1079	0,0502	0,0201	0,0065	0,0022	0,0007	-0,0000
	D(BE)/A	0,2102	0,1781	0,1296	0,0690	0,0225	0,0066	0,0018	0,0006	0,0002	0
	D(CA)/A	-0,3943	-0,3447	-0,2654	-0,1590	-0,0656	-0,0244	-0,0076	-0,0026	-0,0008	-0,0000
	D(CB)/A	-0,4259	-0,3697	-0,2829	-0,1693	-0,0704	-0,0264	-0,0083	-0,0028	-0,0008	0,0000
	D(CC)/A	-0,0000	0,0000	0	-0,0000	-0,0000	-0,0000	0,0000	0,0000	0	0,0000
	D(CD)/A	0,4259	0,3697	0,2829	0,1693	0,0704	0,0264	0,0083	0,0028	0,0008	0,0000
	D(CE)/A	0,3943	0,3447	0,2654	0,1590	0,0656	0,0244	0,0076	0,0026	0,0008	0,0000

Z	Z(T)	0,00	0,03	0,10	0,30	1,00	3,00	10,0	30,0	100	UNENDL
10,00	B(AA)	0,2193	0,2434	0,2899	0,3787	0,5090	0,6005	0,6488	0,6650	0,6710	0,6736
	B(AB)	0,1881	0,1974	0,2141	0,2424	0,2770	0,2974	0,3071	0,3102	0,3113	0,3118
	B(AC)	0,1663	0,1622	0,1543	0,1385	0,1129	0,0928	0,0815	0,0776	0,0762	0,0755
	B(AD)	0,1527	0,1408	0,1186	0,0784	0,0234	-0,0135	-0,0325	-0,0388	-0,0411	-0,0421
	B(AE)	0,1469	0,1311	0,1013	0,0472	-0,0255	-0,0715	-0,0940	-0,1013	-0,1040	-0,1051
	B(BA)	0,2351	0,2467	0,2676	0,3030	0,3462	0,3718	0,38+9	0,3878	0,3892	0,3898
	B(BB)	0,2445	0,2553	0,2745	0,3061	0,3443	0,3674	0,3788	0,3825	0,3838	0,3844
	B(BC)	0,2161	0,2174	0,2201	0,2262	0,2370	0,2458	0,2508	0,2526	0,2532	0,2535
	B(BD)	0,1986	0,1891	0,1728	0,1469	0,1183	0,1028	0,0958	0,0935	0,0927	0,0924
	B(BE)	0,1909	0,1761	0,1482	0,0980	0,0292	-0,0168	-0,0406	-0,0485	-0,0514	-0,0527
	B(CA)	0,2078	0,2028	0,1929	0,1732	0,1411	0,1160	0,1019	0,0970	0,0952	0,0944
	B(CB)	0,2161	0,2174	0,2201	0,2262	0,2370	0,2458	0,2508	0,2526	0,2532	0,2535
	B(CC)	0,2352	0,2408	0,2512	0,2705	0,3002	0,3227	0,3353	0,3396	0,3413	0,3420
	B(CD)	0,2161	0,2174	0,2201	0,2262	0,2370	0,2458	0,2508	0,2526	0,2532	0,2535
	B(CE)	0,2078	0,2028	0,1929	0,1732	0,1411	0,1160	0,1019	0,0970	0,0952	0,0944
	D(AA)/A	-0,3903	-0,3861	-0,3684	-0,3100	-0,1884	-0,0872	-0,0302	-0,0105	-0,0032	0,0000
	D(AB)/A	0,0940	0,0821	0,0627	0,0364	0,0143	0,0053	0,0017	0,0006	0,0002	0
	D(AC)/A	0,0831	0,0893	0,0947	0,0892	0,0596	0,0290	0,0103	0,0036	0,0011	0,0000
	D(AD)/A	0,0764	0,0788	0,0809	0,0757	0,0508	0,0246	0,0087	0,0030	0,0009	0
	D(AE)/A	0,0734	0,0734	0,0706	0,0583	0,0325	0,0136	0,0044	0,0015	0,0005	0
	D(BA)/A	-0,6631	-0,6132	-0,5273	-0,3864	-0,2069	-0,0903	-0,0305	-0,0105	-0,0032	0,0000
	D(BB)/A	-0,1897	-0,1729	-0,1431	-0,0958	-0,0442	-0,0173	-0,0055	-0,0019	-0,0006	-0,0000
	D(BC)/A	0,2743	0,2479	0,2057	0,1448	0,0761	0,0333	0,0113	0,0039	0,0012	0
	D(BD)/A	0,2520	0,2376	0,2090	0,1555	0,0831	0,0360	0,0121	0,0042	0,0013	-0,0000
	D(BE)/A	0,2423	0,2225	0,1878	0,1308	0,0632	0,0253	0,0081	0,0027	0,0008	-0,0000
	D(CA)/A	-0,4417	-0,4095	-0,3493	-0,2464	-0,1229	-0,0510	-0,0168	-0,0058	-0,0017	0,0000
	D(CB)/A	-0,4594	-0,4137	-0,3370	-0,2224	-0,1030	-0,0409	-0,0132	-0,0045	-0,0014	-0,0000
	D(CC)/A	0	0,0000	0	-0,0000	0,0000	0,0000	0,0000	-0,0000	-0,0000	-0,0000
	D(CD)/A	0,4594	0,4137	0,3370	0,2224	0,1030	0,0409	0,0132	0,0045	0,0014	-0,0000
	D(CE)/A	0,4417	0,4095	0,3493	0,2464	0,1229	0,0510	0,0168	0,0058	0,0017	-0,0000
20,00	B(AA)	0,1976	0,2111	0,2391	0,3008	0,4163	0,5219	0,5887	0,6132	0,6226	0,6267
	B(AB)	0,1815	0,1870	0,1979	0,2207	0,2613	0,2976	0,3205	0,3290	0,3322	0,3336
	B(AC)	0,1700	0,1679	0,1637	0,1549	0,1394	0,1260	0,1179	0,1150	0,1139	0,1134
	B(AD)	0,1628	0,1560	0,1421	0,1127	0,0599	0,0129	-0,0166	-0,0274	-0,0315	-0,0333
	B(AE)	0,1596	0,1504	0,1313	0,0888	0,0080	-0,0674	-0,1160	-0,1340	-0,1409	-0,1439
	B(BA)	0,2269	0,2337	0,2474	0,2759	0,3266	0,3720	0,4007	0,4112	0,4153	0,4170
	B(BB)	0,2314	0,2375	0,2491	0,2714	0,3066	0,3355	0,3530	0,3593	0,3617	0,3628
	B(BC)	0,2168	0,2174	0,2189	0,2223	0,2289	0,2347	0,2383	0,2395	0,2400	0,2402
	B(BD)	0,2075	0,2022	0,1920	0,1729	0,1433	0,1193	0,1048	0,0996	0,0976	0,0967
	B(BE)	0,2034	0,1950	0,1777	0,1409	0,0749	0,0161	-0,0207	-0,0343	-0,0394	-0,0417
	B(CA)	0,2125	0,2099	0,2047	0,1936	0,1742	0,1575	0,1474	0,1438	0,1424	0,1418
	B(CB)	0,2168	0,2174	0,2189	0,2223	0,2289	0,2347	0,2383	0,2395	0,2400	0,2402
	B(CC)	0,2264	0,2293	0,2348	0,2456	0,2636	0,2786	0,2876	0,2909	0,2921	0,2926
	B(CD)	0,2168	0,2174	0,2189	0,2223	0,2289	0,2347	0,2383	0,2395	0,2400	0,2402
	B(CE)	0,2125	0,2099	0,2047	0,1936	0,1742	0,1575	0,1474	0,1438	0,1424	0,1418
	D(AA)/A	-0,4012	-0,4033	-0,3979	-0,3601	-0,2477	-0,1268	-0,0465	-0,0165	-0,0051	-0,0000
	D(AB)/A	0,0908	0,0762	0,0518	0,0174	-0,0077	-0,0090	-0,0041	-0,0016	-0,0005	-0,0000
	D(AC)/A	0,0850	0,0922	0,0996	0,0971	0,0685	0,0348	0,0126	0,0045	0,0014	-0,0000
	D(AD)/A	0,0814	0,0870	0,0954	0,1003	0,0793	0,0433	0,0163	0,0058	0,0018	-0,0000
	D(AE)/A	0,0798	0,0840	0,0896	0,0916	0,0726	0,0404	0,0155	0,0056	0,0017	0,0000
	D(BA)/A	-0,6890	-0,6512	-0,5849	-0,4675	-0,2875	-0,1397	-0,0502	-0,0177	-0,0054	-0,0000
	D(BB)/A	-0,2028	-0,1920	-0,1713	-0,1332	-0,0787	-0,0375	-0,0134	-0,0047	-0,0014	0
	D(BC)/A	0,2784	0,2532	0,2129	0,1540	0,0850	0,0388	0,0135	0,0047	0,0014	-0,0000
	D(BD)/A	0,2665	0,2590	0,2408	0,1986	0,1238	0,0602	0,0216	0,0076	0,0023	-0,0000
	D(BE)/A	0,2613	0,2511	0,2318	0,1933	0,1250	0,0629	0,0230	0,0082	0,0025	0
	D(CA)/A	-0,4693	-0,4504	-0,4104	-0,3286	-0,1990	-0,0956	-0,0342	-0,0121	-0,0037	-0,0000
	D(CB)/A	-0,4786	-0,4410	-0,3757	-0,2709	-0,1445	-0,0643	-0,0221	-0,0077	-0,0024	-0,0000
	D(CC)/A	-0,0000	0,0000	0,0000	-0,0000	-0,0000	0	0,0000	0,0000	-0,0000	-0,0000
	D(CD)/A	0,4786	0,4410	0,3757	0,2709	0,1445	0,0643	0,0221	0,0077	0,0024	-0,0000
	D(CE)/A	0,4693	0,4504	0,4104	0,3286	0,1990	0,0956	0,0342	0,0121	0,0037	-0,0000
50,00	B(AA)	0,1836	0,1894	0,2021	0,2336	0,3108	0,4159	0,5137	0,5596	0,5789	0,5878
	B(AB)	0,1771	0,1795	0,1847	0,1974	0,2289	0,2738	0,3171	0,3378	0,3465	0,3506
	B(AC)	0,1723	0,1715	0,1697	0,1660	0,1589	0,1524	0,1483	0,1467	0,1462	0,1459
	B(AD)	0,1693	0,1663	0,1600	0,1445	0,1074	0,0573	0,0107	-0,0112	-0,0204	-0,0246
	B(AE)	0,1680	0,1639	0,1549	0,1316	0,0702	-0,0203	-0,1088	-0,1513	-0,1693	-0,1776
	B(BA)	0,2214	0,2244	0,2309	0,2467	0,2862	0,3423	0,3964	0,4222	0,4332	0,4382
	B(BB)	0,2231	0,2258	0,2310	0,2425	0,2670	0,2980	0,3263	0,3396	0,3451	0,3477
	B(BC)	0,2171	0,2174	0,2180	0,2195	0,2225	0,2253	0,2271	0,2278	0,2280	0,2282
	B(BD)	0,2133	0,2110	0,2063	0,1961	0,1742	0,1455	0,1187	0,1060	0,1007	0,0982
	B(BE)	0,2116	0,2079	0,1999	0,1806	0,1343	0,0717	0,0134	-0,0139	-0,0255	-0,0308
	B(CA)	0,2154	0,2143	0,2122	0,2075	0,1986	0,1905	0,1853	0,1834	0,1827	0,1824
	B(CB)	0,2171	0,2174	0,2180	0,2195	0,2225	0,2253	0,2271	0,2278	0,2280	0,2282
	B(CC)	0,2210	0,2222	0,2245	0,2291	0,2373	0,2446	0,2492	0,2509	0,2516	0,2519
	B(CD)	0,2171	0,2174	0,2180	0,2195	0,2225	0,2253	0,2271	0,2278	0,2280	0,2282
	B(CE)	0,2154	0,2143	0,2122	0,2075	0,1986	0,1905	0,1853	0,1834	0,1827	0,1824

Z	Z(T)	0,00	0,03	0,10	0,30	1,00	3,00	10,0	30,0	100	UNENDL
	D(AA)/A	-0,4082	-0,4148	-0,4196	-0,4044	-0,3224	-0,1971	-0,0835	-0,0316	-0,0099	0
	D(AB)/A	0,0885	0,0720	0,0430	-0,0016	-0,0405	-0,0404	-0,0208	-0,0084	-0,0027	0
	D(AC)/A	0,0862	0,0941	0,1027	0,1023	0,0750	0,0394	0,0146	0,0052	0,0016	0
	D(AD)/A	0,0846	0,0926	0,1063	0,1230	0,1169	0,0781	0,0345	0,0132	0,0042	0
	D(AE)/A	0,0840	0,0914	0,1045	0,1247	0,1332	0,1007	0,0481	0,0190	0,0061	0,0000
	D(BA)/A	-0,7057	-0,6770	-0,6277	-0,5408	-0,3920	-0,2306	-0,0964	-0,0363	-0,0114	0
	D(BB)/A	-0,2113	-0,2052	-0,1929	-0,1691	-0,1281	-0,0801	-0,0350	-0,0134	-0,0043	-0,0000
	D(BC)/A	0,2809	0,2565	0,2174	0,1602	0,0915	0,0431	0,0153	0,0054	0,0017	0,0000
	D(BD)/A	0,2760	0,2735	0,2648	0,2383	0,1777	0,1059	0,0445	0,0168	0,0053	0,0000
	D(BE)/A	0,2738	0,2709	0,2660	0,2541	0,2156	0,1444	0,0653	0,0253	0,0081	0,0000
	D(CA)/A	-0,4873	-0,4785	-0,4569	-0,4058	-0,3038	-0,1843	-0,0788	-0,0300	-0,0095	-0,0000
	D(CB)/A	-0,4912	-0,4596	-0,4049	-0,3158	-0,2009	-0,1101	-0,0447	-0,0167	-0,0052	-0,0000
	D(CC)/A	0,0000	0	0,0000	0,0000	-0,0000	0	-0,0000	0,00(0	0	-0,0000
	D(CD)/A	0,4912	0,4596	0,4049	0,3158	0,2009	0,1101	0,0447	0,0167	0,0052	-0,0000
	D(CE)/A	0,4873	0,4785	0,4569	0,4058	0,3038	0,1843	0,0788	0,0300	0,0095	0
100,00	B(AA)	0,1788	0,1818	0,1884	0,2057	0,2539	0,3390	0,4511	0,5211	0,5553	0,5722
	B(AB)	0,1755	0,1768	0,1795	0,1867	0,2074	0,2461	0,2990	0,3325	0,3490	0,3572
	B(AC)	0,1731	0,1727	0,1718	0,1699	0,1662	0,1627	0,1604	0,1596	0,1593	0,1591
	B(AD)	0,1716	0,1701	0,1667	0,1581	0,1346	0,0931	0,0384	0,0041	-0,0126	-0,0209
	B(AE)	0,1709	0,1688	0,1640	0,1510	0,1109	0,0336	-0,0733	-0,1414	-0,1749	-0,1915
	B(BA)	0,2194	0,2210	0,2244	0,2334	0,2592	0,3076	0,3737	0,4157	0,4363	0,4465
	B(BB)	0,2203	0,2216	0,2244	0,2307	0,2463	0,2721	0,3058	0,3269	0,3371	0,3422
	B(BC)	0,2173	0,2174	0,2177	0,2185	0,2200	0,2215	0,2225	0,2229	0,2230	0,2231
	B(BD)	0,2153	0,2141	0,2117	0,2060	0,1918	0,1672	0,1343	0,1136	0,1034	0,0984
	B(BE)	0,2145	0,2126	0,2084	0,1976	0,1682	0,1164	0,0480	0,0052	-0,0158	-0,0261
	B(CA)	0,2164	0,2159	0,2148	0,2123	0,2077	0,2034	0,2006	0,1995	0,1991	0,1989
	B(CB)	0,2173	0,2174	0,2177	0,2185	0,2200	0,2215	0,2225	0,2229	0,2230	0,2231
	B(CC)	0,2192	0,2198	0,2210	0,2233	0,2276	0,2315	0,2341	0,2350	0,2354	0,2355
	B(CD)	0,2173	0,2174	0,2177	0,2185	0,2200	0,2215	0,2225	0,2229	0,2230	0,2231
	B(CE)	0,2164	0,2159	0,2148	0,2123	0,2077	0,2034	0,2006	0,1995	0,1991	0,1989
	D(AA)/A	-0,4106	-0,4189	-0,4276	-0,4231	-0,3648	-0,2559	-0,1278	-0,0531	-0,0175	0,0000
	D(AB)/A	0,0878	0,0705	0,0396	-0,0100	-0,0605	-0,0687	-0,0424	-0,0189	-0,0064	-0,0000
	D(AC)/A	0,0866	0,0947	0,1038	0,1042	0,0774	0,0412	0,0154	0,0055	0,0017	-0,0000
	D(AD)/A	0,0858	0,0947	0,1105	0,1327	0,1387	0,1078	0,0567	0,0239	0,0079	-0,0000
	D(AE)/A	0,0854	0,0940	0,1103	0,1394	0,1703	0,1556	0,0908	0,0399	0,0134	0
	D(BA)/A	-0,7115	-0,6861	-0,6437	-0,5721	-0,4519	-0,3074	-0,1525	-0,0632	-0,0208	-0,0000
	D(BB)/A	-0,2143	-0,2099	-0,2011	-0,1848	-0,1577	-0,1179	-0,0626	-0,0267	-0,0089	-0,0000
	D(BC)/A	0,2818	0,2576	0,2190	0,1624	0,0940	0,0448	0,0160	0,0057	0,0017	-0,0000
	D(BD)/A	0,2792	0,2788	0,2738	0,2554	0,2090	0,1449	0,0727	0,0303	0,0100	-0,0000
	D(BE)/A	0,2781	0,2781	0,2791	0,2809	0,2704	0,2176	0,1198	0,0517	0,0172	0
	D(CA)/A	-0,4936	-0,4885	-0,4745	-0,4393	-0,3655	-0,2616	-0,1347	-0,0567	-0,0187	0,0000
	D(CB)/A	-0,4955	-0,4663	-0,4159	-0,3352	-0,2340	-0,1498	-0,0729	-0,0301	-0,0099	0,0000
	D(CC)/A	0,0000	0,0000	-0,0000	-0,0000	0,0000	0,0000	0,0000	-0,0000	0,0000	-0,0000
	D(CD)/A	0,4955	0,4663	0,4159	0,3352	0,2340	0,1498	0,0729	0,0301	0,0099	-0,0000
	D(CE)/A	0,4936	0,4885	0,4745	0,4393	0,3655	0,2616	0,1347	0,0567	0,0187	-0,0000
200,00	B(AA)	0,1764	0,1779	0,1813	0,1904	0,2177	0,2758	0,3813	0,4744	0,5317	0,5638
	B(AB)	0,1747	0,1754	0,1768	0,1806	0,1926	0,2198	0,2709	0,3167	0,3449	0,3607
	B(AC)	0,1735	0,1733	0,1729	0,1719	0,1700	0,1682	0,1670	0,1666	0,1664	0,1663
	B(AD)	0,1727	0,1720	0,1702	0,1657	0,1522	0,1236	0,0715	0,0254	-0,0029	-0,0188
	B(AE)	0,1724	0,1713	0,1689	0,1619	0,1387	0,0847	-0,0181	-0,1103	-0,1672	-0,1990
	B(BA)	0,2184	0,2192	0,2210	0,2257	0,2408	0,2747	0,3387	0,3959	0,4311	0,4509
	B(BB)	0,2188	0,2195	0,2209	0,2243	0,2332	0,2511	0,2834	0,3120	0,3295	0,3394
	B(BC)	0,2173	0,2174	0,2176	0,2179	0,2187	0,2195	0,2200	0,2202	0,2203	0,2203
	B(BD)	0,2164	0,2158	0,2145	0,2115	0,2033	0,1860	0,1541	0,1257	0,1082	0,0984
	B(BE)	0,2159	0,2150	0,2128	0,2071	0,1903	0,1545	0,0894	0,0318	-0,0037	-0,0235
	B(CA)	0,2169	0,2166	0,2161	0,2148	0,2125	0,2102	0,2088	0,2082	0,2080	0,2079
	B(CB)	0,2173	0,2174	0,2176	0,2179	0,2187	0,2195	0,2200	0,2202	0,2203	0,2203
	B(CC)	0,2183	0,2186	0,2192	0,2204	0,2226	0,2246	0,2259	0,2264	0,2266	0,2267
	B(CD)	0,2173	0,2174	0,2176	0,2179	0,2187	0,2195	0,2200	0,2202	0,2203	0,2203
	B(CE)	0,2169	0,2166	0,2161	0,2148	0,2125	0,2102	0,2088	0,2082	0,2080	0,2079
	D(AA)/A	-0,4118	-0,4209	-0,4318	-0,4334	-0,3923	-0,3068	-0,1843	-0,0882	-0,0314	0
	D(AB)/A	0,0874	0,0697	0,0378	-0,0148	-0,0738	-0,0939	-0,0705	-0,0363	-0,0133	0
	D(AC)/A	0,0868	0,0950	0,1043	0,1052	0,0787	0,0422	0,0158	0,0057	0,0018	0
	D(AD)/A	0,0864	0,0957	0,1127	0,1382	0,1529	0,1336	0,0850	0,0415	0,0149	0,0000
	D(AE)/A	0,0862	0,0954	0,1133	0,1477	0,1951	0,2044	0,1463	0,0746	0,0272	0
	D(BA)/A	-0,7144	-0,6908	-0,6521	-0,5894	-0,4910	-0,3743	-0,2241	-0,1074	-0,0382	0,0000
	D(BB)/A	-0,2158	-0,2124	-0,2054	-0,1936	-0,1774	-0,1513	-0,0984	-0,0487	-0,0175	0,0000
	D(BC)/A	0,2822	0,2581	0,2198	0,1635	0,0952	0,0457	0,0164	0,0058	0,0018	0,0000
	D(BD)/A	0,2809	0,2814	0,2786	0,2649	0,2295	0,1790	0,1087	0,0524	0,0187	0,0000
	D(BE)/A	0,2804	0,2818	0,2860	0,2960	0,3068	0,2825	0,1906	0,0955	0,0346	0,0000
	D(CA)/A	-0,4968	-0,4937	-0,4838	-0,4580	-0,4062	-0,3296	-0,2066	-0,1008	-0,0361	-0,0000
	D(CB)/A	-0,4978	-0,4697	-0,4217	-0,3460	-0,2557	-0,1847	-0,1092	-0,0523	-0,0186	-0,0000
	D(CC)/A	0	0,0000	-0,0000	0,0000	0	-0,0000	-0,0000	0,0000	0,0000	0,0000
	D(CD)/A	0,4978	0,4697	0,4216	0,3460	0,2557	0,1847	0,1092	0,0523	0,0186	0,0000
	D(CE)/A	0,4968	0,4937	0,4838	0,4580	0,4062	0,3296	0,2066	0,1008	0,0361	0,0000

Z	Z(T)	0,00	0,03	0,10	0,30	1,00	3,00	10,0	30,0	100	UNENDL
500,00	B(AA)	0,1749	0,1755	0,1769	0,1806	0,1925	0,2215	0,2935	0,3938	0,4876	0,5585
	B(AB)	0,1742	0,1745	0,1751	0,1767	0,1820	0,1957	0,2312	0,2809	0,3276	0,3629
	B(AC)	0,1738	0,1737	0,1735	0,1731	0,1723	0,1716	0,1711	0,1709	0,1709	0,1708
	B(AD)	0,1734	0,1731	0,1724	0,1706	0,1647	0,1503	0,1145	0,0646	0,0178	-0,0175
	B(AE)	0,1733	0,1729	0,1719	0,1690	0,1588	0,1315	0,0605	-0,0393	-0,1330	-0,2038
	B(BA)	0,2178	0,2181	0,2188	0,2208	0,2274	0,2447	0,2890	0,3512	0,4095	0,4536
	B(BB)	0,2180	0,2182	0,2188	0,2202	0,2241	0,2331	0,2555	0,2865	0,3156	0,3376
	B(BC)	0,2174	0,2174	0,2175	0,2176	0,2179	0,2183	0,2185	0,2185	0,2186	0,2186
	B(BD)	0,2170	0,2167	0,2162	0,2150	0,2114	0,2026	0,1804	0,1494	0,1203	0,0984
	B(BE)	0,2168	0,2164	0,2155	0,2132	0,2058	0,1879	0,1431	0,0807	0,0223	-0,0218
	B(CA)	0,2172	0,2171	0,2169	0,2164	0,2154	0,2145	0,2139	0,2137	0,2136	0,2135
	B(CB)	0,2174	0,2174	0,2175	0,2176	0,2179	0,2183	0,2185	0,2185	0,2186	0,2186
	B(CC)	0,2178	0,2179	0,2181	0,2186	0,2195	0,2203	0,2209	0,2211	0,2211	0,2212
	B(CD)	0,2174	0,2174	0,2175	0,2176	0,2179	0,2183	0,2185	0,2185	0,2186	0,2186
	B(CE)	0,2172	0,2171	0,2169	0,2164	0,2154	0,2145	0,2139	0,2137	0,2136	0,2135
	D(AA)/A	-0,4125	-0,4222	-0,4344	-0,4400	-0,4117	-0,3517	-0,2594	-0,1570	-0,0669	-0,0000
	D(AB)/A	0,0871	0,0692	0,0367	-0,0178	-0,0833	-0,1163	-0,1080	-0,0707	-0,0310	-0,0000
	D(AC)/A	0,0869	0,0952	0,1046	0,1057	0,0795	0,0427	0,0161	0,0058	0,0018	-0,0000
	D(AD)/A	0,0867	0,0963	0,1140	0,1416	0,1630	0,1565	0,1228	0,0760	0,0326	0
	D(AE)/A	0,0867	0,0963	0,1152	0,1531	0,2128	0,2480	0,2208	0,1432	0,0626	0
	D(BA)/A	-0,7162	-0,6937	-0,6573	-0,6004	-0,5186	-0,4333	-0,3196	-0,1938	-0,0826	-0,0000
	D(BB)/A	-0,2168	-0,2138	-0,2081	-0,1993	-0,1913	-0,1811	-0,1462	-0,0919	-0,0397	-0,0000
	D(BC)/A	0,2824	0,2585	0,2203	0,1642	0,0960	0,0463	0,0167	0,0059	0,0018	-0,0000
	D(BD)/A	0,2819	0,2831	0,2815	0,2709	0,2440	0,2092	0,1568	0,0957	0,0409	-0,0000
	D(BE)/A	0,2817	0,2840	0,2902	0,3056	0,3328	0,3404	0,2855	0,1817	0,0789	-0,0000
	D(CA)/A	-0,4987	-0,4969	-0,4895	-0,4700	-0,4350	-0,3899	-0,3027	-0,1875	-0,0806	0,0000
	D(CB)/A	-0,4991	-0,4718	-0,4252	-0,3529	-0,2711	-0,2156	-0,1577	-0,0957	-0,0408	-0,0000
	D(CC)/A	-0,0000	-0,0000	-0,0000	0,0000	0,0000	0,0000	0,0000	-0,0000	-0,0000	0,0000
	D(CD)/A	0,4991	0,4718	0,4252	0,3529	0,2711	0,2156	0,1577	0,0957	0,0408	0,0000
	D(CE)/A	0,4987	0,4969	0,4895	0,4700	0,4350	0,3899	0,3027	0,1875	0,0806	0,0000
1000,00	B(AA)	0,1744	0,1747	0,1754	0,1773	0,1834	0,1991	0,2443	0,3268	0,4373	0,5567
	B(AB)	0,1741	0,1742	0,1745	0,1753	0,1780	0,1855	0,2079	0,2490	0,3041	0,3636
	B(AC)	0,1738	0,1738	0,1737	0,1735	0,1731	0,1727	0,1725	0,1724	0,1724	0,1724
	B(AD)	0,1737	0,1735	0,1732	0,1722	0,1692	0,1614	0,1389	0,0977	0,0426	-0,0170
	B(AE)	0,1736	0,1734	0,1729	0,1714	0,1662	0,1513	0,1067	0,0243	-0,0860	-0,2054
	B(BA)	0,2176	0,2178	0,2181	0,2191	0,2225	0,2319	0,2598	0,3112	0,3801	0,4545
	B(BB)	0,2177	0,2178	0,2181	0,2188	0,2208	0,2257	0,2398	0,2655	0,2999	0,3370
	B(BC)	0,2174	0,2174	0,2174	0,2175	0,2177	0,2178	0,2179	0,2180	0,2180	0,2180
	B(BD)	0,2172	0,2171	0,2168	0,2162	0,2143	0,2095	0,1956	0,1699	0,1355	0,0984
	B(BE)	0,2171	0,2169	0,2165	0,2153	0,2115	0,2017	0,1736	0,1221	0,0532	-0,0213
	B(CA)	0,2173	0,2172	0,2171	0,2169	0,2164	0,2159	0,2156	0,2155	0,2155	0,2154
	B(CB)	0,2174	0,2174	0,2174	0,2175	0,2177	0,2178	0,2179	0,2180	0,2180	0,2180
	B(CC)	0,2176	0,2176	0,2178	0,2180	0,2184	0,2189	0,2191	0,2192	0,2193	0,2193
	B(CD)	0,2174	0,2174	0,2174	0,2175	0,2177	0,2178	0,2179	0,2180	0,2180	0,2180
	B(CE)	0,2173	0,2172	0,2171	0,2169	0,2164	0,2159	0,2156	0,2155	0,2155	0,2154
	D(AA)/A	-0,4128	-0,4226	-0,4353	-0,4422	-0,4187	-0,3703	-0,3025	-0,2164	-0,1112	0,0000
	D(AB)/A	0,0870	0,0691	0,0364	-0,0189	-0,0868	-0,1257	-0,1297	-0,1004	-0,0532	0
	D(AC)/A	0,0869	0,0953	0,1047	0,1059	0,0797	0,0429	0,0162	0,0058	0,0018	0,0000
	D(AD)/A	0,0868	0,0965	0,1145	0,1428	0,1666	0,1660	0,1445	0,1057	0,0548	0,0000
	D(AE)/A	0,0868	0,0965	0,1158	0,1549	0,2193	0,2662	0,2637	0,2025	0,1069	0
	D(BA)/A	-0,7168	-0,6946	-0,6590	-0,6042	-0,5286	-0,4579	-0,3743	-0,2684	-0,1381	0,0000
	D(BB)/A	-0,2171	-0,2143	-0,2090	-0,2012	-0,1964	-0,1935	-0,1738	-0,1293	-0,0675	0,0000
	D(BC)/A	0,2825	0,2586	0,2204	0,1644	0,0963	0,0464	0,0167	0,0059	0,0018	0,0000
	D(BD)/A	0,2823	0,2836	0,2825	0,2730	0,2493	0,2217	0,1844	0,1331	0,0687	0,0000
	D(BE)/A	0,2822	0,2848	0,2917	0,3090	0,3422	0,3646	0,3401	0,2563	0,1344	-0,0000
	D(CA)/A	-0,4994	-0,4979	-0,4915	-0,4741	-0,4455	-0,4151	-0,3580	-0,2623	-0,1361	-0,0000
	D(CB)/A	-0,4996	-0,4725	-0,4264	-0,3553	-0,2767	-0,2286	-0,1855	-0,1332	-0,0686	0,0000
	D(CC)/A	0	0,0000	-0,0000	0,0000	0,0000	-0,0000	0,0000	0	-0,0000	0,0000
	D(CD)/A	0,4996	0,4725	0,4264	0,3553	0,2767	0,2286	0,1855	0,1332	0,0686	0,0000
	D(CE)/A	0,4994	0,4979	0,4915	0,4741	0,4455	0,4151	0,3580	0,2623	0,1361	0,0000

b) $r_a : r_b : r_c : r_d : r_e = 1{,}2 : 1{,}0 : 1{,}0 : 1{,}0 : 1{,}2$

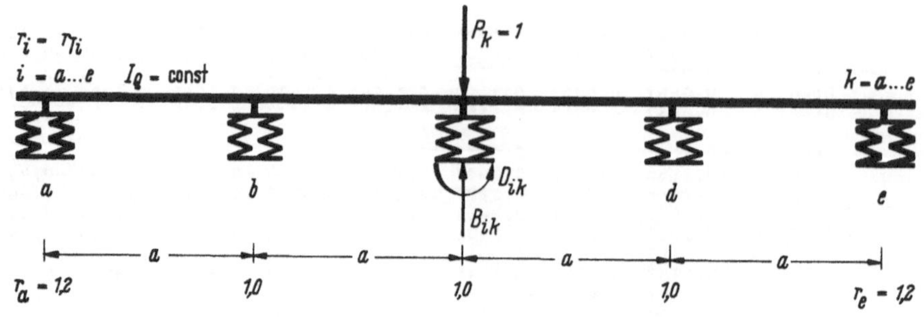

Z	Z(T)	0,00	0,03	0,10	0,30	1,00	3,00	10,0	30,0	100	UNENDL
0,01	B(AA)	0,9839	0,9875	0,9912	0,9944	0,9965	0,9973	0,9977	0,9978	0,9978	0,9978
	B(AB)	0,0189	0,0167	0,0136	0,0102	0,0076	0,0065	0,0061	0,0060	0,0059	0,0059
	B(AC)	0,0004	-0,0018	-0,0034	-0,0041	-0,0042	-0,0041	-0,0041	-0,0041	-0,0041	-0,0041
	B(AD)	0,0000	0,0001	0,0005	0,0008	0,0009	0,0009	0,0009	0,0010	0,0010	0,0010
	B(AE)	0,0000	-0,0000	-0,0000	-0,0001	-0,0001	-0,0001	-0,0001	-0,0001	-0,0001	-0,0001
	B(BA)	0,0158	0,0139	0,0113	0,0085	0,0063	0,0054	0,0051	0,0050	0,0049	0,0049
	B(BB)	0,9622	0,9667	0,9721	0,9775	0,9816	0,9832	0,9838	0,9840	0,9841	0,9841
	B(BC)	0,0185	0,0184	0,0179	0,0168	0,0158	0,0153	0,0151	0,0150	0,0150	0,0150
	B(BD)	0,0004	-0,0019	-0,0040	-0,0053	-0,0058	-0,0059	-0,0060	-0,0060	-0,0060	-0,0060
	B(BE)	0,0000	0,0001	0,0004	0,0007	0,0008	0,0008	0,0008	0,0008	0,0008	0,0008
	B(CA)	0,0003	-0,0015	-0,0028	-0,0034	-0,0035	-0,0034	-0,0034	-0,0034	-0,0034	-0,0034
	B(CB)	0,0185	0,0184	0,0179	0,0168	0,0158	0,0153	0,0151	0,0150	0,0150	0,0150
	B(CC)	0,9623	0,9668	0,9711	0,9746	0,9768	0,9777	0,9780	0,9781	0,9781	0,9781
	B(CD)	0,0185	0,0184	0,0179	0,0168	0,0158	0,0153	0,0151	0,0150	0,0150	0,0150
	B(CE)	0,0003	-0,0015	-0,0028	-0,0034	-0,0035	-0,0034	-0,0034	-0,0034	-0,0034	-0,0034
	D(AA)/A	-0,0080	-0,0062	-0,0042	-0,0023	-0,0009	-0,0003	-0,0001	-0,0000	-0,0000	0,0000
	D(AB)/A	0,0095	0,0079	0,0058	0,0033	0,0013	0,0005	0,0002	0,0001	0,0000	0,0000
	D(AC)/A	0,0002	-0,0005	-0,0008	-0,0007	-0,0003	-0,0001	-0,0000	-0,0000	-0,0000	-0,0000
	D(AD)/A	0,0000	0,0000	0,0001	0,0001	0,0001	0,0000	0,0000	0,0000	0,0000	0,0000
	D(AE)/A	0,0000	-0,0000	-0,0000	-0,0000	-0,0000	-0,0000	-0,0000	-0,0000	-0,0000	-0,0000
	D(BA)/A	-0,0082	-0,0052	-0,0027	-0,0011	-0,0003	-0,0001	-0,0000	-0,0000	-0,0000	0,0000
	D(BB)/A	0,0000	0,0000	-0,0001	-0,0002	-0,0001	-0,0000	-0,0000	-0,0000	-0,0000	-0,0000
	D(BC)/A	0,0096	0,0066	0,0038	0,0018	0,0006	0,0002	0,0001	0,0000	0,0000	0,0000
	D(BD)/A	0,0002	-0,0004	-0,0005	-0,0003	-0,0001	-0,0001	-0,0000	-0,0000	-0,0000	-0,0000
	D(BE)/A	0,0000	0,0000	0,0000	0,0000	0,0000	0,0000	0,0000	0,0000	0,0000	0,0000
	D(CA)/A	-0,0002	0,0003	0,0004	0,0002	0,0001	0,0000	0,0000	0,0000	0,0000	0,0000
	D(CB)/A	-0,0096	-0,0066	-0,0038	-0,0017	-0,0006	-0,0002	-0,0001	-0,0000	-0,0000	-0,0000
	D(CC)/A	0,0000	0	0,0000	0,0000	0,0000	0	0,0000	-0,0000	0	0,0000
	D(CD)/A	0,0096	0,0066	0,0038	0,0017	0,0006	0,0002	0,0001	0,0000	0,0000	0,0000
	D(CE)/A	0,0002	-0,0003	-0,0004	-0,0002	-0,0001	-0,0000	-0,0000	-0,0000	-0,0000	-0,0000
0,02	B(AA)	0,9689	0,9758	0,9828	0,9891	0,9932	0,9948	0,9954	0,9956	0,9957	0,9957
	B(AB)	0,0359	0,0318	0,0261	0,0197	0,0147	0,0127	0,0118	0,0116	0,0115	0,0114
	B(AC)	0,0013	-0,0029	-0,0061	-0,0076	-0,0079	-0,0078	-0,0078	-0,0078	-0,0078	-0,0078
	B(AD)	0,0000	0,0001	0,0007	0,0013	0,0016	0,0017	0,0017	0,0017	0,0017	0,0017
	B(AE)	0,0000	0,0000	-0,0000	-0,0001	-0,0002	-0,0002	-0,0002	-0,0002	-0,0002	-0,0002
	B(BA)	0,0299	0,0265	0,0217	0,0164	0,0123	0,0105	0,0099	0,0096	0,0096	0,0095
	B(BB)	0,9283	0,9366	0,9466	0,9568	0,9644	0,9675	0,9688	0,9691	0,9693	0,9693
	B(BC)	0,0344	0,0344	0,0336	0,0318	0,0300	0,0292	0,0289	0,0288	0,0287	0,0287
	B(BD)	0,0013	-0,0030	-0,0069	-0,0096	-0,0107	-0,0110	-0,0111	-0,0111	-0,0112	-0,0112
	B(BE)	0,0000	0,0001	0,0006	0,0011	0,0013	0,0014	0,0014	0,0014	0,0014	0,0014
	B(CA)	0,0011	-0,0024	-0,0051	-0,0064	-0,0066	-0,0065	-0,0065	-0,0065	-0,0065	-0,0065
	B(CB)	0,0344	0,0344	0,0336	0,0318	0,0300	0,0292	0,0289	0,0288	0,0287	0,0287
	B(CC)	0,9285	0,9370	0,9450	0,9516	0,9557	0,9573	0,9578	0,9580	0,9581	0,9581
	B(CD)	0,0344	0,0344	0,0336	0,0318	0,0300	0,0292	0,0289	0,0288	0,0287	0,0287
	B(CE)	0,0011	-0,0024	-0,0051	-0,0064	-0,0066	-0,0065	-0,0065	-0,0065	-0,0065	-0,0065

Z	Z(T)	0,00	0,03	0,10	0,30	1,00	3,00	10,0	30,0	100	UNENDL
	D(AA)/A	-0,0155	-0,0121	-0,0083	-0,0045	-0,0018	-0,0007	-0,0002	-0,0001	-0,0000	0,0000
	D(AB)/A	0,0180	0,0152	0,0111	0,0064	0,0026	0,0010	0,0003	0,0001	0,0000	-0,0000
	D(AC)/A	0,0007	-0,0007	-0,0013	-0,0011	-0,0006	-0,0002	-0,0001	-0,0000	-0,0000	-0,0000
	D(AD)/A	0,0000	0,0000	0,0001	0,0002	0,0001	0,0000	0,0000	0,0000	0,0000	0,0000
	D(AE)/A	0,0000	0,0000	-0,0000	-0,0000	-0,0000	-0,0000	-0,0000	-0,0000	-0,0000	-0,0000
	D(BA)/A	-0,0161	-0,0102	-0,0054	-0,0022	-0,0007	-0,0002	-0,0001	-0,0000	-0,0000	-0,0000
	D(BB)/A	0,0001	0,0001	-0,0002	-0,0004	-0,0002	-0,0001	-0,0000	-0,0000	-0,0000	-0,0000
	D(BC)/A	0,0185	0,0127	0,0075	0,0035	0,0012	0,0004	0,0001	0,0000	0,0000	0,0000
	D(BD)/A	0,0007	-0,0006	-0,0009	-0,0006	-0,0003	-0,0001	-0,0000	-0,0000	-0,0000	-0,0000
	D(BE)/A	0,0000	0,0000	0,0001	0,0001	0,0000	0,0000	0,0000	0,0000	0,0000	0,0000
	D(CA)/A	-0,0006	0,0005	0,0007	0,0004	0,0002	0,0001	0,0000	0,0000	0,0000	0,0000
	D(CB)/A	-0,0185	-0,0128	-0,0074	-0,0034	-0,0012	-0,0004	-0,0001	-0,0000	-0,0000	-0,0000
	D(CC)/A	0	0,0000	0	0,0000	0,0000	0,0000	0	-0,0000	0,0000	0,0000
	D(CD)/A	0,0185	0,0128	0,0074	0,0034	0,0012	0,0004	0,0001	0,0000	0,0000	-0,0000
	D(CE)/A	0,0006	-0,0005	-0,0007	-0,0004	-0,0002	-0,0001	-0,0000	-0,0000	-0,0000	0
0,05	B(AA)	0,9291	0,9444	0,9601	0,9743	0,9839	0,9877	0,9893	0,9897	0,9899	0,9899
	B(AB)	0,0780	0,0701	0,0584	0,0447	0,0338	0,0292	0,0273	0,0267	0,0265	0,0265
	B(AC)	0,0065	-0,0031	-0,0110	-0,0155	-0,0168	-0,0170	-0,0170	-0,0170	-0,0170	-0,0170
	B(AD)	0,0005	-0,0003	0,0004	0,0017	0,0025	0,0027	0,0028	0,0029	0,0029	0,0029
	B(AE)	0,0000	0,0000	0,0000	-0,0001	-0,0002	-0,0002	-0,0002	-0,0002	-0,0002	-0,0002
	B(BA)	0,0650	0,0584	0,0487	0,0373	0,0282	0,0243	0,0228	0,0223	0,0221	0,0220
	B(BB)	0,8447	0,8613	0,8815	0,9030	0,9192	0,9260	0,9288	0,9296	0,9299	0,9300
	B(BC)	0,0709	0,0717	0,0711	0,0687	0,0658	0,0644	0,0638	0,0636	0,0635	0,0635
	B(BD)	0,0059	-0,0028	-0,0114	-0,0180	-0,0213	-0,0223	-0,0227	-0,0228	-0,0228	-0,0228
	B(BE)	0,0005	-0,0002	0,0004	0,0014	0,0021	0,0023	0,0024	0,0024	0,0024	0,0024
	B(CA)	0,0055	-0,0026	-0,0092	-0,0129	-0,0140	-0,0141	-0,0141	-0,0141	-0,0141	-0,0141
	B(CB)	0,0709	0,0717	0,0711	0,0687	0,0658	0,0644	0,0638	0,0636	0,0635	0,0635
	B(CC)	0,8451	0,8628	0,8798	0,8936	0,9021	0,9052	0,9064	0,9068	0,9069	0,9069
	B(CD)	0,0709	0,0717	0,0711	0,0687	0,0658	0,0644	0,0638	0,0636	0,0635	0,0635
	B(CE)	0,0055	-0,0026	-0,0092	-0,0129	-0,0140	-0,0141	-0,0141	-0,0141	-0,0141	-0,0141
	D(AA)/A	-0,0355	-0,0279	-0,0194	-0,0107	-0,0043	-0,0016	-0,0005	-0,0002	-0,0001	-0,0000
	D(AB)/A	0,0390	0,0334	0,0250	0,0147	0,0060	0,0023	0,0007	0,0002	0,0001	0
	D(AC)/A	0,0033	0,0002	-0,0017	-0,0019	-0,0010	-0,0004	-0,0001	-0,0000	-0,0000	0,0000
	D(AD)/A	0,0003	-0,0001	-0,0000	0,0001	0,0001	0,0000	0,0000	0,0000	0,0000	0
	D(AE)/A	0,0000	-0,0000	0,0000	0,0000	-0,0000	-0,0000	-0,0000	-0,0000	-0,0000	-0,0000
	D(BA)/A	-0,0384	-0,0248	-0,0133	-0,0054	-0,0017	-0,0006	-0,0002	-0,0001	-0,0000	-0,0000
	D(BB)/A	0,0003	0,0006	-0,0001	-0,0006	-0,0004	-0,0002	-0,0001	-0,0000	-0,0000	0,0000
	D(BC)/A	0,0420	0,0292	0,0173	0,0081	0,0029	0,0010	0,0003	0,0001	0,0000	0,0000
	D(BD)/A	0,0035	0,0001	-0,0013	-0,0011	-0,0005	-0,0002	-0,0001	-0,0000	-0,0000	-0,0000
	D(BE)/A	0,0003	-0,0001	-0,0000	0,0001	0,0000	0,0000	0,0000	0,0000	0,0000	0,0000
	D(CA)/A	-0,0032	0,0000	0,0011	0,0008	0,0003	0,0001	0,0000	0,0000	0,0000	-0,0000
	D(CB)/A	-0,0419	-0,0292	-0,0174	-0,0080	-0,0028	-0,0010	-0,0003	-0,0001	-0,0000	-0,0000
	D(CC)/A	0,0000	0,0000	0	0,0000	-0,0000	-0,0000	0	0	0	-0,0000
	D(CD)/A	0,0419	0,0292	0,0174	0,0080	0,0028	0,0010	0,0003	0,0001	0,0000	-0,0000
	D(CE)/A	0,0032	-0,0000	-0,0011	-0,0008	-0,0003	-0,0001	-0,0000	-0,0000	-0,0000	0
0,10	B(AA)	0,8754	0,9012	0,9281	0,9530	0,9704	0,9774	0,9802	0,9811	0,9814	0,9815
	B(AB)	0,1277	0,1171	0,0999	0,0782	0,0600	0,0520	0,0488	0,0478	0,0474	0,0473
	B(AC)	0,0186	0,0021	-0,0127	-0,0224	-0,0265	-0,0275	-0,0277	-0,0278	-0,0278	-0,0279
	B(AD)	0,0027	-0,0006	-0,0011	0,0003	0,0018	0,0023	0,0026	0,0026	0,0027	0,0027
	B(AE)	0,0004	-0,0000	0,0002	0,0003	0,0002	0,0001	0,0001	0,0001	0,0001	0,0001
	B(BA)	0,1064	0,0976	0,0832	0,0652	0,0500	0,0434	0,0406	0,0398	0,0395	0,0394
	B(BB)	0,7450	0,7694	0,7998	0,8331	0,8593	0,8705	0,8751	0,8765	0,8770	0,8772
	B(BC)	0,1087	0,1115	0,1127	0,1114	0,1088	0,1074	0,1067	0,1066	0,1065	0,1065
	B(BD)	0,0159	0,0026	-0,0113	-0,0230	-0,0299	-0,0323	-0,0332	-0,0335	-0,0335	-0,0336
	B(BE)	0,0023	-0,0005	-0,0009	0,0003	0,0015	0,0019	0,0021	0,0022	0,0022	0,0022
	B(CA)	0,0155	0,0018	-0,0106	-0,0187	-0,0221	-0,0229	-0,0231	-0,0232	-0,0232	-0,0232
	B(CB)	0,1087	0,1115	0,1127	0,1114	0,1088	0,1074	0,1067	0,1066	0,1065	0,1065
	B(CC)	0,7453	0,7728	0,7999	0,8221	0,8353	0,8401	0,8420	0,8425	0,8427	0,8428
	B(CD)	0,1087	0,1115	0,1127	0,1114	0,1088	0,1074	0,1067	0,1066	0,1065	0,1065
	B(CE)	0,0155	0,0018	-0,0106	-0,0187	-0,0221	-0,0229	-0,0231	-0,0232	-0,0232	-0,0232
	D(AA)/A	-0,0623	-0,0497	-0,0352	-0,0200	-0,0081	-0,0030	-0,0009	-0,0003	-0,0001	0,0000
	D(AB)/A	0,0639	0,0558	0,0429	0,0258	0,0108	0,0041	0,0013	0,0004	0,0001	0
	D(AC)/A	0,0093	0,0040	-0,0001	-0,0016	-0,0010	-0,0004	-0,0001	-0,0000	-0,0000	-0,0000
	D(AD)/A	0,0014	-0,0001	-0,0005	-0,0003	-0,0001	-0,0000	-0,0000	-0,0000	-0,0000	0,0000
	D(AE)/A	0,0002	-0,0000	0,0000	0,0000	0,0000	0,0000	0,0000	0,0000	0,0000	0
	D(BA)/A	-0,0714	-0,0470	-0,0257	-0,0108	-0,0034	-0,0011	-0,0003	-0,0001	-0,0000	0,0000
	D(BB)/A	0,0002	0,0014	0,0005	-0,0006	-0,0005	-0,0003	-0,0001	-0,0000	-0,0000	0,0000
	D(BC)/A	0,0730	0,0518	0,0312	0,0148	0,0052	0,0019	0,0006	0,0002	0,0001	0,0000
	D(BD)/A	0,0106	0,0034	-0,0004	-0,0011	-0,0006	-0,0002	-0,0001	-0,0000	-0,0000	-0,0000
	D(BE)/A	0,0015	-0,0001	-0,0003	-0,0001	-0,0000	-0,0000	0,0000	0,0000	0,0000	-0,0000
	D(CA)/A	-0,0104	-0,0028	0,0007	0,0011	0,0005	0,0002	0,0001	0,0000	0,0000	0,0000
	D(CB)/A	-0,0729	-0,0516	-0,0313	-0,0149	-0,0052	-0,0018	-0,0006	-0,0002	-0,0001	-0,0000
	D(CC)/A	0,0000	0	0,0000	0,0000	0,0000	0	0,0000	0,0000	-0,0000	-0,0000
	D(CD)/A	0,0729	0,0516	0,0313	0,0149	0,0052	0,0018	0,0006	0,0002	0,0001	0,0000
	D(CE)/A	0,0104	0,0028	-0,0007	-0,0011	-0,0005	-0,0002	-0,0001	-0,0000	-0,0000	-0,0000

Z	Z(T)	0,00	0,03	0,10	0,30	1,00	3,00	10,0	30,0	100	UNENDL
0,20	B(AA)	0,7967	0,8358	0,8780	0,9185	0,9481	0,9604	0,9654	0,9669	0,9674	0,9676
	B(AB)	0,1868	0,1765	0,1558	0,1262	0,0992	0,0867	0,0815	0,0799	0,0793	0,0791
	B(AC)	0,0438	0,0193	-0,0056	-0,0250	-0,0353	-0,0386	-0,0397	-0,0401	-0,0402	-0,0402
	B(AD)	0,0103	0,0012	-0,0037	-0,0043	-0,0029	-0,0020	-0,0016	-0,0015	-0,0015	-0,0015
	B(AE)	0,0026	-0,0000	-0,0001	0,0007	0,0011	0,0012	0,0012	0,0012	0,0012	0,0012
	B(BA)	0,1556	0,1471	0,1298	0,1052	0,0827	0,0723	0,0679	0,0666	0,0661	0,0659
	B(BB)	0,6226	0,6530	0,6919	0,7367	0,7739	0,7904	0,7973	0,7993	0,8001	0,8004
	B(BC)	0,1460	0,1520	0,1574	0,1605	0,1610	0,1608	0,1606	0,1605	0,1605	0,1605
	B(BD)	0,0343	0,0172	-0,0015	-0,0191	-0,0311	-0,0359	-0,0377	-0,0383	-0,0384	-0,0385
	B(BE)	0,0086	0,0010	-0,0031	-0,0036	-0,0024	-0,0017	-0,0014	-0,0013	-0,0012	-0,0012
	B(CA)	0,0365	0,0161	-0,0046	-0,0208	-0,0294	-0,0322	-0,0331	-0,0334	-0,0335	-0,0335
	B(CB)	0,1460	0,1520	0,1574	0,1605	0,1610	0,1608	0,1606	0,1605	0,1605	0,1605
	B(CC)	0,6204	0,6574	0,6963	0,7290	0,7486	0,7556	0,7583	0,7591	0,7593	0,7595
	B(CD)	0,1460	0,1520	0,1574	0,1605	0,1610	0,1608	0,1606	0,1605	0,1605	0,1605
	B(CE)	0,0365	0,0161	-0,0046	-0,0208	-0,0294	-0,0322	-0,0331	-0,0334	-0,0335	-0,0335
	D(AA)/A	-0,1017	-0,0830	-0,0606	-0,0356	-0,0149	-0,0056	-0,0018	-0,0006	-0,0002	-0,0000
	D(AB)/A	0,0934	0,0841	0,0671	0,0421	0,0183	0,0070	0,0022	0,0007	0,0002	0,0000
	D(AC)/A	0,0219	0,0141	0,0067	0,0019	0,0002	-0,0000	-0,0000	-0,0000	-0,0000	0
	D(AD)/A	0,0052	0,0014	-0,0008	-0,0012	-0,0007	-0,0003	-0,0001	-0,0000	-0,0000	0,0000
	D(AE)/A	0,0013	0,0001	-0,0002	-0,0000	0,0000	0,0000	0,0000	0,0000	0,0000	0,0000
	D(BA)/A	-0,1255	-0,0853	-0,0484	-0,0211	-0,0069	-0,0023	-0,0007	-0,0002	-0,0001	-0,0000
	D(BB)/A	-0,0019	0,0019	0,0017	0,0000	-0,0004	-0,0002	-0,0001	-0,0000	-0,0000	-0,0000
	D(BC)/A	0,1168	0,0857	0,0531	0,0255	0,0091	0,0032	0,0010	0,0003	0,0001	0,0000
	D(BD)/A	0,0275	0,0134	0,0043	0,0005	-0,0002	-0,0001	-0,0000	-0,0000	-0,0000	-0,0000
	D(BE)/A	0,0069	0,0011	-0,0008	-0,0006	-0,0002	-0,0001	-0,0000	-0,0000	-0,0000	0
	D(CA)/A	-0,0294	-0,0127	-0,0029	0,0005	0,0006	0,0002	0,0001	0,0000	0,0000	-0,0000
	D(CB)/A	-0,1176	-0,0850	-0,0529	-0,0260	-0,0094	-0,0033	-0,0010	-0,0003	-0,0001	-0,0000
	D(CC)/A	0,0000	-0,0000	0,0000	-0,0000	-0,0000	-0,0000	-0,0000	0	0	-0,0000
	D(CD)/A	0,1176	0,0850	0,0529	0,0260	0,0094	0,0033	0,0010	0,0003	0,0001	0
	D(CE)/A	0,0294	0,0127	0,0029	-0,0005	-0,0006	-0,0002	-0,0001	-0,0000	-0,0000	-0,0000
0,50	B(AA)	0,6601	0,7165	0,7808	0,8475	0,9004	0,9240	0,9338	0,9368	0,9379	0,9383
	B(AB)	0,2523	0,2511	0,2362	0,2045	0,1686	0,1500	0,1419	0,1393	0,1384	0,1380
	B(AC)	0,0968	0,0669	0,0298	-0,0075	-0,0337	-0,0441	-0,0482	-0,0495	-0,0499	-0,0501
	B(AD)	0,0380	0,0168	-0,0012	-0,0127	-0,0169	-0,0177	-0,0178	-0,0178	-0,0178	-0,0178
	B(AE)	0,0173	0,0046	-0,0015	-0,0011	0,0013	0,0025	0,0030	0,0032	0,0032	0,0033
	B(BA)	0,2103	0,2093	0,1968	0,1704	0,1405	0,1250	0,1182	0,1161	0,1153	0,1150
	B(BB)	0,4626	0,4948	0,5368	0,5877	0,6338	0,6558	0,6653	0,6682	0,6692	0,6697
	B(BC)	0,1774	0,1868	0,1989	0,2119	0,2219	0,2262	0,2279	0,2284	0,2286	0,2287
	B(BD)	0,0697	0,0505	0,0294	0,0086	-0,0074	-0,0144	-0,0173	-0,0182	-0,0185	-0,0186
	B(BE)	0,0317	0,0140	-0,0010	-0,0106	-0,0141	-0,0147	-0,0148	-0,0148	-0,0149	-0,0149
	B(CA)	0,0806	0,0557	0,0249	-0,0063	-0,0281	-0,0368	-0,0402	-0,0412	-0,0416	-0,0417
	B(CB)	0,1774	0,1868	0,1989	0,2119	0,2219	0,2262	0,2279	0,2284	0,2286	0,2287
	B(CC)	0,4516	0,4926	0,5426	0,5912	0,6236	0,6359	0,6406	0,6420	0,6425	0,6427
	B(CD)	0,1774	0,1868	0,1989	0,2119	0,2219	0,2262	0,2279	0,2284	0,2286	0,2287
	B(CE)	0,0806	0,0557	0,0249	-0,0063	-0,0281	-0,0368	-0,0402	-0,0412	-0,0416	-0,0417
	D(AA)/A	-0,1699	-0,1447	-0,1115	-0,0701	-0,0311	-0,0121	-0,0038	-0,0013	-0,0004	-0,0000
	D(AB)/A	0,1262	0,1194	0,1015	0,0689	0,0319	0,0126	0,0040	0,0014	0,0004	-0,0000
	D(AC)/A	0,0484	0,0401	0,0292	0,0169	0,0070	0,0026	0,0008	0,0003	0,0001	-0,0000
	D(AD)/A	0,0190	0,0106	0,0035	-0,0005	-0,0010	-0,0005	-0,0002	-0,0001	-0,0000	0,0000
	D(AE)/A	0,0086	0,0029	-0,0003	-0,0010	-0,0005	-0,0002	-0,0001	-0,0000	-0,0000	0,0000
	D(BA)/A	-0,2347	-0,1689	-0,1027	-0,0481	-0,0166	-0,0057	-0,0017	-0,0006	-0,0002	-0,0000
	D(BB)/A	-0,0164	-0,0038	0,0019	0,0017	0,0004	0,0001	0,0000	0,0000	0,0000	-0,0000
	D(BC)/A	0,1855	0,1449	0,0958	0,0486	0,0178	0,0063	0,0019	0,0007	0,0002	-0,0000
	D(BD)/A	0,0729	0,0458	0,0235	0,0093	0,0028	0,0009	0,0003	0,0001	0,0000	-0,0000
	D(BE)/A	0,0331	0,0132	0,0017	-0,0015	-0,0010	-0,0004	-0,0001	-0,0000	-0,0000	0,0000
	D(CA)/A	-0,0893	-0,0512	-0,0220	-0,0060	-0,0009	-0,0001	-0,0000	-0,0000	-0,0000	-0,0000
	D(CB)/A	-0,1964	-0,1461	-0,0942	-0,0484	-0,0183	-0,0066	-0,0021	-0,0007	-0,0002	-0,0000
	D(CC)/A	0,0000	0	0	0,0000	-0,0000	0	0,0000	-0,0000	0	-0,0000
	D(CD)/A	0,1964	0,1461	0,0942	0,0484	0,0183	0,0066	0,0021	0,0007	0,0002	0
	D(CE)/A	0,0893	0,0512	0,0220	0,0060	0,0009	0,0001	0,0000	0,0000	0,0000	0
1,00	B(AA)	0,5465	0,6100	0,6877	0,7740	0,8484	0,8840	0,8995	0,9042	0,9060	0,9067
	B(AB)	0,2744	0,2844	0,2829	0,2611	0,2262	0,2052	0,1954	0,1923	0,1912	0,1907
	B(AC)	0,1395	0,1132	0,0752	0,0282	-0,0130	-0,0323	-0,0405	-0,0430	-0,0439	-0,0443
	B(AD)	0,0744	0,0451	0,0147	-0,0110	-0,0267	-0,0325	-0,0347	-0,0354	-0,0356	-0,0357
	B(AE)	0,0465	0,0211	0,0016	-0,0059	-0,0038	-0,0011	0,0003	0,0008	0,0010	0,0010
	B(BA)	0,2287	0,2370	0,2358	0,2176	0,1885	0,1710	0,1629	0,1603	0,1593	0,1589
	B(BB)	0,3659	0,3956	0,4345	0,4821	0,5273	0,5502	0,5603	0,5635	0,5646	0,5651
	B(BC)	0,1860	0,1950	0,2089	0,2278	0,2465	0,2559	0,2600	0,2613	0,2618	0,2620
	B(BD)	0,0992	0,0799	0,0590	0,0399	0,0267	0,0212	0,0190	0,0183	0,0180	0,0179
	B(BE)	0,0620	0,0376	0,0123	-0,0091	-0,0223	-0,0271	-0,0289	-0,0295	-0,0297	-0,0298
	B(CA)	0,1163	0,0943	0,0627	0,0235	-0,0108	-0,0269	-0,0337	-0,0358	-0,0366	-0,0369
	B(CB)	0,1860	0,1950	0,2089	0,2278	0,2465	0,2559	0,2600	0,2613	0,2618	0,2620
	B(CC)	0,3488	0,3835	0,4319	0,4880	0,5331	0,5527	0,5609	0,5633	0,5642	0,5646
	B(CD)	0,1860	0,1950	0,2089	0,2278	0,2465	0,2559	0,2600	0,2613	0,2618	0,2620
	B(CE)	0,1163	0,0943	0,0627	0,0235	-0,0108	-0,0269	-0,0337	-0,0358	-0,0366	-0,0369

Z	Z(T)	0,00	0,03	0,10	0,30	1,00	3,00	10,0	30,0	100	UNENDL
	D(AA)/A	-0,2267	-0,2004	-0,1624	-0,1089	-0,0515	-0,0207	-0,0067	-0,0023	-0,0007	0
	D(AB)/A	0,1372	0,1342	0,1204	0,0876	0,0435	0,0177	0,0058	0,0020	0,0006	0
	D(AC)/A	0,0698	0,0648	0,0554	0,0388	0,0188	0,0076	0,0025	0,0008	0,0003	0,0000
	D(AD)/A	0,0372	0,0265	0,0154	0,0063	0,0017	0,0005	0,0001	0,0000	0,0000	-0,0000
	D(AE)/A	0,0233	0,0124	0,0031	-0,0017	-0,0018	-0,0008	-0,0003	-0,0001	-0,0000	-0,0000
	D(BA)/A	-0,3391	-0,2572	-0,1665	-0,0839	-0,0308	-0,0110	-0,0034	-0,0011	-0,0003	-0,0000
	D(BB)/A	-0,0426	-0,0208	-0,0049	0,0014	0,0014	0,0006	0,0002	0,0001	0,0000	0,0000
	D(BC)/A	0,2326	0,1910	0,1349	0,0734	0,0283	0,0103	0,0032	0,0011	0,0003	0,0000
	D(BD)/A	0,1240	0,0880	0,0528	0,0250	0,0090	0,0032	0,0010	0,0003	0,0001	0,0000
	D(BE)/A	0,0775	0,0421	0,0142	0,0007	-0,0014	-0,0007	-0,0003	-0,0001	-0,0000	-0,0000
	D(CA)/A	-0,1667	-0,1105	-0,0581	-0,0216	-0,0055	-0,0015	-0,0004	-0,0001	-0,0000	-0,0000
	D(CB)/A	-0,2667	-0,2045	-0,1355	-0,0714	-0,0277	-0,0102	-0,0032	-0,0011	-0,0003	-0,0000
	D(CC)/A	-0,0000	0	0,0000	-0,0000	0	0,0000	0	0,0000	-0,0000	0,0000
	D(CD)/A	0,2667	0,2045	0,1355	0,0714	0,0277	0,0102	0,0032	0,0011	0,0003	0
	D(CE)/A	0,1667	0,1105	0,0581	0,0216	0,0055	0,0015	0,0004	0,0001	0,0000	0,0000
2,00	B(AA)	0,4407	0,5021	0,5851	0,6864	0,7826	0,8329	0,8558	0,8631	0,8657	0,8668
	B(AB)	0,2729	0,2909	0,3049	0,3020	0,2781	0,2589	0,2489	0,2456	0,2443	0,2438
	B(AC)	0,1733	0,1545	0,1237	0,0777	0,0268	-0,0018	-0,0152	-0,0194	-0,0210	-0,0217
	B(AD)	0,1170	0,0853	0,0464	0,0061	-0,0252	-0,0396	-0,0459	-0,0479	-0,0486	-0,0489
	B(AE)	0,0900	0,0557	0,0191	-0,0078	-0,0157	-0,0141	-0,0123	-0,0116	-0,0113	-0,0112
	B(BA)	0,2274	0,2424	0,2541	0,2516	0,2318	0,2157	0,2074	0,2046	0,2036	0,2032
	B(BB)	0,2956	0,3206	0,3546	0,3966	0,4370	0,4582	0,4680	0,4711	0,4722	0,4727
	B(BC)	0,1877	0,1944	0,2062	0,2257	0,2497	0,2641	0,2710	0,2732	0,2740	0,2744
	B(BD)	0,1268	0,1088	0,0879	0,0697	0,0604	0,0584	0,0581	0,0580	0,0580	0,0580
	B(BE)	0,0975	0,0711	0,0386	0,0051	-0,0210	-0,0330	-0,0383	-0,0399	-0,0405	-0,0407
	B(CA)	0,1444	0,1287	0,1031	0,0648	0,0224	-0,0015	-0,0126	-0,0162	-0,0175	-0,0181
	B(CB)	0,1877	0,1944	0,2062	0,2257	0,2497	0,2641	0,2710	0,2732	0,2740	0,2744
	B(CC)	0,2780	0,3022	0,3402	0,3932	0,4469	0,4754	0,4884	0,4925	0,4939	0,4946
	B(CD)	0,1877	0,1944	0,2062	0,2257	0,2497	0,2641	0,2710	0,2732	0,2740	0,2744
	B(CE)	0,1444	0,1287	0,1031	0,0648	0,0224	-0,0015	-0,0126	-0,0162	-0,0175	-0,0181
	D(AA)/A	-0,2797	-0,2576	-0,2205	-0,1591	-0,0814	-0,0341	-0,0112	-0,0038	-0,0012	0
	D(AB)/A	0,1364	0,1355	0,1265	0,0986	0,0530	0,0225	0,0075	0,0026	0,0008	0,0000
	D(AC)/A	0,0866	0,0866	0,0825	0,0666	0,0370	0,0160	0,0054	0,0018	0,0006	0,0000
	D(AD)/A	0,0585	0,0487	0,0362	0,0225	0,0106	0,0043	0,0014	0,0005	0,0001	0,0000
	D(AE)/A	0,0450	0,0318	0,0161	0,0026	-0,0024	-0,0017	-0,0007	-0,0002	-0,0001	-0,0000
	D(BA)/A	-0,4456	-0,3583	-0,2490	-0,1363	-0,0542	-0,0201	-0,0063	-0,0021	-0,0006	-0,0000
	D(BB)/A	-0,0793	-0,0520	-0,0243	-0,0050	0,0011	0,0010	0,0004	0,0001	0,0000	-0,0000
	D(BC)/A	0,2671	0,2286	0,1718	0,1018	0,0427	0,0162	0,0051	0,0017	0,0005	-0,0000
	D(BD)/A	0,1804	0,1414	0,0955	0,0513	0,0204	0,0076	0,0024	0,0008	0,0002	-0,0000
	D(BE)/A	0,1388	0,0933	0,0465	0,0129	0,0007	-0,0005	-0,0003	-0,0001	-0,0000	0,0000
	D(CA)/A	-0,2597	-0,1949	-0,1203	-0,0542	-0,0168	-0,0054	-0,0016	-0,0005	-0,0002	0,0000
	D(CB)/A	-0,3377	-0,2705	-0,1867	-0,1011	-0,0397	-0,0147	-0,0046	-0,0015	-0,0005	-0,0000
	D(CC)/A	0,0000	0,0000	0,0000	0	0,0000	0,0000	-0,0000	-0,0000	-0,0000	-0,0000
	D(CD)/A	0,3377	0,2705	0,1867	0,1011	0,0397	0,0147	0,0046	0,0015	0,0005	-0,0000
	D(CE)/A	0,2597	0,1949	0,1203	0,0542	0,0168	0,0054	0,0016	0,0005	0,0002	-0,0000
5,00	B(AA)	0,3345	0,3794	0,4518	0,5582	0,6780	0,7497	0,7852	0,7968	0,8011	0,8030
	B(AB)	0,2547	0,2724	0,2965	0,3193	0,3242	0,3172	0,3113	0,3090	0,3082	0,3078
	B(AC)	0,2003	0,1906	0,1730	0,1414	0,0956	0,0623	0,0442	0,0380	0,0357	0,0347
	B(AD)	0,1659	0,1412	0,1031	0,0520	0,0012	-0,0268	-0,0404	-0,0449	-0,0465	-0,0472
	B(AE)	0,1481	0,1171	0,0710	0,0145	-0,0288	-0,0436	-0,0477	-0,0487	-0,0490	-0,0491
	B(BA)	0,2122	0,2270	0,2471	0,2661	0,2702	0,2643	0,2594	0,2575	0,2568	0,2565
	B(BB)	0,2377	0,2542	0,2799	0,3148	0,3498	0,3691	0,3784	0,3814	0,3825	0,3830
	B(BC)	0,1869	0,1904	0,1973	0,2111	0,2329	0,2495	0,2586	0,2618	0,2629	0,2635
	B(BD)	0,1548	0,1418	0,1232	0,1029	0,0919	0,0911	0,0922	0,0927	0,0929	0,0930
	B(BE)	0,1383	0,1176	0,0859	0,0433	0,0010	-0,0224	-0,0337	-0,0374	-0,0388	-0,0394
	B(CA)	0,1669	0,1588	0,1442	0,1179	0,0796	0,0519	0,0369	0,0317	0,0298	0,0290
	B(CB)	0,1869	0,1904	0,1973	0,2111	0,2329	0,2495	0,2586	0,2618	0,2629	0,2635
	B(CC)	0,2256	0,2379	0,2592	0,2950	0,3431	0,3765	0,3943	0,4004	0,4026	0,4036
	B(CD)	0,1869	0,1904	0,1973	0,2111	0,2329	0,2495	0,2586	0,2618	0,2629	0,2635
	B(CE)	0,1669	0,1588	0,1442	0,1179	0,0796	0,0519	0,0369	0,0317	0,0298	0,0290
	D(AA)/A	-0,3327	-0,3232	-0,2988	-0,2396	-0,1382	-0,0622	-0,0213	-0,0074	-0,0022	0,0000
	D(AB)/A	0,1273	0,1238	0,1151	0,0938	0,0556	0,0255	0,0088	0,0031	0,0009	0
	D(AC)/A	0,1001	0,1056	0,1097	0,1012	0,0663	0,0318	0,0112	0,0039	0,0012	-0,0000
	D(AD)/A	0,0830	0,0793	0,0723	0,0583	0,0351	0,0164	0,0057	0,0020	0,0006	-0,0000
	D(AE)/A	0,0741	0,0659	0,0512	0,0284	0,0074	0,0008	-0,0002	-0,0001	-0,0000	-0,0000
	D(BA)/A	-0,5594	-0,4841	-0,3724	-0,2308	-0,1037	-0,0413	-0,0134	-0,0046	-0,0014	-0,0000
	D(BB)/A	-0,1265	-0,1032	-0,0696	-0,0315	-0,0070	-0,0009	-0,0000	0,0000	0,0000	-0,0000
	D(BC)/A	0,2937	0,2599	0,2071	0,1353	0,0645	0,0266	0,0088	0,0030	0,0009	-0,0000
	D(BD)/A	0,2433	0,2119	0,1642	0,1025	0,0464	0,0186	0,0061	0,0021	0,0006	-0,0000
	D(BE)/A	0,2173	0,1769	0,1209	0,0589	0,0171	0,0044	0,0010	0,0003	0,0001	0,0000
	D(CA)/A	-0,3698	-0,3159	-0,2341	-0,1321	-0,0507	-0,0180	-0,0055	-0,0018	-0,0006	-0,0000
	D(CB)/A	-0,4142	-0,3545	-0,2655	-0,1549	-0,0633	-0,0236	-0,0074	-0,0025	-0,0008	-0,0000
	D(CC)/A	-0,0000	0,0000	-0,0000	-0,0000	-0,0000	0	0,0000	0	0,0000	0,0000
	D(CD)/A	0,4142	0,3545	0,2655	0,1549	0,0633	0,0236	0,0074	0,0025	0,0008	0,0000
	D(CE)/A	0,3698	0,3159	0,2341	0,1321	0,0507	0,0180	0,0055	0,0018	0,0006	0,0000

Z	Z(T)	0,00	0,03	0,10	0,30	1,00	3,00	10,0	30,0	100	UNENDL
10,00	B(AA)	0,2846	0,3139	0,3675	0,4616	0,5903	0,6795	0,7273	0,7437	0,7497	0,7524
	B(AB)	0,2416	0,2543	0,2757	0,3065	0,3346	0,3450	0,3478	0,3484	0,3485	0,3486
	B(AC)	0,2108	0,2055	0,1955	0,1758	0,1428	0,1148	0,0977	0,0916	0,0892	0,0882
	B(AD)	0,1905	0,1740	0,1447	0,0964	0,0364	-0,0026	-0,0230	-0,0299	-0,0325	-0,0336
	B(AE)	0,1797	0,1579	0,1193	0,0561	-0,0184	-0,0605	-0,0795	-0,0854	-0,0875	-0,0884
	B(BA)	0,2014	0,2119	0,2297	0,2555	0,2788	0,2875	0,2899	0,2903	0,2904	0,2905
	B(BB)	0,2134	0,2239	0,2420	0,2705	0,3034	0,3233	0,3334	0,3367	0,3380	0,3385
	B(BC)	0,1862	0,1881	0,1921	0,2007	0,2164	0,2303	0,2388	0,2419	0,2431	0,2436
	B(BD)	0,1683	0,1597	0,1455	0,1258	0,1093	0,1040	0,1030	0,1029	0,1029	0,1029
	B(BE)	0,1587	0,1450	0,1206	0,0804	0,0303	-0,0021	-0,0191	-0,0249	-0,0271	-0,0280
	B(CA)	0,1757	0,1713	0,1629	0,1465	0,1190	0,0956	0,0814	0,0763	0,0744	0,0735
	B(CB)	0,1862	0,1881	0,1921	0,2007	0,2164	0,2303	0,2388	0,2419	0,2431	0,2436
	B(CC)	0,2060	0,2127	0,2249	0,2470	0,2816	0,3100	0,3270	0,3331	0,3354	0,3364
	B(CD)	0,1862	0,1881	0,1921	0,2007	0,2164	0,2303	0,2388	0,2419	0,2431	0,2436
	B(CE)	0,1757	0,1713	0,1629	0,1465	0,1190	0,0956	0,0814	0,0763	0,0744	0,0735
	D(AA)/A	-0,3577	-0,3584	-0,3495	-0,3051	-0,1954	-0,0942	-0,0334	-0,0117	-0,0036	0,0000
	D(AB)/A	0,1208	0,1133	0,0996	0,0761	0,0446	0,0213	0,0076	0,0027	0,0008	0,0000
	D(AC)/A	0,1054	0,1134	0,1220	0,1197	0,0859	0,0443	0,0162	0,0058	0,0018	0,0000
	D(AD)/A	0,0952	0,0973	0,0985	0,0918	0,0636	0,0321	0,0116	0,0041	0,0013	0,0000
	D(AE)/A	0,0898	0,0884	0,0827	0,0654	0,0337	0,0128	0,0038	0,0012	0,0004	-0,0000
	D(BA)/A	-0,6148	-0,5548	-0,4572	-0,3140	-0,1581	-0,0675	-0,0226	-0,0078	-0,0024	-0,0000
	D(BB)/A	-0,1516	-0,1359	-0,1079	-0,0651	-0,0241	-0,0075	-0,0020	-0,0006	-0,0002	0
	D(BC)/A	0,3039	0,2725	0,2227	0,1527	0,0788	0,0347	0,0119	0,0041	0,0013	0,0000
	D(BD)/A	0,2746	0,2525	0,2130	0,1492	0,0757	0,0323	0,0108	0,0037	0,0011	0,0000
	D(BE)/A	0,2591	0,2305	0,1840	0,1167	0,0495	0,0178	0,0053	0,0018	0,0005	0,0000
	D(CA)/A	-0,4263	-0,3889	-0,3211	-0,2128	-0,0973	-0,0382	-0,0122	-0,0042	-0,0013	0,0000
	D(CB)/A	-0,4518	-0,4027	-0,3218	-0,2051	-0,0907	-0,0350	-0,0111	-0,0038	-0,0011	0,0000
	D(CC)/A	0	0,0000	0	-0,0000	0,0000	-0,0000	-0,0000	0,0000	0,0000	0,0000
	D(CD)/A	0,4518	0,4027	0,3218	0,2051	0,0907	0,0350	0,0111	0,0038	0,0011	0,0000
	D(CE)/A	0,4263	0,3889	0,3211	0,2128	0,0973	0,0382	0,0122	0,0042	0,0013	0,0000
20,00	B(AA)	0,2552	0,2724	0,3066	0,3770	0,4991	0,6055	0,6715	0,6957	0,7049	0,7089
	B(AB)	0,2329	0,2406	0,2554	0,2830	0,3237	0,3539	0,3709	0,3769	0,3791	0,3801
	B(AC)	0,2164	0,2136	0,2082	0,1971	0,1768	0,1574	0,1446	0,1398	0,1379	0,1371
	B(AD)	0,2053	0,1955	0,1765	0,1392	0,0791	0,0295	-0,0004	-0,0113	-0,0154	-0,0172
	B(AE)	0,1993	0,1861	0,1600	0,1069	0,0179	-0,0563	-0,1008	-0,1168	-0,1229	-0,1255
	B(BA)	0,1941	0,2005	0,2128	0,2359	0,2697	0,2949	0,3091	0,3141	0,3159	0,3168
	B(BB)	0,1999	0,2059	0,2172	0,2378	0,2675	0,2898	0,3026	0,3072	0,3089	0,3097
	B(BC)	0,1857	0,1867	0,1889	0,1937	0,2034	0,2129	0,2193	0,2217	0,2227	0,2231
	B(BD)	0,1762	0,1712	0,1620	0,1462	0,1264	0,1139	0,1076	0,1055	0,1047	0,1044
	B(BE)	0,1711	0,1629	0,1471	0,1160	0,0659	0,0246	-0,0004	-0,0094	-0,0129	-0,0144
	B(CA)	0,1803	0,1780	0,1735	0,1643	0,1473	0,1312	0,1205	0,1165	0,1149	0,1142
	B(CB)	0,1857	0,1867	0,1889	0,1937	0,2034	0,2129	0,2193	0,2217	0,2227	0,2231
	B(CC)	0,1958	0,1993	0,2058	0,2182	0,2396	0,2593	0,2721	0,2770	0,2788	0,2797
	B(CD)	0,1857	0,1867	0,1889	0,1937	0,2034	0,2129	0,2193	0,2217	0,2227	0,2231
	B(CE)	0,1803	0,1780	0,1735	0,1643	0,1473	0,1312	0,1205	0,1165	0,1149	0,1142
	D(AA)/A	-0,3724	-0,3808	-0,3865	-0,3648	-0,2635	-0,1390	-0,0518	-0,0185	-0,0057	0,0000
	D(AB)/A	0,1165	0,1056	0,0856	0,0536	0,0215	0,0076	0,0023	0,0008	0,0002	0,0000
	D(AC)/A	0,1082	0,1177	0,1289	0,1311	0,0999	0,0543	0,0206	0,0074	0,0023	0,0000
	D(AD)/A	0,1026	0,1091	0,1185	0,1240	0,0991	0,0550	0,0210	0,0075	0,0023	0,0000
	D(AE)/A	0,0996	0,1039	0,1089	0,1075	0,0797	0,0416	0,0153	0,0054	0,0017	-0,0000
	D(BA)/A	-0,6477	-0,6006	-0,5209	-0,3929	-0,2261	-0,1062	-0,0376	-0,0132	-0,0040	-0,0000
	D(BB)/A	-0,1671	-0,1582	-0,1391	-0,1018	-0,0523	-0,0219	-0,0072	-0,0025	-0,0007	-0,0000
	D(BC)/A	0,3092	0,2794	0,2315	0,1634	0,0890	0,0412	0,0146	0,0051	0,0016	-0,0000
	D(BD)/A	0,2934	0,2791	0,2502	0,1941	0,1124	0,0525	0,0185	0,0065	0,0020	-0,0000
	D(BE)/A	0,2848	0,2670	0,2354	0,1798	0,1018	0,0463	0,0160	0,0056	0,0017	0,0000
	D(CA)/A	-0,4605	-0,4376	-0,3894	-0,2948	-0,1627	-0,0730	-0,0251	-0,0088	-0,0027	-0,0000
	D(CB)/A	-0,4743	-0,4342	-0,3649	-0,2545	-0,1273	-0,0536	-0,0178	-0,0061	-0,0019	0,0000
	D(CC)/A	-0,0000	0	0,0000	0,0000	0,0000	0	-0,0000	0,0000	0	0
	D(CD)/A	0,4743	0,4342	0,3649	0,2545	0,1273	0,0536	0,0178	0,0061	0,0019	-0,0000
	D(CE)/A	0,4605	0,4376	0,3894	0,2948	0,1627	0,0730	0,0251	0,0088	0,0027	0,0000
50,00	B(AA)	0,2359	0,2435	0,2597	0,2981	0,3867	0,5000	0,5991	0,6436	0,6621	0,6705
	B(AB)	0,2268	0,2303	0,2376	0,2542	0,2904	0,3362	0,3767	0,3952	0,4029	0,4064
	B(AC)	0,2199	0,2187	0,2165	0,2117	0,2023	0,1927	0,1858	0,1831	0,1821	0,1816
	B(AD)	0,2152	0,2108	0,2017	0,1810	0,1359	0,0806	0,0332	0,0120	0,0033	-0,0007
	B(AE)	0,2126	0,2067	0,1938	0,1629	0,0895	-0,0078	-0,0956	-0,1356	-0,1523	-0,1599
	B(BA)	0,1890	0,1919	0,1980	0,2118	0,2420	0,2801	0,3139	0,3293	0,3357	0,3387
	B(BB)	0,1912	0,1939	0,1991	0,2102	0,2314	0,2551	0,2746	0,2832	0,2867	0,2883
	B(BC)	0,1854	0,1858	0,1867	0,1888	0,1933	0,1980	0,2014	0,2027	0,2033	0,2035
	B(BD)	0,1814	0,1792	0,1748	0,1659	0,1491	0,1301	0,1140	0,1068	0,1038	0,1025
	B(BE)	0,1793	0,1757	0,1681	0,1508	0,1132	0,0672	0,0277	0,0100	0,0028	-0,0006
	B(CA)	0,1832	0,1823	0,1804	0,1764	0,1686	0,1606	0,1549	0,1526	0,1517	0,1513
	B(CB)	0,1854	0,1858	0,1867	0,1888	0,1933	0,1980	0,2014	0,2027	0,2033	0,2035
	B(CC)	0,1895	0,1909	0,1936	0,1990	0,2088	0,2186	0,2256	0,2283	0,2293	0,2298
	B(CD)	0,1854	0,1858	0,1867	0,1888	0,1933	0,1980	0,2014	0,2027	0,2033	0,2035
	B(CE)	0,1832	0,1823	0,1804	0,1764	0,1686	0,1606	0,1549	0,1526	0,1517	0,1513

Z	Z(T)	0,00	0,03	0,10	0,30	1,00	3,00	10,0	30,0	100	UNENDL
	D(AA)/A	-0,3820	-0,3964	-0,4152	-0,4219	-0,3557	-0,2220	-0,0938	-0,0353	-0,0111	0
	D(AB)/A	0,1134	0,0997	0,0736	0,0286	-0,0185	-0,0277	-0,0154	-0,0063	-0,0020	-0,0000
	D(AC)/A	0,1099	0,1204	0,1334	0,1388	0,1104	0,0626	0,0244	0,0089	0,0028	-0,0000
	D(AD)/A	0,1076	0,1174	0,1344	0,1556	0,1483	0,0978	0,0422	0,0160	0,0050	0
	D(AE)/A	0,1063	0,1152	0,1306	0,1527	0,1555	0,1114	0,0512	0,0199	0,0063	0
	D(BA)/A	-0,6696	-0,6328	-0,5710	-0,4699	-0,3209	-0,1803	-0,0729	-0,0271	-0,0085	0,0000
	D(BB)/A	-0,1776	-0,1743	-0,1646	-0,1403	-0,0972	-0,0557	-0,0230	-0,0087	-0,0027	0,0000
	D(BC)/A	0,3126	0,2836	0,2372	0,1707	0,0966	0,0465	0,0169	0,0060	0,0019	0,0000
	D(BD)/A	0,3059	0,2979	0,2795	0,2382	0,1638	0,0911	0,0365	0,0135	0,0042	0,0000
	D(BE)/A	0,3022	0,2934	0,2775	0,2461	0,1850	0,1121	0,0476	0,0180	0,0057	-0,0000
	D(CA)/A	-0,4835	-0,4724	-0,4442	-0,3779	-0,2598	-0,1457	-0,0590	-0,0219	-0,0069	0,0000
	D(CB)/A	-0,4893	-0,4565	-0,3991	-0,3038	-0,1807	-0,0916	-0,0351	-0,0128	-0,0040	-0,0000
	D(CC)/A	0	-0,0000	0	0,0000	0	0,0000	-0,0000	-0,0000	-0,0000	-0,0000
	D(CD)/A	0,4893	0,4565	0,3991	0,3038	0,1807	0,0916	0,0351	0,0128	0,0040	0
	D(CE)/A	0,4835	0,4724	0,4442	0,3779	0,2598	0,1457	0,0590	0,0219	0,0069	-0,0000
100,00	B(AA)	0,2292	0,2331	0,2417	0,2633	0,3213	0,4182	0,5367	0,6059	0,6385	0,6544
	B(AB)	0,2245	0,2264	0,2303	0,2400	0,2652	0,3081	0,3623	0,3944	0,4097	0,4171
	B(AC)	0,2210	0,2205	0,2193	0,2169	0,2120	0,2067	0,2029	0,2014	0,2008	0,2005
	B(AD)	0,2186	0,2164	0,2115	0,1998	0,1699	0,1218	0,0639	0,0302	0,0144	0,0067
	B(AE)	0,2173	0,2142	0,2073	0,1895	0,1395	0,0513	-0,0609	-0,1276	-0,1592	-0,1746
	B(BA)	0,1871	0,1886	0,1919	0,2000	0,2210	0,2568	0,3019	0,3287	0,3414	0,3476
	B(BB)	0,1882	0,1896	0,1924	0,1986	0,2124	0,2330	0,2569	0,2706	0,2771	0,2802
	B(BC)	0,1853	0,1855	0,1860	0,1870	0,1894	0,1919	0,1938	0,1946	0,1949	0,1950
	B(BD)	0,1833	0,1821	0,1798	0,1747	0,1631	0,1451	0,1231	0,1101	0,1040	0,1010
	B(BE)	0,1822	0,1803	0,1763	0,1665	0,1416	0,1015	0,0532	0,0252	0,0120	0,0056
	B(CA)	0,1842	0,1837	0,1828	0,1807	0,1766	0,1723	0,1691	0,1678	0,1673	0,1671
	B(CB)	0,1853	0,1855	0,1860	0,1870	0,1894	0,1919	0,1938	0,1946	0,1949	0,1950
	B(CC)	0,1873	0,1881	0,1894	0,1922	0,1973	0,2027	0,2065	0,2081	0,2087	0,2089
	B(CD)	0,1853	0,1855	0,1860	0,1870	0,1894	0,1919	0,1938	0,1946	0,1949	0,1950
	B(CE)	0,1842	0,1837	0,1828	0,1807	0,1766	0,1723	0,1691	0,1678	0,1673	0,1671
	D(AA)/A	-0,3854	-0,4020	-0,4262	-0,4474	-0,4119	-0,2955	-0,1456	-0,0595	-0,0194	0
	D(AB)/A	0,1123	0,0975	0,0688	0,0167	-0,0452	-0,0628	-0,0402	-0,0179	-0,0060	0
	D(AC)/A	0,1105	0,1213	0,1350	0,1416	0,1143	0,0658	0,0260	0,0095	0,0029	-0,0000
	D(AD)/A	0,1093	0,1205	0,1405	0,1698	0,1785	0,1359	0,0685	0,0281	0,0092	-0,0000
	D(AE)/A	0,1087	0,1193	0,1393	0,1740	0,2055	0,1797	0,1004	0,0430	0,0143	0,0000
	D(BA)/A	-0,6773	-0,6445	-0,5904	-0,5045	-0,3795	-0,2470	-0,1170	-0,0473	-0,0153	-0,0000
	D(BB)/A	-0,1813	-0,1802	-0,1747	-0,1582	-0,1265	-0,0885	-0,0446	-0,0185	-0,0061	0,0000
	D(BC)/A	0,3137	0,2851	0,2391	0,1733	0,0994	0,0486	0,0179	0,0064	0,0020	0
	D(BD)/A	0,3103	0,3048	0,2910	0,2581	0,1956	0,1257	0,0589	0,0237	0,0077	0,0000
	D(BE)/A	0,3084	0,3031	0,2942	0,2770	0,2391	0,1754	0,0902	0,0376	0,0124	0,0000
	D(CA)/A	-0,4916	-0,4851	-0,4657	-0,4160	-0,3213	-0,2134	-0,1030	-0,0419	-0,0137	-0,0000
	D(CB)/A	-0,4946	-0,4646	-0,4125	-0,3262	-0,2144	-0,1268	-0,0574	-0,0229	-0,0074	0
	D(CC)/A	0,0000	0	-0,0000	-0,0000	-0,0000	0,0000	0,0000	-0,0000	-0,0000	0,0000
	D(CD)/A	0,4946	0,4646	0,4125	0,3262	0,2144	0,1268	0,0574	0,0229	0,0074	0,0000
	D(CE)/A	0,4916	0,4851	0,4657	0,4160	0,3213	0,2134	0,1030	0,0419	0,0137	0,0000
200,00	B(AA)	0,2257	0,2277	0,2321	0,2437	0,2775	0,3467	0,4642	0,5600	0,6155	0,6455
	B(AB)	0,2234	0,2243	0,2264	0,2316	0,2468	0,2787	0,3348	0,3813	0,4083	0,4229
	B(AC)	0,2216	0,2213	0,2208	0,2195	0,2170	0,2143	0,2123	0,2115	0,2111	0,2110
	B(AD)	0,2204	0,2193	0,2168	0,2105	0,1929	0,1583	0,1002	0,0530	0,0256	0,0108
	B(AE)	0,2198	0,2182	0,2146	0,2050	0,1752	0,1106	-0,0036	-0,0980	-0,1530	-0,1828
	B(BA)	0,1862	0,1869	0,1886	0,1930	0,2056	0,2323	0,2790	0,3177	0,3402	0,3524
	B(BB)	0,1867	0,1874	0,1888	0,1921	0,2002	0,2150	0,2391	0,2586	0,2698	0,2759
	B(BC)	0,1852	0,1853	0,1856	0,1861	0,1873	0,1887	0,1896	0,1901	0,1902	0,1903
	B(BD)	0,1842	0,1836	0,1824	0,1797	0,1728	0,1593	0,1362	0,1171	0,1061	0,1001
	B(BE)	0,1837	0,1827	0,1806	0,1754	0,1608	0,1319	0,0835	0,0441	0,0214	0,0090
	B(CA)	0,1847	0,1844	0,1840	0,1829	0,1808	0,1786	0,1769	0,1762	0,1759	0,1758
	B(CB)	0,1852	0,1853	0,1856	0,1861	0,1873	0,1887	0,1896	0,1901	0,1902	0,1903
	B(CC)	0,1863	0,1866	0,1873	0,1887	0,1914	0,1941	0,1962	0,1970	0,1973	0,1975
	B(CD)	0,1852	0,1853	0,1856	0,1861	0,1873	0,1887	0,1896	0,1901	0,1902	0,1903
	B(CE)	0,1847	0,1844	0,1840	0,1829	0,1808	0,1786	0,1769	0,1762	0,1759	0,1758
	D(AA)/A	-0,3871	-0,4049	-0,4321	-0,4618	-0,4501	-0,3630	-0,2144	-0,0997	-0,0348	-0,0000
	D(AB)/A	0,1117	0,0963	0,0662	0,0098	-0,0640	-0,0961	-0,0742	-0,0378	-0,0136	0
	D(AC)/A	0,1108	0,1217	0,1358	0,1430	0,1164	0,0676	0,0268	0,0098	0,0031	0
	D(AD)/A	0,1102	0,1220	0,1438	0,1779	0,1991	0,1708	0,1033	0,0484	0,0169	-0,0000
	D(AE)/A	0,1099	0,1215	0,1439	0,1862	0,2404	0,2444	0,1678	0,0827	0,0295	-0,0000
	D(BA)/A	-0,6812	-0,6505	-0,6007	-0,5243	-0,4195	-0,3085	-0,1760	-0,0811	-0,0282	-0,0000
	D(BB)/A	-0,1832	-0,1833	-0,1801	-0,1686	-0,1470	-0,1193	-0,0739	-0,0353	-0,0125	-0,0000
	D(BC)/A	0,3142	0,2858	0,2401	0,1746	0,1009	0,0497	0,0184	0,0066	0,0020	0,0000
	D(BD)/A	0,3125	0,3083	0,2970	0,2694	0,2173	0,1576	0,0888	0,0407	0,0141	0,0000
	D(BE)/A	0,3116	0,3081	0,3031	0,2948	0,2768	0,2352	0,1483	0,0711	0,0251	0,0000
	D(CA)/A	-0,4958	-0,4916	-0,4771	-0,4379	-0,3638	-0,2765	-0,1623	-0,0758	-0,0265	-0,0000
	D(CB)/A	-0,4973	-0,4688	-0,4196	-0,3391	-0,2376	-0,1595	-0,0874	-0,0399	-0,0138	-0,0000
	D(CC)/A	0,0000	0	0	-0,0000	-0,0000	0,0000	0,0000	0,0000	0	-0,0000
	D(CD)/A	0,4973	0,4688	0,4196	0,3391	0,2376	0,1595	0,0875	0,0399	0,0138	-0,0000
	D(CE)/A	0,4958	0,4916	0,4771	0,4379	0,3638	0,2765	0,1623	0,0758	0,0265	0,0000

Z	Z(T)	0,00	0,03	0,10	0,30	1,00	3,00	10,0	30,0	100	UNENDL
500,00	B(AA)	0,2236	0,2244	0,2262	0,2310	0,2460	0,2819	0,3672	0,4774	0,5725	0,6399
	B(AB)	0,2227	0,2231	0,2239	0,2261	0,2329	0,2499	0,2916	0,3460	0,3932	0,4266
	B(AC)	0,2220	0,2219	0,2216	0,2211	0,2201	0,2190	0,2182	0,2178	0,2177	0,2176
	B(AD)	0,2215	0,2210	0,2200	0,2174	0,2096	0,1915	0,1490	0,0942	0,0469	0,0135
	B(AE)	0,2212	0,2206	0,2191	0,2151	0,2018	0,1678	0,0838	-0,0258	-0,1207	-0,1880
	B(BA)	0,1856	0,1859	0,1866	0,1884	0,1941	0,2082	0,2430	0,2884	0,3277	0,3555
	B(BB)	0,1858	0,1861	0,1867	0,1880	0,1916	0,1993	0,2171	0,2398	0,2594	0,2732
	B(BC)	0,1852	0,1853	0,1853	0,1856	0,1860	0,1866	0,1870	0,1872	0,1872	0,1873
	B(BD)	0,1848	0,1846	0,1841	0,1829	0,1798	0,1726	0,1553	0,1328	0,1133	0,0994
	B(BE)	0,1846	0,1842	0,1833	0,1812	0,1747	0,1596	0,1242	0,0785	0,0391	0,0112
	B(CA)	0,1850	0,1849	0,1847	0,1843	0,1834	0,1825	0,1818	0,1815	0,1814	0,1814
	B(CB)	0,1852	0,1853	0,1853	0,1856	0,1860	0,1866	0,1870	0,1872	0,1872	0,1873
	B(CC)	0,1856	0,1858	0,1860	0,1866	0,1877	0,1888	0,1897	0,1900	0,1901	0,1902
	B(CD)	0,1852	0,1853	0,1853	0,1856	0,1860	0,1866	0,1870	0,1872	0,1872	0,1873
	B(CE)	0,1850	0,1849	0,1847	0,1843	0,1834	0,1825	0,1818	0,1815	0,1814	0,1814
	D(AA)/A	-0,3882	-0,4067	-0,4357	-0,4711	-0,4778	-0,4256	-0,3119	-0,1823	-0,0749	-0,0000
	D(AB)/A	0,1113	0,0956	0,0645	0,0052	-0,0778	-0,1275	-0,1231	-0,0790	-0,0337	-0,0000
	D(AC)/A	0,1110	0,1220	0,1363	0,1439	0,1177	0,0687	0,0274	0,0100	0,0031	-0,0000
	D(AD)/A	0,1107	0,1230	0,1459	0,1832	0,2141	0,2033	0,1527	0,0898	0,0370	-0,0000
	D(AE)/A	0,1106	0,1228	0,1468	0,1942	0,2662	0,3052	0,2645	0,1650	0,0695	0
	D(BA)/A	-0,6836	-0,6542	-0,6071	-0,5371	-0,4486	-0,3657	-0,2597	-0,1506	-0,0618	0,0000
	D(BB)/A	-0,1844	-0,1852	-0,1834	-0,1753	-0,1620	-0,1484	-0,1160	-0,0701	-0,0292	0,0000
	D(BC)/A	0,3146	0,2862	0,2407	0,1754	0,1018	0,0504	0,0187	0,0067	0,0021	0,0000
	D(BD)/A	0,3139	0,3105	0,3008	0,2768	0,2331	0,1873	0,1311	0,0756	0,0309	0,0000
	D(BE)/A	0,3135	0,3112	0,3087	0,3064	0,3045	0,2912	0,2315	0,1404	0,0586	0,0000
	D(CA)/A	-0,4983	-0,4957	-0,4843	-0,4520	-0,3949	-0,3354	-0,2469	-0,1455	-0,0600	-0,0000
	D(CB)/A	-0,4989	-0,4714	-0,4240	-0,3474	-0,2545	-0,1901	-0,1303	-0,0749	-0,0306	-0,0000
	D(CC)/A	0,0000	0,0000	-0,0000	-0,0000	0,0000	-0,0000	0,0000	-0,0000	0,0000	-0,0000
	D(CD)/A	0,4989	0,4714	0,4240	0,3474	0,2545	0,1901	0,1303	0,0749	0,0306	0,0000
	D(CE)/A	0,4983	0,4957	0,4843	0,4520	0,3949	0,3354	0,2469	0,1455	0,0600	0,0000
1000,00	B(AA)	0,2229	0,2233	0,2242	0,2267	0,2344	0,2542	0,3094	0,4048	0,5223	0,6380
	B(AB)	0,2225	0,2226	0,2231	0,2242	0,2277	0,2372	0,2643	0,3117	0,3702	0,4278
	B(AC)	0,2221	0,2220	0,2219	0,2217	0,2212	0,2206	0,2202	0,2200	0,2199	0,2199
	B(AD)	0,2219	0,2216	0,2211	0,2198	0,2157	0,2058	0,1782	0,1306	0,0721	0,0144
	B(AE)	0,2217	0,2214	0,2207	0,2186	0,2117	0,1929	0,1384	0,0433	-0,0741	-0,1898
	B(BA)	0,1854	0,1855	0,1859	0,1868	0,1898	0,1976	0,2203	0,2598	0,3085	0,3565
	B(BB)	0,1855	0,1856	0,1859	0,1866	0,1885	0,1927	0,2043	0,2240	0,2484	0,2723
	B(BC)	0,1852	0,1852	0,1853	0,1854	0,1856	0,1859	0,1861	0,1862	0,1862	0,1862
	B(BD)	0,1850	0,1849	0,1846	0,1840	0,1824	0,1784	0,1671	0,1474	0,1231	0,0992
	B(BE)	0,1849	0,1847	0,1843	0,1831	0,1798	0,1715	0,1485	0,1088	0,0600	0,0120
	B(CA)	0,1851	0,1850	0,1849	0,1847	0,1843	0,1838	0,1835	0,1833	0,1833	0,1833
	B(CB)	0,1852	0,1852	0,1853	0,1854	0,1856	0,1859	0,1861	0,1862	0,1862	0,1862
	B(CC)	0,1854	0,1855	0,1856	0,1859	0,1864	0,1870	0,1874	0,1876	0,1877	0,1877
	B(CD)	0,1852	0,1852	0,1853	0,1854	0,1856	0,1859	0,1861	0,1862	0,1862	0,1862
	B(CE)	0,1851	0,1850	0,1849	0,1847	0,1843	0,1838	0,1835	0,1833	0,1833	0,1833
	D(AA)/A	-0,3885	-0,4073	-0,4369	-0,4744	-0,4881	-0,4526	-0,3713	-0,2579	-0,1268	0,0000
	D(AB)/A	0,1112	0,0954	0,0640	0,0037	-0,0830	-0,1412	-0,1529	-0,1169	-0,0596	0,0000
	D(AC)/A	0,1111	0,1221	0,1364	0,1442	0,1181	0,0691	0,0276	0,0101	0,0031	0,0000
	D(AD)/A	0,1109	0,1233	0,1466	0,1850	0,2196	0,2173	0,1827	0,1278	0,0630	0,0000
	D(AE)/A	0,1109	0,1233	0,1478	0,1970	0,2758	0,3317	0,3235	0,2404	0,1214	0
	D(BA)/A	-0,6844	-0,6554	-0,6093	-0,5415	-0,4594	-0,3904	-0,3107	-0,2143	-0,1051	0,0000
	D(BB)/A	-0,1848	-0,1858	-0,1846	-0,1777	-0,1676	-0,1610	-0,1417	-0,1020	-0,0509	-0,0000
	D(BC)/A	0,3147	0,2864	0,2409	0,1757	0,1022	0,0507	0,0188	0,0068	0,0021	0,0000
	D(BD)/A	0,3144	0,3112	0,3021	0,2793	0,2389	0,2001	0,1569	0,1075	0,0526	0,0000
	D(BE)/A	0,3142	0,3123	0,3105	0,3104	0,3148	0,3156	0,2823	0,2040	0,1019	0,0000
	D(CA)/A	-0,4992	-0,4970	-0,4867	-0,4569	-0,4064	-0,3609	-0,2985	-0,2094	-0,1035	0,0000
	D(CB)/A	-0,4995	-0,4723	-0,4255	-0,3503	-0,2608	-0,2034	-0,1564	-0,1070	-0,0523	0,0000
	D(CC)/A	-0,0000	-0,0000	-0,0000	0	0,0000	0,0000	0,0000	0,0000	-0,0000	0,0000
	D(CD)/A	0,4995	0,4723	0,4255	0,3503	0,2608	0,2034	0,1564	0,1070	0,0523	0
	D(CE)/A	0,4992	0,4970	0,4867	0,4569	0,4064	0,3610	0,2985	0,2094	0,1035	0,0000

c) $r_a : r_b : r_c : r_d : r_e = 1{,}5 : 1{,}0 : 1{,}0 : 1{,}0 : 1{,}5$

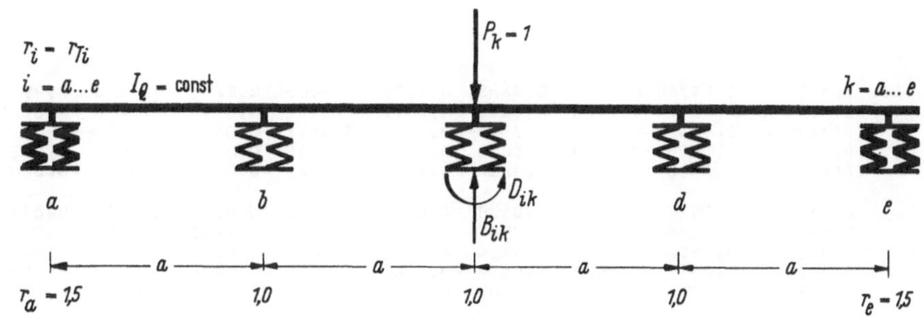

Z	Z(T)	0,00	0,03	0,10	0,30	1,00	3,00	10,0	30,0	100	UNENDL
0,01	B(AA)	0,9871	0,9898	0,9926	0,9952	0,9970	0,9978	0,9981	0,9982	0,9982	0,9983
	B(AB)	0,0190	0,0171	0,0142	0,0108	0,0079	0,0067	0,0061	0,0060	0,0059	0,0059
	B(AC)	0,0004	-0,0018	-0,0035	-0,0042	-0,0043	-0,0042	-0,0041	-0,0041	-0,0041	-0,0041
	B(AD)	0,0000	0,0001	0,0005	0,0008	0,0009	0,0010	0,0010	0,0010	0,0010	0,0010
	B(AE)	0,0000	-0,0000	-0,0000	-0,0001	-0,0001	-0,0001	-0,0001	-0,0001	-0,0001	-0,0001
	B(BA)	0,0127	0,0114	0,0095	0,0072	0,0053	0,0044	0,0041	0,0040	0,0039	0,0039
	B(BB)	0,9621	0,9663	0,9713	0,9768	0,9811	0,9830	0,9838	0,9840	0,9841	0,9841
	B(BC)	0,0185	0,0185	0,0180	0,0170	0,0159	0,0153	0,0151	0,0150	0,0150	0,0150
	B(BD)	0,0004	-0,0019	-0,0040	-0,0053	-0,0059	-0,0060	-0,0060	-0,0060	-0,0060	-0,0060
	B(BE)	0,0000	0,0001	0,0003	0,0005	0,0006	0,0006	0,0006	0,0006	0,0006	0,0006
	B(CA)	0,0002	-0,0012	-0,0023	-0,0028	-0,0028	-0,0028	-0,0027	-0,0027	-0,0027	-0,0027
	B(CB)	0,0185	0,0185	0,0180	0,0170	0,0159	0,0153	0,0151	0,0150	0,0150	0,0150
	B(CC)	0,9623	0,9668	0,9711	0,9746	0,9768	0,9776	0,9780	0,9781	0,9781	0,9781
	B(CD)	0,0185	0,0185	0,0180	0,0170	0,0159	0,0153	0,0151	0,0150	0,0150	0,0150
	B(CE)	0,0002	-0,0012	-0,0023	-0,0028	-0,0028	-0,0028	-0,0027	-0,0027	-0,0027	-0,0027
	D(AA)/A	-0,0065	-0,0052	-0,0037	-0,0021	-0,0009	-0,0003	-0,0001	-0,0000	-0,0000	0,0000
	D(AB)/A	0,0095	0,0082	0,0063	0,0038	0,0016	0,0006	0,0002	0,0001	0,0000	-0,0000
	D(AC)/A	0,0002	-0,0005	-0,0009	-0,0007	-0,0004	-0,0001	-0,0000	-0,0000	-0,0000	-0,0000
	D(AD)/A	0,0000	0,0000	0,0001	0,0001	0,0001	0,0000	0,0000	0,0000	0,0000	0,0000
	D(AE)/A	0,0000	-0,0000	-0,0000	-0,0000	-0,0000	-0,0000	-0,0000	-0,0000	-0,0000	-0,0000
	D(BA)/A	-0,0066	-0,0042	-0,0022	-0,0009	-0,0003	-0,0001	-0,0000	-0,0000	-0,0000	-0,0000
	D(BB)/A	0,0001	0,0001	-0,0000	-0,0001	-0,0001	-0,0000	-0,0000	-0,0000	-0,0000	-0,0000
	D(BC)/A	0,0096	0,0066	0,0038	0,0018	0,0006	0,0002	0,0001	0,0000	0,0000	0,0000
	D(BD)/A	0,0002	-0,0004	-0,0005	-0,0003	-0,0001	-0,0001	-0,0000	-0,0000	-0,0000	-0,0000
	D(BE)/A	0,0000	0,0000	0,0000	0,0000	0,0000	0,0000	0,0000	0,0000	0,0000	0,0000
	D(CA)/A	-0,0001	0,0003	0,0003	0,0002	0,0001	0,0000	0,0000	0,0000	0,0000	0,0000
	D(CB)/A	-0,0096	-0,0066	-0,0038	-0,0017	-0,0006	-0,0002	-0,0001	-0,0000	-0,0000	-0,0000
	D(CC)/A	0	-0,0000	0,0000	0	0,0000	-0,0000	-0,0000	0	0	0
	D(CD)/A	0,0096	0,0066	0,0038	0,0017	0,0006	0,0002	0,0001	0,0000	0,0000	0,0000
	D(CE)/A	0,0001	-0,0003	-0,0003	-0,0002	-0,0001	-0,0000	-0,0000	-0,0000	-0,0000	-0,0000
0,02	B(AA)	0,9750	0,9801	0,9855	0,9905	0,9942	0,9957	0,9963	0,9965	0,9966	0,9966
	B(AB)	0,0362	0,0327	0,0274	0,0209	0,0154	0,0129	0,0119	0,0116	0,0115	0,0115
	B(AC)	0,0013	-0,0030	-0,0063	-0,0079	-0,0081	-0,0079	-0,0078	-0,0078	-0,0078	-0,0078
	B(AD)	0,0000	0,0001	0,0007	0,0013	0,0016	0,0017	0,0017	0,0017	0,0017	0,0017
	B(AE)	0,0000	0,0000	-0,0000	-0,0001	-0,0002	-0,0002	-0,0002	-0,0002	-0,0002	-0,0002
	B(BA)	0,0241	0,0218	0,0182	0,0139	0,0103	0,0086	0,0080	0,0077	0,0077	0,0076
	B(BB)	0,9281	0,9358	0,9451	0,9553	0,9635	0,9671	0,9686	0,9691	0,9692	0,9693
	B(BC)	0,0344	0,0345	0,0338	0,0321	0,0302	0,0293	0,0289	0,0288	0,0287	0,0287
	B(BD)	0,0013	-0,0030	-0,0069	-0,0097	-0,0108	-0,0111	-0,0111	-0,0112	-0,0112	-0,0112
	B(BE)	0,0000	0,0001	0,0005	0,0009	0,0011	0,0011	0,0011	0,0011	0,0011	0,0011
	B(CA)	0,0009	-0,0020	-0,0042	-0,0052	-0,0054	-0,0053	-0,0052	-0,0052	-0,0052	-0,0052
	B(CB)	0,0344	0,0345	0,0338	0,0321	0,0302	0,0293	0,0289	0,0288	0,0287	0,0287
	B(CC)	0,9285	0,9370	0,9450	0,9515	0,9556	0,9572	0,9578	0,9580	0,9581	0,9581
	B(CD)	0,0344	0,0345	0,0338	0,0321	0,0302	0,0293	0,0289	0,0288	0,0287	0,0287
	B(CE)	0,0009	-0,0020	-0,0042	-0,0052	-0,0054	-0,0053	-0,0052	-0,0052	-0,0052	-0,0052

Z	Z(T)	0,00	0,03	0,10	0,30	1,00	3,00	10,0	30,0	100	UNENDL
	D(AA)/A	-0,0125	-0,0100	-0,0072	-0,0041	-0,0017	-0,0006	-0,0002	-0,0001	-0,0000	-0,0000
	D(AB)/A	0,0181	0,0157	0,0121	0,0074	0,0031	0,0012	0,0004	0,0001	0,0000	-0,0000
	D(AC)/A	0,0007	-0,0007	-0,0014	-0,0013	-0,0007	-0,0003	-0,0001	-0,0000	-0,0000	0,0000
	D(AD)/A	0,0000	0,0000	0,0001	0,0002	0,0001	0,0001	0,0000	0,0000	0,0000	-0,0000
	D(AE)/A	0,0000	0,0000	-0,0000	-0,0000	-0,0000	-0,0000	-0,0000	-0,0000	-0,0000	0,0000
	D(BA)/A	-0,0130	-0,0083	-0,0044	-0,0018	-0,0005	-0,0002	-0,0001	-0,0000	-0,0000	0,0000
	D(BB)/A	0,0002	0,0004	0,0000	-0,0002	-0,0002	-0,0001	-0,0000	-0,0000	-0,0000	-0,0000
	D(BC)/A	0,0186	0,0127	0,0074	0,0035	0,0012	0,0004	0,0001	0,0000	0,0000	0,0000
	D(BD)/A	0,0007	-0,0006	-0,0009	-0,0006	-0,0003	-0,0001	-0,0000	-0,0000	-0,0000	0,0000
	D(BE)/A	0,0000	0,0000	0,0001	0,0001	0,0000	0,0000	0,0000	0,0000	0,0000	0,0000
	D(CA)/A	-0,0005	0,0004	0,0006	0,0003	0,0001	0,0000	0,0000	0,0000	0,0000	-0,0000
	D(CB)/A	-0,0185	-0,0128	-0,0075	-0,0034	-0,0012	-0,0004	-0,0001	-0,0000	-0,0000	-0,0000
	D(CC)/A	0	0	0,0000	-0,0000	-0,0000	0,0000	-0,0000	0	0,0000	0
	D(CD)/A	0,0185	0,0128	0,0075	0,0034	0,0012	0,0004	0,0001	0,0000	0,0000	-0,0000
	D(CE)/A	0,0005	-0,0004	-0,0006	-0,0003	-0,0001	-0,0000	-0,0000	-0,0000	-0,0000	-0,0000
0,05	B(AA)	0,9424	0,9541	0,9663	0,9778	0,9863	0,9898	0,9913	0,9917	0,9919	0,9919
	B(AB)	0,0791	0,0723	0,0614	0,0476	0,0354	0,0299	0,0276	0,0269	0,0266	0,0265
	B(AC)	0,0066	-0,0032	-0,0113	-0,0159	-0,0171	-0,0171	-0,0170	-0,0170	-0,0170	-0,0170
	B(AD)	0,0006	-0,0003	0,0004	0,0017	0,0025	0,0028	0,0029	0,0029	0,0029	0,0029
	B(AE)	0,0000	0,0000	0,0000	-0,0001	-0,0001	-0,0002	-0,0002	-0,0002	-0,0002	-0,0002
	B(BA)	0,0527	0,0482	0,0409	0,0317	0,0236	0,0199	0,0184	0,0179	0,0177	0,0177
	B(BB)	0,8436	0,8591	0,8782	0,8996	0,9173	0,9251	0,9284	0,9294	0,9297	0,9299
	B(BC)	0,0708	0,0718	0,0714	0,0692	0,0662	0,0646	0,0639	0,0637	0,0636	0,0636
	B(BD)	0,0059	-0,0028	-0,0114	-0,0181	-0,0214	-0,0224	-0,0227	-0,0228	-0,0228	-0,0229
	B(BE)	0,0004	-0,0002	0,0003	0,0011	0,0017	0,0018	0,0019	0,0019	0,0019	0,0019
	B(CA)	0,0044	-0,0021	-0,0075	-0,0106	-0,0114	-0,0114	-0,0114	-0,0113	-0,0113	-0,0113
	B(CB)	0,0708	0,0718	0,0714	0,0692	0,0662	0,0646	0,0639	0,0637	0,0636	0,0636
	B(CC)	0,8451	0,8628	0,8798	0,8934	0,9019	0,9050	0,9063	0,9067	0,9068	0,9068
	B(CD)	0,0708	0,0718	0,0714	0,0692	0,0662	0,0646	0,0639	0,0637	0,0636	0,0636
	B(CE)	0,0044	-0,0021	-0,0075	-0,0106	-0,0114	-0,0114	-0,0114	-0,0113	-0,0113	-0,0113
	D(AA)/A	-0,0288	-0,0232	-0,0168	-0,0099	-0,0041	-0,0016	-0,0005	-0,0002	-0,0001	0,0000
	D(AB)/A	0,0395	0,0348	0,0272	0,0168	0,0073	0,0028	0,0009	0,0003	0,0001	0
	D(AC)/A	0,0033	0,0002	-0,0019	-0,0022	-0,0012	-0,0005	-0,0002	-0,0001	-0,0000	-0,0000
	D(AD)/A	0,0003	-0,0001	-0,0000	0,0001	0,0001	0,0001	0,0000	0,0000	0,0000	0,0000
	D(AE)/A	0,0000	-0,0000	0,0000	0,0000	-0,0000	-0,0000	-0,0000	-0,0000	-0,0000	-0,0000
	D(BA)/A	-0,0312	-0,0203	-0,0109	-0,0045	-0,0014	-0,0005	-0,0001	-0,0000	-0,0000	-0,0000
	D(BB)/A	0,0009	0,0013	0,0005	-0,0003	-0,0004	-0,0002	-0,0001	-0,0000	-0,0000	-0,0000
	D(BC)/A	0,0420	0,0292	0,0173	0,0081	0,0029	0,0010	0,0003	0,0001	0,0000	0,0000
	D(BD)/A	0,0035	0,0001	-0,0013	-0,0011	-0,0005	-0,0002	-0,0001	-0,0000	-0,0000	-0,0000
	D(BE)/A	0,0002	-0,0001	-0,0000	0,0000	0,0000	0,0000	0,0000	0,0000	0,0000	0,0000
	D(CA)/A	-0,0026	0,0000	0,0009	0,0007	0,0003	0,0001	0,0000	0,0000	0,0000	0,0000
	D(CB)/A	-0,0419	-0,0292	-0,0174	-0,0081	-0,0028	-0,0010	-0,0003	-0,0001	-0,0000	-0,0000
	D(CC)/A	0,0000	0,0000	-0,0000	0	0,0000	0,0000	0,0000	-0,0000	-0,0000	0,0000
	D(CD)/A	0,0419	0,0292	0,0174	0,0081	0,0028	0,0010	0,0003	0,0001	0,0000	0,0000
	D(CE)/A	0,0026	-0,0000	-0,0009	-0,0007	-0,0003	-0,0001	-0,0000	-0,0000	-0,0000	-0,0000
0,10	B(AA)	0,8978	0,9178	0,9390	0,9594	0,9746	0,9812	0,9839	0,9847	0,9850	0,9851
	B(AB)	0,1310	0,1216	0,1053	0,0832	0,0629	0,0534	0,0493	0,0481	0,0476	0,0475
	B(AC)	0,0191	0,0023	-0,0129	-0,0229	-0,0269	-0,0277	-0,0279	-0,0279	-0,0280	-0,0280
	B(AD)	0,0028	-0,0006	-0,0012	0,0003	0,0017	0,0023	0,0026	0,0026	0,0027	0,0027
	B(AE)	0,0003	-0,0000	0,0001	0,0002	0,0002	0,0001	0,0001	0,0001	0,0001	0,0001
	B(BA)	0,0873	0,0811	0,0702	0,0555	0,0420	0,0356	0,0329	0,0321	0,0318	0,0316
	B(BB)	0,7422	0,7651	0,7940	0,8274	0,8558	0,8688	0,8743	0,8760	0,8766	0,8768
	B(BC)	0,1083	0,1113	0,1129	0,1120	0,1094	0,1078	0,1070	0,1068	0,1067	0,1067
	B(BD)	0,0157	0,0026	-0,0111	-0,0229	-0,0299	-0,0323	-0,0332	-0,0335	-0,0336	-0,0336
	B(BE)	0,0019	-0,0004	-0,0008	0,0002	0,0012	0,0016	0,0017	0,0018	0,0018	0,0018
	B(CA)	0,0127	0,0015	-0,0086	-0,0153	-0,0179	-0,0185	-0,0186	-0,0186	-0,0186	-0,0186
	B(CB)	0,1083	0,1113	0,1129	0,1120	0,1094	0,1078	0,1070	0,1068	0,1067	0,1067
	B(CC)	0,7452	0,7728	0,7999	0,8218	0,8350	0,8399	0,8417	0,8423	0,8425	0,8425
	B(CD)	0,1083	0,1113	0,1129	0,1120	0,1094	0,1078	0,1070	0,1068	0,1067	0,1067
	B(CE)	0,0127	0,0015	-0,0086	-0,0153	-0,0179	-0,0185	-0,0186	-0,0186	-0,0186	-0,0186
	D(AA)/A	-0,0511	-0,0417	-0,0307	-0,0183	-0,0078	-0,0030	-0,0009	-0,0003	-0,0001	-0,0000
	D(AB)/A	0,0655	0,0586	0,0468	0,0297	0,0131	0,0051	0,0016	0,0005	0,0002	0
	D(AC)/A	0,0096	0,0041	-0,0002	-0,0019	-0,0013	-0,0006	-0,0002	-0,0001	-0,0000	0,0000
	D(AD)/A	0,0014	-0,0001	-0,0006	-0,0004	-0,0001	-0,0000	-0,0000	-0,0000	-0,0000	0,0000
	D(AE)/A	0,0002	-0,0000	0,0000	0,0000	0,0000	0,0000	0,0000	0,0000	0,0000	-0,0000
	D(BA)/A	-0,0586	-0,0388	-0,0213	-0,0089	-0,0028	-0,0009	-0,0003	-0,0001	-0,0000	-0,0000
	D(BB)/A	0,0021	0,0030	0,0017	-0,0000	-0,0004	-0,0002	-0,0001	-0,0000	-0,0000	-0,0000
	D(BC)/A	0,0732	0,0519	0,0311	0,0147	0,0052	0,0018	0,0006	0,0002	0,0001	0,0000
	D(BD)/A	0,0106	0,0034	-0,0004	-0,0011	-0,0006	-0,0002	-0,0001	-0,0000	-0,0000	0,0000
	D(BE)/A	0,0013	-0,0001	-0,0003	-0,0001	-0,0000	-0,0000	0,0000	0,0000	0,0000	0,0000
	D(CA)/A	-0,0085	-0,0024	0,0005	0,0009	0,0004	0,0002	0,0000	0,0000	0,0000	0,0000
	D(CB)/A	-0,0726	-0,0515	-0,0313	-0,0149	-0,0052	-0,0018	-0,0006	-0,0002	-0,0001	-0,0000
	D(CC)/A	0	0	-0,0000	0,0000	0	-0,0000	-0,0000	-0,0000	-0,0000	-0,0000
	D(CD)/A	0,0726	0,0515	0,0313	0,0149	0,0052	0,0018	0,0006	0,0002	0,0001	0,0000
	D(CE)/A	0,0085	0,0024	-0,0005	-0,0009	-0,0004	-0,0002	-0,0000	-0,0000	-0,0000	-0,0000

Z	Z(T)	0,00	0,03	0,10	0,30	1,00	3,00	10,0	30,0	100	UNENDL
0,20	B(AA)	0,8305	0,8620	0,8960	0,9295	0,9554	0,9669	0,9717	0,9732	0,9737	0,9740
	B(AB)	0,1947	0,1852	0,1652	0,1347	0,1042	0,0892	0,0826	0,0806	0,0799	0,0796
	B(AC)	0,0456	0,0204	-0,0052	-0,0252	-0,0356	-0,0389	-0,0400	-0,0403	-0,0405	-0,0405
	B(AD)	0,0106	0,0013	-0,0038	-0,0046	-0,0031	-0,0021	-0,0017	-0,0016	-0,0015	-0,0015
	B(AE)	0,0022	-0,0000	-0,0001	0,0006	0,0009	0,0010	0,0010	0,0010	0,0010	0,0010
	B(BA)	0,1298	0,1235	0,1101	0,0898	0,0695	0,0595	0,0551	0,0538	0,0533	0,0531
	B(BB)	0,6165	0,6453	0,6827	0,7277	0,7681	0,7873	0,7955	0,7980	0,7990	0,7993
	B(BC)	0,1445	0,1510	0,1571	0,1608	0,1616	0,1613	0,1611	0,1611	0,1611	0,1610
	B(BD)	0,0337	0,0171	-0,0011	-0,0186	-0,0308	-0,0357	-0,0376	-0,0382	-0,0384	-0,0385
	B(BE)	0,0071	0,0009	-0,0026	-0,0031	-0,0021	-0,0014	-0,0011	-0,0010	-0,0010	-0,0010
	B(CA)	0,0304	0,0136	-0,0034	-0,0168	-0,0238	-0,0259	-0,0267	-0,0269	-0,0270	-0,0270
	B(CB)	0,1445	0,1510	0,1571	0,1608	0,1616	0,1613	0,1611	0,1611	0,1611	0,1610
	B(CC)	0,6198	0,6571	0,6962	0,7288	0,7482	0,7551	0,7578	0,7585	0,7588	0,7589
	B(CD)	0,1445	0,1510	0,1571	0,1608	0,1616	0,1613	0,1611	0,1611	0,1611	0,1610
	B(CE)	0,0304	0,0136	-0,0034	-0,0168	-0,0238	-0,0259	-0,0267	-0,0269	-0,0270	-0,0270
	D(AA)/A	-0,0848	-0,0704	-0,0530	-0,0327	-0,0144	-0,0056	-0,0018	-0,0006	-0,0002	0,0000
	D(AB)/A	0,0973	0,0894	0,0736	0,0486	0,0222	0,0087	0,0028	0,0009	0,0003	-0,0000
	D(AC)/A	0,0228	0,0148	0,0071	0,0019	0,0001	-0,0001	-0,0000	-0,0000	-0,0000	-0,0000
	D(AD)/A	0,0053	0,0014	-0,0009	-0,0014	-0,0008	-0,0003	-0,0001	-0,0000	-0,0000	0
	D(AE)/A	0,0011	0,0001	-0,0002	-0,0000	0,0000	0,0000	0,0000	0,0000	0,0000	0,0000
	D(BA)/A	-0,1046	-0,0711	-0,0404	-0,0175	-0,0056	-0,0019	-0,0006	-0,0002	-0,0001	0
	D(BB)/A	0,0029	0,0057	0,0042	0,0011	-0,0002	-0,0002	-0,0001	-0,0000	-0,0000	0,0000
	D(BC)/A	0,1179	0,0862	0,0531	0,0254	0,0091	0,0032	0,0010	0,0003	0,0001	-0,0000
	D(BD)/A	0,0275	0,0134	0,0043	0,0005	-0,0002	-0,0001	-0,0000	-0,0000	-0,0000	0,0000
	D(BE)/A	0,0058	0,0010	-0,0006	-0,0005	-0,0002	-0,0001	-0,0000	-0,0000	-0,0000	0,0000
	D(CA)/A	-0,0245	-0,0107	-0,0026	0,0003	0,0004	0,0002	0,0001	0,0000	0,0000	0,0000
	D(CB)/A	-0,1166	-0,0843	-0,0526	-0,0259	-0,0094	-0,0033	-0,0010	-0,0003	-0,0001	-0,0000
	D(CC)/A	0	-0,0000	0	-0,0000	0,0000	-0,0000	0,0000	0	0	0,0000
	D(CD)/A	0,1166	0,0843	0,0526	0,0259	0,0094	0,0033	0,0010	0,0003	0,0001	0,0000
	D(CE)/A	0,0245	0,0107	0,0026	-0,0003	-0,0004	-0,0002	-0,0001	-0,0000	-0,0000	0
0,50	B(AA)	0,7082	0,7568	0,8111	0,8675	0,9141	0,9361	0,9456	0,9485	0,9496	0,9500
	B(AB)	0,2706	0,2691	0,2533	0,2193	0,1780	0,1552	0,1447	0,1415	0,1403	0,1398
	B(AC)	0,1034	0,0718	0,0330	-0,0058	-0,0331	-0,0442	-0,0487	-0,0500	-0,0505	-0,0507
	B(AD)	0,0398	0,0177	-0,0010	-0,0130	-0,0174	-0,0181	-0,0182	-0,0181	-0,0181	-0,0181
	B(AE)	0,0159	0,0042	-0,0013	-0,0012	0,0009	0,0020	0,0025	0,0026	0,0026	0,0027
	B(BA)	0,1804	0,1794	0,1689	0,1462	0,1187	0,1034	0,0965	0,0943	0,0935	0,0932
	B(BB)	0,4509	0,4816	0,5222	0,5735	0,6237	0,6495	0,6610	0,6646	0,6659	0,6664
	B(BC)	0,1724	0,1829	0,1963	0,2106	0,2218	0,2267	0,2288	0,2294	0,2296	0,2297
	B(BD)	0,0663	0,0486	0,0292	0,0096	-0,0061	-0,0133	-0,0163	-0,0173	-0,0176	-0,0178
	B(BE)	0,0265	0,0118	-0,0007	-0,0086	-0,0116	-0,0121	-0,0121	-0,0121	-0,0121	-0,0121
	B(CA)	0,0690	0,0478	0,0220	-0,0039	-0,0221	-0,0295	-0,0324	-0,0333	-0,0336	-0,0338
	B(CB)	0,1724	0,1829	0,1963	0,2106	0,2218	0,2267	0,2288	0,2294	0,2296	0,2297
	B(CC)	0,4483	0,4906	0,5415	0,5904	0,6228	0,6350	0,6398	0,6412	0,6417	0,6419
	B(CD)	0,1724	0,1829	0,1963	0,2106	0,2218	0,2267	0,2288	0,2294	0,2296	0,2297
	B(CE)	0,0690	0,0478	0,0220	-0,0039	-0,0221	-0,0295	-0,0324	-0,0333	-0,0336	-0,0338
	D(AA)/A	-0,1459	-0,1253	-0,0986	-0,0646	-0,0301	-0,0120	-0,0039	-0,0013	-0,0004	-0,0000
	D(AB)/A	0,1353	0,1297	0,1132	0,0802	0,0391	0,0159	0,0051	0,0018	0,0005	-0,0000
	D(AC)/A	0,0517	0,0430	0,0316	0,0188	0,0081	0,0031	0,0010	0,0003	0,0001	0
	D(AD)/A	0,0199	0,0112	0,0037	-0,0007	-0,0013	-0,0007	-0,0002	-0,0001	-0,0000	0
	D(AE)/A	0,0080	0,0027	-0,0003	-0,0009	-0,0005	-0,0002	-0,0001	-0,0000	-0,0000	0
	D(BA)/A	-0,2016	-0,1439	-0,0867	-0,0402	-0,0137	-0,0047	-0,0014	-0,0005	-0,0001	-0,0000
	D(BB)/A	-0,0040	0,0058	0,0079	0,0043	0,0012	0,0003	0,0001	0,0000	0,0000	0
	D(BC)/A	0,1897	0,1473	0,0967	0,0486	0,0177	0,0063	0,0019	0,0006	0,0002	0
	D(BD)/A	0,0729	0,0456	0,0233	0,0091	0,0028	0,0009	0,0003	0,0001	0,0000	0
	D(BE)/A	0,0292	0,0115	0,0015	-0,0012	-0,0008	-0,0003	-0,0001	-0,0000	-0,0000	0
	D(CA)/A	-0,0769	-0,0440	-0,0190	-0,0053	-0,0008	-0,0001	-0,0000	-0,0000	-0,0000	0,0000
	D(CB)/A	-0,1923	-0,1431	-0,0924	-0,0476	-0,0181	-0,0066	-0,0021	-0,0007	-0,0002	0,0000
	D(CC)/A	0	0	-0,0000	0	0,0000	-0,0000	0,0000	-0,0000	0,0000	0
	D(CD)/A	0,1923	0,1431	0,0924	0,0476	0,0181	0,0066	0,0021	0,0007	0,0002	0,0000
	D(CE)/A	0,0769	0,0440	0,0190	0,0053	0,0008	0,0001	0,0000	0,0000	0,0000	0,0000
1,00	B(AA)	0,6006	0,6588	0,7274	0,8023	0,8686	0,9019	0,9168	0,9215	0,9232	0,9239
	B(AB)	0,3010	0,3106	0,3074	0,2820	0,2402	0,2135	0,2007	0,1965	0,1950	0,1943
	B(AC)	0,1519	0,1232	0,0827	0,0332	-0,0105	-0,0316	-0,0408	-0,0436	-0,0447	-0,0451
	B(AD)	0,0788	0,0477	0,0162	-0,0104	-0,0269	-0,0330	-0,0354	-0,0361	-0,0363	-0,0364
	B(AE)	0,0450	0,0202	0,0017	-0,0055	-0,0037	-0,0012	0,0002	0,0006	0,0008	0,0009
	B(BA)	0,2007	0,2070	0,2049	0,1880	0,1601	0,1424	0,1338	0,1310	0,1300	0,1296
	B(BB)	0,3511	0,3793	0,4166	0,4644	0,5135	0,5403	0,5527	0,5567	0,5581	0,5587
	B(BC)	0,1772	0,1876	0,2031	0,2240	0,2448	0,2558	0,2608	0,2623	0,2629	0,2632
	B(BD)	0,0919	0,0748	0,0567	0,0401	0,0284	0,0234	0,0212	0,0206	0,0203	0,0202
	B(BE)	0,0525	0,0318	0,0108	-0,0070	-0,0179	-0,0220	-0,0236	-0,0241	-0,0242	-0,0243
	B(CA)	0,1013	0,0822	0,0551	0,0221	-0,0070	-0,0211	-0,0272	-0,0291	-0,0298	-0,0301
	B(CB)	0,1772	0,1876	0,2031	0,2240	0,2448	0,2558	0,2608	0,2623	0,2629	0,2632
	B(CC)	0,3418	0,3783	0,4284	0,4856	0,5314	0,5516	0,5600	0,5626	0,5635	0,5639
	B(CD)	0,1772	0,1876	0,2031	0,2240	0,2448	0,2558	0,2608	0,2623	0,2629	0,2632
	B(CE)	0,1013	0,0822	0,0551	0,0221	-0,0070	-0,0211	-0,0272	-0,0291	-0,0298	-0,0301

Z	Z(T)	0,00	0,03	0,10	0,30	1,00	3,00	10,0	30,0	100	UNENDL
	D(AA)/A	-0,1997	-0,1770	-0,1454	-0,1008	-0,0500	-0,0206	-0,0068	-0,0023	-0,0007	-0,0000
	D(AB)/A	0,1505	0,1490	0,1366	0,1034	0,0540	0,0226	0,0075	0,0026	0,0008	-0,0000
	D(AC)/A	0,0759	0,0706	0,0607	0,0435	0,0219	0,0091	0,0030	0,0010	0,0003	-0,0000
	D(AD)/A	0,0394	0,0280	0,0163	0,0068	0,0018	0,0005	0,0001	0,0000	0,0000	0
	D(AE)/A	0,0225	0,0119	0,0030	-0,0016	-0,0017	-0,0008	-0,0003	-0,0001	-0,0000	0,0000
	D(BA)/A	-0,2991	-0,2238	-0,1426	-0,0706	-0,0255	-0,0090	-0,0028	-0,0009	-0,0003	-0,0000
	D(BB)/A	-0,0234	-0,0051	0,0055	0,0063	0,0029	0,0011	0,0003	0,0001	0,0000	0,0000
	D(BC)/A	0,2405	0,1963	0,1374	0,0739	0,0282	0,0102	0,0032	0,0011	0,0003	-0,0000
	D(BD)/A	0,1247	0,0877	0,0521	0,0245	0,0088	0,0031	0,0010	0,0003	0,0001	-0,0000
	D(BE)/A	0,0713	0,0379	0,0126	0,0008	-0,0011	-0,0006	-0,0002	-0,0001	-0,0000	-0,0000
	D(CA)/A	-0,1481	-0,0972	-0,0508	-0,0188	-0,0047	-0,0013	-0,0003	-0,0001	-0,0000	-0,0000
	D(CB)/A	-0,2593	-0,1982	-0,1313	-0,0694	-0,0271	-0,0100	-0,0031	-0,0011	-0,0003	0,0000
	D(CC)/A	-0,0000	0	-0,0000	0,0000	-0,0000	-0,0000	-0,0000	-0,0000	-0,0000	0
	D(CD)/A	0,2593	0,1982	0,1313	0,0694	0,0271	0,0100	0,0031	0,0011	0,0003	0,0000
	D(CE)/A	0,1481	0,0972	0,0508	0,0188	0,0047	0,0013	0,0003	0,0001	0,0000	-0,0000
2,00	B(AA)	0,4943	0,5545	0,6322	0,7232	0,8100	0,8573	0,8796	0,8868	0,8894	0,8905
	B(AB)	0,3047	0,3234	0,3364	0,3294	0,2976	0,2715	0,2575	0,2528	0,2511	0,2504
	B(AC)	0,1912	0,1703	0,1368	0,0876	0,0327	0,0007	-0,0147	-0,0197	-0,0215	-0,0223
	B(AD)	0,1256	0,0911	0,0500	0,0084	-0,0240	-0,0394	-0,0463	-0,0485	-0,0493	-0,0496
	B(AE)	0,0913	0,0556	0,0190	-0,0069	-0,0142	-0,0125	-0,0106	-0,0099	-0,0096	-0,0095
	B(BA)	0,2031	0,2156	0,2243	0,2196	0,1984	0,1810	0,1717	0,1686	0,1674	0,1669
	B(BB)	0,2793	0,3029	0,3351	0,3763	0,4194	0,4442	0,4562	0,4601	0,4615	0,4621
	B(BC)	0,1753	0,1832	0,1967	0,2185	0,2456	0,2625	0,2709	0,2736	0,2747	0,2751
	B(BD)	0,1151	0,0994	0,0818	0,0674	0,0614	0,0612	0,0617	0,0619	0,0620	0,0621
	B(BE)	0,0837	0,0607	0,0333	0,0056	-0,0160	-0,0263	-0,0309	-0,0323	-0,0329	-0,0331
	B(CA)	0,1275	0,1135	0,0912	0,0584	0,0218	0,0005	-0,0098	-0,0131	-0,0143	-0,0149
	B(CB)	0,1753	0,1832	0,1967	0,2185	0,2456	0,2625	0,2709	0,2736	0,2747	0,2751
	B(CC)	0,2669	0,2929	0,3331	0,3879	0,4434	0,4735	0,4876	0,4921	0,4937	0,4944
	B(CD)	0,1753	0,1832	0,1967	0,2185	0,2456	0,2625	0,2709	0,2736	0,2747	0,2751
	B(CE)	0,1275	0,1135	0,0912	0,0584	0,0218	0,0005	-0,0098	-0,0131	-0,0143	-0,0149
	D(AA)/A	-0,2528	-0,2326	-0,2006	-0,1485	-0,0794	-0,0342	-0,0114	-0,0039	-0,0012	-0,0000
	D(AB)/A	0,1523	0,1537	0,1469	0,1190	0,0672	0,0296	0,0100	0,0034	0,0010	-0,0000
	D(AC)/A	0,0956	0,0956	0,0915	0,0755	0,0437	0,0194	0,0066	0,0023	0,0007	0
	D(AD)/A	0,0628	0,0520	0,0387	0,0244	0,0119	0,0050	0,0017	0,0006	0,0002	0
	D(AE)/A	0,0457	0,0318	0,0159	0,0025	-0,0025	-0,0018	-0,0007	-0,0003	-0,0001	0,0000
	D(BA)/A	-0,4041	-0,3193	-0,2170	-0,1158	-0,0451	-0,0166	-0,0052	-0,0018	-0,0005	0,0000
	D(BB)/A	-0,0557	-0,0309	-0,0087	0,0032	0,0040	0,0020	0,0007	0,0002	0,0001	-0,0000
	D(BC)/A	0,2789	0,2373	0,1767	0,1032	0,0427	0,0161	0,0051	0,0017	0,0005	0,0000
	D(BD)/A	0,1831	0,1415	0,0942	0,0500	0,0199	0,0075	0,0024	0,0008	0,0002	0,0000
	D(BE)/A	0,1332	0,0873	0,0423	0,0116	0,0007	-0,0004	-0,0002	-0,0001	-0,0000	0,0000
	D(CA)/A	-0,2388	-0,1763	-0,1070	-0,0474	-0,0145	-0,0045	-0,0013	-0,0004	-0,0001	-0,0000
	D(CB)/A	-0,3284	-0,2611	-0,1791	-0,0969	-0,0384	-0,0143	-0,0045	-0,0015	-0,0005	-0,0000
	D(CC)/A	0,0000	0,0000	-0,0000	0	0	-0,0000	-0,0000	0,0000	0,0000	-0,0000
	D(CD)/A	0,3284	0,2611	0,1791	0,0969	0,0384	0,0143	0,0045	0,0015	0,0005	0
	D(CE)/A	0,2388	0,1763	0,1070	0,0474	0,0145	0,0045	0,0013	0,0004	0,0001	-0,0000
5,00	B(AA)	0,3805	0,4282	0,5016	0,6036	0,7149	0,7829	0,8177	0,8293	0,8336	0,8355
	B(AB)	0,2876	0,3076	0,3333	0,3543	0,3517	0,3370	0,3262	0,3222	0,3206	0,3200
	B(AC)	0,2234	0,2124	0,1929	0,1585	0,1081	0,0699	0,0482	0,0406	0,0378	0,0365
	B(AD)	0,1815	0,1532	0,1113	0,0577	0,0060	-0,0234	-0,0383	-0,0432	-0,0451	-0,0459
	B(AE)	0,1579	0,1229	0,0734	0,0161	-0,0254	-0,0386	-0,0418	-0,0424	-0,0425	-0,0426
	B(BA)	0,1917	0,2051	0,2222	0,2362	0,2345	0,2247	0,2175	0,2148	0,2138	0,2133
	B(BB)	0,2205	0,2364	0,2607	0,2937	0,3286	0,3497	0,3606	0,3642	0,3656	0,3662
	B(BC)	0,1713	0,1755	0,1836	0,1991	0,2242	0,2441	0,2556	0,2597	0,2612	0,2619
	B(BD)	0,1392	0,1273	0,1112	0,0952	0,0896	0,0926	0,0958	0,0971	0,0977	0,0979
	B(BE)	0,1210	0,1022	0,0742	0,0385	0,0040	-0,0156	-0,0255	-0,0288	-0,0301	-0,0306
	B(CA)	0,1489	0,1416	0,1286	0,1057	0,0721	0,0466	0,0321	0,0271	0,0252	0,0244
	B(CB)	0,1713	0,1755	0,1836	0,1991	0,2242	0,2441	0,2556	0,2597	0,2612	0,2619
	B(CC)	0,2107	0,2241	0,2470	0,2847	0,3355	0,3720	0,3923	0,3994	0,4020	0,4032
	B(CD)	0,1713	0,1755	0,1836	0,1991	0,2242	0,2441	0,2556	0,2597	0,2612	0,2619
	B(CE)	0,1489	0,1416	0,1286	0,1057	0,0721	0,0466	0,0321	0,0271	0,0252	0,0244
	D(AA)/A	-0,3098	-0,3006	-0,2788	-0,2273	-0,1360	-0,0631	-0,0219	-0,0077	-0,0023	-0,0000
	D(AB)/A	0,1438	0,1433	0,1383	0,1188	0,0747	0,0356	0,0126	0,0044	0,0013	-0,0000
	D(AC)/A	0,1117	0,1178	0,1231	0,1159	0,0790	0,0392	0,0140	0,0050	0,0015	0
	D(AD)/A	0,0908	0,0861	0,0779	0,0632	0,0395	0,0192	0,0068	0,0024	0,0007	0
	D(AE)/A	0,0789	0,0691	0,0526	0,0287	0,0072	0,0004	-0,0004	-0,0002	-0,0001	0,0000
	D(BA)/A	-0,5237	-0,4456	-0,3340	-0,2000	-0,0873	-0,0345	-0,0112	-0,0038	-0,0012	0,0000
	D(BB)/A	-0,1022	-0,0796	-0,0492	-0,0179	-0,0007	0,0016	0,0008	0,0003	0,0001	0
	D(BC)/A	0,3090	0,2722	0,2151	0,1384	0,0651	0,0268	0,0089	0,0030	0,0009	0
	D(BD)/A	0,2511	0,2152	0,1631	0,0994	0,0445	0,0179	0,0059	0,0020	0,0006	0
	D(BE)/A	0,2184	0,1738	0,1147	0,0535	0,0147	0,0036	0,0008	0,0002	0,0001	0
	D(CA)/A	-0,3534	-0,2974	-0,2155	-0,1180	-0,0438	-0,0152	-0,0046	-0,0015	-0,0005	-0,0000
	D(CB)/A	-0,4064	-0,3446	-0,2548	-0,1468	-0,0596	-0,0222	-0,0070	-0,0024	-0,0007	-0,0000
	D(CC)/A	0,0000	0	-0,0000	0,0000	0,0000	-0,0000	-0,0000	-0,0000	-0,0000	-0,0000
	D(CD)/A	0,4064	0,3446	0,2548	0,1468	0,0596	0,0222	0,0070	0,0024	0,0007	-0,0000
	D(CE)/A	0,3534	0,2974	0,2155	0,1180	0,0438	0,0152	0,0046	0,0015	0,0005	0

Z	Z(T)	0,00	0,03	0,10	0,30	1,00	3,00	10,0	30,0	100	UNENDL
10,00	B(AA)	0,3238	0,3565	0,4139	0,5089	0,6327	0,7182	0,7651	0,7814	0,7875	0,7901
	B(AB)	0,2731	0,2881	0,3122	0,3442	0,3674	0,3708	0,3685	0,3671	0,3665	0,3662
	B(AC)	0,2361	0,2301	0,2188	0,1972	0,1605	0,1277	0,1067	0,0989	0,0959	0,0946
	B(AD)	0,2108	0,1913	0,1579	0,1057	0,0441	0,0044	-0,0171	-0,0245	-0,0273	-0,0285
	B(AE)	0,1961	0,1705	0,1269	0,0597	-0,0141	-0,0535	-0,0706	-0,0757	-0,0775	-0,0783
	B(BA)	0,1821	0,1921	0,2081	0,2295	0,2449	0,2472	0,2457	0,2447	0,2443	0,2441
	B(BB)	0,1957	0,2060	0,2234	0,2502	0,2811	0,3008	0,3114	0,3151	0,3165	0,3171
	B(BC)	0,1692	0,1716	0,1762	0,1861	0,2042	0,2212	0,2322	0,2364	0,2379	0,2386
	B(BD)	0,1511	0,1431	0,1303	0,1139	0,1031	0,1028	0,1049	0,1059	0,1064	0,1066
	B(BE)	0,1406	0,1275	0,1052	0,0704	0,0294	0,0029	-0,0114	-0,0163	-0,0182	-0,0190
	B(CA)	0,1574	0,1534	0,1459	0,1314	0,1070	0,0851	0,0711	0,0659	0,0639	0,0630
	B(CB)	0,1692	0,1716	0,1762	0,1861	0,2042	0,2212	0,2322	0,2364	0,2379	0,2386
	B(CC)	0,1895	0,1968	0,2099	0,2335	0,2705	0,3022	0,3222	0,3296	0,3324	0,3336
	B(CD)	0,1692	0,1716	0,1762	0,1861	0,2042	0,2212	0,2322	0,2364	0,2379	0,2386
	B(CE)	0,1574	0,1534	0,1459	0,1314	0,1070	0,0851	0,0711	0,0659	0,0639	0,0630
	D(AA)/A	-0,3381	-0,3394	-0,3326	-0,2943	-0,1942	-0,0962	-0,0347	-0,0123	-0,0038	0,0000
	D(AB)/A	0,1366	0,1319	0,1223	0,1021	0,0663	0,0336	0,0124	0,0044	0,0014	-0,0000
	D(AC)/A	0,1180	0,1271	0,1375	0,1377	0,1030	0,0551	0,0207	0,0074	0,0023	0
	D(AD)/A	0,1054	0,1069	0,1074	0,1000	0,0710	0,0371	0,0138	0,0049	0,0015	0
	D(AE)/A	0,0981	0,0954	0,0877	0,0678	0,0340	0,0123	0,0034	0,0011	0,0003	0,0000
	D(BA)/A	-0,5851	-0,5210	-0,4194	-0,2776	-0,1347	-0,0567	-0,0190	-0,0066	-0,0020	0,0000
	D(BB)/A	-0,1290	-0,1137	-0,0872	-0,0486	-0,0145	-0,0029	-0,0004	-0,0000	-0,0000	0
	D(BC)/A	0,3207	0,2865	0,2323	0,1569	0,0800	0,0353	0,0122	0,0042	0,0013	0,0000
	D(BD)/A	0,2864	0,2596	0,2141	0,1453	0,0718	0,0306	0,0103	0,0036	0,0011	0,0000
	D(BE)/A	0,2664	0,2327	0,1799	0,1085	0,0432	0,0147	0,0042	0,0014	0,0004	0,0000
	D(CA)/A	-0,4154	-0,3749	-0,3035	-0,1943	-0,0849	-0,0324	-0,0102	-0,0034	-0,0010	-0,0000
	D(CB)/A	-0,4465	-0,3951	-0,3118	-0,1949	-0,0844	-0,0322	-0,0102	-0,0034	-0,0010	-0,0000
	D(CC)/A	-0,0000	0,0000	-0,0000	0	0,0000	-0,0000	-0,0000	0	-0,0000	-0,0000
	D(CD)/A	0,4465	0,3951	0,3118	0,1949	0,0844	0,0322	0,0102	0,0034	0,0010	0
	D(CE)/A	0,4154	0,3749	0,3035	0,1943	0,0849	0,0324	0,0102	0,0034	0,0010	0
20,00	B(AA)	0,2896	0,3092	0,3473	0,4220	0,5444	0,6483	0,7129	0,7367	0,7457	0,7497
	B(AB)	0,2629	0,2723	0,2897	0,3201	0,3597	0,3848	0,3973	0,4013	0,4028	0,4034
	B(AC)	0,2429	0,2397	0,2336	0,2214	0,1986	0,1757	0,1595	0,1531	0,1506	0,1495
	B(AD)	0,2289	0,2171	0,1947	0,1529	0,0898	0,0398	0,0096	-0,0015	-0,0057	-0,0076
	B(AE)	0,2206	0,2047	0,1740	0,1151	0,0235	-0,0486	-0,0905	-0,1053	-0,1108	-0,1133
	B(BA)	0,1753	0,1815	0,1931	0,2134	0,2398	0,2566	0,2649	0,2675	0,2685	0,2689
	B(BB)	0,1819	0,1878	0,1989	0,2185	0,2457	0,2658	0,2775	0,2818	0,2834	0,2841
	B(BC)	0,1680	0,1692	0,1718	0,1774	0,1886	0,2004	0,2088	0,2122	0,2135	0,2140
	B(BD)	0,1583	0,1535	0,1449	0,1311	0,1161	0,1091	0,1068	0,1062	0,1061	0,1060
	B(BE)	0,1526	0,1447	0,1298	0,1019	0,0599	0,0266	0,0064	-0,0010	-0,0038	-0,0050
	B(CA)	0,1619	0,1598	0,1558	0,1476	0,1324	0,1171	0,1063	0,1021	0,1004	0,0997
	B(CB)	0,1680	0,1692	0,1718	0,1774	0,1886	0,2004	0,2088	0,2122	0,2135	0,2140
	B(CC)	0,1783	0,1821	0,1892	0,2025	0,2255	0,2478	0,2633	0,2694	0,2718	0,2728
	B(CD)	0,1680	0,1692	0,1718	0,1774	0,1886	0,2004	0,2088	0,2122	0,2135	0,2140
	B(CE)	0,1619	0,1598	0,1558	0,1476	0,1324	0,1171	0,1063	0,1021	0,1004	0,0997
	D(AA)/A	-0,3552	-0,3651	-0,3738	-0,3584	-0,2653	-0,1432	-0,0542	-0,0195	-0,0060	0,0000
	D(AB)/A	0,1315	0,1230	0,1066	0,0781	0,0435	0,0211	0,0078	0,0028	0,0009	0,0000
	D(AC)/A	0,1214	0,1322	0,1458	0,1513	0,1203	0,0682	0,0266	0,0097	0,0030	0,0000
	D(AD)/A	0,1144	0,1211	0,1308	0,1364	0,1104	0,0626	0,0243	0,0088	0,0027	0,0000
	D(AE)/A	0,1103	0,1142	0,1184	0,1146	0,0826	0,0418	0,0150	0,0053	0,0016	0
	D(BA)/A	-0,6228	-0,5717	-0,4866	-0,3546	-0,1956	-0,0900	-0,0316	-0,0111	-0,0034	0,0000
	D(BB)/A	-0,1461	-0,1380	-0,1201	-0,0846	-0,0392	-0,0145	-0,0043	-0,0014	-0,0004	0,0000
	D(BC)/A	0,3269	0,2943	0,2421	0,1684	0,0907	0,0422	0,0151	0,0053	0,0016	0,0000
	D(BD)/A	0,3080	0,2897	0,2544	0,1908	0,1063	0,0489	0,0172	0,0060	0,0018	0,0000
	D(BE)/A	0,2969	0,2744	0,2356	0,1715	0,0904	0,0389	0,0130	0,0045	0,0014	-0,0000
	D(CA)/A	-0,4542	-0,4287	-0,3758	-0,2757	-0,1443	-0,0623	-0,0210	-0,0073	-0,0022	-0,0000
	D(CB)/A	-0,4712	-0,4294	-0,3575	-0,2445	-0,1183	-0,0484	-0,0159	-0,0054	-0,0016	-0,0000
	D(CC)/A	-0,0000	-0,0000	-0,0000	-0,0000	0,0000	-0,0000	0,0000	0,0000	0,0000	-0,0000
	D(CD)/A	0,4712	0,4294	0,3575	0,2445	0,1183	0,0484	0,0159	0,0054	0,0016	0
	D(CE)/A	0,4542	0,4287	0,3758	0,2757	0,1443	0,0623	0,0210	0,0073	0,0022	0,0000
50,00	B(AA)	0,2666	0,2754	0,2940	0,3366	0,4302	0,5452	0,6433	0,6868	0,7046	0,7128
	B(AB)	0,2556	0,2599	0,2688	0,2880	0,3265	0,3712	0,4088	0,4255	0,4324	0,4355
	B(AC)	0,2471	0,2458	0,2433	0,2380	0,2274	0,2159	0,2070	0,2034	0,2020	0,2013
	B(AD)	0,2411	0,2358	0,2248	0,2007	0,1514	0,0944	0,0472	0,0265	0,0180	0,0142
	B(AE)	0,2376	0,2302	0,2148	0,1790	0,0996	0,0005	-0,0853	-0,1237	-0,1395	-0,1468
	B(BA)	0,1704	0,1733	0,1792	0,1920	0,2177	0,2474	0,2725	0,2837	0,2883	0,2904
	B(BB)	0,1729	0,1756	0,1808	0,1916	0,2112	0,2317	0,2478	0,2548	0,2576	0,2588
	B(BC)	0,1672	0,1677	0,1688	0,1712	0,1764	0,1823	0,1869	0,1888	0,1895	0,1899
	B(BD)	0,1632	0,1610	0,1568	0,1485	0,1345	0,1204	0,1093	0,1044	0,1024	0,1015
	B(BE)	0,1608	0,1572	0,1499	0,1338	0,1010	0,0629	0,0314	0,0177	0,0120	0,0095
	B(CA)	0,1647	0,1639	0,1622	0,1586	0,1516	0,1439	0,1380	0,1356	0,1346	0,1342
	B(CB)	0,1672	0,1677	0,1688	0,1712	0,1764	0,1823	0,1869	0,1888	0,1895	0,1899
	B(CC)	0,1714	0,1729	0,1759	0,1817	0,1923	0,2036	0,2121	0,2156	0,2170	0,2176
	B(CD)	0,1672	0,1677	0,1688	0,1712	0,1764	0,1823	0,1869	0,1888	0,1895	0,1899
	B(CE)	0,1647	0,1639	0,1622	0,1586	0,1516	0,1439	0,1380	0,1356	0,1346	0,1342

Z	Z(T)	0,00	0,03	0,10	0,30	1,00	3,00	10,0	30,0	100	UNENDL
	D(AA)/A	-0,3667	-0,3835	-0,4070	-0,4227	-0,3659	-0,2317	-0,0985	-0,0371	-0,0117	0,0000
	D(AB)/A	0,1278	0,1159	0,0924	0,0494	0,0002	-0,0154	-0,0099	-0,0042	-0,0014	-0,0000
	D(AC)/A	0,1236	0,1354	0,1512	0,1605	0,1333	0,0792	0,0319	0,0118	0,0037	0,0000
	D(AD)/A	0,1206	0,1313	0,1499	0,1734	0,1661	0,1099	0,0474	0,0180	0,0057	0
	D(AE)/A	0,1188	0,1283	0,1447	0,1672	0,1662	0,1159	0,0522	0,0201	0,0064	0,0000
	D(BA)/A	-0,6483	-0,6084	-0,5414	-0,4336	-0,2844	-0,1552	-0,0617	-0,0228	-0,0071	-0,0000
	D(BB)/A	-0,1580	-0,1562	-0,1482	-0,1247	-0,0814	-0,0437	-0,0173	-0,0064	-0,0020	-0,0000
	D(BC)/A	0,3307	0,2992	0,2484	0,1763	0,0987	0,0480	0,0177	0,0064	0,0020	-0,0000
	D(BD)/A	0,3227	0,3114	0,2873	0,2373	0,1559	0,0837	0,0328	0,0121	0,0038	-0,0000
	D(BE)/A	0,3180	0,3054	0,2830	0,2409	0,1690	0,0966	0,0395	0,0148	0,0046	-0,0000
	D(CA)/A	-0,4807	-0,4681	-0,4362	-0,3622	-0,2366	-0,1266	-0,0497	-0,0183	-0,0057	-0,0000
	D(CB)/A	-0,4879	-0,4542	-0,3951	-0,2964	-0,1698	-0,0824	-0,0306	-0,0110	-0,0034	-0,0000
	D(CC)/A	0	0,0000	-0,0000	0	-0,0000	0	-0,0000	-0,0000	0	-0,0000
	D(CD)/A	0,4879	0,4542	0,3951	0,2964	0,1698	0,0824	0,0306	0,0110	0,0034	0,0000
	D(CE)/A	0,4807	0,4681	0,4362	0,3622	0,2366	0,1266	0,0497	0,0183	0,0057	0,0000
100,00	B(AA)	0,2584	0,2630	0,2730	0,2975	0,3605	0,4622	0,5821	0,6502	0,6817	0,6969
	B(AB)	0,2528	0,2551	0,2600	0,2714	0,2992	0,3436	0,3969	0,4277	0,4420	0,4490
	B(AC)	0,2485	0,2479	0,2466	0,2439	0,2383	0,2321	0,2271	0,2250	0,2242	0,2238
	B(AD)	0,2455	0,2427	0,2368	0,2229	0,1894	0,1384	0,0796	0,0466	0,0314	0,0240
	B(AE)	0,2437	0,2398	0,2314	0,2104	0,1548	0,0619	-0,0512	-0,1164	-0,1468	-0,1614
	B(BA)	0,1686	0,1701	0,1733	0,1809	0,1995	0,2290	0,2646	0,2851	0,2947	0,2993
	B(BB)	0,1698	0,1712	0,1740	0,1801	0,1931	0,2111	0,2307	0,2416	0,2466	0,2490
	B(BC)	0,1669	0,1672	0,1677	0,1690	0,1717	0,1749	0,1775	0,1786	0,1790	0,1792
	B(BD)	0,1649	0,1638	0,1615	0,1567	0,1466	0,1321	0,1152	0,1055	0,1010	0,0988
	B(BE)	0,1637	0,1618	0,1579	0,1486	0,1263	0,0922	0,0531	0,0311	0,0209	0,0160
	B(CA)	0,1657	0,1653	0,1644	0,1626	0,1589	0,1547	0,1514	0,1500	0,1495	0,1492
	B(CB)	0,1669	0,1672	0,1677	0,1690	0,1717	0,1749	0,1775	0,1786	0,1790	0,1792
	B(CC)	0,1690	0,1698	0,1713	0,1743	0,1799	0,1860	0,1908	0,1928	0,1936	0,1940
	B(CD)	0,1669	0,1672	0,1677	0,1690	0,1717	0,1749	0,1775	0,1786	0,1790	0,1792
	B(CE)	0,1657	0,1653	0,1644	0,1626	0,1589	0,1547	0,1514	0,1500	0,1495	0,1492
	D(AA)/A	-0,3708	-0,3902	-0,4201	-0,4525	-0,4299	-0,3128	-0,1538	-0,0625	-0,0203	0,0000
	D(AB)/A	0,1264	0,1133	0,0865	0,0352	-0,0306	-0,0538	-0,0360	-0,0162	-0,0054	0,0000
	D(AC)/A	0,1243	0,1365	0,1530	0,1638	0,1383	0,0835	0,0342	0,0127	0,0040	0,0000
	D(AD)/A	0,1227	0,1351	0,1575	0,1906	0,2015	0,1527	0,0758	0,0308	0,0100	0,0000
	D(AE)/A	0,1218	0,1336	0,1554	0,1928	0,2238	0,1912	0,1045	0,0442	0,0146	-0,0000
	D(BA)/A	-0,6573	-0,6219	-0,5632	-0,4705	-0,3417	-0,2158	-0,0997	-0,0398	-0,0128	0,0000
	D(BB)/A	-0,1622	-0,1630	-0,1597	-0,1441	-0,1105	-0,0735	-0,0358	-0,0146	-0,0048	-0,0000
	D(BC)/A	0,3320	0,3008	0,2506	0,1790	0,1017	0,0503	0,0188	0,0068	0,0021	0,0000
	D(BD)/A	0,3279	0,3195	0,3004	0,2591	0,1877	0,1157	0,0523	0,0207	0,0066	0,0000
	D(BE)/A	0,3255	0,3170	0,3023	0,2745	0,2224	0,1542	0,0762	0,0312	0,0102	0,0000
	D(CA)/A	-0,4902	-0,4827	-0,4604	-0,4033	-0,2977	-0,1886	-0,0877	-0,0351	-0,0114	-0,0000
	D(CB)/A	-0,4939	-0,4634	-0,4101	-0,3209	-0,2036	-0,1149	-0,0499	-0,0195	-0,0062	-0,0000
	D(CC)/A	-0,0000	-0,0000	0,0000	0	-0,0000	-0,0000	0,0000	-0,0000	0,0000	-0,0000
	D(CD)/A	0,4939	0,4634	0,4101	0,3209	0,2036	0,1149	0,0499	0,0195	0,0062	0
	D(CE)/A	0,4902	0,4827	0,4604	0,4033	0,2977	0,1886	0,0877	0,0351	0,0114	0,0000
200,00	B(AA)	0,2542	0,2566	0,2618	0,2750	0,3125	0,3871	0,5093	0,6051	0,6592	0,6881
	B(AB)	0,2514	0,2526	0,2551	0,2614	0,2785	0,3128	0,3705	0,4164	0,4424	0,4564
	B(AC)	0,2493	0,2489	0,2483	0,2469	0,2441	0,2408	0,2382	0,2370	0,2366	0,2364
	B(AD)	0,2477	0,2463	0,2432	0,2357	0,2157	0,1780	0,1174	0,0703	0,0438	0,0296
	B(AE)	0,2468	0,2448	0,2404	0,2290	0,1953	0,1253	0,0067	-0,0876	-0,1411	-0,1697
	B(BA)	0,1676	0,1684	0,1701	0,1743	0,1857	0,2085	0,2470	0,2776	0,2950	0,3042
	B(BB)	0,1683	0,1690	0,1704	0,1737	0,1814	0,1945	0,2148	0,2303	0,2390	0,2437
	B(BC)	0,1668	0,1669	0,1672	0,1678	0,1692	0,1709	0,1723	0,1729	0,1731	0,1732
	B(BD)	0,1658	0,1652	0,1640	0,1614	0,1552	0,1438	0,1251	0,1101	0,1017	0,0972
	B(BE)	0,1652	0,1642	0,1622	0,1571	0,1438	0,1186	0,0783	0,0469	0,0292	0,0197
	B(CA)	0,1662	0,1660	0,1655	0,1646	0,1627	0,1605	0,1588	0,1580	0,1577	0,1576
	B(CB)	0,1668	0,1669	0,1672	0,1678	0,1692	0,1709	0,1723	0,1729	0,1731	0,1732
	B(CC)	0,1678	0,1682	0,1690	0,1705	0,1734	0,1766	0,1791	0,1802	0,1806	0,1808
	B(CD)	0,1668	0,1669	0,1672	0,1678	0,1692	0,1709	0,1723	0,1729	0,1731	0,1732
	B(CE)	0,1662	0,1660	0,1655	0,1646	0,1627	0,1605	0,1588	0,1580	0,1577	0,1576
	D(AA)/A	-0,3729	-0,3937	-0,4271	-0,4698	-0,4747	-0,3896	-0,2289	-0,1052	-0,0364	-0,0000
	D(AB)/A	0,1257	0,1118	0,0833	0,0267	-0,0529	-0,0919	-0,0731	-0,0372	-0,0134	-0,0000
	D(AC)/A	0,1246	0,1371	0,1540	0,1655	0,1408	0,0859	0,0354	0,0132	0,0041	-0,0000
	D(AD)/A	0,1239	0,1371	0,1616	0,2006	0,2263	0,1931	0,1141	0,0524	0,0181	-0,0000
	D(AE)/A	0,1234	0,1363	0,1613	0,2079	0,2652	0,2649	0,1780	0,0863	0,0305	0
	D(BA)/A	-0,6619	-0,6289	-0,5749	-0,4919	-0,3820	-0,2736	-0,1518	-0,0686	-0,0236	-0,0000
	D(BB)/A	-0,1644	-0,1665	-0,1659	-0,1556	-0,1313	-0,1026	-0,0617	-0,0289	-0,0101	-0,0000
	D(BC)/A	0,3327	0,3017	0,2517	0,1805	0,1033	0,0515	0,0194	0,0070	0,0022	-0,0000
	D(BD)/A	0,3306	0,3236	0,3075	0,2717	0,2101	0,1461	0,0788	0,0352	0,0121	-0,0000
	D(BE)/A	0,3294	0,3230	0,3127	0,2941	0,2606	0,2103	0,1274	0,0597	0,0209	-0,0000
	D(CA)/A	-0,4950	-0,4903	-0,4735	-0,4273	-0,3411	-0,2483	-0,1402	-0,0639	-0,0221	-0,0000
	D(CB)/A	-0,4969	-0,4682	-0,4182	-0,3352	-0,2277	-0,1461	-0,0765	-0,0340	-0,0116	-0,0000
	D(CC)/A	0,0000	-0,0000	-0,0000	0,0000	-0,0000	-0,0000	-0,0000	-0,0000	-0,0000	-0,0000
	D(CD)/A	0,4969	0,4682	0,4182	0,3352	0,2277	0,1461	0,0765	0,0340	0,0116	-0,0000
	D(CE)/A	0,4950	0,4903	0,4735	0,4273	0,3411	0,2483	0,1402	0,0639	0,0221	-0,0000

Z	Z(T)	0,00	0,03	0,10	0,30	1,00	3,00	10,0	30,0	100	UNENDL
500,00	B(AA)	0,2517	0,2527	0,2548	0,2603	0,2772	0,3167	0,4085	0,5226	0,6174	0,6825
	B(AB)	0,2506	0,2511	0,2521	0,2547	0,2626	0,2813	0,3259	0,3821	0,4289	0,4610
	B(AC)	0,2497	0,2496	0,2493	0,2488	0,2476	0,2463	0,2452	0,2447	0,2445	0,2444
	B(AD)	0,2491	0,2485	0,2473	0,2441	0,2351	0,2150	0,1691	0,1125	0,0655	0,0332
	B(AE)	0,2487	0,2479	0,2461	0,2413	0,2260	0,1883	0,0980	-0,0155	-0,1100	-0,1749
	B(BA)	0,1671	0,1674	0,1681	0,1698	0,1750	0,1875	0,2173	0,2547	0,2859	0,3074
	B(BB)	0,1673	0,1676	0,1682	0,1695	0,1730	0,1800	0,1953	0,2141	0,2297	0,2404
	B(BC)	0,1667	0,1668	0,1669	0,1671	0,1677	0,1684	0,1690	0,1692	0,1693	0,1693
	B(BD)	0,1663	0,1661	0,1656	0,1645	0,1616	0,1554	0,1406	0,1221	0,1067	0,0960
	B(BE)	0,1661	0,1657	0,1648	0,1627	0,1567	0,1433	0,1128	0,0750	0,0436	0,0221
	B(CA)	0,1665	0,1664	0,1662	0,1658	0,1651	0,1642	0,1634	0,1631	0,1630	0,1629
	B(CB)	0,1667	0,1668	0,1669	0,1671	0,1677	0,1684	0,1690	0,1692	0,1693	0,1693
	B(CC)	0,1671	0,1673	0,1676	0,1682	0,1694	0,1707	0,1718	0,1722	0,1724	0,1725
	B(CD)	0,1667	0,1668	0,1669	0,1671	0,1677	0,1684	0,1690	0,1692	0,1693	0,1693
	B(CE)	0,1665	0,1664	0,1662	0,1658	0,1651	0,1642	0,1634	0,1631	0,1630	0,1630
	D(AA)/A	-0,3741	-0,3958	-0,4315	-0,4810	-0,5080	-0,4631	-0,3389	-0,1948	-0,0787	-0,0000
	D(AB)/A	0,1253	0,1110	0,0813	0,0211	-0,0698	-0,1290	-0,1282	-0,0819	-0,0345	-0,0000
	D(AC)/A	0,1249	0,1374	0,1545	0,1666	0,1424	0,0874	0,0362	0,0135	0,0042	-0,0000
	D(AD)/A	0,1245	0,1383	0,1641	0,2072	0,2447	0,2316	0,1700	0,0974	0,0393	-0,0000
	D(AE)/A	0,1244	0,1380	0,1649	0,2178	0,2964	0,3364	0,2869	0,1754	0,0727	0,0000
	D(BA)/A	-0,6648	-0,6332	-0,5822	-0,5059	-0,4120	-0,3290	-0,2281	-0,1291	-0,0519	-0,0000
	D(BB)/A	-0,1658	-0,1687	-0,1697	-0,1631	-0,1470	-0,1309	-0,1001	-0,0592	-0,0242	-0,0000
	D(BC)/A	0,3331	0,3022	0,2524	0,1813	0,1043	0,0523	0,0198	0,0072	0,0022	0
	D(BD)/A	0,3322	0,3262	0,3119	0,2800	0,2267	0,1751	0,1176	0,0656	0,0262	-0,0000
	D(BE)/A	0,3317	0,3268	0,3192	0,3071	0,2894	0,2646	0,2031	0,1200	0,0491	0,0000
	D(CA)/A	-0,4980	-0,4950	-0,4817	-0,4431	-0,3736	-0,3058	-0,2175	-0,1247	-0,0504	-0,0000
	D(CB)/A	-0,4988	-0,4711	-0,4233	-0,3445	-0,2456	-0,1762	-0,1158	-0,0645	-0,0258	-0,0000
	D(CC)/A	0,0000	0	0,0000	0,0000	0,0000	-0,0000	-0,0000	-0,0000	-0,0000	-0,0000
	D(CD)/A	0,4988	0,4711	0,4233	0,3445	0,2456	0,1762	0,1158	0,0645	0,0258	-0,0000
	D(CE)/A	0,4980	0,4950	0,4817	0,4431	0,3736	0,3058	0,2175	0,1247	0,0504	0
1000,00	B(AA)	0,2509	0,2513	0,2524	0,2552	0,2640	0,2860	0,3465	0,4480	0,5677	0,6805
	B(AB)	0,2503	0,2505	0,2511	0,2524	0,2565	0,2670	0,2967	0,3470	0,4066	0,4627
	B(AC)	0,2499	0,2498	0,2497	0,2494	0,2488	0,2481	0,2476	0,2473	0,2472	0,2472
	B(AD)	0,2495	0,2493	0,2486	0,2470	0,2423	0,2311	0,2008	0,1503	0,0906	0,0345
	B(AE)	0,2494	0,2490	0,2480	0,2456	0,2376	0,2165	0,1568	0,0557	-0,0640	-0,1767
	B(BA)	0,1669	0,1670	0,1674	0,1683	0,1710	0,1780	0,1978	0,2313	0,2710	0,3084
	B(BB)	0,1670	0,1671	0,1674	0,1681	0,1699	0,1738	0,1840	0,2008	0,2206	0,2392
	B(BC)	0,1667	0,1667	0,1668	0,1669	0,1672	0,1675	0,1678	0,1679	0,1680	0,1680
	B(BD)	0,1665	0,1664	0,1661	0,1656	0,1641	0,1605	0,1507	0,1340	0,1143	0,0956
	B(BE)	0,1664	0,1662	0,1657	0,1647	0,1616	0,1541	0,1339	0,1002	0,0604	0,0230
	B(CA)	0,1666	0,1665	0,1664	0,1663	0,1659	0,1654	0,1650	0,1649	0,1648	0,1648
	B(CB)	0,1667	0,1667	0,1668	0,1669	0,1672	0,1675	0,1678	0,1679	0,1680	0,1680
	B(CC)	0,1669	0,1670	0,1671	0,1674	0,1680	0,1687	0,1692	0,1695	0,1695	0,1696
	B(CD)	0,1667	0,1667	0,1668	0,1669	0,1672	0,1675	0,1678	0,1679	0,1680	0,1680
	B(CE)	0,1666	0,1665	0,1664	0,1663	0,1659	0,1654	0,1650	0,1649	0,1648	0,1648
	D(AA)/A	-0,3746	-0,3966	-0,4330	-0,4849	-0,5205	-0,4955	-0,4079	-0,2792	-0,1344	0,0000
	D(AB)/A	0,1251	0,1107	0,0806	0,0191	-0,0761	-0,1454	-0,1631	-0,1243	-0,0623	0,0000
	D(AC)/A	0,1249	0,1375	0,1547	0,1669	0,1430	0,0879	0,0365	0,0136	0,0043	0,0000
	D(AD)/A	0,1248	0,1387	0,1650	0,2094	0,2515	0,2486	0,2051	0,1399	0,0672	0,0000
	D(AE)/A	0,1247	0,1386	0,1661	0,2213	0,3082	0,3681	0,3556	0,2597	0,1283	0
	D(BA)/A	-0,6657	-0,6347	-0,5847	-0,5108	-0,4232	-0,3534	-0,2760	-0,1862	-0,0892	-0,0000
	D(BB)/A	-0,1662	-0,1695	-0,1711	-0,1657	-0,1529	-0,1435	-0,1243	-0,0878	-0,0429	0
	D(BC)/A	0,3332	0,3024	0,2526	0,1816	0,1046	0,0526	0,0199	0,0072	0,0022	-0,0000
	D(BD)/A	0,3328	0,3271	0,3133	0,2828	0,2329	0,1879	0,1420	0,0943	0,0449	-0,0000
	D(BE)/A	0,3325	0,3280	0,3214	0,3116	0,3002	0,2887	0,2509	0,1770	0,0863	-0,0000
	D(CA)/A	-0,4990	-0,4966	-0,4844	-0,4486	-0,3858	-0,3313	-0,2661	-0,1821	-0,0877	-0,0000
	D(CB)/A	-0,4994	-0,4721	-0,4250	-0,3478	-0,2523	-0,1895	-0,1405	-0,0934	-0,0445	-0,0000
	D(CC)/A	0	-0,0000	-0,0000	0,0000	-0,0000	-0,0000	0,0000	0,0000	-0,0000	-0,0000
	D(CD)/A	0,4994	0,4721	0,4250	0,3478	0,2523	0,1895	0,1405	0,0934	0,0445	0,0000
	D(CE)/A	0,4990	0,4966	0,4844	0,4486	0,3858	0,3313	0,2661	0,1821	0,0877	0,0000

d) $r_a : r_b : r_c : r_d : r_e = 2{,}0 : 1{,}0 : 1{,}0 : 1{,}0 : 2{,}0$

Z	Z(T)	0,00	0,03	0,10	0,30	1,00	3,00	10,0	30,0	100	UNENDL
0,01	B(AA)	0,9903	0,9921	0,9941	0,9960	0,9976	0,9983	0,9986	0,9986	0,9987	0,9987
	B(AB)	0,0191	0,0175	0,0150	0,0117	0,0085	0,0069	0,0062	0,0060	0,0059	0,0059
	B(AC)	0,0004	-0,0019	-0,0036	-0,0044	-0,0044	-0,0042	-0,0041	-0,0041	-0,0041	-0,0041
	B(AD)	0,0000	0,0001	0,0005	0,0008	0,0010	0,0010	0,0010	0,0010	0,0010	0,0010
	B(AE)	0,0000	-0,0000	-0,0000	-0,0001	-0,0001	-0,0001	-0,0001	-0,0001	-0,0001	-0,0001
	B(BA)	0,0095	0,0088	0,0075	0,0058	0,0042	0,0034	0,0031	0,0030	0,0030	0,0029
	B(BB)	0,9621	0,9658	0,9704	0,9757	0,9804	0,9827	0,9837	0,9840	0,9841	0,9841
	B(BC)	0,0185	0,0185	0,0181	0,0172	0,0160	0,0154	0,0151	0,0151	0,0150	0,0150
	B(BD)	0,0004	-0,0019	-0,0040	-0,0054	-0,0059	-0,0060	-0,0060	-0,0060	-0,0060	-0,0060
	B(BE)	0,0000	0,0001	0,0002	0,0004	0,0005	0,0005	0,0005	0,0005	0,0005	0,0005
	B(CA)	0,0002	-0,0009	-0,0018	-0,0022	-0,0022	-0,0021	-0,0021	-0,0020	-0,0020	-0,0020
	B(CB)	0,0185	0,0185	0,0181	0,0172	0,0160	0,0154	0,0151	0,0151	0,0150	0,0150
	B(CC)	0,9623	0,9668	0,9710	0,9745	0,9767	0,9776	0,9780	0,9781	0,9781	0,9781
	B(CD)	0,0185	0,0185	0,0181	0,0172	0,0160	0,0154	0,0151	0,0151	0,0150	0,0150
	B(CE)	0,0002	-0,0009	-0,0018	-0,0022	-0,0022	-0,0021	-0,0021	-0,0020	-0,0020	-0,0020
	D(AA)/A	-0,0049	-0,0040	-0,0030	-0,0019	-0,0008	-0,0003	-0,0001	-0,0000	-0,0000	-0,0000
	D(AB)/A	0,0095	0,0085	0,0068	0,0045	0,0020	0,0008	0,0003	0,0001	0,0000	-0,0000
	D(AC)/A	0,0002	-0,0005	-0,0009	-0,0009	-0,0005	-0,0002	-0,0001	-0,0000	-0,0000	0,0000
	D(AD)/A	0,0000	0,0000	0,0001	0,0002	0,0001	0,0000	0,0000	0,0000	0,0000	-0,0000
	D(AE)/A	0,0000	-0,0000	-0,0000	-0,0000	-0,0000	-0,0000	-0,0000	-0,0000	-0,0000	0,0000
	D(BA)/A	-0,0049	-0,0032	-0,0017	-0,0007	-0,0002	-0,0001	-0,0000	-0,0000	-0,0000	-0,0000
	D(BB)/A	0,0001	0,0003	0,0007	-0,0001	-0,0001	-0,0000	-0,0000	-0,0000	-0,0000	0,0000
	D(BC)/A	0,0096	0,0066	0,0038	0,0018	0,0006	0,0002	0,0001	0,0000	0,0000	0,0000
	D(BD)/A	0,0002	-0,0004	-0,0005	-0,0003	-0,0001	-0,0001	-0,0000	-0,0000	-0,0000	-0,0000
	D(BE)/A	0,0000	0,0000	0,0000	0,0000	0,0000	0,0000	0,0000	0,0000	0,0000	0,0000
	D(CA)/A	-0,0001	0,0002	0,0002	0,0001	0,0000	0,0000	0,0000	0,0000	0,0000	0,0000
	D(CB)/A	-0,0096	-0,0066	-0,0038	-0,0017	-0,0006	-0,0002	-0,0001	-0,0000	-0,0000	0,0000
	D(CC)/A	0,0000	0	0,0000	-0,0000	-0,0000	0,0000	0,0000	0	0	0
	D(CD)/A	0,0096	0,0066	0,0038	0,0017	0,0006	0,0002	0,0001	0,0000	0,0000	0,0000
	D(CE)/A	0,0001	-0,0002	-0,0002	-0,0001	-0,0000	-0,0000	-0,0000	-0,0000	-0,0000	0
0,02	B(AA)	0,9811	0,9847	0,9885	0,9922	0,9952	0,9966	0,9972	0,9973	0,9974	0,9974
	B(AB)	0,0364	0,0336	0,0289	0,0226	0,0164	0,0134	0,0121	0,0117	0,0115	0,0115
	B(AC)	0,0013	-0,0030	-0,0065	-0,0082	-0,0083	-0,0080	-0,0079	-0,0078	-0,0078	-0,0078
	B(AD)	0,0001	0,0001	0,0007	0,0014	0,0017	0,0017	0,0017	0,0017	0,0017	0,0017
	B(AE)	0,0000	0,0000	-0,0000	-0,0001	-0,0001	-0,0001	-0,0001	-0,0001	-0,0001	-0,0001
	B(BA)	0,0182	0,0168	0,0144	0,0113	0,0082	0,0067	0,0060	0,0058	0,0058	0,0057
	B(BB)	0,9279	0,9348	0,9434	0,9533	0,9623	0,9666	0,9684	0,9690	0,9692	0,9693
	B(BC)	0,0344	0,0345	0,0340	0,0325	0,0305	0,0295	0,0290	0,0288	0,0288	0,0287
	B(BD)	0,0013	-0,0030	-0,0070	-0,0098	-0,0109	-0,0111	-0,0112	-0,0112	-0,0112	-0,0112
	B(BE)	0,0000	0,0000	0,0004	0,0007	0,0008	0,0009	0,0008	0,0008	0,0008	0,0008
	B(CA)	0,0007	-0,0015	-0,0032	-0,0041	-0,0041	-0,0040	-0,0039	-0,0039	-0,0039	-0,0039
	B(CB)	0,0344	0,0345	0,0340	0,0325	0,0305	0,0295	0,0290	0,0288	0,0288	0,0287
	B(CC)	0,9285	0,9370	0,9449	0,9514	0,9555	0,9571	0,9578	0,9580	0,9580	0,9581
	B(CD)	0,0344	0,0345	0,0340	0,0325	0,0305	0,0295	0,0290	0,0288	0,0288	0,0287
	B(CE)	0,0007	-0,0015	-0,0032	-0,0041	-0,0041	-0,0040	-0,0039	-0,0039	-0,0039	-0,0039

Z	Z(T)	0,00	0,03	0,10	0,30	1,00	3,00	10,0	30,0	100	UNENDL
	D(AA)/A	-0,0094	-0,0078	-0,0059	-0,0036	-0,0016	-0,0006	-0,0002	-0,0001	-0,0000	0,0000
	D(AB)/A	0,0182	0,0163	0,0132	0,0086	0,0039	0,0016	0,0005	0,0002	0,0001	-0,0000
	D(AC)/A	0,0007	-0,0007	-0,0016	-0,0016	-0,0008	-0,0004	-0,0001	-0,0000	-0,0000	0,0000
	D(AD)/A	0,0000	0,0000	0,0002	0,0002	0,0002	0,0001	0,0000	0,0000	0,0000	-0,0000
	D(AE)/A	0,0000	0,0000	-0,0000	-0,0000	-0,0000	-0,0000	-0,0000	-0,0000	-0,0000	0,0000
	D(BA)/A	-0,0098	-0,0064	-0,0034	-0,0014	-0,0004	-0,0001	-0,0000	-0,0000	-0,0000	-0,0000
	D(BB)/A	0,0003	0,0006	0,0003	-0,0001	-0,0002	-0,0001	-0,0000	-0,0000	-0,0000	0
	D(BC)/A	0,0186	0,0127	0,0074	0,0035	0,0012	0,0004	0,0001	0,0000	0,0000	0,0000
	D(BD)/A	0,0007	-0,0006	-0,0009	-0,0006	-0,0003	-0,0001	-0,0000	-0,0000	-0,0000	-0,0000
	D(BE)/A	0,0000	0,0000	0,0000	0,0000	0,0000	0,0000	0,0000	0,0000	0,0000	0,0000
	D(CA)/A	-0,0004	0,0003	0,0004	0,0003	0,0001	0,0000	0,0000	0,0000	0,0000	0,0000
	D(CB)/A	-0,0185	-0,0128	-0,0075	-0,0034	-0,0012	-0,0004	-0,0001	-0,0000	-0,0000	-0,0000
	D(CC)/A	0,0000	0	0,0000	0,0000	0,0000	0,0000	0,0000	0,0000	0,0000	0
	D(CD)/A	0,0185	0,0128	0,0075	0,0034	0,0012	0,0004	0,0001	0,0000	0,0000	0,0000
	D(CE)/A	0,0004	-0,0003	-0,0004	-0,0003	-0,0001	-0,0000	-0,0000	-0,0000	-0,0000	-0,0000
0,05	B(AA)	0,9562	0,9644	0,9731	0,9817	0,9887	0,9919	0,9933	0,9937	0,9939	0,9939
	B(AB)	0,0802	0,0746	0,0650	0,0513	0,0378	0,0310	0,0280	0,0270	0,0267	0,0266
	B(AC)	0,0067	-0,0032	-0,0116	-0,0164	-0,0176	-0,0174	-0,0171	-0,0171	-0,0170	-0,0170
	B(AD)	0,0006	-0,0003	0,0004	0,0018	0,0026	0,0028	0,0029	0,0029	0,0029	0,0029
	B(AE)	0,0000	0,0000	0,0000	-0,0000	-0,0001	-0,0001	-0,0001	-0,0001	-0,0001	-0,0001
	B(BA)	0,0401	0,0373	0,0325	0,0257	0,0189	0,0155	0,0140	0,0135	0,0134	0,0133
	B(BB)	0,8426	0,8566	0,8743	0,8952	0,9144	0,9238	0,9279	0,9291	0,9296	0,9298
	B(BC)	0,0707	0,0718	0,0718	0,0698	0,0667	0,0649	0,0641	0,0638	0,0637	0,0637
	B(BD)	0,0059	-0,0028	-0,0114	-0,0182	-0,0215	-0,0225	-0,0228	-0,0228	-0,0229	-0,0229
	B(BE)	0,0003	-0,0001	0,0002	0,0009	0,0013	0,0014	0,0014	0,0014	0,0014	0,0014
	B(CA)	0,0034	-0,0016	-0,0058	-0,0082	-0,0088	-0,0087	-0,0086	-0,0085	-0,0085	-0,0085
	B(CB)	0,0707	0,0718	0,0718	0,0698	0,0667	0,0649	0,0641	0,0638	0,0637	0,0637
	B(CC)	0,8451	0,8628	0,8797	0,8932	0,9016	0,9049	0,9062	0,9065	0,9067	0,9067
	B(CD)	0,0707	0,0718	0,0718	0,0698	0,0667	0,0649	0,0641	0,0638	0,0637	0,0637
	B(CE)	0,0034	-0,0016	-0,0058	-0,0082	-0,0088	-0,0087	-0,0086	-0,0085	-0,0085	-0,0085
	D(AA)/A	-0,0219	-0,0182	-0,0138	-0,0087	-0,0039	-0,0015	-0,0005	-0,0002	-0,0001	0,0000
	D(AB)/A	0,0401	0,0364	0,0297	0,0198	0,0092	0,0036	0,0012	0,0004	0,0001	0
	D(AC)/A	0,0034	0,0001	-0,0021	-0,0026	-0,0015	-0,0007	-0,0002	-0,0001	-0,0000	0,0000
	D(AD)/A	0,0003	-0,0001	-0,0000	0,0002	0,0002	0,0001	0,0000	0,0000	0,0000	0
	D(AE)/A	0,0000	-0,0000	0,0000	0,0000	-0,0000	-0,0000	-0,0000	-0,0000	-0,0000	-0,0000
	D(BA)/A	-0,0237	-0,0156	-0,0085	-0,0035	-0,0011	-0,0003	-0,0001	-0,0000	-0,0000	-0,0000
	D(BB)/A	0,0015	0,0021	0,0011	0,0000	-0,0003	-0,0002	-0,0001	-0,0000	-0,0000	0
	D(BC)/A	0,0421	0,0292	0,0172	0,0080	0,0029	0,0010	0,0003	0,0001	0,0000	0,0000
	D(BD)/A	0,0035	0,0001	-0,0013	-0,0011	-0,0005	-0,0002	-0,0001	-0,0000	-0,0000	-0,0000
	D(BE)/A	0,0002	-0,0001	-0,0000	0,0000	0,0000	0,0000	0,0000	0,0000	0,0000	0,0000
	D(CA)/A	-0,0020	-0,0000	0,0007	0,0005	0,0002	0,0001	0,0000	0,0000	0,0000	0,0000
	D(CB)/A	-0,0418	-0,0292	-0,0174	-0,0081	-0,0028	-0,0010	-0,0003	-0,0001	-0,0000	-0,0000
	D(CC)/A	0	0,0000	-0,0000	0,0000	0,0000	0	0	-0,0000	0	-0,0000
	D(CD)/A	0,0418	0,0292	0,0174	0,0081	0,0028	0,0010	0,0003	0,0001	0,0000	0,0000
	D(CE)/A	0,0020	0,0000	-0,0007	-0,0005	-0,0002	-0,0001	-0,0000	-0,0000	-0,0000	-0,0000
0,10	B(AA)	0,9213	0,9358	0,9512	0,9665	0,9791	0,9851	0,9876	0,9884	0,9887	0,9888
	B(AB)	0,1344	0,1265	0,1118	0,0899	0,0673	0,0554	0,0501	0,0485	0,0479	0,0476
	B(AC)	0,0196	0,0025	-0,0131	-0,0235	-0,0274	-0,0280	-0,0281	-0,0281	-0,0281	-0,0281
	B(AD)	0,0028	-0,0006	-0,0012	0,0002	0,0017	0,0023	0,0026	0,0026	0,0027	0,0027
	B(AE)	0,0003	-0,0000	0,0001	0,0002	0,0001	0,0001	0,0001	0,0001	0,0001	0,0001
	B(BA)	0,0672	0,0633	0,0559	0,0450	0,0336	0,0277	0,0251	0,0242	0,0239	0,0238
	B(BB)	0,7393	0,7603	0,7872	0,8199	0,8508	0,8663	0,8732	0,8753	0,8761	0,8764
	B(BC)	0,1078	0,1111	0,1132	0,1127	0,1101	0,1083	0,1074	0,1071	0,1070	0,1069
	B(BD)	0,0156	0,0026	-0,0110	-0,0227	-0,0298	-0,0323	-0,0333	-0,0335	-0,0336	-0,0337
	B(BE)	0,0014	-0,0003	-0,0006	0,0001	0,0008	0,0012	0,0013	0,0013	0,0013	0,0013
	B(CA)	0,0098	0,0013	-0,0066	-0,0118	-0,0137	-0,0140	-0,0140	-0,0140	-0,0140	-0,0140
	B(CB)	0,1078	0,1111	0,1132	0,1127	0,1101	0,1083	0,1074	0,1071	0,1070	0,1069
	B(CC)	0,7451	0,7728	0,7998	0,8216	0,8347	0,8395	0,8414	0,8420	0,8422	0,8423
	B(CD)	0,1078	0,1111	0,1132	0,1127	0,1101	0,1083	0,1074	0,1071	0,1070	0,1069
	B(CE)	0,0098	0,0013	-0,0066	-0,0118	-0,0137	-0,0140	-0,0140	-0,0140	-0,0140	-0,0140
	D(AA)/A	-0,0393	-0,0329	-0,0252	-0,0161	-0,0074	-0,0029	-0,0009	-0,0003	-0,0001	-0,0000
	D(AB)/A	0,0672	0,0617	0,0514	0,0349	0,0166	0,0066	0,0021	0,0007	0,0002	0,0000
	D(AC)/A	0,0098	0,0042	-0,0003	-0,0023	-0,0017	-0,0008	-0,0003	-0,0001	-0,0000	-0,0000
	D(AD)/A	0,0014	-0,0001	-0,0006	-0,0004	-0,0002	-0,0000	-0,0000	-0,0000	-0,0000	0,0000
	D(AE)/A	0,0001	-0,0000	0,0000	0,0000	0,0000	0,0000	0,0000	0,0000	0,0000	0
	D(BA)/A	-0,0451	-0,0300	-0,0167	-0,0070	-0,0022	-0,0007	-0,0002	-0,0001	-0,0000	-0,0000
	D(BB)/A	0,0041	0,0049	0,0031	0,0006	-0,0003	-0,0002	-0,0001	-0,0000	-0,0000	-0,0000
	D(BC)/A	0,0735	0,0520	0,0310	0,0146	0,0052	0,0018	0,0006	0,0002	0,0001	0,0000
	D(BD)/A	0,0106	0,0034	-0,0004	-0,0011	-0,0006	-0,0002	-0,0001	-0,0000	-0,0000	-0,0000
	D(BE)/A	0,0010	-0,0001	-0,0002	-0,0001	-0,0000	-0,0000	0,0000	0,0000	0,0000	0,0000
	D(CA)/A	-0,0066	-0,0019	0,0004	0,0007	0,0003	0,0001	0,0000	0,0000	0,0000	0,0000
	D(CB)/A	-0,0724	-0,0513	-0,0312	-0,0149	-0,0053	-0,0018	-0,0006	-0,0002	-0,0001	-0,0000
	D(CC)/A	0	0	-0,0000	0	0	0	-0,0000	0,0000	0	0,0000
	D(CD)/A	0,0724	0,0513	0,0312	0,0149	0,0053	0,0018	0,0006	0,0002	0,0001	0,0000
	D(CE)/A	0,0066	0,0019	-0,0004	-0,0007	-0,0003	-0,0001	-0,0000	-0,0000	-0,0000	0

Z	Z(T)	0,00	0,03	0,10	0,30	1,00	3,00	10,0	30,0	100	UNENDL
0,20	B(AA)	0,8672	0,8910	0,9163	0,9419	0,9632	0,9736	0,9782	0,9796	0,9801	0,9803
	B(AB)	0,2033	0,1950	0,1762	0,1456	0,1115	0,0928	0,0842	0,0815	0,0805	0,0801
	B(AC)	0,0476	0,0216	-0,0047	-0,0253	-0,0360	-0,0392	-0,0403	-0,0406	-0,0407	-0,0408
	B(AD)	0,0110	0,0014	-0,0040	-0,0049	-0,0034	-0,0023	-0,0018	-0,0016	-0,0015	-0,0015
	B(AE)	0,0018	-0,0000	-0,0001	0,0004	0,0007	0,0008	0,0007	0,0007	0,0007	0,0007
	B(BA)	0,1016	0,0975	0,0881	0,0728	0,0558	0,0464	0,0421	0,0408	0,0403	0,0401
	B(BB)	0,6099	0,6368	0,6719	0,7161	0,7599	0,7829	0,7933	0,7966	0,7978	0,7983
	B(BC)	0,1429	0,1499	0,1567	0,1610	0,1622	0,1619	0,1617	0,1616	0,1616	0,1616
	B(BD)	0,0330	0,0169	-0,0008	-0,0179	-0,0302	-0,0354	-0,0375	-0,0381	-0,0384	-0,0385
	B(BE)	0,0055	0,0007	-0,0020	-0,0025	-0,0017	-0,0012	-0,0009	-0,0008	-0,0008	-0,0008
	B(CA)	0,0238	0,0108	-0,0023	-0,0127	-0,0180	-0,0196	-0,0202	-0,0203	-0,0204	-0,0204
	B(CB)	0,1429	0,1499	0,1567	0,1610	0,1622	0,1619	0,1617	0,1616	0,1616	0,1616
	B(CC)	0,6190	0,6569	0,6960	0,7286	0,7477	0,7546	0,7572	0,7580	0,7583	0,7584
	B(CD)	0,1429	0,1499	0,1567	0,1610	0,1622	0,1619	0,1617	0,1616	0,1616	0,1616
	B(CE)	0,0238	0,0108	-0,0023	-0,0127	-0,0180	-0,0196	-0,0202	-0,0203	-0,0204	-0,0204
	D(AA)/A	-0,0664	-0,0562	-0,0438	-0,0287	-0,0135	-0,0055	-0,0018	-0,0006	-0,0002	0,0000
	D(AB)/A	0,1016	0,0952	0,0814	0,0571	0,0280	0,0114	0,0037	0,0013	0,0004	-0,0000
	D(AC)/A	0,0238	0,0156	0,0075	0,0020	0	-0,0001	-0,0001	-0,0000	-0,0000	0
	D(AD)/A	0,0055	0,0015	-0,0010	-0,0017	-0,0010	-0,0004	-0,0001	-0,0000	-0,0000	0,0000
	D(AE)/A	0,0009	0,0000	-0,0001	-0,0000	0,0000	0,0000	0,0000	0,0000	0,0000	0
	D(BA)/A	-0,0820	-0,0558	-0,0317	-0,0137	-0,0044	-0,0014	-0,0004	-0,0001	-0,0000	0,0000
	D(BB)/A	0,0082	0,0100	0,0070	0,0025	0,0002	-0,0001	-0,0001	-0,0000	-0,0000	0
	D(BC)/A	0,1190	0,0867	0,0531	0,0254	0,0090	0,0032	0,0010	0,0003	0,0001	-0,0000
	D(BD)/A	0,0275	0,0133	0,0043	0,0005	-0,0002	-0,0001	-0,0000	-0,0000	-0,0000	-0,0000
	D(BE)/A	0,0046	0,0008	-0,0005	-0,0004	-0,0001	-0,0000	-0,0000	-0,0000	-0,0000	0,0000
	D(CA)/A	-0,0192	-0,0085	-0,0021	0,0002	0,0003	0,0001	0,0000	0,0000	0,0000	0,0000
	D(CB)/A	-0,1154	-0,0835	-0,0522	-0,0257	-0,0094	-0,0033	-0,0010	-0,0003	-0,0001	-0,0000
	D(CC)/A	0	-0,0000	-0,0000	0,0000	0,0000	-0,0000	0	-0,0000	-0,0000	0,0000
	D(CD)/A	0,1154	0,0835	0,0522	0,0257	0,0094	0,0033	0,0010	0,0003	0,0001	0,0000
	D(CE)/A	0,0192	0,0085	0,0021	-0,0002	-0,0003	-0,0001	-0,0000	-0,0000	-0,0000	-0,0000
0,50	B(AA)	0,7639	0,8033	0,8462	0,8904	0,9289	0,9487	0,9577	0,9606	0,9616	0,9621
	B(AB)	0,2917	0,2899	0,2738	0,2382	0,1911	0,1623	0,1484	0,1439	0,1423	0,1415
	B(AC)	0,1111	0,0774	0,0368	-0,0034	-0,0321	-0,0441	-0,0490	-0,0505	-0,0510	-0,0513
	B(AD)	0,0417	0,0188	-0,0007	-0,0133	-0,0180	-0,0186	-0,0186	-0,0185	-0,0185	-0,0185
	B(AE)	0,0139	0,0037	-0,0011	-0,0011	0,0006	0,0015	0,0019	0,0020	0,0020	0,0021
	B(BA)	0,1458	0,1449	0,1369	0,1191	0,0956	0,0812	0,0742	0,0719	0,0711	0,0708
	B(BB)	0,4375	0,4664	0,5049	0,5557	0,6102	0,6412	0,6559	0,6606	0,6623	0,6631
	B(BC)	0,1667	0,1784	0,1931	0,2087	0,2212	0,2270	0,2296	0,2304	0,2306	0,2308
	B(BD)	0,0625	0,0466	0,0289	0,0108	-0,0044	-0,0119	-0,0153	-0,0164	-0,0168	-0,0169
	B(BE)	0,0208	0,0094	-0,0003	-0,0066	-0,0090	-0,0093	-0,0093	-0,0093	-0,0092	-0,0092
	B(CA)	0,0556	0,0387	0,0184	-0,0017	-0,0160	-0,0220	-0,0245	-0,0253	-0,0255	-0,0256
	B(CB)	0,1667	0,1784	0,1931	0,2087	0,2212	0,2270	0,2296	0,2304	0,2306	0,2308
	B(CC)	0,4444	0,4883	0,5402	0,5895	0,6218	0,6341	0,6389	0,6403	0,6408	0,6410
	B(CD)	0,1667	0,1784	0,1931	0,2087	0,2212	0,2270	0,2296	0,2304	0,2306	0,2308
	B(CE)	0,0556	0,0387	0,0184	-0,0017	-0,0160	-0,0220	-0,0245	-0,0253	-0,0255	-0,0256
	D(AA)/A	-0,1181	-0,1022	-0,0825	-0,0568	-0,0284	-0,0118	-0,0039	-0,0013	-0,0004	0
	D(AB)/A	0,1458	0,1417	0,1272	0,0951	0,0498	0,0211	0,0070	0,0024	0,0007	0,0000
	D(AC)/A	0,0556	0,0463	0,0345	0,0212	0,0096	0,0038	0,0012	0,0004	0,0001	0,0000
	D(AD)/A	0,0208	0,0117	0,0039	-0,0010	-0,0017	-0,0009	-0,0003	-0,0001	-0,0000	0
	D(AE)/A	0,0069	0,0023	-0,0003	-0,0009	-0,0005	-0,0002	-0,0001	-0,0000	-0,0000	-0,0000
	D(BA)/A	-0,1632	-0,1156	-0,0691	-0,0317	-0,0106	-0,0036	-0,0011	-0,0004	-0,0001	-0,0000
	D(BB)/A	0,0104	0,0169	0,0149	0,0075	0,0020	0,0005	0,0001	0,0000	0,0000	0
	D(BC)/A	0,1944	0,1500	0,0977	0,0488	0,0176	0,0062	0,0019	0,0006	0,0002	0,0000
	D(BD)/A	0,0729	0,0453	0,0230	0,0090	0,0028	0,0009	0,0003	0,0001	0,0000	0,0000
	D(BE)/A	0,0243	0,0095	0,0013	-0,0009	-0,0006	-0,0002	-0,0001	-0,0000	-0,0000	-0,0000
	D(CA)/A	-0,0625	-0,0357	-0,0156	-0,0045	-0,0007	-0,0001	-0,0000	-0,0000	-0,0000	-0,0000
	D(CB)/A	-0,1875	-0,1395	-0,0903	-0,0467	-0,0179	-0,0066	-0,0020	-0,0007	-0,0002	-0,0000
	D(CC)/A	0	0	0	0	-0,0000	-0,0000	0,0000	-0,0000	0,0000	0
	D(CD)/A	0,1875	0,1395	0,0903	0,0467	0,0179	0,0066	0,0020	0,0007	0,0002	0
	D(CE)/A	0,0625	0,0357	0,0156	0,0045	0,0007	0,0001	0,0000	0,0000	0,0000	0,0000
1,00	B(AA)	0,6667	0,7175	0,7749	0,8355	0,8907	0,9207	0,9349	0,9395	0,9411	0,9419
	B(AB)	0,3333	0,3421	0,3372	0,3085	0,2591	0,2247	0,2070	0,2012	0,1990	0,1981
	B(AC)	0,1667	0,1352	0,0917	0,0398	-0,0066	-0,0301	-0,0408	-0,0442	-0,0454	-0,0460
	B(AD)	0,0833	0,0506	0,0179	-0,0096	-0,0269	-0,0335	-0,0360	-0,0368	-0,0371	-0,0372
	B(AE)	0,0417	0,0185	0,0017	-0,0048	-0,0035	-0,0012	0,0000	0,0005	0,0006	0,0007
	B(BA)	0,1667	0,1711	0,1686	0,1542	0,1295	0,1124	0,1035	0,1006	0,0995	0,0991
	B(BB)	0,3333	0,3596	0,3949	0,4421	0,4955	0,5280	0,5440	0,5493	0,5512	0,5521
	B(BC)	0,1667	0,1787	0,1961	0,2189	0,2421	0,2551	0,2613	0,2633	0,2641	0,2644
	B(BD)	0,0833	0,0690	0,0539	0,0402	0,0302	0,0257	0,0236	0,0230	0,0228	0,0227
	B(BE)	0,0417	0,0253	0,0089	-0,0048	-0,0135	-0,0167	-0,0180	-0,0184	-0,0185	-0,0186
	B(CA)	0,0833	0,0676	0,0459	0,0199	-0,0033	-0,0151	-0,0204	-0,0221	-0,0227	-0,0230
	B(CB)	0,1667	0,1787	0,1961	0,2189	0,2421	0,2551	0,2613	0,2633	0,2641	0,2644
	B(CC)	0,3333	0,3721	0,4243	0,4826	0,5290	0,5500	0,5590	0,5618	0,5628	0,5632
	B(CD)	0,1667	0,1787	0,1961	0,2189	0,2421	0,2551	0,2613	0,2633	0,2641	0,2644
	B(CE)	0,0833	0,0676	0,0459	0,0199	-0,0033	-0,0151	-0,0204	-0,0221	-0,0227	-0,0230

Z	Z(T)	0,00	0,03	0,10	0,30	1,00	3,00	10,0	30,0	100	UNENDL
	D(AA)/A	-0,1667	-0,1479	-0,1233	-0,0892	-0,0472	-0,0203	-0,0068	-0,0023	-0,0007	-0,0000
	D(AB)/A	0,1667	0,1669	0,1565	0,1242	0,0694	0,0305	0,0103	0,0036	0,0011	0
	D(AC)/A	0,0833	0,0775	0,0672	0,0498	0,0265	0,0114	0,0038	0,0013	0,0004	0,0000
	D(AD)/A	0,0417	0,0296	0,0174	0,0074	0,0019	0,0004	0,0001	0,0000	0,0000	0,0000
	D(AE)/A	0,0208	0,0109	0,0027	-0,0015	-0,0017	-0,0008	-0,0003	-0,0001	-0,0000	-0,0000
	D(BA)/A	-0,2500	-0,1842	-0,1154	-0,0561	-0,0199	-0,0070	-0,0021	-0,0007	-0,0002	0
	D(BB)/A	-0,0000	0,0138	0,0179	0,0121	0,0047	0,0016	0,0005	0,0002	0,0000	-0,0000
	D(BC)/A	0,2500	0,2026	0,1404	0,0746	0,0282	0,0101	0,0031	0,0010	0,0003	-0,0000
	D(BD)/A	0,1250	0,0870	0,0513	0,0240	0,0086	0,0031	0,0010	0,0003	0,0001	-0,0000
	D(BE)/A	0,0625	0,0324	0,0106	0,0008	-0,0008	-0,0004	-0,0002	-0,0001	-0,0000	0
	D(CA)/A	-0,1250	-0,0809	-0,0420	-0,0157	-0,0039	-0,0010	-0,0003	-0,0001	-0,0000	0,0000
	D(CB)/A	-0,2500	-0,1905	-0,1261	-0,0669	-0,0264	-0,0099	-0,0031	-0,0011	-0,0003	-0,0000
	D(CC)/A	-0,0000	0,0000	0	-0,0000	-0,0000	0	0,0000	0,0000	-0,0000	0,0000
	D(CD)/A	0,2500	0,1905	0,1261	0,0669	0,0264	0,0099	0,0031	0,0011	0,0003	0,0000
	D(CE)/A	0,1250	0,0809	0,0420	0,0157	0,0039	0,0010	0,0003	0,0001	0,0000	0,0000
2,00	B(AA)	0,5635	0,6208	0,6903	0,7675	0,8409	0,8835	0,9048	0,9118	0,9144	0,9156
	B(AB)	0,3453	0,3644	0,3758	0,3644	0,3235	0,2880	0,2679	0,2610	0,2584	0,2573
	B(AC)	0,2133	0,1898	0,1530	0,1004	0,0414	0,0049	-0,0136	-0,0197	-0,0220	-0,0230
	B(AD)	0,1347	0,0972	0,0540	0,0115	-0,0219	-0,0386	-0,0465	-0,0491	-0,0500	-0,0504
	B(AE)	0,0898	0,0535	0,0183	-0,0056	-0,0124	-0,0107	-0,0087	-0,0080	-0,0077	-0,0075
	B(BA)	0,1726	0,1822	0,1879	0,1822	0,1617	0,1440	0,1340	0,1305	0,1292	0,1286
	B(BB)	0,2589	0,2809	0,3109	0,3509	0,3971	0,4272	0,4429	0,4481	0,4501	0,4509
	B(BC)	0,1600	0,1694	0,1849	0,2091	0,2395	0,2597	0,2704	0,2740	0,2753	0,2759
	B(BD)	0,1011	0,0881	0,0744	0,0642	0,0618	0,0637	0,0653	0,0660	0,0662	0,0663
	B(BE)	0,0674	0,0486	0,0270	0,0057	-0,0110	-0,0193	-0,0232	-0,0245	-0,0250	-0,0252
	B(CA)	0,1067	0,0949	0,0765	0,0502	0,0207	0,0025	-0,0068	-0,0099	-0,0110	-0,0115
	B(CB)	0,1600	0,1694	0,1849	0,2091	0,2395	0,2597	0,2704	0,2740	0,2753	0,2759
	B(CC)	0,2533	0,2816	0,3242	0,3810	0,4383	0,4706	0,4864	0,4915	0,4934	0,4943
	B(CD)	0,1600	0,1694	0,1849	0,2091	0,2395	0,2597	0,2704	0,2740	0,2753	0,2759
	B(CE)	0,1067	0,0949	0,0765	0,0502	0,0207	0,0025	-0,0068	-0,0099	-0,0110	-0,0115
	D(AA)/A	-0,2182	-0,1999	-0,1734	-0,1324	-0,0752	-0,0339	-0,0116	-0,0040	-0,0012	-0,0000
	D(AB)/A	0,1726	0,1767	0,1727	0,1462	0,0883	0,0407	0,0141	0,0049	0,0015	-0,0000
	D(AC)/A	0,1067	0,1066	0,1027	0,0871	0,0532	0,0247	0,0086	0,0030	0,0009	-0,0000
	D(AD)/A	0,0674	0,0554	0,0413	0,0267	0,0137	0,0061	0,0021	0,0007	0,0002	-0,0000
	D(AE)/A	0,0449	0,0306	0,0150	0,0024	-0,0024	-0,0018	-0,0007	-0,0003	-0,0001	0,0000
	D(BA)/A	-0,3502	-0,2708	-0,1794	-0,0931	-0,0354	-0,0129	-0,0040	-0,0014	-0,0004	-0,0000
	D(BB)/A	-0,0253	-0,0042	0,0105	0,0131	0,0074	0,0031	0,0010	0,0004	0,0001	0
	D(BC)/A	0,2933	0,2479	0,1826	0,1050	0,0429	0,0161	0,0051	0,0017	0,0005	0
	D(BD)/A	0,1853	0,1409	0,0923	0,0484	0,0192	0,0073	0,0023	0,0008	0,0002	-0,0000
	D(BE)/A	0,1235	0,0785	0,0367	0,0099	0,0007	-0,0003	-0,0002	-0,0001	-0,0000	-0,0000
	D(CA)/A	-0,2105	-0,1523	-0,0905	-0,0395	-0,0118	-0,0036	-0,0010	-0,0003	-0,0001	0,0000
	D(CB)/A	-0,3158	-0,2488	-0,1694	-0,0915	-0,0367	-0,0138	-0,0044	-0,0015	-0,0004	0,0000
	D(CC)/A	0,0000	0	0	-0,0000	-0,0000	-0,0000	-0,0000	-0,0000	-0,0000	-0,0000
	D(CD)/A	0,3158	0,2488	0,1694	0,0915	0,0367	0,0138	0,0044	0,0015	0,0004	-0,0000
	D(CE)/A	0,2105	0,1523	0,0905	0,0395	0,0118	0,0036	0,0010	0,0003	0,0001	-0,0000
5,00	B(AA)	0,4425	0,4933	0,5665	0,6603	0,7582	0,8199	0,8532	0,8648	0,8691	0,8709
	B(AB)	0,3309	0,3538	0,3811	0,3995	0,3876	0,3624	0,3440	0,3371	0,3344	0,3332
	B(AC)	0,2525	0,2399	0,2180	0,1805	0,1253	0,0807	0,0537	0,0439	0,0402	0,0385
	B(AD)	0,1994	0,1665	0,1202	0,0645	0,0126	-0,0183	-0,0351	-0,0410	-0,0432	-0,0442
	B(AE)	0,1661	0,1266	0,0739	0,0174	-0,0209	-0,0323	-0,0346	-0,0347	-0,0347	-0,0347
	B(BA)	0,1655	0,1769	0,1906	0,1997	0,1938	0,1812	0,1720	0,1685	0,1672	0,1666
	B(BB)	0,1986	0,2136	0,2361	0,2667	0,3020	0,3265	0,3405	0,3454	0,3473	0,3481
	B(BC)	0,1515	0,1567	0,1662	0,1838	0,2122	0,2366	0,2516	0,2571	0,2592	0,2601
	B(BD)	0,1196	0,1094	0,0964	0,0854	0,0855	0,0928	0,0990	0,1014	0,1024	0,1028
	B(BE)	0,0997	0,0832	0,0601	0,0323	0,0063	-0,0091	-0,0175	-0,0205	-0,0216	-0,0221
	B(CA)	0,1263	0,1200	0,1090	0,0902	0,0627	0,0404	0,0269	0,0220	0,0201	0,0193
	B(CB)	0,1515	0,1567	0,1662	0,1838	0,2122	0,2366	0,2516	0,2571	0,2592	0,2601
	B(CC)	0,1919	0,2067	0,2316	0,2714	0,3248	0,3654	0,3894	0,3980	0,4013	0,4027
	B(CD)	0,1515	0,1567	0,1662	0,1838	0,2122	0,2366	0,2516	0,2571	0,2592	0,2601
	B(CE)	0,1263	0,1200	0,1090	0,0902	0,0627	0,0404	0,0269	0,0220	0,0201	0,0193
	D(AA)/A	-0,2788	-0,2690	-0,2492	-0,2066	-0,1298	-0,0630	-0,0225	-0,0079	-0,0024	0,0000
	D(AB)/A	0,1655	0,1690	0,1691	0,1530	0,1032	0,0519	0,0188	0,0067	0,0020	0
	D(AC)/A	0,1263	0,1332	0,1400	0,1351	0,0970	0,0506	0,0187	0,0067	0,0020	0,0000
	D(AD)/A	0,0997	0,0935	0,0838	0,0688	0,0454	0,0234	0,0087	0,0031	0,0010	0,0000
	D(AE)/A	0,0831	0,0712	0,0527	0,0282	0,0070	0,0001	-0,0006	-0,0003	-0,0001	-0,0000
	D(BA)/A	-0,4748	-0,3951	-0,2866	-0,1646	-0,0693	-0,0270	-0,0087	-0,0030	-0,0009	0,0000
	D(BB)/A	-0,0698	-0,0483	-0,0229	-0,0014	0,0063	0,0044	0,0018	0,0006	0,0002	0
	D(BC)/A	0,3283	0,2877	0,2251	0,1422	0,0657	0,0270	0,0089	0,0031	0,0009	0,0000
	D(BD)/A	0,2592	0,2177	0,1606	0,0953	0,0422	0,0171	0,0057	0,0019	0,0006	0,0000
	D(BE)/A	0,2160	0,1666	0,1052	0,0465	0,0122	0,0028	0,0006	0,0001	0,0000	0,0000
	D(CA)/A	-0,3289	-0,2710	-0,1906	-0,1007	-0,0360	-0,0121	-0,0036	-0,0012	-0,0004	-0,0000
	D(CB)/A	-0,3947	-0,3305	-0,2403	-0,1363	-0,0552	-0,0207	-0,0065	-0,0022	-0,0007	-0,0000
	D(CC)/A	-0,0000	-0,0000	0	-0,0000	0	-0,0000	-0,0000	-0,0000	0	-0,0000
	D(CD)/A	0,3947	0,3305	0,2403	0,1363	0,0552	0,0207	0,0065	0,0022	0,0007	-0,0000
	D(CE)/A	0,3289	0,2710	0,1906	0,1007	0,0360	0,0121	0,0036	0,0012	0,0004	-0,0000

Z	Z(T)	0,00	0,03	0,10	0,30	1,00	3,00	10,0	30,0	100	UNENDL
10,00	B(AA)	0,3771	0,4144	0,4761	0,5704	0,6842	0,7629	0,8077	0,8238	0,8299	0,8325
	B(AB)	0,3148	0,3330	0,3608	0,3938	0,4102	0,4035	0,3934	0,3888	0,3869	0,3860
	B(AC)	0,2683	0,2613	0,2485	0,2247	0,1842	0,1453	0,1184	0,1078	0,1037	0,1019
	B(AD)	0,2351	0,2113	0,1725	0,1161	0,0542	0,0141	-0,0091	-0,0175	-0,0207	-0,0221
	B(AE)	0,2138	0,1828	0,1330	0,0623	-0,0086	-0,0443	-0,0591	-0,0633	-0,0648	-0,0654
	B(BA)	0,1574	0,1665	0,1804	0,1969	0,2051	0,2018	0,1967	0,1944	0,1934	0,1930
	B(BB)	0,1732	0,1831	0,1995	0,2240	0,2532	0,2738	0,2863	0,2909	0,2926	0,2934
	B(BC)	0,1476	0,1505	0,1561	0,1673	0,1881	0,2091	0,2238	0,2296	0,2319	0,2329
	B(BD)	0,1293	0,1221	0,1112	0,0988	0,0943	0,0995	0,1056	0,1082	0,1093	0,1098
	B(BE)	0,1176	0,1057	0,0862	0,0580	0,0271	0,0070	-0,0045	-0,0087	-0,0104	-0,0111
	B(CA)	0,1341	0,1306	0,1242	0,1123	0,0921	0,0727	0,0592	0,0539	0,0519	0,0509
	B(CB)	0,1476	0,1505	0,1561	0,1673	0,1881	0,2091	0,2238	0,2296	0,2319	0,2329
	B(CC)	0,1683	0,1765	0,1909	0,2161	0,2554	0,2912	0,3156	0,3251	0,3288	0,3304
	B(CD)	0,1476	0,1505	0,1561	0,1673	0,1881	0,2091	0,2238	0,2296	0,2319	0,2329
	B(CE)	0,1341	0,1306	0,1242	0,1123	0,0921	0,0727	0,0592	0,0539	0,0519	0,0509
	D(AA)/A	-0,3114	-0,3120	-0,3057	-0,2734	-0,1873	-0,0968	-0,0359	-0,0128	-0,0040	0,0000
	D(AB)/A	0,1574	0,1568	0,1532	0,1386	0,0990	0,0535	0,0205	0,0074	0,0023	0,0000
	D(AC)/A	0,1341	0,1446	0,1574	0,1613	0,1271	0,0719	0,0280	0,0102	0,0032	0,0000
	D(AD)/A	0,1176	0,1181	0,1173	0,1090	0,0807	0,0447	0,0173	0,0063	0,0019	0,0000
	D(AE)/A	0,1069	0,1023	0,0918	0,0690	0,0339	0,0118	0,0030	0,0009	0,0003	-0,0000
	D(BA)/A	-0,5442	-0,4759	-0,3714	-0,2344	-0,1084	-0,0448	-0,0150	-0,0052	-0,0016	0,0000
	D(BB)/A	-0,0986	-0,0837	-0,0597	-0,0279	-0,0036	0,0021	0,0014	0,0006	0,0002	-0,0000
	D(BC)/A	0,3421	0,3043	0,2445	0,1621	0,0811	0,0358	0,0124	0,0044	0,0013	0,0000
	D(BD)/A	0,2998	0,2669	0,2138	0,1395	0,0671	0,0286	0,0098	0,0034	0,0010	0,0000
	D(BE)/A	0,2726	0,2321	0,1722	0,0975	0,0361	0,0116	0,0031	0,0010	0,0003	0,0000
	D(CA)/A	-0,3984	-0,3538	-0,2786	-0,1708	-0,0707	-0,0259	-0,0080	-0,0027	-0,0008	-0,0000
	D(CB)/A	-0,4382	-0,3836	-0,2974	-0,1813	-0,0768	-0,0291	-0,0092	-0,0031	-0,0009	-0,0000
	D(CC)/A	0,0000	-0,0000	0,0000	0,0000	0	-0,0000	-0,0000	0,0000	-0,0000	-0,0000
	D(CD)/A	0,4382	0,3836	0,2974	0,1813	0,0768	0,0291	0,0092	0,0031	0,0009	-0,0000
	D(CE)/A	0,3984	0,3538	0,2786	0,1708	0,0707	0,0259	0,0080	0,0027	0,0008	0
20,00	B(AA)	0,3356	0,3590	0,4025	0,4819	0,6013	0,6992	0,7609	0,7840	0,7929	0,7968
	B(AB)	0,3024	0,3143	0,3355	0,3698	0,4070	0,4242	0,4294	0,4302	0,4304	0,4305
	B(AC)	0,2768	0,2731	0,2661	0,2526	0,2273	0,1997	0,1785	0,1696	0,1661	0,1645
	B(AD)	0,2580	0,2432	0,2159	0,1684	0,1032	0,0536	0,0229	0,0114	0,0069	0,0049
	B(AE)	0,2457	0,2257	0,1887	0,1227	0,0300	-0,0380	-0,0763	-0,0896	-0,0946	-0,0968
	B(BA)	0,1512	0,1572	0,1678	0,1849	0,2035	0,2121	0,2147	0,2151	0,2152	0,2152
	B(BB)	0,1588	0,1647	0,1753	0,1936	0,2181	0,2366	0,2482	0,2527	0,2544	0,2552
	B(BC)	0,1453	0,1469	0,1499	0,1563	0,1693	0,1840	0,1956	0,2004	0,2023	0,2032
	B(BD)	0,1355	0,1310	0,1233	0,1119	0,1024	0,1016	0,1039	0,1053	0,1059	0,1062
	B(BE)	0,1290	0,1216	0,1080	0,0842	0,0516	0,0268	0,0115	0,0057	0,0035	0,0025
	B(CA)	0,1384	0,1365	0,1331	0,1263	0,1136	0,0999	0,0892	0,0848	0,0830	0,0822
	B(CB)	0,1453	0,1469	0,1499	0,1563	0,1693	0,1840	0,1956	0,2004	0,2023	0,2032
	B(CC)	0,1559	0,1602	0,1680	0,1822	0,2069	0,2325	0,2519	0,2600	0,2632	0,2646
	B(CD)	0,1453	0,1469	0,1499	0,1563	0,1693	0,1840	0,1956	0,2004	0,2023	0,2032
	B(CE)	0,1384	0,1365	0,1331	0,1263	0,1136	0,0999	0,0892	0,0848	0,0830	0,0822
	D(AA)/A	-0,3322	-0,3422	-0,3521	-0,3416	-0,2602	-0,1453	-0,0564	-0,0205	-0,0064	-0,0000
	D(AB)/A	0,1512	0,1461	0,1353	0,1133	0,0776	0,0435	0,0175	0,0065	0,0020	-0,0000
	D(AC)/A	0,1384	0,1508	0,1674	0,1777	0,1490	0,0897	0,0366	0,0136	0,0042	-0,0000
	D(AD)/A	0,1290	0,1356	0,1451	0,1503	0,1244	0,0738	0,0297	0,0110	0,0034	-0,0000
	D(AE)/A	0,1229	0,1259	0,1282	0,1209	0,0847	0,0418	0,0145	0,0050	0,0015	0,0000
	D(BA)/A	-0,5887	-0,5335	-0,4428	-0,3083	-0,1605	-0,0718	-0,0251	-0,0088	-0,0027	-0,0000
	D(BB)/A	-0,1182	-0,1110	-0,0946	-0,0626	-0,0241	-0,0063	-0,0011	-0,0003	-0,0001	0,0000
	D(BC)/A	0,3494	0,3134	0,2556	0,1746	0,0922	0,0431	0,0157	0,0056	0,0017	0,0000
	D(BD)/A	0,3258	0,3018	0,2581	0,1854	0,0986	0,0447	0,0158	0,0056	0,0017	0,0000
	D(BE)/A	0,3103	0,2814	0,2333	0,1597	0,0772	0,0310	0,0099	0,0033	0,0010	0,0000
	D(CA)/A	-0,4440	-0,4147	-0,3560	-0,2504	-0,1228	-0,0504	-0,0166	-0,0057	-0,0017	-0,0000
	D(CB)/A	-0,4661	-0,4217	-0,3462	-0,2306	-0,1072	-0,0426	-0,0137	-0,0047	-0,0014	0,0000
	D(CC)/A	0	-0,0000	-0,0000	-0,0000	0,0000	0,0000	-0,0000	-0,0000	-0,0000	-0,0000
	D(CD)/A	0,4661	0,4217	0,3462	0,2306	0,1072	0,0426	0,0137	0,0047	0,0014	-0,0000
	D(CE)/A	0,4440	0,4147	0,3560	0,2504	0,1228	0,0504	0,0166	0,0057	0,0017	-0,0000
50,00	B(AA)	0,3069	0,3178	0,3400	0,3885	0,4869	0,6011	0,6961	0,7379	0,7550	0,7628
	B(AB)	0,2930	0,2987	0,3100	0,3333	0,3744	0,4161	0,4485	0,4624	0,4680	0,4706
	B(AC)	0,2821	0,2805	0,2776	0,2717	0,2600	0,2460	0,2341	0,2289	0,2268	0,2258
	B(AD)	0,2740	0,2671	0,2532	0,2242	0,1702	0,1122	0,0659	0,0458	0,0376	0,0339
	B(AE)	0,2686	0,2591	0,2395	0,1969	0,1108	0,0118	-0,0704	-0,1065	-0,1212	-0,1280
	B(BA)	0,1465	0,1493	0,1550	0,1666	0,1872	0,2080	0,2242	0,2312	0,2340	0,2353
	B(BB)	0,1494	0,1521	0,1573	0,1676	0,1853	0,2025	0,2157	0,2213	0,2236	0,2246
	B(BC)	0,1439	0,1445	0,1458	0,1486	0,1546	0,1621	0,1684	0,1713	0,1724	0,1730
	B(BD)	0,1397	0,1377	0,1337	0,1263	0,1156	0,1070	0,1015	0,0992	0,0984	0,0980
	B(BE)	0,1370	0,1335	0,1266	0,1121	0,0851	0,0561	0,0329	0,0229	0,0188	0,0169
	B(CA)	0,1410	0,1403	0,1388	0,1359	0,1300	0,1230	0,1171	0,1145	0,1134	0,1129
	B(CB)	0,1439	0,1445	0,1458	0,1486	0,1546	0,1621	0,1684	0,1713	0,1724	0,1730
	B(CC)	0,1481	0,1499	0,1532	0,1594	0,1708	0,1839	0,1948	0,1996	0,2016	0,2025
	B(CD)	0,1439	0,1445	0,1458	0,1486	0,1546	0,1621	0,1684	0,1713	0,1724	0,1730
	B(CE)	0,1410	0,1403	0,1388	0,1359	0,1300	0,1230	0,1171	0,1145	0,1134	0,1129

Z	Z(T)	0,00	0,03	0,10	0,30	1,00	3,00	10,0	30,0	100	UNENDL
	D(AA)/A	-0,3466	-0,3648	-0,3917	-0,4151	-0,3694	-0,2392	-0,1031	-0,0391	-0,0123	-0,0000
	D(AB)/A	0,1465	0,1373	0,1179	0,0798	0,0308	0,0067	0,0004	-0,0002	-0,0001	-0,0000
	D(AC)/A	0,1410	0,1548	0,1740	0,1890	0,1656	0,1047	0,0445	0,0168	0,0053	-0,0000
	D(AD)/A	0,1370	0,1488	0,1689	0,1948	0,1882	0,1266	0,0554	0,0211	0,0067	-0,0000
	D(AE)/A	0,1343	0,1444	0,1613	0,1833	0,1772	0,1202	0,0530	0,0202	0,0064	-0,0000
	D(BA)/A	-0,6199	-0,5769	-0,5047	-0,3897	-0,2412	-0,1262	-0,0491	-0,0180	-0,0056	-0,0000
	D(BB)/A	-0,1323	-0,1323	-0,1266	-0,1048	-0,0628	-0,0302	-0,0110	-0,0039	-0,0012	-0,0000
	D(BC)/A	0,3540	0,3191	0,2628	0,1831	0,1006	0,0493	0,0186	0,0068	0,0021	-0,0000
	D(BD)/A	0,3438	0,3280	0,2962	0,2351	0,1456	0,0750	0,0288	0,0105	0,0033	-0,0000
	D(BE)/A	0,3371	0,3195	0,2885	0,2330	0,1495	0,0791	0,0309	0,0113	0,0035	0
	D(CA)/A	-0,4761	-0,4612	-0,4244	-0,3412	-0,2084	-0,1047	-0,0395	-0,0143	-0,0044	-0,0000
	D(CB)/A	-0,4856	-0,4505	-0,3888	-0,2858	-0,1560	-0,0717	-0,0256	-0,0091	-0,0028	-0,0000
	D(CC)/A	0	0	-0,0000	-0,0000	-0,0000	0	0	0,0000	0,0000	0,0000
	D(CD)/A	0,4856	0,4505	0,3888	0,2858	0,1560	0,0717	0,0256	0,0091	0,0028	0,0000
	D(CE)/A	0,4761	0,4612	0,4244	0,3412	0,2084	0,1047	0,0395	0,0143	0,0044	0,0000
100,00	B(AA)	0,2965	0,3023	0,3145	0,3432	0,4124	0,5179	0,6373	0,7033	0,7334	0,7478
	B(AB)	0,2895	0,2925	0,2988	0,3130	0,3444	0,3894	0,4403	0,4686	0,4816	0,4878
	B(AC)	0,2839	0,2831	0,2816	0,2786	0,2724	0,2648	0,2581	0,2550	0,2538	0,2532
	B(AD)	0,2797	0,2761	0,2685	0,2513	0,2132	0,1593	0,1006	0,0687	0,0542	0,0473
	B(AE)	0,2769	0,2719	0,2611	0,2354	0,1726	0,0754	-0,0368	-0,0995	-0,1282	-0,1420
	B(BA)	0,1447	0,1462	0,1494	0,1565	0,1722	0,1947	0,2201	0,2343	0,2408	0,2439
	B(BB)	0,1462	0,1476	0,1504	0,1563	0,1683	0,1834	0,1988	0,2069	0,2105	0,2123
	B(BC)	0,1434	0,1437	0,1443	0,1458	0,1489	0,1530	0,1566	0,1583	0,1589	0,1592
	B(BD)	0,1413	0,1402	0,1380	0,1335	0,1252	0,1149	0,1037	0,0975	0,0947	0,0933
	B(BE)	0,1399	0,1380	0,1342	0,1257	0,1066	0,0796	0,0503	0,0344	0,0271	0,0237
	B(CA)	0,1419	0,1416	0,1408	0,1393	0,1362	0,1324	0,1290	0,1275	0,1269	0,1266
	B(CB)	0,1434	0,1437	0,1443	0,1458	0,1489	0,1530	0,1566	0,1583	0,1589	0,1592
	B(CC)	0,1455	0,1464	0,1481	0,1512	0,1573	0,1644	0,1706	0,1734	0,1746	0,1751
	B(CD)	0,1434	0,1437	0,1443	0,1458	0,1489	0,1530	0,1566	0,1583	0,1589	0,1592
	B(CE)	0,1419	0,1416	0,1408	0,1393	0,1362	0,1324	0,1290	0,1275	0,1269	0,1266
	D(AA)/A	-0,3517	-0,3733	-0,4080	-0,4511	-0,4433	-0,3288	-0,1622	-0,0657	-0,0213	-0,0000
	D(AB)/A	0,1447	0,1338	0,1103	0,0620	-0,0053	-0,0355	-0,0269	-0,0124	-0,0042	0
	D(AC)/A	0,1419	0,1561	0,1762	0,1930	0,1719	0,1108	0,0479	0,0182	0,0057	-0,0000
	D(AD)/A	0,1399	0,1537	0,1788	0,2165	0,2306	0,1753	0,0864	0,0349	0,0113	-0,0000
	D(AE)/A	0,1385	0,1514	0,1753	0,2153	0,2447	0,2034	0,1085	0,0454	0,0149	0,0000
	D(BA)/A	-0,6311	-0,5933	-0,5302	-0,4300	-0,2964	-0,1790	-0,0801	-0,0315	-0,0101	-0,0000
	D(BB)/A	-0,1374	-0,1405	-0,1402	-0,1265	-0,0914	-0,0561	-0,0258	-0,0103	-0,0033	-0,0000
	D(BC)/A	0,3556	0,3211	0,2653	0,1861	0,1037	0,0518	0,0199	0,0073	0,0023	-0,0000
	D(BD)/A	0,3503	0,3379	0,3119	0,2596	0,1773	0,1036	0,0450	0,0175	0,0056	-0,0000
	D(BE)/A	0,3469	0,3341	0,3117	0,2704	0,2016	0,1293	0,0606	0,0243	0,0079	-0,0000
	D(CA)/A	-0,4878	-0,4789	-0,4529	-0,3868	-0,2687	-0,1593	-0,0705	-0,0277	-0,0089	0,0000
	D(CB)/A	-0,4927	-0,4614	-0,4065	-0,3134	-0,1900	-0,1007	-0,0414	-0,0158	-0,0050	0,0000
	D(CC)/A	0	-0,0000	-0,0000	-0,0000	-0,0000	-0,0000	-0,0000	0,0000	0	-0,0000
	D(CD)/A	0,4927	0,4614	0,4065	0,3134	0,1900	0,1007	0,0414	0,0158	0,0050	-0,0000
	D(CE)/A	0,4878	0,4789	0,4529	0,3868	0,2687	0,1593	0,0705	0,0277	0,0089	-0,0000
200,00	B(AA)	0,2912	0,2941	0,3005	0,3163	0,3587	0,4391	0,5651	0,6600	0,7120	0,7394
	B(AB)	0,2876	0,2892	0,2925	0,3004	0,3204	0,3571	0,4154	0,4600	0,4845	0,4975
	B(AC)	0,2848	0,2844	0,2837	0,2821	0,2789	0,2749	0,2714	0,2697	0,2691	0,2687
	B(AD)	0,2827	0,2808	0,2768	0,2674	0,2440	0,2027	0,1402	0,0937	0,0683	0,0550
	B(AE)	0,2813	0,2787	0,2730	0,2588	0,2196	0,1436	0,0214	-0,0717	-0,1230	-0,1500
	B(BA)	0,1438	0,1446	0,1463	0,1502	0,1602	0,1785	0,2077	0,2300	0,2423	0,2487
	B(BB)	0,1445	0,1452	0,1467	0,1499	0,1571	0,1684	0,1844	0,1960	0,2023	0,2056
	B(BC)	0,1431	0,1433	0,1436	0,1443	0,1460	0,1481	0,1500	0,1509	0,1513	0,1514
	B(BD)	0,1420	0,1415	0,1404	0,1379	0,1325	0,1237	0,1100	0,0994	0,0936	0,0905
	B(BE)	0,1413	0,1404	0,1384	0,1337	0,1220	0,1014	0,0701	0,0469	0,0342	0,0275
	B(CA)	0,1424	0,1422	0,1418	0,1411	0,1395	0,1375	0,1357	0,1349	0,1345	0,1344
	B(CB)	0,1431	0,1433	0,1436	0,1443	0,1460	0,1481	0,1500	0,1509	0,1513	0,1514
	B(CC)	0,1442	0,1446	0,1455	0,1471	0,1502	0,1539	0,1572	0,1587	0,1594	0,1597
	B(CD)	0,1431	0,1433	0,1436	0,1443	0,1460	0,1481	0,1500	0,1509	0,1513	0,1514
	B(CE)	0,1424	0,1422	0,1418	0,1411	0,1395	0,1375	0,1357	0,1349	0,1345	0,1344
	D(AA)/A	-0,3544	-0,3777	-0,4169	-0,4725	-0,4973	-0,4173	-0,2445	-0,1112	-0,0382	-0,0000
	D(AB)/A	0,1438	0,1319	0,1061	0,0511	-0,0328	-0,0795	-0,0674	-0,0346	-0,0125	0
	D(AC)/A	0,1424	0,1568	0,1774	0,1951	0,1752	0,1142	0,0498	0,0190	0,0060	0,0000
	D(AD)/A	0,1413	0,1563	0,1841	0,2294	0,2614	0,2229	0,1289	0,0580	0,0198	0
	D(AE)/A	0,1406	0,1552	0,1831	0,2347	0,2954	0,2885	0,1889	0,0900	0,0315	0,0000
	D(BA)/A	-0,6369	-0,6020	-0,5441	-0,4540	-0,3370	-0,2314	-0,1236	-0,0546	-0,0186	0,0000
	D(BB)/A	-0,1401	-0,1449	-0,1477	-0,1396	-0,1129	-0,0828	-0,0474	-0,0217	-0,0075	0,0000
	D(BC)/A	0,3564	0,3221	0,2666	0,1876	0,1054	0,0532	0,0206	0,0076	0,0024	0,0000
	D(BD)/A	0,3537	0,3431	0,3205	0,2741	0,2004	0,1317	0,0674	0,0292	0,0098	0,0000
	D(BE)/A	0,3520	0,3418	0,3244	0,2930	0,2405	0,1804	0,1033	0,0471	0,0162	0,0000
	D(CA)/A	-0,4938	-0,4882	-0,4686	-0,4142	-0,3133	-0,2142	-0,1146	-0,0508	-0,0173	-0,0000
	D(CB)/A	-0,4963	-0,4672	-0,4162	-0,3299	-0,2152	-0,1298	-0,0639	-0,0275	-0,0092	-0,0000
	D(CC)/A	0,0000	0	0,0000	0,0000	-0,0000	0,0000	-0,0000	0	-0,0000	-0,0000
	D(CD)/A	0,4963	0,4672	0,4162	0,3299	0,2152	0,1298	0,0639	0,0275	0,0092	-0,0000
	D(CE)/A	0,4938	0,4882	0,4686	0,4142	0,3133	0,2142	0,1146	0,0508	0,0173	-0,0000

Z	Z(T)	0,00	0,03	0,10	0,30	1,00	3,00	10,0	30,0	100	UNENDL
500,00	B(AA)	0,2879	0,2891	0,2917	0,2984	0,3179	0,3620	0,4609	0,5784	0,6719	0,7339
	B(AB)	0,2865	0,2871	0,2885	0,2919	0,3012	0,3221	0,3699	0,4273	0,4732	0,5037
	B(AC)	0,2853	0,2852	0,2849	0,2843	0,2830	0,2813	0,2798	0,2792	0,2789	0,2787
	B(AD)	0,2845	0,2837	0,2821	0,2781	0,2674	0,2446	0,1951	0,1368	0,0907	0,0600
	B(AE)	0,2839	0,2829	0,2805	0,2745	0,2563	0,2140	0,1167	-0,0001	-0,0932	-0,1551
	B(BA)	0,1432	0,1436	0,1442	0,1459	0,1506	0,1611	0,1849	0,2137	0,2366	0,2518
	B(BB)	0,1435	0,1438	0,1444	0,1458	0,1490	0,1552	0,1678	0,1823	0,1937	0,2013
	B(BC)	0,1430	0,1430	0,1432	0,1435	0,1441	0,1450	0,1458	0,1462	0,1463	0,1464
	B(BD)	0,1425	0,1423	0,1418	0,1408	0,1383	0,1331	0,1215	0,1074	0,0961	0,0886
	B(BE)	0,1422	0,1419	0,1410	0,1391	0,1337	0,1223	0,0975	0,0684	0,0453	0,0300
	B(CA)	0,1427	0,1426	0,1424	0,1421	0,1415	0,1407	0,1399	0,1396	0,1394	0,1394
	B(CB)	0,1430	0,1430	0,1432	0,1435	0,1441	0,1450	0,1458	0,1462	0,1463	0,1464
	B(CC)	0,1434	0,1436	0,1439	0,1446	0,1458	0,1474	0,1487	0,1494	0,1496	0,1498
	B(CD)	0,1430	0,1430	0,1432	0,1435	0,1441	0,1450	0,1458	0,1462	0,1463	0,1464
	B(CE)	0,1427	0,1426	0,1424	0,1421	0,1415	0,1407	0,1399	0,1396	0,1394	0,1394
	D(AA)/A	-0,3560	-0,3805	-0,4225	-0,4868	-0,5387	-0,5055	-0,3699	-0,2088	-0,0829	0,0000
	D(AB)/A	0,1432	0,1308	0,1034	0,0437	-0,0542	-0,1245	-0,1303	-0,0834	-0,0347	0,0000
	D(AC)/A	0,1427	0,1572	0,1781	0,1964	0,1772	0,1162	0,0510	0,0195	0,0062	0,0000
	D(AD)/A	0,1422	0,1579	0,1875	0,2380	0,2850	0,2700	0,1932	0,1073	0,0423	0
	D(AE)/A	0,1420	0,1575	0,1880	0,2478	0,3347	0,3746	0,3130	0,1871	0,0761	0
	D(BA)/A	-0,6405	-0,6073	-0,5529	-0,4701	-0,3682	-0,2838	-0,1900	-0,1044	-0,0411	0,0000
	D(BB)/A	-0,1418	-0,1476	-0,1524	-0,1485	-0,1295	-0,1098	-0,0809	-0,0466	-0,0187	-0,0000
	D(BC)/A	0,3568	0,3227	0,2673	0,1886	0,1064	0,0540	0,0210	0,0077	0,0024	0,0000
	D(BD)/A	0,3558	0,3463	0,3259	0,2838	0,2181	0,1596	0,1014	0,0543	0,0211	-0,0000
	D(BE)/A	0,3551	0,3466	0,3325	0,3081	0,2707	0,2319	0,1692	0,0967	0,0387	-0,0000
	D(CA)/A	-0,4975	-0,4940	-0,4785	-0,4325	-0,3477	-0,2693	-0,1821	-0,1008	-0,0398	-0,0000
	D(CB)/A	-0,4985	-0,4707	-0,4223	-0,3409	-0,2346	-0,1590	-0,0984	-0,0527	-0,0205	-0,0000
	D(CC)/A	-0,0000	-0,0000	0,0000	0	0	-0,0000	-0,0000	0	-0,0000	-0,0000
	D(CD)/A	0,4985	0,4707	0,4223	0,3409	0,2346	0,1590	0,0984	0,0527	0,0205	0
	D(CE)/A	0,4975	0,4940	0,4785	0,4325	0,3477	0,2693	0,1821	0,1008	0,0398	-0,0000
1000,00	B(AA)	0,2868	0,2874	0,2887	0,2922	0,3024	0,3273	0,3941	0,5020	0,6234	0,7321
	B(AB)	0,2861	0,2864	0,2871	0,2888	0,2938	0,3057	0,3384	0,3917	0,4518	0,5058
	B(AC)	0,2855	0,2855	0,2853	0,2850	0,2843	0,2835	0,2828	0,2824	0,2823	0,2822
	B(AD)	0,2851	0,2847	0,2839	0,2819	0,2762	0,2633	0,2298	0,1761	0,1157	0,0617
	B(AE)	0,2848	0,2843	0,2831	0,2800	0,2705	0,2464	0,1805	0,0729	-0,0483	-0,1569
	B(BA)	0,1430	0,1432	0,1436	0,1444	0,1469	0,1529	0,1692	0,1958	0,2259	0,2529
	B(BB)	0,1432	0,1433	0,1436	0,1443	0,1460	0,1495	0,1580	0,1714	0,1865	0,1999
	B(BC)	0,1429	0,1429	0,1430	0,1432	0,1435	0,1439	0,1443	0,1445	0,1446	0,1446
	B(BD)	0,1427	0,1426	0,1423	0,1418	0,1405	0,1375	0,1295	0,1163	0,1014	0,0880
	B(BE)	0,1426	0,1424	0,1419	0,1409	0,1381	0,1317	0,1149	0,0880	0,0579	0,0309
	B(CA)	0,1428	0,1427	0,1427	0,1425	0,1422	0,1418	0,1414	0,1412	0,1411	0,1411
	B(CB)	0,1429	0,1429	0,1430	0,1432	0,1435	0,1439	0,1443	0,1445	0,1446	0,1446
	B(CC)	0,1431	0,1432	0,1434	0,1437	0,1443	0,1451	0,1458	0,1461	0,1463	0,1463
	B(CD)	0,1429	0,1429	0,1430	0,1432	0,1435	0,1439	0,1443	0,1445	0,1446	0,1446
	B(CE)	0,1428	0,1427	0,1427	0,1425	0,1422	0,1418	0,1414	0,1412	0,1411	0,1411
	D(AA)/A	-0,3566	-0,3814	-0,4244	-0,4918	-0,5545	-0,5456	-0,4518	-0,3041	-0,1428	-0,0000
	D(AB)/A	0,1430	0,1304	0,1025	0,0411	-0,0625	-0,1451	-0,1718	-0,1312	-0,0647	-0,0000
	D(AC)/A	0,1428	0,1574	0,1783	0,1968	0,1779	0,1169	0,0514	0,0197	0,0062	-0,0000
	D(AD)/A	0,1426	0,1585	0,1886	0,2410	0,2939	0,2914	0,2351	0,1553	0,0723	-0,0000
	D(AE)/A	0,1424	0,1583	0,1896	0,2523	0,3498	0,4140	0,3945	0,2822	0,1359	-0,0000
	D(BA)/A	-0,6417	-0,6091	-0,5559	-0,4757	-0,3801	-0,3077	-0,2333	-0,1530	-0,0712	-0,0000
	D(BB)/A	-0,1423	-0,1485	-0,1541	-0,1516	-0,1360	-0,1222	-0,1029	-0,0710	-0,0338	-0,0000
	D(BC)/A	0,3570	0,3229	0,2676	0,1889	0,1068	0,0543	0,0212	0,0078	0,0024	-0,0000
	D(BD)/A	0,3564	0,3474	0,3277	0,2872	0,2249	0,1723	0,1235	0,0788	0,0362	-0,0000
	D(BE)/A	0,3561	0,3482	0,3353	0,3134	0,2822	0,2555	0,2125	0,1452	0,0688	-0,0000
	D(CA)/A	-0,4988	-0,4959	-0,4819	-0,4389	-0,3608	-0,2944	-0,2264	-0,1497	-0,0700	-0,0000
	D(CB)/A	-0,4993	-0,4719	-0,4244	-0,3448	-0,2420	-0,1723	-0,1210	-0,0773	-0,0357	-0,0000
	D(CC)/A	0	-0,0000	-0,0000	-0,0000	-0,0000	0,0000	-0,0000	-0,0000	0,0000	0
	D(CD)/A	0,4993	0,4719	0,4244	0,3448	0,2420	0,1723	0,1210	0,0773	0,0357	0,0000
	D(CE)/A	0,4988	0,4959	0,4819	0,4389	0,3608	0,2944	0,2264	0,1497	0,0700	0,0000

5. Der Balken auf sechs elastischen Stützen mit schwächeren oder stärkeren Randstützen, Steifigkeitsverhältnis $r_a : r_b : r_c : r_d : r_e : r_f$

a) $r_a : r_b : r_c : r_d : r_e : r_f = 0{,}8 : 1{,}0 : 1{,}0 : 1{,}0 : 1{,}0 : 0{,}8$

$r_i = r_i$, $i = a \dots f$, I_B = const, $P_k = 1$, $k = a \dots f$

D_{ik}, B_{ik}

a b c d e f

a a a a a

$r_a = 0{,}8$ 1,0 1,0 1,0 1,0 $r_f = 0{,}8$

Z	Z(T)	0,00	0,03	0,10	0,30	1,00	3,00	10,0	30,0	100	UNENDL
0,01	B(AA)	0,9761	0,9824	0,9882	0,9927	0,9953	0,9962	0,9966	0,9967	0,9967	0,9967
	B(AB)	0,0188	0,0157	0,0123	0,0091	0,0071	0,0063	0,0060	0,0059	0,0059	0,0059
	B(AC)	0,0004	-0,0018	-0,0032	-0,0039	-0,0041	-0,0041	-0,0041	-0,0041	-0,0041	-0,0041
	B(AD)	0,0000	0,0001	0,0004	0,0008	0,0009	0,0010	0,0010	0,0010	0,0010	0,0010
	B(AE)	0,0000	-0,0000	-0,0001	-0,0001	-0,0002	-0,0002	-0,0002	-0,0002	-0,0002	-0,0002
	B(AF)	0,0000	0,0000	0,0000	0,0000	0,0000	0,0000	0,0000	0,0000	0,0000	0,0000
	B(BA)	0,0235	0,0197	0,0154	0,0114	0,0088	0,0079	0,0075	0,0074	0,0074	0,0074
	B(BB)	0,9623	0,9677	0,9736	0,9788	0,9822	0,9834	0,9839	0,9841	0,9841	0,9841
	B(BC)	0,0185	0,0184	0,0176	0,0166	0,0157	0,0153	0,0151	0,0151	0,0151	0,0151
	B(BD)	0,0004	-0,0019	-0,0039	-0,0053	-0,0060	-0,0062	-0,0063	-0,0063	-0,0063	-0,0063
	B(BE)	0,0000	0,0001	0,0005	0,0010	0,0013	0,0014	0,0014	0,0015	0,0015	0,0015
	B(BF)	0,0000	-0,0000	-0,0001	-0,0002	-0,0002	-0,0003	-0,0003	-0,0003	-0,0003	-0,0003
	B(CA)	0,0005	-0,0022	-0,0040	-0,0049	-0,0051	-0,0051	-0,0051	-0,0051	-0,0051	-0,0051
	B(CB)	0,0185	0,0184	0,0176	0,0166	0,0157	0,0153	0,0151	0,0151	0,0151	0,0151
	B(CC)	0,9623	0,9668	0,9711	0,9746	0,9766	0,9774	0,9776	0,9777	0,9778	0,9778
	B(CD)	0,0185	0,0184	0,0180	0,0174	0,0169	0,0167	0,0166	0,0166	0,0166	0,0166
	B(CE)	0,0004	-0,0019	-0,0039	-0,0053	-0,0060	-0,0062	-0,0063	-0,0063	-0,0063	-0,0063
	B(CF)	0,0000	0,0001	0,0005	0,0009	0,0012	0,0012	0,0012	0,0013	0,0013	0,0013
	D(AA)/A	-0,0120	-0,0086	-0,0053	-0,0026	-0,0009	-0,0003	-0,0001	-0,0000	-0,0000	0,0000
	D(AB)/A	0,0094	0,0073	0,0049	0,0025	0,0009	0,0003	0,0001	0,0000	0,0000	0
	D(AC)/A	0,0002	-0,0005	-0,0007	-0,0005	-0,0002	-0,0001	-0,0000	-0,0000	-0,0000	-0,0000
	D(AD)/A	0,0000	0,0000	0,0001	0,0001	0,0000	0,0000	0,0000	0,0000	0,0000	0,0000
	D(AE)/A	0,0000	-0,0000	-0,0000	-0,0000	-0,0000	-0,0000	-0,0000	-0,0000	-0,0000	0,0000
	D(AF)/A	0,0000	0,0000	0,0000	0,0000	0,0000	0,0000	0,0000	0,0000	0,0000	-0,0000
	D(BA)/A	-0,0122	-0,0075	-0,0038	-0,0015	-0,0005	-0,0002	-0,0000	-0,0000	-0,0000	-0,0000
	D(BB)/A	-0,0000	-0,0002	-0,0003	-0,0003	-0,0001	-0,0001	-0,0000	-0,0000	-0,0000	0
	D(BC)/A	0,0096	0,0066	0,0039	0,0018	0,0006	0,0002	0,0001	0,0000	0,0000	0
	D(BD)/A	0,0002	-0,0004	-0,0005	-0,0004	-0,0001	-0,0001	-0,0000	-0,0000	-0,0000	-0,0000
	D(BE)/A	0,0000	0,0000	0,0001	0,0001	0,0000	0,0000	0,0000	0,0000	0,0000	0
	D(BF)/A	0,0000	-0,0000	-0,0000	-0,0000	-0,0000	-0,0000	-0,0000	-0,0000	-0,0000	0
	D(CA)/A	-0,0002	0,0005	0,0005	0,0003	0,0001	0,0000	0,0000	0,0000	0,0000	0
	D(CB)/A	-0,0096	-0,0066	-0,0038	-0,0017	-0,0006	-0,0002	-0,0001	-0,0000	-0,0000	0,0000
	D(CC)/A	-0,0000	-0,0000	-0,0000	-0,0000	-0,0000	-0,0000	-0,0000	-0,0000	-0,0000	0
	D(CD)/A	0,0096	0,0066	0,0038	0,0018	0,0006	0,0002	0,0001	0,0000	0,0000	-0,0000
	D(CE)/A	0,0002	-0,0004	-0,0005	-0,0003	-0,0001	-0,0000	-0,0000	-0,0000	-0,0000	0,0000
	D(CF)/A	0,0000	0,0000	0,0001	0,0001	0,0000	0,0000	0,0000	0,0000	0,0000	0,0000

Z	Z(T)	0,00	0,03	0,10	0,30	1,00	3,00	10,0	30,0	100	UNENDL
0,02	B(AA)	0,9541	0,9660	0,9770	0,9857	0,9908	0,9926	0,9933	0,9935	0,9936	0,9936
	B(AB)	0,0354	0,0299	0,0236	0,0176	0,0137	0,0122	0,0117	0,0115	0,0115	0,0114
	B(AC)	0,0013	-0,0028	-0,0058	-0,0073	-0,0077	-0,0077	-0,0078	-0,0078	-0,0078	-0,0078
	B(AD)	0,0000	0,0001	0,0006	0,0012	0,0016	0,0017	0,0017	0,0018	0,0018	0,0018
	B(AE)	0,0000	0,0000	-0,0001	-0,0002	-0,0003	-0,0003	-0,0003	-0,0004	-0,0004	-0,0004
	B(AF)	0,0000	-0,0000	0,0000	0,0000	0,0001	0,0001	0,0001	0,0001	0,0001	0,0001
	B(BA)	0,0442	0,0374	0,0295	0,0220	0,0171	0,0153	0,0146	0,0144	0,0143	0,0143
	B(BB)	0,9288	0,9386	0,9494	0,9593	0,9656	0,9680	0,9689	0,9692	0,9693	0,9693
	B(BC)	0,0344	0,0343	0,0332	0,0314	0,0298	0,0292	0,0289	0,0288	0,0288	0,0288
	B(BD)	0,0013	-0,0030	-0,0069	-0,0096	-0,0110	-0,0115	-0,0116	-0,0117	-0,0117	-0,0117
	B(BE)	0,0000	0,0001	0,0007	0,0016	0,0022	0,0024	0,0024	0,0025	0,0025	0,0025
	B(BF)	0,0000	0,0000	-0,0001	-0,0002	-0,0004	-0,0004	-0,0004	-0,0004	-0,0004	-0,0004
	B(CA)	0,0016	-0,0035	-0,0072	-0,0091	-0,0096	-0,0097	-0,0097	-0,0097	-0,0097	-0,0097
	B(CB)	0,0344	0,0343	0,0332	0,0314	0,0298	0,0292	0,0289	0,0288	0,0288	0,0288
	B(CC)	0,9285	0,9370	0,9451	0,9516	0,9554	0,9568	0,9573	0,9575	0,9575	0,9575
	B(CD)	0,0344	0,0344	0,0337	0,0327	0,0319	0,0315	0,0314	0,0314	0,0314	0,0314
	B(CE)	0,0013	-0,0030	-0,0069	-0,0096	-0,0110	-0,0115	-0,0116	-0,0117	-0,0117	-0,0117
	B(CF)	0,0001	0,0001	0,0008	0,0016	0,0020	0,0021	0,0022	0,0022	0,0022	0,0022
	D(AA)/A	-0,0230	-0,0166	-0,0104	-0,0051	-0,0019	-0,0007	-0,0002	-0,0001	-0,0000	0,0000
	D(AB)/A	0,0177	0,0139	0,0093	0,0048	0,0018	0,0007	0,0002	0,0001	0,0000	-0,0000
	D(AC)/A	0,0007	-0,0006	-0,0011	-0,0009	-0,0004	-0,0001	-0,0000	-0,0000	-0,0000	-0,0000
	D(AD)/A	0,0000	0,0000	0,0001	0,0001	0,0001	0,0000	0,0000	0,0000	0,0000	0
	D(AE)/A	0,0000	0,0000	-0,0000	-0,0000	-0,0000	-0,0000	-0,0000	-0,0000	-0,0000	-0,0000
	D(AF)/A	0,0000	-0,0000	0,0000	0,0000	0,0000	0,0000	0,0000	0,0000	0,0000	0,0000
	D(BA)/A	-0,0238	-0,0147	-0,0076	-0,0031	-0,0010	-0,0003	-0,0001	-0,0000	-0,0000	-0,0000
	D(BB)/A	-0,0002	-0,0004	-0,0006	-0,0005	-0,0002	-0,0001	-0,0000	-0,0000	-0,0000	-0,0000
	D(BC)/A	0,0185	0,0128	0,0075	0,0035	0,0013	0,0004	0,0001	0,0000	0,0000	0,0000
	D(BD)/A	0,0007	-0,0006	-0,0009	-0,0006	-0,0003	-0,0001	-0,0000	-0,0000	-0,0000	-0,0000
	D(BE)/A	0,0000	0,0000	0,0001	0,0001	0,0001	0,0000	0,0000	0,0000	0,0000	-0,0000
	D(BF)/A	0,0000	0,0000	-0,0000	-0,0000	-0,0000	-0,0000	-0,0000	-0,0000	-0,0000	-0,0000
	D(CA)/A	-0,0009	0,0007	0,0010	0,0006	0,0002	0,0001	0,0000	0,0000	0,0000	0,0000
	D(CB)/A	-0,0186	-0,0127	-0,0074	-0,0034	-0,0011	-0,0004	-0,0001	-0,0000	-0,0000	0,0000
	D(CC)/A	-0,0000	-0,0000	-0,0000	-0,0000	-0,0000	-0,0000	-0,0000	-0,0000	-0,0000	0
	D(CD)/A	0,0185	0,0127	0,0075	0,0034	0,0012	0,0004	0,0001	0,0000	0,0000	-0,0000
	D(CE)/A	0,0007	-0,0006	-0,0009	-0,0006	-0,0002	-0,0001	-0,0000	-0,0000	-0,0000	0,0000
	D(CF)/A	0,0000	0,0000	0,0001	0,0001	0,0000	0,0000	0,0000	0,0000	0,0000	-0,0000
0,05	B(AA)	0,8973	0,9226	0,9469	0,9666	0,9784	0,9826	0,9843	0,9847	0,9849	0,9850
	B(AB)	0,0753	0,0652	0,0525	0,0399	0,0314	0,0281	0,0269	0,0265	0,0264	0,0263
	B(AC)	0,0063	-0,0031	-0,0105	-0,0147	-0,0163	-0,0167	-0,0168	-0,0169	-0,0169	-0,0169
	B(AD)	0,0005	-0,0002	0,0004	0,0016	0,0025	0,0027	0,0029	0,0029	0,0029	0,0029
	B(AE)	0,0000	0,0000	0,0000	-0,0001	-0,0002	-0,0003	-0,0003	-0,0003	-0,0003	-0,0003
	B(AF)	0,0000	0,0000	-0,0000	-0,0000	0,0000	0,0000	0,0000	0,0000	0,0000	0,0000
	B(BA)	0,0941	0,0815	0,0656	0,0499	0,0393	0,0352	0,0336	0,0331	0,0330	0,0329
	B(BB)	0,8471	0,8662	0,8880	0,9086	0,9222	0,9274	0,9294	0,9300	0,9302	0,9303
	B(BC)	0,0711	0,0717	0,0705	0,0678	0,0652	0,0641	0,0636	0,0635	0,0634	0,0634
	B(BD)	0,0060	-0,0029	-0,0114	-0,0180	-0,0215	-0,0227	-0,0231	-0,0232	-0,0233	-0,0233
	B(BE)	0,0005	-0,0003	0,0004	0,0018	0,0029	0,0034	0,0036	0,0036	0,0036	0,0036
	B(BF)	0,0001	0,0000	0,0000	-0,0001	-0,0003	-0,0004	-0,0004	-0,0004	-0,0004	-0,0004
	B(CA)	0,0079	-0,0038	-0,0131	-0,0184	-0,0204	-0,0209	-0,0210	-0,0211	-0,0211	-0,0211
	B(CB)	0,0711	0,0717	0,0705	0,0678	0,0652	0,0641	0,0636	0,0635	0,0634	0,0634
	B(CC)	0,8452	0,8628	0,8799	0,8937	0,9019	0,9048	0,9059	0,9062	0,9064	0,9064
	B(CD)	0,0709	0,0717	0,0711	0,0696	0,0683	0,0678	0,0676	0,0675	0,0675	0,0675
	B(CE)	0,0060	-0,0029	-0,0114	-0,0180	-0,0215	-0,0227	-0,0231	-0,0232	-0,0233	-0,0233
	B(CF)	0,0007	-0,0003	0,0005	0,0020	0,0031	0,0034	0,0036	0,0036	0,0036	0,0036
	D(AA)/A	-0,0514	-0,0380	-0,0242	-0,0122	-0,0045	-0,0016	-0,0005	-0,0002	-0,0000	0,0000
	D(AB)/A	0,0376	0,0303	0,0208	0,0110	0,0042	0,0015	0,0005	0,0002	0,0000	-0,0000
	D(AC)/A	0,0032	0,0002	-0,0014	-0,0014	-0,0007	-0,0003	-0,0001	-0,0000	-0,0000	0,0000
	D(AD)/A	0,0003	-0,0001	-0,0000	0,0001	0,0001	0,0000	0,0000	0,0000	0,0000	0
	D(AE)/A	0,0000	-0,0000	0,0000	0,0000	-0,0000	-0,0000	-0,0000	-0,0000	-0,0000	-0,0000
	D(AF)/A	0,0000	0,0000	-0,0000	-0,0000	0,0000	0,0000	0,0000	0,0000	0,0000	0
	D(BA)/A	-0,0557	-0,0352	-0,0186	-0,0077	-0,0025	-0,0008	-0,0002	-0,0001	-0,0000	0,0000
	D(BB)/A	-0,0012	-0,0010	-0,0012	-0,0010	-0,0005	-0,0002	-0,0001	-0,0000	-0,0000	-0,0000
	D(BC)/A	0,0419	0,0293	0,0174	0,0082	0,0029	0,0010	0,0003	0,0001	0,0000	0,0000
	D(BD)/A	0,0035	0,0001	-0,0013	-0,0011	-0,0005	-0,0002	-0,0001	-0,0000	-0,0000	-0,0000
	D(BE)/A	0,0003	-0,0001	-0,0000	0,0001	0,0001	0,0000	0,0000	0,0000	0,0000	0
	D(BF)/A	0,0000	-0,0000	0,0000	-0,0000	-0,0000	-0,0000	-0,0000	-0,0000	-0,0000	0,0000
	D(CA)/A	-0,0047	0,0001	0,0016	0,0012	0,0005	0,0002	0,0001	0,0000	0,0000	0,0000
	D(CB)/A	-0,0421	-0,0293	-0,0173	-0,0080	-0,0028	-0,0010	-0,0003	-0,0001	-0,0000	-0,0000
	D(CC)/A	-0,0000	-0,0000	-0,0000	-0,0000	-0,0000	-0,0000	-0,0000	-0,0000	-0,0000	0,0000
	D(CD)/A	0,0420	0,0292	0,0173	0,0081	0,0028	0,0010	0,0003	0,0001	0,0000	0,0000
	D(CE)/A	0,0035	0,0001	-0,0013	-0,0011	-0,0005	-0,0002	-0,0001	-0,0000	-0,0000	-0,0000
	D(CF)/A	0,0004	-0,0001	-0,0000	0,0001	0,0001	0,0000	0,0000	0,0000	0,0000	0,0000

Z	Z(T)	0,00	0,03	0,10	0,30	1,00	3,00	10,0	30,0	100	UNENDL
0,10	B(AA)	0,8240	0,8644	0,9048	0,9391	0,9603	0,9682	0,9712	0,9721	0,9724	0,9725
	B(AB)	0,1202	0,1074	0,0892	0,0696	0,0555	0,0500	0,0478	0,0472	0,0469	0,0468
	B(AC)	0,0175	0,0017	-0,0123	-0,0215	-0,0258	-0,0270	-0,0274	-0,0275	-0,0276	-0,0276
	B(AD)	0,0026	-0,0006	-0,0010	0,0004	0,0017	0,0022	0,0025	0,0025	0,0025	0,0025
	B(AE)	0,0004	-0,0000	0,0002	0,0003	0,0003	0,0003	0,0003	0,0003	0,0003	0,0003
	B(AF)	0,0001	0,0000	0,0000	-0,0000	-0,0001	-0,0001	-0,0001	-0,0001	-0,0001	-0,0001
	B(BA)	0,1503	0,1342	0,1115	0,0870	0,0694	0,0625	0,0598	0,0590	0,0587	0,0586
	B(BB)	0,7514	0,7788	0,8110	0,8429	0,8648	0,8733	0,8766	0,8776	0,8780	0,8781
	B(BC)	0,1096	0,1119	0,1122	0,1103	0,1078	0,1066	0,1061	0,1059	0,1059	0,1059
	B(BD)	0,0160	0,0025	-0,0114	-0,0229	-0,0296	-0,0319	-0,0328	-0,0330	-0,0331	-0,0332
	B(BE)	0,0024	-0,0005	-0,0012	-0,0002	0,0011	0,0017	0,0020	0,0020	0,0021	0,0021
	B(BF)	0,0005	-0,0001	0,0002	0,0004	0,0004	0,0004	0,0003	0,0003	0,0003	0,0003
	B(CA)	0,0219	0,0021	-0,0153	-0,0269	-0,0322	-0,0337	-0,0343	-0,0344	-0,0345	-0,0345
	B(CB)	0,1096	0,1119	0,1122	0,1103	0,1078	0,1066	0,1061	0,1059	0,1059	0,1059
	B(CC)	0,7455	0,7728	0,8000	0,8224	0,8356	0,8404	0,8422	0,8427	0,8429	0,8430
	B(CD)	0,1088	0,1116	0,1123	0,1114	0,1102	0,1097	0,1095	0,1094	0,1094	0,1094
	B(CE)	0,0160	0,0025	-0,0114	-0,0229	-0,0296	-0,0319	-0,0328	-0,0330	-0,0331	-0,0332
	B(CF)	0,0032	-0,0007	-0,0012	0,0005	0,0021	0,0028	0,0031	0,0031	0,0032	0,0032
	D(AA)/A	-0,0880	-0,0667	-0,0438	-0,0226	-0,0085	-0,0031	-0,0009	-0,0003	-0,0001	-0,0000
	D(AB)/A	0,0601	0,0498	0,0354	0,0194	0,0075	0,0027	0,0008	0,0003	0,0001	-0,0000
	D(AC)/A	0,0088	0,0037	0,0001	-0,0010	-0,0007	-0,0003	-0,0001	-0,0000	-0,0000	0,0000
	D(AD)/A	0,0013	-0,0001	-0,0004	-0,0003	-0,0001	-0,0000	-0,0000	-0,0000	-0,0000	0,0000
	D(AE)/A	0,0002	-0,0000	0,0000	0,0000	0,0000	0,0000	0,0000	0,0000	0,0000	-0,0000
	D(AF)/A	0,0000	-0,0000	0,0000	0,0000	-0,0000	-0,0000	-0,0000	-0,0000	-0,0000	0,0000
	D(BA)/A	-0,1008	-0,0658	-0,0358	-0,0152	-0,0049	-0,0017	-0,0005	-0,0002	-0,0001	-0,0000
	D(BB)/A	-0,0041	-0,0023	-0,0019	-0,0015	-0,0008	-0,0003	-0,0001	-0,0000	-0,0000	-0,0000
	D(BC)/A	0,0724	0,0517	0,0313	0,0149	0,0053	0,0019	0,0006	0,0002	0,0001	0,0000
	D(BD)/A	0,0106	0,0034	-0,0004	-0,0011	-0,0006	-0,0002	-0,0001	-0,0000	-0,0000	-0,0000
	D(BE)/A	0,0016	-0,0001	-0,0004	-0,0002	-0,0000	-0,0000	-0,0000	-0,0000	-0,0000	-0,0000
	D(BF)/A	0,0003	-0,0000	0,0000	0,0000	0,0000	0,0000	0,0000	0,0000	0,0000	0,0000
	D(CA)/A	-0,0147	-0,0038	0,0011	0,0016	0,0008	0,0003	0,0001	0,0000	0,0000	0,0000
	D(CB)/A	-0,0735	-0,0520	-0,0314	-0,0148	-0,0052	-0,0018	-0,0006	-0,0002	-0,0001	-0,0000
	D(CC)/A	-0,0001	-0,0000	-0,0000	-0,0000	-0,0000	-0,0000	-0,0000	-0,0000	-0,0000	0
	D(CD)/A	0,0729	0,0518	0,0313	0,0148	0,0052	0,0018	0,0006	0,0002	0,0001	0,0000
	D(CE)/A	0,0107	0,0034	-0,0004	-0,0011	-0,0006	-0,0002	-0,0001	-0,0000	-0,0000	-0,0000
	D(CF)/A	0,0021	-0,0002	-0,0004	-0,0001	-0,0000	-0,0000	0,0000	0,0000	0,0000	-0,0000
0,20	B(AA)	0,7232	0,7800	0,8403	0,8949	0,9308	0,9445	0,9499	0,9514	0,9520	0,9522
	B(AB)	0,1695	0,1580	0,1375	0,1117	0,0912	0,0828	0,0794	0,0783	0,0780	0,0778
	B(AC)	0,0397	0,0170	-0,0063	-0,0246	-0,0346	-0,0379	-0,0391	-0,0394	-0,0396	-0,0396
	B(AD)	0,0093	0,0011	-0,0034	-0,0038	-0,0026	-0,0020	-0,0017	-0,0016	-0,0015	-0,0015
	B(AE)	0,0022	-0,0000	-0,0001	0,0007	0,0013	0,0015	0,0016	0,0016	0,0016	0,0016
	B(AF)	0,0007	-0,0000	0,0001	0,0001	-0,0000	-0,0001	-0,0001	-0,0001	-0,0001	-0,0001
	B(BA)	0,2119	0,1975	0,1719	0,1396	0,1141	0,1034	0,0992	0,0979	0,0975	0,0973
	B(BB)	0,6358	0,6693	0,7100	0,7524	0,7833	0,7958	0,8007	0,8021	0,8027	0,8029
	B(BC)	0,1491	0,1541	0,1580	0,1598	0,1598	0,1595	0,1594	0,1593	0,1593	0,1593
	B(BD)	0,0350	0,0175	-0,0019	-0,0194	-0,0305	-0,0346	-0,0362	-0,0367	-0,0368	-0,0369
	B(BE)	0,0084	0,0012	-0,0035	-0,0052	-0,0052	-0,0049	-0,0048	-0,0048	-0,0047	-0,0047
	B(BF)	0,0028	-0,0000	-0,0002	0,0009	0,0016	0,0019	0,0020	0,0020	0,0020	0,0020
	B(CA)	0,0497	0,0212	-0,0078	-0,0307	-0,0432	-0,0474	-0,0489	-0,0493	-0,0495	-0,0495
	B(CB)	0,1491	0,1541	0,1580	0,1598	0,1598	0,1595	0,1594	0,1593	0,1593	0,1593
	B(CC)	0,6211	0,6578	0,6963	0,7292	0,7492	0,7564	0,7591	0,7599	0,7602	0,7603
	B(CD)	0,1458	0,1527	0,1572	0,1588	0,1587	0,1586	0,1585	0,1584	0,1584	0,1584
	B(CE)	0,0350	0,0175	-0,0019	-0,0194	-0,0305	-0,0346	-0,0362	-0,0367	-0,0368	-0,0369
	B(CF)	0,0117	0,0013	-0,0042	-0,0048	-0,0033	-0,0024	-0,0021	-0,0020	-0,0019	-0,0019
	D(AA)/A	-0,1384	-0,1088	-0,0745	-0,0401	-0,0155	-0,0056	-0,0018	-0,0006	-0,0002	0,0000
	D(AB)/A	0,0848	0,0732	0,0545	0,0312	0,0125	0,0046	0,0014	0,0005	0,0001	0
	D(AC)/A	0,0199	0,0126	0,0060	0,0018	0,0003	0,0001	0,0000	0,0000	0,0000	0,0000
	D(AD)/A	0,0047	0,0012	-0,0006	-0,0009	-0,0004	-0,0002	-0,0001	-0,0000	-0,0000	0
	D(AE)/A	0,0011	0,0001	-0,0002	-0,0001	-0,0000	0,0000	0,0000	0,0000	0,0000	-0,0000
	D(AF)/A	0,0004	-0,0000	0,0000	0,0000	0,0000	0,0000	0,0000	0,0000	0,0000	0,0000
	D(BA)/A	-0,1709	-0,1165	-0,0665	-0,0295	-0,0098	-0,0034	-0,0010	-0,0003	-0,0001	-0,0000
	D(BB)/A	-0,0126	-0,0063	-0,0033	-0,0020	-0,0009	-0,0004	-0,0001	-0,0000	-0,0000	0,0000
	D(BC)/A	0,1143	0,0848	0,0530	0,0257	0,0092	0,0033	0,0010	0,0003	0,0001	0,0000
	D(BD)/A	0,0268	0,0134	0,0044	0,0006	-0,0001	-0,0001	-0,0000	-0,0000	-0,0000	-0,0000
	D(BE)/A	0,0064	0,0013	-0,0008	-0,0008	-0,0003	-0,0001	-0,0000	-0,0000	-0,0000	-0,0000
	D(BF)/A	0,0021	0,0001	-0,0002	0,0000	0,0000	0,0000	0,0000	0,0000	0,0000	0,0000
	D(CA)/A	-0,0401	-0,0170	-0,0035	0,0009	0,0009	0,0004	0,0001	0,0000	0,0000	0,0000
	D(CB)/A	-0,1202	-0,0865	-0,0536	-0,0261	-0,0094	-0,0033	-0,0010	-0,0003	-0,0001	-0,0000
	D(CC)/A	-0,0007	-0,0001	-0,0001	-0,0000	-0,0000	-0,0000	-0,0000	-0,0000	-0,0000	0
	D(CD)/A	0,1172	0,0854	0,0530	0,0257	0,0092	0,0032	0,0010	0,0003	0,0001	0,0000
	D(CE)/A	0,0281	0,0135	0,0043	0,0004	-0,0002	-0,0001	-0,0000	-0,0000	-0,0000	-0,0000
	D(CF)/A	0,0094	0,0015	-0,0011	-0,0009	-0,0003	-0,0001	-0,0000	-0,0000	-0,0000	-0,0000

Z	Z(T)	0,00	0,03	0,10	0,30	1,00	3,00	10,0	30,0	100	UNENDL
0,50	B(AA)	0,5642	0,6358	0,7199	0,8058	0,8691	0,8951	0,9055	0,9086	0,9097	0,9102
	B(AB)	0,2156	0,2154	0,2032	0,1784	0,1530	0,1411	0,1362	0,1346	0,1341	0,1339
	B(AC)	0,0825	0,0570	0,0239	-0,0102	-0,0339	-0,0431	-0,0467	-0,0478	-0,0482	-0,0483
	B(AD)	0,0318	0,0143	-0,0015	-0,0117	-0,0154	-0,0162	-0,0163	-0,0164	-0,0164	-0,0164
	B(AE)	0,0130	0,0036	-0,0013	-0,0017	-0,0001	0,0008	0,0012	0,0014	0,0014	0,0014
	B(AF)	0,0072	0,0012	-0,0003	0,0006	0,0013	0,0015	0,0015	0,0015	0,0015	0,0015
	B(BA)	0,2694	0,2693	0,2540	0,2230	0,1913	0,1764	0,1702	0,1683	0,1676	0,1673
	B(BB)	0,4850	0,5209	0,5649	0,6132	0,6514	0,6677	0,6744	0,6764	0,6771	0,6774
	B(BC)	0,1855	0,1940	0,2037	0,2138	0,2214	0,2245	0,2258	0,2262	0,2263	0,2264
	B(BD)	0,0716	0,0524	0,0297	0,0070	-0,0090	-0,0154	-0,0179	-0,0187	-0,0189	-0,0190
	B(BE)	0,0293	0,0136	-0,0002	-0,0107	-0,0167	-0,0189	-0,0197	-0,0199	-0,0200	-0,0201
	B(BF)	0,0163	0,0046	-0,0016	-0,0021	-0,0001	0,0010	0,0016	0,0017	0,0018	0,0018
	B(CA)	0,1031	0,0713	0,0299	-0,0127	-0,0423	-0,0539	-0,0584	-0,0597	-0,0602	-0,0604
	B(CB)	0,1855	0,1940	0,2037	0,2138	0,2214	0,2245	0,2258	0,2262	0,2263	0,2264
	B(CC)	0,4535	0,4948	0,5438	0,5909	0,6221	0,6339	0,6384	0,6398	0,6402	0,6404
	B(CD)	0,1750	0,1875	0,2004	0,2102	0,2149	0,2163	0,2167	0,2169	0,2169	0,2169
	B(CE)	0,0716	0,0524	0,0297	0,0070	-0,0090	-0,0154	-0,0179	-0,0187	-0,0189	-0,0190
	B(CF)	0,0398	0,0179	-0,0019	-0,0146	-0,0193	-0,0202	-0,0204	-0,0204	-0,0205	-0,0205
	D(AA)/A	-0,2179	-0,1817	-0,1340	-0,0782	-0,0321	-0,0120	-0,0038	-0,0013	-0,0004	0,0000
	D(AB)/A	0,1078	0,0989	0,0797	0,0498	0,0213	0,0081	0,0025	0,0009	0,0003	-0,0000
	D(AC)/A	0,0412	0,0343	0,0246	0,0137	0,0054	0,0020	0,0006	0,0002	0,0001	-0,0000
	D(AD)/A	0,0159	0,0091	0,0032	-0,0001	-0,0006	-0,0003	-0,0001	-0,0000	-0,0000	0
	D(AE)/A	0,0065	0,0024	-0,0001	-0,0008	-0,0005	-0,0002	-0,0001	-0,0000	-0,0000	0,0000
	D(AF)/A	0,0036	0,0008	-0,0002	-0,0001	0,0000	0,0000	0,0000	0,0000	0,0000	-0,0000
	D(BA)/A	-0,3011	-0,2207	-0,1373	-0,0662	-0,0235	-0,0083	-0,0025	-0,0008	-0,0003	-0,0000
	D(BB)/A	-0,0420	-0,0231	-0,0100	-0,0034	-0,0010	-0,0003	-0,0001	-0,0000	-0,0000	-0,0000
	D(BC)/A	0,1752	0,1397	0,0942	0,0486	0,0180	0,0064	0,0020	0,0007	0,0002	0,0000
	D(BD)/A	0,0676	0,0446	0,0237	0,0094	0,0029	0,0009	0,0003	0,0001	0,0000	0,0000
	D(BE)/A	0,0277	0,0120	0,0024	-0,0009	-0,0008	-0,0003	-0,0001	-0,0000	-0,0000	-0,0000
	D(BF)/A	0,0154	0,0041	-0,0005	-0,0008	-0,0003	-0,0001	-0,0000	-0,0000	-0,0000	-0,0000
	D(CA)/A	-0,1148	-0,0657	-0,0278	-0,0072	-0,0010	-0,0001	-0,0000	-0,0000	0,0000	-0,0000
	D(CB)/A	-0,2067	-0,1526	-0,0977	-0,0496	-0,0185	-0,0067	-0,0021	-0,0007	-0,0002	-0,0000
	D(CC)/A	-0,0052	-0,0017	-0,0005	-0,0004	-0,0002	-0,0001	-0,0000	-0,0000	-0,0000	-0,0000
	D(CD)/A	0,1910	0,1457	0,0951	0,0483	0,0178	0,0064	0,0020	0,0007	0,0002	0,0000
	D(CE)/A	0,0781	0,0476	0,0238	0,0093	0,0028	0,0009	0,0003	0,0001	0,0000	0,0000
	D(CF)/A	0,0434	0,0169	0,0019	-0,0022	-0,0014	-0,0006	-0,0002	-0,0001	-0,0000	-0,0000
1,00	B(AA)	0,4449	0,5178	0,6108	0,7165	0,8038	0,8426	0,8587	0,8636	0,8654	0,8661
	B(AB)	0,2229	0,2347	0,2370	0,2238	0,2024	0,1903	0,1849	0,1832	0,1826	0,1824
	B(AC)	0,1123	0,0929	0,0613	0,0199	-0,0157	-0,0316	-0,0382	-0,0401	-0,0409	-0,0412
	B(AD)	0,0579	0,0364	0,0118	-0,0110	-0,0251	-0,0300	-0,0318	-0,0324	-0,0326	-0,0326
	B(AE)	0,0324	0,0152	0,0014	-0,0055	-0,0064	-0,0058	-0,0055	-0,0053	-0,0053	-0,0053
	B(AF)	0,0232	0,0083	-0,0002	-0,0006	0,0022	0,0038	0,0044	0,0046	0,0047	0,0047
	B(BA)	0,2786	0,2934	0,2963	0,2798	0,2530	0,2379	0,2312	0,2291	0,2283	0,2280
	B(BB)	0,3901	0,4253	0,4679	0,5144	0,5523	0,5692	0,5763	0,5784	0,5792	0,5795
	B(BC)	0,1966	0,2066	0,2190	0,2336	0,2469	0,2533	0,2560	0,2569	0,2572	0,2573
	B(BD)	0,1013	0,0833	0,0616	0,0393	0,0228	0,0160	0,0133	0,0125	0,0122	0,0121
	B(BE)	0,0567	0,0349	0,0130	-0,0056	-0,0180	-0,0231	-0,0251	-0,0257	-0,0259	-0,0260
	B(BF)	0,0405	0,0190	0,0018	-0,0068	-0,0080	-0,0073	-0,0068	-0,0067	-0,0066	-0,0066
	B(CA)	0,1404	0,1161	0,0766	0,0249	-0,0196	-0,0395	-0,0477	-0,0502	-0,0511	-0,0515
	B(CB)	0,1966	0,2066	0,2190	0,2336	0,2469	0,2533	0,2560	0,2569	0,2572	0,2573
	B(CC)	0,3510	0,3872	0,4356	0,4891	0,5295	0,5461	0,5527	0,5547	0,5554	0,5557
	B(CD)	0,1809	0,1936	0,2108	0,2291	0,2415	0,2462	0,2479	0,2484	0,2486	0,2487
	B(CE)	0,1013	0,0833	0,0616	0,0393	0,0228	0,0160	0,0133	0,0125	0,0122	0,0121
	B(CF)	0,0724	0,0455	0,0147	-0,0137	-0,0313	-0,0375	-0,0398	-0,0405	-0,0407	-0,0408
	D(AA)/A	-0,2775	-0,2423	-0,1903	-0,1199	-0,0527	-0,0203	-0,0064	-0,0022	-0,0007	-0,0000
	D(AB)/A	0,1114	0,1063	0,0908	0,0611	0,0279	0,0109	0,0035	0,0012	0,0004	-0,0000
	D(AC)/A	0,0562	0,0532	0,0453	0,0305	0,0139	0,0054	0,0017	0,0006	0,0002	0
	D(AD)/A	0,0289	0,0215	0,0130	0,0056	0,0016	0,0005	0,0001	0,0000	0,0000	0,0000
	D(AE)/A	0,0162	0,0090	0,0028	-0,0006	-0,0009	-0,0005	-0,0002	-0,0001	-0,0000	0,0000
	D(AF)/A	0,0116	0,0049	0,0004	-0,0009	-0,0005	-0,0002	-0,0001	-0,0000	-0,0000	0
	D(BA)/A	-0,4158	-0,3232	-0,2165	-0,1135	-0,0431	-0,0156	-0,0048	-0,0016	-0,0005	-0,0000
	D(BB)/A	-0,0821	-0,0516	-0,0251	-0,0082	-0,0018	-0,0005	-0,0001	-0,0000	-0,0000	-0,0000
	D(BC)/A	0,2106	0,1784	0,1297	0,0723	0,0283	0,0103	0,0032	0,0011	0,0003	-0,0000
	D(BD)/A	0,1086	0,0818	0,0521	0,0255	0,0091	0,0032	0,0010	0,0003	0,0001	-0,0000
	D(BE)/A	0,0608	0,0348	0,0140	0,0029	-0,0000	-0,0002	-0,0001	-0,0000	-0,0000	-0,0000
	D(BF)/A	0,0434	0,0190	0,0030	-0,0021	-0,0014	-0,0006	-0,0002	-0,0001	-0,0000	0,0000
	D(CA)/A	-0,2063	-0,1370	-0,0724	-0,0271	-0,0071	-0,0021	-0,0006	-0,0002	-0,0001	-0,0000
	D(CB)/A	-0,2888	-0,2192	-0,1440	-0,0750	-0,0286	-0,0104	-0,0032	-0,0011	-0,0003	0,0000
	D(CC)/A	-0,0156	-0,0072	-0,0022	-0,0008	-0,0005	-0,0002	-0,0001	-0,0000	-0,0000	0,0000
	D(CD)/A	0,2497	0,1981	0,1355	0,0721	0,0275	0,0100	0,0031	0,0010	0,0003	-0,0000
	D(CE)/A	0,1398	0,0955	0,0549	0,0251	0,0088	0,0031	0,0010	0,0003	0,0001	-0,0000
	D(CF)/A	0,0999	0,0530	0,0172	0,0003	-0,0020	-0,0010	-0,0004	-0,0001	-0,0000	-0,0000

Z	Z(T)	0,00	0,03	0,10	0,30	1,00	3,00	10,0	30,0	100	UNENDL
2,00	B(AA)	0,3419	0,4069	0,4983	0,6146	0,7239	0,7780	0,8015	0,8088	0,8115	0,8126
	B(AB)	0,2103	0,2300	0,2475	0,2529	0,2439	0,2356	0,2313	0,2299	0,2294	0,2292
	B(AC)	0,1312	0,1208	0,0988	0,0608	0,0182	-0,0043	-0,0143	-0,0174	-0,0185	-0,0190
	B(AD)	0,0850	0,0645	0,0365	0,0032	-0,0251	-0,0379	-0,0433	-0,0449	-0,0455	-0,0458
	B(AE)	0,0600	0,0375	0,0136	-0,0054	-0,0149	-0,0175	-0,0184	-0,0186	-0,0187	-0,0187
	B(AF)	0,0500	0,0270	0,0061	-0,0039	-0,0016	0,0022	0,0042	0,0049	0,0051	0,0052
	B(BA)	0,2628	0,2876	0,3094	0,3162	0,3049	0,2945	0,2892	0,2874	0,2868	0,2865
	B(BB)	0,3154	0,3480	0,3889	0,4330	0,4684	0,4842	0,4909	0,4929	0,4936	0,4940
	B(BC)	0,1968	0,2071	0,2206	0,2370	0,2530	0,2613	0,2650	0,2662	0,2666	0,2668
	B(BD)	0,1275	0,1121	0,0926	0,0724	0,0580	0,0523	0,0500	0,0494	0,0491	0,0490
	B(BE)	0,0900	0,0653	0,0368	0,0100	-0,0084	-0,0159	-0,0189	-0,0198	-0,0201	-0,0203
	B(BF)	0,0750	0,0469	0,0170	-0,0067	-0,0186	-0,0219	-0,0229	-0,0232	-0,0233	-0,0234
	B(CA)	0,1640	0,1510	0,1235	0,0759	0,0228	-0,0053	-0,0178	-0,0217	-0,0231	-0,0237
	B(CB)	0,1968	0,2071	0,2206	0,2370	0,2530	0,2613	0,2650	0,2662	0,2666	0,2668
	B(CC)	0,2789	0,3057	0,3458	0,3979	0,4450	0,4671	0,4765	0,4794	0,4804	0,4809
	B(CD)	0,1806	0,1898	0,2057	0,2288	0,2510	0,2615	0,2660	0,2674	0,2679	0,2681
	B(CE)	0,1275	0,1121	0,0926	0,0724	0,0580	0,0523	0,0500	0,0494	0,0491	0,0490
	B(CF)	0,1062	0,0807	0,0456	0,0039	-0,0314	-0,0474	-0,0541	-0,0562	-0,0569	-0,0572
	D(AA)/A	-0,3291	-0,3001	-0,2508	-0,1719	-0,0820	-0,0329	-0,0106	-0,0036	-0,0011	-0,0000
	D(AB)/A	0,1051	0,1017	0,0903	0,0649	0,0317	0,0128	0,0041	0,0014	0,0004	0,0000
	D(AC)/A	0,0656	0,0676	0,0651	0,0511	0,0266	0,0110	0,0036	0,0012	0,0004	0
	D(AD)/A	0,0425	0,0369	0,0290	0,0187	0,0085	0,0034	0,0011	0,0004	0,0001	0,0000
	D(AE)/A	0,0300	0,0215	0,0118	0,0038	0,0003	-0,0001	-0,0001	-0,0000	-0,0000	0
	D(AF)/A	0,0250	0,0155	0,0055	-0,0010	-0,0019	-0,0010	-0,0003	-0,0001	-0,0000	-0,0000
	D(BA)/A	-0,5267	-0,4338	-0,3135	-0,1803	-0,0745	-0,0281	-0,0088	-0,0030	-0,0009	0,0000
	D(BB)/A	-0,1320	-0,0948	-0,0544	-0,0215	-0,0055	-0,0015	-0,0004	-0,0001	-0,0000	0,0000
	D(BC)/A	0,2297	0,2038	0,1598	0,0983	0,0420	0,0160	0,0050	0,0017	0,0005	0,0000
	D(BD)/A	0,1487	0,1235	0,0900	0,0518	0,0212	0,0079	0,0025	0,0008	0,0003	0,0000
	D(BE)/A	0,1050	0,0727	0,0398	0,0154	0,0043	0,0013	0,0004	0,0001	0,0000	-0,0000
	D(BF)/A	0,0875	0,0523	0,0195	0,0003	-0,0030	-0,0016	-0,0005	-0,0002	-0,0001	-0,0000
	D(CA)/A	-0,3132	-0,2349	-0,1460	-0,0674	-0,0219	-0,0073	-0,0022	-0,0007	-0,0002	-0,0000
	D(CB)/A	-0,3759	-0,2980	-0,2036	-0,1091	-0,0423	-0,0155	-0,0048	-0,0016	-0,0005	-0,0000
	D(CC)/A	-0,0325	-0,0196	-0,0083	-0,0023	-0,0006	-0,0002	-0,0001	-0,0000	-0,0000	-0,0000
	D(CD)/A	0,3028	0,2501	0,1797	0,1011	0,0404	0,0149	0,0047	0,0016	0,0005	-0,0000
	D(CE)/A	0,2137	0,1617	0,1039	0,0525	0,0198	0,0072	0,0022	0,0008	0,0002	0,0000
	D(CF)/A	0,1781	0,1174	0,0564	0,0145	0,0004	-0,0007	-0,0003	-0,0001	-0,0000	0,0000
5,00	B(AA)	0,2438	0,2888	0,3628	0,4750	0,6029	0,6776	0,7134	0,7249	0,7291	0,7310
	B(AB)	0,1833	0,2025	0,2292	0,2577	0,2745	0,2782	0,2788	0,2789	0,2789	0,2788
	B(AC)	0,1411	0,1388	0,1312	0,1106	0,0749	0,0493	0,0360	0,0316	0,0300	0,0292
	B(AD)	0,1130	0,0988	0,0753	0,0397	-0,0015	-0,0262	-0,0383	-0,0422	-0,0436	-0,0443
	B(AE)	0,0963	0,0760	0,0467	0,0114	-0,0176	-0,0305	-0,0359	-0,0376	-0,0382	-0,0384
	B(AF)	0,0891	0,0661	0,0342	0,0008	-0,0158	-0,0161	-0,0142	-0,0132	-0,0129	-0,0127
	B(BA)	0,2291	0,2531	0,2865	0,3222	0,3431	0,3478	0,3485	0,3486	0,3486	0,3486
	B(BB)	0,2474	0,2715	0,3069	0,3505	0,3868	0,4028	0,4095	0,4115	0,4122	0,4125
	B(BC)	0,1905	0,1986	0,2109	0,2276	0,2442	0,2532	0,2573	0,2586	0,2591	0,2593
	B(BD)	0,1526	0,1420	0,1267	0,1088	0,0961	0,0919	0,0906	0,0902	0,0901	0,0900
	B(BE)	0,1300	0,1094	0,0796	0,0440	0,0160	0,0044	-0,0002	-0,0016	-0,0021	-0,0023
	B(BF)	0,1203	0,0951	0,0584	0,0142	-0,0220	-0,0381	-0,0449	-0,0470	-0,0477	-0,0480
	B(CA)	0,1764	0,1735	0,1640	0,1383	0,0937	0,0616	0,0450	0,0395	0,0374	0,0366
	B(CB)	0,1905	0,1986	0,2109	0,2276	0,2442	0,2532	0,2573	0,2586	0,2591	0,2593
	B(CC)	0,2236	0,2385	0,2635	0,3026	0,3483	0,3755	0,3886	0,3929	0,3944	0,3951
	B(CD)	0,1792	0,1834	0,1924	0,2108	0,2380	0,2564	0,2658	0,2689	0,2700	0,2705
	B(CE)	0,1526	0,1420	0,1267	0,1088	0,0961	0,0919	0,0906	0,0902	0,0901	0,0900
	B(CF)	0,1413	0,1235	0,0941	0,0496	-0,0019	-0,0328	-0,0478	-0,0528	-0,0546	-0,0553
	D(AA)/A	-0,3781	-0,3624	-0,3270	-0,2510	-0,1361	-0,0587	-0,0196	-0,0068	-0,0021	0,0000
	D(AB)/A	0,0916	0,0852	0,0735	0,0532	0,0274	0,0115	0,0038	0,0013	0,0004	0,0000
	D(AC)/A	0,0705	0,0766	0,0813	0,0743	0,0460	0,0210	0,0072	0,0025	0,0008	0,0000
	D(AD)/A	0,0565	0,0555	0,0529	0,0448	0,0271	0,0124	0,0043	0,0015	0,0005	0,0000
	D(AE)/A	0,0481	0,0428	0,0339	0,0214	0,0096	0,0038	0,0012	0,0004	0,0001	-0,0000
	D(AF)/A	0,0446	0,0372	0,0250	0,0089	-0,0015	-0,0022	-0,0010	-0,0004	-0,0001	-0,0000
	D(BA)/A	-0,6417	-0,5663	-0,4509	-0,2946	-0,1389	-0,0563	-0,0183	-0,0063	-0,0019	0,0000
	D(BB)/A	-0,1930	-0,1603	-0,1135	-0,0595	-0,0207	-0,0069	-0,0020	-0,0007	-0,0002	-0,0000
	D(BC)/A	0,2363	0,2153	0,1798	0,1245	0,0617	0,0256	0,0084	0,0029	0,0009	-0,0000
	D(BD)/A	0,1893	0,1718	0,1423	0,0975	0,0479	0,0198	0,0065	0,0022	0,0007	-0,0000
	D(BE)/A	0,1613	0,1334	0,0952	0,0529	0,0212	0,0079	0,0025	0,0008	0,0003	-0,0000
	D(BF)/A	0,1493	0,1160	0,0711	0,0254	0,0013	-0,0018	-0,0009	-0,0004	-0,0001	0,0000
	D(CA)/A	-0,4390	-0,3740	-0,2777	-0,1599	-0,0644	-0,0239	-0,0075	-0,0025	-0,0008	-0,0000
	D(CB)/A	-0,4741	-0,4034	-0,2996	-0,1730	-0,0699	-0,0259	-0,0081	-0,0027	-0,0008	0
	D(CC)/A	-0,0566	-0,0437	-0,0268	-0,0103	-0,0016	-0,0000	0,0001	0,0000	0,0000	0
	D(CD)/A	0,3552	0,3084	0,2371	0,1448	0,0625	0,0241	0,0077	0,0026	0,0008	0,0000
	D(CE)/A	0,3025	0,2577	0,1919	0,1115	0,0457	0,0171	0,0054	0,0018	0,0005	0,0000
	D(CF)/A	0,2801	0,2252	0,1495	0,0686	0,0185	0,0048	0,0012	0,0004	0,0001	-0,0000

Z	Z(T)	0,00	0,03	0,10	0,30	1,00	3,00	10,0	30,0	100	UNENDL
10,00	B(AA)	0,1987	0,2277	0,2813	0,3768	0,5071	0,5952	0,6413	0,6569	0,6626	0,6651
	B(AB)	0,1666	0,1805	0,2040	0,2393	0,2754	0,2932	0,3008	0,3031	0,3039	0,3043
	B(AC)	0,1429	0,1428	0,1412	0,1335	0,1129	0,0929	0,0806	0,0762	0,0745	0,0738
	B(AD)	0,1263	0,1172	0,1004	0,0706	0,0290	-0,0005	-0,0166	-0,0221	-0,0242	-0,0251
	B(AE)	0,1160	0,1017	0,0769	0,0378	-0,0062	-0,0311	-0,0429	-0,0467	-0,0480	-0,0486
	B(AF)	0,1116	0,0947	0,0656	0,0217	-0,0211	-0,0384	-0,0437	-0,0450	-0,0453	-0,0455
	B(BA)	0,2083	0,2256	0,2550	0,2992	0,3443	0,3665	0,3760	0,3789	0,3799	0,3803
	B(BB)	0,2166	0,2326	0,2597	0,3000	0,3411	0,3618	0,3708	0,3737	0,3747	0,3751
	B(BC)	0,1857	0,1912	0,2008	0,2160	0,2331	0,2428	0,2475	0,2490	0,2496	0,2498
	B(BD)	0,1642	0,1574	0,1461	0,1304	0,1168	0,1116	0,1099	0,1095	0,1094	0,1093
	B(BE)	0,1508	0,1366	0,1125	0,0764	0,0398	0,0217	0,0138	0,0114	0,0105	0,0102
	B(BF)	0,1450	0,1271	0,0961	0,0473	-0,0077	-0,0388	-0,0536	-0,0583	-0,0601	-0,0608
	B(CA)	0,1786	0,1785	0,1765	0,1669	0,1412	0,1161	0,1007	0,0952	0,0932	0,0923
	B(CB)	0,1857	0,1912	0,2008	0,2160	0,2331	0,2428	0,2475	0,2490	0,2496	0,2498
	B(CC)	0,2022	0,2107	0,2261	0,2529	0,2899	0,3162	0,3305	0,3355	0,3373	0,3381
	B(CD)	0,1787	0,1807	0,1854	0,1966	0,2182	0,2370	0,2481	0,2520	0,2535	0,2541
	B(CE)	0,1642	0,1574	0,1461	0,1304	0,1168	0,1116	0,1099	0,1095	0,1094	0,1093
	B(CF)	0,1579	0,1465	0,1255	0,0882	0,0363	-0,0006	-0,0208	-0,0277	-0,0303	-0,0314
	D(AA)/A	-0,4007	-0,3949	-0,3744	-0,3121	-0,1883	-0,0871	-0,0302	-0,0105	-0,0032	0,0000
	D(AB)/A	0,0833	0,0727	0,0557	0,0330	0,0135	0,0051	0,0016	0,0006	0,0002	0,0000
	D(AC)/A	0,0714	0,0784	0,0855	0,0833	0,0573	0,0283	0,0101	0,0036	0,0011	0
	D(AD)/A	0,0631	0,0655	0,0682	0,0657	0,0464	0,0234	0,0084	0,0030	0,0009	0
	D(AE)/A	0,0580	0,0569	0,0535	0,0439	0,0261	0,0120	0,0041	0,0014	0,0004	0,0000
	D(AF)/A	0,0558	0,0530	0,0459	0,0298	0,0092	0,0011	-0,0002	-0,0001	-0,0001	0
	D(BA)/A	-0,6972	-0,6399	-0,5433	-0,3910	-0,2062	-0,0896	-0,0302	-0,0105	-0,0032	0,0000
	D(BB)/A	-0,2251	-0,2016	-0,1618	-0,1032	-0,0452	-0,0172	-0,0054	-0,0018	-0,0005	-0,0000
	D(BC)/A	0,2358	0,2148	0,1814	0,1317	0,0721	0,0324	0,0111	0,0039	0,0012	0
	D(BD)/A	0,2084	0,1974	0,1752	0,1329	0,0739	0,0332	0,0114	0,0040	0,0012	-0,0000
	D(BE)/A	0,1915	0,1726	0,1419	0,0964	0,0471	0,0195	0,0064	0,0022	0,0007	-0,0000
	D(BF)/A	0,1841	0,1607	0,1225	0,0688	0,0213	0,0048	0,0008	0,0002	0,0000	0
	D(CA)/A	-0,5038	-0,4587	-0,3789	-0,2540	-0,1199	-0,0484	-0,0158	-0,0054	-0,0016	-0,0000
	D(CB)/A	-0,5239	-0,4665	-0,3717	-0,2354	-0,1028	-0,0393	-0,0124	-0,0042	-0,0013	-0,0000
	D(CC)/A	-0,0703	-0,0608	-0,0453	-0,0238	-0,0062	-0,0009	-0,0000	0,0000	0,0000	-0,0000
	D(CD)/A	0,3798	0,3396	0,2738	0,1788	0,0830	0,0334	0,0109	0,0037	0,0011	-0,0000
	D(CE)/A	0,3490	0,3173	0,2608	0,1721	0,0784	0,0307	0,0098	0,0033	0,0010	-0,0000
	D(CF)/A	0,3356	0,2966	0,2320	0,1394	0,0544	0,0186	0,0055	0,0018	0,0005	0,0000
20,00	B(AA)	0,1724	0,1892	0,2233	0,2939	0,4138	0,5127	0,5711	0,5918	0,5997	0,6031
	B(AB)	0,1558	0,1643	0,1808	0,2121	0,2588	0,2927	0,3111	0,3174	0,3197	0,3207
	B(AC)	0,1432	0,1435	0,1440	0,1434	0,1375	0,1287	0,1218	0,1191	0,1181	0,1176
	B(AD)	0,1341	0,1288	0,1183	0,0969	0,0611	0,0312	0,0130	0,0065	0,0040	0,0029
	B(AE)	0,1284	0,1196	0,1026	0,0692	0,0179	-0,0208	-0,0424	-0,0499	-0,0527	-0,0540
	B(AF)	0,1258	0,1154	0,0947	0,0540	-0,0080	-0,0523	-0,0755	-0,0831	-0,0860	-0,0872
	B(BA)	0,1948	0,2054	0,2259	0,2652	0,3235	0,3658	0,3888	0,3967	0,3997	0,4009
	B(BB)	0,1987	0,2082	0,2259	0,2579	0,3012	0,3303	0,3455	0,3506	0,3525	0,3533
	B(BC)	0,1825	0,1858	0,1922	0,2040	0,2208	0,2323	0,2385	0,2406	0,2414	0,2418
	B(BD)	0,1710	0,1670	0,1598	0,1477	0,1333	0,1252	0,1215	0,1203	0,1199	0,1197
	B(BE)	0,1637	0,1551	0,1388	0,1090	0,0680	0,0404	0,0259	0,0211	0,0193	0,0185
	B(BF)	0,1604	0,1496	0,1282	0,0865	0,0224	-0,0260	-0,0530	-0,0624	-0,0659	-0,0675
	B(CA)	0,1790	0,1794	0,1800	0,1792	0,1719	0,1608	0,1523	0,1489	0,1476	0,1470
	B(CB)	0,1825	0,1858	0,1922	0,2040	0,2208	0,2323	0,2385	0,2406	0,2414	0,2418
	B(CC)	0,1907	0,1953	0,2041	0,2207	0,2470	0,2686	0,2817	0,2865	0,2883	0,2891
	B(CD)	0,1786	0,1795	0,1817	0,1873	0,2003	0,2141	0,2234	0,2270	0,2283	0,2289
	B(CE)	0,1710	0,1670	0,1598	0,1477	0,1333	0,1252	0,1215	0,1203	0,1199	0,1197
	B(CF)	0,1676	0,1610	0,1479	0,1211	0,0764	0,0390	0,0163	0,0081	0,0050	0,0036
	D(AA)/A	-0,4138	-0,4155	-0,4087	-0,3668	-0,2479	-0,1248	-0,0453	-0,0160	-0,0049	-0,0000
	D(AB)/A	0,0779	0,0636	0,0401	0,0088	-0,0104	-0,0087	-0,0036	-0,0013	-0,0004	-0,0000
	D(AC)/A	0,0716	0,0786	0,0861	0,0853	0,0619	0,0325	0,0121	0,0043	0,0013	-0,0000
	D(AD)/A	0,0670	0,0718	0,0791	0,0837	0,0666	0,0366	0,0138	0,0050	0,0015	-0,0000
	D(AE)/A	0,0642	0,0668	0,0699	0,0692	0,0517	0,0272	0,0100	0,0036	0,0011	-0,0000
	D(AF)/A	0,0629	0,0644	0,0648	0,0580	0,0356	0,0153	0,0049	0,0016	0,0005	0,0000
	D(BA)/A	-0,7302	-0,6877	-0,6128	-0,4815	-0,2873	-0,1361	-0,0481	-0,0169	-0,0052	0,0000
	D(BB)/A	-0,2448	-0,2298	-0,2015	-0,1510	-0,0828	-0,0367	-0,0125	-0,0043	-0,0013	-0,0000
	D(BC)/A	0,2344	0,2125	0,1781	0,1294	0,0739	0,0353	0,0126	0,0045	0,0014	-0,0000
	D(BD)/A	0,2196	0,2136	0,1986	0,1633	0,1013	0,0492	0,0177	0,0062	0,0019	-0,0000
	D(BE)/A	0,2102	0,1997	0,1806	0,1441	0,0860	0,0403	0,0141	0,0049	0,0015	-0,0000
	D(BF)/A	0,2061	0,1926	0,1681	0,1243	0,0643	0,0261	0,0083	0,0028	0,0008	-0,0000
	D(CA)/A	-0,5434	-0,5158	-0,4598	-0,3513	-0,1961	-0,0883	-0,0304	-0,0106	-0,0032	0
	D(CB)/A	-0,5542	-0,5088	-0,4292	-0,3000	-0,1488	-0,0617	-0,0203	-0,0070	-0,0021	-0,0000
	D(CC)/A	-0,0790	-0,0730	-0,0617	-0,0410	-0,0165	-0,0050	-0,0012	-0,0004	-0,0001	-0,0000
	D(CD)/A	0,3943	0,3596	0,3007	0,2095	0,1060	0,0453	0,0152	0,0053	0,0016	0,0000
	D(CE)/A	0,3775	0,3578	0,3166	0,2357	0,1244	0,0534	0,0179	0,0062	0,0019	0
	D(CF)/A	0,3701	0,3464	0,3017	0,2211	0,1147	0,0483	0,0159	0,0055	0,0017	0,0000

Z	Z(T)	0,00	0,03	0,10	0,30	1,00	3,00	10,0	30,0	100	UNENDL
50,00	B(AA)	0,1551	0,1625	0,1787	0,2174	0,3046	0,4069	0,4875	0,5212	0,5347	0,5408
	B(AB)	0,1483	0,1522	0,1604	0,1796	0,2211	0,2694	0,3075	0,3236	0,3300	0,3329
	B(AC)	0,1431	0,1434	0,1440	0,1456	0,1493	0,1544	0,1590	0,1612	0,1621	0,1625
	B(AD)	0,1392	0,1369	0,1320	0,1206	0,0966	0,0700	0,0499	0,0417	0,0384	0,0370
	B(AE)	0,1368	0,1328	0,1243	0,1044	0,0607	0,0101	-0,0299	-0,0467	-0,0534	-0,0565
	B(AF)	0,1357	0,1309	0,1204	0,0948	0,0357	-0,0366	-0,0957	-0,1209	-0,1311	-0,1357
	B(BA)	0,1854	0,1903	0,2006	0,2245	0,2764	0,3367	0,3844	0,4045	0,4125	0,4162
	B(BB)	0,1869	0,1911	0,1998	0,2182	0,2537	0,2915	0,3201	0,3320	0,3367	0,3389
	B(BC)	0,1803	0,1817	0,1848	0,1916	0,2047	0,2182	0,2283	0,2324	0,2341	0,2348
	B(BD)	0,1754	0,1737	0,1702	0,1633	0,1514	0,1397	0,1311	0,1276	0,1261	0,1255
	B(BE)	0,1723	0,1685	0,1605	0,1429	0,1083	0,0712	0,0429	0,0311	0,0264	0,0243
	B(BF)	0,1710	0,1660	0,1554	0,1305	0,0759	0,0126	-0,0374	-0,0584	-0,0668	-0,0706
	B(CA)	0,1788	0,1792	0,1800	0,1820	0,1867	0,1930	0,1988	0,2015	0,2026	0,2031
	B(CB)	0,1803	0,1817	0,1848	0,1916	0,2047	0,2182	0,2283	0,2324	0,2341	0,2348
	B(CC)	0,1835	0,1854	0,1893	0,1971	0,2116	0,2259	0,2361	0,2401	0,2417	0,2424
	B(CD)	0,1786	0,1789	0,1797	0,1817	0,1864	0,1918	0,1956	0,1971	0,1976	0,1979
	B(CE)	0,1754	0,1737	0,1702	0,1633	0,1514	0,1397	0,1311	0,1276	0,1261	0,1255
	B(CF)	0,1740	0,1711	0,1650	0,1507	0,1207	0,0875	0,0624	0,0521	0,0480	0,0462
	D(AA)/A	-0,4225	-0,4298	-0,4354	-0,4195	-0,3283	-0,1914	-0,0769	-0,0283	-0,0088	0
	D(AB)/A	0,0742	0,0568	0,0267	-0,0182	-0,0508	-0,0415	-0,0190	-0,0073	-0,0023	0
	D(AC)/A	0,0715	0,0784	0,0853	0,0832	0,0584	0,0296	0,0107	0,0038	0,0012	0,0000
	D(AD)/A	0,0696	0,0762	0,0875	0,1000	0,0906	0,0558	0,0228	0,0084	0,0026	0
	D(AE)/A	0,0684	0,0740	0,0838	0,0969	0,0934	0,0613	0,0260	0,0098	0,0031	0,0000
	D(AF)/A	0,0678	0,0729	0,0814	0,0920	0,0887	0,0600	0,0262	0,0100	0,0031	-0,0000
	D(BA)/A	-0,7522	-0,7214	-0,6680	-0,5713	-0,4006	-0,2218	-0,0871	-0,0319	-0,0099	0,0000
	D(BB)/A	-0,2582	-0,2503	-0,2345	-0,2026	-0,1441	-0,0812	-0,0324	-0,0119	-0,0037	0,0000
	D(BC)/A	0,2332	0,2100	0,1733	0,1214	0,0648	0,0290	0,0099	0,0034	0,0010	0,0000
	D(BD)/A	0,2269	0,2249	0,2166	0,1913	0,1345	0,0733	0,0284	0,0103	0,0032	0,0000
	D(BE)/A	0,2229	0,2195	0,2129	0,1957	0,1483	0,0860	0,0346	0,0128	0,0040	0,0000
	D(BF)/A	0,2212	0,2164	0,2075	0,1892	0,1462	0,0880	0,0365	0,0136	0,0043	0,0000
	D(CA)/A	-0,5701	-0,5570	-0,5261	-0,4532	-0,3125	-0,1704	-0,0665	-0,0243	-0,0075	-0,0000
	D(CB)/A	-0,5746	-0,5393	-0,4763	-0,3682	-0,2208	-0,1100	-0,0410	-0,0148	-0,0046	-0,0000
	D(CC)/A	-0,0849	-0,0821	-0,0759	-0,0613	-0,0368	-0,0180	-0,0067	-0,0024	-0,0007	-0,0000
	D(CD)/A	0,4039	0,3736	0,3218	0,2392	0,1367	0,0656	0,0239	0,0085	0,0026	0
	D(CE)/A	0,3968	0,3872	0,3626	0,3033	0,1966	0,1021	0,0388	0,0141	0,0044	-0,0000
	D(CF)/A	0,3936	0,3829	0,3607	0,3118	0,2179	0,1208	0,0478	0,0175	0,0055	0
100,00	B(AA)	0,1491	0,1529	0,1615	0,1835	0,2414	0,3307	0,4274	0,4784	0,5011	0,5118
	B(AB)	0,1456	0,1477	0,1521	0,1634	0,1929	0,2395	0,2915	0,3193	0,3317	0,3377
	B(AC)	0,1430	0,1431	0,1436	0,1449	0,1494	0,1588	0,1713	0,1786	0,1819	0,1835
	B(AD)	0,1410	0,1398	0,1372	0,1308	0,1154	0,0938	0,0722	0,0613	0,0564	0,0542
	B(AE)	0,1398	0,1377	0,1331	0,1214	0,0908	0,0429	-0,0101	-0,0383	-0,0510	-0,0570
	B(AF)	0,1392	0,1367	0,1310	0,1158	0,0730	0,0005	-0,0835	-0,1293	-0,1500	-0,1599
	B(BA)	0,1821	0,1846	0,1902	0,2042	0,2411	0,2994	0,3643	0,3991	0,4147	0,4221
	B(BB)	0,1828	0,1850	0,1896	0,2003	0,2250	0,2610	0,2998	0,3203	0,3294	0,3338
	B(BC)	0,1794	0,1802	0,1819	0,1858	0,1947	0,2073	0,2205	0,2274	0,2305	0,2319
	B(BD)	0,1770	0,1761	0,1742	0,1703	0,1619	0,1503	0,1380	0,1315	0,1286	0,1272
	B(BE)	0,1754	0,1734	0,1691	0,1589	0,1346	0,0989	0,0603	0,0399	0,0307	0,0264
	B(BF)	0,1747	0,1721	0,1664	0,1518	0,1136	0,0536	-0,0126	-0,0479	-0,0637	-0,0712
	B(CA)	0,1787	0,1789	0,1795	0,1811	0,1867	0,1985	0,2141	0,2232	0,2274	0,2294
	B(CB)	0,1794	0,1802	0,1819	0,1858	0,1947	0,2073	0,2205	0,2274	0,2305	0,2319
	B(CC)	0,1810	0,1820	0,1840	0,1882	0,1967	0,2064	0,2148	0,2187	0,2203	0,2211
	B(CD)	0,1786	0,1787	0,1791	0,1800	0,1819	0,1833	0,1832	0,1826	0,1823	0,1821
	B(CE)	0,1770	0,1761	0,1742	0,1703	0,1619	0,1503	0,1380	0,1315	0,1286	0,1272
	B(CF)	0,1763	0,1748	0,1715	0,1635	0,1443	0,1173	0,0903	0,0766	0,0706	0,0677
	D(AA)/A	-0,4255	-0,4349	-0,4457	-0,4433	-0,3787	-0,2514	-0,1148	-0,0451	-0,0144	-0,0000
	D(AB)/A	0,0728	0,0543	0,0212	-0,0313	-0,0788	-0,0750	-0,0403	-0,0167	-0,0054	-0,0000
	D(AC)/A	0,0715	0,0782	0,0848	0,0813	0,0528	0,0217	0,0053	0,0013	0,0003	-0,0000
	D(AD)/A	0,0705	0,0778	0,0907	0,1072	0,1044	0,0708	0,0317	0,0123	0,0039	-0,0000
	D(AE)/A	0,0699	0,0767	0,0894	0,1103	0,1220	0,0953	0,0476	0,0193	0,0063	-0,0000
	D(AF)/A	0,0696	0,0761	0,0882	0,1090	0,1282	0,1104	0,0595	0,0248	0,0081	-0,0000
	D(BA)/A	-0,7599	-0,7337	-0,6895	-0,6126	-0,4730	-0,3004	-0,1350	-0,0527	-0,0168	-0,0000
	D(BB)/A	-0,2630	-0,2578	-0,2477	-0,2274	-0,1862	-0,1263	-0,0597	-0,0238	-0,0077	-0,0000
	D(BC)/A	0,2327	0,2089	0,1710	0,1163	0,0550	0,0175	0,0026	0,0002	-0,0000	-0,0000
	D(BD)/A	0,2295	0,2289	0,2236	0,2037	0,1539	0,0925	0,0394	0,0150	0,0047	-0,0000
	D(BE)/A	0,2275	0,2268	0,2259	0,2204	0,1908	0,1315	0,0622	0,0248	0,0080	-0,0000
	D(BF)/A	0,2266	0,2252	0,2237	0,2214	0,2062	0,1564	0,0794	0,0325	0,0106	0,0000
	D(CA)/A	-0,5795	-0,5722	-0,5524	-0,5013	-0,3901	-0,2500	-0,1136	-0,0446	-0,0143	-0,0000
	D(CB)/A	-0,5818	-0,5505	-0,4950	-0,4005	-0,2696	-0,1581	-0,0690	-0,0268	-0,0085	-0,0000
	D(CC)/A	-0,0871	-0,0855	-0,0817	-0,0714	-0,0519	-0,0329	-0,0154	-0,0062	-0,0020	-0,0000
	D(CD)/A	0,4073	0,3787	0,3300	0,2528	0,1560	0,0837	0,0341	0,0128	0,0040	0
	D(CE)/A	0,4036	0,3980	0,3810	0,3355	0,2454	0,1504	0,0669	0,0261	0,0083	0,0000
	D(CF)/A	0,4020	0,3964	0,3845	0,3559	0,2902	0,1962	0,0929	0,0371	0,0120	-0,0000

Z	Z(T)	0,00	0,03	0,10	0,30	1,00	3,00	10,0	30,0	100	UNENDL
200,00	B(AA)	0,1460	0,1479	0,1524	0,1641	0,1984	0,2644	0,3642	0,4364	0,4750	0,4950
	B(AB)	0,1443	0,1453	0,1476	0,1538	0,1718	0,2079	0,2646	0,3062	0,3286	0,3402
	B(AC)	0,1429	0,1430	0,1433	0,1441	0,1474	0,1562	0,1725	0,1852	0,1922	0,1958
	B(AD)	0,1419	0,1413	0,1400	0,1366	0,1276	0,1123	0,0911	0,0763	0,0685	0,0645
	B(AE)	0,1413	0,1402	0,1378	0,1315	0,1129	0,0761	0,0189	-0,0230	-0,0454	-0,0571
	B(AF)	0,1410	0,1397	0,1367	0,1285	0,1019	0,0450	-0,0479	-0,1172	-0,1547	-0,1742
	B(BA)	0,1803	0,1816	0,1845	0,1922	0,2148	0,2599	0,3307	0,3827	0,4107	0,4252
	B(BB)	0,1807	0,1818	0,1842	0,1900	0,2050	0,2328	0,2752	0,3060	0,3226	0,3312
	B(BC)	0,1790	0,1794	0,1803	0,1824	0,1878	0,1974	0,2117	0,2220	0,2275	0,2303
	B(BD)	0,1778	0,1773	0,1764	0,1742	0,1691	0,1601	0,1463	0,1362	0,1307	0,1279
	B(BE)	0,1770	0,1759	0,1737	0,1682	0,1534	0,1258	0,0835	0,0526	0,0361	0,0275
	B(BF)	0,1766	0,1753	0,1723	0,1644	0,1411	0,0951	0,0236	-0,0287	-0,0568	-0,0714
	B(CA)	0,1786	0,1788	0,1791	0,1801	0,1842	0,1952	0,2156	0,2315	0,2402	0,2448
	B(CB)	0,1790	0,1794	0,1803	0,1824	0,1878	0,1974	0,2117	0,2220	0,2275	0,2303
	B(CC)	0,1798	0,1803	0,1813	0,1835	0,1881	0,1943	0,2013	0,2056	0,2077	0,2088
	B(CD)	0,1786	0,1786	0,1788	0,1792	0,1800	0,1797	0,1773	0,1749	0,1734	0,1727
	B(CE)	0,1778	0,1773	0,1764	0,1742	0,1691	0,1601	0,1463	0,1362	0,1307	0,1279
	B(CF)	0,1774	0,1767	0,1750	0,1707	0,1595	0,1404	0,1138	0,0954	0,0856	0,0806
	D(AA)/A	-0,4270	-0,4376	-0,4512	-0,4570	-0,4141	-0,3092	-0,1670	-0,0731	-0,0247	0,0000
	D(AB)/A	0,0721	0,0530	0,0183	-0,0390	-0,0993	-0,1088	-0,0709	-0,0332	-0,0115	0
	D(AC)/A	0,0715	0,0781	0,0845	0,0799	0,0479	0,0122	-0,0040	-0,0038	-0,0016	0
	D(AD)/A	0,0710	0,0786	0,0923	0,1113	0,1137	0,0843	0,0430	0,0182	0,0060	0,0000
	D(AE)/A	0,0706	0,0781	0,0924	0,1181	0,1427	0,1294	0,0784	0,0359	0,0123	0,0000
	D(AF)/A	0,0705	0,0778	0,0919	0,1192	0,1578	0,1628	0,1088	0,0518	0,0181	0,0000
	D(BA)/A	-0,7639	-0,7401	-0,7011	-0,6364	-0,5242	-0,3767	-0,2012	-0,0879	-0,0297	0,0000
	D(BB)/A	-0,2654	-0,2618	-0,2548	-0,2419	-0,2167	-0,1714	-0,0988	-0,0446	-0,0153	0,0000
	D(BC)/A	0,2324	0,2083	0,1697	0,1131	0,0469	0,0043	-0,0095	-0,0063	-0,0024	0,0000
	D(BD)/A	0,2308	0,2310	0,2272	0,2107	0,1671	0,1100	0,0536	0,0224	0,0074	0,0000
	D(BE)/A	0,2298	0,2306	0,2328	0,2349	0,2216	0,1770	0,1015	0,0456	0,0156	0,0000
	D(BF)/A	0,2293	0,2298	0,2324	0,2405	0,2507	0,2269	0,1427	0,0666	0,0231	0,0000
	D(CA)/A	-0,5844	-0,5801	-0,5666	-0,5294	-0,4459	-0,3288	-0,1801	-0,0797	-0,0271	-0,0000
	D(CB)/A	-0,5855	-0,5563	-0,5051	-0,4195	-0,3048	-0,2062	-0,1090	-0,0478	-0,0162	-0,0000
	D(CC)/A	-0,0882	-0,0873	-0,0848	-0,0774	-0,0632	-0,0484	-0,0284	-0,0130	-0,0045	0,0000
	D(CD)/A	0,4090	0,3813	0,3344	0,2606	0,1694	0,1010	0,0480	0,0200	0,0066	0,0000
	D(CE)/A	0,4071	0,4036	0,3909	0,3543	0,2807	0,1985	0,1069	0,0471	0,0160	0,0000
	D(CF)/A	0,4063	0,4035	0,3974	0,3819	0,3432	0,2726	0,1583	0,0717	0,0246	0,0000
500,00	B(AA)	0,1441	0,1449	0,1467	0,1516	0,1670	0,2024	0,2800	0,3695	0,4388	0,4840
	B(AB)	0,1434	0,1438	0,1448	0,1474	0,1556	0,1756	0,2209	0,2738	0,3149	0,3418
	B(AC)	0,1429	0,1429	0,1430	0,1434	0,1450	0,1504	0,1644	0,!815	0,1950	0,2038
	B(AD)	0,1425	0,1422	0,1417	0,1403	0,1363	0,1283	0,1121	0,0941	0,0803	0,0713
	B(AE)	0,1422	0,1418	0,1408	0,1382	0,1297	0,1094	0,0639	0,0109	-0,0303	-0,0571
	B(AF)	0,1421	0,1416	0,1404	0,1369	0,1247	0,0930	0,0183	-0,0700	-0,1388	-0,1837
	B(BA)	0,1793	0,1798	0,1810	0,1842	0,1946	0,2195	0,2761	0,3423	0,3937	0,4272
	B(BB)	0,1794	0,1799	0,1809	0,1833	0,1901	0,2054	0,2394	0,2790	0,3096	0,3296
	B(BC)	0,1787	0,1789	0,1793	0,1801	0,1826	0,1879	0,1993	0,2124	0,2226	0,2293
	B(BD)	0,1782	0,1781	0,1777	0,1768	0,1745	0,1694	0,1582	0,1451	0,1349	0,1283
	B(BE)	0,1779	0,1775	0,1766	0,1743	0,1675	0,1523	0,1183	0,0788	0,0481	0,0281
	B(BF)	0,1778	0,1772	0,1760	0,1727	0,1621	0,1368	0,0799	0,0136	-0,0379	-0,0714
	B(CA)	0,1786	0,1787	0,1788	0,1792	0,1813	0,1880	0,2055	0,2269	0,2438	0,2548
	B(CB)	0,1787	0,1789	0,1793	0,1801	0,1826	0,1879	0,1993	0,2124	0,2226	0,2293
	B(CC)	0,1791	0,1793	0,1797	0,1806	0,1825	0,1855	0,1903	0,1950	0,1986	0,2009
	B(CD)	0,1786	0,1786	0,1787	0,1788	0,1790	0,1785	0,1757	0,1717	0,1685	0,1664
	B(CE)	0,1782	0,1781	0,1777	0,1768	0,1745	0,1694	0,1582	0,1451	0,1349	0,1283
	B(CF)	0,1781	0,1778	0,1771	0,1754	0,1704	0,1604	0,1402	0,1177	0,1004	0,0891
	D(AA)/A	-0,4279	-0,4392	-0,4546	-0,4659	-0,4405	-0,3659	-0,2463	-0,1334	-0,0519	0,0000
	D(AB)/A	0,0717	0,0522	0,0164	-0,0441	-0,1149	-0,1426	-0,1183	-0,0693	-0,0278	-0,0000
	D(AC)/A	0,0714	0,0781	0,0842	0,0790	0,0438	0,0020	-0,0193	-0,0156	-0,0069	-0,0000
	D(AD)/A	0,0712	0,0791	0,0934	0,1139	0,1205	0,0970	0,0596	0,0305	0,0116	0
	D(AE)/A	0,0711	0,0790	0,0943	0,1233	0,1585	0,1634	0,1259	0,0720	0,0286	-0,0000
	D(AF)/A	0,0711	0,0788	0,0942	0,1259	0,1806	0,2161	0,1864	0,1114	0,0450	0,0000
	D(BA)/A	-0,7663	-0,7440	-0,7082	-0,6520	-0,5626	-0,4519	-0,3021	-0,1638	-0,0637	-0,0000
	D(BB)/A	-0,2669	-0,2642	-0,2592	-0,2514	-0,2399	-0,2166	-0,1594	-0,0900	-0,0356	-0,0000
	D(BC)/A	0,2323	0,2080	0,1688	0,1108	0,0405	-0,0097	-0,0291	-0,0213	-0,0091	-0,0000
	D(BD)/A	0,2316	0,2323	0,2295	0,2152	0,1767	0,1268	0,0746	0,0379	0,0143	-0,0000
	D(BE)/A	0,2312	0,2329	0,2372	0,2444	0,2449	0,2223	0,1621	0,0911	0,0360	-0,0000
	D(BF)/A	0,2310	0,2327	0,2379	0,2532	0,2848	0,2983	0,2418	0,1417	0,0569	0,0000
	D(CA)/A	-0,5873	-0,5849	-0,5755	-0,5478	-0,4880	-0,4071	-0,2825	-0,1558	-0,0611	0,0000
	D(CB)/A	-0,5878	-0,5599	-0,5114	-0,4319	-0,3315	-0,2542	-0,1708	-0,0935	-0,0366	0,0000
	D(CC)/A	-0,0888	-0,0884	-0,0868	-0,0814	-0,0718	-0,0642	-0,0489	-0,0282	-0,0112	0,0000
	D(CD)/A	0,4100	0,3829	0,3371	0,2657	0,1795	0,1179	0,0690	0,0354	0,0135	0,0000
	D(CE)/A	0,4093	0,4071	0,3971	0,3666	0,3075	0,2466	0,1688	0,0929	0,0364	0,0000
	D(CF)/A	0,4090	0,4079	0,4054	0,3990	0,3835	0,3494	0,2598	0,1475	0,0585	0,0000

Z	Z(T)	0,00	0,03	0,10	0,30	1,00	3,00	10,0	30,0	100	UNENDL
1000,00	B(AA)	0,1435	0,1439	0,1448	0,1473	0,1553	0,1751	0,2274	0,3101	0,4008	0,4801
	B(AB)	0,1431	0,1434	0,1438	0,1451	0,1495	0,1607	0,1916	0,2408	0,2949	0,3423
	B(AC)	0,1429	0,1429	0,1429	0,1431	0,1440	0,1471	0,1569	0,1730	0,1909	0,2066
	B(AD)	0,1427	0,1425	0,1423	0,1416	0,1395	0,1350	0,1242	0,1076	0,0895	0,0737
	B(AE)	0,1425	0,1423	0,1418	0,1405	0,1360	0,1246	0,0937	0,0444	-0,0098	-0,0571
	B(AF)	0,1425	0,1422	0,1416	0,1398	0,1334	0,1155	0,0646	-0,0174	-0,1079	-0,1871
	B(BA)	0,1789	0,1792	0,1798	0,1814	0,1868	0,2009	0,2394	0,3010	0,3687	0,4279
	B(BB)	0,1790	0,1792	0,1797	0,1809	0,1845	0,1932	0,2163	0,2532	0,2937	0,3291
	B(BC)	0,1787	0,1787	0,1789	0,1794	0,1806	0,1836	0,1914	0,2037	0,2172	0,2289
	B(BD)	0,1784	0,1783	0,1781	0,1777	0,1764	0,1736	0,1659	0,1537	0,1402	0,1284
	B(BE)	0,1782	0,1780	0,1776	0,1764	0,1729	0,1642	0,1411	0,1042	0,0638	0,0284
	B(BF)	0,1782	0,1779	0,1773	0,1756	0,1700	0,1558	0,1171	0,0555	-0,0122	-0,0714
	B(CA)	0,1786	0,1786	0,1787	0,1789	0,1800	0,1839	0,1961	0,2163	0,2387	0,2583
	B(CB)	0,1787	0,1787	0,1789	0,1794	0,1806	0,1836	0,1914	0,2037	0,2172	0,2289
	B(CC)	0,1788	0,1789	0,1791	0,1796	0,1806	0,1822	0,1853	0,1896	0,1941	0,1981
	B(CD)	0,1786	0,1786	0,1786	0,1787	0,1788	0,1784	0,1763	0,1724	0,1681	0,1642
	B(CE)	0,1784	0,1783	0,1781	0,1777	0,1764	0,1736	0,1659	0,1537	0,1402	0,1284
	B(CF)	0,1783	0,1782	0,1778	0,1769	0,1744	0,1688	0,1553	0,1345	0,1119	0,0922
	D(AA)/A	-0,4283	-0,4398	-0,4558	-0,4690	-0,4504	-0,3915	-0,2983	-0,1929	-0,0885	0
	D(AB)/A	0,0716	0,0519	0,0158	-0,0459	-0,1208	-0,1580	-0,1497	-0,1050	-0,0497	0
	D(AC)/A	0,0714	0,0781	0,0841	0,0786	0,0423	-0,0028	-0,0295	-0,0274	-0,0142	0,0000
	D(AD)/A	0,0713	0,0793	0,0938	0,1148	0,1230	0,1027	0,0703	0,0425	0,0189	0,0000
	D(AE)/A	0,0713	0,0792	0,0949	0,1251	0,1644	0,1788	0,1573	0,1077	0,0505	0,0000
	D(AF)/A	0,0712	0,0792	0,0950	0,1283	0,1893	0,2404	0,2378	0,1706	0,0815	0,0000
	D(BA)/A	-0,7671	-0,7453	-0,7107	-0,6574	-0,5770	-0,4858	-0,3685	-0,2386	-0,1095	0,0000
	D(BB)/A	-0,2674	-0,2650	-0,2608	-0,2548	-0,2487	-0,2372	-0,1994	-0,1350	-0,0631	0,0000
	D(BC)/A	0,2322	0,2078	0,1685	0,1101	0,0379	-0,0162	-0,0423	-0,0362	-0,0183	0,0000
	D(BD)/A	0,2319	0,2327	0,2303	0,2168	0,1803	0,1343	0,0883	0,0530	0,0235	0,0000
	D(BE)/A	0,2317	0,2337	0,2387	0,2477	0,2537	0,2429	0,2022	0,1361	0,0635	0,0000
	D(BF)/A	0,2316	0,2336	0,2397	0,2577	0,2979	0,3310	0,3075	0,2162	0,1026	0,0000
	D(CA)/A	-0,5883	-0,5865	-0,5785	-0,5542	-0,5039	-0,4426	-0,3499	-0,2310	-0,1070	-0,0000
	D(CB)/A	-0,5885	-0,5611	-0,5136	-0,4362	-0,3416	-0,2760	-0,2116	-0,1388	-0,0641	0,0000
	D(CC)/A	-0,0891	-0,0888	-0,0875	-0,0828	-0,0751	-0,0714	-0,0625	-0,0433	-0,0204	0,0000
	D(CD)/A	0,4104	0,3834	0,3380	0,2674	0,1833	0,1255	0,0828	0,0506	0,0227	0
	D(CE)/A	0,4100	0,4082	0,3992	0,3709	0,3176	0,2684	0,2096	0,1381	0,0639	0,0000
	D(CF)/A	0,4098	0,4093	0,4082	0,4050	0,3988	0,3844	0,3270	0,2226	0,1044	0,0000

b) $r_a : r_b : r_c : r_d : r_e : r_f = 1{,}2 : 1{,}0 : 1{,}0 : 1{,}0 : 1{,}0 : 1{,}2$

Z	Z(T)	0,00	0,03	0,10	0,30	1,00	3,00	10,0	30,0	100	UNENDL
0,01	B(AA)	0,9839	0,9875	0,9912	0,9944	0,9965	0,9973	0,9977	0,9978	0,9978	0,9978
	B(AB)	0,0189	0,0167	0,0136	0,0102	0,0076	0,0065	0,0061	0,0060	0,0059	0,0059
	B(AC)	0,0004	-0,0018	-0,0034	-0,0041	-0,0042	-0,0041	-0,0041	-0,0041	-0,0041	-0,0041
	B(AD)	0,0000	0,0001	0,0005	0,0008	0,0010	0,0010	0,0010	0,0010	0,0010	0,0010
	B(AE)	0,0000	-0,0000	-0,0001	-0,0001	-0,0002	-0,0002	-0,0002	-0,0002	-0,0002	-0,0002
	B(AF)	0,0000	0,0000	0,0000	0,0000	0,0000	0,0000	0,0000	0,0000	0,0000	0,0000
	B(BA)	0,0158	0,0139	0,0113	0,0085	0,0063	0,0054	0,0051	0,0050	0,0049	0,0049
	B(BB)	0,9622	0,9667	0,9721	0,9775	0,9815	0,9832	0,9838	0,9840	0,9841	0,9841
	B(BC)	0,0185	0,0184	0,0179	0,0168	0,0158	0,0154	0,0152	0,0151	0,0151	0,0151
	B(BD)	0,0004	-0,0019	-0,0040	-0,0054	-0,0061	-0,0062	-0,0063	-0,0063	-0,0063	-0,0063
	B(BE)	0,0000	0,0001	0,0005	0,0010	0,0013	0,0014	0,0014	0,0015	0,0015	0,0015
	B(BF)	0,0000	-0,0000	-0,0000	-0,0001	-0,0002	-0,0002	-0,0002	-0,0002	-0,0002	-0,0002
	B(CA)	0,0003	-0,0015	-0,0028	-0,0034	-0,0035	-0,0034	-0,0034	-0,0034	-0,0034	-0,0034
	B(CB)	0,0185	0,0184	0,0179	0,0168	0,0158	0,0154	0,0152	0,0151	0,0151	0,0151
	B(CC)	0,9623	0,9668	0,9711	0,9745	0,9766	0,9773	0,9776	0,9777	0,9777	0,9778
	B(CD)	0,0185	0,0184	0,0180	0,0174	0,0169	0,0167	0,0166	0,0166	0,0166	0,0166
	B(CE)	0,0004	-0,0019	-0,0040	-0,0054	-0,0061	-0,0062	-0,0063	-0,0063	-0,0063	-0,0063
	B(CF)	0,0000	0,0001	0,0004	0,0007	0,0008	0,0008	0,0008	0,0008	0,0008	0,0008
	D(AA)/A	-0,0080	-0,0062	-0,0042	-0,0023	-0,0009	-0,0003	-0,0001	-0,0000	-0,0000	-0,0000
	D(AB)/A	0,0095	0,0079	0,0058	0,0033	0,0013	0,0005	0,0002	0,0001	0,0000	0,0000
	D(AC)/A	0,0002	-0,0005	-0,0008	-0,0007	-0,0003	-0,0001	-0,0000	-0,0000	-0,0000	-0,0000
	D(AD)/A	0,0000	0,0000	0,0001	0,0001	0,0001	0,0000	0,0000	0,0000	0,0000	0,0000
	D(AE)/A	0,0000	-0,0000	-0,0000	-0,0000	-0,0000	-0,0000	-0,0000	-0,0000	-0,0000	-0,0000
	D(AF)/A	0,0000	0,0000	0,0000	0,0000	0,0000	0,0000	0,0000	0,0000	0,0000	0,0000
	D(BA)/A	-0,0082	-0,0052	-0,0027	-0,0011	-0,0003	-0,0001	-0,0000	-0,0000	-0,0000	-0,0000
	D(BB)/A	0,0000	0,0000	-0,0001	-0,0002	-0,0001	-0,0000	-0,0000	-0,0000	-0,0000	-0,0000
	D(BC)/A	0,0096	0,0066	0,0038	0,0018	0,0006	0,0002	0,0001	0,0000	0,0000	0
	D(BD)/A	0,0002	-0,0004	-0,0005	-0,0004	-0,0001	-0,0001	-0,0000	-0,0000	-0,0000	-0,0000
	D(BE)/A	0,0000	0,0000	0,0001	0,0001	0,0000	0,0000	0,0000	0,0000	0,0000	0,0000
	D(BF)/A	0,0000	-0,0000	-0,0000	-0,0000	-0,0000	-0,0000	-0,0000	-0,0000	-0,0000	-0,0000
	D(CA)/A	-0,0002	0,0003	0,0004	0,0002	0,0001	0,0000	0,0000	0,0000	0,0000	0,0000
	D(CB)/A	-0,0096	-0,0066	-0,0038	-0,0017	-0,0006	-0,0002	-0,0001	-0,0000	-0,0000	-0,0000
	D(CC)/A	0,0000	0,0000	-0,0000	-0,0000	-0,0000	-0,0000	-0,0000	-0,0000	-0,0000	0
	D(CD)/A	0,0096	0,0066	0,0038	0,0018	0,0006	0,0002	0,0001	0,0000	0,0000	0,0000
	D(CE)/A	0,0002	-0,0004	-0,0005	-0,0003	-0,0001	-0,0000	-0,0000	-0,0000	-0,0000	-0,0000
	D(CF)/A	0,0000	0,0000	0,0000	0,0000	0,0000	0,0000	0,0000	0,0000	0,0000	0,0000

Z	Z(T)	0,00	0,03	0,10	0,30	1,00	3,00	10,0	30,0	100	UNENDL
0,02	B(AA)	0,9689	0,9758	0,9828	0,9891	0,9932	0,9948	0,9954	0,9956	0,9957	0,9957
	B(AB)	0,0359	0,0318	0,0261	0,0197	0,0147	0,0127	0,0118	0,0116	0,0115	0,0115
	B(AC)	0,0013	-0,0029	-0,0061	-0,0076	-0,0079	-0,0079	-0,0078	-0,0078	-0,0078	-0,0078
	B(AD)	0,0000	0,0001	0,0007	0,0013	0,0016	0,0017	0,0018	0,0018	0,0018	0,0018
	B(AE)	0,0000	0,0000	-0,0001	-0,0002	-0,0003	-0,0003	-0,0004	-0,0004	-0,0004	-0,0004
	B(AF)	0,0000	-0,0000	0,0000	0,0000	0,0000	0,0000	0,0000	0,0000	0,0000	0,0000
	B(BA)	0,0299	0,0265	0,0217	0,0164	0,0123	0,0105	0,0099	0,0096	0,0096	0,0095
	B(BB)	0,9283	0,9366	0,9466	0,9568	0,9644	0,9675	0,9687	0,9691	0,9692	0,9693
	B(BC)	0,0344	0,0344	0,0336	0,0319	0,0301	0,0293	0,0290	0,0289	0,0288	0,0288
	B(BD)	0,0013	-0,0030	-0,0069	-0,0097	-0,0111	-0,0115	-0,0116	-0,0117	-0,0117	-0,0117
	B(BE)	0,0000	0,0001	0,0007	0,0016	0,0022	0,0024	0,0025	0,0025	0,0025	0,0025
	B(BF)	0,0000	0,0000	-0,0001	-0,0002	-0,0003	-0,0003	-0,0003	-0,0003	-0,0003	-0,0003
	B(CA)	0,0011	-0,0024	-0,0051	-0,0064	-0,0066	-0,0065	-0,0065	-0,0065	-0,0065	-0,0065
	B(CB)	0,0344	0,0344	0,0336	0,0319	0,0301	0,0293	0,0290	0,0289	0,0288	0,0288
	B(CC)	0,9285	0,9370	0,9450	0,9515	0,9553	0,9567	0,9573	0,9574	0,9575	0,9575
	B(CD)	0,0344	0,0344	0,0337	0,0327	0,0319	0,0316	0,0314	0,0314	0,0314	0,0314
	B(CE)	0,0013	-0,0030	-0,0069	-0,0097	-0,0111	-0,0115	-0,0116	-0,0117	-0,0117	-0,0117
	B(CF)	0,0000	0,0001	0,0006	0,0011	0,0014	0,0014	0,0015	0,0015	0,0015	0,0015
	D(AA)/A	-0,0155	-0,0121	-0,0083	-0,0045	-0,0018	-0,0007	-0,0002	-0,0001	-0,0000	0,0000
	D(AB)/A	0,0180	0,0152	0,0111	0,0064	0,0026	0,0010	0,0003	0,0001	0,0000	-0,0000
	D(AC)/A	0,0007	-0,0007	-0,0013	-0,0011	-0,0006	-0,0002	-0,0001	-0,0000	-0,0000	-0,0000
	D(AD)/A	0,0000	0,0000	0,0001	0,0002	0,0001	0,0000	0,0000	0,0000	0,0000	0,0000
	D(AE)/A	0,0000	0,0000	-0,0000	-0,0000	-0,0000	-0,0000	-0,0000	-0,0000	-0,0000	0,0000
	D(AF)/A	0,0000	-0,0000	0,0000	0,0000	0,0000	0,0000	0,0000	0,0000	0,0000	0,0000
	D(BA)/A	-0,0161	-0,0102	-0,0054	-0,0022	-0,0007	-0,0002	-0,0001	-0,0000	-0,0000	-0,0000
	D(BB)/A	0,0001	0,0001	-0,0002	-0,0004	-0,0002	-0,0001	-0,0000	-0,0000	-0,0000	-0,0000
	D(BC)/A	0,0185	0,0127	0,0075	0,0035	0,0012	0,0004	0,0001	0,0000	0,0000	0,0000
	D(BD)/A	0,0007	-0,0006	-0,0009	-0,0006	-0,0003	-0,0001	-0,0000	-0,0000	-0,0000	-0,0000
	D(BE)/A	0,0000	0,0000	0,0001	0,0001	0,0001	0,0000	0,0000	0,0000	0,0000	0,0000
	D(BF)/A	0,0000	0,0000	-0,0000	-0,0000	-0,0000	-0,0000	-0,0000	-0,0000	-0,0000	-0,0000
	D(CA)/A	-0,0006	0,0005	0,0007	0,0004	0,0002	0,0001	0,0000	0,0000	0,0000	-0,0000
	D(CB)/A	-0,0185	-0,0128	-0,0074	-0,0034	-0,0012	-0,0004	-0,0001	-0,0000	-0,0000	-0,0000
	D(CC)/A	0,0000	0,0000	-0,0000	-0,0000	-0,0000	-0,0000	-0,0000	-0,0000	-0,0000	-0,0000
	D(CD)/A	0,0185	0,0127	0,0075	0,0034	0,0012	0,0004	0,0001	0,0000	0,0000	0,0000
	D(CE)/A	0,0007	-0,0006	-0,0009	-0,0006	-0,0003	-0,0001	-0,0000	-0,0000	-0,0000	-0,0000
	D(CF)/A	0,0000	0,0000	0,0001	0,0001	0,0000	0,0000	0,0000	0,0000	0,0000	-0,0000
0,05	B(AA)	0,9291	0,9444	0,9601	0,9743	0,9839	0,9877	0,9893	0,9897	0,9899	0,9899
	B(AB)	0,0780	0,0701	0,0584	0,0447	0,0338	0,0292	0,0273	0,0267	0,0265	0,0265
	B(AC)	0,0065	-0,0031	-0,0110	-0,0155	-0,0168	-0,0170	-0,0170	-0,0170	-0,0170	-0,0170
	B(AD)	0,0005	-0,0003	0,0004	0,0017	0,0025	0,0028	0,0029	0,0029	0,0029	0,0029
	B(AE)	0,0000	0,0000	0,0000	-0,0001	-0,0002	-0,0003	-0,0003	-0,0003	-0,0003	-0,0003
	B(AF)	0,0000	0,0000	-0,0000	-0,0000	0,0000	0,0000	0,0000	0,0000	0,0000	0,0000
	B(BA)	0,0650	0,0584	0,0487	0,0373	0,0282	0,0243	0,0228	0,0223	0,0221	0,0220
	B(BB)	0,8447	0,8613	0,8815	0,9030	0,9192	0,9260	0,9288	0,9296	0,9299	0,9300
	B(BC)	0,0709	0,0717	0,0711	0,0687	0,0658	0,0644	0,0638	0,0637	0,0636	0,0636
	B(BD)	0,0059	-0,0028	-0,0114	-0,0180	-0,0216	-0,0227	-0,0231	-0,0233	-0,0233	-0,0233
	B(BE)	0,0005	-0,0003	0,0004	0,0018	0,0030	0,0034	0,0036	0,0036	0,0036	0,0036
	B(BF)	0,0000	0,0000	0,0000	-0,0001	-0,0002	-0,0003	-0,0003	-0,0003	-0,0003	-0,0003
	B(CA)	0,0055	-0,0026	-0,0092	-0,0129	-0,0140	-0,0141	-0,0141	-0,0141	-0,0141	-0,0141
	B(CB)	0,0709	0,0717	0,0711	0,0687	0,0658	0,0644	0,0638	0,0637	0,0636	0,0636
	B(CC)	0,8452	0,8628	0,8798	0,8935	0,9017	0,9047	0,9058	0,9061	0,9062	0,9063
	B(CD)	0,0709	0,0717	0,0711	0,0696	0,0684	0,0678	0,0676	0,0676	0,0675	0,0675
	B(CE)	0,0059	-0,0028	-0,0114	-0,0180	-0,0216	-0,0227	-0,0231	-0,0233	-0,0233	-0,0233
	B(CF)	0,0005	-0,0002	0,0004	0,0014	0,0021	0,0023	0,0024	0,0024	0,0024	0,0024
	D(AA)/A	-0,0355	-0,0279	-0,0194	-0,0107	-0,0043	-0,0016	-0,0005	-0,0002	-0,0001	-0,0000
	D(AB)/A	0,0390	0,0334	0,0250	0,0147	0,0060	0,0023	0,0007	0,0002	0,0001	-0,0000
	D(AC)/A	0,0033	0,0002	-0,0017	-0,0019	-0,0010	-0,0004	-0,0001	-0,0000	-0,0000	0,0000
	D(AD)/A	0,0003	-0,0001	-0,0000	0,0001	0,0001	0,0000	0,0000	0,0000	0,0000	0,0000
	D(AE)/A	0,0000	-0,0000	0,0000	0,0000	-0,0000	-0,0000	-0,0000	-0,0000	-0,0000	0,0000
	D(AF)/A	0,0000	0,0000	-0,0000	-0,0000	0,0000	0,0000	0,0000	0,0000	0,0000	0
	D(BA)/A	-0,0384	-0,0248	-0,0133	-0,0054	-0,0017	-0,0006	-0,0002	-0,0001	-0,0000	0,0000
	D(BB)/A	0,0003	0,0006	-0,0001	-0,0006	-0,0004	-0,0002	-0,0001	-0,0000	-0,0000	0,0000
	D(BC)/A	0,0420	0,0292	0,0173	0,0081	0,0029	0,0010	0,0003	0,0001	0,0000	0,0000
	D(BD)/A	0,0035	0,0001	-0,0013	-0,0011	-0,0005	-0,0002	-0,0001	-0,0000	-0,0000	-0,0000
	D(BE)/A	0,0003	-0,0001	-0,0000	0,0001	0,0001	0,0000	0,0000	0,0000	0,0000	0,0000
	D(BF)/A	0,0000	-0,0000	0,0000	-0,0000	-0,0000	-0,0000	-0,0000	-0,0000	-0,0000	-0,0000
	D(CA)/A	-0,0032	0,0000	0,0011	0,0008	0,0003	0,0001	0,0000	0,0000	0,0000	0,0000
	D(CB)/A	-0,0419	-0,0292	-0,0174	-0,0080	-0,0028	-0,0010	-0,0003	-0,0001	-0,0000	-0,0000
	D(CC)/A	0,0000	-0,0000	0,0000	-0,0000	-0,0000	-0,0000	-0,0000	-0,0000	-0,0000	-0,0000
	D(CD)/A	0,0420	0,0292	0,0173	0,0081	0,0028	0,0010	0,0003	0,0001	0,0000	-0,0000
	D(CE)/A	0,0035	0,0001	-0,0013	-0,0011	-0,0005	-0,0002	-0,0001	-0,0000	-0,0000	0,0000
	D(CF)/A	0,0003	-0,0001	-0,0000	0,0001	0,0000	0,0000	0,0000	0,0000	0,0000	0,0000

Z	Z(T)	0,00	0,03	0,10	0,30	1,00	3,00	10,0	30,0	100	UNENDL
0,10	B(AA)	0,8754	0,9012	0,9281	0,9530	0,9704	0,9774	0,9802	0,9811	0,9814	0,9815
	B(AB)	0,1277	0,1171	0,0999	0,0782	0,0600	0,0520	0,0488	0,0478	0,0474	0,0473
	B(AC)	0,0186	0,0021	-0,0127	-0,0224	-0,0265	-0,0274	-0,0277	-0,0278	-0,0278	-0,0278
	B(AD)	0,0027	-0,0006	-0,0011	0,0003	0,0017	0,0023	0,0025	0,0025	0,0026	0,0026
	B(AE)	0,0004	-0,0001	0,0002	0,0004	0,0004	0,0003	0,0003	0,0003	0,0003	0,0003
	B(AF)	0,0001	0,0000	0,0000	-0,0000	-0,0001	-0,0001	-0,0001	-0,0001	-0,0001	-0,0001
	B(BA)	0,1064	0,0976	0,0832	0,0652	0,0500	0,0434	0,0406	0,0398	0,0395	0,0394
	B(BB)	0,7450	0,7694	0,7998	0,8331	0,8593	0,8705	0,8751	0,8765	0,8770	0,8772
	B(BC)	0,1087	0,1115	0,1127	0,1114	0,1088	0,1073	0,1067	0,1065	0,1064	0,1064
	B(BD)	0,0159	0,0025	-0,0113	-0,0228	-0,0296	-0,0320	-0,0328	-0,0331	-0,0332	-0,0332
	B(BE)	0,0023	-0,0005	-0,0013	-0,0002	0,0011	0,0017	0,0020	0,0020	0,0021	0,0021
	B(BF)	0,0003	-0,0000	0,0001	0,0003	0,0003	0,0003	0,0002	0,0002	0,0002	0,0002
	B(CA)	0,0155	0,0018	-0,0106	-0,0187	-0,0221	-0,0229	-0,0231	-0,0232	-0,0232	-0,0232
	B(CB)	0,1087	0,1115	0,1127	0,1114	0,1088	0,1073	0,1067	0,1065	0,1064	0,1064
	B(CC)	0,7453	0,7728	0,8000	0,8221	0,8353	0,8400	0,8418	0,8424	0,8426	0,8426
	B(CD)	0,1087	0,1116	0,1123	0,1114	0,1103	0,1098	0,1096	0,1095	0,1095	0,1095
	B(CE)	0,0159	0,0025	-0,0113	-0,0228	-0,0296	-0,0320	-0,0328	-0,0331	-0,0332	-0,0332
	B(CF)	0,0023	-0,0005	-0,0009	0,0003	0,0014	0,0019	0,0021	0,0021	0,0021	0,0021
	D(AA)/A	-0,0623	-0,0497	-0,0352	-0,0200	-0,0081	-0,0030	-0,0009	-0,0003	-0,0001	0,0000
	D(AB)/A	0,0639	0,0558	0,0429	0,0258	0,0108	0,0041	0,0013	0,0004	0,0001	0,0000
	D(AC)/A	0,0093	0,0040	-0,0001	-0,0016	-0,0010	-0,0004	-0,0001	-0,0000	-0,0000	-0,0000
	D(AD)/A	0,0014	-0,0001	-0,0005	-0,0003	-0,0001	-0,0000	-0,0000	-0,0000	-0,0000	0,0000
	D(AE)/A	0,0002	-0,0000	0,0000	0,0001	0,0000	0,0000	0,0000	0,0000	0,0000	0,0000
	D(AF)/A	0,0000	-0,0000	0,0000	0,0000	-0,0000	-0,0000	-0,0000	-0,0000	-0,0000	-0,0000
	D(BA)/A	-0,0714	-0,0470	-0,0257	-0,0108	-0,0034	-0,0011	-0,0003	-0,0001	-0,0000	-0,0000
	D(BB)/A	0,0002	0,0014	0,0005	-0,0006	-0,0005	-0,0003	-0,0001	-0,0000	-0,0000	0,0000
	D(BC)/A	0,0730	0,0518	0,0312	0,0148	0,0052	0,0018	0,0006	0,0002	0,0001	0,0000
	D(BD)/A	0,0106	0,0034	-0,0004	-0,0011	-0,0006	-0,0002	-0,0001	-0,0000	-0,0000	0,0000
	D(BE)/A	0,0016	-0,0001	-0,0004	-0,0002	-0,0000	-0,0000	-0,0000	-0,0000	-0,0000	-0,0000
	D(BF)/A	0,0002	-0,0000	0,0000	0,0000	0,0000	0,0000	0,0000	0,0000	0,0000	0,0000
	D(CA)/A	-0,0104	-0,0028	0,0007	0,0011	0,0005	0,0002	0,0001	0,0000	0,0000	-0,0000
	D(CB)/A	-0,0729	-0,0516	-0,0313	-0,0149	-0,0052	-0,0018	-0,0006	-0,0002	-0,0001	-0,0000
	D(CC)/A	0,0000	0,0000	-0,0000	0,0000	0,0000	0,0000	0,0000	0,0000	0,0000	-0,0000
	D(CD)/A	0,0729	0,0518	0,0313	0,0148	0,0052	0,0018	0,0006	0,0002	0,0001	0,0000
	D(CE)/A	0,0106	0,0034	-0,0004	-0,0011	-0,0006	-0,0002	-0,0001	-0,0000	-0,0000	-0,0000
	D(CF)/A	0,0015	-0,0001	-0,0003	-0,0001	-0,0000	-0,0000	0,0000	0,0000	0,0000	0,0000
0,20	B(AA)	0,7967	0,8358	0,8780	0,9185	0,9481	0,9604	0,9654	0,9669	0,9674	0,9676
	B(AB)	0,1868	0,1765	0,1558	0,1262	0,0992	0,0867	0,0815	0,0799	0,0793	0,0791
	B(AC)	0,0438	0,0193	-0,0056	-0,0250	-0,0353	-0,0386	-0,0398	-0,0401	-0,0402	-0,0403
	B(AD)	0,0103	0,0012	-0,0037	-0,0043	-0,0029	-0,0021	-0,0017	-0,0016	-0,0016	-0,0016
	B(AE)	0,0024	0,0000	-0,0002	0,0007	0,0013	0,0016	0,0016	0,0017	0,0017	0,0017
	B(AF)	0,0006	-0,0000	0,0001	0,0001	-0,0000	-0,0001	-0,0001	-0,0001	-0,0001	-0,0001
	B(BA)	0,1556	0,1471	0,1298	0,1052	0,0827	0,0723	0,0679	0,0666	0,0661	0,0659
	B(BB)	0,6226	0,6530	0,6919	0,7367	0,7738	0,7903	0,7972	0,7993	0,8000	0,8003
	B(BC)	0,1460	0,1520	0,1574	0,1606	0,1611	0,1609	0,1607	0,1606	0,1606	0,1606
	B(BD)	0,0342	0,0173	-0,0016	-0,0189	-0,0302	-0,0344	-0,0361	-0,0366	-0,0368	-0,0368
	B(BE)	0,0081	0,0012	-0,0034	-0,0052	-0,0053	-0,0050	-0,0049	-0,0049	-0,0048	-0,0048
	B(BF)	0,0020	0,0000	-0,0002	0,0006	0,0011	0,0013	0,0014	0,0014	0,0014	0,0014
	B(CA)	0,0365	0,0161	-0,0046	-0,0208	-0,0294	-0,0322	-0,0331	-0,0334	-0,0335	-0,0336
	B(CB)	0,1460	0,1520	0,1574	0,1606	0,1611	0,1609	0,1607	0,1606	0,1606	0,1606
	B(CC)	0,6203	0,6575	0,6962	0,7289	0,7487	0,7558	0,7585	0,7593	0,7595	0,7597
	B(CD)	0,1455	0,1527	0,1572	0,1587	0,1587	0,1585	0,1584	0,1584	0,1584	0,1584
	B(CE)	0,0342	0,0173	-0,0016	-0,0189	-0,0302	-0,0344	-0,0361	-0,0366	-0,0368	-0,0368
	B(CF)	0,0086	0,0010	-0,0031	-0,0035	-0,0024	-0,0017	-0,0014	-0,0013	-0,0013	-0,0013
	D(AA)/A	-0,1017	-0,0830	-0,0606	-0,0356	-0,0149	-0,0056	-0,0018	-0,0006	-0,0002	0,0000
	D(AB)/A	0,0934	0,0841	0,0671	0,0421	0,0183	0,0070	0,0022	0,0007	0,0002	-0,0000
	D(AC)/A	0,0219	0,0141	0,0067	0,0019	0,0002	0,0000	-0,0000	-0,0000	-0,0000	-0,0000
	D(AD)/A	0,0051	0,0014	-0,0008	-0,0012	-0,0007	-0,0003	-0,0001	-0,0000	-0,0000	0
	D(AE)/A	0,0012	0,0001	-0,0002	-0,0001	0,0000	0,0000	0,0000	0,0000	0,0000	0,0000
	D(AF)/A	0,0003	-0,0000	0,0000	0,0000	0,0000	0,0000	0,0000	0,0000	0,0000	0
	D(BA)/A	-0,1255	-0,0853	-0,0484	-0,0211	-0,0069	-0,0023	-0,0007	-0,0002	-0,0001	0
	D(BB)/A	-0,0019	0,0019	0,0017	0,0000	-0,0004	-0,0002	-0,0001	-0,0000	-0,0000	0,0000
	D(BC)/A	0,1168	0,0857	0,0531	0,0255	0,0091	0,0032	0,0010	0,0003	0,0001	0,0000
	D(BD)/A	0,0274	0,0135	0,0043	0,0005	-0,0001	-0,0001	-0,0000	-0,0000	-0,0000	-0,0000
	D(BE)/A	0,0064	0,0012	-0,0007	-0,0008	-0,0003	-0,0001	-0,0000	-0,0000	-0,0000	0
	D(BF)/A	0,0016	0,0000	-0,0001	0,0000	0,0000	0,0000	0,0000	0,0000	0,0000	0
	D(CA)/A	-0,0294	-0,0127	-0,0029	0,0005	0,0006	0,0002	0,0001	0,0000	0,0000	0,0000
	D(CB)/A	-0,1177	-0,0850	-0,0529	-0,0260	-0,0094	-0,0033	-0,0010	-0,0003	-0,0001	-0,0000
	D(CC)/A	-0,0001	0,0001	-0,0000	-0,0000	-0,0000	-0,0000	-0,0000	-0,0000	-0,0000	0,0000
	D(CD)/A	0,1172	0,0854	0,0530	0,0257	0,0092	0,0032	0,0010	0,0003	0,0001	0,0000
	D(CE)/A	0,0276	0,0134	0,0043	0,0005	-0,0002	-0,0001	-0,0000	-0,0000	-0,0000	-0,0000
	D(CF)/A	0,0069	0,0011	-0,0008	-0,0006	-0,0002	-0,0001	-0,0000	-0,0000	-0,0000	-0,0000

Z	Z(T)	0,00	0,03	0,10	0,30	1,00	3,00	10,0	30,0	100	UNENDL
0,50	B(AA)	0,6601	0,7165	0,7808	0,8475	0,9004	0,9239	0,9338	0,9368	0,9378	0,9383
	B(AB)	0,2521	0,2511	0,2362	0,2045	0,1686	0,1500	0,1418	0,1393	0,1384	0,1380
	B(AC)	0,0964	0,0669	0,0298	-0,0075	-0,0335	-0,0439	-0,0480	-0,0492	-0,0496	-0,0498
	B(AD)	0,0370	0,0168	-0,0013	-0,0126	-0,0164	-0,0169	-0,0169	-0,0169	-0,0169	-0,0168
	B(AE)	0,0145	0,0041	-0,0014	-0,0020	-0,0004	0,0007	0,0012	0,0013	0,0014	0,0014
	B(AF)	0,0066	0,0011	-0,0003	0,0004	0,0010	0,0011	0,0011	0,0011	0,0011	0,0011
	B(BA)	0,2101	0,2093	0,1968	0,1704	0,1405	0,1250	0,1182	0,1161	0,1153	0,1150
	B(BB)	0,4623	0,4948	0,5368	0,5877	0,6338	0,6559	0,6653	0,6682	0,6693	0,6697
	B(BC)	0,1767	0,1868	0,1989	0,2118	0,2220	0,2265	0,2283	0,2289	0,2291	0,2292
	B(BD)	0,0678	0,0504	0,0295	0,0081	-0,0077	-0,0142	-0,0169	-0,0177	-0,0179	-0,0181
	B(BE)	0,0266	0,0127	0,0000	-0,0101	-0,0164	-0,0188	-0,0198	-0,0201	-0,0202	-0,0202
	B(BF)	0,0121	0,0035	-0,0012	-0,0017	-0,0003	0,0006	0,0010	0,0011	0,0012	0,0012
	B(CA)	0,0803	0,0557	0,0249	-0,0062	-0,0279	-0,0366	-0,0400	-0,0410	-0,0414	-0,0415
	B(CB)	0,1767	0,1868	0,1989	0,2118	0,2220	0,2265	0,2283	0,2289	0,2291	0,2292
	B(CC)	0,4497	0,4926	0,5427	0,5901	0,6211	0,6328	0,6373	0,6386	0,6391	0,6393
	B(CD)	0,1725	0,1865	0,2003	0,2101	0,2145	0,2157	0,2161	0,2162	0,2162	0,2162
	B(CE)	0,0678	0,0504	0,0295	0,0081	-0,0077	-0,0142	-0,0169	-0,0177	-0,0179	-0,0181
	B(CF)	0,0308	0,0140	-0,0011	-0,0105	-0,0137	-0,0141	-0,0141	-0,0141	-0,0140	-0,0140
	D(AA)/A	-0,1700	-0,1447	-0,1115	-0,0701	-0,0311	-0,0121	-0,0038	-0,0013	-0,0004	-0,0000
	D(AB)/A	0,1261	0,1194	0,1015	0,0689	0,0319	0,0126	0,0040	0,0014	0,0004	-0,0000
	D(AC)/A	0,0482	0,0401	0,0292	0,0169	0,0070	0,0027	0,0008	0,0003	0,0001	-0,0000
	D(AD)/A	0,0185	0,0106	0,0035	-0,0006	-0,0010	-0,0005	-0,0002	-0,0001	-0,0000	0,0000
	D(AE)/A	0,0073	0,0027	-0,0002	-0,0010	-0,0006	-0,0003	-0,0001	-0,0000	-0,0000	0
	D(AF)/A	0,0033	0,0007	-0,0002	-0,0001	0,0000	0,0000	0,0000	0,0000	0,0000	-0,0000
	D(BA)/A	-0,2349	-0,1689	-0,1027	-0,0481	-0,0166	-0,0057	-0,0017	-0,0006	-0,0002	0,0000
	D(BB)/A	-0,0167	-0,0038	0,0019	0,0017	0,0004	0,0001	0,0000	0,0000	0,0000	0
	D(BC)/A	0,1847	0,1449	0,0958	0,0485	0,0178	0,0063	0,0019	0,0007	0,0002	-0,0000
	D(BD)/A	0,0708	0,0458	0,0236	0,0091	0,0027	0,0009	0,0003	0,0001	0,0000	0,0000
	D(BE)/A	0,0278	0,0120	0,0023	-0,0009	-0,0008	-0,0003	-0,0001	-0,0000	-0,0000	-0,0000
	D(BF)/A	0,0127	0,0033	-0,0004	-0,0006	-0,0002	-0,0001	-0,0000	-0,0000	-0,0000	0,0000
	D(CA)/A	-0,0897	-0,0512	-0,0220	-0,0060	-0,0009	-0,0001	-0,0000	-0,0000	0,0000	0
	D(CB)/A	-0,1972	-0,1461	-0,0942	-0,0484	-0,0183	-0,0066	-0,0021	-0,0007	-0,0002	-0,0000
	D(CC)/A	-0,0021	-0,0000	0,0002	-0,0002	-0,0002	-0,0001	-0,0000	-0,0000	-0,0000	-0,0000
	D(CD)/A	0,1910	0,1457	0,0951	0,0482	0,0178	0,0064	0,0020	0,0007	0,0002	0
	D(CE)/A	0,0750	0,0460	0,0234	0,0093	0,0029	0,0010	0,0003	0,0001	0,0000	0,0000
	D(CF)/A	0,0341	0,0132	0,0017	-0,0015	-0,0010	-0,0004	-0,0001	-0,0000	-0,0000	0,0000
1,00	B(AA)	0,5457	0,6099	0,6877	0,7740	0,8484	0,8840	0,8994	0,9041	0,9058	0,9066
	B(AB)	0,2731	0,2842	0,2829	0,2611	0,2263	0,2054	0,1956	0,1925	0,1914	0,1909
	B(AC)	0,1372	0,1128	0,0752	0,0281	-0,0126	-0,0314	-0,0393	-0,0418	-0,0427	-0,0430
	B(AD)	0,0697	0,0439	0,0149	-0,0111	-0,0264	-0,0315	-0,0333	-0,0338	-0,0340	-0,0341
	B(AE)	0,0372	0,0174	0,0019	-0,0060	-0,0072	-0,0066	-0,0061	-0,0059	-0,0058	-0,0058
	B(AF)	0,0232	0,0081	-0,0001	-0,0008	0,0015	0,0027	0,0032	0,0034	0,0034	0,0034
	B(BA)	0,2276	0,2369	0,2358	0,2176	0,1886	0,1712	0,1630	0,1604	0,1595	0,1591
	B(BB)	0,3642	0,3953	0,4345	0,4820	0,5271	0,5501	0,5602	0,5634	0,5645	0,5650
	B(BC)	0,1829	0,1943	0,2090	0,2274	0,2453	0,2545	0,2586	0,2598	0,2603	0,2605
	B(BD)	0,0930	0,0778	0,0593	0,0398	0,0249	0,0185	0,0158	0,0150	0,0147	0,0146
	B(BE)	0,0496	0,0310	0,0124	-0,0043	-0,0164	-0,0218	-0,0241	-0,0248	-0,0251	-0,0252
	B(BF)	0,0310	0,0145	0,0016	-0,0050	-0,0060	-0,0055	-0,0051	-0,0049	-0,0049	-0,0048
	B(CA)	0,1143	0,0940	0,0627	0,0235	-0,0105	-0,0261	-0,0328	-0,0348	-0,0355	-0,0359
	B(CB)	0,1829	0,1943	0,2090	0,2274	0,2453	0,2545	0,2586	0,2598	0,2603	0,2605
	B(CC)	0,3429	0,3816	0,4322	0,4870	0,5278	0,5447	0,5515	0,5535	0,5542	0,5545
	B(CD)	0,1744	0,1897	0,2094	0,2287	0,2410	0,2453	0,2468	0,2473	0,2475	0,2475
	B(CE)	0,0930	0,0778	0,0593	0,0398	0,0249	0,0185	0,0158	0,0150	0,0147	0,0146
	B(CF)	0,0581	0,0366	0,0124	-0,0092	-0,0220	-0,0263	-0,0278	-0,0282	-0,0283	-0,0284
	D(AA)/A	-0,2271	-0,2004	-0,1624	-0,1089	-0,0515	-0,0207	-0,0067	-0,0023	-0,0007	0
	D(AB)/A	0,1366	0,1341	0,1204	0,0876	0,0435	0,0177	0,0058	0,0020	0,0006	0,0000
	D(AC)/A	0,0686	0,0646	0,0554	0,0387	0,0187	0,0076	0,0024	0,0008	0,0003	0
	D(AD)/A	0,0349	0,0258	0,0154	0,0063	0,0016	0,0004	0,0001	0,0000	0,0000	0
	D(AE)/A	0,0186	0,0103	0,0032	-0,0009	-0,0014	-0,0007	-0,0002	-0,0001	-0,0000	0
	D(AF)/A	0,0116	0,0048	0,0004	-0,0009	-0,0004	-0,0002	-0,0000	-0,0000	-0,0000	0
	D(BA)/A	-0,3405	-0,2574	-0,1665	-0,0839	-0,0308	-0,0110	-0,0034	-0,0011	-0,0003	-0,0000
	D(BB)/A	-0,0448	-0,0212	-0,0049	0,0014	0,0014	0,0006	0,0002	0,0001	0,0000	0
	D(BC)/A	0,2286	0,1901	0,1350	0,0733	0,0281	0,0102	0,0031	0,0011	0,0003	0,0000
	D(BD)/A	0,1162	0,0857	0,0530	0,0251	0,0087	0,0030	0,0009	0,0003	0,0001	0,0000
	D(BE)/A	0,0620	0,0347	0,0137	0,0028	-0,0000	-0,0001	-0,0001	-0,0000	-0,0000	0
	D(BF)/A	0,0387	0,0163	0,0026	-0,0015	-0,0010	-0,0004	-0,0001	-0,0000	-0,0000	-0,0000
	D(CA)/A	-0,1695	-0,1109	-0,0581	-0,0216	-0,0054	-0,0015	-0,0004	-0,0001	-0,0000	0,0000
	D(CB)/A	-0,2712	-0,2054	-0,1354	-0,0714	-0,0278	-0,0102	-0,0032	-0,0011	-0,0003	-0,0000
	D(CC)/A	-0,0085	-0,0024	0,0002	-0,0001	-0,0004	-0,0002	-0,0001	-0,0000	-0,0000	-0,0000
	D(CD)/A	0,2499	0,1981	0,1353	0,0719	0,0274	0,0099	0,0031	0,0010	0,0003	0,0000
	D(CE)/A	0,1333	0,0908	0,0527	0,0246	0,0089	0,0032	0,0010	0,0003	0,0001	0,0000
	D(CF)/A	0,0833	0,0434	0,0142	0,0007	-0,0013	-0,0007	-0,0002	-0,0001	-0,0000	-0,0000

Z	Z(T)	0,00	0,03	0,10	0,30	1,00	3,00	10,0	30,0	100	UNENDL
2,00	B(AA)	0,4368	0,5010	0,5851	0,6863	0,7826	0,8329	0,8558	0,8630	0,8656	0,8667
	B(AB)	0,2679	0,2892	0,3048	0,3019	0,2781	0,2592	0,2494	0,2462	0,2450	0,2445
	B(AC)	0,1659	0,1515	0,1234	0,0776	0,0267	-0,0012	-0,0140	-0,0181	-0,0195	-0,0202
	B(AD)	0,1053	0,0796	0,0455	0,0065	-0,0256	-0,0400	-0,0460	-0,0479	-0,0485	-0,0488
	B(AE)	0,0711	0,0439	0,0163	-0,0052	-0,0160	-0,0191	-0,0200	-0,0203	-0,0204	-0,0204
	B(AF)	0,0547	0,0287	0,0065	-0,0037	-0,0020	0,0013	0,0031	0,0036	0,0039	0,0040
	B(BA)	0,2232	0,2410	0,2540	0,2516	0,2318	0,2160	0,2079	0,2052	0,2042	0,2038
	B(BB)	0,2902	0,3185	0,3544	0,3964	0,4358	0,4565	0,4659	0,4689	0,4700	0,4704
	B(BC)	0,1797	0,1906	0,2056	0,2256	0,2472	0,2596	0,2655	0,2673	0,2680	0,2683
	B(BD)	0,1141	0,1016	0,0861	0,0705	0,0599	0,0558	0,0542	0,0538	0,0536	0,0535
	B(BE)	0,0771	0,0561	0,0327	0,0108	-0,0051	-0,0121	-0,0150	-0,0160	-0,0163	-0,0164
	B(BF)	0,0593	0,0366	0,0136	-0,0043	-0,0133	-0,0159	-0,0167	-0,0169	-0,0170	-0,0170
	B(CA)	0,1382	0,1263	0,1029	0,0647	0,0223	-0,0010	-0,0117	-0,0150	-0,0163	-0,0168
	B(CB)	0,1797	0,1906	0,2056	0,2256	0,2472	0,2596	0,2655	0,2673	0,2680	0,2683
	B(CC)	0,2661	0,2954	0,3385	0,3930	0,4418	0,4650	0,4751	0,4782	0,4793	0,4798
	B(CD)	0,1690	0,1813	0,2008	0,2267	0,2499	0,2607	0,2652	0,2666	0,2671	0,2674
	B(CE)	0,1141	0,1016	0,0861	0,0705	0,0599	0,0558	0,0542	0,0538	0,0536	0,0535
	B(CF)	0,0878	0,0664	0,0379	0,0054	-0,0213	-0,0333	-0,0383	-0,0399	-0,0404	-0,0407
	D(AA)/A	-0,2816	-0,2582	-0,2205	-0,1591	-0,0814	-0,0340	-0,0112	-0,0038	-0,0012	0
	D(AB)/A	0,1339	0,1346	0,1264	0,0986	0,0528	0,0224	0,0074	0,0026	0,0008	0,0000
	D(AC)/A	0,0829	0,0849	0,0822	0,0666	0,0367	0,0158	0,0052	0,0018	0,0005	0,0000
	D(AD)/A	0,0527	0,0455	0,0355	0,0228	0,0105	0,0042	0,0014	0,0005	0,0001	0,0000
	D(AE)/A	0,0356	0,0251	0,0137	0,0042	0,0000	-0,0003	-0,0002	-0,0001	-0,0000	-0,0000
	D(AF)/A	0,0274	0,0164	0,0057	-0,0010	-0,0019	-0,0010	-0,0003	-0,0001	-0,0000	-0,0000
	D(BA)/A	-0,4516	-0,3601	-0,2491	-0,1363	-0,0542	-0,0201	-0,0063	-0,0021	-0,0006	-0,0000
	D(BB)/A	-0,0871	-0,0548	-0,0246	-0,0051	0,0009	0,0008	0,0003	0,0001	0,0000	-0,0000
	D(BC)/A	0,2557	0,2236	0,1711	0,1017	0,0422	0,0159	0,0050	0,0017	0,0005	0
	D(BD)/A	0,1624	0,1319	0,0931	0,0516	0,0204	0,0075	0,0023	0,0008	0,0002	-0,0000
	D(BE)/A	0,1097	0,0736	0,0390	0,0147	0,0040	0,0012	0,0004	0,0001	0,0000	-0,0000
	D(BF)/A	0,0844	0,0481	0,0170	0,0005	-0,0021	-0,0011	-0,0004	-0,0001	-0,0000	-0,0000
	D(CA)/A	-0,2709	-0,1986	-0,1206	-0,0541	-0,0169	-0,0054	-0,0016	-0,0005	-0,0002	0
	D(CB)/A	-0,3521	-0,2763	-0,1875	-0,1009	-0,0399	-0,0148	-0,0046	-0,0016	-0,0005	0,0000
	D(CC)/A	-0,0214	-0,0105	-0,0024	0,0002	-0,0002	-0,0002	-0,0001	-0,0000	-0,0000	-0,0000
	D(CD)/A	0,3039	0,2503	0,1794	0,1006	0,0401	0,0148	0,0046	0,0016	0,0005	0
	D(CE)/A	0,2052	0,1534	0,0981	0,0501	0,0193	0,0072	0,0022	0,0008	0,0002	-0,0000
	D(CF)/A	0,1579	0,1011	0,0475	0,0125	0,0007	-0,0004	-0,0002	-0,0001	-0,0000	0
5,00	B(AA)	0,3217	0,3725	0,4500	0,5582	0,6775	0,7492	0,7850	0,7967	0,8010	0,8029
	B(AB)	0,2403	0,2641	0,2939	0,3192	0,3232	0,3155	0,3096	0,3073	0,3065	0,3061
	B(AC)	0,1829	0,1794	0,1686	0,1413	0,0947	0,0601	0,0415	0,0352	0,0329	0,0319
	B(AD)	0,1439	0,1250	0,0951	0,0519	0,0034	-0,0262	-0,0410	-0,0459	-0,0477	-0,0485
	B(AE)	0,1192	0,0925	0,0561	0,0153	-0,0168	-0,0313	-0,0377	-0,0397	-0,0405	-0,0408
	B(AF)	0,1064	0,0767	0,0385	0,0021	-0,0145	-0,0143	-0,0119	-0,0108	-0,0104	-0,0102
	B(BA)	0,2003	0,2201	0,2449	0,2660	0,2693	0,2629	0,2580	0,2561	0,2554	0,2551
	B(BB)	0,2243	0,2459	0,2768	0,3145	0,3481	0,3649	0,3726	0,3750	0,3759	0,3763
	B(BC)	0,1707	0,1791	0,1920	0,2102	0,2313	0,2446	0,2514	0,2536	0,2545	0,2548
	B(BD)	0,1343	0,1255	0,1134	0,1010	0,0948	0,0947	0,0956	0,0960	0,0961	0,0962
	B(BE)	0,1112	0,0929	0,0678	0,0399	0,0194	0,0116	0,0086	0,0078	0,0075	0,0074
	B(BF)	0,0993	0,0771	0,0468	0,0127	-0,0140	-0,0261	-0,0314	-0,0331	-0,0337	-0,0340
	B(CA)	0,1524	0,1495	0,1405	0,1177	0,0789	0,0501	0,0346	0,0294	0,0274	0,0266
	B(CB)	0,1707	0,1791	0,1920	0,2102	0,2313	0,2446	0,2514	0,2536	0,2545	0,2548
	B(CC)	0,2061	0,2226	0,2501	0,2922	0,3413	0,3713	0,3863	0,3912	0,3931	0,3938
	B(CD)	0,1621	0,1684	0,1808	0,2035	0,2345	0,2554	0,2662	0,2698	0,2711	0,2717
	B(CE)	0,1343	0,1255	0,1134	0,1010	0,0948	0,0947	0,0956	0,0960	0,0961	0,0962
	B(CF)	0,1199	0,1041	0,0793	0,0433	0,0028	-0,0218	-0,0342	-0,0382	-0,0397	-0,0404
	D(AA)/A	-0,3392	-0,3271	-0,3001	-0,2396	-0,1384	-0,0624	-0,0213	-0,0074	-0,0023	-0,0000
	D(AB)/A	0,1202	0,1191	0,1133	0,0936	0,0552	0,0250	0,0086	0,0030	0,0009	0,0000
	D(AC)/A	0,0915	0,0993	0,1065	0,1006	0,0659	0,0313	0,0109	0,0038	0,0012	-0,0000
	D(AD)/A	0,0719	0,0702	0,0665	0,0567	0,0356	0,0169	0,0059	0,0021	0,0006	-0,0000
	D(AE)/A	0,0596	0,0520	0,0403	0,0252	0,0116	0,0048	0,0016	0,0005	0,0002	-0,0000
	D(AF)/A	0,0532	0,0432	0,0279	0,0095	-0,0018	-0,0026	-0,0012	-0,0004	-0,0001	0
	D(BA)/A	-0,5782	-0,4945	-0,3755	-0,2309	-0,1038	-0,0415	-0,0135	-0,0046	-0,0014	-0,0000
	D(BB)/A	-0,1476	-0,1158	-0,0741	-0,0320	-0,0072	-0,0013	-0,0002	-0,0000	-0,0000	0
	D(BC)/A	0,2683	0,2429	0,1994	0,1338	0,0642	0,0263	0,0086	0,0030	0,0009	-0,0000
	D(BD)/A	0,2110	0,1874	0,1503	0,0986	0,0467	0,0190	0,0062	0,0021	0,0006	-0,0000
	D(BE)/A	0,1748	0,1398	0,0951	0,0502	0,0196	0,0074	0,0023	0,0008	0,0002	-0,0000
	D(BF)/A	0,1561	0,1160	0,0666	0,0220	0,0012	-0,0014	-0,0007	-0,0003	-0,0001	0,0000
	D(CA)/A	-0,4018	-0,3347	-0,2404	-0,1321	-0,0504	-0,0180	-0,0055	-0,0018	-0,0006	-0,0000
	D(CB)/A	-0,4500	-0,3771	-0,2747	-0,1559	-0,0627	-0,0233	-0,0073	-0,0025	-0,0007	0,0000
	D(CC)/A	-0,0433	-0,0306	-0,0157	-0,0038	0,0004	0,0005	0,0002	0,0001	0,0000	0,0000
	D(CD)/A	0,3592	0,3105	0,2372	0,1437	0,0616	0,0237	0,0075	0,0026	0,0008	0,0000
	D(CE)/A	0,2975	0,2493	0,1819	0,1042	0,0429	0,0163	0,0051	0,0017	0,0005	0,0000
	D(CF)/A	0,2657	0,2080	0,1331	0,0586	0,0152	0,0037	0,0009	0,0003	0,0001	-0,0000

Z	Z(T)	0,00	0,03	0,10	0,30	1,00	3,00	10,0	30,0	100	UNENDL
10,00	B(AA)	0,2640	0,2993	0,3606	0,4607	0,5890	0,6761	0,7232	0,7394	0,7454	0,7480
	B(AB)	0,2199	0,2382	0,2672	0,3050	0,3334	0,3410	0,3420	0,3418	0,3417	0,3417
	B(AC)	0,1867	0,1865	0,1840	0,1728	0,1429	0,1127	0,0935	0,0865	0,0838	0,0826
	B(AD)	0,1629	0,1503	0,1281	0,0910	0,0412	0,0050	-0,0156	-0,0229	-0,0257	-0,0269
	B(AE)	0,1472	0,1272	0,0945	0,0471	-0,0019	-0,0290	-0,0423	-0,0466	-0,0482	-0,0489
	B(AF)	0,1388	0,1155	0,0779	0,0261	-0,0186	-0,0342	-0,0378	-0,0383	-0,0384	-0,0384
	B(BA)	0,1832	0,1985	0,2227	0,2541	0,2778	0,2842	0,2850	0,2849	0,2848	0,2847
	B(BB)	0,1942	0,2091	0,2335	0,2681	0,3021	0,3193	0,3271	0,3295	0,3304	0,3308
	B(BC)	0,1649	0,1707	0,1805	0,1962	0,2154	0,2282	0,2351	0,2375	0,2384	0,2388
	B(BD)	0,1439	0,1380	0,1288	0,1175	0,1109	0,1114	0,1131	0,1139	0,1142	0,1144
	B(BE)	0,1300	0,1168	0,0955	0,0661	0,0401	0,0291	0,0250	0,0239	0,0235	0,0233
	B(BF)	0,1226	0,1060	0,0787	0,0393	-0,0016	-0,0242	-0,0352	-0,0389	-0,0402	-0,0408
	B(CA)	0,1556	0,1554	0,1533	0,1440	0,1191	0,0939	0,0779	0,0721	0,0698	0,0688
	B(CB)	0,1649	0,1707	0,1805	0,1962	0,2154	0,2282	0,2351	0,2375	0,2384	0,2388
	B(CC)	0,1825	0,1921	0,2091	0,2383	0,2788	0,3088	0,3260	0,3320	0,3343	0,3353
	B(CD)	0,1592	0,1625	0,1694	0,1842	0,2108	0,2339	0,2480	0,2530	0,2550	0,2558
	B(CE)	0,1439	0,1380	0,1288	0,1175	0,1109	0,1114	0,1131	0,1139	0,1142	0,1144
	B(CF)	0,1357	0,1253	0,1068	0,0758	0,0343	0,0041	-0,0130	-0,0191	-0,0214	-0,0224
	D(AA)/A	-0,3680	-0,3666	-0,3543	-0,3062	-0,1954	-0,0944	-0,0335	-0,0118	-0,0036	0,0000
	D(AB)/A	0,1099	0,1043	0,0938	0,0742	0,0443	0,0210	0,0074	0,0026	0,0008	0,0000
	D(AC)/A	0,0933	0,1028	0,1140	0,1158	0,0851	0,0441	0,0162	0,0057	0,0018	0,0000
	D(AD)/A	0,0814	0,0840	0,0870	0,0846	0,0621	0,0327	0,0121	0,0043	0,0013	0
	D(AE)/A	0,0736	0,0712	0,0654	0,0527	0,0319	0,0153	0,0054	0,0019	0,0006	0,0000
	D(AF)/A	0,0694	0,0646	0,0541	0,0335	0,0093	0,0003	-0,0007	-0,0004	-0,0001	-0,0000
	D(BA)/A	-0,6444	-0,5761	-0,4680	-0,3161	-0,1578	-0,0674	-0,0227	-0,0079	-0,0024	-0,0000
	D(BB)/A	-0,1830	-0,1594	-0,1210	-0,0687	-0,0243	-0,0075	-0,0020	-0,0006	-0,0002	-0,0000
	D(BC)/A	0,2691	0,2447	0,2049	0,1456	0,0777	0,0347	0,0119	0,0042	0,0013	0,0000
	D(BD)/A	0,2348	0,2180	0,1872	0,1357	0,0725	0,0322	0,0111	0,0039	0,0012	0,0000
	D(BE)/A	0,2122	0,1857	0,1453	0,0924	0,0430	0,0177	0,0059	0,0020	0,0006	0,0000
	D(BF)/A	0,2002	0,1686	0,1210	0,0619	0,0170	0,0031	0,0003	0,0000	-0,0000	0,0000
	D(CA)/A	-0,4750	-0,4251	-0,3406	-0,2166	-0,0957	-0,0371	-0,0119	-0,0040	-0,0012	0,0000
	D(CB)/A	-0,5035	-0,4425	-0,3454	-0,2122	-0,0898	-0,0337	-0,0106	-0,0036	-0,0011	0,0000
	D(CC)/A	-0,0572	-0,0471	-0,0321	-0,0141	-0,0019	0,0006	0,0005	0,0002	0,0001	0,0000
	D(CD)/A	0,3863	0,3441	0,2753	0,1774	0,0813	0,0325	0,0106	0,0036	0,0011	0,0000
	D(CE)/A	0,3491	0,3131	0,2518	0,1612	0,0719	0,0280	0,0090	0,0030	0,0009	0,0000
	D(CF)/A	0,3293	0,2855	0,2159	0,1229	0,0445	0,0142	0,0040	0,0013	0,0004	-0,0000
20,00	B(AA)	0,2287	0,2503	0,2918	0,3719	0,4977	0,5986	0,6589	0,6806	0,6888	0,6925
	B(AB)	0,2056	0,2174	0,2391	0,2764	0,3224	0,3494	0,3620	0,3660	0,3674	0,3680
	B(AC)	0,1876	0,1882	0,1889	0,1875	0,1763	0,1588	0,1448	0,1391	0,1368	0,1358
	B(AD)	0,1743	0,1669	0,1525	0,1249	0,0813	0,0446	0,0214	0,0127	0,0093	0,0079
	B(AE)	0,1654	0,1527	0,1291	0,0863	0,0271	-0,0146	-0,0375	-0,0455	-0,0485	-0,0499
	B(AF)	0,1605	0,1454	0,1169	0,0655	-0,0036	-0,0472	-0,0677	-0,0740	-0,0763	-0,0773
	B(BA)	0,1713	0,1812	0,1992	0,2303	0,2687	0,2912	0,3017	0,3050	0,3061	0,3066
	B(BB)	0,1765	0,1856	0,2022	0,2305	0,2655	0,2869	0,2976	0,3011	0,3024	0,3030
	B(BC)	0,1610	0,1645	0,1711	0,1832	0,2002	0,2126	0,2198	0,2224	0,2233	0,2238
	B(BD)	0,1496	0,1461	0,1399	0,1305	0,1222	0,1204	0,1209	0,1214	0,1216	0,1217
	B(BE)	0,1419	0,1337	0,1187	0,0931	0,0626	0,0452	0,0372	0,0347	0,0338	0,0334
	B(BF)	0,1378	0,1273	0,1076	0,0719	0,0226	-0,0121	-0,0313	-0,0380	-0,0405	-0,0416
	B(CA)	0,1563	0,1568	0,1574	0,1563	0,1469	0,1323	0,1206	0,1159	0,1140	0,1132
	B(CB)	0,1610	0,1645	0,1711	0,1832	0,2002	0,2126	0,2198	0,2224	0,2233	0,2238
	B(CC)	0,1697	0,1750	0,1848	0,2030	0,2318	0,2568	0,2729	0,2791	0,2814	0,2825
	B(CD)	0,1577	0,1593	0,1628	0,1708	0,1882	0,2069	0,2202	0,2255	0,2275	0,2284
	B(CE)	0,1496	0,1461	0,1399	0,1305	0,1222	0,1204	0,1209	0,1214	0,1216	0,1217
	B(CF)	0,1453	0,1391	0,1271	0,1041	0,0677	0,0371	0,0178	0,0106	0,0078	0,0066
	D(AA)/A	-0,3856	-0,3932	-0,3966	-0,3701	-0,2634	-0,1380	-0,0513	-0,0184	-0,0057	0,0000
	D(AB)/A	0,1028	0,0926	0,0745	0,0467	0,0199	0,0080	0,0027	0,0010	0,0003	0,0000
	D(AC)/A	0,0938	0,1035	0,1157	0,1210	0,0956	0,0535	0,0207	0,0075	0,0023	0,0000
	D(AD)/A	0,0872	0,0931	0,1021	0,1089	0,0901	0,0518	0,0202	0,0074	0,0023	0,0000
	D(AE)/A	0,0827	0,0853	0,0878	0,0852	0,0637	0,0343	0,0129	0,0046	0,0014	0,0000
	D(AF)/A	0,0803	0,0812	0,0798	0,0686	0,0390	0,0150	0,0042	0,0013	0,0004	-0,0000
	D(BA)/A	-0,6856	-0,6323	-0,5429	-0,4018	-0,2257	-0,1046	-0,0368	-0,0129	-0,0040	-0,0000
	D(BB)/A	-0,2062	-0,1916	-0,1633	-0,1136	-0,0540	-0,0211	-0,0067	-0,0022	-0,0007	-0,0000
	D(BC)/A	0,2681	0,2429	0,2029	0,1463	0,0834	0,0403	0,0146	0,0052	0,0016	-0,0000
	D(BD)/A	0,2491	0,2380	0,2146	0,1682	0,0998	0,0481	0,0173	0,0061	0,0019	-0,0000
	D(BE)/A	0,2363	0,2191	0,1896	0,1410	0,0781	0,0355	0,0124	0,0043	0,0013	-0,0000
	D(BF)/A	0,2294	0,2086	0,1731	0,1170	0,0530	0,0190	0,0054	0,0017	0,0005	0,0000
	D(CA)/A	-0,5217	-0,4899	-0,4265	-0,3101	-0,1607	-0,0689	-0,0232	-0,0080	-0,0024	-0,0000
	D(CB)/A	-0,5374	-0,4891	-0,4059	-0,2748	-0,1293	-0,0513	-0,0164	-0,0056	-0,0017	-0,0000
	D(CC)/A	-0,0665	-0,0600	-0,0485	-0,0297	-0,0095	-0,0015	0,0000	0,0001	0,0000	0,0000
	D(CD)/A	0,4028	0,3665	0,3046	0,2089	0,1032	0,0435	0,0146	0,0050	0,0015	0,0000
	D(CE)/A	0,3821	0,3589	0,3120	0,2246	0,1131	0,0471	0,0155	0,0053	0,0016	0,0000
	D(CF)/A	0,3710	0,3430	0,2914	0,2026	0,0960	0,0374	0,0118	0,0040	0,0012	-0,0000

Z	Z(T)	0,00	0,03	0,10	0,30	1,00	3,00	10,0	30,0	100	UNENDL
50,00	B(AA)	0,2048	0,2147	0,2354	0,2828	0,3824	0,4931	0,5773	0,6119	0,6256	0,6318
	B(AB)	0,1953	0,2008	0,2123	0,2371	0,2846	0,3331	0,3683	0,3825	0,3881	0,3907
	B(AC)	0,1877	0,1882	0,1893	0,1916	0,1946	0,1955	0,1953	0,1949	0,1948	0,1947
	B(AD)	0,1820	0,1786	0,1717	0,1564	0,1260	0,0938	0,0696	0,0597	0,0558	0,0540
	B(AE)	0,1781	0,1722	0,1599	0,1327	0,0789	0,0225	-0,0192	-0,0361	-0,0428	-0,0458
	B(AF)	0,1760	0,1688	0,1537	0,1191	0,0475	-0,0304	-0,0889	-0,1128	-0,1222	-0,1265
	B(BA)	0,1627	0,1674	0,1769	0,1976	0,2372	0,2776	0,3069	0,3188	0,3235	0,3256
	B(BB)	0,1647	0,1688	0,1772	0,1943	0,2243	0,2522	0,2716	0,2792	0,2822	0,2836
	B(BC)	0,1583	0,1599	0,1631	0,1702	0,1829	0,1951	0,2037	0,2071	0,2085	0,2091
	B(BD)	0,1535	0,1519	0,1488	0,1430	0,1346	0,1283	0,1247	0,1233	0,1228	0,1226
	B(BE)	0,1502	0,1464	0,1387	0,1227	0,0947	0,0687	0,0509	0,0439	0,0411	0,0399
	B(BF)	0,1484	0,1435	0,1333	0,1106	0,0657	0,0187	-0,0160	-0,0301	-0,0357	-0,0382
	B(CA)	0,1564	0,1568	0,1577	0,1596	0,1621	0,1630	0,1627	0,1625	0,1623	0,1623
	B(CB)	0,1583	0,1599	0,1631	0,1702	0,1829	0,1951	0,2037	0,2071	0,2085	0,2091
	B(CC)	0,1617	0,1640	0,1683	0,1770	0,1927	0,2088	0,2207	0,2255	0,2275	0,2283
	B(CD)	0,1568	0,1575	0,1588	0,1619	0,1692	0,1784	0,1861	0,1893	0,1906	0,1912
	B(CE)	0,1535	0,1519	0,1488	0,1430	0,1346	0,1283	0,1247	0,1233	0,1228	0,1226
	B(CF)	0,1516	0,1489	0,1431	0,1303	0,1050	0,0781	0,0580	0,0498	0,0465	0,0450
	D(AA)/A	-0,3976	-0,4125	-0,4316	-0,4366	-0,3610	-0,2173	-0,0886	-0,0328	-0,0102	0
	D(AB)/A	0,0976	0,0833	0,0565	0,0122	-0,0278	-0,0283	-0,0136	-0,0053	-0,0017	-0,0000
	D(AC)/A	0,0938	0,1033	0,1151	0,1195	0,0949	0,0547	0,0218	0,0080	0,0025	0
	D(AD)/A	0,0910	0,0995	0,1141	0,1318	0,1235	0,0789	0,0330	0,0123	0,0039	0
	D(AE)/A	0,0890	0,0960	0,1077	0,1231	0,1174	0,0765	0,0323	0,0121	0,0038	0,0000
	D(AF)/A	0,0880	0,0941	0,1037	0,1143	0,1043	0,0659	0,0274	0,0102	0,0032	0,0000
	D(BA)/A	-0,7138	-0,6738	-0,6060	-0,4938	-0,3269	-0,1751	-0,0677	-0,0247	-0,0076	0,0000
	D(BB)/A	-0,2224	-0,2161	-0,2010	-0,1670	-0,1082	-0,0560	-0,0212	-0,0077	-0,0024	0,0000
	D(BC)/A	0,2668	0,2403	0,1980	0,1392	0,0779	0,0384	0,0144	0,0052	0,0016	0,0000
	D(BD)/A	0,2587	0,2522	0,2363	0,1993	0,1331	0,0711	0,0274	0,0100	0,0031	0,0000
	D(BE)/A	0,2532	0,2445	0,2287	0,1971	0,1369	0,0746	0,0290	0,0106	0,0033	0,0000
	D(BF)/A	0,2502	0,2397	0,2210	0,1866	0,1271	0,0684	0,0264	0,0096	0,0030	-0,0000
	D(CA)/A	-0,5542	-0,5386	-0,5014	-0,4159	-0,2669	-0,1369	-0,0515	-0,0186	-0,0057	0
	D(CB)/A	-0,5609	-0,5241	-0,4587	-0,3462	-0,1957	-0,0911	-0,0324	-0,0114	-0,0035	-0,0000
	D(CC)/A	-0,0731	-0,0701	-0,0640	-0,0504	-0,0274	-0,0113	-0,0036	-0,0012	-0,0004	-0,0000
	D(CD)/A	0,4139	0,3827	0,3285	0,2410	0,1332	0,0620	0,0221	0,0078	0,0024	-0,0000
	D(CE)/A	0,4050	0,3934	0,3646	0,2968	0,1812	0,0884	0,0322	0,0115	0,0035	-0,0000
	D(CF)/A	0,4002	0,3870	0,3593	0,2983	0,1908	0,0969	0,0361	0,0130	0,0040	0,0000
100,00	B(AA)	0,1963	0,2015	0,2127	0,2405	0,3103	0,4122	0,5161	0,5682	0,5910	0,6016
	B(AB)	0,1915	0,1944	0,2008	0,2159	0,2520	0,3036	0,3565	0,3833	0,3951	0,4006
	B(AC)	0,1876	0,1879	0,1886	0,1906	0,1959	0,2045	0,2148	0,2204	0,2230	0,2242
	B(AD)	0,1847	0,1830	0,1792	0,1705	0,1504	0,1238	0,0987	0,0866	0,0814	0,0790
	B(AE)	0,1827	0,1796	0,1728	0,1565	0,1170	0,0609	0,0042	-0,0243	-0,0367	-0,0425
	B(AF)	0,1816	0,1778	0,1694	0,1482	0,0937	0,0105	-0,0778	-0,1233	-0,1432	-0,1526
	B(BA)	0,1596	0,1620	0,1673	0,1799	0,2100	0,2530	0,2971	0,3194	0,3292	0,3338
	B(BB)	0,1605	0,1627	0,1672	0,1774	0,1991	0,2271	0,2543	0,2678	0,2737	0,2764
	B(BC)	0,1573	0,1581	0,1599	0,1640	0,1728	0,1838	0,1941	0,1991	0,2012	0,2022
	B(BD)	0,1548	0,1540	0,1523	0,1489	0,1424	0,1348	0,1274	0,1238	0,1221	0,1214
	B(BE)	0,1532	0,1512	0,1469	0,1374	0,1167	0,0897	0,0634	0,0503	0,0446	0,0419
	B(BF)	0,1522	0,1497	0,1440	0,1304	0,0975	0,0508	0,0035	-0,0203	-0,0306	-0,0354
	B(CA)	0,1564	0,1566	0,1572	0,1589	0,1632	0,1704	0,1790	0,1837	0,1858	0,1869
	B(CB)	0,1573	0,1581	0,1599	0,1640	0,1728	0,1838	0,1941	0,1991	0,2012	0,2022
	B(CC)	0,1590	0,1601	0,1624	0,1671	0,1762	0,1868	0,1957	0,1997	0,2014	0,2022
	B(CD)	0,1565	0,1568	0,1575	0,1589	0,1623	0,1663	0,1693	0,1704	0,1708	0,1710
	B(CE)	0,1548	0,1540	0,1523	0,1489	0,1424	0,1348	0,1274	0,1238	0,1221	0,1214
	B(CF)	0,1539	0,1525	0,1494	0,1421	0,1253	0,1032	0,0822	0,0721	0,0678	0,0658
	D(AA)/A	-0,4018	-0,4196	-0,4457	-0,4687	-0,4266	-0,2921	-0,1338	-0,0523	-0,0167	0,0000
	D(AB)/A	0,0957	0,0797	0,0489	-0,0058	-0,0644	-0,0691	-0,0380	-0,0158	-0,0051	0,0000
	D(AC)/A	0,0938	0,1031	0,1143	0,1170	0,0886	0,0468	0,0168	0,0058	0,0018	0
	D(AD)/A	0,0923	0,1018	0,1188	0,1422	0,1431	0,0995	0,0449	0,0173	0,0055	0
	D(AE)/A	0,0913	0,1000	0,1161	0,1424	0,1565	0,1199	0,0582	0,0232	0,0075	-0,0000
	D(AF)/A	0,0908	0,0990	0,1140	0,1388	0,1568	0,1278	0,0656	0,0268	0,0087	0,0000
	D(BA)/A	-0,7239	-0,6892	-0,6317	-0,5388	-0,3964	-0,2431	-0,1061	-0,0408	-0,0130	-0,0000
	D(BB)/A	-0,2282	-0,2254	-0,2168	-0,1944	-0,1488	-0,0944	-0,0425	-0,0166	-0,0053	0,0000
	D(BC)/A	0,2663	0,2390	0,1954	0,1337	0,0691	0,0298	0,0095	0,0031	0,0009	0,0000
	D(BD)/A	0,2621	0,2575	0,2449	0,2136	0,1532	0,0892	0,0372	0,0140	0,0044	0,0000
	D(BE)/A	0,2593	0,2541	0,2450	0,2256	0,1794	0,1148	0,0513	0,0199	0,0063	0,0000
	D(BF)/A	0,2577	0,2516	0,2414	0,2234	0,1857	0,1269	0,0599	0,0238	0,0077	0,0000
	D(CA)/A	-0,5659	-0,5570	-0,5324	-0,4691	-0,3431	-0,2064	-0,0892	-0,0343	-0,0109	0,0000
	D(CB)/A	-0,5693	-0,5372	-0,4805	-0,3824	-0,2442	-0,1332	-0,0546	-0,0206	-0,0065	0,0000
	D(CC)/A	-0,0756	-0,0740	-0,0706	-0,0615	-0,0422	-0,0239	-0,0102	-0,0039	-0,0012	0,0000
	D(CD)/A	0,4178	0,3886	0,3382	0,2563	0,1529	0,0785	0,0307	0,0113	0,0035	0,0000
	D(CE)/A	0,4133	0,4064	0,3865	0,3332	0,2304	0,1312	0,0549	0,0208	0,0066	0
	D(CF)/A	0,4108	0,4037	0,3878	0,3478	0,2623	0,1625	0,0719	0,0279	0,0089	0,0000

Z	Z(T)	0,00	0,03	0,10	0,30	1,00	3,00	10,0	30,0	100	UNENDL
200,00	B(AA)	0,1919	0,1946	0,2004	0,2156	0,2585	0,3374	0,4495	0,5251	0,5638	0,5834
	B(AB)	0,1895	0,1910	0,1944	0,2028	0,2259	0,2686	0,3306	0,3732	0,3951	0,4062
	B(AC)	0,1876	0,1877	0,1881	0,1894	0,1936	0,2033	0,2199	0,2322	0,2387	0,2420
	B(AD)	0,1861	0,1852	0,1833	0,1785	0,1666	0,1472	0,1224	0,1064	0,0984	0,0944
	B(AE)	0,1851	0,1835	0,1799	0,1709	0,1461	0,1010	0,0368	-0,0067	-0,0290	-0,0403
	B(AF)	0,1845	0,1826	0,1781	0,1663	0,1314	0,0625	-0,0409	-0,1127	-0,1499	-0,1687
	B(BA)	0,1579	0,1592	0,1620	0,1690	0,1882	0,2238	0,2755	0,3110	0,3293	0,3385
	B(BB)	0,1584	0,1595	0,1619	0,1675	0,1811	0,2038	0,2352	0,2563	0,2672	0,2727
	B(BC)	0,1568	0,1572	0,1581	0,1604	0,1657	0,1742	0,1854	0,1927	0,1964	0,1982
	B(BD)	0,1555	0,1551	0,1542	0,1523	0,1482	0,1415	0,1320	0,1254	0,1220	0,1203
	B(BE)	0,1547	0,1537	0,1515	0,1462	0,1331	0,1110	0,0800	0,0591	0,0483	0,0429
	B(BF)	0,1542	0,1529	0,1499	0,1424	0,1217	0,0842	0,0307	-0,0056	-0,0242	-0,0336
	B(CA)	0,1563	0,1564	0,1568	0,1578	0,1614	0,1694	0,1833	0,1935	0,1989	0,2017
	B(CB)	0,1568	0,1572	0,1581	0,1604	0,1657	0,1742	0,1854	0,1927	0,1964	0,1982
	B(CC)	0,1576	0,1582	0,1594	0,1618	0,1668	0,1734	0,1802	0,1839	0,1857	0,1866
	B(CD)	0,1564	0,1565	0,1569	0,1576	0,1590	0,1603	0,1602	0,1593	0,1588	0,1585
	B(CE)	0,1555	0,1551	0,1542	0,1523	0,1482	0,1415	0,1320	0,1254	0,1220	0,1203
	B(CF)	0,1551	0,1543	0,1527	0,1488	0,1388	0,1227	0,1020	0,0887	0,0820	0,0787
	D(AA)/A	-0,4040	-0,4234	-0,4534	-0,4877	-0,4752	-0,3679	-0,1977	-0,0851	-0,0285	0
	D(AB)/A	0,0948	0,0778	0,0446	-0,0169	-0,0928	-0,1132	-0,0751	-0,0348	-0,0120	0
	D(AC)/A	0,0938	0,1030	0,1139	0,1152	0,0821	0,0352	0,0062	0,0002	-0,0003	0
	D(AD)/A	0,0930	0,1031	0,1213	0,1483	0,1567	0,1184	0,0595	0,0246	0,0081	-0,0000
	D(AE)/A	0,0925	0,1022	0,1206	0,1541	0,1862	0,1655	0,0961	0,0426	0,0144	-0,0000
	D(AF)/A	0,0923	0,1017	0,1197	0,1539	0,1983	0,1963	0,1254	0,0580	0,0199	0,0000
	D(BA)/A	-0,7291	-0,6973	-0,6457	-0,5657	-0,4482	-0,3126	-0,1608	-0,0684	-0,0228	-0,0000
	D(BB)/A	-0,2313	-0,2303	-0,2255	-0,2111	-0,1801	-0,1356	-0,0746	-0,0327	-0,0110	0
	D(BC)/A	0,2660	0,2383	0,1938	0,1301	0,0611	0,0183	0,0000	-0,0017	-0,0008	0
	D(BD)/A	0,2639	0,2602	0,2495	0,2219	0,1673	0,1061	0,0495	0,0200	0,0065	0
	D(BE)/A	0,2624	0,2591	0,2539	0,2428	0,2117	0,1571	0,0840	0,0363	0,0122	0,0000
	D(BF)/A	0,2616	0,2579	0,2527	0,2460	0,2315	0,1911	0,1118	0,0502	0,0171	0,0000
	D(CA)/A	-0,5720	-0,5666	-0,5493	-0,5012	-0,4008	-0,2791	-0,1444	-0,0617	-0,0206	-0,0000
	D(CB)/A	-0,5737	-0,5442	-0,4925	-0,4043	-0,2812	-0,1778	-0,0878	-0,0370	-0,0123	-0,0000
	D(CC)/A	-0,0768	-0,0760	-0,0743	-0,0684	-0,0540	-0,0381	-0,0208	-0,0092	-0,0031	-0,0000
	D(CD)/A	0,4198	0,3917	0,3434	0,2654	0,1674	0,0950	0,0424	0,0170	0,0055	-0,0000
	D(CE)/A	0,4175	0,4133	0,3984	0,3552	0,2678	0,1763	0,0883	0,0373	0,0124	0,0000
	D(CF)/A	0,4163	0,4126	0,4034	0,3779	0,3174	0,2330	0,1259	0,0549	0,0185	0,0000
500,00	B(AA)	0,1893	0,1904	0,1928	0,1992	0,2189	0,2633	0,3560	0,4551	0,5268	0,5712
	B(AB)	0,1883	0,1889	0,1903	0,1939	0,2048	0,2297	0,2833	0,3415	0,3837	0,4099
	B(AC)	0,1875	0,1876	0,1878	0,1884	0,1906	0,1970	0,2132	0,2317	0,2454	0,2540
	B(AD)	0,1869	0,1866	0,1858	0,1838	0,1784	0,1679	0,1482	0,1281	0,1138	0,1049
	B(AE)	0,1865	0,1859	0,1844	0,1806	0,1690	0,1431	0,0886	0,0300	-0,0124	-0,0387
	B(AF)	0,1863	0,1855	0,1837	0,1786	0,1622	0,1219	0,0330	-0,0645	-0,1355	-0,1796
	B(BA)	0,1569	0,1574	0,1586	0,1616	0,1706	0,1914	0,2361	0,2845	0,3197	0,3416
	B(BB)	0,1571	0,1576	0,1585	0,1609	0,1672	0,1804	0,2074	0,2364	0,2573	0,2703
	B(BC)	0,1565	0,1566	0,1570	0,1580	0,1604	0,1652	0,1745	0,1843	0,1913	0,1956
	B(BD)	0,1560	0,1558	0,1554	0,1546	0,1527	0,1486	0,1400	0,1306	0,1237	0,1194
	B(BE)	0,1556	0,1552	0,1543	0,1520	0,1459	0,1330	0,1062	0,0773	0,0564	0,0434
	B(BF)	0,1554	0,1549	0,1537	0,1505	0,1408	0,1192	0,0738	0,0250	-0,0103	-0,0322
	B(CA)	0,1563	0,1563	0,1565	0,1570	0,1588	0,1642	0,1777	0,1931	0,2045	0,2116
	B(CB)	0,1565	0,1566	0,1570	0,1580	0,1604	0,1652	0,1745	0,1843	0,1913	0,1956
	B(CC)	0,1568	0,1570	0,1575	0,1585	0,1607	0,1638	0,1682	0,1721	0,1746	0,1762
	B(CD)	0,1563	0,1564	0,1565	0,1568	0,1573	0,1574	0,1558	0,1533	0,1512	0,1499
	B(CE)	0,1560	0,1558	0,1554	0,1546	0,1527	0,1486	0,1400	0,1306	0,1237	0,1194
	B(CF)	0,1558	0,1555	0,1548	0,1532	0,1487	0,1399	0,1235	0,1067	0,0948	0,0874
	D(AA)/A	-0,4054	-0,4257	-0,4582	-0,5003	-0,5129	-0,4466	-0,3003	-0,1581	-0,0599	-0,0000
	D(AB)/A	0,0942	0,0766	0,0420	-0,0243	-0,1153	-0,1603	-0,1364	-0,0784	-0,0307	-0,0000
	D(AC)/A	0,0938	0,1029	0,1135	0,1138	0,0764	0,0214	-0,0131	-0,0138	-0,0063	-0,0000
	D(AD)/A	0,0935	0,1038	0,1229	0,1522	0,1670	0,1369	0,0815	0,0397	0,0145	-0,0000
	D(AE)/A	0,0933	0,1035	0,1235	0,1619	0,2096	0,2135	0,1580	0,0864	0,0332	-0,0000
	D(AF)/A	0,0931	0,1033	0,1233	0,1640	0,2315	0,2703	0,2253	0,1298	0,0510	0
	D(BA)/A	-0,7322	-0,7023	-0,6545	-0,5835	-0,4886	-0,3852	-0,2491	-0,1299	-0,0490	-0,0000
	D(BB)/A	-0,2331	-0,2334	-0,2310	-0,2223	-0,2049	-0,1795	-0,1275	-0,0694	-0,0267	0,0000
	D(BC)/A	0,2658	0,2379	0,1928	0,1274	0,0543	0,0050	-0,0169	-0,0137	-0,0059	0
	D(BD)/A	0,2649	0,2619	0,2524	0,2273	0,1780	0,1230	0,0683	0,0327	0,0119	0,0000
	D(BE)/A	0,2643	0,2622	0,2595	0,2543	0,2372	0,2016	0,1373	0,0732	0,0279	0,0000
	D(BF)/A	0,2640	0,2618	0,2598	0,2613	0,2681	0,2602	0,1982	0,1109	0,0431	0,0000
	D(CA)/A	-0,5756	-0,5725	-0,5600	-0,5226	-0,4461	-0,3557	-0,2342	-0,1234	-0,0468	-0,0000
	D(CB)/A	-0,5763	-0,5484	-0,5000	-0,4189	-0,3105	-0,2252	-0,1422	-0,0741	-0,0280	0,0000
	D(CC)/A	-0,0776	-0,0773	-0,0766	-0,0731	-0,0634	-0,0536	-0,0387	-0,0214	-0,0083	0
	D(CD)/A	0,4210	0,3937	0,3466	0,2714	0,1785	0,1119	0,0611	0,0296	0,0109	-0,0000
	D(CE)/A	0,4201	0,4175	0,4060	0,3699	0,2973	0,2240	0,1428	0,0745	0,0282	0,0000
	D(CF)/A	0,4196	0,4180	0,4134	0,3982	0,3612	0,3082	0,2150	0,1163	0,0446	0,0000

Z	Z(T)	0,00	0,03	0,10	0,30	1,00	3,00	10,0	30,0	100	UNENDL
1000,00	B(AA)	0,1884	0,1889	0,1901	0,1934	0,2038	0,2292	0,2940	0,3902	0,4878	0,5669
	B(AB)	0,1879	0,1882	0,1889	0,1908	0,1965	0,2109	0,2489	0,3060	0,3640	0,4112
	B(AC)	0,1875	0,1875	0,1876	0,1879	0,1892	0,1930	0,2048	0,2234	0,2426	0,2582
	B(AD)	0,1872	0,1870	0,1866	0,1856	0,1828	0,1769	0,1633	0,1439	0,1244	0,1086
	B(AE)	0,1870	0,1867	0,1859	0,1840	0,1779	0,1630	0,1245	0,0672	0,0091	-0,0381
	B(AF)	0,1869	0,1865	0,1856	0,1830	0,1743	0,1510	0,0880	-0,0073	-0,1045	-0,1835
	B(BA)	0,1566	0,1568	0,1574	0,1590	0,1638	0,1758	0,2074	0,2550	0,3034	0,3427
	B(BB)	0,1567	0,1569	0,1574	0,1586	0,1619	0,1695	0,1887	0,2172	0,2461	0,2695
	B(BC)	0,1564	0,1564	0,1566	0,1571	0,1584	0,1612	0,1677	0,1772	0,1869	0,1947
	B(BD)	0,1561	0,1560	0,1558	0,1554	0,1544	0,1520	0,1458	0,1364	0,1269	0,1191
	B(BE)	0,1559	0,1557	0,1553	0,1541	0,1509	0,1434	0,1244	0,0959	0,0670	0,0436
	B(BF)	0,1558	0,1556	0,1550	0,1533	0,1482	0,1358	0,1038	0,0560	0,0076	-0,0318
	B(CA)	0,1563	0,1563	0,1564	0,1566	0,1576	0,1609	0,1707	0,1862	0,2021	0,2151
	B(CB)	0,1564	0,1564	0,1566	0,1571	0,1584	0,1612	0,1677	0,1772	0,1869	0,1947
	B(CC)	0,1565	0,1566	0,1569	0,1574	0,1585	0,1602	0,1631	0,1665	0,1699	0,1725
	B(CD)	0,1563	0,1563	0,1564	0,1565	0,1567	0,1567	0,1553	0,1525	0,1494	0,1469
	B(CE)	0,1561	0,1560	0,1558	0,1554	0,1544	0,1520	0,1458	0,1364	0,1269	0,1191
	B(CF)	0,1560	0,1559	0,1555	0,1547	0,1523	0,1474	0,1361	0,1199	0,1037	0,0905
	D(AA)/A	-0,4058	-0,4264	-0,4598	-0,5048	-0,5274	-0,4837	-0,3718	-0,2337	-0,1033	0,0000
	D(AB)/A	0,0940	0,0762	0,0410	-0,0269	-0,1241	-0,1828	-0,1795	-0,1238	-0,0567	0,0000
	D(AC)/A	0,0938	0,1029	0,1134	0,1132	0,0741	0,0145	-0,0271	-0,0288	-0,0150	0,0000
	D(AD)/A	0,0936	0,1041	0,1234	0,1536	0,1708	0,1455	0,0964	0,0551	0,0233	0,0000
	D(AE)/A	0,0935	0,1039	0,1245	0,1647	0,2186	0,2363	0,2013	0,1319	0,0593	0
	D(AF)/A	0,0934	0,1038	0,1245	0,1677	0,2445	0,3058	0,2958	0,2050	0,0943	-0,0000
	D(BA)/A	-0,7333	-0,7040	-0,6575	-0,5898	-0,5041	-0,4195	-0,3107	-0,1936	-0,0853	-0,0000
	D(BB)/A	-0,2338	-0,2344	-0,2329	-0,2263	-0,2146	-0,2003	-0,1647	-0,1078	-0,0485	-0,0000
	D(BC)/A	0,2657	0,2377	0,1924	0,1265	0,0515	-0,0016	-0,0291	-0,0263	-0,0132	0,0000
	D(BD)/A	0,2653	0,2624	0,2533	0,2292	0,1821	0,1307	0,0811	0,0457	0,0192	0,0000
	D(BE)/A	0,2650	0,2633	0,2615	0,2584	0,2470	0,2227	0,1747	0,1116	0,0497	0,0000
	D(BF)/A	0,2648	0,2631	0,2622	0,2667	0,2824	0,2932	0,2591	0,1743	0,0793	0
	D(CA)/A	-0,5769	-0,5746	-0,5636	-0,5302	-0,4636	-0,3919	-0,2971	-0,1876	-0,0832	0,0000
	D(CB)/A	-0,5772	-0,5499	-0,5026	-0,4241	-0,3218	-0,2477	-0,1803	-0,1127	-0,0499	0,0000
	D(CC)/A	-0,0779	-0,0778	-0,0774	-0,0748	-0,0671	-0,0611	-0,0515	-0,0343	-0,0156	0
	D(CD)/A	0,4215	0,3943	0,3477	0,2735	0,1828	0,1199	0,0741	0,0426	0,0182	0,0000
	D(CE)/A	0,4210	0,4189	0,4085	0,3751	0,3087	0,2465	0,1810	0,1131	0,0500	0,0000
	D(CF)/A	0,4207	0,4199	0,4168	0,4053	0,3782	0,3439	0,2777	0,1803	0,0809	0,0000

c) $r_a : r_b : r_c : r_d : r_e : r_f = 1{,}5 : 1{,}0 : 1{,}0 : 1{,}0 : 1{,}0 : 1{,}5$

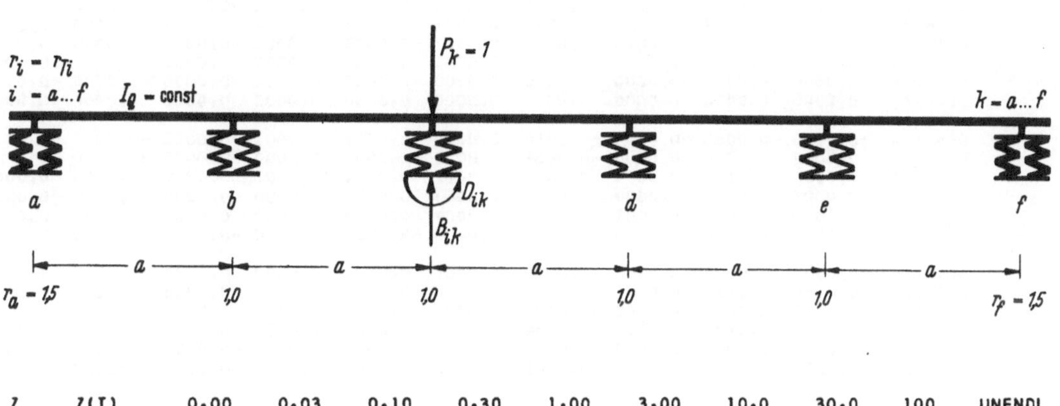

Z	Z(T)	0,00	0,03	0,10	0,30	1,00	3,00	10,0	30,0	100	UNENDL
0,01	B(AA)	0,9871	0,9898	0,9926	0,9952	0,9970	0,9978	0,9981	0,9982	0,9982	0,9983
	B(AB)	0,0190	0,0171	0,0142	0,0108	0,0079	0,0067	0,0061	0,0060	0,0059	0,0059
	B(AC)	0,0004	-0,0018	-0,0035	-0,0042	-0,0043	-0,0042	-0,0041	-0,0041	-0,0041	-0,0041
	B(AD)	0,0000	0,0001	0,0005	0,0008	0,0010	0,0010	0,0010	0,0010	0,0010	0,0010
	B(AE)	0,0000	-0,0000	-0,0001	-0,0002	-0,0002	-0,0002	-0,0002	-0,0002	-0,0002	-0,0002
	B(AF)	0,0000	0,0000	0,0000	0,0000	0,0000	0,0000	0,0000	0,0000	0,0000	0,0000
	B(BA)	0,0127	0,0114	0,0095	0,0072	0,0053	0,0044	0,0041	0,0040	0,0039	0,0039
	B(BB)	0,9621	0,9663	0,9713	0,9768	0,9811	0,9830	0,9838	0,9840	0,9841	0,9841
	B(BC)	0,0185	0,0185	0,0180	0,0170	0,0159	0,0154	0,0152	0,0151	0,0151	0,0151
	B(BD)	0,0004	-0,0019	-0,0040	-0,0054	-0,0061	-0,0063	-0,0063	-0,0063	-0,0063	-0,0063
	B(BE)	0,0000	0,0001	0,0005	0,0010	0,0013	0,0014	0,0015	0,0015	0,0015	0,0015
	B(BF)	0,0000	-0,0000	-0,0000	-0,0001	-0,0001	-0,0001	-0,0002	-0,0002	-0,0002	-0,0002
	B(CA)	0,0002	-0,0012	-0,0023	-0,0028	-0,0029	-0,0028	-0,0027	-0,0027	-0,0027	-0,0027
	B(CB)	0,0185	0,0185	0,0180	0,0170	0,0159	0,0154	0,0152	0,0151	0,0151	0,0151
	B(CC)	0,9623	0,9668	0,9711	0,9745	0,9766	0,9773	0,9776	0,9777	0,9777	0,9778
	B(CD)	0,0185	0,0184	0,0180	0,0174	0,0169	0,0167	0,0166	0,0166	0,0166	0,0166
	B(CE)	0,0004	-0,0019	-0,0040	-0,0054	-0,0061	-0,0063	-0,0063	-0,0063	-0,0063	-0,0063
	B(CF)	0,0000	0,0001	0,0003	0,0005	0,0006	0,0007	0,0007	0,0007	0,0007	0,0007
	D(AA)/A	-0,0065	-0,0052	-0,0037	-0,0021	-0,0009	-0,0003	-0,0001	-0,0000	-0,0000	-0,0000
	D(AB)/A	0,0095	0,0082	0,0063	0,0038	0,0016	0,0006	0,0002	0,0001	0,0000	0,0000
	D(AC)/A	0,0002	-0,0005	-0,0009	-0,0007	-0,0004	-0,0001	-0,0000	-0,0000	-0,0000	-0,0000
	D(AD)/A	0,0000	0,0000	0,0001	0,0001	0,0001	0,0000	0,0000	0,0000	0,0000	0,0000
	D(AE)/A	0,0000	-0,0000	-0,0000	-0,0000	-0,0000	-0,0000	-0,0000	-0,0000	-0,0000	-0,0000
	D(AF)/A	0,0000	0,0000	0,0000	0,0000	0,0000	0,0000	0,0000	0,0000	0,0000	0,0000
	D(BA)/A	-0,0066	-0,0042	-0,0022	-0,0009	-0,0003	-0,0001	-0,0000	-0,0000	-0,0000	-0,0000
	D(BB)/A	0,0001	0,0001	-0,0000	-0,0001	-0,0001	-0,0000	-0,0000	-0,0000	-0,0000	-0,0000
	D(BC)/A	0,0096	0,0066	0,0038	0,0018	0,0006	0,0002	0,0001	0,0000	0,0000	0,0000
	D(BD)/A	0,0002	-0,0004	-0,0005	-0,0004	-0,0001	-0,0001	-0,0000	-0,0000	-0,0000	-0,0000
	D(BE)/A	0,0000	0,0000	0,0001	0,0001	0,0000	0,0000	0,0000	0,0000	0,0000	0,0000
	D(BF)/A	0,0000	-0,0000	-0,0000	-0,0000	-0,0000	-0,0000	-0,0000	-0,0000	-0,0000	-0,0000
	D(CA)/A	-0,0001	0,0003	0,0003	0,0002	0,0001	0,0000	0,0000	0,0000	0,0000	0,0000
	D(CB)/A	-0,0096	-0,0066	-0,0038	-0,0017	-0,0006	-0,0002	-0,0001	-0,0000	-0,0000	-0,0000
	D(CC)/A	0,0000	0,0000	-0,0000	-0,0000	-0,0000	-0,0000	-0,0000	-0,0000	-0,0000	-0,0000
	D(CD)/A	0,0096	0,0066	0,0038	0,0018	0,0006	0,0002	0,0001	0,0000	0,0000	0,0000
	D(CE)/A	0,0002	-0,0004	-0,0005	-0,0003	-0,0001	-0,0000	-0,0000	-0,0000	-0,0000	-0,0000
	D(CF)/A	0,0000	0,0000	0,0000	0,0000	0,0000	0,0000	0,0000	0,0000	0,0000	0,0000

Z	Z(T)	0,00	0,03	0,10	0,30	1,00	3,00	10,0	30,0	100	UNENDL
0,02	B(AA)	0,9750	0,9801	0,9855	0,9905	0,9942	0,9957	0,9963	0,9965	0,9966	0,9966
	B(AB)	0,0362	0,0327	0,0274	0,0209	0,0154	0,0129	0,0119	0,0116	0,0115	0,0115
	B(AC)	0,0013	-0,0030	-0,0063	-0,0079	-0,0081	-0,0079	-0,0078	-0,0078	-0,0078	-0,0078
	B(AD)	0,0000	0,0001	0,0007	0,0013	0,0017	0,0017	0,0018	0,0018	0,0018	0,0018
	B(AE)	0,0000	0,0000	-0,0001	-0,0002	-0,0003	-0,0003	-0,0004	-0,0004	-0,0004	-0,0004
	B(AF)	0,0000	-0,0000	0,0000	0,0000	0,0000	0,0000	0,0000	0,0000	0,0000	0,0000
	B(BA)	0,0241	0,0218	0,0182	0,0139	0,0103	0,0086	0,0080	0,0077	0,0077	0,0076
	B(BB)	0,9281	0,9358	0,9451	0,9553	0,9635	0,9671	0,9686	0,9690	0,9692	0,9693
	B(BC)	0,0344	0,0345	0,0338	0,0321	0,0303	0,0294	0,0290	0,0289	0,0289	0,0288
	B(BD)	0,0013	-0,0030	-0,0069	-0,0098	-0,0111	-0,0115	-0,0116	-0,0117	-0,0117	-0,0117
	B(BE)	0,0000	0,0001	0,0007	0,0016	0,0022	0,0024	0,0025	0,0025	0,0025	0,0025
	B(BF)	0,0000	0,0000	-0,0000	-0,0001	-0,0002	-0,0002	-0,0002	-0,0002	-0,0002	-0,0002
	B(CA)	0,0009	-0,0020	-0,0042	-0,0052	-0,0054	-0,0053	-0,0052	-0,0052	-0,0052	-0,0052
	B(CB)	0,0344	0,0345	0,0338	0,0321	0,0303	0,0294	0,0290	0,0289	0,0289	0,0288
	B(CC)	0,9285	0,9370	0,9450	0,9514	0,9553	0,9567	0,9573	0,9574	0,9575	0,9575
	B(CD)	0,0344	0,0344	0,0337	0,0328	0,0319	0,0316	0,0314	0,0314	0,0314	0,0314
	B(CE)	0,0013	-0,0030	-0,0069	-0,0098	-0,0111	-0,0115	-0,0116	-0,0117	-0,0117	-0,0117
	B(CF)	0,0000	0,0001	0,0005	0,0009	0,0011	0,0012	0,0012	0,0012	0,0012	0,0012
	D(AA)/A	-0,0125	-0,0100	-0,0072	-0,0041	-0,0017	-0,0006	-0,0002	-0,0001	-0,0000	-0,0000
	D(AB)/A	0,0181	0,0157	0,0121	0,0074	0,0031	0,0012	0,0004	0,0001	0,0000	-0,0000
	D(AC)/A	0,0007	-0,0007	-0,0014	-0,0013	-0,0007	-0,0003	-0,0001	-0,0000	-0,0000	-0,0000
	D(AD)/A	0,0000	0,0000	0,0001	0,0002	0,0001	0,0001	0,0000	0,0000	0,0000	-0,0000
	D(AE)/A	0,0000	0,0000	-0,0000	-0,0000	-0,0000	-0,0000	-0,0000	-0,0000	-0,0000	-0,0000
	D(AF)/A	0,0000	-0,0000	0,0000	0,0000	0,0000	0,0000	0,0000	0,0000	0,0000	-0,0000
	D(BA)/A	-0,0130	-0,0083	-0,0044	-0,0018	-0,0005	-0,0002	-0,0001	-0,0000	-0,0000	-0,0000
	D(BB)/A	0,0002	0,0004	0,0000	-0,0002	-0,0002	-0,0001	-0,0000	-0,0000	-0,0000	0
	D(BC)/A	0,0186	0,0127	0,0074	0,0035	0,0012	0,0004	0,0001	0,0000	0,0000	0,0000
	D(BD)/A	0,0007	-0,0006	-0,0009	-0,0006	-0,0003	-0,0001	-0,0000	-0,0000	-0,0000	-0,0000
	D(BE)/A	0,0000	0,0000	0,0001	0,0001	0,0001	0,0000	0,0000	0,0000	0,0000	0,0000
	D(BF)/A	0,0000	0,0000	-0,0000	-0,0000	-0,0000	-0,0000	-0,0000	-0,0000	-0,0000	0
	D(CA)/A	-0,0005	0,0004	0,0006	0,0003	0,0001	0,0000	0,0000	0,0000	0,0000	0,0000
	D(CB)/A	-0,0185	-0,0128	-0,0075	-0,0034	-0,0012	-0,0004	-0,0001	-0,0000	-0,0000	-0,0000
	D(CC)/A	0,0000	0,0000	0,0000	-0,0000	-0,0000	-0,0000	-0,0000	-0,0000	-0,0000	0
	D(CD)/A	0,0185	0,0127	0,0075	0,0034	0,0012	0,0004	0,0001	0,0000	0,0000	0,0000
	D(CE)/A	0,0007	-0,0006	-0,0009	-0,0006	-0,0003	-0,0001	-0,0000	-0,0000	-0,0000	-0,0000
	D(CF)/A	0,0000	0,0000	0,0001	0,0001	0,0000	0,0000	0,0000	0,0000	0,0000	0,0000
0,05	B(AA)	0,9424	0,9541	0,9663	0,9778	0,9863	0,9898	0,9913	0,9917	0,9919	0,9919
	B(AB)	0,0791	0,0723	0,0614	0,0476	0,0354	0,0299	0,0276	0,0269	0,0266	0,0265
	B(AC)	0,0066	-0,0032	-0,0113	-0,0159	-0,0171	-0,0171	-0,0171	-0,0170	-0,0170	-0,0170
	B(AD)	0,0006	-0,0003	0,0004	0,0017	0,0025	0,0028	0,0029	0,0029	0,0029	0,0029
	B(AE)	0,0000	0,0000	0,0000	-0,0001	-0,0002	-0,0003	-0,0003	-0,0003	-0,0003	-0,0003
	B(AF)	0,0000	0,0000	-0,0000	-0,0000	0,0000	0,0000	0,0000	0,0000	0,0000	0,0000
	B(BA)	0,0527	0,0482	0,0409	0,0317	0,0236	0,0199	0,0184	0,0179	0,0177	0,0177
	B(BB)	0,8436	0,8591	0,8782	0,8996	0,9173	0,9251	0,9284	0,9294	0,9297	0,9299
	B(BC)	0,0708	0,0718	0,0714	0,0692	0,0662	0,0646	0,0640	0,0638	0,0637	0,0636
	B(BD)	0,0059	-0,0028	-0,0114	-0,0181	-0,0216	-0,0228	-0,0232	-0,0233	-0,0233	-0,0233
	B(BE)	0,0005	-0,0003	0,0004	0,0018	0,0030	0,0034	0,0036	0,0036	0,0036	0,0036
	B(BF)	0,0000	0,0000	0,0000	-0,0001	-0,0002	-0,0002	-0,0002	-0,0002	-0,0002	-0,0002
	B(CA)	0,0044	-0,0021	-0,0075	-0,0106	-0,0114	-0,0114	-0,0114	-0,0113	-0,0113	-0,0113
	B(CB)	0,0708	0,0718	0,0714	0,0692	0,0662	0,0646	0,0640	0,0638	0,0637	0,0636
	B(CC)	0,8451	0,8628	0,8798	0,8935	0,9016	0,9046	0,9057	0,9061	0,9062	0,9062
	B(CD)	0,0709	0,0717	0,0711	0,0696	0,0684	0,0679	0,0676	0,0676	0,0675	0,0675
	B(CE)	0,0059	-0,0028	-0,0114	-0,0181	-0,0216	-0,0228	-0,0232	-0,0233	-0,0233	-0,0233
	B(CF)	0,0004	-0,0002	0,0003	0,0011	0,0017	0,0019	0,0019	0,0019	0,0019	0,0019
	D(AA)/A	-0,0288	-0,0232	-0,0168	-0,0099	-0,0041	-0,0016	-0,0005	-0,0002	-0,0001	0,0000
	D(AB)/A	0,0395	0,0348	0,0272	0,0168	0,0073	0,0028	0,0009	0,0003	0,0001	0,0000
	D(AC)/A	0,0033	0,0002	-0,0019	-0,0022	-0,0012	-0,0005	-0,0002	-0,0001	-0,0000	-0,0000
	D(AD)/A	0,0003	-0,0001	-0,0000	0,0001	0,0001	0,0001	0,0000	0,0000	0,0000	0,0000
	D(AE)/A	0,0000	-0,0000	0,0000	0,0000	-0,0000	-0,0000	-0,0000	-0,0000	-0,0000	0
	D(AF)/A	0,0000	0,0000	-0,0000	-0,0000	0,0000	0,0000	0,0000	0,0000	0,0000	-0,0000
	D(BA)/A	-0,0312	-0,0203	-0,0109	-0,0045	-0,0014	-0,0005	-0,0001	-0,0000	-0,0000	0
	D(BB)/A	0,0009	0,0013	0,0005	-0,0003	-0,0004	-0,0002	-0,0001	-0,0000	-0,0000	-0,0000
	D(BC)/A	0,0420	0,0292	0,0173	0,0081	0,0029	0,0010	0,0003	0,0001	0,0000	0,0000
	D(BD)/A	0,0035	0,0001	-0,0013	-0,0011	-0,0005	-0,0002	-0,0001	-0,0000	-0,0000	-0,0000
	D(BE)/A	0,0003	-0,0001	-0,0000	0,0001	0,0001	0,0000	0,0000	0,0000	0,0000	0,0000
	D(BF)/A	0,0000	-0,0000	0,0000	-0,0000	-0,0000	-0,0000	-0,0000	-0,0000	-0,0000	0,0000
	D(CA)/A	-0,0026	0,0000	0,0009	0,0007	0,0003	0,0001	0,0000	0,0000	0,0000	-0,0000
	D(CB)/A	-0,0419	-0,0292	-0,0174	-0,0081	-0,0028	-0,0010	-0,0003	-0,0001	-0,0000	-0,0000
	D(CC)/A	0,0000	-0,0000	0,0000	0,0000	-0,0000	-0,0000	-0,0000	-0,0000	-0,0000	0
	D(CD)/A	0,0420	0,0292	0,0173	0,0081	0,0028	0,0010	0,0003	0,0001	0,0000	0,0000
	D(CE)/A	0,0035	0,0001	-0,0013	-0,0011	-0,0005	-0,0002	-0,0001	-0,0000	-0,0000	-0,0000
	D(CF)/A	0,0002	-0,0001	-0,0000	0,0000	0,0000	0,0000	0,0000	0,0000	0,0000	0,0000

Z	Z(T)	0,00	0,03	0,10	0,30	1,00	3,00	10,0	30,0	100	UNENDL
0,10	B(AA)	0,8978	0,9178	0,9390	0,9594	0,9746	0,9812	0,9839	0,9847	0,9850	0,9851
	B(AB)	0,1310	0,1216	0,1053	0,0832	0,0629	0,0534	0,0493	0,0481	0,0476	0,0475
	B(AC)	0,0191	0,0023	-0,0129	-0,0229	-0,0269	-0,0277	-0,0279	-0,0279	-0,0279	-0,0279
	B(AD)	0,0028	-0,0006	-0,0011	0,0003	0,0017	0,0023	0,0025	0,0025	0,0026	0,0026
	B(AE)	0,0004	-0,0001	0,0002	0,0004	0,0004	0,0003	0,0003	0,0003	0,0003	0,0003
	B(AF)	0,0000	0,0000	0,0000	-0,0000	-0,0000	-0,0001	-0,0001	-0,0001	-0,0001	-0,0001
	B(BA)	0,0873	0,0811	0,0702	0,0555	0,0420	0,0356	0,0329	0,0321	0,0318	0,0316
	B(BB)	0,7422	0,7651	0,7940	0,8274	0,8558	0,8688	0,8743	0,8760	0,8766	0,8768
	B(BC)	0,1083	0,1113	0,1129	0,1120	0,1093	0,1077	0,1070	0,1067	0,1067	0,1066
	B(BD)	0,0158	0,0026	-0,0112	-0,0227	-0,0296	-0,0320	-0,0329	-0,0331	-0,0332	-0,0332
	B(BE)	0,0023	-0,0005	-0,0013	-0,0003	0,0011	0,0017	0,0020	0,0020	0,0021	0,0021
	B(BF)	0,0003	-0,0000	0,0001	0,0003	0,0002	0,0002	0,0002	0,0002	0,0002	0,0002
	B(CA)	0,0127	0,0015	-0,0086	-0,0153	-0,0179	-0,0185	-0,0186	-0,0186	-0,0186	-0,0186
	B(CB)	0,1083	0,1113	0,1129	0,1120	0,1093	0,1077	0,1070	0,1067	0,1067	0,1066
	B(CC)	0,7453	0,7728	0,7999	0,8220	0,8351	0,8399	0,8417	0,8422	0,8424	0,8425
	B(CD)	0,1087	0,1116	0,1123	0,1114	0,1103	0,1098	0,1096	0,1095	0,1095	0,1095
	B(CE)	0,0158	0,0026	-0,0112	-0,0227	-0,0296	-0,0320	-0,0329	-0,0331	-0,0332	-0,0332
	B(CF)	0,0019	-0,0004	-0,0008	0,0002	0,0011	0,0015	0,0017	0,0017	0,0017	0,0017
	D(AA)/A	-0,0511	-0,0417	-0,0307	-0,0183	-0,0078	-0,0030	-0,0009	-0,0003	-0,0001	0,0000
	D(AB)/A	0,0655	0,0586	0,0468	0,0297	0,0131	0,0051	0,0016	0,0005	0,0002	-0,0000
	D(AC)/A	0,0096	0,0041	-0,0002	-0,0019	-0,0013	-0,0006	-0,0002	-0,0001	-0,0000	0,0000
	D(AD)/A	0,0014	-0,0001	-0,0006	-0,0004	-0,0001	-0,0000	-0,0000	-0,0000	-0,0000	0
	D(AE)/A	0,0002	-0,0000	0,0000	0,0001	0,0000	0,0000	0,0000	0,0000	0,0000	-0,0000
	D(AF)/A	0,0000	-0,0000	0,0000	0,0000	-0,0000	-0,0000	-0,0000	-0,0000	-0,0000	0,0000
	D(BA)/A	-0,0586	-0,0388	-0,0213	-0,0089	-0,0028	-0,0009	-0,0003	-0,0001	-0,0000	-0,0000
	D(BB)/A	0,0021	0,0030	0,0017	-0,0000	-0,0004	-0,0002	-0,0001	-0,0000	-0,0000	0,0000
	D(BC)/A	0,0733	0,0519	0,0311	0,0147	0,0052	0,0018	0,0006	0,0002	0,0001	0,0000
	D(BD)/A	0,0107	0,0034	-0,0004	-0,0011	-0,0006	-0,0002	-0,0001	-0,0000	-0,0000	-0,0000
	D(BE)/A	0,0016	-0,0001	-0,0004	-0,0002	-0,0000	-0,0000	-0,0000	-0,0000	-0,0000	-0,0000
	D(BF)/A	0,0002	-0,0000	0,0000	0,0000	0,0000	0,0000	0,0000	0,0000	0,0000	0,0000
	D(CA)/A	-0,0085	-0,0024	0,0005	0,0009	0,0004	0,0002	0,0000	0,0000	0,0000	0,0000
	D(CB)/A	-0,0726	-0,0515	-0,0313	-0,0149	-0,0052	-0,0018	-0,0006	-0,0002	-0,0001	-0,0000
	D(CC)/A	0,0000	0,0000	-0,0000	0,0000	0,0000	0,0000	0,0000	0,0000	0,0000	0
	D(CD)/A	0,0729	0,0518	0,0313	0,0148	0,0052	0,0018	0,0006	0,0002	0,0001	-0,0000
	D(CE)/A	0,0106	0,0034	-0,0004	-0,0011	-0,0006	-0,0002	-0,0001	-0,0000	-0,0000	-0,0000
	D(CF)/A	0,0012	-0,0001	-0,0003	-0,0001	-0,0000	-0,0000	0,0000	0,0000	0,0000	0,0000
0,20	B(AA)	0,8305	0,8620	0,8960	0,9295	0,9554	0,9669	0,9717	0,9732	0,9737	0,9740
	B(AB)	0,1947	0,1852	0,1652	0,1347	0,1042	0,0892	0,0827	0,0806	0,0799	0,0796
	B(AC)	0,0456	0,0204	-0,0052	-0,0252	-0,0357	-0,0389	-0,0400	-0,0404	-0,0405	-0,0405
	B(AD)	0,0107	0,0013	-0,0038	-0,0045	-0,0031	-0,0022	-0,0018	-0,0016	-0,0016	-0,0016
	B(AE)	0,0025	0,0000	-0,0002	0,0007	0,0013	0,0016	0,0016	0,0017	0,0017	0,0017
	B(AF)	0,0005	-0,0000	0,0001	0,0001	0,0000	-0,0000	-0,0001	-0,0001	-0,0001	-0,0001
	B(BA)	0,1298	0,1235	0,1101	0,0898	0,0695	0,0595	0,0551	0,0538	0,0533	0,0531
	B(BB)	0,6165	0,6453	0,6827	0,7277	0,7680	0,7872	0,7954	0,7980	0,7989	0,7993
	B(BC)	0,1445	0,1510	0,1571	0,1608	0,1617	0,1614	0,1612	0,1612	0,1611	0,1611
	B(BD)	0,0339	0,0172	-0,0014	-0,0186	-0,0300	-0,0343	-0,0360	-0,0365	-0,0367	-0,0368
	B(BE)	0,0079	0,0012	-0,0034	-0,0052	-0,0053	-0,0051	-0,0049	-0,0049	-0,0049	-0,0049
	B(BF)	0,0017	0,0000	-0,0001	0,0004	0,0009	0,0010	0,0011	0,0011	0,0011	0,0011
	B(CA)	0,0304	0,0136	-0,0034	-0,0168	-0,0238	-0,0259	-0,0267	-0,0269	-0,0270	-0,0270
	B(CB)	0,1445	0,1510	0,1571	0,1608	0,1617	0,1614	0,1612	0,1612	0,1611	0,1611
	B(CC)	0,6200	0,6574	0,6961	0,7288	0,7484	0,7555	0,7582	0,7590	0,7593	0,7594
	B(CD)	0,1453	0,1526	0,1572	0,1587	0,1586	0,1585	0,1584	0,1584	0,1584	0,1584
	B(CE)	0,0339	0,0172	-0,0014	-0,0186	-0,0300	-0,0343	-0,0360	-0,0365	-0,0367	-0,0368
	B(CF)	0,0071	0,0009	-0,0026	-0,0030	-0,0021	-0,0014	-0,0012	-0,0011	-0,0011	-0,0010
	D(AA)/A	-0,0848	-0,0704	-0,0530	-0,0327	-0,0144	-0,0056	-0,0018	-0,0006	-0,0002	0,0000
	D(AB)/A	0,0973	0,0894	0,0736	0,0486	0,0222	0,0087	0,0028	0,0009	0,0003	0
	D(AC)/A	0,0228	0,0148	0,0071	0,0019	0,0001	-0,0001	-0,0000	-0,0000	-0,0000	0
	D(AD)/A	0,0053	0,0014	-0,0010	-0,0014	-0,0008	-0,0003	-0,0001	-0,0000	-0,0000	0
	D(AE)/A	0,0012	0,0001	-0,0002	-0,0001	0,0000	0,0000	0,0000	0,0000	0,0000	0,0000
	D(AF)/A	0,0003	-0,0000	0,0000	0,0000	0,0000	0,0000	0,0000	0,0000	0,0000	0
	D(BA)/A	-0,1046	-0,0711	-0,0404	-0,0175	-0,0056	-0,0019	-0,0006	-0,0002	-0,0001	0,0000
	D(BB)/A	0,0029	0,0057	0,0042	0,0011	-0,0002	-0,0002	-0,0001	-0,0000	-0,0000	0,0000
	D(BC)/A	0,1179	0,0862	0,0531a	0,0255	0,0091	0,0032	0,0010	0,0003	0,0001	0,0000
	D(BD)/A	0,0276	0,0135	0,0042	0,0005	-0,0001	-0,0001	-0,0000	-0,0000	-0,0000	-0,0000
	D(BE)/A	0,0064	0,0012	-0,0007	-0,0008	-0,0003	-0,0001	-0,0000	-0,0000	-0,0000	-0,0000
	D(BF)/A	0,0014	0,0000	-0,0001	-0,0000	0,0000	0,0000	0,0000	0,0000	0,0000	0
	D(CA)/A	-0,0245	-0,0107	-0,0026	0,0003	0,0004	0,0002	0,0001	0,0000	0,0000	0,0000
	D(CB)/A	-0,1165	-0,0843	-0,0526	-0,0259	-0,0094	-0,0033	-0,0010	-0,0003	-0,0001	-0,0000
	D(CC)/A	0,0002	0,0002	-0,0000	-0,0000	-0,0000	-0,0000	0,0000	0,0000	0,0000	0
	D(CD)/A	0,1172	0,0854	0,0530	0,0257	0,0092	0,0032	0,0010	0,0003	0,0001	0,0000
	D(CE)/A	0,0273	0,0133	0,0044	0,0005	-0,0002	-0,0001	-0,0000	-0,0000	-0,0000	-0,0000
	D(CF)/A	0,0058	0,0010	-0,0006	-0,0005	-0,0002	-0,0001	-0,0000	-0,0000	-0,0000	-0,0000

Z	Z(T)	0,00	0,03	0,10	0,30	1,00	3,00	10,0	30,0	100	UNENDL
0,50	B(AA)	0,7082	0,7568	0,8111	0,8675	0,9141	0,9361	0,9456	0,9485	0,9496	0,9500
	B(AB)	0,2705	0,2691	0,2533	0,2193	0,1780	0,1551	0,1447	0,1414	0,1402	0,1397
	B(AC)	0,1033	0,0718	0,0330	-0,0057	-0,0330	-0,0440	-0,0484	-0,0498	-0,0502	-0,0504
	B(AD)	0,0395	0,0180	-0,0011	-0,0131	-0,0169	-0,0172	-0,0171	-0,0171	-0,0171	-0,0170
	B(AE)	0,0152	0,0044	-0,0014	-0,0022	-0,0005	0,0006	0,0011	0,0013	0,0014	0,0014
	B(AF)	0,0061	0,0010	-0,0003	0,0004	0,0008	0,0009	0,0009	0,0009	0,0009	0,0009
	B(BA)	0,1803	0,1794	0,1689	0,1462	0,1187	0,1034	0,0965	0,0943	0,0935	0,0931
	B(BB)	0,4509	0,4817	0,5222	0,5736	0,6238	0,6496	0,6611	0,6647	0,6660	0,6665
	B(BC)	0,1722	0,1832	0,1963	0,2104	0,2219	0,2271	0,2293	0,2300	0,2302	0,2303
	B(BD)	0,0659	0,0494	0,0294	0,0086	-0,0070	-0,0137	-0,0164	-0,0172	-0,0175	-0,0177
	B(BE)	0,0253	0,0122	0,0002	-0,0097	-0,0162	-0,0188	-0,0198	-0,0201	-0,0202	-0,0203
	B(BF)	0,0101	0,0029	-0,0010	-0,0015	-0,0004	0,0004	0,0008	0,0009	0,0009	0,0009
	B(CA)	0,0689	0,0479	0,0220	-0,0038	-0,0220	-0,0293	-0,0323	-0,0332	-0,0335	-0,0336
	B(CB)	0,1722	0,1832	0,1963	0,2104	0,2219	0,2271	0,2293	0,2300	0,2302	0,2303
	B(CC)	0,4478	0,4916	0,5422	0,5897	0,6206	0,6323	0,6368	0,6382	0,6386	0,6388
	B(CD)	0,1712	0,1860	0,2002	0,2101	0,2144	0,2155	0,2158	0,2159	0,2159	0,2160
	B(CE)	0,0659	0,0494	0,0294	0,0086	-0,0070	-0,0137	-0,0164	-0,0172	-0,0175	-0,0177
	B(CF)	0,0263	0,0120	-0,0007	-0,0087	-0,0113	-0,0115	-0,0114	-0,0114	-0,0114	-0,0114
	D(AA)/A	-0,1459	-0,1252	-0,0986	-0,0646	-0,0301	-0,0120	-0,0039	-0,0013	-0,0004	0,0000
	D(AB)/A	0,1353	0,1297	0,1132	0,0802	0,0391	0,0159	0,0051	0,0018	0,0005	-0,0000
	D(AC)/A	0,0517	0,0430	0,0316	0,0188	0,0081	0,0031	0,0010	0,0003	0,0001	0
	D(AD)/A	0,0198	0,0113	0,0037	-0,0008	-0,0013	-0,0007	-0,0002	-0,0001	-0,0000	0,0000
	D(AE)/A	0,0076	0,0028	-0,0002	-0,0012	-0,0008	-0,0003	-0,0001	-0,0000	-0,0000	0
	D(AF)/A	0,0030	0,0007	-0,0002	-0,0001	0,0000	0,0000	0,0000	0,0000	0,0000	-0,0000
	D(BA)/A	-0,2016	-0,1439	-0,0867	-0,0402	-0,0137	-0,0047	-0,0014	-0,0005	-0,0001	-0,0000
	D(BB)/A	-0,0041	0,0058	0,0079	0,0043	0,0012	0,0003	0,0001	0,0000	0,0000	0
	D(BC)/A	0,1895	0,1475	0,0967	0,0486	0,0177	0,0063	0,0019	0,0006	0,0002	0
	D(BD)/A	0,0724	0,0464	0,0236	0,0090	0,0027	0,0009	0,0003	0,0001	0,0000	-0,0000
	D(BE)/A	0,0279	0,0119	0,0023	-0,0009	-0,0008	-0,0003	-0,0001	-0,0000	-0,0000	-0,0000
	D(BF)/A	0,0111	0,0029	-0,0003	-0,0005	-0,0002	-0,0001	-0,0000	-0,0000	-0,0000	0,0000
	D(CA)/A	-0,0770	-0,0440	-0,0190	-0,0053	-0,0008	-0,0001	-0,0000	-0,0000	0,0000	-0,0000
	D(CB)/A	-0,1925	-0,1429	-0,0924	-0,0477	-0,0181	-0,0066	-0,0020	-0,0007	-0,0002	-0,0000
	D(CC)/A	-0,0005	0,0008	0,0005	-0,0001	-0,0002	-0,0001	-0,0000	-0,0000	-0,0000	0,0000
	D(CD)/A	0,1910	0,1457	0,0950	0,0482	0,0178	0,0064	0,0020	0,0007	0,0002	0,0000
	D(CE)/A	0,0735	0,0452	0,0231	0,0093	0,0029	0,0010	0,0003	0,0001	0,0000	0,0000
	D(CF)/A	0,0294	0,0114	0,0015	-0,0012	-0,0008	-0,0003	-0,0001	-0,0000	-0,0000	-0,0000
1,00	B(AA)	0,6001	0,6588	0,7274	0,8024	0,8685	0,9018	0,9167	0,9214	0,9231	0,9238
	B(AB)	0,3002	0,3106	0,3074	0,2819	0,2403	0,2137	0,2009	0,1967	0,1952	0,1945
	B(AC)	0,1505	0,1233	0,0828	0,0331	-0,0102	-0,0307	-0,0396	-0,0424	-0,0434	-0,0438
	B(AD)	0,0759	0,0478	0,0165	-0,0110	-0,0270	-0,0322	-0,0340	-0,0345	-0,0346	-0,0347
	B(AE)	0,0394	0,0185	0,0022	-0,0063	-0,0077	-0,0070	-0,0064	-0,0062	-0,0061	-0,0061
	B(AF)	0,0225	0,0078	-0,0001	-0,0008	0,0012	0,0023	0,0027	0,0028	0,0028	0,0029
	B(BA)	0,2002	0,2071	0,2050	0,1880	0,1602	0,1425	0,1339	0,1311	0,1301	0,1297
	B(BB)	0,3503	0,3793	0,4167	0,4643	0,5134	0,5403	0,5528	0,5568	0,5582	0,5588
	B(BC)	0,1756	0,1877	0,2036	0,2237	0,2438	0,2545	0,2595	0,2610	0,2616	0,2618
	B(BD)	0,0886	0,0749	0,0581	0,0400	0,0258	0,0195	0,0169	0,0161	0,0158	0,0156
	B(BE)	0,0459	0,0291	0,0120	-0,0037	-0,0156	-0,0212	-0,0236	-0,0244	-0,0247	-0,0248
	B(BF)	0,0263	0,0123	0,0015	-0,0042	-0,0051	-0,0046	-0,0043	-0,0041	-0,0041	-0,0040
	B(CA)	0,1003	0,0822	0,0552	0,0220	-0,0068	-0,0205	-0,0264	-0,0283	-0,0289	-0,0292
	B(CB)	0,1756	0,1877	0,2036	0,2237	0,2438	0,2545	0,2595	0,2610	0,2616	0,2618
	B(CC)	0,3386	0,3786	0,4304	0,4858	0,5268	0,5439	0,5509	0,5530	0,5537	0,5540
	B(CD)	0,1709	0,1877	0,2086	0,2285	0,2408	0,2449	0,2464	0,2468	0,2470	0,2470
	B(CE)	0,0886	0,0749	0,0581	0,0400	0,0258	0,0195	0,0169	0,0161	0,0158	0,0156
	B(CF)	0,0506	0,0319	0,0110	-0,0073	-0,0180	-0,0215	-0,0226	-0,0230	-0,0231	-0,0231
	D(AA)/A	-0,1999	-0,1770	-0,1454	-0,1008	-0,0500	-0,0206	-0,0068	-0,0023	-0,0007	-0,0000
	D(AB)/A	0,1501	0,1490	0,1366	0,1034	0,0540	0,0227	0,0075	0,0026	0,0008	-0,0000
	D(AC)/A	0,0752	0,0706	0,0608	0,0435	0,0219	0,0090	0,0030	0,0010	0,0003	-0,0000
	D(AD)/A	0,0380	0,0280	0,0167	0,0067	0,0015	0,0003	0,0001	0,0000	0,0000	0
	D(AE)/A	0,0197	0,0109	0,0033	-0,0011	-0,0016	-0,0009	-0,0003	-0,0001	-0,0000	0,0000
	D(AF)/A	0,0113	0,0046	0,0004	-0,0008	-0,0004	-0,0001	-0,0000	-0,0000	-0,0000	0,0000
	D(BA)/A	-0,2998	-0,2238	-0,1426	-0,0706	-0,0255	-0,0090	-0,0028	-0,0009	-0,0003	-0,0000
	D(BB)/A	-0,0246	-0,0051	0,0056	0,0063	0,0029	0,0011	0,0003	0,0001	0,0000	0,0000
	D(BC)/A	0,2383	0,1964	0,1378	0,0739	0,0280	0,0101	0,0031	0,0010	0,0003	0,0000
	D(BD)/A	0,1202	0,0877	0,0535	0,0249	0,0085	0,0030	0,0009	0,0003	0,0001	-0,0000
	D(BE)/A	0,0623	0,0346	0,0135	0,0027	-0,0000	-0,0001	-0,0001	-0,0000	-0,0000	-0,0000
	D(BF)/A	0,0356	0,0147	0,0023	-0,0012	-0,0008	-0,0003	-0,0001	-0,0000	-0,0000	0,0000
	D(CA)/A	-0,1495	-0,0971	-0,0507	-0,0189	-0,0047	-0,0013	-0,0003	-0,0001	-0,0000	-0,0000
	D(CB)/A	-0,2617	-0,1981	-0,1309	-0,0694	-0,0273	-0,0101	-0,0032	-0,0011	-0,0003	-0,0000
	D(CC)/A	-0,0047	0,0002	0,0015	0,0004	-0,0003	-0,0002	-0,0001	-0,0000	-0,0000	0,0000
	D(CD)/A	0,2500	0,1981	0,1352	0,0718	0,0274	0,0099	0,0031	0,0010	0,0003	0,0000
	D(CE)/A	0,1296	0,0883	0,0515	0,0243	0,0088	0,0032	0,0010	0,0003	0,0001	-0,0000
	D(CF)/A	0,0741	0,0382	0,0125	0,0009	-0,0010	-0,0006	-0,0002	-0,0001	-0,0000	0,0000

Z	Z(T)	0,00	0,03	0,10	0,30	1,00	3,00	10,0	30,0	100	UNENDL
2,00	B(AA)	0,4916	0,5540	0,6323	0,7232	0,8101	0,8573	0,8796	0,8867	0,8893	0,8905
	B(AB)	0,3009	0,3226	0,3366	0,3294	0,2976	0,2719	0,2582	0,2537	0,2520	0,2512
	B(AC)	0,1855	0,1687	0,1372	0,0875	0,0324	0,0012	-0,0135	-0,0182	-0,0199	-0,0207
	B(AD)	0,1164	0,0879	0,0505	0,0086	-0,0254	-0,0407	-0,0471	-0,0491	-0,0498	-0,0501
	B(AE)	0,0764	0,0469	0,0176	-0,0049	-0,0164	-0,0197	-0,0208	-0,0210	-0,0211	-0,0212
	B(AF)	0,0556	0,0286	0,0065	-0,0035	-0,0021	0,0008	0,0025	0,0031	0,0033	0,0033
	B(BA)	0,2006	0,2150	0,2244	0,2196	0,1984	0,1813	0,1722	0,1691	0,1680	0,1675
	B(BB)	0,2758	0,3020	0,3354	0,3763	0,4185	0,4427	0,4544	0,4582	0,4595	0,4601
	B(BC)	0,1700	0,1814	0,1973	0,2189	0,2434	0,2582	0,2654	0,2678	0,2686	0,2690
	B(BD)	0,1067	0,0958	0,0826	0,0694	0,0605	0,0572	0,0560	0,0557	0,0555	0,0555
	B(BE)	0,0701	0,0513	0,0306	0,0110	-0,0035	-0,0103	-0,0133	-0,0142	-0,0146	-0,0147
	B(BF)	0,0510	0,0313	0,0117	-0,0033	-0,0110	-0,0132	-0,0138	-0,0140	-0,0141	-0,0141
	B(CA)	0,1237	0,1125	0,0914	0,0583	0,0216	0,0008	-0,0090	-0,0121	-0,0133	-0,0138
	B(CB)	0,1700	0,1814	0,1973	0,2189	0,2434	0,2582	0,2654	0,2678	0,2686	0,2690
	B(CC)	0,2589	0,2896	0,3344	0,3902	0,4399	0,4638	0,4743	0,4776	0,4788	0,4793
	B(CD)	0,1625	0,1766	0,1981	0,2255	0,2493	0,2602	0,2649	0,2663	0,2668	0,2670
	B(CE)	0,1067	0,0958	0,0826	0,0694	0,0605	0,0572	0,0560	0,0557	0,0555	0,0555
	B(CF)	0,0776	0,0586	0,0337	0,0057	-0,0169	-0,0271	-0,0314	-0,0327	-0,0332	-0,0334
	D(AA)/A	-0,2542	-0,2329	-0,2005	-0,1485	-0,0794	-0,0342	-0,0114	-0,0039	-0,0012	-0,0000
	D(AB)/A	0,1505	0,1532	0,1470	0,1190	0,0671	0,0294	0,0099	0,0034	0,0010	-0,0000
	D(AC)/A	0,0927	0,0946	0,0918	0,0757	0,0433	0,0191	0,0064	0,0022	0,0007	-0,0000
	D(AD)/A	0,0582	0,0501	0,0390	0,0252	0,0118	0,0047	0,0015	0,0005	0,0002	0
	D(AE)/A	0,0382	0,0268	0,0145	0,0044	-0,0001	-0,0005	-0,0002	-0,0001	-0,0000	0,0000
	D(AF)/A	0,0278	0,0164	0,0056	-0,0010	-0,0019	-0,0010	-0,0003	-0,0001	-0,0000	0
	D(BA)/A	-0,4081	-0,3201	-0,2169	-0,1159	-0,0451	-0,0166	-0,0052	-0,0017	-0,0005	-0,0000
	D(BB)/A	-0,0612	-0,0323	-0,0084	0,0033	0,0038	0,0019	0,0006	0,0002	0,0001	0
	D(BC)/A	0,2705	0,2347	0,1773	0,1037	0,0424	0,0158	0,0050	0,0017	0,0005	0
	D(BD)/A	0,1698	0,1364	0,0949	0,0516	0,0201	0,0073	0,0023	0,0008	0,0002	-0,0000
	D(BE)/A	0,1115	0,0737	0,0384	0,0144	0,0039	0,0012	0,0003	0,0001	0,0000	0,0000
	D(BF)/A	0,0811	0,0450	0,0154	0,0006	-0,0017	-0,0009	-0,0003	-0,0001	-0,0000	-0,0000
	D(CA)/A	-0,2460	-0,1781	-0,1068	-0,0474	-0,0145	-0,0045	-0,0013	-0,0004	-0,0001	-0,0000
	D(CB)/A	-0,3382	-0,2639	-0,1786	-0,0964	-0,0385	-0,0144	-0,0046	-0,0015	-0,0005	-0,0000
	D(CC)/A	-0,0151	-0,0053	0,0009	0,0016	0,0001	-0,0002	-0,0001	-0,0000	-0,0000	0,0000
	D(CD)/A	0,3044	0,2504	0,1792	0,1003	0,0399	0,0148	0,0046	0,0016	0,0005	-0,0000
	D(CE)/A	0,1999	0,1485	0,0949	0,0488	0,0191	0,0071	0,0022	0,0008	0,0002	-0,0000
	D(CF)/A	0,1454	0,0916	0,0425	0,0113	0,0008	-0,0003	-0,0002	-0,0001	-0,0000	-0,0000
5,00	B(AA)	0,3694	0,4229	0,5007	0,6037	0,7145	0,7828	0,8178	0,8296	0,8340	0,8359
	B(AB)	0,2748	0,3009	0,3319	0,3546	0,3507	0,3354	0,3247	0,3208	0,3193	0,3186
	B(AC)	0,2077	0,2032	0,1904	0,1592	0,1069	0,0669	0,0448	0,0372	0,0343	0,0331
	B(AD)	0,1613	0,1397	0,1062	0,0591	0,0069	-0,0253	-0,0419	-0,0474	-0,0495	-0,0504
	B(AE)	0,1311	0,1007	0,0607	0,0175	-0,0159	-0,0313	-0,0384	-0,0406	-0,0414	-0,0418
	B(AF)	0,1140	0,0808	0,0399	0,0027	-0,0136	-0,0132	-0,0107	-0,0095	-0,0091	-0,0089
	B(BA)	0,1832	0,2006	0,2212	0,2364	0,2338	0,2236	0,2165	0,2138	0,2128	0,2124
	B(BB)	0,2107	0,2308	0,2592	0,2941	0,3275	0,3460	0,3552	0,3582	0,3593	0,3597
	B(BC)	0,1592	0,1678	0,1810	0,2001	0,2236	0,2397	0,2483	0,2512	0,2523	0,2528
	B(BD)	0,1237	0,1160	0,1059	0,0963	0,0934	0,0956	0,0977	0,0985	0,0988	0,0990
	B(BE)	0,1005	0,0837	0,0613	0,0374	0,0207	0,0146	0,0125	0,0119	0,0117	0,0117
	B(BF)	0,0874	0,0671	0,0404	0,0116	-0,0106	-0,0209	-0,0256	-0,0271	-0,0276	-0,0279
	B(CA)	0,1385	0,1355	0,1269	0,1062	0,0713	0,0446	0,0299	0,0248	0,0229	0,0221
	B(CB)	0,1592	0,1678	0,1810	0,2001	0,2236	0,2397	0,2483	0,2512	0,2523	0,2528
	B(CC)	0,1959	0,2134	0,2423	0,2861	0,3370	0,3687	0,3849	0,3904	0,3924	0,3933
	B(CD)	0,1522	0,1599	0,1742	0,1991	0,2322	0,2544	0,2661	0,2701	0,2716	0,2723
	B(CE)	0,1237	0,1160	0,1059	0,0963	0,0934	0,0956	0,0977	0,0985	0,0988	0,0990
	B(CF)	0,1076	0,0931	0,0708	0,0394	0,0046	-0,0169	-0,0279	-0,0316	-0,0330	-0,0336
	D(AA)/A	-0,3153	-0,3036	-0,2795	-0,2272	-0,1362	-0,0633	-0,0220	-0,0077	-0,0023	0
	D(AB)/A	0,1374	0,1395	0,1373	0,1191	0,0745	0,0351	0,0123	0,0043	0,0013	0,0000
	D(AC)/A	0,1038	0,1126	0,1212	0,1165	0,0790	0,0386	0,0137	0,0048	0,0015	0
	D(AD)/A	0,0807	0,0785	0,0742	0,0637	0,0410	0,0199	0,0071	0,0025	0,0008	0
	D(AE)/A	0,0656	0,0566	0,0434	0,0271	0,0128	0,0054	0,0018	0,0006	0,0002	0
	D(AF)/A	0,0570	0,0454	0,0287	0,0096	-0,0019	-0,0027	-0,0012	-0,0005	-0,0001	0
	D(BA)/A	-0,5390	-0,4532	-0,3355	-0,1998	-0,0875	-0,0346	-0,0112	-0,0038	-0,0012	0,0000
	D(BB)/A	-0,1199	-0,0891	-0,0516	-0,0175	-0,0008	0,0013	0,0007	0,0003	0,0001	-0,0000
	D(BC)/A	0,2873	0,2592	0,2109	0,1390	0,0654	0,0266	0,0087	0,0030	0,0009	-0,0000
	D(BD)/A	0,2232	0,1960	0,1546	0,0993	0,0461	0,0187	0,0061	0,0021	0,0006	-0,0000
	D(BE)/A	0,1814	0,1423	0,0945	0,0486	0,0189	0,0071	0,0023	0,0008	0,0002	-0,0000
	D(BF)/A	0,1577	0,1142	0,0632	0,0201	0,0011	-0,0012	-0,0006	-0,0002	-0,0001	0
	D(CA)/A	-0,3782	-0,3105	-0,2188	-0,1175	-0,0436	-0,0153	-0,0046	-0,0015	-0,0005	-0,0000
	D(CB)/A	-0,4349	-0,3610	-0,2599	-0,1462	-0,0589	-0,0220	-0,0069	-0,0023	-0,0007	-0,0000
	D(CC)/A	-0,0352	-0,0227	-0,0091	-0,0000	0,0015	0,0007	0,0002	0,0001	0,0000	-0,0000
	D(CD)/A	0,3611	0,3114	0,2371	0,1430	0,0611	0,0235	0,0075	0,0025	0,0008	-0,0000
	D(CE)/A	0,2935	0,2434	0,1756	0,1000	0,0414	0,0158	0,0050	0,0017	0,0005	-0,0000
	D(CF)/A	0,2552	0,1964	0,1229	0,0530	0,0135	0,0032	0,0007	0,0002	0,0001	0,0000

Z	Z(T)	0,00	0,03	0,10	0,30	1,00	3,00	10,0	30,0	100	UNENDL
10,00	B(AA)	0,3046	0,3436	0,4086	0,5089	0,6317	0,7157	0,7623	0,7786	0,7847	0,7874
	B(AB)	0,2525	0,2736	0,3056	0,3439	0,3666	0,3669	0,3627	0,3607	0,3598	0,3594
	B(AC)	0,2129	0,2126	0,2096	0,1962	0,1610	0,1246	0,1007	0,0917	0,0883	0,0868
	B(AD)	0,1840	0,1693	0,1440	0,1028	0,0489	0,0091	-0,0145	-0,0229	-0,0262	-0,0276
	B(AE)	0,1644	0,1408	0,1034	0,0519	0,0011	-0,0271	-0,0413	-0,0461	-0,0478	-0,0486
	B(AF)	0,1529	0,1255	0,0830	0,0280	-0,0167	-0,0313	-0,0341	-0,0342	-0,0341	-0,0341
	B(BA)	0,1683	0,1824	0,2038	0,2292	0,2444	0,2446	0,2418	0,2404	0,2399	0,2396
	B(BB)	0,1809	0,1952	0,2179	0,2496	0,2809	0,2977	0,3058	0,3085	0,3095	0,3099
	B(BC)	0,1526	0,1585	0,1686	0,1845	0,2051	0,2201	0,2288	0,2319	0,2331	0,2336
	B(BD)	0,1319	0,1266	0,1187	0,1098	0,1070	0,1105	0,1142	0,1158	0,1164	0,1167
	B(BE)	0,1178	0,1053	0,0857	0,0602	0,0394	0,0319	0,0297	0,0292	0,0290	0,0290
	B(BF)	0,1096	0,0939	0,0689	0,0346	0,0007	-0,0181	-0,0275	-0,0307	-0,0319	-0,0324
	B(CA)	0,1419	0,1418	0,1397	0,1308	0,1073	0,0831	0,0671	0,0611	0,0589	0,0579
	B(CB)	0,1526	0,1585	0,1686	0,1845	0,2051	0,2201	0,2288	0,2319	0,2331	0,2336
	B(CC)	0,1709	0,1811	0,1992	0,2297	0,2720	0,3042	0,3233	0,3302	0,3328	0,3339
	B(CD)	0,1477	0,1518	0,1600	0,1770	0,2060	0,2315	0,2475	0,2533	0,2556	0,2566
	B(CE)	0,1319	0,1266	0,1187	0,1098	0,1070	0,1105	0,1142	0,1158	0,1164	0,1167
	B(CF)	0,1227	0,1129	0,0960	0,0685	0,0326	0,0060	-0,0096	-0,0153	-0,0174	-0,0184
	D(AA)/A	-0,3477	-0,3466	-0,3363	-0,2946	-0,1942	-0,0967	-0,0350	-0,0124	-0,0038	0,0000
	D(AB)/A	0,1262	0,1238	0,1178	0,1014	0,0665	0,0333	0,0121	0,0043	0,0013	0
	D(AC)/A	0,1065	0,1174	0,1311	0,1359	0,1035	0,0554	0,0207	0,0074	0,0023	-0,0000
	D(AD)/A	0,0920	0,0947	0,0977	0,0955	0,0720	0,0390	0,0147	0,0053	0,0016	0
	D(AE)/A	0,0822	0,0788	0,0714	0,0570	0,0353	0,0175	0,0064	0,0023	0,0007	0,0000
	D(AF)/A	0,0764	0,0702	0,0576	0,0348	0,0093	-0,0001	-0,0010	-0,0005	-0,0002	-0,0000
	D(BA)/A	-0,6112	-0,5386	-0,4270	-0,2782	-0,1345	-0,0569	-0,0191	-0,0066	-0,0020	0,0000
	D(BB)/A	-0,1571	-0,1335	-0,0968	-0,0500	-0,0140	-0,0028	-0,0004	-0,0001	-0,0000	0,0000
	D(BC)/A	0,2892	0,2627	0,2189	0,1535	0,0805	0,0357	0,0123	0,0043	0,0013	0
	D(BD)/A	0,2500	0,2297	0,1939	0,1372	0,0718	0,0318	0,0109	0,0038	0,0012	0,0000
	D(BE)/A	0,2232	0,1921	0,1463	0,0898	0,0409	0,0168	0,0056	0,0019	0,0006	-0,0000
	D(BF)/A	0,2077	0,1713	0,1187	0,0578	0,0150	0,0025	0,0001	-0,0000	-0,0000	-0,0000
	D(CA)/A	-0,4561	-0,4036	-0,3173	-0,1961	-0,0836	-0,0318	-0,0100	-0,0034	-0,0010	-0,0000
	D(CB)/A	-0,4903	-0,4273	-0,3290	-0,1986	-0,0829	-0,0310	-0,0097	-0,0033	-0,0010	-0,0000
	D(CC)/A	-0,0491	-0,0387	-0,0241	-0,0083	0,0005	0,0014	0,0007	0,0003	0,0001	0,0000
	D(CD)/A	0,3898	0,3464	0,2759	0,1766	0,0803	0,0321	0,0104	0,0036	0,0011	0
	D(CE)/A	0,3481	0,3094	0,2454	0,1546	0,0683	0,0267	0,0086	0,0029	0,0009	0,0000
	D(CF)/A	0,3238	0,2770	0,2051	0,1133	0,0395	0,0122	0,0033	0,0011	0,0003	0,0000
20,00	B(AA)	0,2636	0,2882	0,3342	0,4186	0,5438	0,6427	0,7026	0,7246	0,7330	0,7367
	B(AB)	0,2360	0,2500	0,2751	0,3155	0,3596	0,3808	0,3885	0,3904	0,3911	0,3913
	B(AC)	0,2143	0,2151	0,2160	0,2142	0,1997	0,1765	0,1574	0,1495	0,1463	0,1449
	B(AD)	0,1980	0,1891	0,1723	0,1411	0,0936	0,0532	0,0267	0,0165	0,0125	0,0108
	B(AE)	0,1865	0,1712	0,1433	0,0952	0,0326	-0,0099	-0,0337	-0,0421	-0,0453	-0,0467
	B(AF)	0,1798	0,1615	0,1280	0,0708	-0,0008	-0,0430	-0,0619	-0,0675	-0,0694	-0,0702
	B(BA)	0,1573	0,1667	0,1834	0,2103	0,2397	0,2539	0,2590	0,2603	0,2607	0,2609
	B(BB)	0,1632	0,1721	0,1880	0,2142	0,2455	0,2642	0,2737	0,2769	0,2781	0,2786
	B(BC)	0,1482	0,1518	0,1586	0,1708	0,1882	0,2017	0,2101	0,2132	0,2144	0,2150
	B(BD)	0,1369	0,1337	0,1282	0,1204	0,1153	0,1168	0,1199	0,1213	0,1220	0,1222
	B(BE)	0,1290	0,1211	0,1069	0,0839	0,0588	0,0464	0,0416	0,0402	0,0397	0,0395
	B(BF)	0,1244	0,1142	0,0955	0,0634	0,0217	-0,0066	-0,0225	-0,0281	-0,0302	-0,0311
	B(CA)	0,1429	0,1434	0,1440	0,1428	0,1331	0,1177	0,1049	0,0996	0,0975	0,0966
	B(CB)	0,1482	0,1518	0,1586	0,1708	0,1882	0,2017	0,2101	0,2132	0,2144	0,2150
	B(CC)	0,1573	0,1629	0,1733	0,1924	0,2226	0,2496	0,2680	0,2751	0,2779	0,2792
	B(CD)	0,1453	0,1474	0,1516	0,1611	0,1807	0,2021	0,2180	0,2243	0,2268	0,2280
	B(CE)	0,1369	0,1337	0,1282	0,1204	0,1153	0,1168	0,1199	0,1213	0,1220	0,1222
	B(CF)	0,1320	0,1261	0,1149	0,0941	0,0624	0,0355	0,0178	0,0110	0,0084	0,0072
	D(AA)/A	-0,3682	-0,3768	-0,3828	-0,3622	-0,2648	-0,1425	-0,0540	-0,0195	-0,0060	0,0000
	D(AB)/A	0,1180	0,1105	0,0966	0,0730	0,0432	0,0218	0,0082	0,0030	0,0009	0,0000
	D(AC)/A	0,1072	0,1185	0,1338	0,1434	0,1182	0,0688	0,0272	0,0100	0,0031	0,0000
	D(AD)/A	0,0990	0,1055	0,1155	0,1236	0,1048	0,0622	0,0249	0,0091	0,0028	0,0000
	D(AE)/A	0,0933	0,0956	0,0974	0,0934	0,0703	0,0389	0,0150	0,0054	0,0017	0,0000
	D(AF)/A	0,0899	0,0901	0,0873	0,0733	0,0404	0,0148	0,0038	0,0011	0,0003	-0,0000
	D(BA)/A	-0,6577	-0,5999	-0,5045	-0,3605	-0,1949	-0,0890	-0,0313	-0,0110	-0,0034	0,0000
	D(BB)/A	-0,1824	-0,1679	-0,1402	-0,0927	-0,0395	-0,0136	-0,0038	-0,0012	-0,0004	0,0000
	D(BC)/A	0,2884	0,2613	0,2179	0,1560	0,0880	0,0426	0,0156	0,0056	0,0017	0,0000
	D(BD)/A	0,2664	0,2521	0,2236	0,1708	0,0988	0,0474	0,0172	0,0061	0,0019	0,0000
	D(BE)/A	0,2511	0,2296	0,1938	0,1386	0,0739	0,0333	0,0116	0,0041	0,0012	0,0000
	D(BF)/A	0,2420	0,2165	0,1744	0,1121	0,0473	0,0159	0,0043	0,0013	0,0004	-0,0000
	D(CA)/A	-0,5076	-0,4730	-0,4057	-0,2867	-0,1425	-0,0594	-0,0197	-0,0068	-0,0021	-0,0000
	D(CB)/A	-0,5266	-0,4764	-0,3909	-0,2595	-0,1187	-0,0461	-0,0146	-0,0049	-0,0015	-0,0000
	D(CC)/A	-0,0588	-0,0519	-0,0403	-0,0228	-0,0056	0,0002	0,0007	0,0003	0,0001	0
	D(CD)/A	0,4075	0,3703	0,3065	0,2083	0,1016	0,0426	0,0143	0,0049	0,0015	-0,0000
	D(CE)/A	0,3840	0,3585	0,3080	0,2173	0,1069	0,0439	0,0144	0,0049	0,0015	0,0000
	D(CF)/A	0,3702	0,3393	0,2836	0,1911	0,0864	0,0323	0,0099	0,0033	0,0010	0,0000

Z	Z(T)	0,00	0,03	0,10	0,30	1,00	3,00	10,0	30,0	100	UNENDL
50,00	B(AA)	0,2352	0,2467	0,2705	0,3230	0,4278	0,5399	0,6242	0,6588	0,6726	0,6788
	B(AB)	0,2237	0,2305	0,2442	0,2727	0,3229	0,3694	0,4012	0,4137	0,4185	0,4207
	B(AC)	0,2145	0,2152	0,2166	0,2195	0,2220	0,2199	0,2157	0,2134	0,2124	0,2119
	B(AD)	0,2074	0,2034	0,1951	0,1773	0,1435	0,1083	0,0817	0,0706	0,0661	0,0641
	B(AE)	0,2024	0,1951	0,1802	0,1483	0,0891	0,0307	-0,0114	-0,0283	-0,0349	-0,0380
	B(AF)	0,1994	0,1905	0,1721	0,1318	0,0539	-0,0254	-0,0824	-0,1051	-0,1140	-0,1180
	B(BA)	0,1492	0,1537	0,1628	0,1818	0,2153	0,2463	0,2675	0,2758	0,2790	0,2805
	B(BB)	0,1514	0,1555	0,1637	0,1801	0,2072	0,2308	0,2464	0,2525	0,2549	0,2559
	B(BC)	0,1451	0,1468	0,1502	0,1573	0,1699	0,1819	0,1904	0,1938	0,1952	0,1958
	B(BD)	0,1404	0,1389	0,1360	0,1309	0,1245	0,1211	0,1202	0,1200	0,1200	0,1200
	B(BE)	0,1370	0,1332	0,1257	0,1107	0,0864	0,0661	0,0532	0,0483	0,0464	0,0455
	B(BF)	0,1349	0,1301	0,1201	0,0988	0,0594	0,0204	-0,0076	-0,0188	-0,0233	-0,0253
	B(CA)	0,1430	0,1434	0,1444	0,1463	0,1480	0,1466	0,1438	0,1423	0,1416	0,1413
	B(CB)	0,1451	0,1468	0,1502	0,1573	0,1699	0,1819	0,1904	0,1938	0,1952	0,1958
	B(CC)	0,1487	0,1511	0,1557	0,1649	0,1814	0,1986	0,2119	0,2176	0,2199	0,2209
	B(CD)	0,1438	0,1446	0,1463	0,1500	0,1587	0,1702	0,1802	0,1846	0,1864	0,1872
	B(CE)	0,1404	0,1389	0,1360	0,1309	0,1245	0,1211	0,1202	0,1200	0,1200	0,1200
	B(CF)	0,1383	0,1356	0,1301	0,1182	0,0957	0,0722	0,0544	0,0471	0,0441	0,0427
	D(AA)/A	-0,3824	-0,3994	-0,4229	-0,4360	-0,3699	-0,2274	-0,0941	-0,0350	-0,0110	-0,0000
	D(AB)/A	0,1119	0,0996	0,0758	0,0344	-0,0074	-0,0151	-0,0079	-0,0031	-0,0010	-0,0000
	D(AC)/A	0,1073	0,1184	0,1331	0,1425	0,1200	0,0735	0,0307	0,0115	0,0036	0,0000
	D(AD)/A	0,1037	0,1133	0,1298	0,1506	0,1439	0,0946	0,0406	0,0153	0,0048	0,0000
	D(AE)/A	0,1012	0,1087	0,1214	0,1375	0,1308	0,0857	0,0365	0,0137	0,0043	0,0000
	D(AF)/A	0,0997	0,1062	0,1162	0,1260	0,1117	0,0683	0,0275	0,0101	0,0031	0,0000
	D(BA)/A	-0,6902	-0,6465	-0,5726	-0,4532	-0,2885	-0,1512	-0,0580	-0,0211	-0,0065	-0,0000
	D(BB)/A	-0,2006	-0,1952	-0,1810	-0,1469	-0,0893	-0,0433	-0,0157	-0,0056	-0,0017	-0,0000
	D(BC)/A	0,2871	0,2585	0,2130	0,1495	0,0846	0,0429	0,0166	0,0061	0,0019	-0,0000
	D(BD)/A	0,2776	0,2684	0,2478	0,2036	0,1320	0,0698	0,0270	0,0099	0,0031	-0,0000
	D(BE)/A	0,2709	0,2588	0,2373	0,1972	0,1303	0,0688	0,0264	0,0096	0,0030	-0,0000
	D(BF)/A	0,2669	0,2528	0,2279	0,1843	0,1169	0,0591	0,0218	0,0078	0,0024	0
	D(CA)/A	-0,5441	-0,5268	-0,4861	-0,3944	-0,2424	-0,1198	-0,0441	-0,0158	-0,0049	-0,0000
	D(CB)/A	-0,5523	-0,5144	-0,4473	-0,3327	-0,1817	-0,0813	-0,0281	-0,0098	-0,0030	-0,0000
	D(CC)/A	-0,0660	-0,0627	-0,0565	-0,0436	-0,0221	-0,0078	-0,0020	-0,0006	-0,0002	-0,0000
	D(CD)/A	0,4197	0,3879	0,3323	0,2417	0,1311	0,0600	0,0213	0,0075	0,0023	-0,0000
	D(CE)/A	0,4095	0,3966	0,3649	0,2920	0,1723	0,0814	0,0291	0,0103	0,0032	0,0000
	D(CF)/A	0,4035	0,3885	0,3572	0,2895	0,1759	0,0849	0,0306	0,0109	0,0033	0,0000
100,00	B(AA)	0,2250	0,2311	0,2441	0,2757	0,3516	0,4583	0,5639	0,6159	0,6384	0,6489
	B(AB)	0,2192	0,2228	0,2304	0,2483	0,2881	0,3410	0,3926	0,4181	0,4291	0,4342
	B(AC)	0,2144	0,2148	0,2158	0,2184	0,2241	0,2317	0,2397	0,2440	0,2459	0,2468
	B(AD)	0,2108	0,2087	0,2042	0,1939	0,1711	0,1419	0,1149	0,1020	0,0965	0,0940
	B(AE)	0,2082	0,2043	0,1960	0,1764	0,1318	0,0721	0,0143	-0,0140	-0,0261	-0,0318
	B(AF)	0,2066	0,2019	0,1915	0,1663	0,1050	0,0172	-0,0715	-0,1160	-0,1353	-0,1443
	B(BA)	0,1461	0,1485	0,1536	0,1655	0,1921	0,2274	0,2617	0,2787	0,2860	0,2895
	B(BB)	0,1472	0,1494	0,1538	0,1637	0,1838	0,2079	0,2300	0,2406	0,2451	0,2472
	B(BC)	0,1440	0,1449	0,1467	0,1509	0,1597	0,1701	0,1794	0,1837	0,1856	0,1864
	B(BD)	0,1416	0,1408	0,1392	0,1361	0,1307	0,1253	0,1206	0,1183	0,1173	0,1169
	B(BE)	0,1398	0,1379	0,1337	0,1245	0,1059	0,0836	0,0632	0,0533	0,0491	0,0471
	B(BF)	0,1388	0,1362	0,1307	0,1176	0,0878	0,0480	0,0095	-0,0093	-0,0174	-0,0212
	B(CA)	0,1430	0,1432	0,1439	0,1456	0,1494	0,1545	0,1598	0,1626	0,1639	0,1645
	B(CB)	0,1440	0,1449	0,1467	0,1509	0,1597	0,1701	0,1794	0,1837	0,1856	0,1864
	B(CC)	0,1458	0,1470	0,1494	0,1544	0,1640	0,1751	0,1847	0,1891	0,1909	0,1917
	B(CD)	0,1433	0,1437	0,1446	0,1463	0,1504	0,1559	0,1608	0,1630	0,1638	0,1642
	B(CE)	0,1416	0,1408	0,1392	0,1361	0,1307	0,1253	0,1206	0,1183	0,1173	0,1169
	B(CF)	0,1405	0,1391	0,1361	0,1292	0,1141	0,0946	0,0766	0,0680	0,0644	0,0627
	D(AA)/A	-0,3875	-0,4080	-0,4396	-0,4732	-0,4438	-0,3095	-0,1428	-0,0559	-0,0178	0,0000
	D(AB)/A	0,1096	0,0952	0,0666	0,0132	-0,0488	-0,0593	-0,0335	-0,0140	-0,0046	0,0000
	D(AC)/A	0,1072	0,1181	0,1323	0,1396	0,1135	0,0663	0,0264	0,0097	0,0030	0,0000
	D(AD)/A	0,1054	0,1162	0,1355	0,1631	0,1672	0,1188	0,0544	0,0211	0,0067	0,0000
	D(AE)/A	0,1041	0,1138	0,1316	0,1607	0,1761	0,1344	0,0648	0,0257	0,0082	0,0000
	D(AF)/A	0,1033	0,1125	0,1289	0,1554	0,1718	0,1360	0,0681	0,0275	0,0089	0,0000
	D(BA)/A	-0,7020	-0,6642	-0,6012	-0,5006	-0,3557	-0,2128	-0,0914	-0,0350	-0,0111	-0,0000
	D(BB)/A	-0,2072	-0,2058	-0,1986	-0,1761	-0,1289	-0,0779	-0,0338	-0,0130	-0,0041	-0,0000
	D(BC)/A	0,2864	0,2571	0,2101	0,1438	0,0764	0,0359	0,0129	0,0046	0,0014	0,0000
	D(BD)/A	0,2816	0,2745	0,2575	0,2191	0,1523	0,0872	0,0361	0,0136	0,0043	0
	D(BE)/A	0,2781	0,2701	0,2559	0,2281	0,1725	0,1060	0,0461	0,0177	0,0056	0,0000
	D(BF)/A	0,2760	0,2669	0,2513	0,2240	0,1742	0,1119	0,0506	0,0198	0,0063	0,0000
	D(CA)/A	-0,5575	-0,5474	-0,5202	-0,4508	-0,3172	-0,1833	-0,0770	-0,0292	-0,0092	-0,0000
	D(CB)/A	-0,5616	-0,5290	-0,4714	-0,3713	-0,2298	-0,1200	-0,0474	-0,0176	-0,0055	-0,0000
	D(CC)/A	-0,0686	-0,0669	-0,0638	-0,0555	-0,0367	-0,0191	-0,0075	-0,0028	-0,0009	-0,0000
	D(CD)/A	0,4240	0,3945	0,3428	0,2581	0,1510	0,0756	0,0290	0,0106	0,0033	-0,0000
	D(CE)/A	0,4188	0,4112	0,3892	0,3312	0,2216	0,1211	0,0490	0,0183	0,0057	0
	D(CF)/A	0,4157	0,4076	0,3890	0,3425	0,2466	0,1449	0,0617	0,0235	0,0074	0,0000

Z	Z(T)	0,00	0,03	0,10	0,30	1,00	3,00	10,0	30,0	100	UNENDL
200,00	B(AA)	0,2197	0,2228	0,2297	0,2472	0,2949	0,3801	0,4969	0,5731	0,6113	0,6305
	B(AB)	0,2168	0,2186	0,2227	0,2327	0,2589	0,3047	0,3682	0,4102	0,4315	0,4421
	B(AC)	0,2144	0,2146	0,2152	0,2168	0,2217	0,2316	0,2477	0,2592	0,2651	0,2682
	B(AD)	0,2125	0,2114	0,2091	0,2035	0,1897	0,1681	0,1414	0,1250	0,1169	0,1129
	B(AE)	0,2112	0,2092	0,2048	0,1939	0,1652	0,1158	0,0488	0,0052	-0,0167	-0,0277
	B(AF)	0,2104	0,2079	0,2025	0,1882	0,1481	0,0731	-0,0343	-0,1061	-0,1425	-0,1609
	B(BA)	0,1445	0,1457	0,1485	0,1552	0,1726	0,2031	0,2455	0,2735	0,2876	0,2948
	B(BB)	0,1450	0,1462	0,1485	0,1540	0,1668	0,1869	0,2130	0,2299	0,2383	0,2425
	B(BC)	0,1434	0,1439	0,1449	0,1472	0,1525	0,1605	0,1703	0,1764	0,1794	0,1808
	B(BD)	0,1422	0,1418	0,1410	0,1392	0,1356	0,1303	0,1230	0,1182	0,1157	0,1144
	B(BE)	0,1413	0,1403	0,1381	0,1330	0,1209	0,1018	0,0766	0,0601	0,0518	0,0477
	B(BF)	0,1408	0,1395	0,1365	0,1292	0,1101	0,0772	0,0326	0,0035	-0,0111	-0,0185
	B(CA)	0,1429	0,1431	0,1434	0,1445	0,1478	0,1544	0,1651	0,1728	0,1768	0,1788
	B(CB)	0,1434	0,1439	0,1449	0,1472	0,1525	0,1605	0,1703	0,1764	0,1794	0,1808
	B(CC)	0,1443	0,1450	0,1462	0,1488	0,1540	0,1609	0,1678	0,1715	0,1731	0,1740
	B(CD)	0,1431	0,1433	0,1437	0,1446	0,1464	0,1486	0,1498	0,1499	0,1498	0,1497
	B(CE)	0,1422	0,1418	0,1410	0,1392	0,1356	0,1303	0,1230	0,1182	0,1157	0,1144
	B(CF)	0,1417	0,1410	0,1394	0,1357	0,1265	0,1121	0,0943	0,0833	0,0779	0,0753
	D(AA)/A	-0,3902	-0,4125	-0,4487	-0,4958	-0,5004	-0,3953	-0,2127	-0,0911	-0,0303	-0,0000
	D(AB)/A	0,1084	0,0929	0,0615	-0,0001	-0,0822	-0,1092	-0,0738	-0,0342	-0,0117	-0,0000
	D(AC)/A	0,1072	0,1180	0,1317	0,1373	0,1061	0,0538	0,0155	0,0040	0,0010	-0,0000
	D(AD)/A	0,1063	0,1177	0,1386	0,1705	0,1837	0,1411	0,0710	0,0292	0,0096	-0,0000
	D(AE)/A	0,1056	0,1165	0,1373	0,1751	0,2117	0,1868	0,1066	0,0466	0,0157	-0,0000
	D(AF)/A	0,1052	0,1158	0,1360	0,1739	0,2209	0,2136	0,1331	0,0606	0,0207	0,0000
	D(BA)/A	-0,7081	-0,6735	-0,6170	-0,5295	-0,4076	-0,2778	-0,1399	-0,0587	-0,0194	-0,0000
	D(BB)/A	-0,2107	-0,2114	-0,2084	-0,1943	-0,1606	-0,1164	-0,0621	-0,0268	-0,0090	-0,0000
	D(BC)/A	0,2861	0,2563	0,2083	0,1398	0,0684	0,0255	0,0049	0,0006	-0,0000	0
	D(BD)/A	0,2836	0,2776	0,2627	0,2282	0,1669	0,1036	0,0474	0,0189	0,0061	-0,0000
	D(BE)/A	0,2819	0,2760	0,2662	0,2471	0,2057	0,1460	0,0752	0,0318	0,0106	-0,0000
	D(BF)/A	0,2808	0,2744	0,2644	0,2490	0,2207	0,1719	0,0962	0,0423	0,0143	0,0000
	D(CA)/A	-0,5644	-0,5584	-0,5392	-0,4856	-0,3759	-0,2519	-0,1259	-0,0528	-0,0175	-0,0000
	D(CB)/A	-0,5665	-0,5367	-0,4847	-0,3952	-0,2679	-0,1624	-0,0768	-0,0317	-0,0104	-0,0000
	D(CC)/A	-0,0700	-0,0692	-0,0678	-0,0630	-0,0488	-0,0326	-0,0169	-0,0073	-0,0024	-0,0000
	D(CD)/A	0,4263	0,3980	0,3486	0,2681	0,1660	0,0915	0,0396	0,0156	0,0050	-0,0000
	D(CE)/A	0,4236	0,4189	0,4026	0,3554	0,2602	0,1641	0,0787	0,0325	0,0107	-0,0000
	D(CF)/A	0,4221	0,4177	0,4067	0,3755	0,3029	0,2115	0,1095	0,0467	0,0155	-0,0000
500,00	B(AA)	0,2165	0,2177	0,2206	0,2280	0,2504	0,2998	0,3998	0,5027	0,5745	0,6180
	B(AB)	0,2153	0,2160	0,2177	0,2221	0,2347	0,2624	0,3198	0,3798	0,4218	0,4474
	B(AC)	0,2143	0,2144	0,2147	0,2154	0,2181	0,2251	0,2421	0,2610	0,2745	0,2827
	B(AD)	0,2136	0,2131	0,2122	0,2098	0,2035	0,1915	0,1700	0,1489	0,1345	0,1259
	B(AE)	0,2130	0,2122	0,2104	0,2057	0,1921	0,1629	0,1040	0,0433	0,0010	-0,0247
	B(AF)	0,2127	0,2117	0,2094	0,2033	0,1840	0,1389	0,0430	-0,0580	-0,1290	-0,1722
	B(BA)	0,1435	0,1440	0,1452	0,1480	0,1564	0,1749	0,2132	0,2532	0,2812	0,2983
	B(BB)	0,1437	0,1442	0,1452	0,1475	0,1536	0,1655	0,1889	0,2128	0,2295	0,2396
	B(BC)	0,1431	0,1433	0,1437	0,1446	0,1471	0,1517	0,1600	0,1681	0,1737	0,1771
	B(BD)	0,1426	0,1424	0,1421	0,1413	0,1396	0,1361	0,1290	0,1213	0,1159	0,1126
	B(BE)	0,1422	0,1418	0,1409	0,1387	0,1330	0,1214	0,0984	0,0747	0,0581	0,0480
	B(BF)	0,1420	0,1415	0,1403	0,1371	0,1281	0,1086	0,0693	0,0289	0,0006	-0,0165
	B(CA)	0,1429	0,1429	0,1431	0,1436	0,1454	0,1501	0,1614	0,1740	0,1830	0,1885
	B(CB)	0,1431	0,1433	0,1437	0,1446	0,1471	0,1517	0,1600	0,1681	0,1737	0,1771
	B(CC)	0,1435	0,1437	0,1442	0,1453	0,1475	0,1508	0,1551	0,1586	0,1607	0,1620
	B(CD)	0,1430	0,1430	0,1432	0,1435	0,1442	0,1447	0,1439	0,1421	0,1406	0,1396
	B(CE)	0,1426	0,1424	0,1421	0,1413	0,1396	0,1361	0,1290	0,1213	0,1159	0,1126
	B(CF)	0,1424	0,1421	0,1415	0,1399	0,1357	0,1277	0,1133	0,0993	0,0897	0,0839
	D(AA)/A	-0,3918	-0,4153	-0,4545	-0,5110	-0,5455	-0,4877	-0,3284	-0,1706	-0,0639	-0,0000
	D(AB)/A	0,1076	0,0915	0,0582	-0,0093	-0,1095	-0,1646	-0,1428	-0,0815	-0,0317	-0,0000
	D(AC)/A	0,1072	0,1178	0,1312	0,1356	0,0992	0,0377	-0,0059	-0,0110	-0,0054	-0,0000
	D(AD)/A	0,1068	0,1186	0,1406	0,1753	0,1963	0,1635	0,0963	0,0460	0,0165	-0,0000
	D(AE)/A	0,1065	0,1182	0,1410	0,1849	0,2404	0,2439	0,1767	0,0944	0,0358	-0,0000
	D(AF)/A	0,1064	0,1179	0,1405	0,1866	0,2613	0,3006	0,2455	0,1388	0,0538	0,0000
	D(BA)/A	-0,7118	-0,6793	-0,6269	-0,5490	-0,4490	-0,3480	-0,2203	-0,1125	-0,0419	-0,0000
	D(BB)/A	-0,2128	-0,2149	-0,2147	-0,2067	-0,1864	-0,1590	-0,1103	-0,0589	-0,0223	-0,0000
	D(BC)/A	0,2859	0,2558	0,2071	0,1368	0,0613	0,0127	-0,0103	-0,0097	-0,0043	0
	D(BD)/A	0,2849	0,2796	0,2660	0,2343	0,1781	0,1203	0,0648	0,0302	0,0108	-0,0000
	D(BE)/A	0,2842	0,2797	0,2728	0,2601	0,2324	0,1897	0,1240	0,0642	0,0240	0
	D(BF)/A	0,2837	0,2791	0,2728	0,2660	0,2588	0,2389	0,1749	0,0953	0,0365	0,0000
	D(CA)/A	-0,5686	-0,5651	-0,5512	-0,5092	-0,4232	-0,3268	-0,2081	-0,1069	-0,0399	-0,0000
	D(CB)/A	-0,5694	-0,5415	-0,4932	-0,4115	-0,2988	-0,2090	-0,1267	-0,0642	-0,0238	-0,0000
	D(CC)/A	-0,0709	-0,0706	-0,0704	-0,0682	-0,0588	-0,0478	-0,0333	-0,0180	-0,0069	-0,0000
	D(CD)/A	0,4277	0,4001	0,3523	0,2747	0,1778	0,1084	0,0569	0,0267	0,0096	-0,0000
	D(CE)/A	0,4266	0,4237	0,4111	0,3718	0,2914	0,2111	0,1288	0,0651	0,0242	-0,0000
	D(CF)/A	0,4259	0,4240	0,4180	0,3980	0,3488	0,2851	0,1909	0,1004	0,0379	0,0000

Z	Z(T)	0,00	0,03	0,10	0,30	1,00	3,00	10,0	30,0	100	UNENDL
1000,00	B(AA)	0,2154	0,2160	0,2175	0,2213	0,2331	0,2617	0,3333	0,4358	0,5356	0,6136
	B(AB)	0,2148	0,2152	0,2160	0,2183	0,2250	0,2412	0,2830	0,3436	0,4029	0,4492
	B(AC)	0,2143	0,2144	0,2145	0,2149	0,2163	0,2207	0,2335	0,2532	0,2726	0,2879
	B(AD)	0,2139	0,2137	0,2132	0,2120	0,2087	0,2019	0,1867	0,1659	0,1460	0,1305
	B(AE)	0,2137	0,2133	0,2123	0,2099	0,2027	0,1857	0,1431	0,0821	0,0228	-0,0237
	B(AF)	0,2135	0,2130	0,2118	0,2087	0,1984	0,1720	0,1025	0,0010	-0,0984	-0,1762
	B(BA)	0,1432	0,1434	0,1440	0,1455	0,1500	0,1608	0,1887	0,2291	0,2686	0,2995
	B(BB)	0,1433	0,1435	0,1440	0,1452	0,1484	0,1554	0,1724	0,1966	0,2202	0,2386
	B(BC)	0,1430	0,1431	0,1433	0,1438	0,1451	0,1477	0,1536	0,1618	0,1697	0,1758
	B(BD)	0,1427	0,1426	0,1425	0,1421	0,1411	0,1391	0,1337	0,1258	0,1181	0,1120
	B(BE)	0,1425	0,1423	0,1419	0,1408	0,1377	0,1309	0,1141	0,0900	0,0665	0,0481
	B(BF)	0,1424	0,1422	0,1416	0,1399	0,1351	0,1238	0,0954	0,0548	0,0152	-0,0158
	B(CA)	0,1429	0,1429	0,1430	0,1433	0,1442	0,1471	0,1557	0,1688	0,1817	0,1919
	B(CB)	0,1430	0,1431	0,1433	0,1438	0,1451	0,1477	0,1536	0,1618	0,1697	0,1758
	B(CC)	0,1432	0,1433	0,1435	0,1441	0,1452	0,1470	0,1498	0,1529	0,1556	0,1578
	B(CD)	0,1429	0,1429	0,1430	0,1432	0,1435	0,1437	0,1427	0,1404	0,1380	0,1361
	B(CE)	0,1427	0,1426	0,1425	0,1421	0,1411	0,1391	0,1337	0,1258	0,1181	0,1120
	B(CF)	0,1426	0,1425	0,1422	0,1413	0,1391	0,1346	0,1245	0,1106	0,0974	0,0870
	D(AA)/A	-0,3923	-0,4162	-0,4565	-0,5164	-0,5632	-0,5323	-0,4117	-0,2552	-0,1108	0,0000
	D(AB)/A	0,1074	0,0910	0,0570	-0,0125	-0,1203	-0,1918	-0,1930	-0,1323	-0,0598	0,0000
	D(AC)/A	0,1072	0,1178	0,1311	0,1349	0,0964	0,0295	-0,0222	-0,0277	-0,0147	0,0000
	D(AD)/A	0,1070	0,1189	0,1412	0,1770	0,2011	0,1740	0,1140	0,0633	0,0260	0,0000
	D(AE)/A	0,1068	0,1187	0,1422	0,1884	0,2516	0,2717	0,2273	0,1454	0,0639	0,0000
	D(AF)/A	0,1068	0,1186	0,1421	0,1912	0,2773	0,3434	0,3276	0,2228	0,1005	0
	D(BA)/A	-0,7130	-0,6812	-0,6303	-0,5560	-0,4653	-0,3821	-0,2784	-0,1697	-0,0732	0,0000
	D(BB)/A	-0,2136	-0,2161	-0,2168	-0,2111	-0,1966	-0,1799	-0,1454	-0,0933	-0,0412	0
	D(BC)/A	0,2858	0,2557	0,2067	0,1358	0,0583	0,0062	-0,0218	-0,0211	-0,0106	-0,0000
	D(BD)/A	0,2853	0,2802	0,2671	0,2364	0,1825	0,1282	0,0770	0,0418	0,0171	-0,0000
	D(BE)/A	0,2849	0,2810	0,2750	0,2647	0,2429	0,2109	0,1593	0,0986	0,0429	-0,0000
	D(BF)/A	0,2847	0,2807	0,2757	0,2721	0,2739	0,2718	0,2322	0,1522	0,0677	-0,0000
	D(CA)/A	-0,5700	-0,5674	-0,5554	-0,5176	-0,4418	-0,3633	-0,2676	-0,1645	-0,0713	0
	D(CB)/A	-0,5704	-0,5431	-0,4961	-0,4172	-0,3110	-0,2318	-0,1629	-0,0989	-0,0427	0,0000
	D(CC)/A	-0,0711	-0,0711	-0,0713	-0,0700	-0,0628	-0,0554	-0,0453	-0,0296	-0,0132	-0,0000
	D(CD)/A	0,4281	0,4008	0,3535	0,2771	0,1824	0,1165	0,0692	0,0384	0,0159	0,0000
	D(CE)/A	0,4276	0,4253	0,4141	0,3777	0,3037	0,2340	0,1651	0,0999	0,0431	0,0000
	D(CF)/A	0,4273	0,4262	0,4219	0,4060	0,3669	0,3211	0,2501	0,1580	0,0693	0,0000

d) $r_a : r_b : r_c : r_d : r_e : r_f = 2{,}0 : 1{,}0 : 1{,}0 : 1{,}0 : 1{,}0 : 2{,}0$

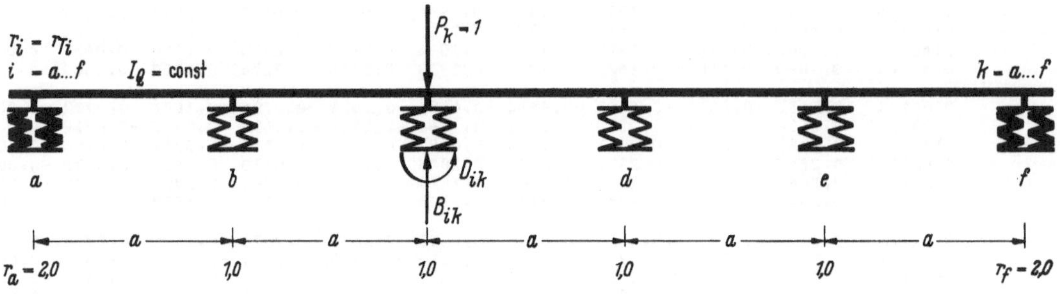

$r_i = \eta r_i$
$i = a \dots f$ $\quad I_\ell = \text{const}$ $\quad P_k = 1$ $\quad k = a \dots f$
a b D_{ik} B_{ik} d e f
a a a a a
$r_a = 2{,}0$ 1,0 1,0 1,0 1,0 $r_f = 2{,}0$

Z	Z(T)	0,00	0,03	0,10	0,30	1,00	3,00	10,0	30,0	100	UNENDL
0,01	B(AA)	0,9903	0,9921	0,9941	0,9960	0,9976	0,9983	0,9986	0,9986	0,9987	0,9987
	B(AB)	0,0191	0,0175	0,0150	0,0117	0,0085	0,0069	0,0062	0,0060	0,0059	0,0059
	B(AC)	0,0004	-0,0019	-0,0036	-0,0044	-0,0044	-0,0042	-0,0041	-0,0041	-0,0041	-0,0041
	B(AD)	0,0000	0,0001	0,0005	0,0009	0,0010	0,0010	0,0010	0,0010	0,0010	0,0010
	B(AE)	0,0000	-0,0000	-0,0001	-0,0002	-0,0002	-0,0002	-0,0002	-0,0002	-0,0002	-0,0002
	B(AF)	0,0000	0,0000	0,0000	0,0000	0,0000	0,0000	0,0000	0,0000	0,0000	0,0000
	B(BA)	0,0095	0,0088	0,0075	0,0058	0,0042	0,0035	0,0031	0,0030	0,0030	0,0029
	B(BB)	0,9621	0,9658	0,9704	0,9757	0,9804	0,9827	0,9837	0,9840	0,9841	0,9841
	B(BC)	0,0185	0,0185	0,0181	0,0172	0,0161	0,0155	0,0152	0,0151	0,0151	0,0151
	B(BD)	0,0004	-0,0019	-0,0040	-0,0055	-0,0061	-0,0063	-0,0063	-0,0063	-0,0063	-0,0063
	B(BE)	0,0000	0,0001	0,0005	0,0010	0,0013	0,0014	0,0015	0,0015	0,0015	0,0015
	B(BF)	0,0000	-0,0000	-0,0000	-0,0001	-0,0001	-0,0001	-0,0001	-0,0001	-0,0001	-0,0001
	B(CA)	0,0002	-0,0009	-0,0018	-0,0022	-0,0022	-0,0021	-0,0021	-0,0021	-0,0020	-0,0020
	B(CB)	0,0185	0,0185	0,0181	0,0172	0,0161	0,0155	0,0152	0,0151	0,0151	0,0151
	B(CC)	0,9623	0,9668	0,9711	0,9744	0,9765	0,9773	0,9776	0,9777	0,9777	0,9778
	B(CD)	0,0185	0,0184	0,0180	0,0174	0,0169	0,0167	0,0166	0,0166	0,0166	0,0166
	B(CE)	0,0004	-0,0019	-0,0040	-0,0055	-0,0061	-0,0063	-0,0063	-0,0063	-0,0063	-0,0063
	B(CF)	0,0000	0,0001	0,0002	0,0004	0,0005	0,0005	0,0005	0,0005	0,0005	0,0005
	D(AA)/A	-0,0049	-0,0040	-0,0030	-0,0019	-0,0008	-0,0003	-0,0001	-0,0000	-0,0000	-0,0000
	D(AB)/A	0,0095	0,0085	0,0068	0,0045	0,0020	0,0008	0,0003	0,0001	0,0000	-0,0000
	D(AC)/A	0,0002	-0,0005	-0,0009	-0,0009	-0,0005	-0,0002	-0,0001	-0,0000	-0,0000	-0,0000
	D(AD)/A	0,0000	0,0000	0,0001	0,0002	0,0001	0,0000	0,0000	0,0000	0,0000	-0,0000
	D(AE)/A	0,0000	-0,0000	-0,0000	-0,0000	-0,0000	-0,0000	-0,0000	-0,0000	-0,0000	0,0000
	D(AF)/A	0,0000	0,0000	0,0000	0,0000	0,0000	0,0000	0,0000	0,0000	0,0000	-0,0000
	D(BA)/A	-0,0049	-0,0032	-0,0017	-0,0007	-0,0002	-0,0001	-0,0000	-0,0000	-0,0000	0,0000
	D(BB)/A	0,0001	0,0003	0,0001	-0,0001	-0,0001	-0,0000	-0,0000	-0,0000	-0,0000	-0,0000
	D(BC)/A	0,0096	0,0066	0,0038	0,0018	0,0006	0,0002	0,0001	0,0000	0,0000	0,0000
	D(BD)/A	0,0002	-0,0004	-0,0005	-0,0004	-0,0001	-0,0001	-0,0000	-0,0000	-0,0000	-0,0000
	D(BE)/A	0,0000	0,0000	0,0001	0,0001	0,0000	0,0000	0,0000	0,0000	0,0000	0,0000
	D(BF)/A	0,0000	-0,0000	-0,0000	-0,0000	-0,0000	-0,0000	-0,0000	-0,0000	-0,0000	-0,0000
	D(CA)/A	-0,0001	0,0002	0,0002	0,0001	0,0000	0,0000	0,0000	0,0000	0,0000	0,0000
	D(CB)/A	-0,0096	-0,0066	-0,0038	-0,0017	-0,0006	-0,0002	-0,0001	-0,0000	-0,0000	0,0000
	D(CC)/A	0,0000	0,0000	0,0000	-0,0000	-0,0000	-0,0000	-0,0000	-0,0000	-0,0000	-0,0000
	D(CD)/A	0,0096	0,0066	0,0038	0,0018	0,0006	0,0002	0,0001	0,0000	0,0000	0
	D(CE)/A	0,0002	-0,0004	-0,0005	-0,0003	-0,0001	-0,0000	-0,0000	-0,0000	-0,0000	0,0000
	D(CF)/A	0,0000	0,0000	0,0000	0,0000	0,0000	0,0000	0,0000	0,0000	0,0000	0,0000

Z	Z(T)	0,00	0,03	0,10	0,30	1,00	3,00	10,0	30,0	100	UNENDL
0,02	B(AA)	0,9811	0,9847	0,9885	0,9922	0,9952	0,9966	0,9972	0,9973	0,9974	0,9974
	B(AB)	0,0364	0,0336	0,0289	0,0226	0,0164	0,0134	0,0121	0,0117	0,0115	0,0115
	B(AC)	0,0013	-0,0030	-0,0065	-0,0082	-0,0083	-0,0080	-0,0079	-0,0078	-0,0078	-0,0078
	B(AD)	0,0001	0,0001	0,0007	0,0014	0,0017	0,0018	0,0018	0,0018	0,0018	0,0018
	B(AE)	0,0000	0,0000	-0,0001	-0,0002	-0,0003	-0,0003	-0,0004	-0,0004	-0,0004	-0,0004
	B(AF)	0,0000	-0,0000	0,0000	0,0000	0,0000	0,0000	0,0000	0,0000	0,0000	0,0000
	B(BA)	0,0182	0,0168	0,0144	0,0113	0,0082	0,0067	0,0060	0,0058	0,0058	0,0057
	B(BB)	0,9279	0,9348	0,9434	0,9533	0,9622	0,9665	0,9684	0,9690	0,9692	0,9692
	B(BC)	0,0344	0,0345	0,0340	0,0325	0,0306	0,0296	0,0291	0,0289	0,0289	0,0289
	B(BD)	0,0013	-0,0030	-0,0069	-0,0098	-0,0112	-0,0115	-0,0117	-0,0117	-0,0117	-0,0117
	B(BE)	0,0000	0,0001	0,0007	0,0016	0,0022	0,0024	0,0025	0,0025	0,0025	0,0025
	B(BF)	0,0000	0,0000	-0,0000	-0,0001	-0,0002	-0,0002	-0,0002	-0,0002	-0,0002	-0,0002
	B(CA)	0,0007	-0,0015	-0,0032	-0,0041	-0,0041	-0,0040	-0,0039	-0,0039	-0,0039	-0,0039
	B(CB)	0,0344	0,0345	0,0340	0,0325	0,0306	0,0296	0,0291	0,0289	0,0289	0,0289
	B(CC)	0,9285	0,9370	0,9450	0,9513	0,9552	0,9567	0,9572	0,9574	0,9575	0,9575
	B(CD)	0,0344	0,0344	0,0337	0,0328	0,0320	0,0316	0,0314	0,0314	0,0314	0,0314
	B(CE)	0,0013	-0,0030	-0,0069	-0,0098	-0,0112	-0,0115	-0,0117	-0,0117	-0,0117	-0,0117
	B(CF)	0,0000	0,0000	0,0003	0,0007	0,0009	0,0009	0,0009	0,0009	0,0009	0,0009
	D(AA)/A	-0,0094	-0,0078	-0,0059	-0,0036	-0,0016	-0,0006	-0,0002	-0,0001	-0,0000	0,0000
	D(AB)/A	0,0182	0,0163	0,0132	0,0086	0,0039	0,0016	0,0005	0,0002	0,0001	-0,0000
	D(AC)/A	0,0007	-0,0007	-0,0016	-0,0016	-0,0008	-0,0004	-0,0001	-0,0000	-0,0000	0,0000
	D(AD)/A	0,0000	0,0000	0,0002	0,0002	0,0002	0,0001	0,0000	0,0000	0,0000	-0,0000
	D(AE)/A	0,0000	0,0000	-0,0000	-0,0000	-0,0000	-0,0000	-0,0000	-0,0000	-0,0000	0,0000
	D(AF)/A	0,0000	-0,0000	0,0000	0,0000	0,0000	0,0000	0,0000	0,0000	0,0000	-0,0000
	D(BA)/A	-0,0098	-0,0064	-0,0034	-0,0014	-0,0004	-0,0001	-0,0000	-0,0000	-0,0000	0,0000
	D(BB)/A	0,0003	0,0006	0,0003	-0,0001	-0,0002	-0,0001	-0,0000	-0,0000	-0,0000	-0,0000
	D(BC)/A	0,0186	0,0127	0,0074	0,0035	0,0012	0,0004	0,0001	0,0000	0,0000	0,0000
	D(BD)/A	0,0007	-0,0006	-0,0009	-0,0006	-0,0003	-0,0001	-0,0000	-0,0000	-0,0000	-0,0000
	D(BE)/A	0,0000	0,0000	0,0001	0,0001	0,0001	0,0000	0,0000	0,0000	0,0000	0,0000
	D(BF)/A	0,0000	0,0000	-0,0000	-0,0000	-0,0000	-0,0000	-0,0000	-0,0000	-0,0000	-0,0000
	D(CA)/A	-0,0004	0,0003	0,0004	0,0003	0,0001	0,0000	0,0000	0,0000	0,0000	0,0000
	D(CB)/A	-0,0185	-0,0128	-0,0075	-0,0034	-0,0012	-0,0004	-0,0001	-0,0000	-0,0000	-0,0000
	D(CC)/A	0,0000	0,0000	0,0000	-0,0000	-0,0000	-0,0000	-0,0000	-0,0000	-0,0000	-0,0000
	D(CD)/A	0,0185	0,0127	0,0075	0,0034	0,0012	0,0004	0,0001	0,0000	0,0000	-0,0000
	D(CE)/A	0,0007	-0,0006	-0,0009	-0,0006	-0,0003	-0,0001	-0,0000	-0,0000	-0,0000	0
	D(CF)/A	0,0000	0,0000	0,0000	0,0000	0,0000	0,0000	0,0000	0,0000	0,0000	-0,0000
0,05	B(AA)	0,9562	0,9644	0,9731	0,9817	0,9887	0,9919	0,9933	0,9937	0,9939	0,9939
	B(AB)	0,0802	0,0746	0,0650	0,0513	0,0378	0,0310	0,0280	0,0270	0,0267	0,0266
	B(AC)	0,0067	-0,0032	-0,0116	-0,0164	-0,0176	-0,0174	-0,0172	-0,0171	-0,0171	-0,0170
	B(AD)	0,0006	-0,0003	0,0004	0,0017	0,0026	0,0028	0,0029	0,0029	0,0029	0,0029
	B(AE)	0,0000	0,0000	0,0000	-0,0001	-0,0002	-0,0003	-0,0003	-0,0003	-0,0003	-0,0004
	B(AF)	0,0000	0,0000	-0,0000	-0,0000	0,0000	0,0000	0,0000	0,0000	0,0000	0,0000
	B(BA)	0,0401	0,0373	0,0325	0,0257	0,0189	0,0155	0,0140	0,0135	0,0134	0,0133
	B(BB)	0,8426	0,8566	0,8743	0,8952	0,9144	0,9238	0,9278	0,9291	0,9296	0,9298
	B(BC)	0,0707	0,0718	0,0718	0,0698	0,0668	0,0650	0,0641	0,0639	0,0638	0,0637
	B(BD)	0,0059	-0,0028	-0,0114	-0,0181	-0,0217	-0,0228	-0,0232	-0,0233	-0,0233	-0,0233
	B(BE)	0,0005	-0,0003	0,0004	0,0018	0,0030	0,0034	0,0036	0,0036	0,0036	0,0036
	B(BF)	0,0000	0,0000	0,0000	-0,0000	-0,0001	-0,0002	-0,0002	-0,0002	-0,0002	-0,0002
	B(CA)	0,0034	-0,0016	-0,0058	-0,0082	-0,0088	-0,0087	-0,0086	-0,0085	-0,0085	-0,0085
	B(CB)	0,0707	0,0718	0,0718	0,0698	0,0668	0,0650	0,0641	0,0639	0,0638	0,0637
	B(CC)	0,8451	0,8628	0,8798	0,8933	0,9015	0,9045	0,9057	0,9060	0,9061	0,9062
	B(CD)	0,0709	0,0717	0,0711	0,0697	0,0684	0,0679	0,0677	0,0676	0,0676	0,0676
	B(CE)	0,0059	-0,0028	-0,0114	-0,0181	-0,0217	-0,0228	-0,0232	-0,0233	-0,0233	-0,0233
	B(CF)	0,0003	-0,0001	0,0002	0,0009	0,0013	0,0014	0,0014	0,0015	0,0015	0,0015
	D(AA)/A	-0,0219	-0,0182	-0,0138	-0,0087	-0,0039	-0,0015	-0,0005	-0,0002	-0,0001	0,0000
	D(AB)/A	0,0401	0,0364	0,0297	0,0198	0,0092	0,0036	0,0012	0,0004	0,0001	0
	D(AC)/A	0,0034	0,0001	-0,0021	-0,0026	-0,0015	-0,0007	-0,0002	-0,0001	-0,0000	-0,0000
	D(AD)/A	0,0003	-0,0001	-0,0000	0,0002	0,0002	0,0001	0,0000	0,0000	0,0000	0,0000
	D(AE)/A	0,0000	-0,0000	0,0000	0,0000	-0,0000	-0,0000	-0,0000	-0,0000	-0,0000	0,0000
	D(AF)/A	0,0000	0,0000	-0,0000	-0,0000	0,0000	0,0000	0,0000	0,0000	0,0000	0,0000
	D(BA)/A	-0,0237	-0,0156	-0,0085	-0,0035	-0,0011	-0,0003	-0,0001	-0,0000	-0,0000	-0,0000
	D(BB)/A	0,0015	0,0021	0,0011	0,0000	-0,0003	-0,0002	-0,0001	-0,0000	-0,0000	0
	D(BC)/A	0,0421	0,0292	0,0172	0,0080	0,0029	0,0010	0,0003	0,0001	0,0000	0,0000
	D(BD)/A	0,0035	0,0001	-0,0013	-0,0011	-0,0005	-0,0002	-0,0001	-0,0000	-0,0000	-0,0000
	D(BE)/A	0,0003	-0,0001	-0,0000	0,0001	0,0001	0,0000	0,0000	0,0000	0,0000	0,0000
	D(BF)/A	0,0000	-0,0000	0,0000	-0,0000	-0,0000	-0,0000	-0,0000	-0,0000	-0,0000	-0,0000
	D(CA)/A	-0,0020	-0,0000	0,0007	0,0005	0,0002	0,0001	0,0000	0,0000	0,0000	0,0000
	D(CB)/A	-0,0418	-0,0292	-0,0174	-0,0081	-0,0028	-0,0010	-0,0003	-0,0001	-0,0000	-0,0000
	D(CC)/A	0,0000	-0,0000	0,0000	0,0000	-1,0000	-0,0000	-0,0000	-0,0000	-0,0000	-0,0000
	D(CD)/A	0,0420	0,0292	0,0173	0,0081	0,0028	0,0010	0,0003	0,0001	0,0000	0,0000
	D(CE)/A	0,0035	0,0001	-0,0013	-0,0011	-0,0005	-0,0002	-0,0001	-0,0000	-0,0000	-0,0000
	D(CF)/A	0,0002	-0,0001	-0,0000	0,0000	0,0000	0,0000	0,0000	0,0000	0,0000	0,0000

Z	Z(T)	0,00	0,03	0,10	0,30	1,00	3,00	10,0	30,0	100	UNENDL
0,10	B(AA)	0,9213	0,9358	0,9512	0,9665	0,9791	0,9851	0,9876	0,9884	0,9887	0,9888
	B(AB)	0,1344	0,1265	0,1118	0,0899	0,0673	0,0554	0,0501	0,0485	0,0479	0,0476
	B(AC)	0,0196	0,0025	-0,0131	-0,0235	-0,0274	-0,0280	-0,0281	-0,0281	-0,0281	-0,0281
	B(AD)	0,0029	-0,0006	-0,0012	0,0002	0,0016	0,0023	0,0025	0,0026	0,0026	0,0026
	B(AE)	0,0004	-0,0001	0,0002	0,0004	0,0004	0,0003	0,0003	0,0003	0,0003	0,0003
	B(AF)	0,0000	0,0000	0,0000	-0,0000	-0,0000	-0,0000	-0,0000	-0,0000	-0,0000	-0,0000
	B(BA)	0,0672	0,0633	0,0559	0,0450	0,0336	0,0277	0,0251	0,0242	0,0239	0,0238
	B(BB)	0,7393	0,7603	0,7872	0,8199	0,8508	0,8663	0,8732	0,8753	0,8761	0,8764
	B(BC)	0,1079	0,1111	0,1132	0,1127	0,1101	0,1082	0,1073	0,1070	0,1069	0,1068
	B(BD)	0,0157	0,0026	-0,0111	-0,0227	-0,0295	-0,0320	-0,0329	-0,0331	-0,0332	-0,0333
	B(BE)	0,0023	-0,0005	-0,0013	-0,0003	0,0010	0,0017	0,0019	0,0020	0,0021	0,0021
	B(BF)	0,0002	-0,0000	0,0001	0,0002	0,0002	0,0002	0,0001	0,0001	0,0001	0,0001
	B(CA)	0,0098	0,0013	-0,0066	-0,0118	-0,0137	-0,0140	-0,0140	-0,0140	-0,0140	-0,0140
	B(CB)	0,1079	0,1111	0,1132	0,1127	0,1101	0,1082	0,1073	0,1070	0,1069	0,1068
	B(CC)	0,7452	0,7728	0,7999	0,8219	0,8350	0,8397	0,8416	0,8421	0,8423	0,8424
	B(CD)	0,1087	0,1116	0,1123	0,1114	0,1103	0,1098	0,1096	0,1095	0,1095	0,1095
	B(CE)	0,0157	0,0026	-0,0111	-0,0227	-0,0295	-0,0320	-0,0329	-0,0331	-0,0332	-0,0333
	B(CF)	0,0014	-0,0003	-0,0006	0,0001	0,0008	0,0011	0,0012	0,0013	0,0013	0,0013
	D(AA)/A	-0,0393	-0,0329	-0,0252	-0,0161	-0,0074	-0,0029	-0,0009	-0,0003	-0,0001	-0,0000
	D(AB)/A	0,0672	0,0617	0,0514	0,0349	0,0166	0,0066	0,0021	0,0007	0,0002	0
	D(AC)/A	0,0098	0,0042	-0,0003	-0,0023	-0,0017	-0,0008	-0,0003	-0,0001	-0,0000	-0,0000
	D(AD)/A	0,0014	-0,0001	-0,0006	-0,0004	-0,0002	-0,0001	-0,0000	-0,0000	-0,0000	0
	D(AE)/A	0,0002	-0,0000	0,0000	0,0001	0,0001	0,0000	0,0000	0,0000	0,0000	0,0000
	D(AF)/A	0,0000	-0,0000	0,0000	0,0000	-0,0000	-0,0000	-0,0000	-0,0000	-0,0000	0
	D(BA)/A	-0,0451	-0,0300	-0,0167	-0,0070	-0,0022	-0,0007	-0,0002	-0,0001	-0,0000	-0,0000
	D(BB)/A	0,0041	0,0049	0,0031	0,0006	-0,0003	-0,0002	-0,0001	-0,0000	-0,0000	-0,0000
	D(BC)/A	0,0735	0,0520	0,0310	0,0146	0,0052	0,0018	0,0006	0,0002	0,0001	0,0000
	D(BD)/A	0,0107	0,0034	-0,0004	-0,0011	-0,0006	-0,0002	-0,0001	-0,0000	-0,0000	-0,0000
	D(BE)/A	0,0016	-0,0001	-0,0004	-0,0002	-0,0000	-0,0000	-0,0000	-0,0000	-0,0000	-0,0000
	D(BF)/A	0,0001	-0,0000	0,0000	0,0000	0,0000	0,0000	0,0000	0,0000	0,0000	0,0000
	D(CA)/A	-0,0066	-0,0019	0,0004	0,0007	0,0003	0,0001	0,0000	0,0000	0,0000	0,0000
	D(CB)/A	-0,0724	-0,0513	-0,0312	-0,0149	-0,0053	-0,0018	-0,0006	-0,0002	-0,0001	-0,0000
	D(CC)/A	0,0001	0,0000	-0,0000	0,0000	0,0000	0,0000	0,0000	0,0000	0,0000	-0,0000
	D(CD)/A	0,0729	0,0518	0,0313	0,0148	0,0052	0,0018	0,0006	0,0002	0,0001	0,0000
	D(CE)/A	0,0106	0,0034	-0,0003	-0,0011	-0,0006	-0,0002	-0,0001	-0,0000	-0,0000	-0,0000
	D(CF)/A	0,0010	-0,0001	-0,0002	-0,0001	-0,0000	-0,0000	0,0000	0,0000	0,0000	0,0000
0,20	B(AA)	0,8672	0,8910	0,9163	0,9419	0,9632	0,9736	0,9782	0,9796	0,9801	0,9803
	B(AB)	0,2033	0,1950	0,1762	0,1456	0,1115	0,0928	0,0842	0,0815	0,0805	0,0801
	B(AC)	0,0477	0,0216	-0,0047	-0,0253	-0,0361	-0,0393	-0,0403	-0,0406	-0,0407	-0,0408
	B(AD)	0,0112	0,0014	-0,0040	-0,0048	-0,0033	-0,0023	-0,0018	-0,0017	-0,0016	-0,0016
	B(AE)	0,0026	0,0000	-0,0002	0,0007	0,0014	0,0016	0,0017	0,0017	0,0017	0,0017
	B(AF)	0,0004	-0,0000	0,0000	0,0001	0,0000	-0,0000	-0,0000	-0,0001	-0,0001	-0,0001
	B(BA)	0,1017	0,0975	0,0881	0,0728	0,0558	0,0464	0,0421	0,0408	0,0403	0,0401
	B(BB)	0,6099	0,6368	0,6719	0,7161	0,7599	0,7829	0,7933	0,7965	0,7977	0,7982
	B(BC)	0,1430	0,1500	0,1567	0,1611	0,1623	0,1620	0,1618	0,1617	0,1617	0,1617
	B(BD)	0,0335	0,0171	-0,0012	-0,0183	-0,0297	-0,0342	-0,0360	-0,0365	-0,0367	-0,0368
	B(BE)	0,0077	0,0012	-0,0033	-0,0052	-0,0054	-0,0051	-0,0050	-0,0050	-0,0049	-0,0049
	B(BF)	0,0013	0,0000	-0,0001	0,0003	0,0007	0,0008	0,0008	0,0008	0,0008	0,0008
	B(CA)	0,0238	0,0108	-0,0023	-0,0127	-0,0180	-0,0196	-0,0202	-0,0203	-0,0204	-0,0204
	B(CB)	0,1430	0,1500	0,1567	0,1611	0,1623	0,1620	0,1618	0,1617	0,1617	0,1617
	B(CC)	0,6196	0,6572	0,6961	0,7287	0,7482	0,7553	0,7579	0,7587	0,7590	0,7591
	B(CD)	0,1451	0,1526	0,1572	0,1587	0,1586	0,1584	0,1584	0,1583	0,1583	0,1583
	B(CE)	0,0335	0,0171	-0,0012	-0,0183	-0,0297	-0,0342	-0,0360	-0,0365	-0,0367	-0,0368
	B(CF)	0,0056	0,0007	-0,0020	-0,0024	-0,0017	-0,0011	-0,0009	-0,0008	-0,0008	-0,0008
	D(AA)/A	-0,0664	-0,0562	-0,0438	-0,0287	-0,0135	-0,0055	-0,0018	-0,0006	-0,0002	-0,0000
	D(AB)/A	0,1017	0,0952	0,0814	0,0571	0,0280	0,0114	0,0037	0,0013	0,0004	-0,0000
	D(AC)/A	0,0238	0,0156	0,0075	0,0020	0,0000	-0,0001	-0,0001	-0,0000	-0,0000	0
	D(AD)/A	0,0056	0,0015	-0,0011	-0,0017	-0,0010	-0,0004	-0,0001	-0,0000	-0,0000	0,0000
	D(AE)/A	0,0013	0,0001	-0,0002	-0,0001	0,0000	0,0000	0,0000	0,0000	0,0000	0,0000
	D(AF)/A	0,0002	-0,0000	0,0000	0,0000	0,0000	0,0000	0,0000	0,0000	0,0000	-0,0000
	D(BA)/A	-0,0820	-0,0558	-0,0317	-0,0137	-0,0044	-0,0014	-0,0004	-0,0001	-0,0000	-0,0000
	D(BB)/A	0,0083	0,0100	0,0070	0,0025	0,0002	-0,0001	-0,0001	-0,0000	-0,0000	0,0000
	D(BC)/A	0,1191	0,0867	0,0531	0,0254	0,0090	0,0032	0,0010	0,0003	0,0001	0
	D(BD)/A	0,0279	0,0135	0,0042	0,0004	-0,0002	-0,0001	-0,0000	-0,0000	-0,0000	0,0000
	D(BE)/A	0,0064	0,0012	-0,0007	-0,0008	-0,0003	-0,0001	-0,0000	-0,0000	-0,0000	-0,0000
	D(BF)/A	0,0011	0,0000	-0,0001	-0,0000	0,0000	0,0000	0,0000	0,0000	0,0000	-0,0000
	D(CA)/A	-0,0192	-0,0085	-0,0021	0,0002	0,0003	0,0001	0,0000	0,0000	0,0000	0,0000
	D(CB)/A	-0,1153	-0,0835	-0,0522	-0,0257	-0,0094	-0,0033	-0,0010	-0,0003	-0,0001	-0,0000
	D(CC)/A	0,0004	0,0003	0,0000	-0,0000	-0,0000	0,0000	0,0000	0,0000	0,0000	0,0000
	D(CD)/A	0,1172	0,0854	0,0530	0,0257	0,0092	0,0032	0,0010	0,0003	0,0001	0,0000
	D(CE)/A	0,0271	0,0132	0,0044	0,0006	-0,0002	-0,0001	-0,0000	-0,0000	-0,0000	-0,0000
	D(CF)/A	0,0045	0,0008	-0,0005	-0,0004	-0,0001	-0,0000	-0,0000	-0,0000	-0,0000	-0,0000

Z	Z(T)	0,00	0,03	0,10	0,30	1,00	3,00	10,0	30,0	100	UNENDL
0,50	B(AA)	0,7639	0,8033	0,8462	0,8904	0,9289	0,9487	0,9577	0,9606	0,9616	0,9620
	B(AB)	0,2918	0,2899	0,2738	0,2382	0,1911	0,1623	0,1483	0,1438	0,1422	0,1415
	B(AC)	0,1114	0,0776	0,0367	-0,0034	-0,0319	-0,0439	-0,0488	-0,0503	-0,0508	-0,0511
	B(AD)	0,0424	0,0194	-0,0009	-0,0137	-0,0176	-0,0177	-0,0174	-0,0173	-0,0173	-0,0173
	B(AE)	0,0159	0,0046	-0,0015	-0,0025	-0,0008	0,0005	0,0011	0,0013	0,0013	0,0014
	B(AF)	0,0053	0,0009	-0,0002	0,0003	0,0007	0,0007	0,0007	0,0007	0,0007	0,0007
	B(BA)	0,1459	0,1450	0,1369	0,1191	0,0956	0,0811	0,0742	0,0719	0,0711	0,0707
	B(BB)	0,4377	0,4665	0,5049	0,5557	0,6103	0,6414	0,6561	0,6608	0,6625	0,6632
	B(BC)	0,1671	0,1789	0,1932	0,2085	0,2213	0,2275	0,2302	0,2311	0,2314	0,2315
	B(BD)	0,0637	0,0483	0,0293	0,0093	-0,0062	-0,0130	-0,0159	-0,0168	-0,0171	-0,0173
	B(BE)	0,0239	0,0117	0,0003	-0,0093	-0,0158	-0,0186	-0,0198	-0,0202	-0,0203	-0,0204
	B(BF)	0,0080	0,0023	-0,0008	-0,0012	-0,0004	0,0002	0,0005	0,0006	0,0007	0,0007
	B(CA)	0,0557	0,0388	0,0184	-0,0017	-0,0160	-0,0219	-0,0244	-0,0252	-0,0254	-0,0255
	B(CB)	0,1671	0,1789	0,1932	0,2085	0,2213	0,2275	0,2302	0,2311	0,2314	0,2315
	B(CC)	0,4456	0,4903	0,5416	0,5892	0,6201	0,6318	0,6363	0,6377	0,6382	0,6384
	B(CD)	0,1698	0,1854	0,2001	0,2101	0,2143	0,2153	0,2156	0,2156	0,2157	0,2157
	B(CE)	0,0637	0,0483	0,0293	0,0093	-0,0062	-0,0130	-0,0159	-0,0168	-0,0171	-0,0173
	B(CF)	0,0212	0,0097	-0,0005	-0,0068	-0,0088	-0,0089	-0,0087	-0,0087	-0,0086	-0,0086
	D(AA)/A	-0,1180	-0,1022	-0,0825	-0,0568	-0,0284	-0,0118	-0,0039	-0,0013	-0,0004	-0,0000
	D(AB)/A	0,1459	0,1417	0,1272	0,0951	0,0498	0,0211	0,0070	0,0024	0,0007	0
	D(AC)/A	0,0557	0,0464	0,0345	0,0212	0,0096	0,0039	0,0012	0,0004	0,0001	0,0000
	D(AD)/A	0,0212	0,0122	0,0039	-0,0012	-0,0018	-0,0009	-0,0003	-0,0001	-0,0000	0
	D(AE)/A	0,0080	0,0029	-0,0003	-0,0013	-0,0009	-0,0004	-0,0001	-0,0000	-0,0000	-0,0000
	D(AF)/A	0,0027	0,0006	-0,0002	-0,0001	0,0000	0,0000	0,0000	0,0000	0,0000	0
	D(BA)/A	-0,1631	-0,1156	-0,0691	-0,0317	-0,0106	-0,0036	-0,0011	-0,0004	-0,0001	-0,0000
	D(BB)/A	0,0106	0,0170	0,0149	0,0075	0,0021	0,0005	0,0001	0,0000	0,0000	0,0000
	D(BC)/A	0,1950	0,1505	0,0978	0,0487	0,0176	0,0062	0,0019	0,0006	0,0002	0,0000
	D(BD)/A	0,0743	0,0470	0,0237	0,0089	0,0026	0,0008	0,0003	0,0001	0,0000	0,0000
	D(BE)/A	0,0279	0,0118	0,0023	-0,0009	-0,0008	-0,0003	-0,0001	-0,0000	-0,0000	-0,0000
	D(BF)/A	0,0093	0,0024	-0,0003	-0,0004	-0,0001	-0,0000	-0,0000	-0,0000	-0,0000	-0,0000
	D(CA)/A	-0,0623	-0,0356	-0,0156	-0,0045	-0,0007	-0,0001	-0,0000	-0,0000	0,0000	0,0000
	D(CB)/A	-0,1870	-0,1391	-0,0902	-0,0467	-0,0179	-0,0066	-0,0020	-0,0007	-0,0002	-0,0000
	D(CC)/A	0,0013	0,0018	0,0009	0,0000	-0,0002	-0,0001	-0,0000	-0,0000	-0,0000	-0,0000
	D(CD)/A	0,1910	0,1457	0,0950	0,0482	0,0178	0,0063	0,0020	0,0007	0,0002	0,0000
	D(CE)/A	0,0716	0,0443	0,0229	0,0093	0,0029	0,0010	0,0003	0,0001	0,0000	0,0000
	D(CF)/A	0,0239	0,0093	0,0013	-0,0009	-0,0006	-0,0002	-0,0001	-0,0000	-0,0000	-0,0000
1,00	B(AA)	0,6667	0,7176	0,7749	0,8355	0,8907	0,9206	0,9348	0,9394	0,9410	0,9418
	B(AB)	0,3333	0,3424	0,3373	0,3085	0,2592	0,2249	0,2073	0,2014	0,1993	0,1983
	B(AC)	0,1667	0,1360	0,0920	0,0395	-0,0064	-0,0293	-0,0397	-0,0429	-0,0441	-0,0447
	B(AD)	0,0833	0,0525	0,0186	-0,0109	-0,0277	-0,0329	-0,0347	-0,0351	-0,0353	-0,0353
	B(AE)	0,0417	0,0196	0,0025	-0,0066	-0,0083	-0,0074	-0,0067	-0,0065	-0,0064	-0,0063
	B(AF)	0,0208	0,0071	-0,0000	-0,0008	0,0008	0,0017	0,0021	0,0022	0,0022	0,0022
	B(BA)	0,1667	0,1712	0,1686	0,1542	0,1296	0,1125	0,1036	0,1007	0,0996	0,0992
	B(BB)	0,3333	0,3600	0,3951	0,4421	0,4955	0,5281	0,5443	0,5496	0,5515	0,5524
	B(BC)	0,1667	0,1798	0,1970	0,2187	0,2412	0,2540	0,2602	0,2622	0,2629	0,2633
	B(BD)	0,0833	0,0715	0,0565	0,0401	0,0269	0,0207	0,0180	0,0172	0,0169	0,0167
	B(BE)	0,0417	0,0268	0,0115	-0,0029	-0,0145	-0,0203	-0,0230	-0,0239	-0,0242	-0,0244
	B(BF)	0,0208	0,0098	0,0012	-0,0033	-0,0041	-0,0037	-0,0034	-0,0032	-0,0032	-0,0032
	B(CA)	0,0833	0,0680	0,0460	0,0198	-0,0032	-0,0147	-0,0198	-0,0215	-0,0221	-0,0223
	B(CB)	0,1667	0,1798	0,1970	0,2187	0,2412	0,2540	0,2602	0,2622	0,2629	0,2633
	B(CC)	0,3333	0,3750	0,4282	0,4842	0,5255	0,5430	0,5502	0,5524	0,5532	0,5535
	B(CD)	0,1667	0,1853	0,2076	0,2283	0,2405	0,2446	0,2459	0,2463	0,2465	0,2465
	B(CE)	0,0833	0,0715	0,0565	0,0401	0,0269	0,0207	0,0180	0,0172	0,0169	0,0167
	B(CF)	0,0417	0,0262	0,0093	-0,0054	-0,0138	-0,0165	-0,0173	-0,0176	-0,0176	-0,0177
	D(AA)/A	-0,1667	-0,1478	-0,1233	-0,0892	-0,0472	-0,0203	-0,0068	-0,0023	-0,0007	0
	D(AB)/A	0,1667	0,1671	0,1566	0,1242	0,0695	0,0305	0,0103	0,0036	0,0011	0
	D(AC)/A	0,0833	0,0779	0,0675	0,0497	0,0264	0,0114	0,0038	0,0013	0,0004	0
	D(AD)/A	0,0417	0,0307	0,0183	0,0072	0,0014	0,0002	0,0000	-0,0000	-0,0000	0,0000
	D(AE)/A	0,0208	0,0115	0,0036	-0,0013	-0,0021	-0,0011	-0,0004	-0,0001	-0,0000	0
	D(AF)/A	0,0104	0,0042	0,0003	-0,0008	-0,0004	-0,0001	-0,0000	-0,0000	-0,0000	-0,0000
	D(BA)/A	-0,2500	-0,1840	-0,1154	-0,0561	-0,0199	-0,0069	-0,0021	-0,0007	-0,0002	0,0000
	D(BB)/A	-0,0000	0,0144	0,0182	0,0121	0,0046	0,0016	0,0005	0,0002	0,0000	0,0000
	D(BC)/A	0,2500	0,2040	0,1413	0,0747	0,0280	0,0100	0,0031	0,0010	0,0003	-0,0000
	D(BD)/A	0,1250	0,0902	0,0541	0,0247	0,0084	0,0029	0,0009	0,0003	0,0001	-0,0000
	D(BE)/A	0,0625	0,0343	0,0133	0,0027	0,0000	-0,0001	-0,0001	-0,0000	-0,0000	0
	D(BF)/A	0,0312	0,0126	0,0019	-0,0010	-0,0006	-0,0002	-0,0001	-0,0000	-0,0000	0,0000
	D(CA)/A	-0,1250	-0,0805	-0,0419	-0,0157	-0,0039	-0,0010	-0,0003	-0,0001	-0,0000	-0,0000
	D(CB)/A	-0,2500	-0,1892	-0,1253	-0,0669	-0,0266	-0,0100	-0,0031	-0,0011	-0,0003	0,0000
	D(CC)/A	-0,0000	0,0033	0,0031	0,0010	-0,0002	-0,0002	-0,0001	-0,0000	-0,0000	0,0000
	D(CD)/A	0,2500	0,1980	0,1351	0,0717	0,0273	0,0099	0,0031	0,0010	0,0003	0,0000
	D(CE)/A	0,1250	0,0853	0,0500	0,0238	0,0088	0,0032	0,0010	0,0003	0,0001	0
	D(CF)/A	0,0625	0,0318	0,0105	0,0009	-0,0007	-0,0004	-0,0001	-0,0001	-0,0000	-0,0000

Z	Z(T)	0,00	0,03	0,10	0,30	1,00	3,00	10,0	30,0	100	UNENDL
2,00	B(AA)	0,5623	0,6209	0,6905	0,7675	0,8410	0,8836	0,9048	0,9118	0,9144	0,9155
	B(AB)	0,3434	0,3647	0,3764	0,3643	0,3235	0,2884	0,2687	0,2620	0,2594	0,2583
	B(AC)	0,2104	0,1903	0,1544	0,1003	0,0406	0,0052	-0,0124	-0,0182	-0,0203	-0,0212
	B(AD)	0,1300	0,0979	0,0567	0,0113	-0,0248	-0,0412	-0,0482	-0,0504	-0,0512	-0,0515
	B(AE)	0,0821	0,0501	0,0190	-0,0046	-0,0169	-0,0205	-0,0216	-0,0218	-0,0219	-0,0220
	B(AF)	0,0547	0,0276	0,0063	-0,0032	-0,0022	0,0004	0,0019	0,0024	0,0026	0,0027
	B(BA)	0,1717	0,1824	0,1882	0,1822	0,1617	0,1442	0,1344	0,1310	0,1297	0,1292
	B(BB)	0,2576	0,2811	0,3117	0,3511	0,3965	0,4260	0,4413	0,4465	0,4484	0,4492
	B(BC)	0,1578	0,1699	0,1869	0,2102	0,2378	0,2557	0,2649	0,2680	0,2692	0,2697
	B(BD)	0,0975	0,0887	0,0782	0,0677	0,0609	0,0587	0,0579	0,0577	0,0576	0,0576
	B(BE)	0,0616	0,0454	0,0279	0,0112	-0,0018	-0,0083	-0,0113	-0,0124	-0,0127	-0,0129
	B(BF)	0,0411	0,0250	0,0095	-0,0023	-0,0084	-0,0102	-0,0108	-0,0109	-0,0110	-0,0110
	B(CA)	0,1052	0,0951	0,0772	0,0501	0,0203	0,0026	-0,0062	-0,0091	-0,0101	-0,0106
	B(CB)	0,1578	0,1699	0,1869	0,2102	0,2378	0,2557	0,2649	0,2680	0,2692	0,2697
	B(CC)	0,2499	0,2825	0,3292	0,3865	0,4371	0,4621	0,4733	0,4769	0,4782	0,4788
	B(CD)	0,1544	0,1707	0,1947	0,2239	0,2484	0,2596	0,2644	0,2659	0,2664	0,2667
	B(CE)	0,0975	0,0887	0,0782	0,0677	0,0609	0,0587	0,0579	0,0577	0,0576	0,0576
	B(CF)	0,0650	0,0490	0,0283	0,0057	-0,0124	-0,0206	-0,0241	-0,0252	-0,0256	-0,0258
	D(AA)/A	-0,2189	-0,1998	-0,1732	-0,1324	-0,0752	-0,0339	-0,0116	-0,0040	-0,0012	-0,0000
	D(AB)/A	0,1717	0,1768	0,1731	0,1463	0,0881	0,0406	0,0140	0,0049	0,0015	-0,0000
	D(AC)/A	0,1052	0,1069	0,1038	0,0876	0,0528	0,0243	0,0084	0,0029	0,0009	-0,0000
	D(AD)/A	0,0650	0,0558	0,0434	0,0282	0,0135	0,0056	0,0018	0,0006	0,0002	0
	D(AE)/A	0,0411	0,0286	0,0155	0,0047	-0,0004	-0,0008	-0,0004	-0,0001	-0,0000	0,0000
	D(AF)/A	0,0274	0,0157	0,0053	-0,0009	-0,0019	-0,0010	-0,0003	-0,0001	-0,0000	0,0000
	D(BA)/A	-0,3519	-0,2705	-0,1791	-0,0931	-0,0354	-0,0129	-0,0040	-0,0013	-0,0004	-0,0000
	D(BB)/A	-0,0278	-0,0039	0,0114	0,0133	0,0072	0,0030	0,0010	0,0003	0,0001	0,0000
	D(BC)/A	0,2893	0,2487	0,1851	0,1062	0,0427	0,0158	0,0049	0,0017	0,0005	0
	D(BD)/A	0,1788	0,1419	0,0971	0,0517	0,0197	0,0072	0,0022	0,0007	0,0002	-0,0000
	D(BE)/A	0,1129	0,0734	0,0376	0,0139	0,0038	0,0012	0,0003	0,0001	0,0000	0,0000
	D(BF)/A	0,0753	0,0405	0,0134	0,0006	-0,0013	-0,0007	-0,0002	-0,0001	-0,0000	-0,0000
	D(CA)/A	-0,2134	-0,1519	-0,0898	-0,0396	-0,0119	-0,0036	-0,0010	-0,0003	-0,0001	0,0000
	D(CB)/A	-0,3201	-0,2482	-0,1674	-0,0908	-0,0368	-0,0140	-0,0045	-0,0015	-0,0005	0,0000
	D(CC)/A	-0,0068	0,0012	0,0051	0,0034	0,0006	-0,0001	-0,0001	-0,0000	-0,0000	-0,0000
	D(CD)/A	0,3047	0,2504	0,1790	0,1000	0,0397	0,0147	0,0046	0,0015	0,0005	0
	D(CE)/A	0,1925	0,1421	0,0907	0,0470	0,0186	0,0071	0,0022	0,0008	0,0002	0,0000
	D(CF)/A	0,1283	0,0791	0,0362	0,0098	0,0009	-0,0002	-0,0001	-0,0001	-0,0000	0,0000
5,00	B(AA)	0,4344	0,4904	0,5668	0,6607	0,7579	0,8200	0,8537	0,8653	0,8697	0,8716
	B(AB)	0,3213	0,3501	0,3816	0,4005	0,3867	0,3608	0,3427	0,3359	0,3333	0,3321
	B(AC)	0,2403	0,2345	0,2187	0,1828	0,1238	0,0769	0,0494	0,0397	0,0360	0,0344
	B(AD)	0,1834	0,1581	0,1202	0,0685	0,0123	-0,0233	-0,0424	-0,0489	-0,0514	-0,0525
	B(AE)	0,1448	0,1097	0,0655	0,0201	-0,0143	-0,0308	-0,0388	-0,0414	-0,0424	-0,0428
	B(AF)	0,1207	0,0834	0,0401	0,0034	-0,0122	-0,0118	-0,0092	-0,0079	-0,0075	-0,0072
	B(BA)	0,1607	0,1750	0,1908	0,2002	0,1934	0,1804	0,1713	0,1679	0,1666	0,1661
	B(BB)	0,1928	0,2111	0,2365	0,2681	0,3017	0,3235	0,3354	0,3396	0,3411	0,3418
	B(BC)	0,1442	0,1531	0,1667	0,1869	0,2132	0,2330	0,2444	0,2484	0,2499	0,2506
	B(BD)	0,1100	0,1039	0,0964	0,0903	0,0911	0,0959	0,0997	0,1012	0,1018	0,1020
	B(BE)	0,0869	0,0721	0,0533	0,0341	0,0216	0,0176	0,0166	0,0163	0,0163	0,0162
	B(BF)	0,0724	0,0548	0,0328	0,0101	-0,0071	-0,0154	-0,0194	-0,0207	-0,0212	-0,0214
	B(CA)	0,1202	0,1172	0,1094	0,0914	0,0619	0,0384	0,0247	0,0198	0,0180	0,0172
	B(CB)	0,1442	0,1531	0,1667	0,1869	0,2132	0,2330	0,2444	0,2484	0,2499	0,2506
	B(CC)	0,1827	0,2016	0,2323	0,2781	0,3309	0,3648	0,3830	0,3893	0,3916	0,3926
	B(CD)	0,1394	0,1488	0,1656	0,1935	0,2287	0,2527	0,2658	0,2704	0,2721	0,2728
	B(CE)	0,1100	0,1039	0,0964	0,0903	0,0911	0,0959	0,0997	0,1012	0,1018	0,1020
	B(CF)	0,0917	0,0791	0,0601	0,0342	0,0061	-0,0116	-0,0212	-0,0245	-0,0257	-0,0262
	D(AA)/A	-0,2828	-0,2706	-0,2489	-0,2062	-0,1300	-0,0632	-0,0226	-0,0080	-0,0024	0,0000
	D(AB)/A	0,1607	0,1668	0,1694	0,1541	0,1031	0,0513	0,0185	0,0065	0,0020	0,0000
	D(AC)/A	0,1202	0,1302	0,1405	0,1375	0,0978	0,0500	0,0182	0,0065	0,0020	0,0000
	D(AD)/A	0,0917	0,0888	0,0837	0,0726	0,0486	0,0245	0,0089	0,0032	0,0010	0,0000
	D(AE)/A	0,0724	0,0616	0,0467	0,0292	0,0144	0,0064	0,0022	0,0008	0,0002	0,0000
	D(AF)/A	0,0603	0,0469	0,0288	0,0094	-0,0019	-0,0028	-0,0013	-0,0005	-0,0002	0
	D(BA)/A	-0,4852	-0,3989	-0,2863	-0,1640	-0,0695	-0,0272	-0,0088	-0,0030	-0,0009	0,0000
	D(BB)/A	-0,0823	-0,0533	-0,0223	0,0002	0,0065	0,0041	0,0016	0,0006	0,0002	0,0000
	D(BC)/A	0,3124	0,2806	0,2257	0,1457	0,0669	0,0269	0,0088	0,0030	0,0009	0,0000
	D(BD)/A	0,2384	0,2067	0,1601	0,1003	0,0455	0,0183	0,0060	0,0020	0,0006	0,0000
	D(BE)/A	0,1882	0,1443	0,0930	0,0466	0,0179	0,0068	0,0022	0,0008	0,0002	-0,0000
	D(BF)/A	0,1568	0,1098	0,0580	0,0176	0,0011	-0,0009	-0,0005	-0,0002	-0,0001	0
	D(CA)/A	-0,3448	-0,2773	-0,1905	-0,0997	-0,0360	-0,0123	-0,0037	-0,0012	-0,0004	-0,0000
	D(CB)/A	-0,4138	-0,3389	-0,2403	-0,1338	-0,0542	-0,0205	-0,0065	-0,0022	-0,0007	-0,0000
	D(CC)/A	-0,0241	-0,0121	-0,0004	0,0049	0,0030	0,0011	0,0003	0,0001	0,0000	-0,0000
	D(CD)/A	0,3631	0,3121	0,2368	0,1422	0,0605	0,0232	0,0074	0,0025	0,0008	-0,0000
	D(CE)/A	0,2867	0,2346	0,1669	0,0944	0,0394	0,0153	0,0049	0,0017	0,0005	-0,0000
	D(CF)/A	0,2389	0,1794	0,1090	0,0459	0,0116	0,0027	0,0006	0,0002	0,0000	0

Z	Z(T)	0,00	0,03	0,10	0,30	1,00	3,00	10,0	30,0	100	UNENDL
10,00	B(AA)	0,3609	0,4048	0,4736	0,5715	0,6837	0,7611	0,8062	0,8225	0,8286	0,8314
	B(AB)	0,2970	0,3219	0,3575	0,3956	0,4101	0,3997	0,3875	0,3822	0,3801	0,3792
	B(AC)	0,2480	0,2475	0,2435	0,2272	0,1857	0,1411	0,1101	0,0981	0,0935	0,0914
	B(AD)	0,2113	0,1936	0,1640	0,1181	0,0598	0,0155	-0,0122	-0,0225	-0,0265	-0,0283
	B(AE)	0,1852	0,1565	0,1133	0,0574	0,0053	-0,0238	-0,0394	-0,0449	-0,0470	-0,0479
	B(AF)	0,1684	0,1354	0,0872	0,0294	-0,0141	-0,0274	-0,0292	-0,0289	-0,0287	-0,0285
	B(BA)	0,1485	0,1610	0,1788	0,1978	0,2050	0,1999	0,1938	0,1911	0,1901	0,1896
	B(BB)	0,1634	0,1767	0,1973	0,2254	0,2542	0,2719	0,2816	0,2850	0,2863	0,2868
	B(BC)	0,1364	0,1425	0,1528	0,1691	0,1914	0,2096	0,2211	0,2255	0,2272	0,2279
	B(BD)	0,1162	0,1118	0,1057	0,0999	0,1012	0,1085	0,1149	0,1176	0,1186	0,1191
	B(BE)	0,1019	0,0905	0,0734	0,0527	0,0378	0,0342	0,0343	0,0347	0,0348	0,0349
	B(BF)	0,0926	0,0783	0,0566	0,0287	0,0026	-0,0119	-0,0197	-0,0225	-0,0235	-0,0240
	B(CA)	0,1240	0,1238	0,1218	0,1136	0,0928	0,0706	0,0550	0,0491	0,0467	0,0457
	B(CB)	0,1364	0,1425	0,1528	0,1691	0,1914	0,2096	0,2211	0,2255	0,2272	0,2279
	B(CC)	0,1556	0,1667	0,1861	0,2183	0,2626	0,2977	0,3197	0,3279	0,3311	0,3325
	B(CD)	0,1326	0,1378	0,1479	0,1674	0,1993	0,2276	0,2463	0,2534	0,2562	0,2574
	B(CE)	0,1162	0,1118	0,1057	0,0999	0,1012	0,1085	0,1149	0,1176	0,1186	0,1191
	B(CF)	0,1056	0,0968	0,0820	0,0591	0,0299	0,0078	-0,0061	-0,0113	-0,0133	-0,0142
	D(AA)/A	-0,3195	-0,3174	-0,3074	-0,2725	-0,1871	-0,0974	-0,0363	-0,0130	-0,0040	0,0000
	D(AB)/A	0,1485	0,1506	0,1508	0,1399	0,1002	0,0533	0,0201	0,0072	0,0022	0,0000
	D(AC)/A	0,1240	0,1369	0,1539	0,1630	0,1301	0,0729	0,0281	0,0102	0,0031	0,0000
	D(AD)/A	0,1056	0,1082	0,1113	0,1096	0,0859	0,0487	0,0190	0,0069	0,0021	0,0000
	D(AE)/A	0,0926	0,0876	0,0781	0,0619	0,0396	0,0208	0,0079	0,0029	0,0009	0,0000
	D(AF)/A	0,0842	0,0758	0,0604	0,0353	0,0092	-0,0005	-0,0013	-0,0006	-0,0002	-0,0000
	D(BA)/A	-0,5648	-0,4881	-0,3749	-0,2334	-0,1081	-0,0450	-0,0151	-0,0052	-0,0016	0,0000
	D(BB)/A	-0,1213	-0,0978	-0,0643	-0,0265	-0,0023	0,0022	0,0014	0,0005	0,0002	-0,0000
	D(BC)/A	0,3161	0,2869	0,2376	0,1638	0,0837	0,0368	0,0127	0,0044	0,0014	-0,0000
	D(BD)/A	0,2694	0,2444	0,2023	0,1391	0,0709	0,0312	0,0108	0,0038	0,0011	-0,0000
	D(BE)/A	0,2361	0,1987	0,1464	0,0862	0,0383	0,0159	0,0054	0,0019	0,0006	0,0000
	D(BF)/A	0,2147	0,1720	0,1139	0,0521	0,0128	0,0020	0,0000	-0,0001	-0,0000	0,0000
	D(CA)/A	-0,4286	-0,3727	-0,2854	-0,1701	-0,0697	-0,0257	-0,0080	-0,0027	-0,0008	-0,0000
	D(CB)/A	-0,4714	-0,4055	-0,3063	-0,1808	-0,0745	-0,0278	-0,0087	-0,0029	-0,0009	-0,0000
	D(CC)/A	-0,0379	-0,0270	-0,0131	-0,0006	0,0035	0,0024	0,0010	0,0004	0,0001	0
	D(CD)/A	0,3938	0,3488	0,2762	0,1752	0,0791	0,0316	0,0103	0,0035	0,0011	0
	D(CE)/A	0,3452	0,3028	0,2357	0,1455	0,0638	0,0251	0,0081	0,0028	0,0008	0,0000
	D(CF)/A	0,3138	0,2632	0,1891	0,1004	0,0337	0,0101	0,0026	0,0008	0,0002	0,0000
20,00	B(AA)	0,3119	0,3410	0,3930	0,4813	0,6019	0,6949	0,7532	0,7752	0,7837	0,7875
	B(AB)	0,2775	0,2949	0,3245	0,3687	0,4089	0,4209	0,4207	0,4192	0,4185	0,4181
	B(AC)	0,2501	0,2512	0,2524	0,2500	0,2313	0,2006	0,1738	0,1622	0,1575	0,1554
	B(AD)	0,2288	0,2179	0,1977	0,1620	0,1102	0,0656	0,0344	0,0217	0,0167	0,0144
	B(AE)	0,2133	0,1940	0,1600	0,1052	0,0399	-0,0031	-0,0279	-0,0370	-0,0406	-0,0421
	B(AF)	0,2032	0,1800	0,1397	0,0757	0,0029	-0,0370	-0,0536	-0,0582	-0,0597	-0,0604
	B(BA)	0,1388	0,1474	0,1623	0,1843	0,2045	0,2105	0,2103	0,2096	0,2092	0,2091
	B(BB)	0,1457	0,1542	0,1690	0,1927	0,2199	0,2367	0,2459	0,2492	0,2504	0,2510
	B(BC)	0,1313	0,1351	0,1420	0,1543	0,1722	0,1875	0,1982	0,2025	0,2042	0,2050
	B(BD)	0,1201	0,1174	0,1128	0,1071	0,1059	0,1114	0,1178	0,1207	0,1220	0,1225
	B(BE)	0,1120	0,1045	0,0916	0,0720	0,0533	0,0465	0,0453	0,0454	0,0455	0,0455
	B(BF)	0,1067	0,0970	0,0800	0,0526	0,0199	-0,0015	-0,0139	-0,0185	-0,0203	-0,0211
	B(CA)	0,1250	0,1256	0,1262	0,1250	0,1157	0,1003	0,0869	0,0811	0,0787	0,0777
	B(CB)	0,1313	0,1351	0,1420	0,1543	0,1722	0,1875	0,1982	0,2025	0,2042	0,2050
	B(CC)	0,1408	0,1469	0,1582	0,1784	0,21C1	0,2398	0,2614	0,2703	0,2738	0,2754
	B(CD)	0,1289	0,1315	0,1369	0,1481	0,1703	0,1951	0,2145	0,2226	0,2259	0,2273
	B(CE)	0,1201	0,1174	0,1128	0,1071	0,1059	0,1114	0,1178	0,1207	0,1220	0,1225
	B(CF)	0,1144	0,1089	0,0988	0,0810	0,0551	0,0328	0,0172	0,0109	0,0084	0,0072
	D(AA)/A	-0,3440	-0,3523	-0,3587	-0,3427	-0,2587	-0,1450	-0,0567	-0,0207	-0,0064	-0,0000
	D(AB)/A	0,1388	0,1353	0,1278	0,1114	0,0797	0,0450	0,0180	0,0066	0,0021	-0,0000
	D(AC)/A	0,1250	0,1386	0,1580	0,1741	0,1513	0,0926	0,0381	0,0142	0,0044	-0,0000
	D(AD)/A	0,1144	0,1215	0,1326	0,1426	0,1250	0,0780	0,0325	0,0121	0,0038	-0,0000
	D(AE)/A	0,1067	0,1083	0,1087	0,1026	0,0785	0,0456	0,0184	0,0068	0,0021	-0,0000
	D(AF)/A	0,1016	0,1005	0,0951	0,0774	0,0414	0,0144	0,0032	0,0008	0,0002	0,0000
	D(BA)/A	-0,6187	-0,5560	-0,4550	-0,3104	-0,1592	-0,0712	-0,0250	-0,0088	-0,0027	0,0000
	D(BB)/A	-0,1496	-0,1352	-0,1086	-0,0658	-0,0225	-0,0051	-0,0006	-0,0001	-0,0000	0,0000
	D(BC)/A	0,3157	0,2861	0,2382	0,1688	0,0934	0,0450	0,0166	0,0060	0,0018	0,0000
	D(BD)/A	0,2889	0,2702	0,2350	0,1739	0,0974	0,0465	0,0170	0,0061	0,0019	0,0000
	D(BE)/A	0,2694	0,2419	0,1978	0,1345	0,0686	0,0307	0,0108	0,0038	0,0012	0,0000
	D(BF)/A	0,2565	0,2245	0,1739	0,1046	0,0407	0,0127	0,0031	0,0009	0,0003	-0,0000
	D(CA)/A	-0,4868	-0,4483	-0,3763	-0,2559	-0,1207	-0,0486	-0,0158	-0,0054	-0,0016	0,0000
	D(CB)/A	-0,5111	-0,4579	-0,3695	-0,2386	-0,1056	-0,0400	-0,0125	-0,0042	-0,0013	-0,0000
	D(CC)/A	-0,0483	-0,0407	-0,0289	-0,0134	-0,0007	0,0022	0,0014	0,0006	0,0002	-0,0000
	D(CD)/A	0,4134	0,3747	0,3084	0,2071	0,0995	0,0416	0,0140	0,0048	0,0015	-0,0000
	D(CE)/A	0,3854	0,3564	0,3010	0,2067	0,0989	0,0403	0,0132	0,0045	0,0014	-0,0000
	D(CF)/A	0,3671	0,3320	0,2708	0,1751	0,0746	0,0266	0,0078	0,0026	0,0008	-0,0000

Z	Z(T)	0,00	0,03	0,10	0,30	1,00	3,00	10,0	30,0	100	UNENDL
50,00	B(AA)	0,2767	0,2908	0,3192	0,3786	0,4877	0,5981	0,6806	0,7148	0,7285	0,7347
	B(AB)	0,2622	0,2709	0,2880	0,3218	0,3747	0,4168	0,4423	0,4515	0,4550	0,4566
	B(AC)	0,2504	0,2513	0,2534	0,2573	0,2591	0,2526	0,2422	0,2366	0,2341	0,2329
	B(AD)	0,2410	0,2359	0,2256	0,2044	0,1666	0,1283	0,0981	0,0850	0,0796	0,0772
	B(AE)	0,2341	0,2246	0,2056	0,1670	0,1017	0,0421	0,0001	-0,0168	-0,0236	-0,0266
	B(AF)	0,2295	0,2178	0,1945	0,1461	0,0612	-0,0179	-0,0719	-0,0929	-0,1011	-0,1048
	B(BA)	0,1311	0,1354	0,1440	0,1609	0,1874	0,2084	0,2211	0,2258	0,2275	0,2283
	B(BB)	0,1337	0,1378	0,1457	0,1610	0,1847	0,2039	0,2162	0,2210	0,2229	0,2237
	B(BC)	0,1277	0,1295	0,1330	0,1402	0,1527	0,1647	0,1737	0,1776	0,1792	0,1799
	B(BD)	0,1229	0,1216	0,1191	0,1149	0,1109	0,1111	0,1136	0,1151	0,1158	0,1161
	B(BE)	0,1194	0,1158	0,1086	0,0950	0,0753	0,0614	0,0541	0,0516	0,0507	0,0503
	B(BF)	0,1170	0,1123	0,1028	0,0835	0,0509	0,0210	0,0001	-0,0084	-0,0118	-0,0133
	B(CA)	0,1252	0,1257	0,1267	0,1286	0,1296	0,1263	0,1211	0,1183	0,1170	0,1165
	B(CB)	0,1277	0,1295	0,1330	0,1402	0,1527	0,1647	0,1737	0,1776	0,1792	0,1799
	B(CC)	0,1315	0,1341	0,1391	0,1488	0,1660	0,1847	0,2005	0,2075	0,2105	0,2118
	B(CD)	0,1266	0,1276	0,1298	0,1344	0,1446	0,1587	0,1719	0,1782	0,1808	0,1820
	B(CE)	0,1229	0,1216	0,1191	0,1149	0,1109	0,1111	0,1136	0,1151	0,1158	0,1161
	B(CF)	0,1205	0,1180	0,1128	0,1022	0,0833	0,0641	0,0490	0,0425	0,0398	0,0386
	D(AA)/A	-0,3617	-0,3798	-0,4058	-0,4252	-0,3707	-0,2349	-0,0996	-0,0375	-0,0118	-0,0000
	D(AB)/A	0,1311	0,1218	0,1030	0,0681	0,0270	0,0091	0,0031	0,0012	0,0004	-0,0000
	D(AC)/A	0,1252	0,1385	0,1576	0,1743	0,1572	0,1034	0,0456	0,0175	0,0055	-0,0000
	D(AD)/A	0,1205	0,1314	0,1503	0,1750	0,1716	0,1179	0,0528	0,0203	0,0064	-0,0000
	D(AE)/A	0,1170	0,1251	0,1384	0,1547	0,1469	0,0982	0,0429	0,0163	0,0051	-0,0000
	D(AF)/A	0,1147	0,1214	0,1312	0,1391	0,1194	0,0706	0,0275	0,0099	0,0030	0
	D(BA)/A	-0,6578	-0,6102	-0,5301	-0,4035	-0,2426	-0,1231	-0,0468	-0,0170	-0,0053	-0,0000
	D(BB)/A	-0,1709	-0,1666	-0,1536	-0,1206	-0,0667	-0,0287	-0,0093	-0,0032	-0,0009	-0,0000
	D(BC)/A	0,3142	0,2831	0,2332	0,1632	0,0924	0,0479	0,0190	0,0071	0,0022	-0,0000
	D(BD)/A	0,3025	0,2896	0,2625	0,2089	0,1300	0,0679	0,0266	0,0098	0,0030	-0,0000
	D(BE)/A	0,2938	0,2769	0,2475	0,1961	0,1215	0,0620	0,0236	0,0086	0,0027	-0,0000
	D(BF)/A	0,2880	0,2687	0,2353	0,1797	0,1041	0,0485	0,0169	0,0059	0,0018	-0,0000
	D(CA)/A	-0,5296	-0,5097	-0,4642	-0,3655	-0,2119	-0,0997	-0,0357	-0,0127	-0,0039	0,0000
	D(CB)/A	-0,5402	-0,5006	-0,4309	-0,3136	-0,1637	-0,0698	-0,0232	-0,0080	-0,0024	-0,0000
	D(CC)/A	-0,0562	-0,0525	-0,0462	-0,0343	-0,0153	-0,0037	-0,0002	0,0001	0,0000	0,0000
	D(CD)/A	0,4272	0,3945	0,3367	0,2420	0,1281	0,0576	0,0203	0,0072	0,0022	0,0000
	D(CE)/A	0,4149	0,3998	0,3639	0,2842	0,1606	0,0731	0,0255	0,0090	0,0027	0
	D(CF)/A	0,4068	0,3891	0,3525	0,2763	0,1571	0,0711	0,0245	0,0085	0,0026	0,0000
100,00	B(AA)	0,2637	0,2713	0,2873	0,3244	0,4075	0,5174	0,6227	0,6739	0,6959	0,7062
	B(AB)	0,2563	0,2610	0,2709	0,2928	0,3376	0,3906	0,4384	0,4611	0,4708	0,4753
	B(AC)	0,2502	0,2508	0,2523	0,2558	0,2624	0,2683	0,2723	0,2740	0,2747	0,2750
	B(AD)	0,2454	0,2427	0,2371	0,2244	0,1982	0,1662	0,1367	0,1227	0,1167	0,1139
	B(AE)	0,2418	0,2367	0,2259	0,2015	0,1500	0,0869	0,0290	0,0013	-0,0106	-0,0161
	B(AF)	0,2394	0,2331	0,2197	0,1884	0,1183	0,0266	-0,0609	-0,1035	-0,1218	-0,1303
	B(BA)	0,1282	0,1305	0,1354	0,1464	0,1688	0,1953	0,2192	0,2306	0,2354	0,2377
	B(BB)	0,1294	0,1316	0,1360	0,1455	0,1636	0,1833	0,2001	0,2079	0,2112	0,2127
	B(BC)	0,1264	0,1273	0,1293	0,1336	0,1421	0,1520	0,1606	0,1646	0,1663	0,1671
	B(BD)	0,1239	0,1232	0,1218	0,1191	0,1151	0,1123	0,1109	0,1104	0,1102	0,1101
	B(BE)	0,1221	0,1202	0,1162	0,1075	0,0916	0,0748	0,0610	0,0547	0,0520	0,0508
	B(BF)	0,1209	0,1183	0,1129	0,1007	0,0750	0,0435	0,0145	0,0006	-0,0053	-0,0080
	B(CA)	0,1251	0,1254	0,1261	0,1279	0,1312	0,1341	0,1361	0,1370	0,1373	0,1375
	B(CB)	0,1264	0,1273	0,1293	0,1336	0,1421	0,1520	0,1606	0,1646	0,1663	0,1671
	B(CC)	0,1283	0,1296	0,1322	0,1375	0,1475	0,1594	0,1702	0,1754	0,1776	0,1786
	B(CD)	0,1258	0,1263	0,1274	0,1296	0,1346	0,1419	0,1493	0,1529	0,1545	0,1553
	B(CE)	0,1239	0,1232	0,1218	0,1191	0,1151	0,1123	0,1109	0,1104	0,1102	0,1101
	B(CF)	0,1227	0,1214	0,1185	0,1122	0,0991	0,0831	0,0684	0,0613	0,0584	0,0570
	D(AA)/A	-0,3682	-0,3905	-0,4263	-0,4695	-0,4545	-0,3249	-0,1522	-0,0599	-0,0192	0,0000
	D(AB)/A	0,1282	0,1163	0,0915	0,0423	-0,0203	-0,0385	-0,0233	-0,0099	-0,0032	-0,0000
	D(AC)/A	0,1251	0,1382	0,1565	0,1709	0,1506	0,0978	0,0431	0,0166	0,0053	0
	D(AD)/A	0,1227	0,1351	0,1576	0,1906	0,1999	0,1473	0,0696	0,0275	0,0088	0
	D(AE)/A	0,1209	0,1318	0,1517	0,1838	0,2006	0,1536	0,0743	0,0295	0,0095	0
	D(AF)/A	0,1197	0,1298	0,1477	0,1757	0,1890	0,1448	0,0704	0,0281	0,0090	0,0000
	D(BA)/A	-0,6722	-0,6314	-0,5631	-0,4542	-0,3064	-0,1764	-0,0743	-0,0282	-0,0089	-0,0000
	D(BB)/A	-0,1790	-0,1792	-0,1740	-0,1524	-0,1047	-0,0582	-0,0238	-0,0089	-0,0028	-0,0000
	D(BC)/A	0,3134	0,2814	0,2298	0,1571	0,0850	0,0428	0,0169	0,0063	0,0020	-0,0000
	D(BD)/A	0,3074	0,2969	0,2739	0,2260	0,1504	0,0843	0,0349	0,0132	0,0041	-0,0000
	D(BE)/A	0,3029	0,2908	0,2697	0,2304	0,1631	0,0952	0,0402	0,0153	0,0048	-0,0000
	D(BF)/A	0,2999	0,2865	0,2634	0,2236	0,1595	0,0943	0,0402	0,0154	0,0049	-0,0000
	D(CA)/A	-0,5456	-0,5340	-0,5034	-0,4265	-0,2846	-0,1555	-0,0628	-0,0235	-0,0074	-0,0000
	D(CB)/A	-0,5510	-0,5174	-0,4583	-0,3558	-0,2112	-0,1040	-0,0390	-0,0142	-0,0044	0
	D(CC)/A	-0,0593	-0,0574	-0,0544	-0,0471	-0,0296	-0,0135	-0,0045	-0,0015	-0,0005	-0,0000
	D(CD)/A	0,4322	0,4021	0,3487	0,2601	0,1481	0,0720	0,0271	0,0099	0,0031	-0,0000
	D(CE)/A	0,4259	0,4169	0,3918	0,3274	0,2096	0,1087	0,0422	0,0155	0,0048	-0,0000
	D(CF)/A	0,4217	0,4119	0,3894	0,3342	0,2262	0,1239	0,0500	0,0187	0,0059	-0,0000

Z	Z(T)	0,00	0,03	0,10	0,30	1,00	3,00	10,0	30,0	100	UNENDL
200,00	B(AA)	0,2569	0,2609	0,2694	0,2904	0,3447	0,4364	0,5565	0,6323	0,6696	0,6882
	B(AB)	0,2532	0,2557	0,2610	0,2736	0,3043	0,3532	0,4166	0,4569	0,4768	0,4867
	B(AC)	0,2501	0,2505	0,2513	0,2536	0,2596	0,2697	0,2841	0,2940	0,2990	0,3016
	B(AD)	0,2477	0,2463	0,2433	0,2363	0,2201	0,1958	0,1670	0,1500	0,1418	0,1377
	B(AE)	0,2458	0,2432	0,2374	0,2235	0,1893	0,1350	0,0659	0,0227	0,0016	-0,0089
	B(AF)	0,2446	0,2413	0,2341	0,2161	0,1686	0,0868	-0,0234	-0,0941	-0,1292	-0,1467
	B(BA)	0,1266	0,1278	0,1305	0,1368	0,1522	0,1766	0,2083	0,2285	0,2384	0,2434
	B(BB)	0,1272	0,1284	0,1307	0,1361	0,1479	0,1648	0,1851	0,1976	0,2036	0,2066
	B(BC)	0,1257	0,1262	0,1272	0,1296	0,1349	0,1424	0,1508	0,1557	0,1581	0,1593
	B(BD)	0,1245	0,1241	0,1234	0,1218	0,1189	0,1152	0,1108	0,1079	0,1064	0,1057
	B(BE)	0,1235	0,1225	0,1204	0,1155	0,1047	0,0894	0,0707	0,0591	0,0534	0,0506
	B(BF)	0,1229	0,1216	0,1187	0,1117	0,0947	0,0675	0,0329	0,0114	0,0008	-0,0045
	B(CA)	0,1251	0,1252	0,1257	0,1268	0,1298	0,1348	0,1420	0,1470	0,1495	0,1508
	B(CB)	0,1257	0,1262	0,1272	0,1296	0,1349	0,1424	0,1508	0,1557	0,1581	0,1593
	B(CC)	0,1266	0,1273	0,1286	0,1314	0,1369	0,1441	0,1514	0,1553	0,1571	0,1579
	B(CD)	0,1254	0,1257	0,1262	0,1273	0,1296	0,1328	0,1358	0,1371	0,1376	0,1378
	B(CE)	0,1245	0,1241	0,1234	0,1218	0,1189	0,1152	0,1108	0,1079	0,1064	0,1057
	B(CF)	0,1238	0,1231	0,1217	0,1182	0,1100	0,0979	0,0835	0,0750	0,0709	0,0689
	D(AA)/A	-0,3715	-0,3962	-0,4378	-0,4973	-0,5218	-0,4229	-0,2291	-0,0979	-0,0325	-0,0000
	D(AB)/A	0,1266	0,1133	0,0848	0,0254	-0,0607	-0,0955	-0,0670	-0,0313	-0,0107	0
	D(AC)/A	0,1251	0,1379	0,1556	0,1679	0,1418	0,0844	0,0324	0,0112	0,0033	0,0000
	D(AD)/A	0,1238	0,1371	0,1615	0,2000	0,2206	0,1743	0,0892	0,0368	0,0120	0
	D(AE)/A	0,1229	0,1354	0,1592	0,2024	0,2445	0,2150	0,1210	0,0523	0,0175	0
	D(AF)/A	0,1223	0,1344	0,1572	0,1995	0,2487	0,2338	0,1413	0,0633	0,0215	0,0000
	D(BA)/A	-0,6798	-0,6428	-0,5816	-0,4862	-0,3580	-0,2350	-0,1149	-0,0475	-0,0156	0,0000
	D(BB)/A	-0,1832	-0,1860	-0,1857	-0,1729	-0,1368	-0,0931	-0,0473	-0,0200	-0,0066	0,0000
	D(BC)/A	0,3130	0,2804	0,2276	0,1525	0,0769	0,0338	0,0107	0,0033	0,0009	0,0000
	D(BD)/A	0,3099	0,3007	0,2802	0,2364	0,1655	0,0999	0,0449	0,0178	0,0057	0,0000
	D(BE)/A	0,3076	0,2983	0,2822	0,2522	0,1972	0,1321	0,0649	0,0268	0,0088	0,0000
	D(BF)/A	0,3061	0,2961	0,2795	0,2521	0,2066	0,1486	0,0783	0,0335	0,0112	0,0000
	D(CA)/A	-0,5539	-0,5470	-0,5255	-0,4655	-0,3445	-0,2184	-0,1041	-0,0426	-0,0140	-0,0000
	D(CB)/A	-0,5567	-0,5264	-0,4739	-0,3828	-0,2507	-0,1432	-0,0638	-0,0255	-0,0083	-0,0000
	D(CC)/A	-0,0608	-0,0600	-0,0591	-0,0556	-0,0422	-0,0258	-0,0122	-0,0051	-0,0017	-0,0000
	D(CD)/A	0,4348	0,4061	0,3554	0,2713	0,1638	0,0871	0,0363	0,0140	0,0045	-0,0000
	D(CE)/A	0,4316	0,4261	0,4076	0,3549	0,2498	0,1488	0,0675	0,0271	0,0088	-0,0000
	D(CF)/A	0,4295	0,4242	0,4104	0,3716	0,2841	0,1850	0,0902	0,0374	0,0123	-0,0000
500,00	B(AA)	0,2528	0,2544	0,2580	0,2671	0,2932	0,3487	0,4566	0,5625	0,6337	0,6758
	B(AB)	0,2513	0,2523	0,2545	0,2601	0,2753	0,3065	0,3678	0,4288	0,4700	0,4944
	B(AC)	0,2501	0,2502	0,2506	0,2517	0,2550	0,2629	0,2805	0,2992	0,3122	0,3199
	B(AD)	0,2491	0,2485	0,2473	0,2443	0,2367	0,2228	0,1990	0,1771	0,1628	0,1544
	B(AE)	0,2483	0,2472	0,2448	0,2388	0,2221	0,1886	0,1249	0,0626	0,0209	-0,0038
	B(AF)	0,2478	0,2465	0,2434	0,2356	0,2122	0,1608	0,0573	-0,0464	-0,1166	-0,1582
	B(BA)	0,1257	0,1262	0,1273	0,1300	0,1376	0,1533	0,1839	0,2144	0,2350	0,2472
	B(BB)	0,1259	0,1264	0,1273	0,1296	0,1354	0,1458	0,1649	0,1832	0,1955	0,2027
	B(BC)	0,1253	0,1255	0,1259	0,1269	0,1294	0,1337	0,1408	0,1472	0,1514	0,1539
	B(BD)	0,1248	0,1246	0,1243	0,1236	0,1221	0,1195	0,1141	0,1086	0,1047	0,1025
	B(BE)	0,1244	0,1240	0,1231	0,1210	0,1157	0,1059	0,0876	0,0696	0,0575	0,0503
	B(BF)	0,1242	0,1236	0,1224	0,1194	0,1111	0,0943	0,0624	0,0313	0,0104	-0,0019
	B(CA)	0,1250	0,1251	0,1253	0,1258	0,1275	0,1315	0,1402	0,1496	0,1561	0,1600
	B(CB)	0,1253	0,1255	0,1259	0,1269	0,1294	0,1337	0,1408	0,1472	0,1514	0,1539
	B(CC)	0,1257	0,1259	0,1265	0,1276	0,1300	0,1334	0,1377	0,1408	0,1427	0,1437
	B(CD)	0,1252	0,1253	0,1255	0,1259	0,1267	0,1277	0,1279	0,1270	0,1262	0,1257
	B(CE)	0,1248	0,1246	0,1243	0,1236	0,1221	0,1195	0,1141	0,1086	0,1047	0,1025
	B(CF)	0,1245	0,1243	0,1236	0,1221	0,1183	0,1114	0,0995	0,0886	0,0814	0,0772
	D(AA)/A	-0,3736	-0,3998	-0,4452	-0,5165	-0,5777	-0,5335	-0,3609	-0,1851	-0,0685	0,0000
	D(AB)/A	0,1257	0,1114	0,0806	0,0136	-0,0952	-0,1623	-0,1455	-0,0829	-0,0320	-0,0000
	D(AC)/A	0,1250	0,1378	0,1550	0,1656	0,1331	0,0654	0,0085	-0,0049	-0,0033	0
	D(AD)/A	0,1245	0,1383	0,1641	0,2063	0,2367	0,2022	0,1190	0,0556	0,0196	0
	D(AE)/A	0,1242	0,1377	0,1641	0,2152	0,2812	0,2848	0,2016	0,1049	0,0390	0
	D(AF)/A	0,1239	0,1372	0,1634	0,2162	0,2998	0,3384	0,2691	0,1487	0,0568	-0,0000
	D(BA)/A	-0,6844	-0,6498	-0,5935	-0,5084	-0,4010	-0,3014	-0,1849	-0,0920	-0,0337	0,0000
	D(BB)/A	-0,1857	-0,1903	-0,1932	-0,1873	-0,1641	-0,1338	-0,0892	-0,0464	-0,0173	0,0000
	D(BC)/A	0,3127	0,2798	0,2261	0,1490	0,0694	0,0217	-0,0023	-0,0050	-0,0025	0,0000
	D(BD)/A	0,3115	0,3031	0,2841	0,2434	0,1776	0,1162	0,0605	0,0272	0,0095	0,0000
	D(BE)/A	0,3105	0,3029	0,2902	0,2674	0,2257	0,1741	0,1077	0,0537	0,0197	0
	D(BF)/A	0,3099	0,3021	0,2899	0,2721	0,2467	0,2122	0,1466	0,0772	0,0290	-0,0000
	D(CA)/A	-0,5590	-0,5552	-0,5397	-0,4925	-0,3947	-0,2905	-0,1760	-0,0874	-0,0320	-0,0000
	D(CB)/A	-0,5602	-0,5321	-0,4839	-0,4017	-0,2840	-0,1886	-0,1077	-0,0525	-0,0191	-0,0000
	D(CC)/A	-0,0618	-0,0617	-0,0622	-0,0617	-0,0530	-0,0407	-0,0266	-0,0139	-0,0052	-0,0000
	D(CD)/A	0,4364	0,4086	0,3597	0,2790	0,1767	0,1037	0,0517	0,0233	0,0082	-0,0000
	D(CE)/A	0,4351	0,4318	0,4178	0,3741	0,2837	0,1947	0,1116	0,0542	0,0197	0
	D(CF)/A	0,4343	0,4318	0,4240	0,3976	0,3330	0,2559	0,1615	0,0819	0,0303	0,0000

Z	Z(T)	0,00	0,03	0,10	0,30	1,00	3,00	10,0	30,0	100	UNENDL
1000,00	B(AA)	0,2514	0,2522	0,2540	0,2587	0,2727	0,3055	0,3850	0,4942	0,5954	0,6713
	B(AB)	0,2507	0,2512	0,2523	0,2551	0,2634	0,2821	0,3283	0,3925	0,4523	0,4972
	B(AC)	0,2500	0,2501	0,2503	0,2509	0,2528	0,2577	0,2717	0,2923	0,3118	0,3265
	B(AD)	0,2495	0,2492	0,2486	0,2471	0,2431	0,2350	0,2179	0,1957	0,1755	0,1604
	B(AE)	0,2492	0,2486	0,2474	0,2443	0,2353	0,2154	0,1680	0,1032	0,0431	-0,0020
	B(AF)	0,2489	0,2482	0,2467	0,2426	0,2300	0,1994	0,1220	0,0140	-0,0866	-0,1624
	B(BA)	0,1253	0,1256	0,1261	0,1276	0,1317	0,1411	0,1642	0,1962	0,2261	0,2486
	B(BB)	0,1255	0,1257	0,1262	0,1274	0,1304	0,1367	0,1509	0,1702	0,1880	0,2014
	B(BC)	0,1251	0,1252	0,1255	0,1260	0,1273	0,1298	0,1349	0,1415	0,1475	0,1520
	B(BD)	0,1249	0,1248	0,1247	0,1243	0,1235	0,1218	0,1176	0,1114	0,1056	0,1013
	B(BE)	0,1247	0,1245	0,1240	0,1229	0,1201	0,1142	0,1003	0,0812	0,0635	0,0502
	B(BF)	0,1246	0,1243	0,1237	0,1221	0,1177	0,1077	0,0840	0,0516	0,0216	-0,0010
	B(CA)	0,1250	0,1251	0,1251	0,1254	0,1264	0,1289	0,1359	0,1461	0,1559	0,1632
	B(CB)	0,1251	0,1252	0,1255	0,1260	0,1273	0,1298	0,1349	0,1415	0,1475	0,1520
	B(CC)	0,1253	0,1255	0,1257	0,1263	0,1275	0,1294	0,1321	0,1348	0,1370	0,1386
	B(CD)	0,1251	0,1251	0,1252	0,1254	0,1259	0,1262	0,1258	0,1243	0,1226	0,1213
	B(CE)	0,1249	0,1248	0,1247	0,1243	0,1235	0,1218	0,1176	0,1114	0,1056	0,1013
	B(CF)	0,1248	0,1246	0,1243	0,1236	0,1215	0,1175	0,1089	0,0978	0,0877	0,0802
	D(AA)/A	-0,3743	-0,4010	-0,4477	-0,5234	-0,6001	-0,5890	-0,4599	-0,2806	-0,1193	-0,0000
	D(AB)/A	0,1253	0,1108	0,0791	0,0093	-0,1093	-0,1965	-0,2054	-0,1403	-0,0625	-0,0000
	D(AC)/A	0,1250	0,1377	0,1548	0,1647	0,1293	0,0551	-0,0107	-0,0237	-0,0134	-0,0000
	D(AD)/A	0,1248	0,1387	0,1649	0,2085	0,2431	0,2157	0,1404	0,0753	0,0300	-0,0000
	D(AE)/A	0,1246	0,1384	0,1657	0,2199	0,2961	0,3199	0,2622	0,1627	0,0696	-0,0000
	D(AF)/A	0,1245	0,1382	0,1655	0,2223	0,3205	0,3919	0,3667	0,2436	0,1074	0,0000
	D(BA)/A	-0,6859	-0,6522	-0,5976	-0,5163	-0,4183	-0,3348	-0,2375	-0,1407	-0,0593	-0,0000
	D(BB)/A	-0,1866	-0,1917	-0,1959	-0,1925	-0,1751	-0,1545	-0,1212	-0,0758	-0,0327	-0,0000
	D(BC)/A	0,3126	0,2796	0,2256	0,1477	0,0661	0,0152	-0,0127	-0,0147	-0,0075	-0,0000
	D(BD)/A	0,3120	0,3039	0,2855	0,2459	0,1823	0,1242	0,0717	0,0373	0,0147	-0,0000
	D(BE)/A	0,3115	0,3045	0,2930	0,2729	0,2372	0,1953	0,1400	0,0832	0,0351	-0,0000
	D(BF)/A	0,3112	0,3041	0,2934	0,2794	0,2630	0,2446	0,1986	0,1257	0,0545	-0,0000
	D(CA)/A	-0,5608	-0,5579	-0,5447	-0,5023	-0,4150	-0,3269	-0,2304	-0,1368	-0,0577	-0,0000
	D(CB)/A	-0,5613	-0,5340	-0,4873	-0,4084	-0,2975	-0,2116	-0,1409	-0,0823	-0,0345	-0,0000
	D(CC)/A	-0,0622	-0,0622	-0,0632	-0,0638	-0,0575	-0,0483	-0,0376	-0,0238	-0,0103	0,0000
	D(CD)/A	0,4370	0,4095	0,3612	0,2818	0,1818	0,1119	0,0631	0,0333	0,0133	0,0000
	D(CE)/A	0,4363	0,4338	0,4213	0,3810	0,2973	0,2178	0,1450	0,0840	0,0351	0,0000
	D(CF)/A	0,4359	0,4344	0,4287	0,4071	0,3529	0,2919	0,2156	0,1311	0,0559	0,0000

II. Auflagerreaktionen von Balken auf drei bis sechs unsymmetrischen Stützen (einseitig geneigter Brückenquerschnitt)

1. Der unsymmetrische Balken auf drei ungleichen, elastischen Stützen, Steifigkeitsverhältnis $r_a : r_b : r_c$

a) $r_a : r_b : r_c = 1{,}0 : 1{,}25 : 1{,}5$

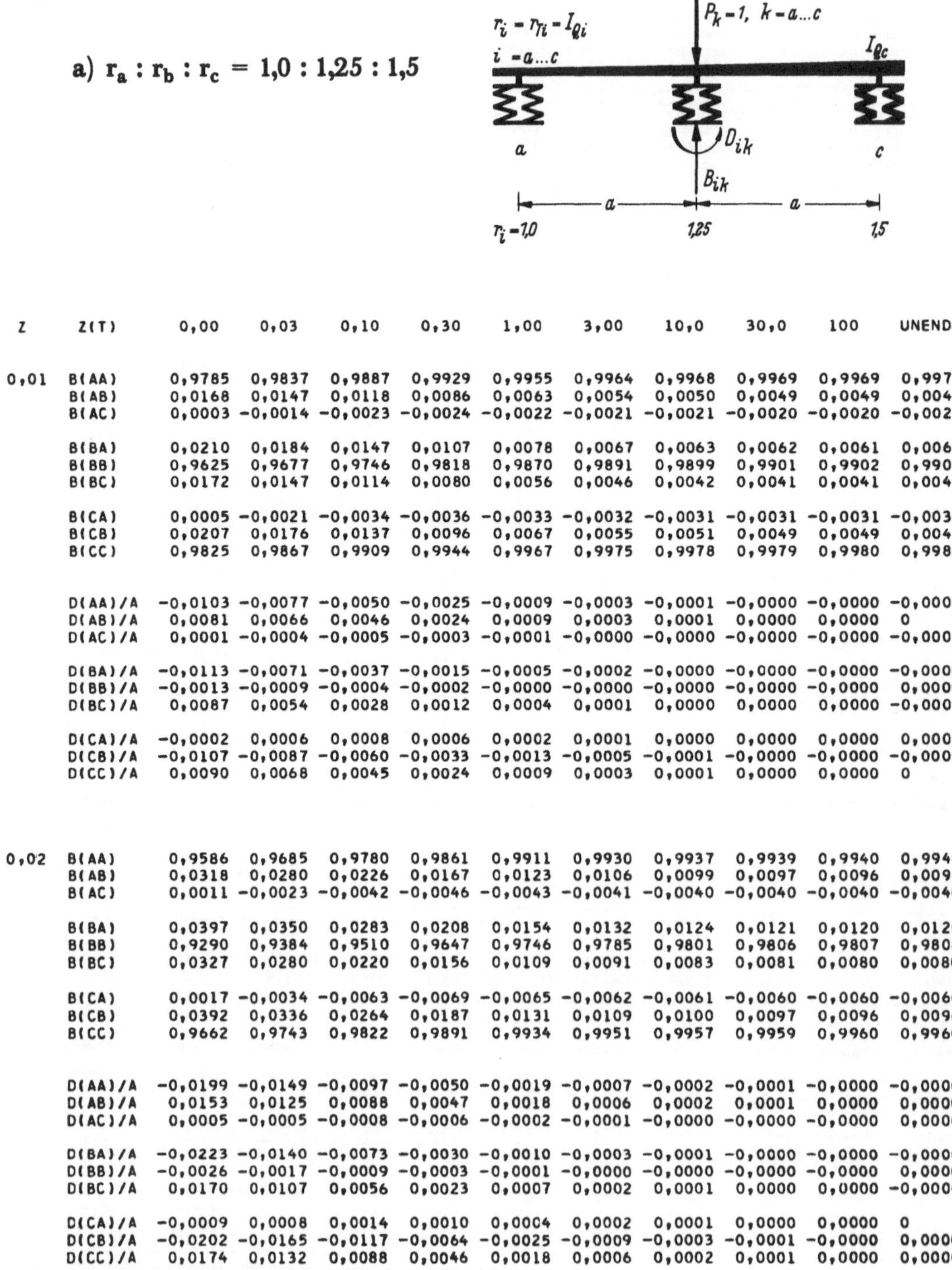

Z	Z(T)	0,00	0,03	0,10	0,30	1,00	3,00	10,0	30,0	100	UNENDL
0,01	B(AA)	0,9785	0,9837	0,9887	0,9929	0,9955	0,9964	0,9968	0,9969	0,9969	0,9970
	B(AB)	0,0168	0,0147	0,0118	0,0086	0,0063	0,0054	0,0050	0,0049	0,0049	0,0049
	B(AC)	0,0003	-0,0014	-0,0023	-0,0024	-0,0022	-0,0021	-0,0021	-0,0020	-0,0020	-0,0020
	B(BA)	0,0210	0,0184	0,0147	0,0107	0,0078	0,0067	0,0063	0,0062	0,0061	0,0061
	B(BB)	0,9625	0,9677	0,9746	0,9818	0,9870	0,9891	0,9899	0,9901	0,9902	0,9902
	B(BC)	0,0172	0,0147	0,0114	0,0080	0,0056	0,0046	0,0042	0,0041	0,0041	0,0041
	B(CA)	0,0005	-0,0021	-0,0034	-0,0036	-0,0033	-0,0032	-0,0031	-0,0031	-0,0031	-0,0030
	B(CB)	0,0207	0,0176	0,0137	0,0096	0,0067	0,0055	0,0051	0,0049	0,0049	0,0049
	B(CC)	0,9825	0,9867	0,9909	0,9944	0,9967	0,9975	0,9978	0,9979	0,9980	0,9980
	D(AA)/A	-0,0103	-0,0077	-0,0050	-0,0025	-0,0009	-0,0003	-0,0001	-0,0000	-0,0000	-0,0000
	D(AB)/A	0,0081	0,0066	0,0046	0,0024	0,0009	0,0003	0,0001	0,0000	0,0000	0
	D(AC)/A	0,0001	-0,0004	-0,0005	-0,0003	-0,0001	-0,0000	-0,0000	-0,0000	-0,0000	-0,0000
	D(BA)/A	-0,0113	-0,0071	-0,0037	-0,0015	-0,0005	-0,0002	-0,0000	-0,0000	-0,0000	-0,0000
	D(BB)/A	-0,0013	-0,0009	-0,0004	-0,0002	-0,0000	-0,0000	-0,0000	-0,0000	-0,0000	0,0000
	D(BC)/A	0,0087	0,0054	0,0028	0,0012	0,0004	0,0001	0,0000	0,0000	0,0000	-0,0000
	D(CA)/A	-0,0002	0,0006	0,0008	0,0006	0,0002	0,0001	0,0000	0,0000	0,0000	0,0000
	D(CB)/A	-0,0107	-0,0087	-0,0060	-0,0033	-0,0013	-0,0005	-0,0001	-0,0000	-0,0000	-0,0000
	D(CC)/A	0,0090	0,0068	0,0045	0,0024	0,0009	0,0003	0,0001	0,0000	0,0000	0
0,02	B(AA)	0,9586	0,9685	0,9780	0,9861	0,9911	0,9930	0,9937	0,9939	0,9940	0,9940
	B(AB)	0,0318	0,0280	0,0226	0,0167	0,0123	0,0106	0,0099	0,0097	0,0096	0,0096
	B(AC)	0,0011	-0,0023	-0,0042	-0,0046	-0,0043	-0,0041	-0,0040	-0,0040	-0,0040	-0,0040
	B(BA)	0,0397	0,0350	0,0283	0,0208	0,0154	0,0132	0,0124	0,0121	0,0120	0,0120
	B(BB)	0,9290	0,9384	0,9510	0,9647	0,9746	0,9785	0,9801	0,9806	0,9807	0,9808
	B(BC)	0,0327	0,0280	0,0220	0,0156	0,0109	0,0091	0,0083	0,0081	0,0080	0,0080
	B(CA)	0,0017	-0,0034	-0,0063	-0,0069	-0,0065	-0,0062	-0,0061	-0,0060	-0,0060	-0,0060
	B(CB)	0,0392	0,0336	0,0264	0,0187	0,0131	0,0109	0,0100	0,0097	0,0096	0,0096
	B(CC)	0,9662	0,9743	0,9822	0,9891	0,9934	0,9951	0,9957	0,9959	0,9960	0,9960
	D(AA)/A	-0,0199	-0,0149	-0,0097	-0,0050	-0,0019	-0,0007	-0,0002	-0,0001	-0,0000	-0,0000
	D(AB)/A	0,0153	0,0125	0,0088	0,0047	0,0018	0,0006	0,0002	0,0001	0,0000	0,0000
	D(AC)/A	0,0005	-0,0005	-0,0008	-0,0006	-0,0002	-0,0001	-0,0000	-0,0000	-0,0000	0,0000
	D(BA)/A	-0,0223	-0,0140	-0,0073	-0,0030	-0,0010	-0,0003	-0,0001	-0,0000	-0,0000	-0,0000
	D(BB)/A	-0,0026	-0,0017	-0,0009	-0,0003	-0,0001	-0,0000	-0,0000	-0,0000	-0,0000	0,0000
	D(BC)/A	0,0170	0,0107	0,0056	0,0023	0,0007	0,0002	0,0001	0,0000	0,0000	-0,0000
	D(CA)/A	-0,0009	0,0008	0,0014	0,0010	0,0004	0,0002	0,0001	0,0000	0,0000	0
	D(CB)/A	-0,0202	-0,0165	-0,0117	-0,0064	-0,0025	-0,0009	-0,0003	-0,0001	-0,0000	0,0000
	D(CC)/A	0,0174	0,0132	0,0088	0,0046	0,0018	0,0006	0,0002	0,0001	0,0000	0,0000

Z	Z(T)	0,00	0,03	0,10	0,30	1,00	3,00	10,0	30,0	100	UNENDL
0,05	B(AA)	0,9065	0,9278	0,9490	0,9672	0,9788	0,9832	0,9849	0,9854	0,9855	0,9856
	B(AB)	0,0680	0,0611	0,0507	0,0385	0,0291	0,0252	0,0237	0,0232	0,0231	0,0230
	B(AC)	0,0057	-0,0028	-0,0083	-0,0102	-0,0101	-0,0098	-0,0097	-0,0096	-0,0096	-0,0096
	B(BA)	0,0850	0,0764	0,0634	0,0481	0,0364	0,0315	0,0296	0,0291	0,0289	0,0288
	B(BB)	0,8471	0,8649	0,8897	0,9182	0,9400	0,9489	0,9524	0,9534	0,9538	0,9540
	B(BC)	0,0708	0,0617	0,0496	0,0361	0,0258	0,0216	0,0199	0,0194	0,0193	0,0192
	B(CA)	0,0085	-0,0042	-0,0124	-0,0154	-0,0152	-0,0147	-0,0145	-0,0144	-0,0144	-0,0144
	B(CB)	0,0849	0,0740	0,0595	0,0433	0,0310	0,0259	0,0239	0,0233	0,0231	0,0230
	B(CC)	0,9236	0,9411	0,9587	0,9742	0,9843	0,9882	0,9897	0,9902	0,9903	0,9904
	D(AA)/A	-0,0450	-0,0343	-0,0227	-0,0119	-0,0045	-0,0016	-0,0005	-0,0002	-0,0001	-0,0000
	D(AB)/A	0,0327	0,0274	0,0197	0,0109	0,0042	0,0015	0,0005	0,0002	0,0000	0
	D(AC)/A	0,0027	0,0000	-0,0013	-0,0011	-0,0005	-0,0002	-0,0001	-0,0000	-0,0000	0,0000
	D(BA)/A	-0,0526	-0,0337	-0,0180	-0,0075	-0,0024	-0,0008	-0,0002	-0,0001	-0,0000	-0,0000
	D(BB)/A	-0,0059	-0,0039	-0,0021	-0,0008	-0,0002	-0,0001	-0,0000	-0,0000	-0,0000	0,0000
	D(BC)/A	0,0400	0,0257	0,0137	0,0057	0,0018	0,0006	0,0002	0,0001	0,0000	0
	D(CA)/A	-0,0044	-0,0001	0,0021	0,0019	0,0009	0,0003	0,0001	0,0000	0,0000	-0,0000
	D(CB)/A	-0,0437	-0,0364	-0,0263	-0,0148	-0,0058	-0,0021	-0,0007	-0,0002	-0,0001	-0,0000
	D(CC)/A	0,0394	0,0304	0,0205	0,0110	0,0043	0,0016	0,0005	0,0002	0,0000	0
0,10	B(AA)	0,8376	0,8725	0,9083	0,9400	0,9607	0,9686	0,9717	0,9727	0,9730	0,9731
	B(AB)	0,1097	0,1008	0,0866	0,0684	0,0533	0,0468	0,0442	0,0434	0,0431	0,0430
	B(AC)	0,0169	0,0010	-0,0111	-0,0170	-0,0182	-0,0181	-0,0180	-0,0179	-0,0179	-0,0179
	B(BA)	0,1371	0,1261	0,1083	0,0855	0,0666	0,0585	0,0552	0,0543	0,0539	0,0538
	B(BB)	0,7513	0,7754	0,8109	0,8544	0,8899	0,9051	0,9112	0,9130	0,9137	0,9140
	B(BC)	0,1159	0,1031	0,0854	0,0643	0,0474	0,0401	0,0372	0,0363	0,0360	0,0358
	B(CA)	0,0254	0,0015	-0,0166	-0,0254	-0,0273	-0,0271	-0,0270	-0,0269	-0,0269	-0,0269
	B(CB)	0,1390	0,1238	0,1025	0,0772	0,0568	0,0481	0,0446	0,0435	0,0432	0,0430
	B(CC)	0,8672	0,8959	0,9257	0,9526	0,9708	0,9780	0,9808	0,9817	0,9820	0,9821
	D(AA)/A	-0,0782	-0,0607	-0,0412	-0,0221	-0,0085	-0,0031	-0,0010	-0,0003	-0,0001	-0,0000
	D(AB)/A	0,0528	0,0452	0,0335	0,0192	0,0077	0,0028	0,0009	0,0003	0,0001	-0,0000
	D(AC)/A	0,0081	0,0029	-0,0005	-0,0013	-0,0007	-0,0003	-0,0001	-0,0000	-0,0000	-0,0000
	D(BA)/A	-0,0965	-0,0636	-0,0347	-0,0148	-0,0048	-0,0016	-0,0005	-0,0002	-0,0000	-0,0000
	D(BB)/A	-0,0106	-0,0072	-0,0040	-0,0016	-0,0005	-0,0002	-0,0000	-0,0000	-0,0000	0
	D(BC)/A	0,0731	0,0484	0,0265	0,0112	0,0036	0,0012	0,0004	0,0001	0,0000	0,0000
	D(CA)/A	-0,0131	-0,0047	0,0008	0,0022	0,0013	0,0005	0,0002	0,0001	0,0000	0,0000
	D(CB)/A	-0,0716	-0,0609	-0,0454	-0,0264	-0,0108	-0,0040	-0,0012	-0,0004	-0,0001	-0,0000
	D(CC)/A	0,0684	0,0539	0,0373	0,0205	0,0081	0,0030	0,0009	0,0003	0,0001	-0,0000
0,20	B(AA)	0,7400	0,7905	0,8454	0,8963	0,9310	0,9446	0,9500	0,9516	0,9522	0,9525
	B(AB)	0,1575	0,1490	0,1337	0,1116	0,0911	0,0817	0,0779	0,0767	0,0763	0,0761
	B(AC)	0,0421	0,0155	-0,0084	-0,0239	-0,0299	-0,0312	-0,0316	-0,0317	-0,0317	-0,0317
	B(BA)	0,1969	0,1863	0,1671	0,1395	0,1139	0,1022	0,0973	0,0958	0,0953	0,0951
	B(BB)	0,6380	0,6643	0,7057	0,7613	0,8113	0,8341	0,8435	0,8464	0,8474	0,8479
	B(BC)	0,1705	0,1556	0,1339	0,1059	0,0813	0,0702	0,0655	0,0641	0,0636	0,0634
	B(CA)	0,0631	0,0232	-0,0126	-0,0358	-0,0449	-0,0468	-0,0474	-0,0475	-0,0475	-0,0475
	B(CB)	0,2046	0,1867	0,1606	0,1271	0,0976	0,0842	0,0786	0,0769	0,0763	0,0761
	B(CC)	0,7875	0,8289	0,8745	0,9179	0,9486	0,9611	0,9660	0,9675	0,9681	0,9683
	D(AA)/A	-0,1252	-0,1003	-0,0704	-0,0391	-0,0155	-0,0057	-0,0018	-0,0006	-0,0002	-0,0000
	D(AB)/A	0,0758	0,0666	0,0516	0,0312	0,0131	0,0049	0,0015	0,0005	0,0002	0
	D(AC)/A	0,0203	0,0113	0,0039	0,0000	-0,0005	-0,0003	-0,0001	-0,0000	-0,0000	-0,0000
	D(BA)/A	-0,1654	-0,1140	-0,0651	-0,0286	-0,0095	-0,0032	-0,0010	-0,0003	-0,0001	0,0000
	D(BB)/A	-0,0175	-0,0124	-0,0072	-0,0031	-0,0010	-0,0003	-0,0001	-0,0000	-0,0000	0
	D(BC)/A	0,1249	0,0863	0,0494	0,0217	0,0071	0,0024	0,0007	0,0002	0,0001	0,0000
	D(CA)/A	-0,0325	-0,0184	-0,0065	-0,0002	0,0009	0,0004	0,0002	0,0001	0,0000	0
	D(CB)/A	-0,1054	-0,0920	-0,0713	-0,0437	-0,0186	-0,0070	-0,0022	-0,0007	-0,0002	0,0000
	D(CC)/A	0,1095	0,0889	0,0638	0,0365	0,0149	0,0056	0,0017	0,0006	0,0002	-0,0000
0,50	B(AA)	0,5842	0,6471	0,7261	0,8091	0,8710	0,8967	0,9071	0,9102	0,9113	0,9118
	B(AB)	0,2116	0,2070	0,1969	0,1788	0,1585	0,1480	0,1434	0,1419	0,1414	0,1412
	B(AC)	0,1009	0,0627	0,0186	-0,0217	-0,0461	-0,0545	-0,0575	-0,0584	-0,0587	-0,0588
	B(BA)	0,2644	0,2587	0,2461	0,2235	0,1982	0,1850	0,1792	0,1774	0,1768	0,1765
	B(BB)	0,5015	0,5223	0,5579	0,6125	0,6698	0,6989	0,7117	0,7156	0,7170	0,7176
	B(BC)	0,2391	0,2256	0,2043	0,1739	0,1431	0,1276	0,1208	0,1187	0,1180	0,1176
	B(CA)	0,1513	0,0941	0,0278	-0,0326	-0,0691	-0,0817	-0,0863	-0,0876	-0,0880	-0,0882
	B(CB)	0,2870	0,2707	0,2452	0,2087	0,1717	0,1531	0,1450	0,1425	0,1416	0,1412
	B(CC)	0,6600	0,7116	0,7771	0,8478	0,9030	0,9269	0,9367	0,9397	0,9407	0,9412

Z	Z(T)	0,00	0,03	0,10	0,30	1,00	3,00	10,0	30,0	100	UNENDL
	D(AA)/A	-0,2002	-0,1701	-0,1278	-0,0761	-0,0319	-0,0120	-0,0038	-0,0013	-0,0004	0
	D(AB)/A	0,1019	0,0923	0,0755	0,0495	0,0224	0,0087	0,0028	0,0009	0,0003	0
	D(AC)/A	0,0486	0,0365	0,0223	0,0095	0,0026	0,0008	0,0002	0,0001	0,0000	0,0000
	D(BA)/A	-0,2890	-0,2174	-0,1366	-0,0654	-0,0229	-0,0080	-0,0024	-0,0008	-0,0002	0,0000
	D(BB)/A	-0,0294	-0,0224	-0,0143	-0,0069	-0,0024	-0,0008	-0,0002	-0,0001	-0,0000	0,0000
	D(BC)/A	0,2172	0,1636	0,1030	0,0493	0,0172	0,0060	0,0018	0,0006	0,0002	0,0000
	D(CA)/A	-0,0780	-0,0595	-0,0374	-0,0168	-0,0051	-0,0016	-0,0005	-0,0001	-0,0000	0
	D(CB)/A	-0,1478	-0,1337	-0,1095	-0,0725	-0,0332	-0,0130	-0,0042	-0,0014	-0,0004	0,0000
	D(CC)/A	0,1752	0,1510	0,1162	0,0716	0,0311	0,0119	0,0038	0,0013	0,0004	0,0000
1,00	B(AA)	0,4734	0,5315	0,6160	0,7210	0,8112	0,8519	0,8688	0,8739	0,8758	0,8765
	B(AB)	0,2374	0,2357	0,2314	0,2219	0,2095	0,2024	0,1991	0,1981	0,1977	0,1975
	B(AC)	0,1533	0,1159	0,0632	0,0011	-0,0488	-0,0699	-0,0784	-0,0810	-0,0819	-0,0823
	B(BA)	0,2967	0,2947	0,2892	0,2774	0,2619	0,2530	0,2489	0,2476	0,2471	0,2469
	B(BB)	0,4297	0,4436	0,4689	0,5107	0,5595	0,5866	0,5990	0,6029	0,6043	0,6049
	B(BC)	0,2775	0,2672	0,2498	0,2228	0,1924	0,1758	0,1682	0,1658	0,1650	0,1646
	B(CA)	0,2299	0,1738	0,0948	0,0016	-0,0731	-0,1049	-0,1177	-0,1215	-0,1229	-0,1235
	B(CB)	0,3330	0,3206	0,2998	0,2673	0,2309	0,2110	0,2019	0,1990	0,1980	0,1975
	B(CC)	0,5692	0,6170	0,6870	0,7762	0,8563	0,8941	0,9102	0,9152	0,9169	0,9177
	D(AA)/A	-0,2536	-0,2270	-0,1826	-0,1172	-0,0521	-0,0202	-0,0064	-0,0022	-0,0007	-0,0000
	D(AB)/A	0,1143	0,1049	0,0880	0,0604	0,0288	0,0116	0,0037	0,0013	0,0004	0,0000
	D(AC)/A	0,0738	0,0640	0,0484	0,0278	0,0107	0,0038	0,0012	0,0004	0,0001	0,0000
	D(BA)/A	-0,3845	-0,3111	-0,2152	-0,1144	-0,0434	-0,0156	-0,0048	-0,0016	-0,0005	-0,0000
	D(BB)/A	-0,0384	-0,0312	-0,0217	-0,0117	-0,0045	-0,0016	-0,0005	-0,0002	-0,0001	0,0000
	D(BC)/A	0,2883	0,2333	0,1615	0,0860	0,0327	0,0118	0,0036	0,0012	0,0004	-0,0000
	D(CA)/A	-0,1184	-0,1042	-0,0810	-0,0490	-0,0202	-0,0075	-0,0023	-0,0008	-0,0002	-0,0000
	D(CB)/A	-0,1715	-0,1586	-0,1347	-0,0941	-0,0457	-0,0185	-0,0060	-0,0020	-0,0006	-0,0000
	D(CC)/A	0,2219	0,2016	0,1663	0,1110	0,0515	0,0204	0,0066	0,0022	0,0007	0,0000
2,00	B(AA)	0,3888	0,4324	0,5058	0,6179	0,7389	0,8032	0,8321	0,8411	0,8443	0,8458
	B(AB)	0,2518	0,2517	0,2511	0,2495	0,2478	0,2471	0,2469	0,2468	0,2468	0,2468
	B(AC)	0,1976	0,1686	0,1202	0,0468	-0,0324	-0,0747	-0,0938	-0,0997	-0,1019	-0,1028
	B(BA)	0,3148	0,3146	0,3138	0,3119	0,3097	0,3089	0,3086	0,3085	0,3085	0,3085
	B(BB)	0,3853	0,3936	0,4091	0,4364	0,4711	0,4918	0,5016	0,5048	0,5059	0,5064
	B(BC)	0,3024	0,2956	0,2832	0,2617	0,2343	0,2176	0,2096	0,2070	0,2061	0,2057
	B(CA)	0,2964	0,2530	0,1803	0,0702	-0,0487	-0,1121	-0,1406	-0,1496	-0,1528	-0,1542
	B(CB)	0,3629	0,3547	0,3398	0,3141	0,2812	0,2611	0,2515	0,2484	0,2473	0,2468
	B(CC)	0,5000	0,5358	0,5966	0,6915	0,7981	0,8571	0,8842	0,8927	0,8958	0,8972
	D(AA)/A	-0,2943	-0,2760	-0,2386	-0,1689	-0,0822	-0,0332	-0,0108	-0,0037	-0,0011	-0,0000
	D(AB)/A	0,1212	0,1117	0,0946	0,0662	0,0325	0,0133	0,0043	0,0015	0,0004	0
	D(AC)/A	0,0952	0,0910	0,0802	0,0574	0,0277	0,0111	0,0036	0,0012	0,0004	0
	D(BA)/A	-0,4607	-0,3964	-0,3017	-0,1827	-0,0784	-0,0300	-0,0095	-0,0032	-0,0010	-0,0000
	D(BB)/A	-0,0454	-0,0390	-0,0297	-0,0183	-0,0082	-0,0032	-0,0010	-0,0004	-0,0001	0
	D(BC)/A	0,3449	0,2967	0,2259	0,1371	0,0591	0,0227	0,0072	0,0024	0,0007	-0,0000
	D(CA)/A	-0,1527	-0,1482	-0,1343	-0,1008	-0,0518	-0,0215	-0,0070	-0,0024	-0,0007	0,0000
	D(CB)/A	-0,1869	-0,1757	-0,1536	-0,1125	-0,0577	-0,0241	-0,0079	-0,0027	-0,0008	0,0000
	D(CC)/A	0,2576	0,2452	0,2176	0,1609	0,0826	0,0344	0,0113	0,0039	0,0012	0,0000
5,00	B(AA)	0,3216	0,3450	0,3905	0,4799	0,6207	0,7277	0,7872	0,8076	0,8153	0,8186
	B(AB)	0,2608	0,2611	0,2619	0,2647	0,2728	0,2815	0,2870	0,2891	0,2899	0,2902
	B(AC)	0,2350	0,2191	0,1881	0,1261	0,0255	-0,0530	-0,0973	-0,1127	-0,1184	-0,1209
	B(BA)	0,3260	0,3263	0,3274	0,3309	0,3410	0,3518	0,3588	0,3614	0,3623	0,3628
	B(BB)	0,3552	0,3589	0,3660	0,3793	0,3979	0,4102	0,4164	0,4185	0,4193	0,4196
	B(BC)	0,3201	0,3167	0,3101	0,2966	0,2744	0,2570	0,2471	0,2437	0,2424	0,2418
	B(CA)	0,3525	0,3286	0,2821	0,1891	0,0383	-0,0795	-0,1460	-0,1690	-0,1776	-0,1814
	B(CB)	0,3841	0,3800	0,3721	0,3559	0,3293	0,3084	0,2965	0,2924	0,2909	0,2902
	B(CC)	0,4450	0,4642	0,5018	0,5773	0,7000	0,7960	0,8502	0,8690	0,8760	0,8791
	D(AA)/A	-0,3267	-0,3194	-0,2979	-0,2413	-0,1406	-0,0638	-0,0219	-0,0076	-0,0023	0
	D(AB)/A	0,1256	0,1155	0,0976	0,0675	0,0320	0,0125	0,0040	0,0013	0,0004	-0,0000
	D(AC)/A	0,1131	0,1166	0,1173	0,1046	0,0671	0,0321	0,0113	0,0040	0,0012	0
	D(BA)/A	-0,5227	-0,4743	-0,3974	-0,2844	-0,1521	-0,0672	-0,0229	-0,0079	-0,0024	-0,0000
	D(BB)/A	-0,0510	-0,0460	-0,0385	-0,0281	-0,0160	-0,0074	-0,0026	-0,0009	-0,0003	-0,0000
	D(BC)/A	0,3910	0,3545	0,2970	0,2131	0,1147	0,0509	0,0174	0,0060	0,0018	-0,0000
	D(CA)/A	-0,1816	-0,1900	-0,1963	-0,1835	-0,1248	-0,0618	-0,0221	-0,0078	-0,0024	-0,0000
	D(CB)/A	-0,1979	-0,1885	-0,1693	-0,1306	-0,0726	-0,0321	-0,0109	-0,0038	-0,0011	0,0000
	D(CC)/A	0,2859	0,2837	0,2720	0,2311	0,1436	0,0679	0,0238	0,0083	0,0025	0,0000

Z	Z(T)	0,00	0,03	0,10	0,30	1,00	3,00	10,0	30,0	100	UNENDL
10,00	B(AA)	0,2953	0,3084	0,3355	0,3963	0,5210	0,6530	0,7482	0,7859	0,8007	0,8073
	B(AB)	0,2637	0,2640	0,2647	0,2675	0,2771	0,2905	0,3013	0,3057	0,3075	0,3083
	B(AC)	0,2500	0,2411	0,2224	0,1795	0,0884	-0,0108	-0,0832	-0,1120	-0,1234	-0,1285
	B(BA)	0,3297	0,3300	0,3309	0,3344	0,3464	0,3632	0,3766	0,3822	0,3844	0,3854
	B(BB)	0,3444	0,3464	0,3501	0,3573	0,3681	0,3762	0,3808	0,3825	0,3831	0,3834
	B(BC)	0,3265	0,3247	0,3210	0,3126	0,2956	0,2778	0,2649	0,2598	0,2578	0,2569
	B(CA)	0,3750	0,3616	0,3337	0,2693	0,1325	-0,0162	-0,1248	-0,1681	-0,1851	-0,1927
	B(CB)	0,3918	0,3897	0,3852	0,3751	0,3548	0,3333	0,3179	0,3118	0,3094	0,3083
	B(CC)	0,4235	0,4342	0,4566	0,5078	0,6160	0,7330	0,8183	0,8522	0,8656	0,8715
	D(AA)/A	-0,3393	-0,3376	-0,3264	-0,2861	-0,1939	-0,1015	-0,0382	-0,0138	-0,0042	-0,0000
	D(AB)/A	0,1270	0,1167	0,0981	0,0663	0,0286	0,0094	0,0025	0,0008	0,0002	-0,0000
	D(AC)/A	0,1204	0,1278	0,1359	0,1355	0,1055	0,0598	0,0234	0,0085	0,0026	-0,0000
	D(BA)/A	-0,5472	-0,5075	-0,4443	-0,3492	-0,2217	-0,1145	-0,0431	-0,0155	-0,0048	-0,0000
	D(BB)/A	-0,0532	-0,0490	-0,0427	-0,0343	-0,0233	-0,0127	-0,0049	-0,0018	-0,0006	0,0000
	D(BC)/A	0,4092	0,3792	0,3318	0,2614	0,1672	0,0869	0,0328	0,0118	0,0037	0,0000
	D(CA)/A	-0,1932	-0,2082	-0,2275	-0,2377	-0,1959	-0,1148	-0,0457	-0,0167	-0,0052	-0,0000
	D(CB)/A	-0,2019	-0,1934	-0,1758	-0,1396	-0,0829	-0,0395	-0,0141	-0,0050	-0,0015	-0,0000
	D(CC)/A	0,2970	0,2999	0,2981	0,2748	0,1997	0,1095	0,0422	0,0153	0,0047	-0,0000
20,00	B(AA)	0,2813	0,2882	0,3031	0,3394	0,4303	0,5623	0,6946	0,7599	0,7880	0,8011
	B(AB)	0,2652	0,2654	0,2658	0,2677	0,2756	0,2898	0,3054	0,3132	0,3166	0,3182
	B(AC)	0,2581	0,2534	0,2431	0,2173	0,1502	0,0502	-0,0508	-0,1009	-0,1225	-0,1326
	B(BA)	0,3315	0,3317	0,3323	0,3347	0,3444	0,3623	0,3817	0,3915	0,3958	0,3977
	B(BB)	0,3385	0,3399	0,3418	0,3456	0,3516	0,3569	0,3608	0,3626	0,3633	0,3636
	B(BC)	0,3299	0,3289	0,3269	0,3222	0,3107	0,2944	0,2782	0,2702	0,2668	0,2652
	B(CA)	0,3872	0,3801	0,3646	0,3259	0,2253	0,0754	-0,0763	-0,1514	-0,1838	-0,1989
	B(CB)	0,3959	0,3947	0,3923	0,3866	0,3728	0,3533	0,3338	0,3242	0,3201	0,3182
	B(CC)	0,4120	0,4177	0,4300	0,4606	0,5391	0,6554	0,7727	0,8307	0,8557	0,8674
	D(AA)/A	-0,3460	-0,3476	-0,3432	-0,3169	-0,2437	-0,1506	-0,0656	-0,0252	-0,0080	-0,0000
	D(AB)/A	0,1277	0,1172	0,0981	0,0650	0,0245	0,0045	-0,0005	-0,0005	-0,0002	-0,0000
	D(AC)/A	0,1243	0,1340	0,1470	0,1571	0,1421	0,0967	0,0442	0,0172	0,0055	0,0000
	D(BA)/A	-0,5604	-0,5259	-0,4722	-0,3940	-0,2875	-0,1770	-0,0775	-0,0298	-0,0095	-0,0000
	D(BB)/A	-0,0544	-0,0507	-0,0453	-0,0386	-0,0302	-0,0197	-0,0089	-0,0035	-0,0011	-0,0000
	D(BC)/A	0,4189	0,3928	0,3525	0,2949	0,2169	0,1344	0,0591	0,0228	0,0072	-0,0000
	D(CA)/A	-0,1995	-0,2183	-0,2461	-0,2755	-0,2638	-0,1855	-0,0861	-0,0337	-0,0108	0
	D(CB)/A	-0,2039	-0,1960	-0,1794	-0,1452	-0,0916	-0,0482	-0,0191	-0,0071	-0,0022	-0,0000
	D(CC)/A	0,3029	0,3089	0,3136	0,3047	0,2521	0,1638	0,0733	0,0284	0,0090	0,0000
50,00	B(AA)	0,2726	0,2755	0,2818	0,2981	0,3459	0,4414	0,5924	0,7046	0,7655	0,7972
	B(AB)	0,2661	0,2661	0,2664	0,2673	0,2716	0,2822	0,3000	0,3134	0,3207	0,3245
	B(AC)	0,2632	0,2612	0,2568	0,2452	0,2097	0,1372	0,0217	-0,0642	-0,1109	-0,1352
	B(BA)	0,3326	0,3327	0,3330	0,3341	0,3395	0,3528	0,3750	0,3917	0,4008	0,4056
	B(BB)	0,3356	0,3360	0,3368	0,3383	0,3409	0,3438	0,3471	0,3493	0,3505	0,3511
	B(BC)	0,3319	0,3316	0,3307	0,3286	0,3229	0,3117	0,2941	0,2811	0,2741	0,2704
	B(CA)	0,3948	0,3918	0,3853	0,3678	0,3146	0,2058	0,0326	-0,0963	-0,1663	-0,2028
	B(CB)	0,3983	0,3979	0,3969	0,3944	0,3874	0,3740	0,3529	0,3373	0,3289	0,3245
	B(CC)	0,4049	0,4072	0,4124	0,4262	0,4674	0,5511	0,6842	0,7831	0,8368	0,8648
	D(AA)/A	-0,3502	-0,3539	-0,3543	-0,3394	-0,2907	-0,2181	-0,1221	-0,0547	-0,0187	0
	D(AB)/A	0,1281	0,1176	0,0981	0,0639	0,0203	-0,0027	-0,0069	-0,0039	-0,0014	0,0000
	D(AC)/A	0,1267	0,1380	0,1545	0,1730	0,1769	0,1477	0,0871	0,0397	0,0136	0,0000
	D(BA)/A	-0,5686	-0,5377	-0,4907	-0,4269	-0,3497	-0,2631	-0,1484	-0,0667	-0,0228	-0,0000
	D(BB)/A	-0,0552	-0,0517	-0,0469	-0,0418	-0,0368	-0,0294	-0,0171	-0,0078	-0,0027	-0,0000
	D(BC)/A	0,4250	0,4015	0,3662	0,3194	0,2638	0,1999	0,1132	0,0509	0,0174	-0,0000
	D(CA)/A	-0,2034	-0,2248	-0,2585	-0,3034	-0,3283	-0,2832	-0,1697	-0,0777	-0,0267	-0,0000
	D(CB)/A	-0,2052	-0,1976	-0,1817	-0,1492	-0,0993	-0,0597	-0,0290	-0,0123	-0,0041	-0,0000
	D(CC)/A	0,3066	0,3145	0,3237	0,3266	0,3016	0,2385	0,1372	0,0620	0,0213	0
100,00	B(AA)	0,2696	0,2711	0,2743	0,2828	0,3093	0,3707	0,5006	0,6382	0,7359	0,7959
	B(AB)	0,2664	0,2664	0,2665	0,2670	0,2695	0,2763	0,2916	0,3079	0,3195	0,3266
	B(AC)	0,2649	0,2639	0,2617	0,2556	0,2359	0,1892	0,0899	-0,0154	-0,0902	-0,1361
	B(BA)	0,3330	0,3330	0,3332	0,3338	0,3368	0,3454	0,3644	0,3848	0,3993	0,4082
	B(BB)	0,3345	0,3347	0,3351	0,3358	0,3372	0,3388	0,3414	0,3440	0,3457	0,3468
	B(BC)	0,3326	0,3324	0,3320	0,3309	0,3278	0,3207	0,3058	0,2901	0,2790	0,2722
	B(CA)	0,3974	0,3959	0,3925	0,3834	0,3539	0,2839	0,1349	-0,0230	-0,1353	-0,2041
	B(CB)	0,3992	0,3989	0,3984	0,3971	0,3934	0,3848	0,3670	0,3482	0,3348	0,3266
	B(CC)	0,4024	0,4036	0,4063	0,4134	0,4363	0,4900	0,6042	0,7252	0,8112	0,8639

Z	Z(T)	0,00	0,03	0,10	0,30	1,00	3,00	10,0	30,0	100	UNENDL
	D(AA)/A	-0,3517	-0,3561	-0,3582	-0,3477	-0,3112	-0,2580	-0,1739	-0,0920	-0,0348	-0,0000
	D(AB)/A	0,1283	0,1177	0,0981	0,0634	0,0184	-0,0071	-0,0129	-0,0082	-0,0033	-0,0000
	D(AC)/A	0,1276	0,1394	0,1571	0,1790	0,1921	0,1779	0,1267	0,0682	0,0260	-0,0000
	D(BA)/A	-0,5714	-0,5417	-0,4971	-0,4391	-0,3769	-0,3140	-0,2137	-0,1134	-0,0430	-0,0000
	D(BB)/A	-0,0554	-0,0521	-0,0475	-0,0429	-0,0397	-0,0351	-0,0247	-0,0132	-0,0050	0
	D(BC)/A	0,4271	0,4045	0,3710	0,3285	0,2843	0,2386	0,1630	0,0866	0,0329	0,0000
	D(CA)/A	-0,2047	-0,2270	-0,2629	-0,3138	-0,3565	-0,3411	-0,2467	-0,1334	-0,0509	-0,0000
	D(CB)/A	-0,2056	-0,1981	-0,1824	-0,1506	-0,1026	-0,0663	-0,0379	-0,0188	-0,0070	-0,0000
	D(CC)/A	0,3078	0,3164	0,3273	0,3347	0,3232	0,2827	0,1961	0,1046	0,0398	0
200,00	B(AA)	0,2682	0,2689	0,2705	0,2749	0,2888	0,3242	0,4165	0,5523	0,6875	0,7952
	B(AB)	0,2665	0,2665	0,2666	0,2669	0,2681	0,2721	0,2829	0,2989	0,3149	0,3277
	B(AC)	0,2658	0,2653	0,2642	0,2611	0,2507	0,2238	0,1533	0,0493	-0,0541	-0,1365
	B(BA)	0,3332	0,3332	0,3332	0,3336	0,3352	0,3401	0,3536	0,3737	0,3937	0,4096
	B(BB)	0,3339	0,3340	0,3342	0,3346	0,3353	0,3362	0,3379	0,3404	0,3427	0,3446
	B(BC)	0,3330	0,3329	0,3327	0,3321	0,3305	0,3264	0,3160	0,3006	0,2853	0,2731
	B(CA)	0,3987	0,3979	0,3962	0,3916	0,3760	0,3356	0,2299	0,0740	-0,0812	-0,2048
	B(CB)	0,3996	0,3995	0,3992	0,3986	0,3966	0,3917	0,3792	0,3607	0,3423	0,3277
	B(CC)	0,4012	0,4018	0,4032	0,4068	0,4189	0,4498	0,5308	0,6501	0,7688	0,8635
	D(AA)/A	-0,3524	-0,3572	-0,3602	-0,3520	-0,3226	-0,2843	-0,2218	-0,1408	-0,0622	-0,0000
	D(AB)/A	0,1283	0,1177	0,0981	0,0632	0,0173	-0,0100	-0,0184	-0,0140	-0,0065	-0,0000
	D(AC)/A	0,1280	0,1400	0,1584	0,1821	0,2007	0,1979	0,1632	0,1055	0,0469	0
	D(BA)/A	-0,5728	-0,5437	-0,5004	-0,4455	-0,3922	-0,3477	-0,2739	-0,1746	-0,0772	-0,0000
	D(BB)/A	-0,0555	-0,0522	-0,0478	-0,0436	-0,0413	-0,0389	-0,0317	-0,0204	-0,0091	0
	D(BC)/A	0,4281	0,4060	0,3735	0,3333	0,2958	0,2642	0,2090	0,1334	0,0590	0,0000
	D(CA)/A	-0,2054	-0,2281	-0,2651	-0,3192	-0,3724	-0,3794	-0,3177	-0,2064	-0,0919	0
	D(CB)/A	-0,2058	-0,1984	-0,1828	-0,1513	-0,1044	-0,0707	-0,0462	-0,0274	-0,0118	-0,0000
	D(CC)/A	0,3085	0,3174	0,3291	0,3389	0,3353	0,3119	0,2503	0,1604	0,0711	-0,0000
500,00	B(AA)	0,2673	0,2676	0,2682	0,2700	0,2757	0,2913	0,3387	0,4355	0,5886	0,7948
	B(AB)	0,2666	0,2666	0,2666	0,2667	0,2673	0,2690	0,2746	0,2860	0,3040	0,3283
	B(AC)	0,2663	0,2661	0,2657	0,2644	0,2601	0,2483	0,2120	0,1381	0,0209	-0,1368
	B(BA)	0,3333	0,3333	0,3333	0,3334	0,3341	0,3363	0,3432	0,3575	0,3800	0,4104
	B(BB)	0,3336	0,3336	0,3337	0,3338	0,3341	0,3345	0,3354	0,3371	0,3397	0,3433
	B(BC)	0,3332	0,3332	0,3331	0,3328	0,3322	0,3304	0,3250	0,3141	0,2969	0,2736
	B(CA)	0,3995	0,3992	0,3985	0,3966	0,3902	0,3725	0,3181	0,2071	0,0314	-0,2052
	B(CB)	0,3998	0,3998	0,3997	0,3994	0,3986	0,3965	0,3900	0,3770	0,3562	0,3283
	B(CC)	0,4005	0,4007	0,4013	0,4027	0,4077	0,4213	0,4629	0,5478	0,6822	0,8632
	D(AA)/A	-0,3528	-0,3579	-0,3614	-0,3547	-0,3300	-0,3030	-0,2661	-0,2074	-0,1186	-0,0000
	D(AB)/A	0,1284	0,1177	0,0981	0,0630	0,0166	-0,0120	-0,0235	-0,0218	-0,0132	-0,0000
	D(AC)/A	0,1282	0,1405	0,1592	0,1840	0,2062	0,2121	0,1970	0,1564	0,0900	-0,0000
	D(BA)/A	-0,5736	-0,5449	-0,5025	-0,4494	-0,4019	-0,3716	-0,3297	-0,2581	-0,1478	-0,0000
	D(BB)/A	-0,0556	-0,0524	-0,0480	-0,0439	-0,0423	-0,0416	-0,0381	-0,0302	-0,0174	-0,0000
	D(BC)/A	0,4288	0,4069	0,3750	0,3362	0,3032	0,2824	0,2516	0,1972	0,1130	0,0000
	D(CA)/A	-0,2058	-0,2288	-0,2665	-0,3225	-0,3825	-0,4066	-0,3835	-0,3061	-0,1765	-0,0000
	D(CB)/A	-0,2060	-0,1985	-0,1831	-0,1517	-0,1056	-0,0738	-0,0538	-0,0391	-0,0217	-0,0000
	D(CC)/A	0,3088	0,3180	0,3302	0,3415	0,3430	0,3326	0,3006	0,2366	0,1357	-0,0000
1000,00	B(AA)	0,2670	0,2671	0,2674	0,2683	0,2712	0,2792	0,3053	0,3671	0,4980	0,7947
	B(AB)	0,2666	0,2666	0,2667	0,2667	0,2670	0,2679	0,2709	0,2782	0,2936	0,3285
	B(AC)	0,2665	0,2664	0,2662	0,2655	0,2634	0,2573	0,2374	0,1901	0,0900	-0,1369
	B(BA)	0,3333	0,3333	0,3333	0,3334	0,3337	0,3348	0,3387	0,3477	0,3670	0,4107
	B(BB)	0,3334	0,3335	0,3335	0,3336	0,3337	0,3339	0,3344	0,3355	0,3378	0,3429
	B(BC)	0,3333	0,3332	0,3332	0,3331	0,3327	0,3318	0,3289	0,3219	0,3072	0,2738
	B(CA)	0,3997	0,3996	0,3992	0,3983	0,3950	0,3859	0,3560	0,2852	0,1349	-0,2053
	B(CB)	0,3999	0,3999	0,3998	0,3997	0,3993	0,3982	0,3947	0,3863	0,3686	0,3285
	B(CC)	0,4002	0,4004	0,4006	0,4014	0,4039	0,4109	0,4337	0,4879	0,6029	0,8631
	D(AA)/A	-0,3529	-0,3581	-0,3618	-0,3556	-0,3325	-0,3098	-0,2852	-0,2465	-0,1703	-0,0000
	D(AB)/A	0,1284	0,1177	0,0981	0,0630	0,0164	-0,0128	-0,0257	-0,0263	-0,0192	0,0000
	D(AC)/A	0,1283	0,1406	0,1595	0,1846	0,2080	0,2172	0,2115	0,1863	0,1296	0
	D(BA)/A	-0,5739	-0,5453	-0,5031	-0,4507	-0,4053	-0,3803	-0,3537	-0,3071	-0,2125	-0,0000
	D(BB)/A	-0,0556	-0,0524	-0,0481	-0,0441	-0,0427	-0,0426	-0,0409	-0,0359	-0,0250	-0,0000
	D(BC)/A	0,4290	0,4072	0,3755	0,3372	0,3057	0,2890	0,2699	0,2347	0,1625	0,0000
	D(CA)/A	-0,2059	-0,2290	-0,2669	-0,3237	-0,3860	-0,4165	-0,4119	-0,3645	-0,2540	-0,0000
	D(CB)/A	-0,2060	-0,1986	-0,1832	-0,1519	-0,1060	-0,0750	-0,0571	-0,0459	-0,0308	0,0000
	D(CC)/A	0,3090	0,3182	0,3306	0,3424	0,3457	0,3401	0,3222	0,2813	0,1950	0,0000

b) $r_a : r_b : r_c = 1{,}0 : 1{,}5 : 2{,}0$

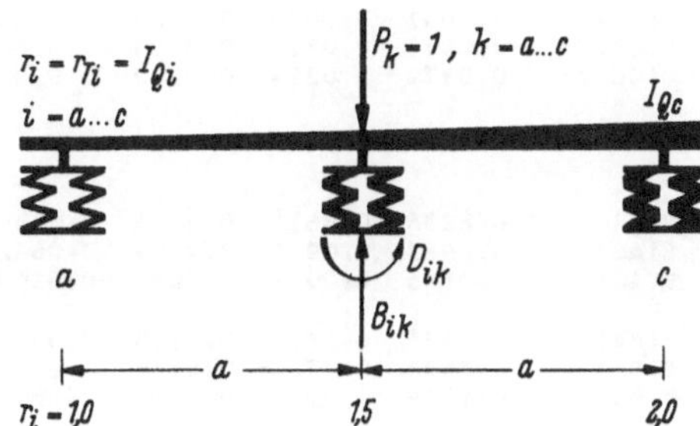

Z	Z(T)	0,00	0,03	0,10	0,30	1,00	3,00	10,0	30,0	100	UNENDL
0,01	B(AA)	0,9766	0,9822	0,9876	0,9921	0,9949	0,9959	0,9962	0,9964	0,9964	0,9964
	B(AB)	0,0152	0,0135	0,0109	0,0081	0,0060	0,0052	0,0049	0,0048	0,0048	0,0048
	B(AC)	0,0003	-0,0012	-0,0020	-0,0021	-0,0020	-0,0019	-0,0018	-0,0018	-0,0018	-0,0018
	B(BA)	0,0229	0,0202	0,0163	0,0121	0,0090	0,0078	0,0074	0,0072	0,0072	0,0072
	B(BB)	0,9630	0,9682	0,9750	0,9821	0,9873	0,9893	0,9901	0,9903	0,9904	0,9904
	B(BC)	0,0163	0,0138	0,0106	0,0073	0,0050	0,0041	0,0037	0,0036	0,0036	0,0036
	B(CA)	0,0005	-0,0024	-0,0040	-0,0042	-0,0039	-0,0037	-0,0036	-0,0036	-0,0036	-0,0036
	B(CB)	0,0218	0,0184	0,0141	0,0098	0,0067	0,0055	0,0050	0,0048	0,0048	0,0048
	B(CC)	0,9834	0,9874	0,9914	0,9948	0,9969	0,9978	0,9981	0,9982	0,9982	0,9982
	D(AA)/A	-0,0109	-0,0081	-0,0052	-0,0026	-0,0010	-0,0003	-0,0001	-0,0000	-0,0000	-0,0000
	D(AB)/A	0,0071	0,0058	0,0040	0,0021	0,0008	0,0003	0,0001	0,0000	0,0000	0,0000
	D(AC)/A	0,0001	-0,0003	-0,0004	-0,0003	-0,0001	-0,0000	-0,0000	-0,0000	-0,0000	-0,0000
	D(BA)/A	-0,0127	-0,0080	-0,0042	-0,0017	-0,0006	-0,0002	-0,0001	-0,0000	-0,0000	-0,0000
	D(BB)/A	-0,0022	-0,0015	-0,0008	-0,0003	-0,0001	-0,0000	-0,0000	-0,0000	-0,0000	0
	D(BC)/A	0,0080	0,0051	0,0027	0,0011	0,0003	0,0001	0,0000	0,0000	0,0000	0,0000
	D(CA)/A	-0,0003	0,0007	0,0010	0,0007	0,0003	0,0001	0,0000	0,0000	0,0000	0,0000
	D(CB)/A	-0,0114	-0,0093	-0,0065	-0,0035	-0,0014	-0,0005	-0,0002	-0,0001	-0,0000	0,0000
	D(CC)/A	0,0087	0,0066	0,0044	0,0023	0,0009	0,0003	0,0001	0,0000	0,0000	-0,0000
0,02	B(AA)	0,9549	0,9656	0,9759	0,9846	0,9899	0,9919	0,9926	0,9928	0,9929	0,9929
	B(AB)	0,0288	0,0256	0,0210	0,0157	0,0118	0,0103	0,0097	0,0095	0,0094	0,0094
	B(AC)	0,0010	-0,0020	-0,0037	-0,0041	-0,0038	-0,0036	-0,0036	-0,0035	-0,0035	-0,0035
	B(BA)	0,0431	0,0384	0,0314	0,0235	0,0177	0,0154	0,0145	0,0143	0,0142	0,0141
	B(BB)	0,9299	0,9393	0,9517	0,9652	0,9751	0,9790	0,9805	0,9809	0,9811	0,9812
	B(BC)	0,0310	0,0264	0,0205	0,0143	0,0098	0,0081	0,0074	0,0072	0,0071	0,0071
	B(CA)	0,0019	-0,0040	-0,0074	-0,0081	-0,0076	-0,0073	-0,0071	-0,0071	-0,0071	-0,0071
	B(CB)	0,0414	0,0351	0,0273	0,0191	0,0131	0,0108	0,0098	0,0096	0,0095	0,0094
	B(CC)	0,9680	0,9756	0,9832	0,9898	0,9940	0,9956	0,9962	0,9964	0,9964	0,9965
	D(AA)/A	-0,0210	-0,0157	-0,0101	-0,0051	-0,0019	-0,0007	-0,0002	-0,0001	-0,0000	-0,0000
	D(AB)/A	0,0134	0,0110	0,0077	0,0041	0,0015	0,0006	0,0002	0,0001	0,0000	0,0000
	D(AC)/A	0,0004	-0,0004	-0,0007	-0,0005	-0,0002	-0,0001	-0,0000	-0,0000	-0,0000	0,0000
	D(BA)/A	-0,0249	-0,0157	-0,0083	-0,0034	-0,0011	-0,0004	-0,0001	-0,0000	-0,0000	-0,0000
	D(BB)/A	-0,0044	-0,0029	-0,0015	-0,0006	-0,0002	-0,0001	-0,0000	-0,0000	-0,0000	-0,0000
	D(BC)/A	0,0157	0,0100	0,0053	0,0022	0,0007	0,0002	0,0001	0,0000	0,0000	-0,0000
	D(CA)/A	-0,0010	0,0010	0,0017	0,0012	0,0005	0,0002	0,0001	0,0000	0,0000	0,0000
	D(CB)/A	-0,0217	-0,0177	-0,0125	-0,0069	-0,0027	-0,0010	-0,0003	-0,0001	-0,0000	0,0000
	D(CC)/A	0,0168	0,0128	0,0085	0,0045	0,0017	0,0006	0,0002	0,0001	0,0000	-0,0000

Z	Z(T)	0,00	0,03	0,10	0,30	1,00	3,00	10,0	30,0	100	UNENDL
0,05	B(AA)	0,8982	0,9212	0,9441	0,9637	0,9760	0,9805	0,9823	0,9828	0,9830	0,9831
	B(AB)	0,0614	0,0558	0,0469	0,0362	0,0279	0,0245	0,0231	0,0227	0,0226	0,0225
	B(AC)	0,0049	-0,0024	-0,0073	-0,0090	-0,0089	-0,0086	-0,0085	-0,0085	-0,0085	-0,0085
	B(BA)	0,0920	0,0837	0,0704	0,0543	0,0419	0,0367	0,0347	0,0341	0,0339	0,0338
	B(BB)	0,8487	0,8666	0,8913	0,9195	0,9410	0,9498	0,9534	0,9544	0,9548	0,9549
	B(BC)	0,0674	0,0582	0,0463	0,0332	0,0233	0,0192	0,0176	0,0171	0,0170	0,0169
	B(CA)	0,0097	-0,0049	-0,0145	-0,0180	-0,0178	-0,0173	-0,0170	-0,0169	-0,0169	-0,0169
	B(CB)	0,0899	0,0776	0,0617	0,0442	0,0311	0,0257	0,0235	0,0229	0,0226	0,0225
	B(CC)	0,9277	0,9442	0,9610	0,9758	0,9856	0,9894	0,9909	0,9913	0,9915	0,9915
	D(AA)/A	-0,0475	-0,0360	-0,0236	-0,0122	-0,0046	-0,0017	-0,0005	-0,0002	-0,0001	-0,0000
	D(AB)/A	0,0286	0,0240	0,0172	0,0094	0,0036	0,0013	0,0004	0,0001	0,0000	-0,0000
	D(AC)/A	0,0023	0,0000	-0,0011	-0,0009	-0,0004	-0,0002	-0,0000	-0,0000	-0,0000	-0,0000
	D(BA)/A	-0,0589	-0,0379	-0,0203	-0,0085	-0,0028	-0,0009	-0,0003	-0,0001	-0,0000	-0,0000
	D(BB)/A	-0,0101	-0,0067	-0,0037	-0,0015	-0,0004	-0,0001	-0,0000	-0,0000	-0,0000	0,0000
	D(BC)/A	0,0370	0,0240	0,0129	0,0053	0,0017	0,0006	0,0002	0,0001	0,0000	0,0000
	D(CA)/A	-0,0051	-0,0000	0,0025	0,0024	0,0011	0,0004	0,0001	0,0000	0,0000	0,0000
	D(CB)/A	-0,0471	-0,0391	-0,0283	-0,0160	-0,0064	-0,0023	-0,0007	-0,0002	-0,0001	-0,0000
	D(CC)/A	0,0379	0,0294	0,0200	0,0108	0,0042	0,0015	0,0005	0,0002	0,0000	-0,0000
0,10	B(AA)	0,8236	0,8611	0,8996	0,9335	0,9554	0,9637	0,9670	0,9679	0,9683	0,9684
	B(AB)	0,0983	0,0916	0,0799	0,0642	0,0511	0,0454	0,0431	0,0425	0,0422	0,0421
	B(AC)	0,0145	0,0007	-0,0097	-0,0149	-0,0160	-0,0159	-0,0158	-0,0158	-0,0158	-0,0158
	B(BA)	0,1475	0,1375	0,1198	0,0963	0,0766	0,0681	0,0647	0,0637	0,0633	0,0632
	B(BB)	0,7538	0,7780	0,8135	0,8567	0,8919	0,9070	0,9130	0,9149	0,9155	0,9158
	B(BC)	0,1109	0,0977	0,0799	0,0593	0,0428	0,0357	0,0329	0,0320	0,0317	0,0316
	B(CA)	0,0289	0,0015	-0,0194	-0,0298	-0,0320	-0,0319	-0,0317	-0,0316	-0,0316	-0,0316
	B(CB)	0,1479	0,1303	0,1066	0,0791	0,0570	0,0476	0,0438	0,0427	0,0423	0,0421
	B(CC)	0,8746	0,9015	0,9298	0,9556	0,9732	0,9802	0,9830	0,9838	0,9841	0,9842
	D(AA)/A	-0,0823	-0,0637	-0,0428	-0,0227	-0,0087	-0,0032	-0,0010	-0,0003	-0,0001	0,0000
	D(AB)/A	0,0459	0,0393	0,0292	0,0166	0,0066	0,0024	0,0008	0,0003	0,0001	0
	D(AC)/A	0,0068	0,0023	-0,0005	-0,0011	-0,0006	-0,0002	-0,0001	-0,0000	-0,0000	0,0000
	D(BA)/A	-0,1079	-0,0713	-0,0392	-0,0167	-0,0055	-0,0019	-0,0006	-0,0002	-0,0001	0
	D(BB)/A	-0,0180	-0,0123	-0,0069	-0,0028	-0,0009	-0,0003	-0,0001	-0,0000	-0,0000	-0,0000
	D(BC)/A	0,0674	0,0449	0,0247	0,0105	0,0034	0,0011	0,0003	0,0001	0,0000	-0,0000
	D(CA)/A	-0,0152	-0,0054	0,0010	0,0027	0,0016	0,0006	0,0002	0,0001	0,0000	0,0000
	D(CB)/A	-0,0775	-0,0657	-0,0490	-0,0286	-0,0117	-0,0044	-0,0014	-0,0005	-0,0001	0,0000
	D(CC)/A	0,0657	0,0520	0,0362	0,0201	0,0080	0,0030	0,0009	0,0003	0,0001	-0,0000
0,20	B(AA)	0,7185	0,7723	0,8310	0,8853	0,9218	0,9361	0,9417	0,9433	0,9439	0,9442
	B(AB)	0,1398	0,1343	0,1226	0,1044	0,0872	0,0792	0,0759	0,0749	0,0746	0,0744
	B(AC)	0,0359	0,0131	-0,0075	-0,0210	-0,0263	-0,0275	-0,0278	-0,0279	-0,0279	-0,0279
	B(BA)	0,2097	0,2015	0,1839	0,1567	0,1308	0,1189	0,1139	0,1124	0,1119	0,1116
	B(BB)	0,6409	0,6677	0,7094	0,7649	0,8147	0,8374	0,8468	0,8497	0,8507	0,8512
	B(BC)	0,1645	0,1485	0,1260	0,0980	0,0736	0,0625	0,0579	0,0565	0,0560	0,0558
	B(CA)	0,0718	0,0263	-0,0149	-0,0419	-0,0526	-0,0549	-0,0556	-0,0557	-0,0558	-0,0558
	B(CB)	0,2193	0,1980	0,1680	0,1306	0,0981	0,0833	0,0772	0,0754	0,0747	0,0744
	B(CC)	0,7997	0,8383	0,8814	0,9230	0,9527	0,9650	0,9699	0,9713	0,9719	0,9721
	D(AA)/A	-0,1314	-0,1049	-0,0731	-0,0402	-0,0158	-0,0058	-0,0018	-0,0006	-0,0002	0,0000
	D(AB)/A	0,0653	0,0575	0,0445	0,0268	0,0112	0,0042	0,0013	0,0004	0,0001	0,0000
	D(AC)/A	0,0167	0,0093	0,0031	-0,0000	-0,0005	-0,0002	-0,0001	-0,0000	-0,0000	0
	D(BA)/A	-0,1843	-0,1277	-0,0734	-0,0324	-0,0108	-0,0037	-0,0011	-0,0004	-0,0001	-0,0000
	D(BB)/A	-0,0298	-0,0212	-0,0124	-0,0054	-0,0017	-0,0006	-0,0002	-0,0001	-0,0000	-0,0000
	D(BC)/A	0,1145	0,0798	0,0460	0,0203	0,0067	0,0023	0,0007	0,0002	0,0001	0,0000
	D(CA)/A	-0,0376	-0,0214	-0,0076	-0,0002	0,0010	0,0005	0,0002	0,0001	0,0000	0,0000
	D(CB)/A	-0,1149	-0,1000	-0,0776	-0,0476	-0,0204	-0,0077	-0,0024	-0,0008	-0,0002	0,0000
	D(CC)/A	0,1049	0,0857	0,0620	0,0358	0,0147	0,0055	0,0017	0,0006	0,0002	-0,0000
0,50	B(AA)	0,5524	0,6185	0,7019	0,7896	0,8544	0,8811	0,8917	0,8949	0,8961	0,8966
	B(AB)	0,1844	0,1833	0,1780	0,1659	0,1510	0,1431	0,1396	0,1385	0,1381	0,1379
	B(AC)	0,0854	0,0533	0,0156	-0,0192	-0,0405	-0,0479	-0,0506	-0,0513	-0,0516	-0,0517
	B(BA)	0,2767	0,2750	0,2670	0,2488	0,2265	0,2147	0,2094	0,2077	0,2072	0,2069
	B(BB)	0,5042	0,5258	0,5624	0,6178	0,6757	0,7052	0,7181	0,7221	0,7235	0,7241
	B(BC)	0,2335	0,2182	0,1947	0,1622	0,1300	0,1138	0,1068	0,1046	0,1038	0,1034
	B(CA)	0,1709	0,1065	0,0311	-0,0384	-0,0809	-0,0957	-0,1011	-0,1027	-0,1032	-0,1034
	B(CB)	0,3114	0,2909	0,2596	0,2163	0,1733	0,1517	0,1423	0,1394	0,1384	0,1379
	B(CC)	0,6810	0,7286	0,7897	0,8570	0,9105	0,9341	0,9438	0,9468	0,9478	0,9483

Z	Z(T)	0,00	0,03	0,10	0,30	1,00	3,00	10,0	30,0	100	UNENDL
	D(AA)/A	-0,2089	-0,1769	-0,1320	-0,0777	-0,0323	-0,0121	-0,0038	-0,0013	-0,0004	0,0000
	D(AB)/A	0,0861	0,0781	0,0638	0,0417	0,0188	0,0073	0,0023	0,0008	0,0002	-0,0000
	D(AC)/A	0,0399	0,0299	0,0181	0,0076	0,0020	0,0006	0,0002	0,0000	0,0000	-0,0000
	D(BA)/A	-0,3201	-0,2422	-0,1534	-0,0740	-0,0261	-0,0091	-0,0028	-0,0009	-0,0003	-0,0000
	D(BB)/A	-0,0499	-0,0382	-0,0246	-0,0119	-0,0041	-0,0014	-0,0004	-0,0001	-0,0000	0,0000
	D(BC)/A	0,1975	0,1498	0,0951	0,0459	0,0161	0,0056	0,0017	0,0006	0,0002	-0,0000
	D(CA)/A	-0,0895	-0,0689	-0,0438	-0,0202	-0,0063	-0,0020	-0,0006	-0,0002	-0,0001	0,0000
	D(CB)/A	-0,1631	-0,1474	-0,1209	-0,0802	-0,0369	-0,0145	-0,0047	-0,0016	-0,0005	0,0000
	D(CC)/A	0,1671	0,1450	0,1126	0,0703	0,0308	0,0119	0,0038	0,0013	0,0004	-0,0000
1,00	B(AA)	0,4359	0,4961	0,5843	0,6941	0,7881	0,8301	0,8475	0,8527	0,8546	0,8554
	B(AB)	0,2039	0,2054	0,2058	0,2034	0,1983	0,1951	0,1935	0,1930	0,1928	0,1928
	B(AC)	0,1291	0,0979	0,0535	0,0004	-0,0428	-0,0613	-0,0689	-0,0711	-0,0719	-0,0723
	B(BA)	0,3059	0,3081	0,3087	0,3051	0,2975	0,2926	0,2903	0,2895	0,2893	0,2892
	B(BB)	0,4317	0,4465	0,4729	0,5165	0,5672	0,5954	0,6083	0,6123	0,6138	0,6145
	B(BC)	0,2733	0,2611	0,2409	0,2101	0,1759	0,1572	0,1487	0,1460	0,1450	0,1446
	B(CA)	0,2582	0,1958	0,1070	0,0008	-0,0855	-0,1227	-0,1377	-0,1423	-0,1439	-0,1446
	B(CB)	0,3644	0,3481	0,3213	0,2801	0,2345	0,2096	0,1982	0,1946	0,1933	0,1928
	B(CC)	0,5976	0,6410	0,7056	0,7895	0,8669	0,9041	0,9202	0,9252	0,9269	0,9277
	D(AA)/A	-0,2633	-0,2348	-0,1875	-0,1190	-0,0523	-0,0201	-0,0064	-0,0022	-0,0007	0,0000
	D(AB)/A	0,0952	0,0870	0,0727	0,0495	0,0235	0,0094	0,0030	0,0010	0,0003	0,0000
	D(AC)/A	0,0603	0,0521	0,0392	0,0223	0,0085	0,0030	0,0009	0,0003	0,0001	-0,0000
	D(BA)/A	-0,4239	-0,3449	-0,2404	-0,1290	-0,0492	-0,0178	-0,0055	-0,0018	-0,0006	-0,0000
	D(BB)/A	-0,0648	-0,0529	-0,0372	-0,0202	-0,0079	-0,0029	-0,0009	-0,0003	-0,0001	0
	D(BC)/A	0,2605	0,2121	0,1481	0,0797	0,0305	0,0110	0,0034	0,0011	0,0003	0,0000
	D(CA)/A	-0,1353	-0,1200	-0,0947	-0,0587	-0,0249	-0,0094	-0,0030	-0,0010	-0,0003	0,0000
	D(CB)/A	-0,1909	-0,1769	-0,1509	-0,1061	-0,0519	-0,0211	-0,0068	-0,0023	-0,0007	-0,0000
	D(CC)/A	0.2108	0,1927	0,1605	0,1089	0,0514	0,0205	0,0066	0,0023	0,0007	-0,0000
2,00	B(AA)	0,3478	0,3926	0,4682	0,5840	0,7092	0,7756	0,8054	0,8147	0,8181	0,8195
	B(AB)	0,2138	0,2159	0,2192	0,2246	0,2319	0,2368	0,2393	0,2402	0,2405	0,2406
	B(AC)	0,1658	0,1418	0,1015	0,0395	-0,0285	-0,0654	-0,0822	-0,0875	-0,0894	-0,0902
	B(BA)	0,3207	0,3238	0,3289	0,3369	0,3479	0,3552	0,3590	0,3602	0,3607	0,3609
	B(BB)	0,3866	0,3955	0,4122	0,4416	0,4794	0,5024	0,5134	0,5169	0,5182	0,5188
	B(BC)	0,2997	0,2915	0,2764	0,2503	0,2165	0,1956	0,1855	0,1822	0,1810	0,1805
	B(CA)	0,3315	0,2836	0,2029	0,0790	-0,0570	-0,1308	-0,1644	-0,1750	-0,1788	-0,1805
	B(CB)	0,3997	0,3886	0,3686	0,3338	0,2887	0,2608	0,2473	0,2429	0,2413	0,2406
	B(CC)	0,5345	0,5667	0,6221	0,7102	0,8120	0,8698	0,8967	0,9053	0,9084	0,9098
	D(AA)/A	-0,3043	-0,2840	-0,2434	-0,1700	-0,0816	-0,0327	-0,0106	-0,0036	-0,0011	0
	D(AB)/A	0,0998	0,0910	0,0760	0,0521	0,0251	0,0102	0,0033	0,0011	0,0003	0
	D(AC)/A	0,0774	0,0737	0,0647	0,0459	0,0220	0,0087	0,0028	0,0010	0,0003	-0,0000
	D(BA)/A	-0,5057	-0,4372	-0,3352	-0,2048	-0,0886	-0,0340	-0,0108	-0,0037	-0,0011	-0,0000
	D(BB)/A	-0,0763	-0,0659	-0,0506	-0,0315	-0,0142	-0,0056	-0,0018	-0,0006	-0,0002	-0,0000
	D(BC)/A	0,3101	0,2680	0,2056	0,1261	0,0550	0,0213	0,0068	0,0023	0,0007	-0,0000
	D(CA)/A	-0,1736	-0,1698	-0,1561	-0,1201	-0,0636	-0,0269	-0,0089	-0,0030	-0,0009	0,0000
	D(CB)/A	-0,2093	-0,1979	-0,1747	-0,1297	-0,0677	-0,0285	-0,0094	-0,0032	-0,0010	0,0000
	D(CC)/A	0,2438	0,2333	0,2091	0,1573	0,0826	0,0348	0,0115	0,0040	0,0012	-0,0000
5,00	B(AA)	0,2785	0,3023	0,3486	0,4396	0,5831	0,6932	0,7550	0,7765	0,7845	0,7880
	B(AB)	0,2192	0,2206	0,2238	0,2318	0,2493	0,2662	0,2768	0,2806	0,2820	0,2827
	B(AC)	0,1964	0,1834	0,1578	0,1064	0,0215	-0,0463	-0,0851	-0,0987	-0,1038	-0,1060
	B(BA)	0,3287	0,3309	0,3357	0,3477	0,3740	0,3993	0,4152	0,4209	0,4231	0,4240
	B(BB)	0,3558	0,3598	0,3677	0,3828	0,4052	0,4214	0,4301	0,4330	0,4341	0,4346
	B(BC)	0,3188	0,3147	0,3064	0,2890	0,2591	0,2343	0,2199	0,2148	0,2129	0,2120
	B(CA)	0,3928	0,3668	0,3157	0,2127	0,0429	-0,0925	-0,1702	-0,1974	-0,2075	-0,2120
	B(CB)	0,4251	0,4195	0,4085	0,3854	0,3454	0,3124	0,2931	0,2864	0,2838	0,2827
	B(CC)	0,4848	0,5020	0,5358	0,6046	0,7195	0,8120	0,8652	0,8839	0,8909	0,8940
	D(AA)/A	-0,3367	-0,3270	-0,3017	-0,2403	-0,1375	-0,0618	-0,0212	-0,0073	-0,0022	0,0000
	D(AB)/A	0,1023	0,0926	0,0758	0,0495	0,0213	0,0076	0,0023	0,0008	0,0002	0,0000
	D(AC)/A	0,0917	0,0941	0,0940	0,0830	0,0528	0,0252	0,0089	0,0031	0,0009	-0,0000
	D(BA)/A	-0,5719	-0,5207	-0,4386	-0,3161	-0,1705	-0,0758	-0,0259	-0,0090	-0,0027	-0,0000
	D(BB)/A	-0,0855	-0,0774	-0,0651	-0,0480	-0,0275	-0,0128	-0,0045	-0,0016	-0,0005	-0,0000
	D(BC)/A	0,3501	0,3184	0,2682	0,1941	0,1059	0,0475	0,0163	0,0057	0,0017	0,0000
	D(CA)/A	-0,2057	-0,2167	-0,2267	-0,2167	-0,1519	-0,0767	-0,0277	-0,0098	-0,0030	0,0000
	D(CB)/A	-0,2227	-0,2141	-0,1954	-0,1550	-0,0898	-0,0410	-0,0141	-0,0049	-0,0015	0
	D(CC)/A	0,2699	0,2689	0,2599	0,2246	0,1433	0,0691	0,0245	0,0086	0,0026	-0,0000

Z	Z(T)	0,00	0,03	0,10	0,30	1,00	3,00	10,0	30,0	100	UNENDL
10,00	B(AA)	0,2515	0,2648	0,2922	0,3535	0,4791	0,6137	0,7125	0,7522	0,7678	0,7749
	B(AB)	0,2208	0,2216	0,2237	0,2299	0,2475	0,2703	0,2884	0,2959	0,2988	0,3002
	B(AC)	0,2087	0,2014	0,1861	0,1508	0,0749	-0,0095	-0,0725	-0,0980	-0,1081	-0,1126
	B(BA)	0,3311	0,3325	0,3356	0,3449	0,3712	0,4054	0,4326	0,4438	0,4483	0,4503
	B(BB)	0,3447	0,3469	0,3511	0,3595	0,3737	0,3863	0,3946	0,3978	0,3991	0,3996
	B(BC)	0,3259	0,3236	0,3189	0,3079	0,2841	0,2576	0,2378	0,2297	0,2266	0,2251
	B(CA)	0,4173	0,4028	0,3722	0,3016	0,1497	-0,0191	-0,1451	-0,1960	-0,2161	-0,2251
	B(CB)	0,4345	0,4315	0,4252	0,4105	0,3788	0,3435	0,3170	0,3063	0,3021	0,3002
	B(CC)	0,4655	0,4750	0,4950	0,5413	0,6410	0,7519	0,8348	0,8683	0,8815	0,8874
	D(AA)/A	-0,3493	-0,3450	-0,3295	-0,2831	-0,1875	-0,0971	-0,0365	-0,0132	-0,0041	0,0000
	D(AB)/A	0,1030	0,0928	0,0749	0,0461	0,0152	0,0025	-0,0001	-0,0002	-0,0001	0,0000
	D(AC)/A	0,0974	0,1029	0,1086	0,1070	0,0824	0,0467	0,0183	0,0067	0,0021	0,0000
	D(BA)/A	-0,5979	-0,5561	-0,4888	-0,3859	-0,2466	-0,1284	-0,0487	-0,0176	-0,0054	0,0000
	D(BB)/A	-0,0892	-0,0823	-0,0721	-0,0583	-0,0399	-0,0220	-0,0086	-0,0031	-0,0010	-0,0000
	D(BC)/A	0,3658	0,3398	0,2985	0,2367	0,1532	0,0807	0,0308	0,0111	0,0034	0,0000
	D(CA)/A	-0,2186	-0,2369	-0,2618	-0,2791	-0,2365	-0,1417	-0,0572	-0,0211	-0,0066	0,0000
	D(CB)/A	-0,2276	-0,2203	-0,2042	-0,1684	-0,1067	-0,0538	-0,0200	-0,0072	-0,0022	-0,0000
	D(CC)/A	0,2800	0,2837	0,2840	0,2658	0,1983	0,1112	0,0435	0,0159	0,0049	-0,0000
20,00	B(AA)	0,2372	0,2442	0,2592	0,2956	0,3861	0,5191	0,6554	0,7239	0,7537	0,7677
	B(AB)	0,2215	0,2220	0,2232	0,2271	0,2404	0,2635	0,2886	0,3015	0,3071	0,3098
	B(AC)	0,2153	0,2114	0,2030	0,1819	0,1266	0,0428	-0,0442	-0,0881	-0,1072	-0,1162
	B(BA)	0,3323	0,3330	0,3348	0,3407	0,3606	0,3953	0,4330	0,4523	0,4607	0,4647
	B(BB)	0,3391	0,3402	0,3424	0,3469	0,3553	0,3649	0,3736	0,3778	0,3796	0,3804
	B(BC)	0,3295	0,3284	0,3258	0,3195	0,3032	0,2787	0,2533	0,2405	0,2349	0,2323
	B(CA)	0,4305	0,4228	0,4060	0,3637	0,2532	0,0856	-0,0883	-0,1762	-0,2144	-0,2323
	B(CB)	0,4394	0,4378	0,4344	0,4260	0,4043	0,3716	0,3378	0,3207	0,3133	0,3098
	B(CC)	0,4552	0,4602	0,4712	0,4986	0,5702	0,6785	0,7908	0,8476	0,8723	0,8838
	D(AA)/A	-0,3560	-0,3548	-0,3457	-0,3122	-0,2336	-0,1426	-0,0621	-0,0239	-0,0076	0,0000
	D(AB)/A	0,1034	0,0928	0,0742	0,0434	0,0088	-0,0048	-0,0045	-0,0020	-0,0007	0,0000
	D(AC)/A	0,1005	0,1078	0,1172	0,1235	0,1102	0,0749	0,0344	0,0135	0,0043	0,0000
	D(BA)/A	-0,6119	-0,5756	-0,5184	-0,4338	-0,3174	-0,1968	-0,0870	-0,0337	-0,0107	-0,0000
	D(BB)/A	-0,0911	-0,0850	-0,0763	-0,0653	-0,0514	-0,0338	-0,0154	-0,0060	-0,0019	-0,0000
	D(BC)/A	0,3743	0,3516	0,3164	0,2659	0,1972	0,1238	0,0551	0,0214	0,0068	0,0000
	D(CA)/A	-0,2255	-0,2482	-0,2827	-0,3222	-0,3161	-0,2270	-0,1071	-0,0423	-0,0136	0,0000
	D(CB)/A	-0,2302	-0,2237	-0,2091	-0,1769	-0,1213	-0,0694	-0,0292	-0,0111	-0,0035	0
	D(CC)/A	0,2854	0,2918	0,2982	0,2938	0,2490	0,1656	0,0755	0,0295	0,0094	0
50,00	B(AA)	0,2283	0,2312	0,2375	0,2538	0,3010	0,3957	0,5486	0,6651	0,7293	0,7631
	B(AB)	0,2219	0,2221	0,2227	0,2245	0,2316	0,2482	0,2761	0,2977	0,3096	0,3158
	B(AC)	0,2194	0,2178	0,2142	0,2047	0,1758	0,1160	0,0186	-0,0558	-0,0968	-0,1184
	B(BA)	0,3329	0,3332	0,3340	0,3367	0,3474	0,3723	0,4142	0,4465	0,4643	0,4737
	B(BB)	0,3357	0,3361	0,3370	0,3389	0,3427	0,3486	0,3570	0,3632	0,3666	0,3683
	B(BC)	0,3318	0,3313	0,3303	0,3275	0,3193	0,3025	0,2752	0,2544	0,2429	0,2369
	B(CA)	0,4388	0,4356	0,4285	0,4095	0,3516	0,2320	0,0372	-0,1116	-0,1937	-0,2369
	B(CB)	0,4424	0,4418	0,4403	0,4366	0,4257	0,4033	0,3669	0,3392	0,3239	0,3158
	B(CC)	0,4488	0,4509	0,4555	0,4678	0,5050	0,5815	0,7062	0,8014	0,8539	0,8816
	D(AA)/A	-0,3601	-0,3610	-0,3564	-0,3332	-0,2764	-0,2038	-0,1141	-0,0514	-0,0176	0
	D(AB)/A	0,1036	0,0928	0,0736	0,0412	0,0025	-0,0151	-0,0137	-0,0070	-0,0025	0
	D(AC)/A	0,1024	0,1109	0,1230	0,1357	0,1363	0,1132	0,0673	0,0309	0,0107	-0,0000
	D(BA)/A	-0,6205	-0,5880	-0,5380	-0,4686	-0,3834	-0,2895	-0,1652	-0,0750	-0,0258	-0,0000
	D(BB)/A	-0,0923	-0,0867	-0,0790	-0,0705	-0,0621	-0,0499	-0,0294	-0,0135	-0,0047	-0,0000
	D(BC)/A	0,3795	0,3590	0,3282	0,2871	0,2383	0,1822	0,1047	0,0476	0,0164	-0,0000
	D(CA)/A	-0,2298	-0,2554	-0,2966	-0,3538	-0,3907	-0,3429	-0,2092	-0,0969	-0,0336	0,0000
	D(CB)/A	-0,2317	-0,2257	-0,2123	-0,1829	-0,1345	-0,0901	-0,0477	-0,0210	-0,0072	0,0000
	D(CC)/A	0,2887	0,2970	0,3075	0,3141	0,2962	0,2390	0,1403	0,0642	0,0222	0,0000
100,00	B(AA)	0,2253	0,2267	0,2300	0,2384	0,2645	0,3249	0,4546	0,5955	0,6978	0,7616
	B(AB)	0,2221	0,2222	0,2225	0,2234	0,2274	0,2380	0,2616	0,2874	0,3062	0,3179
	B(AC)	0,2208	0,2200	0,2182	0,2132	0,1972	0,1591	0,0765	-0,0133	-0,0786	-0,1192
	B(BA)	0,3331	0,3333	0,3337	0,3351	0,3411	0,3569	0,3923	0,4311	0,4593	0,4769
	B(BB)	0,3345	0,3347	0,3352	0,3361	0,3382	0,3417	0,3485	0,3557	0,3609	0,3642
	B(BC)	0,3326	0,3323	0,3318	0,3304	0,3259	0,3153	0,2925	0,2677	0,2496	0,2384
	B(CA)	0,4416	0,4400	0,4363	0,4265	0,3945	0,3182	0,1530	-0,0266	-0,1571	-0,2384
	B(CB)	0,4434	0,4431	0,4424	0,4405	0,4345	0,4204	0,3899	0,3569	0,3329	0,3179
	B(CC)	0,4466	0,4477	0,4500	0,4564	0,4769	0,5256	0,6310	0,7456	0,8289	0,8808

Z	Z(T)	0,00	0,03	0,10	0,30	1,00	3,00	10,0	30,0	100	UNENDL
	D(AA)/A	-0,3615	-0,3631	-0,3601	-0,3410	-0,2949	-0,2394	-0,1611	-0,0859	-0,0328	0,0000
	D(AB)/A	0,1036	0,0928	0,0734	0,0404	-0,0002	-0,0211	-0,0220	-0,0132	-0,0052	0,0000
	D(AC)/A	0,1030	0,1120	0,1250	0,1402	0,1476	0,1356	0,0971	0,0528	0,0203	0,0000
	D(BA)/A	-0,6235	-0,5923	-0,5449	-0,4815	-0,4120	-0,3434	-0,2358	-0,1267	-0,0485	-0,0000
	D(BB)/A	-0,0927	-0,0873	-0,0799	-0,0724	-0,0668	-0,0593	-0,0421	-0,0229	-0,0088	-0,0000
	D(BC)/A	0,3813	0,3616	0,3324	0,2950	0,2561	0,2161	0,1495	0,0805	0,0308	-0,0000
	D(CA)/A	-0,2313	-0,2578	-0,3014	-0,3655	-0,4231	-0,4104	-0,3015	-0,1654	-0,0638	0,0000
	D(CB)/A	-0,2323	-0,2264	-0,2134	-0,1851	-0,1401	-0,1020	-0,0643	-0,0335	-0,0127	0,0000
	D(CC)/A	0,2899	0,2987	0,3108	0,3216	0,3166	0,2817	0,1990	0,1078	0,0414	0
200,00	B(AA)	0,2237	0,2245	0,2261	0,2304	0,2442	0,2788	0,3698	0,5068	0,6467	0,7608
	B(AB)	0,2222	0,2222	0,2223	0,2228	0,2249	0,2310	0,2475	0,2725	0,2981	0,3189
	B(AC)	0,2215	0,2211	0,2202	0,2177	0,2092	0,1874	0,1294	0,0422	-0,0469	-0,1196
	B(BA)	0,3332	0,3333	0,3335	0,3342	0,3374	0,3465	0,3713	0,4088	0,4471	0,4784
	B(BB)	0,3339	0,3340	0,3343	0,3347	0,3358	0,3378	0,3424	0,3493	0,3564	0,3621
	B(BC)	0,3329	0,3328	0,3326	0,3318	0,3295	0,3234	0,3075	0,2836	0,2592	0,2392
	B(CA)	0,4430	0,4422	0,4404	0,4353	0,4185	0,3747	0,2589	0,0844	-0,0938	-0,2392
	B(CB)	0,4439	0,4438	0,4434	0,4424	0,4393	0,4313	0,4101	0,3781	0,3455	0,3189
	B(CC)	0,4455	0,4461	0,4473	0,4505	0,4613	0,4892	0,5630	0,6742	0,7878	0,8804
	D(AA)/A	-0,3623	-0,3642	-0,3620	-0,3450	-0,3052	-0,2627	-0,2037	-0,1303	-0,0582	0
	D(AB)/A	0,1037	0,0928	0,0733	0,0400	-0,0018	-0,0251	-0,0297	-0,0212	-0,0099	0,0000
	D(AC)/A	0,1034	0,1125	0,1260	0,1425	0,1539	0,1502	0,1241	0,0811	0,0365	0
	D(BA)/A	-0,6250	-0,5944	-0,5483	-0,4882	-0,4280	-0,3787	-0,3000	-0,1934	-0,0867	-0,0000
	D(BB)/A	-0,0929	-0,0876	-0,0804	-0,0733	-0,0694	-0,0654	-0,0536	-0,0349	-0,0157	-0,0000
	D(BC)/A	0,3822	0,3629	0,3345	0,2991	0,2660	0,2384	0,1901	0,1229	0,0551	0
	D(CA)/A	-0,2321	-0,2591	-0,3039	-0,3717	-0,4412	-0,4546	-0,3854	-0,2538	-0,1146	0,0000
	D(CB)/A	-0,2325	-0,2268	-0,2140	-0,1863	-0,1432	-0,1098	-0,0793	-0,0495	-0,0219	0,0000
	D(CC)/A	0,2904	0,2996	0,3124	0,3255	0,3280	0,3096	0,2522	0,1640	0,0737	0
500,00	B(AA)	0,2228	0,2231	0,2238	0,2255	0,2312	0,2463	0,2927	0,3886	0,5438	0,7603
	B(AB)	0,2222	0,2222	0,2223	0,2225	0,2233	0,2260	0,2344	0,2518	0,2801	0,3196
	B(AC)	0,2219	0,2218	0,2214	0,2204	0,2169	0,2074	0,1778	0,1168	0,0180	-0,1198
	B(BA)	0,3333	0,3333	0,3334	0,3337	0,3350	0,3390	0,3516	0,3778	0,4202	0,4794
	B(BB)	0,3336	0,3336	0,3337	0,3339	0,3343	0,3352	0,3375	0,3423	0,3501	0,3608
	B(BC)	0,3332	0,3331	0,3330	0,3327	0,3318	0,3291	0,3211	0,3044	0,2774	0,2397
	B(CA)	0,4439	0,4435	0,4428	0,4408	0,4338	0,4147	0,3557	0,2337	0,0360	-0,2397
	B(CB)	0,4442	0,4442	0,4440	0,4436	0,4423	0,4389	0,4281	0,4058	0,3698	0,3196
	B(CC)	0,4449	0,4451	0,4456	0,4469	0,4513	0,4635	0,5011	0,5788	0,7047	0,8802
	D(AA)/A	-0,3627	-0,3649	-0,3632	-0,3475	-0,3117	-0,2791	-0,2426	-0,1899	-0,1100	-0,0000
	D(AB)/A	0,1037	0,0928	0,0732	0,0397	-0,0028	-0,0279	-0,0366	-0,0320	-0,0192	-0,0000
	D(AC)/A	0,1036	0,1128	0,1266	0,1440	0,1579	0,1605	0,1488	0,1190	0,0694	0
	D(BA)/A	-0,6259	-0,5957	-0,5505	-0,4923	-0,4382	-0,4035	-0,3585	-0,2829	-0,1643	-0,0000
	D(BB)/A	-0,0930	-0,0878	-0,0807	-0,0739	-0,0710	-0,0697	-0,0640	-0,0511	-0,0298	0,0000
	D(BC)/A	0,3827	0,3637	0,3358	0,3016	0,2724	0,2540	0,2273	0,1798	0,1045	0,0000
	D(CA)/A	-0,2325	-0,2598	-0,3054	-0,3754	-0,4527	-0,4858	-0,4619	-0,3723	-0,2179	0,0000
	D(CB)/A	-0,2327	-0,2270	-0,2143	-0,1869	-0,1452	-0,1152	-0,0930	-0,0709	-0,0406	0,0000
	D(CC)/A	0,2908	0,3002	0,3134	0,3279	0,3352	0,3293	0,3007	0,2393	0,1394	0
1000,00	B(AA)	0,2225	0,2227	0,2230	0,2239	0,2267	0,2345	0,2599	0,3205	0,4514	0,7602
	B(AB)	0,2222	0,2222	0,2222	0,2223	0,2228	0,2241	0,2287	0,2398	0,2636	0,3198
	B(AC)	0,2221	0,2220	0,2218	0,2213	0,2195	0,2146	0,1985	0,1599	0,0766	-0,1199
	B(BA)	0,3333	0,3333	0,3334	0,3335	0,3342	0,3362	0,3431	0,3597	0,3954	0,4797
	B(BB)	0,3334	0,3335	0,3335	0,3336	0,3338	0,3343	0,3355	0,3386	0,3451	0,3604
	B(BC)	0,3333	0,3332	0,3332	0,3330	0,3325	0,3312	0,3268	0,3162	0,2935	0,2398
	B(CA)	0,4442	0,4440	0,4436	0,4426	0,4391	0,4292	0,3970	0,3198	0,1532	-0,2398
	B(CB)	0,4443	0,4443	0,4442	0,4440	0,4434	0,4416	0,4357	0,4217	0,3913	0,3198
	B(CC)	0,4447	0,4448	0,4450	0,4457	0,4479	0,4542	0,4747	0,5238	0,6299	0,8801
	D(AA)/A	-0,3628	-0,3651	-0,3635	-0,3484	-0,3140	-0,2851	-0,2592	-0,2242	-0,1566	-0,0000
	D(AB)/A	0,1037	0,0928	0,0732	0,0396	-0,0031	-0,0290	-0,0396	-0,0382	-0,0277	-0,0000
	D(AC)/A	0,1036	0,1129	0,1269	0,1445	0,1593	0,1642	0,1593	0,1408	0,0991	-0,0000
	D(BA)/A	-0,6262	-0,5962	-0,5512	-0,4937	-0,4417	-0,4125	-0,3834	-0,3344	-0,2342	0,0000
	D(BB)/A	-0,0931	-0,0878	-0,0808	-0,0742	-0,0716	-0,0713	-0,0685	-0,0604	-0,0425	0,0000
	D(BC)/A	0,3829	0,3639	0,3362	0,3025	0,2745	0,2597	0,2431	0,2125	0,1490	0,0000
	D(CA)/A	-0,2327	-0,2601	-0,3059	-0,3767	-0,4567	-0,4971	-0,4945	-0,4406	-0,3110	0,0000
	D(CB)/A	-0,2327	-0,2271	-0,2144	-0,1872	-0,1459	-0,1172	-0,0989	-0,0833	-0,0575	0,0000
	D(CC)/A	0,2909	0,3003	0,3138	0,3287	0,3377	0,3365	0,3214	0,2827	0,1986	-0,0000

2. Der unsymmetrische Balken auf vier ungleichen, elastischen Stützen, Steifigkeitsverhältnis $r_a : r_b : r_c : r_d$

a) $r_a : r_b : r_c : r_d = 1{,}0 : 1{,}1667 : 1{,}3333 : 1{,}5$

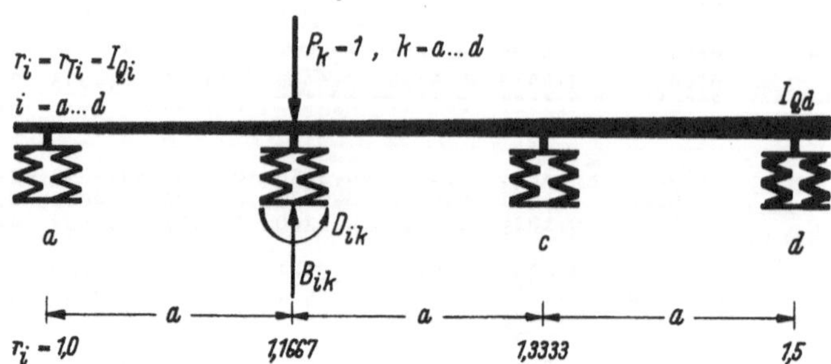

Z	Z(T)	0,00	0,03	0,10	0,30	1,00	3,00	10,0	30,0	100	UNENDL
0,01	B(AA)	0,9792	0,9843	0,9891	0,9931	0,9956	0,9965	0,9968	0,9969	0,9970	0,9970
	B(AB)	0,0174	0,0152	0,0123	0,0093	0,0071	0,0063	0,0060	0,0059	0,0059	0,0058
	B(AC)	0,0003	-0,0016	-0,0029	-0,0035	-0,0035	-0,0035	-0,0034	-0,0034	-0,0034	-0,0034
	B(AD)	0,0000	0,0001	0,0003	0,0005	0,0005	0,0005	0,0005	0,0005	0,0005	0,0005
	B(BA)	0,0203	0,0177	0,0143	0,0108	0,0083	0,0074	0,0070	0,0069	0,0068	0,0068
	B(BB)	0,9624	0,9672	0,9727	0,9781	0,9818	0,9832	0,9838	0,9839	0,9840	0,9840
	B(BC)	0,0173	0,0172	0,0164	0,0149	0,0136	0,0130	0,0127	0,0126	0,0126	0,0126
	B(BD)	0,0003	-0,0016	-0,0029	-0,0034	-0,0034	-0,0034	-0,0033	-0,0033	-0,0033	-0,0033
	B(CA)	0,0004	-0,0021	-0,0039	-0,0046	-0,0047	-0,0046	-0,0046	-0,0046	-0,0046	-0,0046
	B(CB)	0,0198	0,0196	0,0187	0,0170	0,0155	0,0148	0,0145	0,0144	0,0144	0,0144
	B(CC)	0,9624	0,9673	0,9730	0,9786	0,9826	0,9842	0,9848	0,9850	0,9850	0,9850
	B(CD)	0,0178	0,0152	0,0121	0,0088	0,0065	0,0056	0,0053	0,0052	0,0051	0,0051
	B(DA)	0,0000	0,0001	0,0005	0,0007	0,0008	0,0008	0,0008	0,0008	0,0008	0,0008
	B(DB)	0,0004	-0,0020	-0,0037	-0,0044	-0,0044	-0,0043	-0,0043	-0,0043	-0,0043	-0,0043
	B(DC)	0,0200	0,0171	0,0136	0,0099	0,0074	0,0063	0,0059	0,0058	0,0058	0,0058
	B(DD)	0,9819	0,9863	0,9905	0,9941	0,9964	0,9972	0,9975	0,9976	0,9977	0,9977
	D(AA)/A	-0,0101	-0,0076	-0,0049	-0,0025	-0,0009	-0,0003	-0,0001	-0,0000	-0,0000	-0,0000
	D(AB)/A	0,0085	0,0069	0,0048	0,0026	0,0010	0,0004	0,0001	0,0000	0,0000	0
	D(AC)/A	0,0002	-0,0004	-0,0006	-0,0005	-0,0002	-0,0001	-0,0000	-0,0000	-0,0000	-0,0000
	D(AD)/A	0,0000	0,0000	0,0001	0,0001	0,0000	0,0000	0,0000	0,0000	0,0000	0,0000
	D(BA)/A	-0,0109	-0,0068	-0,0035	-0,0014	-0,0004	-0,0001	-0,0000	-0,0000	-0,0000	-0,0000
	D(BB)/A	-0,0009	-0,0007	-0,0006	-0,0004	-0,0002	-0,0001	-0,0000	-0,0000	-0,0000	0,0000
	D(BC)/A	0,0088	0,0061	0,0035	0,0016	0,0006	0,0002	0,0001	0,0000	0,0000	-0,0000
	D(BD)/A	0,0002	-0,0003	-0,0004	-0,0002	-0,0001	-0,0000	-0,0000	-0,0000	-0,0000	-0,0000
	D(CA)/A	-0,0002	0,0005	0,0005	0,0003	0,0001	0,0000	0,0000	0,0000	0,0000	0,0000
	D(CB)/A	-0,0105	-0,0071	-0,0041	-0,0019	-0,0007	-0,0002	-0,0001	-0,0000	-0,0000	-0,0000
	D(CC)/A	-0,0008	-0,0005	-0,0001	0,0001	0,0001	0,0000	0,0000	0,0000	0,0000	-0,0000
	D(CD)/A	0,0091	0,0057	0,0029	0,0012	0,0004	0,0001	0,0000	0,0000	0,0000	0
	D(DA)/A	-0,0000	-0,0000	-0,0001	-0,0001	-0,0001	-0,0000	-0,0000	-0,0000	-0,0000	-0,0000
	D(DB)/A	-0,0002	0,0005	0,0009	0,0007	0,0003	0,0001	0,0000	0,0000	0,0000	0,0000
	D(DC)/A	-0,0102	-0,0083	-0,0058	-0,0032	-0,0012	-0,0005	-0,0001	-0,0000	-0,0000	0
	D(DD)/A	0,0092	0,0070	0,0046	0,0024	0,0009	0,0003	0,0001	0,0000	0,0000	-0,0000

Z	Z(T)	0,00	0,03	0,10	0,30	1,00	3,00	10,0	30,0	100	UNENDL
0,02	B(AA)	0,9600	0,9695	0,9788	0,9865	0,9913	0,9931	0,9938	0,9940	0,9940	0,9941
	B(AB)	0,0329	0,0289	0,0235	0,0179	0,0139	0,0123	0,0117	0,0115	0,0114	0,0114
	B(AC)	0,0011	-0,0025	-0,0052	-0,0064	-0,0067	-0,0066	-0,0066	-0,0066	-0,0066	-0,0066
	B(AD)	0,0000	0,0001	0,0005	0,0008	0,0009	0,0009	0,0009	0,0009	0,0009	0,0009
	B(BA)	0,0384	0,0337	0,0274	0,0209	0,0162	0,0143	0,0136	0,0134	0,0133	0,0133
	B(BB)	0,9288	0,9377	0,9479	0,9578	0,9648	0,9675	0,9685	0,9689	0,9690	0,9690
	B(BC)	0,0322	0,0321	0,0309	0,0284	0,0261	0,0250	0,0246	0,0244	0,0244	0,0244
	B(BD)	0,0012	-0,0025	-0,0052	-0,0064	-0,0065	-0,0065	-0,0064	-0,0064	-0,0064	-0,0064
	B(CA)	0,0015	-0,0033	-0,0069	-0,0086	-0,0089	-0,0088	-0,0088	-0,0088	-0,0088	-0,0088
	B(CB)	0,0368	0,0367	0,0353	0,0325	0,0298	0,0286	0,0281	0,0279	0,0279	0,0278
	B(CC)	0,9287	0,9377	0,9482	0,9588	0,9663	0,9693	0,9704	0,9708	0,9709	0,9710
	B(CD)	0,0337	0,0291	0,0232	0,0171	0,0127	0,0110	0,0103	0,0101	0,0100	0,0100
	B(DA)	0,0001	0,0001	0,0007	0,0012	0,0014	0,0014	0,0014	0,0014	0,0014	0,0014
	B(DB)	0,0015	-0,0033	-0,0067	-0,0082	-0,0084	-0,0083	-0,0083	-0,0082	-0,0082	-0,0082
	B(DC)	0,0379	0,0327	0,0261	0,0192	0,0143	0,0123	0,0116	0,0114	0,0113	0,0112
	B(DD)	0,9651	0,9734	0,9816	0,9885	0,9929	0,9946	0,9952	0,9954	0,9954	0,9955
	D(AA)/A	-0,0195	-0,0146	-0,0096	-0,0049	-0,0019	-0,0007	-0,0002	-0,0001	-0,0000	0,0000
	D(AB)/A	0,0160	0,0132	0,0093	0,0051	0,0020	0,0007	0,0002	0,0001	0,0000	0
	D(AC)/A	0,0006	-0,0005	-0,0010	-0,0008	-0,0004	-0,0001	-0,0000	-0,0000	-0,0000	-0,0000
	D(AD)/A	0,0000	0,0000	0,0001	0,0001	0,0000	0,0000	0,0000	0,0000	0,0000	-0,0000
	D(BA)/A	-0,0213	-0,0134	-0,0070	-0,0028	-0,0009	-0,0003	-0,0001	-0,0000	-0,0000	-0,0000
	D(BB)/A	-0,0018	-0,0013	-0,0010	-0,0007	-0,0003	-0,0001	-0,0000	-0,0000	-0,0000	0,0000
	D(BC)/A	0,0169	0,0117	0,0069	0,0032	0,0011	0,0004	0,0001	0,0000	0,0000	0,0000
	D(BD)/A	0,0006	-0,0005	-0,0007	-0,0004	-0,0002	-0,0001	-0,0000	-0,0000	-0,0000	-0,0000
	D(CA)/A	-0,0008	0,0007	0,0009	0,0006	0,0002	0,0001	0,0000	0,0000	0,0000	0,0000
	D(CB)/A	-0,0203	-0,0139	-0,0081	-0,0037	-0,0013	-0,0005	-0,0001	-0,0000	-0,0000	-0,0000
	D(CC)/A	-0,0016	-0,0009	-0,0002	0,0002	0,0001	0,0001	0,0000	0,0000	0,0000	-0,0000
	D(CD)/A	0,0177	0,0112	0,0058	0,0024	0,0007	0,0002	0,0001	0,0000	0,0000	-0,0000
	D(DA)/A	-0,0000	-0,0000	-0,0001	-0,0002	-0,0001	-0,0000	-0,0000	-0,0000	-0,0000	0
	D(DB)/A	-0,0008	0,0007	0,0014	0,0012	0,0005	0,0002	0,0001	0,0000	0,0000	0,0000
	D(DC)/A	-0,0193	-0,0158	-0,0112	-0,0062	-0,0024	-0,0009	-0,0003	-0,0001	-0,0000	0,0000
	D(DD)/A	0,0178	0,0135	0,0089	0,0047	0,0018	0,0006	0,0002	0,0001	0,0000	-0,0000
0,05	B(AA)	0,9095	0,9302	0,9507	0,9684	0,9795	0,9837	0,9853	0,9858	0,9860	0,9860
	B(AB)	0,0706	0,0632	0,0525	0,0406	0,0319	0,0284	0,0270	0,0265	0,0264	0,0263
	B(AC)	0,0055	-0,0027	-0,0094	-0,0132	-0,0144	-0,0146	-0,0146	-0,0146	-0,0146	-0,0146
	B(AD)	0,0005	-0,0002	0,0004	0,0012	0,0017	0,0018	0,0018	0,0018	0,0018	0,0018
	B(BA)	0,0824	0,0737	0,0612	0,0474	0,0372	0,0331	0,0315	0,0310	0,0308	0,0307
	B(BB)	0,8461	0,8638	0,8844	0,9050	0,9197	0,9255	0,9278	0,9285	0,9288	0,9289
	B(BC)	0,0664	0,0670	0,0659	0,0624	0,0584	0,0565	0,0557	0,0555	0,0554	0,0554
	B(BD)	0,0057	-0,0028	-0,0095	-0,0132	-0,0142	-0,0144	-0,0144	-0,0144	-0,0144	-0,0144
	B(CA)	0,0074	-0,0036	-0,0125	-0,0176	-0,0192	-0,0195	-0,0195	-0,0195	-0,0195	-0,0195
	B(CB)	0,0759	0,0766	0,0753	0,0713	0,0667	0,0646	0,0637	0,0634	0,0633	0,0633
	B(CC)	0,8460	0,8638	0,8851	0,9071	0,9230	0,9295	0,9321	0,9328	0,9331	0,9332
	B(CD)	0,0729	0,0639	0,0519	0,0389	0,0293	0,0254	0,0239	0,0234	0,0232	0,0232
	B(DA)	0,0007	-0,0003	0,0006	0,0019	0,0025	0,0027	0,0028	0,0028	0,0028	0,0028
	B(DB)	0,0074	-0,0036	-0,0122	-0,0169	-0,0183	-0,0185	-0,0185	-0,0185	-0,0185	-0,0185
	B(DC)	0,0820	0,0719	0,0584	0,0438	0,0330	0,0286	0,0269	0,0263	0,0261	0,0261
	B(DD)	0,9209	0,9391	0,9572	0,9730	0,9832	0,9871	0,9887	0,9891	0,9893	0,9893
	D(AA)/A	-0,0441	-0,0336	-0,0223	-0,0117	-0,0045	-0,0016	-0,0005	-0,0002	-0,0001	-0,0000
	D(AB)/A	0,0344	0,0288	0,0207	0,0115	0,0045	0,0017	0,0005	0,0002	0,0001	0,0000
	D(AC)/A	0,0027	0,0002	-0,0013	-0,0014	-0,0007	-0,0003	-0,0001	-0,0000	-0,0000	-0,0000
	D(AD)/A	0,0002	-0,0001	-0,0000	0,0001	0,0001	0,0000	0,0000	0,0000	0,0000	0,0000
	D(BA)/A	-0,0504	-0,0322	-0,0171	-0,0070	-0,0022	-0,0007	-0,0002	-0,0001	-0,0000	-0,0000
	D(BB)/A	-0,0045	-0,0029	-0,0022	-0,0015	-0,0007	-0,0003	-0,0001	-0,0000	-0,0000	0,0000
	D(BC)/A	0,0380	0,0267	0,0160	0,0075	0,0026	0,0009	0,0003	0,0001	0,0000	0,0000
	D(BD)/A	0,0033	-0,0000	-0,0011	-0,0008	-0,0003	-0,0001	-0,0000	-0,0000	-0,0000	-0,0000
	D(CA)/A	-0,0045	0,0001	0,0016	0,0012	0,0005	0,0002	0,0001	0,0000	0,0000	0,0000
	D(CB)/A	-0,0462	-0,0320	-0,0189	-0,0088	-0,0031	-0,0011	-0,0003	-0,0001	-0,0000	-0,0000
	D(CC)/A	-0,0034	-0,0023	-0,0008	0,0002	0,0003	0,0001	0,0000	0,0000	0,0000	-0,0000
	D(CD)/A	0,0419	0,0269	0,0143	0,0059	0,0018	0,0006	0,0002	0,0001	0,0000	-0,0000
	D(DA)/A	-0,0004	0,0001	0,0000	-0,0001	-0,0001	-0,0000	-0,0000	-0,0000	-0,0000	-0,0000
	D(DB)/A	-0,0037	-0,0002	0,0019	0,0020	0,0010	0,0004	0,0001	0,0000	0,0000	0,0000
	D(DC)/A	-0,0418	-0,0348	-0,0252	-0,0142	-0,0056	-0,0021	-0,0006	-0,0002	-0,0001	0,0000
	D(DD)/A	0,0403	0,0310	0,0209	0,0112	0,0043	0,0016	0,0005	0,0002	0,0000	0

Z	Z(T)	0,00	0,03	0,10	0,30	1,00	3,00	10,0	30,0	100	UNENDL
0,10	B(AA)	0,8427	0,8767	0,9115	0,9422	0,9623	0,9700	0,9730	0,9739	0,9742	0,9743
	B(AB)	0,1138	0,1045	0,0892	0,0708	0,0565	0,0505	0,0481	0,0474	0,0472	0,0470
	B(AC)	0,0156	0,0017	-0,0109	-0,0194	-0,0232	-0,0242	-0,0245	-0,0246	-0,0246	-0,0246
	B(AD)	0,0025	-0,0005	-0,0006	0,0007	0,0018	0,0022	0,0023	0,0024	0,0024	0,0024
	B(BA)	0,1328	0,1219	0,1040	0,0826	0,0659	0,0589	0,0561	0,0553	0,0550	0,0549
	B(BB)	0,7482	0,7741	0,8049	0,8366	0,8598	0,8692	0,8729	0,8740	0,8744	0,8746
	B(BC)	0,1024	0,1045	0,1053	0,1030	0,0993	0,0972	0,0963	0,0961	0,0960	0,0959
	B(BD)	0,0162	0,0016	-0,0112	-0,0196	-0,0231	-0,0240	-0,0242	-0,0243	-0,0243	-0,0243
	B(CA)	0,0208	0,0022	-0,0145	-0,0259	-0,0309	-0,0322	-0,0326	-0,0327	-0,0328	-0,0328
	B(CB)	0,1171	0,1194	0,1203	0,1177	0,1134	0,1111	0,1101	0,1098	0,1097	0,1096
	B(CC)	0,7484	0,7740	0,8058	0,8397	0,8652	0,8758	0,8800	0,8813	0,8818	0,8820
	B(CD)	0,1187	0,1065	0,0887	0,0682	0,0522	0,0454	0,0428	0,0419	0,0417	0,0415
	B(DA)	0,0037	-0,0008	-0,0010	0,0011	0,0027	0,0033	0,0035	0,0035	0,0036	0,0036
	B(DB)	0,0209	0,0021	-0,0144	-0,0252	-0,0297	-0,0308	-0,0312	-0,0312	-0,0313	-0,0313
	B(DC)	0,1335	0,1198	0,0998	0,0767	0,0587	0,0511	0,0481	0,0472	0,0469	0,0467
	B(DD)	0,8626	0,8924	0,9231	0,9507	0,9691	0,9763	0,9792	0,9800	0,9803	0,9804
	D(AA)/A	-0,0766	-0,0596	-0,0405	-0,0218	-0,0085	-0,0031	-0,0010	-0,0003	-0,0001	-0,0000
	D(AB)/A	0,0555	0,0475	0,0352	0,0202	0,0081	0,0030	0,0009	0,0003	0,0001	0
	D(AC)/A	0,0076	0,0032	-0,0000	-0,0011	-0,0007	-0,0003	-0,0001	-0,0000	-0,0000	0
	D(AD)/A	0,0012	-0,0001	-0,0004	-0,0002	-0,0000	-0,0000	-0,0000	-0,0000	-0,0000	0
	D(BA)/A	-0,0926	-0,0608	-0,0332	-0,0140	-0,0045	-0,0015	-0,0005	-0,0002	-0,0000	-0,0000
	D(BB)/A	-0,0091	-0,0053	-0,0035	-0,0023	-0,0010	-0,0004	-0,0001	-0,0000	-0,0000	0,0000
	D(BC)/A	0,0657	0,0471	0,0287	0,0137	0,0049	0,0017	0,0005	0,0002	0,0001	0,0000
	D(BD)/A	0,0104	0,0028	-0,0007	-0,0011	-0,0005	-0,0002	-0,0001	-0,0000	-0,0000	-0,0000
	D(CA)/A	-0,0143	-0,0038	0,0010	0,0015	0,0007	0,0003	0,0001	0,0000	0,0000	-0,0000
	D(CB)/A	-0,0808	-0,0569	-0,0342	-0,0162	-0,0057	-0,0020	-0,0006	-0,0002	-0,0001	-0,0000
	D(CC)/A	-0,0051	-0,0043	-0,0019	-0,0001	0,0003	0,0002	0,0001	0,0000	0,0000	-0,0000
	D(CD)/A	0,0769	0,0506	0,0276	0,0116	0,0037	0,0012	0,0004	0,0001	0,0000	0,0000
	D(DA)/A	-0,0019	0,0001	0,0006	0,0003	0,0001	0,0000	0,0000	0,0000	0,0000	-0,0000
	D(DB)/A	-0,0106	-0,0044	0,0001	0,0016	0,0010	0,0004	0,0001	0,0000	0,0000	0,0000
	D(DC)/A	-0,0681	-0,0581	-0,0432	-0,0250	-0,0102	-0,0038	-0,0012	-0,0004	-0,0001	0,0000
	D(DD)/A	0,0700	0,0550	0,0379	0,0208	0,0082	0,0030	0,0009	0,0003	0,0001	-0,0000
0,20	B(AA)	0,7475	0,7972	0,8505	0,9002	0,9342	0,9476	0,9529	0,9545	0,9551	0,9553
	B(AB)	0,1625	0,1547	0,1376	0,1135	0,0927	0,0836	0,0799	0,0787	0,0783	0,0782
	B(AC)	0,0361	0,0157	-0,0050	-0,0219	-0,0314	-0,0346	-0,0358	-0,0361	-0,0362	-0,0363
	B(AD)	0,0099	0,0009	-0,0029	-0,0023	-0,0003	0,0006	0,0010	0,0012	0,0012	0,0012
	B(BA)	0,1895	0,1805	0,1605	0,1324	0,1081	0,0975	0,0932	0,0919	0,0914	0,0912
	B(BB)	0,6286	0,6608	0,7005	0,7430	0,7753	0,7888	0,7942	0,7958	0,7964	0,7967
	B(BC)	0,1398	0,1433	0,1479	0,1511	0,1514	0,1510	0,1508	0,1507	0,1506	0,1506
	B(BD)	0,0383	0,0161	-0,0055	-0,0226	-0,0319	-0,0350	-0,0361	-0,0364	-0,0365	-0,0365
	B(CA)	0,0482	0,0210	-0,0067	-0,0292	-0,0418	-0,0461	-0,0477	-0,0481	-0,0483	-0,0484
	B(CB)	0,1597	0,1638	0,1691	0,1726	0,1731	0,1726	0,1723	0,1722	0,1721	0,1721
	B(CC)	0,6301	0,6610	0,7013	0,7468	0,7829	0,7984	0,8047	0,8066	0,8073	0,8076
	B(CD)	0,1725	0,1600	0,1384	0,1102	0,0862	0,0757	0,0714	0,0701	0,0696	0,0694
	B(DA)	0,0148	0,0014	-0,0044	-0,0034	-0,0005	0,0010	0,0016	0,0017	0,0018	0,0018
	B(DB)	0,0492	0,0208	-0,0071	-0,0291	-0,0410	-0,0449	-0,0464	-0,0468	-0,0469	-0,0470
	B(DC)	0,1940	0,1800	0,1557	0,1240	0,0970	0,0852	0,0803	0,0788	0,0783	0,0781
	B(DD)	0,7794	0,8230	0,8700	0,9146	0,9460	0,9586	0,9636	0,9651	0,9657	0,9659
	D(AA)/A	-0,1230	-0,0985	-0,0694	-0,0387	-0,0154	-0,0057	-0,0018	-0,0006	-0,0002	-0,0000
	D(AB)/A	0,0791	0,0702	0,0543	0,0325	0,0135	0,0050	0,0016	0,0005	0,0002	0
	D(AC)/A	0,0176	0,0112	0,0054	0,0015	0,0002	0,0000	-0,0000	-0,0000	-0,0000	0
	D(AD)/A	0,0048	0,0011	-0,0008	-0,0009	-0,0004	-0,0001	-0,0000	-0,0000	-0,0000	0
	D(BA)/A	-0,1603	-0,1092	-0,0621	-0,0273	-0,0090	-0,0031	-0,0009	-0,0003	-0,0001	-0,0000
	D(BB)/A	-0,0188	-0,0104	-0,0056	-0,0031	-0,0014	-0,0006	-0,0002	-0,0001	-0,0000	-0,0000
	D(BC)/A	0,1045	0,0770	0,0484	0,0238	0,0086	0,0031	0,0009	0,0003	0,0001	-0,0000
	D(BD)/A	0,0286	0,0125	0,0027	-0,0006	-0,0006	-0,0002	-0,0001	-0,0000	-0,0000	0
	D(CA)/A	-0,0395	-0,0171	-0,0037	0,0007	0,0008	0,0003	0,0001	0,0000	0,0000	0,0000
	D(CB)/A	-0,1309	-0,0947	-0,0585	-0,0284	-0,0102	-0,0036	-0,0011	-0,0004	-0,0001	-0,0000
	D(CC)/A	-0,0052	-0,0062	-0,0041	-0,0012	-0,0000	0,0001	0,0000	0,0000	0,0000	-0,0000
	D(CD)/A	0,1328	0,0906	0,0516	0,0226	0,0074	0,0025	0,0008	0,0003	0,0001	-0,0000
	D(DA)/A	-0,0076	-0,0017	0,0012	0,0014	0,0006	0,0002	0,0001	0,0000	0,0000	-0,0000
	D(DB)/A	-0,0251	-0,0157	-0,0074	-0,0020	-0,0002	-0,0000	0,0000	0,0000	0,0000	0,0000
	D(DC)/A	-0,0989	-0,0872	-0,0675	-0,0409	-0,0172	-0,0065	-0,0020	-0,0007	-0,0002	-0,0000
	D(DD)/A	0,1125	0,0909	0,0650	0,0370	0,0150	0,0056	0,0017	0,0006	0,0002	0

Z	Z(T)	0,00	0,03	0,10	0,30	1,00	3,00	10,0	30,0	100	UNENDL
0,50	B(AA)	0,5904	0,6567	0,7346	0,8145	0,8748	0,9004	0,9107	0,9139	0,9150	0,9154
	B(AB)	0,2108	0,2126	0,2037	0,1810	0,1551	0,1421	0,1365	0,1348	0,1342	0,1339
	B(AC)	0,0794	0,0538	0,0236	-0,0070	-0,0294	-0,0387	-0,0424	-0,0435	-0,0439	-0,0441
	B(AD)	0,0385	0,0157	-0,0025	-0,0109	-0,0110	-0,0097	-0,0090	-0,0087	-0,0086	-0,0086
	B(BA)	0,2459	0,2480	0,2377	0,2112	0,1809	0,1658	0,1593	0,1573	0,1565	0,1562
	B(BB)	0,4738	0,5068	0,5500	0,6002	0,6418	0,6602	0,6678	0,6701	0,6710	0,6713
	B(BC)	0,1785	0,1813	0,1890	0,2018	0,2142	0,2201	0,2225	0,2233	0,2236	0,2237
	B(BD)	0,0866	0,0571	0,0235	-0,0091	-0,0324	-0,0418	-0,0456	-0,0468	-0,0472	-0,0473
	B(CA)	0,1059	0,0717	0,0314	-0,0093	-0,0392	-0,0515	-0,0565	-0,0580	-0,0586	-0,0588
	B(CB)	0,2040	0,2072	0,2160	0,2306	0,2448	0,2515	0,2543	0,2552	0,2555	0,2556
	B(CC)	0,4800	0,5094	0,5511	0,6035	0,6501	0,6716	0,6807	0,6835	0,6845	0,6849
	B(CD)	0,2329	0,2270	0,2100	0,1793	0,1468	0,1306	0,1237	0,1215	0,1208	0,1204
	B(DA)	0,0578	0,0236	-0,0037	-0,0164	-0,0166	-0,0146	-0,0135	-0,0131	-0,0129	-0,0129
	B(DB)	0,1114	0,0734	0,0302	-0,0118	-0,0416	-0,0538	-0,0587	-0,0601	-0,0606	-0,0609
	B(DC)	0,2620	0,2554	0,2363	0,2017	0,1651	0,1469	0,1391	0,1367	0,1359	0,1355
	B(DD)	0,6420	0,7002	0,7690	0,8408	0,8967	0,9209	0,9309	0,9339	0,9350	0,9355
	D(AA)/A	-0,1996	-0,1681	-0,1262	-0,0757	-0,0320	-0,0121	-0,0038	-0,0013	-0,0004	-0,0000
	D(AB)/A	0,1027	0,0958	0,0796	0,0518	0,0230	0,0088	0,0028	0,0010	0,0003	0
	D(AC)/A	0,0387	0,0313	0,0225	0,0129	0,0053	0,0020	0,0006	0,0002	0,0001	0
	D(AD)/A	0,0188	0,0097	0,0022	-0,0013	-0,0013	-0,0006	-0,0002	-0,0001	-0,0000	0
	D(BA)/A	-0,2901	-0,2119	-0,1304	-0,0619	-0,0217	-0,0076	-0,0023	-0,0008	-0,0002	-0,0000
	D(BB)/A	-0,0461	-0,0279	-0,0134	-0,0051	-0,0017	-0,0006	-0,0002	-0,0001	-0,0000	0
	D(BC)/A	0,1669	0,1290	0,0857	0,0446	0,0169	0,0061	0,0019	0,0006	0,0002	0,0000
	D(BD)/A	0,0809	0,0483	0,0212	0,0057	0,0008	0,0001	0,0000	-0,0000	-0,0000	0,0000
	D(CA)/A	-0,1120	-0,0667	-0,0292	-0,0079	-0,0012	-0,0002	-0,0000	-0,0000	-0,0000	0,0000
	D(CB)/A	-0,2158	-0,1642	-0,1069	-0,0545	-0,0203	-0,0073	-0,0022	-0,0008	-0,0002	-0,0000
	D(CC)/A	0,0034	-0,0033	-0,0058	-0,0040	-0,0015	-0,0005	-0,0002	-0,0001	-0,0000	-0,0000
	D(CD)/A	0,2395	0,1751	0,1078	0,0512	0,0179	0,0063	0,0019	0,0006	0,0002	0,0000
	D(DA)/A	-0,0295	-0,0154	-0,0036	0,0021	0,0021	0,0010	0,0003	0,0001	0,0000	-0,0000
	D(DB)/A	-0,0568	-0,0453	-0,0320	-0,0183	-0,0076	-0,0028	-0,0009	-0,0003	-0,0001	0,0000
	D(DC)/A	-0,1336	-0,1235	-0,1024	-0,0674	-0,0303	-0,0118	-0,0037	-0,0013	-0,0004	-0,0000
	D(DD)/A	0,1825	0,1552	0,1183	0,0727	0,0314	0,0120	0,0038	0,0013	0,0004	-0,0000
1,00	B(AA)	0,4698	0,5377	0,6267	0,7276	0,8113	0,8493	0,8653	0,8702	0,8719	0,8727
	B(AB)	0,2241	0,2338	0,2376	0,2271	0,2058	0,1925	0,1863	0,1844	0,1837	0,1834
	B(AC)	0,1162	0,0916	0,0593	0,0221	-0,0099	-0,0249	-0,0314	-0,0334	-0,0341	-0,0344
	B(AD)	0,0759	0,0449	0,0114	-0,0147	-0,0255	-0,0271	-0,0272	-0,0272	-0,0272	-0,0272
	B(BA)	0,2614	0,2728	0,2772	0,2650	0,24C1	0,2246	0,2174	0,2151	0,2143	0,2139
	B(BB)	0,3825	0,4107	0,4500	0,4988	0,5432	0,5646	0,5739	0,5767	0,5778	0,5782
	B(BC)	0,1984	0,1986	0,2038	0,2180	0,2377	0,2491	0,2543	0,2560	0,2566	0,2568
	B(BD)	0,1296	0,1000	0,0619	0,0194	-0,0161	-0,0325	-0,0396	-0,0417	-0,0425	-0,0428
	B(CA)	0,1549	0,1222	0,0791	0,0294	-0,0132	-0,0332	-0,0418	-0,0445	-0,0455	-0,0459
	B(CB)	0,2267	0,2270	0,2329	0,2492	0,2716	0,2847	0,2906	0,2925	0,2932	0,2935
	B(CC)	0,3950	0,4182	0,4532	0,5012	0,5492	0,5736	0,5844	0,5878	0,5890	0,5895
	B(CD)	0,2581	0,2592	0,2522	0,2299	0,1982	0,1797	0,1712	0,1685	0,1676	0,1672
	B(DA)	0,1139	0,0673	0,0171	-0,0220	-0,0382	-0,0407	-0,0408	-0,0408	-0,0407	-0,04C7
	B(DB)	0,1667	0,1285	0,0796	0,0249	-0,0206	-0,0418	-0,0509	-0,0537	-0,0547	-0,0551
	B(DC)	0,2903	0,2916	0,2837	0,2587	0,2230	0,2022	0,1926	0,1896	0,1885	0,1881
	B(DD)	0,5364	0,5960	0,6745	0,7653	0,8433	0,8799	0,8956	0,9004	0,9021	0,9028
	D(AA)/A	-0,2583	-0,2279	-0,1813	-0,1167	-0,0526	-0,0205	-0,0065	-0,0022	-0,0007	-0,0000
	D(AB)/A	0,1092	0,1042	0,0909	0,0637	0,0303	0,0121	0,0039	0,0013	0,0004	-0,0000
	D(AC)/A	0,0566	0,0509	0,0420	0,0287	0,0138	0,0055	0,0018	0,0006	0,0002	-0,0000
	D(AD)/A	0,0370	0,0256	0,0129	0,0027	-0,0008	-0,0007	-0,0003	-0,0001	-0,0000	0
	D(BA)/A	-0,4033	-0,3145	-0,2086	-0,1072	-0,0400	-0,0144	-0,0044	-0,0015	-0,0004	-0,0000
	D(BB)/A	-0,0774	-0,0534	-0,0288	-0,0105	-0,0025	-0,0006	-0,0002	-0,0001	-0,0000	-0,0000
	D(BC)/A	0,2134	0,1721	0,1200	0,0659	0,0261	0,0097	0,0030	0,0010	0,0003	0,0000
	D(BD)/A	0,1394	0,0982	0,0548	0,0210	0,0054	0,0015	0,0004	0,0001	0,0000	0,0000
	D(CA)/A	-0,1932	-0,1360	-0,0757	-0,0293	-0,0077	-0,0022	-0,0006	-0,0002	-0,0001	-0,0000
	D(CB)/A	-0,2828	-0,2254	-0,1548	-0,0832	-0,0324	-0,0119	-0,0037	-0,0012	-0,0004	-0,0000
	D(CC)/A	0,0185	0,0076	-0,0014	-0,0048	-0,0032	-0,0014	-0,0005	-0,0002	-0,0000	0
	D(CD)/A	0,3323	0,2592	0,1721	0,0885	0,0331	0,0119	0,0037	0,0012	0,0004	0,0000
	D(DA)/A	-0,0581	-0,0406	-0,0208	-0,0047	0,0011	0,0010	0,0004	0,0001	0,0000	0,0000
	D(DB)/A	-0,0850	-0,0756	-0,0617	-0,0419	-0,0201	-0,0081	-0,0026	-0,0009	-0,0003	0,0000
	D(DC)/A	-0,1480	-0,1402	-0,1220	-0,0863	-0,0418	-0,0168	-0,0054	-0,0019	-0,0006	-0,0000
	D(DD)/A	0,2364	0,2105	0,1703	0,1124	0,0520	0,0206	0,0066	0,0022	0,0007	-0,0000

Z	Z(T)	0,00	0,03	0,10	0,30	1,00	3,00	10,0	30,0	100	UNENDL
2,00	B(AA)	0,3686	0,4263	0,5128	0,6266	0,7339	0,7870	0,8102	0,8174	0,8200	0,8211
	B(AB)	0,2223	0,2351	0,2490	0,2561	0,2498	0,2419	0,2375	0,2359	0,2354	0,2351
	B(AC)	0,1477	0,1280	0,0988	0,0605	0,0233	0,0040	-0,0048	-0,0076	-0,0086	-0,0090
	B(AD)	0,1167	0,0859	0,0434	-0,0040	-0,0377	-0,0497	-0,0539	-0,0550	-0,0555	-0,0556
	B(BA)	0,2594	0,2742	0,2905	0,2988	0,2915	0,2822	0,2770	0,2753	0,2746	0,2743
	B(BB)	0,3195	0,3404	0,3721	0,4150	0,4585	0,4816	0,4922	0,4955	0,4967	0,4972
	B(BC)	0,2122	0,2106	0,2115	0,2206	0,2392	0,2525	0,2592	0,2614	0,2622	0,2626
	B(BD)	0,1677	0,1431	0,1068	0,0598	0,0143	-0,0093	-0,0201	-0,0235	-0,0247	-0,0253
	B(CA)	0,1969	0,1706	0,1317	0,0807	0,0311	0,0053	-0,0064	-0,0101	-0,0114	-0,0120
	B(CB)	0,2425	0,2406	0,2417	0,2521	0,2733	0,2885	0,2962	0,2988	0,2997	0,3001
	B(CC)	0,3388	0,3547	0,3803	0,4184	0,4609	0,4850	0,4964	0,5000	0,5013	0,5019
	B(CD)	0,2678	0,2727	0,2751	0,2672	0,2459	0,2298	0,2215	0,2188	0,2178	0,2174
	B(DA)	0,1751	0,1289	0,0651	-0,0060	-0,0565	-0,0745	-0,0808	-0,0826	-0,0832	-0,0834
	B(DB)	0,2157	0,1839	0,1373	0,0768	0,0184	-0,0120	-0,0258	-0,0302	-0,0318	-0,0325
	B(DC)	0,3012	0,3067	0,3094	0,3006	0,2766	0,2585	0,2492	0,2462	0,2451	0,2446
	B(DD)	0,4478	0,4984	0,5748	0,6771	0,7775	0,8292	0,8524	0,8597	0,8624	0,8635
	D(AA)/A	-0,3076	-0,2845	-0,2416	-0,1685	-0,0818	-0,0331	-0,0108	-0,0037	-0,0011	0,0000
	D(AB)/A	0,1083	0,1031	0,0915	0,0677	0,0349	0,0146	0,0048	0,0016	0,0005	-0,0000
	D(AC)/A	0,0720	0,0696	0,0633	0,0485	0,0259	0,0110	0,0037	0,0013	0,0004	0
	D(AD)/A	0,0569	0,0476	0,0337	0,0165	0,0044	0,0010	0,0002	0,0001	0,0000	0,0000
	D(BA)/A	-0,5057	-0,4211	-0,3046	-0,1723	-0,0695	-0,0259	-0,0081	-0,0027	-0,0008	-0,0000
	D(BB)/A	-0,1100	-0,0860	-0,0549	-0,0240	-0,0063	-0,0016	-0,0004	-0,0001	-0,0000	-0,0000
	D(BC)/A	0,2517	0,2117	0,1560	0,0910	0,0381	0,0145	0,0046	0,0016	0,0005	0,0000
	D(BD)/A	0,1989	0,1595	0,1071	0,0527	0,0174	0,0057	0,0017	0,0005	0,0002	0,0000
	D(CA)/A	-0,2760	-0,2210	-0,1485	-0,0734	-0,0247	-0,0082	-0,0024	-0,0008	-0,0002	0,0000
	D(CB)/A	-0,3399	-0,2846	-0,2079	-0,1197	-0,0494	-0,0186	-0,0059	-0,0020	-0,0006	-0,0000
	D(CC)/A	0,0363	0,0249	0,0111	-0,0004	-0,0034	-0,0020	-0,0007	-0,0003	-0,0001	-0,0000
	D(CD)/A	0,4161	0,3466	0,2509	0,1424	0,0579	0,0217	0,0068	0,0023	0,0007	-0,0000
	D(DA)/A	-0,0893	-0,0755	-0,0544	-0,0278	-0,0081	-0,0021	-0,0005	-0,0002	-0,0000	0,0000
	D(DB)/A	-0,1099	-0,1059	-0,0960	-0,0736	-0,0395	-0,0169	-0,0056	-0,0019	-0,0006	0,0000
	D(DC)/A	-0,1536	-0,1465	-0,1308	-0,0981	-0,0514	-0,0217	-0,0072	-0,0025	-0,0007	0,0000
	D(DD)/A	0,2815	0,2629	0,2272	0,1630	0,0819	0,0338	0,0111	0,0038	0,0011	-0,0000
5,00	B(AA)	0,2799	0,3152	0,3784	0,4850	0,6169	0,6961	0,7343	0,7466	0,7511	0,7530
	B(AB)	0,2131	0,2228	0,2385	0,2607	0,2817	0,2914	0,2955	0,2967	0,2971	0,2973
	B(AC)	0,1753	0,1637	0,1438	0,1118	0,0740	0,0516	0,0408	0,0373	0,0360	0,0354
	B(AD)	0,1585	0,1377	0,1011	0,0412	-0,0294	-0,0699	-0,0889	-0,0949	-0,0971	-0,0981
	B(BA)	0,2487	0,2600	0,2783	0,3041	0,3286	0,3400	0,3447	0,3461	0,3466	0,3468
	B(BB)	0,2717	0,2833	0,3032	0,3349	0,3734	0,3974	0,4093	0,4132	0,4147	0,4153
	B(BC)	0,2235	0,2216	0,2196	0,2203	0,2278	0,2356	0,2403	0,2420	0,2426	0,2428
	B(BD)	0,2020	0,1872	0,1612	0,1187	0,0658	0,0326	0,0160	0,0106	0,0086	0,0077
	B(CA)	0,2337	0,2183	0,1917	0,1491	0,0986	0,0687	0,0543	0,0497	0,0480	0,0473
	B(CB)	0,2554	0,2532	0,2510	0,2518	0,2603	0,2693	0,2746	0,2765	0,2772	0,2775
	B(CC)	0,2981	0,3063	0,3207	0,3444	0,3744	0,3935	0,4031	0,4063	0,4075	0,4080
	B(CD)	0,2695	0,2741	0,2809	0,2876	0,2879	0,2838	0,2807	0,2795	0,2791	0,2789
	B(DA)	0,2377	0,2066	0,1516	0,0619	-0,0441	-0,1049	-0,1333	-0,1424	-0,1457	-0,1471
	B(DB)	0,2598	0,2406	0,2073	0,1526	0,0846	0,0419	0,0206	0,0136	0,0110	0,0099
	B(DC)	0,3032	0,3084	0,3160	0,3235	0,3239	0,3193	0,3158	0,3145	0,3140	0,3137
	B(DD)	0,3700	0,4010	0,4568	0,5525	0,6757	0,7535	0,7922	0,8049	0,8095	0,8115
	D(AA)/A	-0,3508	-0,3412	-0,3147	-0,2477	-0,1368	-0,0593	-0,0199	-0,0068	-0,0021	0,0000
	D(AB)/A	0,1038	0,0954	0,0809	0,0579	0,0305	0,0133	0,0045	0,0016	0,0005	0,0000
	D(AC)/A	0,0854	0,0880	0,0877	0,0757	0,0454	0,0206	0,0070	0,0024	0,0007	0,0000
	D(AD)/A	0,0772	0,0750	0,0689	0,0528	0,0270	0,0109	0,0035	0,0012	0,0004	-0,0000
	D(BA)/A	-0,5998	-0,5350	-0,4312	-0,2833	-0,1325	-0,0532	-0,0172	-0,0059	-0,0018	-0,0000
	D(BB)/A	-0,1426	-0,1254	-0,0968	-0,0571	-0,0222	-0,0077	-0,0023	-0,0008	-0,0002	0
	D(BC)/A	0,2849	0,2508	0,1980	0,1267	0,0581	0,0232	0,0075	0,0026	0,0008	0,0000
	D(BD)/A	0,2575	0,2313	0,1868	0,1207	0,0539	0,0209	0,0066	0,0022	0,0007	0,0000
	D(CA)/A	-0,3575	-0,3210	-0,2594	-0,1683	-0,0762	-0,0298	-0,0095	-0,0032	-0,0010	0,0000
	D(CB)/A	-0,3906	-0,3449	-0,2734	-0,1761	-0,0814	-0,0327	-0,0106	-0,0036	-0,0011	-0,0000
	D(CC)/A	0,0552	0,0478	0,0348	0,0166	0,0032	0,0001	-0,0002	-0,0001	-0,0000	-0,0000
	D(CD)/A	0,4931	0,4397	0,3546	0,2343	0,1112	0,0453	0,0148	0,0051	0,0015	-0,0000
	D(DA)/A	-0,1212	-0,1190	-0,1113	-0,0885	-0,0482	-0,0204	-0,0067	-0,0023	-0,0007	0,0000
	D(DB)/A	-0,1324	-0,1369	-0,1377	-0,1212	-0,0748	-0,0345	-0,0119	-0,0041	-0,0013	0,0000
	D(DC)/A	-0,1545	-0,1459	-0,1294	-0,0986	-0,0549	-0,0244	-0,0083	-0,0029	-0,0009	-0,0000
	D(DD)/A	0,3212	0,3155	0,2963	0,2409	0,1391	0,0622	0,0211	0,0073	0,0022	-0,0000

Z	Z(T)	0,00	0,03	0,10	0,30	1,00	3,00	10,0	30,0	100	UNENDL
10,00	B(AA)	0,2426	0,2636	0,3048	0,3874	0,5204	0,6238	0,6821	0,7024	0,7099	0,7133
	B(AB)	0,2075	0,2137	0,2252	0,2470	0,2810	0,3078	0,3234	0,3289	0,3310	0,3319
	B(AC)	0,1868	0,1801	0,1674	0,1438	0,1093	0,0846	0,0712	0,0667	0,0650	0,0643
	B(AD)	0,1774	0,1647	0,1395	0,0884	0,0040	-0,0638	-0,1030	-0,1167	-0,1219	-0,1242
	B(BA)	0,2421	0,2493	0,2628	0,2882	0,3278	0,3591	0,3773	0,3838	0,3862	0,3872
	B(BB)	0,2533	0,2600	0,2722	0,2945	0,3275	0,3524	0,3666	0,3715	0,3733	0,3741
	B(BC)	0,2281	0,2268	0,2248	0,2227	0,2222	0,2230	0,2237	0,2239	0,2240	0,2240
	B(BD)	0,2166	0,2078	0,1911	0,1586	0,1070	0,0660	0,0423	0,0340	0,0309	0,0295
	B(CA)	0,2491	0,2401	0,2232	0,1918	0,1458	0,1128	0,0950	0,0890	0,0867	0,0857
	B(CB)	0,2607	0,2592	0,2569	0,2545	0,2540	0,2548	0,2556	0,2559	0,2560	0,2560
	B(CC)	0,2829	0,2874	0,2958	0,3109	0,3321	0,3470	0,3549	0,3576	0,3586	0,3590
	B(CD)	0,2686	0,2717	0,2773	0,2867	0,2990	0,3071	0,3113	0,3127	0,3132	0,3135
	B(DA)	0,2661	0,2470	0,2092	0,1325	0,0060	-0,0957	-0,1544	-0,1751	-0,1828	-0,1862
	B(DB)	0,2785	0,2672	0,2456	0,2039	0,1376	0,0849	0,0544	0,0437	0,0397	0,0379
	B(DC)	0,3022	0,3057	0,3120	0,3226	0,3363	0,3454	0,3502	0,3518	0,3524	0,3527
	B(DD)	0,3374	0,3557	0,3922	0,4663	0,5901	0,6907	0,7493	0,7700	0,7778	0,7812
	D(AA)/A	-0,3690	-0,3677	-0,3553	-0,3055	-0,1911	-0,0903	-0,0316	-0,0111	-0,0034	0,0000
	D(AB)/A	0,1011	0,0902	0,0715	0,0438	0,0174	0,0059	0,0017	0,0006	0,0002	0,0000
	D(AC)/A	0,0910	0,0964	0,1006	0,0936	0,0614	0,0294	0,0103	0,0036	0,0011	0
	D(AD)/A	0,0864	0,0893	0,0918	0,0864	0,0593	0,0295	0,0106	0,0037	0,0011	0,0000
	D(BA)/A	-0,6403	-0,5900	-0,5048	-0,3693	-0,2000	-0,0886	-0,0302	-0,0105	-0,0032	-0,0000
	D(BB)/A	-0,1572	-0,1455	-0,1235	-0,0870	-0,0445	-0,0192	-0,0065	-0,0022	-0,0007	-0,0000
	D(BC)/A	0,2987	0,2688	0,2209	0,1515	0,0761	0,0322	0,0107	0,0037	0,0011	-0,0000
	D(BD)/A	0,2836	0,2676	0,2363	0,1792	0,1002	0,0453	0,0156	0,0054	0,0017	0,0000
	D(CA)/A	-0,3938	-0,3714	-0,3283	-0,2500	-0,1413	-0,0645	-0,0223	-0,0078	-0,0024	0,0000
	D(CB)/A	-0,4121	-0,3732	-0,3102	-0,2174	-0,1134	-0,0496	-0,0169	-0,0058	-0,0018	-0,0000
	D(CC)/A	0,0639	0,0600	0,0509	0,0340	0,0153	0,0059	0,0019	0,0006	0,0002	-0,0000
	D(CD)/A	0,5262	0,4846	0,4150	0,3056	0,1688	0,0763	0,0263	0,0092	0,0028	-0,0000
	D(DA)/A	-0,1357	-0,1416	-0,1483	-0,1447	-0,1049	-0,0543	-0,0199	-0,0071	-0,0022	-0,0000
	D(DB)/A	-0,1420	-0,1514	-0,1607	-0,1547	-0,1076	-0,0539	-0,0194	-0,0069	-0,0021	0,0000
	D(DC)/A	-0,1541	-0,1439	-0,1248	-0,0913	-0,0483	-0,0209	-0,0070	-0,0024	-0,0007	0,0000
	D(DD)/A	0,3378	0,3400	0,3347	0,2980	0,1965	0,0967	0,0346	0,0122	0,0037	0
20,00	B(AA)	0,2221	0,2335	0,2576	0,3121	0,4244	0,5442	0,6319	0,6670	0,6808	0,6871
	B(AB)	0,2040	0,2075	0,2146	0,2306	0,2649	0,3043	0,3347	0,3471	0,3521	0,3543
	B(AC)	0,1932	0,1895	0,1822	0,1671	0,1395	0,1131	0,0950	0,0880	0,0853	0,0840
	B(AD)	0,1882	0,1811	0,1660	0,1307	0,0537	-0,0334	-0,0994	-0,1262	-0,1369	-0,1417
	B(BA)	0,2380	0,2421	0,2504	0,2691	0,3091	0,3550	0,3905	0,4050	0,4108	0,4134
	B(BB)	0,2436	0,2471	0,2541	0,2680	0,2935	0,3190	0,3372	0,3445	0,3473	0,3486
	B(BC)	0,2306	0,2299	0,2285	0,2262	0,2221	0,2170	0,2128	0,2110	0,2102	0,2099
	B(BD)	0,2247	0,2199	0,2101	0,1889	0,1461	0,1001	0,0661	0,0524	0,0469	0,0445
	B(CA)	0,2576	0,2527	0,2430	0,2228	0,1860	0,1508	0,1267	0,1173	0,1137	0,1121
	B(CB)	0,2636	0,2627	0,2611	0,2585	0,2538	0,2480	0,2432	0,2411	0,2402	0,2399
	B(CC)	0,2749	0,2773	0,2819	0,2907	0,3049	0,3167	0,3240	0,3266	0,3277	0,3281
	B(CD)	0,2678	0,2696	0,2732	0,2809	0,2965	0,3139	0,3273	0,3328	0,3350	0,3360
	B(DA)	0,2823	0,2717	0,2490	0,1960	0,0806	-0,0501	-0,1490	-0,1893	-0,2053	-0,2125
	B(DB)	0,2889	0,2827	0,2702	0,2429	0,1879	0,1287	0,0850	0,0673	0,0604	0,0572
	B(DC)	0,3013	0,3033	0,3074	0,3160	0,3335	0,3532	0,3682	0,3744	0,3769	0,3780
	B(DD)	0,3193	0,3294	0,3506	0,3995	0,5037	0,6193	0,7060	0,7411	0,7549	0,7612
	D(AA)/A	-0,3790	-0,3831	-0,3816	-0,3513	-0,2507	-0,1344	-0,0512	-0,0185	-0,0057	0,0000
	D(AB)/A	0,0994	0,0868	0,0645	0,0303	-0,0014	-0,0086	-0,0049	-0,0020	-0,0006	0,0000
	D(AC)/A	0,0941	0,1013	0,1088	0,1069	0,0772	0,0402	0,0149	0,0053	0,0016	0,0000
	D(AD)/A	0,0917	0,0979	0,1075	0,1156	0,0996	0,0605	0,0246	0,0091	0,0028	-0,0000
	D(BA)/A	-0,6629	-0,6224	-0,5533	-0,4390	-0,2763	-0,1410	-0,0528	-0,0190	-0,0059	-0,0000
	D(BB)/A	-0,1654	-0,1576	-0,1418	-0,1128	-0,0724	-0,0384	-0,0148	-0,0054	-0,0017	-0,0000
	D(BC)/A	0,3063	0,2792	0,2355	0,1708	0,0950	0,0443	0,0157	0,0056	0,0017	-0,0000
	D(BD)/A	0,2984	0,2893	0,2697	0,2286	0,1561	0,0845	0,0327	0,0119	0,0037	0,0000
	D(CA)/A	-0,4143	-0,4017	-0,3749	-0,3190	-0,2199	-0,1201	-0,0467	-0,0170	-0,0053	0,0000
	D(CB)/A	-0,4239	-0,3898	-0,3341	-0,2504	-0,1485	-0,0737	-0,0273	-0,0098	-0,0030	0
	D(CC)/A	0,0689	0,0674	0,0620	0,0495	0,0313	0,0167	0,0065	0,0024	0,0007	0,0000
	D(CD)/A	0,5447	0,5111	0,4547	0,3634	0,2342	0,1226	0,0466	0,0169	0,0052	-0,0000
	D(DA)/A	-0,1439	-0,1553	-0,1737	-0,1934	-0,1758	-0,1109	-0,0461	-0,0171	-0,0054	0,0000
	D(DB)/A	-0,1473	-0,1598	-0,1755	-0,1808	-0,1423	-0,0803	-0,0314	-0,0114	-0,0035	0,0000
	D(DC)/A	-0,1536	-0,1423	-0,1208	-0,0829	-0,0360	-0,0112	-0,0026	-0,0007	-0,0002	0,0000
	D(DD)/A	0,3470	0,3543	0,3596	0,3432	0,2599	0,1464	0,0574	0,0210	0,0065	-0,0000

Z	Z(T)	0,00	0,03	0,10	0,30	1,00	3,00	10,0	30,0	100	UNENDL
50,00	B(AA)	0,2090	0,2139	0,2245	0,2510	0,3198	0,4291	0,5536	0,6222	0,6535	0,6684
	B(AB)	0,2017	0,2032	0,2064	0,2147	0,2377	0,2776	0,3253	0,3520	0,3642	0,3701
	B(AC)	0,1972	0,1957	0,1925	0,1852	0,1688	0,1456	0,1207	0,1073	0,1012	0,0983
	B(AD)	0,1952	0,1921	0,1853	0,1677	0,1185	0,0353	-0,0627	-0,1173	-0,1423	-0,1542
	B(BA)	0,2353	0,2371	0,2408	0,2505	0,2773	0,3239	0,3795	0,4107	0,4249	0,4318
	B(BB)	0,2375	0,2390	0,2420	0,2485	0,2633	0,2851	0,3091	0,3222	0,3282	0,3310
	B(BC)	0,2322	0,2319	0,2312	0,2298	0,2259	0,2184	0,2086	0,2030	0,2004	0,1992
	B(BD)	0,2298	0,2278	0,2235	0,2132	0,1873	0,1461	0,0989	0,0729	0,0611	0,0554
	B(CA)	0,2630	0,2609	0,2566	0,2470	0,2251	0,1942	0,1609	0,1430	0,1349	0,1311
	B(CB)	0,2654	0,2650	0,2643	0,2626	0,2582	0,2495	0,2384	0,2320	0,2291	0,2276
	B(CC)	0,2700	0,2710	0,2729	0,2769	0,2843	0,2926	0,3003	0,3042	0,3059	0,3067
	B(CD)	0,2672	0,2679	0,2696	0,2738	0,2853	0,3052	0,3292	0,3427	0,3489	0,3518
	B(DA)	0,2927	0,2882	0,2780	0,2516	0,1777	0,0529	-0,0941	-0,1759	-0,2134	-0,2313
	B(DB)	0,2954	0,2928	0,2873	0,2741	0,2407	0,1878	0,1272	0,0938	0,0785	0,0712
	B(DC)	0,3006	0,3014	0,3033	0,3080	0,3209	0,3434	0,3704	0,3855	0,3925	0,3958
	B(DD)	0,3079	0,3122	0,3215	0,3453	0,4090	0,5134	0,6346	0,7017	0,7323	0,7470
	D(AA)/A	-0,3854	-0,3932	-0,4001	-0,3889	-0,3189	-0,2086	-0,0963	-0,0382	-0,0123	0
	D(AB)/A	0,0983	0,0844	0,0592	0,0181	-0,0255	-0,0362	-0,0221	-0,0095	-0,0032	0
	D(AC)/A	0,0961	0,1044	0,1145	0,1176	0,0941	0,0569	0,0246	0,0095	0,0030	0
	D(AD)/A	0,0951	0,1037	0,1189	0,1407	0,1489	0,1166	0,0596	0,0245	0,0080	0
	D(BA)/A	-0,6773	-0,6438	-0,5876	-0,4972	-0,3653	-0,2308	-0,1058	-0,0419	-0,0135	0,0000
	D(BB)/A	-0,1708	-0,1657	-0,1549	-0,1349	-0,1063	-0,0731	-0,0356	-0,0144	-0,0047	0,0000
	D(BC)/A	0,3111	0,2860	0,2458	0,1865	0,1161	0,0638	0,0268	0,0103	0,0033	0,0000
	D(BD)/A	0,3078	0,3038	0,2938	0,2706	0,2230	0,1540	0,0744	0,0300	0,0097	0,0000
	D(CA)/A	-0,4275	-0,4219	-0,4084	-0,3777	-0,3142	-0,2186	-0,1061	-0,0429	-0,0139	0,0000
	D(CB)/A	-0,4315	-0,4007	-0,3510	-0,2775	-0,1888	-0,1145	-0,0516	-0,0203	-0,0065	0,0000
	D(CC)/A	0,0722	0,0724	0,0702	0,0630	0,0515	0,0367	0,0183	0,0075	0,0024	-0,0000
	D(CD)/A	0,5565	0,5286	0,4828	0,4116	0,3106	0,2021	0,0946	0,0378	0,0122	-0,0000
	D(DA)/A	-0,1492	-0,1644	-0,1921	-0,2353	-0,2623	-0,2130	-0,1109	-0,0459	-0,0150	-0,0000
	D(DB)/A	-0,1506	-0,1654	-0,1858	-0,2020	-0,1813	-0,1238	-0,0584	-0,0233	-0,0075	-0,0000
	D(DC)/A	-0,1532	-0,1411	-0,1176	-0,0748	-0,0190	0,0088	0,0100	0,0048	0,0017	-0,0000
	D(DD)/A	0,3528	0,3637	0,3771	0,3805	0,3327	0,2305	0,1104	0,0444	0,0144	-0,0000
100,00	B(AA)	0,2045	0,2070	0,2125	0,2267	0,2677	0,3487	0,4787	0,5779	0,6327	0,6617
	B(AB)	0,2009	0,2016	0,2033	0,2078	0,2219	0,2523	0,3032	0,3425	0,3643	0,3758
	B(AC)	0,1986	0,1978	0,1962	0,1923	0,1826	0,1656	0,1395	0,1200	0,1092	0,1036
	B(AD)	0,1976	0,1960	0,1925	0,1829	0,1533	0,0908	-0,0123	-0,0916	-0,1356	-0,1588
	B(BA)	0,2343	0,2352	0,2372	0,2425	0,2589	0,2944	0,3537	0,3996	0,4250	0,4385
	B(BB)	0,2354	0,2362	0,2377	0,2412	0,2499	0,2656	0,2903	0,3090	0,3193	0,3247
	B(BC)	0,2328	0,2326	0,2323	0,2315	0,2289	0,2226	0,2114	0,2027	0,1978	0,1952
	B(BD)	0,2316	0,2305	0,2283	0,2228	0,2074	0,1771	0,1282	0,0909	0,0703	0,0594
	B(CA)	0,2648	0,2637	0,2615	0,2564	0,2435	0,2208	0,1861	0,1600	0,1456	0,1381
	B(CB)	0,2660	0,2658	0,2654	0,2645	0,2615	0,2544	0,2416	0,2316	0,2260	0,2231
	B(CC)	0,2683	0,2688	0,2698	0,2719	0,2761	0,2818	0,2892	0,2946	0,2974	0,2990
	B(CD)	0,2669	0,2673	0,2682	0,2705	0,2777	0,2934	0,3198	0,3402	0,3516	0,3576
	B(DA)	0,2963	0,2940	0,2887	0,2744	0,2299	0,1362	-0,0185	-0,1375	-0,2034	-0,2382
	B(DB)	0,2977	0,2964	0,2935	0,2865	0,2667	0,2276	0,1649	0,1169	0,0904	0,0764
	B(DC)	0,3003	0,3007	0,3017	0,3043	0,3124	0,3301	0,3598	0,3828	0,3956	0,4023
	B(DD)	0,3040	0,3062	0,3110	0,3237	0,3616	0,4387	0,5643	0,6605	0,7137	0,7418
	D(AA)/A	-0,3875	-0,3968	-0,4068	-0,4040	-0,3538	-0,2635	-0,1468	-0,0659	-0,0226	-0,0000
	D(AB)/A	0,0979	0,0835	0,0572	0,0131	-0,0384	-0,0574	-0,0420	-0,0205	-0,0073	-0,0000
	D(AC)/A	0,0968	0,1055	0,1165	0,1218	0,1024	0,0688	0,0350	0,0151	0,0051	-0,0000
	D(AD)/A	0,0962	0,1058	0,1231	0,1509	0,1746	0,1591	0,0994	0,0465	0,0162	0,0000
	D(BA)/A	-0,6823	-0,6512	-0,6002	-0,5205	-0,4111	-0,2977	-0,1654	-0,0744	-0,0255	-0,0000
	D(BB)/A	-0,1726	-0,1686	-0,1598	-0,1440	-0,1241	-0,0995	-0,0592	-0,0273	-0,0095	-0,0000
	D(BC)/A	0,3127	0,2884	0,2495	0,1927	0,1268	0,0782	0,0390	0,0168	0,0057	0,0000
	D(BD)/A	0,3111	0,3089	0,3026	0,2877	0,2579	0,2064	0,1217	0,0559	0,0193	0,0000
	D(CA)/A	-0,4321	-0,4290	-0,4206	-0,4015	-0,3632	-0,2929	-0,1735	-0,0798	-0,0276	0,0000
	D(CB)/A	-0,4341	-0,4045	-0,3571	-0,2883	-0,2094	-0,1447	-0,0787	-0,0352	-0,0120	0,0000
	D(CC)/A	0,0733	0,0742	0,0732	0,0685	0,0621	0,0521	0,0319	0,0149	0,0052	-0,0000
	D(CD)/A	0,5605	0,5347	0,4931	0,4310	0,3499	0,2615	0,1485	0,0673	0,0232	-0,0000
	D(DA)/A	-0,1511	-0,1677	-0,1988	-0,2524	-0,3075	-0,2904	-0,1848	-0,0870	-0,0303	0,0000
	D(DB)/A	-0,1518	-0,1673	-0,1896	-0,2104	-0,2010	-0,1558	-0,0883	-0,0399	-0,0137	0,0000
	D(DC)/A	-0,1531	-0,1407	-0,1164	-0,0713	-0,0096	0,0245	0,0248	0,0130	0,0047	-0,0000
	D(DD)/A	0,3548	0,3670	0,3835	0,3953	0,3700	0,2930	0,1698	0,0775	0,0267	-0,0000

Z	Z(T)	0,00	0,03	0,10	0,30	1,00	3,00	10,0	30,0	100	UNENDL
200,00	B(AA)	0,2023	0,2035	0,2063	0,2137	0,2362	0,2876	0,3973	0,5166	0,6037	0,6581
	B(AB)	0,2004	0,2008	0,2017	0,2040	0,2119	0,2314	0,2747	0,3223	0,3570	0,3788
	B(AC)	0,1993	0,1989	0,1981	0,1961	0,1908	0,1800	0,1580	0,1343	0,1170	0,1063
	B(AD)	0,1988	0,1980	0,1962	0,1912	0,1748	0,1349	0,0478	-0,0478	-0,1176	-0,1612
	B(BA)	0,2338	0,2343	0,2353	0,2381	0,2472	0,2700	0,3205	0,3760	0,4166	0,4419
	B(BB)	0,2344	0,2348	0,2355	0,2373	0,2421	0,2520	0,2727	0,2950	0,3113	0,3215
	B(BC)	0,2331	0,2330	0,2328	0,2324	0,2309	0,2267	0,2169	0,2060	0,1981	0,1931
	B(BD)	0,2324	0,2319	0,2308	0,2279	0,2195	0,2003	0,1592	0,1145	0,0819	0,0615
	B(CA)	0,2657	0,2652	0,2641	0,2614	0,2544	0,2400	0,2106	0,1790	0,1561	0,1417
	B(CB)	0,2663	0,2662	0,2660	0,2655	0,2638	0,2591	0,2479	0,2355	0,2264	0,2207
	B(CC)	0,2675	0,2678	0,2683	0,2693	0,2715	0,2750	0,2812	0,2875	0,2921	0,2950
	B(CD)	0,2668	0,2670	0,2675	0,2687	0,2727	0,2829	0,3057	0,3308	0,3491	0,3606
	B(DA)	0,2982	0,2970	0,2943	0,2868	0,2622	0,2024	0,0716	-0,0716	-0,1764	-0,2418
	B(DB)	0,2988	0,2982	0,2967	0,2931	0,2822	0,2575	0,2047	0,1472	0,1053	0,0791
	B(DC)	0,3001	0,3004	0,3009	0,3023	0,3068	0,3183	0,3439	0,3721	0,3928	0,4057
	B(DD)	0,3020	0,3031	0,3056	0,3122	0,3330	0,3818	0,4873	0,6025	0,6866	0,7391
	D(AA)/A	-0,3886	-0,3985	-0,4103	-0,4121	-0,3750	-0,3060	-0,2040	-0,1084	-0,0413	-0,0000
	D(AB)/A	0,0976	0,0831	0,0562	0,0103	-0,0463	-0,0740	-0,0647	-0,0374	-0,0147	0
	D(AC)/A	0,0971	0,1061	0,1176	0,1240	0,1075	0,0780	0,0467	0,0237	0,0089	-0,0000
	D(AD)/A	0,0968	0,1068	0,1253	0,1565	0,1905	0,1923	0,1448	0,0803	0,0311	0,0000
	D(BA)/A	-0,6848	-0,6551	-0,6067	-0,5331	-0,4390	-0,3496	-0,2332	-0,1241	-0,0474	0,0000
	D(BB)/A	-0,1735	-0,1700	-0,1623	-0,1488	-0,1350	-0,1201	-0,0862	-0,0472	-0,0182	0,0000
	D(BC)/A	0,3136	0,2896	0,2514	0,1961	0,1333	0,0892	0,0529	0,0269	0,0101	0,0000
	D(BD)/A	0,3128	0,3115	0,3072	0,2969	0,2792	0,2472	0,1755	0,0956	0,0368	0,0000
	D(CA)/A	-0,4344	-0,4327	-0,4270	-0,4144	-0,3933	-0,3508	-0,2502	-0,1364	-0,0526	-0,0000
	D(CB)/A	-0,4354	-0,4064	-0,3602	-0,2942	-0,2220	-0,1681	-0,1095	-0,0578	-0,0220	-0,0000
	D(CC)/A	0,0739	0,0751	0,0748	0,0716	0,0687	0,0642	0,0475	0,0262	0,0102	-0,0000
	D(CD)/A	0,5626	0,5378	0,4984	0,4415	0,3738	0,3076	0,2098	0,1126	0,0431	-0,0000
	D(DA)/A	-0,1520	-0,1693	-0,2024	-0,2617	-0,3353	-0,3508	-0,2692	-0,1502	-0,0583	0
	D(DB)/A	-0,1524	-0,1683	-0,1915	-0,2149	-0,2130	-0,1804	-0,1222	-0,0652	-0,0249	0,0000
	D(DC)/A	-0,1530	-0,1404	-0,1158	-0,0694	-0,0038	0,0369	0,0419	0,0257	0,0103	0,0000
	D(DD)/A	0,3558	0,3686	0,3868	0,4034	0,3926	0,3414	0,2373	0,1280	0,0491	0,0000
500,00	B(AA)	0,2009	0,2014	0,2025	0,2056	0,2151	0,2393	0,3055	0,4148	0,5406	0,6560
	B(AB)	0,2002	0,2003	0,2007	0,2017	0,2050	0,2143	0,2405	0,2841	0,3344	0,3806
	B(AC)	0,1997	0,1996	0,1992	0,1984	0,1962	0,1911	0,1778	0,1560	0,1309	0,1080
	B(AD)	0,1995	0,1992	0,1985	0,1964	0,1894	0,1706	0,1179	0,0305	-0,0702	-0,1626
	B(BA)	0,2335	0,2337	0,2341	0,2353	0,2392	0,2500	0,2806	0,3315	0,3902	0,4440
	B(BB)	0,2338	0,2339	0,2342	0,2350	0,2370	0,2416	0,2540	0,2745	0,2980	0,3195
	B(BC)	0,2332	0,2332	0,2331	0,2329	0,2323	0,2303	0,2243	0,2142	0,2025	0,1918
	B(BD)	0,2330	0,2328	0,2323	0,2312	0,2276	0,2186	0,1938	0,1530	0,1059	0,0628
	B(CA)	0,2663	0,2661	0,2656	0,2645	0,2615	0,2548	0,2370	0,2080	0,1746	0,1439
	B(CB)	0,2665	0,2665	0,2664	0,2662	0,2655	0,2631	0,2563	0,2447	0,2314	0,2192
	B(CC)	0,2670	0,2671	0,2673	0,2677	0,2687	0,2703	0,2739	0,2798	0,2864	0,2925
	B(CD)	0,2667	0,2668	0,2670	0,2675	0,2692	0,2741	0,2880	0,3112	0,3379	0,3624
	B(DA)	0,2993	0,2988	0,2977	0,2946	0,2841	0,2560	0,1769	0,0458	-0,1054	-0,2440
	B(DB)	0,2995	0,2993	0,2987	0,2972	0,2926	0,2810	0,2492	0,1967	0,1362	0,0807
	B(DC)	0,3001	0,3002	0,3004	0,3009	0,3029	0,3084	0,3240	0,3501	0,3801	0,4077
	B(DD)	0,3008	0,3012	0,3022	0,3049	0,3138	0,3367	0,4003	0,5053	0,6264	0,7375
	D(AA)/A	-0,3893	-0,3996	-0,4124	-0,4171	-0,3892	-0,3400	-0,2697	-0,1815	-0,0860	-0,0000
	D(AB)/A	0,0975	0,0828	0,0556	0,0086	-0,0517	-0,0874	-0,0909	-0,0666	-0,0326	-0,0000
	D(AC)/A	0,0973	0,1064	0,1182	0,1254	0,1109	0,0852	0,0601	0,0384	0,0178	0
	D(AD)/A	0,0972	0,1074	0,1266	0,1600	0,2012	0,2188	0,1970	0,1387	0,0669	0,0000
	D(BA)/A	-0,6863	-0,6574	-0,6106	-0,5410	-0,4578	-0,3911	-0,3110	-0,2099	-0,0996	0,0000
	D(BB)/A	-0,1741	-0,1709	-0,1638	-0,1519	-0,1424	-0,1366	-0,1173	-0,0814	-0,0391	0,0000
	D(BC)/A	0,3141	0,2904	0,2526	0,1982	0,1376	0,0980	0,0687	0,0441	0,0205	0
	D(BD)/A	0,3138	0,3131	0,3100	0,3027	0,2937	0,2798	0,2375	0,1640	0,0786	-0,0000
	D(CA)/A	-0,4358	-0,4349	-0,4309	-0,4225	-0,4136	-0,3971	-0,3384	-0,2342	-0,1122	0,0000
	D(CB)/A	-0,4362	-0,4076	-0,3622	-0,2978	-0,2304	-0,1868	-0,1448	-0,0969	-0,0459	0,0000
	D(CC)/A	0,0742	0,0757	0,0757	0,0735	0,0731	0,0739	0,0654	0,0459	0,0221	0,0000
	D(CD)/A	0,5638	0,5397	0,5016	0,4480	0,3900	0,3444	0,2802	0,1907	0,0909	0,0000
	D(DA)/A	-0,1526	-0,1703	-0,2045	-0,2675	-0,3541	-0,3992	-0,3661	-0,2593	-0,1253	-0,0000
	D(DB)/A	-0,1527	-0,1689	-0,1927	-0,2178	-0,2210	-0,2001	-0,1611	-0,1089	-0,0517	0,0000
	D(DC)/A	-0,1530	-0,1403	-0,1154	-0,0682	0,0001	0,0469	0,0615	0,0476	0,0237	0,0000
	D(DD)/A	0,3565	0,3696	0,3888	0,4084	0,4079	0,3800	0,3147	0,2152	0,1027	0,0000

Z	Z(T)	0,00	0,03	0,10	0,30	1,00	3,00	10,0	30,0	100	UNENDL
1000,00	B(AA)	0,2005	0,2007	0,2013	0,2028	0,2077	0,2205	0,2595	0,3400	0,4712	0,6553
	B(AB)	0,2001	0,2002	0,2003	0,2008	0,2026	0,2075	0,2229	0,2551	0,3076	0,3812
	B(AC)	0,1999	0,1998	0,1996	0,1992	0,1981	0,1954	0,1875	0,1714	0,1452	0,1085
	B(AD)	0,1998	0,1996	0,1992	0,1982	0,1946	0,1847	0,1536	0,0892	-0,0158	-0,1631
	B(BA)	0,2334	0,2335	0,2337	0,2343	0,2363	0,2420	0,2601	0,2977	0,3588	0,4447
	B(BB)	0,2335	0,2336	0,2338	0,2342	0,2352	0,2376	0,2449	0,2600	0,2845	0,3189
	B(BC)	0,2333	0,2333	0,2332	0,2331	0,2328	0,2317	0,2282	0,2207	0,2085	0,1914
	B(BD)	0,2332	0,2331	0,2328	0,2322	0,2304	0,2256	0,2111	0,1810	0,1320	0,0632
	B(CA)	0,2665	0,2664	0,2661	0,2656	0,2641	0,2605	0,2500	0,2286	0,1937	0,1447
	B(CB)	0,2666	0,2666	0,2665	0,2664	0,2660	0,2648	0,2607	0,2522	0,2383	0,2187
	B(CC)	0,2668	0,2669	0,2670	0,2672	0,2677	0,2685	0,2707	0,2750	0,2820	0,2917
	B(CD)	0,2667	0,2667	0,2668	0,2671	0,2680	0,2706	0,2788	0,2959	0,3238	0,3630
	B(DA)	0,2996	0,2994	0,2988	0,2973	0,2919	0,2770	0,2304	0,1337	-0,0237	-0,2447
	B(DB)	0,2998	0,2996	0,2993	0,2986	0,2962	0,2901	0,2714	0,2327	0,1697	0,0813
	B(DC)	0,3000	0,3001	0,3002	0,3005	0,3015	0,3044	0,3136	0,3329	0,3643	0,4084
	B(DD)	0,3004	0,3006	0,3011	0,3025	0,3070	0,3191	0,3565	0,4339	0,5600	0,7369
	D(AA)/A	-0,3895	-0,4000	-0,4131	-0,4189	-0,3943	-0,3533	-0,3029	-0,2357	-0,1364	0,0000
	D(AB)/A	0,0975	0,0827	0,0553	0,0080	-0,0536	-0,0926	-0,1041	-0,0883	-0,0527	0,0000
	D(AC)/A	0,0974	0,1065	0,1184	0,1259	0,1121	0,0881	0,0669	0,0493	0,0279	0,0000
	D(AD)/A	0,0973	0,1077	0,1271	0,1612	0,2049	0,2293	0,2235	0,1820	0,1072	0
	D(BA)/A	-0,6868	-0,6582	-0,6120	-0,5437	-0,4645	-0,4074	-0,3503	-0,2735	-0,1585	-0,0000
	D(BB)/A	-0,1743	-0,1712	-0,1643	-0,1530	-0,1450	-0,1430	-0,1330	-0,1069	-0,0626	-0,0000
	D(BC)/A	0,3143	0,2906	0,2530	0,1989	0,1392	0,1015	0,0767	0,0569	0,0323	0,0000
	D(BD)/A	0,3141	0,3136	0,3109	0,3047	0,2988	0,2926	0,2688	0,2148	0,1256	0,0000
	D(CA)/A	-0,4362	-0,4356	-0,4322	-0,4253	-0,4208	-0,4152	-0,3830	-0,3066	-0,1794	0,0000
	D(CB)/A	-0,4364	-0,4080	-0,3628	-0,2991	-0,2334	-0,1941	-0,1627	-0,1259	-0,0728	0,0000
	D(CC)/A	0,0743	0,0758	0,0761	0,0741	0,0747	0,0776	0,0744	0,0605	0,0356	-0,0000
	D(CD)/A	0,5642	0,5403	0,5027	0,4503	0,3957	0,3588	0,3157	0,2486	0,1446	-0,0000
	D(DA)/A	-0,1528	-0,1707	-0,2053	-0,2695	-0,3608	-0,4181	-0,4151	-0,3402	-0,2007	0,0000
	D(DB)/A	-0,1528	-0,1691	-0,1931	-0,2187	-0,2239	-0,2078	-0,1808	-0,1413	-0,0819	-0,0000
	D(DC)/A	-0,1530	-0,1402	-0,1152	-0,0678	0,0015	0,0509	0,0715	0,0639	0,0388	-0,0000
	D(DD)/A	0,3567	0,3700	0,3894	0,4101	0,4133	0,3952	0,3538	0,2799	0,1630	-0,0000

b) $r_a : r_b : r_c : r_d = 1{,}0 : 1{,}3333 : 1{,}6667 : 2{,}0$

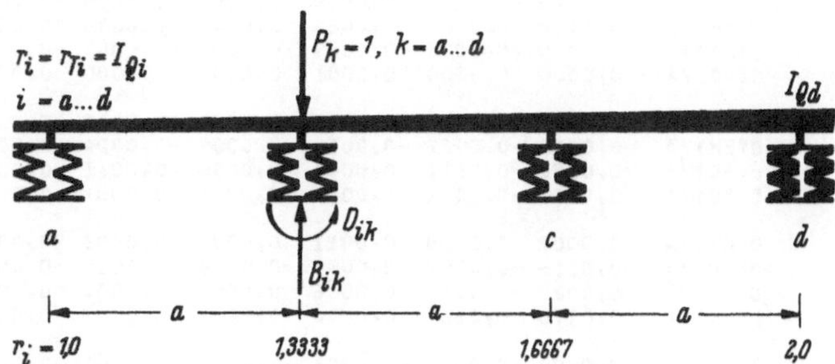

Z	Z(T)	0,00	0,03	0,10	0,30	1,00	3,00	10,0	30,0	100	UNENDL
0,01	B(AA)	0,9779	0,9832	0,9883	0,9925	0,9951	0,9961	0,9964	0,9965	0,9966	0,9966
	B(AB)	0,0162	0,0143	0,0116	0,0089	0,0070	0,0062	0,0059	0,0058	0,0058	0,0058
	B(AC)	0,0003	-0,0014	-0,0026	-0,0031	-0,0032	-0,0032	-0,0031	-0,0031	-0,0031	-0,0031
	B(AD)	0,0000	0,0001	0,0003	0,0004	0,0005	0,0005	0,0005	0,0005	0,0005	0,0004
	B(BA)	0,0217	0,0190	0,0155	0,0119	0,0093	0,0083	0,0079	0,0078	0,0078	0,0077
	B(BB)	0,9626	0,9675	0,9729	0,9781	0,9817	0,9830	0,9836	0,9837	0,9838	0,9838
	B(BC)	0,0165	0,0164	0,0156	0,0142	0,0129	0,0123	0,0121	0,0120	0,0120	0,0120
	B(BD)	0,0003	-0,0015	-0,0027	-0,0031	-0,0032	-0,0031	-0,0031	-0,0031	-0,0031	-0,0030
	B(CA)	0,0005	-0,0023	-0,0044	-0,0052	-0,0053	-0,0053	-0,0052	-0,0052	-0,0052	-0,0052
	B(CB)	0,0207	0,0205	0,0195	0,0177	0,0161	0,0154	0,0151	0,0150	0,0150	0,0150
	B(CC)	0,9625	0,9674	0,9732	0,9789	0,9830	0,9846	0,9852	0,9854	0,9854	0,9855
	B(CD)	0,0172	0,0147	0,0115	0,0084	0,0061	0,0053	0,0049	0,0048	0,0048	0,0047
	B(DA)	0,0000	0,0001	0,0005	0,0008	0,0009	0,0009	0,0009	0,0009	0,0009	0,0009
	B(DB)	0,0004	-0,0022	-0,0040	-0,0047	-0,0047	-0,0046	-0,0046	-0,0046	-0,0046	-0,0046
	B(DC)	0,0207	0,0176	0,0139	0,0101	0,0074	0,0063	0,0059	0,0058	0,0057	0,0057
	B(DD)	0,9825	0,9867	0,9909	0,9944	0,9966	0,9974	0,9977	0,9978	0,9978	0,9979
	D(AA)/A	-0,0105	-0,0078	-0,0051	-0,0026	-0,0010	-0,0003	-0,0001	-0,0000	-0,0000	-0,0000
	D(AB)/A	0,0077	0,0063	0,0044	0,0024	0,0009	0,0003	0,0001	0,0000	0,0000	-0,0000
	D(AC)/A	0,0001	-0,0004	-0,0005	-0,0004	-0,0002	-0,0001	-0,0000	-0,0000	-0,0000	-0,0000
	D(AD)/A	0,0000	0,0000	0,0001	0,0001	0,0000	0,0000	0,0000	0,0000	0,0000	0,0000
	D(BA)/A	-0,0118	-0,0074	-0,0038	-0,0015	-0,0005	-0,0002	-0,0000	-0,0000	-0,0000	0,0000
	D(BB)/A	-0,0017	-0,0012	-0,0008	-0,0005	-0,0002	-0,0001	-0,0000	-0,0000	-0,0000	0,0000
	D(BC)/A	0,0082	0,0057	0,0034	0,0016	0,0005	0,0002	0,0001	0,0000	0,0000	0,0000
	D(BD)/A	0,0001	-0,0003	-0,0004	-0,0002	-0,0001	-0,0000	-0,0000	-0,0000	-0,0000	-0,0000
	D(CA)/A	-0,0003	0,0005	0,0006	0,0004	0,0001	0,0000	0,0000	0,0000	0,0000	0,0000
	D(CB)/A	-0,0112	-0,0076	-0,0044	-0,0020	-0,0007	-0,0002	-0,0001	-0,0000	-0,0000	-0,0000
	D(CC)/A	-0,0013	-0,0008	-0,0003	0,0000	0,0001	0,0000	0,0000	0,0000	0,0000	-0,0000
	D(CD)/A	0,0087	0,0054	0,0028	0,0011	0,0003	0,0001	0,0000	0,0000	0,0000	-0,0000
	D(DA)/A	-0,0000	-0,0000	-0,0001	-0,0001	-0,0001	-0,0000	-0,0000	-0,0000	-0,0000	-0,0000
	D(DB)/A	-0,0002	0,0006	0,0009	0,0007	0,0003	0,0001	0,0000	0,0000	0,0000	0,0000
	D(DC)/A	-0,0107	-0,0087	-0,0061	-0,0033	-0,0013	-0,0005	-0,0001	-0,0000	-0,0000	-0,0000
	D(DD)/A	0,0090	0,0068	0,0045	0,0024	0,0009	0,0003	0,0001	0,0000	0,0000	-0,0000

Z	Z(T)	0,00	0,03	0,10	0,30	1,00	3,00	10,0	30,0	100	UNENDL
0,02	B(AA)	0,9573	0,9675	0,9773	0,9854	0,9904	0,9923	0,9930	0,9932	0,9933	0,9933
	B(AB)	0,0307	0,0271	0,0223	0,0172	0,0135	0,0121	0,0115	0,0114	0,0113	0,0113
	B(AC)	0,0010	-0,0023	-0,0047	-0,0059	-0,0061	-0,0061	-0,0060	-0,0060	-0,0060	-0,0060
	B(AD)	0,0000	0,0001	0,0004	0,0007	0,0008	0,0008	0,0008	0,0008	0,0008	0,0008
	B(BA)	0,0409	0,0362	0,0297	0,0229	0,0181	0,0161	0,0154	0,0152	0,0151	0,0151
	B(BB)	0,9292	0,9381	0,9481	0,9578	0,9645	0,9671	0,9682	0,9685	0,9686	0,9686
	B(BC)	0,0308	0,0306	0,0294	0,0270	0,0248	0,0237	0,0233	0,0232	0,0231	0,0231
	B(BD)	0,0011	-0,0024	-0,0048	-0,0059	-0,0060	-0,0059	-0,0059	-0,0059	-0,0059	-0,0059
	B(CA)	0,0017	-0,0038	-0,0078	-0,0098	-0,0101	-0,0101	-0,0100	-0,0100	-0,0100	-0,0100
	B(CB)	0,0385	0,0383	0,0368	0,0338	0,0309	0,0297	0,0292	0,0290	0,0289	0,0289
	B(CC)	0,9290	0,9380	0,9486	0,9594	0,9670	0,9700	0,9712	0,9716	0,9717	0,9718
	B(CD)	0,0327	0,0280	0,0222	0,0162	0,0119	0,0102	0,0096	0,0094	0,0093	0,0093
	B(DA)	0,0001	0,0001	0,0008	0,0014	0,0016	0,0017	0,0017	0,0017	0,0017	0,0017
	B(DB)	0,0016	-0,0035	-0,0072	-0,0088	-0,0090	-0,0089	-0,0088	-0,0088	-0,0088	-0,0088
	B(DC)	0,0392	0,0336	0,0266	0,0195	0,0143	0,0123	0,0115	0,0112	0,0111	0,0111
	B(DD)	0,9662	0,9743	0,9822	0,9890	0,9933	0,9949	0,9955	0,9957	0,9958	0,9958
	D(AA)/A	-0,0203	-0,0152	-0,0099	-0,0051	-0,0019	-0,0007	-0,0002	-0,0001	-0,0000	-0,0000
	D(AB)/A	0,0146	0,0120	0,0084	0,0046	0,0018	0,0006	0,0002	0,0001	0,0000	0
	D(AC)/A	0,0005	-0,0005	-0,0009	-0,0007	-0,0003	-0,0001	-0,0000	-0,0000	-0,0000	0,0000
	D(AD)/A	0,0000	0,0000	0,0001	0,0001	0,0000	0,0000	0,0000	0,0000	0,0000	0,0000
	D(BA)/A	-0,0232	-0,0146	-0,0076	-0,0031	-0,0010	-0,0003	-0,0001	-0,0000	-0,0000	-0,0000
	D(BB)/A	-0,0032	-0,0022	-0,0015	-0,0009	-0,0004	-0,0001	-0,0000	-0,0000	-0,0000	-0,0000
	D(BC)/A	0,0158	0,0111	0,0066	0,0030	0,0011	0,0004	0,0001	0,0000	0,0000	-0,0000
	D(BD)/A	0,0006	-0,0004	-0,0006	-0,0004	-0,0001	-0,0001	-0,0000	-0,0000	-0,0000	0,0000
	D(CA)/A	-0,0009	0,0008	0,0011	0,0007	0,0003	0,0001	0,0000	0,0000	0,0000	0,0000
	D(CB)/A	-0,0216	-0,0147	-0,0085	-0,0039	-0,0014	-0,0005	-0,0001	-0,0000	-0,0000	-0,0000
	D(CC)/A	-0,0025	-0,0016	-0,0006	0,0000	0,0001	0,0000	0,0000	0,0000	0,0000	-0,0000
	D(CD)/A	0,0170	0,0107	0,0056	0,0023	0,0007	0,0002	0,0001	0,0000	0,0000	0,0000
	D(DA)/A	-0,0000	-0,0000	-0,0002	-0,0002	-0,0001	-0,0000	-0,0000	-0,0000	-0,0000	-0,0000
	D(DB)/A	-0,0008	0,0008	0,0016	0,0013	0,0006	0,0002	0,0001	0,0000	0,0000	0,0000
	D(DC)/A	-0,0202	-0,0165	-0,0117	-0,0065	-0,0025	-0,0009	-0,0003	-0,0001	-0,0000	0,0000
	D(DD)/A	0,0174	0,0132	0,0088	0,0046	0,0018	0,0006	0,0002	0,0001	0,0000	-0,0000
0,05	B(AA)	0,9036	0,9255	0,9473	0,9658	0,9775	0,9818	0,9835	0,9840	0,9841	0,9842
	B(AB)	0,0656	0,0592	0,0496	0,0390	0,0311	0,0279	0,0267	0,0263	0,0262	0,0261
	B(AC)	0,0049	-0,0024	-0,0085	-0,0120	-0,0131	-0,0133	-0,0134	-0,0134	-0,0134	-0,0134
	B(AD)	0,0004	-0,0002	0,0003	0,0011	0,0015	0,0016	0,0016	0,0016	0,0016	0,0016
	B(BA)	0,0874	0,0789	0,0662	0,0520	0,0415	0,0372	0,0356	0,0351	0,0349	0,0348
	B(BB)	0,8470	0,8647	0,8851	0,9051	0,9192	0,9248	0,9270	0,9276	0,9279	0,9280
	B(BC)	0,0636	0,0640	0,0628	0,0593	0,0555	0,0537	0,0529	0,0527	0,0526	0,0526
	B(BD)	0,0053	-0,0026	-0,0088	-0,0122	-0,0131	-0,0132	-0,0132	-0,0132	-0,0132	-0,0132
	B(CA)	0,0082	-0,0041	-0,0142	-0,0200	-0,0219	-0,0222	-0,0223	-0,0223	-0,0223	-0,0223
	B(CB)	0,0794	0,0800	0,0785	0,0742	0,0694	0,0671	0,0661	0,0659	0,0658	0,0657
	B(CC)	0,8466	0,8644	0,8860	0,9083	0,9246	0,9312	0,9339	0,9346	0,9349	0,9350
	B(CD)	0,0707	0,0617	0,0498	0,0370	0,0276	0,0237	0,0222	0,0217	0,0216	0,0215
	B(DA)	0,0008	-0,0003	0,0007	0,0022	0,0030	0,0032	0,0032	0,0033	0,0033	0,0033
	B(DB)	0,0080	-0,0039	-0,0132	-0,0183	-0,0197	-0,0198	-0,0198	-0,0198	-0,0198	-0,0198
	B(DC)	0,0849	0,0740	0,0597	0,0444	0,0331	0,0285	0,0266	0,0261	0,0259	0,0258
	B(DD)	0,9235	0,9411	0,9587	0,9741	0,9841	0,9879	0,9894	0,9898	0,9900	0,9901
	D(AA)/A	-0,0459	-0,0349	-0,0230	-0,0120	-0,0045	-0,0016	-0,0005	-0,0002	-0,0001	0,0000
	D(AB)/A	0,0312	0,0261	0,0188	0,0104	0,0041	0,0015	0,0005	0,0002	0,0000	0
	D(AC)/A	0,0023	0,0001	-0,0012	-0,0012	-0,0006	-0,0002	-0,0001	-0,0000	-0,0000	-0,0000
	D(AD)/A	0,0002	-0,0001	-0,0000	0,0001	0,0000	0,0000	0,0000	0,0000	0,0000	0,0000
	D(BA)/A	-0,0549	-0,0351	-0,0187	-0,0077	-0,0025	-0,0008	-0,0002	-0,0001	-0,0000	-0,0000
	D(BB)/A	-0,0077	-0,0051	-0,0034	-0,0020	-0,0008	-0,0003	-0,0001	-0,0000	-0,0000	0,0000
	D(BC)/A	0,0355	0,0252	0,0152	0,0071	0,0025	0,0009	0,0003	0,0001	0,0000	0,0000
	D(BD)/A	0,0030	-0,0000	-0,0010	-0,0008	-0,0003	-0,0001	-0,0000	-0,0000	-0,0000	-0,0000
	D(CA)/A	-0,0051	0,0001	0,0018	0,0013	0,0005	0,0002	0,0001	0,0000	0,0000	0,0000
	D(CB)/A	-0,0492	-0,0339	-0,0199	-0,0093	-0,0032	-0,0011	-0,0003	-0,0001	-0,0000	-0,0000
	D(CC)/A	-0,0056	-0,0038	-0,0016	-0,0002	0,0001	0,0001	0,0000	0,0000	0,0000	0,0000
	D(CD)/A	0,0400	0,0257	0,0137	0,0056	0,0018	0,0006	0,0002	0,0001	0,0000	0,0000
	D(DA)/A	-0,0004	0,0002	0,0000	-0,0002	-0,0001	-0,0001	-0,0000	-0,0000	-0,0000	-0,0000
	D(DB)/A	-0,0041	-0,0002	0,0021	0,0022	0,0011	0,0004	0,0001	0,0000	0,0000	0,0000
	D(DC)/A	-0,0437	-0,0364	-0,0263	-0,0149	-0,0059	-0,0022	-0,0007	-0,0002	-0,0001	0,0000
	D(DD)/A	0,0394	0,0304	0,0205	0,0110	0,0043	0,0016	0,0005	0,0002	0,0000	-0,0000

Z	Z(T)	0,00	0,03	0,10	0,30	1,00	3,00	10,0	30,0	100	UNENDL
0,10	B(AA)	0,8326	0,8685	0,9053	0,9377	0,9586	0,9666	0,9696	0,9706	0,9709	0,9710
	B(AB)	0,1052	0,0975	0,0841	0,0678	0,0550	0,0497	0,0476	0,0469	0,0467	0,0466
	B(AC)	0,0138	0,0014	-0,0098	-0,0176	-0,0211	-0,0220	-0,0223	-0,0224	-0,0224	-0,0224
	B(AD)	0,0021	-0,0004	-0,0005	0,0006	0,0016	0,0019	0,0020	0,0021	0,0021	0,0021
	B(BA)	0,1402	0,1300	0,1122	0,0904	0,0733	0,0662	0,0634	0,0626	0,0623	0,0622
	B(BB)	0,7495	0,7755	0,8060	0,8369	0,8591	0,8680	0,8715	0,8726	0,8730	0,8731
	B(BC)	0,0981	0,0999	0,1004	0,0981	0,0944	0,0924	0,0915	0,0913	0,0912	0,0911
	B(BD)	0,0151	0,0014	-0,0104	-0,0182	-0,0213	-0,0221	-0,0223	-0,0224	-0,0224	-0,0224
	B(CA)	0,0229	0,0024	-0,0164	-0,0293	-0,0351	-0,0367	-0,0372	-0,0373	-0,0374	-0,0374
	B(CB)	0,1227	0,1248	0,1255	0,1226	0,1180	0,1155	0,1144	0,1141	0,1140	0,1139
	B(CC)	0,7494	0,7750	0,8070	0,8416	0,8678	0,8787	0,8831	0,8844	0,8848	0,8850
	B(CD)	0,1156	0,1031	0,0853	0,0650	0,0491	0,0424	0,0398	0,0390	0,0387	0,0386
	B(DA)	0,0042	-0,0009	-0,0011	0,0013	0,0032	0,0038	0,0041	0,0042	0,0042	0,0042
	B(DB)	0,0227	0,0022	-0,0157	-0,0272	-0,0320	-0,0332	-0,0335	-0,0336	-0,0336	-0,0336
	B(DC)	0,1387	0,1237	0,1024	0,0779	0,0589	0,0509	0,0477	0,0468	0,0464	0,0463
	B(DD)	0,8672	0,8959	0,9257	0,9526	0,9707	0,9777	0,9805	0,9814	0,9816	0,9818
	D(AA)/A	-0,0797	-0,0618	-0,0418	-0,0223	-0,0086	-0,0031	-0,0010	-0,0003	-0,0001	0,0000
	D(AB)/A	0,0501	0,0430	0,0318	0,0182	0,0073	0,0027	0,0008	0,0003	0,0001	0
	D(AC)/A	0,0066	0,0028	-0,0000	-0,0010	-0,0006	-0,0003	-0,0001	-0,0000	-0,0000	0,0000
	D(AD)/A	0,0010	-0,0001	-0,0003	-0,0001	-0,0000	-0,0000	-0,0000	-0,0000	-0,0000	0
	D(BA)/A	-0,1008	-0,0663	-0,0363	-0,0153	-0,0050	-0,0017	-0,0005	-0,0002	-0,0001	-0,0000
	D(BB)/A	-0,0149	-0,0093	-0,0057	-0,0032	-0,0014	-0,0005	-0,0002	-0,0001	-0,0000	0,0000
	D(BC)/A	0,0611	0,0441	0,0271	0,0130	0,0046	0,0016	0,0005	0,0002	0,0001	0,0000
	D(BD)/A	0,0094	0,0025	-0,0007	-0,0010	-0,0005	-0,0002	-0,0001	-0,0000	-0,0000	0
	D(CA)/A	-0,0162	-0,0043	0,0012	0,0018	0,0008	0,0003	0,0001	0,0000	0,0000	-0,0000
	D(CB)/A	-0,0864	-0,0606	-0,0362	-0,0171	-0,0060	-0,0021	-0,0007	-0,0002	-0,0001	-0,0000
	D(CC)/A	-0,0092	-0,0070	-0,0035	-0,0008	0,0001	0,0001	0,0000	0,0000	0,0000	0
	D(CD)/A	0,0733	0,0484	0,0265	0,0112	0,0036	0,0012	0,0004	0,0001	0,0000	-0,0000
	D(DA)/A	-0,0022	0,0002	0,0007	0,0003	0,0001	0,0000	0,0000	0,0000	0,0000	-0,0000
	D(DB)/A	-0,0117	-0,0048	0,0001	0,0018	0,0012	0,0005	0,0002	0,0001	0,0000	0,0000
	D(DC)/A	-0,0714	-0,0609	-0,0453	-0,0263	-0,0107	-0,0040	-0,0012	-0,0004	-0,0001	0,0000
	D(DD)/A	0,0684	0,0539	0,0373	0,0205	0,0081	0,0030	0,0009	0,0003	0,0001	-0,0000
0,20	B(AA)	0,7317	0,7841	0,8403	0,8924	0,9278	0,9417	0,9471	0,9487	0,9493	0,9495
	B(AB)	0,1489	0,1434	0,1292	0,1082	0,0900	0,0820	0,0788	0,0778	0,0774	0,0773
	B(AC)	0,0317	0,0139	-0,0045	-0,0197	-0,0284	-0,0313	-0,0324	-0,0327	-0,0328	-0,0329
	B(AD)	0,0085	0,0008	-0,0025	-0,0020	-0,0003	0,0006	0,0009	0,0010	0,0011	0,0011
	B(BA)	0,1985	0,1913	0,1723	0,1443	0,1200	0,1094	0,1050	0,1037	0,1033	0,1031
	B(BB)	0,6298	0,6626	0,7022	0,7436	0,7744	0,7872	0,7923	0,7938	0,7943	0,7946
	B(BC)	0,1340	0,1373	0,1414	0,1440	0,1441	0,1436	0,1433	0,1432	0,1432	0,1432
	B(BD)	0,0358	0,0149	-0,0054	-0,0212	-0,0297	-0,0325	-0,0335	-0,0338	-0,0339	-0,0339
	B(CA)	0,0528	0,0231	-0,0075	-0,0328	-0,0473	-0,0522	-0,0540	-0,0545	-0,0547	-0,0548
	B(CB)	0,1675	0,1716	0,1767	0,1800	0,1802	0,1795	0,1792	0,1791	0,1790	0,1790
	B(CC)	0,6317	0,6623	0,7029	0,7493	0,7866	0,8026	0,8092	0,8112	0,8119	0,8122
	B(CD)	0,1688	0,1555	0,1335	0,1053	0,0814	0,0709	0,0665	0,0652	0,0648	0,0646
	B(DA)	0,0169	0,0015	-0,0051	-0,0039	-0,0005	0,0012	0,0018	0,0021	0,0021	0,0022
	B(DB)	0,0537	0,0224	-0,0081	-0,0318	-0,0446	-0,0487	-0,0502	-0,0506	-0,0508	-0,0509
	B(DC)	0,2026	0,1865	0,1603	0,1264	0,0977	0,0850	0,0798	0,0783	0,0777	0,0775
	B(DD)	0,7869	0,8289	0,8744	0,9178	0,9486	0,9610	0,9660	0,9675	0,9680	0,9683
	D(AA)/A	-0,1277	-0,1019	-0,0714	-0,0395	-0,0156	-0,0058	-0,0018	-0,0006	-0,0002	0,0000
	D(AB)/A	0,0709	0,0631	0,0488	0,0291	0,0120	0,0045	0,0014	0,0005	0,0001	-0,0000
	D(AC)/A	0,0151	0,0096	0,0046	0,0013	0,0002	0,0000	-0,0000	-0,0000	-0,0000	-0,0000
	D(AD)/A	0,0040	0,0009	-0,0006	-0,0007	-0,0003	-0,0001	-0,0000	-0,0000	-0,0000	0
	D(BA)/A	-0,1741	-0,1190	-0,0679	-0,0299	-0,0099	-0,0034	-0,0010	-0,0003	-0,0001	-0,0000
	D(BB)/A	-0,0285	-0,0173	-0,0096	-0,0049	-0,0020	-0,0008	-0,0002	-0,0001	-0,0000	-0,0000
	D(BC)/A	0,0964	0,0717	0,0455	0,0225	0,0082	0,0029	0,0009	0,0003	0,0001	0,0000
	D(BD)/A	0,0258	0,0113	0,0025	-0,0005	-0,0005	-0,0002	-0,0001	-0,0000	-0,0000	0,0000
	D(CA)/A	-0,0444	-0,0193	-0,0042	0,0009	0,0009	0,0004	0,0001	0,0000	0,0000	-0,0000
	D(CB)/A	-0,1408	-0,1015	-0,0624	-0,0301	-0,0108	-0,0038	-0,0012	-0,0004	-0,0001	0,0000
	D(CC)/A	-0,0123	-0,0110	-0,0069	-0,0025	-0,0004	-0,0001	-0,0000	-0,0000	-0,0000	0,0000
	D(CD)/A	0,1263	0,0864	0,0494	0,0217	0,0071	0,0024	0,0007	0,0002	0,0001	0,0000
	D(DA)/A	-0,0087	-0,0019	0,0015	0,0017	0,0008	0,0003	0,0001	0,0000	0,0000	0,0000
	D(DB)/A	-0,0277	-0,0172	-0,0080	-0,0021	-0,0002	0,0000	0,0000	0,0000	0,0000	0,0000
	D(DC)/A	-0,1043	-0,0918	-0,0711	-0,0432	-0,0182	-0,0069	-0,0022	-0,0007	-0,0002	0,0000
	D(DD)/A	0,1098	0,0890	0,0639	0,0366	0,0149	0,0056	0,0017	0,0006	0,0002	-0,0000

Z	Z(T)	0,00	0,03	0,10	0,30	1,00	3,00	10,0	30,0	100	UNENDL
0,50	B(AA)	0,5666	0,6356	0,7172	0,8006	0,8631	0,8893	0,8998	0,9030	0,9041	0,9046
	B(AB)	0,1899	0,1944	0,1893	0,1712	0,1495	0,1386	0,1339	0,1324	0,1319	0,1317
	B(AC)	0,0688	0,0470	0,0209	-0,0059	-0,0259	-0,0342	-0,0375	-0,0385	-0,0389	-0,0390
	B(AD)	0,0328	0,0134	-0,0022	-0,0095	-0,0097	-0,0085	-0,0079	-0,0077	-0,0076	-0,0076
	B(BA)	0,2532	0,2592	0,2524	0,2283	0,1994	0,1848	0,1785	0,1766	0,1759	0,1756
	B(BB)	0,4733	0,5079	0,5522	0,6017	0,6416	0,6589	0,6660	0,6682	0,6690	0,6693
	B(BC)	0,1714	0,1740	0,1811	0,1929	0,2044	0,2097	0,2120	0,2127	0,2130	0,2131
	B(BD)	0,0817	0,0534	0,0214	-0,0094	-0,0310	-0,0398	-0,0433	-0,0443	-0,0447	-0,0449
	B(CA)	0,1146	0,0784	0,0349	-0,0099	-0,0431	-0,0570	-0,0625	-0,0642	-0,0648	-0,0651
	B(CB)	0,2142	0,2176	0,2264	0,2411	0,2555	0,2622	0,2650	0,2659	0,2662	0,2663
	B(CC)	0,4833	0,5118	0,5532	0,6063	0,6545	0,6770	0,6866	0,6895	0,6906	0,6910
	B(CD)	0,2305	0,2226	0,2040	0,1723	0,1392	0,1228	0,1158	0,1136	0,1128	0,1125
	B(DA)	0,0656	0,0268	-0,0044	-0,0191	-0,0193	-0,0171	-0,0158	-0,0154	-0,0152	-0,0151
	B(DB)	0,1226	0,0801	0,0321	-0,0141	-0,0466	-0,0597	-0,0650	-0,0665	-0,0671	-0,0673
	B(DC)	0,2766	0,2671	0,2448	0,2067	0,1671	0,1474	0,1389	0,1363	0,1354	0,1350
	B(DD)	0,6550	0,7106	0,7769	0,8467	0,9015	0,9255	0,9354	0,9384	0,9395	0,9400
	D(AA)/A	-0,2064	-0,1735	-0,1295	-0,0770	-0,0323	-0,0122	-0,0038	-0,0013	-0,0004	-0,0000
	D(AB)/A	0,0904	0,0847	0,0704	0,0456	0,0201	0,0077	0,0024	0,0008	0,0002	0
	D(AC)/A	0,0327	0,0267	0,0192	0,0110	0,0045	0,0017	0,0005	0,0002	0,0001	0,0000
	D(AD)/A	0,0156	0,0081	0,0018	-0,0011	-0,0010	-0,0005	-0,0002	-0,0001	-0,0000	-0,0000
	D(BA)/A	-0,3138	-0,2302	-0,1423	-0,0679	-0,0239	-0,0084	-0,0026	-0,0009	-0,0003	-0,0000
	D(BB)/A	-0,0627	-0,0404	-0,0213	-0,0089	-0,0030	-0,0010	-0,0003	-0,0001	-0,0000	0
	D(BC)/A	0,1516	0,1183	0,0794	0,0417	0,0159	0,0058	0,0018	0,0006	0,0002	-0,0000
	D(BD)/A	0,0723	0,0435	0,0192	0,0052	0,0007	0,0001	0,0000	-0,0000	-0,0000	0,0000
	D(CA)/A	-0,1252	-0,0749	-0,0330	-0,0090	-0,0014	-0,0002	-0,0000	-0,0000	-0,0000	0,0000
	D(CB)/A	-0,2341	-0,1776	-0,1152	-0,0584	-0,0216	-0,0078	-0,0024	-0,0008	-0,0002	-0,0000
	D(CC)/A	-0,0096	-0,0127	-0,0115	-0,0067	-0,0024	-0,0008	-0,0003	-0,0001	-0,0000	0,0000
	D(CD)/A	0,2267	0,1664	0,1028	0,0490	0,0172	0,0060	0,0018	0,0006	0,0002	0,0000
	D(DA)/A	-0,0338	-0,0177	-0,0042	0,0026	0,0025	0,0011	0,0004	0,0001	0,0000	0,0000
	D(DB)/A	-0,0632	-0,0502	-0,0353	-0,0200	-0,0082	-0,0031	-0,0010	-0,0003	-0,0001	0,0000
	D(DC)/A	-0,1425	-0,1313	-0,1088	-0,0717	-0,0324	-0,0126	-0,0040	-0,0014	-0,0004	0,0000
	D(DD)/A	0,1777	0,1517	0,1163	0,0719	0,0313	0,0120	0,0038	0,0013	0,0004	-0,0000
1,00	B(AA)	0,4412	0,5112	0,6033	0,7081	0,7943	0,8330	0,8492	0,8541	0,8559	0,8566
	B(AB)	0,1984	0,2105	0,2180	0,2128	0,1969	0,1865	0,1816	0,1800	0,1795	0,1792
	B(AC)	0,0995	0,0792	0,0521	0,0203	-0,0074	-0,0204	-0,0261	-0,0278	-0,0284	-0,0287
	B(AD)	0,0642	0,0381	0,0096	-0,0128	-0,0223	-0,0238	-0,0239	-0,0239	-0,0239	-0,0239
	B(BA)	0,2645	0,2806	0,2906	0,2837	0,2625	0,2487	0,2421	0,2400	0,2393	0,2389
	B(BB)	0,3795	0,4098	0,4512	0,5010	0,5446	0,5650	0,5738	0,5765	0,5774	0,5779
	B(BC)	0,1903	0,1907	0,1956	0,2090	0,2274	0,2381	0,2430	0,2445	0,2451	0,2453
	B(BD)	0,1229	0,0942	0,0575	0,0166	-0,0171	-0,0327	-0,0394	-0,0414	-0,0422	-0,0425
	B(CA)	0,1658	0,1320	0,0868	0,0338	-0,0123	-0,0341	-0,0434	-0,0463	-0,0473	-0,0478
	B(CB)	0,2378	0,2383	0,2445	0,2613	0,2843	0,2976	0,3037	0,3057	0,3064	0,3067
	B(CC)	0,4002	0,4220	0,4560	0,5040	0,5533	0,5787	0,5900	0,5936	0,5948	0,5954
	B(CD)	0,2584	0,2567	0,2469	0,2222	0,1889	0,1697	0,1609	0,1581	0,1571	0,1566
	B(DA)	0,1285	0,0762	0,0192	-0,0256	-0,0446	-0,0476	-0,0479	-0,0478	-0,0478	-0,0478
	B(DB)	0,1843	0,1414	0,0862	0,0250	-0,0257	-0,0491	-0,0591	-0,0621	-0,0632	-0,0637
	B(DC)	0,3101	0,3081	0,2963	0,2667	0,2267	0,2037	0,1931	0,1897	0,1885	0,1880
	B(DD)	0,5545	0,6109	0,6860	0,7739	0,8505	0,8868	0,9024	0,9073	0,9090	0,9097
	D(AA)/A	-0,2661	-0,2342	-0,1854	-0,1182	-0,0527	-0,0205	-0,0065	-0,0022	-0,0007	-0,0000
	D(AB)/A	0,0945	0,0904	0,0788	0,0550	0,0260	0,0103	0,0033	0,0011	0,0003	0
	D(AC)/A	0,0474	0,0428	0,0355	0,0243	0,0116	0,0047	0,0015	0,0005	0,0002	0,0000
	D(AD)/A	0,0306	0,0212	0,0106	0,0022	-0,0007	-0,0006	-0,0002	-0,0001	-0,0000	0,0000
	D(BA)/A	-0,4344	-0,3403	-0,2270	-0,1172	-0,0439	-0,0158	-0,0049	-0,0016	-0,0005	0,0000
	D(BB)/A	-0,0993	-0,0711	-0,0409	-0,0168	-0,0048	-0,0015	-0,0004	-0,0001	-0,0000	0,0000
	D(BC)/A	0,1916	0,1556	0,1097	0,0608	0,0243	0,0090	0,0028	0,0010	0,0003	0,0000
	D(BD)/A	0,1237	0,0878	0,0494	0,0191	0,0049	0,0014	0,0004	0,0001	0,0000	-0,0000
	D(CA)/A	-0,2149	-0,1521	-0,0853	-0,0334	-0,0089	-0,0026	-0,0007	-0,0002	-0,0001	0,0000
	D(CB)/A	-0,3083	-0,2456	-0,1683	-0,0901	-0,0348	-0,0127	-0,0040	-0,0013	-0,0004	-0,0000
	D(CC)/A	-0,0001	-0,0065	-0,0105	-0,0094	-0,0048	-0,0020	-0,0006	-0,0002	-0,0001	-0,0000
	D(CD)/A	0,3130	0,2452	0,1636	0,0846	0,0317	0,0114	0,0035	0,0012	0,0004	-0,0000
	D(DA)/A	-0,0662	-0,0466	-0,0241	-0,0056	0,0013	0,0012	0,0005	0,0002	0,0001	0
	D(DB)/A	-0,0949	-0,0843	-0,0687	-0,0465	-0,0223	-0,0090	-0,0029	-0,0010	-0,0003	0,0000
	D(DC)/A	-0,1597	-0,1509	-0,1311	-0,0929	-0,0452	-0,0182	-0,0059	-0,0020	-0,0006	0,0000
	D(DD)/A	0,2295	0,2053	0,1671	0,1112	0,0519	0,0206	0,0066	0,0023	0,0007	0,0000

Z	Z(T)	0,00	0,03	0,10	0,30	1,00	3,00	10,0	30,0	100	UNENDL
2,00	B(AA)	0,3372	0,3959	0,4845	0,6016	0,7113	0,7649	0,7882	0,7954	0,7980	0,7991
	B(AB)	0,1933	0,2076	0,2245	0,2367	0,2367	0,2324	0,2296	0,2287	0,2283	0,2282
	B(AC)	0,1252	0,1093	0,0856	0,0541	0,0233	0,0073	0,0001	-0,0022	-0,0030	-0,0034
	B(AD)	0,0982	0,0726	0,0367	-0,0037	-0,0329	-0,0435	-0,0472	-0,0483	-0,0487	-0,0488
	B(BA)	0,2577	0,2768	0,2993	0,3156	0,3155	0,3098	0,3062	0,3049	0,3044	0,3042
	B(BB)	0,3136	0,3367	0,3711	0,4168	0,4615	0,4847	0,4953	0,4986	0,4998	0,5003
	B(BC)	0,2032	0,2019	0,2031	0,2119	0,2297	0,2423	0,2487	0,2508	0,2516	0,2519
	B(BD)	0,1594	0,1356	0,1003	0,0543	0,0098	-0,0134	-0,0239	-0,0272	-0,0284	-0,0289
	B(CA)	0,2086	0,1822	0,1427	0,0902	0,0389	0,0122	0,0001	-0,0037	-0,0051	-0,0057
	B(CB)	0,2540	0,2524	0,2539	0,2649	0,2871	0,3029	0,3109	0,3136	0,3145	0,3149
	B(CC)	0,3459	0,3605	0,3846	0,4216	0,4643	0,4890	0,5006	0,5044	0,5057	0,5063
	B(CD)	0,2715	0,2736	0,2723	0,2603	0,2356	0,2178	0,2088	0,2058	0,2048	0,2043
	B(DA)	0,1965	0,1451	0,0735	-0,0074	-0,0658	-0,0869	-0,0945	-0,0966	-0,0973	-0,0976
	B(DB)	0,2392	0,2034	0,1505	0,0815	0,0147	-0,0200	-0,0358	-0,0408	-0,0426	-0,0434
	B(DC)	0,3258	0,3283	0,3268	0,3124	0,2827	0,2614	0,2506	0,2470	0,2457	0,2451
	B(DD)	0,4709	0,5183	0,5906	0,6890	0,7874	0,8390	0,8623	0,8696	0,8723	0,8735
	D(AA)/A	-0,3156	-0,2911	-0,2458	-0,1698	-0,0815	-0,0328	-0,0106	-0,0036	-0,0011	0
	D(AB)/A	0,0920	0,0873	0,0770	0,0565	0,0289	0,0120	0,0039	0,0014	0,0004	0
	D(AC)/A	0,0596	0,0578	0,0527	0,0405	0,0216	0,0092	0,0030	0,0010	0,0003	-0,0000
	D(AD)/A	0,0468	0,0392	0,0276	0,0135	0,0035	0,0007	0,0001	0,0000	0,0000	0
	D(BA)/A	-0,5422	-0,4536	-0,3300	-0,1877	-0,0760	-0,0283	-0,0089	-0,0030	-0,0009	-0,0000
	D(BB)/A	-0,1362	-0,1085	-0,0718	-0,0339	-0,0104	-0,0032	-0,0009	-0,0003	-0,0001	0
	D(BC)/A	0,2236	0,1890	0,1402	0,0825	0,0349	0,0133	0,0042	0,0014	0,0004	0,0000
	D(BD)/A	0,1755	0,1416	0,0960	0,0477	0,0159	0,0052	0,0015	0,0005	0,0001	0
	D(CA)/A	-0,3053	-0,2458	-0,1665	-0,0834	-0,0285	-0,0095	-0,0028	-0,0009	-0,0003	0,0000
	D(CB)/A	-0,3716	-0,3116	-0,2279	-0,1311	-0,0539	-0,0203	-0,0064	-0,0022	-0,0007	-0,0000
	D(CC)/A	0,0123	0,0054	-0,0026	-0,0078	-0,0063	-0,0030	-0,0010	-0,0004	-0,0001	-0,0000
	D(CD)/A	0,3902	0,3261	0,2373	0,1356	0,0555	0,0208	0,0066	0,0022	0,0007	0,0000
	D(DA)/A	-0,1012	-0,0862	-0,0628	-0,0328	-0,0100	-0,0027	-0,0007	-0,0002	-0,0001	0,0000
	D(DB)/A	-0,1232	-0,1187	-0,1077	-0,0827	-0,0445	-0,0190	-0,0063	-0,0022	-0,0007	0
	D(DC)/A	-0,1678	-0,1600	-0,1429	-0,1074	-0,0566	-0,0239	-0,0079	-0,0027	-0,0008	0,0000
	D(DD)/A	0,2726	0,2556	0,2223	0,1611	0,0818	0,0340	0,0112	0,0038	0,0012	0
5,00	B(AA)	0,2470	0,2825	0,3463	0,4543	0,5876	0,6671	0,7051	0,7173	0,7217	0,7237
	B(AB)	0,1816	0,1920	0,2094	0,2353	0,2623	0,2765	0,2829	0,2849	0,2856	0,2859
	B(AC)	0,1473	0,1382	0,1225	0,0975	0,0684	0,0517	0,0437	0,0412	0,0403	0,0399
	B(AD)	0,1327	0,1156	0,0851	0,0348	-0,0257	-0,0609	-0,0776	-0,0829	-0,0849	-0,0857
	B(BA)	0,2421	0,2561	0,2792	0,3137	0,3497	0,3687	0,3772	0,3799	0,3808	0,3812
	B(BB)	0,2632	0,2761	0,2984	0,3339	0,3770	0,4039	0,4173	0,4218	0,4234	0,4241
	B(BC)	0,2134	0,2119	0,2104	0,2117	0,2196	0,2277	0,2326	0,2342	0,2349	0,2352
	B(BD)	0,1923	0,1780	0,1528	0,1108	0,0574	0,0233	0,0060	0,0003	-0,0018	-0,0027
	B(CA)	0,2454	0,2303	0,2042	0,1625	0,1140	0,0861	0,0729	0,0687	0,0672	0,0665
	B(CB)	0,2668	0,2649	0,2631	0,2647	0,2746	0,2847	0,2907	0,2928	0,2936	0,2940
	B(CC)	0,3072	0,3145	0,3274	0,3492	0,3776	0,3960	0,4053	0,4084	0,4095	0,4100
	B(CD)	0,2768	0,2796	0,2831	0,2846	0,2787	0,2706	0,2654	0,2635	0,2628	0,2625
	B(DA)	0,2654	0,2311	0,1702	0,0695	-0,0513	-0,1218	-0,1552	-0,1658	-0,1697	-0,1714
	B(DB)	0,2885	0,2670	0,2292	0,1662	0,0862	0,0350	0,0091	0,0005	-0,0026	-0,0040
	B(DC)	0,3322	0,3355	0,3397	0,3415	0,3344	0,3247	0,3184	0,3162	0,3153	0,3150
	B(DD)	0,3982	0,4269	0,4790	0,5698	0,6896	0,7670	0,8062	0,8191	0,8238	0,8259
	D(AA)/A	-0,3586	-0,3473	-0,3181	-0,2477	-0,1347	-0,0579	-0,0193	-0,0066	-0,0020	-0,0000
	D(AB)/A	0,0865	0,0783	0,0645	0,0443	0,0225	0,0097	0,0032	0,0011	0,0003	-0,0000
	D(AC)/A	0,0701	0,0722	0,0719	0,0617	0,0367	0,0165	0,0056	0,0020	0,0006	0,0000
	D(AD)/A	0,0632	0,0613	0,0561	0,0428	0,0218	0,0087	0,0028	0,0009	0,0003	0,0000
	D(BA)/A	-0,6404	-0,5731	-0,4640	-0,3065	-0,1437	-0,0577	-0,0187	-0,0064	-0,0019	0,0000
	D(BB)/A	-0,1722	-0,1523	-0,1192	-0,0725	-0,0297	-0,0109	-0,0033	-0,0011	-0,0003	0,0000
	D(BC)/A	0,2508	0,2210	0,1747	0,1120	0,0514	0,0205	0,0066	0,0023	0,0007	0,0000
	D(BD)/A	0,2260	0,2039	0,1659	0,1083	0,0489	0,0190	0,0060	0,0020	0,0006	0,0000
	D(CA)/A	-0,3936	-0,3548	-0,2887	-0,1896	-0,0872	-0,0345	-0,0111	-0,0038	-0,0011	-0,0000
	D(CB)/A	-0,4278	-0,3788	-0,3017	-0,1955	-0,0911	-0,0368	-0,0120	-0,0041	-0,0012	0,0000
	D(CC)/A	0,0260	0,0221	0,0146	0,0037	-0,0028	-0,0024	-0,0010	-0,0004	-0,0001	0,0000
	D(CD)/A	0,4603	0,4115	0,3333	0,2220	0,1066	0,0438	0,0143	0,0049	0,0015	-0,0000
	D(DA)/A	-0,1367	-0,1349	-0,1275	-0,1035	-0,0582	-0,0253	-0,0085	-0,0029	-0,0009	0,0000
	D(DB)/A	-0,1486	-0,1539	-0,1556	-0,1382	-0,0863	-0,0401	-0,0139	-0,0048	-0,0015	0,0000
	D(DC)/A	-0,1711	-0,1625	-0,1454	-0,1123	-0,0633	-0,0283	-0,0097	-0,0034	-0,0010	-0,0000
	D(DD)/A	0,3100	0,3055	0,2886	0,2374	0,1393	0,0630	0,0215	0,0075	0,0023	-0,0000

Z	Z(T)	0,00	0,03	0,10	0,30	1,00	3,00	10,0	30,0	100	UNENDL
10,00	B(AA)	0,2094	0,2304	0,2717	0,3545	0,4875	0,5906	0,6488	0,6691	0,6766	0,6800
	B(AB)	0,1751	0,1816	0,1941	0,2183	0,2572	0,2888	0,3075	0,3141	0,3166	0,3177
	B(AC)	0,1564	0,1511	0,1413	0,1234	0,0982	0,0810	0,0722	0,0693	0,0682	0,0677
	B(AD)	0,1482	0,1378	0,1170	0,0744	0,0030	-0,0553	-0,0895	-0,1017	-0,1062	-0,1082
	B(BA)	0,2335	0,2422	0,2588	0,2910	0,3429	0,3850	0,4099	0,4188	0,4222	0,4236
	B(BB)	0,2436	0,2511	0,2649	0,2903	0,3291	0,3595	0,3771	0,3834	0,3857	0,3867
	B(BC)	0,2175	0,2165	0,2150	0,2136	0,2144	0,2164	0,2178	0,2184	0,2186	0,2187
	B(BD)	0,2062	0,1978	0,1815	0,1496	0,0971	0,0542	0,0287	0,0197	0,0163	0,0148
	B(CA)	0,2606	0,2519	0,2355	0,2056	0,1636	0,1350	0,1203	0,1154	0,1136	0,1128
	B(CB)	0,2719	0,2706	0,2687	0,2670	0,2680	0,2705	0,2723	0,2730	0,2732	0,2733
	B(CC)	0,2929	0,2969	0,3043	0,3175	0,3362	0,3492	0,3560	0,3583	0,3592	0,3596
	B(CD)	0,2777	0,2796	0,2829	0,2879	0,2927	0,2945	0,2950	0,2950	0,2951	0,2951
	B(DA)	0,2965	0,2756	0,2339	0,1488	0,0061	-0,1107	-0,1791	-0,2033	-0,2124	-0,2164
	B(DB)	0,3094	0,2967	0,2723	0,2243	0,1457	0,0812	0,0431	0,0296	0,0244	0,0222
	B(DC)	0,3332	0,3355	0,3395	0,3455	0,3512	0,3534	0,3540	0,3540	0,3541	0,3541
	B(DD)	0,3679	0,3848	0,4186	0,4882	0,6072	0,7067	0,7658	0,7869	0,7949	0,7984
	D(AA)/A	-0,3765	-0,3733	-0,3578	-0,3035	-0,1866	-0,0871	-0,0303	-0,0106	-0,0032	0,0000
	D(AB)/A	0,0834	0,0725	0,0545	0,0292	0,0083	0,0016	0,0002	0,0000	0,0000	0,0000
	D(AC)/A	0,0745	0,0787	0,0817	0,0750	0,0483	0,0228	0,0079	0,0028	0,0008	0,0000
	D(AD)/A	0,0706	0,0727	0,0745	0,0697	0,0475	0,0235	0,0084	0,0030	0,0009	0,0000
	D(BA)/A	-0,6823	-0,6301	-0,5410	-0,3971	-0,2152	-0,0952	-0,0324	-0,0113	-0,0034	0,0000
	D(BB)/A	-0,1882	-0,1743	-0,1488	-0,1062	-0,0556	-0,0243	-0,0083	-0,0029	-0,0009	-0,0000
	D(BC)/A	0,2619	0,2354	0,1930	0,1316	0,0653	0,0273	0,0090	0,0031	0,0009	0,0000
	D(BD)/A	0,2483	0,2351	0,2089	0,1597	0,0902	0,0410	0,0142	0,0050	0,0015	0,0000
	D(CA)/A	-0,4326	-0,4092	-0,3638	-0,2799	-0,1608	-0,0743	-0,0259	-0,0091	-0,0028	-0,0000
	D(CB)/A	-0,4514	-0,4102	-0,3429	-0,2428	-0,1287	-0,0571	-0,0196	-0,0068	-0,0021	-0,0000
	D(CC)/A	0,0323	0,0311	0,0265	0,0165	0,0057	0,0015	0,0003	0,0001	0,0000	-0,0000
	D(CD)/A	0,4903	0,4522	0,3884	0,2881	0,1615	0,0739	0,0257	0,0090	0,0027	-0,0000
	D(DA)/A	-0,1527	-0,1600	-0,1691	-0,1682	-0,1256	-0,0665	-0,0247	-0,0088	-0,0027	0,0000
	D(DB)/A	-0,1594	-0,1704	-0,1820	-0,1776	-0,1263	-0,0644	-0,0234	-0,0083	-0,0025	0
	D(DC)/A	-0,1716	-0,1620	-0,1431	-0,1082	-0,0598	-0,0267	-0,0091	-0,0032	-0,0010	0
	D(DD)/A	0,3256	0,3286	0,3251	0,2926	0,1968	0,0983	0,0355	0,0126	0,0039	-0,0000
20,00	B(AA)	0,1888	0,2002	0,2242	0,2784	0,3895	0,5082	0,5957	0,6310	0,6450	0,6513
	B(AB)	0,1712	0,1748	0,1824	0,1997	0,2374	0,2813	0,3157	0,3299	0,3356	0,3382
	B(AC)	0,1614	0,1585	0,1529	0,1416	0,1221	0,1047	0,0934	0,0890	0,0874	0,0866
	B(AD)	0,1570	0,1512	0,1388	0,1096	0,0452	-0,0289	-0,0861	-0,1097	-0,1191	-0,1233
	B(BA)	0,2282	0,2331	0,2432	0,2663	0,3165	0,3751	0,4209	0,4399	0,4475	0,4509
	B(BB)	0,2332	0,2372	0,2450	0,2611	0,2918	0,3242	0,3484	0,3582	0,3621	0,3638
	B(BC)	0,2198	0,2192	0,2181	0,2164	0,2138	0,2107	0,2080	0,2069	0,2064	0,2062
	B(BD)	0,2139	0,2093	0,1999	0,1791	0,1357	0,0874	0,0506	0,0355	0,0295	0,0268
	B(CA)	0,2689	0,2642	0,2549	0,2360	0,2035	0,1745	0,1556	0,1484	0,1456	0,1444
	B(CB)	0,2748	0,2740	0,2727	0,2705	0,2672	0,2634	0,2600	0,2586	0,2580	0,2577
	B(CC)	0,2854	0,2875	0,2915	0,2991	0,3107	0,3197	0,3249	0,3268	0,3274	0,3278
	B(CD)	0,2778	0,2790	0,2812	0,2857	0,2945	0,3041	0,3114	0,3145	0,3157	0,3162
	B(DA)	0,3141	0,3025	0,2777	0,2193	0,0905	-0,0578	-0,1722	-0,2193	-0,2381	-0,2466
	B(DB)	0,3209	0,3140	0,2999	0,2686	0,2036	0,1311	0,0759	0,0533	0,0443	0,0402
	B(DC)	0,3334	0,3348	0,3374	0,3429	0,3534	0,3649	0,3737	0,3773	0,3788	0,3794
	B(DD)	0,3512	0,3605	0,3800	0,4255	0,5246	0,6375	0,7241	0,7597	0,7739	0,7803
	D(AA)/A	-0,3863	-0,3883	-0,3832	-0,3472	-0,2425	-0,1282	-0,0485	-0,0175	-0,0054	-0,0000
	D(AB)/A	0,0815	0,0689	0,0472	0,0153	-0,0110	-0,0133	-0,0066	-0,0026	-0,0008	-0,0000
	D(AC)/A	0,0768	0,0824	0,0878	0,0847	0,0591	0,0299	0,0109	0,0039	0,0012	-0,0000
	D(AD)/A	0,0748	0,0796	0,0870	0,0928	0,0794	0,0481	0,0196	0,0073	0,0023	0,0000
	D(BA)/A	-0,7056	-0,6636	-0,5913	-0,4699	-0,2952	-0,1503	-0,0563	-0,0202	-0,0062	0,0000
	D(BB)/A	-0,1972	-0,1875	-0,1686	-0,1348	-0,0871	-0,0464	-0,0180	-0,0065	-0,0020	0,0000
	D(BC)/A	0,2680	0,2437	0,2045	0,1465	0,0793	0,0360	0,0125	0,0044	0,0013	0,0000
	D(BD)/A	0,2609	0,2537	0,2376	0,2027	0,1395	0,0761	0,0297	0,0108	0,0034	-0,0000
	D(CA)/A	-0,4546	-0,4418	-0,4141	-0,3554	-0,2484	-0,1374	-0,0539	-0,0197	-0,0061	-0,0000
	D(CB)/A	-0,4645	-0,4285	-0,3696	-0,2803	-0,1700	-0,0864	-0,0325	-0,0117	-0,0036	-0,0000
	D(CC)/A	0,0360	0,0366	0,0349	0,0280	0,0174	0,0092	0,0036	0,0013	0,0004	0,0000
	D(CD)/A	0,5069	0,4761	0,4244	0,3413	0,2231	0,1186	0,0457	0,0166	0,0051	0,0000
	D(DA)/A	-0,1618	-0,1752	-0,1975	-0,2236	-0,2089	-0,1347	-0,0567	-0,0212	-0,0066	0,0000
	D(DB)/A	-0,1653	-0,1800	-0,1990	-0,2083	-0,1689	-0,0980	-0,0390	-0,0143	-0,0045	0,0000
	D(DC)/A	-0,1717	-0,1613	-0,1406	-0,1024	-0,0512	-0,0198	-0,0060	-0,0020	-0,0006	0,0000
	D(DD)/A	0,3342	0,3420	0,3486	0,3360	0,2596	0,1492	0,0593	0,0218	0,0068	0,0000

Z	Z(T)	0,00	0,03	0,10	0,30	1,00	3,00	10,0	30,0	100	UNENDL
50,00	B(AA)	0,1757	0,1805	0,1911	0,2173	0,2847	0,3914	0,5149	0,5840	0,6157	0,6309
	B(AB)	0,1685	0,1701	0,1736	0,1823	0,2070	0,2500	0,3023	0,3321	0,3459	0,3525
	B(AC)	0,1645	0,1633	0,1609	0,1555	0,1442	0,1294	0,1140	0,1058	0,1020	0,1003
	B(AD)	0,1627	0,1602	0,1547	0,1402	0,0995	0,0297	-0,0540	-0,1015	-0,1235	-0,1340
	B(BA)	0,2247	0,2268	0,2314	0,2431	0,2760	0,3334	0,4031	0,4428	0,4612	0,4700
	B(BB)	0,2267	0,2283	0,2317	0,2394	0,2574	0,2854	0,3177	0,3359	0,3442	0,3482
	B(BC)	0,2212	0,2210	0,2204	0,2194	0,2166	0,2111	0,2039	0,1997	0,1977	0,1968
	B(BD)	0,2188	0,2169	0,2128	0,2027	0,1766	0,1338	0,0834	0,0549	0,0418	0,0355
	B(CA)	0,2742	0,2722	0,2681	0,2592	0,2404	0,2157	0,1901	0,1763	0,1701	0,1671
	B(CB)	0,2766	0,2762	0,2756	0,2742	0,2707	0,2639	0,2549	0,2496	0,2472	0,2460
	B(CC)	0,2809	0,2817	0,2834	0,2867	0,2924	0,2979	0,3023	0,3044	0,3053	0,3057
	B(CD)	0,2778	0,2783	0,2794	0,2820	0,2890	0,3013	0,3165	0,3251	0,3291	0,3311
	B(DA)	0,3254	0,3205	0,3094	0,2804	0,1989	0,0595	-0,1081	-0,2031	-0,2470	-0,2681
	B(DB)	0,3283	0,3253	0,3191	0,3041	0,2649	0,2007	0,1251	0,0824	0,0627	0,0533
	B(DC)	0,3334	0,3340	0,3353	0,3384	0,3468	0,3616	0,3798	0,3901	0,3950	0,3973
	B(DD)	0,3406	0,3445	0,3532	0,3751	0,4350	0,5351	0,6542	0,7215	0,7525	0,7674
	D(AA)/A	-0,3925	-0,3982	-0,4010	-0,3828	-0,3056	-0,1962	-0,0900	-0,0357	-0,0115	-0,0000
	D(AB)/A	0,0803	0,0664	0,0417	0,0030	-0,0351	-0,0408	-0,0239	-0,0103	-0,0034	-0,0000
	D(AC)/A	0,0783	0,0848	0,0920	0,0923	0,0702	0,0402	0,0167	0,0063	0,0020	0
	D(AD)/A	0,0775	0,0842	0,0960	0,1125	0,1176	0,0918	0,0471	0,0194	0,0063	0,0000
	D(BA)/A	-0,7205	-0,6856	-0,6267	-0,5300	-0,3870	-0,2434	-0,1118	-0,0445	-0,0143	-0,0000
	D(BB)/A	-0,2029	-0,1963	-0,1829	-0,1590	-0,1247	-0,0855	-0,0417	-0,0170	-0,0055	0
	D(BC)/A	0,2719	0,2491	0,2125	0,1584	0,0946	0,0494	0,0200	0,0076	0,0024	-0,0000
	D(BD)/A	0,2689	0,2661	0,2582	0,2389	0,1979	0,1375	0,0670	0,0272	0,0088	-0,0000
	D(CA)/A	-0,4687	-0,4635	-0,4501	-0,4191	-0,3521	-0,2477	-0,1216	-0,0495	-0,0161	-0,0000
	D(CB)/A	-0,4728	-0,4406	-0,3883	-0,3110	-0,2171	-0,1355	-0,0625	-0,0249	-0,0080	0,0000
	D(CC)/A	0,0384	0,0404	0,0410	0,0381	0,0320	0,0236	0,0120	0,0050	0,0016	0,0000
	D(CD)/A	0,5175	0,4918	0,4498	0,3852	0,2941	0,1945	0,0925	0,0372	0,0121	0,0000
	D(DA)/A	-0,1676	-0,1853	-0,2180	-0,2710	-0,3089	-0,2559	-0,1355	-0,0565	-0,0185	0,0000
	D(DB)/A	-0,1691	-0,1863	-0,2108	-0,2331	-0,2165	-0,1534	-0,0745	-0,0301	-0,0098	0,0000
	D(DC)/A	-0,1717	-0,1607	-0,1386	-0,0967	-0,0386	-0,0049	0,0035	0,0022	0,0008	-0,0000
	D(DD)/A	0,3397	0,3507	0,3650	0,3714	0,3310	0,2344	0,1145	0,0465	0,0151	0,0000
100,00	B(AA)	0,1712	0,1737	0,1791	0,1931	0,2330	0,3115	0,4391	0,5383	0,5940	0,6235
	B(AB)	0,1676	0,1684	0,1702	0,1750	0,1899	0,2223	0,2772	0,3204	0,3448	0,3577
	B(AC)	0,1656	0,1650	0,1637	0,1609	0,1543	0,1435	0,1276	0,1155	0,1088	0,1053
	B(AD)	0,1647	0,1634	0,1605	0,1527	0,1283	0,0765	-0,0106	-0,0790	-0,1175	-0,1380
	B(BA)	0,2235	0,2246	0,2270	0,2333	0,2533	0,2964	0,3695	0,4272	0,4597	0,4770
	B(BB)	0,2244	0,2253	0,2271	0,2311	0,2417	0,2620	0,2949	0,3206	0,3350	0,3426
	B(BC)	0,2217	0,2216	0,2213	0,2207	0,2188	0,2142	0,2058	0,1991	0,1953	0,1932
	B(BD)	0,2205	0,2195	0,2174	0,2120	0,1966	0,1654	0,1138	0,0734	0,0508	0,0387
	B(CA)	0,2760	0,2750	0,2729	0,2681	0,2572	0,2392	0,2126	0,1925	0,1814	0,1754
	B(CB)	0,2772	0,2770	0,2766	0,2759	0,2735	0,2677	0,2572	0,2488	0,2441	0,2415
	B(CC)	0,2793	0,2798	0,2806	0,2823	0,2854	0,2890	0,2929	0,2956	0,2970	0,2978
	B(CD)	0,2778	0,2781	0,2786	0,2801	0,2846	0,2945	0,3114	0,3249	0,3324	0,3365
	B(DA)	0,3293	0,3268	0,3210	0,3054	0,2566	0,1529	-0,0212	-0,1581	-0,2350	-0,2759
	B(DB)	0,3308	0,3293	0,3261	0,3180	0,2949	0,2480	0,1707	0,1101	0,0762	0,0581
	B(DC)	0,3334	0,3337	0,3344	0,3361	0,3415	0,3533	0,3737	0,3898	0,3989	0,4038
	B(DD)	0,3370	0,3390	0,3435	0,3552	0,3906	0,4637	0,5854	0,6807	0,7343	0,7628
	D(AA)/A	-0,3947	-0,4016	-0,4074	-0,3969	-0,3375	-0,2457	-0,1359	-0,0612	-0,0210	-0,0000
	D(AB)/A	0,0798	0,0655	0,0397	-0,0021	-0,0477	-0,0616	-0,0436	-0,0213	-0,0075	-0,0000
	D(AC)/A	0,0788	0,0856	0,0935	0,0952	0,0756	0,0474	0,0227	0,0096	0,0032	-0,0000
	D(AD)/A	0,0784	0,0858	0,0993	0,1205	0,1375	0,1245	0,0781	0,0368	0,0129	0,0000
	D(BA)/A	-0,7256	-0,6933	-0,6396	-0,5540	-0,4337	-0,3117	-0,1735	-0,0785	-0,0270	0,0000
	D(BB)/A	-0,2049	-0,1994	-0,1881	-0,1688	-0,1441	-0,1147	-0,0684	-0,0317	-0,0110	0,0000
	D(BC)/A	0,2732	0,2510	0,2154	0,1631	0,1021	0,0591	0,0281	0,0119	0,0040	0,0000
	D(BD)/A	0,2717	0,2704	0,2657	0,2535	0,2279	0,1831	0,1090	0,0505	0,0175	0,0000
	D(CA)/A	-0,4736	-0,4711	-0,4633	-0,4447	-0,4054	-0,3296	-0,1976	-0,0918	-0,0319	-0,0000
	D(CB)/A	-0,4756	-0,4448	-0,3951	-0,3232	-0,2410	-0,1715	-0,0958	-0,0434	-0,0150	0,0000
	D(CC)/A	0,0392	0,0417	0,0432	0,0422	0,0398	0,0346	0,0217	0,0103	0,0036	0,0000
	D(CD)/A	0,5212	0,4973	0,4590	0,4027	0,3302	0,2503	0,1445	0,0663	0,0229	0,0000
	D(DA)/A	-0,1697	-0,1889	-0,2255	-0,2902	-0,3607	-0,3465	-0,2241	-0,1067	-0,0374	0,0000
	D(DB)/A	-0,1704	-0,1885	-0,2151	-0,2429	-0,2405	-0,1937	-0,1136	-0,0522	-0,0181	-0,0000
	D(DC)/A	-0,1717	-0,1604	-0,1378	-0,0942	-0,0316	0,0069	0,0147	0,0085	0,0032	-0,0000
	D(DD)/A	0,3415	0,3538	0,3709	0,3855	0,3670	0,2967	0,1755	0,0811	0,0281	-0,0000

Z	Z(T)	0,00	0,03	0,10	0,30	1,00	3,00	10,0	30,0	100	UNENDL
200,00	B(AA)	0,1689	0,1702	0,1730	0,1802	0,2021	0,2515	0,3580	0,4762	0,5641	0,6197
	B(AB)	0,1671	0,1676	0,1685	0,1710	0,1793	0,1998	0,2459	0,2976	0,3360	0,3604
	B(AC)	0,1661	0,1658	0,1652	0,1637	0,1601	0,1534	0,1400	0,1254	0,1147	0,1079
	B(AD)	0,1657	0,1650	0,1636	0,1595	0,1460	0,1132	0,0404	-0,0410	-0,1016	-0,1400
	B(BA)	0,2228	0,2234	0,2246	0,2279	0,2390	0,2665	0,3279	0,3967	0,4480	0,4805
	B(BB)	0,2233	0,2238	0,2247	0,2267	0,2325	0,2452	0,2726	0,3029	0,3255	0,3398
	B(BC)	0,2220	0,2219	0,2218	0,2214	0,2203	0,2172	0,2099	0,2016	0,1953	0,1914
	B(BD)	0,2214	0,2209	0,2198	0,2170	0,2085	0,1889	0,1461	0,0984	0,0629	0,0404
	B(CA)	0,2769	0,2764	0,2753	0,2729	0,2669	0,2556	0,2333	0,2091	0,1911	0,1798
	B(CB)	0,2775	0,2774	0,2772	0,2768	0,2754	0,2715	0,2624	0,2520	0,2442	0,2392
	B(CC)	0,2786	0,2788	0,2792	0,2801	0,2817	0,2838	0,2869	0,2900	0,2923	0,2937
	B(CD)	0,2778	0,2779	0,2782	0,2790	0,2815	0,2880	0,3027	0,3192	0,3315	0,3393
	B(DA)	0,3313	0,3300	0,3271	0,3190	0,2920	0,2264	0,0808	-0,0820	-0,2032	-0,2800
	B(DB)	0,3321	0,3313	0,3297	0,3255	0,3128	0,2834	0,2192	0,1476	0,0943	0,0606
	B(DC)	0,3334	0,3335	0,3339	0,3348	0,3378	0,3456	0,3632	0,3830	0,3978	0,4071
	B(DD)	0,3352	0,3362	0,3384	0,3445	0,3639	0,4099	0,5108	0,6234	0,7073	0,7604
	D(AA)/A	-0,3957	-0,4033	-0,4107	-0,4045	-0,3567	-0,2837	-0,1872	-0,0998	-0,0382	-0,0000
	D(AB)/A	0,0796	0,0650	0,0387	-0,0048	-0,0554	-0,0777	-0,0659	-0,0381	-0,0150	-0,0000
	D(AC)/A	0,0791	0,0860	0,0943	0,0968	0,0788	0,0527	0,0294	0,0145	0,0054	-0,0000
	D(AD)/A	0,0789	0,0867	0,1010	0,1248	0,1496	0,1497	0,1130	0,0632	0,0247	0,0000
	D(BA)/A	-0,7281	-0,6973	-0,6463	-0,5669	-0,4620	-0,3641	-0,2427	-0,1301	-0,0500	0,0000
	D(BB)/A	-0,2059	-0,2009	-0,1908	-0,1741	-0,1560	-0,1372	-0,0985	-0,0543	-0,0211	0,0000
	D(BC)/A	0,2739	0,2519	0,2169	0,1656	0,1066	0,0664	0,0371	0,0184	0,0069	0,0000
	D(BD)/A	0,2731	0,2726	0,2696	0,2614	0,2461	0,2182	0,1561	0,0859	0,0333	0,0000
	D(CA)/A	-0,4760	-0,4749	-0,4701	-0,4586	-0,4378	-0,3927	-0,2830	-0,1560	-0,0606	-0,0000
	D(CB)/A	-0,4770	-0,4469	-0,3986	-0,3298	-0,2555	-0,1991	-0,1331	-0,0715	-0,0275	-0,0000
	D(CC)/A	0,0396	0,0424	0,0444	0,0444	0,0445	0,0431	0,0327	0,0184	0,0072	-0,0000
	D(CD)/A	0,5230	0,5001	0,4638	0,4121	0,3521	0,2932	0,2030	0,1104	0,0426	0,0000
	D(DA)/A	-0,1707	-0,1907	-0,2294	-0,3006	-0,3924	-0,4163	-0,3240	-0,1830	-0,0717	0,0000
	D(DB)/A	-0,1711	-0,1896	-0,2173	-0,2482	-0,2550	-0,2245	-0,1573	-0,0857	-0,0331	0,0000
	D(DC)/A	-0,1717	-0,1603	-0,1373	-0,0928	-0,0273	0,0161	0,0275	0,0181	0,0075	-0,0000
	D(DD)/A	0,3425	0,3553	0,3740	0,3930	0,3889	0,3444	0,2440	0,1335	0,0517	-0,0000
500,00	B(AA)	0,1676	0,1681	0,1692	0,1722	0,1814	0,2046	0,2682	0,3746	0,4999	0,6174
	B(AB)	0,1669	0,1670	0,1674	0,1684	0,1720	0,1816	0,2092	0,2558	0,3106	0,3621
	B(AC)	0,1664	0,1663	0,1661	0,1655	0,1640	0,1608	0,1528	0,1395	0,1240	0,1095
	B(AD)	0,1663	0,1660	0,1654	0,1637	0,1580	0,1426	0,0991	0,0259	-0,0604	-0,1413
	B(BA)	0,2225	0,2227	0,2232	0,2246	0,2293	0,2422	0,2790	0,3410	0,4142	0,4827
	B(BB)	0,2227	0,2228	0,2232	0,2240	0,2265	0,2324	0,2487	0,2759	0,3080	0,3380
	B(BC)	0,2221	0,2221	0,2220	0,2219	0,2214	0,2199	0,2154	0,2078	0,1987	0,1902
	B(BD)	0,2219	0,2217	0,2212	0,2201	0,2165	0,2074	0,1819	0,1391	0,0887	0,0414
	B(CA)	0,2774	0,2772	0,2768	0,2758	0,2733	0,2680	0,2546	0,2326	0,2067	0,1824
	B(CB)	0,2777	0,2776	0,2775	0,2774	0,2768	0,2749	0,2693	0,2597	0,2484	0,2378
	B(CC)	0,2781	0,2782	0,2784	0,2787	0,2794	0,2803	0,2821	0,2849	0,2882	0,2912
	B(CD)	0,2778	0,2778	0,2780	0,2783	0,2794	0,2825	0,2914	0,3065	0,3243	0,3410
	B(DA)	0,3325	0,3320	0,3308	0,3275	0,3160	0,2852	0,1983	0,0518	-0,1207	-0,2825
	B(DB)	0,3328	0,3325	0,3319	0,3302	0,3248	0,3110	0,2728	0,2086	0,1330	0,0621
	B(DC)	0,3333	0,3334	0,3335	0,3339	0,3353	0,3390	0,3497	0,3678	0,3891	0,4091
	B(DD)	0,3341	0,3345	0,3354	0,3379	0,3461	0,3675	0,4276	0,5286	0,6474	0,7589
	D(AA)/A	-0,3964	-0,4044	-0,4128	-0,4093	-0,3696	-0,3137	-0,2452	-0,1653	-0,0791	-0,0000
	D(AB)/A	0,0795	0,0647	0,0380	-0,0065	-0,0606	-0,0905	-0,0911	-0,0667	-0,0329	-0,0000
	D(AC)/A	0,0793	0,0863	0,0948	0,0978	0,0810	0,0570	0,0370	0,0228	0,0105	-0,0000
	D(AD)/A	0,0792	0,0872	0,1021	0,1275	0,1577	0,1697	0,1525	0,1081	0,0527	0,0000
	D(BA)/A	-0,7297	-0,6997	-0,6504	-0,5750	-0,4810	-0,4056	-0,3210	-0,2179	-0,1045	0
	D(BB)/A	-0,2065	-0,2019	-0,1925	-0,1774	-0,1640	-0,1550	-0,1325	-0,0926	-0,0449	0,0000
	D(BC)/A	0,2743	0,2525	0,2178	0,1672	0,1097	0,0722	0,0472	0,0296	0,0137	0,0000
	D(BD)/A	0,2740	0,2740	0,2720	0,2664	0,2584	0,2460	0,2095	0,1460	0,0707	0,0000
	D(CA)/A	-0,4775	-0,4773	-0,4743	-0,4673	-0,4597	-0,4428	-0,3796	-0,2652	-0,1286	0,0000
	D(CB)/A	-0,4779	-0,4482	-0,4007	-0,3339	-0,2651	-0,2210	-0,1753	-0,1193	-0,0573	-0,0000
	D(CC)/A	0,0399	0,0428	0,0451	0,0458	0,0477	0,0499	0,0452	0,0322	0,0157	-0,0000
	D(CD)/A	0,5241	0,5018	0,4667	0,4180	0,3668	0,3271	0,2691	0,1853	0,0894	-0,0000
	D(DA)/A	-0,1713	-0,1918	-0,2318	-0,3071	-0,4136	-0,4718	-0,4371	-0,3130	-0,1531	-0,0000
	D(DB)/A	-0,1715	-0,1903	-0,2186	-0,2515	-0,2646	-0,2489	-0,2068	-0,1425	-0,0687	-0,0000
	D(DC)/A	-0,1717	-0,1602	-0,1371	-0,0919	-0,0243	0,0235	0,0420	0,0345	0,0177	-0,0000
	D(DD)/A	0,3431	0,3563	0,3759	0,3978	0,4035	0,3822	0,3214	0,2228	0,1077	0

Z	Z(T)	0,00	0,03	0,10	0,30	1,00	3,00	10,0	30,0	100	UNENDL
1000,00	B(AA)	0,1671	0,1674	0,1679	0,1694	0,1742	0,1864	0,2236	0,3014	0,4303	0,6166
	B(AB)	0,1668	0,1668	0,1670	0,1675	0,1694	0,1745	0,1907	0,2246	0,2811	0,3626
	B(AC)	0,1666	0,1665	0,1664	0,1661	0,1653	0,1636	0,1589	0,1492	0,1332	0,1100
	B(AD)	0,1665	0,1663	0,1660	0,1652	0,1623	0,1541	0,1286	0,0752	-0,0135	-0,1417
	B(BA)	0,2223	0,2225	0,2227	0,2234	0,2258	0,2326	0,2542	0,2995	0,3747	0,4835
	B(BB)	0,2224	0,2225	0,2227	0,2231	0,2244	0,2275	0,2370	0,2569	0,2898	0,3374
	B(BC)	0,2222	0,2222	0,2221	0,2221	0,2218	0,2210	0,2184	0,2127	0,2034	0,1899
	B(BD)	0,2220	0,2219	0,2217	0,2212	0,2193	0,2145	0,1996	0,1684	0,1166	0,0418
	B(CA)	0,2776	0,2775	0,2773	0,2768	0,2755	0,2727	0,2649	0,2487	0,2219	0,1833
	B(CB)	0,2777	0,2777	0,2777	0,2776	0,2773	0,2763	0,2730	0,2659	0,2542	0,2373
	B(CC)	0,2779	0,2780	0,2781	0,2782	0,2786	0,2791	0,2801	0,2822	0,2855	0,2903
	B(CD)	0,2778	0,2778	0,2779	0,2780	0,2786	0,2802	0,2855	0,2966	0,3150	0,3415
	B(DA)	0,3329	0,3327	0,3321	0,3304	0,3245	0,3083	0,2573	0,1504	-0,0270	-0,2834
	B(DB)	0,3331	0,3329	0,3326	0,3317	0,3290	0,3217	0,2994	0,2525	0,1749	0,0626
	B(DC)	0,3333	0,3334	0,3334	0,3336	0,3343	0,3363	0,3426	0,3559	0,3779	0,4098
	B(DD)	0,3337	0,3339	0,3344	0,3356	0,3398	0,3511	0,3863	0,4599	0,5820	0,7584
	D(AA)/A	-0,3966	-0,4048	-0,4135	-0,4109	-0,3742	-0,3254	-0,2742	-0,2132	-0,1245	-0,0000
	D(AB)/A	0,0794	0,0646	0,0378	-0,0071	-0,0625	-0,0954	-0,1036	-0,0876	-0,0527	-0,0000
	D(AC)/A	0,0793	0,0864	0,0949	0,0981	0,0817	0,0586	0,0407	0,0289	0,0162	-0,0000
	D(AD)/A	0,0793	0,0873	0,1024	0,1285	0,1606	0,1775	0,1723	0,1410	0,0839	0,0000
	D(BA)/A	-0,7302	-0,7004	-0,6517	-0,5777	-0,4877	-0,4218	-0,3600	-0,2819	-0,1651	-0,0000
	D(BB)/A	-0,2067	-0,2022	-0,1931	-0,1785	-0,1668	-0,1620	-0,1495	-0,1206	-0,0714	0,0000
	D(BC)/A	0,2744	0,2527	0,2181	0,1677	0,1107	0,0744	0,0522	0,0377	0,0213	0,0000
	D(BD)/A	0,2743	0,2744	0,2728	0,2681	0,2628	0,2569	0,2362	0,1900	0,1124	0,0000
	D(CA)/A	-0,4780	-0,4781	-0,4757	-0,4703	-0,4674	-0,4623	-0,4279	-0,3450	-0,2043	-0,0000
	D(CB)/A	-0,4782	-0,4486	-0,4015	-0,3353	-0,2686	-0,2295	-0,1964	-0,1542	-0,0904	-0,0000
	D(CC)/A	0,0399	0,0429	0,0454	0,0463	0,0489	0,0525	0,0514	0,0423	0,0252	-0,0000
	D(CD)/A	0,5245	0,5024	0,4677	0,4200	0,3720	0,3404	0,3021	0,2401	0,1414	-0,0000
	D(DA)/A	-0,1715	-0,1922	-0,2326	-0,3093	-0,4212	-0,4934	-0,4936	-0,4080	-0,2438	0,0000
	D(DB)/A	-0,1716	-0,1905	-0,2191	-0,2526	-0,2681	-0,2584	-0,2314	-0,1840	-0,1084	-0,0000
	D(DC)/A	-0,1717	-0,1602	-0,1370	-0,0916	-0,0233	0,0264	0,0492	0,0465	0,0290	-0,0000
	D(DD)/A	0,3432	0,3566	0,3765	0,3994	0,4087	0,3969	0,3601	0,2879	0,1699	-0,0000

3. Der unsymmetrische Balken auf fünf ungleichen, elastischen Stützen, Steifigkeitsverhältnis $r_a : r_b : r_c : r_d : r_e$

a) $r_a : r_b : r_c : r_d : r_e = 1{,}0 : 1{,}125 : 1{,}25 : 1{,}375 : 1{,}5$

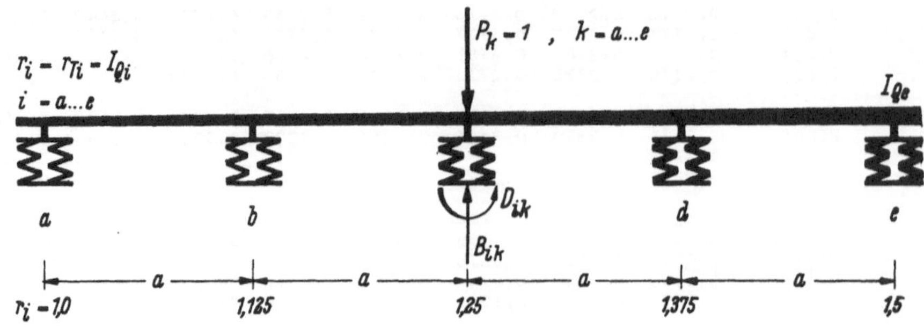

Z	Z(T)	0,00	0,03	0,10	0,30	1,00	3,00	10,0	30,0	100	UNENDL
0,01	B(AA)	0,9796	0,9845	0,9893	0,9932	0,9957	0,9966	0,9969	0,9970	0,9970	0,9971
	B(AB)	0,0178	0,0154	0,0124	0,0094	0,0072	0,0064	0,0061	0,0060	0,0059	0,0059
	B(AC)	0,0003	-0,0016	-0,0030	-0,0036	-0,0038	-0,0037	-0,0037	-0,0037	-0,0037	-0,0037
	B(AD)	0,0000	0,0001	0,0004	0,0007	0,0008	0,0008	0,0008	0,0008	0,0008	0,0008
	B(AE)	0,0000	-0,0000	-0,0000	-0,0001	-0,0001	-0,0001	-0,0001	-0,0001	-0,0001	-0,0001
	B(BA)	0,0200	0,0174	0,0140	0,0105	0,0081	0,0072	0,0068	0,0067	0,0067	0,0066
	B(BB)	0,9623	0,9672	0,9727	0,9780	0,9816	0,9830	0,9835	0,9837	0,9837	0,9837
	B(BC)	0,0176	0,0174	0,0168	0,0158	0,0149	0,0145	0,0144	0,0143	0,0143	0,0143
	B(BD)	0,0003	-0,0017	-0,0036	-0,0047	-0,0052	-0,0054	-0,0054	-0,0054	-0,0054	-0,0054
	B(BE)	0,0000	0,0001	0,0004	0,0007	0,0008	0,0008	0,0008	0,0008	0,0008	0,0008
	B(CA)	0,0004	-0,0020	-0,0037	-0,0046	-0,0047	-0,0047	-0,0047	-0,0047	-0,0047	-0,0047
	B(CB)	0,0195	0,0194	0,0187	0,0176	0,0166	0,0161	0,0160	0,0159	0,0159	0,0159
	B(CC)	0,9623	0,9669	0,9712	0,9748	0,9770	0,9778	0,9781	0,9782	0,9782	0,9782
	B(CD)	0,0176	0,0175	0,0169	0,0158	0,0149	0,0144	0,0143	0,0142	0,0142	0,0142
	B(CE)	0,0003	-0,0016	-0,0030	-0,0036	-0,0037	-0,0037	-0,0037	-0,0037	-0,0037	-0,0037
	B(DA)	0,0000	0,0001	0,0005	0,0009	0,0011	0,0011	0,0011	0,0011	0,0011	0,0011
	B(DB)	0,0004	-0,0021	-0,0043	-0,0058	-0,0064	-0,0065	-0,0066	-0,0066	-0,0066	-0,0066
	B(DC)	0,0194	0,0193	0,0186	0,0174	0,0163	0,0159	0,0157	0,0156	0,0156	0,0156
	B(DD)	0,9623	0,9672	0,9729	0,9784	0,9822	0,9837	0,9843	0,9845	0,9845	0,9846
	B(DE)	0,0181	0,0155	0,0123	0,0091	0,0068	0,0059	0,0055	0,0054	0,0054	0,0054
	B(EA)	0,0000	-0,0000	-0,0001	-0,0001	-0,0002	-0,0002	-0,0002	-0,0002	-0,0002	-0,0002
	B(EB)	0,0000	0,0001	0,0005	0,0009	0,0010	0,0011	0,0011	0,0011	0,0011	0,0011
	B(EC)	0,0004	-0,0020	-0,0036	-0,0044	-0,0045	-0,0044	-0,0044	-0,0044	-0,0044	-0,0044
	B(ED)	0,0197	0,0169	0,0134	0,0099	0,0074	0,0064	0,0060	0,0059	0,0059	0,0058
	B(EE)	0,9816	0,9860	0,9904	0,9940	0,9963	0,9971	0,9975	0,9976	0,9976	0,9976
	D(AA)/A	-0,0100	-0,0075	-0,0049	-0,0025	-0,0009	-0,0003	-0,0001	-0,0000	-0,0000	0,0000
	D(AB)/A	0,0087	0,0071	0,0050	0,0027	0,0010	0,0004	0,0001	0,0000	0,0000	0
	D(AC)/A	0,0002	-0,0004	-0,0006	-0,0005	-0,0002	-0,0001	-0,0000	-0,0000	-0,0000	-0,0000
	D(AD)/A	0,0000	0,0000	0,0001	0,0001	0,0000	0,0000	0,0000	0,0000	0,0000	0,0000
	D(AE)/A	0,0000	-0,0000	-0,0000	-0,0000	-0,0000	-0,0000	-0,0000	-0,0000	-0,0000	-0,0000
	D(BA)/A	-0,0106	-0,0066	-0,0034	-0,0014	-0,0004	-0,0001	-0,0000	-0,0000	-0,0000	-0,0000
	D(BB)/A	-0,0007	-0,0005	-0,0005	-0,0003	-0,0002	-0,0001	-0,0000	-0,0000	-0,0000	0,0000
	D(BC)/A	0,0089	0,0062	0,0036	0,0017	0,0006	0,0002	0,0001	0,0000	0,0000	-0,0000
	D(BD)/A	0,0002	-0,0004	-0,0005	-0,0003	-0,0001	-0,0000	-0,0000	-0,0000	-0,0000	0,0000
	D(BE)/A	0,0000	0,0000	0,0000	0,0000	0,0000	0,0000	0,0000	0,0000	0,0000	0
	D(CA)/A	-0,0002	0,0004	0,0005	0,0003	0,0001	0,0000	0,0000	0,0000	0,0000	0,0000
	D(CB)/A	-0,0103	-0,0070	-0,0040	-0,0018	-0,0006	-0,0002	-0,0001	-0,0000	-0,0000	0,0000
	D(CC)/A	-0,0006	-0,0004	-0,0002	-0,0001	-0,0000	-0,0000	-0,0000	-0,0000	-0,0000	0,0000
	D(CD)/A	0,0090	0,0062	0,0036	0,0016	0,0006	0,0002	0,0001	0,0000	0,0000	-0,0000
	D(CE)/A	0,0002	-0,0003	-0,0004	-0,0002	-0,0001	-0,0000	-0,0000	-0,0000	-0,0000	-0,0000
	D(DA)/A	-0,0000	-0,0000	-0,0001	-0,0001	-0,0000	-0,0000	-0,0000	-0,0000	-0,0000	-0,0000
	D(DB)/A	-0,0002	0,0005	0,0006	0,0004	0,0002	0,0001	0,0000	0,0000	0,0000	0,0000
	D(DC)/A	-0,0103	-0,0070	-0,0041	-0,0019	-0,0007	-0,0002	-0,0001	-0,0000	-0,0000	-0,0000
	D(DD)/A	-0,0006	-0,0003	0,0000	0,0001	0,0001	0,0000	0,0000	0,0000	0,0000	-0,0000
	D(DE)/A	0,0092	0,0058	0,0030	0,0012	0,0004	0,0001	0,0000	0,0000	0,0000	-0,0000
	D(EA)/A	-0,0000	0,0000	0,0000	0,0000	0,0000	0,0000	0,0000	0,0000	0,0000	0,0000
	D(EB)/A	-0,0000	-0,0000	-0,0001	-0,0001	-0,0001	-0,0000	-0,0000	-0,0000	-0,0000	-0,0000
	D(EC)/A	-0,0002	0,0005	0,0008	0,0006	0,0003	0,0001	0,0000	0,0000	0,0000	0,0000
	D(ED)/A	-0,0100	-0,0081	-0,0057	-0,0031	-0,0012	-0,0004	-0,0001	-0,0000	-0,0000	0
	D(EE)/A	0,0093	0,0070	0,0046	0,0024	0,0009	0,0003	0,0001	0,0000	0,0000	0

Z	Z(T)	0,00	0,03	0,10	0,30	1,00	3,00	10,0	30,0	100	UNENDL
0,02	B(AA)	0,9607	0,9701	0,9792	0,9868	0,9915	0,9933	0,9940	0,9942	0,9942	0,9943
	B(AB)	0,0336	0,0294	0,0239	0,0181	0,0140	0,0124	0,0117	0,0116	0,0115	0,0115
	B(AC)	0,0012	-0,0026	-0,0054	-0,0068	-0,0071	-0,0071	-0,0071	-0,0071	-0,0071	-0,0071
	B(AD)	0,0000	0,0001	0,0006	0,0011	0,0014	0,0014	0,0015	0,0015	0,0015	0,0015
	B(AE)	0,0000	0,0000	-0,0000	-0,0001	-0,0002	-0,0002	-0,0002	-0,0002	-0,0002	-0,0002
	B(BA)	0,0378	0,0331	0,0268	0,0204	0,0158	0,0139	0,0132	0,0130	0,0129	0,0129
	B(BB)	0,9287	0,9376	0,9478	0,9577	0,9644	0,9671	0,9681	0,9684	0,9685	0,9686
	B(BC)	0,0327	0,0326	0,0317	0,0300	0,0284	0,0277	0,0274	0,0274	0,0273	0,0273
	B(BD)	0,0012	-0,0027	-0,0062	-0,0086	-0,0097	-0,0100	-0,0101	-0,0101	-0,0101	-0,0101
	B(BE)	0,0000	0,0001	0,0006	0,0011	0,0013	0,0014	0,0014	0,0014	0,0014	0,0014
	B(CA)	0,0015	-0,0032	-0,0067	-0,0084	-0,0089	-0,0089	-0,0089	-0,0089	-0,0089	-0,0089
	B(CB)	0,0363	0,0362	0,0352	0,0333	0,0316	0,0308	0,0305	0,0304	0,0304	0,0304
	B(CC)	0,9286	0,9371	0,9452	0,9518	0,9559	0,9574	0,9580	0,9582	0,9583	0,9583
	B(CD)	0,0328	0,0328	0,0318	0,0300	0,0283	0,0276	0,0273	0,0272	0,0272	0,0271
	B(CE)	0,0012	-0,0026	-0,0054	-0,0067	-0,0070	-0,0070	-0,0070	-0,0070	-0,0070	-0,0070
	B(DA)	0,0001	0,0001	0,0008	0,0015	0,0019	0,0020	0,0020	0,0020	0,0020	0,0020
	B(DB)	0,0014	-0,0033	-0,0076	-0,0105	-0,0118	-0,0122	-0,0123	-0,0123	-0,0123	-0,0123
	B(DC)	0,0361	0,0360	0,0350	0,0330	0,0312	0,0303	0,0300	0,0299	0,0299	0,0299
	B(DD)	0,9286	0,9376	0,9481	0,9584	0,9656	0,9685	0,9696	0,9700	0,9701	0,9701
	B(DE)	0,0342	0,0296	0,0236	0,0175	0,0131	0,0114	0,0107	0,0105	0,0104	0,0104
	B(EA)	0,0000	0,0000	-0,0001	-0,0002	-0,0003	-0,0003	-0,0003	-0,0003	-0,0003	-0,0003
	B(EB)	0,0001	0,0001	0,0007	0,0014	0,0018	0,0019	0,0019	0,0019	0,0019	0,0019
	B(EC)	0,0015	-0,0031	-0,0065	-0,0081	-0,0084	-0,0084	-0,0084	-0,0084	-0,0084	-0,0084
	B(ED)	0,0374	0,0323	0,0258	0,0191	0,0143	0,0124	0,0117	0,0115	0,0114	0,0114
	B(EE)	0,9645	0,9730	0,9813	0,9883	0,9927	0,9944	0,9950	0,9952	0,9953	0,9953
	D(AA)/A	-0,0193	-0,0145	-0,0095	-0,0049	-0,0019	-0,0007	-0,0002	-0,0001	-0,0000	0,0000
	D(AB)/A	0,0165	0,0135	0,0095	0,0052	0,0020	0,0007	0,0002	0,0001	0,0000	0,0000
	D(AC)/A	0,0006	-0,0006	-0,0011	-0,0009	-0,0004	-0,0002	-0,0000	-0,0000	-0,0000	0,0000
	D(AD)/A	0,0000	0,0000	0,0001	0,0001	0,0001	0,0000	0,0000	0,0000	0,0000	-0,0000
	D(AE)/A	0,0000	0,0000	-0,0000	-0,0000	-0,0000	-0,0000	-0,0000	-0,0000	-0,0000	0,0000
	D(BA)/A	-0,0208	-0,0131	-0,0068	-0,0027	-0,0009	-0,0003	-0,0001	-0,0000	-0,0000	-0,0000
	D(BB)/A	-0,0014	-0,0010	-0,0009	-0,0006	-0,0003	-0,0001	-0,0000	-0,0000	-0,0000	-0,0000
	D(BC)/A	0,0172	0,0119	0,0071	0,0033	0,0012	0,0004	0,0001	0,0000	0,0000	-0,0000
	D(BD)/A	0,0006	-0,0005	-0,0008	-0,0006	-0,0002	-0,0001	-0,0000	-0,0000	-0,0000	0,0000
	D(BE)/A	0,0000	0,0000	0,0001	0,0001	0,0000	0,0000	0,0000	0,0000	0,0000	-0,0000
	D(CA)/A	-0,0008	0,0006	0,0009	0,0005	0,0002	0,0001	0,0000	0,0000	0,0000	0,0000
	D(CB)/A	-0,0199	-0,0136	-0,0079	-0,0036	-0,0012	-0,0004	-0,0001	-0,0000	-0,0000	-0,0000
	D(CC)/A	-0,0013	-0,0008	-0,0005	-0,0002	-0,0001	-0,0000	-0,0000	-0,0000	-0,0000	-0,0000
	D(CD)/A	0,0174	0,0120	0,0070	0,0032	0,0011	0,0004	0,0001	0,0000	0,0000	0
	D(CE)/A	0,0006	-0,0005	-0,0007	-0,0004	-0,0002	-0,0001	-0,0000	-0,0000	-0,0000	0,0000
	D(DA)/A	-0,0000	-0,0000	-0,0001	-0,0001	-0,0000	-0,0000	-0,0000	-0,0000	-0,0000	-0,0000
	D(DB)/A	-0,0008	0,0006	0,0010	0,0007	0,0003	0,0001	0,0000	0,0000	0,0000	0,0000
	D(DC)/A	-0,0198	-0,0135	-0,0079	-0,0037	-0,0013	-0,0005	-0,0001	-0,0000	-0,0000	-0,0000
	D(DD)/A	-0,0011	-0,0006	-0,0000	0,0003	0,0002	0,0001	0,0000	0,0000	0,0000	-0,0000
	D(DE)/A	0,0181	0,0114	0,0059	0,0024	0,0007	0,0002	0,0001	0,0000	0,0000	-0,0000
	D(EA)/A	-0,0000	-0,0000	0,0000	0,0000	0,0000	0,0000	0,0000	0,0000	0,0000	0,0000
	D(EB)/A	-0,0000	-0,0000	-0,0001	-0,0002	-0,0001	-0,0000	-0,0000	-0,0000	-0,0000	-0,0000
	D(EC)/A	-0,0007	0,0007	0,0014	0,0011	0,0005	0,0002	0,0001	0,0000	0,0000	0,0000
	D(ED)/A	-0,0189	-0,0155	-0,0110	-0,0061	-0,0024	-0,0009	-0,0003	-0,0001	-0,0000	-0,0000
	D(EE)/A	0,0180	0,0136	0,0090	0,0047	0,0018	0,0007	0,0002	0,0001	0,0000	-0,0000
0,05	B(AA)	0,9111	0,9314	0,9517	0,9690	0,9800	0,9842	0,9858	0,9862	0,9864	0,9865
	B(AB)	0,0721	0,0643	0,0532	0,0411	0,0321	0,0285	0,0271	0,0266	0,0265	0,0264
	B(AC)	0,0057	-0,0028	-0,0097	-0,0137	-0,0151	-0,0153	-0,0154	-0,0154	-0,0154	-0,0154
	B(AD)	0,0005	-0,0002	0,0004	0,0014	0,0021	0,0024	0,0025	0,0025	0,0025	0,0025
	B(AE)	0,0000	0,0000	0,0000	-0,0001	-0,0002	-0,0002	-0,0002	-0,0002	-0,0002	-0,0002
	B(BA)	0,0811	0,0723	0,0599	0,0462	0,0361	0,0321	0,0305	0,0300	0,0298	0,0297
	B(BB)	0,8459	0,8636	0,8843	0,9049	0,9195	0,9252	0,9275	0,9281	0,9284	0,9285
	B(BC)	0,0673	0,0680	0,0671	0,0647	0,0622	0,0610	0,0605	0,0604	0,0603	0,0603
	B(BD)	0,0054	-0,0026	-0,0104	-0,0162	-0,0192	-0,0202	-0,0205	-0,0206	-0,0206	-0,0207
	B(BE)	0,0005	-0,0002	0,0004	0,0014	0,0021	0,0024	0,0024	0,0025	0,0025	0,0025
	B(CA)	0,0072	-0,0035	-0,0121	-0,0171	-0,0188	-0,0192	-0,0193	-0,0193	-0,0193	-0,0193
	B(CB)	0,0748	0,0755	0,0746	0,0719	0,0691	0,0678	0,0673	0,0671	0,0671	0,0670
	B(CC)	0,8454	0,8631	0,8801	0,8941	0,9025	0,9056	0,9068	0,9072	0,9073	0,9073
	B(CD)	0,0677	0,0683	0,0675	0,0649	0,0621	0,0609	0,0603	0,0602	0,0601	0,0601
	B(CE)	0,0059	-0,0029	-0,0098	-0,0137	-0,0150	-0,0152	-0,0152	-0,0153	-0,0153	-0,0153
	B(DA)	0,0006	-0,0003	0,0005	0,0020	0,0029	0,0033	0,0034	0,0034	0,0034	0,0034
	B(DB)	0,0066	-0,0032	-0,0127	-0,0199	-0,0235	-0,0247	-0,0251	-0,0252	-0,0252	-0,0252
	B(DC)	0,0744	0,0752	0,0742	0,0714	0,0684	0,0669	0,0664	0,0662	0,0661	0,0661
	B(DD)	0,8459	0,8636	0,8848	0,9065	0,9220	0,9283	0,9308	0,9315	0,9317	0,9319
	B(DE)	0,0739	0,0650	0,0529	0,0398	0,0302	0,0263	0,0247	0,0243	0,0241	0,0240
	B(EA)	0,0001	0,0000	0,0000	-0,0001	-0,0003	-0,0003	-0,0003	-0,0004	-0,0004	-0,0004
	B(EB)	0,0006	-0,0003	0,0005	0,0019	0,0028	0,0031	0,0033	0,0033	0,0033	0,0033
	B(EC)	0,0071	-0,0034	-0,0118	-0,0165	-0,0180	-0,0182	-0,0183	-0,0183	-0,0183	-0,0183
	B(ED)	0,0806	0,0709	0,0577	0,0435	0,0330	0,0287	0,0270	0,0265	0,0263	0,0262
	B(EE)	0,9197	0,9381	0,9565	0,9725	0,9828	0,9868	0,9883	0,9887	0,9889	0,9890

Z	Z(T)	0,00	0,03	0,10	0,30	1,00	3,00	10,0	30,0	100	UNENDL
	D(AA)/A	-0,0436	-0,0333	-0,0222	-0,0117	-0,0045	-0,0016	-0,0005	-0,0002	-0,0001	-0,0000
	D(AB)/A	0,0353	0,0295	0,0213	0,0119	0,0047	0,0017	0,0005	0,0002	0,0001	0,0000
	D(AC)/A	0,0028	0,0002	-0,0014	-0,0014	-0,0007	-0,0003	-0,0001	-0,0000	-0,0000	-0,0000
	D(AD)/A	0,0002	-0,0001	-0,0000	0,0001	0,0001	0,0000	0,0000	0,0000	0,0000	-0,0000
	D(AE)/A	0,0000	-0,0000	0,0000	0,0000	-0,0000	-0,0000	-0,0000	-0,0000	-0,0000	-0,0000
	D(BA)/A	-0,0492	-0,0315	-0,0167	-0,0069	-0,0022	-0,0007	-0,0002	-0,0001	-0,0000	-0,0000
	D(BB)/A	-0,0036	-0,0023	-0,0018	-0,0013	-0,0006	-0,0002	-0,0001	-0,0000	-0,0000	0,0000
	D(BC)/A	0,0388	0,0272	0,0163	0,0077	0,0027	0,0010	0,0003	0,0001	0,0000	-0,0000
	D(BD)/A	0,0031	0,0001	-0,0012	-0,0010	-0,0004	-0,0002	-0,0001	-0,0000	-0,0000	-0,0000
	D(BE)/A	0,0003	-0,0001	-0,0000	0,0001	0,0000	0,0000	0,0000	0,0000	0,0000	0,0000
	D(CA)/A	-0,0043	0,0001	0,0015	0,0011	0,0004	0,0002	0,0001	0,0000	0,0000	0,0000
	D(CB)/A	-0,0453	-0,0314	-0,0185	-0,0085	-0,0030	-0,0010	-0,0003	-0,0001	-0,0000	-0,0000
	D(CC)/A	-0,0029	-0,0020	-0,0011	-0,0005	-0,0002	-0,0001	-0,0000	-0,0000	-0,0000	-0,0000
	D(CD)/A	0,0392	0,0274	0,0163	0,0076	0,0026	0,0009	0,0003	0,0001	0,0000	0,0000
	D(CE)/A	0,0034	-0,0000	-0,0012	-0,0009	-0,0004	-0,0001	-0,0000	-0,0000	-0,0000	-0,0000
	D(DA)/A	-0,0004	0,0001	0,0000	-0,0001	-0,0001	-0,0000	-0,0000	-0,0000	-0,0000	-0,0000
	D(DB)/A	-0,0040	-0,0001	0,0015	0,0012	0,0005	0,0002	0,0001	0,0000	0,0000	0,0000
	D(DC)/A	-0,0449	-0,0312	-0,0184	-0,0086	-0,0031	-0,0011	-0,0003	-0,0001	-0,0000	-0,0000
	D(DD)/A	-0,0024	-0,0017	-0,0004	0,0004	0,0003	0,0001	0,0000	0,0000	0,0000	-0,0000
	D(DE)/A	0,0428	0,0274	0,0146	0,0060	0,0019	0,0006	0,0002	0,0001	0,0000	0,0000
	D(EA)/A	-0,0000	0,0000	-0,0000	-0,0000	0,0000	0,0000	0,0000	0,0000	0,0000	0,0000
	D(EB)/A	-0,0003	0,0001	0,0000	-0,0001	-0,0001	-0,0000	-0,0000	-0,0000	-0,0000	-0,0000
	D(EC)/A	-0,0036	-0,0002	0,0018	0,0019	0,0009	0,0004	0,0001	0,0000	0,0000	0,0000
	D(ED)/A	-0,0409	-0,0341	-0,0246	-0,0139	-0,0055	-0,0020	-0,0006	-0,0002	-0,0001	-0,0000
	D(EE)/A	0,0407	0,0313	0,0211	0,0112	0,0043	0,0016	0,0005	0,0002	0,0000	-0,0000
0,10	B(AA)	0,8454	0,8788	0,9131	0,9434	0,9633	0,9709	0,9739	0,9748	0,9751	0,9752
	B(AB)	0,1163	0,1064	0,0906	0,0716	0,0568	0,0507	0,0482	0,0475	0,0472	0,0471
	B(AC)	0,0161	0,0017	-0,0112	-0,0198	-0,0236	-0,0247	-0,0250	-0,0251	-0,0251	-0,0252
	B(AD)	0,0022	-0,0005	-0,0009	0,0003	0,0015	0,0020	0,0022	0,0022	0,0023	0,0023
	B(AE)	0,0004	-0,0000	0,0001	0,0002	0,0002	0,0001	0,0001	0,0001	0,0001	0,0001
	B(BA)	0,1308	0,1197	0,1019	0,0806	0,0639	0,0570	0,0542	0,0534	0,0531	0,0530
	B(BB)	0,7479	0,7738	0,8047	0,8367	0,8600	0,8694	0,8732	0,8743	0,8747	0,8749
	B(BC)	0,1035	0,1059	0,1066	0,1051	0,1028	0,1016	0,1011	0,1010	0,1009	0,1009
	B(BD)	0,0144	0,0023	-0,0103	-0,0209	-0,0271	-0,0293	-0,0301	-0,0303	-0,0304	-0,0304
	B(BE)	0,0023	-0,0005	-0,0009	0,0003	0,0016	0,0021	0,0022	0,0023	0,0023	0,0023
	B(CA)	0,0201	0,0022	-0,0140	-0,0248	-0,0295	-0,0308	-0,0313	-0,0314	-0,0314	-0,0314
	B(CB)	0,1150	0,1177	0,1185	0,1168	0,1142	0,1129	0,1124	0,1122	0,1121	0,1121
	B(CC)	0,7458	0,7732	0,8004	0,8227	0,8360	0,8409	0,8427	0,8433	0,8435	0,8435
	B(CD)	0,1041	0,1065	0,1072	0,1056	0,1030	0,1017	0,1011	0,1009	0,1009	0,1008
	B(CE)	0,0167	0,0017	-0,0115	-0,0201	-0,0238	-0,0247	-0,0250	-0,0251	-0,0251	-0,0251
	B(DA)	0,0031	-0,0007	-0,0012	0,0004	0,0021	0,0028	0,0030	0,0031	0,0031	0,0031
	B(DB)	0,0177	0,0028	-0,0126	-0,0256	-0,0331	-0,0358	-0,0367	-0,0370	-0,0371	-0,0372
	B(DC)	0,1145	0,1171	0,1179	0,1161	0,1133	0,1118	0,1112	0,1110	0,1109	0,1109
	B(DD)	0,7481	0,7737	0,8054	0,8390	0,8641	0,8744	0,8786	0,8798	0,8802	0,8804
	B(DE)	0,1202	0,1082	0,0904	0,0697	0,0536	0,0469	0,0442	0,0434	0,0431	0,0430
	B(EA)	0,0005	-0,0001	0,0002	0,0004	0,0003	0,0002	0,0001	0,0001	0,0001	0,0001
	B(EB)	0,0031	-0,0007	-0,0012	0,0005	0,0021	0,0027	0,0030	0,0031	0,0031	0,0031
	B(EC)	0,0201	0,0021	-0,0138	-0,0241	-0,0285	-0,0297	-0,0300	-0,0301	-0,0302	-0,0302
	B(ED)	0,1311	0,1180	0,0986	0,0761	0,0585	0,0511	0,0482	0,0473	0,0470	0,0469
	B(EE)	0,8604	0,8906	0,9218	0,9498	0,9684	0,9757	0,9785	0,9793	0,9796	0,9798
	D(AA)/A	-0,0758	-0,0590	-0,0402	-0,0217	-0,0084	-0,0031	-0,0010	-0,0003	-0,0001	0,0000
	D(AB)/A	0,0570	0,0488	0,0362	0,0208	0,0084	0,0031	0,0010	0,0003	0,0001	0,0000
	D(AC)/A	0,0079	0,0033	0,0000	-0,0011	-0,0007	-0,0003	-0,0001	-0,0000	-0,0000	-0,0000
	D(AD)/A	0,0011	-0,0001	-0,0004	-0,0002	-0,0001	-0,0000	-0,0000	-0,0000	-0,0000	0,0000
	D(AE)/A	0,0002	-0,0000	0,0000	0,0000	0,0000	0,0000	0,0000	0,0000	0,0000	0,0000
	D(BA)/A	-0,0905	-0,0593	-0,0324	-0,0136	-0,0044	-0,0015	-0,0004	-0,0001	-0,0000	-0,0000
	D(BB)/A	-0,0074	-0,0042	-0,0028	-0,0020	-0,0010	-0,0004	-0,0001	-0,0000	-0,0000	0,0000
	D(BC)/A	0,0670	0,0480	0,0292	0,0139	0,0050	0,0017	0,0005	0,0002	0,0001	0,0000
	D(BD)/A	0,0093	0,0030	-0,0003	-0,0010	-0,0005	-0,0002	-0,0001	-0,0000	-0,0000	0,0000
	D(BE)/A	0,0015	-0,0001	-0,0003	-0,0001	-0,0000	-0,0000	0,0000	0,0000	0,0000	-0,0000
	D(CA)/A	-0,0139	-0,0037	0,0010	0,0015	0,0007	0,0003	0,0001	0,0000	0,0000	0,0000
	D(CB)/A	-0,0793	-0,0558	-0,0336	-0,0159	-0,0056	-0,0020	-0,0006	-0,0002	-0,0001	-0,0000
	D(CC)/A	-0,0053	-0,0036	-0,0021	-0,0009	-0,0003	-0,0001	-0,0000	-0,0000	-0,0000	-0,0000
	D(CD)/A	0,0679	0,0484	0,0295	0,0140	0,0049	0,0017	0,0005	0,0002	0,0001	-0,0000
	D(CE)/A	0,0109	0,0029	-0,0008	-0,0012	-0,0006	-0,0002	-0,0001	-0,0000	-0,0000	-0,0000
	D(DA)/A	-0,0021	0,0002	0,0004	0,0001	0,0000	0,0000	-0,0000	-0,0000	-0,0000	-0,0000
	D(DB)/A	-0,0121	-0,0038	0,0005	0,0013	0,0007	0,0003	0,0001	0,0000	0,0000	-0,0000
	D(DC)/A	-0,0782	-0,0554	-0,0333	-0,0157	-0,0056	-0,0020	-0,0006	-0,0002	-0,0001	-0,0000
	D(DD)/A	-0,0033	-0,0030	-0,0012	0,0002	0,0004	0,0002	0,0001	0,0000	0,0000	-0,0000
	D(DE)/A	0,0786	0,0517	0,0282	0,0119	0,0038	0,0013	0,0004	0,0001	0,0000	0,0000
	D(EA)/A	-0,0003	0,0000	-0,0000	-0,0001	-0,0000	-0,0000	-0,0000	-0,0000	-0,0000	-0,0000
	D(EB)/A	-0,0016	0,0001	0,0006	0,0004	0,0001	0,0000	0,0000	0,0000	0,0000	-0,0000
	D(EC)/A	-0,0102	-0,0043	0,0000	0,0015	0,0010	0,0004	0,0001	0,0000	0,0000	0,0000
	D(ED)/A	-0,0665	-0,0568	-0,0422	-0,0244	-0,0099	-0,0037	-0,0011	-0,0004	-0,0001	-0,0000
	D(EE)/A	0,0708	0,0555	0,0382	0,0209	0,0082	0,0030	0,0009	0,0003	0,0001	-0,0000

Z	Z(T)	0,00	0,03	0,10	0,30	1,00	3,00	10,0	30,0	100	UNENDL
0,20	B(AA)	0,7517	0,8007	0,8532	0,9022	0,9358	0,9491	0,9544	0,9560	0,9565	0,9568
	B(AB)	0,1662	0,1579	0,1400	0,1149	0,0934	0,0840	0,0801	0,0790	0,0786	0,0784
	B(AC)	0,0370	0,0163	-0,0051	-0,0221	-0,0313	-0,0343	-0,0354	-0,0357	-0,0358	-0,0359
	B(AD)	0,0084	0,0010	-0,0030	-0,0035	-0,0024	-0,0018	-0,0015	-0,0014	-0,0013	-0,0013
	B(AE)	0,0023	-0,0000	-0,0001	0,0007	0,0011	0,0011	0,0012	0,0012	0,0012	0,0012
	B(BA)	0,1870	0,1776	0,1574	0,1293	0,1051	0,0945	0,0902	0,0888	0,0884	0,0882
	B(BB)	0,6280	0,6604	0,7000	0,7428	0,7757	0,7894	0,7950	0,7967	0,7972	0,7975
	B(BC)	0,1398	0,1451	0,1495	0,1518	0,1520	0,1518	0,1516	0,1516	0,1516	0,1516
	B(BD)	0,0317	0,0157	-0,0017	-0,0178	-0,0286	-0,0327	-0,0343	-0,0348	-0,0350	-0,0350
	B(BE)	0,0088	0,0010	-0,0031	-0,0035	-0,0023	-0,0016	-0,0012	-0,0011	-0,0011	-0,0011
	B(CA)	0,0463	0,0203	-0,0064	-0,0277	-0,0391	-0,0429	-0,0443	-0,0447	-0,0448	-0,0449
	B(CB)	0,1554	0,1612	0,1661	0,1686	0,1689	0,1686	0,1685	0,1684	0,1684	0,1684
	B(CC)	0,6216	0,6581	0,6969	0,7298	0,7496	0,7568	0,7595	0,7602	0,7605	0,7606
	B(CD)	0,1408	0,1459	0,1504	0,1527	0,1529	0,1526	0,1525	0,1524	0,1524	0,1524
	B(CE)	0,0390	0,0167	-0,0056	-0,0229	-0,0321	-0,0351	-0,0361	-0,0364	-0,0365	-0,0366
	B(DA)	0,0115	0,0014	-0,0042	-0,0049	-0,0034	-0,0024	-0,0020	-0,0019	-0,0018	-0,0018
	B(DB)	0,0387	0,0192	-0,0020	-0,0218	-0,0349	-0,0400	-0,0419	-0,0425	-0,0427	-0,0428
	B(DC)	0,1549	0,1604	0,1654	0,1680	0,1682	0,1679	0,1677	0,1676	0,1676	0,1676
	B(DD)	0,6292	0,6605	0,7007	0,7457	0,7814	0,7966	0,8028	0,8047	0,8054	0,8057
	B(DE)	0,1742	0,1622	0,1408	0,1127	0,0887	0,0781	0,0738	0,0725	0,0720	0,0718
	B(EA)	0,0035	-0,0000	-0,0001	0,0010	0,0016	0,0017	0,0017	0,0018	0,0018	0,0018
	B(EB)	0,0117	0,0013	-0,0041	-0,0046	-0,0030	-0,0021	-0,0017	-0,0015	-0,0015	-0,0015
	B(EC)	0,0468	0,0201	-0,0067	-0,0275	-0,0385	-0,0421	-0,0434	-0,0437	-0,0439	-0,0439
	B(ED)	0,1900	0,1769	0,1536	0,1229	0,0967	0,0852	0,0805	0,0791	0,0785	0,0783
	B(EE)	0,7758	0,8201	0,8679	0,9131	0,9447	0,9574	0,9624	0,9640	0,9645	0,9647
	D(AA)/A	-0,1217	-0,0975	-0,0688	-0,0385	-0,0154	-0,0057	-0,0018	-0,0006	-0,0002	0,0000
	D(AB)/A	0,0815	0,0723	0,0559	0,0335	0,0139	0,0052	0,0016	0,0006	0,0002	0
	D(AC)/A	0,0181	0,0117	0,0056	0,0016	0,0002	0,0000	0,0000	0,0000	0,0000	0,0000
	D(AD)/A	0,0041	0,0011	-0,0006	-0,0009	-0,0005	-0,0002	-0,0001	-0,0000	-0,0000	0,0000
	D(AE)/A	0,0011	0,0001	-0,0001	-0,0000	0,0000	0,0000	0,0000	0,0000	0,0000	-0,0000
	D(BA)/A	-0,1567	-0,1066	-0,0606	-0,0266	-0,0088	-0,0030	-0,0009	-0,0003	-0,0001	-0,0000
	D(BB)/A	-0,0163	-0,0085	-0,0045	-0,0027	-0,0012	-0,0005	-0,0002	-0,0001	-0,0000	0,0000
	D(BC)/A	0,1057	0,0786	0,0492	0,0239	0,0086	0,0030	0,0009	0,0003	0,0001	-0,0000
	D(BD)/A	0,0239	0,0119	0,0039	0,0005	-0,0001	-0,0001	-0,0000	-0,0000	-0,0000	-0,0000
	D(BE)/A	0,0066	0,0011	-0,0008	-0,0006	-0,0002	-0,0001	-0,0000	-0,0000	-0,0000	-0,0000
	D(CA)/A	-0,0386	-0,0165	-0,0036	0,0007	0,0008	0,0003	0,0001	0,0000	0,0000	0,0000
	D(CB)/A	-0,1295	-0,0929	-0,0574	-0,0279	-0,0101	-0,0036	-0,0011	-0,0004	-0,0001	-0,0000
	D(CC)/A	-0,0092	-0,0063	-0,0036	-0,0017	-0,0006	-0,0002	-0,0001	-0,0000	-0,0000	0,0000
	D(CD)/A	0,1094	0,0795	0,0497	0,0245	0,0089	0,0031	0,0010	0,0003	0,0001	0,0000
	D(CE)/A	0,0303	0,0130	0,0028	-0,0006	-0,0006	-0,0003	-0,0001	-0,0000	-0,0000	-0,0000
	D(DA)/A	-0,0093	-0,0015	0,0011	0,0009	0,0003	0,0001	0,0000	0,0000	0,0000	0,0000
	D(DB)/A	-0,0314	-0,0152	-0,0048	-0,0005	0,0002	0,0001	0,0000	0,0000	0,0000	-0,0000
	D(DC)/A	-0,1255	-0,0918	-0,0568	-0,0273	-0,0097	-0,0034	-0,0011	-0,0004	-0,0001	-0,0000
	D(DD)/A	-0,0018	-0,0040	-0,0028	-0,0006	0,0002	0,0001	0,0001	0,0000	0,0000	-0,0000
	D(DE)/A	0,1359	0,0926	0,0527	0,0231	0,0076	0,0026	0,0008	0,0003	0,0001	0,0000
	D(EA)/A	-0,0018	-0,0001	0,0002	0,0000	-0,0000	-0,0000	-0,0000	-0,0000	-0,0000	-0,0000
	D(EB)/A	-0,0059	-0,0015	0,0009	0,0013	0,0007	0,0003	0,0001	0,0000	0,0000	0,0000
	D(EC)/A	-0,0237	-0,0151	-0,0071	-0,0020	-0,0003	-0,0000	0,0000	0,0000	0,0000	0,0000
	D(ED)/A	-0,0964	-0,0851	-0,0659	-0,0398	-0,0167	-0,0063	-0,0020	-0,0007	-0,0002	-0,0000
	D(EE)/A	0,1137	0,0918	0,0655	0,0372	0,0151	0,0056	0,0018	0,0006	0,0002	-0,0000
0,50	B(AA)	0,5961	0,6624	0,7393	0,8182	0,8778	0,9031	0,9134	0,9165	0,9176	0,9180
	B(AB)	0,2151	0,2176	0,2078	0,1837	0,1569	0,1436	0,1379	0,1362	0,1356	0,1353
	B(AC)	0,0786	0,0549	0,0244	-0,0072	-0,0294	-0,0382	-0,0416	-0,0426	-0,0430	-0,0431
	B(AD)	0,0301	0,0133	-0,0012	-0,0106	-0,0143	-0,0150	-0,0152	-0,0153	-0,0153	-0,0153
	B(AE)	0,0147	0,0039	-0,0013	-0,0009	0,0013	0,0024	0,0029	0,0030	0,0031	0,0031
	B(BA)	0,2420	0,2447	0,2337	0,2066	0,1765	0,1616	0,1552	0,1532	0,1525	0,1522
	B(BB)	0,4704	0,5057	0,5494	0,5985	0,6390	0,6570	0,6645	0,6667	0,6676	0,6679
	B(BC)	0,1719	0,1804	0,1908	0,2016	0,2095	0,2127	0,2140	0,2144	0,2146	0,2146
	B(BD)	0,0659	0,0471	0,0267	0,0067	-0,0080	-0,0142	-0,0167	-0,0175	-0,0178	-0,0179
	B(BE)	0,0322	0,0140	-0,0014	-0,0108	-0,0142	-0,0147	-0,0148	-0,0149	-0,0149	-0,0149
	B(CA)	0,0983	0,0687	0,0305	-0,0090	-0,0368	-0,0477	-0,0520	-0,0533	-0,0537	-0,0539
	B(CB)	0,1910	0,2005	0,2120	0,2240	0,2328	0,2364	0,2378	0,2382	0,2384	0,2385
	B(CC)	0,4552	0,4951	0,5442	0,5926	0,6251	0,6374	0,6422	0,6436	0,6441	0,6443
	B(CD)	0,1745	0,1818	0,1919	0,2034	0,2122	0,2159	0,2175	0,2179	0,2181	0,2181
	B(CE)	0,0853	0,0580	0,0245	-0,0089	-0,0322	-0,0413	-0,0449	-0,0460	-0,0463	-0,0465
	B(DA)	0,0414	0,0183	-0,0016	-0,0145	-0,0196	-0,0207	-0,0209	-0,0210	-0,0210	-0,0210
	B(DB)	0,0805	0,0576	0,0326	0,0082	-0,0098	-0,0174	-0,0205	-0,0214	-0,0217	-0,0219
	B(DC)	0,1919	0,2000	0,2111	0,2237	0,2334	0,2375	0,2392	0,2397	0,2399	0,2400
	B(DD)	0,4757	0,5079	0,5503	0,6012	0,6456	0,6660	0,6746	0,6772	0,6782	0,6786
	B(DE)	0,2326	0,2290	0,2129	0,1827	0,1508	0,1350	0,1282	0,1262	0,1254	0,1251
	B(EA)	0,0221	0,0058	-0,0019	-0,0013	0,0020	0,0037	0,0044	0,0046	0,0046	0,0047
	B(EB)	0,0430	0,0186	-0,0018	-0,0144	-0,0189	-0,0197	-0,0198	-0,0198	-0,0198	-0,0198
	B(EC)	0,1024	0,0696	0,0295	-0,0107	-0,0386	-0,0496	-0,0539	-0,0551	-0,0556	-0,0558
	B(ED)	0,2538	0,2498	0,2323	0,1993	0,1645	0,1473	0,1399	0,1376	0,1368	0,1365
	B(EE)	0,6351	0,6951	0,7652	0,8379	0,8943	0,9186	0,9286	0,9316	0,9327	0,9331

Z	Z(T)	0,00	0,03	0,10	0,30	1,00	3,00	10,0	30,0	100	UNENDL
	D(AA)/A	-0,1980	-0,1666	-0,1252	-0,0754	-0,0320	-0,0121	-0,0038	-0,0013	-0,0004	0,0000
	D(AB)/A	0,1055	0,0989	0,0823	0,0536	0,0238	0,0092	0,0029	0,0010	0,0003	0,0000
	D(AC)/A	0,0385	0,0322	0,0234	0,0133	0,0054	0,0020	0,0006	0,0002	0,0001	0
	D(AD)/A	0,0148	0,0083	0,0028	-0,0003	-0,0007	-0,0003	-0,0001	-0,0000	-0,0000	-0,0000
	D(AE)/A	0,0072	0,0024	-0,0003	-0,0008	-0,0004	-0,0001	-0,0000	-0,0000	-0,0000	0
	D(BA)/A	-0,2854	-0,2072	-0,1272	-0,0604	-0,0211	-0,0074	-0,0022	-0,0008	-0,0002	-0,0000
	D(BB)/A	-0,0448	-0,0250	-0,0113	-0,0043	-0,0015	-0,0006	-0,0002	-0,0001	-0,0000	0,0000
	D(BC)/A	0,1631	0,1295	0,0870	0,0448	0,0166	0,0059	0,0018	0,0006	0,0002	-0,0000
	D(BD)/A	0,0625	0,0400	0,0209	0,0084	0,0026	0,0009	0,0003	0,0001	0,0000	0,0000
	D(BE)/A	0,0306	0,0123	0,0015	-0,0015	-0,0010	-0,0004	-0,0001	-0,0000	-0,0000	0,0000
	D(CA)/A	-0,1136	-0,0654	-0,0280	-0,0075	-0,0011	-0,0002	-0,0000	-0,0000	-0,0000	-0,0000
	D(CB)/A	-0,2208	-0,1633	-0,1045	-0,0530	-0,0198	-0,0071	-0,0022	-0,0007	-0,0002	-0,0000
	D(CC)/A	-0,0174	-0,0122	-0,0073	-0,0034	-0,0012	-0,0004	-0,0001	-0,0000	-0,0000	-0,0000
	D(CD)/A	0,1820	0,1363	0,0885	0,0456	0,0172	0,0062	0,0019	0,0006	0,0002	-0,0000
	D(CE)/A	0,0890	0,0513	0,0220	0,0058	0,0008	0,0001	0,0000	-0,0000	-0,0000	0,0000
	D(DA)/A	-0,0432	-0,0174	-0,0021	0,0022	0,0014	0,0006	0,0002	0,0001	0,0000	0
	D(DB)/A	-0,0839	-0,0526	-0,0267	-0,0104	-0,0031	-0,0010	-0,0003	-0,0001	-0,0000	-0,0000
	D(DC)/A	-0,1999	-0,1558	-0,1030	-0,0523	-0,0192	-0,0068	-0,0021	-0,0007	-0,0002	-0,0000
	D(DD)/A	0,0123	0,0015	-0,0032	-0,0026	-0,0009	-0,0003	-0,0001	-0,0000	-0,0000	0,0000
	D(DE)/A	0,2470	0,1795	0,1103	0,0523	0,0183	0,0064	0,0019	0,0006	0,0002	-0,0000
	D(EA)/A	-0,0112	-0,0038	0,0005	0,0013	0,0006	0,0002	0,0001	0,0000	0,0000	-0,0000
	D(EB)/A	-0,0218	-0,0121	-0,0039	0,0005	0,0010	0,0005	0,0002	0,0001	0,0000	0,0000
	D(EC)/A	-0,0519	-0,0426	-0,0306	-0,0174	-0,0070	-0,0026	-0,0008	-0,0003	-0,0001	0,0000
	D(ED)/A	-0,1287	-0,1198	-0,0995	-0,0653	-0,0293	-0,0113	-0,0036	-0,0012	-0,0004	0,0000
	D(EE)/A	0,1851	0,1569	0,1193	0,0730	0,0315	0,0120	0,0038	0,0013	0,0004	-0,0000
1,00	B(AA)	0,4734	0,5441	0,6330	0,7326	0,8157	0,8536	0,8695	0,8744	0,8761	0,8769
	B(AB)	0,2250	0,2385	0,2430	0,2307	0,2077	0,1940	0,1877	0,1857	0,1850	0,1847
	B(AC)	0,1097	0,0904	0,0609	0,0228	-0,0109	-0,0264	-0,0328	-0,0348	-0,0355	-0,0358
	B(AD)	0,0577	0,0353	0,0114	-0,0094	-0,0224	-0,0273	-0,0292	-0,0298	-0,0300	-0,0300
	B(AE)	0,0379	0,0174	0,0012	-0,0051	-0,0032	-0,0009	0,0004	0,0007	0,0009	0,0009
	B(BA)	0,2532	0,2683	0,2734	0,2595	0,2336	0,2182	0,2112	0,2089	0,2081	0,2078
	B(BB)	0,3726	0,4065	0,4488	0,4963	0,5365	0,5551	0,5630	0,5654	0,5662	0,5666
	B(BC)	0,1816	0,1903	0,2027	0,2188	0,2336	0,2406	0,2437	0,2446	0,2449	0,2451
	B(BD)	0,0956	0,0763	0,0551	0,0356	0,0223	0,0169	0,0147	0,0140	0,0138	0,0137
	B(BE)	0,0628	0,0377	0,0117	-0,0102	-0,0232	-0,0278	-0,0295	-0,0300	-0,0302	-0,0303
	B(CA)	0,1371	0,1131	0,0761	0,0285	-0,0136	-0,0329	-0,0410	-0,0435	-0,0444	-0,0448
	B(CB)	0,2018	0,2114	0,2252	0,2431	0,2595	0,2674	0,2707	0,2718	0,2721	0,2723
	B(CC)	0,3555	0,3887	0,4355	0,4906	0,5352	0,5545	0,5624	0,5648	0,5656	0,5660
	B(CD)	0,1870	0,1933	0,2043	0,2207	0,2372	0,2456	0,2492	0,2504	0,2508	0,2509
	B(CE)	0,1229	0,0983	0,0634	0,0209	-0,0157	-0,0324	-0,0395	-0,0416	-0,0424	-0,0427
	B(DA)	0,0794	0,0485	0,0157	-0,0129	-0,0309	-0,0376	-0,0402	-0,0409	-0,0412	-0,0413
	B(DB)	0,1168	0,0933	0,0674	0,0435	0,0272	0,0206	0,0180	0,0172	0,0169	0,0168
	B(DC)	0,2057	0,2127	0,2247	0,2427	0,2610	0,2701	0,2742	0,2754	0,2758	0,2760
	B(DD)	0,3843	0,4130	0,4513	0,4986	0,5423	0,5636	0,5728	0,5757	0,5767	0,5772
	B(DE)	0,2524	0,2586	0,2547	0,2333	0,2023	0,1845	0,1764	0,1739	0,1729	0,1725
	B(EA)	0,0569	0,0260	0,0018	-0,0077	-0,0048	-0,0013	0,0005	0,0011	0,0013	0,0014
	B(EB)	0,0837	0,0503	0,0156	-0,0136	-0,0309	-0,0370	-0,0394	-0,0400	-0,0403	-0,0404
	B(EC)	0,1474	0,1179	0,0761	0,0251	-0,0188	-0,0389	-0,0474	-0,0500	-0,0509	-0,0513
	B(ED)	0,2754	0,2821	0,2778	0,2545	0,2207	0,2013	0,1924	0,1897	0,1887	0,1882
	B(EE)	0,5240	0,5881	0,6690	0,7610	0,8398	0,8766	0,8922	0,8971	0,8988	0,8995
	D(AA)/A	-0,2581	-0,2266	-0,1801	-0,1163	-0,0525	-0,0205	-0,0066	-0,0022	-0,0007	-0,0000
	D(AB)/A	0,1103	0,1071	0,0943	0,0660	0,0313	0,0124	0,0040	0,0014	0,0004	0,0000
	D(AC)/A	0,0538	0,0505	0,0432	0,0298	0,0140	0,0055	0,0018	0,0006	0,0002	0
	D(AD)/A	0,0283	0,0203	0,0118	0,0050	0,0014	0,0004	0,0001	0,0000	0,0000	0,0000
	D(AE)/A	0,0186	0,0100	0,0025	-0,0013	-0,0014	-0,0006	-0,0002	-0,0001	-0,0000	0,0000
	D(BA)/A	-0,4028	-0,3098	-0,2038	-0,1046	-0,0390	-0,0140	-0,0043	-0,0015	-0,0004	-0,0000
	D(BB)/A	-0,0829	-0,0529	-0,0262	-0,0091	-0,0023	-0,0007	-0,0002	-0,0001	-0,0000	-0,0000
	D(BC)/A	0,1991	0,1663	0,1197	0,0665	0,0260	0,0095	0,0029	0,0010	0,0003	0
	D(BD)/A	0,1047	0,0758	0,0465	0,0225	0,0082	0,0029	0,0009	0,0003	0,0001	-0,0000
	D(BE)/A	0,0688	0,0381	0,0131	0,0005	-0,0014	-0,0008	-0,0003	-0,0001	-0,0000	0,0000
	D(CA)/A	-0,2061	-0,1382	-0,0734	-0,0275	-0,0072	-0,0021	-0,0006	-0,0002	-0,0001	0,0000
	D(CB)/A	-0,3034	-0,2326	-0,1535	-0,0800	-0,0306	-0,0111	-0,0035	-0,0012	-0,0004	-0,0000
	D(CC)/A	-0,0255	-0,0189	-0,0118	-0,0056	-0,0020	-0,0007	-0,0002	-0,0001	-0,0000	-0,0000
	D(CD)/A	0,2455	0,1899	0,1269	0,0672	0,0260	0,0095	0,0030	0,0010	0,0003	-0,0000
	D(CE)/A	0,1612	0,1082	0,0575	0,0214	0,0055	0,0015	0,0004	0,0001	0,0000	-0,0000
	D(DA)/A	-0,0972	-0,0538	-0,0185	-0,0008	0,0020	0,0010	0,0004	0,0001	0,0000	-0,0000
	D(DB)/A	-0,1431	-0,1019	-0,0609	-0,0286	-0,0101	-0,0036	-0,0011	-0,0004	-0,0001	0
	D(DC)/A	-0,2520	-0,2064	-0,1457	-0,0795	-0,0308	-0,0112	-0,0035	-0,0012	-0,0004	-0,0000
	D(DD)/A	0,0372	0,0180	0,0034	-0,0025	-0,0020	-0,0009	-0,0003	-0,0001	-0,0000	0,0000
	D(DE)/A	0,3481	0,2678	0,1764	0,0905	0,0338	0,0121	0,0037	0,0013	0,0004	0,0000
	D(EA)/A	-0,0289	-0,0157	-0,0040	0,0022	0,0022	0,0010	0,0004	0,0001	0,0000	0,0000
	D(EB)/A	-0,0425	-0,0302	-0,0173	-0,0070	-0,0019	-0,0005	-0,0001	-0,0000	-0,0000	0,0000
	D(EC)/A	-0,0748	-0,0688	-0,0579	-0,0397	-0,0188	-0,0075	-0,0024	-0,0008	-0,0002	-0,0000
	D(ED)/A	-0,1397	-0,1343	-0,1177	-0,0830	-0,0399	-0,0160	-0,0051	-0,0018	-0,0005	-0,0000
	D(EE)/A	0,2414	0,2135	0,1718	0,1130	0,0521	0,0206	0,0066	0,0022	0,0007	-0,0000

Z	Z(T)	0,00	0,03	0,10	0,30	1,00	3,00	10,0	30,0	100	UNENDL
2,00	B(AA)	0,3649	0,4293	0,5197	0,6329	0,7386	0,7914	0,8147	0,8220	0,8246	0,8258
	B(AB)	0,2151	0,2351	0,2540	0,2609	0,2507	0,2406	0,2353	0,2335	0,2329	0,2326
	B(AC)	0,1322	0,1199	0,0980	0,0630	0,0234	0,0016	-0,0084	-0,0115	-0,0127	-0,0132
	B(AD)	0,0888	0,0655	0,0359	0,0040	-0,0212	-0,0328	-0,0377	-0,0393	-0,0398	-0,0400
	B(AE)	0,0704	0,0442	0,0151	-0,0071	-0,0138	-0,0127	-0,0114	-0,0109	-0,0107	-0,0106
	B(BA)	0,2420	0,2645	0,2858	0,2935	0,2821	0,2707	0,2647	0,2627	0,2620	0,2617
	B(BB)	0,2991	0,3284	0,3675	0,4124	0,4505	0,4684	0,4760	0,4784	0,4793	0,4796
	B(BC)	0,1839	0,1909	0,2023	0,2195	0,2389	0,2498	0,2548	0,2564	0,2569	0,2572
	B(BD)	0,1235	0,1057	0,0843	0,0644	0,0531	0,0498	0,0488	0,0485	0,0485	0,0484
	B(BE)	0,0979	0,0714	0,0380	0,0030	-0,0237	-0,0356	-0,0406	-0,0421	-0,0426	-0,0429
	B(CA)	0,1653	0,1498	0,1225	0,0787	0,0293	0,0020	-0,0105	-0,0144	-0,0159	-0,0165
	B(CB)	0,2043	0,2121	0,2248	0,2439	0,2655	0,2775	0,2831	0,2849	0,2855	0,2858
	B(CC)	0,2876	0,3106	0,3469	0,3983	0,4504	0,4776	0,4898	0,4936	0,4950	0,4956
	B(CD)	0,1932	0,1972	0,2055	0,2215	0,2423	0,2548	0,2607	0,2626	0,2633	0,2636
	B(CE)	0,1531	0,1348	0,1056	0,0630	0,0173	-0,0077	-0,0191	-0,0228	-0,0241	-0,0246
	B(DA)	0,1221	0,0901	0,0493	0,0055	-0,0292	-0,0450	-0,0519	-0,0540	-0,0547	-0,0551
	B(DB)	0,1509	0,1292	0,1030	0,0788	0,0649	0,0609	0,0597	0,0593	0,0592	0,0592
	B(DC)	0,2125	0,2169	0,2261	0,2436	0,2665	0,2802	0,2868	0,2889	0,2896	0,2900
	B(DD)	0,3188	0,3420	0,3746	0,4155	0,4545	0,4744	0,4834	0,4862	0,4872	0,4877
	B(DE)	0,2528	0,2654	0,2747	0,2700	0,2488	0,2326	0,2244	0,2217	0,2207	0,2203
	B(EA)	0,1056	0,0663	0,0227	-0,0106	-0,0208	-0,0191	-0,0171	-0,0163	-0,0160	-0,0159
	B(EB)	0,1305	0,0952	0,0507	0,0040	-0,0316	-0,0474	-0,0541	-0,0561	-0,0569	-0,0572
	B(EC)	0,1838	0,1618	0,1267	0,0756	0,0207	-0,0092	-0,0230	-0,0273	-0,0289	-0,0296
	B(ED)	0,2758	0,2896	0,2997	0,2946	0,2714	0,2537	0,2448	0,2419	0,2408	0,2403
	B(EE)	0,4258	0,4842	0,5665	0,6710	0,7715	0,8234	0,8467	0,8540	0,8567	0,8578
	D(AA)/A	-0,3113	-0,2855	-0,2409	-0,1681	-0,0821	-0,0334	-0,0109	-0,0037	-0,0011	0,0000
	D(AB)/A	0,1055	0,1033	0,0942	0,0705	0,0360	0,0149	0,0049	0,0017	0,0005	0,0000
	D(AC)/A	0,0648	0,0655	0,0627	0,0499	0,0269	0,0114	0,0038	0,0013	0,0004	0
	D(AD)/A	0,0435	0,0366	0,0274	0,0170	0,0078	0,0032	0,0010	0,0004	0,0001	-0,0000
	D(AE)/A	0,0345	0,0247	0,0126	0,0020	-0,0018	-0,0013	-0,0005	-0,0002	-0,0001	0,0000
	D(BA)/A	-0,5168	-0,4225	-0,3000	-0,1681	-0,0679	-0,0254	-0,0080	-0,0027	-0,0008	-0,0000
	D(BB)/A	-0,1289	-0,0944	-0,0552	-0,0222	-0,0057	-0,0015	-0,0004	-0,0001	-0,0000	0,0000
	D(BC)/A	0,2227	0,1933	0,1482	0,0899	0,0384	0,0147	0,0046	0,0016	0,0005	0,0000
	D(BD)/A	0,1495	0,1197	0,0830	0,0457	0,0185	0,0070	0,0022	0,0007	0,0002	0
	D(BE)/A	0,1186	0,0817	0,0419	0,0119	0,0005	-0,0006	-0,0003	-0,0001	-0,0000	-0,0000
	D(CA)/A	-0,3120	-0,2376	-0,1493	-0,0686	-0,0220	-0,0072	-0,0021	-0,0007	-0,0002	0,0000
	D(CB)/A	-0,3856	-0,3106	-0,2152	-0,1161	-0,0451	-0,0165	-0,0051	-0,0017	-0,0005	-0,0000
	D(CC)/A	-0,0341	-0,0270	-0,0181	-0,0092	-0,0033	-0,0011	-0,0003	-0,0001	-0,0000	-0,0000
	D(CD)/A	0,3075	0,2488	0,1737	0,0949	0,0374	0,0138	0,0043	0,0015	0,0004	-0,0000
	D(CE)/A	0,2438	0,1858	0,1168	0,0535	0,0170	0,0055	0,0016	0,0005	0,0002	0
	D(DA)/A	-0,1677	-0,1154	-0,0592	-0,0169	-0,0010	0,0007	0,0003	0,0001	0,0000	-0,0000
	D(DB)/A	-0,2073	-0,1639	-0,1115	-0,0598	-0,0236	-0,0087	-0,0027	-0,0009	-0,0003	-0,0000
	D(DC)/A	-0,2918	-0,2492	-0,1873	-0,1113	-0,0469	-0,0178	-0,0056	-0,0019	-0,0006	0,0000
	D(DD)/A	0,0700	0,0467	0,0218	0,0037	-0,0018	-0,0013	-0,0005	-0,0002	-0,0001	-0,0000
	D(DE)/A	0,4462	0,3648	0,2592	0,1455	0,0591	0,0221	0,0070	0,0024	0,0007	-0,0000
	D(EA)/A	-0,0536	-0,0386	-0,0200	-0,0033	0,0029	0,0020	0,0008	0,0003	0,0001	-0,0000
	D(EB)/A	-0,0662	-0,0554	-0,0411	-0,0251	-0,0114	-0,0046	-0,0015	-0,0005	-0,0002	0,0000
	D(EC)/A	-0,0932	-0,0924	-0,0868	-0,0687	-0,0372	-0,0159	-0,0053	-0,0018	-0,0005	0,0000
	D(ED)/A	-0,1399	-0,1361	-0,1238	-0,0935	-0,0485	-0,0203	-0,0067	-0,0023	-0,0007	-0,0000
	D(EE)/A	0,2913	0,2691	0,2300	0,1639	0,0821	0,0339	0,0111	0,0038	0,0011	-0,0000
5,00	B(AA)	0,2621	0,3060	0,3795	0,4920	0,6197	0,6936	0,7289	0,7403	0,7445	0,7463
	B(AB)	0,1925	0,2101	0,2358	0,2652	0,2834	0,2869	0,2870	0,2868	0,2867	0,2866
	B(AC)	0,1485	0,1431	0,1325	0,1117	0,0800	0,0574	0,0453	0,0413	0,0398	0,0391
	B(AD)	0,1229	0,1056	0,0782	0,0396	0,0001	-0,0214	-0,0316	-0,0349	-0,0361	-0,0366
	B(AE)	0,1112	0,0891	0,0548	0,0104	-0,0258	-0,0391	-0,0433	-0,0444	-0,0447	-0,0449
	B(BA)	0,2165	0,2363	0,2653	0,2984	0,3188	0,3228	0,3228	0,3226	0,3225	0,3224
	B(BB)	0,2370	0,2565	0,2870	0,3281	0,3669	0,3864	0,3951	0,3979	0,3989	0,3993
	B(BC)	0,1828	0,1870	0,1947	0,2084	0,2276	0,2408	0,2478	0,2501	0,2510	0,2513
	B(BD)	0,1513	0,1388	0,1204	0,0987	0,0842	0,0804	0,0796	0,0795	0,0795	0,0795
	B(BE)	0,1369	0,1170	0,0853	0,0409	-0,0045	-0,0293	-0,0410	-0,0448	-0,0461	-0,0467
	B(CA)	0,1856	0,1788	0,1656	0,1396	0,1000	0,0717	0,0567	0,0516	0,0497	0,0489
	B(CB)	0,2031	0,2078	0,2163	0,2315	0,2528	0,2676	0,2753	0,2779	0,2788	0,2793
	B(CC)	0,2380	0,2496	0,2698	0,3041	0,3500	0,3809	0,3970	0,4024	0,4043	0,4052
	B(CD)	0,1970	0,1986	0,2025	0,2122	0,2293	0,2426	0,2499	0,2524	0,2534	0,2538
	B(CE)	0,1783	0,1683	0,1502	0,1187	0,0751	0,0450	0,0292	0,0238	0,0219	0,0210
	B(DA)	0,1689	0,1453	0,1075	0,0544	0,0002	-0,0295	-0,0435	-0,0480	-0,0496	-0,0503
	B(DB)	0,1849	0,1696	0,1471	0,1206	0,1029	0,0982	0,0973	0,0972	0,0972	0,0972
	B(DC)	0,2167	0,2184	0,2228	0,2334	0,2523	0,2669	0,2749	0,2777	0,2787	0,2791
	B(DD)	0,2661	0,2807	0,3040	0,3366	0,3698	0,3878	0,3963	0,3990	0,4000	0,4005
	B(DE)	0,2409	0,2532	0,2703	0,2868	0,2902	0,2847	0,2803	0,2786	0,2779	0,2777
	B(EA)	0,1669	0,1336	0,0822	0,0156	-0,0387	-0,0586	-0,0649	-0,0665	-0,0671	-0,0673
	B(EB)	0,1826	0,1560	0,1138	0,0545	-0,0060	-0,0391	-0,0547	-0,0597	-0,0615	-0,0623
	B(EC)	0,2140	0,2019	0,1803	0,1424	0,0901	0,0540	0,0350	0,0286	0,0262	0,0252
	B(ED)	0,2628	0,2763	0,2949	0,3129	0,3166	0,3106	0,3058	0,3039	0,3032	0,3029
	B(EE)	0,3326	0,3724	0,4393	0,5432	0,6650	0,7386	0,7748	0,7867	0,7910	0,7929

Z	Z(T)	0,00	0,03	0,10	0,30	1,00	3,00	10,0	30,0	100	UNENDL
	D(AA)/A	-0,3617	-0,3494	-0,3190	-0,2487	-0,1371	-0,0597	-0,0201	-0,0069	-0,0021	-0,0000
	D(AB)/A	0,0943	0,0886	0,0781	0,0590	0,0324	0,0142	0,0048	0,0017	0,0005	-0,0000
	D(AC)/A	0,0728	0,0772	0,0802	0,0729	0,0461	0,0215	0,0075	0,0026	0,0008	-0,0000
	D(AD)/A	0,0602	0,0580	0,0533	0,0429	0,0251	0,0114	0,0039	0,0014	0,0004	0,0000
	D(AE)/A	0,0545	0,0489	0,0384	0,0215	0,0057	0,0007	-0,0001	-0,0001	-0,0000	0,0000
	D(BA)/A	-0,6323	-0,5555	-0,4374	-0,2792	-0,1280	-0,0512	-0,0166	-0,0057	-0,0017	-0,0000
	D(BB)/A	-0,1822	-0,1540	-0,1116	-0,0595	-0,0202	-0,0064	-0,0018	-0,0006	-0,0002	0,0000
	D(BC)/A	0,2384	0,2124	0,1715	0,1143	0,0556	0,0231	0,0076	0,0026	0,0008	0,0000
	D(BD)/A	0,1973	0,1749	0,1392	0,0897	0,0415	0,0167	0,0054	0,0019	0,0006	0,0000
	D(BE)/A	0,1786	0,1485	0,1048	0,0533	0,0161	0,0043	0,0011	0,0003	0,0001	-0,0000
	D(CA)/A	-0,4305	-0,3726	-0,2819	-0,1642	-0,0655	-0,0239	-0,0074	-0,0025	-0,0007	0,0000
	D(CB)/A	-0,4711	-0,4066	-0,3083	-0,1823	-0,0749	-0,0279	-0,0087	-0,0029	-0,0009	0,0000
	D(CC)/A	-0,0434	-0,0374	-0,0283	-0,0165	-0,0066	-0,0024	-0,0007	-0,0002	-0,0001	0,0000
	D(CD)/A	0,3713	0,3203	0,2427	0,1437	0,0594	0,0222	0,0070	0,0024	0,0007	0,0000
	D(CE)/A	0,3361	0,2910	0,2202	0,1282	0,0509	0,0185	0,0057	0,0019	0,0006	0,0000
	D(DA)/A	-0,2528	-0,2101	-0,1483	-0,0758	-0,0237	-0,0067	-0,0017	-0,0005	-0,0002	0,0000
	D(DB)/A	-0,2766	-0,2438	-0,1922	-0,1221	-0,0556	-0,0222	-0,0072	-0,0025	-0,0007	0,0000
	D(DC)/A	-0,3242	-0,2875	-0,2300	-0,1512	-0,0724	-0,0298	-0,0098	-0,0034	-0,0010	0,0000
	D(DD)/A	0,1098	0,0908	0,0624	0,0286	0,0062	0,0007	-0,0000	-0,0000	-0,0000	-0,0000
	D(DE)/A	0,5455	0,4792	0,3775	0,2420	0,1121	0,0453	0,0148	0,0050	0,0015	-0,0000
	D(EA)/A	-0,0846	-0,0765	-0,0610	-0,0352	-0,0102	-0,0018	-0,0002	-0,0000	0,0000	-0,0000
	D(EB)/A	-0,0926	-0,0893	-0,0821	-0,0661	-0,0388	-0,0177	-0,0061	-0,0021	-0,0006	0,0000
	D(EC)/A	-0,1086	-0,1139	-0,1171	-0,1061	-0,0676	-0,0318	-0,0111	-0,0039	-0,0012	-0,0000
	D(ED)/A	-0,1333	-0,1271	-0,1146	-0,0895	-0,0507	-0,0227	-0,0077	-0,0027	-0,0008	-0,0000
	D(EE)/A	0,3386	0,3294	0,3049	0,2435	0,1387	0,0617	0,0210	0,0073	0,0022	0
10,00	B(AA)	0,2158	0,2435	0,2955	0,3906	0,5236	0,6142	0,6615	0,6774	0,6832	0,6858
	B(AB)	0,1788	0,1909	0,2120	0,2460	0,2842	0,3049	0,3141	0,3170	0,3180	0,3185
	B(AC)	0,1542	0,1516	0,1463	0,1354	0,1164	0,1005	0,0912	0,0879	0,0866	0,0861
	B(AD)	0,1393	0,1282	0,1079	0,0729	0,0277	-0,0015	-0,0165	-0,0214	-0,0233	-0,0241
	B(AE)	0,1324	0,1174	0,0898	0,0422	-0,0179	-0,0538	-0,0708	-0,0762	-0,0782	-0,0790
	B(BA)	0,2012	0,2147	0,2386	0,2767	0,3197	0,3430	0,3534	0,3566	0,3578	0,3583
	B(BB)	0,2107	0,2229	0,2444	0,2791	0,3198	0,3442	0,3562	0,3602	0,3616	0,3622
	B(BC)	0,1817	0,1842	0,1891	0,1988	0,2146	0,2272	0,2345	0,2371	0,2381	0,2385
	B(BD)	0,1642	0,1562	0,1426	0,1225	0,1030	0,0942	0,0909	0,0900	0,0896	0,0895
	B(BE)	0,1560	0,1430	0,1193	0,0782	0,0238	-0,0125	-0,0315	-0,0379	-0,0403	-0,0413
	B(CA)	0,1928	0,1895	0,1829	0,1692	0,1454	0,1256	0,1140	0,1098	0,1083	0,1076
	B(CB)	0,2019	0,2046	0,2101	0,2209	0,2384	0,2524	0,2606	0,2634	0,2645	0,2650
	B(CC)	0,2196	0,2259	0,2374	0,2586	0,2915	0,3175	0,3325	0,3378	0,3398	0,3407
	B(CD)	0,1984	0,1991	0,2010	0,2060	0,2166	0,2262	0,2321	0,2342	0,2350	0,2354
	B(CE)	0,1885	0,1828	0,1718	0,1505	0,1161	0,0883	0,0721	0,0663	0,0642	0,0632
	B(DA)	0,1916	0,1763	0,1483	0,1002	0,0381	-0,0021	-0,0226	-0,0295	-0,0320	-0,0331
	B(DB)	0,2006	0,1909	0,1743	0,1498	0,1259	0,1152	0,1111	0,1100	0,1096	0,1094
	B(DC)	0,2182	0,2190	0,2211	0,2266	0,2382	0,2488	0,2553	0,2576	0,2585	0,2589
	B(DD)	0,2446	0,2536	0,2694	0,2949	0,3252	0,3434	0,3525	0,3555	0,3565	0,3570
	B(DE)	0,2324	0,2411	0,2559	0,2783	0,3003	0,3095	0,3126	0,3133	0,3136	0,3137
	B(EA)	0,1986	0,1761	0,1347	0,0633	-0,0268	-0,0808	-0,1062	-0,1143	-0,1173	-0,1185
	B(EB)	0,2080	0,1907	0,1591	0,1042	0,0317	-0,0166	-0,0420	-0,0506	-0,0537	-0,0551
	B(EC)	0,2263	0,2194	0,2062	0,1806	0,1393	0,1060	0,0865	0,0796	0,0770	0,0759
	B(ED)	0,2536	0,2630	0,2792	0,3037	0,3276	0,3377	0,3410	0,3418	0,3421	0,3422
	B(EE)	0,2906	0,3157	0,3631	0,4508	0,5776	0,6685	0,7177	0,7345	0,7407	0,7435
	D(AA)/A	-0,3844	-0,3820	-0,3669	-0,3115	-0,1910	-0,0889	-0,0309	-0,0108	-0,0033	0
	D(AB)/A	0,0877	0,0779	0,0618	0,0390	0,0181	0,0077	0,0026	0,0009	0,0003	0
	D(AC)/A	0,0756	0,0815	0,0871	0,0835	0,0573	0,0285	0,0102	0,0036	0,0011	0,0000
	D(AD)/A	0,0683	0,0700	0,0712	0,0661	0,0446	0,0219	0,0078	0,0027	0,0008	0
	D(AE)/A	0,0649	0,0641	0,0605	0,0482	0,0251	0,0097	0,0029	0,0010	0,0003	-0,0000
	D(BA)/A	-0,6862	-0,6267	-0,5272	-0,3730	-0,1923	-0,0823	-0,0276	-0,0095	-0,0029	-0,0000
	D(BB)/A	-0,2087	-0,1892	-0,1546	-0,1005	-0,0441	-0,0165	-0,0051	-0,0017	-0,0005	-0,0000
	D(BC)/A	0,2436	0,2187	0,1795	0,1242	0,0647	0,0284	0,0097	0,0034	0,0010	0,0000
	D(BD)/A	0,2201	0,2053	0,1773	0,1283	0,0667	0,0286	0,0096	0,0033	0,0010	0,0000
	D(BE)/A	0,2092	0,1892	0,1554	0,1030	0,0462	0,0173	0,0053	0,0018	0,0005	0,0000
	D(CA)/A	-0,4886	-0,4500	-0,3783	-0,2591	-0,1238	-0,0500	-0,0162	-0,0055	-0,0017	-0,0000
	D(CB)/A	-0,5117	-0,4594	-0,3720	-0,2423	-0,1100	-0,0432	-0,0138	-0,0047	-0,0014	-0,0000
	D(CC)/A	-0,0478	-0,0433	-0,0355	-0,0236	-0,0110	-0,0044	-0,0014	-0,0005	-0,0001	-0,0000
	D(CD)/A	0,4014	0,3593	0,2895	0,1873	0,0844	0,0330	0,0105	0,0036	0,0011	0,0000
	D(CE)/A	0,3814	0,3513	0,2954	0,2023	0,0968	0,0392	0,0127	0,0043	0,0013	0,0000
	D(DA)/A	-0,2961	-0,2677	-0,2200	-0,1466	-0,0671	-0,0258	-0,0081	-0,0027	-0,0008	0,0000
	D(DB)/A	-0,3101	-0,2884	-0,2480	-0,1787	-0,0930	-0,0400	-0,0135	-0,0047	-0,0014	0,0000
	D(DC)/A	-0,3373	-0,3041	-0,2511	-0,1747	-0,0911	-0,0400	-0,0137	-0,0047	-0,0014	-0,0000
	D(DD)/A	0,1300	0,1177	0,0950	0,0588	0,0228	0,0075	0,0021	0,0007	0,0002	-0,0000
	D(DE)/A	0,5918	0,5403	0,4548	0,3235	0,1695	0,0738	0,0250	0,0086	0,0026	-0,0000
	D(EA)/A	-0,1008	-0,1003	-0,0959	-0,0787	-0,0434	-0,0179	-0,0057	-0,0019	-0,0006	0
	D(EB)/A	-0,1055	-0,1086	-0,1112	-0,1047	-0,0721	-0,0359	-0,0129	-0,0046	-0,0014	0,0000
	D(EC)/A	-0,1148	-0,1232	-0,1318	-0,1277	-0,0895	-0,0452	-0,0163	-0,0058	-0,0018	-0,0000
	D(ED)/A	-0,1286	-0,1192	-0,1022	-0,0745	-0,0407	-0,0185	-0,0064	-0,0023	-0,0007	-0,0000
	D(EE)/A	0,3598	0,3602	0,3508	0,3057	0,1949	0,0935	0,0330	0,0116	0,0035	-0,0000

Z	Z(T)	0,00	0,03	0,10	0,30	1,00	3,00	10,0	30,0	100	UNENDL
20,00	B(AA)	0,1893	0,2051	0,2373	0,3056	0,4273	0,5337	0,5990	0,6226	0,6316	0,6356
	B(AB)	0,1702	0,1773	0,1914	0,2195	0,2660	0,3048	0,3285	0,3370	0,3403	0,3417
	B(AC)	0,1571	0,1558	0,1533	0,1483	0,1399	0,1331	0,1293	0,1280	0,1275	0,1273
	B(AD)	0,1491	0,1426	0,1298	0,1037	0,0601	0,0238	0,0020	−0,0058	−0,0088	−0,0101
	B(AE)	0,1453	0,1364	0,1182	0,0797	0,0106	−0,0505	−0,0886	−0,1026	−0,1079	−0,1102
	B(BA)	0,1915	0,1995	0,2153	0,2469	0,2992	0,3430	0,3695	0,3791	0,3828	0,3844
	B(BB)	0,1960	0,2029	0,2162	0,2414	0,2800	0,3109	0,3294	0,3361	0,3386	0,3397
	B(BC)	0,1809	0,1823	0,1851	0,1913	0,2030	0,2140	0,2212	0,2239	0,2249	0,2254
	B(BD)	0,1716	0,1670	0,1585	0,1431	0,1216	0,1061	0,0973	0,0943	0,0931	0,0926
	B(BE)	0,1673	0,1597	0,1447	0,1137	0,0599	0,0127	−0,0169	−0,0278	−0,0319	−0,0338
	B(CA)	0,1964	0,1948	0,1917	0,1854	0,1748	0,1664	0,1617	0,1600	0,1594	0,1592
	B(CB)	0,2010	0,2026	0,2057	0,2126	0,2255	0,2377	0,2458	0,2488	0,2499	0,2504
	B(CC)	0,2099	0,2132	0,2194	0,2314	0,2518	0,2700	0,2814	0,2857	0,2873	0,2880
	B(CD)	0,1992	0,1995	0,2003	0,2026	0,2075	0,2122	0,2151	0,2162	0,2166	0,2168
	B(CE)	0,1941	0,1910	0,1848	0,1718	0,1476	0,1246	0,1095	0,1038	0,1016	0,1007
	B(DA)	0,2050	0,1961	0,1784	0,1426	0,0827	0,0327	0,0028	−0,0080	−0,0120	−0,0138
	B(DB)	0,2098	0,2042	0,1937	0,1749	0,1486	0,1296	0,1189	0,1152	0,1138	0,1132
	B(DC)	0,2191	0,2194	0,2204	0,2228	0,2282	0,2334	0,2367	0,2378	0,2383	0,2385
	B(DD)	0,2327	0,2378	0,2474	0,2651	0,2914	0,3113	0,3227	0,3267	0,3282	0,3288
	B(DE)	0,2268	0,2320	0,2420	0,2617	0,2927	0,3178	0,3326	0,3379	0,3400	0,3408
	B(EA)	0,2179	0,2045	0,1773	0,1195	0,0159	−0,0758	−0,1329	−0,1538	−0,1618	−0,1653
	B(EB)	0,2230	0,2130	0,1929	0,1516	0,0799	0,0169	−0,0225	−0,0371	−0,0426	−0,0450
	B(EC)	0,2329	0,2292	0,2218	0,2062	0,1771	0,1495	0,1314	0,1246	0,1220	0,1208
	B(ED)	0,2474	0,2531	0,2641	0,2855	0,3194	0,3466	0,3629	0,3687	0,3709	0,3718
	B(EE)	0,2666	0,2809	0,3102	0,3732	0,4891	0,5954	0,6634	0,6886	0,6982	0,7025
	D(AA)/A	−0,3974	−0,4020	−0,4005	−0,3664	−0,2531	−0,1290	−0,0471	−0,0167	−0,0051	−0,0000
	D(AB)/A	0,0834	0,0705	0,0483	0,0167	−0,0061	−0,0073	−0,0033	−0,0012	−0,0004	0
	D(AC)/A	0,0770	0,0836	0,0904	0,0887	0,0634	0,0326	0,0119	0,0042	0,0013	0,0000
	D(AD)/A	0,0731	0,0777	0,0844	0,0876	0,0683	0,0368	0,0138	0,0049	0,0015	0,0000
	D(AE)/A	0,0712	0,0743	0,0781	0,0775	0,0579	0,0306	0,0113	0,0040	0,0012	0,0000
	D(BA)/A	−0,7175	−0,6714	−0,5920	−0,4582	−0,2701	−0,1275	−0,0451	−0,0158	−0,0048	0,0000
	D(BB)/A	−0,2246	−0,2122	−0,1877	−0,1422	−0,0794	−0,0359	−0,0124	−0,0043	−0,0013	0,0000
	D(BC)/A	0,2462	0,2217	0,1829	0,1282	0,0685	0,0309	0,0107	0,0037	0,0011	−0,0000
	D(BD)/A	0,2335	0,2247	0,2052	0,1638	0,0974	0,0459	0,0162	0,0057	0,0017	0,0000
	D(BE)/A	0,2276	0,2160	0,1949	0,1552	0,0932	0,0442	0,0156	0,0055	0,0017	−0,0000
	D(CA)/A	−0,5231	−0,5001	−0,4509	−0,3515	−0,2031	−0,0941	−0,0329	−0,0115	−0,0035	0
	D(CB)/A	−0,5355	−0,4931	−0,4190	−0,2992	−0,1559	−0,0679	−0,0231	−0,0080	−0,0024	−0,0000
	D(CC)/A	−0,0504	−0,0470	−0,0408	−0,0303	−0,0170	−0,0079	−0,0028	−0,0010	−0,0003	−0,0000
	D(CD)/A	0,4190	0,3840	0,3240	0,2285	0,1169	0,0501	0,0169	0,0058	0,0018	−0,0000
	D(CE)/A	0,4083	0,3903	0,3520	0,2746	0,1594	0,0744	0,0262	0,0092	0,0028	−0,0000
	D(DA)/A	−0,3221	−0,3058	−0,2761	−0,2209	−0,1350	−0,0653	−0,0235	−0,0083	−0,0025	−0,0000
	D(DB)/A	−0,3297	−0,3168	−0,2892	−0,2319	−0,1405	−0,0677	−0,0242	−0,0086	−0,0026	−0,0000
	D(DC)/A	−0,3444	−0,3136	−0,2640	−0,1913	−0,1071	−0,0501	−0,0177	−0,0063	−0,0019	0
	D(DD)/A	0,1421	0,1353	0,1204	0,0906	0,0494	0,0220	0,0076	0,0026	0,0008	−0,0000
	D(DE)/A	0,6187	0,5788	0,5106	0,3976	0,2393	0,1159	0,0417	0,0147	0,0045	−0,0000
	D(EA)/A	−0,1105	−0,1162	−0,1239	−0,1264	−0,0995	−0,0550	−0,0210	−0,0076	−0,0023	0,0000
	D(EB)/A	−0,1131	−0,1209	−0,1328	−0,1411	−0,1146	−0,0641	−0,0246	−0,0089	−0,0027	0,0000
	D(EC)/A	−0,1181	−0,1285	−0,1407	−0,1425	−0,1075	−0,0578	−0,0217	−0,0078	−0,0024	0,0000
	D(ED)/A	−0,1255	−0,1134	−0,0913	−0,0560	−0,0202	−0,0057	−0,0013	−0,0004	−0,0001	−0,0000
	D(EE)/A	0,3720	0,3792	0,3832	0,3602	0,2604	0,1381	0,0517	0,0185	0,0057	0,0000
50,00	B(AA)	0,1721	0,1790	0,1938	0,2298	0,3142	0,4237	0,5211	0,5656	0,5841	0,5926
	B(AB)	0,1643	0,1675	0,1742	0,1903	0,2278	0,2783	0,3250	0,3468	0,3559	0,3601
	B(AC)	0,1589	0,1583	0,1574	0,1557	0,1541	0,1557	0,1597	0,1621	0,1632	0,1637
	B(AD)	0,1555	0,1526	0,1466	0,1326	0,1014	0,0624	0,0283	0,0129	0,0065	0,0036
	B(AE)	0,1539	0,1499	0,1412	0,1194	0,0650	−0,0115	−0,0836	−0,1174	−0,1316	−0,1382
	B(BA)	0,1848	0,1884	0,1960	0,2141	0,2563	0,3131	0,3656	0,3901	0,4004	0,4052
	B(BB)	0,1866	0,1896	0,1957	0,2091	0,2368	0,2710	0,3015	0,3155	0,3214	0,3240
	B(BC)	0,1804	0,1810	0,1822	0,1852	0,1920	0,2004	0,2078	0,2112	0,2125	0,2132
	B(BD)	0,1765	0,1745	0,1705	0,1621	0,1452	0,1247	0,1065	0,0980	0,0945	0,0929
	B(BE)	0,1747	0,1714	0,1643	0,1475	0,1084	0,0567	0,0094	−0,0125	−0,0217	−0,0259
	B(CA)	0,1986	0,1979	0,1968	0,1947	0,1927	0,1947	0,1996	0,2026	0,2040	0,2046
	B(CB)	0,2004	0,2011	0,2025	0,2058	0,2133	0,2227	0,2309	0,2346	0,2362	0,2369
	B(CC)	0,2040	0,2054	0,2079	0,2131	0,2227	0,2322	0,2389	0,2416	0,2426	0,2431
	B(CD)	0,1997	0,1998	0,2001	0,2008	0,2019	0,2020	0,2008	0,2000	0,1997	0,1995
	B(CE)	0,1976	0,1963	0,1936	0,1876	0,1743	0,1579	0,1439	0,1376	0,1350	0,1338
	B(DA)	0,2138	0,2099	0,2016	0,1823	0,1394	0,0858	0,0390	0,0178	0,0090	0,0049
	B(DB)	0,2158	0,2133	0,2084	0,1981	0,1775	0,1525	0,1301	0,1198	0,1155	0,1135
	B(DC)	0,2196	0,2198	0,2201	0,2209	0,2221	0,2222	0,2209	0,2200	0,2196	0,2194
	B(DD)	0,2252	0,2274	0,2318	0,2410	0,2589	0,2791	0,2960	0,3036	0,3067	0,3081
	B(DE)	0,2229	0,2252	0,2301	0,2416	0,2682	0,3042	0,3376	0,3533	0,3599	0,3630
	B(EA)	0,2308	0,2248	0,2118	0,1792	0,0974	−0,0172	−0,1253	−0,1761	−0,1974	−0,2073
	B(EB)	0,2330	0,2285	0,2191	0,1967	0,1446	0,0756	0,0125	−0,0167	−0,0289	−0,0346
	B(EC)	0,2371	0,2356	0,2323	0,2251	0,2091	0,1895	0,1727	0,1651	0,1620	0,1606
	B(ED)	0,2431	0,2457	0,2510	0,2635	0,2926	0,3318	0,3683	0,3854	0,3926	0,3960
	B(EE)	0,2510	0,2572	0,2707	0,3039	0,3841	0,4927	0,5926	0,6390	0,6584	0,6674

Z	Z(T)	0,00	0,03	0,10	0,30	1,00	3,00	10,0	30,0	100	UNENDL
	D(AA)/A	-0,4058	-0,4157	-0,4257	-0,4166	-0,3337	-0,2009	-0,0835	-0,0313	-0,0098	0
	D(AB)/A	0,0805	0,0651	0,0373	-0,0064	-0,0437	-0,0413	-0,0207	-0,0082	-0,0026	0,0000
	D(AC)/A	0,0779	0,0848	0,0923	0,0913	0,0652	0,0326	0,0114	0,0039	0,0012	0,0000
	D(AD)/A	0,0762	0,0830	0,0945	0,1078	0,0996	0,0639	0,0272	0,0103	0,0032	0,0000
	D(AE)/A	0,0754	0,0816	0,0923	0,1076	0,1097	0,0793	0,0367	0,0143	0,0046	0,0000
	D(BA)/A	-0,7380	-0,7022	-0,6413	-0,5379	-0,3741	-0,2116	-0,0859	-0,0320	-0,0100	0,0000
	D(BB)/A	-0,2351	-0,2284	-0,2138	-0,1836	-0,1318	-0,0779	-0,0329	-0,0124	-0,0039	0,0000
	D(BC)/A	0,2476	0,2233	0,1845	0,1293	0,0678	0,0289	0,0093	0,0031	0,0009	0
	D(BD)/A	0,2423	0,2381	0,2266	0,1972	0,1385	0,0778	0,0313	0,0116	0,0036	0,0000
	D(BE)/A	0,2398	0,2351	0,2264	0,2078	0,1647	0,1042	0,0455	0,0174	0,0055	0,0000
	D(CA)/A	-0,5459	-0,5351	-0,5075	-0,4413	-0,3159	-0,1836	-0,0761	-0,0286	-0,0090	-0,0000
	D(CB)/A	-0,5511	-0,5164	-0,4554	-0,3538	-0,2205	-0,1176	-0,0468	-0,0174	-0,0054	-0,0000
	D(CC)/A	-0,0521	-0,0496	-0,0450	-0,0369	-0,0256	-0,0153	-0,0066	-0,0025	-0,0008	-0,0000
	D(CD)/A	0,4305	0,4012	0,3505	0,2678	0,1622	0,0842	0,0329	0,0121	0,0038	-0,0000
	D(CE)/A	0,4261	0,4176	0,3960	0,3448	0,2486	0,1462	0,0612	0,0231	0,0073	-0,0000
	D(DA)/A	-0,3395	-0,3327	-0,3207	-0,2958	-0,2382	-0,1534	-0,0678	-0,0261	-0,0083	-0,0000
	D(DB)/A	-0,3427	-0,3366	-0,3210	-0,2825	-0,2057	-0,1210	-0,0505	-0,0190	-0,0060	0,0000
	D(DC)/A	-0,3488	-0,3197	-0,2729	-0,2042	-0,1230	-0,0628	-0,0240	-0,0087	-0,0027	0,0000
	D(DD)/A	0,1502	0,1478	0,1406	0,1226	0,0900	0,0549	0,0237	0,0091	0,0029	-0,0000
	D(DE)/A	0,6363	0,6052	0,5530	0,4669	0,3331	0,1951	0,0813	0,0306	0,0096	-0,0000
	D(EA)/A	-0,1171	-0,1276	-0,1464	-0,1754	-0,1876	-0,1413	-0,0671	-0,0264	-0,0084	0,0000
	D(EB)/A	-0,1182	-0,1296	-0,1495	-0,1758	-0,1726	-0,1181	-0,0527	-0,0203	-0,0064	0,0000
	D(EC)/A	-0,1203	-0,1319	-0,1467	-0,1538	-0,1245	-0,0726	-0,0292	-0,0108	-0,0034	-0,0000
	D(ED)/A	-0,1233	-0,1091	-0,0823	-0,0362	0,0135	0,0261	0,0153	0,0064	0,0021	-0,0000
	D(EE)/A	0,3799	0,3922	0,4074	0,4101	0,3459	0,2194	0,0946	0,0360	0,0113	-0,0000
100,00	B(AA)	0,1661	0,1696	0,1775	0,1974	0,2513	0,3423	0,4567	0,5257	0,5587	0,5749
	B(AB)	0,1622	0,1638	0,1674	0,1766	0,2017	0,2465	0,3053	0,3414	0,3589	0,3675
	B(AC)	0,1594	0,1592	0,1587	0,1580	0,1579	0,1615	0,1692	0,1747	0,1774	0,1788
	B(AD)	0,1577	0,1562	0,1531	0,1452	0,1251	0,0921	0,0514	0,0269	0,0152	0,0095
	B(AE)	0,1569	0,1548	0,1502	0,1378	0,1016	0,0346	-0,0548	-0,1101	-0,1368	-0,1499
	B(BA)	0,1824	0,1843	0,1884	0,1986	0,2269	0,2773	0,3434	0,3841	0,4037	0,4134
	B(BB)	0,1833	0,1849	0,1881	0,1955	0,2135	0,2427	0,2797	0,3022	0,3130	0,3183
	B(BC)	0,1802	0,1805	0,1812	0,1828	0,1868	0,1930	0,2005	0,2049	0,2070	0,2080
	B(BD)	0,1783	0,1772	0,1751	0,1703	0,1591	0,1408	0,1172	0,1028	0,0959	0,0925
	B(BE)	0,1773	0,1756	0,1719	0,1625	0,1371	0,0932	0,0367	0,0023	-0,0143	-0,0224
	B(CA)	0,1993	0,1990	0,1984	0,1975	0,1974	0,2019	0,2115	0,2183	0,2218	0,2235
	B(CB)	0,2002	0,2006	0,2013	0,2031	0,2075	0,2144	0,2227	0,2276	0,2300	0,2311
	B(CC)	0,2020	0,2027	0,2040	0,2067	0,2118	0,2172	0,2215	0,2235	0,2243	0,2247
	B(CD)	0,1998	0,1999	0,2000	0,2003	0,2006	0,1993	0,1962	0,1939	0,1927	0,1921
	B(CE)	0,1988	0,1981	0,1968	0,1935	0,1858	0,1743	0,1609	0,1531	0,1494	0,1476
	B(DA)	0,2168	0,2148	0,2105	0,1997	0,1720	0,1267	0,0706	0,0370	0,0209	0,0131
	B(DB)	0,2179	0,2166	0,2140	0,2082	0,1945	0,1720	0,1433	0,1257	0,1172	0,1131
	B(DC)	0,2198	0,2199	0,2200	0,2204	0,2206	0,2192	0,2158	0,2133	0,2120	0,2113
	B(DD)	0,2226	0,2237	0,2260	0,2311	0,2425	0,2595	0,2797	0,2917	0,2975	0,3003
	B(DE)	0,2215	0,2227	0,2253	0,2319	0,2500	0,2826	0,3259	0,3526	0,3655	0,3718
	B(EA)	0,2353	0,2322	0,2253	0,2068	0,1524	0,0518	-0,0823	-0,1651	-0,2052	-0,2249
	B(EB)	0,2364	0,2342	0,2292	0,2166	0,1828	0,1243	0,0490	0,0031	-0,0191	-0,0299
	B(EC)	0,2385	0,2378	0,2361	0,2322	0,2230	0,2091	0,1931	0,1837	0,1793	0,1772
	B(ED)	0,2416	0,2429	0,2458	0,2530	0,2727	0,3083	0,3555	0,3846	0,3987	0,4056
	B(EE)	0,2455	0,2488	0,2559	0,2743	0,3254	0,4153	0,5313	0,6021	0,6362	0,6529
	D(AA)/A	-0,4088	-0,4206	-0,4353	-0,4383	-0,3808	-0,2624	-0,1274	-0,0520	-0,0170	-0,0000
	D(AB)/A	0,0795	0,0631	0,0330	-0,0169	-0,0674	-0,0730	-0,0437	-0,0192	-0,0064	-0,0000
	D(AC)/A	0,0782	0,0852	0,0929	0,0920	0,0645	0,0298	0,0086	0,0025	0,0007	0,0000
	D(AD)/A	0,0773	0,0849	0,0984	0,1167	0,1180	0,0870	0,0434	0,0178	0,0058	0,0000
	D(AE)/A	0,0769	0,0842	0,0978	0,1213	0,1425	0,1251	0,0708	0,0306	0,0102	-0,0000
	D(BA)/A	-0,7451	-0,7132	-0,6601	-0,5727	-0,4357	-0,2846	-0,1359	-0,0553	-0,0180	-0,0000
	D(BB)/A	-0,2388	-0,2342	-0,2239	-0,2021	-0,1642	-0,1165	-0,0595	-0,0249	-0,0082	-0,0000
	D(BC)/A	0,2481	0,2238	0,1850	0,1292	0,0658	0,0248	0,0057	0,0013	0,0003	-0,0000
	D(BD)/A	0,2454	0,2429	0,2348	0,2118	0,1629	0,1053	0,0498	0,0202	0,0066	-0,0000
	D(BE)/A	0,2442	0,2420	0,2386	0,2316	0,2095	0,1599	0,0848	0,0359	0,0119	-0,0000
	D(CA)/A	-0,5539	-0,5477	-0,5292	-0,4813	-0,3846	-0,2639	-0,1311	-0,0542	-0,0178	-0,0000
	D(CB)/A	-0,5565	-0,5248	-0,4693	-0,3779	-0,2596	-0,1620	-0,0769	-0,0313	-0,0102	-0,0000
	D(CC)/A	-0,0527	-0,0506	-0,0466	-0,0398	-0,0308	-0,0219	-0,0114	-0,0048	-0,0016	0,0000
	D(CD)/A	0,4346	0,4074	0,3607	0,2852	0,1896	0,1146	0,0531	0,0215	0,0070	0,0000
	D(CE)/A	0,4323	0,4275	0,4130	0,3760	0,3030	0,2107	0,1058	0,0440	0,0144	0,0000
	D(DA)/A	-0,3456	-0,3425	-0,3380	-0,3296	-0,3028	-0,2351	-0,1262	-0,0537	-0,0178	-0,0000
	D(DB)/A	-0,3473	-0,3438	-0,3332	-0,3048	-0,2448	-0,1680	-0,0833	-0,0344	-0,0113	-0,0000
	D(DC)/A	-0,3504	-0,3219	-0,2761	-0,2094	-0,1309	-0,0718	-0,0301	-0,0116	-0,0037	0,0000
	D(DD)/A	0,1531	0,1524	0,1484	0,1370	0,1155	0,0856	0,0452	0,0191	0,0063	0,0000
	D(DE)/A	0,6425	0,6147	0,5692	0,4972	0,3887	0,2641	0,1303	0,0537	0,0176	0,0000
	D(EA)/A	-0,1194	-0,1317	-0,1551	-0,1978	-0,2435	-0,2224	-0,1287	-0,0561	-0,0188	0,0000
	D(EB)/A	-0,1199	-0,1327	-0,1559	-0,1910	-0,2072	-0,1654	-0,0876	-0,0369	-0,0122	0,0000
	D(EC)/A	-0,1210	-0,1331	-0,1489	-0,1581	-0,1326	-0,0824	-0,0360	-0,0140	-0,0045	-0,0000
	D(ED)/A	-0,1225	-0,1075	-0,0786	-0,0270	0,0353	0,0563	0,0379	0,0172	0,0058	-0,0000
	D(EE)/A	0,3827	0,3968	0,4166	0,4317	0,3959	0,2893	0,1469	0,0611	0,0201	-0,0000

Z	Z(T)	0,00	0,03	0,10	0,30	1,00	3,00	10,0	30,0	100	UNENDL
200,00	B(AA)	0,1631	0,1649	0,1689	0,1794	0,2104	0,2738	0,3844	0,4782	0,5344	0,5653
	B(AB)	0,1611	0,1619	0,1638	0,1687	0,1835	0,2156	0,2740	0,3244	0,3547	0,3714
	B(AC)	0,1597	0,1596	0,1594	0,1590	0,1592	0,1625	0,1710	0,1792	0,1843	0,1871
	B(AD)	0,1588	0,1581	0,1565	0,1523	0,1406	0,1175	0,0777	0,0440	0,0239	0,0128
	B(AE)	0,1584	0,1574	0,1550	0,1484	0,1272	0,0793	-0,0089	-0,0852	-0,1310	-0,1564
	B(BA)	0,1812	0,1822	0,1843	0,1898	0,2064	0,2426	0,3083	0,3650	0,3990	0,4178
	B(BB)	0,1817	0,1825	0,1841	0,1881	0,1984	0,2191	0,2554	0,2865	0,3051	0,3153
	B(BC)	0,1801	0,1803	0,1806	0,1814	0,1836	0,1877	0,1944	0,2000	0,2033	0,2051
	B(BD)	0,1791	0,1786	0,1775	0,1750	0,1684	0,1551	0,1315	0,1111	0,0989	0,0922
	B(BE)	0,1787	0,1778	0,1759	0,1709	0,1562	0,1253	0,0704	0,0233	-0,0049	-0,0205
	B(CA)	0,1996	0,1995	0,1992	0,1988	0,1990	0,2031	0,2138	0,2240	0,2303	0,2339
	B(CB)	0,2001	0,2003	0,2006	0,2016	0,2040	0,2086	0,2160	0,2222	0,2259	0,2279
	B(CC)	0,2010	0,2013	0,2020	0,2034	0,2060	0,2089	0,2117	0,2134	0,2143	0,2147
	B(CD)	0,1999	0,1999	0,2000	0,2001	0,2001	0,1988	0,1951	0,1915	0,1893	0,1880
	B(CE)	0,1994	0,1991	0,1984	0,1967	0,1925	0,1851	0,1735	0,1639	0,1583	0,1552
	B(DA)	0,2184	0,2174	0,2151	0,2094	0,1934	0,1616	0,1068	0,0605	0,0328	0,0176
	B(DB)	0,2189	0,2183	0,2169	0,2139	0,2058	0,1896	0,1607	0,1358	0,1209	0,1127
	B(DC)	0,2199	0,2199	0,2200	0,2202	0,2201	0,2187	0,2146	0,2107	0,2082	0,2068
	B(DD)	0,2213	0,2219	0,2231	0,2257	0,2323	0,2442	0,2641	0,2807	0,2907	0,2961
	B(DE)	0,2207	0,2214	0,2227	0,2263	0,2370	0,2606	0,3040	0,3415	0,3641	0,3766
	B(EA)	0,2376	0,2361	0,2325	0,2226	0,1907	0,1189	-0,0133	-0,1277	-0,1966	-0,2346
	B(EB)	0,2382	0,2370	0,2345	0,2278	0,2082	0,1671	0,0938	0,0311	-0,0066	-0,0273
	B(EC)	0,2393	0,2389	0,2380	0,2360	0,2310	0,2221	0,2082	0,1967	0,1899	0,1862
	B(ED)	0,2408	0,2415	0,2430	0,2468	0,2585	0,2843	0,3316	0,3726	0,3972	0,4108
	B(EE)	0,2428	0,2444	0,2481	0,2578	0,2872	0,3496	0,4610	0,5564	0,6135	0,6451
	D(AA)/A	-0,4103	-0,4231	-0,4403	-0,4505	-0,4120	-0,3170	-0,1843	-0,0861	-0,0302	-0,0000
	D(AB)/A	0,0790	0,0620	0,0307	-0,0229	-0,0836	-0,1020	-0,0743	-0,0376	-0,0136	0
	D(AC)/A	0,0783	0,0855	0,0932	0,0922	0,0637	0,0265	0,0042	-0,0003	-0,0004	-0,0000
	D(AD)/A	0,0779	0,0859	0,1004	0,1217	0,1303	0,1076	0,0643	0,0303	0,0107	0,0000
	D(AE)/A	0,0777	0,0856	0,1008	0,1291	0,1648	0,1671	0,1161	0,0581	0,0210	0,0000
	D(BA)/A	-0,7488	-0,7189	-0,6700	-0,5923	-0,4767	-0,3497	-0,2011	-0,0939	-0,0330	-0,0000
	D(BB)/A	-0,2407	-0,2372	-0,2292	-0,2127	-0,1862	-0,1515	-0,0947	-0,0458	-0,0163	-0,0000
	D(BC)/A	0,2483	0,2240	0,1852	0,1290	0,0640	0,0204	0,0005	-0,0019	-0,0010	-0,0000
	D(BD)/A	0,2470	0,2454	0,2391	0,2201	0,1791	0,1299	0,0738	0,0343	0,0120	0,0000
	D(BE)/A	0,2464	0,2455	0,2451	0,2451	0,2399	0,2107	0,1371	0,0672	0,0240	0,0000
	D(CA)/A	-0,5580	-0,5543	-0,5408	-0,5038	-0,4308	-0,3363	-0,2033	-0,0970	-0,0343	0,0000
	D(CB)/A	-0,5593	-0,5291	-0,4767	-0,3916	-0,2858	-0,2021	-0,1164	-0,0547	-0,0193	-0,0000
	D(CC)/A	-0,0531	-0,0511	-0,0474	-0,0414	-0,0344	-0,0279	-0,0177	-0,0086	-0,0031	-0,0000
	D(CD)/A	0,4366	0,4106	0,3660	0,2950	0,2080	0,1419	0,0797	0,0371	0,0130	-0,0000
	D(CE)/A	0,4355	0,4325	0,4220	0,3937	0,3395	0,2689	0,1645	0,0789	0,0280	-0,0000
	D(DA)/A	-0,3487	-0,3476	-0,3472	-0,3489	-0,3466	-0,3096	-0,2037	-0,1002	-0,0359	-0,0000
	D(DB)/A	-0,3496	-0,3474	-0,3396	-0,3173	-0,2709	-0,2101	-0,1262	-0,0600	-0,0212	-0,0000
	D(DC)/A	-0,3511	-0,3230	-0,2777	-0,2121	-0,1358	-0,0791	-0,0374	-0,0159	-0,0054	-0,0000
	D(DD)/A	0,1545	0,1547	0,1526	0,1452	0,1328	0,1137	0,0737	0,0361	0,0129	0
	D(DE)/A	0,6456	0,6196	0,5777	0,5142	0,4258	0,3257	0,1941	0,0920	0,0325	-0,0000
	D(EA)/A	-0,1205	-0,1338	-0,1598	-0,2105	-0,2815	-0,2966	-0,2108	-0,1063	-0,0385	0,0000
	D(EB)/A	-0,1208	-0,1343	-0,1593	-0,1996	-0,2304	-0,2078	-0,1332	-0,0646	-0,0230	0,0000
	D(EC)/A	-0,1214	-0,1337	-0,1500	-0,1605	-0,1375	-0,0902	-0,0440	-0,0188	-0,0063	0,0000
	D(ED)/A	-0,1221	-0,1067	-0,0767	-0,0218	0,0501	0,0842	0,0680	0,0355	0,0130	0
	D(EE)/A	0,3841	0,3992	0,4214	0,4437	0,4291	0,3516	0,2148	0,1025	0,0363	0
500,00	B(AA)	0,1612	0,1620	0,1636	0,1680	0,1815	0,2137	0,2915	0,3959	0,4901	0,5593
	B(AB)	0,1604	0,1608	0,1615	0,1636	0,1701	0,1867	0,2284	0,2850	0,3362	0,3738
	B(AC)	0,1599	0,1598	0,1597	0,1596	0,1598	0,1616	0,1680	0,1774	0,1860	0,1923
	B(AD)	0,1595	0,1592	0,1586	0,1568	0,1517	0,1399	0,1117	0,0740	0,0399	0,0149
	B(AE)	0,1594	0,1589	0,1580	0,1552	0,1458	0,1212	0,0586	-0,0266	-0,1038	-0,1605
	B(BA)	0,1805	0,1809	0,1817	0,1840	0,1914	0,2101	0,2569	0,3206	0,3782	0,4206
	B(BB)	0,1807	0,1810	0,1817	0,1833	0,1879	0,1985	0,2242	0,2590	0,2904	0,3135
	B(BC)	0,1800	0,1801	0,1802	0,1806	0,1815	0,1835	0,1880	0,1940	0,1994	0,2033
	B(BD)	0,1796	0,1794	0,1790	0,1779	0,1750	0,1681	0,1512	0,1281	0,1073	0,0920
	B(BE)	0,1795	0,1791	0,1783	0,1762	0,1698	0,1540	0,1153	0,0629	0,0155	-0,0192
	B(CA)	0,1999	0,1998	0,1997	0,1995	0,1997	0,2020	0,2100	0,2217	0,2325	0,2404
	B(CB)	0,2000	0,2001	0,2003	0,2006	0,2017	0,2039	0,2089	0,2156	0,2215	0,2259
	B(CC)	0,2004	0,2005	0,2008	0,2014	0,2024	0,2037	0,2052	0,2065	0,2076	0,2084
	B(CD)	0,2000	0,2000	0,2000	0,2001	0,2000	0,1992	0,1964	0,1922	0,1883	0,1855
	B(CE)	0,1998	0,1996	0,1993	0,1987	0,1969	0,1933	0,1856	0,1756	0,1666	0,1600
	B(DA)	0,2194	0,2189	0,2180	0,2157	0,2086	0,1924	0,1536	0,1017	0,0548	0,0205
	B(DB)	0,2196	0,2193	0,2188	0,2175	0,2139	0,2055	0,1847	0,1566	0,1311	0,1124
	B(DC)	0,2200	0,2200	0,2200	0,2201	0,2200	0,2192	0,2160	0,2114	0,2071	0,2040
	B(DD)	0,2205	0,2208	0,2212	0,2223	0,2252	0,2313	0,2454	0,2642	0,2812	0,2936
	B(DE)	0,2203	0,2205	0,2211	0,2226	0,2274	0,2396	0,2707	0,3131	0,3514	0,3796
	B(EA)	0,2391	0,2384	0,2370	0,2328	0,2187	0,1818	0,0880	-0,0399	-0,1557	-0,2407
	B(EB)	0,2393	0,2388	0,2378	0,2350	0,2264	0,2054	0,1537	0,0839	0,0207	-0,0256
	B(EC)	0,2397	0,2395	0,2392	0,2384	0,2363	0,2320	0,2227	0,2107	0,1999	0,1920
	B(ED)	0,2403	0,2406	0,2412	0,2428	0,2480	0,2614	0,2953	0,3415	0,3834	0,4141
	B(EE)	0,2411	0,2418	0,2433	0,2473	0,2602	0,2918	0,3698	0,4751	0,5703	0,6401

Z	Z(T)	0,00	0,03	0,10	0,30	1,00	3,00	10,0	30,0	100	UNENDL
	D(AA)/A	-0,4112	-0,4246	-0,4434	-0,4583	-0,4342	-0,3661	-0,2621	-0,1543	-0,0644	0,0000
	D(AB)/A	0,0786	0,0614	0,0292	-0,0267	-0,0952	-0,1284	-0,1166	-0,0747	-0,0322	0
	D(AC)/A	0,0784	0,0856	0,0934	0,0923	0,0630	0,0232	-0,0023	-0,0063	-0,0035	0
	D(AD)/A	0,0782	0,0865	0,1017	0,1248	0,1390	0,1262	0,0930	0,0552	0,0231	0,0000
	D(AE)/A	0,0781	0,0864	0,1026	0,1342	0,1810	0,2054	0,1788	0,1136	0,0488	0,0000
	D(BA)/A	-0,7510	-0,7223	-0,6761	-0,6048	-0,5060	-0,4085	-0,2903	-0,1711	-0,0714	0,0000
	D(BB)/A	-0,2419	-0,2391	-0,2325	-0,2194	-0,2020	-0,1834	-0,1433	-0,0879	-0,0373	0,0000
	D(BC)/A	0,2485	0,2242	0,1853	0,1289	0,0627	0,0162	-0,0071	-0,0088	-0,0044	0,0000
	D(BD)/A	0,2479	0,2469	0,2418	0,2254	0,1907	0,1521	0,1066	0,0625	0,0260	0,0000
	D(BE)/A	0,2477	0,2477	0,2491	0,2538	0,2618	0,2569	0,2091	0,1300	0,0554	-0,0000
	D(CA)/A	-0,5605	-0,5582	-0,5479	-0,5183	-0,4640	-0,4020	-0,3026	-0,1828	-0,0771	-0,0000
	D(CB)/A	-0,5610	-0,5317	-0,4812	-0,4003	-0,3047	-0,2384	-0,1708	-0,1015	-0,0426	-0,0000
	D(CC)/A	-0,0532	-0,0514	-0,0479	-0,0425	-0,0369	-0,0334	-0,0264	-0,0163	-0,0070	-0,0000
	D(CD)/A	0,4379	0,4125	0,3693	0,3013	0,2212	0,1667	0,1163	0,0684	0,0286	0,0000
	D(CE)/A	0,4374	0,4356	0,4276	0,4050	0,3658	0,3217	0,2452	0,1489	0,0629	0,0000
	D(DA)/A	-0,3506	-0,3507	-0,3529	-0,3613	-0,3783	-0,3774	-0,3106	-0,1939	-0,0828	-0,0000
	D(DB)/A	-0,3510	-0,3497	-0,3436	-0,3254	-0,2897	-0,2482	-0,1850	-0,1113	-0,0468	-0,0000
	D(DC)/A	-0,3516	-0,3236	-0,2787	-0,2139	-0,1392	-0,0855	-0,0471	-0,0245	-0,0097	-0,0000
	D(DD)/A	0,1554	0,1562	0,1552	0,1505	0,1453	0,1392	0,1130	0,0703	0,0300	-0,0000
	D(DE)/A	0,6475	0,6225	0,5830	0,5251	0,4523	0,3814	0,2815	0,1687	0,0709	-0,0000
	D(EA)/A	-0,1213	-0,1351	-0,1627	-0,2187	-0,3091	-0,3643	-0,3242	-0,2075	-0,0894	-0,0000
	D(EB)/A	-0,1214	-0,1353	-0,1614	-0,2052	-0,2469	-0,2460	-0,1956	-0,1200	-0,0509	0,0000
	D(EC)/A	-0,1216	-0,1341	-0,1507	-0,1619	-0,1409	-0,0969	-0,0545	-0,0281	-0,0110	0,0000
	D(ED)/A	-0,1219	-0,1062	-0,0755	-0,0184	0,0609	0,1096	0,1097	0,0724	0,0315	-0,0000
	D(EE)/A	0,3849	0,4006	0,4243	0,4515	0,4528	0,4076	0,3077	0,1854	0,0780	-0,0000
1000,00	B(AA)	0,1606	0,1610	0,1618	0,1640	0,1710	0,1886	0,2380	0,3260	0,4395	0,5572
	B(AB)	0,1602	0,1604	0,1608	0,1618	0,1652	0,1743	0,2009	0,2487	0,3105	0,3747
	B(AC)	0,1599	0,1599	0,1599	0,1598	0,1599	0,1610	0,1651	0,1730	0,1833	0,1941
	B(AD)	0,1598	0,1596	0,1593	0,1584	0,1558	0,1493	0,1313	0,0994	0,0583	0,0156
	B(AE)	0,1597	0,1595	0,1590	0,1576	0,1527	0,1392	0,0993	0,0275	-0,0654	-0,1619
	B(BA)	0,1802	0,1804	0,1809	0,1820	0,1859	0,1961	0,2260	0,2798	0,3493	0,4215
	B(BB)	0,1803	0,1805	0,1808	0,1817	0,1840	0,1898	0,2063	0,2356	0,2735	0,3129
	B(BC)	0,1800	0,1801	0,1801	0,1803	0,1808	0,1819	0,1847	0,1897	0,1961	0,2027
	B(BD)	0,1798	0,1797	0,1795	0,1790	0,1774	0,1737	0,1628	0,1433	0,1181	0,0919
	B(BE)	0,1797	0,1796	0,1792	0,1781	0,1748	0,1662	0,1415	0,0973	0,0403	-0,0188
	B(CA)	0,1999	0,1999	0,1998	0,1998	0,1999	0,2012	0,2064	0,2162	0,2292	0,2426
	B(CB)	0,2000	0,2001	0,2001	0,2003	0,2009	0,2021	0,2052	0,2107	0,2178	0,2252
	B(CC)	0,2002	0,2003	0,2004	0,2007	0,2012	0,2019	0,2027	0,2038	0,2050	0,2063
	B(CD)	0,2000	0,2000	0,2000	0,2000	0,2000	0,1996	0,1977	0,1941	0,1894	0,1846
	B(CE)	0,1999	0,1998	0,1997	0,1993	0,1984	0,1965	0,1917	0,1834	0,1727	0,1616
	B(DA)	0,2197	0,2195	0,2190	0,2178	0,2142	0,2053	0,1806	0,1367	0,0801	0,0214
	B(DB)	0,2198	0,2197	0,2194	0,2187	0,2169	0,2123	0,1990	0,1751	0,1443	0,1123
	B(DC)	0,2200	0,2200	0,2200	0,2200	0,2200	0,2195	0,2175	0,2135	0,2084	0,2030
	B(DD)	0,2203	0,2204	0,2206	0,2212	0,2227	0,2260	0,2350	0,2509	0,2714	0,2927
	B(DE)	0,2201	0,2203	0,2206	0,2213	0,2238	0,2305	0,2504	0,2862	0,3325	0,3806
	B(EA)	0,2395	0,2392	0,2385	0,2364	0,2291	0,2088	0,1490	0,0412	-0,0981	-0,2428
	B(EB)	0,2396	0,2394	0,2389	0,2375	0,2330	0,2215	0,1887	0,1298	0,0538	-0,0251
	B(EC)	0,2399	0,2398	0,2396	0,2392	0,2381	0,2358	0,2300	0,2200	0,2072	0,1939
	B(ED)	0,2402	0,2403	0,2406	0,2414	0,2441	0,2515	0,2732	0,3122	0,3628	0,4152
	B(EE)	0,2406	0,2409	0,2416	0,2437	0,2503	0,2676	0,3171	0,4056	0,5199	0,6384
	D(AA)/A	-0,4115	-0,4251	-0,4444	-0,4609	-0,4424	-0,3869	-0,3078	-0,2147	-0,1076	-0,0000
	D(AB)/A	0,0785	0,0612	0,0287	-0,0281	-0,0995	-0,1396	-0,1415	-0,1076	-0,0558	-0,0000
	D(AC)/A	0,0784	0,0856	0,0935	0,0924	0,0627	0,0217	-0,0062	-0,0117	-0,0074	-0,0000
	D(AD)/A	0,0783	0,0867	0,1021	0,1259	0,1422	0,1340	0,1098	0,0773	0,0389	-0,0000
	D(AE)/A	0,0783	0,0867	0,1032	0,1359	0,1869	0,2217	0,2158	0,1628	0,0841	0,0000
	D(BA)/A	-0,7517	-0,7235	-0,6782	-0,6091	-0,5168	-0,4333	-0,3428	-0,2395	-0,1202	-0,0000
	D(BB)/A	-0,2423	-0,2397	-0,2337	-0,2218	-0,2078	-0,1969	-0,1719	-0,1251	-0,0639	0,0000
	D(BC)/A	0,2485	0,2242	0,1853	0,1288	0,0621	0,0143	-0,0116	-0,0149	-0,0088	-0,0000
	D(BD)/A	0,2483	0,2475	0,2427	0,2272	0,1950	0,1615	0,1260	0,0874	0,0438	0
	D(BE)/A	0,2481	0,2484	0,2505	0,2568	0,2699	0,2766	0,2517	0,1858	0,0953	0,0000
	D(CA)/A	-0,5613	-0,5596	-0,5503	-0,5233	-0,4761	-0,4299	-0,3611	-0,2588	-0,1313	-0,0000
	D(CB)/A	-0,5616	-0,5326	-0,4827	-0,4033	-0,3116	-0,2538	-0,2028	-0,1431	-0,0721	-0,0000
	D(CC)/A	-0,0533	-0,0515	-0,0481	-0,0428	-0,0378	-0,0357	-0,0316	-0,0232	-0,0119	-0,0000
	D(CD)/A	0,4383	0,4131	0,3705	0,3034	0,2260	0,1773	0,1378	0,0962	0,0483	-0,0000
	D(CE)/A	0,4380	0,4367	0,4294	0,4089	0,3755	0,3441	0,2928	0,2110	0,1072	-0,0000
	D(DA)/A	-0,3513	-0,3517	-0,3549	-0,3656	-0,3899	-0,4063	-0,3737	-0,2770	-0,1423	-0,0000
	D(DB)/A	-0,3514	-0,3504	-0,3449	-0,3281	-0,2965	-0,2643	-0,2196	-0,1567	-0,0793	0,0000
	D(DC)/A	-0,3518	-0,3238	-0,2791	-0,2144	-0,1405	-0,0881	-0,0528	-0,0320	-0,0151	-0,0000
	D(DD)/A	0,1557	0,1567	0,1561	0,1524	0,1499	0,1501	0,1362	0,1006	0,0516	-0,0000
	D(DE)/A	0,6481	0,6235	0,5848	0,5288	0,4620	0,4050	0,3330	0,)365	0,1195	-0,0000
	D(EA)/A	-0,1215	-0,1356	-0,1637	-0,2216	-0,3192	-0,3932	-0,3912	-0,2973	-0,1541	0,0000
	D(EB)/A	-0,1216	-0,1356	-0,1621	-0,2071	-0,2530	-0,2622	-0,2324	-0,1691	-0,0862	0,0000
	D(EC)/A	-0,1217	-0,1342	-0,1509	-0,1624	-0,1421	-0,0996	-0,0605	-0,0362	-0,0169	0
	D(ED)/A	-0,1218	-0,1060	-0,0751	-0,0172	0,0649	0,1205	0,1343	0,1052	0,0551	-0,0000
	D(EE)/A	0,3852	0,4011	0,4253	0,4541	0,4615	0,4314	0,3624	0,2588	0,1310	-0,0000

b) $r_a : r_b : r_c : r_d : r_e = 1{,}0 : 1{,}25 : 1{,}5 : 1{,}75 : 2{,}0$

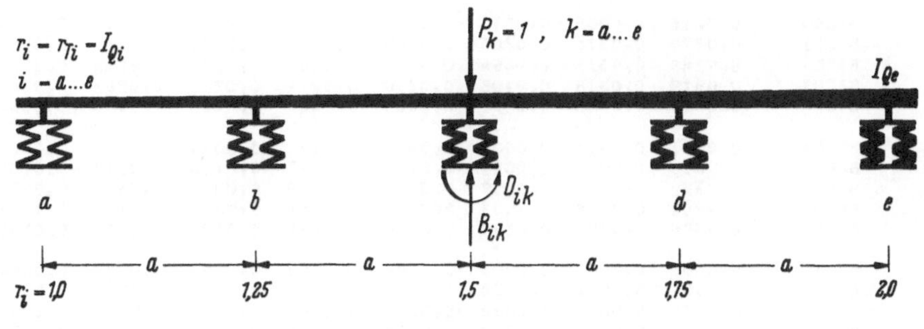

Z	Z(T)	0,00	0,03	0,10	0,30	1,00	3,00	10,0	30,0	100	UNENDL
0,01	B(AA)	0,9785	0,9837	0,9887	0,9928	0,9953	0,9963	0,9966	0,9967	0,9967	0,9968
	B(AB)	0,0168	0,0147	0,0119	0,0091	0,0071	0,0063	0,0060	0,0059	0,0059	0,0059
	B(AC)	0,0003	-0,0015	-0,0028	-0,0034	-0,0035	-0,0035	-0,0035	-0,0035	-0,0035	-0,0035
	B(AD)	0,0000	0,0001	0,0003	0,0006	0,0007	0,0007	0,0007	0,0007	0,0008	0,0008
	B(AE)	0,0000	-0,0000	-0,0000	-0,0001	-0,0001	-0,0001	-0,0001	-0,0001	-0,0001	-0,0001
	B(BA)	0,0210	0,0184	0,0149	0,0114	0,0089	0,0079	0,0075	0,0074	0,0074	0,0074
	B(BB)	0,9625	0,9673	0,9728	0,9779	0,9814	0,9828	0,9833	0,9834	0,9835	0,9835
	B(BC)	0,0169	0,0167	0,0162	0,0152	0,0143	0,0140	0,0138	0,0138	0,0137	0,0137
	B(BD)	0,0003	-0,0016	-0,0033	-0,0044	-0,0049	-0,0050	-0,0050	-0,0051	-0,0051	-0,0051
	B(BE)	0,0000	0,0001	0,0003	0,0006	0,0007	0,0007	0,0007	0,0007	0,0007	0,0007
	B(CA)	0,0004	-0,0022	-0,0041	-0,0051	-0,0052	-0,0052	-0,0052	-0,0052	-0,0052	-0,0052
	B(CB)	0,0203	0,0201	0,0194	0,0182	0,0172	0,0168	0,0166	0,0165	0,0165	0,0165
	B(CC)	0,9624	0,9670	0,9713	0,9749	0,9771	0,9779	0,9782	0,9783	0,9784	0,9784
	B(CD)	0,0171	0,0170	0,0164	0,0153	0,0143	0,0139	0,0137	0,0137	0,0137	0,0137
	B(CE)	0,0003	-0,0016	-0,0029	-0,0034	-0,0035	-0,0035	-0,0034	-0,0034	-0,0034	-0,0034
	B(DA)	0,0000	0,0001	0,0006	0,0010	0,0012	0,0013	0,0013	0,0013	0,0013	0,0013
	B(DB)	0,0004	-0,0023	-0,0047	-0,0062	-0,0068	-0,0070	-0,0071	-0,0071	-0,0071	-0,0071
	B(DC)	0,0200	0,0198	0,0191	0,0179	0,0167	0,0162	0,0160	0,0160	0,0160	0,0159
	B(DD)	0,9624	0,9673	0,9730	0,9786	0,9824	0,9840	0,9846	0,9847	0,9848	0,9848
	B(DE)	0,0177	0,0151	0,0119	0,0087	0,0065	0,0056	0,0052	0,0051	0,0051	0,0051
	B(EA)	0,0000	-0,0000	-0,0001	-0,0002	-0,0002	-0,0002	-0,0002	-0,0002	-0,0002	-0,0002
	B(EB)	0,0000	0,0001	0,0006	0,0010	0,0011	0,0012	0,0012	0,0012	0,0012	0,0012
	B(EC)	0,0004	-0,0021	-0,0038	-0,0046	-0,0047	-0,0046	-0,0046	-0,0046	-0,0046	-0,0046
	B(ED)	0,0202	0,0173	0,0136	0,0100	0,0074	0,0064	0,0060	0,0059	0,0058	0,0058
	B(EE)	0,9820	0,9864	0,9906	0,9942	0,9964	0,9973	0,9976	0,9977	0,9977	0,9977
	D(AA)/A	-0,0103	-0,0077	-0,0050	-0,0025	-0,0010	-0,0003	-0,0001	-0,0000	-0,0000	-0,0000
	D(AB)/A	0,0081	0,0066	0,0046	0,0025	0,0010	0,0003	0,0001	0,0000	0,0000	0
	D(AC)/A	0,0001	-0,0004	-0,0006	-0,0004	-0,0002	-0,0001	-0,0000	-0,0000	-0,0000	0,0000
	D(AD)/A	0,0000	0,0000	0,0001	0,0001	0,0000	0,0000	0,0000	0,0000	0,0000	0,0000
	D(AE)/A	0,0000	-0,0000	-0,0000	-0,0000	-0,0000	-0,0000	-0,0000	-0,0000	-0,0000	-0,0000
	D(BA)/A	-0,0113	-0,0071	-0,0037	-0,0015	-0,0005	-0,0002	-0,0000	-0,0000	-0,0000	-0,0000
	D(BB)/A	-0,0013	-0,0009	-0,0007	-0,0004	-0,0002	-0,0001	-0,0000	-0,0000	-0,0000	0,0000
	D(BC)/A	0,0085	0,0059	0,0035	0,0016	0,0006	0,0002	0,0001	0,0000	0,0000	-0,0000
	D(BD)/A	0,0002	-0,0003	-0,0004	-0,0003	-0,0001	-0,0000	-0,0000	-0,0000	-0,0000	-0,0000
	D(BE)/A	0,0000	0,0000	0,0000	0,0000	0,0000	0,0000	0,0000	0,0000	0,0000	-0,0000
	D(CA)/A	-0,0002	0,0005	0,0006	0,0003	0,0001	0,0000	0,0000	0,0000	0,0000	-0,0000
	D(CB)/A	-0,0109	-0,0074	-0,0042	-0,0019	-0,0006	-0,0002	-0,0001	-0,0000	-0,0000	-0,0000
	D(CC)/A	-0,0011	-0,0007	-0,0004	-0,0002	-0,0001	-0,0000	-0,0000	-0,0000	-0,0000	0
	D(CD)/A	0,0087	0,0060	0,0035	0,0016	0,0005	0,0002	0,0001	0,0000	0,0000	0,0000
	D(CE)/A	0,0002	-0,0003	-0,0004	-0,0002	-0,0001	-0,0000	-0,0000	-0,0000	-0,0000	0
	D(DA)/A	-0,0000	-0,0000	-0,0001	-0,0001	-0,0000	-0,0000	-0,0000	-0,0000	-0,0000	-0,0000
	D(DB)/A	-0,0002	0,0005	0,0006	0,0004	0,0002	0,0001	0,0000	0,0000	0,0000	0,0000
	D(DC)/A	-0,0107	-0,0072	-0,0042	-0,0020	-0,0007	-0,0002	-0,0001	-0,0000	-0,0000	0,0000
	D(DD)/A	-0,0009	-0,0005	-0,0001	0,0001	0,0001	0,0000	0,0000	0,0000	0,0000	-0,0000
	D(DE)/A	0,0090	0,0056	0,0029	0,0012	0,0004	0,0001	0,0000	0,0000	0,0000	0,0000
	D(EA)/A	-0,0000	0,0000	0,0000	0,0000	0,0000	0,0000	0,0000	0,0000	0,0000	0
	D(EB)/A	-0,0000	-0,0000	-0,0001	-0,0001	-0,0001	-0,0000	-0,0000	-0,0000	-0,0000	0,0000
	D(EC)/A	-0,0002	0,0006	0,0009	0,0007	0,0003	0,0001	0,0000	0,0000	0,0000	0
	D(ED)/A	-0,0103	-0,0084	-0,0059	-0,0032	-0,0013	-0,0005	-0,0001	-0,0000	-0,0000	0,0000
	D(EE)/A	0,0092	0,0069	0,0046	0,0024	0,0009	0,0003	0,0001	0,0000	0,0000	-0,0000

Z	Z(T)	0,00	0,03	0,10	0,30	1,00	3,00	10,0	30,0	100	UNENDL
0,02	B(AA)	0,9586	0,9685	0,9780	0,9860	0,9909	0,9927	0,9934	0,9936	0,9936	0,9937
	B(AB)	0,0317	0,0280	0,0229	0,0175	0,0138	0,0123	0,0117	0,0115	0,0114	0,0114
	B(AC)	0,0011	-0,0024	-0,0049	-0,0063	-0,0066	-0,0066	-0,0066	-0,0066	-0,0066	-0,0066
	B(AD)	0,0000	0,0001	0,0005	0,0010	0,0012	0,0013	0,0013	0,0013	0,0013	0,0013
	B(AE)	0,0000	0,0000	-0,0000	-0,0001	-0,0002	-0,0002	-0,0002	-0,0002	-0,0002	-0,0002
	B(BA)	0,0397	0,0350	0,0286	0,0219	0,0172	0,0153	0,0146	0,0144	0,0143	0,0143
	B(BB)	0,9290	0,9379	0,9479	0,9576	0,9642	0,9667	0,9677	0,9680	0,9681	0,9682
	B(BC)	0,0314	0,0313	0,0304	0,0288	0,0273	0,0267	0,0264	0,0263	0,0263	0,0263
	B(BD)	0,0011	-0,0025	-0,0058	-0,0080	-0,0090	-0,0093	-0,0094	-0,0094	-0,0094	-0,0094
	B(BE)	0,0000	0,0001	0,0005	0,0010	0,0012	0,0013	0,0013	0,0013	0,0013	0,0013
	B(CA)	0,0016	-0,0035	-0,0074	-0,0094	-0,0099	-0,0099	-0,0099	-0,0099	-0,0099	-0,0099
	B(CB)	0,0377	0,0376	0,0365	0,0345	0,0328	0,0320	0,0317	0,0316	0,0315	0,0315
	B(CC)	0,9288	0,9373	0,9454	0,9521	0,9562	0,9577	0,9583	0,9585	0,9585	0,9586
	B(CD)	0,0319	0,0318	0,0308	0,0290	0,0274	0,0266	0,0263	0,0262	0,0262	0,0262
	B(CE)	0,0011	-0,0025	-0,0051	-0,0064	-0,0066	-0,0066	-0,0066	-0,0066	-0,0066	-0,0066
	B(DA)	0,0001	0,0001	0,0009	0,0017	0,0021	0,0023	0,0023	0,0023	0,0023	0,0023
	B(DB)	0,0015	-0,0035	-0,0081	-0,0113	-0,0127	-0,0130	-0,0132	-0,0132	-0,0132	-0,0132
	B(DC)	0,0372	0,0371	0,0359	0,0339	0,0319	0,0310	0,0307	0,0306	0,0305	0,0305
	B(DD)	0,9288	0,9378	0,9483	0,9587	0,9661	0,9690	0,9701	0,9705	0,9706	0,9707
	B(DE)	0,0335	0,0288	0,0229	0,0169	0,0126	0,0109	0,0102	0,0100	0,0099	0,0099
	B(EA)	0,0000	0,0000	-0,0001	-0,0002	-0,0003	-0,0003	-0,0004	-0,0004	-0,0004	-0,0004
	B(EB)	0,0001	0,0001	0,0008	0,0016	0,0020	0,0021	0,0021	0,0021	0,0021	0,0021
	B(EC)	0,0015	-0,0033	-0,0068	-0,0085	-0,0088	-0,0088	-0,0088	-0,0087	-0,0087	-0,0087
	B(ED)	0,0383	0,0329	0,0262	0,0193	0,0144	0,0124	0,0116	0,0114	0,0113	0,0113
	B(EE)	0,9653	0,9736	0,9817	0,9886	0,9930	0,9946	0,9953	0,9954	0,9955	0,9955
	D(AA)/A	-0,0199	-0,0149	-0,0097	-0,0050	-0,0019	-0,0007	-0,0002	-0,0001	-0,0000	-0,0000
	D(AB)/A	0,0153	0,0125	0,0088	0,0048	0,0019	0,0007	0,0002	0,0001	0,0000	0,0000
	D(AC)/A	0,0005	-0,0005	-0,0010	-0,0008	-0,0004	-0,0001	-0,0000	-0,0000	-0,0000	-0,0000
	D(AD)/A	0,0000	0,0000	0,0001	0,0001	0,0001	0,0000	0,0000	0,0000	0,0000	0,0000
	D(AE)/A	0,0000	0,0000	-0,0000	-0,0000	-0,0000	-0,0000	-0,0000	-0,0000	-0,0000	0
	D(BA)/A	-0,0223	-0,0140	-0,0073	-0,0030	-0,0009	-0,0003	-0,0001	-0,0000	-0,0000	-0,0000
	D(BB)/A	-0,0026	-0,0018	-0,0013	-0,0008	-0,0004	-0,0001	-0,0000	-0,0000	-0,0000	0,0000
	D(BC)/A	0,0163	0,0114	0,0067	0,0032	0,0011	0,0004	0,0001	0,0000	0,0000	0,0000
	D(BD)/A	0,0006	-0,0005	-0,0008	-0,0005	-0,0002	-0,0001	-0,0000	-0,0000	-0,0000	0,0000
	D(BE)/A	0,0000	0,0000	0,0001	0,0001	0,0000	0,0000	0,0000	0,0000	0,0000	0
	D(CA)/A	-0,0009	0,0007	0,0010	0,0006	0,0002	0,0001	0,0000	0,0000	0,0000	-0,0000
	D(CB)/A	-0,0210	-0,0143	-0,0083	-0,0037	-0,0013	-0,0004	-0,0001	-0,0000	-0,0000	0,0000
	D(CC)/A	-0,0021	-0,0014	-0,0008	-0,0004	-0,0001	-0,0000	-0,0000	-0,0000	-0,0000	-0,0000
	D(CD)/A	0,0166	0,0116	0,0068	0,0031	0,0011	0,0004	0,0001	0,0000	0,0000	0,0000
	D(CE)/A	0,0006	-0,0005	-0,0007	-0,0004	-0,0002	-0,0001	-0,0000	-0,0000	-0,0000	0,0000
	D(DA)/A	-0,0000	-0,0000	-0,0001	-0,0001	-0,0001	-0,0000	-0,0000	-0,0000	-0,0000	-0,0000
	D(DB)/A	-0,0008	0,0007	0,0011	0,0008	0,0003	0,0001	0,0000	0,0000	0,0000	-0,0000
	D(DC)/A	-0,0206	-0,0141	-0,0082	-0,0038	-0,0014	-0,0005	-0,0001	-0,0000	-0,0000	0,0000
	D(DD)/A	-0,0018	-0,0011	-0,0003	0,0002	0,0001	0,0001	0,0000	0,0000	0,0000	-0,0000
	D(DE)/A	0,0176	0,0111	0,0058	0,0023	0,0007	0,0002	0,0001	0,0000	0,0000	-0,0000
	D(EA)/A	-0,0000	-0,0000	0,0000	0,0000	0,0000	0,0000	0,0000	0,0000	0,0000	0,0000
	D(EB)/A	-0,0000	-0,0000	-0,0002	-0,0002	-0,0001	-0,0000	-0,0000	-0,0000	-0,0000	0,0000
	D(EC)/A	-0,0008	0,0008	0,0015	0,0012	0,0006	0,0002	0,0001	0,0000	0,0000	0,0000
	D(ED)/A	-0,0196	-0,0160	-0,0113	-0,0063	-0,0025	-0,0009	-0,0003	-0,0001	-0,0000	0,0000
	D(EE)/A	0,0177	0,0134	0,0089	0,0047	0,0018	0,0006	0,0002	0,0001	0,0000	-0,0000
0,05	B(AA)	0,9065	0,9278	0,9490	0,9671	0,9785	0,9827	0,9844	0,9849	0,9850	0,9851
	B(AB)	0,0680	0,0611	0,0510	0,0398	0,0315	0,0282	0,0269	0,0265	0,0264	0,0263
	B(AC)	0,0052	-0,0026	-0,0089	-0,0126	-0,0140	-0,0142	-0,0143	-0,0143	-0,0143	-0,0143
	B(AD)	0,0004	-0,0002	0,0003	0,0013	0,0019	0,0021	0,0022	0,0022	0,0022	0,0023
	B(AE)	0,0000	0,0000	0,0000	-0,0001	-0,0002	-0,0002	-0,0002	-0,0002	-0,0002	-0,0002
	B(BA)	0,0850	0,0764	0,0637	0,0497	0,0394	0,0353	0,0336	0,0331	0,0330	0,0329
	B(BB)	0,8465	0,8642	0,8847	0,9048	0,9189	0,9244	0,9266	0,9272	0,9274	0,9275
	B(BC)	0,0648	0,0654	0,0645	0,0621	0,0597	0,0586	0,0582	0,0581	0,0580	0,0580
	B(BD)	0,0050	-0,0024	-0,0097	-0,0152	-0,0180	-0,0189	-0,0192	-0,0193	-0,0193	-0,0193
	B(BE)	0,0004	-0,0002	0,0004	0,0013	0,0019	0,0022	0,0022	0,0023	0,0023	0,0023
	B(CA)	0,0078	-0,0038	-0,0134	-0,0189	-0,0209	-0,0214	-0,0215	-0,0215	-0,0215	-0,0215
	B(CB)	0,0778	0,0784	0,0774	0,0746	0,0717	0,0704	0,0698	0,0697	0,0696	0,0696
	B(CC)	0,8458	0,8635	0,8806	0,8946	0,9030	0,9062	0,9074	0,9077	0,9078	0,9079
	B(CD)	0,0657	0,0663	0,0654	0,0628	0,0600	0,0588	0,0582	0,0581	0,0580	0,0580
	B(CE)	0,0056	-0,0027	-0,0093	-0,0130	-0,0142	-0,0143	-0,0144	-0,0144	-0,0144	-0,0144
	B(DA)	0,0007	-0,0003	0,0006	0,0023	0,0034	0,0037	0,0039	0,0039	0,0039	0,0039
	B(DB)	0,0071	-0,0034	-0,0136	-0,0213	-0,0252	-0,0264	-0,0269	-0,0270	-0,0270	-0,0271
	B(DC)	0,0767	0,0774	0,0763	0,0733	0,0700	0,0685	0,0679	0,0677	0,0677	0,0676
	B(DD)	0,8462	0,8639	0,8853	0,9072	0,9230	0,9294	0,9319	0,9326	0,9329	0,9330
	B(DE)	0,0723	0,0634	0,0514	0,0385	0,0289	0,0250	0,0235	0,0230	0,0229	0,0228
	B(EA)	0,0001	0,0000	0,0000	-0,0001	-0,0003	-0,0004	-0,0004	-0,0004	-0,0004	-0,0004
	B(EB)	0,0007	-0,0003	0,0006	0,0021	0,0031	0,0035	0,0036	0,0036	0,0036	0,0036
	B(EC)	0,0075	-0,0036	-0,0124	-0,0173	-0,0189	-0,0191	-0,0192	-0,0192	-0,0192	-0,0192
	B(ED)	0,0827	0,0724	0,0587	0,0440	0,0331	0,0286	0,0269	0,0263	0,0262	0,0261
	B(EE)	0,9216	0,9396	0,9576	0,9733	0,9834	0,9873	0,9888	0,9893	0,9894	0,9895

Z	Z(T)	0,00	0,03	0,10	0,30	1,00	3,00	10,0	30,0	100	UNENDL
	D(AA)/A	-0,0450	-0,0343	-0,0227	-0,0119	-0,0045	-0,0016	-0,0005	-0,0002	-0,0001	-0,0000
	D(AB)/A	0,0327	0,0274	0,0197	0,0109	0,0043	0,0016	0,0005	0,0002	0,0000	-0,0000
	D(AC)/A	0,0025	0,0001	-0,0012	-0,0013	-0,0006	-0,0003	-0,0001	-0,0000	-0,0000	0,0000
	D(AD)/A	0,0002	-0,0001	-0,0000	0,0001	0,0001	0,0000	0,0000	0,0000	0,0000	0
	D(AE)/A	0,0000	-0,0000	0,0000	-0,0000	-0,0000	-0,0000	-0,0000	-0,0000	-0,0000	-0,0000
	D(BA)/A	-0,0527	-0,0337	-0,0179	-0,0074	-0,0023	-0,0008	-0,0002	-0,0001	-0,0000	-0,0000
	D(BB)/A	-0,0062	-0,0040	-0,0028	-0,0017	-0,0008	-0,0003	-0,0001	-0,0000	-0,0000	-0,0000
	D(BC)/A	0,0366	0,0259	0,0155	0,0074	0,0026	0,0009	0,0003	0,0001	0,0000	-0,0000
	D(BD)/A	0,0028	0,0001	-0,0011	-0,0009	-0,0004	-0,0002	-0,0000	-0,0000	-0,0000	0
	D(BE)/A	0,0002	-0,0001	-0,0000	0,0001	0,0000	0,0000	0,0000	0,0000	0,0000	-0,0000
	D(CA)/A	-0,0048	0,0001	0,0017	0,0012	0,0005	0,0002	0,0001	0,0000	0,0000	0,0000
	D(CB)/A	-0,0478	-0,0330	-0,0194	-0,0089	-0,0031	-0,0011	-0,0003	-0,0001	-0,0000	-0,0000
	D(CC)/A	-0,0049	-0,0033	-0,0019	-0,0009	-0,0003	-0,0001	-0,0000	-0,0000	-0,0000	0,0000
	D(CD)/A	0,0375	0,0264	0,0158	0,0073	0,0026	0,0009	0,0003	0,0001	0,0000	0,0000
	D(CE)/A	0,0032	-0,0000	-0,0011	-0,0008	-0,0003	-0,0001	-0,0000	-0,0000	-0,0000	-0,0000
	D(DA)/A	-0,0004	0,0001	0,0000	-0,0001	-0,0001	-0,0000	-0,0000	-0,0000	-0,0000	-0,0000
	D(DB)/A	-0,0043	-0,0001	0,0016	0,0013	0,0006	0,0002	0,0001	0,0000	0,0000	-0,0000
	D(DC)/A	-0,0468	-0,0324	-0,0191	-0,0090	-0,0032	-0,0011	-0,0003	-0,0001	-0,0000	0,0000
	D(DD)/A	-0,0039	-0,0027	-0,0010	0,0001	0,0002	0,0001	0,0000	0,0000	0,0000	-0,0000
	D(DE)/A	0,0415	0,0266	0,0142	0,0058	0,0018	0,0006	0,0002	0,0001	0,0000	-0,0000
	D(EA)/A	-0,0000	0,0000	-0,0000	0,0000	0,0000	0,0000	0,0000	0,0000	0,0000	-0,0000
	D(EB)/A	-0,0004	0,0001	0,0000	-0,0001	-0,0001	-0,0001	-0,0000	-0,0000	-0,0000	-0,0000
	D(EC)/A	-0,0038	-0,0002	0,0019	0,0020	0,0010	0,0004	0,0001	0,0000	0,0000	0
	D(ED)/A	-0,0423	-0,0352	-0,0255	-0,0143	-0,0057	-0,0021	-0,0007	-0,0002	-0,0001	0,0000
	D(EE)/A	0,0401	0,0309	0,0208	0,0111	0,0043	0,0016	0,0005	0,0002	0,0000	-0,0000
0,10	B(AA)	0,8375	0,8725	0,9083	0,9399	0,9604	0,9683	0,9713	0,9722	0,9725	0,9727
	B(AB)	0,1093	0,1008	0,0866	0,0692	0,0557	0,0501	0,0479	0,0472	0,0470	0,0468
	B(AC)	0,0146	0,0016	-0,0103	-0,0183	-0,0218	-0,0228	-0,0232	-0,0233	-0,0233	-0,0233
	B(AD)	0,0020	-0,0004	-0,0008	0,0003	0,0014	0,0018	0,0020	0,0020	0,0020	0,0020
	B(AE)	0,0003	-0,0000	0,0001	0,0002	0,0001	0,0001	0,0001	0,0001	0,0001	0,0001
	B(BA)	0,1366	0,1260	0,1082	0,0865	0,0696	0,0626	0,0598	0,0590	0,0587	0,0586
	B(BB)	0,7487	0,7747	0,8054	0,8366	0,8591	0,8681	0,8717	0,8728	0,8732	0,8733
	B(BC)	0,0997	0,1019	0,1024	0,1009	0,0987	0,0976	0,0971	0,0970	0,0969	0,0969
	B(BD)	0,0135	0,0021	-0,0097	-0,0196	-0,0254	-0,0274	-0,0282	-0,0284	-0,0285	-0,0285
	B(BE)	0,0021	-0,0005	-0,0008	0,0003	0,0015	0,0019	0,0021	0,0021	0,0022	0,0022
	B(CA)	0,0218	0,0023	-0,0154	-0,0274	-0,0327	-0,0342	-0,0347	-0,0349	-0,0349	-0,0350
	B(CB)	0,1197	0,1223	0,1229	0,1211	0,1185	0,1171	0,1165	0,1164	0,1163	0,1163
	B(CC)	0,7465	0,7738	0,8011	0,8234	0,8369	0,8417	0,8436	0,8441	0,8443	0,8444
	B(CD)	0,1012	0,1034	0,1040	0,1023	0,0997	0,0983	0,0977	0,0975	0,0975	0,0975
	B(CE)	0,0159	0,0016	-0,0109	-0,0191	-0,0225	-0,0234	-0,0237	-0,0237	-0,0238	-0,0238
	B(DA)	0,0035	-0,0008	-0,0014	0,0005	0,0024	0,0032	0,0035	0,0035	0,0036	0,0036
	B(DB)	0,0189	0,0029	-0,0136	-0,0275	-0,0356	-0,0384	-0,0394	-0,0397	-0,0398	-0,0399
	B(DC)	0,1180	0,1206	0,1213	0,1193	0,1163	0,1147	0,1140	0,1138	0,1137	0,1137
	B(DD)	0,7486	0,7742	0,8061	0,8401	0,8657	0,8762	0,8805	0,8817	0,8822	0,8824
	B(DE)	0,1179	0,1057	0,0879	0,0674	0,0514	0,0447	0,0420	0,0412	0,0409	0,0408
	B(EA)	0,0006	-0,0001	0,0003	0,0004	0,0003	0,0002	0,0002	0,0002	0,0001	0,0001
	B(EB)	0,0034	-0,0007	-0,0013	0,0006	0,0023	0,0031	0,0033	0,0034	0,0034	0,0035
	B(EC)	0,0212	0,0021	-0,0146	-0,0255	-0,0300	-0,0312	-0,0316	-0,0317	-0,0317	-0,0317
	B(ED)	0,1347	0,1208	0,1005	0,0770	0,0587	0,0511	0,0480	0,0471	0,0468	0,0466
	B(EE)	0,8637	0,8932	0,9237	0,9512	0,9695	0,9767	0,9795	0,9803	0,9806	0,9808
	D(AA)/A	-0,0782	-0,0607	-0,0412	-0,0221	-0,0085	-0,0031	-0,0010	-0,0003	-0,0001	-0,0000
	D(AB)/A	0,0526	0,0451	0,0334	0,0191	0,0077	0,0028	0,0009	0,0003	0,0001	-0,0000
	D(AC)/A	0,0070	0,0030	-0,0000	-0,0010	-0,0006	-0,0003	-0,0001	-0,0000	-0,0000	-0,0000
	D(AD)/A	0,0009	-0,0001	-0,0004	-0,0002	-0,0001	-0,0000	-0,0000	-0,0000	-0,0000	0,0000
	D(AE)/A	0,0001	-0,0000	0,0000	0,0000	0,0000	0,0000	0,0000	0,0000	0,0000	-0,0000
	D(BA)/A	-0,0968	-0,0636	-0,0347	-0,0147	-0,0047	-0,0016	-0,0005	-0,0002	-0,0000	-0,0000
	D(BB)/A	-0,0122	-0,0074	-0,0047	-0,0028	-0,0012	-0,0005	-0,0001	-0,0000	-0,0000	0
	D(BC)/A	0,0630	0,0454	0,0278	0,0133	0,0047	0,0017	0,0005	0,0002	0,0001	0
	D(BD)/A	0,0085	0,0028	-0,0003	-0,0009	-0,0005	-0,0002	-0,0001	-0,0000	-0,0000	0,0000
	D(BE)/A	0,0013	-0,0001	-0,0003	-0,0001	-0,0000	-0,0000	0,0000	0,0000	0,0000	0,0000
	D(CA)/A	-0,0153	-0,0040	0,0011	0,0017	0,0008	0,0003	0,0001	0,0000	0,0000	0,0000
	D(CB)/A	-0,0840	-0,0589	-0,0353	-0,0166	-0,0058	-0,0020	-0,0006	-0,0002	-0,0001	0,0000
	D(CC)/A	-0,0090	-0,0060	-0,0035	-0,0016	-0,0006	-0,0002	-0,0001	-0,0000	-0,0000	0,0000
	D(CD)/A	0,0648	0,0464	0,0284	0,0135	0,0048	0,0017	0,0005	0,0002	0,0001	0,0000
	D(CE)/A	0,0102	0,0027	-0,0007	-0,0011	-0,0005	-0,0002	-0,0001	-0,0000	-0,0000	-0,0000
	D(DA)/A	-0,0024	0,0002	0,0005	0,0002	0,0000	0,0000	-0,0000	-0,0000	-0,0000	-0,0000
	D(DB)/A	-0,0131	-0,0041	0,0005	0,0014	0,0007	0,0003	0,0001	0,0000	0,0000	0,0000
	D(DC)/A	-0,0818	-0,0577	-0,0346	-0,0163	-0,0058	-0,0020	-0,0006	-0,0002	-0,0001	-0,0000
	D(DD)/A	-0,0061	-0,0049	-0,0023	-0,0003	0,0002	0,0001	0,0000	0,0000	0,0000	-0,0000
	D(DE)/A	0,0760	0,0500	0,0274	0,0115	0,0037	0,0012	0,0004	0,0001	0,0000	-0,0000
	D(EA)/A	-0,0003	0,0000	-0,0000	-0,0001	-0,0000	-0,0000	-0,0000	-0,0000	-0,0000	0,0000
	D(EB)/A	-0,0017	0,0001	0,0006	0,0004	0,0001	0,0000	0,0000	0,0000	0,0000	-0,0000
	D(EC)/A	-0,0109	-0,0045	0,0001	0,0016	0,0010	0,0004	0,0001	0,0000	0,0000	0,0000
	D(ED)/A	-0,0689	-0,0588	-0,0437	-0,0253	-0,0103	-0,0038	-0,0012	-0,0004	-0,0001	0,0000
	D(EE)/A	0,0697	0,0547	0,0378	0,0207	0,0082	0,0030	0,0009	0,0003	0,0001	-0,0000

Z	Z(T)	0,00	0,03	0,10	0,30	1,00	3,00	10,0	30,0	100	UNENDL
0,20	B(AA)	0,7393	0,7905	0,8453	0,8962	0,9309	0,9446	0,9499	0,9515	0,9521	0,9523
	B(AB)	0,1552	0,1488	0,1332	0,1108	0,0914	0,0829	0,0794	0,0784	0,0780	0,0778
	B(AC)	0,0333	0,0147	-0,0047	-0,0202	-0,0287	-0,0315	-0,0326	-0,0328	-0,0329	-0,0330
	B(AD)	0,0073	0,0009	-0,0027	-0,0032	-0,0022	-0,0016	-0,0014	-0,0013	-0,0013	-0,0012
	B(AE)	0,0020	-0,0000	-0,0001	0,0006	0,0009	0,0010	0,0010	0,0010	0,0010	0,0010
	B(BA)	0,1940	0,1860	0,1666	0,1385	0,1142	0,1036	0,0993	0,0979	0,0975	0,0973
	B(BB)	0,6287	0,6616	0,7011	0,7429	0,7746	0,7877	0,7930	0,7945	0,7951	0,7953
	B(BC)	0,1347	0,1398	0,1438	0,1457	0,1458	0,1456	0,1454	0,1454	0,1454	0,1453
	B(BD)	0,0297	0,0146	-0,0017	-0,0168	-0,0269	-0,0308	-0,0323	-0,0327	-0,0329	-0,0330
	B(BE)	0,0081	0,0009	-0,0028	-0,0031	-0,0020	-0,0013	-0,0010	-0,0009	-0,0009	-0,0009
	B(CA)	0,0499	0,0221	-0,0070	-0,0304	-0,0431	-0,0473	-0,0488	-0,0493	-0,0494	-0,0495
	B(CB)	0,1617	0,1677	0,1726	0,1749	0,1750	0,1747	0,1745	0,1744	0,1744	0,1744
	B(CC)	0,6225	0,6590	0,6978	0,7309	0,7507	0,7579	0,7606	0,7614	0,7617	0,7618
	B(CD)	0,1370	0,1417	0,1460	0,1482	0,1483	0,1479	0,1477	0,1477	0,1476	0,1476
	B(CE)	0,0373	0,0158	-0,0055	-0,0219	-0,0306	-0,0334	-0,0344	-0,0347	-0,0348	-0,0348
	B(DA)	0,0128	0,0015	-0,0047	-0,0055	-0,0039	-0,0028	-0,0024	-0,0022	-0,0022	-0,0022
	B(DB)	0,0415	0,0205	-0,0024	-0,0236	-0,0377	-0,0431	-0,0452	-0,0458	-0,0460	-0,0461
	B(DC)	0,1598	0,1654	0,1704	0,1729	0,1730	0,1726	0,1724	0,1723	0,1723	0,1722
	B(DD)	0,6301	0,6612	0,7015	0,7471	0,7836	0,7993	0,8056	0,8076	0,8082	0,8085
	B(DE)	0,1715	0,1589	0,1372	0,1091	0,0851	0,0746	0,0702	0,0689	0,0685	0,0683
	B(EA)	0,0040	-0,0000	-0,0001	0,0012	0,0019	0,0020	0,0020	0,0020	0,0020	0,0020
	B(EB)	0,0129	0,0014	-0,0045	-0,0050	-0,0032	-0,0021	-0,0017	-0,0015	-0,0015	-0,0014
	B(EC)	0,0497	0,0211	-0,0073	-0,0292	-0,0408	-0,0445	-0,0459	-0,0462	-0,0464	-0,0464
	B(ED)	0,1960	0,1815	0,1568	0,1247	0,0973	0,0852	0,0803	0,0788	0,0782	0,0780
	B(EE)	0,7812	0,8244	0,8711	0,9154	0,9466	0,9592	0,9642	0,9657	0,9662	0,9664
	D(AA)/A	-0,1255	-0,1003	-0,0704	-0,0391	-0,0155	-0,0057	-0,0018	-0,0006	-0,0002	0,0000
	D(AB)/A	0,0747	0,0665	0,0514	0,0307	0,0127	0,0047	0,0015	0,0005	0,0002	0
	D(AC)/A	0,0160	0,0103	0,0049	0,0014	0,0002	0,0000	0,0000	0,0000	0,0000	0
	D(AD)/A	0,0035	0,0009	-0,0005	-0,0008	-0,0004	-0,0002	-0,0000	-0,0000	-0,0000	0
	D(AE)/A	0,0010	0,0000	-0,0001	-0,0000	0,0000	0,0000	0,0000	0,0000	0,0000	0,0000
	D(BA)/A	-0,1675	-0,1142	-0,0651	-0,0286	-0,0095	-0,0032	-0,0010	-0,0003	-0,0001	-0,0000
	D(BB)/A	-0,0243	-0,0141	-0,0078	-0,0041	-0,0017	-0,0007	-0,0002	-0,0001	-0,0000	0,0000
	D(BC)/A	0,0987	0,0739	0,0466	0,0227	0,0082	0,0029	0,0009	0,0003	0,0001	-0,0000
	D(BD)/A	0,0217	0,0109	0,0036	0,0005	-0,0001	-0,0001	-0,0000	-0,0000	-0,0000	0,0000
	D(BE)/A	0,0059	0,0010	-0,0007	-0,0006	-0,0002	-0,0001	-0,0000	-0,0000	-0,0000	0,0000
	D(CA)/A	-0,0425	-0,0182	-0,0039	0,0008	0,0009	0,0004	0,0001	0,0000	0,0000	0,0000
	D(CB)/A	-0,1379	-0,0985	-0,0606	-0,0294	-0,0106	-0,0037	-0,0011	-0,0004	-0,0001	-0,0000
	D(CC)/A	-0,0155	-0,0105	-0,0061	-0,0028	-0,0010	-0,0003	-0,0001	-0,0000	-0,0000	0,0000
	D(CD)/A	0,1038	0,0758	0,0477	0,0236	0,0086	0,0030	0,0009	0,0003	0,0001	0,0000
	D(CE)/A	0,0282	0,0122	0,0027	-0,0006	-0,0006	-0,0003	-0,0001	-0,0000	-0,0000	-0,0000
	D(DA)/A	-0,0106	-0,0017	0,0012	0,0010	0,0004	0,0001	0,0000	0,0000	0,0000	-0,0000
	D(DB)/A	-0,0342	-0,0164	-0,0051	-0,0005	0,0002	0,0001	0,0000	0,0000	0,0000	0,0000
	D(DC)/A	-0,1318	-0,0961	-0,0592	-0,0284	-0,0101	-0,0036	-0,0011	-0,0004	-0,0001	0,0000
	D(DD)/A	-0,0066	-0,0073	-0,0047	-0,0014	-0,0001	0,0000	0,0000	0,0000	0,0000	-0,0000
	D(DE)/A	0,1313	0,0896	0,0511	0,0224	0,0074	0,0025	0,0008	0,0003	0,0001	-0,0000
	D(EA)/A	-0,0020	-0,0001	0,0003	0,0000	-0,0000	-0,0000	-0,0000	-0,0000	-0,0000	-0,0000
	D(EB)/A	-0,0066	-0,0017	0,0010	0,0014	0,0008	0,0003	0,0001	0,0000	0,0000	-0,0000
	D(EC)/A	-0,0254	-0,0160	-0,0075	-0,0021	-0,0003	-0,0000	0,0000	0,0000	0,0000	0,0000
	D(ED)/A	-0,1002	-0,0883	-0,0684	-0,0414	-0,0174	-0,0066	-0,0021	-0,0007	-0,0002	0,0000
	D(EE)/A	0,1118	0,0904	0,0647	0,0369	0,0150	0,0056	0,0017	0,0006	0,0002	-0,0000
0,50	B(AA)	0,5771	0,6457	0,7257	0,8074	0,8688	0,8946	0,9050	0,9081	0,9092	0,9097
	B(AB)	0,1980	0,2027	0,1961	0,1759	0,1526	0,1410	0,1361	0,1345	0,1340	0,1338
	B(AC)	0,0698	0,0493	0,0222	-0,0062	-0,0263	-0,0343	-0,0374	-0,0383	-0,0386	-0,0388
	B(AD)	0,0260	0,0116	-0,0011	-0,0094	-0,0128	-0,0136	-0,0138	-0,0138	-0,0138	-0,0138
	B(AE)	0,0126	0,0033	-0,0011	-0,0008	0,0012	0,0021	0,0025	0,0027	0,0027	0,0027
	B(BA)	0,2475	0,2534	0,2451	0,2199	0,1908	0,1763	0,1701	0,1682	0,1675	0,1672
	B(BB)	0,4694	0,5063	0,5507	0,5991	0,6381	0,6552	0,6623	0,6644	0,6652	0,6655
	B(BC)	0,1654	0,1739	0,1839	0,1938	0,2008	0,2037	0,2048	0,2051	0,2052	0,2053
	B(BD)	0,0617	0,0441	0,0248	0,0059	-0,0080	-0,0138	-0,0162	-0,0169	-0,0172	-0,0173
	B(BE)	0,0298	0,0128	-0,0013	-0,0099	-0,0129	-0,0133	-0,0134	-0,0134	-0,0134	-0,0134
	B(CA)	0,1046	0,0739	0,0333	-0,0093	-0,0395	-0,0514	-0,0561	-0,0574	-0,0579	-0,0581
	B(CB)	0,1984	0,2087	0,2206	0,2325	0,2410	0,2444	0,2457	0,2461	0,2463	0,2463
	B(CC)	0,4563	0,4963	0,5454	0,5939	0,6264	0,6388	0,6436	0,6450	0,6455	0,6457
	B(CD)	0,1704	0,1771	0,1866	0,1977	0,2064	0,2101	0,2116	0,2121	0,2123	0,2123
	B(CE)	0,0823	0,0555	0,0231	-0,0091	-0,0313	-0,0400	-0,0434	-0,0445	-0,0448	-0,0450
	B(DA)	0,0456	0,0203	-0,0019	-0,0164	-0,0224	-0,0237	-0,0241	-0,0242	-0,0242	-0,0242
	B(DB)	0,0864	0,0618	0,0347	0,0083	-0,0112	-0,0194	-0,0227	-0,0237	-0,0241	-0,0242
	B(DC)	0,1988	0,2066	0,2178	0,2307	0,2408	0,2452	0,2469	0,2474	0,2476	0,2477
	B(DD)	0,4779	0,5092	0,5513	0,6028	0,6484	0,6695	0,6784	0,6812	0,6821	0,6826
	B(DE)	0,2309	0,2257	0,2085	0,1775	0,1452	0,1293	0,1224	0,1203	0,1195	0,1192
	B(EA)	0,0252	0,0066	-0,0023	-0,0015	0,0023	0,0043	0,0051	0,0053	0,0054	0,0054
	B(EB)	0,0477	0,0206	-0,0021	-0,0159	-0,0206	-0,0213	-0,0214	-0,0214	-0,0214	-0,0214
	B(EC)	0,1098	0,0740	0,0308	-0,0121	-0,0417	-0,0534	-0,0579	-0,0593	-0,0598	-0,0600
	B(ED)	0,2639	0,2580	0,2383	0,2029	0,1659	0,1477	0,1399	0,1375	0,1366	0,1362
	B(EE)	0,6444	0,7026	0,7709	0,8422	0,8978	0,9219	0,9319	0,9349	0,9360	0,9364

Z	Z(T)	0,00	0,03	0,10	0,30	1,00	3,00	10,0	30,0	100	UNENDL
	D(AA)/A	-0,2036	-0,1710	-0,1279	-0,0764	-0,0322	-0,0122	-0,0038	-0,0013	-0,0004	-0,0000
	D(AB)/A	0,0953	0,0897	0,0747	0,0484	0,0214	0,0082	0,0026	0,0009	0,0003	0
	D(AC)/A	0,0336	0,0282	0,0206	0,0117	0,0047	0,0017	0,0005	0,0002	0,0001	0
	D(AD)/A	0,0125	0,0071	0,0024	-0,0002	-0,0006	-0,0003	-0,0001	-0,0000	-0,0000	0,0000
	D(AE)/A	0,0061	0,0020	-0,0002	-0,0007	-0,0003	-0,0001	-0,0000	-0,0000	-0,0000	0
	D(BA)/A	-0,3043	-0,2216	-0,1364	-0,0650	-0,0228	-0,0080	-0,0024	-0,0008	-0,0002	0
	D(BB)/A	-0,0586	-0,0353	-0,0177	-0,0074	-0,0026	-0,0009	-0,0003	-0,0001	-0,0000	0,0000
	D(BC)/A	0,1502	0,1202	0,0815	0,0422	0,0157	0,0056	0,0017	0,0006	0,0002	0,0000
	D(BD)/A	0,0561	0,0362	0,0192	0,0078	0,0024	0,0008	0,0002	0,0001	0,0000	-0,0000
	D(BE)/A	0,0271	0,0110	0,0014	-0,0014	-0,0009	-0,0004	-0,0001	-0,0000	-0,0000	0
	D(CA)/A	-0,1248	-0,0721	-0,0310	-0,0084	-0,0013	-0,0002	-0,0000	-0,0000	-0,0000	-0,0000
	D(CB)/A	-0,2367	-0,1747	-0,1113	-0,0562	-0,0209	-0,0075	-0,0023	-0,0008	-0,0002	0,0000
	D(CC)/A	-0,0292	-0,0205	-0,0122	-0,0057	-0,0020	-0,0007	-0,0002	-0,0001	-0,0000	0
	D(CD)/A	0,1710	0,1289	0,0842	0,0436	0,0165	0,0060	0,0019	0,0006	0,0002	0,0000
	D(CE)/A	0,0826	0,0478	0,0206	0,0055	0,0008	0,0001	0,0000	-0,0000	-0,0000	0,0000
	D(DA)/A	-0,0486	-0,0196	-0,0024	0,0025	0,0016	0,0006	0,0002	0,0001	0,0000	-0,0000
	D(DB)/A	-0,0921	-0,0574	-0,0289	-0,0111	-0,0033	-0,0011	-0,0003	-0,0001	-0,0000	0,0000
	D(DC)/A	-0,2119	-0,1643	-0,1082	-0,0548	-0,0201	-0,0071	-0,0022	-0,0007	-0,0002	-0,0000
	D(DD)/A	0,0034	-0,0048	-0,0071	-0,0044	-0,0015	-0,0005	-0,0001	-0,0000	-0,0000	-0,0000
	D(DE)/A	0,2378	0,1732	0,1066	0,0507	0,0177	0,0062	0,0019	0,0006	0,0002	0,0000
	D(EA)/A	-0,0129	-0,0044	0,0005	0,0015	0,0008	0,0003	0,0001	0,0000	0,0000	-0,0000
	D(EB)/A	-0,0244	-0,0134	-0,0043	0,0006	0,0012	0,0006	0,0002	0,0001	0,0000	0
	D(EC)/A	-0,0561	-0,0458	-0,0327	-0,0185	-0,0075	-0,0028	-0,0009	-0,0003	-0,0001	0,0000
	D(ED)/A	-0,1349	-0,1252	-0,1039	-0,0683	-0,0307	-0,0119	-0,0038	-0,0013	-0,0004	0,0000
	D(EE)/A	0,1818	0,1544	0,1178	0,0725	0,0314	0,0120	0,0038	0,0013	0,0004	-0,0000
1,00	B(AA)	0,4502	0,5228	0,6145	0,7174	0,8025	0,8410	0,8571	0,8620	0,8637	0,8645
	B(AB)	0,2039	0,2193	0,2270	0,2192	0,2007	0,1894	0,1842	0,1825	0,1819	0,1817
	B(AC)	0,0960	0,0802	0,0549	0,0213	-0,0086	-0,0224	-0,0281	-0,0299	-0,0305	-0,0308
	B(AD)	0,0494	0,0304	0,0099	-0,0083	-0,0199	-0,0243	-0,0261	-0,0266	-0,0268	-0,0268
	B(AE)	0,0322	0,0148	0,0010	-0,0045	-0,0028	-0,0008	0,0003	0,0006	0,0007	0,0008
	B(BA)	0,2548	0,2742	0,2838	0,2740	0,2509	0,2367	0,2302	0,2282	0,2274	0,2271
	B(BB)	0,3690	0,4051	0,4493	0,4973	0,5365	0,5541	0,5615	0,5637	0,5645	0,5649
	B(BC)	0,1738	0,1830	0,1955	0,2106	0,2240	0,2303	0,2329	0,2337	0,2340	0,2341
	B(BD)	0,0895	0,0715	0,0515	0,0329	0,0202	0,0150	0,0129	0,0123	0,0120	0,0119
	B(BE)	0,0583	0,0349	0,0106	-0,0096	-0,0214	-0,0255	-0,0270	-0,0274	-0,0276	-0,0276
	B(CA)	0,1440	0,1202	0,0823	0,0320	-0,0129	-0,0335	-0,0422	-0,0448	-0,0457	-0,0462
	B(CB)	0,2086	0,2196	0,2346	0,2527	0,2688	0,2763	0,2795	0,2805	0,2808	0,2810
	B(CC)	0,3566	0,3900	0,4369	0,4921	0,5366	0,5559	0,5638	0,5662	0,5671	0,5674
	B(CD)	0,1835	0,1889	0,1990	0,2148	0,2312	0,2396	0,2433	0,2444	0,2448	0,2450
	B(CE)	0,1196	0,0948	0,0604	0,0191	-0,0163	-0,0325	-0,0393	-0,0414	-0,0422	-0,0425
	B(DA)	0,0865	0,0533	0,0174	-0,0144	-0,0348	-0,0426	-0,0456	-0,0465	-0,0468	-0,0470
	B(DB)	0,1252	0,1001	0,0721	0,0461	0,0282	0,0210	0,0181	0,0172	0,0169	0,0167
	B(DC)	0,2141	0,2204	0,2322	0,2506	0,2698	0,2795	0,2838	0,2852	0,2856	0,2859
	B(DD)	0,3884	0,4156	0,4530	0,5003	0,5451	0,5673	0,5769	0,5799	0,5810	0,5815
	B(DE)	0,2530	0,2569	0,2507	0,2277	0,1955	0,1772	0,1688	0,1662	0,1653	0,1648
	B(EA)	0,0644	0,0296	0,0020	-0,0089	-0,0057	-0,0016	0,0005	0,0012	0,0014	0,0015
	B(EB)	0,0933	0,0558	0,0169	-0,0154	-0,0342	-0,0408	-0,0432	-0,0439	-0,0441	-0,0442
	B(EC)	0,1594	0,1264	0,0805	0,0254	-0,0218	-0,0433	-0,0524	-0,0552	-0,0562	-0,0566
	B(ED)	0,2892	0,2935	0,2865	0,2602	0,2235	0,2025	0,1930	0,1899	0,1889	0,1884
	B(EE)	0,5369	0,5987	0,6773	0,7673	0,8450	0,8816	0,8972	0,9020	0,9038	0,9045
	D(AA)/A	-0,2647	-0,2319	-0,1836	-0,1176	-0,0527	-0,0205	-0,0065	-0,0022	-0,0007	-0,0000
	D(AB)/A	0,0982	0,0956	0,0842	0,0587	0,0276	0,0109	0,0035	0,0012	0,0004	0,0000
	D(AC)/A	0,0462	0,0438	0,0377	0,0260	0,0122	0,0048	0,0015	0,0005	0,0002	0,0000
	D(AD)/A	0,0238	0,0171	0,0101	0,0042	0,0012	0,0004	0,0001	0,0000	0,0000	0,0000
	D(AE)/A	0,0155	0,0084	0,0021	-0,0011	-0,0011	-0,0005	-0,0002	-0,0001	-0,0000	-0,0000
	D(BA)/A	-0,4281	-0,3304	-0,2183	-0,1123	-0,0420	-0,0151	-0,0047	-0,0016	-0,0005	-0,0000
	D(BB)/A	-0,1014	-0,0676	-0,0361	-0,0143	-0,0043	-0,0014	-0,0004	-0,0001	-0,0000	0,0000
	D(BC)/A	0,1806	0,1523	0,1107	0,0620	0,0244	0,0089	0,0028	0,0009	0,0003	-0,0000
	D(BD)/A	0,0930	0,0680	0,0422	0,0207	0,0076	0,0027	0,0008	0,0003	0,0001	-0,0000
	D(BE)/A	0,0606	0,0338	0,0117	0,0005	-0,0013	-0,0007	-0,0002	-0,0001	-0,0000	0,0000
	D(CA)/A	-0,2254	-0,1519	-0,0811	-0,0306	-0,0081	-0,0024	-0,0007	-0,0002	-0,0001	-0,0000
	D(CB)/A	-0,3265	-0,2502	-0,1648	-0,0855	-0,0325	-0,0118	-0,0037	-0,0012	-0,0004	0
	D(CC)/A	-0,0430	-0,0318	-0,0198	-0,0095	-0,0033	-0,0012	-0,0003	-0,0001	-0,0000	0,0000
	D(CD)/A	0,2286	0,1779	0,1197	0,0638	0,0249	0,0091	0,0028	0,0010	0,0003	-0,0000
	D(CE)/A	0,1489	0,1005	0,0537	0,0201	0,0051	0,0014	0,0004	0,0001	0,0000	-0,0000
	D(DA)/A	-0,1089	-0,0605	-0,0209	-0,0009	0,0022	0,0012	0,0004	0,0001	0,0000	-0,0000
	D(DB)/A	-0,1576	-0,1119	-0,0666	-0,0309	-0,0108	-0,0038	-0,0012	-0,0004	-0,0001	0,0000
	D(DC)/A	-0,2695	-0,2197	-0,1543	-0,0839	-0,0324	-0,0118	-0,0037	-0,0012	-0,0004	0,0000
	D(DD)/A	0,0240	0,0082	-0,0028	-0,0056	-0,0032	-0,0013	-0,0004	-0,0001	-0,0000	-0,0000
	D(DE)/A	0,3341	0,2578	0,1702	0,0876	0,0328	0,0118	0,0036	0,0012	0,0004	-0,0000
	D(EA)/A	-0,0329	-0,0180	-0,0046	0,0025	0,0027	0,0012	0,0004	0,0001	0,0000	-0,0000
	D(EB)/A	-0,0477	-0,0338	-0,0193	-0,0077	-0,0020	-0,0005	-0,0001	-0,0000	-0,0000	0
	D(EC)/A	-0,0815	-0,0745	-0,0624	-0,0427	-0,0203	-0,0081	-0,0026	-0,0009	-0,0003	0,0000
	D(ED)/A	-0,1478	-0,1416	-0,1239	-0,0876	-0,0422	-0,0169	-0,0055	-0,0019	-0,0006	0,0000
	D(EE)/A	0,2367	0,2099	0,1696	0,1122	0,0520	0,0206	0,0066	0,0022	0,0007	-0,0000

Z	Z(T)	0,00	0,03	0,10	0,30	1,00	3,00	10,0	30,0	100	UNENDL
2,00	B(AA)	0,3392	0,4046	0,4971	0,6131	0,7209	0,7742	0,7975	0,8048	0,8074	0,8085
	B(AB)	0,1912	0,2124	0,2339	0,2452	0,2402	0,2331	0,2292	0,2279	0,2274	0,2272
	B(AC)	0,1141	0,1047	0,0871	0,0575	0,0234	0,0045	-0,0042	-0,0069	-0,0079	-0,0083
	B(AD)	0,0753	0,0560	0,0310	0,0037	-0,0184	-0,0285	-0,0329	-0,0343	-0,0348	-0,0350
	B(AE)	0,0594	0,0375	0,0128	-0,0062	-0,0121	-0,0112	-0,0101	-0,0097	-0,0095	-0,0094
	B(BA)	0,2390	0,2655	0,2924	0,3064	0,3003	0,2914	0,2865	0,2849	0,2843	0,2840
	B(BB)	0,2925	0,3242	0,3661	0,4131	0,4514	0,4688	0,4761	0,4783	0,4792	0,4795
	B(BC)	0,1745	0,1825	0,1946	0,2117	0,2298	0,2395	0,2440	0,2454	0,2459	0,2461
	B(BD)	0,1153	0,0989	0,0789	0,0601	0,0491	0,0457	0,0447	0,0444	0,0443	0,0443
	B(BE)	0,0909	0,0662	0,0350	0,0023	-0,0225	-0,0334	-0,0379	-0,0393	-0,0398	-0,0400
	B(CA)	0,1711	0,1570	0,1306	0,0863	0,0351	0,0068	-0,0062	-0,0103	-0,0118	-0,0125
	B(CB)	0,2094	0,2190	0,2335	0,2541	0,2757	0,2874	0,2928	0,2945	0,2951	0,2953
	B(CC)	0,2886	0,3118	0,3484	0,3999	0,4521	0,4792	0,4913	0,4951	0,4965	0,4971
	B(CD)	0,1906	0,1937	0,2009	0,2159	0,2363	0,2488	0,2548	0,2568	0,2575	0,2578
	B(CE)	0,1504	0,1313	0,1016	0,0592	0,0143	-0,0101	-0,0213	-0,0249	-0,0262	-0,0267
	B(DA)	0,1318	0,0980	0,0542	0,0064	-0,0321	-0,0499	-0,0576	-0,0600	-0,0609	-0,0612
	B(DB)	0,1614	0,1384	0,1105	0,0841	0,0687	0,0640	0,0626	0,0622	0,0621	0,0620
	B(DC)	0,2224	0,2259	0,2344	0,2518	0,2757	0,2903	0,2973	0,2996	0,3004	0,3007
	B(DD)	0,3254	0,3468	0,3775	0,4175	0,4569	0,4777	0,4871	0,4901	0,4911	0,4916
	B(DE)	0,2567	0,2666	0,2727	0,2651	0,2415	0,2242	0,2155	0,2127	0,2116	0,2112
	B(EA)	0,1189	0,0749	0,0257	-0,0123	-0,0242	-0,0224	-0,0202	-0,0193	-0,0190	-0,0188
	B(EB)	0,1455	0,1060	0,0560	0,0036	-0,0361	-0,0534	-0,0607	-0,0629	-0,0637	-0,0640
	B(EC)	0,2005	0,1751	0,1355	0,0790	0,0191	-0,0135	-0,0284	-0,0332	-0,0349	-0,0356
	B(ED)	0,2934	0,3047	0,3117	0,3029	0,2761	0,2563	0,2463	0,2431	0,2419	0,2413
	B(EE)	0,4425	0,4984	0,5778	0,6796	0,7788	0,8305	0,8538	0,8612	0,8638	0,8650
	D(AA)/A	-0,3181	-0,2912	-0,2447	-0,1694	-0,0819	-0,0331	-0,0107	-0,0037	-0,0011	-0,0000
	D(AB)/A	0,0920	0,0902	0,0821	0,0611	0,0309	0,0127	0,0041	0,0014	0,0004	-0,0000
	D(AC)/A	0,0549	0,0560	0,0539	0,0430	0,0231	0,0097	0,0032	0,0011	0,0003	0,0000
	D(AD)/A	0,0363	0,0306	0,0230	0,0144	0,0067	0,0027	0,0009	0,0003	0,0001	0,0000
	D(AE)/A	0,0286	0,0205	0,0105	0,0016	-0,0015	-0,0011	-0,0004	-0,0001	-0,0000	0
	D(BA)/A	-0,5471	-0,4489	-0,3203	-0,1801	-0,0729	-0,0272	-0,0085	-0,0029	-0,0009	-0,0000
	D(BB)/A	-0,1512	-0,1134	-0,0692	-0,0303	-0,0090	-0,0028	-0,0008	-0,0003	-0,0001	-0,0000
	D(BC)/A	0,1991	0,1741	0,1348	0,0825	0,0355	0,0136	0,0043	0,0015	0,0004	0
	D(BD)/A	0,1315	0,1061	0,0745	0,0416	0,0171	0,0065	0,0020	0,0007	0,0002	-0,0000
	D(BE)/A	0,1037	0,0719	0,0372	0,0107	0,0005	-0,0005	-0,0003	-0,0001	-0,0000	-0,0000
	D(CA)/A	-0,3394	-0,2598	-0,1643	-0,0763	-0,0248	-0,0082	-0,0024	-0,0008	-0,0002	-0,0000
	D(CB)/A	-0,4155	-0,3353	-0,2325	-0,1254	-0,0486	-0,0177	-0,0055	-0,0019	-0,0006	-0,0000
	D(CC)/A	-0,0573	-0,0455	-0,0306	-0,0155	-0,0055	-0,0019	-0,0006	-0,0002	-0,0001	0
	D(CD)/A	0,2839	0,2308	0,1621	0,0892	0,0354	0,0131	0,0041	0,0014	0,0004	0,0000
	D(CE)/A	0,2240	0,1716	0,1085	0,0501	0,0159	0,0051	0,0015	0,0005	0,0001	-0,0000
	D(DA)/A	-0,1867	-0,1291	-0,0667	-0,0193	-0,0013	0,0007	0,0004	0,0001	0,0000	0,0000
	D(DB)/A	-0,2285	-0,1807	-0,1226	-0,0654	-0,0255	-0,0094	-0,0029	-0,0010	-0,0003	-0,0000
	D(DC)/A	-0,3149	-0,2679	-0,2004	-0,1185	-0,0498	-0,0189	-0,0060	-0,0020	-0,0006	-0,0000
	D(DD)/A	0,0520	0,0326	0,0124	-0,0013	-0,0038	-0,0020	-0,0007	-0,0003	-0,0001	-0,0000
	D(DE)/A	0,4268	0,3499	0,2495	0,1406	0,0573	0,0215	0,0068	0,0023	0,0007	0
	D(EA)/A	-0,0608	-0,0441	-0,0230	-0,0039	0,0034	0,0024	0,0009	0,0003	0,0001	0
	D(EB)/A	-0,0744	-0,0622	-0,0462	-0,0280	-0,0126	-0,0050	-0,0016	-0,0006	-0,0002	0,0000
	D(EC)/A	-0,1025	-0,1010	-0,0944	-0,0745	-0,0404	-0,0173	-0,0057	-0,0020	-0,0006	0,0000
	D(ED)/A	-0,1500	-0,1455	-0,1320	-0,0998	-0,0520	-0,0218	-0,0072	-0,0025	-0,0007	0,0000
	D(EE)/A	0,2849	0,2640	0,2267	0,1626	0,0821	0,0340	0,0111	0,0038	0,0012	-0,0000
5,00	B(AA)	0,2352	0,2792	0,3532	0,4673	0,5963	0,6701	0,7050	0,7163	0,7204	0,7221
	B(AB)	0,1667	0,1848	0,2118	0,2443	0,2674	0,2744	0,2762	0,2766	0,2767	0,2768
	B(AC)	0,1260	0,1225	0,1152	0,0997	0,0749	0,0567	0,0469	0,0436	0,0424	0,0419
	B(AD)	0,1033	0,0892	0,0666	0,0344	0,0012	-0,0170	-0,0256	-0,0284	-0,0294	-0,0298
	B(AE)	0,0933	0,0749	0,0463	0,0087	-0,0225	-0,0341	-0,0379	-0,0389	-0,0392	-0,0394
	B(BA)	0,2084	0,2310	0,2648	0,3054	0,3342	0,3430	0,3453	0,3458	0,3459	0,3460
	B(BB)	0,2270	0,2483	0,2815	0,3264	0,3682	0,3888	0,3979	0,4008	0,4018	0,4022
	B(BC)	0,1716	0,1767	0,1856	0,2005	0,2200	0,2328	0,2395	0,2417	0,2425	0,2428
	B(BD)	0,1407	0,1294	0,1124	0,0923	0,0785	0,0747	0,0739	0,0738	0,0738	0,0738
	B(BE)	0,1271	0,1087	0,0791	0,0372	-0,0059	-0,0295	-0,0406	-0,0442	-0,0455	-0,0461
	B(CA)	0,1890	0,1838	0,1729	0,1496	0,1123	0,0850	0,0704	0,0655	0,0636	0,0628
	B(CB)	0,2059	0,2120	0,2227	0,2406	0,2639	0,2794	0,2873	0,2900	0,2910	0,2914
	B(CC)	0,2386	0,2504	0,2710	0,3059	0,3521	0,3831	0,3992	0,4046	0,4066	0,4075
	B(CD)	0,1956	0,1965	0,1994	0,2076	0,2237	0,2367	0,2439	0,2463	0,2472	0,2476
	B(CE)	0,1767	0,1659	0,1467	0,1137	0,0690	0,0385	0,0224	0,0170	0,0150	0,0141
	B(DA)	0,1808	0,1562	0,1166	0,0602	0,0021	-0,0298	-0,0448	-0,0497	-0,0514	-0,0522
	B(DB)	0,1970	0,1811	0,1574	0,1292	0,1099	0,1046	0,1035	0,1034	0,1033	0,1033
	B(DC)	0,2282	0,2293	0,2326	0,2423	0,2610	0,2761	0,2845	0,2874	0,2885	0,2889
	B(DD)	0,2757	0,2888	0,3099	0,3401	0,3720	0,3899	0,3985	0,4012	0,4022	0,4027
	B(DE)	0,2491	0,2591	0,2727	0,2848	0,2840	0,2762	0,2707	0,2686	0,2679	0,2675
	B(EA)	0,1866	0,1499	0,0926	0,0174	-0,0449	-0,0682	-0,0759	-0,0778	-0,0785	-0,0788
	B(EB)	0,2034	0,1738	0,1265	0,0595	-0,0095	-0,0472	-0,0650	-0,0707	-0,0728	-0,0737
	B(EC)	0,2356	0,2211	0,1955	0,1516	0,0921	0,0513	0,0299	0,0227	0,0200	0,0189
	B(ED)	0,2847	0,2961	0,3117	0,3255	0,3245	0,3157	0,3093	0,3070	0,3061	0,3057
	B(EE)	0,3538	0,3915	0,4552	0,5556	0,6754	0,7489	0,7855	0,7975	0,8019	0,8038

Z	Z(T)	0,00	0,03	0,10	0,30	1,00	3,00	10,0	30,0	100	UNENDL
	D(AA)/A	-0,3682	-0,3547	-0,3223	-0,2491	-0,1357	-0,0586	-0,0196	-0,0068	-0,0021	-0,0000
	D(AB)/A	0,0803	0,0745	0,0644	0,0475	0,0255	0,0111	0,0037	0,0013	0,0004	0
	D(AC)/A	0,0607	0,0647	0,0675	0,0614	0,0387	0,0180	0,0062	0,0022	0,0007	0
	D(AD)/A	0,0497	0,0479	0,0441	0,0356	0,0209	0,0095	0,0033	0,0011	0,0003	0
	D(AE)/A	0,0449	0,0403	0,0316	0,0177	0,0046	0,0006	-0,0001	-0,0000	-0,0000	0,0000
	D(BA)/A	-0,6663	-0,5872	-0,4644	-0,2977	-0,1366	-0,0545	-0,0176	-0,0060	-0,0018	0,0000
	D(BB)/A	-0,2075	-0,1770	-0,1306	-0,0723	-0,0263	-0,0088	-0,0026	-0,0009	-0,0003	0,0000
	D(BC)/A	0,2096	0,1873	0,1518	0,1019	0,0499	0,0208	0,0069	0,0024	0,0007	0
	D(BD)/A	0,1719	0,1533	0,1231	0,0803	0,0375	0,0152	0,0050	0,0017	0,0005	0,0000
	D(BE)/A	0,1553	0,1297	0,0922	0,0474	0,0145	0,0039	0,0010	0,0003	0,0001	0,0000
	D(CA)/A	-0,4656	-0,4046	-0,3082	-0,1813	-0,0731	-0,0269	-0,0083	-0,0028	-0,0008	-0,0000
	D(CB)/A	-0,5074	-0,4391	-0,3342	-0,1986	-0,0819	-0,0305	-0,0096	-0,0032	-0,0010	-0,0000
	D(CC)/A	-0,0726	-0,0629	-0,0477	-0,0280	-0,0112	-0,0041	-0,0013	-0,0004	-0,0001	0,0000
	D(CD)/A	0,3399	0,2938	0,2235	0,1331	0,0553	0,0208	0,0065	0,0022	0,0007	0,0000
	D(CE)/A	0,3070	0,2668	0,2033	0,1193	0,0478	0,0174	0,0054	0,0018	0,0005	0,0000
	D(DA)/A	-0,2797	-0,2334	-0,1659	-0,0859	-0,0275	-0,0080	-0,0021	-0,0007	-0,0002	-0,0000
	D(DB)/A	-0,3047	-0,2689	-0,2123	-0,1350	-0,0613	-0,0244	-0,0079	-0,0027	-0,0008	0,0000
	D(DC)/A	-0,3530	-0,3129	-0,2500	-0,1640	-0,0782	-0,0322	-0,0106	-0,0036	-0,0011	0,0000
	D(DD)/A	0,0863	0,0709	0,0475	0,0197	0,0022	-0,0008	-0,0005	-0,0002	-0,0001	-0,0000
	D(DE)/A	0,5196	0,4574	0,3616	0,2331	0,1088	0,0441	0,0144	0,0049	0,0015	-0,0000
	D(EA)/A	-0,0954	-0,0867	-0,0697	-0,0409	-0,0124	-0,0025	-0,0003	-0,0001	-0,0000	0,0000
	D(EB)/A	-0,1039	-0,1004	-0,0927	-0,0749	-0,0439	-0,0200	-0,0069	-0,0024	-0,0007	0,0000
	D(EC)/A	-0,1204	-0,1260	-0,1292	-0,1170	-0,0746	-0,0352	-0,0122	-0,0043	-0,0013	0,0000
	D(ED)/A	-0,1455	-0,1390	-0,1257	-0,0986	-0,0562	-0,0252	-0,0086	-0,0030	-0,0009	-0,0000
	D(EE)/A	0,3303	0,3223	0,2996	0,2412	0,1388	0,0622	0,0212	0,0074	0,0022	-0,0000
10,00	B(AA)	0,1889	0,2164	0,2683	0,3637	0,4968	0,5867	0,6331	0,6486	0,6543	0,6568
	B(AB)	0,1525	0,1647	0,1865	0,2222	0,2643	0,2883	0,2995	0,3030	0,3043	0,3049
	B(AC)	0,1298	0,1284	0,1254	0,1187	0,1064	0,0959	0,0896	0,0874	0,0866	0,0862
	B(AD)	0,1167	0,1077	0,0911	0,0625	0,0254	0,0015	-0,0106	-0,0146	-0,0161	-0,0167
	B(AE)	0,1108	0,0984	0,0755	0,0356	-0,0156	-0,0468	-0,0617	-0,0665	-0,0683	-0,0690
	B(BA)	0,1907	0,2059	0,2331	0,2778	0,3304	0,3604	0,3743	0,3788	0,3804	0,3811
	B(BB)	0,1992	0,2125	0,2360	0,2743	0,3197	0,3472	0,3609	0,3654	0,3670	0,3678
	B(BC)	0,1696	0,1727	0,1786	0,1900	0,2075	0,2212	0,2290	0,2318	0,2328	0,2333
	B(BD)	0,1524	0,1452	0,1329	0,1145	0,0964	0,0882	0,0852	0,0843	0,0840	0,0839
	B(BE)	0,1447	0,1327	0,1107	0,0720	0,0200	-0,0153	-0,0340	-0,0404	-0,0427	-0,0437
	B(CA)	0,1948	0,1925	0,1880	0,1780	0,1596	0,1438	0,1345	0,1311	0,1299	0,1293
	B(CB)	0,2035	0,2072	0,2143	0,2280	0,2491	0,2654	0,2748	0,2782	0,2794	0,2800
	B(CC)	0,2199	0,2264	0,2382	0,2601	0,2938	0,3203	0,3357	0,3412	0,3432	0,3441
	B(CD)	0,1976	0,1979	0,1990	0,2027	0,2117	0,2204	0,2258	0,2278	0,2285	0,2289
	B(CE)	0,1876	0,1813	0,1693	0,1461	0,1090	0,0791	0,0616	0,0554	0,0531	0,0520
	B(DA)	0,2042	0,1884	0,1595	0,1093	0,0444	0,0027	-0,0185	-0,0255	-0,0281	-0,0292
	B(DB)	0,2133	0,2033	0,1861	0,1603	0,1350	0,1235	0,1192	0,1180	0,1176	0,1174
	B(DC)	0,2306	0,2309	0,2321	0,2364	0,2469	0,2571	0,2635	0,2658	0,2666	0,2670
	B(DD)	0,2558	0,2637	0,2777	0,3005	0,3281	0,3449	0,3532	0,3560	0,3570	0,3575
	B(DE)	0,2428	0,2499	0,2619	0,2798	0,2962	0,3019	0,3030	0,3032	0,3032	0,3032
	B(EA)	0,2215	0,1967	0,1511	0,0712	-0,0312	-0,0936	-0,1235	-0,1330	-0,1365	-0,1380
	B(EB)	0,2314	0,2123	0,1771	0,1152	0,0320	-0,0245	-0,0544	-0,0646	-0,0683	-0,0700
	B(EC)	0,2501	0,2417	0,2257	0,1948	0,1453	0,1054	0,0821	0,0738	0,0707	0,0694
	B(ED)	0,2775	0,2856	0,2993	0,3198	0,3385	0,3450	0,3463	0,3465	0,3465	0,3465
	B(EE)	0,3142	0,3378	0,3826	0,4664	0,5904	0,6812	0,7311	0,7483	0,7547	0,7575
	D(AA)/A	-0,3905	-0,3867	-0,3693	-0,3105	-0,1877	-0,0865	-0,0299	-0,0104	-0,0032	-0,0000
	D(AB)/A	0,0734	0,0637	0,0478	0,0269	0,0103	0,0040	0,0013	0,0005	0,0001	-0,0000
	D(AC)/A	0,0625	0,0675	0,0720	0,0687	0,0468	0,0231	0,0083	0,0029	0,0009	0
	D(AD)/A	0,0562	0,0575	0,0585	0,0543	0,0365	0,0178	0,0063	0,0022	0,0007	0,0000
	D(AE)/A	0,0533	0,0526	0,0495	0,0394	0,0204	0,0078	0,0024	0,0008	0,0002	0,0000
	D(BA)/A	-0,7214	-0,6603	-0,5573	-0,3958	-0,2040	-0,0870	-0,0291	-0,0100	-0,0030	-0,0000
	D(BB)/A	-0,2352	-0,2139	-0,1762	-0,1167	-0,0528	-0,0203	-0,0064	-0,0022	-0,0006	0,0000
	D(BC)/A	0,2125	0,1904	0,1558	0,1076	0,0559	0,0246	0,0084	0,0029	0,0009	0,0000
	D(BD)/A	0,1910	0,1789	0,1554	0,1133	0,0593	0,0255	0,0086	0,0030	0,0009	0,0000
	D(BE)/A	0,1813	0,1645	0,1359	0,0910	0,0412	0,0155	0,0048	0,0016	0,0005	0,0000
	D(CA)/A	-0,5270	-0,4868	-0,4115	-0,2843	-0,1374	-0,0558	-0,0181	-0,0062	-0,0019	-0,0000
	D(CB)/A	-0,5507	-0,4958	-0,4033	-0,2646	-0,1212	-0,0478	-0,0154	-0,0052	-0,0016	-0,0000
	D(CC)/A	-0,0799	-0,0725	-0,0597	-0,0398	-0,0187	-0,0075	-0,0024	-0,0008	-0,0003	-0,0000
	D(CD)/A	0,3660	0,3277	0,2644	0,1715	0,0775	0,0303	0,0097	0,0033	0,0010	-0,0000
	D(CE)/A	0,3474	0,3209	0,2712	0,1873	0,0906	0,0369	0,0120	0,0041	0,0012	0,0000
	D(DA)/A	-0,3266	-0,2961	-0,2447	-0,1650	-0,0771	-0,0303	-0,0096	-0,0033	-0,0010	0,0000
	D(DB)/A	-0,3413	-0,3178	-0,2740	-0,1984	-0,1039	-0,0449	-0,0151	-0,0052	-0,0016	0,0000
	D(DC)/A	-0,3688	-0,3331	-0,2757	-0,1924	-0,1005	-0,0442	-0,0151	-0,0052	-0,0016	0,0000
	D(DD)/A	0,1037	0,0941	0,0758	0,0460	0,0166	0,0049	0,0012	0,0004	0,0001	0,0000
	D(DE)/A	0,5625	0,5142	0,4340	0,3105	0,1643	0,0721	0,0245	0,0085	0,0026	-0,0000
	D(EA)/A	-0,1132	-0,1132	-0,1091	-0,0910	-0,0519	-0,0221	-0,0072	-0,0025	-0,0007	0,0000
	D(EB)/A	-0,1183	-0,1220	-0,1255	-0,1192	-0,0830	-0,0417	-0,0150	-0,0053	-0,0016	0,0000
	D(EC)/A	-0,1278	-0,1372	-0,1468	-0,1428	-0,1007	-0,0510	-0,0185	-0,0065	-0,0020	0,0000
	D(ED)/A	-0,1418	-0,1325	-0,1153	-0,0859	-0,0480	-0,0220	-0,0077	-0,0027	-0,0008	0,0000
	D(EE)/A	0,3505	0,3517	0,3440	0,3022	0,1953	0,0946	0,0336	0,0118	0,0036	-0,0000

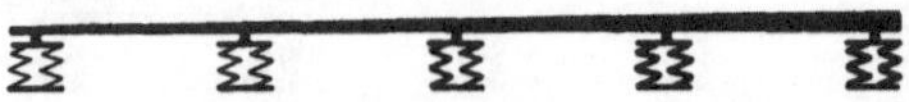

Z	Z(T)	0,00	0,03	0,10	0,30	1,00	3,00	10,0	30,0	100	UNENDL
20,00	B(AA)	0,1624	0,1781	0,2100	0,2779	0,3986	0,5033	0,5673	0,5904	0,5992	0,6031
	B(AB)	0,1437	0,1509	0,1651	0,1941	0,2429	0,2846	0,3103	0,3196	0,3232	0,3247
	B(AC)	0,1316	0,1310	0,1299	0,1278	0,1252	0,1242	0,1244	0,1246	0,1248	0,1248
	B(AD)	0,1245	0,1193	0,1090	0,0879	0,0528	0,0240	0,0069	0,0008	-0,0015	-0,0025
	B(AE)	0,1213	0,1140	0,0990	0,0670	0,0088	-0,0437	-0,0769	-0,0891	-0,0938	-0,0959
	B(BA)	0,1796	0,1886	0,2064	0,2426	0,3037	0,3558	0,3878	0,3995	0,4040	0,4059
	B(BB)	0,1836	0,1912	0,2057	0,2335	0,2772	0,3130	0,3350	0,3430	0,3461	0,3474
	B(BC)	0,1682	0,1700	0,1735	0,1811	0,1954	0,2090	0,2181	0,2215	0,2228	0,2234
	B(BD)	0,1592	0,1550	0,1473	0,1334	0,1139	0,0997	0,0918	0,0890	0,0880	0,0875
	B(BE)	0,1550	0,1481	0,1342	0,1052	0,0538	0,0075	-0,0221	-0,0332	-0,0374	-0,0393
	B(CA)	0,1975	0,1965	0,1948	0,1917	0,1878	0,1863	0,1866	0,1870	0,1871	0,1872
	B(CB)	0,2019	0,2040	0,2082	0,2174	0,2344	0,2508	0,2617	0,2658	0,2674	0,2681
	B(CC)	0,2101	0,2135	0,2199	0,2324	0,2539	0,2732	0,2856	0,2902	0,2920	0,2928
	B(CD)	0,1988	0,1988	0,1991	0,2004	0,2037	0,2069	0,2089	0,2096	0,2098	0,2100
	B(CE)	0,1936	0,1902	0,1833	0,1686	0,1410	0,1142	0,0962	0,0893	0,0867	0,0855
	B(DA)	0,2179	0,2088	0,1907	0,1538	0,0925	0,0420	0,0120	0,0013	-0,0027	-0,0045
	B(DB)	0,2228	0,2170	0,2062	0,1868	0,1594	0,1396	0,1285	0,1246	0,1232	0,1225
	B(DC)	0,2319	0,2320	0,2323	0,2338	0,2376	0,2414	0,2437	0,2445	0,2448	0,2449
	B(DD)	0,2449	0,2493	0,2577	0,2732	0,2960	0,3130	0,3226	0,3259	0,3272	0,3277
	B(DE)	0,2385	0,2428	0,2510	0,2670	0,2920	0,3119	0,3237	0,3279	0,3295	0,3302
	B(EA)	0,2426	0,2280	0,1981	0,1340	0,0175	-0,0874	-0,1538	-0,1783	-0,1876	-0,1917
	B(EB)	0,2480	0,2369	0,2147	0,1683	0,0860	0,0120	-0,0354	-0,0531	-0,0598	-0,0628
	B(EC)	0,2581	0,2535	0,2444	0,2249	0,1880	0,1522	0,1282	0,1191	0,1156	0,1140
	B(ED)	0,2726	0,2775	0,2869	0,3051	0,3337	0,3564	0,3699	0,3747	0,3765	0,3773
	B(EE)	0,2916	0,3050	0,3325	0,3923	0,5045	0,6102	0,6792	0,7051	0,7150	0,7194
	D(AA)/A	-0,4033	-0,4063	-0,4020	-0,3634	-0,2469	-0,1242	-0,0450	-0,0159	-0,0049	0
	D(AB)/A	0,0692	0,0562	0,0344	0,0046	-0,0139	-0,0110	-0,0046	-0,0017	-0,0005	-0,0000
	D(AC)/A	0,0634	0,0687	0,0739	0,0714	0,0497	0,0250	0,0091	0,0032	0,0010	0,0000
	D(AD)/A	0,0600	0,0636	0,0689	0,0712	0,0549	0,0293	0,0109	0,0039	0,0012	0,0000
	D(AE)/A	0,0584	0,0608	0,0637	0,0630	0,0468	0,0246	0,0091	0,0032	0,0010	0,0000
	D(BA)/A	-0,7533	-0,7059	-0,6238	-0,4838	-0,2846	-0,1338	-0,0471	-0,0165	-0,0051	-0,0000
	D(BB)/A	-0,2517	-0,2378	-0,2108	-0,1609	-0,0909	-0,0415	-0,0144	-0,0050	-0,0015	-0,0000
	D(BC)/A	0,2137	0,1914	0,1565	0,1078	0,0561	0,0247	0,0085	0,0029	0,0009	-0,0000
	D(BD)/A	0,2021	0,1950	0,1788	0,1432	0,0852	0,0400	0,0140	0,0049	0,0015	-0,0000
	D(BE)/A	0,1968	0,1874	0,1699	0,1363	0,0825	0,0393	0,0139	0,0049	0,0015	-0,0000
	D(CA)/A	-0,5633	-0,5397	-0,4886	-0,3837	-0,2237	-0,1042	-0,0366	-0,0128	-0,0039	0,0000
	D(CB)/A	-0,5759	-0,5316	-0,4539	-0,3267	-0,1724	-0,0759	-0,0260	-0,0090	-0,0028	-0,0000
	D(CC)/A	-0,0842	-0,0787	-0,0685	-0,0511	-0,0288	-0,0136	-0,0049	-0,0017	-0,0005	-0,0000
	D(CD)/A	0,3812	0,3491	0,2942	0,2072	0,1058	0,0453	0,0152	0,0053	0,0016	-0,0000
	D(CE)/A	0,3712	0,3557	0,3219	0,2530	0,1486	0,0701	0,0249	0,0088	0,0027	-0,0000
	D(DA)/A	-0,3547	-0,3374	-0,3059	-0,2472	-0,1539	-0,0758	-0,0275	-0,0098	-0,0030	0,0000
	D(DB)/A	-0,3627	-0,3489	-0,3194	-0,2578	-0,1582	-0,0771	-0,0279	-0,0099	-0,0030	0,0000
	D(DC)/A	-0,3775	-0,3449	-0,2919	-0,2135	-0,1211	-0,0573	-0,0205	-0,0072	-0,0022	-0,0000
	D(DD)/A	0,1141	0,1094	0,0979	0,0738	0,0400	0,0177	0,0061	0,0021	0,0006	-0,0000
	D(DE)/A	0,5873	0,5498	0,4859	0,3803	0,2316	0,1136	0,0412	0,0146	0,0045	-0,0000
	D(EA)/A	-0,1240	-0,1308	-0,1403	-0,1453	-0,1177	-0,0668	-0,0259	-0,0094	-0,0029	0,0000
	D(EB)/A	-0,1268	-0,1358	-0,1499	-0,1609	-0,1331	-0,0757	-0,0293	-0,0106	-0,0033	0,0000
	D(EC)/A	-0,1319	-0,1436	-0,1577	-0,1613	-0,1236	-0,0673	-0,0255	-0,0092	-0,0028	-0,0000
	D(ED)/A	-0,1393	-0,1277	-0,1060	-0,0697	-0,0297	-0,0104	-0,0030	-0,0010	-0,0003	-0,0000
	D(EE)/A	0,3621	0,3697	0,3748	0,3551	0,2607	0,1403	0,0530	0,0191	0,0059	-0,0000
50,00	B(AA)	0,1453	0,1521	0,1668	0,2022	0,2849	0,3916	0,4869	0,5306	0,5489	0,5573
	B(AB)	0,1377	0,1409	0,1477	0,1639	0,2023	0,2544	0,3031	0,3261	0,3358	0,3402
	B(AC)	0,1327	0,1325	0,1321	0,1320	0,1341	0,1412	0,1504	0,1553	0,1575	0,1585
	B(AD)	0,1297	0,1274	0,1226	0,1114	0,0867	0,0564	0,0301	0,0182	0,0133	0,0110
	B(AE)	0,1283	0,1251	0,1179	0,1000	0,0546	-0,0101	-0,0721	-0,1016	-0,1141	-0,1198
	B(BA)	0,1721	0,1761	0,1846	0,2049	0,2529	0,3180	0,3789	0,4076	0,4197	0,4253
	B(BB)	0,1736	0,1769	0,1836	0,1984	0,2297	0,2696	0,3061	0,3231	0,3303	0,3337
	B(BC)	0,1673	0,1681	0,1697	0,1735	0,1824	0,1944	0,2057	0,2110	0,2132	0,2142
	B(BD)	0,1636	0,1618	0,1582	0,1506	0,1355	0,1172	0,1008	0,0932	0,0900	0,0885
	B(BE)	0,1618	0,1588	0,1523	0,1367	0,0996	0,0491	0,0018	-0,0205	-0,0300	-0,0343
	B(CA)	0,1990	0,1987	0,1982	0,1980	0,2012	0,2118	0,2256	0,2330	0,2363	0,2378
	B(CB)	0,2008	0,2017	0,2036	0,2082	0,2189	0,2333	0,2468	0,2532	0,2559	0,2571
	B(CC)	0,2041	0,2055	0,2082	0,2137	0,2241	0,2351	0,2436	0,2472	0,2487	0,2493
	B(CD)	0,1995	0,1995	0,1995	0,1997	0,1996	0,1979	0,1951	0,1935	0,1928	0,1924
	B(CE)	0,1974	0,1959	0,1929	0,1859	0,1699	0,1488	0,1295	0,1206	0,1168	0,1151
	B(DA)	0,2270	0,2230	0,2145	0,1949	0,1517	0,0987	0,0528	0,0319	0,0232	0,0192
	B(DB)	0,2290	0,2265	0,2214	0,2109	0,1898	0,1641	0,1411	0,1305	0,1260	0,1239
	B(DC)	0,2327	0,2327	0,2328	0,2330	0,2329	0,2309	0,2276	0,2257	0,2249	0,2245
	B(DD)	0,2381	0,2400	0,2437	0,2516	0,2665	0,2829	0,2962	0,3021	0,3046	0,3057
	B(DE)	0,2355	0,2374	0,2415	0,2508	0,2726	0,3023	0,3305	0,3438	0,3495	0,3521
	B(EA)	0,2566	0,2502	0,2359	0,2000	0,1092	-0,0201	-0,1442	-0,2031	-0,2281	-0,2397
	B(EB)	0,2589	0,2541	0,2436	0,2187	0,1593	0,0786	0,0028	-0,0329	-0,0479	-0,0549
	B(EC)	0,2632	0,2612	0,2572	0,2479	0,2265	0,1984	0,1727	0,1607	0,1557	0,1534
	B(ED)	0,2692	0,2714	0,2760	0,2867	0,3116	0,3455	0,3777	0,3930	0,3994	0,4024
	B(EE)	0,2769	0,2828	0,2954	0,3266	0,4034	0,5098	0,6103	0,6577	0,6777	0,6870

Z	Z(T)	0,00	0,03	0,10	0,30	1,00	3,00	10,0	30,0	100	UNENDL
	D(AA)/A	-0,4115	-0,4196	-0,4263	-0,4113	-0,3225	-0,1909	-0,0786	-0,0294	-0,0092	0,0000
	D(AB)/A	0,0663	0,0509	0,0236	-0,0179	-0,0505	-0,0440	-0,0215	-0,0085	-0,0027	0,0000
	D(AC)/A	0,0639	0,0694	0,0747	0,0719	0,0480	0,0218	0,0069	0,0022	0,0007	0,0000
	D(AD)/A	0,0624	0,0678	0,0769	0,0869	0,0787	0,0495	0,0208	0,0078	0,0025	0,0000
	D(AE)/A	0,0618	0,0666	0,0751	0,0870	0,0880	0,0633	0,0294	0,0115	0,0037	0
	D(BA)/A	-0,7741	-0,7372	-0,6740	-0,5652	-0,3909	-0,2195	-0,0887	-0,0330	-0,0103	-0,0000
	D(BB)/A	-0,2625	-0,2545	-0,2378	-0,2041	-0,1463	-0,0862	-0,0363	-0,0137	-0,0043	-0,0000
	D(BC)/A	0,2143	0,1917	0,1560	0,1054	0,0506	0,0186	0,0049	0,0014	0,0004	-0,0000
	D(BD)/A	0,2094	0,2062	0,1966	0,1710	0,1191	0,0660	0,0263	0,0097	0,0030	0,0000
	D(BE)/A	0,2072	0,2035	0,1967	0,1815	0,1447	0,0920	0,0403	0,0155	0,0049	0,0000
	D(CA)/A	-0,5872	-0,5764	-0,5483	-0,4791	-0,3449	-0,2014	-0,0839	-0,0316	-0,0099	-0,0000
	D(CB)/A	-0,5925	-0,5564	-0,4927	-0,3856	-0,2435	-0,1317	-0,0530	-0,0197	-0,0062	0
	D(CC)/A	-0,0870	-0,0829	-0,0753	-0,0619	-0,0433	-0,0260	-0,0113	-0,0043	-0,0014	-0,0000
	D(CD)/A	0,3911	0,3638	0,3169	0,2410	0,1448	0,0746	0,0290	0,0107	0,0033	-0,0000
	D(CE)/A	0,3870	0,3798	0,3612	0,3162	0,2304	0,1372	0,0581	0,0220	0,0069	-0,0000
	D(DA)/A	-0,3735	-0,3664	-0,3543	-0,3292	-0,2692	-0,1762	-0,0788	-0,0305	-0,0097	0,0000
	D(DB)/A	-0,3768	-0,3705	-0,3542	-0,3139	-0,2324	-0,1396	-0,0593	-0,0225	-0,0071	0,0000
	D(DC)/A	-0,3830	-0,3526	-0,3034	-0,2308	-0,1434	-0,0761	-0,0300	-0,0111	-0,0035	0,0000
	D(DD)/A	0,1211	0,1202	0,1154	0,1017	0,0758	0,0471	0,0207	0,0080	0,0025	-0,0000
	D(DE)/A	0,6035	0,5741	0,5251	0,4449	0,3211	0,1911	0,0809	0,0306	0,0097	-0,0000
	D(EA)/A	-0,1312	-0,1433	-0,1653	-0,2006	-0,2198	-0,1693	-0,0818	-0,0324	-0,0104	0,0000
	D(EB)/A	-0,1323	-0,1454	-0,1686	-0,2004	-0,2014	-0,1414	-0,0644	-0,0250	-0,0079	0,0000
	D(EC)/A	-0,1345	-0,1478	-0,1653	-0,1759	-0,1471	-0,0891	-0,0370	-0,0139	-0,0043	-0,0000
	D(ED)/A	-0,1376	-0,1241	-0,0981	-0,0522	0,0009	0,0189	0,0126	0,0054	0,0018	-0,0000
	D(EE)/A	0,3696	0,3819	0,3979	0,4031	0,3453	0,2233	0,0978	0,0375	0,0119	-0,0000
100,00	B(AA)	0,1394	0,1429	0,1506	0,1702	0,2226	0,3106	0,4217	0,4896	0,5225	0,5386
	B(AB)	0,1355	0,1372	0,1408	0,1500	0,1754	0,2209	0,2812	0,3189	0,3372	0,3463
	B(AC)	0,1330	0,1329	0,1328	0,1329	0,1351	0,1430	0,1564	0,1656	0,1702	0,1725
	B(AD)	0,1315	0,1303	0,1278	0,1215	0,1057	0,0805	0,0493	0,0304	0,0213	0,0168
	B(AE)	0,1308	0,1291	0,1253	0,1152	0,0852	0,0290	-0,0471	-0,0949	-0,1183	-0,1298
	B(BA)	0,1694	0,1715	0,1760	0,1875	0,2193	0,2761	0,3516	0,3986	0,4216	0,4329
	B(BB)	0,1702	0,1719	0,1754	0,1836	0,2038	0,2377	0,2816	0,3089	0,3222	0,3287
	B(BC)	0,1670	0,1674	0,1682	0,1703	0,1758	0,1851	0,1973	0,2049	0,2085	0,2103
	B(BD)	0,1651	0,1642	0,1623	0,1580	0,1481	0,1319	0,1109	0,0979	0,0916	0,0885
	B(BE)	0,1642	0,1627	0,1592	0,1505	0,1266	0,0842	0,0282	-0,0067	-0,0237	-0,0321
	B(CA)	0,1995	0,1994	0,1992	0,1993	0,2026	0,2144	0,2347	0,2484	0,2553	0,2587
	B(CB)	0,2004	0,2009	0,2019	0,2044	0,2109	0,2222	0,2368	0,2458	0,2502	0,2524
	B(CC)	0,2020	0,2028	0,2041	0,2070	0,2126	0,2194	0,2259	0,2293	0,2309	0,2316
	B(CD)	0,1997	0,1997	0,1998	0,1998	0,1992	0,1965	0,1913	0,1877	0,1859	0,1850
	B(CE)	0,1987	0,1979	0,1964	0,1926	0,1831	0,1675	0,1479	0,1359	0,1302	0,1273
	B(DA)	0,2301	0,2281	0,2236	0,2127	0,1851	0,1408	0,0862	0,0532	0,0373	0,0294
	B(DB)	0,2311	0,2298	0,2272	0,2213	0,2073	0,1846	0,1553	0,1371	0,1282	0,1239
	B(DC)	0,2330	0,2330	0,2330	0,2330	0,2324	0,2292	0,2232	0,2190	0,2169	0,2158
	B(DD)	0,2357	0,2367	0,2387	0,2430	0,2523	0,2657	0,2814	0,2906	0,2951	0,2973
	B(DE)	0,2345	0,2354	0,2376	0,2430	0,2578	0,2848	0,3213	0,3442	0,3553	0,3609
	B(EA)	0,2616	0,2582	0,2506	0,2303	0,1704	0,0581	-0,0942	-0,1899	-0,2366	-0,2597
	B(EB)	0,2627	0,2602	0,2547	0,2408	0,2025	0,1347	0,0451	-0,0107	-0,0379	-0,0513
	B(EC)	0,2649	0,2639	0,2618	0,2568	0,2441	0,2233	0,1972	0,1812	0,1735	0,1698
	B(ED)	0,2680	0,2691	0,2715	0,2777	0,2946	0,3255	0,3671	0,3933	0,4061	0,4124
	B(EE)	0,2719	0,2748	0,2815	0,2988	0,3474	0,4345	0,5498	0,6215	0,6565	0,6737
	D(AA)/A	-0,4144	-0,4243	-0,4354	-0,4319	-0,3661	-0,2471	-0,1186	-0,0483	-0,0158	-0,0000
	D(AB)/A	0,0653	0,0489	0,0194	-0,0281	-0,0731	-0,0741	-0,0435	-0,0190	-0,0064	-0,0000
	D(AC)/A	0,0640	0,0696	0,0749	0,0716	0,0455	0,0166	0,0023	-0,0001	-0,0002	-0,0000
	D(AD)/A	0,0633	0,0693	0,0799	0,0937	0,0924	0,0663	0,0325	0,0133	0,0043	-0,0000
	D(AE)/A	0,0630	0,0687	0,0795	0,0978	0,1137	0,0994	0,0563	0,0245	0,0082	0,0000
	D(BA)/A	-0,7814	-0,7484	-0,6931	-0,6006	-0,4531	-0,2929	-0,1393	-0,0567	-0,0185	0
	D(BB)/A	-0,2663	-0,2605	-0,2482	-0,2233	-0,1800	-0,1265	-0,0644	-0,0270	-0,0089	-0,0000
	D(BC)/A	0,2144	0,1918	0,1556	0,1039	0,0458	0,0110	-0,0012	-0,0016	-0,0007	-0,0000
	D(BD)/A	0,2120	0,2101	0,2033	0,1831	0,1389	0,0881	0,0411	0,0166	0,0054	0,0000
	D(BE)/A	0,2108	0,2093	0,2070	0,2017	0,1831	0,1402	0,0749	0,0319	0,0106	0,0000
	D(CA)/A	-0,5956	-0,5897	-0,5711	-0,5213	-0,4179	-0,2874	-0,1435	-0,0596	-0,0196	-0,0000
	D(CB)/A	-0,5983	-0,5653	-0,5075	-0,4115	-0,2861	-0,1810	-0,0870	-0,0358	-0,0117	-0,0000
	D(CC)/A	-0,0880	-0,0845	-0,0779	-0,0667	-0,0520	-0,0372	-0,0194	-0,0082	-0,0027	-0,0000
	D(CD)/A	0,3946	0,3691	0,3256	0,2558	0,1681	0,1004	0,0464	0,0187	0,0061	-0,0000
	D(CE)/A	0,3925	0,3886	0,3763	0,3441	0,2797	0,1968	0,1002	0,0419	0,0138	0,0000
	D(DA)/A	-0,3800	-0,3770	-0,3730	-0,3660	-0,3404	-0,2680	-0,1458	-0,0625	-0,0208	0
	D(DB)/A	-0,3817	-0,3783	-0,3675	-0,3384	-0,2765	-0,1941	-0,0984	-0,0411	-0,0135	0,0000
	D(DC)/A	-0,3849	-0,3553	-0,3076	-0,2378	-0,1551	-0,0903	-0,0402	-0,0160	-0,0052	0,0000
	D(DD)/A	0,1235	0,1241	0,1222	0,1142	0,0981	0,0743	0,0400	0,0171	0,0057	-0,0000
	D(DE)/A	0,6092	0,5828	0,5399	0,4729	0,3735	0,2580	0,1296	0,0539	0,0178	0,0000
	D(EA)/A	-0,1337	-0,1478	-0,1750	-0,2256	-0,2837	-0,2644	-0,1557	-0,0685	-0,0230	0,0000
	D(EB)/A	-0,1343	-0,1489	-0,1758	-0,2177	-0,2419	-0,1987	-0,1079	-0,0461	-0,0153	0,0000
	D(EC)/A	-0,1354	-0,1493	-0,1681	-0,1817	-0,1590	-0,1049	-0,0488	-0,0195	-0,0063	0,0000
	D(ED)/A	-0,1370	-0,1227	-0,0950	-0,0441	0,0205	0,0469	0,0338	0,0157	0,0054	-0,0000
	D(EE)/A	0,3722	0,3863	0,4065	0,4238	0,3943	0,2940	0,1522	0,0640	0,0211	0,0000

Z	Z(T)	0,00	0,03	0,10	0,30	1,00	3,00	10,0	30,0	100	UNENDL
200,00	B(AA)	0,1364	0,1381	0,1421	0,1524	0,1825	0,2433	0,3498	0,4418	0,4975	0,5284
	B(AB)	0,1344	0,1353	0,1372	0,1421	0,1569	0,1892	0,2484	0,3003	0,3319	0,3495
	B(AC)	0,1332	0,1331	0,1331	0,1332	0,1347	0,1408	0,1546	0,1676	0,1756	0,1801
	B(AD)	0,1324	0,1318	0,1305	0,1272	0,1181	0,1005	0,0703	0,0444	0,0288	0,0201
	B(AE)	0,1321	0,1312	0,1292	0,1238	0,1063	0,0666	-0,0077	-0,0731	-0,1131	-0,1353
	B(BA)	0,1681	0,1691	0,1714	0,1776	0,1962	0,2365	0,3105	0,3754	0,4149	0,4369
	B(BB)	0,1684	0,1693	0,1711	0,1754	0,1871	0,2109	0,2536	0,2909	0,3135	0,3261
	B(BC)	0,1668	0,1670	0,1675	0,1685	0,1716	0,1779	0,1892	0,1989	0,2049	0,2082
	B(BD)	0,1659	0,1654	0,1644	0,1622	0,1564	0,1447	0,1239	0,1057	0,0946	0,0884
	B(BE)	0,1654	0,1646	0,1629	0,1582	0,1444	0,1149	0,0610	0,0139	-0,0148	-0,0308
	B(CA)	0,1998	0,1997	0,1996	0,1997	0,2020	0,2112	0,2320	0,2514	0,2634	0,2702
	B(CB)	0,2002	0,2004	0,2009	0,2023	0,2059	0,2135	0,2270	0,2387	0,2459	0,2498
	B(CC)	0,2010	0,2014	0,2021	0,2035	0,2065	0,2104	0,2152	0,2188	0,2209	0,2220
	B(CD)	0,1999	0,1999	0,1999	0,1998	0,1994	0,1971	0,1914	0,1861	0,1827	0,1809
	B(CE)	0,1993	0,1990	0,1982	0,1962	0,1910	0,1807	0,1632	0,1482	0,1391	0,1340
	B(DA)	0,2317	0,2307	0,2284	0,2226	0,2067	0,1759	0,1230	0,0777	0,0503	0,0351
	B(DB)	0,2322	0,2316	0,2302	0,2271	0,2189	0,2026	0,1734	0,1479	0,1324	0,1238
	B(DC)	0,2332	0,2332	0,2332	0,2332	0,2326	0,2299	0,2234	0,2171	0,2132	0,2110
	B(DD)	0,2345	0,2350	0,2360	0,2383	0,2436	0,2529	0,2680	0,2808	0,2886	0,2929
	B(DE)	0,2339	0,2344	0,2355	0,2384	0,2472	0,2667	0,3030	0,3351	0,3547	0,3656
	B(EA)	0,2641	0,2624	0,2585	0,2476	0,2126	0,1332	-0,0153	-0,1463	-0,2262	-0,2706
	B(EB)	0,2647	0,2634	0,2606	0,2532	0,2311	0,1838	0,0976	0,0222	-0,0237	-0,0493
	B(EC)	0,2658	0,2653	0,2642	0,2616	0,2546	0,2410	0,2176	0,1976	0,1854	0,1787
	B(ED)	0,2673	0,2679	0,2692	0,2725	0,2825	0,3048	0,3463	0,3830	0,4054	0,4178
	B(EE)	0,2693	0,2708	0,2742	0,2833	0,3111	0,3711	0,4804	0,5760	0,6341	0,6665
	D(AA)/A	-0,4158	-0,4267	-0,4402	-0,4433	-0,3948	-0,2963	-0,1700	-0,0794	-0,0279	-0,0000
	D(AB)/A	0,0647	0,0479	0,0171	-0,0339	-0,0883	-0,1013	-0,0723	-0,0365	-0,0132	-0,0000
	D(AC)/A	0,0641	0,0697	0,0750	0,0714	0,0435	0,0113	-0,0043	-0,0042	-0,0018	0
	D(AD)/A	0,0638	0,0701	0,0815	0,0975	0,1015	0,0811	0,0474	0,0222	0,0078	0
	D(AE)/A	0,0636	0,0698	0,0818	0,1040	0,1312	0,1320	0,0919	0,0462	0,0167	0,0000
	D(BA)/A	-0,7850	-0,7542	-0,7031	-0,6203	-0,4941	-0,3576	-0,2044	-0,0956	-0,0337	-0,0000
	D(BB)/A	-0,2683	-0,2636	-0,2537	-0,2341	-0,2026	-0,1627	-0,1012	-0,0491	-0,0175	0,0000
	D(BC)/A	0,2145	0,1918	0,1554	0,1029	0,0423	0,0036	-0,0097	-0,0069	-0,0028	0,0000
	D(BD)/A	0,2133	0,2122	0,2069	0,1898	0,1519	0,1075	0,0600	0,0278	0,0097	0
	D(BE)/A	0,2127	0,2123	0,2125	0,2132	0,2090	0,1837	0,1202	0,0593	0,0213	0,0000
	D(CA)/A	-0,5999	-0,5965	-0,5832	-0,5450	-0,4665	-0,3640	-0,2211	-0,1061	-0,0377	-0,0000
	D(CB)/A	-0,6012	-0,5699	-0,5153	-0,4261	-0,3145	-0,2249	-0,1314	-0,0623	-0,0221	-0,0000
	D(CC)/A	-0,0885	-0,0853	-0,0793	-0,0694	-0,0578	-0,0471	-0,0301	-0,0148	-0,0053	0,0000
	D(CD)/A	0,3964	0,3718	0,3302	0,2641	0,1836	0,1234	0,0689	0,0321	0,0113	0,0000
	D(CE)/A	0,3953	0,3930	0,3842	0,3598	0,3126	0,2500	0,1549	0,0750	0,0268	-0,0000
	D(DA)/A	-0,3834	-0,3824	-0,3829	-0,3869	-0,3884	-0,3508	-0,2337	-0,1161	-0,0418	0,0000
	D(DB)/A	-0,3842	-0,3823	-0,3745	-0,3522	-0,3058	-0,2426	-0,1491	-0,0719	-0,0256	0,0000
	D(DC)/A	-0,3858	-0,3567	-0,3097	-0,2416	-0,1625	-0,1023	-0,0529	-0,0237	-0,0082	0,0000
	D(DD)/A	0,1248	0,1261	0,1258	0,1214	0,1131	0,0990	0,0654	0,0325	0,0117	-0,0000
	D(DE)/A	0,6120	0,5873	0,5478	0,4886	0,4082	0,3171	0,1925	0,0924	0,0329	0,0000
	D(EA)/A	-0,1350	-0,1502	-0,1802	-0,2398	-0,3270	-0,3504	-0,2531	-0,1291	-0,0470	0,0000
	D(EB)/A	-0,1353	-0,1507	-0,1796	-0,2275	-0,2688	-0,2494	-0,1643	-0,0810	-0,0291	0,0000
	D(EC)/A	-0,1358	-0,1500	-0,1695	-0,1848	-0,1663	-0,1179	-0,0631	-0,0284	-0,0098	-0,0000
	D(ED)/A	-0,1366	-0,1220	-0,0933	-0,0395	0,0338	0,0723	0,0620	0,0330	0,0122	-0,0000
	D(EE)/A	0,3735	0,3885	0,4111	0,4353	0,4266	0,3562	0,2223	0,1075	0,0384	-0,0000
500,00	B(AA)	0,1346	0,1353	0,1369	0,1412	0,1543	0,1850	0,2590	0,3600	0,4529	0,5220
	B(AB)	0,1338	0,1341	0,1349	0,1369	0,1435	0,1600	0,2017	0,2591	0,3121	0,3516
	B(AC)	0,1333	0,1332	0,1332	0,1333	0,1340	0,1373	0,1472	0,1616	0,1749	0,1849
	B(AD)	0,1330	0,1327	0,1322	0,1308	0,1268	0,1179	0,0968	0,0681	0,0417	0,0221
	B(AE)	0,1328	0,1325	0,1317	0,1294	0,1217	0,1014	0,0494	-0,0227	-0,0892	-0,1388
	B(BA)	0,1672	0,1676	0,1686	0,1712	0,1794	0,2000	0,2521	0,3239	0,3901	0,4395
	B(BB)	0,1674	0,1677	0,1685	0,1703	0,1754	0,1875	0,2174	0,2585	0,2963	0,3246
	B(BC)	0,1667	0,1668	0,1670	0,1674	0,1688	0,1719	0,1795	0,1900	0,1996	0,2068
	B(BD)	0,1663	0,1662	0,1658	0,1648	0,1623	0,1563	0,1415	0,1211	0,1023	0,0883
	B(BE)	0,1662	0,1659	0,1651	0,1632	0,1571	0,1422	0,1047	0,0531	0,0055	-0,0300
	B(CA)	0,1999	0,1999	0,1998	0,1999	0,2010	0,2059	0,2208	0,2423	0,2624	0,2774
	B(CB)	0,2001	0,2002	0,2004	0,2009	0,2025	0,2063	0,2154	0,2280	0,2396	0,2482
	B(CC)	0,2004	0,2006	0,2008	0,2014	0,2026	0,2044	0,2073	0,2107	0,2137	0,2159
	B(CD)	0,1999	0,1999	0,1999	0,1999	0,1997	0,1984	0,1943	0,1882	0,1825	0,1783
	B(CE)	0,1997	0,1996	0,1993	0,1985	0,1962	0,1912	0,1795	0,1637	0,1491	0,1383
	B(DA)	0,2327	0,2323	0,2313	0,2289	0,2220	0,2064	0,1693	0,1191	0,0730	0,0387
	B(DB)	0,2329	0,2326	0,2321	0,2308	0,2272	0,2188	0,1981	0,1695	0,1432	0,1236
	B(DC)	0,2333	0,2333	0,2333	0,2333	0,2330	0,2315	0,2266	0,2196	0,2129	0,2080
	B(DD)	0,2338	0,2340	0,2344	0,2354	0,2377	0,2423	0,2530	0,2673	0,2804	0,2901
	B(DE)	0,2336	0,2338	0,2342	0,2354	0,2393	0,2494	0,2752	0,3110	0,3440	0,3686
	B(EA)	0,2656	0,2649	0,2633	0,2588	0,2434	0,2028	0,0987	-0,0454	-0,1784	-0,2776
	B(EB)	0,2659	0,2654	0,2642	0,2611	0,2514	0,2274	0,1675	0,0849	0,0088	-0,0480
	B(EC)	0,2663	0,2661	0,2657	0,2646	0,2616	0,2550	0,2394	0,2182	0,1988	0,1843
	B(ED)	0,2669	0,2672	0,2677	0,2691	0,2735	0,2851	0,3145	0,3554	0,3931	0,4212
	B(EE)	0,2677	0,2683	0,2697	0,2735	0,2856	0,3158	0,3912	0,4950	0,5907	0,6619

Z	Z(T)	0,00	0,03	0,10	0,30	1,00	3,00	10,0	30,0	100	UNENDL
	D(AA)/A	-0,4167	-0,4282	-0,4432	-0,4506	-0,4151	-0,3401	-0,2391	-0,1407	-0,0589	-0,0000
	D(AB)/A	0,0644	0,0473	0,0157	-0,0376	-0,0993	-0,1257	-0,1115	-0,0715	-0,0309	-0,0000
	D(AC)/A	0,0642	0,0697	0,0751	0,0712	0,0419	0,0063	-0,0135	-0,0128	-0,0062	-0,0000
	D(AD)/A	0,0640	0,0706	0,0825	0,0999	0,1079	0,0943	0,0675	0,0398	0,0167	-0,0000
	D(AE)/A	0,0639	0,0705	0,0833	0,1080	0,1437	0,1614	0,1403	0,0897	0,0388	0,0000
	D(BA)/A	-0,7873	-0,7577	-0,7093	-0,6329	-0,5233	-0,4154	-0,2923	-0,1727	-0,0725	-0,0000
	D(BB)/A	-0,2695	-0,2655	-0,2571	-0,2411	-0,2188	-0,1952	-0,1511	-0,0930	-0,0397	-0,0000
	D(BC)/A	0,2146	0,1918	0,1553	0,1022	0,0397	-0,0033	-0,0216	-0,0177	-0,0083	0,0000
	D(BD)/A	0,2141	0,2135	0,2091	0,1941	0,1612	0,1248	0,0856	0,0499	0,0209	0,0000
	D(BE)/A	0,2138	0,2142	0,2159	0,2206	0,2276	0,2229	0,1819	0,1140	0,0490	0,0000
	D(CA)/A	-0,6025	-0,6007	-0,5907	-0,5603	-0,5013	-0,4329	-0,3262	-0,1985	-0,0843	-0,0000
	D(CB)/A	-0,6030	-0,5727	-0,5201	-0,4355	-0,3348	-0,2644	-0,1914	-0,1151	-0,0487	-0,0000
	D(CC)/A	-0,0888	-0,0857	-0,0801	-0,0711	-0,0619	-0,0561	-0,0446	-0,0278	-0,0119	-0,0000
	D(CD)/A	0,3974	0,3735	0,3330	0,2695	0,1946	0,1440	0,0994	0,0586	0,0246	0
	D(CE)/A	0,3970	0,3958	0,3891	0,3698	0,3361	0,2977	0,2292	0,1407	0,0600	0,0000
	D(DA)/A	-0,3854	-0,3858	-0,3891	-0,4003	-0,4229	-0,4254	-0,3533	-0,2229	-0,0960	-0,0000
	D(DB)/A	-0,3858	-0,3847	-0,3789	-0,3611	-0,3268	-0,2860	-0,2177	-0,1330	-0,0566	0,0000
	D(DC)/A	-0,3864	-0,3575	-0,3110	-0,2440	-0,1677	-0,1128	-0,0698	-0,0389	-0,0160	0,0000
	D(DD)/A	0,1255	0,1273	0,1280	0,1259	0,1240	0,1212	0,1001	0,0631	0,0272	0,0000
	D(DE)/A	0,6138	0,5900	0,5526	0,4986	0,4330	0,3700	0,2775	0,1685	0,0716	0,0000
	D(EA)/A	-0,1358	-0,1516	-0,1834	-0,2490	-0,3581	-0,4282	-0,3858	-0,2498	-0,1087	0
	D(EB)/A	-0,1359	-0,1518	-0,1819	-0,2337	-0,2880	-0,2949	-0,2405	-0,1501	-0,0644	0,0000
	D(EC)/A	-0,1361	-0,1505	-0,1704	-0,1868	-0,1714	-0,1291	-0,0819	-0,0457	-0,0187	0,0000
	D(ED)/A	-0,1364	-0,1216	-0,0923	-0,0365	0,0435	0,0954	0,1004	0,0677	0,0299	-0,0000
	D(EE)/A	0,3743	0,3899	0,4139	0,4426	0,4496	0,4118	0,3168	0,1938	0,0825	-0,0000
1000,00	B(AA)	0,1339	0,1343	0,1351	0,1373	0,1440	0,1608	0,2076	0,2918	0,4025	0,5199
	B(AB)	0,1336	0,1337	0,1341	0,1351	0,1386	0,1476	0,1740	0,2220	0,2852	0,3522
	B(AC)	0,1333	0,1333	0,1333	0,1333	0,1337	0,1355	0,1418	0,1538	0,1697	0,1866
	B(AD)	0,1331	0,1330	0,1328	0,1321	0,1300	0,1251	0,1117	0,0877	0,0562	0,0228
	B(AE)	0,1331	0,1329	0,1325	0,1314	0,1274	0,1162	0,0833	0,0232	-0,0560	-0,1400
	B(BA)	0,1669	0,1672	0,1676	0,1689	0,1732	0,1845	0,2175	0,2775	0,3565	0,4403
	B(BB)	0,1670	0,1672	0,1676	0,1685	0,1711	0,1777	0,1967	0,2310	0,2762	0,3241
	B(BC)	0,1667	0,1667	0,1668	0,1671	0,1677	0,1694	0,1742	0,1829	0,1943	0,2064
	B(BD)	0,1665	0,1664	0,1662	0,1657	0,1644	0,1611	0,1517	0,1346	0,1121	0,0883
	B(BE)	0,1664	0,1663	0,1659	0,1649	0,1618	0,1536	0,1299	0,0869	0,0303	-0,0297
	B(CA)	0,2000	0,1999	0,1999	0,2000	0,2005	0,2033	0,2127	0,2307	0,2545	0,2799
	B(CB)	0,2000	0,2001	0,2002	0,2005	0,2013	0,2033	0,2091	0,2195	0,2331	0,2476
	B(CC)	0,2002	0,2003	0,2004	0,2007	0,2013	0,2022	0,2040	0,2067	0,2102	0,2139
	B(CD)	0,2000	0,2000	0,2000	0,2000	0,1998	0,1991	0,1965	0,1914	0,1846	0,1774
	B(CE)	0,1999	0,1998	0,1996	0,1992	0,1981	0,1954	0,1881	0,1750	0,1579	0,1397
	B(DA)	0,2330	0,2328	0,2323	0,2311	0,2275	0,2190	0,1956	0,1535	0,0984	0,0399
	B(DB)	0,2331	0,2330	0,2327	0,2320	0,2302	0,2256	0,2124	0,1885	0,1570	0,1236
	B(DC)	0,2333	0,2333	0,2333	0,2333	0,2331	0,2323	0,2292	0,2232	0,2153	0,2069
	B(DD)	0,2336	0,2337	0,2339	0,2344	0,2355	0,2381	0,2448	0,2568	0,2725	0,2892
	B(DE)	0,2334	0,2335	0,2338	0,2344	0,2364	0,2420	0,2584	0,2883	0,3277	0,3696
	B(EA)	0,2662	0,2658	0,2650	0,2627	0,2547	0,2325	0,1666	0,0464	-0,1119	-0,2799
	B(EB)	0,2663	0,2660	0,2654	0,2639	0,2589	0,2458	0,2079	0,1391	0,0485	-0,0475
	B(EC)	0,2665	0,2664	0,2662	0,2656	0,2641	0,2605	0,2508	0,2334	0,2105	0,1863
	B(ED)	0,2668	0,2669	0,2672	0,2679	0,2702	0,2765	0,2953	0,3295	0,3745	0,4224
	B(EE)	0,2672	0,2675	0,2682	0,2701	0,2764	0,2928	0,3403	0,4266	0,5400	0,6604
	D(AA)/A	-0,4170	-0,4287	-0,4442	-0,4532	-0,4225	-0,3586	-0,2793	-0,1942	-0,0980	-0,0000
	D(AB)/A	0,0643	0,0471	0,0153	-0,0389	-0,1033	-0,1361	-0,1344	-0,1020	-0,0532	-0,0000
	D(AC)/A	0,0642	0,0698	0,0751	0,0711	0,0413	0,0042	-0,0189	-0,0203	-0,0117	0
	D(AD)/A	0,0641	0,0707	0,0828	0,1008	0,1102	0,0998	0,0792	0,0552	0,0279	0
	D(AE)/A	0,0641	0,0707	0,0838	0,1094	0,1484	0,1739	0,1685	0,1277	0,0667	0,0000
	D(BA)/A	-0,7880	-0,7588	-0,7114	-0,6373	-0,5340	-0,4397	-0,3434	-0,2400	-0,1214	-0,0000
	D(BB)/A	-0,2699	-0,2661	-0,2583	-0,2435	-0,2247	-0,2089	-0,1802	-0,1314	-0,0676	-0,0000
	D(BC)/A	0,2146	0,1918	0,1552	0,1019	0,0387	-0,0063	-0,0285	-0,0271	-0,0152	-0,0000
	D(BD)/A	0,2143	0,2139	0,2098	0,1956	0,1646	0,1321	0,1004	0,0693	0,0349	0,0000
	D(BE)/A	0,2142	0,2148	0,2171	0,2232	0,2344	0,2395	0,2179	0,1619	0,0839	0,0000
	D(CA)/A	-0,6033	-0,6021	-0,5933	-0,5655	-0,5140	-0,4619	-0,3874	-0,2792	-0,1430	0,0000
	D(CB)/A	-0,6036	-0,5736	-0,5217	-0,4387	-0,3422	-0,2810	-0,2264	-0,1612	-0,0822	0,0000
	D(CC)/A	-0,0889	-0,0859	-0,0804	-0,0717	-0,0635	-0,0598	-0,0531	-0,0392	-0,0203	0,0000
	D(CD)/A	0,3978	0,3741	0,3340	0,2713	0,1987	0,1527	0,1172	0,0818	0,0414	0,0000
	D(CE)/A	0,3976	0,3967	0,3908	0,3733	0,3447	0,3179	0,2725	0,1982	0,1018	0,0000
	D(DA)/A	-0,3861	-0,3869	-0,3912	-0,4049	-0,4355	-0,4569	-0,4230	-0,3163	-0,1642	0,0000
	D(DB)/A	-0,3863	-0,3855	-0,3803	-0,3641	-0,3344	-0,3042	-0,2576	-0,1864	-0,0956	0,0000
	D(DC)/A	-0,3866	-0,3578	-0,3115	-0,2448	-0,1695	-0,1172	-0,0795	-0,0522	-0,0257	0
	D(DD)/A	0,1258	0,1277	0,1288	0,1275	0,1279	0,1306	0,1203	0,0900	0,0467	-0,0000
	D(DE)/A	0,6143	0,5909	0,5542	0,5021	0,4420	0,3922	0,3269	0,2351	0,1203	-0,0000
	D(EA)/A	-0,1360	-0,1521	-0,1845	-0,2522	-0,3695	-0,4610	-0,4632	-0,3555	-0,1864	-0,0000
	D(EB)/A	-0,1361	-0,1521	-0,1827	-0,2358	-0,2950	-0,3140	-0,2849	-0,2106	-0,1088	0
	D(EC)/A	-0,1362	-0,1506	-0,1706	-0,1875	-0,1733	-0,1338	-0,0928	-0,0607	-0,0298	0,0000
	D(ED)/A	-0,1364	-0,1214	-0,0919	-0,0355	0,0470	0,1052	0,1228	0,0980	0,0521	0,0000
	D(EE)/A	0,3745	0,3904	0,4148	0,4451	0,4579	0,4351	0,3718	0,2691	0,1380	0,0000

4. Der unsymmetrische Balken auf sechs ungleichen, elastischen Stützen, Steifigkeitsverhältnis $r_a : r_b : r_c : r_d : r_e : r_f$

a) $r_a : r_b : r_c : r_d : r_e : r_f = 1{,}0 : 1{,}1 : 1{,}2 : 1{,}3 : 1{,}4 : 1{,}5$

Z	Z(T)	0,00	0,03	0,10	0,30	1,00	3,00	10,0	30,0	100	UNENDL
0,01	B(AA)	0,9798	0,9847	0,9894	0,9933	0,9957	0,9966	0,9970	0,9971	0,9971	0,9971
	B(AB)	0,0180	0,0156	0,0125	0,0094	0,0072	0,0064	0,0061	0,0060	0,0059	0,0059
	B(AC)	0,0003	-0,0016	-0,0031	-0,0037	-0,0038	-0,0038	-0,0038	-0,0038	-0,0038	-0,0038
	B(AD)	0,0000	0,0001	0,0004	0,0007	0,0008	0,0009	0,0009	0,0009	0,0009	0,0009
	B(AE)	0,0000	-0,0000	-0,0000	-0,0001	-0,0002	-0,0002	-0,0002	-0,0002	-0,0002	-0,0002
	B(AF)	0,0000	0,0000	0,0000	0,0000	0,0000	0,0000	0,0000	0,0000	0,0000	0,0000
	B(BA)	0,0198	0,0172	0,0138	0,0104	0,0080	0,0070	0,0067	0,0066	0,0065	0,0065
	B(BB)	0,9623	0,9672	0,9727	0,9780	0,9816	0,9830	0,9835	0,9837	0,9838	0,9838
	B(BC)	0,0177	0,0176	0,0170	0,0160	0,0151	0,0147	0,0146	0,0145	0,0145	0,0145
	B(BD)	0,0003	-0,0018	-0,0036	-0,0049	-0,0056	-0,0058	-0,0058	-0,0058	-0,0058	-0,0058
	B(BE)	0,0000	0,0001	0,0005	0,0009	0,0012	0,0013	0,0013	0,0013	0,0013	0,0013
	B(BF)	0,0000	-0,0000	-0,0000	-0,0001	-0,0002	-0,0002	-0,0002	-0,0002	-0,0002	-0,0002
	B(CA)	0,0004	-0,0020	-0,0037	-0,0045	-0,0046	-0,0046	-0,0046	-0,0046	-0,0046	-0,0046
	B(CB)	0,0193	0,0192	0,0185	0,0174	0,0165	0,0161	0,0159	0,0158	0,0158	0,0158
	B(CC)	0,9623	0,9668	0,9711	0,9746	0,9766	0,9774	0,9777	0,9778	0,9778	0,9778
	B(CD)	0,0178	0,0177	0,0173	0,0167	0,0162	0,0160	0,0159	0,0159	0,0159	0,0159
	B(CE)	0,0003	-0,0018	-0,0037	-0,0050	-0,0056	-0,0058	-0,0058	-0,0058	-0,0058	-0,0058
	B(CF)	0,0000	0,0001	0,0004	0,0007	0,0008	0,0009	0,0009	0,0009	0,0009	0,0009
	B(DA)	0,0000	0,0001	0,0005	0,0009	0,0011	0,0011	0,0012	0,0012	0,0012	0,0012
	B(DB)	0,0004	-0,0021	-0,0043	-0,0058	-0,0066	-0,0068	-0,0069	-0,0069	-0,0069	-0,0069
	B(DC)	0,0193	0,0192	0,0187	0,0181	0,0175	0,0173	0,0173	0,0172	0,0172	0,0172
	B(DD)	0,9623	0,9668	0,9711	0,9746	0,9767	0,9774	0,9777	0,9778	0,9778	0,9778
	B(DE)	0,0178	0,0177	0,0171	0,0160	0,0151	0,0147	0,0145	0,0145	0,0145	0,0144
	B(DF)	0,0003	-0,0017	-0,0031	-0,0037	-0,0038	-0,0038	-0,0038	-0,0038	-0,0038	-0,0038
	B(EA)	0,0000	-0,0000	-0,0001	-0,0002	-0,0002	-0,0003	-0,0003	-0,0003	-0,0003	-0,0003
	B(EB)	0,0000	0,0001	0,0006	0,0011	0,0015	0,0016	0,0016	0,0016	0,0017	0,0017
	B(EC)	0,0004	-0,0021	-0,0043	-0,0058	-0,0065	-0,0067	-0,0068	-0,0068	-0,0068	-0,0068
	B(ED)	0,0192	0,0191	0,0184	0,0173	0,0163	0,0158	0,0156	0,0156	0,0156	0,0156
	B(EE)	0,9623	0,9672	0,9728	0,9783	0,9821	0,9836	0,9842	0,9844	0,9844	0,9844
	B(EF)	0,0182	0,0157	0,0124	0,0092	0,0069	0,0060	0,0056	0,0055	0,0055	0,0055
	B(FA)	0,0000	0,0000	0,0000	0,0000	0,0000	0,0000	0,0000	0,0000	0,0000	0,0000
	B(FB)	0,0000	-0,0000	-0,0001	-0,0002	-0,0002	-0,0003	-0,0003	-0,0003	-0,0003	-0,0003
	B(FC)	0,0000	0,0001	0,0005	0,0009	0,0010	0,0011	0,0011	0,0011	0,0011	0,0011
	B(FD)	0,0004	-0,0019	-0,0036	-0,0043	-0,0044	-0,0044	-0,0043	-0,0043	-0,0043	-0,0043
	B(FE)	0,0195	0,0168	0,0133	0,0098	0,0074	0,0064	0,0060	0,0059	0,0059	0,0059
	B(FF)	0,9814	0,9859	0,9903	0,9939	0,9962	0,9971	0,9974	0,9975	0,9975	0,9976

Z	Z(T)	0,00	0,03	0,10	0,30	1,00	3,00	10,0	30,0	100	UNENDL
	D(AA)/A	-0,0099	-0,0074	-0,0048	-0,0025	-0,0009	-0,0003	-0,0001	-0,0000	-0,0000	-0,0000
	D(AB)/A	0,0088	0,0072	0,0050	0,0027	0,0011	0,0004	0,0001	0,0000	0,0000	0
	D(AC)/A	0,0002	-0,0004	-0,0007	-0,0005	-0,0002	-0,0001	-0,0000	-0,0000	-0,0000	-0,0000
	D(AD)/A	0,0000	0,0000	0,0001	0,0001	0,0000	0,0000	0,0000	0,0000	0,0000	0,0000
	D(AE)/A	0,0000	-0,0000	-0,0000	-0,0000	-0,0000	-0,0000	-0,0000	-0,0000	-0,0000	-0,0000
	D(AF)/A	0,0000	0,0000	0,0000	0,0000	0,0000	0,0000	0,0000	0,0000	0,0000	0,0000
	D(BA)/A	-0,0104	-0,0065	-0,0034	-0,0014	-0,0004	-0,0001	-0,0000	-0,0000	-0,0000	-0,0000
	D(BB)/A	-0,0006	-0,0005	-0,0004	-0,0003	-0,0002	-0,0001	-0,0000	-0,0000	-0,0000	0,0000
	D(BC)/A	0,0091	0,0062	0,0037	0,0017	0,0006	0,0002	0,0001	0,0000	0,0000	0,0000
	D(BD)/A	0,0002	-0,0004	-0,0005	-0,0003	-0,0001	-0,0001	-0,0000	-0,0000	-0,0000	-0,0000
	D(BE)/A	0,0000	0,0000	0,0001	0,0001	0,0000	0,0000	0,0000	0,0000	0,0000	0,0000
	D(BF)/A	0,0000	-0,0000	-0,0000	-0,0000	-0,0000	-0,0000	-0,0000	-0,0000	-0,0000	-0,0000
	D(CA)/A	-0,0002	0,0004	0,0005	0,0003	0,0001	0,0000	0,0000	0,0000	0,0000	0,0000
	D(CB)/A	-0,0102	-0,0069	-0,0040	-0,0018	-0,0006	-0,0002	-0,0001	-0,0000	-0,0000	-0,0000
	D(CC)/A	-0,0005	-0,0004	-0,0002	-0,0001	-0,0000	-0,0000	-0,0000	-0,0000	-0,0000	-0,0000
	D(CD)/A	0,0091	0,0063	0,0037	0,0017	0,0006	0,0002	0,0001	0,0000	0,0000	0,0000
	D(CE)/A	0,0002	-0,0004	-0,0005	-0,0003	-0,0001	-0,0000	-0,0000	-0,0000	-0,0000	-0,0000
	D(CF)/A	0,0000	0,0000	0,0001	0,0000	0,0000	0,0000	0,0000	0,0000	0,0000	0,0000
	D(DA)/A	-0,0000	-0,0000	-0,0001	-0,0001	-0,0000	-0,0000	-0,0000	-0,0000	-0,0000	-0,0000
	D(DB)/A	-0,0002	0,0005	0,0006	0,0004	0,0001	0,0001	0,0000	0,0000	0,0000	0,0000
	D(DC)/A	-0,0102	-0,0069	-0,0040	-0,0018	-0,0006	-0,0002	-0,0001	-0,0000	-0,0000	0,0000
	D(DD)/A	-0,0005	-0,0003	-0,0002	-0,0001	-0,0000	-0,0000	-0,0000	-0,0000	-0,0000	-0,0000
	D(DE)/A	0,0091	0,0063	0,0036	0,0016	0,0006	0,0002	0,0001	0,0000	0,0000	-0,0000
	D(DF)/A	0,0002	-0,0004	-0,0004	-0,0002	-0,0001	-0,0000	-0,0000	-0,0000	-0,0000	0
	D(EA)/A	-0,0000	0,0000	0,0000	0,0000	0,0000	0,0000	0,0000	0,0000	0,0000	0,0000
	D(EB)/A	-0,0000	-0,0000	-0,0001	-0,0001	-0,0000	-0,0000	-0,0000	-0,0000	-0,0000	0,0000
	D(EC)/A	-0,0002	0,0004	0,0006	0,0004	0,0002	0,0001	0,0000	0,0000	0,0000	-0,0000
	D(ED)/A	-0,0101	-0,0069	-0,0040	-0,0019	-0,0007	-0,0002	-0,0001	-0,0000	-0,0000	-0,0000
	D(EE)/A	-0,0005	-0,0002	0,0001	0,0002	0,0001	0,0000	0,0000	0,0000	0,0000	0,0000
	D(EF)/A	0,0094	0,0058	0,0030	0,0012	0,0004	0,0001	0,0000	0,0000	0,0000	-0,0000
	D(FA)/A	-0,0000	-0,0000	-0,0000	-0,0000	-0,0000	-0,0000	-0,0000	-0,0000	-0,0000	0,0000
	D(FB)/A	-0,0000	0,0000	0,0000	0,0000	0,0000	0,0000	0,0000	0,0000	0,0000	0,0000
	D(FC)/A	-0,0000	-0,0000	-0,0001	-0,0001	-0,0001	-0,0000	-0,0000	-0,0000	-0,0000	0
	D(FD)/A	-0,0002	0,0005	0,0008	0,0006	0,0003	0,0001	0,0000	0,0000	0,0000	-0,0000
	D(FE)/A	-0,0099	-0,0080	-0,0056	-0,0031	-0,0012	-0,0004	-0,0001	-0,0000	-0,0000	0
	D(FF)/A	0,0094	0,0071	0,0046	0,0024	0,0009	0,0003	0,0001	0,0000	0,0000	-0,0000
0,02	B(AA)	0,9611	0,9704	0,9794	0,9870	0,9917	0,9934	0,9941	0,9943	0,9943	0,9944
	B(AB)	0,0340	0,0297	0,0241	0,0182	0,0140	0,0124	0,0118	0,0116	0,0115	0,0115
	B(AC)	0,0012	-0,0026	-0,0055	-0,0069	-0,0072	-0,0072	-0,0072	-0,0072	-0,0072	-0,0072
	B(AD)	0,0000	0,0001	0,0006	0,0011	0,0014	0,0015	0,0016	0,0016	0,0016	0,0016
	B(AE)	0,0000	0,0000	-0,0001	-0,0002	-0,0003	-0,0003	-0,0003	-0,0003	-0,0003	-0,0003
	B(AF)	0,0000	-0,0000	0,0000	0,0000	0,0000	0,0000	0,0000	0,0000	0,0000	0,0000
	B(BA)	0,0374	0,0327	0,0265	0,0200	0,0155	0,0136	0,0129	0,0127	0,0126	0,0126
	B(BB)	0,9286	0,9375	0,9478	0,9577	0,9645	0,9672	0,9682	0,9685	0,9686	0,9687
	B(BC)	0,0330	0,0329	0,0320	0,0303	0,0288	0,0281	0,0278	0,0277	0,0277	0,0277
	B(BD)	0,0012	-0,0027	-0,0063	-0,0089	-0,0102	-0,0106	-0,0107	-0,0108	-0,0108	-0,0108
	B(BE)	0,0000	0,0001	0,0007	0,0014	0,0019	0,0021	0,0022	0,0022	0,0022	0,0022
	B(BF)	0,0000	0,0000	-0,0001	-0,0002	-0,0003	-0,0003	-0,0003	-0,0003	-0,0003	-0,0003
	B(CA)	0,0014	-0,0032	-0,0066	-0,0083	-0,0087	-0,0087	-0,0087	-0,0087	-0,0087	-0,0087
	B(CB)	0,0360	0,0359	0,0349	0,0331	0,0314	0,0306	0,0303	0,0303	0,0302	0,0302
	B(CC)	0,9286	0,9371	0,9451	0,9516	0,9554	0,9568	0,9574	0,9575	0,9576	0,9576
	B(CD)	0,0331	0,0330	0,0324	0,0314	0,0306	0,0303	0,0301	0,0301	0,0301	0,0301
	B(CE)	0,0012	-0,0028	-0,0064	-0,0090	-0,0102	-0,0106	-0,0107	-0,0108	-0,0108	-0,0108
	B(CF)	0,0000	0,0001	0,0006	0,0011	0,0014	0,0015	0,0015	0,0016	0,0016	0,0016
	B(DA)	0,0001	0,0001	0,0007	0,0015	0,0019	0,0020	0,0020	0,0020	0,0020	0,0020
	B(DB)	0,0014	-0,0032	-0,0075	-0,0105	-0,0120	-0,0125	-0,0127	-0,0127	-0,0127	-0,0127
	B(DC)	0,0358	0,0358	0,0351	0,0340	0,0332	0,0328	0,0327	0,0326	0,0326	0,0326
	B(DD)	0,9285	0,9370	0,9451	0,9516	0,9555	0,9569	0,9574	0,9576	0,9576	0,9576
	B(DE)	0,0332	0,0331	0,0322	0,0304	0,0288	0,0280	0,0277	0,0276	0,0276	0,0276
	B(DF)	0,0012	-0,0027	-0,0055	-0,0069	-0,0072	-0,0072	-0,0072	-0,0072	-0,0071	-0,0071
	B(EA)	0,0000	0,0000	-0,0001	-0,0002	-0,0004	-0,0004	-0,0004	-0,0004	-0,0004	-0,0004
	B(EB)	0,0001	0,0001	0,0008	0,0018	0,0025	0,0027	0,0028	0,0028	0,0028	0,0028
	B(EC)	0,0014	-0,0032	-0,0074	-0,0105	-0,0119	-0,0124	-0,0125	-0,0126	-0,0126	-0,0126
	B(ED)	0,0357	0,0357	0,0346	0,0327	0,0310	0,0302	0,0299	0,0298	0,0297	0,0297
	B(EE)	0,9286	0,9376	0,9480	0,9583	0,9655	0,9683	0,9694	0,9698	0,9699	0,9699
	B(EF)	0,0345	0,0299	0,0239	0,0177	0,0134	0,0116	0,0109	0,0107	0,0107	0,0106
	B(FA)	0,0000	-0,0000	0,0000	0,0000	0,0001	0,0001	0,0001	0,0001	0,0001	0,0001
	B(FB)	0,0000	0,0000	-0,0001	-0,0002	-0,0004	-0,0004	-0,0004	-0,0004	-0,0004	-0,0004
	B(FC)	0,0001	0,0001	0,0007	0,0014	0,0018	0,0019	0,0019	0,0019	0,0019	0,0019
	B(FD)	0,0014	-0,0031	-0,0064	-0,0080	-0,0083	-0,0083	-0,0083	-0,0083	-0,0082	-0,0082
	B(FE)	0,0370	0,0320	0,0256	0,0190	0,0143	0,0124	0,0117	0,0115	0,0114	0,0114
	B(FF)	0,9642	0,9727	0,9811	0,9882	0,9926	0,9943	0,9949	0,9951	0,9952	0,9952

Z	Z(T)	0,00	0,03	0,10	0,30	1,00	3,00	10,0	30,0	100	UNENDL
	D(AA)/A	-0,0191	-0,0144	-0,0094	-0,0049	-0,0018	-0,0007	-0,0002	-0,0001	-0,0000	-0,0000
	D(AB)/A	0,0167	0,0137	0,0097	0,0053	0,0021	0,0007	0,0002	0,0001	0,0000	0,0000
	D(AC)/A	0,0006	-0,0006	-0,0011	-0,0009	-0,0004	-0,0002	-0,0001	-0,0000	-0,0000	-0,0000
	D(AD)/A	0,0000	0,0000	0,0001	0,0001	0,0001	0,0000	0,0000	0,0000	0,0000	-0,0000
	D(AE)/A	0,0000	0,0000	-0,0000	-0,0000	-0,0000	-0,0000	-0,0000	-0,0000	-0,0000	-0,0000
	D(AF)/A	0,0000	-0,0000	0,0000	0,0000	0,0000	0,0000	0,0000	0,0000	0,0000	0,0000
	D(BA)/A	-0,0205	-0,0129	-0,0067	-0,0027	-0,0008	-0,0003	-0,0001	-0,0000	-0,0000	-0,0000
	D(BB)/A	-0,0012	-0,0009	-0,0008	-0,0006	-0,0003	-0,0001	-0,0000	-0,0000	-0,0000	-0,0000
	D(BC)/A	0,0175	0,0121	0,0071	0,0034	0,0012	0,0004	0,0001	0,0000	0,0000	0,0000
	D(BD)/A	0,0006	-0,0005	-0,0008	-0,0006	-0,0002	-0,0001	-0,0000	-0,0000	-0,0000	-0,0000
	D(BE)/A	0,0000	0,0000	0,0001	0,0001	0,0000	0,0000	0,0000	0,0000	0,0000	0,0000
	D(BF)/A	0,0000	0,0000	-0,0000	-0,0000	-0,0000	-0,0000	-0,0000	-0,0000	-0,0000	-0,0000
	D(CA)/A	-0,0008	0,0006	0,0009	0,0005	0,0002	0,0001	0,0000	0,0000	0,0000	0,0000
	D(CB)/A	-0,0197	-0,0135	-0,0078	-0,0035	-0,0012	-0,0004	-0,0001	-0,0000	-0,0000	0,0000
	D(CC)/A	-0,0011	-0,0007	-0,0004	-0,0002	-0,0001	-0,0000	-0,0000	-0,0000	-0,0000	-0,0000
	D(CD)/A	0,0175	0,0121	0,0071	0,0033	0,0011	0,0004	0,0001	0,0000	0,0000	0
	D(CE)/A	0,0006	-0,0005	-0,0008	-0,0006	-0,0002	-0,0001	-0,0000	-0,0000	-0,0000	-0,0000
	D(CF)/A	0,0000	0,0000	0,0001	0,0001	0,0000	0,0000	0,0000	0,0000	0,0000	0,0000
	D(DA)/A	-0,0000	-0,0000	-0,0001	-0,0001	-0,0000	-0,0000	-0,0000	-0,0000	-0,0000	-0,0000
	D(DB)/A	-0,0008	0,0006	0,0010	0,0007	0,0003	0,0001	0,0000	0,0000	0,0000	-0,0000
	D(DC)/A	-0,0196	-0,0134	-0,0078	-0,0036	-0,0013	-0,0004	-0,0001	-0,0000	-0,0000	0,0000
	D(DD)/A	-0,0010	-0,0006	-0,0004	-0,0002	-0,0000	-0,0000	-0,0000	-0,0000	-0,0000	-0,0000
	D(DE)/A	0,0176	0,0122	0,0071	0,0032	0,0011	0,0004	0,0001	0,0000	0,0000	-0,0000
	D(DF)/A	0,0007	-0,0005	-0,0007	-0,0004	-0,0002	-0,0001	-0,0000	-0,0000	-0,0000	-0,0000
	D(EA)/A	-0,0000	-0,0000	0,0000	0,0000	0,0000	0,0000	0,0000	0,0000	0,0000	0,0000
	D(EB)/A	-0,0000	-0,0000	-0,0001	-0,0001	-0,0001	-0,0000	-0,0000	-0,0000	-0,0000	-0,0000
	D(EC)/A	-0,0008	0,0006	0,0010	0,0007	0,0003	0,0001	0,0000	0,0000	0,0000	0,0000
	D(ED)/A	-0,0195	-0,0134	-0,0078	-0,0037	-0,0013	-0,0005	-0,0001	-0,0000	-0,0000	-0,0000
	D(EE)/A	-0,0009	-0,0005	0,0001	0,0003	0,0002	0,0001	0,0000	0,0000	0,0000	0
	D(EF)/A	0,0184	0,0115	0,0060	0,0024	0,0008	0,0003	0,0001	0,0000	0,0000	0,0000
	D(FA)/A	-0,0000	0,0000	-0,0000	-0,0000	-0,0000	-0,0000	-0,0000	-0,0000	-0,0000	0
	D(FB)/A	-0,0000	-0,0000	0,0000	0,0000	0,0000	0,0000	0,0000	0,0000	0,0000	0
	D(FC)/A	-0,0000	-0,0000	-0,0001	-0,0002	-0,0001	-0,0000	-0,0000	-0,0000	-0,0000	0
	D(FD)/A	-0,0007	0,0007	0,0013	0,0011	0,0005	0,0002	0,0001	0,0000	0,0000	-0,0000
	D(FE)/A	-0,0187	-0,0153	-0,0108	-0,0060	-0,0023	-0,0009	-0,0003	-0,0001	-0,0000	-0,0000
	D(FF)/A	0,0181	0,0137	0,0091	0,0047	0,0018	0,0007	0,0002	0,0001	0,0000	-0,0000
0,05	B(AA)	0,9120	0,9322	0,9522	0,9694	0,9803	0,9845	0,9861	0,9865	0,9867	0,9868
	B(AB)	0,0730	0,0650	0,0537	0,0414	0,0322	0,0286	0,0271	0,0267	0,0265	0,0264
	B(AC)	0,0059	-0,0028	-0,0099	-0,0139	-0,0153	-0,0156	-0,0157	-0,0157	-0,0157	-0,0157
	B(AD)	0,0005	-0,0002	0,0004	0,0015	0,0022	0,0025	0,0025	0,0026	0,0026	0,0026
	B(AE)	0,0000	0,0000	0,0000	-0,0001	-0,0002	-0,0003	-0,0003	-0,0003	-0,0003	-0,0003
	B(AF)	0,0000	0,0000	-0,0000	-0,0000	0,0000	0,0000	0,0000	0,0000	0,0000	0,0000
	B(BA)	0,0803	0,0715	0,0591	0,0455	0,0355	0,0314	0,0298	0,0293	0,0292	0,0291
	B(BB)	0,8458	0,8635	0,8843	0,9050	0,9196	0,9254	0,9277	0,9284	0,9286	0,9287
	B(BC)	0,0680	0,0686	0,0678	0,0653	0,0628	0,0617	0,0612	0,0610	0,0610	0,0610
	B(BD)	0,0055	-0,0026	-0,0105	-0,0166	-0,0198	-0,0209	-0,0213	-0,0214	-0,0215	-0,0215
	B(BE)	0,0004	-0,0002	0,0003	0,0016	0,0026	0,0030	0,0032	0,0032	0,0032	0,0032
	B(BF)	0,0000	0,0000	0,0000	-0,0001	-0,0002	-0,0003	-0,0003	-0,0003	-0,0003	-0,0003
	B(CA)	0,0070	-0,0034	-0,0118	-0,0167	-0,0184	-0,0187	-0,0188	-0,0188	-0,0188	-0,0188
	B(CB)	0,0741	0,0749	0,0739	0,0713	0,0685	0,0673	0,0667	0,0666	0,0665	0,0665
	B(CC)	0,8453	0,8630	0,8800	0,8938	0,9019	0,9049	0,9060	0,9063	0,9064	0,9065
	B(CD)	0,0681	0,0689	0,0682	0,0668	0,0656	0,0651	0,0649	0,0648	0,0648	0,0648
	B(CE)	0,0055	-0,0026	-0,0106	-0,0167	-0,0199	-0,0210	-0,0214	-0,0215	-0,0215	-0,0216
	B(CF)	0,0005	-0,0002	0,0004	0,0015	0,0022	0,0025	0,0025	0,0026	0,0026	0,0026
	B(DA)	0,0006	-0,0003	0,0005	0,0019	0,0029	0,0032	0,0033	0,0033	0,0034	0,0034
	B(DB)	0,0065	-0,0031	-0,0124	-0,0196	-0,0235	-0,0247	-0,0252	-0,0253	-0,0254	-0,0254
	B(DC)	0,0738	0,0746	0,0739	0,0724	0,0711	0,0705	0,0703	0,0702	0,0702	0,0702
	B(DD)	0,8453	0,8630	0,8800	0,8938	0,9020	0,9049	0,9061	0,9064	0,9065	0,9066
	B(DE)	0,0684	0,0691	0,0682	0,0656	0,0629	0,0617	0,0611	0,0610	0,0609	0,0609
	B(DF)	0,0060	-0,0029	-0,0100	-0,0140	-0,0153	-0,0155	-0,0156	-0,0156	-0,0156	-0,0156
	B(EA)	0,0001	0,0000	0,0000	-0,0001	-0,0003	-0,0004	-0,0004	-0,0004	-0,0004	-0,0004
	B(EB)	0,0006	-0,0003	0,0004	0,0020	0,0033	0,0038	0,0040	0,0041	0,0041	0,0041
	B(EC)	0,0064	-0,0031	-0,0124	-0,0195	-0,0233	-0,0245	-0,0250	-0,0251	-0,0251	-0,0251
	B(ED)	0,0737	0,0744	0,0734	0,0707	0,0678	0,0664	0,0658	0,0657	0,0656	0,0656
	B(EE)	0,8458	0,8635	0,8847	0,9062	0,9217	0,9279	0,9303	0,9311	0,9313	0,9314
	B(EF)	0,0745	0,0656	0,0535	0,0404	0,0307	0,0268	0,0252	0,0248	0,0246	0,0245
	B(FA)	0,0000	0,0000	-0,0000	-0,0000	0,0000	0,0000	0,0000	0,0000	0,0000	0,0000
	B(FB)	0,0001	0,0000	0,0000	-0,0001	-0,0003	-0,0004	-0,0004	-0,0004	-0,0004	-0,0004
	B(FC)	0,0006	-0,0003	0,0005	0,0019	0,0028	0,0031	0,0032	0,0032	0,0032	0,0032
	B(FD)	0,0070	-0,0034	-0,0116	-0,0162	-0,0177	-0,0179	-0,0180	-0,0180	-0,0180	-0,0180
	B(FE)	0,0798	0,0703	0,0573	0,0433	0,0329	0,0287	0,0270	0,0265	0,0264	0,0263
	B(FF)	0,9189	0,9375	0,9561	0,9722	0,9826	0,9866	0,9881	0,9885	0,9887	0,9888

Z	Z(T)	0,00	0,03	0,10	0,30	1,00	3,00	10,0	30,0	100	UNENDL
	D(AA)/A	-0,0433	-0,0331	-0,0220	-0,0116	-0,0044	-0,0016	-0,0005	-0,0002	-0,0001	-0,0000
	D(AB)/A	0,0359	0,0300	0,0216	0,0121	0,0048	0,0017	0,0005	0,0002	0,0001	0
	D(AC)/A	0,0029	0,0002	-0,0014	-0,0015	-0,0007	-0,0003	-0,0001	-0,0000	-0,0000	0,0000
	D(AD)/A	0,0002	-0,0001	-0,0000	0,0001	0,0001	0,0000	0,0000	0,0000	0,0000	-0,0000
	D(AE)/A	0,0000	-0,0000	0,0000	0,0000	-0,0000	-0,0000	-0,0000	-0,0000	-0,0000	0
	D(AF)/A	0,0000	0,0000	-0,0000	-0,0000	0,0000	0,0000	0,0000	0,0000	0,0000	-0,0000
	D(BA)/A	-0,0485	-0,0310	-0,0165	-0,0068	-0,0021	-0,0007	-0,0002	-0,0001	-0,0000	0
	D(BB)/A	-0,0030	-0,0019	-0,0016	-0,0012	-0,0006	-0,0002	-0,0001	-0,0000	-0,0000	0
	D(BC)/A	0,0393	0,0276	0,0165	0,0078	0,0028	0,0010	0,0003	0,0001	0,0000	0,0000
	D(BD)/A	0,0032	0,0001	-0,0012	-0,0010	-0,0004	-0,0002	-0,0001	-0,0000	-0,0000	0,0000
	D(BE)/A	0,0003	-0,0001	-0,0000	0,0001	0,0000	0,0000	0,0000	0,0000	0,0000	-0,0000
	D(BF)/A	0,0000	-0,0000	0,0000	-0,0000	-0,0000	-0,0000	-0,0000	-0,0000	-0,0000	-0,0000
	D(CA)/A	-0,0042	0,0001	0,0015	0,0011	0,0004	0,0002	0,0000	0,0000	0,0000	0,0000
	D(CB)/A	-0,0447	-0,0310	-0,0183	-0,0084	-0,0029	-0,0010	-0,0003	-0,0001	-0,0000	0
	D(CC)/A	-0,0025	-0,0016	-0,0009	-0,0004	-0,0002	-0,0001	-0,0000	-0,0000	-0,0000	-0,0000
	D(CD)/A	0,0396	0,0277	0,0165	0,0077	0,0027	0,0009	0,0003	0,0001	0,0000	-0,0000
	D(CE)/A	0,0032	0,0001	-0,0012	-0,0010	-0,0004	-0,0002	-0,0001	-0,0000	-0,0000	0,0000
	D(CF)/A	0,0003	-0,0001	-0,0000	0,0001	0,0000	0,0000	0,0000	0,0000	0,0000	-0,0000
	D(DA)/A	-0,0004	0,0001	0,0000	-0,0001	-0,0001	-0,0000	-0,0000	-0,0000	-0,0000	-0,0000
	D(DB)/A	-0,0039	-0,0001	0,0014	0,0012	0,0005	0,0002	0,0001	0,0000	0,0000	0,0000
	D(DC)/A	-0,0445	-0,0308	-0,0182	-0,0085	-0,0030	-0,0010	-0,0003	-0,0001	-0,0000	0,0000
	D(DD)/A	-0,0023	-0,0015	-0,0009	-0,0004	-0,0001	-0,0000	-0,0000	-0,0000	-0,0000	0
	D(DE)/A	0,0398	0,0278	0,0166	0,0077	0,0027	0,0009	0,0003	0,0001	0,0000	0
	D(DF)/A	0,0035	-0,0000	-0,0012	-0,0009	-0,0004	-0,0001	-0,0000	-0,0000	-0,0000	-0,0000
	D(EA)/A	-0,0000	0,0000	-0,0000	0,0000	0,0000	0,0000	0,0000	0,0000	0,0000	0,0000
	D(EB)/A	-0,0003	0,0001	0,0000	-0,0001	-0,0001	-0,0000	-0,0000	-0,0000	-0,0000	0,0000
	D(EC)/A	-0,0039	-0,0001	0,0014	0,0012	0,0005	0,0002	0,0001	0,0000	0,0000	-0,0000
	D(ED)/A	-0,0442	-0,0307	-0,0182	-0,0085	-0,0030	-0,0011	-0,0003	-0,0001	-0,0000	-0,0000
	D(EE)/A	-0,0018	-0,0013	-0,0002	0,0005	0,0004	0,0002	0,0001	0,0000	0,0000	0,0000
	D(EF)/A	0,0434	0,0278	0,0148	0,0061	0,0019	0,0006	0,0002	0,0001	0,0000	0,0000
	D(FA)/A	-0,0000	-0,0000	0,0000	0,0000	-0,0000	-0,0000	-0,0000	-0,0000	-0,0000	0,0000
	D(FB)/A	-0,0000	0,0000	-0,0000	-0,0000	0,0000	0,0000	0,0000	0,0000	0,0000	0,0000
	D(FC)/A	-0,0003	0,0001	0,0000	-0,0001	-0,0001	-0,0000	-0,0000	-0,0000	-0,0000	-0,0000
	D(FD)/A	-0,0035	-0,0002	0,0017	0,0018	0,0009	0,0004	0,0001	0,0000	0,0000	-0,0000
	D(FE)/A	-0,0404	-0,0337	-0,0243	-0,0137	-0,0054	-0,0020	-0,0006	-0,0002	-0,0001	-0,0000
	D(FF)/A	0,0410	0,0315	0,0212	0,0113	0,0043	0,0016	0,0005	0,0002	0,0000	-0,0000
0,10	B(AA)	0,8471	0,8802	0,9141	0,9442	0,9639	0,9715	0,9744	0,9753	0,9756	0,9757
	B(AB)	0,1178	0,1077	0,0914	0,0721	0,0570	0,0508	0,0483	0,0475	0,0472	0,0471
	B(AC)	0,0165	0,0018	-0,0114	-0,0202	-0,0241	-0,0251	-0,0255	-0,0255	-0,0256	-0,0256
	B(AD)	0,0023	-0,0005	-0,0009	0,0003	0,0015	0,0020	0,0022	0,0022	0,0022	0,0022
	B(AE)	0,0003	-0,0000	0,0001	0,0003	0,0003	0,0003	0,0002	0,0002	0,0002	0,0002
	B(AF)	0,0001	0,0000	0,0000	-0,0000	-0,0001	-0,0001	-0,0001	-0,0001	-0,0001	-0,0001
	B(BA)	0,1296	0,1184	0,1006	0,0793	0,0627	0,0558	0,0531	0,0523	0,0520	0,0518
	B(BB)	0,7478	0,7736	0,8047	0,8368	0,8603	0,8698	0,8736	0,8747	0,8751	0,8753
	B(BC)	0,1045	0,1069	0,1077	0,1061	0,1038	0,1026	0,1020	0,1019	0,1018	0,1018
	B(BD)	0,0146	0,0023	-0,0104	-0,0210	-0,0272	-0,0294	-0,0302	-0,0305	-0,0305	-0,0306
	B(BE)	0,0021	-0,0005	-0,0011	-0,0002	0,0010	0,0015	0,0018	0,0018	0,0019	0,0019
	B(BF)	0,0003	-0,0000	0,0001	0,0003	0,0003	0,0003	0,0002	0,0002	0,0002	0,0002
	B(CA)	0,0198	0,0021	-0,0137	-0,0242	-0,0289	-0,0301	-0,0305	-0,0307	-0,0307	-0,0307
	B(CB)	0,1140	0,1166	0,1174	0,1158	0,1132	0,1119	0,1113	0,1111	0,1111	0,1110
	B(CC)	0,7457	0,7731	0,8003	0,8225	0,8357	0,8405	0,8423	0,8428	0,8430	0,8431
	B(CD)	0,1045	0,1073	0,1079	0,1070	0,1058	0,1053	0,1051	0,1051	0,1050	0,1050
	B(CE)	0,0147	0,0023	-0,0105	-0,0212	-0,0274	-0,0296	-0,0304	-0,0307	-0,0308	-0,0308
	B(CF)	0,0024	-0,0005	-0,0009	0,0003	0,0015	0,0020	0,0022	0,0023	0,0023	0,0023
	B(DA)	0,0030	-0,0007	-0,0012	0,0004	0,0019	0,0026	0,0028	0,0029	0,0029	0,0029
	B(DB)	0,0173	0,0027	-0,0123	-0,0249	-0,0322	-0,0348	-0,0357	-0,0360	-0,0361	-0,0361
	B(DC)	0,1132	0,1162	0,1169	0,1159	0,1146	0,1141	0,1139	0,1138	0,1138	0,1138
	B(DD)	0,7456	0,7730	0,8002	0,8225	0,8357	0,8405	0,8423	0,8428	0,8430	0,8431
	B(DE)	0,1052	0,1076	0,1084	0,1068	0,1042	0,1028	0,1023	0,1021	0,1020	0,1020
	B(DF)	0,0170	0,0018	-0,0117	-0,0205	-0,0242	-0,0252	-0,0255	-0,0256	-0,0257	-0,0257
	B(EA)	0,0005	-0,0001	0,0002	0,0004	0,0004	0,0004	0,0003	0,0003	0,0003	0,0003
	B(EB)	0,0026	-0,0006	-0,0014	-0,0002	0,0013	0,0020	0,0022	0,0023	0,0024	0,0024
	B(EC)	0,0172	0,0027	-0,0123	-0,0247	-0,0320	-0,0346	-0,0355	-0,0358	-0,0359	-0,0359
	B(ED)	0,1133	0,1159	0,1167	0,1150	0,1122	0,1108	0,1101	0,1099	0,1099	0,1098
	B(EE)	0,7480	0,7736	0,8052	0,8386	0,8636	0,8738	0,8779	0,8791	0,8796	0,8798
	B(EF)	0,1211	0,1092	0,0914	0,0706	0,0545	0,0477	0,0450	0,0442	0,0439	0,0438
	B(FA)	0,0001	0,0000	0,0000	-0,0000	-0,0001	-0,0001	-0,0001	-0,0001	-0,0001	-0,0001
	B(FB)	0,0005	-0,0001	0,0002	0,0004	0,0004	0,0003	0,0003	0,0003	0,0003	0,0003
	B(FC)	0,0030	-0,0006	-0,0011	0,0004	0,0019	0,0025	0,0028	0,0029	0,0029	0,0029
	B(FD)	0,0196	0,0020	-0,0135	-0,0236	-0,0280	-0,0291	-0,0295	-0,0296	-0,0296	-0,0296
	B(FE)	0,1297	0,1170	0,0979	0,0757	0,0584	0,0511	0,0482	0,0474	0,0471	0,0469
	B(FF)	0,8591	0,8896	0,9211	0,9493	0,9680	0,9753	0,9781	0,9790	0,9793	0,9794

Z	Z(T)	0,00	0,03	0,10	0,30	1,00	3,00	10,0	30,0	100	UNENDL
	D(AA)/A	-0,0752	-0,0586	-0,0400	-0,0216	-0,0084	-0,0031	-0,0010	-0,0003	-0,0001	-0,0000
	D(AB)/A	0,0580	0,0497	0,0368	0,0212	0,0085	0,0031	0,0010	0,0003	0,0001	0,0000
	D(AC)/A	0,0081	0,0034	0,0000	-0,0012	-0,0007	-0,0003	-0,0001	-0,0000	-0,0000	0,0000
	D(AD)/A	0,0011	-0,0001	-0,0004	-0,0003	-0,0001	-0,0000	-0,0000	-0,0000	-0,0000	-0,0000
	D(AE)/A	0,0002	-0,0000	0,0000	0,0000	0,0000	0,0000	0,0000	0,0000	0,0000	0,0000
	D(AF)/A	0,0000	-0,0000	0,0000	0,0000	-0,0000	-0,0000	-0,0000	-0,0000	-0,0000	-0,0000
	D(BA)/A	-0,0891	-0,0585	-0,0319	-0,0134	-0,0043	-0,0015	-0,0004	-0,0001	-0,0000	-0,0000
	D(BB)/A	-0,0063	-0,0034	-0,0024	-0,0018	-0,0009	-0,0004	-0,0001	-0,0000	-0,0000	0
	D(BC)/A	0,0679	0,0487	0,0295	0,0141	0,0050	0,0018	0,0005	0,0002	0,0001	0,0000
	D(BD)/A	0,0095	0,0031	-0,0003	-0,0010	-0,0005	-0,0002	-0,0001	-0,0000	-0,0000	0,0000
	D(BE)/A	0,0013	-0,0001	-0,0003	-0,0002	-0,0000	-0,0000	-0,0000	-0,0000	-0,0000	-0,0000
	D(BF)/A	0,0002	-0,0000	0,0000	0,0000	0,0000	0,0000	0,0000	0,0000	0,0000	0,0000
	D(CA)/A	-0,0136	-0,0036	0,0010	0,0015	0,0007	0,0003	0,0001	0,0000	0,0000	0,0000
	D(CB)/A	-0,0782	-0,0551	-0,0332	-0,0157	-0,0055	-0,0019	-0,0006	-0,0002	-0,0001	0,0000
	D(CC)/A	-0,0045	-0,0030	-0,0017	-0,0008	-0,0003	-0,0001	-0,0000	-0,0000	-0,0000	-0,0000
	D(CD)/A	0,0685	0,0489	0,0297	0,0141	0,0050	0,0018	0,0005	0,0002	0,0001	-0,0000
	D(CE)/A	0,0097	0,0031	-0,0003	-0,0010	-0,0005	-0,0002	-0,0001	-0,0000	-0,0000	0,0000
	D(CF)/A	0,0016	-0,0001	-0,0003	-0,0001	-0,0000	-0,0000	0,0000	0,0000	0,0000	0,0000
	D(DA)/A	-0,0021	0,0001	0,0004	0,0001	0,0000	0,0000	-0,0000	-0,0000	-0,0000	0,0000
	D(DB)/A	-0,0119	-0,0037	0,0005	0,0012	0,0007	0,0003	0,0001	0,0000	0,0000	-0,0000
	D(DC)/A	-0,0776	-0,0548	-0,0329	-0,0155	-0,0055	-0,0019	-0,0006	-0,0002	-0,0001	0,0000
	D(DD)/A	-0,0041	-0,0027	-0,0016	-0,0007	-0,0003	-0,0001	-0,0000	-0,0000	-0,0000	-0,0000
	D(DE)/A	0,0691	0,0491	0,0299	0,0142	0,0050	0,0018	0,0005	0,0002	0,0001	0,0000
	D(DF)/A	0,0112	0,0030	-0,0008	-0,0012	-0,0006	-0,0002	-0,0001	-0,0000	-0,0000	0,0000
	D(EA)/A	-0,0003	0,0000	-0,0000	-0,0000	-0,0000	-0,0000	-0,0000	-0,0000	-0,0000	-0,0000
	D(EB)/A	-0,0018	0,0001	0,0004	0,0002	0,0000	0,0000	0,0000	0,0000	0,0000	-0,0000
	D(EC)/A	-0,0117	-0,0037	0,0004	0,0012	0,0006	0,0002	0,0001	0,0000	0,0000	0
	D(ED)/A	-0,0770	-0,0546	-0,0328	-0,0155	-0,0055	-0,0019	-0,0006	-0,0002	-0,0001	-0,0000
	D(EE)/A	-0,0022	-0,0023	-0,0008	0,0004	0,0004	0,0002	0,0001	0,0000	0,0000	0,0000
	D(EF)/A	0,0797	0,0523	0,0286	0,0120	0,0038	0,0013	0,0004	0,0001	0,0000	0,0000
	D(FA)/A	-0,0000	0,0000	-0,0000	-0,0000	0,0000	0,0000	0,0000	0,0000	0,0000	-0,0000
	D(FB)/A	-0,0002	0,0000	-0,0000	-0,0001	-0,0000	-0,0000	-0,0000	-0,0000	-0,0000	0
	D(FC)/A	-0,0015	0,0001	0,0006	0,0003	0,0001	0,0000	0,0000	0,0000	0,0000	0,0000
	D(FD)/A	-0,0099	-0,0042	0,0000	0,0015	0,0009	0,0004	0,0001	0,0000	0,0000	-0,0000
	D(FE)/A	-0,0656	-0,0560	-0,0416	-0,0241	-0,0098	-0,0036	-0,0011	-0,0004	-0,0001	-0,0000
	D(FF)/A	0,0713	0,0558	0,0384	0,0210	0,0082	0,0030	0,0009	0,0003	0,0001	0,0000
0,20	B(AA)	0,7544	0,8029	0,8549	0,9034	0,9368	0,9501	0,9553	0,9569	0,9574	0,9577
	B(AB)	0,1687	0,1598	0,1414	0,1158	0,0938	0,0842	0,0803	0,0791	0,0786	0,0785
	B(AC)	0,0379	0,0166	-0,0052	-0,0226	-0,0319	-0,0350	-0,0361	-0,0364	-0,0365	-0,0366
	B(AD)	0,0085	0,0010	-0,0031	-0,0036	-0,0025	-0,0019	-0,0016	-0,0015	-0,0015	-0,0015
	B(AE)	0,0020	-0,0000	-0,0001	0,0006	0,0011	0,0013	0,0014	0,0014	0,0014	0,0014
	B(AF)	0,0005	-0,0000	0,0001	0,0001	-0,0000	-0,0001	-0,0001	-0,0001	-0,0001	-0,0001
	B(BA)	0,1855	0,1758	0,1556	0,1274	0,1032	0,0926	0,0883	0,0870	0,0865	0,0863
	B(BB)	0,6279	0,6602	0,6999	0,7429	0,7760	0,7899	0,7955	0,7972	0,7978	0,7980
	B(BC)	0,1410	0,1464	0,1509	0,1533	0,1535	0,1533	0,1532	0,1531	0,1531	0,1531
	B(BD)	0,0318	0,0160	-0,0016	-0,0177	-0,0279	-0,0318	-0,0332	-0,0337	-0,0338	-0,0339
	B(BE)	0,0073	0,0010	-0,0030	-0,0046	-0,0046	-0,0044	-0,0043	-0,0042	-0,0042	-0,0042
	B(BF)	0,0020	-0,0000	-0,0001	0,0006	0,0011	0,0013	0,0014	0,0014	0,0014	0,0014
	B(CA)	0,0454	0,0199	-0,0063	-0,0271	-0,0383	-0,0420	-0,0433	-0,0437	-0,0439	-0,0439
	B(CB)	0,1538	0,1597	0,1646	0,1672	0,1675	0,1672	0,1671	0,1670	0,1670	0,1670
	B(CC)	0,6210	0,6580	0,6966	0,7294	0,7493	0,7565	0,7592	0,7600	0,7603	0,7604
	B(CD)	0,1400	0,1467	0,1510	0,1524	0,1524	0,1522	0,1521	0,1521	0,1521	0,1521
	B(CE)	0,0320	0,0161	-0,0016	-0,0178	-0,0283	-0,0322	-0,0337	-0,0341	-0,0343	-0,0343
	B(CF)	0,0089	0,0010	-0,0032	-0,0036	-0,0024	-0,0017	-0,0014	-0,0013	-0,0013	-0,0013
	B(DA)	0,0111	0,0013	-0,0040	-0,0047	-0,0033	-0,0024	-0,0021	-0,0020	-0,0019	-0,0019
	B(DB)	0,0376	0,0189	-0,0019	-0,0209	-0,0330	-0,0375	-0,0393	-0,0398	-0,0400	-0,0400
	B(DC)	0,1517	0,1590	0,1636	0,1651	0,1651	0,1649	0,1648	0,1648	0,1648	0,1647
	B(DD)	0,6210	0,6579	0,6965	0,7294	0,7492	0,7564	0,7591	0,7599	0,7602	0,7603
	B(DE)	0,1421	0,1474	0,1520	0,1544	0,1547	0,1544	0,1542	0,1542	0,1541	0,1541
	B(DF)	0,0396	0,0170	-0,0056	-0,0233	-0,0327	-0,0357	-0,0368	-0,0371	-0,0372	-0,0373
	B(EA)	0,0027	-0,0000	-0,0002	0,0008	0,0016	0,0018	0,0019	0,0020	0,0020	0,0020
	B(EB)	0,0093	0,0013	-0,0039	-0,0059	-0,0059	-0,0056	-0,0055	-0,0054	-0,0054	-0,0054
	B(EC)	0,0374	0,0187	-0,0019	-0,0208	-0,0330	-0,0375	-0,0393	-0,0398	-0,0400	-0,0401
	B(ED)	0,1530	0,1587	0,1637	0,1663	0,1666	0,1663	0,1661	0,1660	0,1660	0,1660
	B(EE)	0,6289	0,6604	0,7004	0,7452	0,7806	0,7957	0,8018	0,8037	0,8043	0,8046
	B(EF)	0,1753	0,1635	0,1422	0,1141	0,0900	0,0795	0,0752	0,0739	0,0734	0,0732
	B(FA)	0,0008	-0,0000	0,0001	0,0001	-0,0000	-0,0001	-0,0001	-0,0001	-0,0001	-0,0001
	B(FB)	0,0028	-0,0000	-0,0002	0,0008	0,0015	0,0018	0,0019	0,0019	0,0019	0,0019
	B(FC)	0,0112	0,0013	-0,0040	-0,0045	-0,0030	-0,0021	-0,0018	-0,0016	-0,0016	-0,0016
	B(FD)	0,0457	0,0197	-0,0065	-0,0269	-0,0377	-0,0412	-0,0425	-0,0428	-0,0430	-0,0430
	B(FE)	0,1878	0,1752	0,1524	0,1222	0,0965	0,0852	0,0805	0,0791	0,0786	0,0784
	B(FF)	0,7736	0,8185	0,8667	0,9122	0,9439	0,9567	0,9618	0,9633	0,9638	0,9640

Z	Z(T)	0,00	0,03	0,10	0,30	1,00	3,00	10,0	30,0	100	UNENDL
	D(AA)/A	-0,1209	-0,0969	-0,0684	-0,0384	-0,0154	-0,0057	-0,0018	-0,0006	-0,0002	0,0000
	D(AB)/A	0,0830	0,0736	0,0569	0,0342	0,0142	0,0053	0,0017	0,0006	0,0002	-0,0000
	D(AC)/A	0,0186	0,0120	0,0057	0,0017	0,0003	0,0000	0,0000	0,0000	0,0000	0
	D(AD)/A	0,0042	0,0011	-0,0006	-0,0009	-0,0005	-0,0002	-0,0001	-0,0000	-0,0000	-0,0000
	D(AE)/A	0,0010	0,0001	-0,0002	-0,0001	0,0000	0,0000	0,0000	0,0000	0,0000	0
	D(AF)/A	0,0003	-0,0000	0,0000	0,0000	0,0000	0,0000	0,0000	0,0000	0,0000	-0,0000
	D(BA)/A	-0,1544	-0,1050	-0,0597	-0,0262	-0,0086	-0,0029	-0,0009	-0,0003	-0,0001	0,0000
	D(BB)/A	-0,0145	-0,0072	-0,0038	-0,0023	-0,0011	-0,0005	-0,0001	-0,0001	-0,0000	0,0000
	D(BC)/A	0,1074	0,0797	0,0498	0,0242	0,0087	0,0031	0,0009	0,0003	0,0001	0,0000
	D(BD)/A	0,0242	0,0121	0,0040	0,0005	-0,0001	-0,0001	-0,0000	-0,0000	-0,0000	-0,0000
	D(BE)/A	0,0055	0,0011	-0,0007	-0,0007	-0,0003	-0,0001	-0,0000	-0,0000	-0,0000	0
	D(BF)/A	0,0015	0,0000	-0,0001	0,0000	0,0000	0,0000	0,0000	0,0000	0,0000	0
	D(CA)/A	-0,0377	-0,0161	-0,0035	0,0007	0,0008	0,0003	0,0001	0,0000	0,0000	0,0000
	D(CB)/A	-0,1276	-0,0916	-0,0566	-0,0276	-0,0099	-0,0035	-0,0011	-0,0004	-0,0001	-0,0000
	D(CC)/A	-0,0080	-0,0052	-0,0031	-0,0014	-0,0005	-0,0002	-0,0001	-0,0000	-0,0000	-0,0000
	D(CD)/A	0,1094	0,0802	0,0501	0,0244	0,0087	0,0031	0,0009	0,0003	0,0001	-0,0000
	D(CE)/A	0,0250	0,0122	0,0040	0,0005	-0,0002	-0,0001	-0,0000	-0,0000	-0,0000	-0,0000
	D(CF)/A	0,0070	0,0011	-0,0008	-0,0007	-0,0002	-0,0001	-0,0000	-0,0000	-0,0000	0
	D(DA)/A	-0,0092	-0,0015	0,0010	0,0009	0,0003	0,0001	0,0000	0,0000	0,0000	-0,0000
	D(DB)/A	-0,0311	-0,0149	-0,0047	-0,0005	0,0002	0,0001	0,0000	0,0000	0,0000	0,0000
	D(DC)/A	-0,1254	-0,0909	-0,0561	-0,0271	-0,0097	-0,0034	-0,0010	-0,0004	-0,0001	-0,0000
	D(DD)/A	-0,0068	-0,0048	-0,0028	-0,0013	-0,0004	-0,0002	-0,0000	-0,0000	-0,0000	-0,0000
	D(DE)/A	0,1115	0,0808	0,0505	0,0248	0,0090	0,0032	0,0010	0,0003	0,0001	0,0000
	D(DF)/A	0,0311	0,0133	0,0029	-0,0006	-0,0006	-0,0003	-0,0001	-0,0000	-0,0000	0,0000
	D(EA)/A	-0,0022	-0,0001	0,0002	-0,0000	-0,0000	-0,0000	-0,0000	-0,0000	-0,0000	-0,0000
	D(EB)/A	-0,0075	-0,0014	0,0009	0,0009	0,0004	0,0001	0,0000	0,0000	0,0000	-0,0000
	D(EC)/A	-0,0301	-0,0148	-0,0047	-0,0005	0,0002	0,0001	0,0000	0,0000	0,0000	0,0000
	D(ED)/A	-0,1232	-0,0903	-0,0559	-0,0269	-0,0096	-0,0034	-0,0010	-0,0003	-0,0001	0,0000
	D(EE)/A	0,0000	-0,0028	-0,0021	-0,0003	0,0003	0,0002	0,0001	0,0000	0,0000	0,0000
	D(EF)/A	0,1377	0,0938	0,0534	0,0234	0,0077	0,0026	0,0008	0,0003	0,0001	0,0000
	D(FA)/A	-0,0004	0,0000	-0,0000	-0,0000	-0,0000	-0,0000	-0,0000	-0,0000	-0,0000	0,0000
	D(FB)/A	-0,0014	-0,0001	0,0002	0,0001	-0,0000	-0,0000	-0,0000	-0,0000	-0,0000	-0,0000
	D(FC)/A	-0,0056	-0,0015	0,0009	0,0012	0,0006	0,0003	0,0001	0,0000	0,0000	0,0000
	D(FD)/A	-0,0231	-0,0147	-0,0069	-0,0020	-0,0003	-0,0000	-0,0000	0,0000	0,0000	0,0000
	D(FE)/A	-0,0950	-0,0839	-0,0650	-0,0392	-0,0164	-0,0062	-0,0019	-0,0007	-0,0002	0,0000
	D(FF)/A	0,1145	0,0923	0,0658	0,0373	0,0151	0,0056	0,0018	0,0006	0,0002	-0,0000
0,50	B(AA)	0,6001	0,6660	0,7422	0,8204	0,8797	0,9049	0,9151	0,9182	0,9193	0,9197
	B(AB)	0,2188	0,2208	0,2103	0,1854	0,1578	0,1441	0,1383	0,1365	0,1358	0,1355
	B(AC)	0,0801	0,0562	0,0249	-0,0074	-0,0300	-0,0389	-0,0423	-0,0434	-0,0438	-0,0439
	B(AD)	0,0296	0,0136	-0,0012	-0,0107	-0,0141	-0,0147	-0,0148	-0,0148	-0,0148	-0,0148
	B(AE)	0,0115	0,0033	-0,0011	-0,0016	-0,0003	0,0006	0,0009	0,0011	0,0011	0,0011
	B(AF)	0,0056	0,0010	-0,0002	0,0004	0,0009	0,0010	0,0010	0,0011	0,0011	0,0011
	B(BA)	0,2406	0,2429	0,2314	0,2039	0,1736	0,1585	0,1521	0,1501	0,1494	0,1491
	B(BB)	0,4702	0,5057	0,5492	0,5984	0,6393	0,6576	0,6651	0,6674	0,6683	0,6686
	B(BC)	0,1722	0,1818	0,1925	0,2034	0,2117	0,2152	0,2166	0,2170	0,2172	0,2172
	B(BD)	0,0637	0,0471	0,0272	0,0069	-0,0077	-0,0137	-0,0160	-0,0167	-0,0169	-0,0171
	B(BE)	0,0247	0,0116	-0,0001	-0,0092	-0,0147	-0,0167	-0,0175	-0,0178	-0,0179	-0,0179
	B(BF)	0,0121	0,0034	-0,0012	-0,0016	-0,0001	0,0007	0,0011	0,0013	0,0013	0,0013
	B(CA)	0,0962	0,0675	0,0299	-0,0088	-0,0360	-0,0466	-0,0508	-0,0521	-0,0525	-0,0527
	B(CB)	0,1879	0,1984	0,2100	0,2219	0,2309	0,2347	0,2363	0,2367	0,2369	0,2370
	B(CC)	0,4516	0,4940	0,5437	0,5908	0,6219	0,6336	0,6381	0,6394	0,6399	0,6401
	B(CD)	0,1670	0,1798	0,1926	0,2019	0,2062	0,2074	0,2078	0,2079	0,2080	0,2080
	B(CE)	0,0646	0,0475	0,0274	0,0069	-0,0079	-0,0139	-0,0164	-0,0171	-0,0173	-0,0174
	B(CF)	0,0318	0,0142	-0,0013	-0,0110	-0,0142	-0,0147	-0,0147	-0,0147	-0,0147	-0,0147
	B(DA)	0,0385	0,0176	-0,0015	-0,0139	-0,0183	-0,0191	-0,0192	-0,0193	-0,0193	-0,0193
	B(DB)	0,0753	0,0557	0,0321	0,0081	-0,0092	-0,0161	-0,0189	-0,0197	-0,0200	-0,0202
	B(DC)	0,1810	0,1948	0,2086	0,2187	0,2234	0,2247	0,2251	0,2253	0,2253	0,2253
	B(DD)	0,4521	0,4940	0,5436	0,5910	0,6221	0,6339	0,6384	0,6398	0,6402	0,6405
	B(DE)	0,1749	0,1834	0,1939	0,2053	0,2143	0,2182	0,2198	0,2203	0,2205	0,2205
	B(DF)	0,0859	0,0589	0,0251	-0,0088	-0,0324	-0,0416	-0,0452	-0,0463	-0,0467	-0,0468
	B(EA)	0,0161	0,0046	-0,0016	-0,0022	-0,0004	0,0008	0,0013	0,0015	0,0015	0,0016
	B(EB)	0,0314	0,0148	-0,0001	-0,0117	-0,0187	-0,0213	-0,0223	-0,0226	-0,0227	-0,0228
	B(EC)	0,0754	0,0555	0,0319	0,0081	-0,0092	-0,0163	-0,0191	-0,0199	-0,0202	-0,0204
	B(ED)	0,1884	0,1975	0,2088	0,2211	0,2308	0,2350	0,2367	0,2372	0,2374	0,2375
	B(EE)	0,4745	0,5074	0,5499	0,6006	0,6446	0,6648	0,6733	0,6759	0,6768	0,6772
	B(EF)	0,2331	0,2303	0,2147	0,1847	0,1529	0,1372	0,1305	0,1284	0,1277	0,1274
	B(FA)	0,0085	0,0014	-0,0003	0,0006	0,0014	0,0016	0,0016	0,0016	0,0016	0,0016
	B(FB)	0,0165	0,0046	-0,0016	-0,0021	-0,0002	0,0010	0,0015	0,0017	0,0018	0,0018
	B(FC)	0,0397	0,0177	-0,0017	-0,0137	-0,0178	-0,0184	-0,0184	-0,0184	-0,0184	-0,0184
	B(FD)	0,0992	0,0680	0,0290	-0,0102	-0,0373	-0,0480	-0,0522	-0,0534	-0,0539	-0,0541
	B(FE)	0,2498	0,2468	0,2300	0,1979	0,1638	0,1470	0,1398	0,1376	0,1368	0,1365
	B(FF)	0,6314	0,6922	0,7629	0,8362	0,8929	0,9173	0,9273	0,9303	0,9314	0,9318

Z	Z(T)	0,00	0,03	0,10	0,30	1,00	3,00	10,0	30,0	100	UNENDL
	D(AA)/A	-0,1968	-0,1656	-0,1246	-0,0751	-0,0319	-0,0121	-0,0038	-0,0013	-0,0004	-0,0000
	D(AB)/A	0,1076	0,1010	0,0840	0,0547	0,0243	0,0094	0,0030	0,0010	0,0003	-0,0000
	D(AC)/A	0,0394	0,0331	0,0241	0,0137	0,0055	0,0021	0,0006	0,0002	0,0001	-0,0000
	D(AD)/A	0,0146	0,0084	0,0029	-0,0003	-0,0007	-0,0003	-0,0001	-0,0000	-0,0000	0,0000
	D(AE)/A	0,0056	0,0021	-0,0001	-0,0008	-0,0005	-0,0002	-0,0001	-0,0000	-0,0000	0,0000
	D(AF)/A	0,0028	0,0006	-0,0002	-0,0001	0,0000	0,0000	0,0000	0,0000	0,0000	-0,0000
	D(BA)/A	-0,2816	-0,2042	-0,1253	-0,0594	-0,0208	-0,0072	-0,0022	-0,0007	-0,0002	0
	D(BB)/A	-0,0422	-0,0227	-0,0098	-0,0036	-0,0013	-0,0005	-0,0001	-0,0000	-0,0000	0,0000
	D(BC)/A	0,1651	0,1315	0,0884	0,0454	0,0167	0,0060	0,0018	0,0006	0,0002	-0,0000
	D(BD)/A	0,0611	0,0403	0,0213	0,0084	0,0026	0,0008	0,0003	0,0001	0,0000	-0,0000
	D(BE)/A	0,0236	0,0103	0,0021	-0,0008	-0,0007	-0,0003	-0,0001	-0,0000	-0,0000	0,0000
	D(BF)/A	0,0116	0,0030	-0,0004	-0,0006	-0,0002	-0,0001	-0,0000	-0,0000	-0,0000	-0,0000
	D(CA)/A	-0,1119	-0,0640	-0,0273	-0,0073	-0,0011	-0,0001	-0,0000	-0,0000	-0,0000	0,0000
	D(CB)/A	-0,2186	-0,1609	-0,1029	-0,0523	-0,0196	-0,0070	-0,0022	-0,0007	-0,0002	-0,0000
	D(CC)/A	-0,0180	-0,0109	-0,0062	-0,0031	-0,0012	-0,0005	-0,0001	-0,0000	-0,0000	-0,0000
	D(CD)/A	0,1758	0,1352	0,0889	0,0454	0,0168	0,0060	0,0018	0,0006	0,0002	-0,0000
	D(CE)/A	0,0680	0,0420	0,0214	0,0086	0,0027	0,0009	0,0003	0,0001	0,0000	0
	D(CF)/A	0,0334	0,0130	0,0016	-0,0016	-0,0010	-0,0004	-0,0001	-0,0000	-0,0000	0,0000
	D(DA)/A	-0,0440	-0,0171	-0,0020	0,0021	0,0013	0,0005	0,0002	0,0001	0,0000	0,0000
	D(DB)/A	-0,0861	-0,0522	-0,0261	-0,0101	-0,0031	-0,0010	-0,0003	-0,0001	-0,0000	0,0000
	D(DC)/A	-0,2068	-0,1567	-0,1017	-0,0514	-0,0189	-0,0068	-0,0021	-0,0007	-0,0002	0,0000
	D(DD)/A	-0,0101	-0,0086	-0,0055	-0,0024	-0,0007	-0,0002	-0,0001	-0,0000	-0,0000	-0,0000
	D(DE)/A	0,1872	0,1392	0,0901	0,0463	0,0175	0,0063	0,0020	0,0007	0,0002	-0,0000
	D(DF)/A	0,0920	0,0527	0,0225	0,0060	0,0008	0,0001	0,0000	-0,0000	-0,0000	-0,0000
	D(EA)/A	-0,0166	-0,0043	0,0006	0,0008	0,0003	0,0001	0,0000	0,0000	0,0000	0,0000
	D(EB)/A	-0,0324	-0,0139	-0,0027	0,0011	0,0009	0,0004	0,0001	0,0000	0,0000	0
	D(EC)/A	-0,0779	-0,0502	-0,0260	-0,0100	-0,0030	-0,0010	-0,0003	-0,0001	-0,0000	-0,0000
	D(ED)/A	-0,1946	-0,1526	-0,1012	-0,0514	-0,0189	-0,0067	-0,0021	-0,0007	-0,0002	-0,0000
	D(EE)/A	0,0161	0,0039	-0,0018	-0,0019	-0,0007	-0,0002	-0,0001	-0,0000	-0,0000	0
	D(EF)/A	0,2507	0,1819	0,1117	0,0530	0,0185	0,0064	0,0020	0,0007	0,0002	0,0000
	D(FA)/A	-0,0043	-0,0009	0,0002	0,0001	-0,0000	-0,0000	-0,0000	-0,0000	-0,0000	-0,0000
	D(FB)/A	-0,0084	-0,0030	0,0002	0,0011	0,0007	0,0003	0,0001	0,0000	0,0000	0,0000
	D(FC)/A	-0,0201	-0,0114	-0,0038	0,0005	0,0010	0,0005	0,0002	0,0001	0,0000	0,0000
	D(FD)/A	-0,0502	-0,0414	-0,0298	-0,0169	-0,0069	-0,0026	-0,0008	-0,0003	-0,0001	-0,0000
	D(FE)/A	-0,1263	-0,1177	-0,0978	-0,0641	-0,0287	-0,0111	-0,0035	-0,0012	-0,0004	-0,0000
	D(FF)/A	0,1864	0,1578	0,1199	0,0733	0,0315	0,0120	0,0038	0,0013	0,0004	0,0000
1,00	B(AA)	0,4775	0,5486	0,6369	0,7358	0,8184	0,8561	0,8719	0,8768	0,8785	0,8793
	B(AB)	0,2283	0,2425	0,2466	0,2332	0,2092	0,1950	0,1886	0,1865	0,1858	0,1855
	B(AC)	0,1101	0,0921	0,0623	0,0231	-0,0110	-0,0265	-0,0329	-0,0349	-0,0356	-0,0359
	B(AD)	0,0543	0,0346	0,0117	-0,0095	-0,0225	-0,0270	-0,0286	-0,0291	-0,0293	-0,0293
	B(AE)	0,0288	0,0136	0,0014	-0,0049	-0,0059	-0,0055	-0,0052	-0,0051	-0,0050	-0,0050
	B(AF)	0,0190	0,0067	-0,0001	-0,0006	0,0015	0,0026	0,0031	0,0032	0,0032	0,0033
	B(BA)	0,2511	0,2668	0,2713	0,2565	0,2301	0,2145	0,2074	0,2052	0,2044	0,2040
	B(BB)	0,3708	0,4062	0,4487	0,4960	0,5364	0,5553	0,5633	0,5657	0,5666	0,5670
	B(BC)	0,1788	0,1905	0,2043	0,2203	0,2347	0,2417	0,2447	0,2456	0,2460	0,2461
	B(BD)	0,0882	0,0736	0,0555	0,0363	0,0217	0,0156	0,0131	0,0124	0,0121	0,0120
	B(BE)	0,0468	0,0290	0,0112	-0,0044	-0,0153	-0,0199	-0,0219	-0,0224	-0,0226	-0,0227
	B(BF)	0,0308	0,0143	0,0014	-0,0050	-0,0058	-0,0051	-0,0047	-0,0046	-0,0045	-0,0045
	B(CA)	0,1321	0,1106	0,0748	0,0277	-0,0132	-0,0318	-0,0395	-0,0419	-0,0427	-0,0431
	B(CB)	0,1951	0,2078	0,2229	0,2403	0,2560	0,2636	0,2669	0,2680	0,2683	0,2685
	B(CC)	0,3460	0,3842	0,4342	0,4883	0,5286	0,5451	0,5517	0,5537	0,5544	0,5547
	B(CD)	0,1707	0,1842	0,2020	0,2201	0,2318	0,2361	0,2376	0,2381	0,2383	0,2383
	B(CE)	0,0905	0,0747	0,0559	0,0366	0,0222	0,0161	0,0136	0,0128	0,0126	0,0125
	B(CF)	0,0596	0,0371	0,0120	-0,0102	-0,0234	-0,0278	-0,0294	-0,0299	-0,0300	-0,0301
	B(DA)	0,0706	0,0450	0,0152	-0,0123	-0,0292	-0,0351	-0,0372	-0,0378	-0,0380	-0,0381
	B(DB)	0,1042	0,0870	0,0656	0,0429	0,0257	0,0184	0,0155	0,0146	0,0143	0,0142
	B(DC)	0,1849	0,1996	0,2189	0,2384	0,2511	0,2557	0,2574	0,2579	0,2581	0,2582
	B(DD)	0,3479	0,3849	0,4343	0,4886	0,5296	0,5465	0,5533	0,5554	0,5561	0,5564
	B(DE)	0,1845	0,1937	0,2061	0,2224	0,2383	0,2464	0,2499	0,2510	0,2514	0,2515
	B(DF)	0,1216	0,0989	0,0646	0,0217	-0,0150	-0,0317	-0,0386	-0,0408	-0,0415	-0,0418
	B(EA)	0,0403	0,0190	0,0020	-0,0068	-0,0083	-0,0077	-0,0072	-0,0071	-0,0070	-0,0070
	B(EB)	0,0595	0,0369	0,0143	-0,0056	-0,0195	-0,0254	-0,0278	-0,0286	-0,0288	-0,0289
	B(EC)	0,1056	0,0872	0,0652							
	B(EC)	0,1056	0,0872	0,0652	0,0427	0,0259	0,0187	0,0159	0,0150	0,0147	0,0145
	B(ED)	0,1987	0,2086	0,2220	0,2395	0,2567	0,2653	0,2691	0,2703	0,2707	0,2709
	B(EE)	0,3807	0,4115	0,4508	0,4979	0,5411	0,5621	0,5712	0,5740	0,5750	0,5754
	B(EF)	0,2508	0,2590	0,2562	0,2355	0,2050	0,1875	0,1795	0,1770	0,1761	0,1757
	B(FA)	0,0285	0,0101	-0,0002	-0,0009	0,0022	0,0039	0,0046	0,0048	0,0049	0,0049
	B(FB)	0,0420	0,0196	0,0020	-0,0068	-0,0078	-0,0070	-0,0064	-0,0062	-0,0062	-0,0061
	B(FC)	0,0745	0,0464	0,0151	-0,0128	-0,0293	-0,0348	-0,0368	-0,0374	-0,0376	-0,0376
	B(FD)	0,1403	0,1141	0,0745	0,0250	-0,0173	-0,0365	-0,0446	-0,0470	-0,0479	-0,0483
	B(FE)	0,2687	0,2775	0,2745	0,2524	0,2197	0,2009	0,1924	0,1897	0,1887	0,1883
	B(FF)	0,5182	0,5839	0,6659	0,7586	0,8377	0,8745	0,8902	0,8950	0,8967	0,8975

Z	Z(T)	0,00	0,03	0,10	0,30	1,00	3,00	10,0	30,0	100	UNENDL
	D(AA)/A	-0,2571	-0,2254	-0,1793	-0,1160	-0,0525	-0,0205	-0,0066	-0,0022	-0,0007	-0,0000
	D(AB)/A	0,1123	0,1096	0,0965	0,0677	0,0321	0,0127	0,0041	0,0014	0,0004	0
	D(AC)/A	0,0542	0,0517	0,0445	0,0306	0,0143	0,0057	0,0018	0,0006	0,0002	0
	D(AD)/A	0,0267	0,0200	0,0121	0,0051	0,0014	0,0004	0,0001	0,0000	0,0000	0,0000
	D(AE)/A	0,0142	0,0079	0,0025	-0,0006	-0,0009	-0,0005	-0,0002	-0,0001	-0,0000	0
	D(AF)/A	0,0093	0,0039	0,0003	-0,0007	-0,0004	-0,0001	-0,0000	-0,0000	-0,0000	-0,0000
	D(BA)/A	-0,3992	-0,3057	-0,2008	-0,1030	-0,0384	-0,0138	-0,0042	-0,0014	-0,0004	-0,0000
	D(BB)/A	-0,0816	-0,0502	-0,0240	-0,0080	-0,0019	-0,0005	-0,0001	-0,0000	-0,0000	0,0000
	D(BC)/A	0,1983	0,1680	0,1217	0,0673	0,0262	0,0095	0,0030	0,0010	0,0003	-0,0000
	D(BD)/A	0,0978	0,0737	0,0468	0,0228	0,0081	0,0028	0,0009	0,0003	0,0001	-0,0000
	D(BE)/A	0,0519	0,0296	0,0119	0,0025	0,0000	-0,0001	-0,0001	-0,0000	-0,0000	-0,0000
	D(BF)/A	0,0342	0,0147	0,0023	-0,0015	-0,0010	-0,0004	-0,0001	-0,0000	-0,0000	0,0000
	D(CA)/A	-0,2064	-0,1362	-0,0717	-0,0268	-0,0069	-0,0020	-0,0005	-0,0002	-0,0001	0,0000
	D(CB)/A	-0,3049	-0,2305	-0,1511	-0,0788	-0,0302	-0,0110	-0,0034	-0,0012	-0,0003	-0,0000
	D(CC)/A	-0,0335	-0,0204	-0,0107	-0,0051	-0,0021	-0,0008	-0,0003	-0,0001	-0,0000	-0,0000
	D(CD)/A	0,2268	0,1815	0,1251	0,0670	0,0257	0,0093	0,0029	0,0010	0,0003	-0,0000
	D(CE)/A	0,1203	0,0827	0,0483	0,0227	0,0082	0,0029	0,0009	0,0003	0,0001	0,0000
	D(CF)/A	0,0792	0,0417	0,0136	0,0005	-0,0014	-0,0007	-0,0003	-0,0001	-0,0000	0,0000
	D(DA)/A	-0,1046	-0,0550	-0,0179	-0,0007	0,0018	0,0009	0,0003	0,0001	0,0000	-0,0000
	D(DB)/A	-0,1544	-0,1048	-0,0600	-0,0274	-0,0097	-0,0034	-0,0011	-0,0004	-0,0001	-0,0000
	D(DC)/A	-0,2739	-0,2156	-0,1463	-0,0773	-0,0294	-0,0106	-0,0033	-0,0011	-0,0003	-0,0000
	D(DD)/A	-0,0087	-0,0102	-0,0082	-0,0040	-0,0011	-0,0003	-0,0001	-0,0000	-0,0000	-0,0000
	D(DE)/A	0,2573	0,1960	0,1297	0,0685	0,0266	0,0097	0,0030	0,0010	0,0003	-0,0000
	D(DF)/A	0,1695	0,1119	0,0590	0,0219	0,0056	0,0016	0,0004	0,0001	0,0000	0
	D(EA)/A	-0,0489	-0,0210	-0,0033	0,0021	0,0014	0,0005	0,0002	0,0001	0,0000	-0,0000
	D(EB)/A	-0,0722	-0,0406	-0,0159	-0,0031	0,0001	0,0002	0,0001	0,0000	0,0000	0,0000
	D(EC)/A	-0,1280	-0,0942	-0,0583	-0,0277	-0,0097	-0,0034	-0,0010	-0,0003	-0,0001	0,0000
	D(ED)/A	-0,2409	-0,2002	-0,1425	-0,0778	-0,0300	-0,0109	-0,0034	-0,0011	-0,0003	-0,0000
	D(EE)/A	0,0446	0,0222	0,0057	-0,0013	-0,0015	-0,0007	-0,0002	-0,0001	-0,0000	0
	D(EF)/A	0,3551	0,2720	0,1788	0,0917	0,0342	0,0123	0,0038	0,0013	0,0004	0,0000
	D(FA)/A	-0,0144	-0,0060	-0,0005	0,0011	0,0006	0,0002	0,0001	0,0000	0,0000	0,0000
	D(FB)/A	-0,0213	-0,0117	-0,0036	0,0009	0,0014	0,0007	0,0002	0,0001	0,0000	0,0000
	D(FC)/A	-0,0377	-0,0277	-0,0165	-0,0068	-0,0018	-0,0005	-0,0001	-0,0000	-0,0000	0
	D(FD)/A	-0,0709	-0,0663	-0,0563	-0,0386	-0,0182	-0,0072	-0,0023	-0,0008	-0,0002	-0,0000
	D(FE)/A	-0,1359	-0,1314	-0,1154	-0,0813	-0,0390	-0,0156	-0,0050	-0,0017	-0,0005	-0,0000
	D(FF)/A	0,2437	0,2149	0,1726	0,1134	0,0522	0,0206	0,0066	0,0022	0,0007	0,0000
2,00	B(AA)	0,3661	0,4334	0,5246	0,6370	0,7422	0,7949	0,8182	0,8255	0,8281	0,8292
	B(AB)	0,2150	0,2381	0,2583	0,2643	0,2530	0,2424	0,2370	0,2352	0,2345	0,2342
	B(AC)	0,1285	0,1198	0,0999	0,0642	0,0234	0,0015	-0,0084	-0,0115	-0,0126	-0,0131
	B(AD)	0,0797	0,0612	0,0355	0,0047	-0,0215	-0,0334	-0,0384	-0,0399	-0,0404	-0,0407
	B(AE)	0,0539	0,0337	0,0125	-0,0044	-0,0131	-0,0157	-0,0166	-0,0168	-0,0169	-0,0170
	B(AF)	0,0428	0,0228	0,0052	-0,0031	-0,0015	0,0013	0,0029	0,0034	0,0036	0,0037
	B(BA)	0,2365	0,2620	0,2842	0,2907	0,2783	0,2667	0,2606	0,2587	0,2579	0,2576
	B(BB)	0,2928	0,3261	0,3673	0,4120	0,4491	0,4664	0,4739	0,4762	0,4770	0,4774
	B(BC)	0,1750	0,1872	0,2026	0,2208	0,2384	0,2476	0,2517	0,2531	0,2535	0,2537
	B(BD)	0,1086	0,0968	0,0817	0,0656	0,0539	0,0491	0,0473	0,0467	0,0465	0,0464
	B(BE)	0,0734	0,0534	0,0306	0,0092	-0,0059	-0,0124	-0,0150	-0,0158	-0,0161	-0,0162
	B(BF)	0,0583	0,0361	0,0131	-0,0047	-0,0134	-0,0156	-0,0163	-0,0165	-0,0165	-0,0166
	B(CA)	0,1541	0,1438	0,1199	0,0770	0,0281	0,0018	-0,0100	-0,0138	-0,0151	-0,0157
	B(CB)	0,1909	0,2042	0,2210	0,2409	0,2601	0,2701	0,2746	0,2761	0,2766	0,2768
	B(CC)	0,2702	0,2994	0,3420	0,3957	0,4430	0,4651	0,4745	0,4774	0,4785	0,4789
	B(CD)	0,1677	0,1782	0,1954	0,2191	0,2408	0,2510	0,2553	0,2566	0,2571	0,2573
	B(CE)	0,1133	0,0996	0,0828	0,0661	0,0548	0,0506	0,0490	0,0485	0,0483	0,0482
	B(CF)	0,0900	0,0675	0,0377	0,0039	-0,0238	-0,0361	-0,0413	-0,0428	-0,0434	-0,0436
	B(DA)	0,1037	0,0796	0,0461	0,0061	-0,0279	-0,0434	-0,0499	-0,0519	-0,0526	-0,0529
	B(DB)	0,1284	0,1144	0,0965	0,0775	0,0637	0,0581	0,0559	0,0552	0,0550	0,0549
	B(DC)	0,1817	0,1931	0,2117	0,2373	0,2608	0,2719	0,2766	0,2780	0,2785	0,2787
	B(DD)	0,2744	0,3016	0,3427	0,3961	0,4447	0,4680	0,4780	0,4811	0,4822	0,4826
	B(DE)	0,1854	0,1938	0,2059	0,2231	0,2422	0,2530	0,2581	0,2597	0,2603	0,2605
	B(DF)	0,1472	0,1330	0,1066	0,0644	0,0184	-0,0062	-0,0174	-0,0209	-0,0222	-0,0227
	B(EA)	0,0754	0,0472	0,0175	-0,0061	-0,0184	-0,0220	-0,0232	-0,0236	-0,0237	-0,0238
	B(EB)	0,0934	0,0679	0,0390	0,0117	-0,0076	-0,0157	-0,0191	-0,0201	-0,0205	-0,0207
	B(EC)	0,1322	0,1162	0,0966	0,0772	0,0640	0,0590	0,0571	0,0566	0,0564	0,0563
	B(ED)	0,1996	0,2087	0,2218	0,2402	0,2608	0,2725	0,2779	0,2797	0,2803	0,2806
	B(EE)	0,3101	0,3376	0,3731	0,4146	0,4525	0,4715	0,4800	0,4827	0,4836	0,4840
	B(EF)	0,2464	0,2632	0,2753	0,2719	0,2516	0,2361	0,2283	0,2257	0,2248	0,2244
	B(FA)	0,0642	0,0342	0,0077	-0,0047	-0,0023	0,0020	0,0043	0,0051	0,0054	0,0055
	B(FB)	0,0795	0,0492	0,0179	-0,0064	-0,0182	-0,0213	-0,0222	-0,0225	-0,0225	-0,0226
	B(FC)	0,1125	0,0843	0,0471	0,0049	-0,0297	-0,0451	-0,0516	-0,0536	-0,0543	-0,0546
	B(FD)	0,1699	0,1534	0,1229	0,0744	0,0213	-0,0072	-0,0201	-0,0241	-0,0256	-0,0262
	B(FE)	0,2640	0,2820	0,2950	0,2913	0,2695	0,2529	0,2446	0,2418	0,2408	0,2404
	B(FF)	0,4153	0,4775	0,5621	0,6676	0,7686	0,8206	0,8438	0,8511	0,8538	0,8549

Z	Z(T)	0,00	0,03	0,10	0,30	1,00	3,00	10,0	30,0	100	UNENDL
	D(AA)/A	-0,3119	-0,2849	-0,2400	-0,1678	-0,0821	-0,0334	-0,0109	-0,0037	-0,0011	-0,0000
	D(AB)/A	0,1058	0,1052	0,0968	0,0726	0,0370	0,0153	0,0050	0,0017	0,0005	-0,0000
	D(AC)/A	0,0632	0,0658	0,0642	0,0514	0,0274	0,0115	0,0038	0,0013	0,0004	-0,0000
	D(AD)/A	0,0392	0,0343	0,0271	0,0176	0,0081	0,0032	0,0010	0,0003	0,0001	-0,0000
	D(AE)/A	0,0265	0,0189	0,0104	0,0033	0,0002	-0,0002	-0,0001	-0,0000	-0,0000	0,0000
	D(AF)/A	0,0211	0,0128	0,0045	-0,0008	-0,0015	-0,0008	-0,0003	-0,0001	-0,0000	0,0000
	D(BA)/A	-0,5178	-0,4193	-0,2960	-0,1656	-0,0669	-0,0250	-0,0078	-0,0026	-0,0008	-0,0000
	D(BB)/A	-0,1333	-0,0939	-0,0527	-0,0205	-0,0052	-0,0014	-0,0004	-0,0001	-0,0000	0
	D(BC)/A	0,2148	0,1912	0,1496	0,0912	0,0385	0,0146	0,0046	0,0016	0,0005	0,0000
	D(BD)/A	0,1333	0,1108	0,0805	0,0461	0,0187	0,0069	0,0022	0,0007	0,0002	0,0000
	D(BE)/A	0,0901	0,0618	0,0336	0,0131	0,0037	0,0012	0,0003	0,0001	0,0000	0,0000
	D(BF)/A	0,0716	0,0418	0,0152	0,0004	-0,0021	-0,0011	-0,0004	-0,0001	-0,0000	-0,0000
	D(CA)/A	-0,3216	-0,2388	-0,1468	-0,0669	-0,0214	-0,0070	-0,0021	-0,0007	-0,0002	-0,0000
	D(CB)/A	-0,3983	-0,3139	-0,2133	-0,1141	-0,0445	-0,0163	-0,0051	-0,0017	-0,0005	0,0000
	D(CC)/A	-0,0564	-0,0379	-0,0204	-0,0086	-0,0032	-0,0012	-0,0004	-0,0001	-0,0000	-0,0000
	D(CD)/A	0,2712	0,2256	0,1634	0,0926	0,0372	0,0138	0,0043	0,0015	0,0004	-0,0000
	D(CE)/A	0,1832	0,1386	0,0897	0,0462	0,0179	0,0066	0,0021	0,0007	0,0002	-0,0000
	D(CF)/A	0,1456	0,0948	0,0452	0,0118	0,0005	-0,0005	-0,0003	-0,0001	-0,0000	0,0000
	D(DA)/A	-0,1922	-0,1250	-0,0596	-0,0156	-0,0008	0,0006	0,0003	0,0001	0,0000	0,0000
	D(DB)/A	-0,2380	-0,1784	-0,1136	-0,0572	-0,0216	-0,0079	-0,0025	-0,0008	-0,0002	0,0000
	D(DC)/A	-0,3369	-0,2761	-0,1967	-0,1096	-0,0435	-0,0160	-0,0050	-0,0017	-0,0005	0,0000
	D(DD)/A	-0,0020	-0,0072	-0,0091	-0,0062	-0,0022	-0,0007	-0,0002	-0,0001	-0,0000	0,0000
	D(DE)/A	0,3322	0,2628	0,1796	0,0970	0,0382	0,0141	0,0044	0,0015	0,0004	-0,0000
	D(DF)/A	0,2639	0,1960	0,1206	0,0548	0,0173	0,0056	0,0016	0,0005	0,0002	-0,0000
	D(EA)/A	-0,1024	-0,0598	-0,0217	-0,0005	0,0029	0,0015	0,0005	0,0002	0,0001	0,0000
	D(EB)/A	-0,1268	-0,0861	-0,0459	-0,0172	-0,0046	-0,0014	-0,0004	-0,0001	-0,0000	-0,0000
	D(EC)/A	-0,1795	-0,1457	-0,1030	-0,0573	-0,0228	-0,0084	-0,0026	-0,0009	-0,0003	-0,0000
	D(ED)/A	-0,2710	-0,2363	-0,1810	-0,1084	-0,0454	-0,0171	-0,0054	-0,0018	-0,0006	-0,0000
	D(EE)/A	0,0851	0,0553	0,0259	0,0057	-0,0008	-0,0009	-0,0003	-0,0001	-0,0000	-0,0000
	D(EF)/A	0,4602	0,3728	0,2632	0,1475	0,0598	0,0224	0,0070	0,0024	0,0007	0,0000
	D(FA)/A	-0,0325	-0,0198	-0,0070	0,0013	0,0025	0,0013	0,0004	0,0002	0,0000	0,0000
	D(FB)/A	-0,0402	-0,0286	-0,0155	-0,0047	-0,0001	0,0003	0,0002	0,0001	0,0000	0
	D(FC)/A	-0,0569	-0,0489	-0,0378	-0,0241	-0,0110	-0,0044	-0,0014	-0,0005	-0,0001	0
	D(FD)/A	-0,0859	-0,0872	-0,0835	-0,0664	-0,0357	-0,0151	-0,0050	-0,0017	-0,0005	-0,0000
	D(FE)/A	-0,1335	-0,1316	-0,1206	-0,0911	-0,0471	-0,0196	-0,0064	-0,0022	-0,0007	-0,0000
	D(FF)/A	0,2957	0,2717	0,2313	0,1644	0,0821	0,0338	0,0111	0,0038	0,0011	0
5,00	B(AA)	0,2547	0,3043	0,3830	0,4972	0,6239	0,6977	0,7332	0,7448	0,7490	0,7508
	B(AB)	0,1836	0,2068	0,2380	0,2696	0,2857	0,2877	0,2871	0,2867	0,2866	0,2865
	B(AC)	0,1362	0,1360	0,1312	0,1138	0,0805	0,0556	0,0425	0,0381	0,0364	0,0357
	B(AD)	0,1058	0,0931	0,0721	0,0400	0,0026	-0,0203	-0,0316	-0,0353	-0,0367	-0,0373
	B(AE)	0,0878	0,0690	0,0425	0,0113	-0,0140	-0,0255	-0,0306	-0,0321	-0,0327	-0,0330
	B(AF)	0,0796	0,0583	0,0297	0,0012	-0,0124	-0,0125	-0,0107	-0,0099	-0,0096	-0,0094
	B(BA)	0,2019	0,2275	0,2618	0,2965	0,3143	0,3164	0,3158	0,3154	0,3152	0,3151
	B(BB)	0,2212	0,2465	0,2832	0,3275	0,3644	0,3809	0,3878	0,3899	0,3907	0,3910
	B(BC)	0,1642	0,1740	0,1887	0,2079	0,2268	0,2370	0,2418	0,2434	0,2439	0,2442
	B(BD)	0,1275	0,1197	0,1086	0,0959	0,0877	0,0856	0,0852	0,0851	0,0851	0,0851
	B(BE)	0,1058	0,0888	0,0648	0,0370	0,0158	0,0073	0,0040	0,0030	0,0027	0,0025
	B(BF)	0,0959	0,0750	0,0456	0,0114	-0,0156	-0,0276	-0,0326	-0,0342	-0,0347	-0,0350
	B(CA)	0,1635	0,1632	0,1575	0,1365	0,0966	0,0667	0,0510	0,0457	0,0437	0,0429
	B(CB)	0,1791	0,1898	0,2059	0,2268	0,2474	0,2586	0,2638	0,2655	0,2661	0,2664
	B(CC)	0,2105	0,2274	0,2552	0,2971	0,3446	0,3724	0,3860	0,3903	0,3920	0,3926
	B(CD)	0,1635	0,1687	0,1792	0,1992	0,2273	0,2462	0,2559	0,2591	0,2603	0,2608
	B(CE)	0,1357	0,1259	0,1122	0,0973	0,0885	0,0869	0,0870	0,0871	0,0871	0,0872
	B(CF)	0,1230	0,1063	0,0799	0,0416	-0,0011	-0,0266	-0,0391	-0,0432	-0,0448	-0,0454
	B(DA)	0,1376	0,1210	0,0937	0,0520	0,0033	-0,0264	-0,0411	-0,0459	-0,0477	-0,0485
	B(DB)	0,1507	0,1415	0,1283	0,1134	0,1037	0,1011	0,1006	0,1006	0,1005	0,1005
	B(DC)	0,1771	0,1828	0,1941	0,2158	0,2463	0,2667	0,2772	0,2807	0,2820	0,2825
	B(DD)	0,2184	0,2332	0,2583	0,2982	0,3461	0,3755	0,3901	0,3949	0,3967	0,3974
	B(DE)	0,1813	0,1874	0,1971	0,2119	0,2297	0,2410	0,2468	0,2487	0,2494	0,2497
	B(DF)	0,1643	0,1591	0,1470	0,1200	0,0771	0,0463	0,0301	0,0246	0,0226	0,0217
	B(EA)	0,1230	0,0966	0,0594	0,0159	-0,0195	-0,0357	-0,0428	-0,0450	-0,0458	-0,0461
	B(EB)	0,1347	0,1131	0,0825	0,0471	0,0202	0,0093	0,0051	0,0039	0,0034	0,0032
	B(EC)	0,1583	0,1469	0,1309	0,1135	0,1033	0,1014	0,1015	0,1016	0,1017	0,1017
	B(ED)	0,1953	0,2018	0,2123	0,2282	0,2474	0,2596	0,2658	0,2678	0,2686	0,2689
	B(EE)	0,2483	0,2683	0,2978	0,3346	0,3673	0,3833	0,3904	0,3926	0,3934	0,3938
	B(EF)	0,2250	0,2431	0,2666	0,2874	0,2917	0,2865	0,2823	0,2807	0,2801	0,2798
	B(FA)	0,1194	0,0874	0,0446	0,0018	-0,0186	-0,0188	-0,0161	-0,0149	-0,0144	-0,0142
	B(FB)	0,1308	0,1023	0,0621	0,0156	-0,0213	-0,0376	-0,0445	-0,0466	-0,0473	-0,0477
	B(FC)	0,1537	0,1329	0,0999	0,0520	-0,0014	-0,0332	-0,0489	-0,0541	-0,0559	-0,0568
	B(FD)	0,1896	0,1835	0,1696	0,1385	0,0889	0,0534	0,0347	0,0284	0,0261	0,0251
	B(FE)	0,2410	0,2605	0,2857	0,3079	0,3126	0,3069	0,3024	0,3007	0,3001	0,2998
	B(FF)	0,3122	0,3582	0,4312	0,5383	0,6604	0,7339	0,7701	0,7820	0,7864	0,7883

Z	Z(T)	0,00	0,03	0,10	0,30	1,00	3,00	10,0	30,0	100	UNENDL
	D(AA)/A	-0,3668	-0,3523	-0,3197	-0,2486	-0,1375	-0,0601	-0,0202	-0,0070	-0,0021	-0,0000
	D(AB)/A	0,0903	0,0869	0,0790	0,0612	0,0336	0,0146	0,0049	0,0017	0,0005	-0,0000
	D(AC)/A	0,0670	0,0737	0,0795	0,0745	0,0473	0,0219	0,0075	0,0026	0,0008	-0,0000
	D(AD)/A	0,0521	0,0513	0,0491	0,0421	0,0260	0,0121	0,0042	0,0015	0,0004	0,0000
	D(AE)/A	0,0432	0,0381	0,0299	0,0188	0,0086	0,0035	0,0012	0,0004	0,0001	0,0000
	D(AF)/A	0,0392	0,0322	0,0211	0,0072	-0,0014	-0,0019	-0,0009	-0,0003	-0,0001	0,0000
	D(BA)/A	-0,6464	-0,5614	-0,4360	-0,2756	-0,1263	-0,0506	-0,0164	-0,0056	-0,0017	-0,0000
	D(BB)/A	-0,2001	-0,1639	-0,1135	-0,0578	-0,0193	-0,0062	-0,0018	-0,0006	-0,0002	0,0000
	D(BC)/A	0,2172	0,1987	0,1660	0,1143	0,0561	0,0231	0,0076	0,0026	0,0008	0,0000
	D(BD)/A	0,1687	0,1527	0,1259	0,0856	0,0417	0,0172	0,0056	0,0019	0,0006	0,0000
	D(BE)/A	0,1401	0,1143	0,0801	0,0438	0,0176	0,0067	0,0021	0,0007	0,0002	0,0000
	D(BF)/A	0,1269	0,0965	0,0573	0,0196	0,0009	-0,0014	-0,0007	-0,0003	-0,0001	-0,0000
	D(CA)/A	-0,4631	-0,3907	-0,2857	-0,1609	-0,0632	-0,0230	-0,0071	-0,0024	-0,0007	-0,0000
	D(CB)/A	-0,5073	-0,4288	-0,3158	-0,1809	-0,0728	-0,0269	-0,0084	-0,0028	-0,0009	-0,0000
	D(CC)/A	-0,0889	-0,0701	-0,0454	-0,0207	-0,0060	-0,0017	-0,0005	-0,0001	-0,0000	-0,0000
	D(CD)/A	0,3141	0,2732	0,2108	0,1293	0,0562	0,0218	0,0069	0,0024	0,0007	-0,0000
	D(CE)/A	0,2607	0,2212	0,1640	0,0955	0,0397	0,0151	0,0048	0,0016	0,0005	-0,0000
	D(CF)/A	0,2363	0,1878	0,1227	0,0552	0,0145	0,0036	0,0008	0,0002	0,0001	0
	D(DA)/A	-0,3122	-0,2481	-0,1621	-0,0731	-0,0196	-0,0051	-0,0012	-0,0004	-0,0001	0,0000
	D(DB)/A	-0,3420	-0,2886	-0,2122	-0,1218	-0,0496	-0,0186	-0,0058	-0,0020	-0,0006	0,0000
	D(DC)/A	-0,4019	-0,3474	-0,2651	-0,1601	-0,0683	-0,0261	-0,0083	-0,0028	-0,0008	-0,0000
	D(DD)/A	0,0110	0,0045	-0,0025	-0,0063	-0,0045	-0,0020	-0,0007	-0,0002	-0,0001	0
	D(DE)/A	0,4191	0,3543	0,2609	0,1496	0,0604	0,0224	0,0070	0,0024	0,0007	-0,0000
	D(DF)/A	0,3798	0,3204	0,2344	0,1319	0,0516	0,0187	0,0058	0,0019	0,0006	-0,0000
	D(EA)/A	-0,1817	-0,1381	-0,0820	-0,0283	-0,0017	0,0018	0,0009	0,0004	0,0001	-0,0000
	D(EB)/A	-0,1990	-0,1615	-0,1120	-0,0599	-0,0233	-0,0086	-0,0027	-0,0009	-0,0003	-0,0000
	D(EC)/A	-0,2339	-0,2084	-0,1679	-0,1110	-0,0529	-0,0216	-0,0071	-0,0024	-0,0007	-0,0000
	D(ED)/A	-0,2885	-0,2603	-0,2134	-0,1439	-0,0697	-0,0287	-0,0094	-0,0032	-0,0010	0,0000
	D(EE)/A	0,1394	0,1116	0,0735	0,0329	0,0079	0,0016	0,0003	0,0001	0,0000	-0,0000
	D(EF)/A	0,5742	0,4987	0,3874	0,2456	0,1135	0,0458	0,0149	0,0051	0,0015	0
	D(FA)/A	-0,0604	-0,0499	-0,0331	-0,0117	0,0020	0,0030	0,0013	0,0005	0,0002	0,0000
	D(FB)/A	-0,0661	-0,0584	-0,0458	-0,0286	-0,0128	-0,0051	-0,0017	-0,0006	-0,0002	-0,0000
	D(FC)/A	-0,0777	-0,0758	-0,0715	-0,0602	-0,0371	-0,0173	-0,0060	-0,0021	-0,0006	-0,0000
	D(FD)/A	-0,0959	-0,1030	-0,1089	-0,1009	-0,0645	-0,0302	-0,0105	-0,0036	-0,0011	-0,0000
	D(FE)/A	-0,1219	-0,1180	-0,1083	-0,0857	-0,0484	-0,0214	-0,0073	-0,0025	-0,0008	0,0000
	D(FF)/A	0,3478	0,3361	0,3083	0,2444	0,1387	0,0617	0,0209	0,0072	0,0022	0,0000
10,00	B(AA)	0,2013	0,2345	0,2939	0,3951	0,5276	0,6156	0,6616	0,6771	0,6828	0,6853
	B(AB)	0,1633	0,1804	0,2087	0,2491	0,2870	0,3039	0,3105	0,3124	0,3131	0,3134
	B(AC)	0,1363	0,1379	0,1391	0,1353	0,1183	0,0996	0,0877	0,0833	0,0817	0,0809
	B(AD)	0,1181	0,1099	0,0951	0,0690	0,0326	0,0062	-0,0085	-0,0137	-0,0156	-0,0164
	B(AE)	0,1069	0,0932	0,0702	0,0353	-0,0024	-0,0235	-0,0336	-0,0369	-0,0381	-0,0387
	B(AF)	0,1016	0,0854	0,0585	0,0196	-0,0162	-0,0298	-0,0334	-0,0342	-0,0344	-0,0344
	B(BA)	0,1796	0,1984	0,2295	0,2740	0,3157	0,3343	0,3416	0,3437	0,3444	0,3447
	B(BB)	0,1881	0,2054	0,2342	0,2760	0,3174	0,3378	0,3467	0,3495	0,3505	0,3509
	B(BC)	0,1571	0,1639	0,1756	0,1937	0,2136	0,2252	0,2308	0,2327	0,2334	0,2337
	B(BD)	0,1361	0,1311	0,1230	0,1125	0,1048	0,1032	0,1033	0,1035	0,1036	0,1036
	B(BE)	0,1232	0,1112	0,0913	0,0627	0,0355	0,0229	0,0178	0,0162	0,0157	0,0155
	B(BF)	0,1171	0,1019	0,0762	0,0373	-0,0047	-0,0282	-0,0394	-0,0431	-0,0444	-0,0450
	B(CA)	0,1636	0,1655	0,1669	0,1624	0,1420	0,1195	0,1052	0,1000	0,0980	0,0971
	B(CB)	0,1714	0,1788	0,1916	0,2113	0,2331	0,2456	0,2518	0,2538	0,2546	0,2549
	B(CC)	0,1867	0,1967	0,2144	0,2443	0,2842	0,3123	0,3277	0,3331	0,3351	0,3359
	B(CD)	0,1617	0,1644	0,1701	0,1830	0,2065	0,2267	0,2389	0,2432	0,2449	0,2456
	B(CE)	0,1464	0,1399	0,1294	0,1156	0,1054	0,1031	0,1032	0,1034	0,1035	0,1035
	B(CF)	0,1392	0,1282	0,1085	0,0749	0,0297	-0,0025	-0,0203	-0,0265	-0,0289	-0,0299
	B(DA)	0,1535	0,1429	0,1236	0,0897	0,0424	0,0081	-0,0111	-0,0178	-0,0203	-0,0214
	B(DB)	0,1608	0,1549	0,1454	0,1329	0,1238	0,1219	0,1221	0,1223	0,1224	0,1224
	B(DC)	0,1752	0,1781	0,1843	0,1982	0,2237	0,2456	0,2588	0,2635	0,2653	0,2661
	B(DD)	0,1968	0,2052	0,2204	0,2471	0,2854	0,3140	0,3301	0,3358	0,3379	0,3388
	B(DE)	0,1782	0,1822	0,1894	0,2013	0,2166	0,2269	0,2324	0,2343	0,2350	0,2353
	B(DF)	0,1694	0,1674	0,1625	0,1488	0,1191	0,0915	0,0745	0,0684	0,0660	0,0650
	B(EA)	0,1496	0,1305	0,0983	0,0495	-0,0033	-0,0329	-0,0471	-0,0517	-0,0534	-0,0541
	B(EB)	0,1568	0,1415	0,1162	0,0799	0,0452	0,0292	0,0226	0,0207	0,0200	0,0197
	B(EC)	0,1708	0,1632	0,1510	0,1349	0,1230	0,1203	0,1204	0,1206	0,1207	0,1207
	B(ED)	0,1919	0,1962	0,2039	0,2168	0,2333	0,2444	0,2503	0,2523	0,2531	0,2534
	B(EE)	0,2207	0,2341	0,2566	0,2895	0,3225	0,3393	0,3468	0,3492	0,3500	0,3504
	B(EF)	0,2098	0,2234	0,2456	0,2758	0,3008	0,3091	0,3112	0,3116	0,3117	0,3117
	B(FA)	0,1524	0,1282	0,0878	0,0293	-0,0244	-0,0446	-0,0502	-0,0512	-0,0515	-0,0517
	B(FB)	0,1597	0,1389	0,1039	0,0509	-0,0064	-0,0384	-0,0538	-0,0587	-0,0606	-0,0614
	B(FC)	0,1740	0,1602	0,1356	0,0937	0,0372	-0,0031	-0,0254	-0,0332	-0,0361	-0,0373
	B(FD)	0,1955	0,1932	0,1875	0,1716	0,1374	0,1055	0,0859	0,0789	0,0762	0,0750
	B(FE)	0,2248	0,2394	0,2631	0,2955	0,3223	0,3312	0,3334	0,3338	0,3340	0,3340
	B(FF)	0,2629	0,2936	0,3487	0,4436	0,5713	0,6598	0,7075	0,7238	0,7299	0,7326

Z	Z(T)	0,00	0,03	0,10	0,30	1,00	3,00	10,0	30,0	100	UNENDL
	D(AA)/A	-0,3930	-0,3890	-0,3714	-0,3131	-0,1916	-0,0895	-0,0312	-0,0109	-0,0033	-0,0000
	D(AB)/A	0,0803	0,0722	0,0588	0,0394	0,0194	0,0083	0,0028	0,0010	0,0003	0
	D(AC)/A	0,0671	0,0743	0,0824	0,0824	0,0585	0,0294	0,0106	0,0038	0,0011	-0,0000
	D(AD)/A	0,0581	0,0603	0,0629	0,0612	0,0441	0,0227	0,0083	0,0029	0,0009	0
	D(AE)/A	0,0526	0,0512	0,0475	0,0385	0,0231	0,0108	0,0038	0,0013	0,0004	0
	D(AF)/A	0,0500	0,0469	0,0397	0,0249	0,0070	0,0003	-0,0005	-0,0002	-0,0001	0,0000
	D(BA)/A	-0,7107	-0,6436	-0,5341	-0,3713	-0,1894	-0,0811	-0,0272	-0,0094	-0,0029	-0,0000
	D(BB)/A	-0,2367	-0,2100	-0,1657	-0,1023	-0,0426	-0,0156	-0,0048	-0,0016	-0,0005	-0,0000
	D(BC)/A	0,2138	0,1948	0,1641	0,1185	0,0645	0,0290	0,0100	0,0035	0,0011	0,0000
	D(BD)/A	0,1852	0,1746	0,1536	0,1150	0,0632	0,0284	0,0098	0,0034	0,0010	0,0000
	D(BE)/A	0,1676	0,1492	0,1200	0,0793	0,0381	0,0158	0,0052	0,0018	0,0005	0,0000
	D(BF)/A	0,1594	0,1368	0,1012	0,0541	0,0155	0,0030	0,0003	0,0000	0,0000	0,0000
	D(CA)/A	-0,5387	-0,4869	-0,3968	-0,2595	-0,1184	-0,0469	-0,0151	-0,0052	-0,0016	0,0000
	D(CB)/A	-0,5644	-0,5002	-0,3956	-0,2476	-0,1068	-0,0405	-0,0127	-0,0043	-0,0013	-0,0000
	D(CC)/A	-0,1077	-0,0932	-0,0701	-0,0389	-0,0127	-0,0035	-0,0008	-0,0002	-0,0001	-0,0000
	D(CD)/A	0,3341	0,2983	0,2399	0,1562	0,0726	0,0294	0,0096	0,0033	0,0010	0,0000
	D(CE)/A	0,3024	0,2738	0,2235	0,1461	0,0663	0,0260	0,0084	0,0028	0,0009	-0,0000
	D(CF)/A	0,2875	0,2521	0,1943	0,1139	0,0426	0,0140	0,0040	0,0013	0,0004	-0,0000
	D(DA)/A	-0,3799	-0,3330	-0,2567	-0,1507	-0,0570	-0,0191	-0,0055	-0,0018	-0,0005	-0,0000
	D(DB)/A	-0,3981	-0,3595	-0,2922	-0,1896	-0,0850	-0,0331	-0,0106	-0,0036	-0,0011	0,0000
	D(DC)/A	-0,4337	-0,3873	-0,3110	-0,2014	-0,0923	-0,0368	-0,0119	-0,0041	-0,0012	0,0000
	D(DD)/A	0,0194	0,0146	0,0074	-0,0008	-0,0045	-0,0031	-0,0012	-0,0005	-0,0001	0,0000
	D(DE)/A	0,4646	0,4109	0,3240	0,2019	0,0866	0,0328	0,0103	0,0035	0,0010	0,0000
	D(DF)/A	0,4417	0,3993	0,3254	0,2128	0,0972	0,0386	0,0125	0,0042	0,0013	0,0000
	D(EA)/A	-0,2282	-0,1958	-0,1449	-0,0779	-0,0231	-0,0050	-0,0008	-0,0002	-0,0000	-0,0000
	D(EB)/A	-0,2391	-0,2121	-0,1697	-0,1110	-0,0525	-0,0215	-0,0071	-0,0024	-0,0007	-0,0000
	D(EC)/A	-0,2605	-0,2431	-0,2106	-0,1546	-0,0835	-0,0371	-0,0127	-0,0044	-0,0013	-0,0000
	D(ED)/A	-0,2927	-0,2660	-0,2230	-0,1592	-0,0856	-0,0382	-0,0131	-0,0046	-0,0014	-0,0000
	D(EE)/A	0,1696	0,1497	0,1162	0,0684	0,0255	0,0083	0,0024	0,0008	0,0002	0,0000
	D(EF)/A	0,6312	0,5715	0,4744	0,3311	0,1710	0,0742	0,0251	0,0087	0,0026	0,0000
	D(FA)/A	-0,0771	-0,0728	-0,0623	-0,0400	-0,0121	-0,0012	0,0004	0,0003	0,0001	0,0000
	D(FB)/A	-0,0808	-0,0789	-0,0735	-0,0599	-0,0359	-0,0168	-0,0059	-0,0021	-0,0006	0,0000
	D(FC)/A	-0,0880	-0,0909	-0,0940	-0,0907	-0,0653	-0,0337	-0,0123	-0,0044	-0,0013	-0,0000
	D(FD)/A	-0,0989	-0,1080	-0,1181	-0,1175	-0,0841	-0,0428	-0,0155	-0,0055	-0,0017	0,0000
	D(FE)/A	-0,1137	-0,1057	-0,0914	-0,0678	-0,0376	-0,0171	-0,0059	-0,0021	-0,0006	0
	D(FF)/A	0,3728	0,3712	0,3583	0,3083	0,1947	0,0931	0,0329	0,0115	0,0035	-0,0000
20,00	B(AA)	0,1696	0,1893	0,2281	0,3058	0,4315	0,5316	0,5897	0,6102	0,6180	0,6214
	B(AB)	0,1498	0,1605	0,1807	0,2177	0,2690	0,3036	0,3216	0,3276	0,3298	0,3308
	B(AC)	0,1353	0,1368	0,1394	0,1427	0,1417	0,1357	0,1300	0,1277	0,1267	0,1263
	B(AD)	0,1252	0,1206	0,1113	0,0930	0,0631	0,0382	0,0229	0,0174	0,0152	0,0143
	B(AE)	0,1189	0,1105	0,0943	0,0640	0,0198	-0,0120	-0,0294	-0,0354	-0,0376	-0,0386
	B(AF)	0,1159	0,1057	0,0860	0,0487	-0,0048	-0,0408	-0,0587	-0,0645	-0,0666	-0,0675
	B(BA)	0,1648	0,1765	0,1988	0,2395	0,2959	0,3340	0,3537	0,3603	0,3628	0,3638
	B(BB)	0,1687	0,1791	0,1984	0,2324	0,2768	0,3053	0,3199	0,3248	0,3266	0,3274
	B(BC)	0,1524	0,1566	0,1645	0,1790	0,1992	0,2132	0,2210	0,2237	0,2247	0,2252
	B(BD)	0,1411	0,1381	0,1330	0,1249	0,1170	0,1142	0,1138	0,1138	0,1138	0,1139
	B(BE)	0,1339	0,1266	0,1130	0,0888	0,0578	0,0384	0,0288	0,0257	0,0245	0,0240
	B(BF)	0,1306	0,1211	0,1030	0,0688	0,0185	-0,0186	-0,0394	-0,0466	-0,0494	-0,0506
	B(CA)	0,1624	0,1642	0,1673	0,1712	0,1701	0,1628	0,1561	0,1532	0,1521	0,1516
	B(CB)	0,1663	0,1708	0,1794	0,1953	0,2173	0,2326	0,2411	0,2440	0,2451	0,2456
	B(CC)	0,1738	0,1793	0,1896	0,2089	0,2387	0,2632	0,2784	0,2840	0,2862	0,2871
	B(CD)	0,1608	0,1621	0,1650	0,1719	0,1869	0,2029	0,2140	0,2183	0,2199	0,2207
	B(CE)	0,1527	0,1489	0,1419	0,1307	0,1186	0,1129	0,1108	0,1103	0,1101	0,1100
	B(CF)	0,1489	0,1424	0,1297	0,1046	0,0637	0,0291	0,0075	-0,0004	-0,0035	-0,0048
	B(DA)	0,1628	0,1567	0,1447	0,1208	0,0820	0,0496	0,0298	0,0226	0,0198	0,0186
	B(DB)	0,1667	0,1633	0,1572	0,1476	0,1382	0,1349	0,1344	0,1345	0,1345	0,1346
	B(DC)	0,1742	0,1757	0,1787	0,1862	0,2025	0,2198	0,2318	0,2365	0,2383	0,2391
	B(DD)	0,1854	0,1898	0,1983	0,2144	0,2406	0,2634	0,2779	0,2833	0,2853	0,2862
	B(DE)	0,1760	0,1784	0,1830	0,1918	0,2044	0,2136	0,2187	0,2205	0,2212	0,2215
	B(DF)	0,1716	0,1709	0,1692	0,1641	0,1493	0,1312	0,1178	0,1125	0,1105	0,1095
	B(EA)	0,1665	0,1547	0,1321	0,0895	0,0277	-0,0168	-0,0412	-0,0496	-0,0527	-0,0541
	B(EB)	0,1705	0,1612	0,1438	0,1131	0,0735	0,0489	0,0367	0,0327	0,0312	0,0306
	B(EC)	0,1782	0,1737	0,1656	0,1525	0,1383	0,1317	0,1293	0,1286	0,1284	0,1283
	B(ED)	0,1896	0,1921	0,1971	0,2065	0,2202	0,2300	0,2355	0,2375	0,2382	0,2385
	B(EE)	0,2046	0,2127	0,2276	0,2536	0,2869	0,3080	0,3186	0,3221	0,3234	0,3239
	B(EF)	0,1995	0,2081	0,2242	0,2531	0,2917	0,3165	0,3290	0,3331	0,3346	0,3352
	B(FA)	0,1739	0,1586	0,1290	0,0731	-0,0072	-0,0612	-0,0881	-0,0968	-0,0999	-0,1013
	B(FB)	0,1780	0,1652	0,1405	0,0939	0,0252	-0,0254	-0,0537	-0,0636	-0,0673	-0,0689
	B(FC)	0,1861	0,1780	0,1622	0,1308	0,0796	0,0363	0,0094	-0,0005	-0,0043	-0,0060
	B(FD)	0,1980	0,1972	0,1953	0,1893	0,1723	0,1513	0,1359	0,1298	0,1275	0,1264
	B(FE)	0,2137	0,2229	0,2402	0,2712	0,3125	0,3391	0,3525	0,3569	0,3585	0,3592
	B(FF)	0,2336	0,2518	0,2878	0,3606	0,4817	0,5827	0,6439	0,6660	0,6744	0,6781

Z	Z(T)	0,00	0,03	0,10	0,30	1,00	3,00	10,0	30,0	100	UNENDL
	D(AA)/A	-0,4086	-0,4129	-0,4101	-0,3726	-0,2544	-0,1287	-0,0468	-0,0166	-0,0051	0
	D(AB)/A	0,0737	0,0613	0,0404	0,0122	-0,0061	-0,0060	-0,0025	-0,0009	-0,0003	0
	D(AC)/A	0,0666	0,0735	0,0815	0,0826	0,0618	0,0332	0,0125	0,0045	0,0014	0,0000
	D(AD)/A	0,0616	0,0659	0,0725	0,0770	0,0621	0,0347	0,0133	0,0048	0,0015	0,0000
	D(AE)/A	0,0585	0,0605	0,0626	0,0610	0,0452	0,0238	0,0088	0,0031	0,0010	0,0000
	D(AF)/A	0,0570	0,0579	0,0573	0,0498	0,0287	0,0113	0,0033	0,0010	0,0003	-0,0000
	D(BA)/A	-0,7498	-0,6984	-0,6102	-0,4642	-0,2666	-0,1237	-0,0433	-0,0152	-0,0046	0,0000
	D(BB)/A	-0,2597	-0,2425	-0,2101	-0,1528	-0,0794	-0,0337	-0,0112	-0,0038	-0,0012	-0,0000
	D(BC)/A	0,2105	0,1897	0,1572	0,1125	0,0638	0,0307	0,0111	0,0039	0,0012	-0,0000
	D(BD)/A	0,1948	0,1883	0,1730	0,1393	0,0846	0,0409	0,0147	0,0052	0,0016	-0,0000
	D(BE)/A	0,1850	0,1738	0,1539	0,1188	0,0683	0,0314	0,0109	0,0038	0,0012	-0,0000
	D(BF)/A	0,1804	0,1663	0,1415	0,0999	0,0478	0,0179	0,0053	0,0017	0,0005	-0,0000
	D(CA)/A	-0,5859	-0,5537	-0,4884	-0,3645	-0,1958	-0,0858	-0,0291	-0,0101	-0,0031	-0,0000
	D(CB)/A	-0,5999	-0,5495	-0,4613	-0,3190	-0,1550	-0,0630	-0,0205	-0,0070	-0,0021	-0,0000
	D(CC)/A	-0,1197	-0,1101	-0,0924	-0,0621	-0,0266	-0,0090	-0,0025	-0,0008	-0,0002	-0,0000
	D(CD)/A	0,3458	0,3143	0,2611	0,1797	0,0897	0,0381	0,0128	0,0044	0,0013	-0,0000
	D(CE)/A	0,3284	0,3103	0,2728	0,2003	0,1035	0,0437	0,0145	0,0050	0,0015	-0,0000
	D(CF)/A	0,3201	0,2981	0,2570	0,1838	0,0911	0,0368	0,0118	0,0040	0,0012	-0,0000
	D(DA)/A	-0,4231	-0,3939	-0,3396	-0,2431	-0,1211	-0,0494	-0,0160	-0,0054	-0,0016	0,0000
	D(DB)/A	-0,4332	-0,4089	-0,3589	-0,2631	-0,1358	-0,0574	-0,0191	-0,0066	-0,0020	-0,0000
	D(DC)/A	-0,4527	-0,4135	-0,3461	-0,2404	-0,1205	-0,0511	-0,0171	-0,0059	-0,0018	-0,0000
	D(DD)/A	0,0250	0,0224	0,0176	0,0088	-0,0006	-0,0025	-0,0014	-0,0005	-0,0002	-0,0000
	D(DE)/A	0,4927	0,4500	0,3759	0,2579	0,1240	0,0501	0,0162	0,0055	0,0017	-0,0000
	D(DF)/A	0,4803	0,4539	0,4004	0,2990	0,1615	0,0713	0,0244	0,0085	0,0026	-0,0000
	D(EA)/A	-0,2583	-0,2381	-0,2027	-0,1437	-0,0704	-0,0274	-0,0085	-0,0028	-0,0008	-0,0000
	D(EB)/A	-0,2644	-0,2480	-0,2191	-0,1686	-0,0970	-0,0449	-0,0157	-0,0055	-0,0017	-0,0000
	D(EC)/A	-0,2764	-0,2657	-0,2424	-0,1938	-0,1173	-0,0568	-0,0204	-0,0072	-0,0022	-0,0000
	D(ED)/A	-0,2940	-0,2674	-0,2251	-0,1642	-0,0943	-0,0453	-0,0164	-0,0058	-0,0018	0,0000
	D(EE)/A	0,1888	0,1767	0,1530	0,1100	0,0554	0,0229	0,0075	0,0026	0,0008	-0,0000
	D(EF)/A	0,6658	0,6200	0,5420	0,4141	0,2419	0,1146	0,0407	0,0144	0,0044	0,0000
	D(FA)/A	-0,0879	-0,0898	-0,0898	-0,0799	-0,0485	-0,0205	-0,0064	-0,0021	-0,0006	0,0000
	D(FB)/A	-0,0900	-0,0935	-0,0975	-0,0963	-0,0728	-0,0391	-0,0147	-0,0053	-0,0016	0
	D(FC)/A	-0,0941	-0,1007	-0,1108	-0,1180	-0,0965	-0,0546	-0,0211	-0,0076	-0,0024	-0,0000
	D(FD)/A	-0,1001	-0,1100	-0,1218	-0,1252	-0,0963	-0,0527	-0,0201	-0,0072	-0,0022	-0,0000
	D(FE)/A	-0,1081	-0,0962	-0,0753	-0,0436	-0,0148	-0,0043	-0,0012	-0,0004	-0,0001	-0,0000
	D(FF)/A	0,3876	0,3941	0,3959	0,3675	0,2602	0,1357	0,0503	0,0180	0,0055	0,0000
50,00	B(AA)	0,1485	0,1573	0,1761	0,2202	0,3153	0,4217	0,5024	0,5353	0,5484	0,5543
	B(AB)	0,1403	0,1453	0,1556	0,1789	0,2266	0,2786	0,3181	0,3342	0,3407	0,3436
	B(AC)	0,1343	0,1351	0,1369	0,1412	0,1500	0,1602	0,1685	0,1721	0,1736	0,1743
	B(AD)	0,1300	0,1279	0,1236	0,1139	0,0947	0,0752	0,0614	0,0560	0,0539	0,0530
	B(AE)	0,1273	0,1234	0,1152	0,0966	0,0582	0,0165	-0,0147	-0,0274	-0,0325	-0,0348
	B(AF)	0,1259	0,1212	0,1110	0,0869	0,0339	-0,0275	-0,0758	-0,0960	-0,1041	-0,1078
	B(BA)	0,1544	0,1598	0,1711	0,1968	0,2493	0,3065	0,3499	0,3677	0,3748	0,3780
	B(BB)	0,1558	0,1605	0,1701	0,1902	0,2278	0,2658	0,2938	0,3052	0,3097	0,3118
	B(BC)	0,1491	0,1510	0,1549	0,1635	0,1799	0,1969	0,2097	0,2150	0,2171	0,2181
	B(BD)	0,1443	0,1430	0,1406	0,1359	0,1291	0,1241	0,1212	0,1203	0,1199	0,1198
	B(BE)	0,1413	0,1380	0,1311	0,1166	0,0894	0,0623	0,0425	0,0345	0,0314	0,0300
	B(BF)	0,1399	0,1355	0,1264	0,1053	0,0609	0,0109	-0,0279	-0,0441	-0,0506	-0,0535
	B(CA)	0,1611	0,1621	0,1643	0,1694	0,1800	0,1922	0,2022	0,2066	0,2083	0,2091
	B(CB)	0,1627	0,1647	0,1690	0,1783	0,1962	0,2148	0,2288	0,2345	0,2369	0,2379
	B(CC)	0,1656	0,1680	0,1726	0,1821	0,1996	0,2176	0,2310	0,2364	0,2386	0,2396
	B(CD)	0,1603	0,1608	0,1619	0,1645	0,1708	0,1784	0,1844	0,1869	0,1879	0,1884
	B(CE)	0,1570	0,1552	0,1518	0,1451	0,1340	0,1235	0,1159	0,1128	0,1115	0,1110
	B(CF)	0,1554	0,1525	0,1464	0,1325	0,1034	0,0704	0,0447	0,0339	0,0296	0,0276
	B(DA)	0,1690	0,1663	0,1607	0,1481	0,1232	0,0977	0,0798	0,0728	0,0701	0,0689
	B(DB)	0,1706	0,1691	0,1661	0,1607	0,1526	0,1466	0,1433	0,1421	0,1417	0,1415
	B(DC)	0,1737	0,1742	0,1754	0,1783	0,1850	0,1933	0,1998	0,2025	0,2036	0,2041
	B(DD)	0,1782	0,1801	0,1837	0,1911	0,2046	0,2181	0,2276	0,2314	0,2329	0,2336
	B(DE)	0,1745	0,1755	0,1778	0,1826	0,1914	0,1994	0,2047	0,2067	0,2075	0,2078
	B(DF)	0,1727	0,1725	0,1722	0,1714	0,1687	0,1643	0,1602	0,1584	0,1576	0,1573
	B(EA)	0,1782	0,1727	0,1613	0,1352	0,0815	0,0232	-0,0206	-0,0384	-0,0455	-0,0487
	B(EB)	0,1799	0,1756	0,1669	0,1483	0,1138	0,0792	0,0541	0,0440	0,0399	0,0381
	B(EC)	0,1831	0,1811	0,1771	0,1693	0,1563	0,1440	0,1352	0,1316	0,1301	0,1295
	B(ED)	0,1879	0,1890	0,1914	0,1966	0,2061	0,2148	0,2205	0,2226	0,2235	0,2238
	B(EE)	0,1941	0,1977	0,2050	0,2202	0,2476	0,2743	0,2934	0,3011	0,3041	0,3054
	B(EF)	0,1921	0,1961	0,2044	0,2230	0,2608	0,3024	0,3343	0,3475	0,3528	0,3552
	B(FA)	0,1889	0,1818	0,1665	0,1303	0,0508	-0,0413	-0,1137	-0,1440	-0,1561	-0,1616
	B(FB)	0,1907	0,1848	0,1723	0,1436	0,0830	0,0149	-0,0380	-0,0601	-0,0689	-0,0729
	B(FC)	0,1942	0,1906	0,1830	0,1656	0,1292	0,0880	0,0559	0,0424	0,0370	0,0346
	B(FD)	0,1993	0,1991	0,1987	0,1978	0,1946	0,1895	0,1848	0,1827	0,1819	0,1815
	B(FE)	0,2059	0,2101	0,2190	0,2389	0,2795	0,3240	0,3582	0,3723	0,3780	0,3806
	B(FF)	0,2140	0,2222	0,2396	0,2809	0,3724	0,4795	0,5645	0,6003	0,6146	0,6211

Z	Z(T)	0,00	0,03	0,10	0,30	1,00	3,00	10,0	30,0	100	UNENDL
	D(AA)/A	-0,4190	-0,4298	-0,4411	-0,4319	-0,3412	-0,1980	-0,0788	-0,0289	-0,0090	0,0000
	D(AB)/A	0,0691	0,0529	0,0242	-0,0194	-0,0510	-0,0407	-0,0183	-0,0069	-0,0022	0,0000
	D(AC)/A	0,0661	0,0725	0,0792	0,0776	0,0548	0,0281	0,0103	0,0037	0,0011	0,0000
	D(AD)/A	0,0640	0,0699	0,0799	0,0910	0,0820	0,0502	0,0203	0,0075	0,0023	0,0000
	D(AE)/A	0,0626	0,0674	0,0757	0,0862	0,0812	0,0519	0,0216	0,0080	0,0025	0,0000
	D(AF)/A	0,0620	0,0663	0,0731	0,0807	0,0742	0,0475	0,0199	0,0075	0,0023	-0,0000
	D(BA)/A	-0,7761	-0,7378	-0,6724	-0,5594	-0,3775	-0,2026	-0,0780	-0,0283	-0,0088	-0,0000
	D(BB)/A	-0,2755	-0,2666	-0,2480	-0,2093	-0,1414	-0,0759	-0,0293	-0,0106	-0,0033	-0,0000
	D(BC)/A	0,2078	0,1850	0,1490	0,0997	0,0503	0,0220	0,0075	0,0026	0,0008	-0,0000
	D(BD)/A	0,2012	0,1979	0,1878	0,1612	0,1088	0,0575	0,0218	0,0079	0,0024	-0,0000
	D(BE)/A	0,1970	0,1921	0,1829	0,1626	0,1169	0,0647	0,0253	0,0092	0,0029	0
	D(BF)/A	0,1950	0,1887	0,1774	0,1553	0,1117	0,0629	0,0249	0,0092	0,0028	0,0000
	D(CA)/A	-0,6181	-0,6027	-0,5656	-0,4783	-0,3174	-0,1667	-0,0635	-0,0230	-0,0071	-0,0000
	D(CB)/A	-0,6240	-0,5855	-0,5166	-0,3969	-0,2328	-0,1125	-0,0410	-0,0146	-0,0045	0,0000
	D(CC)/A	-0,1281	-0,1228	-0,1122	-0,0898	-0,0536	-0,0258	-0,0094	-0,0034	-0,0010	-0,0000
	D(CD)/A	0,3536	0,3255	0,2777	0,2023	0,1112	0,0513	0,0181	0,0064	0,0020	-0,0000
	D(CE)/A	0,3462	0,3373	0,3145	0,2595	0,1627	0,0813	0,0301	0,0108	0,0033	-0,0000
	D(CF)/A	0,3426	0,3325	0,3114	0,2643	0,1770	0,0940	0,0362	0,0132	0,0041	-0,0000
	D(DA)/A	-0,4529	-0,4395	-0,4115	-0,3495	-0,2344	-0,1247	-0,0480	-0,0175	-0,0054	-0,0000
	D(DB)/A	-0,4572	-0,4453	-0,4154	-0,3438	-0,2177	-0,1103	-0,0413	-0,0149	-0,0046	-0,0000
	D(DC)/A	-0,4655	-0,4323	-0,3745	-0,2799	-0,1603	-0,0771	-0,0282	-0,0101	-0,0031	0,0000
	D(DD)/A	0,0290	0,0286	0,0270	0,0215	0,0104	0,0031	0,0006	0,0002	0,0000	-0,0000
	D(DE)/A	0,5119	0,4786	0,4196	0,3191	0,1846	0,0885	0,0322	0,0115	0,0035	0,0000
	D(DF)/A	0,5067	0,4940	0,4636	0,3925	0,2628	0,1404	0,0543	0,0198	0,0061	-0,0000
	D(EA)/A	-0,2792	-0,2702	-0,2541	-0,2235	-0,1639	-0,0947	-0,0384	-0,0142	-0,0044	-0,0000
	D(EB)/A	-0,2818	-0,2746	-0,2614	-0,2330	-0,1706	-0,0972	-0,0389	-0,0143	-0,0045	-0,0000
	D(EC)/A	-0,2870	-0,2817	-0,2675	-0,2315	-0,1608	-0,0882	-0,0346	-0,0127	-0,0039	-0,0000
	D(ED)/A	-0,2945	-0,2674	-0,2243	-0,1627	-0,0943	-0,0469	-0,0175	-0,0063	-0,0019	0,0000
	D(EE)/A	0,2020	0,1969	0,1848	0,1572	0,1076	0,0591	0,0233	0,0085	0,0027	0,0000
	D(EF)/A	0,6891	0,6549	0,5971	0,4994	0,3442	0,1906	0,0753	0,0276	0,0086	0,0000
	D(FA)/A	-0,0955	-0,1028	-0,1146	-0,1295	-0,1244	-0,0835	-0,0363	-0,0138	-0,0043	0,0000
	D(FB)/A	-0,0965	-0,1045	-0,1184	-0,1376	-0,1348	-0,0900	-0,0387	-0,0146	-0,0046	-0,0000
	D(FC)/A	-0,0982	-0,1076	-0,1240	-0,1440	-0,1358	-0,0872	-0,0366	-0,0137	-0,0043	0,0000
	D(FD)/A	-0,1008	-0,1109	-0,1231	-0,1273	-0,1001	-0,0569	-0,0224	-0,0082	-0,0025	0
	D(FE)/A	-0,1041	-0,0889	-0,0608	-0,0147	0,0278	0,0298	0,0148	0,0058	0,0018	0,0000
	D(FF)/A	0,3975	0,4103	0,4258	0,4265	0,3513	0,2129	0,0875	0,0325	0,0102	0
100,00	B(AA)	0,1410	0,1456	0,1557	0,1811	0,2457	0,3411	0,4395	0,4897	0,5117	0,5221
	B(AB)	0,1369	0,1395	0,1451	0,1590	0,1937	0,2457	0,3011	0,3298	0,3425	0,3486
	B(AC)	0,1338	0,1343	0,1354	0,1383	0,1468	0,1619	0,1803	0,1906	0,1952	0,1975
	B(AD)	0,1316	0,1306	0,1283	0,1229	0,1108	0,0958	0,0827	0,0768	0,0743	0,0731
	B(AE)	0,1302	0,1282	0,1238	0,1127	0,0854	0,0452	0,0034	-0,0181	-0,0276	-0,0320
	B(AF)	0,1296	0,1271	0,1215	0,1070	0,0677	0,0043	-0,0662	-0,1037	-0,1205	-0,1284
	B(BA)	0,1506	0,1534	0,1596	0,1749	0,2131	0,2703	0,3312	0,3628	0,3768	0,3834
	B(BB)	0,1513	0,1538	0,1589	0,1707	0,1974	0,2347	0,2733	0,2933	0,3021	0,3063
	B(BC)	0,1479	0,1489	0,1510	0,1560	0,1675	0,1837	0,2006	0,2094	0,2133	0,2152
	B(BD)	0,1455	0,1448	0,1435	0,1408	0,1359	0,1304	0,1254	0,1230	0,1220	0,1215
	B(BE)	0,1439	0,1422	0,1385	0,1299	0,1104	0,0834	0,0557	0,0413	0,0350	0,0320
	B(BF)	0,1432	0,1409	0,1359	0,1234	0,0916	0,0432	-0,0090	-0,0364	-0,0485	-0,0542
	B(CA)	0,1606	0,1611	0,1625	0,1660	0,1762	0,1943	0,2164	0,2287	0,2343	0,2370
	B(CB)	0,1614	0,1624	0,1647	0,1702	0,1827	0,2004	0,2189	0,2285	0,2327	0,2347
	B(CC)	0,1628	0,1640	0,1664	0,1716	0,1823	0,1955	0,2077	0,2137	0,2163	0,2175
	B(CD)	0,1602	0,1604	0,1609	0,1622	0,1650	0,1682	0,1703	0,1710	0,1713	0,1714
	B(CE)	0,1585	0,1576	0,1557	0,1518	0,1436	0,1324	0,1205	0,1142	0,1114	0,1101
	B(CF)	0,1576	0,1561	0,1529	0,1450	0,1257	0,0978	0,0690	0,0542	0,0477	0,0447
	B(DA)	0,1711	0,1697	0,1668	0,1597	0,1440	0,1245	0,1076	0,0998	0,0965	0,0950
	B(DB)	0,1719	0,1711	0,1696	0,1664	0,1606	0,1541	0,1482	0,1454	0,1442	0,1436
	B(DC)	0,1735	0,1738	0,1744	0,1757	0,1788	0,1822	0,1845	0,1853	0,1856	0,1857
	B(DD)	0,1758	0,1767	0,1786	0,1825	0,1901	0,1982	0,2045	0,2071	0,2082	0,2087
	B(DE)	0,1739	0,1745	0,1757	0,1784	0,1842	0,1911	0,1970	0,1998	0,2010	0,2015
	B(DF)	0,1730	0,1730	0,1729	0,1729	0,1732	0,1747	0,1775	0,1793	0,1801	0,1805
	B(EA)	0,1823	0,1795	0,1733	0,1578	0,1195	0,0633	0,0047	-0,0253	-0,0386	-0,0448
	B(EB)	0,1832	0,1810	0,1763	0,1653	0,1405	0,1062	0,0708	0,0526	0,0446	0,0408
	B(EC)	0,1849	0,1838	0,1817	0,1771	0,1675	0,1545	0,1406	0,1332	0,1300	0,1284
	B(ED)	0,1873	0,1879	0,1892	0,1921	0,1984	0,2058	0,2122	0,2152	0,2165	0,2170
	B(EE)	0,1904	0,1923	0,1963	0,2051	0,2244	0,2504	0,2766	0,2900	0,2958	0,2986
	B(EF)	0,1895	0,1916	0,1961	0,2072	0,2352	0,2777	0,3237	0,3479	0,3587	0,3638
	B(FA)	0,1943	0,1906	0,1822	0,1604	0,1015	0,0065	-0,0994	-0,1556	-0,1807	-0,1926
	B(FB)	0,1953	0,1922	0,1854	0,1683	0,1250	0,0589	-0,0123	-0,0496	-0,0661	-0,0739
	B(FC)	0,1971	0,1952	0,1911	0,1812	0,1571	0,1222	0,0862	0,0678	0,0597	0,0559
	B(FD)	0,1996	0,1996	0,1995	0,1995	0,1999	0,2016	0,2048	0,2068	0,2078	0,2083
	B(FE)	0,2030	0,2052	0,2101	0,2220	0,2520	0,2975	0,3468	0,3728	0,3843	0,3898
	B(FF)	0,2071	0,2114	0,2207	0,2445	0,3066	0,4023	0,5051	0,5587	0,5824	0,5936

Z	Z(T)	0,00	0,03	0,10	0,30	1,00	3,00	10,0	30,0	100	UNENDL
	D(AA)/A	-0,4227	-0,4360	-0,4533	-0,4595	-0,3972	-0,2612	-0,1170	-0,0454	-0,0144	-0,0000
	D(AB)/A	0,0674	0,0498	0,0176	-0,0352	-0,0833	-0,0772	-0,0404	-0,0165	-0,0054	-0,0000
	D(AC)/A	0,0659	0,0720	0,0779	0,0741	0,0461	0,0170	0,0031	0,0004	0,0000	0
	D(AD)/A	0,0648	0,0713	0,0827	0,0971	0,0928	0,0608	0,0261	0,0099	0,0031	0,0000
	D(AE)/A	0,0641	0,0700	0,0810	0,0986	0,1063	0,0799	0,0384	0,0153	0,0049	0,0000
	D(AF)/A	0,0638	0,0694	0,0797	0,0967	0,1093	0,0899	0,0467	0,0192	0,0063	0,0000
	D(BA)/A	-0,7854	-0,7523	-0,6971	-0,6045	-0,4506	-0,2763	-0,1204	-0,0463	-0,0147	-0,0000
	D(BB)/A	-0,2812	-0,2756	-0,2635	-0,2372	-0,1854	-0,1196	-0,0544	-0,0213	-0,0068	0,0000
	D(BC)/A	0,2068	0,1830	0,1452	0,0920	0,0370	0,0077	-0,0011	-0,0011	-0,0005	0,0000
	D(BD)/A	0,2034	0,2013	0,1935	0,1708	0,1222	0,0693	0,0279	0,0104	0,0032	-0,0000
	D(BE)/A	0,2013	0,1989	0,1947	0,1840	0,1507	0,0980	0,0442	0,0172	0,0055	-0,0000
	D(BF)/A	0,2002	0,1972	0,1923	0,1836	0,1602	0,1142	0,0555	0,0224	0,0072	0,0000
	D(CA)/A	-0,6296	-0,6209	-0,5968	-0,5336	-0,4010	-0,2469	-0,1085	-0,0420	-0,0134	-0,0000
	D(CB)/A	-0,6326	-0,5989	-0,5390	-0,4350	-0,2871	-0,1630	-0,0690	-0,0264	-0,0084	0,0000
	D(CC)/A	-0,1311	-0,1276	-0,1204	-0,1039	-0,0740	-0,0451	-0,0204	-0,0080	-0,0026	-0,0000
	D(CD)/A	0,3563	0,3296	0,2842	0,2125	0,1243	0,0621	0,0236	0,0086	0,0027	-0,0000
	D(CE)/A	0,3525	0,3473	0,3315	0,2884	0,2037	0,1190	0,0509	0,0195	0,0062	-0,0000
	D(CF)/A	0,3507	0,3454	0,3337	0,3045	0,2392	0,1553	0,0713	0,0281	0,0090	-0,0000
	D(DA)/A	-0,4636	-0,4566	-0,4411	-0,4026	-0,3164	-0,2052	-0,0941	-0,0371	-0,0119	-0,0000
	D(DB)/A	-0,4658	-0,4589	-0,4384	-0,3833	-0,2749	-0,1642	-0,0715	-0,0277	-0,0088	-0,0000
	D(DC)/A	-0,4700	-0,4392	-0,3857	-0,2985	-0,1863	-0,1012	-0,0417	-0,0158	-0,0050	-0,0000
	D(DD)/A	0,0305	0,0309	0,0310	0,0283	0,0195	0,0110	0,0047	0,0018	0,0006	-0,0000
	D(DE)/A	0,5187	0,4892	0,4373	0,3490	0,2271	0,1280	0,0542	0,0208	0,0066	-0,0000
	D(DF)/A	0,5161	0,5089	0,4891	0,4380	0,3327	0,2092	0,0938	0,0366	0,0117	0
	D(EA)/A	-0,2867	-0,2823	-0,2755	-0,2642	-0,2346	-0,1714	-0,0849	-0,0344	-0,0112	0,0000
	D(EB)/A	-0,2881	-0,2846	-0,2787	-0,2648	-0,2224	-0,1508	-0,0706	-0,0280	-0,0090	-0,0000
	D(EC)/A	-0,2907	-0,2876	-0,2773	-0,2488	-0,1874	-0,1148	-0,0500	-0,0192	-0,0061	-0,0000
	D(ED)/A	-0,2945	-0,2672	-0,2234	-0,1604	-0,0899	-0,0422	-0,0147	-0,0051	-0,0015	0
	D(EE)/A	0,2067	0,2044	0,1978	0,1807	0,1453	0,0975	0,0459	0,0183	0,0059	-0,0000
	D(EF)/A	0,6973	0,6678	0,6190	0,5397	0,4118	0,2622	0,1182	0,0462	0,0148	-0,0000
	D(FA)/A	-0,0983	-0,1077	-0,1250	-0,1552	-0,1831	-0,1571	-0,0840	-0,0349	-0,0114	0
	D(FB)/A	-0,0988	-0,1086	-0,1269	-0,1580	-0,1786	-0,1421	-0,0716	-0,0290	-0,0094	-0,0000
	D(FC)/A	-0,0997	-0,1102	-0,1291	-0,1558	-0,1594	-0,1140	-0,0530	-0,0208	-0,0067	-0,0000
	D(FD)/A	-0,1010	-0,1111	-0,1233	-0,1269	-0,0980	-0,0536	-0,0201	-0,0071	-0,0022	0,0000
	D(FE)/A	-0,1027	-0,0861	-0,0548	-0,0001	0,0591	0,0669	0,0381	0,0160	0,0053	0
	D(FF)/A	0,4010	0,4162	0,4377	0,4540	0,4103	0,2841	0,1327	0,0525	0,0168	-0,0000
200,00	B(AA)	0,1372	0,1395	0,1448	0,1585	0,1974	0,2694	0,3734	0,4457	0,4836	0,5030
	B(AB)	0,1351	0,1365	0,1394	0,1470	0,1686	0,2099	0,2720	0,3161	0,3393	0,3512
	B(AC)	0,1336	0,1338	0,1344	0,1362	0,1420	0,1557	0,1792	0,1968	0,2063	0,2112
	B(AD)	0,1325	0,1319	0,1308	0,1279	0,1209	0,1106	0,0984	0,0909	0,0872	0,0853
	B(AE)	0,1318	0,1307	0,1284	0,1224	0,1055	0,0741	0,0279	-0,0045	-0,0215	-0,0302
	B(AF)	0,1314	0,1301	0,1272	0,1192	0,0945	0,0436	-0,0365	-0,0944	-0,1251	-0,1409
	B(BA)	0,1487	0,1501	0,1534	0,1617	0,1855	0,2309	0,2992	0,3477	0,3732	0,3863
	B(BB)	0,1490	0,1503	0,1529	0,1594	0,1758	0,2052	0,2485	0,2791	0,2952	0,3035
	B(BC)	0,1473	0,1478	0,1489	0,1516	0,1587	0,1713	0,1899	0,2030	0,2100	0,2135
	B(BD)	0,1461	0,1457	0,1450	0,1436	0,1406	0,1360	0,1298	0,1256	0,1234	0,1223
	B(BE)	0,1453	0,1444	0,1425	0,1378	0,1257	0,1043	0,0729	0,0507	0,0391	0,0331
	B(BF)	0,1449	0,1438	0,1411	0,1343	0,1147	0,0767	0,0192	-0,0218	-0,0434	-0,0545
	B(CA)	0,1603	0,1606	0,1613	0,1634	0,1704	0,1869	0,2150	0,2362	0,2475	0,2534
	B(CB)	0,1607	0,1612	0,1624	0,1654	0,1731	0,1868	0,2071	0,2215	0,2291	0,2329
	B(CC)	0,1614	0,1620	0,1633	0,1660	0,1720	0,1808	0,1919	0,1990	0,2027	0,2045
	B(CD)	0,1601	0,1602	0,1605	0,1611	0,1623	0,1633	0,1629	0,1620	0,1614	0,1610
	B(CE)	0,1592	0,1588	0,1578	0,1557	0,1506	0,1414	0,1274	0,1173	0,1120	0,1092
	B(CF)	0,1588	0,1581	0,1564	0,1521	0,1407	0,1203	0,0912	0,0710	0,0605	0,0551
	B(DA)	0,1722	0,1715	0,1700	0,1662	0,1572	0,1437	0,1280	0,1182	0,1134	0,1109
	B(DB)	0,1726	0,1722	0,1714	0,1697	0,1661	0,1607	0,1534	0,1484	0,1458	0,1445
	B(DC)	0,1734	0,1736	0,1738	0,1745	0,1758	0,1769	0,1765	0,1755	0,1748	0,1744
	B(DD)	0,1746	0,1750	0,1760	0,1780	0,1820	0,1867	0,1908	0,1928	0,1937	0,1941
	B(DE)	0,1736	0,1739	0,1745	0,1760	0,1795	0,1845	0,1908	0,1948	0,1968	0,1979
	B(DF)	0,1732	0,1732	0,1731	0,1733	0,1742	0,1774	0,1842	0,1897	0,1927	0,1943
	B(EA)	0,1845	0,1830	0,1798	0,1713	0,1477	0,1037	0,0391	-0,0062	-0,0300	-0,0422
	B(EB)	0,1849	0,1838	0,1813	0,1754	0,1600	0,1327	0,0928	0,0646	0,0497	0,0421
	B(EC)	0,1858	0,1852	0,1841	0,1816	0,1756	0,1650	0,1486	0,1369	0,1307	0,1274
	B(ED)	0,1870	0,1873	0,1880	0,1896	0,1933	0,1987	0,2054	0,2098	0,2120	0,2131
	B(EE)	0,1886	0,1895	0,1916	0,1964	0,2082	0,2287	0,2581	0,2787	0,2895	0,2950
	B(EF)	0,1881	0,1892	0,1915	0,1977	0,2152	0,2492	0,3014	0,3387	0,3585	0,3686
	B(FA)	0,1971	0,1952	0,1908	0,1788	0,1418	0,0654	-0,0547	-0,1416	-0,1877	-0,2114
	B(FB)	0,1976	0,1960	0,1925	0,1831	0,1563	0,1045	0,0261	-0,0297	-0,0591	-0,0743
	B(FC)	0,1985	0,1976	0,1955	0,1902	0,1758	0,1503	0,1139	0,0888	0,0756	0,0689
	B(FD)	0,1998	0,1998	0,1998	0,1999	0,2009	0,2047	0,2126	0,2189	0,2224	0,2242
	B(FE)	0,2015	0,2027	0,2052	0,2118	0,2305	0,2670	0,3229	0,3629	0,3841	0,3949
	B(FF)	0,2036	0,2057	0,2106	0,2234	0,2608	0,3328	0,4406	0,5167	0,5568	0,5774

Z	Z(T)	0,00	0,03	0,10	0,30	1,00	3,00	10,0	30,0	100	UNENDL
	D(AA)/A	-0,4246	-0,4392	-0,4598	-0,4756	-0,4374	-0,3233	-0,1698	-0,0729	-0,0244	0,0000
	D(AB)/A	0,0665	0,0481	0,0139	-0,0446	-0,1074	-0,1150	-0,0729	-0,0335	-0,0115	0,0000
	D(AC)/A	0,0657	0,0717	0,0772	0,0717	0,0386	0,0036	-0,0093	-0,0062	-0,0024	0,0000
	D(AD)/A	0,0652	0,0720	0,0841	0,1005	0,1000	0,0698	0,0326	0,0130	0,0042	0,0000
	D(AE)/A	0,0648	0,0714	0,0839	0,1060	0,1249	0,1084	0,0626	0,0279	0,0095	0,0000
	D(AF)/A	0,0647	0,0711	0,0833	0,1064	0,1363	0,1352	0,0874	0,0409	0,0141	0
	D(BA)/A	-0,7901	-0,7599	-0,7104	-0,6309	-0,5034	-0,3493	-0,1795	-0,0767	-0,0256	-0,0000
	D(BB)/A	-0,2841	-0,2803	-0,2719	-0,2538	-0,2181	-0,1647	-0,0910	-0,0402	-0,0136	-0,0000
	D(BC)/A	0,2063	0,1820	0,1431	0,0871	0,0260	-0,0088	-0,0154	-0,0087	-0,0032	-0,0000
	D(BD)/A	0,2045	0,2031	0,1965	0,1762	0,1313	0,0795	0,0351	0,0138	0,0044	0
	D(BE)/A	0,2035	0,2025	0,2012	0,1967	0,1757	0,1319	0,0714	0,0312	0,0105	0,0000
	D(BF)/A	0,2029	0,2016	0,2005	0,2006	0,1970	0,1686	0,1017	0,0465	0,0160	0,0000
	D(CA)/A	-0,6355	-0,6304	-0,6137	-0,5663	-0,4625	-0,3281	-0,1729	-0,0749	-0,0252	-0,0000
	D(CB)/A	-0,6370	-0,6059	-0,5511	-0,4575	-0,3274	-0,2147	-0,1097	-0,0472	-0,0158	0,0000
	D(CC)/A	-0,1327	-0,1301	-0,1248	-0,1124	-0,0895	-0,0657	-0,0370	-0,0166	-0,0057	0
	D(CD)/A	0,3577	0,3317	0,2877	0,2185	0,1335	0,0723	0,0308	0,0121	0,0039	-0,0000
	D(CE)/A	0,3558	0,3526	0,3406	0,3055	0,2341	0,1575	0,0809	0,0347	0,0116	-0,0000
	D(CF)/A	0,3549	0,3522	0,3459	0,3285	0,2858	0,2190	0,1232	0,0549	0,0187	-0,0000
	D(DA)/A	-0,4691	-0,4656	-0,4572	-0,4343	-0,3778	-0,2887	-0,1620	-0,0720	-0,0245	-0,0000
	D(DB)/A	-0,4702	-0,4660	-0,4509	-0,4067	-0,3172	-0,2192	-0,1153	-0,0501	-0,0169	-0,0000
	D(DC)/A	-0,4723	-0,4428	-0,3918	-0,3093	-0,2050	-0,1251	-0,0605	-0,0254	-0,0084	-0,0000
	D(DD)/A	0,0312	0,0321	0,0332	0,0325	0,0267	0,0197	0,0114	0,0052	0,0018	-0,0000
	D(DE)/A	0,5222	0,4947	0,4469	0,3667	0,2586	0,1685	0,0862	0,0371	0,0125	-0,0000
	D(DF)/A	0,5209	0,5167	0,5030	0,4649	0,3841	0,2789	0,1506	0,0659	0,0223	-0,0000
	D(EA)/A	-0,2906	-0,2887	-0,2872	-0,2887	-0,2884	-0,2526	-0,1550	-0,0713	-0,0246	-0,0000
	D(EB)/A	-0,2913	-0,2898	-0,2881	-0,2837	-0,2609	-0,2056	-0,1164	-0,0519	-0,0176	-0,0000
	D(EC)/A	-0,2926	-0,2906	-0,2826	-0,2587	-0,2061	-0,1400	-0,0705	-0,0298	-0,0099	0,0000
	D(ED)/A	-0,2946	-0,2671	-0,2229	-0,1587	-0,0855	-0,0352	-0,0086	-0,0019	-0,0004	0,0000
	D(EE)/A	0,2091	0,2084	0,2048	0,1947	0,1734	0,1374	0,0792	0,0356	0,0122	0,0000
	D(EF)/A	0,7016	0,6745	0,6308	0,5633	0,4608	0,3335	0,1786	0,0778	0,0262	0,0000
	D(FA)/A	-0,0997	-0,1103	-0,1307	-0,1707	-0,2280	-0,2357	-0,1565	-0,0739	-0,0257	0,0000
	D(FB)/A	-0,0999	-0,1107	-0,1315	-0,1701	-0,2111	-0,1956	-0,1193	-0,0544	-0,0186	-0,0000
	D(FC)/A	-0,1004	-0,1115	-0,1319	-0,1626	-0,1759	-0,1391	-0,0746	-0,0322	-0,0108	0,0000
	D(FD)/A	-0,1011	-0,1112	-0,1233	-0,1264	-0,0950	-0,0474	-0,0140	-0,0038	-0,0010	-0,0000
	D(FE)/A	-0,1019	-0,0847	-0,0515	0,0087	0,0826	0,1057	0,0727	0,0344	0,0120	-0,0000
	D(FF)/A	0,4028	0,4193	0,4440	0,4701	0,4528	0,3543	0,1959	0,0861	0,0291	0,0000
500,00	B(AA)	0,1349	0,1358	0,1380	0,1437	0,1614	0,2008	0,2842	0,3767	0,4461	0,4903
	B(AB)	0,1341	0,1346	0,1358	0,1390	0,1490	0,1723	0,2236	0,2815	0,3251	0,3529
	B(AC)	0,1334	0,1335	0,1338	0,1345	0,1374	0,1457	0,1661	0,1902	0,2085	0,2203
	B(AD)	0,1330	0,1328	0,1323	0,1311	0,1280	0,1226	0,1135	0,1044	0,0977	0,0935
	B(AE)	0,1327	0,1323	0,1313	0,1288	0,1210	0,1034	0,0656	0,0232	-0,0086	-0,0289
	B(AF)	0,1326	0,1320	0,1308	0,1274	0,1160	0,0870	0,0207	-0,0552	-0,1126	-0,1493
	B(BA)	0,1475	0,1481	0,1494	0,1529	0,1639	0,1896	0,2460	0,3096	0,3576	0,3882
	B(BB)	0,1476	0,1481	0,1492	0,1519	0,1595	0,1761	0,2119	0,2521	0,2824	0,3018
	B(BC)	0,1469	0,1471	0,1476	0,1487	0,1519	0,1590	0,1742	0,1914	0,2043	0,2125
	B(BD)	0,1464	0,1463	0,1460	0,1454	0,1440	0,1413	0,1360	0,1300	0,1256	0,1227
	B(BE)	0,1461	0,1458	0,1450	0,1430	0,1374	0,1253	0,0992	0,0699	0,0478	0,0337
	B(BF)	0,1460	0,1455	0,1444	0,1415	0,1325	0,1112	0,0642	0,0110	-0,0290	-0,0546
	B(CA)	0,1601	0,1602	0,1605	0,1615	0,1649	0,1748	0,1993	0,2282	0,2502	0,2643
	B(CB)	0,1603	0,1605	0,1610	0,1622	0,1658	0,1734	0,1901	0,2088	0,2228	0,2318
	B(CC)	0,1606	0,1608	0,1613	0,1624	0,1650	0,1696	0,1776	0,1860	0,1922	0,1961
	B(CD)	0,1600	0,1601	0,1602	0,1604	0,1609	0,1609	0,1595	0,1572	0,1553	0,1541
	B(CE)	0,1597	0,1595	0,1591	0,1582	0,1558	0,1506	0,1388	0,1253	0,1151	0,1086
	B(CF)	0,1595	0,1592	0,1585	0,1568	0,1516	0,1406	0,1179	0,0928	0,0740	0,0621
	B(DA)	0,1729	0,1726	0,1720	0,1704	0,1664	0,1594	0,1476	0,1357	0,1270	0,1216
	B(DB)	0,1731	0,1729	0,1726	0,1718	0,1702	0,1670	0,1607	0,1537	0,1484	0,1450
	B(DC)	0,1734	0,1734	0,1735	0,1738	0,1743	0,1743	0,1728	0,1703	0,1682	0,1669
	B(DD)	0,1738	0,1740	0,1744	0,1752	0,1769	0,1790	0,1813	0,1829	0,1839	0,1845
	B(DE)	0,1735	0,1736	0,1738	0,1744	0,1760	0,1788	0,1838	0,1891	0,1930	0,1955
	B(DF)	0,1733	0,1733	0,1733	0,1733	0,1739	0,1764	0,1836	0,1923	0,1991	0,2034
	B(EA)	0,1858	0,1852	0,1839	0,1803	0,1694	0,1448	0,0918	0,0325	-0,0120	-0,0405
	B(EB)	0,1860	0,1855	0,1845	0,1820	0,1749	0,1595	0,1263	0,0890	0,0609	0,0429
	B(EC)	0,1863	0,1861	0,1856	0,1846	0,1818	0,1757	0,1619	0,1462	0,1343	0,1267
	B(ED)	0,1868	0,1869	0,1872	0,1879	0,1895	0,1925	0,1979	0,2036	0,2078	0,2105
	B(EE)	0,1874	0,1878	0,1887	0,1907	0,1961	0,2076	0,2320	0,2593	0,2797	0,2928
	B(EF)	0,1872	0,1877	0,1887	0,1913	0,1994	0,2187	0,2619	0,3110	0,3481	0,3717
	B(FA)	0,1989	0,1981	0,1962	0,1911	0,1739	0,1306	0,0311	-0,0828	-0,1689	-0,2239
	B(FB)	0,1990	0,1984	0,1969	0,1930	0,1806	0,1516	0,0875	0,0151	-0,0396	-0,0744
	B(FC)	0,1994	0,1990	0,1982	0,1959	0,1895	0,1758	0,1474	0,1160	0,0925	0,0776
	B(FD)	0,1999	0,1999	0,1999	0,2000	0,2007	0,2036	0,2118	0,2219	0,2297	0,2347
	B(FE)	0,2006	0,2011	0,2021	0,2049	0,2136	0,2343	0,2806	0,3332	0,3729	0,3983
	B(FF)	0,2014	0,2023	0,2043	0,2097	0,2266	0,2660	0,3517	0,4480	0,5204	0,5666

Z	Z(T)	0,00	0,03	0,10	0,30	1,00	3,00	10,0	30,0	100	UNENDL
	D(AA)/A	-0,4257	-0,4412	-0,4639	-0,4862	-0,4679	-0,3857	-0,2520	-0,1329	-0,0508	-0,0000
	D(AB)/A	0,0660	0,0471	0,0116	-0,0509	-0,1261	-0,1538	-0,1245	-0,0713	-0,0281	0
	D(AC)/A	0,0657	0,0716	0,0767	0,0701	0,0324	-0,0110	-0,0302	-0,0218	-0,0093	0
	D(AD)/A	0,0654	0,0724	0,0851	0,1027	0,1052	0,0782	0,0418	0,0193	0,0069	0
	D(AE)/A	0,0653	0,0722	0,0857	0,1109	0,1392	0,1375	0,1007	0,0556	0,0216	0
	D(AF)/A	0,0652	0,0721	0,0856	0,1129	0,1574	0,1826	0,1532	0,0897	0,0357	0,0000
	D(BA)/A	-0,7930	-0,7645	-0,7187	-0,6482	-0,5437	-0,4230	-0,2719	-0,1431	-0,0547	-0,0000
	D(BB)/A	-0,2859	-0,2832	-0,2772	-0,2648	-0,2434	-0,2109	-0,1492	-0,0821	-0,0319	-0,0000
	D(BC)/A	0,2059	0,1813	0,1417	0,0838	0,0172	-0,0266	-0,0391	-0,0260	-0,0108	-0,0000
	D(BD)/A	0,2052	0,2042	0,1984	0,1797	0,1379	0,0892	0,0453	0,0207	0,0074	0
	D(BE)/A	0,2048	0,2046	0,2052	0,2052	0,1949	0,1664	0,1143	0,0619	0,0239	-0,0000
	D(BF)/A	0,2046	0,2043	0,2056	0,2120	0,2258	0,2253	0,1760	0,1007	0,0398	0,0000
	D(CA)/A	-0,6391	-0,6362	-0,6243	-0,5879	-0,5097	-0,4108	-0,2745	-0,1474	-0,0568	-0,0000
	D(CB)/A	-0,6397	-0,6102	-0,5588	-0,4724	-0,3584	-0,2677	-0,1742	-0,0931	-0,0358	0
	D(CC)/A	-0,1336	-0,1317	-0,1276	-0,1181	-0,1016	-0,0871	-0,0637	-0,0358	-0,0141	0,0000
	D(CD)/A	0,3585	0,3330	0,2898	0,2223	0,1405	0,0824	0,0416	0,0194	0,0070	0,0000
	D(CE)/A	0,3578	0,3558	0,3464	0,3168	0,2574	0,1969	0,1283	0,0684	0,0263	0,0000
	D(CF)/A	0,3574	0,3564	0,3536	0,3445	0,3220	0,2847	0,2060	0,1145	0,0448	0,0000
	D(DA)/A	-0,4724	-0,4711	-0,4674	-0,4554	-0,4254	-0,3749	-0,2703	-0,1500	-0,0586	-0,0000
	D(DB)/A	-0,4729	-0,4703	-0,4587	-0,4222	-0,3498	-0,2756	-0,1847	-0,0997	-0,0385	-0,0000
	D(DC)/A	-0,4737	-0,4450	-0,3955	-0,3165	-0,2193	-0,1492	-0,0900	-0,0465	-0,0176	-0,0000
	D(DD)/A	0,0317	0,0329	0,0346	0,0353	0,0323	0,0291	0,0224	0,0129	0,0051	-0,0000
	D(DE)/A	0,5244	0,4982	0,4529	0,3785	0,2829	0,2101	0,1371	0,0734	0,0283	-0,0000
	D(DF)/A	0,5238	0,5215	0,5117	0,4826	0,4235	0,3501	0,2403	0,1307	0,0506	-0,0000
	D(EA)/A	-0,2930	-0,2926	-0,2946	-0,3051	-0,3304	-0,3371	-0,2678	-0,1542	-0,0611	-0,0000
	D(EB)/A	-0,2933	-0,2930	-0,2940	-0,2962	-0,2905	-0,2617	-0,1892	-0,1049	-0,0409	-0,0000
	D(EC)/A	-0,2938	-0,2924	-0,2858	-0,2652	-0,2202	-0,1650	-0,1018	-0,0525	-0,0199	-0,0000
	D(ED)/A	-0,2946	-0,2670	-0,2225	-0,1575	-0,0816	-0,0270	0,0023	0,0061	0,0031	0,0000
	D(EE)/A	0,2106	0,2108	0,2093	0,2040	0,1951	0,1785	0,1324	0,0743	0,0291	0,0000
	D(EF)/A	0,7041	0,6786	0,6382	0,5788	0,4981	0,4055	0,2731	0,1471	0,0567	0,0000
	D(FA)/A	-0,1006	-0,1119	-0,1343	-0,1811	-0,2633	-0,3178	-0,2736	-0,1617	-0,0647	0
	D(FB)/A	-0,1007	-0,1120	-0,1345	-0,1782	-0,2362	-0,2504	-0,1949	-0,1106	-0,0435	0
	D(FC)/A	-0,1008	-0,1123	-0,1336	-0,1670	-0,1881	-0,1638	-0,1074	-0,0563	-0,0214	0,0000
	D(FD)/A	-0,1011	-0,1112	-0,1233	-0,1259	-0,0923	-0,0399	-0,0029	0,0045	0,0027	-0,0000
	D(FE)/A	-0,1015	-0,0838	-0,0494	0,0146	0,1009	0,1456	0,1278	0,0754	0,0301	-0,0000
	D(FF)/A	0,4039	0,4211	0,4480	0,4806	0,4850	0,4251	0,2944	0,1596	0,0617	-0,0000
1000,00	B(AA)	0,1341	0,1346	0,1357	0,1386	0,1478	0,1701	0,2273	0,3148	0,4075	0,4859
	B(AB)	0,1337	0,1340	0,1346	0,1362	0,1415	0,1548	0,1903	0,2454	0,3039	0,3535
	B(AC)	0,1334	0,1334	0,1336	0,1340	0,1355	0,1403	0,1547	0,1777	0,2025	0,2234
	B(AD)	0,1332	0,1331	0,1328	0,1322	0,1306	0,1276	0,1215	0,1129	0,1039	0,0964
	B(AE)	0,1330	0,1328	0,1323	0,1310	0,1269	0,1169	0,0908	0,0505	0,0077	-0,0284
	B(AF)	0,1329	0,1327	0,1321	0,1303	0,1243	0,1078	0,0619	-0,0103	-0,0871	-0,1522
	B(BA)	0,1471	0,1474	0,1480	0,1498	0,1556	0,1703	0,2093	0,2699	0,3343	0,3888
	B(BB)	0,1471	0,1474	0,1479	0,1493	0,1533	0,1627	0,1875	0,2259	0,2667	0,3012
	B(BC)	0,1468	0,1469	0,1471	0,1477	0,1494	0,1534	0,1639	0,1802	0,1975	0,2122
	B(BD)	0,1465	0,1465	0,1463	0,1460	0,1453	0,1438	0,1400	0,1342	0,1280	0,1228
	B(BE)	0,1464	0,1462	0,1458	0,1448	0,1419	0,1350	0,1169	0,0889	0,0591	0,0339
	B(BF)	0,1463	0,1461	0,1455	0,1441	0,1393	0,1272	0,0947	0,0443	-0,0093	-0,0546
	B(CA)	0,1601	0,1601	0,1603	0,1607	0,1626	0,1684	0,1856	0,2133	0,2429	0,2681
	B(CB)	0,1601	0,1602	0,1605	0,1611	0,1630	0,1673	0,1788	0,1966	0,2155	0,2314
	B(CC)	0,1603	0,1604	0,1607	0,1612	0,1626	0,1651	0,1704	0,1782	0,1863	0,1931
	B(CD)	0,1600	0,1600	0,1601	0,1602	0,1604	0,1604	0,1592	0,1567	0,1540	0,1516
	B(CE)	0,1598	0,1597	0,1596	0,1591	0,1578	0,1548	0,1466	0,1337	0,1200	0,1083
	B(CF)	0,1598	0,1596	0,1593	0,1584	0,1557	0,1495	0,1340	0,1105	0,0856	0,0645
	B(DA)	0,1731	0,1730	0,1727	0,1719	0,1698	0,1659	0,1579	0,1467	0,1351	0,1253
	B(DB)	0,1732	0,1731	0,1729	0,1726	0,1717	0,1699	0,1654	0,1586	0,1513	0,1452
	B(DC)	0,1733	0,1734	0,1734	0,1736	0,1738	0,1737	0,1724	0,1698	0,1668	0,1642
	B(DD)	0,1736	0,1737	0,1739	0,1743	0,1751	0,1762	0,1776	0,1789	0,1801	0,1811
	B(DE)	0,1734	0,1734	0,1736	0,1739	0,1747	0,1763	0,1797	0,1848	0,1902	0,1946
	B(DF)	0,1733	0,1733	0,1733	0,1733	0,1737	0,1752	0,1805	0,1892	0,1986	0,2066
	B(EA)	0,1862	0,1859	0,1853	0,1834	0,1777	0,1637	0,1271	0,0707	0,0108	-0,0398
	B(EB)	0,1863	0,1861	0,1856	0,1843	0,1806	0,1718	0,1487	0,1131	0,0752	0,0432
	B(EC)	0,1865	0,1864	0,1861	0,1856	0,1842	0,1806	0,1710	0,1560	0,1400	0,1264
	B(ED)	0,1867	0,1868	0,1869	0,1873	0,1881	0,1898	0,1936	0,1990	0,2048	0,2096
	B(EE)	0,1870	0,1872	0,1877	0,1887	0,1916	0,1981	0,2150	0,2411	0,2687	0,2921
	B(EF)	0,1870	0,1872	0,1877	0,1890	0,1933	0,2043	0,2343	0,2810	0,3307	0,3728
	B(FA)	0,1994	0,1990	0,1981	0,1955	0,1864	0,1617	0,0928	-0,0154	-0,1307	-0,2284
	B(FB)	0,1995	0,1992	0,1985	0,1964	0,1900	0,1734	0,1292	0,0605	-0,0126	-0,0745
	B(FC)	0,1997	0,1995	0,1991	0,1979	0,1946	0,1869	0,1675	0,1381	0,1070	0,0807
	B(FD)	0,2000	0,2000	0,2000	0,2000	0,2004	0,2022	0,2082	0,2183	0,2292	0,2384
	B(FE)	0,2003	0,2005	0,2011	0,2025	0,2071	0,2189	0,2510	0,3011	0,3543	0,3994
	B(FF)	0,2007	0,2012	0,2022	0,2049	0,2138	0,2360	0,2947	0,3853	0,4815	0,5629

Z	Z(T)	0,00	0,03	0,10	0,30	1,00	3,00	10,0	30,0	100	UNENDL
	D(AA)/A	-0,4261	-0,4418	-0,4653	-0,4899	-0,4795	-0,4144	-0,3073	-0,1932	-0,0866	-0,0000
	D(AB)/A	0,0658	0,0467	0,0108	-0,0531	-0,1332	-0,1718	-0,1595	-0,1095	-0,0508	0
	D(AC)/A	0,0656	0,0715	0,0766	0,0695	0,0300	-0,0180	-0,0446	-0,0378	-0,0189	-0,0000
	D(AD)/A	0,0655	0,072/	0,0854	0,1034	0,1071	0,0819	0,0478	0,0254	0,0105	-0,0000
	D(AE)/A	0,0655	0,0725	0,0864	0,1126	0,1446	0,1510	0,1265	0,0836	0,0383	-0,0000
	D(AF)/A	0,0654	0,0725	0,0864	0,1152	0,1655	0,2047	0,1980	0,1393	0,0654	0,0000
	D(BA)/A	-0,7940	-0,7661	-0,7216	-0,6543	-0,5590	-0,4569	-0,3342	-0,2100	-0,0942	-0,0000
	D(BB)/A	-0,2865	-0,2842	-0,2790	-0,2687	-0,2531	-0,2323	-0,1887	-0,1245	-0,0570	-0,0000
	D(BC)/A	0,2058	0,1811	0,1412	0,0826	0,0138	-0,0350	-0,0554	-0,0438	-0,0214	-0,0000
	D(BD)/A	0,2055	0,2045	0,1990	0,1809	0,1403	0,0934	0,0520	0,0275	0,0113	0,0000
	D(BE)/A	0,2052	0,2054	0,2066	0,2081	0,2022	0,1824	0,1434	0,0930	0,0423	0,0000
	D(BF)/A	0,2051	0,2053	0,2073	0,2160	0,2369	0,2517	0,2267	0,1558	0,0725	0,0000
	D(CA)/A	-0,6403	-0,6382	-0,6279	-0,5955	-0,5278	-0,4490	-0,3432	-0,2206	-0,0999	0,0000
	D(CB)/A	-0,6406	-0,6117	-0,5614	-0,4777	-0,3703	-0,2922	-0,2180	-0,1396	-0,0632	0,0000
	D(CC)/A	-0,1339	-0,1322	-0,1286	-0,1201	-0,1063	-0,0971	-0,0820	-0,0554	-0,0256	0,0000
	D(CD)/A	0,3588	0,3334	0,2905	0,2237	0,1431	0,0869	0,0488	0,0268	0,0113	0,0000
	D(CE)/A	0,3584	0,3569	0,3484	0,3208	0,2663	0,2151	0,1604	0,1025	0,0463	-0,0000
	D(CF)/A	0,3582	0,3578	0,3562	0,3501	0,3359	0,3152	0,2622	0,1750	0,0805	-0,0000
	D(DA)/A	-0,4735	-0,4729	-0,4708	-0,4629	-0,4437	-0,4149	-0,3438	-0,2290	-0,1053	0,0000
	D(DB)/A	-0,4738	-0,4718	-0,4614	-0,4277	-0,3623	-0,3017	-0,2317	-0,1500	-0,0682	0,0000
	D(DC)/A	-0,4742	-0,4457	-0,3968	-0,3190	-0,2247	-0,1602	-0,1098	-0,0677	-0,0302	0,0000
	D(DD)/A	0,0318	0,0331	0,0351	0,0363	0,0345	0,0335	0,0299	0,0207	0,0097	0,0000
	D(DE)/A	0,5251	0,4993	0,4550	0,3826	0,2921	0,2294	0,1716	0,1102	0,0500	0,0000
	D(DF)/A	0,5248	0,5231	0,5146	0,4889	0,4386	0,3830	0,3010	0,1961	0,0893	0,0000
	D(EA)/A	-0,2938	-0,2939	-0,2971	-0,3109	-0,3466	-0,3765	-0,3446	-0,2384	-0,1112	-0,0000
	D(EB)/A	-0,2939	-0,2941	-0,2961	-0,3006	-0,3018	-0,2877	-0,2384	-0,1585	-0,0727	-0,0000
	D(EC)/A	-0,2942	-0,2931	-0,2870	-0,2675	-0,2255	-0,1763	-0,1228	-0,0752	-0,0334	-0,0000
	D(ED)/A	-0,2946	-0,2670	-0,2224	-0,1570	-0,0801	-0,0230	0,0100	0,0144	0,0080	-0,0000
	D(EE)/A	0,2111	0,2116	0,2108	0,2073	0,2035	0,1976	0,1685	0,1135	0,0524	0
	D(EF)/A	0,7050	0,6799	0,6407	0,5843	0,5123	0,4386	0,3369	0,2169	0,0983	0
	D(FA)/A	-0,1009	-0,1124	-0,1355	-0,1848	-0,2768	-0,3561	-0,3534	-0,2510	-0,1182	-0,0000
	D(FB)/A	-0,1009	-0,1125	-0,1355	-0,1810	-0,2458	-0,2758	-0,2461	-0,1674	-0,0775	-0,0000
	D(FC)/A	-0,1010	-0,1126	-0,1341	-0,1685	-0,1927	-0,1750	-0,1292	-0,0804	-0,0358	0,0000
	D(FD)/A	-0,1011	-0,1113	-0,1233	-0,1258	-0,0911	-0,0361	0,0050	0,0133	0,0079	0
	D(FE)/A	-0,1013	-0,0835	-0,0487	0,0166	0,1079	0,1642	0,1653	0,1170	0,0549	-0,0000
	D(FF)/A	0,4042	0,4218	0,4493	0,4842	0,4973	0,4576	0,3608	0,2337	0,1061	-0,0000

b) $r_a : r_b : r_c : r_d : r_e : r_f = 1{,}0 : 1{,}2 : 1{,}4 : 1{,}6 : 1{,}8 : 2{,}0$

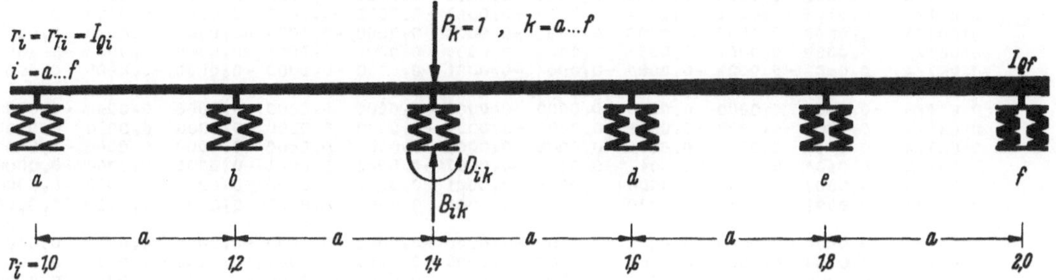

Z	Z(T)	0,00	0,03	0,10	0,30	1,00	3,00	10,0	30,0	100	UNENDL
0,01	B(AA)	0,9790	0,9840	0,9889	0,9930	0,9955	0,9964	0,9967	0,9968	0,9969	0,9969
	B(AB)	0,0172	0,0150	0,0121	0,0092	0,0072	0,0064	0,0060	0,0059	0,0059	0,0059
	B(AC)	0,0003	-0,0015	-0,0028	-0,0035	-0,0036	-0,0036	-0,0036	-0,0036	-0,0036	-0,0036
	B(AD)	0,0000	0,0001	0,0004	0,0006	0,0008	0,0008	0,0008	0,0008	0,0008	0,0008
	B(AE)	0,0000	-0,0000	-0,0000	-0,0001	-0,0002	-0,0002	-0,0002	-0,0002	-0,0002	-0,0002
	B(AF)	0,0000	0,0000	0,0000	0,0000	0,0000	0,0000	0,0000	0,0000	0,0000	0,0000
	B(BA)	0,0206	0,0180	0,0146	0,0110	0,0086	0,0076	0,0072	0,0071	0,0071	0,0071
	B(BB)	0,9624	0,9673	0,9727	0,9779	0,9815	0,9828	0,9833	0,9835	0,9836	0,9836
	B(BC)	0,0171	0,0170	0,0164	0,0154	0,0146	0,0142	0,0141	0,0141	0,0140	0,0140
	B(BD)	0,0003	-0,0017	-0,0034	-0,0047	-0,0053	-0,0054	-0,0055	-0,0055	-0,0055	-0,0055
	B(BE)	0,0000	0,0001	0,0004	0,0008	0,0011	0,0012	0,0012	0,0012	0,0012	0,0012
	B(BF)	0,0000	-0,0000	-0,0000	-0,0001	-0,0002	-0,0002	-0,0002	-0,0002	-0,0002	-0,0002
	B(CA)	0,0004	-0,0021	-0,0040	-0,0049	-0,0050	-0,0050	-0,0050	-0,0050	-0,0050	-0,0050
	B(CB)	0,0200	0,0198	0,0191	0,0180	0,0170	0,0166	0,0164	0,0164	0,0164	0,0164
	B(CC)	0,9624	0,9669	0,9712	0,9747	0,9767	0,9775	0,9778	0,9779	0,9779	0,9779
	B(CD)	0,0173	0,0172	0,0168	0,0162	0,0157	0,0155	0,0155	0,0154	0,0154	0,0154
	B(CE)	0,0003	-0,0017	-0,0035	-0,0047	-0,0053	-0,0055	-0,0055	-0,0056	-0,0056	-0,0056
	B(CF)	0,0000	0,0001	0,0004	0,0006	0,0008	0,0008	0,0008	0,0008	0,0008	0,0008
	B(DA)	0,0000	0,0001	0,0006	0,0010	0,0012	0,0013	0,0013	0,0013	0,0013	0,0013
	B(DB)	0,0004	-0,0022	-0,0046	-0,0062	-0,0070	-0,0072	-0,0073	-0,0073	-0,0074	-0,0074
	B(DC)	0,0198	0,0197	0,0192	0,0185	0,0180	0,0178	0,0177	0,0176	0,0176	0,0176
	B(DD)	0,9623	0,9669	0,9712	0,9747	0,9768	0,9775	0,9778	0,9779	0,9779	0,9779
	B(DE)	0,0174	0,0173	0,0167	0,0157	0,0147	0,0143	0,0141	0,0141	0,0141	0,0141
	B(DF)	0,0003	-0,0016	-0,0030	-0,0036	-0,0036	-0,0036	-0,0036	-0,0036	-0,0036	-0,0036
	B(EA)	0,0000	-0,0000	-0,0001	-0,0002	-0,0003	-0,0003	-0,0003	-0,0003	-0,0003	-0,0003
	B(EB)	0,0000	0,0001	0,0006	0,0012	0,0016	0,0017	0,0018	0,0018	0,0018	0,0018
	B(EC)	0,0004	-0,0022	-0,0045	-0,0061	-0,0068	-0,0070	-0,0071	-0,0071	-0,0071	-0,0071
	B(ED)	0,0196	0,0195	0,0188	0,0176	0,0166	0,0161	0,0159	0,0158	0,0158	0,0158
	B(EE)	0,9623	0,9672	0,9729	0,9784	0,9823	0,9838	0,9844	0,9846	0,9846	0,9846
	B(EF)	0,0179	0,0153	0,0122	0,0089	0,0067	0,0058	0,0054	0,0053	0,0053	0,0052
	B(FA)	0,0000	0,0000	0,0000	0,0000	0,0000	0,0000	0,0001	0,0001	0,0001	0,0001
	B(FB)	0,0000	-0,0000	-0,0001	-0,0002	-0,0003	-0,0003	-0,0003	-0,0003	-0,0003	-0,0003
	B(FC)	0,0000	0,0001	0,0005	0,0009	0,0011	0,0012	0,0012	0,0012	0,0012	0,0012
	B(FD)	0,0004	-0,0020	-0,0037	-0,0044	-0,0045	-0,0045	-0,0045	-0,0045	-0,0045	-0,0045
	B(FE)	0,0199	0,0171	0,0135	0,0099	0,0074	0,0064	0,0060	0,0059	0,0059	0,0058
	B(FF)	0,9818	0,9862	0,9905	0,9941	0,9963	0,9972	0,9975	0,9976	0,9976	0,9977

Z	Z(T)	0,00	0,03	0,10	0,30	1,00	3,00	10,0	30,0	100	UNENDL
	D(AA)/A	-0,0102	-0,0076	-0,0049	-0,0025	-0,0009	-0,0003	-0,0001	-0,0000	-0,0000	-0,0000
	D(AB)/A	0,0083	0,0068	0,0047	0,0026	0,0010	0,0004	0,0001	0,0000	0,0000	0,0000
	D(AC)/A	0,0001	-0,0004	-0,0006	-0,0005	-0,0002	-0,0001	-0,0000	-0,0000	-0,0000	-0,0000
	D(AD)/A	0,0000	0,0000	0,0001	0,0001	0,0000	0,0000	0,0000	0,0000	0,0000	0,0000
	D(AE)/A	0,0000	-0,0000	-0,0000	-0,0000	-0,0000	-0,0000	-0,0000	-0,0000	-0,0000	-0,0000
	D(AF)/A	0,0000	0,0000	0,0000	0,0000	0,0000	0,0000	0,0000	0,0000	0,0000	0,0000
	D(BA)/A	-0,0111	-0,0069	-0,0036	-0,0014	-0,0004	-0,0001	-0,0000	-0,0000	-0,0000	-0,0000
	D(BB)/A	-0,0011	-0,0008	-0,0006	-0,0004	-0,0002	-0,0001	-0,0000	-0,0000	-0,0000	-0,0000
	D(BC)/A	0,0087	0,0060	0,0035	0,0017	0,0006	0,0002	0,0001	0,0000	0,0000	0,0000
	D(BD)/A	0,0002	-0,0004	-0,0005	-0,0003	-0,0001	-0,0000	-0,0000	-0,0000	-0,0000	0,0000
	D(BE)/A	0,0000	0,0000	0,0001	0,0001	0,0000	0,0000	0,0000	0,0000	0,0000	-0,0000
	D(BF)/A	0,0000	-0,0000	-0,0000	-0,0000	-0,0000	-0,0000	-0,0000	-0,0000	-0,0000	0,0000
	D(CA)/A	-0,0002	0,0005	0,0005	0,0003	0,0001	0,0000	0,0000	0,0000	0,0000	0,0000
	D(CB)/A	-0,0107	-0,0072	-0,0042	-0,0019	-0,0006	-0,0002	-0,0001	-0,0000	-0,0000	0,0000
	D(CC)/A	-0,0009	-0,0006	-0,0004	-0,0002	-0,0001	-0,0000	-0,0000	-0,0000	-0,0000	0,0000
	D(CD)/A	0,0088	0,0061	0,0035	0,0016	0,0006	0,0002	0,0001	0,0000	0,0000	0,0000
	D(CE)/A	0,0002	-0,0004	-0,0005	-0,0003	-0,0001	-0,0000	-0,0000	-0,0000	-0,0000	-0,0000
	D(CF)/A	0,0000	0,0000	0,0000	0,0000	0,0000	0,0000	0,0000	0,0000	0,0000	0
	D(DA)/A	-0,0000	-0,0000	-0,0001	-0,0001	-0,0000	-0,0000	-0,0000	-0,0000	-0,0000	0,0000
	D(DB)/A	-0,0002	0,0005	0,0006	0,0004	0,0002	0,0001	0,0000	0,0000	0,0000	0,0000
	D(DC)/A	-0,0105	-0,0071	-0,0041	-0,0019	-0,0007	-0,0002	-0,0001	-0,0000	-0,0000	0
	D(DD)/A	-0,0008	-0,0005	-0,0003	-0,0001	-0,0000	-0,0000	-0,0000	-0,0000	-0,0000	-0,0000
	D(DE)/A	0,0089	0,0061	0,0036	0,0016	0,0005	0,0002	0,0001	0,0000	0,0000	-0,0000
	D(DF)/A	0,0002	-0,0003	-0,0004	-0,0002	-0,0001	-0,0000	-0,0000	-0,0000	-0,0000	0,0000
	D(EA)/A	-0,0000	0,0000	0,0000	0,0000	0,0000	0,0000	0,0000	0,0000	0,0000	-0,0000
	D(EB)/A	-0,0000	-0,0000	-0,0001	-0,0001	-0,0000	-0,0000	-0,0000	-0,0000	-0,0000	0,0000
	D(EC)/A	-0,0002	0,0005	0,0006	0,0004	0,0002	0,0001	0,0000	0,0000	0,0000	-0,0000
	D(ED)/A	-0,0104	-0,0071	-0,0041	-0,0019	-0,0007	-0,0002	-0,0001	-0,0000	-0,0000	-0,0000
	D(EE)/A	-0,0007	-0,0004	-0,0000	0,0001	0,0001	0,0000	0,0000	0,0000	0,0000	-0,0000
	D(EF)/A	0,0091	0,0057	0,0030	0,0012	0,0004	0,0001	0,0000	0,0000	0,0000	0,0000
	D(FA)/A	-0,0000	-0,0000	-0,0000	-0,0000	-0,0000	-0,0000	-0,0000	-0,0000	-0,0000	0,0000
	D(FB)/A	-0,0000	0,0000	0,0000	0,0000	0,0000	0,0000	0,0000	0,0000	0,0000	0,0000
	D(FC)/A	-0,0000	-0,0000	-0,0001	-0,0001	-0,0001	-0,0000	-0,0000	-0,0000	-0,0000	-0,0000
	D(FD)/A	-0,0002	0,0005	0,0008	0,0007	0,0003	0,0001	0,0000	0,0000	0,0000	0,0000
	D(FE)/A	-0,0101	-0,0082	-0,0058	-0,0032	-0,0012	-0,0005	-0,0001	-0,0000	-0,0000	0,0000
	D(FF)/A	0,0093	0,0070	0,0046	0,0024	0,0009	0,0003	0,0001	0,0000	0,0000	-0,0000
0,02	B(AA)	0,9594	0,9691	0,9785	0,9863	0,9911	0,9929	0,9936	0,9938	0,9939	0,9939
	B(AB)	0,0324	0,0285	0,0233	0,0178	0,0139	0,0123	0,0117	0,0115	0,0115	0,0114
	B(AC)	0,0011	-0,0024	-0,0051	-0,0064	-0,0068	-0,0068	-0,0068	-0,0068	-0,0068	-0,0068
	B(AD)	0,0000	0,0001	0,0005	0,0010	0,0013	0,0014	0,0014	0,0014	0,0014	0,0014
	B(AE)	0,0000	0,0000	-0,0000	-0,0002	-0,0002	-0,0003	-0,0003	-0,0003	-0,0003	-0,0003
	B(AF)	0,0000	-0,0000	0,0000	0,0000	0,0000	0,0000	0,0000	0,0000	0,0000	0,0000
	B(BA)	0,0389	0,0342	0,0279	0,0213	0,0166	0,0148	0,0141	0,0138	0,0138	0,0137
	B(BB)	0,9288	0,9377	0,9479	0,9576	0,9642	0,9668	0,9678	0,9681	0,9682	0,9683
	B(BC)	0,0319	0,0318	0,0309	0,0293	0,0278	0,0272	0,0269	0,0268	0,0268	0,0268
	B(BD)	0,0011	-0,0026	-0,0060	-0,0084	-0,0096	-0,0100	-0,0101	-0,0102	-0,0102	-0,0102
	B(BE)	0,0000	0,0001	0,0006	0,0013	0,0018	0,0019	0,0020	0,0020	0,0020	0,0020
	B(BF)	0,0000	0,0000	-0,0000	-0,0002	-0,0002	-0,0003	-0,0003	-0,0003	-0,0003	-0,0003
	B(CA)	0,0016	-0,0034	-0,0071	-0,0090	-0,0095	-0,0095	-0,0095	-0,0095	-0,0095	-0,0095
	B(CB)	0,0372	0,0371	0,0360	0,0341	0,0324	0,0317	0,0314	0,0313	0,0313	0,0313
	B(CC)	0,9287	0,9372	0,9453	0,9518	0,9556	0,9570	0,9575	0,9577	0,9578	0,9578
	B(CD)	0,0322	0,0321	0,0315	0,0305	0,0297	0,0294	0,0293	0,0292	0,0292	0,0292
	B(CE)	0,0011	-0,0026	-0,0061	-0,0085	-0,0097	-0,0101	-0,0102	-0,0103	-0,0103	-0,0103
	B(CF)	0,0000	0,0001	0,0005	0,0011	0,0013	0,0014	0,0014	0,0014	0,0014	0,0015
	B(DA)	0,0001	0,0001	0,0008	0,0017	0,0021	0,0022	0,0023	0,0023	0,0023	0,0023
	B(DB)	0,0015	-0,0034	-0,0080	-0,0112	-0,0128	-0,0133	-0,0135	-0,0135	-0,0136	-0,0136
	B(DC)	0,0368	0,0367	0,0360	0,0349	0,0340	0,0336	0,0334	0,0334	0,0334	0,0334
	B(DD)	0,9287	0,9372	0,9452	0,9517	0,9556	0,9570	0,9576	0,9577	0,9578	0,9578
	B(DE)	0,0325	0,0324	0,0314	0,0297	0,0280	0,0273	0,0270	0,0269	0,0269	0,0269
	B(DF)	0,0012	-0,0026	-0,0053	-0,0066	-0,0069	-0,0069	-0,0068	-0,0068	-0,0068	-0,0068
	B(EA)	0,0000	0,0000	-0,0001	-0,0003	-0,0004	-0,0005	-0,0005	-0,0005	-0,0005	-0,0005
	B(EB)	0,0001	0,0001	0,0009	0,0020	0,0027	0,0029	0,0030	0,0030	0,0030	0,0031
	B(EC)	0,0014	-0,0034	-0,0078	-0,0110	-0,0125	-0,0130	-0,0131	-0,0132	-0,0132	-0,0132
	B(ED)	0,0365	0,0364	0,0354	0,0334	0,0315	0,0307	0,0304	0,0303	0,0303	0,0302
	B(EE)	0,9287	0,9377	0,9481	0,9585	0,9658	0,9687	0,9698	0,9701	0,9703	0,9703
	B(EF)	0,0339	0,0293	0,0233	0,0173	0,0129	0,0112	0,0105	0,0103	0,0102	0,0102
	B(FA)	0,0000	-0,0000	0,0000	0,0000	0,0001	0,0001	0,0001	0,0001	0,0001	0,0001
	B(FB)	0,0000	0,0000	-0,0001	-0,0003	-0,0004	-0,0004	-0,0005	-0,0005	-0,0005	-0,0005
	B(FC)	0,0001	0,0001	0,0008	0,0015	0,0019	0,0020	0,0021	0,0021	0,0021	0,0021
	B(FD)	0,0015	-0,0032	-0,0066	-0,0083	-0,0086	-0,0086	-0,0085	-0,0085	-0,0085	-0,0085
	B(FE)	0,0377	0,0325	0,0259	0,0192	0,0143	0,0124	0,0117	0,0114	0,0114	0,0113
	B(FF)	0,9648	0,9732	0,9814	0,9884	0,9928	0,9945	0,9951	0,9953	0,9954	0,9954

Z	Z(T)	0,00	0,03	0,10	0,30	1,00	3,00	10,0	30,0	100	UNENDL
	D(AA)/A	-0,0197	-0,0148	-0,0096	-0,0050	-0,0019	-0,0007	-0,0002	-0,0001	-0,0000	-0,0000
	D(AB)/A	0,0157	0,0129	0,0091	0,0050	0,0019	0,0007	0,0002	0,0001	0,0000	0
	D(AC)/A	0,0005	-0,0005	-0,0010	-0,0008	-0,0004	-0,0001	-0,0000	-0,0000	-0,0000	0,0000
	D(AD)/A	0,0000	0,0000	0,0001	0,0001	0,0001	0,0000	0,0000	0,0000	0,0000	0
	D(AE)/A	0,0000	0,0000	-0,0000	-0,0000	-0,0000	-0,0000	-0,0000	-0,0000	-0,0000	-0,0000
	D(AF)/A	0,0000	-0,0000	0,0000	0,0000	0,0000	0,0000	0,0000	0,0000	0,0000	0,0000
	D(BA)/A	-0,0217	-0,0136	-0,0071	-0,0029	-0,0009	-0,0003	-0,0001	-0,0000	-0,0000	-0,0000
	D(BB)/A	-0,0021	-0,0015	-0,0011	-0,0008	-0,0003	-0,0001	-0,0000	-0,0000	-0,0000	0
	D(BC)/A	0,0166	0,0116	0,0069	0,0032	0,0011	0,0004	0,0001	0,0000	0,0000	0,0000
	D(BD)/A	0,0006	-0,0005	-0,0008	-0,0005	-0,0002	-0,0001	-0,0000	-0,0000	-0,0000	0,0000
	D(BE)/A	0,0000	0,0000	0,0001	0,0001	0,0000	0,0000	0,0000	0,0000	0,0000	-0,0000
	D(BF)/A	0,0000	0,0000	-0,0000	-0,0000	-0,0000	-0,0000	-0,0000	-0,0000	-0,0000	0,0000
	D(CA)/A	-0,0009	0,0007	0,0010	0,0006	0,0002	0,0001	0,0000	0,0000	0,0000	-0,0000
	D(CB)/A	-0,0206	-0,0141	-0,0081	-0,0037	-0,0013	-0,0004	-0,0001	-0,0000	-0,0000	-0,0000
	D(CC)/A	-0,0018	-0,0012	-0,0007	-0,0003	-0,0001	-0,0000	-0,0000	-0,0000	-0,0000	-0,0000
	D(CD)/A	0,0169	0,0117	0,0069	0,0032	0,0011	0,0004	0,0001	0,0000	0,0000	0
	D(CE)/A	0,0006	-0,0005	-0,0008	-0,0005	-0,0002	-0,0001	-0,0000	-0,0000	-0,0000	-0,0000
	D(CF)/A	0,0000	0,0000	0,0001	0,0001	0,0000	0,0000	0,0000	0,0000	0,0000	0,0000
	D(DA)/A	-0,0000	-0,0000	-0,0001	-0,0001	-0,0000	-0,0000	-0,0000	-0,0000	-0,0000	0,0000
	D(DB)/A	-0,0008	0,0007	0,0011	0,0007	0,0003	0,0001	0,0000	0,0000	0,0000	0,0000
	D(DC)/A	-0,0203	-0,0139	-0,0081	-0,0037	-0,0013	-0,0004	-0,0001	-0,0000	-0,0000	-0,0000
	D(DD)/A	-0,0016	-0,0010	-0,0006	-0,0003	-0,0001	-0,0000	-0,0000	-0,0000	-0,0000	0,0000
	D(DE)/A	0,0171	0,0118	0,0069	0,0032	0,0011	0,0004	0,0001	0,0000	0,0000	0
	D(DF)/A	0,0006	-0,0005	-0,0007	-0,0004	-0,0002	-0,0001	-0,0000	-0,0000	-0,0000	-0,0000
	D(EA)/A	-0,0000	-0,0000	0,0000	0,0000	0,0000	0,0000	0,0000	0,0000	0,0000	-0,0000
	D(EB)/A	-0,0000	-0,0000	-0,0001	-0,0001	-0,0001	-0,0000	-0,0000	-0,0000	-0,0000	0,0000
	D(EC)/A	-0,0008	0,0007	0,0010	0,0007	0,0003	0,0001	0,0000	0,0000	0,0000	0
	D(ED)/A	-0,0201	-0,0137	-0,0080	-0,0038	-0,0013	-0,0005	-0,0001	-0,0000	-0,0000	0
	D(EE)/A	-0,0014	-0,0008	-0,0001	0,0002	0,0002	0,0001	0,0000	0,0000	0,0000	0,0000
	D(EF)/A	0,0179	0,0113	0,0059	0,0024	0,0007	0,0002	0,0001	0,0000	0,0000	0,0000
	D(FA)/A	-0,0000	0,0000	-0,0000	-0,0000	-0,0000	-0,0000	-0,0000	-0,0000	-0,0000	-0,0000
	D(FB)/A	-0,0000	-0,0000	0,0000	0,0000	0,0000	0,0000	0,0000	0,0000	0,0000	0,0000
	D(FC)/A	-0,0000	-0,0000	-0,0001	-0,0002	-0,0001	-0,0000	-0,0000	-0,0000	-0,0000	-0,0000
	D(FD)/A	-0,0008	0,0007	0,0014	0,0012	0,0005	0,0002	0,0001	0,0000	0,0000	0,0000
	D(FE)/A	-0,0192	-0,0157	-0,0111	-0,0061	-0,0024	-0,0009	-0,0003	-0,0001	-0,0000	0,0000
	D(FF)/A	0,0179	0,0136	0,0090	0,0047	0,0018	0,0007	0,0002	0,0001	0,0000	-0,0000
0,05	B(AA)	0,9083	0,9292	0,9500	0,9678	0,9791	0,9833	0,9849	0,9854	0,9856	0,9856
	B(AB)	0,0695	0,0623	0,0519	0,0403	0,0318	0,0283	0,0270	0,0266	0,0264	0,0264
	B(AC)	0,0054	-0,0026	-0,0092	-0,0130	-0,0144	-0,0146	-0,0147	-0,0147	-0,0147	-0,0147
	B(AD)	0,0004	-0,0002	0,0003	0,0013	0,0020	0,0022	0,0023	0,0024	0,0024	0,0024
	B(AE)	0,0000	0,0000	0,0000	-0,0001	-0,0002	-0,0002	-0,0003	-0,0003	-0,0003	-0,0003
	B(AF)	0,0000	0,0000	-0,0000	-0,0000	0,0000	0,0000	0,0000	0,0000	0,0000	0,0000
	B(BA)	0,0834	0,0748	0,0622	0,0484	0,0381	0,0340	0,0324	0,0319	0,0317	0,0317
	B(BB)	0,8462	0,8640	0,8845	0,9048	0,9191	0,9247	0,9269	0,9275	0,9277	0,9278
	B(BC)	0,0657	0,0663	0,0654	0,0631	0,0607	0,0596	0,0591	0,0590	0,0590	0,0589
	B(BD)	0,0052	-0,0025	-0,0099	-0,0156	-0,0187	-0,0197	-0,0201	-0,0202	-0,0202	-0,0203
	B(BE)	0,0004	-0,0002	0,0003	0,0015	0,0024	0,0028	0,0029	0,0030	0,0030	0,0030
	B(BF)	0,0000	0,0000	0,0000	-0,0001	-0,0002	-0,0002	-0,0003	-0,0003	-0,0003	-0,0003
	B(CA)	0,0076	-0,0037	-0,0129	-0,0182	-0,0201	-0,0205	-0,0206	-0,0206	-0,0206	-0,0206
	B(CB)	0,0767	0,0774	0,0763	0,0736	0,0708	0,0695	0,0690	0,0688	0,0688	0,0688
	B(CC)	0,8456	0,8633	0,8804	0,8942	0,9023	0,9053	0,9064	0,9067	0,9068	0,9069
	B(CD)	0,0664	0,0670	0,0664	0,0649	0,0637	0,0632	0,0630	0,0629	0,0629	0,0629
	B(CE)	0,0053	-0,0025	-0,0101	-0,0159	-0,0190	-0,0200	-0,0204	-0,0205	-0,0205	-0,0205
	B(CF)	0,0005	-0,0002	0,0004	0,0014	0,0021	0,0023	0,0024	0,0024	0,0024	0,0024
	B(DA)	0,0007	-0,0003	0,0005	0,0021	0,0032	0,0036	0,0037	0,0038	0,0038	0,0038
	B(DB)	0,0069	-0,0033	-0,0132	-0,0209	-0,0250	-0,0263	-0,0268	-0,0269	-0,0270	-0,0270
	B(DC)	0,0758	0,0766	0,0758	0,0742	0,0728	0,0722	0,0720	0,0719	0,0719	0,0719
	B(DD)	0,8455	0,8632	0,8803	0,8941	0,9023	0,9053	0,9064	0,9067	0,9068	0,9069
	B(DE)	0,0669	0,0676	0,0667	0,0641	0,0614	0,0601	0,0596	0,0594	0,0594	0,0593
	B(DF)	0,0058	-0,0028	-0,0096	-0,0134	-0,0147	-0,0149	-0,0149	-0,0149	-0,0149	-0,0149
	B(EA)	0,0001	0,0000	0,0001	-0,0001	-0,0003	-0,0004	-0,0005	-0,0005	-0,0005	-0,0005
	B(EB)	0,0006	-0,0003	0,0005	0,0022	0,0036	0,0042	0,0044	0,0045	0,0045	0,0045
	B(EC)	0,0068	-0,0033	-0,0130	-0,0205	-0,0244	-0,0257	-0,0262	-0,0263	-0,0264	-0,0264
	B(ED)	0,0753	0,0760	0,0750	0,0721	0,0690	0,0676	0,0670	0,0669	0,0668	0,0668
	B(EE)	0,8460	0,8637	0,8850	0,9067	0,9224	0,9287	0,9312	0,9319	0,9322	0,9323
	B(EF)	0,0733	0,0643	0,0523	0,0393	0,0297	0,0258	0,0243	0,0238	0,0236	0,0236
	B(FA)	0,0000	0,0000	-0,0000	-0,0000	0,0000	0,0000	0,0000	0,0000	0,0000	0,0000
	B(FB)	0,0001	0,0000	0,0001	-0,0001	-0,0003	-0,0004	-0,0004	-0,0004	-0,0005	-0,0005
	B(FC)	0,0006	-0,0003	0,0005	0,0020	0,0030	0,0033	0,0034	0,0034	0,0035	0,0035
	B(FD)	0,0072	-0,0035	-0,0120	-0,0168	-0,0183	-0,0186	-0,0186	-0,0186	-0,0186	-0,0186
	B(FE)	0,0814	0,0715	0,0581	0,0437	0,0330	0,0287	0,0269	0,0264	0,0263	0,0262
	B(FF)	0,9204	0,9387	0,9570	0,9728	0,9831	0,9870	0,9885	0,9890	0,9891	0,9892

Z	Z(T)	0,00	0,03	0,10	0,30	1,00	3,00	10,0	30,0	100	UNENDL
	D(AA)/A	-0,0445	-0,0339	-0,0225	-0,0118	-0,0045	-0,0016	-0,0005	-0,0002	-0,0001	0,0000
	D(AB)/A	0,0337	0,0282	0,0203	0,0113	0,0044	0,0016	0,0005	0,0002	0,0001	0,0000
	D(AC)/A	0,0026	0,0001	-0,0013	-0,0013	-0,0007	-0,0003	-0,0001	-0,0000	-0,0000	-0,0000
	D(AD)/A	0,0002	-0,0001	-0,0000	0,0001	0,0001	0,0000	0,0000	0,0000	0,0000	0,0000
	D(AE)/A	0,0000	-0,0000	0,0000	0,0000	-0,0000	-0,0000	-0,0000	-0,0000	-0,0000	-0,0000
	D(AF)/A	0,0000	0,0000	-0,0000	-0,0000	0,0000	0,0000	0,0000	0,0000	0,0000	0,0000
	D(BA)/A	-0,0513	-0,0328	-0,0174	-0,0072	-0,0023	-0,0008	-0,0002	-0,0001	-0,0000	-0,0000
	D(BB)/A	-0,0052	-0,0034	-0,0024	-0,0016	-0,0007	-0,0003	-0,0001	-0,0000	-0,0000	-0,0000
	D(BC)/A	0,0374	0,0264	0,0158	0,0075	0,0027	0,0009	0,0003	0,0001	0,0000	0,0000
	D(BD)/A	0,0029	0,0001	-0,0011	-0,0009	-0,0004	-0,0002	-0,0001	-0,0000	-0,0000	-0,0000
	D(BE)/A	0,0002	-0,0001	-0,0000	0,0001	0,0000	0,0000	0,0000	0,0000	0,0000	0,0000
	D(BF)/A	0,0000	-0,0000	0,0000	-0,0000	-0,0000	-0,0000	-0,0000	-0,0000	-0,0000	-0,0000
	D(CA)/A	-0,0046	0,0001	0,0016	0,0012	0,0005	0,0002	0,0001	0,0000	0,0000	0,0000
	D(CB)/A	-0,0469	-0,0324	-0,0191	-0,0088	-0,0030	-0,0011	-0,0003	-0,0001	-0,0000	-0,0000
	D(CC)/A	-0,0042	-0,0028	-0,0016	-0,0007	-0,0003	-0,0001	-0,0000	-0,0000	-0,0000	-0,0000
	D(CD)/A	0,0380	0,0267	0,0160	0,0075	0,0026	0,0009	0,0003	0,0001	0,0000	-0,0000
	D(CE)/A	0,0030	0,0001	-0,0011	-0,0010	-0,0004	-0,0002	-0,0000	-0,0000	-0,0000	-0,0000
	D(CF)/A	0,0003	-0,0001	-0,0000	0,0001	0,0000	0,0000	0,0000	0,0000	0,0000	0,0000
	D(DA)/A	-0,0004	0,0001	0,0000	-0,0001	-0,0001	-0,0000	-0,0000	-0,0000	-0,0000	-0,0000
	D(DB)/A	-0,0042	-0,0001	0,0016	0,0013	0,0006	0,0002	0,0001	0,0000	0,0000	0
	D(DC)/A	-0,0462	-0,0319	-0,0188	-0,0087	-0,0030	-0,0011	-0,0003	-0,0001	-0,0000	0
	D(DD)/A	-0,0037	-0,0024	-0,0014	-0,0006	-0,0002	-0,0001	-0,0000	-0,0000	-0,0000	-0,0000
	D(DE)/A	0,0385	0,0270	0,0161	0,0075	0,0026	0,0009	0,0003	0,0001	0,0000	0,0000
	D(DF)/A	0,0033	-0,0000	-0,0012	-0,0009	-0,0003	-0,0001	-0,0000	-0,0000	-0,0000	-0,0000
	D(EA)/A	-0,0000	0,0000	-0,0000	0,0000	0,0000	0,0000	0,0000	0,0000	0,0000	-0,0000
	D(EB)/A	-0,0004	0,0001	0,0000	-0,0001	-0,0001	-0,0000	-0,0000	-0,0000	-0,0000	0,0000
	D(EC)/A	-0,0041	-0,0001	0,0015	0,0013	0,0006	0,0002	0,0001	0,0000	0,0000	0,0000
	D(ED)/A	-0,0456	-0,0316	-0,0187	-0,0088	-0,0031	-0,0011	-0,0003	-0,0001	-0,0000	-0,0000
	D(EE)/A	-0,0030	-0,0021	-0,0006	0,0003	0,0003	0,0001	0,0000	0,0000	0,0000	0,0000
	D(EF)/A	0,0423	0,0271	0,0144	0,0059	0,0019	0,0006	0,0002	0,0001	0,0000	-0,0000
	D(FA)/A	-0,0000	-0,0000	0,0000	0,0000	-0,0000	-0,0000	-0,0000	-0,0000	-0,0000	0
	D(FB)/A	-0,0000	0,0000	-0,0000	-0,0000	0,0000	0,0000	0,0000	0,0000	0,0000	0,0000
	D(FC)/A	-0,0003	0,0001	0,0000	-0,0001	-0,0001	-0,0000	-0,0000	-0,0000	-0,0000	-0,0000
	D(FD)/A	-0,0037	-0,0002	0,0018	0,0019	0,0010	0,0004	0,0001	0,0000	0,0000	0,0000
	D(FE)/A	-0,0414	-0,0345	-0,0250	-0,0140	-0,0056	-0,0021	-0,0006	-0,0002	-0,0001	-0,0000
	D(FF)/A	0,0405	0,0311	0,0210	0,0112	0,0043	0,0016	0,0005	0,0002	0,0000	-0,0000
0,10	B(AA)	0,8406	0,8750	0,9102	0,9413	0,9616	0,9693	0,9723	0,9732	0,9735	0,9737
	B(AB)	0,1119	0,1030	0,0881	0,0702	0,0562	0,0503	0,0480	0,0473	0,0471	0,0470
	B(AC)	0,0151	0,0016	-0,0106	-0,0188	-0,0225	-0,0235	-0,0238	-0,0239	-0,0240	-0,0240
	B(AD)	0,0021	-0,0005	-0,0008	0,0003	0,0014	0,0018	0,0020	0,0020	0,0020	0,0020
	B(AE)	0,0003	-0,0000	0,0001	0,0003	0,0003	0,0002	0,0002	0,0002	0,0002	0,0002
	B(AF)	0,0000	0,0000	0,0000	-0,0000	-0,0000	-0,0001	-0,0001	-0,0001	-0,0001	-0,0001
	B(BA)	0,1343	0,1236	0,1057	0,0842	0,0674	0,0604	0,0576	0,0568	0,0565	0,0564
	B(BB)	0,7484	0,7743	0,8051	0,8366	0,8594	0,8686	0,8722	0,8733	0,8737	0,8738
	B(BC)	0,1011	0,1034	0,1040	0,1025	0,1002	0,0990	0,0986	0,0984	0,0984	0,0983
	B(BD)	0,0138	0,0021	-0,0099	-0,0199	-0,0257	-0,0278	-0,0285	-0,0287	-0,0288	-0,0288
	B(BE)	0,0019	-0,0004	-0,0010	-0,0001	0,0010	0,0015	0,0017	0,0017	0,0017	0,0017
	B(BF)	0,0003	-0,0000	0,0001	0,0003	0,0003	0,0002	0,0002	0,0002	0,0002	0,0002
	B(CA)	0,0212	0,0023	-0,0148	-0,0264	-0,0315	-0,0329	-0,0334	-0,0335	-0,0335	-0,0336
	B(CB)	0,1179	0,1206	0,1213	0,1195	0,1169	0,1156	0,1150	0,1148	0,1147	0,1147
	B(CC)	0,7461	0,7735	0,8008	0,8231	0,8363	0,8411	0,8429	0,8434	0,8436	0,8437
	B(CD)	0,1018	0,1044	0,1050	0,1040	0,1028	0,1023	0,1021	0,1021	0,1020	0,1020
	B(CE)	0,0141	0,0022	-0,0101	-0,0203	-0,0262	-0,0283	-0,0291	-0,0293	-0,0294	-0,0294
	B(CF)	0,0022	-0,0005	-0,0008	0,0003	0,0015	0,0019	0,0021	0,0022	0,0022	0,0022
	B(DA)	0,0033	-0,0007	-0,0013	0,0004	0,0022	0,0029	0,0031	0,0032	0,0033	0,0033
	B(DB)	0,0184	0,0029	-0,0132	-0,0265	-0,0343	-0,0370	-0,0380	-0,0383	-0,0384	-0,0385
	B(DC)	0,1164	0,1193	0,1200	0,1188	0,1175	0,1170	0,1167	0,1166	0,1166	0,1166
	B(DD)	0,7460	0,7734	0,8006	0,8229	0,8362	0,8409	0,8428	0,8433	0,8435	0,8436
	B(DE)	0,1029	0,1053	0,1060	0,1043	0,1017	0,1004	0,0998	0,0996	0,0995	0,0995
	B(DF)	0,0164	0,0017	-0,0113	-0,0197	-0,0233	-0,0242	-0,0245	-0,0246	-0,0246	-0,0246
	B(EA)	0,0005	-0,0001	0,0002	0,0005	0,0005	0,0004	0,0004	0,0004	0,0004	0,0004
	B(EB)	0,0029	-0,0006	-0,0015	-0,0002	0,0014	0,0022	0,0025	0,0026	0,0026	0,0026
	B(EC)	0,0181	0,0028	-0,0129	-0,0260	-0,0337	-0,0364	-0,0374	-0,0377	-0,0378	-0,0378
	B(ED)	0,1158	0,1184	0,1192	0,1174	0,1144	0,1129	0,1123	0,1121	0,1120	0,1120
	B(EE)	0,7483	0,7739	0,8056	0,8394	0,8647	0,8751	0,8793	0,8805	0,8810	0,8812
	B(EF)	0,1193	0,1072	0,0894	0,0688	0,0527	0,0460	0,0433	0,0425	0,0422	0,0421
	B(FA)	0,0001	0,0000	0,0000	-0,0001	-0,0001	-0,0001	-0,0001	-0,0001	-0,0001	-0,0001
	B(FB)	0,0005	-0,0001	0,0002	0,0005	0,0004	0,0004	0,0003	0,0003	0,0003	0,0003
	B(FC)	0,0032	-0,0007	-0,0012	0,0005	0,0021	0,0028	0,0030	0,0031	0,0031	0,0031
	B(FD)	0,0205	0,0021	-0,0141	-0,0246	-0,0291	-0,0302	-0,0306	-0,0307	-0,0307	-0,0307
	B(FE)	0,1325	0,1191	0,0993	0,0764	0,0586	0,0511	0,0481	0,0472	0,0469	0,0468
	B(FF)	0,8617	0,8917	0,9226	0,9503	0,9689	0,9761	0,9789	0,9797	0,9800	0,9802

Z	Z(T)	0,00	0,03	0,10	0,30	1,00	3,00	10,0	30,0	100	UNENDL
	D(AA)/A	-0,0773	-0,0601	-0,0408	-0,0219	-0,0085	-0,0031	-0,0010	-0,0003	-0,0001	-0,0000
	D(AB)/A	0,0543	0,0465	0,0345	0,0197	0,0079	0,0029	0,0009	0,0003	0,0001	-0,0000
	D(AC)/A	0,0073	0,0031	0,0000	-0,0011	-0,0007	-0,0003	-0,0001	-0,0000	-0,0000	0,0000
	D(AD)/A	0,0010	-0,0001	-0,0004	-0,0002	-0,0001	-0,0000	-0,0000	-0,0000	-0,0000	0,0000
	D(AE)/A	0,0001	-0,0000	0,0000	0,0000	0,0000	0,0000	0,0000	0,0000	0,0000	-0,0000
	D(AF)/A	0,0000	-0,0000	0,0000	0,0000	-0,0000	-0,0000	-0,0000	-0,0000	-0,0000	0
	D(BA)/A	-0,0943	-0,0619	-0,0338	-0,0143	-0,0046	-0,0015	-0,0005	-0,0002	-0,0000	0,0000
	D(BB)/A	-0,0104	-0,0062	-0,0040	-0,0025	-0,0011	-0,0004	-0,0001	-0,0000	-0,0000	0,0000
	D(BC)/A	0,0644	0,0464	0,0283	0,0135	0,0048	0,0017	0,0005	0,0002	0,0001	-0,0000
	D(BD)/A	0,0088	0,0029	-0,0003	-0,0009	-0,0005	-0,0002	-0,0001	-0,0000	-0,0000	-0,0000
	D(BE)/A	0,0012	-0,0001	-0,0003	-0,0001	-0,0000	-0,0000	-0,0000	-0,0000	-0,0000	0,0000
	D(BF)/A	0,0002	-0,0000	0,0000	0,0000	0,0000	0,0000	0,0000	0,0000	0,0000	0,0000
	D(CA)/A	-0,0148	-0,0039	0,0011	0,0016	0,0008	0,0003	0,0001	0,0000	0,0000	0,0000
	D(CB)/A	-0,0823	-0,0577	-0,0347	-0,0163	-0,0057	-0,0020	-0,0006	-0,0002	-0,0001	0
	D(CC)/A	-0,0077	-0,0051	-0,0030	-0,0014	-0,0005	-0,0002	-0,0001	-0,0000	-0,0000	0,0000
	D(CD)/A	0,0657	0,0471	0,0287	0,0136	0,0048	0,0017	0,0005	0,0002	0,0001	0,0000
	D(CE)/A	0,0091	0,0029	-0,0003	-0,0010	-0,0005	-0,0002	-0,0001	-0,0000	-0,0000	0
	D(CF)/A	0,0014	-0,0001	-0,0003	-0,0001	-0,0000	-0,0000	0,0000	0,0000	0,0000	0,0000
	D(DA)/A	-0,0023	0,0002	0,0005	0,0002	0,0000	0,0000	-0,0000	-0,0000	-0,0000	-0,0000
	D(DB)/A	-0,0128	-0,0040	0,0005	0,0014	0,0007	0,0003	0,0001	0,0000	0,0000	-0,0000
	D(DC)/A	-0,0808	-0,0569	-0,0341	-0,0161	-0,0057	-0,0020	-0,0006	-0,0002	-0,0001	0,0000
	D(DD)/A	-0,0067	-0,0045	-0,0026	-0,0012	-0,0004	-0,0001	-0,0000	-0,0000	-0,0000	0,0000
	D(DE)/A	0,0667	0,0476	0,0290	0,0138	0,0049	0,0017	0,0005	0,0002	0,0001	-0,0000
	D(DF)/A	0,0106	0,0028	-0,0007	-0,0011	-0,0005	-0,0002	-0,0001	-0,0000	-0,0000	0
	D(EA)/A	-0,0004	0,0000	-0,0000	-0,0000	-0,0000	-0,0000	-0,0000	-0,0000	-0,0000	-0,0000
	D(EB)/A	-0,0020	0,0001	0,0005	0,0002	0,0001	0,0000	0,0000	0,0000	0,0000	0,0000
	D(EC)/A	-0,0124	-0,0039	0,0005	0,0013	0,0007	0,0003	0,0001	0,0000	0,0000	-0,0000
	D(ED)/A	-0,0796	-0,0563	-0,0338	-0,0160	-0,0057	-0,0020	-0,0006	-0,0002	-0,0001	-0,0000
	D(EE)/A	-0,0043	-0,0038	-0,0016	0,0000	0,0003	0,0002	0,0001	0,0000	0,0000	0,0000
	D(EF)/A	0,0776	0,0510	0,0279	0,0117	0,0037	0,0013	0,0004	0,0001	0,0000	0,0000
	D(FA)/A	-0,0000	0,0000	-0,0000	-0,0000	0,0000	0,0000	0,0000	0,0000	0,0000	0,0000
	D(FB)/A	-0,0003	0,0000	-0,0000	-0,0001	-0,0000	-0,0000	-0,0000	-0,0000	-0,0000	0
	D(FC)/A	-0,0016	0,0001	0,0006	0,0004	0,0001	0,0000	0,0000	0,0000	0,0000	-0,0000
	D(FD)/A	-0,0104	-0,0044	0,0000	0,0016	0,0010	0,0004	0,0001	0,0000	0,0000	0,0000
	D(FE)/A	-0,0674	-0,0576	-0,0428	-0,0248	-0,0101	-0,0037	-0,0012	-0,0004	-0,0001	0,0000
	D(FF)/A	0,0704	0,0552	0,0381	0,0208	0,0082	0,0030	0,0009	0,0003	0,0001	-0,0000
0,20	B(AA)	0,7441	0,7945	0,8484	0,8986	0,9328	0,9464	0,9517	0,9533	0,9538	0,9541
	B(AB)	0,1594	0,1522	0,1358	0,1124	0,0922	0,0833	0,0797	0,0786	0,0782	0,0781
	B(AC)	0,0346	0,0153	-0,0048	-0,0209	-0,0297	-0,0326	-0,0336	-0,0339	-0,0340	-0,0340
	B(AD)	0,0076	0,0009	-0,0028	-0,0033	-0,0023	-0,0017	-0,0015	-0,0014	-0,0014	-0,0014
	B(AE)	0,0017	-0,0000	-0,0001	0,0005	0,0010	0,0012	0,0012	0,0012	0,0013	0,0013
	B(AF)	0,0005	-0,0000	0,0000	0,0001	-0,0000	-0,0001	-0,0001	-0,0001	-0,0001	-0,0001
	B(BA)	0,1913	0,1827	0,1630	0,1349	0,1106	0,1000	0,0957	0,0944	0,0939	0,0937
	B(BB)	0,6283	0,6610	0,7006	0,7428	0,7748	0,7882	0,7935	0,7951	0,7957	0,7960
	B(BC)	0,1365	0,1417	0,1459	0,1480	0,1481	0,1479	0,1478	0,1477	0,1477	0,1477
	B(BD)	0,0300	0,0150	-0,0016	-0,0168	-0,0264	-0,0300	-0,0314	-0,0318	-0,0320	-0,0320
	B(BE)	0,0067	0,0010	-0,0028	-0,0042	-0,0042	-0,0040	-0,0039	-0,0039	-0,0039	-0,0039
	B(BF)	0,0018	-0,0000	-0,0001	0,0005	0,0010	0,0012	0,0013	0,0013	0,0013	0,0013
	B(CA)	0,0485	0,0214	-0,0068	-0,0293	-0,0415	-0,0456	-0,0470	-0,0475	-0,0476	-0,0477
	B(CB)	0,1592	0,1653	0,1702	0,1726	0,1728	0,1726	0,1724	0,1723	0,1723	0,1723
	B(CC)	0,6216	0,6586	0,6973	0,7302	0,7501	0,7574	0,7601	0,7609	0,7612	0,7613
	B(CD)	0,1365	0,1429	0,1470	0,1483	0,1482	0,1480	0,1479	0,1479	0,1479	0,1479
	B(CE)	0,0306	0,0153	-0,0016	-0,0171	-0,0271	-0,0308	-0,0323	-0,0327	-0,0329	-0,0329
	B(CF)	0,0084	0,0010	-0,0030	-0,0033	-0,0022	-0,0015	-0,0012	-0,0012	-0,0011	-0,0011
	B(DA)	0,0122	0,0015	-0,0045	-0,0052	-0,0037	-0,0028	-0,0024	-0,0023	-0,0022	-0,0022
	B(DB)	0,0399	0,0200	-0,0022	-0,0224	-0,0352	-0,0400	-0,0419	-0,0424	-0,0426	-0,0427
	B(DC)	0,1560	0,1634	0,1680	0,1695	0,1694	0,1691	0,1690	0,1690	0,1690	0,1690
	B(DD)	0,6215	0,6584	0,6971	0,7300	0,7498	0,7570	0,7597	0,7605	0,7608	0,7610
	B(DE)	0,1392	0,1443	0,1487	0,1510	0,1512	0,1509	0,1507	0,1507	0,1506	0,1506
	B(DF)	0,0383	0,0164	-0,0055	-0,0225	-0,0315	-0,0344	-0,0354	-0,0357	-0,0359	-0,0359
	B(EA)	0,0031	-0,0000	-0,0002	0,0009	0,0018	0,0021	0,0022	0,0022	0,0023	0,0023
	B(EB)	0,0101	0,0014	-0,0042	-0,0064	-0,0063	-0,0060	-0,0059	-0,0058	-0,0058	-0,0058
	B(EC)	0,0393	0,0197	-0,0021	-0,0220	-0,0348	-0,0397	-0,0415	-0,0421	-0,0422	-0,0423
	B(ED)	0,1566	0,1623	0,1673	0,1699	0,1701	0,1698	0,1696	0,1695	0,1695	0,1694
	B(EE)	0,6295	0,6608	0,7010	0,7462	0,7822	0,7976	0,8038	0,8057	0,8064	0,8067
	B(EF)	0,1731	0,1609	0,1394	0,1112	0,0873	0,0767	0,0724	0,0711	0,0706	0,0704
	B(FA)	0,0009	-0,0000	0,0001	0,0001	-0,0000	-0,0001	-0,0001	-0,0002	-0,0002	-0,0002
	B(FB)	0,0031	-0,0000	-0,0002	0,0009	0,0017	0,0020	0,0021	0,0021	0,0021	0,0021
	B(FC)	0,0120	0,0014	-0,0043	-0,0047	-0,0031	-0,0022	-0,0018	-0,0016	-0,0016	-0,0016
	B(FD)	0,0479	0,0205	-0,0069	-0,0282	-0,0394	-0,0430	-0,0443	-0,0447	-0,0448	-0,0449
	B(FE)	0,1923	0,1787	0,1549	0,1236	0,0969	0,0852	0,0804	0,0790	0,0784	0,0782
	B(FF)	0,7779	0,8218	0,8692	0,9140	0,9454	0,9581	0,9631	0,9646	0,9652	0,9654

7	Z(T)	0,00	0,03	0,10	0,30	1,00	3,00	10,0	30,0	100	UNENDL
	D(AA)/A	-0,1241	-0,0992	-0,0698	-0,0389	-0,0155	-0,0057	-0,0018	-0,0006	-0,0002	-0,0000
	D(AB)/A	0,0773	0,0687	0,0531	0,0318	0,0132	0,0049	0,0015	0,0005	0,0002	-0,0000
	D(AC)/A	0,0168	0,0108	0,0052	0,0015	0,0002	0,0000	0,0000	0,0000	0,0000	0,0000
	D(AD)/A	0,0037	0,0010	-0,0006	-0,0008	-0,0004	-0,0002	-0,0001	-0,0000	-0,0000	-0,0000
	D(AE)/A	0,0008	0,0000	-0,0001	-0,0001	0,0000	0,0000	0,0000	0,0000	0,0000	0
	D(AF)/A	0,0002	-0,0000	0,0000	0,0000	0,0000	0,0000	0,0000	0,0000	0,0000	0
	D(BA)/A	-0,1633	-0,1112	-0,0633	-0,0278	-0,0092	-0,0031	-0,0009	-0,0003	-0,0001	0,0000
	D(BB)/A	-0,0213	-0,0120	-0,0065	-0,0036	-0,0016	-0,0006	-0,0002	-0,0001	-0,0000	0,0000
	D(BC)/A	0,1012	0,0756	0,0475	0,0232	0,0083	0,0029	0,0009	0,0003	0,0001	-0,0000
	D(BD)/A	0,0222	0,0112	0,0037	0,0005	-0,0001	-0,0001	-0,0000	-0,0000	-0,0000	0,0000
	D(BE)/A	0,0050	0,0010	-0,0006	-0,0006	-0,0003	-0,0001	-0,0000	-0,0000	-0,0000	0,0000
	D(BF)/A	0,0014	0,0000	-0,0001	0,0000	0,0000	0,0000	0,0000	0,0000	0,0000	-0,0000
	D(CA)/A	-0,0410	-0,0176	-0,0038	0,0008	0,0008	0,0004	0,0001	0,0000	0,0000	-0,0000
	D(CB)/A	-0,1348	-0,0964	-0,0594	-0,0288	-0,0104	-0,0037	-0,0011	-0,0004	-0,0001	-0,0000
	D(CC)/A	-0,0136	-0,0090	-0,0053	-0,0025	-0,0009	-0,0003	-0,0001	-0,0000	-0,0000	0
	D(CD)/A	0,1043	0,0769	0,0482	0,0235	0,0085	0,0030	0,0009	0,0003	0,0001	-0,0000
	D(CE)/A	0,0234	0,0115	0,0038	0,0005	-0,0001	-0,0001	-0,0000	-0,0000	-0,0000	-0,0000
	D(CF)/A	0,0064	0,0010	-0,0007	-0,0006	-0,0002	-0,0001	-0,0000	-0,0000	-0,0000	0,0000
	D(DA)/A	-0,0102	-0,0016	0,0012	0,0010	0,0004	0,0001	0,0000	0,0000	0,0000	0,0000
	D(DB)/A	-0,0336	-0,0160	-0,0050	-0,0005	0,0003	0,0001	0,0001	0,0000	0,0000	0,0000
	D(DC)/A	-0,1311	-0,0947	-0,0583	-0,0281	-0,0100	-0,0035	-0,0011	-0,0004	-0,0001	-0,0000
	D(DD)/A	-0,0113	-0,0078	-0,0045	-0,0021	-0,0007	-0,0003	-0,0001	-0,0000	-0,0000	0,0000
	D(DE)/A	0,1073	0,0781	0,0490	0,0241	0,0087	0,0031	0,0010	0,0003	0,0001	0,0000
	D(DF)/A	0,0295	0,0127	0,0028	-0,0006	-0,0006	-0,0003	-0,0001	-0,0000	-0,0000	0,0000
	D(EA)/A	-0,0025	-0,0001	0,0002	-0,0000	-0,0000	-0,0000	-0,0000	-0,0000	-0,0000	0,0000
	D(EB)/A	-0,0082	-0,0016	0,0010	0,0010	0,0004	0,0002	0,0000	0,0000	0,0000	0
	D(EC)/A	-0,0321	-0,0156	-0,0049	-0,0005	0,0002	0,0001	0,0000	0,0000	0,0000	-0,0000
	D(ED)/A	-0,1278	-0,0934	-0,0577	-0,0277	-0,0099	-0,0035	-0,0011	-0,0004	-0,0001	-0,0000
	D(EE)/A	-0,0036	-0,0053	-0,0035	-0,0009	0,0001	0,0001	0,0000	0,0000	0,0000	0,0000
	D(EF)/A	0,1341	0,0914	0,0521	0,0228	0,0075	0,0025	0,0008	0,0003	0,0001	-0,0000
	D(FA)/A	-0,0005	0,0000	-0,0000	-0,0000	-0,0000	-0,0000	-0,0000	-0,0000	-0,0000	0,0000
	D(FB)/A	-0,0016	-0,0001	0,0003	0,0001	-0,0000	-0,0000	-0,0000	-0,0000	-0,0000	0
	D(FC)/A	-0,0061	-0,0016	0,0010	0,0013	0,0007	0,0003	0,0001	0,0000	0,0000	0,0000
	D(FD)/A	-0,0243	-0,0154	-0,0072	-0,0020	-0,0003	-0,0000	0,0000	0,0000	0,0000	0
	D(FE)/A	-0,0979	-0,0864	-0,0669	-0,0405	-0,0170	-0,0064	-0,0020	-0,0007	-0,0002	0,0000
	D(FF)/A	0,1130	0,0912	0,0652	0,0371	0,0150	0,0056	0,0018	0,0006	0,0002	0,0000
0,50	B(AA)	0,5843	0,6522	0,7310	0,8116	0,8723	0,8979	0,9083	0,9114	0,9125	0,9130
	B(AB)	0,2042	0,2083	0,2006	0,1789	0,1543	0,1421	0,1368	0,1352	0,1346	0,1344
	B(AC)	0,0724	0,0513	0,0230	-0,0065	-0,0272	-0,0354	-0,0386	-0,0396	-0,0399	-0,0401
	B(AD)	0,0261	0,0120	-0,0011	-0,0097	-0,0128	-0,0134	-0,0135	-0,0135	-0,0136	-0,0136
	B(AE)	0,0099	0,0028	-0,0010	-0,0014	-0,0003	0,0005	0,0008	0,0009	0,0009	0,0009
	B(AF)	0,0048	0,0008	-0,0002	0,0004	0,0008	0,0009	0,0009	0,0009	0,0009	0,0009
	B(BA)	0,2451	0,2500	0,2407	0,2147	0,1852	0,1705	0,1642	0,1623	0,1616	0,1613
	B(BB)	0,4691	0,5059	0,5501	0,5987	0,6383	0,6557	0,6629	0,6651	0,6659	0,6662
	B(BC)	0,1664	0,1760	0,1863	0,1965	0,2040	0,2072	0,2085	0,2089	0,2090	0,2091
	B(BD)	0,0600	0,0444	0,0255	0,0062	-0,0076	-0,0132	-0,0154	-0,0160	-0,0163	-0,0164
	B(BE)	0,0228	0,0107	-0,0001	-0,0085	-0,0136	-0,0154	-0,0162	-0,0164	-0,0165	-0,0165
	B(BF)	0,0111	0,0031	-0,0011	-0,0014	-0,0001	0,0007	0,0011	0,0012	0,0012	0,0013
	B(CA)	0,1014	0,0718	0,0323	-0,0091	-0,0381	-0,0496	-0,0541	-0,0554	-0,0559	-0,0561
	B(CB)	0,1941	0,2054	0,2174	0,2292	0,2380	0,2417	0,2432	0,2437	0,2438	0,2439
	B(CC)	0,4523	0,4949	0,5446	0,5918	0,6228	0,6345	0,6391	0,6404	0,6409	0,6411
	B(CD)	0,1631	0,1754	0,1877	0,1966	0,2008	0,2019	0,2023	0,2024	0,2024	0,2024
	B(CE)	0,0619	0,0454	0,0260	0,0064	-0,0078	-0,0136	-0,0160	-0,0167	-0,0169	-0,0170
	B(CF)	0,0301	0,0134	-0,0013	-0,0103	-0,0133	-0,0137	-0,0137	-0,0137	-0,0137	-0,0137
	B(DA)	0,0418	0,0192	-0,0017	-0,0154	-0,0205	-0,0214	-0,0216	-0,0217	-0,0217	-0,0217
	B(DB)	0,0800	0,0592	0,0340	0,0083	-0,0102	-0,0176	-0,0205	-0,0214	-0,0217	-0,0218
	B(DC)	0,1864	0,2004	0,2145	0,2247	0,2294	0,2308	0,2312	0,2313	0,2314	0,2314
	B(DD)	0,4529	0,4947	0,5443	0,5918	0,6230	0,6348	0,6394	0,6407	0,6412	0,6414
	B(DE)	0,1719	0,1798	0,1899	0,2011	0,2100	0,2139	0,2154	0,2159	0,2161	0,2162
	B(DF)	0,0837	0,0570	0,0240	-0,0089	-0,0317	-0,0406	-0,0441	-0,0451	-0,0455	-0,0457
	B(EA)	0,0178	0,0051	-0,0018	-0,0026	-0,0005	0,0008	0,0014	0,0016	0,0017	0,0017
	B(EB)	0,0341	0,0161	-0,0002	-0,0128	-0,0204	-0,0232	-0,0243	-0,0246	-0,0247	-0,0247
	B(EC)	0,0796	0,0583	0,0334	0,0082	-0,0101	-0,0175	-0,0205	-0,0214	-0,0218	-0,0219
	B(ED)	0,1934	0,2023	0,2136	0,2262	0,2362	0,2406	0,2424	0,2429	0,2431	0,2432
	B(EE)	0,4761	0,5083	0,5506	0,6017	0,6466	0,6673	0,6760	0,6787	0,6796	0,6800
	B(EF)	0,2317	0,2277	0,2112	0,1806	0,1486	0,1327	0,1259	0,1238	0,1231	0,1227
	B(FA)	0,0096	0,0016	-0,0004	0,0007	0,0016	0,0018	0,0018	0,0018	0,0018	0,0018
	B(FB)	0,0185	0,0052	-0,0018	-0,0023	-0,0001	0,0012	0,0018	0,0020	0,0021	0,0021
	B(FC)	0,0430	0,0191	-0,0019	-0,0148	-0,0190	-0,0195	-0,0196	-0,0196	-0,0196	-0,0195
	B(FD)	0,1046	0,0712	0,0300	-0,0112	-0,0396	-0,0507	-0,0551	-0,0564	-0,0569	-0,0571
	B(FE)	0,2575	0,2530	0,2346	0,2007	0,1651	0,1475	0,1399	0,1376	0,1367	0,1364
	B(FF)	0,6386	0,6981	0,7674	0,8396	0,8956	0,9199	0,9299	0,9329	0,9340	0,9344

Z	Z(T)	0,00	0,03	0,10	0,30	1,00	3,00	10,0	30,0	100	UNENDL
	D(AA)/A	-0,2016	-0,1693	-0,1269	-0,0760	-0,0321	-0,0121	-0,0038	-0,0013	-0,0004	-0,0000
	D(AB)/A	0,0990	0,0932	0,0775	0,0504	0,0223	0,0086	0,0027	0,0009	0,0003	-0,0000
	D(AC)/A	0,0351	0,0297	0,0216	0,0123	0,0050	0,0018	0,0006	0,0002	0,0001	-0,0000
	D(AD)/A	0,0127	0,0074	0,0025	-0,0002	-0,0006	-0,0003	-0,0001	-0,0000	-0,0000	0,0000
	D(AE)/A	0,0048	0,0018	-0,0001	-0,0006	-0,0004	-0,0002	-0,0001	-0,0000	-0,0000	0
	D(AF)/A	0,0023	0,0005	-0,0001	-0,0001	0,0000	0,0000	0,0000	0,0000	0,0000	-0,0000
	D(BA)/A	-0,2973	-0,2160	-0,1328	-0,0631	-0,0221	-0,0077	-0,0024	-0,0008	-0,0002	-0,0000
	D(BB)/A	-0,0539	-0,0315	-0,0153	-0,0063	-0,0022	-0,0008	-0,0002	-0,0001	-0,0000	0,0000
	D(BC)/A	0,1536	0,1234	0,0835	0,0431	0,0160	0,0057	0,0018	0,0006	0,0002	0,0000
	D(BD)/A	0,0554	0,0369	0,0197	0,0079	0,0024	0,0008	0,0002	0,0001	0,0000	0,0000
	D(BE)/A	0,0210	0,0092	0,0019	-0,0007	-0,0006	-0,0003	-0,0001	-0,0000	-0,0000	-0,0000
	D(BF)/A	0,0102	0,0027	-0,0003	-0,0005	-0,0002	-0,0001	-0,0000	-0,0000	-0,0000	0,0000
	D(CA)/A	-0,1214	-0,0696	-0,0298	-0,0080	-0,0012	-0,0002	-0,0000	-0,0000	-0,0000	-0,0000
	D(CB)/A	-0,2323	-0,1707	-0,1088	-0,0550	-0,0205	-0,0074	-0,0023	-0,0008	-0,0002	-0,0000
	D(CC)/A	-0,0286	-0,0183	-0,0106	-0,0052	-0,0020	-0,0007	-0,0002	-0,0001	-0,0000	-0,0000
	D(CD)/A	0,1660	0,1285	0,0850	0,0435	0,0162	0,0058	0,0018	0,0006	0,0002	-0,0000
	D(CE)/A	0,0630	0,0392	0,0202	0,0081	0,0025	0,0008	0,0003	0,0001	0,0000	-0,0000
	D(CF)/A	0,0307	0,0120	0,0014	-0,0015	-0,0009	-0,0004	-0,0001	-0,0000	-0,0000	-0,0000
	D(DA)/A	-0,0489	-0,0191	-0,0023	0,0023	0,0015	0,0006	0,0002	0,0001	0,0000	0,0000
	D(DB)/A	-0,0936	-0,0565	-0,0280	-0,0108	-0,0032	-0,0011	-0,0003	-0,0001	-0,0000	0,0000
	D(DC)/A	-0,2180	-0,1645	-0,1063	-0,0536	-0,0197	-0,0070	-0,0022	-0,0007	-0,0002	0,0000
	D(DD)/A	-0,0187	-0,0146	-0,0090	-0,0040	-0,0013	-0,0004	-0,0001	-0,0000	-0,0000	-0,0000
	D(DE)/A	0,1789	0,1336	0,0868	0,0448	0,0170	0,0061	0,0019	0,0006	0,0002	-0,0000
	D(DF)/A	0,0871	0,0500	0,0214	0,0057	0,0008	0,0001	0,0000	-0,0000	-0,0000	0
	D(EA)/A	-0,0187	-0,0049	0,0006	0,0010	0,0003	0,0001	0,0000	0,0000	0,0000	0,0000
	D(EB)/A	-0,0359	-0,0153	-0,0029	0,0012	0,0010	0,0004	0,0001	0,0000	0,0000	0,0000
	D(EC)/A	-0,0836	-0,0536	-0,0275	-0,0105	-0,0031	-0,0010	-0,0003	-0,0001	-0,0000	-0,0000
	D(ED)/A	-0,2032	-0,1588	-0,1049	-0,0532	-0,0195	-0,0069	-0,0021	-0,0007	-0,0002	-0,0000
	D(EE)/A	0,0093	-0,0009	-0,0047	-0,0033	-0,0011	-0,0004	-0,0001	-0,0000	-0,0000	0,0000
	D(EF)/A	0,2436	0,1770	0,1088	0,0517	0,0180	0,0063	0,0019	0,0006	0,0002	0,0000
	D(FA)/A	-0,0049	-0,0011	0,0003	0,0002	-0,0000	-0,0000	-0,0000	-0,0000	-0,0000	-0,0000
	D(FB)/A	-0,0094	-0,0034	0,0003	0,0013	0,0008	0,0003	0,0001	0,0000	0,0000	-0,0000
	D(FC)/A	-0,0219	-0,0124	-0,0041	0,0005	0,0011	0,0005	0,0002	0,0001	0,0000	0,0000
	D(FD)/A	-0,0532	-0,0438	-0,0314	-0,0178	-0,0072	-0,0027	-0,0008	-0,0003	-0,0001	0,0000
	D(FE)/A	-0,1310	-0,1218	-0,1012	-0,0664	-0,0298	-0,0116	-0,0037	-0,0012	-0,0004	-0,0000
	D(FF)/A	0,1839	0,1559	0,1187	0,0728	0,0315	0,0120	0,0038	0,0013	0,0004	0,0000
1,00	B(AA)	0,4579	0,5308	0,6217	0,7233	0,8077	0,8458	0,8618	0,8667	0,8684	0,8692
	B(AB)	0,2102	0,2262	0,2331	0,2236	0,2035	0,1914	0,1858	0,1840	0,1834	0,1831
	B(AC)	0,0982	0,0832	0,0571	0,0219	-0,0090	-0,0229	-0,0287	-0,0305	-0,0311	-0,0314
	B(AD)	0,0473	0,0304	0,0104	-0,0085	-0,0202	-0,0243	-0,0258	-0,0263	-0,0264	-0,0265
	B(AE)	0,0247	0,0117	0,0012	-0,0043	-0,0053	-0,0050	-0,0047	-0,0046	-0,0046	-0,0046
	B(AF)	0,0162	0,0057	-0,0001	-0,0005	0,0013	0,0023	0,0027	0,0028	0,0028	0,0028
	B(BA)	0,2522	0,2715	0,2797	0,2683	0,2442	0,2296	0,2229	0,2208	0,2201	0,2197
	B(BB)	0,3675	0,4048	0,4489	0,4966	0,5360	0,5540	0,5616	0,5639	0,5647	0,5651
	B(BC)	0,1717	0,1840	0,1978	0,2130	0,2262	0,2325	0,2352	0,2361	0,2364	0,2365
	B(BD)	0,0827	0,0693	0,0522	0,0339	0,0199	0,0140	0,0116	0,0109	0,0107	0,0106
	B(BE)	0,0431	0,0268	0,0103	-0,0042	-0,0143	-0,0186	-0,0203	-0,0209	-0,0210	-0,0211
	B(BF)	0,0282	0,0131	0,0013	-0,0045	-0,0051	-0,0045	-0,0041	-0,0040	-0,0039	-0,0039
	B(CA)	0,1375	0,1165	0,0799	0,0307	-0,0125	-0,0321	-0,0402	-0,0427	-0,0436	-0,0440
	B(CB)	0,2004	0,2146	0,2308	0,2485	0,2639	0,2713	0,2744	0,2754	0,2758	0,2759
	B(CC)	0,3463	0,3850	0,4352	0,4893	0,5294	0,5457	0,5523	0,5542	0,5549	0,5552
	B(CD)	0,1667	0,1799	0,1971	0,2145	0,2259	0,2299	0,2315	0,2319	0,2320	0,2321
	B(CE)	0,0870	0,0715	0,0533	0,0347	0,0209	0,0150	0,0126	0,0119	0,0117	0,0115
	B(CF)	0,0570	0,0352	0,0112	-0,0098	-0,0221	-0,0262	-0,0277	-0,0281	-0,0282	-0,0283
	B(DA)	0,0757	0,0487	0,0167	-0,0135	-0,0323	-0,0389	-0,0413	-0,0420	-0,0423	-0,0424
	B(DB)	0,1102	0,0923	0,0696	0,0451	0,0265	0,0187	0,0155	0,0146	0,0142	0,0141
	B(DC)	0,1905	0,2056	0,2252	0,2451	0,2581	0,2628	0,2645	0,2650	0,2652	0,2653
	B(DD)	0,3492	0,3859	0,4351	0,4896	0,5308	0,5479	0,5548	0,5568	0,5576	0,5579
	B(DE)	0,1822	0,1904	0,2021	0,2180	0,2339	0,2419	0,2455	0,2466	0,2470	0,2472
	B(DF)	0,1193	0,0963	0,0622	0,0202	-0,0156	-0,0318	-0,0386	-0,0406	-0,0414	-0,0417
	B(EA)	0,0444	0,0211	0,0022	-0,0078	-0,0096	-0,0090	-0,0085	-0,0084	-0,0083	-0,0083
	B(EB)	0,0647	0,0401	0,0154	-0,0063	-0,0214	-0,0278	-0,0305	-0,0313	-0,0316	-0,0317
	B(EC)	0,1118	0,0920	0,0685	0,0446	0,0268	0,0193	0,0162	0,0153	0,0150	0,0148
	B(ED)	0,2050	0,2142	0,2274	0,2452	0,2631	0,2722	0,2762	0,2774	0,2779	0,2781
	B(EE)	0,3838	0,4134	0,4519	0,4990	0,5430	0,5646	0,5741	0,5770	0,5780	0,5785
	B(EF)	0,2513	0,2576	0,2531	0,2311	0,1997	0,1818	0,1736	0,1710	0,1701	0,1697
	B(FA)	0,0323	0,0115	-0,0002	-0,0010	0,0026	0,0045	0,0053	0,0056	0,0056	0,0057
	B(FB)	0,0471	0,0218	0,0021	-0,0075	-0,0085	-0,0075	-0,0068	-0,0066	-0,0065	-0,0065
	B(FC)	0,0814	0,0503	0,0160	-0,0140	-0,0316	-0,0374	-0,0395	-0,0401	-0,0403	-0,0404
	B(FD)	0,1491	0,1204	0,0778	0,0253	-0,0194	-0,0397	-0,0482	-0,0508	-0,0517	-0,0521
	B(FE)	0,2792	0,2862	0,2812	0,2568	0,2219	0,2019	0,1929	0,1900	0,1890	0,1885
	B(FF)	0,5281	0,5921	0,6723	0,7635	0,8418	0,8785	0,8941	0,8989	0,9006	0,9014

Z	Z(T)	0,00	0,03	0,10	0,30	1,00	3,00	10,0	30,0	100	UNENDL
	D(AA)/A	-0,2628	-0,2301	-0,1823	-0,1171	-0,0526	-0,0205	-0,0065	-0,0022	-0,0007	0
	D(AB)/A	0,1019	0,0997	0,0879	0,0614	0,0290	0,0115	0,0037	0,0013	0,0004	0,0000
	D(AC)/A	0,0476	0,0458	0,0397	0,0273	0,0128	0,0050	0,0016	0,0005	0,0002	0,0000
	D(AD)/A	0,0229	0,0173	0,0106	0,0045	0,0012	0,0004	0,0001	0,0000	0,0000	0,0000
	D(AE)/A	0,0120	0,0067	0,0021	-0,0005	-0,0008	-0,0004	-0,0001	-0,0000	-0,0000	-0,0000
	D(AF)/A	0,0078	0,0033	0,0003	-0,0006	-0,0003	-0,0001	-0,0000	-0,0000	-0,0000	-0,0000
	D(BA)/A	-0,4205	-0,3228	-0,2127	-0,1093	-0,0408	-0,0146	-0,0045	-0,0015	-0,0005	0,0000
	D(BB)/A	-0,0975	-0,0628	-0,0324	-0,0124	-0,0036	-0,0011	-0,0003	-0,0001	-0,0000	-0,0000
	D(BC)/A	0,1821	0,1557	0,1138	0,0634	0,0247	0,0090	0,0028	0,0009	0,0003	-0,0000
	D(BD)/A	0,0877	0,0669	0,0430	0,0212	0,0075	0,0027	0,0008	0,0003	0,0001	-0,0000
	D(BE)/A	0,0457	0,0263	0,0108	0,0023	0,0001	-0,0001	-0,0000	-0,0000	-0,0000	0,0000
	D(BF)/A	0,0299	0,0129	0,0021	-0,0013	-0,0009	-0,0003	-0,0001	-0,0000	-0,0000	0,0000
	D(CA)/A	-0,2231	-0,1478	-0,0781	-0,0294	-0,0077	-0,0022	-0,0006	-0,0002	-0,0001	-0,0000
	D(CB)/A	-0,3251	-0,2457	-0,1608	-0,0835	-0,0319	-0,0116	-0,0036	-0,0012	-0,0004	-0,0000
	D(CC)/A	-0,0491	-0,0319	-0,0179	-0,0086	-0,0034	-0,0013	-0,0004	-0,0001	-0,0000	-0,0000
	D(CD)/A	0,2117	0,1707	0,1186	0,0639	0,0246	0,0089	0,0028	0,0009	0,0003	0,0000
	D(CE)/A	0,1104	0,0765	0,0451	0,0214	0,0078	0,0028	0,0009	0,0003	0,0001	0,0000
	D(CF)/A	0,0723	0,0383	0,0126	0,0005	-0,0013	-0,0007	-0,0002	-0,0001	-0,0000	0,0000
	D(DA)/A	-0,1155	-0,0610	-0,0200	-0,0008	0,0020	0,0011	0,0004	0,0001	0,0000	-0,0000
	D(DB)/A	-0,1683	-0,1139	-0,0649	-0,0294	-0,0103	-0,0036	-0,0011	-0,0004	-0,0001	-0,0000
	D(DC)/A	-0,2908	-0,2280	-0,1540	-0,0811	-0,0308	-0,0111	-0,0034	-0,0012	-0,0003	-0,0000
	D(DD)/A	-0,0219	-0,0197	-0,0140	-0,0068	-0,0021	-0,0007	-0,0002	-0,0001	-0,0000	0,0000
	D(DE)/A	0,2443	0,1869	0,1243	0,0659	0,0257	0,0094	0,0029	0,0010	0,0003	-0,0000
	D(DF)/A	0,1600	0,1060	0,0560	0,0209	0,0053	0,0015	0,0004	0,0001	0,0000	-0,0000
	D(EA)/A	-0,0550	-0,0237	-0,0037	0,0024	0,0016	0,0006	0,0002	0,0001	0,0000	0,0000
	D(EB)/A	-0,0801	-0,0449	-0,0175	-0,0033	0,0001	0,0002	0,0001	0,0000	0,0000	0,0000
	D(EC)/A	-0,1385	-0,1013	-0,0622	-0,0293	-0,0102	-0,0035	-0,0011	-0,0004	-0,0001	0,0000
	D(ED)/A	-0,2538	-0,2098	-0,1487	-0,0810	-0,0312	-0,0113	-0,0035	-0,0012	-0,0004	-0,0000
	D(EE)/A	0,0346	0,0148	0,0011	-0,0036	-0,0024	-0,0010	-0,0003	-0,0001	-0,0000	-0,0000
	D(EF)/A	0,3443	0,2642	0,1739	0,0894	0,0334	0,0120	0,0037	0,0012	0,0004	0,0000
	D(FA)/A	-0,0164	-0,0069	-0,0006	0,0013	0,0007	0,0002	0,0001	0,0000	0,0000	0
	D(FB)/A	-0,0239	-0,0132	-0,0040	0,0011	0,0016	0,0008	0,0003	0,0001	0,0000	-0,0000
	D(FC)/A	-0,0414	-0,0302	-0,0179	-0,0073	-0,0019	-0,0005	-0,0001	-0,0000	-0,0000	0,0000
	D(FD)/A	-0,0759	-0,0705	-0,0596	-0,0408	-0,0193	-0,0077	-0,0025	-0,0008	-0,0003	0,0000
	D(FE)/A	-0,1421	-0,1369	-0,1201	-0,0847	-0,0407	-0,0163	-0,0053	-0,0018	-0,0005	0,0000
	D(FF)/A	0,2401	0,2122	0,1710	0,1127	0,0521	0,0206	0,0066	0,0022	0,0007	0,0000
2,00	B(AA)	0,3442	0,4125	0,5056	0,6208	0,7278	0,7809	0,8042	0,8114	0,8140	0,8151
	B(AB)	0,1944	0,2187	0,2413	0,2510	0,2442	0,2363	0,2321	0,2307	0,2302	0,2299
	B(AC)	0,1128	0,1067	0,0904	0,0595	0,0236	0,0042	-0,0045	-0,0073	-0,0083	-0,0087
	B(AD)	0,0686	0,0532	0,0313	0,0043	-0,0189	-0,0295	-0,0340	-0,0354	-0,0359	-0,0361
	B(AE)	0,0458	0,0288	0,0108	-0,0038	-0,0116	-0,0140	-0,0149	-0,0151	-0,0152	-0,0152
	B(AF)	0,0362	0,0194	0,0044	-0,0027	-0,0013	0,0011	0,0024	0,0029	0,0030	0,0031
	B(BA)	0,2333	0,2625	0,2895	0,3013	0,2931	0,2836	0,2785	0,2768	0,2762	0,2759
	B(BB)	0,2866	0,3221	0,3658	0,4123	0,4494	0,4663	0,4734	0,4756	0,4764	0,4767
	B(BC)	0,1663	0,1795	0,1957	0,2138	0,2301	0,2384	0,2420	0,2432	0,2436	0,2438
	B(BD)	0,1011	0,0907	0,0768	0,0616	0,0501	0,0453	0,0434	0,0428	0,0426	0,0425
	B(BE)	0,0675	0,0492	0,0282	0,0083	-0,0058	-0,0118	-0,0143	-0,0150	-0,0153	-0,0154
	B(BF)	0,0534	0,0331	0,0119	-0,0044	-0,0122	-0,0141	-0,0146	-0,0147	-0,0148	-0,0148
	B(CA)	0,1579	0,1494	0,1266	0,0833	0,0330	0,0058	-0,0064	-0,0102	-0,0116	-0,0122
	B(CB)	0,1940	0,2094	0,2283	0,2494	0,2685	0,2781	0,2824	0,2837	0,2842	0,2844
	B(CC)	0,2695	0,2996	0,3429	0,3968	0,4437	0,4654	0,4745	0,4773	0,4783	0,4788
	B(CD)	0,1638	0,1742	0,1909	0,2138	0,2348	0,2446	0,2487	0,2500	0,2505	0,2507
	B(CE)	0,1093	0,0958	0,0793	0,0630	0,0521	0,0481	0,0466	0,0461	0,0460	0,0459
	B(CF)	0,0865	0,0645	0,0356	0,0033	-0,0229	-0,0345	-0,0393	-0,0408	-0,0413	-0,0416
	B(DA)	0,1097	0,0851	0,0500	0,0069	-0,0302	-0,0473	-0,0544	-0,0566	-0,0574	-0,0577
	B(DB)	0,1348	0,1209	0,1025	0,0821	0,0668	0,0604	0,0579	0,0571	0,0569	0,0567
	B(DC)	0,1872	0,1990	0,2182	0,2443	0,2683	0,2795	0,2843	0,2857	0,2863	0,2865
	B(DD)	0,2765	0,3032	0,3438	0,3972	0,4462	0,4698	0,4800	0,4832	0,4843	0,4848
	B(DE)	0,1845	0,1916	0,2025	0,2188	0,2379	0,2489	0,2541	0,2557	0,2563	0,2566
	B(DF)	0,1460	0,1306	0,1035	0,0615	0,0161	-0,0082	-0,0192	-0,0227	-0,0239	-0,0245
	B(EA)	0,0824	0,0518	0,0194	-0,0069	-0,0209	-0,0253	-0,0268	-0,0272	-0,0273	-0,0274
	B(EB)	0,1012	0,0738	0,0423	0,0125	-0,0087	-0,0177	-0,0214	-0,0225	-0,0230	-0,0231
	B(EC)	0,1406	0,1231	0,1019	0,0810	0,0670	0,0618	0,0599	0,0593	0,0591	0,0590
	B(ED)	0,2075	0,2155	0,2278	0,2462	0,2676	0,2800	0,2858	0,2877	0,2884	0,2887
	B(EE)	0,3155	0,3412	0,3752	0,4159	0,4542	0,4738	0,4826	0,4854	0,4864	0,4868
	B(EF)	0,2497	0,2641	0,2737	0,2680	0,2459	0,2295	0,2213	0,2186	0,2176	0,2172
	B(FA)	0,0724	0,0387	0,0088	-0,0054	-0,0027	0,0022	0,0049	0,0058	0,0061	0,0062
	B(FB)	0,0890	0,0551	0,0199	-0,0074	-0,0203	-0,0235	-0,0243	-0,0245	-0,0246	-0,0246
	B(FC)	0,1236	0,0921	0,0509	0,0047	-0,0327	-0,0493	-0,0562	-0,0583	-0,0590	-0,0594
	B(FD)	0,1825	0,1633	0,1294	0,0769	0,0202	-0,0102	-0,0240	-0,0283	-0,0299	-0,0306
	B(FE)	0,2774	0,2935	0,3041	0,2978	0,2732	0,2550	0,2458	0,2429	0,2418	0,2413
	B(FF)	0,4282	0,4884	0,5708	0,6744	0,7744	0,8261	0,8494	0,8567	0,8594	0,8605

Z	Z(T)	0,00	0,03	0,10	0,30	1,00	3,00	10,0	30,0	100	UNENDL
	D(AA)/A	-0,3179	-0,2900	-0,2435	-0,1690	-0,0820	-0,0332	-0,0108	-0,0037	-0,0011	-0,0000
	D(AB)/A	0,0942	0,0939	0,0864	0,0645	0,0327	0,0134	0,0044	0,0015	0,0005	-0,0000
	D(AC)/A	0,0547	0,0575	0,0566	0,0454	0,0241	0,0101	0,0033	0,0011	0,0003	-0,0000
	D(AD)/A	0,0333	0,0293	0,0234	0,0152	0,0070	0,0028	0,0009	0,0003	0,0001	0
	D(AE)/A	0,0222	0,0159	0,0088	0,0028	0,0002	-0,0001	-0,0001	-0,0000	-0,0000	-0,0000
	D(AF)/A	0,0176	0,0107	0,0037	-0,0007	-0,0013	-0,0006	-0,0002	-0,0001	-0,0000	0,0000
	D(BA)/A	-0,5436	-0,4417	-0,3128	-0,1754	-0,0709	-0,0265	-0,0083	-0,0028	-0,0008	-0,0000
	D(BB)/A	-0,1527	-0,1103	-0,0647	-0,0274	-0,0080	-0,0024	-0,0007	-0,0002	-0,0001	-0,0000
	D(BC)/A	0,1941	0,1744	0,1378	0,0847	0,0360	0,0136	0,0043	0,0015	0,0004	-0,0000
	D(BD)/A	0,1180	0,0992	0,0731	0,0423	0,0173	0,0065	0,0020	0,0007	0,0002	-0,0000
	D(BE)/A	0,0787	0,0544	0,0299	0,0119	0,0034	0,0011	0,0003	0,0001	0,0000	0,0000
	D(BF)/A	0,0623	0,0366	0,0134	0,0003	-0,0019	-0,0010	-0,0003	-0,0001	-0,0000	0,0000
	D(CA)/A	-0,3460	-0,2580	-0,1595	-0,0732	-0,0236	-0,0078	-0,0023	-0,0008	-0,0002	-0,0000
	D(CB)/A	-0,4251	-0,3355	0,2282	-0,1220	-0,0474	-0,0174	-0,0054	-0,0018	-0,0005	-0,0000
	D(CC)/A	-0,0775	-0,0545	-0,0314	-0,0143	-0,0052	-0,0019	-0,0006	-0,0002	-0,0001	-0,0000
	D(CD)/A	0,2501	0,2095	0,1530	0,0875	0,0354	0,0131	0,0041	0,0014	0,0004	-0,0000
	D(CE)/A	0,1669	0,1272	0,0831	0,0433	0,0169	0,0062	0,0020	0,0007	0,0002	-0,0000
	D(CF)/A	0,1321	0,0864	0,0415	0,0109	0,0004	-0,0005	-0,0002	-0,0001	-0,0000	0,0000
	D(DA)/A	-0,2111	-0,1380	-0,0661	-0,0175	-0,0010	0,0006	0,0003	0,0001	0,0000	-0,0000
	D(DB)/A	-0,2594	-0,1944	-0,1236	-0,0618	-0,0232	-0,0084	-0,0026	-0,0009	-0,0003	-0,0000
	D(DC)/A	-0,3602	-0,2944	-0,2088	-0,1158	-0,0458	-0,0168	-0,0052	-0,0018	-0,0005	0,0000
	D(DD)/A	-0,0207	-0,0213	-0,0182	-0,0107	-0,0038	-0,0013	-0,0004	-0,0001	-0,0000	0,0000
	D(DE)/A	0,3133	0,2488	0,1709	0,0927	0,0367	0,0136	0,0043	0,0014	0,0004	0,0000
	D(DF)/A	0,2479	0,1849	0,1142	0,0521	0,0165	0,0053	0,0016	0,0005	0,0002	-0,0000
	D(EA)/A	-0,1145	-0,0672	-0,0245	-0,0006	0,0033	0,0018	0,0006	0,0002	0,0001	0,0000
	D(EB)/A	-0,1407	-0,0955	-0,0507	-0,0188	-0,0049	-0,0014	-0,0004	-0,0001	-0,0000	-0,0000
	D(EC)/A	-0,1954	-0,1578	-0,1108	-0,0612	-0,0243	-0,0089	-0,0028	-0,0009	-0,0003	-0,0000
	D(ED)/A	-0,2885	-0,2501	-0,1904	-0,1136	-0,0475	-0,0179	-0,0056	-0,0019	-0,0006	-0,0000
	D(EE)/A	0,0712	0,0447	0,0188	0,0019	-0,0023	-0,0014	-0,0005	-0,0002	-0,0001	0
	D(EF)/A	0,4451	0,3613	0,2557	0,1436	0,0583	0,0219	0,0069	0,0023	0,0007	0
	D(FA)/A	-0,0369	-0,0227	-0,0081	0,0015	0,0029	0,0015	0,0005	0,0002	0,0001	-0,0000
	D(FB)/A	-0,0453	-0,0322	-0,0175	-0,0052	0,0000	0,0004	0,0002	0,0001	0,0000	-0,0000
	D(FC)/A	-0,0629	-0,0538	-0,0414	-0,0262	-0,0119	-0,0047	-0,0015	-0,0005	-0,0002	-0,0000
	D(FD)/A	-0,0928	-0,0935	-0,0891	-0,0707	-0,0381	-0,0162	-0,0053	-0,0018	-0,0006	0,0000
	D(FE)/A	-0,1412	-0,1386	-0,1268	-0,0958	-0,0497	-0,0208	-0,0068	-0,0023	-0,0007	0,0000
	D(FF)/A	0,2909	0,2679	0,2288	0,1635	0,0821	0,0339	0,0111	0,0038	0,0012	0,0000
5,00	B(AA)	0,2317	0,2814	0,3607	0,4766	0,6046	0,6783	0,7135	0,7249	0,7290	0,7308
	B(AB)	0,1615	0,1851	0,2174	0,2518	0,2723	0,2773	0,2782	0,2784	0,2784	0,2784
	B(AC)	0,1171	0,1184	0,1164	0,1034	0,0761	0,0552	0,0441	0,0403	0,0390	0,0384
	B(AD)	0,0897	0,0795	0,0624	0,0355	0,0033	-0,0165	-0,0264	-0,0296	-0,0308	-0,0313
	B(AE)	0,0740	0,0584	0,0362	0,0098	-0,0120	-0,0221	-0,0266	-0,0280	-0,0285	-0,0287
	B(AF)	0,0669	0,0492	0,0252	0,0010	-0,0108	-0,0110	-0,0095	-0,0089	-0,0086	-0,0085
	B(BA)	0,1938	0,2221	0,2609	0,3022	0,3268	0,3327	0,3339	0,3341	0,3341	0,3341
	B(BB)	0,2115	0,2387	0,2781	0,3257	0,3648	0,3820	0,3891	0,3913	0,3920	0,3924
	B(BC)	0,1534	0,1643	0,1804	0,2008	0,2196	0,2292	0,2336	0,2350	0,2355	0,2357
	B(BD)	0,1175	0,1110	0,1014	0,0902	0,0824	0,0800	0,0794	0,0792	0,0792	0,0791
	B(BE)	0,0969	0,0815	0,0596	0,0340	0,0142	0,0062	0,0030	0,0021	0,0018	0,0016
	B(BF)	0,0876	0,0686	0,0416	0,0102	-0,0148	-0,0256	-0,0301	-0,0315	-0,0320	-0,0322
	B(CA)	0,1640	0,1658	0,1629	0,1448	0,1065	0,0772	0,0617	0,0565	0,0546	0,0537
	B(CB)	0,1790	0,1917	0,2104	0,2342	0,2563	0,2674	0,2725	0,2741	0,2747	0,2750
	B(CC)	0,2082	0,2261	0,2551	0,2980	0,3455	0,3729	0,3860	0,3902	0,3918	0,3924
	B(CD)	0,1595	0,1648	0,1751	0,1947	0,2220	0,2402	0,2496	0,2527	0,2538	0,2543
	B(CE)	0,1315	0,1217	0,1080	0,0930	0,0843	0,0828	0,0829	0,0830	0,0830	0,0831
	B(CF)	0,1189	0,1025	0,0764	0,0389	-0,0024	-0,0268	-0,0388	-0,0427	-0,0441	-0,0448
	B(DA)	0,1435	0,1273	0,0998	0,0568	0,0053	-0,0264	-0,0422	-0,0474	-0,0493	-0,0501
	B(DB)	0,1566	0,1479	0,1352	0,1203	0,1099	0,1067	0,1058	0,1056	0,1056	0,1055
	B(DC)	0,1822	0,1883	0,2002	0,2225	0,2537	0,2746	0,2853	0,2888	0,2901	0,2907
	B(DD)	0,2215	0,2357	0,2602	0,2996	0,3477	0,3776	0,3926	0,3975	0,3993	0,4001
	B(DE)	0,1826	0,1874	0,1955	0,2086	0,2257	0,2371	0,2430	0,2450	0,2457	0,2460
	B(DF)	0,1652	0,1586	0,1448	0,1163	0,0725	0,0415	0,0252	0,0197	0,0177	0,0168
	B(EA)	0,1331	0,1051	0,0652	0,0177	-0,0216	-0,0398	-0,0478	-0,0504	-0,0513	-0,0517
	B(EB)	0,1453	0,1223	0,0894	0,0510	0,0213	0,0093	0,0046	0,0032	0,0027	0,0025
	B(EC)	0,1690	0,1565	0,1388	0,1196	0,1084	0,1064	0,1065	0,1067	0,1068	0,1068
	B(ED)	0,2054	0,2108	0,2199	0,2346	0,2539	0,2668	0,2734	0,2756	0,2764	0,2768
	B(EE)	0,2569	0,2752	0,3024	0,3371	0,3690	0,3850	0,3922	0,3945	0,3954	0,3957
	B(EF)	0,2324	0,2482	0,2686	0,2857	0,2869	0,2800	0,2749	0,2730	0,2723	0,2720
	B(FA)	0,1338	0,0983	0,0504	0,0019	-0,0216	-0,0220	-0,0191	-0,0177	-0,0172	-0,0169
	B(FB)	0,1460	0,1143	0,0694	0,0170	-0,0246	-0,0427	-0,0502	-0,0525	-0,0534	-0,0537
	B(FC)	0,1699	0,1464	0,1092	0,0556	-0,0034	-0,0382	-0,0554	-0,0610	-0,0631	-0,0640
	B(FD)	0,2065	0,1982	0,1809	0,1454	0,0907	0,0519	0,0314	0,0246	0,0221	0,0210
	B(FE)	0,2582	0,2758	0,2984	0,3175	0,3188	0,3111	0,3054	0,3034	0,3026	0,3023
	B(FF)	0,3290	0,3730	0,4434	0,5479	0,6685	0,7419	0,7784	0,7904	0,7947	0,7967

Z	Z(T)	0,00	0,03	0,10	0,30	1,00	3,00	10,0	30,0	100	UNENDL
	D(AA)/A	-0,3725	-0,3571	-0,3229	-0,2493	-0,1364	-0,0592	-0,0199	-0,0068	-0,0021	-0,0000
	D(AB)/A	0,0783	0,0748	0,0671	0,0511	0,0275	0,0118	0,0039	0,0014	0,0004	-0,0000
	D(AC)/A	0,0568	0,0629	0,0685	0,0644	0,0408	0,0188	0,0065	0,0022	0,0007	-0,0000
	D(AD)/A	0,0435	0,0431	0,0416	0,0359	0,0222	0,0103	0,0036	0,0012	0,0004	-0,0000
	D(AE)/A	0,0359	0,0317	0,0249	0,0158	0,0073	0,0030	0,0010	0,0003	0,0001	-0,0000
	D(AF)/A	0,0324	0,0267	0,0175	0,0060	-0,0012	-0,0016	-0,0007	-0,0003	-0,0001	0,0000
	D(BA)/A	-0,6756	-0,5886	-0,4588	-0,2910	-0,1333	-0,0533	-0,0173	-0,0059	-0,0018	-0,0000
	D(BB)/A	-0,2222	-0,1840	-0,1300	-0,0687	-0,0245	-0,0083	-0,0025	-0,0008	-0,0002	0,0000
	D(BC)/A	0,1922	0,1767	0,1488	0,1034	0,0510	0,0211	0,0069	0,0024	0,0007	0
	D(BD)/A	0,1471	0,1344	0,1122	0,0773	0,0380	0,0157	0,0052	0,0018	0,0005	-0,0000
	D(BE)/A	0,1213	0,0996	0,0705	0,0391	0,0160	0,0061	0,0019	0,0007	0,0002	-0,0000
	D(BF)/A	0,1097	0,0839	0,0501	0,0173	0,0008	-0,0012	-0,0006	-0,0002	-0,0001	0
	D(CA)/A	-0,4953	-0,4195	-0,3087	-0,1753	-0,0694	-0,0254	-0,0079	-0,0027	-0,0008	0,0000
	D(CB)/A	-0,5405	-0,4583	-0,3388	-0,1949	-0,0786	-0,0291	-0,0091	-0,0031	-0,0009	0,0000
	D(CC)/A	-0,1161	-0,0935	-0,0630	-0,0309	-0,0100	-0,0032	-0,0009	-0,0003	-0,0001	0,0000
	D(CD)/A	0,2855	0,2493	0,1935	0,1198	0,0526	0,0205	0,0065	0,0022	0,0007	-0,0000
	D(CE)/A	0,2354	0,2007	0,1501	0,0884	0,0371	0,0142	0,0045	0,0015	0,0005	-0,0000
	D(CF)/A	0,2129	0,1700	0,1118	0,0508	0,0134	0,0033	0,0008	0,0002	0,0001	-0,0000
	D(DA)/A	-0,3406	-0,2718	-0,1787	-0,0815	-0,0224	-0,0059	-0,0015	-0,0005	-0,0001	-0,0000
	D(DB)/A	-0,3718	-0,3144	-0,2316	-0,1329	-0,0539	-0,0201	-0,0063	-0,0021	-0,0006	-0,0000
	D(DC)/A	-0,4325	-0,3737	-0,2849	-0,1716	-0,0728	-0,0278	-0,0088	-0,0030	-0,0009	-0,0000
	D(DD)/A	-0,0145	-0,0168	-0,0178	-0,0147	-0,0077	-0,0032	-0,0010	-0,0004	-0,0001	0,0000
	D(DE)/A	0,3922	0,3324	0,2457	0,1415	0,0573	0,0213	0,0067	0,0022	0,0007	0,0000
	D(DF)/A	0,3548	0,3004	0,2209	0,1250	0,0491	0,0179	0,0055	0,0019	0,0006	0,0000
	D(EA)/A	-0,2018	-0,1541	-0,0920	-0,0321	-0,0021	0,0019	0,0010	0,0004	0,0001	0,0000
	D(EB)/A	-0,2203	-0,1791	-0,1243	-0,0664	-0,0256	-0,0094	-0,0029	-0,0010	-0,0003	-0,0000
	D(EC)/A	-0,2563	-0,2276	-0,1826	-0,1199	-0,0568	-0,0232	-0,0076	-0,0026	-0,0008	-0,0000
	D(ED)/A	-0,3114	-0,2799	-0,2283	-0,1531	-0,0739	-0,0304	-0,0100	-0,0034	-0,0010	-0,0000
	D(EE)/A	0,1204	0,0959	0,0621	0,0262	0,0049	0,0004	-0,0001	-0,0001	-0,0000	-0,0000
	D(EF)/A	0,5533	0,4814	0,3751	0,2387	0,1108	0,0449	0,0146	0,0050	0,0015	-0,0000
	D(FA)/A	-0,0681	-0,0565	-0,0378	-0,0135	0,0023	0,0034	0,0015	0,0006	0,0002	0,0000
	D(FB)/A	-0,0743	-0,0657	-0,0517	-0,0322	-0,0143	-0,0056	-0,0018	-0,0006	-0,0002	0
	D(FC)/A	-0,0864	-0,0841	-0,0790	-0,0663	-0,0407	-0,0190	-0,0066	-0,0023	-0,0007	0
	D(FD)/A	-0,1051	-0,1122	-0,1178	-0,1088	-0,0697	-0,0327	-0,0113	-0,0039	-0,0012	0,0000
	D(FE)/A	-0,1314	-0,1270	-0,1166	-0,0924	-0,0524	-0,0233	-0,0079	-0,0027	-0,0008	-0,0000
	D(FF)/A	0,3414	0,3306	0,3045	0,2428	0,1389	0,0620	0,0211	0,0073	0,0022	0,0000
10,00	B(AA)	0,1785	0,2114	0,2707	0,3723	0,5053	0,5926	0,6377	0,6529	0,6584	0,6609
	B(AB)	0,1409	0,1581	0,1867	0,2287	0,2701	0,2898	0,2980	0,3005	0,3014	0,3018
	B(AC)	0,1157	0,1182	0,1212	0,1209	0,1096	0,0955	0,0862	0,0828	0,0816	0,0810
	B(AD)	0,0993	0,0930	0,0813	0,0602	0,0302	0,0082	-0,0041	-0,0084	-0,0100	-0,0107
	B(AE)	0,0896	0,0784	0,0594	0,0303	-0,0016	-0,0196	-0,0283	-0,0311	-0,0321	-0,0326
	B(AF)	0,0851	0,0717	0,0493	0,0165	-0,0141	-0,0259	-0,0293	-0,0300	-0,0302	-0,0303
	B(BA)	0,1691	0,1897	0,2241	0,2745	0,3241	0,3478	0,3576	0,3606	0,3617	0,3621
	B(BB)	0,1768	0,1953	0,2262	0,2714	0,3167	0,3391	0,3489	0,3520	0,3531	0,3535
	B(BC)	0,1452	0,1528	0,1658	0,1856	0,2070	0,2189	0,2246	0,2264	0,2271	0,2274
	B(BD)	0,1247	0,1206	0,1140	0,1053	0,0988	0,0975	0,0976	0,0977	0,0978	0,0978
	B(BE)	0,1124	0,1017	0,0837	0,0577	0,0325	0,0207	0,0158	0,0143	0,0138	0,0136
	B(BF)	0,1068	0,0930	0,0696	0,0339	-0,0052	-0,0271	-0,0376	-0,0410	-0,0423	-0,0428
	B(CA)	0,1620	0,1655	0,1697	0,1693	0,1535	0,1337	0,1207	0,1160	0,1142	0,1134
	B(CB)	0,1694	0,1783	0,1934	0,2165	0,2415	0,2554	0,2620	0,2641	0,2649	0,2653
	B(CC)	0,1835	0,1942	0,2130	0,2445	0,2855	0,3136	0,3289	0,3341	0,3361	0,3369
	B(CD)	0,1576	0,1603	0,1662	0,1789	0,2020	0,2217	0,2335	0,2377	0,2393	0,2400
	B(CE)	0,1421	0,1356	0,1251	0,1111	0,1005	0,0980	0,0980	0,0981	0,0982	0,0982
	B(CF)	0,1349	0,1240	0,1045	0,0712	0,0265	-0,0052	-0,0227	-0,0288	-0,0311	-0,0321
	B(DA)	0,1590	0,1488	0,1301	0,0964	0,0483	0,0131	-0,0066	-0,0135	-0,0160	-0,0172
	B(DB)	0,1662	0,1608	0,1520	0,1404	0,1318	0,1299	0,1301	0,1303	0,1304	0,1304
	B(DC)	0,1801	0,1832	0,1899	0,2045	0,2308	0,2534	0,2669	0,2717	0,2735	0,2743
	B(DD)	0,2005	0,2084	0,2230	0,2490	0,2871	0,3159	0,3323	0,3381	0,3402	0,3412
	B(DE)	0,1808	0,1838	0,1895	0,1994	0,2131	0,2228	0,2282	0,2301	0,2308	0,2311
	B(DF)	0,1717	0,1686	0,1619	0,1458	0,1138	0,0848	0,0672	0,0608	0,0584	0,0574
	B(EA)	0,1612	0,1411	0,1069	0,0545	-0,0029	-0,0353	-0,0509	-0,0560	-0,0578	-0,0586
	B(EB)	0,1686	0,1525	0,1256	0,0865	0,0487	0,0310	0,0237	0,0215	0,0207	0,0204
	B(EC)	0,1826	0,1743	0,1608	0,1428	0,1293	0,1260	0,1259	0,1261	0,1262	0,1263
	B(ED)	0,2033	0,2068	0,2131	0,2243	0,2397	0,2507	0,2568	0,2589	0,2597	0,2600
	B(EE)	0,2312	0,2433	0,2637	0,2938	0,3247	0,3407	0,3480	0,3503	0,3511	0,3515
	B(EF)	0,2196	0,2315	0,2508	0,2770	0,2978	0,3036	0,3044	0,3044	0,3043	0,3043
	B(FA)	0,1702	0,1435	0,0987	0,0331	-0,0282	-0,0519	-0,0586	-0,0600	-0,0604	-0,0606
	B(FB)	0,1780	0,1550	0,1160	0,0564	-0,0087	-0,0452	-0,0627	-0,0684	-0,0705	-0,0714
	B(FC)	0,1928	0,1772	0,1493	0,1017	0,0378	-0,0074	-0,0325	-0,0412	-0,0444	-0,0459
	B(FD)	0,2146	0,2108	0,2024	0,1822	0,1422	0,1060	0,0840	0,0760	0,0730	0,0717
	B(FE)	0,2440	0,2572	0,2787	0,3078	0,3308	0,3374	0,3383	0,3382	0,3382	0,3381
	B(FF)	0,2819	0,3110	0,3638	0,4556	0,5813	0,6698	0,7181	0,7346	0,7408	0,7435

Z	Z(T)	0,00	0,03	0,10	0,30	1,00	3,00	10,0	30,0	100	UNENDL
	D(AA)/A	-0,3983	-0,3933	-0,3738	-0,3127	-0,1891	-0,0876	-0,0304	-0,0106	-0,0032	-0,0000
	D(AB)/A	0,0683	0,0601	0,0468	0,0287	0,0125	0,0050	0,0016	0,0006	0,0002	-0,0000
	D(AC)/A	0,0561	0,0625	0,0696	0,0697	0,0492	0,0246	0,0089	0,0031	0,0010	-0,0000
	D(AD)/A	0,0482	0,0501	0,0525	0,0513	0,0370	0,0190	0,0069	0,0025	0,0008	0
	D(AE)/A	0,0434	0,0423	0,0393	0,0320	0,0192	0,0090	0,0032	0,0011	0,0003	0,0000
	D(AF)/A	0,0413	0,0387	0,0328	0,0205	0,0057	0,0002	-0,0004	-0,0002	-0,0001	0,0000
	D(BA)/A	-0,7410	-0,6725	-0,5598	-0,3905	-0,1990	-0,0849	-0,0284	-0,0098	-0,0030	-0,0000
	D(BB)/A	-0,2598	-0,2316	-0,1846	-0,1163	-0,0501	-0,0189	-0,0059	-0,0020	-0,0006	0
	D(BC)/A	0,1868	0,1701	0,1434	0,1039	0,0568	0,0256	0,0088	0,0031	0,0009	0,0000
	D(BD)/A	0,1603	0,1521	0,1350	0,1022	0,0568	0,0256	0,0088	0,0031	0,0009	-0,0000
	D(BE)/A	0,1445	0,1292	0,1047	0,0700	0,0341	0,0142	0,0047	0,0016	0,0005	0,0000
	D(BF)/A	0,1373	0,1182	0,0881	0,0475	0,0138	0,0026	0,0003	0,0000	0,0000	0,0000
	D(CA)/A	-0,5743	-0,5207	-0,4266	-0,2812	-0,1294	-0,0514	-0,0166	-0,0057	-0,0017	-0,0000
	D(CB)/A	-0,6005	-0,5337	-0,4240	-0,2672	-0,1161	-0,0442	-0,0139	-0,0047	-0,0014	-0,0000
	D(CC)/A	-0,1377	-0,1205	-0,0924	-0,0535	-0,0193	-0,0060	-0,0016	-0,0005	-0,0002	0
	D(CD)/A	0,3014	0,2694	0,2171	0,1421	0,0666	0,0271	0,0089	0,0030	0,0009	0,0000
	D(CE)/A	0,2718	0,2470	0,2029	0,1339	0,0614	0,0242	0,0078	0,0027	0,0008	0
	D(CF)/A	0,2582	0,2271	0,1761	0,1042	0,0393	0,0130	0,0037	0,0012	0,0004	0
	D(DA)/A	-0,4131	-0,3632	-0,2816	-0,1670	-0,0642	-0,0219	-0,0064	-0,0021	-0,0006	0
	D(DB)/A	-0,4320	-0,3908	-0,3186	-0,2075	-0,0933	-0,0363	-0,0116	-0,0039	-0,0012	0,0000
	D(DC)/A	-0,4679	-0,4184	-0,3366	-0,2181	-0,0998	-0,0397	-0,0128	-0,0044	-0,0013	-0,0000
	D(DD)/A	-0,0099	-0,0113	-0,0130	-0,0135	-0,0099	-0,0051	-0,0019	-0,0007	-0,0002	-0,0000
	D(DE)/A	0,4331	0,3835	0,3030	0,1894	0,0815	0,0309	0,0097	0,0033	0,0010	-0,0000
	D(DF)/A	0,4114	0,3729	0,3053	0,2010	0,0925	0,0368	0,0119	0,0041	0,0012	-0,0000
	D(EA)/A	-0,2526	-0,2173	-0,1618	-0,0880	-0,0268	-0,0061	-0,0011	-0,0003	-0,0001	0,0000
	D(EB)/A	-0,2641	-0,2347	-0,1883	-0,1234	-0,0584	-0,0239	-0,0079	-0,0027	-0,0008	-0,0000
	D(EC)/A	-0,2861	-0,2667	-0,2306	-0,1687	-0,0908	-0,0403	-0,0138	-0,0048	-0,0015	0,0000
	D(ED)/A	-0,3185	-0,2893	-0,2420	-0,1723	-0,0922	-0,0412	-0,0141	-0,0049	-0,0015	-0,0000
	D(EE)/A	0,1477	0,1304	0,1011	0,0587	0,0209	0,0064	0,0017	0,0005	0,0002	-0,0000
	D(EF)/A	0,6069	0,5502	0,4579	0,3211	0,1670	0,0728	0,0247	0,0086	0,0026	-0,0000
	D(FA)/A	-0,0866	-0,0821	-0,0708	-0,0461	-0,0146	-0,0018	0,0003	0,0002	0,0001	-0,0000
	D(FB)/A	-0,0905	-0,0887	-0,0830	-0,0680	-0,0409	-0,0191	-0,0067	-0,0023	-0,0007	0,0000
	D(FC)/A	-0,0981	-0,1012	-0,1047	-0,1009	-0,0727	-0,0375	-0,0137	-0,0049	-0,0015	0,0000
	D(FD)/A	-0,1092	-0,1188	-0,1294	-0,1285	-0,0921	-0,0470	-0,0171	-0,0060	-0,0019	0,0000
	D(FE)/A	-0,1241	-0,1160	-0,1013	-0,0762	-0,0429	-0,0197	-0,0068	-0,0024	-0,0007	-0,0000
	D(FF)/A	0,3654	0,3646	0,3532	0,3059	0,1950	0,0939	0,0333	0,0117	0,0036	0,0000
20,00	B(AA)	0,1470	0,1664	0,2048	0,2822	0,4072	0,5057	0,5624	0,5823	0,5897	0,5930
	B(AB)	0,1275	0,1381	0,1583	0,1959	0,2492	0,2860	0,3054	0,3120	0,3144	0,3154
	B(AC)	0,1139	0,1159	0,1196	0,1251	0,1289	0,1275	0,1250	0,1238	0,1233	0,1230
	B(AD)	0,1049	0,1013	0,0942	0,0799	0,0565	0,0371	0,0253	0,0210	0,0194	0,0187
	B(AE)	0,0994	0,0926	0,0793	0,0543	0,0175	-0,0089	-0,0234	-0,0283	-0,0302	-0,0310
	B(AF)	0,0969	0,0885	0,0722	0,0411	-0,0043	-0,0354	-0,0511	-0,0563	-0,0581	-0,0590
	B(BA)	0,1530	0,1657	0,1899	0,2350	0,2990	0,3433	0,3665	0,3744	0,3773	0,3785
	B(BB)	0,1565	0,1675	0,1882	0,2249	0,2737	0,3057	0,3223	0,3279	0,3300	0,3309
	B(BC)	0,1399	0,1445	0,1533	0,1695	0,1921	0,2079	0,2167	0,2198	0,2209	0,2214
	B(BD)	0,1288	0,1264	0,1224	0,1160	0,1102	0,1086	0,1089	0,1091	0,1093	0,1093
	B(BE)	0,1220	0,1155	0,1033	0,0815	0,0531	0,0352	0,0263	0,0233	0,0223	0,0218
	B(BF)	0,1189	0,1104	0,0940	0,0627	0,0159	-0,0192	-0,0391	-0,0461	-0,0487	-0,0499
	B(CA)	0,1595	0,1623	0,1674	0,1752	0,1805	0,1785	0,1749	0,1733	0,1726	0,1723
	B(CB)	0,1632	0,1685	0,1788	0,1977	0,2241	0,2426	0,2528	0,2564	0,2578	0,2584
	B(CC)	0,1700	0,1760	0,1871	0,2079	0,2396	0,2654	0,2812	0,2870	0,2892	0,2902
	B(CD)	0,1566	0,1579	0,1609	0,1680	0,1831	0,1989	0,2100	0,2142	0,2158	0,2166
	B(CE)	0,1484	0,1445	0,1376	0,1262	0,1135	0,1072	0,1048	0,1041	0,1038	0,1037
	B(CF)	0,1445	0,1381	0,1255	0,1004	0,0590	0,0238	0,0017	-0,0064	-0,0095	-0,0109
	B(DA)	0,1679	0,1621	0,1507	0,1278	0,0904	0,0593	0,0405	0,0337	0,0311	0,0299
	B(DB)	0,1717	0,1686	0,1631	0,1547	0,1469	0,1448	0,1452	0,1455	0,1457	0,1458
	B(DC)	0,1789	0,1805	0,1839	0,1919	0,2092	0,2274	0,2400	0,2448	0,2467	0,2475
	B(DD)	0,1894	0,1936	0,2016	0,2170	0,2426	0,2652	0,2797	0,2851	0,2872	0,2881
	B(DE)	0,1794	0,1812	0,1847	0,1916	0,2019	0,2096	0,2139	0,2155	0,2160	0,2163
	B(DF)	0,1748	0,1735	0,1705	0,1629	0,1445	0,1235	0,1084	0,1025	0,1002	0,0992
	B(EA)	0,1790	0,1666	0,1428	0,0977	0,0316	-0,0161	-0,0421	-0,0510	-0,0543	-0,0558
	B(EB)	0,1830	0,1733	0,1549	0,1222	0,0796	0,0528	0,0394	0,0350	0,0334	0,0327
	B(EC)	0,1907	0,1858	0,1769	0,1622	0,1459	0,1379	0,1347	0,1338	0,1335	0,1334
	B(ED)	0,2019	0,2039	0,2078	0,2155	0,2271	0,2358	0,2407	0,2424	0,2430	0,2433
	B(EE)	0,2164	0,2236	0,2369	0,2603	0,2905	0,3096	0,3192	0,3224	0,3235	0,3240
	B(EF)	0,2109	0,2183	0,2324	0,2576	0,2912	0,3126	0,3233	0,3268	0,3281	0,3286
	B(FA)	0,1937	0,1769	0,1443	0,0821	-0,0086	-0,0708	-0,1023	-0,1125	-0,1163	-0,1179
	B(FB)	0,1982	0,1840	0,1567	0,1046	0,0265	-0,0320	-0,0652	-0,0768	-0,0812	-0,0831
	B(FC)	0,2065	0,1973	0,1793	0,1434	0,0843	0,0340	0,0025	-0,0091	-0,0136	-0,0156
	B(FD)	0,2185	0,2168	0,2131	0,2036	0,1806	0,1544	0,1355	0,1281	0,1253	0,1240
	B(FE)	0,2343	0,2426	0,2582	0,2862	0,3235	0,3474	0,3592	0,3631	0,3645	0,3651
	B(FF)	0,2540	0,2712	0,3055	0,3754	0,4937	0,5946	0,6568	0,6795	0,6881	0,6919

Z	Z(T)	0,00	0,03	0,10	0,30	1,00	3,00	10,0	30,0	100	UNENDL
	D(AA)/A	-0,4136	-0,4166	-0,4116	-0,3706	-0,2496	-0,1248	-0,0451	-0,0160	-0,0049	-0,0000
	D(AB)/A	0,0618	0,0493	0,0286	0,0017	-0,0131	-0,0094	-0,0037	-0,0013	-0,0004	-0,0000
	D(AC)/A	0,0552	0,0611	0,0676	0,0679	0,0500	0,0266	0,0100	0,0036	0,0011	-0,0000
	D(AD)/A	0,0509	0,0544	0,0599	0,0636	0,0511	0,0284	0,0108	0,0039	0,0012	-0,0000
	D(AE)/A	0,0482	0,0498	0,0515	0,0502	0,0371	0,0195	0,0072	0,0026	0,0008	-0,0000
	D(AF)/A	0,0470	0,0476	0,0470	0,0408	0,0234	0,0091	0,0026	0,0008	0,0002	0,0000
	D(BA)/A	-0,7805	-0,7281	-0,6376	-0,4860	-0,2787	-0,1287	-0,0449	-0,0157	-0,0048	-0,0000
	D(BB)/A	-0,2832	-0,2648	-0,2303	-0,1691	-0,0893	-0,0384	-0,0128	-0,0044	-0,0013	-0,0000
	D(BC)/A	0,1824	0,1634	0,1341	0,0947	0,0531	0,0255	0,0092	0,0033	0,0010	-0,0000
	D(BD)/A	0,1679	0,1629	0,1505	0,1219	0,0744	0,0360	0,0129	0,0046	0,0014	-0,0000
	D(BE)/A	0,1591	0,1499	0,1335	0,1039	0,0602	0,0277	0,0097	0,0034	0,0010	-0,0000
	D(BF)/A	0,1550	0,1433	0,1225	0,0872	0,0421	0,0158	0,0047	0,0015	0,0005	0.0000
	D(CA)/A	-0,6233	-0,5903	-0,5229	-0,3929	-0,2127	-0,0934	-0,0317	-0,0110	-0,0033	-0,0000
	D(CB)/A	-0,6375	-0,5853	-0,4934	-0,3437	-0,1687	-0,0691	-0,0226	-0,0077	-0,0023	0,0000
	D(CC)/A	-0,1515	-0,1398	-0,1183	-0,0811	-0,0367	-0,0134	-0,0040	-0,0013	-0,0004	0
	D(CD)/A	0,3106	0,2819	0,2337	0,1606	0,0802	0,0341	0,0115	0,0040	0,0012	-0,0000
	D(CE)/A	0,2944	0,2789	0,2462	0,1820	0,0948	0,0402	0,0134	0,0046	0,0014	-0,0000
	D(CF)/A	0,2868	0,2677	0,2318	0,1672	0,0838	0,0341	0,0110	0,0037	0,0011	-0,0000
	D(DA)/A	-0,4590	-0,4283	-0,3707	-0,2678	-0,1354	-0,0559	-0,0182	-0,0062	-0,0019	-0,0000
	D(DB)/A	-0,4695	-0,4438	-0,3907	-0,2879	-0,1497	-0,0636	-0,0212	-0,0073	-0,0022	-0,0000
	D(DC)/A	-0,4892	-0,4478	-0,3761	-0,2626	-0,1323	-0,0562	-0,0189	-0,0065	-0,0020	-0,0000
	D(DD)/A	-0,0066	-0,0068	-0,0073	-0,0087	-0,0093	-0,0062	-0,0026	-0,0010	-0,0003	0,0000
	D(DE)/A	0,4582	0,4184	0,3497	0,2402	0,1157	0,0468	0,0152	0,0052	0,0016	0,0000
	D(DF)/A	0,4465	0,4227	0,3742	0,2812	0,1534	0,0683	0,0234	0,0082	0,0025	0,0000
	D(EA)/A	-0,2852	-0,2635	-0,2252	-0,1613	-0,0807	-0,0323	-0,0102	-0,0034	-0,0010	0,0000
	D(EB)/A	-0,2917	-0,2739	-0,2426	-0,1877	-0,1089	-0,0507	-0,0178	-0,0063	-0,0019	-0,0000
	D(EC)/A	-0,3039	-0,2921	-0,2665	-0,2132	-0,1294	-0,0627	-0,0226	-0,0080	-0,0025	-0,0000
	D(ED)/A	-0,3217	-0,2933	-0,2476	-0,1813	-0,1043	-0,0502	-0,0181	-0,0064	-0,0020	-0,0000
	D(EE)/A	0,1649	0,1549	0,1345	0,0968	0,0485	0,0199	0,0065	0,0022	0,0007	-0,0000
	D(EF)/A	0,6393	0,5958	0,5217	0,4004	0,2360	0,1127	0,0403	0,0142	0,0044	-0,0000
	D(FA)/A	-0,0986	-0,1009	-0,1016	-0,0916	-0,0572	-0,0252	-0,0081	-0,0027	-0,0008	0
	D(FB)/A	-0,1008	-0,1050	-0,1100	-0,1095	-0,0838	-0,0455	-0,0171	-0,0062	-0,0019	0
	D(FC)/A	-0,1051	-0,1125	-0,1238	-0,1324	-0,1089	-0,0619	-0,0239	-0,0087	-0,0027	0,0000
	D(FD)/A	-0,1112	-0,1219	-0,1350	-0,1390	-0,1076	-0,0592	-0,0226	-0,0081	-0,0025	0,0000
	D(FE)/A	-0,1192	-0,1075	-0,0866	-0,0539	-0,0216	-0,0076	-0,0023	-0,0008	-0,0002	-0,0000
	D(FF)/A	0,3796	0,3865	0,3894	0,3639	0,2606	0,1374	0,0513	0,0184	0,0057	0
50,00	B(AA)	0,1260	0,1347	0,1532	0,1967	0,2901	0,3939	0,4722	0,5041	0,5168	0,5225
	B(AB)	0,1180	0,1229	0,1331	0,1564	0,2046	0,2576	0,2980	0,3147	0,3213	0,3243
	B(AC)	0,1124	0,1134	0,1157	0,1211	0,1328	0,1469	0,1587	0,1639	0,1660	0,1669
	B(AD)	0,1085	0,1070	0,1037	0,0964	0,0824	0,0689	0,0601	0,0569	0,0556	0,0551
	B(AE)	0,1062	0,1030	0,0964	0,0812	0,0498	0,0159	-0,0095	-0,0199	-0,0240	-0,0258
	B(AF)	0,1051	0,1012	0,0928	0,0728	0,0285	-0,0238	-0,0655	-0,0832	-0,0903	-0,0935
	B(BA)	0,1417	0,1475	0,1598	0,1877	0,2455	0,3091	0,3576	0,3776	0,3856	0,3892
	B(BB)	0,1430	0,1479	0,1581	0,1798	0,2209	0,2634	0,2952	0,3084	0,3136	0,3159
	B(BC)	0,1361	0,1382	0,1426	0,1522	0,1709	0,1911	0,2068	0,2134	0,2161	0,2173
	B(BD)	0,1314	0,1304	0,1285	0,1250	0,1204	0,1179	0,1172	0,1172	0,1173	0,1173
	B(BE)	0,1286	0,1256	0,1195	0,1065	0,0820	0,0573	0,0393	0,0319	0,0290	0,0277
	B(BF)	0,1272	0,1233	0,1151	0,0959	0,0549	0,0077	-0,0298	-0,0457	-0,0521	-0,0550
	B(CA)	0,1573	0,1588	0,1620	0,1695	0,1859	0,2056	0,2222	0,2294	0,2324	0,2337
	B(CB)	0,1588	0,1612	0,1663	0,1775	0,1994	0,2229	0,2412	0,2490	0,2521	0,2535
	B(CC)	0,1615	0,1640	0,1691	0,1795	0,1991	0,2196	0,2353	0,2418	0,2444	0,2456
	B(CD)	0,1560	0,1565	0,1577	0,1605	0,1671	0,1753	0,1820	0,1848	0,1859	0,1864
	B(CE)	0,1526	0,1508	0,1474	0,1407	0,1291	0,1178	0,1093	0,1058	0,1044	0,1038
	B(CF)	0,1510	0,1481	0,1420	0,1281	0,0982	0,0634	0,0355	0,0236	0,0188	0,0166
	B(DA)	0,1737	0,1712	0,1659	0,1543	0,1318	0,1103	0,0962	0,0910	0,0890	0,0882
	B(DB)	0,1753	0,1739	0,1713	0,1667	0,1605	0,1572	0,1563	0,1563	0,1563	0,1564
	B(DC)	0,1782	0,1789	0,1802	0,1834	0,1910	0,2004	0,2080	0,2112	0,2124	0,2130
	B(DD)	0,1825	0,1842	0,1877	0,1946	0,2073	0,2201	0,2292	0,2328	0,2342	0,2349
	B(DE)	0,1785	0,1793	0,1809	0,1845	0,1909	0,1964	0,1996	0,2007	0,2012	0,2013
	B(DF)	0,1766	0,1761	0,1751	0,1727	0,1664	0,1574	0,1495	0,1460	0,1446	0,1439
	B(EA)	0,1911	0,1855	0,1735	0,1461	0,0897	0,0286	-0,0171	-0,0358	-0,0432	-0,0465
	B(EB)	0,1929	0,1884	0,1793	0,1597	0,1230	0,0860	0,0589	0,0479	0,0435	0,0415
	B(EC)	0,1961	0,1939	0,1896	0,1808	0,1659	0,1514	0,1406	0,1360	0,1342	0,1334
	B(ED)	0,2008	0,2017	0,2036	0,2076	0,2148	0,2210	0,2246	0,2258	0,2263	0,2265
	B(EE)	0,2068	0,2100	0,2165	0,2299	0,2540	0,2774	0,2941	0,3007	0,3034	0,3045
	B(EF)	0,2046	0,2081	0,2153	0,2315	0,2647	0,3017	0,3305	0,3426	0,3475	0,3497
	B(FA)	0,2101	0,2024	0,1856	0,1456	0,0569	-0,0476	-0,1310	-0,1663	-0,1805	-0,1870
	B(FB)	0,2121	0,2056	0,1918	0,1599	0,0915	0,0128	-0,0497	-0,0762	-0,0868	-0,0916
	B(FC)	0,2157	0,2116	0,2029	0,1830	0,1403	0,0906	0,0507	0,0337	0,0269	0,0238
	B(FD)	0,2208	0,2202	0,2189	0,2159	0,2079	0,1968	0,1869	0,1825	0,1807	0,1799
	B(FE)	0,2274	0,2312	0,2392	0,2572	0,2941	0,3352	0,3672	0,3807	0,3861	0,3885
	B(FF)	0,2354	0,2431	0,2597	0,2990	0,3873	0,4935	0,5798	0,6166	0,6315	0,6383

Z	Z(T)	0,00	0,03	0,10	0,30	1,00	3,00	10,0	30,0	100	UNENDL
	D(AA)/A	-0,4237	-0,4331	-0,4416	-0,4276	-0,3320	-0,1898	-0,0748	-0,0274	-0,0085	-0,0000
	D(AB)/A	0,0572	0,0411	0,0129	-0,0291	-0,0567	-0,0430	-0,0189	-0,0072	-0,0022	0,0000
	D(AC)/A	0,0545	0,0597	0,0646	0,0615	0,0406	0,0194	0,0067	0,0023	0,0007	0
	D(AD)/A	0,0526	0,0574	0,0655	0,0740	0,0656	0,0394	0,0157	0,0058	0,0018	0
	D(AE)/A	0,0515	0,0553	0,0619	0,0702	0,0656	0,0415	0,0171	0,0064	0,0020	0,0000
	D(AF)/A	0,0509	0,0543	0,0598	0,0657	0,0601	0,0383	0,0161	0,0060	0,0019	0,0000
	D(BA)/A	-0,8070	-0,7678	-0,7004	-0,5829	-0,3917	-0,2087	-0,0799	-0,0289	-0,0090	-0,0000
	D(BB)/A	-0,2992	-0,2893	-0,2689	-0,2272	-0,1537	-0,0824	-0,0317	-0,0115	-0,0036	-0,0000
	D(BC)/A	0,1790	0,1576	0,1242	0,0789	0,0357	0,0138	0,0042	0,0014	0,0004	-0,0000
	D(BD)/A	0,1728	0,1703	0,1620	0,1388	0,0928	0,0483	0,0181	0,0065	0,0020	-0,0000
	D(BE)/A	0,1691	0,1652	0,1578	0,1409	0,1015	0,0560	0,0218	0,0079	0,0025	-0,0000
	D(BF)/A	0,1673	0,1622	0,1530	0,1347	0,0976	0,0551	0,0219	0,0081	0,0025	0,0000
	D(CA)/A	-0,6566	-0,6412	-0,6033	-0,5126	-0,3419	-0,1799	-0,0685	-0,0248	-0,0077	-0,0000
	D(CB)/A	-0,6626	-0,6229	-0,5514	-0,4263	-0,2525	-0,1231	-0,0451	-0,0161	-0,0050	0
	D(CC)/A	-0,1610	-0,1543	-0,1409	-0,1134	-0,0691	-0,0342	-0,0127	-0,0046	-0,0014	0,0000
	D(CD)/A	0,3167	0,2905	0,2463	0,1774	0,0958	0,0433	0,0151	0,0053	0,0016	0,0000
	D(CE)/A	0,3097	0,3022	0,2825	0,2339	0,1471	0,0736	0,0272	0,0098	0,0030	0,0000
	D(CF)/A	0,3065	0,2979	0,2798	0,2390	0,1618	0,0869	0,0337	0,0123	0,0038	0,0000
	D(DA)/A	-0,4906	-0,4767	-0,4476	-0,3825	-0,2595	-0,1396	-0,0542	-0,0198	-0,0061	-0,0000
	D(DB)/A	-0,4951	-0,4827	-0,4514	-0,3755	-0,2402	-0,1232	-0,0466	-0,0168	-0,0052	-0,0000
	D(DC)/A	-0,5034	-0,4688	-0,4081	-0,3077	-0,1787	-0,0872	-0,0323	-0,0116	-0,0036	0
	D(DD)/A	-0,0043	-0,0032	-0,0016	-0,0013	-0,0040	-0,0044	-0,0023	-0,0009	-0,0003	-0,0000
	D(DE)/A	0,4753	0,4439	0,3887	0,2951	0,1707	0,0820	0,0299	0,0107	0,0033	-0,0000
	D(DF)/A	0,4704	0,4591	0,4318	0,3674	0,2486	0,1345	0,0525	0,0192	0,0060	-0,0000
	D(EA)/A	-0,3078	-0,2983	-0,2813	-0,2492	-0,1860	-0,1098	-0,0452	-0,0169	-0,0053	0
	D(EB)/A	-0,3106	-0,3029	-0,2890	-0,2590	-0,1921	-0,1113	-0,0451	-0,0167	-0,0052	-0,0000
	D(EC)/A	-0,3159	-0,3102	-0,2949	-0,2565	-0,1801	-0,1003	-0,0398	-0,0146	-0,0046	0,0000
	D(ED)/A	-0,3234	-0,2951	-0,2498	-0,1843	-0,1095	-0,0557	-0,0211	-0,0076	-0,0024	0
	D(EE)/A	0,1768	0,1730	0,1633	0,1399	0,0968	0,0539	0,0215	0,0079	0,0025	-0,0000
	D(EF)/A	0,6610	0,6284	0,5734	0,4810	0,3349	0,1879	0,0751	0,0277	0,0086	-0,0000
	D(FA)/A	-0,1069	-0,1152	-0,1292	-0,1476	-0,1452	-0,1001	-0,0444	-0,0169	-0,0054	0,0000
	D(FB)/A	-0,1079	-0,1171	-0,1332	-0,1562	-0,1558	-0,1061	-0,0464	-0,0176	-0,0055	0,0000
	D(FC)/A	-0,1097	-0,1204	-0,1390	-0,1626	-0,1556	-0,1017	-0,0433	-0,0163	-0,0051	-0,0000
	D(FD)/A	-0,1123	-0,1236	-0,1378	-0,1442	-0,1162	-0,0676	-0,0270	-0,0100	-0,0031	-0,0000
	D(FE)/A	-0,1157	-0,1010	-0,0734	-0,0271	0,0187	0,0254	0,0133	0,0053	0,0017	-0,0000
	D(FF)/A	0,3890	0,4019	0,4181	0,4211	0,3512	0,2161	0,0899	0,0336	0,0105	-0,0000
100,00	B(AA)	0,1187	0,1232	0,1331	0,1580	0,2211	0,3133	0,4084	0,4572	0,4786	0,4887
	B(AB)	0,1147	0,1172	0,1228	0,1365	0,1712	0,2232	0,2789	0,3082	0,3212	0,3273
	B(AC)	0,1118	0,1123	0,1137	0,1172	0,1274	0,1455	0,1674	0,1797	0,1853	0,1879
	B(AD)	0,1098	0,1090	0,1073	0,1033	0,0947	0,0853	0,0783	0,0755	0,0743	0,0738
	B(AE)	0,1086	0,1070	0,1033	0,0944	0,0722	0,0399	0,0062	-0,0112	-0,0189	-0,0225
	B(AF)	0,1080	0,1060	0,1014	0,0894	0,0568	0,0034	-0,0570	-0,0895	-0,1042	-0,1111
	B(BA)	0,1376	0,1406	0,1473	0,1638	0,2054	0,2679	0,3347	0,3698	0,3854	0,3928
	B(BB)	0,1382	0,1408	0,1463	0,1589	0,1880	0,2292	0,2729	0,2957	0,3059	0,3107
	B(BC)	0,1347	0,1358	0,1382	0,1438	0,1570	0,1763	0,1973	0,2084	0,2134	0,2158
	B(BD)	0,1324	0,1319	0,1308	0,1288	0,1256	0,1229	0,1211	0,1205	0,1203	0,1202
	B(BE)	0,1309	0,1294	0,1261	0,1184	0,1010	0,0768	0,0516	0,0384	0,0326	0,0299
	B(BF)	0,1302	0,1282	0,1237	0,1124	0,0832	0,0377	-0,0125	-0,0392	-0,0512	-0,0569
	B(CA)	0,1565	0,1573	0,1591	0,1641	0,1784	0,2037	0,2344	0,2516	0,2594	0,2631
	B(CB)	0,1572	0,1585	0,1612	0,1678	0,1832	0,2057	0,2302	0,2432	0,2490	0,2517
	B(CC)	0,1585	0,1598	0,1625	0,1682	0,1804	0,1962	0,2120	0,2200	0,2235	0,2251
	B(CD)	0,1558	0,1560	0,1566	0,1580	0,1612	0,1652	0,1684	0,1698	0,1704	0,1706
	B(CE)	0,1540	0,1531	0,1513	0,1473	0,1389	0,1270	0,1141	0,1071	0,1039	0,1025
	B(CF)	0,1532	0,1517	0,1485	0,1405	0,1207	0,0909	0,0589	0,0421	0,0346	0,0311
	B(DA)	0,1757	0,1744	0,1717	0,1652	0,1516	0,1365	0,1252	0,1207	0,1190	0,1182
	B(DB)	0,1765	0,1758	0,1744	0,1718	0,1675	0,1638	0,1615	0,1607	0,1604	0,1602
	B(DC)	0,1780	0,1783	0,1790	0,1805	0,1842	0,1888	0,1925	0,1941	0,1947	0,1950
	B(DD)	0,1801	0,1810	0,1828	0,1864	0,1933	0,2007	0,2062	0,2085	0,2094	0,2098
	B(DE)	0,1781	0,1786	0,1794	0,1814	0,1855	0,1896	0,1926	0,1937	0,1941	0,1943
	B(DF)	0,1772	0,1770	0,1765	0,1755	0,1731	0,1701	0,1674	0,1663	0,1658	0,1655
	B(EA)	0,1955	0,1925	0,1860	0,1699	0,1300	0,0718	0,0111	-0,0202	-0,0340	-0,0406
	B(EB)	0,1964	0,1941	0,1891	0,1776	0,1515	0,1152	0,0774	0,0577	0,0489	0,0448
	B(EC)	0,1980	0,1969	0,1945	0,1894	0,1786	0,1633	0,1466	0,1377	0,1336	0,1317
	B(ED)	0,2004	0,2009	0,2019	0,2041	0,2087	0,2133	0,2166	0,2179	0,2184	0,2186
	B(EE)	0,2034	0,2051	0,2086	0,2163	0,2332	0,2555	0,2781	0,2897	0,2948	0,2972
	B(EF)	0,2024	0,2042	0,2081	0,2178	0,2423	0,2800	0,3218	0,3441	0,3541	0,3588
	B(FA)	0,2161	0,2120	0,2028	0,1789	0,1135	0,0069	-0,1139	-0,1791	-0,2083	-0,2222
	B(FB)	0,2171	0,2136	0,2062	0,1873	0,1386	0,0628	-0,0208	-0,0654	-0,0853	-0,0948
	B(FC)	0,2189	0,2168	0,2121	0,2008	0,1724	0,1299	0,0842	0,0602	0,0495	0,0444
	B(FD)	0,2215	0,2212	0,2206	0,2194	0,2164	0,2126	0,2093	0,2078	0,2072	0,2069
	B(FE)	0,2249	0,2269	0,2313	0,2420	0,2692	0,3112	0,3575	0,3823	0,3934	0,3987
	B(FF)	0,2289	0,2329	0,2418	0,2643	0,3239	0,4178	0,5213	0,5763	0,6009	0,6126

Z	Z(T)	0,00	0,03	0,10	0,30	1,00	3,00	10,0	30,0	100	UNENDL
	D(AA)/A	-0,4273	-0,4391	-0,4533	-0,4539	-0,3845	-0,2482	-0,1098	-0,0424	-0,0135	-0,0000
	D(AB)/A	0,0556	0,0381	0,0064	-0,0442	-0,0875	-0,0776	-0,0399	-0,0162	-0,0053	-0,0000
	D(AC)/A	0,0542	0,0591	0,0631	0,0574	0,0309	0,0072	-0,0012	-0,0012	-0,0005	-0,0000
	D(AD)/A	0,0532	0,0585	0,0675	0,0784	0,0729	0,0460	0,0190	0,0071	0,0022	-0,0000
	D(AE)/A	0,0527	0,0574	0,0662	0,0800	0,0851	0,0630	0,0300	0,0119	0,0038	0,0000
	D(AF)/A	0,0524	0,0569	0,0651	0,0785	0,0881	0,0721	0,0375	0,0154	0,0050	0,0000
	D(BA)/A	-0,8163	-0,7824	-0,7253	-0,6283	-0,4651	-0,2823	-0,1221	-0,0469	-0,0149	-0,0000
	D(BB)/A	-0,3049	-0,2983	-0,2846	-0,2556	-0,1987	-0,1272	-0,0575	-0,0225	-0,0072	0,0000
	D(BC)/A	0,1777	0,1553	0,1197	0,0700	0,0201	-0,0030	-0,0060	-0,0031	-0,0011	-0,0000
	D(BD)/A	0,1746	0,1730	0,1663	0,1460	0,1023	0,0560	0,0218	0,0079	0,0025	0
	D(BE)/A	0,1726	0,1708	0,1677	0,1588	0,1297	0,0837	0,0375	0,0146	0,0047	0,0000
	D(BF)/A	0,1717	0,1693	0,1656	0,1587	0,1391	0,0995	0,0486	0,0196	0,0063	-0,0000
	D(CA)/A	-0,6685	-0,6600	-0,6357	-0,5703	-0,4296	-0,2644	-0,1162	-0,0450	-0,0143	0,0000
	D(CB)/A	-0,6716	-0,6369	-0,5748	-0,4663	-0,3104	-0,1775	-0,0756	-0,0291	-0,0092	0,0000
	D(CC)/A	-0,1644	-0,1597	-0,1502	-0,1295	-0,0929	-0,0573	-0,0261	-0,0103	-0,0033	0
	D(CD)/A	0,3188	0,2936	0,2511	0,1849	0,1048	0,0501	0,0181	0,0065	0,0020	0,0000
	D(CE)/A	0,3152	0,3109	0,2971	0,2589	0,1829	0,1066	0,0455	0,0175	0,0055	0
	D(CF)/A	0,3136	0,3092	0,2995	0,2746	0,2177	0,1428	0,0662	0,0263	0,0084	0
	D(DA)/A	-0,5019	-0,4948	-0,4791	-0,4394	-0,3483	-0,2279	-0,1054	-0,0417	-0,0134	-0,0000
	D(DB)/A	-0,5042	-0,4971	-0,4759	-0,4180	-0,3029	-0,1834	-0,0809	-0,0315	-0,0101	-0,0000
	D(DC)/A	-0,5085	-0,4765	-0,4207	-0,3288	-0,2091	-0,1164	-0,0490	-0,0188	-0,0059	-0,0000
	D(DD)/A	-0,0034	-0,0017	0,0008	0,0028	0,0011	-0,0006	-0,0006	-0,0003	-0,0001	-0,0000
	D(DE)/A	0,4814	0,4534	0,4044	0,3217	0,2088	0,1179	0,0502	0,0193	0,0061	-0,0000
	D(DF)/A	0,4789	0,4726	0,4550	0,4089	0,3134	0,1998	0,0909	0,0358	0,0115	-0,0000
	D(EA)/A	-0,3159	-0,3114	-0,3045	-0,2937	-0,2647	-0,1968	-0,0990	-0,0405	-0,0132	-0,0000
	D(EB)/A	-0,3174	-0,3138	-0,3078	-0,2939	-0,2503	-0,1730	-0,0825	-0,0330	-0,0106	-0,0000
	D(EC)/A	-0,3201	-0,3168	-0,3060	-0,2762	-0,2116	-0,1329	-0,0593	-0,0231	-0,0074	0,0000
	D(ED)/A	-0,3239	-0,2956	-0,2501	-0,1842	-0,1088	-0,0550	-0,0208	-0,0075	-0,0023	-0,0000
	D(EE)/A	0,1810	0,1798	0,1750	0,1611	0,1313	0,0899	0,0431	0,0173	0,0056	0,0000
	D(EF)/A	0,6687	0,6404	0,5938	0,5189	0,3995	0,2583	0,1184	0,0467	0,0150	0
	D(FA)/A	-0,1099	-0,1206	-0,1406	-0,1763	-0,2124	-0,1865	-0,1016	-0,0426	-0,0140	0
	D(FB)/A	-0,1104	-0,1216	-0,1427	-0,1791	-0,2064	-0,1683	-0,0865	-0,0355	-0,0115	0,0000
	D(FC)/A	-0,1114	-0,1233	-0,1449	-0,1764	-0,1842	-0,1354	-0,0647	-0,0257	-0,0083	-0,0000
	D(FD)/A	-0,1127	-0,1242	-0,1386	-0,1453	-0,1172	-0,0682	-0,0273	-0,0100	-0,0031	-0,0000
	D(FE)/A	-0,1144	-0,0985	-0,0680	-0,0136	0,0482	0,0612	0,0363	0,0155	0,0051	-0,0000
	D(FF)/A	0,3923	0,4075	0,4294	0,4476	0,4094	0,2884	0,1371	0,0547	0,0176	-0,0000
200,00	B(AA)	0,1149	0,1172	0,1224	0,1358	0,1735	0,2426	0,3425	0,4127	0,4498	0,4689
	B(AB)	0,1129	0,1142	0,1171	0,1246	0,1460	0,1869	0,2486	0,2930	0,3166	0,3288
	B(AC)	0,1115	0,1117	0,1125	0,1145	0,1213	0,1369	0,1636	0,1837	0,1946	0,2003
	B(AD)	0,1105	0,1101	0,1092	0,1071	0,1022	0,0961	0,0903	0,0873	0,0859	0,0852
	B(AE)	0,1098	0,1090	0,1071	0,1022	0,0886	0,0636	0,0267	0,0006	-0,0133	-0,0204
	B(AF)	0,1096	0,1085	0,1061	0,0995	0,0791	0,0366	-0,0313	-0,0811	-0,1079	-0,1217
	B(BA)	0,1355	0,1370	0,1405	0,1496	0,1752	0,2243	0,2984	0,3516	0,3800	0,3946
	B(BB)	0,1358	0,1371	0,1400	0,1468	0,1646	0,1969	0,2453	0,2800	0,2985	0,3081
	B(BC)	0,1340	0,1346	0,1358	0,1389	0,1470	0,1620	0,1849	0,2015	0,2104	0,2150
	B(BD)	0,1329	0,1326	0,1321	0,1310	0,1290	0,1267	0,1243	0,1228	0,1220	0,1217
	B(BE)	0,1321	0,1313	0,1296	0,1254	0,1147	0,0957	0,0674	0,0473	0,0365	0,0310
	B(BF)	0,1318	0,1307	0,1284	0,1222	0,1042	0,0689	0,0141	-0,0257	-0,0469	-0,0579
	B(CA)	0,1560	0,1564	0,1574	0,1603	0,1699	0,1917	0,2290	0,2572	0,2725	0,2804
	B(CB)	0,1564	0,1570	0,1585	0,1620	0,1715	0,1890	0,2157	0,2351	0,2455	0,2509
	B(CC)	0,1571	0,1577	0,1591	0,1621	0,1690	0,1800	0,1949	0,2052	0,2105	0,2133
	B(CD)	0,1557	0,1558	0,1561	0,1567	0,1583	0,1600	0,1609	0,1611	0,1611	0,1610
	B(CE)	0,1548	0,1543	0,1534	0,1512	0,1460	0,1364	0,1214	0,1104	0,1045	0,1014
	B(CF)	0,1544	0,1536	0,1519	0,1477	0,1359	0,1141	0,0816	0,0585	0,0462	0,0399
	B(DA)	0,1767	0,1761	0,1747	0,1713	0,1636	0,1538	0,1445	0,1397	0,1374	0,1363
	B(DB)	0,1771	0,1768	0,1761	0,1747	0,1720	0,1689	0,1657	0,1637	0,1627	0,1622
	B(DC)	0,1779	0,1780	0,1784	0,1791	0,1809	0,1828	0,1839	0,1841	0,1841	0,1840
	B(DD)	0,1790	0,1794	0,1803	0,1821	0,1858	0,1898	0,1930	0,1943	0,1948	0,1951
	B(DE)	0,1780	0,1782	0,1786	0,1797	0,1820	0,1849	0,1877	0,1892	0,1899	0,1903
	B(DF)	0,1775	0,1774	0,1772	0,1767	0,1759	0,1755	0,1763	0,1774	0,1780	0,1784
	B(EA)	0,1977	0,1962	0,1928	0,1840	0,1596	0,1144	0,0481	0,0010	-0,0239	-0,0367
	B(EB)	0,1982	0,1970	0,1944	0,1882	0,1721	0,1435	0,1012	0,0709	0,0548	0,0465
	B(EC)	0,1990	0,1984	0,1972	0,1944	0,1877	0,1753	0,1561	0,1419	0,1343	0,1304
	B(ED)	0,2002	0,2004	0,2010	0,2022	0,2048	0,2080	0,2111	0,2128	0,2137	0,2141
	B(EE)	0,2017	0,2026	0,2044	0,2086	0,2188	0,2363	0,2613	0,2791	0,2885	0,2933
	B(EF)	0,2012	0,2021	0,2042	0,2095	0,2248	0,2549	0,3019	0,3362	0,3545	0,3640
	B(FA)	0,2191	0,2170	0,2122	0,1990	0,1582	0,0732	-0,0625	-0,1623	-0,2158	-0,2435
	B(FB)	0,2196	0,2179	0,2140	0,2037	0,1737	0,1148	0,0235	-0,0428	-0,0782	-0,0965
	B(FC)	0,2205	0,2195	0,2171	0,2110	0,1941	0,1629	0,1166	0,0835	0,0660	0,0570
	B(FD)	0,2219	0,2217	0,2215	0,2209	0,2199	0,2194	0,2204	0,2217	0,2225	0,2229
	B(FE)	0,2236	0,2246	0,2269	0,2328	0,2498	0,2832	0,3354	0,3735	0,3939	0,4044
	B(FF)	0,2256	0,2276	0,2322	0,2444	0,2800	0,3500	0,4573	0,5348	0,5761	0,5974

Z	Z(T)	0,00	0,03	0,10	0,30	1,00	3,00	10,0	30,0	100	UNENDL
	D(AA)/A	-0,4291	-0,4422	-0,4596	-0,4691	-0,4218	-0,3049	-0,1578	-0,0675	-0,0226	-0,0000
	D(AB)/A	0,0547	0,0365	0,0029	-0,0533	-0,1102	-0,1128	-0,0702	-0,0322	-0,0110	-0,0000
	D(AC)/A	0,0540	0,0587	0,0623	0,0548	0,0229	-0,0069	-0,0142	-0,0082	-0,0031	-0,0000
	D(AD)/A	0,0536	0,0590	0,0686	0,0808	0,0776	0,0511	0,0222	0,0085	0,0027	-0,0000
	D(AE)/A	0,0533	0,0585	0,0685	0,0858	0,0994	0,0846	0,0482	0,0214	0,0073	-0,0000
	D(AF)/A	0,0531	0,0582	0,0680	0,0863	0,1094	0,1079	0,0698	0,0327	0,0114	0,0000
	D(BA)/A	-0,8211	-0,7900	-0,7387	-0,6548	-0,5178	-0,3545	-0,1805	-0,0770	-0,0257	0,0000
	D(BB)/A	-0,3079	-0,3031	-0,2930	-0,2723	-0,2318	-0,1727	-0,0947	-0,0418	-0,0142	0,0000
	D(BC)/A	0,1770	0,1541	0,1173	0,0644	0,0078	-0,0217	-0,0222	-0,0117	-0,0042	0,0000
	D(BD)/A	0,1754	0,1743	0,1686	0,1500	0,1085	0,0621	0,0255	0,0096	0,0030	0,0000
	D(BE)/A	0,1745	0,1738	0,1730	0,1694	0,1504	0,1114	0,0598	0,0261	0,0088	0,0000
	D(BF)/A	0,1740	0,1731	0,1725	0,1732	0,1704	0,1460	0,0884	0,0406	0,0140	0,0000
	D(CA)/A	-0,6746	-0,6698	-0,6532	-0,6042	-0,4936	-0,3489	-0,1838	-0,0797	-0,0268	-0,0000
	D(CB)/A	-0,6761	-0,6441	-0,5874	-0,4899	-0,3529	-0,2325	-0,1195	-0,0516	-0,0174	-0,0000
	D(CC)/A	-0,1662	-0,1626	-0,1552	-0,1391	-0,1108	-0,0815	-0,0460	-0,0207	-0,0071	-0,0000
	D(CD)/A	0,3198	0,2952	0,2537	0,1892	0,1109	0,0560	0,0218	0,0081	0,0025	0
	D(CE)/A	0,3180	0,3154	0,3051	0,2737	0,2091	0,1399	0,0717	0,0308	0,0103	-0,0000
	D(CF)/A	0,3172	0,3152	0,3101	0,2958	0,2592	0,2003	0,1139	0,0511	0,0174	-0,0000
	D(DA)/A	-0,5077	-0,5043	-0,4962	-0,4732	-0,4143	-0,3186	-0,1802	-0,0806	-0,0275	-0,0000
	D(DB)/A	-0,5089	-0,5047	-0,4892	-0,4431	-0,3489	-0,2443	-0,1305	-0,0572	-0,0193	-0,0000
	D(DC)/A	-0,5110	-0,4805	-0,4275	-0,3412	-0,2310	-0,1451	-0,0724	-0,0309	-0,0104	-0,0000
	D(DD)/A	-0,0030	-0,0010	0,0022	0,0053	0,0052	0,0039	0,0024	0,0012	0,0004	0,0000
	D(DE)/A	0,4845	0,4583	0,4129	0,3374	0,2369	0,1543	0,0794	0,0344	0,0116	0,0000
	D(DF)/A	0,4832	0,4797	0,4675	0,4333	0,3608	0,2655	0,1457	0,0644	0,0219	0,0000
	D(EA)/A	-0,3201	-0,3182	-0,3171	-0,3204	-0,3240	-0,2881	-0,1795	-0,0833	-0,0288	-0,0000
	D(EB)/A	-0,3209	-0,3194	-0,3181	-0,3146	-0,2932	-0,2358	-0,1365	-0,0615	-0,0210	-0,0000
	D(EC)/A	-0,3222	-0,3202	-0,3120	-0,2877	-0,2338	-0,1640	-0,0856	-0,0369	-0,0124	-0,0000
	D(ED)/A	-0,3242	-0,2959	-0,2502	-0,1838	-0,1071	-0,0522	-0,0184	-0,0063	-0,0019	-0,0000
	D(EE)/A	0,1832	0,1834	0,1813	0,1738	0,1570	0,1269	0,0747	0,0340	0,0117	-0,0000
	D(EF)/A	0,6726	0,6466	0,6048	0,5409	0,4460	0,3278	0,1789	0,0789	0,0267	-0,0000
	D(FA)/A	-0,1115	-0,1235	-0,1469	-0,1936	-0,2635	-0,2778	-0,1878	-0,0896	-0,0313	0
	D(FB)/A	-0,1117	-0,1240	-0,1478	-0,1927	-0,2438	-0,2315	-0,1446	-0,0668	-0,0230	0,0000
	D(FC)/A	-0,1122	-0,1248	-0,1481	-0,1843	-0,2041	-0,1673	-0,0933	-0,0411	-0,0139	0,0000
	D(FD)/A	-0,1129	-0,1244	-0,1390	-0,1457	-0,1166	-0,0660	-0,0250	-0,0088	-0,0027	0,0000
	D(FE)/A	-0,1137	-0,0972	-0,0650	-0,0055	0,0703	0,0984	0,0703	0,0338	0,0118	0
	D(FF)/A	0,3940	0,4105	0,4354	0,4629	0,4509	0,3592	0,2027	0,0902	0,0307	0,0000
500,00	B(AA)	0,1126	0,1136	0,1157	0,1213	0,1384	0,1760	0,2552	0,3443	0,4120	0,4557
	B(AB)	0,1118	0,1124	0,1136	0,1167	0,1266	0,1494	0,1997	0,2573	0,3013	0,3298
	B(AC)	0,1112	0,1114	0,1117	0,1126	0,1158	0,1250	0,1476	0,1744	0,1951	0,2085
	B(AD)	0,1108	0,1107	0,1103	0,1094	0,1074	0,1043	0,1003	0,0968	0,0943	0,0928
	B(AE)	0,1106	0,1103	0,1095	0,1074	0,1012	0,0873	0,0574	0,0236	-0,0023	-0,0189
	B(AF)	0,1105	0,1101	0,1091	0,1063	0,0968	0,0729	0,0174	-0,0471	-0,0968	-0,1289
	B(BA)	0,1342	0,1348	0,1363	0,1401	0,1519	0,1793	0,2397	0,3087	0,3616	0,3957
	B(BB)	0,1343	0,1349	0,1360	0,1389	0,1471	0,1651	0,2045	0,2496	0,2841	0,3064
	B(BC)	0,1336	0,1338	0,1344	0,1356	0,1393	0,1477	0,1662	0,1876	0,2040	0,2146
	B(BD)	0,1331	0,1330	0,1328	0,1324	0,1315	0,1301	0,1279	0,1255	0,1237	0,1226
	B(BE)	0,1328	0,1325	0,1318	0,1301	0,1251	0,1145	0,0913	0,0649	0,0447	0,0317
	B(BF)	0,1327	0,1323	0,1313	0,1287	0,1205	0,1008	0,0566	0,0057	-0,0333	-0,0585
	B(CA)	0,1557	0,1559	0,1563	0,1576	0,1622	0,1750	0,2066	0,2441	0,2731	0,2919
	B(CB)	0,1559	0,1562	0,1567	0,1582	0,1626	0,1723	0,1939	0,2189	0,2380	0,2504
	B(CC)	0,1562	0,1564	0,1570	0,1582	0,1613	0,1670	0,1781	0,1903	0,1995	0,2055
	B(CD)	0,1556	0,1556	0,1558	0,1560	0,1566	0,1571	0,1569	0,1560	0,1552	0,1546
	B(CE)	0,1552	0,1551	0,1547	0,1538	0,1513	0,1459	0,1334	0,1189	0,1078	0,1006
	B(CF)	0,1551	0,1548	0,1541	0,1523	0,1470	0,1353	0,1101	0,0816	0,0598	0,0458
	B(DA)	0,1774	0,1771	0,1765	0,1751	0,1718	0,1669	0,1604	0,1548	0,1509	0,1485
	B(DB)	0,1775	0,1774	0,1771	0,1765	0,1753	0,1735	0,1705	0,1673	0,1650	0,1635
	B(DC)	0,1778	0,1779	0,1780	0,1783	0,1790	0,1795	0,1793	0,1782	0,1773	0,1767
	B(DD)	0,1782	0,1784	0,1788	0,1795	0,1810	0,1828	0,1842	0,1849	0,1852	0,1854
	B(DE)	0,1779	0,1779	0,1781	0,1786	0,1796	0,1811	0,1832	0,1853	0,1867	0,1876
	B(DF)	0,1777	0,1776	0,1775	0,1774	0,1772	0,1776	0,1797	0,1828	0,1852	0,1868
	B(EA)	0,1991	0,1985	0,1971	0,1934	0,1822	0,1571	0,1033	0,0424	-0,0041	-0,0341
	B(EB)	0,1993	0,1988	0,1977	0,1951	0,1877	0,1717	0,1370	0,0974	0,0671	0,0475
	B(EC)	0,1996	0,1994	0,1989	0,1977	0,1946	0,1875	0,1715	0,1529	0,1386	0,1294
	B(ED)	0,2001	0,2002	0,2004	0,2009	0,2021	0,2037	0,2062	0,2084	0,2100	0,2111
	B(EE)	0,2007	0,2010	0,2018	0,2035	0,2082	0,2179	0,2385	0,2617	0,2795	0,2909
	B(EF)	0,2005	0,2009	0,2017	0,2040	0,2110	0,2280	0,2665	0,3110	0,3452	0,3673
	B(FA)	0,2210	0,2201	0,2181	0,2125	0,1936	0,1457	0,0348	-0,0943	-0,1935	-0,2577
	B(FB)	0,2212	0,2205	0,2189	0,2145	0,2008	0,1680	0,0944	0,0095	-0,0555	-0,0975
	B(FC)	0,2215	0,2211	0,2201	0,2176	0,2100	0,1933	0,1573	0,1165	0,0855	0,0654
	B(FD)	0,2221	0,2220	0,2219	0,2217	0,2215	0,2220	0,2247	0,2285	0,2315	0,2335
	B(FE)	0,2228	0,2232	0,2241	0,2266	0,2345	0,2534	0,2961	0,3456	0,3836	0,4081
	B(FF)	0,2236	0,2244	0,2263	0,2314	0,2475	0,2855	0,3696	0,4660	0,5398	0,5874

Z	Z(T)	0,00	0,03	0,10	0,30	1,00	3,00	10,0	30,0	100	UNENDL
	D(AA)/A	-0,4302	-0,4441	-0,4635	-0,4791	-0,4500	-0,3612	-0,2314	-0,1215	-0,0465	-0,0000
	D(AB)/A	0,0542	0,0355	0,0007	-0,0592	-0,1277	-0,1486	-0,1177	-0,0672	-0,0266	0
	D(AC)/A	0,0539	0,0585	0,0617	0,0530	0,0165	-0,0219	-0,0356	-0,0244	-0,0103	-0,0000
	D(AD)/A	0,0537	0,0593	0,0693	0,0824	0,0808	0,0556	0,0263	0,0110	0,0037	0
	D(AE)/A	0,0536	0,0592	0,0699	0,0897	0,1104	0,1064	0,0765	0,0421	0,0164	0,0000
	D(AF)/A	0,0536	0,0591	0,0698	0,0914	0,1260	0,1449	0,1213	0,0714	0,0286	0,0000
	D(BA)/A	-0,8240	-0,7946	-0,7470	-0,6722	-0,5577	-0,4264	-0,2705	-0,1422	-0,0545	-0,0000
	D(BB)/A	-0,3097	-0,3060	-0,2983	-0,2834	-0,2572	-0,2188	-0,1530	-0,0842	-0,0329	-0,0000
	D(BC)/A	0,1766	0,1533	0,1157	0,0607	-0,0021	-0,0414	-0,0486	-0,0312	-0,0129	-0,0000
	D(BD)/A	0,1760	0,1752	0,1700	0,1526	0,1129	0,0676	0,0303	0,0125	0,0042	-0,0000
	D(BE)/A	0,1756	0,1756	0,1764	0,1765	0,1662	0,1394	0,0945	0,0511	0,0198	-0,0000
	D(BF)/A	0,1754	0,1754	0,1768	0,1828	0,1948	0,1939	0,1518	0,0874	0,0348	0,0000
	D(CA)/A	-0,6783	-0,6759	-0,6641	-0,6266	-0,5424	-0,4342	-0,2891	-0,1558	-0,0603	0,0000
	D(CB)/A	-0,6789	-0,6486	-0,5953	-0,5054	-0,3854	-0,2883	-0,1882	-0,1012	-0,0392	0,0000
	D(CC)/A	-0,1673	-0,1643	-0,1584	-0,1456	-0,1247	-0,1063	-0,0776	-0,0438	-0,0173	0,0000
	D(CD)/A	0,3205	0,2962	0,2553	0,1919	0,1154	0,0616	0,0269	0,0114	0,0039	0,0000
	D(CE)/A	0,3198	0,3182	0,3100	0,2835	0,2291	0,1736	0,1125	0,0601	0,0232	0,0000
	D(CF)/A	0,3194	0,3188	0,3168	0,3098	0,2912	0,2590	0,1890	0,1061	0,0418	0,0000
	D(DA)/A	-0,5113	-0,5101	-0,5069	-0,4956	-0,4650	-0,4111	-0,2980	-0,1667	-0,0655	-0,0000
	D(DB)/A	-0,5117	-0,5093	-0,4975	-0,4597	-0,3841	-0,3061	-0,2080	-0,1136	-0,0443	-0,0000
	D(DC)/A	-0,5126	-0,4829	-0,4317	-0,3493	-0,2475	-0,1739	-0,1087	-0,0575	-0,0221	-0,0000
	D(DD)/A	-0,0027	-0,0005	0,0030	0,0070	0,0085	0,0087	0,0076	0,0046	0,0019	-0,0000
	D(DE)/A	0,4864	0,4613	0,4182	0,3478	0,2583	0,1913	0,1253	0,0677	0,0262	0,0000
	D(DF)/A	0,4859	0,4840	0,4754	0,4494	0,3970	0,3318	0,2311	0,1272	0,0497	0
	D(EA)/A	-0,3227	-0,3225	-0,3251	-0,3382	-0,3701	-0,3821	-0,3073	-0,1788	-0,0714	0,0000
	D(EB)/A	-0,3230	-0,3229	-0,3245	-0,3282	-0,3261	-0,2994	-0,2210	-0,1243	-0,0490	0,0000
	D(EC)/A	-0,3235	-0,3223	-0,3157	-0,2951	-0,2503	-0,1946	-0,1257	-0,0667	-0,0256	0,0000
	D(ED)/A	-0,3243	-0,2960	-0,2503	-0,1834	-0,1054	-0,0483	-0,0133	-0,0027	-0,0003	0,0000
	D(EE)/A	0,1845	0,1855	0,1853	0,1821	0,1767	0,1648	0,1246	0,0710	0,0281	0
	D(EF)/A	0,6750	0,6504	0,6117	0,5554	0,4812	0,3972	0,2727	0,1490	0,0580	0
	D(FA)/A	-0,1124	-0,1252	-0,1508	-0,2051	-0,3032	-0,3721	-0,3252	-0,1944	-0,0784	0
	D(FB)/A	-0,1125	-0,1254	-0,1510	-0,2018	-0,2724	-0,2957	-0,2356	-0,1359	-0,0540	0,0000
	D(FC)/A	-0,1127	-0,1257	-0,1500	-0,1894	-0,2190	-0,1986	-0,1366	-0,0738	-0,0286	0,0000
	D(FD)/A	-0,1130	-0,1246	-0,1392	-0,1458	-0,1156	-0,0625	-0,0198	-0,0049	-0,0010	0,0000
	D(FE)/A	-0,1133	-0,0964	-0,0631	-0,0002	0,0873	0,1364	0,1240	0,0744	0,0300	0,0000
	D(FF)/A	0,3950	0,4122	0,4392	0,4730	0,4822	0,4297	0,3039	0,1674	0,0653	0
1000,00	B(AA)	0,1119	0,1123	0,1134	0,1163	0,1252	0,1463	0,2004	0,2838	0,3738	0,4511
	B(AB)	0,1115	0,1117	0,1123	0,1140	0,1191	0,1321	0,1667	0,2209	0,2795	0,3301
	B(AC)	0,1112	0,1112	0,1114	0,1118	0,1136	0,1189	0,1345	0,1599	0,1875	0,2113
	B(AD)	0,1110	0,1109	0,1107	0,1103	0,1092	0,1075	0,1049	0,1016	0,0983	0,0955
	B(AE)	0,1109	0,1107	0,1103	0,1092	0,1060	0,0981	0,0776	0,0457	0,0112	-0,0184
	B(AF)	0,1108	0,1106	0,1101	0,1087	0,1037	0,0901	0,0519	-0,0088	-0,0746	-0,1314
	B(BA)	0,1338	0,1341	0,1348	0,1368	0,1430	0,1585	0,2000	0,2651	0,3355	0,3961
	B(BB)	0,1338	0,1341	0,1347	0,1362	0,1404	0,1507	0,1778	0,2203	0,2663	0,3059
	B(BC)	0,1335	0,1336	0,1338	0,1345	0,1364	0,1412	0,1539	0,1740	0,1957	0,2144
	B(BD)	0,1332	0,1332	0,1331	0,1328	0,1324	0,1316	0,1300	0,1276	0,1251	0,1229
	B(BE)	0,1331	0,1329	0,1326	0,1317	0,1291	0,1230	0,1071	0,0821	0,0551	0,0319
	B(BF)	0,1330	0,1328	0,1323	0,1310	0,1267	0,1155	0,0853	0,0375	-0,0142	-0,0587
	B(CA)	0,1557	0,1557	0,1559	0,1566	0,1590	0,1664	0,1883	0,2238	0,2625	0,2959
	B(CB)	0,1557	0,1559	0,1562	0,1569	0,1592	0,1647	0,1795	0,2030	0,2283	0,2502
	B(CC)	0,1559	0,1560	0,1563	0,1569	0,1585	0,1616	0,1691	0,1803	0,1924	0,2028
	B(CD)	0,1556	0,1556	0,1557	0,1558	0,1561	0,1563	0,1559	0,1548	0,1535	0,1523
	B(CE)	0,1554	0,1553	0,1551	0,1546	0,1534	0,1502	0,1417	0,1280	0,1131	0,1003
	B(CF)	0,1553	0,1552	0,1548	0,1539	0,1512	0,1446	0,1275	0,1010	0,0725	0,0479
	B(DA)	0,1776	0,1774	0,1771	0,1764	0,1747	0,1721	0,1678	0,1626	0,1572	0,1527
	B(DB)	0,1776	0,1776	0,1774	0,1771	0,1765	0,1755	0,1733	0,1701	0,1668	0,1639
	B(DC)	0,1778	0,1778	0,1779	0,1780	0,1784	0,1786	0,1782	0,1769	0,1754	0,1741
	B(DD)	0,1780	0,1781	0,1783	0,1787	0,1794	0,1803	0,1811	0,1815	0,1818	0,1820
	B(DE)	0,1778	0,1779	0,1779	0,1782	0,1787	0,1795	0,1810	0,1829	0,1850	0,1867
	B(DF)	0,1777	0,1777	0,1777	0,1776	0,1775	0,1778	0,1796	0,1829	0,1866	0,1898
	B(EA)	0,1995	0,1992	0,1985	0,1966	0,1908	0,1766	0,1396	0,0822	0,0202	-0,0331
	B(EB)	0,1996	0,1994	0,1989	0,1975	0,1936	0,1845	0,1606	0,1232	0,0827	0,0479
	B(EC)	0,1998	0,1997	0,1994	0,1988	0,1972	0,1932	0,1821	0,1645	0,1454	0,1290
	B(ED)	0,2000	0,2001	0,2002	0,2004	0,2011	0,2020	0,2036	0,2058	0,2081	0,2100
	B(EE)	0,2003	0,2005	0,2009	0,2018	0,2042	0,2098	0,2239	0,2459	0,2697	0,2901
	B(EF)	0,2002	0,2004	0,2009	0,2020	0,2057	0,2154	0,2419	0,2838	0,3293	0,3685
	B(FA)	0,2216	0,2212	0,2202	0,2173	0,2074	0,1801	0,1039	-0,0175	-0,1492	-0,2627
	B(FB)	0,2217	0,2213	0,2205	0,2183	0,2111	0,1925	0,1421	0,0625	-0,0236	-0,0979
	B(FC)	0,2219	0,2217	0,2212	0,2199	0,2159	0,2065	0,1822	0,1443	0,1035	0,0684
	B(FD)	0,2222	0,2221	0,2221	0,2220	0,2219	0,2223	0,2245	0,2287	0,2333	0,2373
	B(FE)	0,2225	0,2227	0,2232	0,2245	0,2286	0,2393	0,2688	0,3154	0,3659	0,4094
	B(FF)	0,2229	0,2233	0,2243	0,2268	0,2353	0,2566	0,3137	0,4034	0,5004	0,5840

Z	Z(T)	0,00	0,03	0,10	0,30	1,00	3,00	10,0	30,0	100	UNENDL
	D(AA)/A	-0,4306	-0,4447	-0,4648	-0,4826	-0,4606	-0,3868	-0,2803	-0,1753	-0,0788	0
	D(AB)/A	0,0540	0,0351	-0,0001	-0,0613	-0,1343	-0,1650	-0,1494	-0,1023	-0,0477	-0,0000
	D(AC)/A	0,0539	0,0585	0,0615	0,0523	0,0139	-0,0290	-0,0502	-0,0407	-0,0202	0
	D(AD)/A	0,0538	0,0594	0,0695	0,0829	0,0820	0,0574	0,0287	0,0133	0,0050	0,0000
	D(AE)/A	0,0537	0,0594	0,0704	0,0910	0,1145	0,1164	0,0954	0,0629	0,0289	0,0000
	D(AF)/A	0,0537	0,0593	0,0704	0,0932	0,1324	0,1620	0,1561	0,1103	0,0521	0
	D(BA)/A	-0,8250	-0,7962	-0,7499	-0,6782	-0,5728	-0,4592	-0,3304	-0,2072	-0,0933	0
	D(BB)/A	-0,3102	-0,3070	-0,3002	-0,2873	-0,2668	-0,2400	-0,1920	-0,1266	-0,0583	0,0000
	D(BC)/A	0,1765	0,1530	0,1151	0,0593	-0,0059	-0,0506	-0,0665	-0,0510	-0,0248	0,0000
	D(BD)/A	0,1761	0,1754	0,1705	0,1535	0,1145	0,0699	0,0333	0,0153	0,0058	0,0000
	D(BE)/A	0,1760	0,1763	0,1775	0,1789	0,1722	0,1523	0,1177	0,0762	0,0348	0,0000
	D(BF)/A	0,1759	0,1762	0,1783	0,1862	0,2041	0,2161	0,1945	0,1344	0,0631	0,0000
	D(CA)/A	-0,6795	-0,6779	-0,6679	-0,6345	-0,5610	-0,4732	-0,3594	-0,2317	-0,1057	-0,0000
	D(CB)/A	-0,6799	-0,6501	-0,5980	-0,5109	-0,3978	-0,3139	-0,2342	-0,1509	-0,0689	-0,0000
	D(CC)/A	-0,1676	-0,1649	-0,1594	-0,1478	-0,1300	-0,1178	-0,0988	-0,0670	-0,0312	0
	D(CD)/A	0,3207	0,2965	0,2558	0,1929	0,1171	0,0641	0,0303	0,0145	0,0057	-0,0000
	D(CE)/A	0,3203	0,3191	0,3117	0,2869	0,2367	0,1890	0,1398	0,0894	0,0407	-0,0000
	D(CF)/A	0,3202	0,3200	0,3191	0,3147	0,3034	0,2860	0,2394	0,1612	0,0748	-0,0000
	D(DA)/A	-0,5124	-0,5121	-0,5106	-0,5035	-0,4844	-0,4537	-0,3770	-0,2530	-0,1173	-0,0000
	D(DB)/A	-0,5127	-0,5109	-0,5003	-0,4655	-0,3975	-0,3344	-0,2599	-0,1701	-0,0781	0,0000
	D(DC)/A	-0,5131	-0,4838	-0,4332	-0,3521	-0,2538	-0,1870	-0,1330	-0,0840	-0,0380	-0,0000
	D(DD)/A	-0,0026	-0,0004	0,0033	0,0077	0,0098	0,0110	0,0111	0,0081	0,0039	-0,0000
	D(DE)/A	0,4870	0,4623	0,4200	0,3515	0,2665	0,2083	0,1561	0,1010	0,0462	-0,0000
	D(DF)/A	0,4868	0,4854	0,4780	0,4551	0,4107	0,3621	0,2882	0,1900	0,0875	-0,0000
	D(EA)/A	-0,3236	-0,3239	-0,3278	-0,3445	-0,3878	-0,4255	-0,3932	-0,2747	-0,1293	-0,0000
	D(EB)/A	-0,3237	-0,3241	-0,3267	-0,3330	-0,3386	-0,3286	-0,2776	-0,1872	-0,0869	-0,0000
	D(EC)/A	-0,3240	-0,3230	-0,3170	-0,2977	-0,2566	-0,2085	-0,1523	-0,0962	-0,0435	-0,0000
	D(ED)/A	-0,3244	-0,2961	-0,2503	-0,1832	-0,1047	-0,0463	-0,0097	0,0011	0,0019	-0,0000
	D(EE)/A	0,1849	0,1863	0,1867	0,1851	0,1843	0,1822	0,1581	0,1080	0,0504	-0,0000
	D(EF)/A	0,6758	0,6517	0,6140	0,5605	0,4945	0,4290	0,3351	0,2189	0,1004	-0,0000
	D(FA)/A	-0,1127	-0,1258	-0,1522	-0,2092	-0,3185	-0,4158	-0,4176	-0,2998	-0,1426	0
	D(FB)/A	-0,1128	-0,1259	-0,1521	-0,2049	-0,2833	-0,3252	-0,2966	-0,2049	-0,0960	0,0000
	D(FC)/A	-0,1129	-0,1260	-0,1507	-0,1912	-0,2246	-0,2127	-0,1653	-0,1063	-0,0484	0,0000
	D(FD)/A	-0,1130	-0,1246	-0,1393	-0,1458	-0,1151	-0,0607	-0,0159	-0,0008	0,0015	0,0000
	D(FE)/A	-0,1132	-0,0961	-0,0624	0,0017	0,0938	0,1539	0,1600	0,1151	0,0547	0
	D(FF)/A	0,3954	0,4128	0,4405	0,4765	0,4941	0,4619	0,3712	0,2443	0,1123	0

III. Auflagerreaktionen von Balken auf drei bis sechs ungleichen, elastischen Stützen (dachförmiger Querschnitt)

1. Der dachförmige Balken auf drei ungleichen, elastischen Stützen, Steifigkeitsverhältnis $r_a : r_b : r_c$

a) $r_a : r_b : r_c = 0{,}6 : 1{,}0 : 0{,}6$

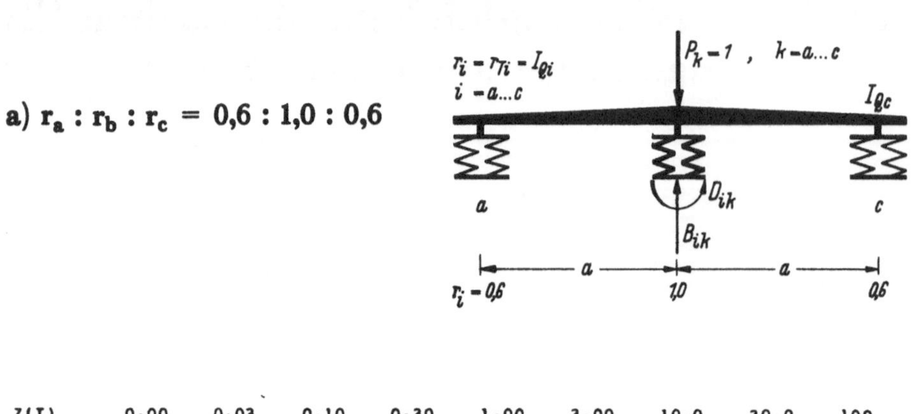

Z	Z(T)	0,00	0,03	0,10	0,30	1,00	3,00	10,0	30,0	100	UNENDL
0,01	B(AA)	0,9755	0,9814	0,9872	0,9920	0,9949	0,9959	0,9963	0,9964	0,9965	0,9965
	B(AB)	0,0145	0,0124	0,0098	0,0071	0,0053	0,0046	0,0043	0,0043	0,0042	0,0042
	B(AC)	0,0004	-0,0020	-0,0034	-0,0038	-0,0037	-0,0036	-0,0035	-0,0035	-0,0035	-0,0035
	B(BA)	0,0242	0,0207	0,0163	0,0118	0,0088	0,0077	0,0072	0,0071	0,0071	0,0070
	B(BB)	0,9710	0,9752	0,9805	0,9858	0,9894	0,9908	0,9913	0,9915	0,9915	0,9916
	B(BC)	0,0242	0,0207	0,0163	0,0118	0,0088	0,0077	0,0072	0,0071	0,0071	0,0070
	D(AA)/A	-0,0112	-0,0083	-0,0053	-0,0026	-0,0010	-0,0003	-0,0001	-0,0000	-0,0000	-0,0000
	D(AB)/A	0,0066	0,0053	0,0036	0,0019	0,0007	0,0002	0,0001	0,0000	0,0000	0,0000
	D(AC)/A	0,0002	-0,0005	-0,0007	-0,0005	-0,0002	-0,0001	-0,0000	-0,0000	-0,0000	-0,0000
	D(BA)/A	-0,0135	-0,0088	-0,0048	-0,0020	-0,0007	-0,0002	-0,0001	-0,0000	-0,0000	0,0000
	D(BB)/A	0	-0,0000	0,0000	0,0000	0,0000	0,0000	0	-0,0000	0,0000	-0,0000
	D(BC)/A	0,0135	0,0088	0,0048	0,0020	0,0007	0,0002	0,0001	0,0000	0,0000	0,0000
0,02	B(AA)	0,9528	0,9639	0,9750	0,9843	0,9899	0,9920	0,9927	0,9930	0,9930	0,9931
	B(AB)	0,0275	0,0237	0,0188	0,0138	0,0104	0,0091	0,0085	0,0084	0,0083	0,0083
	B(AC)	0,0013	-0,0035	-0,0064	-0,0074	-0,0072	-0,0070	-0,0070	-0,0069	-0,0069	-0,0069
	B(BA)	0,0459	0,0395	0,0314	0,0230	0,0173	0,0151	0,0142	0,0140	0,0139	0,0139
	B(BB)	0,9449	0,9526	0,9623	0,9723	0,9792	0,9819	0,9829	0,9832	0,9833	0,9834
	B(BC)	0,0459	0,0395	0,0314	0,0230	0,0173	0,0151	0,0142	0,0140	0,0139	0,0139
	D(AA)/A	-0,0217	-0,0161	-0,0103	-0,0052	-0,0019	-0,0007	-0,0002	-0,0001	-0,0000	-0,0000
	D(AB)/A	0,0126	0,0101	0,0069	0,0036	0,0014	0,0005	0,0002	0,0001	0,0000	0,0000
	D(AC)/A	0,0006	-0,0007	-0,0012	-0,0009	-0,0004	-0,0001	-0,0000	-0,0000	-0,0000	-0,0000
	D(BA)/A	-0,0263	-0,0173	-0,0095	-0,0041	-0,0013	-0,0005	-0,0001	-0,0000	-0,0000	-0,0000
	D(BB)/A	0,0000	0,0000	0	0,0000	0,0000	0,0000	-0,0000	0,0000	0,0000	0
	D(BC)/A	0,0263	0,0173	0,0095	0,0041	0,0013	0,0005	0,0001	0,0000	0,0000	0,0000
0,05	B(AA)	0,8936	0,9174	0,9419	0,9629	0,9760	0,9808	0,9826	0,9832	0,9834	0,9834
	B(AB)	0,0598	0,0524	0,0427	0,0321	0,0246	0,0216	0,0204	0,0200	0,0199	0,0199
	B(AC)	0,0068	-0,0048	-0,0130	-0,0165	-0,0169	-0,0167	-0,0166	-0,0166	-0,0166	-0,0166
	B(BA)	0,0997	0,0874	0,0711	0,0535	0,0409	0,0359	0,0340	0,0334	0,0332	0,0331
	B(BB)	0,8804	0,8951	0,9147	0,9357	0,9509	0,9569	0,9592	0,9599	0,9602	0,9603
	B(BC)	0,0997	0,0874	0,0711	0,0535	0,0409	0,0359	0,0340	0,0334	0,0332	0,0331
	D(AA)/A	-0,0488	-0,0369	-0,0241	-0,0123	-0,0046	-0,0016	-0,0005	-0,0002	-0,0001	-0,0000
	D(AB)/A	0,0274	0,0224	0,0156	0,0084	0,0032	0,0012	0,0004	0,0001	0,0000	0
	D(AC)/A	0,0031	-0,0003	-0,0020	-0,0017	-0,0008	-0,0003	-0,0001	-0,0000	-0,0000	-0,0000
	D(BA)/A	-0,0613	-0,0411	-0,0230	-0,0100	-0,0033	-0,0011	-0,0003	-0,0001	-0,0000	0
	D(BB)/A	0	-0,0000	-0,0000	0,0000	-0,0000	-0,0000	-0,0000	-0,0000	-0,0000	0,0000
	D(BC)/A	0,0613	0,0411	0,0230	0,0100	0,0033	0,0011	0,0003	0,0001	0,0000	0,0000

Z	Z(T)	0,00	0,03	0,10	0,30	1,00	3,00	10,0	30,0	100	UNENDL
0,10	B(AA)	0,8166	0,8546	0,8954	0,9319	0,9554	0,9642	0,9676	0,9686	0,9690	0,9691
	B(AB)	0,0981	0,0880	0,0738	0,0575	0,0450	0,0400	0,0379	0,0373	0,0371	0,0370
	B(AC)	0,0200	-0,0012	-0,0183	-0,0277	-0,0305	-0,0308	-0,0309	-0,0309	-0,0309	-0,0309
	B(BA)	0,1635	0,1466	0,1230	0,0958	0,0751	0,0666	0,0632	0,0622	0,0619	0,0617
	B(BB)	0,8038	0,8241	0,8525	0,8850	0,9099	0,9201	0,9241	0,9253	0,9257	0,9259
	B(BC)	0,1635	0,1466	0,1230	0,0958	0,0751	0,0666	0,0632	0,0622	0,0619	0,0617
	D(AA)/A	-0,0841	-0,0652	-0,0436	-0,0229	-0,0087	-0,0031	-0,0010	-0,0003	-0,0001	-0,0000
	D(AB)/A	0,0450	0,0375	0,0270	0,0151	0,0059	0,0022	0,0007	0,0002	0,0001	0,0000
	D(AC)/A	0,0091	0,0027	-0,0014	-0,0022	-0,0012	-0,0005	-0,0001	-0,0000	-0,0000	-0,0000
	D(BA)/A	-0,1102	-0,0764	-0,0441	-0,0197	-0,0066	-0,0023	-0,0007	-0,0002	-0,0001	-0,0000
	D(BB)/A	0	-0,0000	0,0000	0,0000	0	0,0000	-0,0000	0,0000	0,0000	-0,0000
	D(BC)/A	0,1102	0,0764	0,0441	0,0197	0,0066	0,0023	0,0007	0,0002	0,0001	0,0000
0,20	B(AA)	0,7107	0,7631	0,8238	0,8821	0,9216	0,9370	0,9430	0,9447	0,9454	0,9457
	B(AB)	0,1443	0,1330	0,1161	0,0950	0,0773	0,0697	0,0666	0,0657	0,0654	0,0652
	B(AC)	0,0488	0,0152	-0,0174	-0,0403	-0,0505	-0,0532	-0,0540	-0,0542	-0,0543	-0,0543
	B(BA)	0,2405	0,2217	0,1935	0,1583	0,1289	0,1162	0,1110	0,1095	0,1089	0,1087
	B(BB)	0,7114	0,7339	0,7677	0,8101	0,8454	0,8606	0,8668	0,8686	0,8693	0,8696
	B(BC)	0,2405	0,2217	0,1935	0,1583	0,1289	0,1162	0,1110	0,1095	0,1089	0,1087
	D(AA)/A	-0,1326	-0,1066	-0,0743	-0,0406	-0,0159	-0,0058	-0,0018	-0,0006	-0,0002	-0,0000
	D(AB)/A	0,0661	0,0567	0,0426	0,0249	0,0101	0,0038	0,0012	0,0004	0,0001	0,0000
	D(AC)/A	0,0224	0,0121	0,0034	-0,0008	-0,0010	-0,0005	-0,0002	-0,0001	-0,0000	0,0000
	D(BA)/A	-0,1831	-0,1335	-0,0811	-0,0378	-0,0131	-0,0045	-0,0014	-0,0005	-0,0001	-0,0000
	D(BB)/A	-0,0000	0	0	-0,0000	-0,0000	0,0000	-0,0000	0,0000	-0,0000	0,0000
	D(BC)/A	0,1831	0,1335	0,0811	0,0378	0,0131	0,0045	0,0014	0,0005	0,0001	-0,0000
0,50	B(AA)	0,5520	0,6113	0,6920	0,7832	0,8535	0,8829	0,8947	0,8982	0,8995	0,9000
	B(AB)	0,2011	0,1921	0,1772	0,1559	0,1356	0,1260	0,1219	0,1206	0,1202	0,1200
	B(AC)	0,1128	0,0686	0,0127	-0,0431	-0,0795	-0,0928	-0,0978	-0,0993	-0,0998	-0,1000
	B(BA)	0,3352	0,3201	0,2953	0,2599	0,2260	0,2100	0,2032	0,2011	0,2003	0,2000
	B(BB)	0,5978	0,6159	0,6457	0,6881	0,7287	0,7480	0,7562	0,7587	0,7596	0,7600
	B(BC)	0,3352	0,3201	0,2953	0,2599	0,2260	0,2100	0,2032	0,2011	0,2003	0,2000
	D(AA)/A	-0,2053	-0,1759	-0,1326	-0,0786	-0,0326	-0,0122	-0,0038	-0,0013	-0,0004	-0,0000
	D(AB)/A	0,0922	0,0819	0,0650	0,0408	0,0178	0,0068	0,0021	0,0007	0,0002	0,0000
	D(AC)/A	0,0517	0,0394	0,0243	0,0105	0,0030	0,0009	0,0003	0,0001	0,0000	-0,0000
	D(BA)/A	-0,3037	-0,2421	-0,1638	-0,0847	-0,0313	-0,0112	-0,0034	-0,0012	-0,0003	-0,0000
	D(BB)/A	-0,0000	-0,0000	-0,0000	-0,0000	-0,0000	-0,0000	-0,0000	-0,0000	0	0
	D(BC)/A	0,3037	0,2421	0,1638	0,0847	0,0313	0,0112	0,0034	0,0012	0,0003	0,0000
1,00	B(AA)	0,4478	0,4983	0,5782	0,6866	0,7863	0,8326	0,8521	0,8581	0,8602	0,8611
	B(AB)	0,2315	0,2254	0,2148	0,1984	0,1812	0,1723	0,1685	0,1673	0,1669	0,1667
	B(AC)	0,1664	0,1260	0,0638	-0,0173	-0,0882	-0,1199	-0,1329	-0,1369	-0,1383	-0,1389
	B(BA)	0,3859	0,3757	0,3580	0,3307	0,3019	0,2872	0,2808	0,2788	0,2781	0,2778
	B(BB)	0,5370	0,5492	0,5704	0,6031	0,6377	0,6553	0,6630	0,6654	0,6663	0,6667
	B(BC)	0,3859	0,3757	0,3580	0,3307	0,3019	0,2872	0,2808	0,2788	0,2781	0,2778
	D(AA)/A	-0,2531	-0,2278	-0,1844	-0,1192	-0,0532	-0,0206	-0,0065	-0,0022	-0,0007	-0,0000
	D(AB)/A	0,1061	0,0961	0,0788	0,0520	0,0237	0,0093	0,0030	0,0010	0,0003	0,0000
	D(AC)/A	0,0762	0,0676	0,0532	0,0326	0,0136	0,0051	0,0016	0,0005	0,0002	0,0000
	D(BA)/A	-0,3892	-0,3322	-0,2480	-0,1443	-0,0587	-0,0218	-0,0068	-0,0023	-0,0007	-0,0000
	D(BB)/A	0,0000	0,0000	0	-0,0000	0,0000	-0,0000	-0,0000	0,0000	0	-0,0000
	D(BC)/A	0,3892	0,3322	0,2480	0,1443	0,0587	0,0218	0,0068	0,0023	0,0007	-0,0000
2,00	B(AA)	0,3732	0,4087	0,4728	0,5802	0,7071	0,7787	0,8117	0,8222	0,8259	0,8276
	B(AB)	0,2504	0,2468	0,2403	0,2297	0,2177	0,2112	0,2083	0,2074	0,2070	0,2069
	B(AC)	0,2094	0,1799	0,1266	0,0370	-0,0699	-0,1307	-0,1588	-0,1678	-0,1710	-0,1724
	B(BA)	0,4174	0,4114	0,4005	0,3829	0,3629	0,3520	0,3471	0,3456	0,3451	0,3448
	B(BB)	0,4991	0,5064	0,5194	0,5406	0,5646	0,5776	0,5834	0,5853	0,5859	0,5862
	B(BC)	0,4174	0,4114	0,4005	0,3829	0,3629	0,3520	0,3471	0,3456	0,3451	0,3448
	D(AA)/A	-0,2873	-0,2692	-0,2334	-0,1672	-0,0831	-0,0340	-0,0111	-0,0038	-0,0011	-0,0000
	D(AB)/A	0,1148	0,1052	0,0881	0,0602	0,0285	0,0114	0,0037	0,0013	0,0004	0,0000
	D(AC)/A	0,0960	0,0938	0,0865	0,0669	0,0356	0,0150	0,0050	0,0017	0,0005	0,0000
	D(BA)/A	-0,4530	-0,4082	-0,3339	-0,2227	-0,1044	-0,0417	-0,0134	-0,0046	-0,0014	0,0000
	D(BB)/A	-0,0000	-0,0000	0	0,0000	-0,0000	0,0000	-0,0000	0,0000	0,0000	0
	D(BC)/A	0,4530	0,4082	0,3339	0,2227	0,1044	0,0417	0,0134	0,0046	0,0014	-0,0000

Z	Z(T)	0,00	0,03	0,10	0,30	1,00	3,00	10,0	30,0	100	UNENDL
5,00	B(AA)	0,3169	0,3349	0,3718	0,4497	0,5847	0,6967	0,7625	0,7858	0,7945	0,7984
	B(AB)	0,2634	0,2617	0,2588	0,2537	0,2477	0,2443	0,2427	0,2422	0,2420	0,2419
	B(AC)	0,2442	0,2289	0,1970	0,1274	0,0025	-0,1038	-0,1670	-0,1894	-0,1979	-0,2016
	B(BA)	0,4389	0,4362	0,4313	0,4229	0,4128	0,4071	0,4045	0,4037	0,4034	0,4032
	B(BB)	0,4733	0,4765	0,4825	0,4925	0,5046	0,5115	0,5146	0,5156	0,5160	0,5161
	B(BC)	0,4389	0,4362	0,4313	0,4229	0,4128	0,4071	0,4045	0,4037	0,4034	0,4032
	D(AA)/A	-0,3131	-0,3034	-0,2809	-0,2291	-0,1382	-0,0649	-0,0227	-0,0080	-0,0024	0,0000
	D(AB)/A	0,1207	0,1116	0,0949	0,0665	0,0324	0,0132	0,0043	0,0015	0,0004	0,0000
	D(AC)/A	0,1119	0,1174	0,1228	0,1183	0,0841	0,0429	0,0156	0,0055	0,0017	0,0000
	D(BA)/A	-0,5023	-0,4732	-0,4215	-0,3303	-0,1955	-0,0917	-0,0322	-0,0113	-0,0034	0,0000
	D(BB)/A	0	0,0000	-0,0000	0,0000	0,0000	0,0000	-0,0000	-0,0000	0,0000	0,0000
	D(BC)/A	0,5023	0,4732	0,4215	0,3303	0,1955	0,0917	0,0322	0,0113	0,0034	0
10,00	B(AA)	0,2955	0,3054	0,3266	0,3770	0,4890	0,6189	0,7201	0,7620	0,7788	0,7863
	B(AB)	0,2680	0,2671	0,2656	0,2629	0,2596	0,2577	0,2568	0,2566	0,2565	0,2564
	B(AC)	0,2579	0,2494	0,2308	0,1849	0,0783	-0,0484	-0,1481	-0,1896	-0,2062	-0,2137
	B(BA)	0,4466	0,4452	0,4426	0,4381	0,4327	0,4295	0,4281	0,4276	0,4274	0,4274
	B(BB)	0,4641	0,4658	0,4689	0,4742	0,4808	0,4846	0,4863	0,4869	0,4871	0,4872
	B(BC)	0,4466	0,4452	0,4426	0,4381	0,4327	0,4295	0,4281	0,4276	0,4274	0,4274
	D(AA)/A	-0,3229	-0,3171	-0,3023	-0,2644	-0,1851	-0,1015	-0,0396	-0,0145	-0,0045	-0,0000
	D(AB)/A	0,1228	0,1139	0,0974	0,0689	0,0340	0,0139	0,0045	0,0015	0,0005	0
	D(AC)/A	0,1182	0,1273	0,1401	0,1497	0,1285	0,0783	0,0321	0,0119	0,0037	0,0000
	D(BA)/A	-0,5213	-0,4997	-0,4618	-0,3938	-0,2758	-0,1529	-0,0601	-0,0220	-0,0068	0,0000
	D(BB)/A	-0,0000	-0,0000	-0,0000	0,0000	-0,0000	0,0000	0,0000	0,0000	0	-0,0000
	D(BC)/A	0,5213	0,4997	0,4618	0,3938	0,2758	0,1529	0,0601	0,0220	0,0068	0,0000
20,00	B(AA)	0,2843	0,2895	0,3009	0,3300	0,4075	0,5295	0,6631	0,7335	0,7649	0,7797
	B(AB)	0,2703	0,2699	0,2691	0,2677	0,2660	0,2650	0,2645	0,2644	0,2643	0,2643
	B(AC)	0,2651	0,2607	0,2506	0,2238	0,1491	0,0288	-0,1040	-0,1742	-0,2055	-0,2203
	B(BA)	0,4505	0,4498	0,4485	0,4462	0,4433	0,4417	0,4409	0,4407	0,4406	0,4405
	B(BB)	0,4594	0,4602	0,4618	0,4646	0,4680	0,4700	0,4709	0,4712	0,4713	0,4714
	B(BC)	0,4505	0,4498	0,4485	0,4462	0,4433	0,4417	0,4409	0,4407	0,4406	0,4405
	D(AA)/A	-0,3280	-0,3244	-0,3145	-0,2875	-0,2263	-0,1468	-0,0672	-0,0265	-0,0085	-0,0000
	D(AB)/A	0,1239	0,1151	0,0987	0,0701	0,0348	0,0143	0,0047	0,0016	0,0005	0
	D(AC)/A	0,1215	0,1327	0,1501	0,1706	0,1683	0,1230	0,0594	0,0238	0,0077	0,0000
	D(BA)/A	-0,5313	-0,5141	-0,4851	-0,4356	-0,3470	-0,2294	-0,1062	-0,0420	-0,0135	0,0000
	D(BB)/A	0,0000	-0,0000	0	0,0000	-0,0000	-0,0000	-0,0000	0,0000	-0,0000	-0,0000
	D(BC)/A	0,5313	0,5141	0,4851	0,4356	0,3470	0,2294	0,1062	0,0420	0,0135	-0,0000
50,00	B(AA)	0,2774	0,2795	0,2843	0,2971	0,3362	0,4185	0,5598	0,6743	0,7401	0,7756
	B(AB)	0,2718	0,2716	0,2713	0,2707	0,2700	0,2696	0,2694	0,2693	0,2693	0,2693
	B(AC)	0,2696	0,2678	0,2636	0,2517	0,2138	0,1322	-0,0088	-0,1231	-0,1890	-0,2244
	B(BA)	0,4529	0,4526	0,4521	0,4512	0,4500	0,4493	0,4490	0,4489	0,4488	0,4488
	B(BB)	0,4565	0,4568	0,4575	0,4586	0,4600	0,4608	0,4612	0,4613	0,4614	0,4614
	B(BC)	0,4529	0,4526	0,4521	0,4512	0,4500	0,4493	0,4490	0,4489	0,4488	0,4488
	D(AA)/A	-0,3312	-0,3291	-0,3224	-0,3037	-0,2630	-0,2050	-0,1213	-0,0566	-0,0197	-0,0000
	D(AB)/A	0,1246	0,1158	0,0995	0,0709	0,0354	0,0145	0,0047	0,0016	0,0005	0,0000
	D(AC)/A	0,1236	0,1361	0,1567	0,1856	0,2040	0,1807	0,1134	0,0538	0,0189	0,0000
	D(BA)/A	-0,5375	-0,5231	-0,5002	-0,4653	-0,4107	-0,3279	-0,1968	-0,0922	-0,0322	0,0000
	D(BB)/A	-0,0000	-0,0000	-0,0000	-0,0000	0,0000	0,0000	0,0000	-0,0000	-0,0000	0,0000
	D(BC)/A	0,5375	0,5231	0,5002	0,4653	0,4107	0,3279	0,1968	0,0922	0,0322	-0,0000
100,00	B(AA)	0,2751	0,2762	0,2786	0,2852	0,3064	0,3576	0,4727	0,6057	0,7079	0,7742
	B(AB)	0,2722	0,2722	0,2720	0,2717	0,2714	0,2711	0,2711	0,2710	0,2710	0,2710
	B(AC)	0,2712	0,2703	0,2681	0,2620	0,2413	0,1905	0,0755	-0,0574	-0,1596	-0,2258
	B(BA)	0,4537	0,4536	0,4533	0,4528	0,4523	0,4519	0,4518	0,4517	0,4517	0,4517
	B(BB)	0,4555	0,4557	0,4560	0,4566	0,4573	0,4577	0,4579	0,4580	0,4580	0,4580
	B(BC)	0,4537	0,4536	0,4533	0,4528	0,4523	0,4519	0,4518	0,4517	0,4517	0,4517
	D(AA)/A	-0,3323	-0,3306	-0,3252	-0,3096	-0,2783	-0,2373	-0,1679	-0,0932	-0,0365	-0,0000
	D(AB)/A	0,1248	0,1160	0,0997	0,0712	0,0355	0,0146	0,0048	0,0016	0,0005	-0,0000
	D(AC)/A	0,1243	0,1373	0,1590	0,1910	0,2191	0,2129	0,1600	0,0904	0,0357	0,0000
	D(BA)/A	-0,5396	-0,5262	-0,5054	-0,4761	-0,4375	-0,3827	-0,2750	-0,1533	-0,0602	0,0000
	D(BB)/A	-0,0000	0,0000	0	0,0000	0,0000	-0,0000	-0,0000	-0,0000	0,0000	0
	D(BC)/A	0,5396	0,5262	0,5054	0,4761	0,4375	0,3827	0,2750	0,1533	0,0602	-0,0000

Z	Z(T)	0,00	0,03	0,10	0,30	1,00	3,00	10,0	30,0	100	UNENDL
200,00	B(AA)	0,2739	0,2744	0,2757	0,2790	0,2901	0,3190	0,3973	0,5214	0,6565	0,7734
	B(AB)	0,2725	0,2724	0,2724	0,2722	0,2720	0,2719	0,2719	0,2719	0,2719	0,2719
	B(AC)	0,2720	0,2715	0,2704	0,2673	0,2565	0,2278	0,1495	0,0255	-0,1096	-0,2266
	B(BA)	0,4541	0,4541	0,4539	0,4537	0,4534	0,4532	0,4531	0,4531	0,4531	0,4531
	B(BB)	0,4550	0,4551	0,4553	0,4556	0,4559	0,4561	0,4562	0,4563	0,4563	0,4563
	B(BC)	0,4541	0,4541	0,4539	0,4537	0,4534	0,4532	0,4531	0,4531	0,4531	0,4531
	D(AA)/A	-0,3328	-0,3314	-0,3266	-0,3127	-0,2868	-0,2578	-0,2086	-0,1387	-0,0642	-0,0000
	D(AB)/A	0,1249	0,1162	0,0999	0,0713	0,0356	0,0147	0,0048	0,0016	0,0005	-0,0000
	D(AC)/A	0,1246	0,1378	0,1601	0,1939	0,2274	0,2334	0,2006	0,1360	0,0634	0,0000
	D(BA)/A	-0,5406	-0,5278	-0,5081	-0,4817	-0,4522	-0,4176	-0,3431	-0,2294	-0,1064	0,0000
	D(BB)/A	-0,0000	-0,0000	0,0000	0	0,0000	0	-0,0000	-0,0000	-0,0000	0,0000
	D(BC)/A	0,5406	0,5278	0,5081	0,4817	0,4522	0,4176	0,3431	0,2294	0,1064	0,0000
500,00	B(AA)	0,2732	0,2734	0,2739	0,2753	0,2798	0,2923	0,3312	0,4142	0,5566	0,7730
	B(AB)	0,2726	0,2726	0,2726	0,2725	0,2725	0,2724	0,2724	0,2724	0,2724	0,2724
	B(AC)	0,2724	0,2722	0,2718	0,2705	0,2661	0,2537	0,2148	0,1318	-0,0105	-0,2270
	B(BA)	0,4544	0,4544	0,4543	0,4542	0,4541	0,4540	0,4540	0,4540	0,4540	0,4540
	B(BB)	0,4547	0,4548	0,4548	0,4550	0,4551	0,4552	0,4552	0,4552	0,4552	0,4552
	B(BC)	0,4544	0,4544	0,4543	0,4542	0,4541	0,4540	0,4540	0,4540	0,4540	0,4540
	D(AA)/A	-0,3331	-0,3319	-0,3274	-0,3146	-0,2921	-0,2721	-0,2443	-0,1969	-0,1184	0,0000
	D(AB)/A	0,1250	0,1162	0,0999	0,0714	0,0357	0,0147	0,0048	0,0016	0,0005	0,0000
	D(AC)/A	0,1249	0,1382	0,1608	0,1956	0,2326	0,2476	0,2363	0,1941	0,1176	0
	D(BA)/A	-0,5412	-0,5287	-0,5097	-0,4851	-0,4615	-0,4418	-0,4030	-0,3265	-0,1968	-0,0000
	D(BB)/A	0	0	-0,0000	0,0000	0	-0,0000	0,0000	0	0,0000	0,0000
	D(BC)/A	0,5412	0,5287	0,5097	0,4851	0,4615	0,4418	0,4030	0,3265	0,1968	0,0000
1000,00	B(AA)	0,2730	0,2731	0,2733	0,2740	0,2763	0,2827	0,3038	0,3551	0,4707	0,7729
	B(AB)	0,2727	0,2727	0,2727	0,2726	0,2726	0,2726	0,2726	0,2726	0,2726	0,2726
	B(AC)	0,2726	0,2725	0,2723	0,2716	0,2694	0,2630	0,2420	0,1907	0,0750	-0,2271
	B(BA)	0,4545	0,4544	0,4544	0,4544	0,4543	0,4543	0,4543	0,4543	0,4543	0,4543
	B(BB)	0,4546	0,4547	0,4547	0,4547	0,4548	0,4549	0,4549	0,4549	0,4549	0,4549
	B(BC)	0,4545	0,4544	0,4544	0,4544	0,4543	0,4543	0,4543	0,4543	0,4543	0,4543
	D(AA)/A	-0,3332	-0,3321	-0,3277	-0,3152	-0,2939	-0,2772	-0,2591	-0,2290	-0,1652	-0,0000
	D(AB)/A	0,1250	0,1163	0,1000	0,0714	0,0357	0,0147	0,0048	0,0016	0,0005	0,0000
	D(AC)/A	0,1249	0,1383	0,1611	0,1962	0,2344	0,2527	0,2511	0,2263	0,1643	-0,0000
	D(BA)/A	-0,5415	-0,5290	-0,5102	-0,4863	-0,4647	-0,4505	-0,4279	-0,3802	-0,2747	-0,0000
	D(BB)/A	-0,0000	0,0000	-0,0000	0,0000	-0,0000	-0,0000	0,0000	-0,0000	0,0000	-0,0000
	D(BC)/A	0,5415	0,5290	0,5102	0,4863	0,4647	0,4505	0,4279	0,3802	0,2748	-0,0000

b) $r_a : r_b : r_c = 0{,}8 : 1{,}0 : 0{,}8$

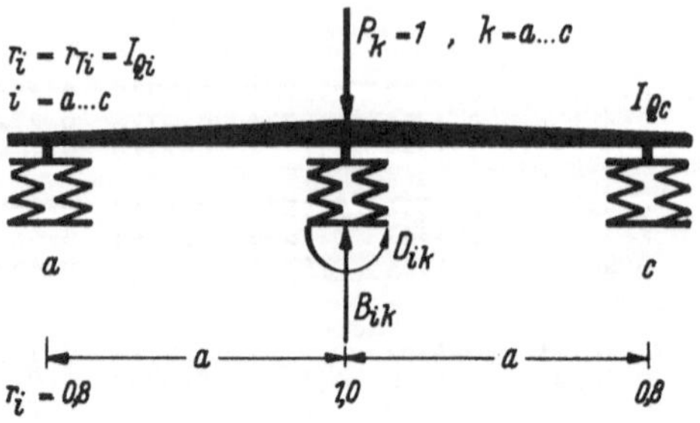

Z	Z(T)	0,00	0,03	0,10	0,30	1,00	3,00	10,0	30,0	100	UNENDL
0,01	B(AA)	0,9785	0,9837	0,9888	0,9930	0,9956	0,9966	0,9969	0,9970	0,9971	0,9971
	B(AB)	0,0169	0,0145	0,0114	0,0082	0,0060	0,0051	0,0048	0,0047	0,0047	0,0046
	B(AC)	0,0004	-0,0018	-0,0031	-0,0033	-0,0031	-0,0030	-0,0029	-0,0029	-0,0029	-0,0029
	B(BA)	0,0211	0,0181	0,0142	0,0103	0,0075	0,0064	0,0060	0,0059	0,0058	0,0058
	B(BB)	0,9663	0,9710	0,9772	0,9836	0,9880	0,9898	0,9904	0,9906	0,9907	0,9907
	B(BC)	0,0211	0,0181	0,0142	0,0103	0,0075	0,0064	0,0060	0,0059	0,0058	0,0058
	D(AA)/A	-0,0103	-0,0077	-0,0050	-0,0025	-0,0009	-0,0003	-0,0001	-0,0000	-0,0000	0,0000
	D(AB)/A	0,0081	0,0065	0,0045	0,0024	0,0009	0,0003	0,0001	0,0000	0,0000	0,0000
	D(AC)/A	0,0002	-0,0005	-0,0007	-0,0004	-0,0002	-0,0001	-0,0000	-0,0000	-0,0000	-0,0000
	D(BA)/A	-0,0113	-0,0072	-0,0038	-0,0016	-0,0005	-0,0002	-0,0001	-0,0000	-0,0000	-0,0000
	D(BB)/A	-0,0000	-0,0000	-0,0000	0,0000	-0,0000	-0,0000	-0,0000	-0,0000	0,0000	-0,0000
	D(BC)/A	0,0113	0,0072	0,0038	0,0016	0,0005	0,0002	0,0001	0,0000	0,0000	0,0000
0,02	B(AA)	0,9586	0,9685	0,9782	0,9864	0,9914	0,9933	0,9940	0,9942	0,9943	0,9943
	B(AB)	0,0320	0,0277	0,0220	0,0160	0,0117	0,0101	0,0094	0,0092	0,0092	0,0091
	B(AC)	0,0014	-0,0031	-0,0057	-0,0063	-0,0061	-0,0059	-0,0058	-0,0057	-0,0057	-0,0057
	B(BA)	0,0400	0,0346	0,0275	0,0200	0,0147	0,0126	0,0118	0,0115	0,0115	0,0114
	B(BB)	0,9360	0,9447	0,9560	0,9680	0,9765	0,9799	0,9812	0,9815	0,9817	0,9817
	B(BC)	0,0400	0,0346	0,0275	0,0200	0,0147	0,0126	0,0118	0,0115	0,0115	0,0114
	D(AA)/A	-0,0199	-0,0149	-0,0097	-0,0049	-0,0018	-0,0007	-0,0002	-0,0001	-0,0000	-0,0000
	D(AB)/A	0,0154	0,0125	0,0087	0,0046	0,0018	0,0006	0,0002	0,0001	0,0000	0,0000
	D(AC)/A	0,0007	-0,0007	-0,0011	-0,0008	-0,0003	-0,0001	-0,0000	-0,0000	-0,0000	-0,0000
	D(BA)/A	-0,0222	-0,0142	-0,0076	-0,0032	-0,0010	-0,0003	-0,0001	-0,0000	-0,0000	-0,0000
	D(BB)/A	-0,0000	0	-0,0000	-0,0000	-0,0000	-0,0000	-0,0000	0	0,0000	-0,0000
	D(BC)/A	0,0222	0,0142	0,0076	0,0032	0,0010	0,0003	0,0001	0,0000	0,0000	-0,0000
0,05	B(AA)	0,9066	0,9279	0,9493	0,9678	0,9795	0,9839	0,9856	0,9861	0,9863	0,9863
	B(AB)	0,0692	0,0609	0,0496	0,0371	0,0277	0,0240	0,0225	0,0221	0,0219	0,0219
	B(AC)	0,0069	-0,0040	-0,0114	-0,0142	-0,0142	-0,0139	-0,0137	-0,0137	-0,0137	-0,0137
	B(BA)	0,0865	0,0762	0,0621	0,0463	0,0347	0,0300	0,0282	0,0276	0,0274	0,0273
	B(BB)	0,8616	0,8781	0,9007	0,9258	0,9445	0,9520	0,9550	0,9558	0,9561	0,9563
	B(BC)	0,0865	0,0762	0,0621	0,0463	0,0347	0,0300	0,0282	0,0276	0,0274	0,0273
	D(AA)/A	-0,0450	-0,0343	-0,0226	-0,0118	-0,0045	-0,0016	-0,0005	-0,0002	-0,0001	-0,0000
	D(AB)/A	0,0333	0,0275	0,0196	0,0107	0,0041	0,0015	0,0005	0,0002	0,0000	0,0000
	D(AC)/A	0,0033	-0,0001	-0,0018	-0,0016	-0,0007	-0,0003	-0,0001	-0,0000	-0,0000	-0,0000
	D(BA)/A	-0,0520	-0,0340	-0,0185	-0,0078	-0,0025	-0,0009	-0,0003	-0,0001	-0,0000	0,0000
	D(BB)/A	0,0000	0,0000	-0,0000	0,0000	0,0000	-0,0000	0,0000	-0,0000	-0,0000	-0,0000
	D(BC)/A	0,0520	0,0340	0,0185	0,0078	0,0025	0,0009	0,0003	0,0001	0,0000	0

Z	Z(T)	0,00	0,03	0,10	0,30	1,00	3,00	10,0	30,0	100	UNENDL
0,10	B(AA)	0,8382	0,8726	0,9087	0,9409	0,9619	0,9700	0,9731	0,9740	0,9743	0,9745
	B(AB)	0,1130	0,1017	0,0855	0,0662	0,0509	0,0445	0,0420	0,0412	0,0409	0,0408
	B(AC)	0,0206	0,0002	-0,0156	-0,0237	-0,0256	-0,0256	-0,0256	-0,0255	-0,0255	-0,0255
	B(BA)	0,1412	0,1272	0,1069	0,0827	0,0636	0,0557	0,0525	0,0515	0,0512	0,0510
	B(BB)	0,7741	0,7965	0,8290	0,8676	0,8982	0,9109	0,9161	0,9176	0,9181	0,9184
	B(BC)	0,1412	0,1272	0,1069	0,0827	0,0636	0,0557	0,0525	0,0515	0,0512	0,0510
	D(AA)/A	-0,0779	-0,0607	-0,0411	-0,0220	-0,0085	-0,0031	-0,0010	-0,0003	-0,0001	-0,0000
	D(AB)/A	0,0544	0,0459	0,0337	0,0191	0,0076	0,0028	0,0009	0,0003	0,0001	0,0000
	D(AC)/A	0,0099	0,0033	-0,0010	-0,0019	-0,0010	-0,0004	-0,0001	-0,0000	-0,0000	0,0000
	D(BA)/A	-0,0946	-0,0636	-0,0355	-0,0153	-0,0050	-0,0017	-0,0005	-0,0002	-0,0001	-0,0000
	D(BB)/A	-0,0000	-0,0000	-0,0000	-0,0000	-0,0000	-0,0000	-0,0000	0,0000	-0,0000	0
	D(BC)/A	0,0946	0,0636	0,0355	0,0153	0,0050	0,0017	0,0005	0,0002	0,0001	0,0000
0,20	B(AA)	0,7424	0,7913	0,8461	0,8977	0,9331	0,9470	0,9525	0,9541	0,9547	0,9550
	B(AB)	0,1653	0,1529	0,1338	0,1089	0,0874	0,0778	0,0739	0,0727	0,0723	0,0721
	B(AC)	0,0510	0,0176	-0,0133	-0,0339	-0,0423	-0,0443	-0,0448	-0,0450	-0,0450	-0,0450
	B(BA)	0,2066	0,1911	0,1673	0,1362	0,1092	0,0972	0,0923	0,0908	0,0903	0,0901
	B(BB)	0,6695	0,6942	0,7324	0,7821	0,8253	0,8444	0,8523	0,8546	0,8555	0,8559
	B(BC)	0,2066	0,1911	0,1673	0,1362	0,1092	0,0972	0,0923	0,0908	0,0903	0,0901
	D(AA)/A	-0,1240	-0,0998	-0,0703	-0,0390	-0,0155	-0,0057	-0,0018	-0,0006	-0,0002	0,0000
	D(AB)/A	0,0796	0,0690	0,0527	0,0315	0,0131	0,0049	0,0015	0,0005	0,0002	0,0000
	D(AC)/A	0,0246	0,0136	0,0044	-0,0003	-0,0008	-0,0004	-0,0001	-0,0000	-0,0000	-0,0000
	D(BA)/A	-0,1600	-0,1128	-0,0660	-0,0296	-0,0100	-0,0034	-0,0010	-0,0003	-0,0001	-0,0000
	D(BB)/A	-0,0000	0,0000	-0,0000	-0,0000	0,0000	-0,0000	0,0000	-0,0000	-0,0000	-0,0000
	D(BC)/A	0,1600	0,1128	0,0660	0,0296	0,0100	0,0034	0,0010	0,0003	0,0001	0,0000
0,50	B(AA)	0,5933	0,6520	0,7283	0,8113	0,8746	0,9011	0,9118	0,9150	0,9162	0,9167
	B(AB)	0,2288	0,2190	0,2025	0,1779	0,1532	0,1410	0,1358	0,1342	0,1336	0,1333
	B(AC)	0,1207	0,0743	0,0186	-0,0336	-0,0660	-0,0774	-0,0815	-0,0827	-0,0832	-0,0833
	B(BA)	0,2860	0,2738	0,2531	0,2223	0,1915	0,1763	0,1697	0,1677	0,1670	0,1667
	B(BB)	0,5424	0,5620	0,5951	0,6443	0,6937	0,7180	0,7285	0,7317	0,7328	0,7333
	B(BC)	0,2860	0,2738	0,2531	0,2223	0,1915	0,1763	0,1697	0,1677	0,1670	0,1667
	D(AA)/A	-0,1958	-0,1676	-0,1269	-0,0760	-0,0320	-0,0121	-0,0038	-0,0013	-0,0004	-0,0000
	D(AB)/A	0,1102	0,0989	0,0798	0,0514	0,0229	0,0089	0,0028	0,0010	0,0003	0,0000
	D(AC)/A	0,0581	0,0441	0,0272	0,0118	0,0034	0,0010	0,0003	0,0001	0,0000	0,0000
	D(BA)/A	-0,2734	-0,2106	-0,1363	-0,0672	-0,0240	-0,0084	-0,0026	-0,0009	-0,0003	0
	D(BB)/A	-0,0000	0,0000	0,0000	-0,0000	-0,0000	0,0000	0,0000	0	-0,0000	-0,0000
	D(BC)/A	0,2734	0,2106	0,1363	0,0672	0,0240	0,0084	0,0026	0,0009	0,0003	-0,0000
1,00	B(AA)	0,4907	0,5432	0,6223	0,7249	0,8161	0,8580	0,8756	0,8810	0,8829	0,8837
	B(AB)	0,2625	0,2559	0,2442	0,2254	0,2045	0,1934	0,1884	0,1869	0,1863	0,1860
	B(AC)	0,1812	0,1370	0,0724	-0,0067	-0,0717	-0,0998	-0,1111	-0,1145	-0,1158	-0,1163
	B(BA)	0,3281	0,3199	0,3053	0,2818	0,2557	0,2417	0,2355	0,2336	0,2329	0,2326
	B(BB)	0,4751	0,4882	0,5116	0,5492	0,5909	0,6132	0,6232	0,6263	0,6274	0,6279
	B(BC)	0,3281	0,3199	0,3053	0,2818	0,2557	0,2417	0,2355	0,2336	0,2329	0,2326
	D(AA)/A	-0,2452	-0,2210	-0,1795	-0,1167	-0,0525	-0,0204	-0,0065	-0,0022	-0,0007	0,0000
	D(AB)/A	0,1264	0,1155	0,0962	0,0651	0,0306	0,0121	0,0039	0,0013	0,0004	0,0000
	D(AC)/A	0,0873	0,0766	0,0592	0,0353	0,0143	0,0052	0,0016	0,0005	0,0002	0,0000
	D(BA)/A	-0,3581	-0,2962	-0,2113	-0,1164	-0,0454	-0,0165	-0,0051	-0,0017	-0,0005	-0,0000
	D(BB)/A	0	0	-0,0000	-0,0000	-0,0000	0,0000	-0,0000	-0,0000	0,0000	0
	D(BC)/A	0,3581	0,2962	0,2113	0,1164	0,0454	0,0165	0,0051	0,0017	0,0005	0,0000
2,00	B(AA)	0,4145	0,4528	0,5194	0,6257	0,7456	0,8111	0,8408	0,8502	0,8536	0,8551
	B(AB)	0,2833	0,2794	0,2723	0,2602	0,2457	0,2375	0,2337	0,2325	0,2321	0,2319
	B(AC)	0,2314	0,1979	0,1402	0,0490	-0,0527	-0,1079	-0,1330	-0,1409	-0,1437	-0,1449
	B(BA)	0,3541	0,3493	0,3404	0,3253	0,3071	0,2969	0,2921	0,2906	0,2901	0,2899
	B(BB)	0,4334	0,4412	0,4554	0,4796	0,5086	0,5250	0,5326	0,5350	0,5359	0,5362
	B(BC)	0,3541	0,3493	0,3404	0,3253	0,3071	0,2969	0,2921	0,2906	0,2901	0,2899
	D(AA)/A	-0,2819	-0,2656	-0,2317	-0,1669	-0,0830	-0,0339	-0,0111	-0,0038	-0,0011	-0,0000
	D(AB)/A	0,1364	0,1261	0,1073	0,0752	0,0367	0,0149	0,0048	0,0017	0,0005	-0,0000
	D(AC)/A	0,1114	0,1079	0,0976	0,0729	0,0371	0,0153	0,0050	0,0017	0,0005	0,0000
	D(BA)/A	-0,4236	-0,3716	-0,2914	-0,1835	-0,0816	-0,0317	-0,0101	-0,0034	-0,0010	0,0000
	D(BB)/A	-0,0000	-0,0000	-0,0000	-0,0000	-0,0000	-0,0000	-0,0000	-0,0000	-0,0000	0,0000
	D(BC)/A	0,4236	0,3716	0,2914	0,1835	0,0816	0,0317	0,0101	0,0034	0,0010	-0,0000

Z	Z(T)	0,00	0,03	0,10	0,30	1,00	3,00	10,0	30,0	100	UNENDL
5,00	B(AA)	0,3552	0,3753	0,4154	0,4971	0,6317	0,7377	0,7978	0,8187	0,8265	0,8299
	B(AB)	0,2974	0,2957	0,2925	0,2868	0,2795	0,2752	0,2731	0,2725	0,2722	0,2721
	B(AC)	0,2730	0,2550	0,2190	0,1444	0,0189	-0,0817	-0,1392	-0,1593	-0,1668	-0,1701
	B(BA)	0,3718	0,3696	0,3656	0,3585	0,3494	0,3440	0,3414	0,3406	0,3403	0,3401
	B(BB)	0,4051	0,4086	0,4150	0,4265	0,4410	0,4497	0,4538	0,4551	0,4556	0,4558
	B(BC)	0,3718	0,3696	0,3656	0,3585	0,3494	0,3440	0,3414	0,3406	0,3403	0,3401
	D(AA)/A	-0,3104	-0,3039	-0,2852	-0,2351	-0,1414	-0,0657	-0,0228	-0,0080	-0,0024	-0,0000
	D(AB)/A	0,1432	0,1335	0,1152	0,0828	0,0418	0,0173	0,0057	0,0019	0,0006	0,0000
	D(AC)/A	0,1314	0,1370	0,1411	0,1315	0,0892	0,0441	0,0158	0,0056	0,0017	0,0000
	D(BA)/A	-0,4759	-0,4387	-0,3773	-0,2807	-0,1565	-0,0708	-0,0244	-0,0085	-0,0026	0,0000
	D(BB)/A	-0,0000	-0,0000	0	-0,0000	0	-0,0000	0,0000	0,0000	-0,0000	0,0000
	D(BC)/A	0,4759	0,4387	0,3773	0,2807	0,1565	0,0708	0,0244	0,0085	0,0026	0,0000
10,00	B(AA)	0,3324	0,3435	0,3670	0,4215	0,5378	0,6655	0,7599	0,7978	0,8128	0,8195
	B(AB)	0,3025	0,3016	0,2999	0,2969	0,2929	0,2905	0,2894	0,2890	0,2889	0,2888
	B(AC)	0,2895	0,2795	0,2581	0,2074	0,0960	-0,0286	-0,1216	-0,1591	-0,1739	-0,1805
	B(BA)	0,3781	0,3770	0,3749	0,3711	0,3661	0,3632	0,3617	0,3613	0,3611	0,3610
	B(BB)	0,3950	0,3968	0,4002	0,4063	0,4142	0,4190	0,4213	0,4220	0,4223	0,4224
	B(BC)	0,3781	0,3770	0,3749	0,3711	0,3661	0,3632	0,3617	0,3613	0,3611	0,3610
	D(AA)/A	-0,3214	-0,3197	-0,3102	-0,2762	-0,1936	-0,1044	-0,0401	-0,0145	-0,0045	0,0000
	D(AB)/A	0,1456	0,1361	0,1181	0,0858	0,0438	0,0182	0,0060	0,0021	0,0006	0,0000
	D(AC)/A	0,1394	0,1495	0,1625	0,1690	0,1389	0,0816	0,0326	0,0120	0,0037	0,0000
	D(BA)/A	-0,4963	-0,4668	-0,4184	-0,3408	-0,2257	-0,1199	-0,0458	-0,0166	-0,0051	-0,0000
	D(BB)/A	0,0000	0,0000	-0,0000	-0,0000	-0,0000	-0,0000	-0,0000	-0,0000	0	-0,0000
	D(BC)/A	0,4963	0,4668	0,4184	0,3408	0,2257	0,1199	0,0458	0,0166	0,0051	-0,0000
20,00	B(AA)	0,3203	0,3262	0,3390	0,3711	0,4542	0,5790	0,7076	0,7724	0,8006	0,8138
	B(AB)	0,3051	0,3046	0,3037	0,3022	0,3001	0,2989	0,2983	0,2981	0,2980	0,2980
	B(AC)	0,2984	0,2931	0,2814	0,2512	0,1706	0,0474	-0,0805	-0,1450	-0,1731	-0,1862
	B(BA)	0,3813	0,3808	0,3797	0,3777	0,3752	0,3736	0,3728	0,3726	0,3725	0,3724
	B(BB)	0,3899	0,3908	0,3925	0,3956	0,3998	0,4023	0,4035	0,4039	0,4040	0,4041
	B(BC)	0,3813	0,3808	0,3797	0,3777	0,3752	0,3736	0,3728	0,3726	0,3725	0,3724
	D(AA)/A	-0,3273	-0,3283	-0,3248	-0,3038	-0,2414	-0,1542	-0,0688	-0,0267	-0,0085	-0,0000
	D(AB)/A	0,1469	0,1375	0,1197	0,0873	0,0448	0,0188	0,0062	0,0021	0,0006	-0,0000
	D(AC)/A	0,1437	0,1564	0,1752	0,1947	0,1853	0,1307	0,0611	0,0241	0,0077	0,0000
	D(BA)/A	-0,5072	-0,4822	-0,4424	-0,3816	-0,2897	-0,1836	-0,0820	-0,0318	-0,0101	0
	D(BB)/A	-0,0000	-0,0000	0,0000	-0,0000	0,0000	0,0000	-0,0000	0,0000	-0,0000	-0,0000
	D(BC)/A	0,5072	0,4822	0,4424	0,3816	0,2897	0,1836	0,0820	0,0318	0,0101	-0,0000
50,00	B(AA)	0,3128	0,3152	0,3206	0,3349	0,3779	0,4660	0,6091	0,7183	0,7785	0,8102
	B(AB)	0,3066	0,3065	0,3061	0,3055	0,3046	0,3041	0,3038	0,3038	0,3037	0,3037
	B(AC)	0,3039	0,3017	0,2968	0,2832	0,2413	0,1538	0,0111	-0,0980	-0,1581	-0,1898
	B(BA)	0,3833	0,3831	0,3826	0,3818	0,3808	0,3801	0,3798	0,3797	0,3797	0,3797
	B(BB)	0,3867	0,3871	0,3878	0,3891	0,3908	0,3918	0,3923	0,3925	0,3925	0,3926
	B(BC)	0,3833	0,3831	0,3826	0,3818	0,3808	0,3801	0,3798	0,3797	0,3797	0,3797
	D(AA)/A	-0,3309	-0,3337	-0,3343	-0,3237	-0,2856	-0,2211	-0,1272	-0,0578	-0,0199	-0,0000
	D(AB)/A	0,1476	0,1383	0,1206	0,0882	0,0455	0,0191	0,0063	0,0022	0,0007	-0,0000
	D(AC)/A	0,1463	0,1608	0,1836	0,2134	0,2287	0,1972	0,1193	0,0551	0,0191	0
	D(BA)/A	-0,5139	-0,4920	-0,4583	-0,4112	-0,3491	-0,2696	-0,1555	-0,0708	-0,0244	0,0000
	D(BB)/A	0,0000	-0,0000	0	-0,0000	-0,0000	-0,0000	-0,0000	0	-0,0000	0
	D(BC)/A	0,5139	0,4920	0,4583	0,4112	0,3491	0,2696	0,1555	0,0708	0,0244	-0,0000
100,00	B(AA)	0,3103	0,3115	0,3142	0,3217	0,3453	0,4013	0,5222	0,6537	0,7493	0,8089
	B(AB)	0,3072	0,3071	0,3069	0,3066	0,3061	0,3059	0,3058	0,3057	0,3057	0,3057
	B(AC)	0,3058	0,3047	0,3022	0,2951	0,2720	0,2163	0,0956	-0,0358	-0,1315	-0,1911
	B(BA)	0,3840	0,3838	0,3836	0,3832	0,3827	0,3824	0,3822	0,3821	0,3821	0,3821
	B(BB)	0,3857	0,3859	0,3862	0,3869	0,3877	0,3882	0,3885	0,3886	0,3886	0,3886
	B(BC)	0,3840	0,3838	0,3836	0,3832	0,3827	0,3824	0,3822	0,3821	0,3821	0,3821
	D(AA)/A	-0,3321	-0,3356	-0,3376	-0,3310	-0,3046	-0,2598	-0,1797	-0,0968	-0,0371	-0,0000
	D(AB)/A	0,1479	0,1386	0,1209	0,0886	0,0457	0,0192	0,0063	0,0022	0,0007	0,0000
	D(AC)/A	0,1472	0,1623	0,1865	0,2203	0,2474	0,2358	0,1718	0,0941	0,0362	0,0000
	D(BA)/A	-0,5162	-0,4953	-0,4638	-0,4221	-0,3747	-0,3194	-0,2219	-0,1197	-0,0459	-0,0000
	D(BB)/A	0	-0,0000	0,0000	0	0,0000	0,0000	0	-0,0000	0,0000	0
	D(BC)/A	0,5162	0,4953	0,4638	0,4221	0,3747	0,3194	0,2219	0,1197	0,0459	-0,0000

Z	Z(T)	0,00	0,03	0,10	0,30	1,00	3,00	10,0	30,0	100	UNENDL
200,00	B(AA)	0,3090	0,3096	0,3110	0,3148	0,3272	0,3592	0,4439	0,5714	0,7018	0,8083
	B(AB)	0,3074	0,3074	0,3073	0,3071	0,3069	0,3068	0,3067	0,3067	0,3067	0,3067
	B(AC)	0,3067	0,3062	0,3049	0,3013	0,2891	0,2573	0,1727	0,0452	-0,0852	-0,1917
	B(BA)	0,3843	0,3842	0,3841	0,3839	0,3836	0,3835	0,3834	0,3834	0,3834	0,3834
	B(BB)	0,3851	0,3852	0,3854	0,3857	0,3862	0,3864	0,3866	0,3866	0,3866	0,3866
	B(BC)	0,3843	0,3842	0,3841	0,3839	0,3836	0,3835	0,3834	0,3834	0,3834	0,3834
	D(AA)/A	-0,3327	-0,3365	-0,3393	-0,3348	-0,3151	-0,2851	-0,2274	-0,1470	-0,0659	-0,0000
	D(AB)/A	0,1480	0,1387	0,1211	0,0887	0,0459	0,0193	0,0064	0,0022	0,0007	-0,0000
	D(AC)/A	0,1477	0,1631	0,1880	0,2239	0,2578	0,2610	0,2195	0,1443	0,0651	0,0000
	D(BA)/A	-0,5174	-0,4970	-0,4666	-0,4278	-0,3890	-0,3520	-0,2820	-0,1826	-0,0820	0,0000
	D(BB)/A	0,0000	0,0000	0	-0,0000	-0,0000	-0,0000	0,0000	-0,0000	-0,0000	0,0000
	D(BC)/A	0,5174	0,4970	0,4666	0,4278	0,3890	0,3520	0,2820	0,1826	0,0820	0,0000
500,00	B(AA)	0,3082	0,3085	0,3090	0,3105	0,3157	0,3296	0,3727	0,4617	0,6062	0,8079
	B(AB)	0,3076	0,3076	0,3075	0,3075	0,3074	0,3073	0,3073	0,3073	0,3073	0,3073
	B(AC)	0,3073	0,3071	0,3066	0,3051	0,3001	0,2862	0,2432	0,1542	0,0097	-0,1921
	B(BA)	0,3845	0,3845	0,3844	0,3843	0,3842	0,3842	0,3841	0,3841	0,3841	0,3841
	B(BB)	0,3848	0,3849	0,3849	0,3851	0,3852	0,3853	0,3854	0,3854	0,3854	0,3854
	B(BC)	0,3845	0,3845	0,3844	0,3843	0,3842	0,3842	0,3841	0,3841	0,3841	0,3841
	D(AA)/A	-0,3331	-0,3371	-0,3403	-0,3372	-0,3219	-0,3029	-0,2708	-0,2142	-0,1245	-0,0000
	D(AB)/A	0,1481	0,1388	0,1211	0,0888	0,0459	0,0193	0,0064	0,0022	0,0007	-0,0000
	D(AC)/A	0,1480	0,1635	0,1889	0,2261	0,2645	0,2788	0,2629	0,2114	0,1237	-0,0000
	D(BA)/A	-0,5181	-0,4981	-0,4683	-0,4313	-0,3981	-0,3749	-0,3368	-0,2669	-0,1553	0,0000
	D(BB)/A	0	0,0000	0	0	0,0000	0	0,0000	0,0000	0,0000	0,0000
	D(BC)/A	0.5181	0,4981	0,4683	0,4313	0,3981	0,3749	0,3368	0,2669	0,1553	0,0000
1000,00	B(AA)	0,3079	0,3081	0,3084	0,3091	0,3117	0,3189	0,3424	0,3987	0,5203	0,8078
	B(AB)	0,3076	0,3076	0,3076	0,3076	0,3075	0,3075	0,3075	0,3075	0,3075	0,3075
	B(AC)	0,3075	0,3074	0,3071	0,3064	0,3039	0,2967	0,2732	0,2170	0,0953	-0,1922
	B(BA)	0,3845	0,3845	0,3845	0,3845	0,3844	0,3844	0,3844	0,3844	0,3844	0,3844
	B(BB)	0,3847	0,3847	0,3848	0,3848	0,3849	0,3850	0,3850	0,3850	0,3850	0,3850
	B(BC)	0,3845	0,3845	0,3845	0,3845	0,3844	0,3844	0,3844	0,3844	0,3844	0,3844
	D(AA)/A	-0,3332	-0,3372	-0,3407	-0,3380	-0,3242	-0,3094	-0,2893	-0,2528	-0,1773	-0,0000
	D(AB)/A	0,1481	0,1389	0,1212	0,0889	0,0460	0,0193	0,0064	0,0022	0,0007	0
	D(AC)/A	0,1481	0,1637	0,1892	0,2269	0,2668	0,2852	0,2813	0,2501	0,1765	0,0000
	D(BA)/A	-0,5183	-0,4984	-0,4689	-0,4324	-0,4012	-0,3832	-0,3601	-0,3153	-0,2213	0,0000
	D(BB)/A	0,0000	0,0000	0	0,0000	-0,0000	0,0000	-0,0000	-0,0000	0,0000	-0,0000
	D(BC)/A	0,5183	0,4984	0,4689	0,4324	0,4012	0,3832	0,3601	0,3154	0,2213	-0,0000

2. Der dachförmige Balken auf vier ungleichen, elastischen Stützen, Steifigkeitsverhältnis $r_a : r_b : r_c : r_d$

a) $r_a : r_b : r_c : r_d = 0{,}6 : 1{,}0 : 1{,}0 : 0{,}6$

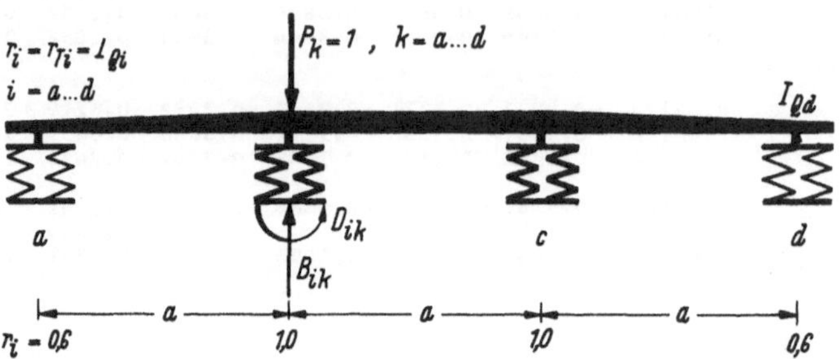

Z	Z(T)	0,00	0,03	0,10	0,30	1,00	3,00	10,0	30,0	100	UNENDL
0,01	B(AA)	0,9755	0,9813	0,9870	0,9917	0,9945	0,9955	0,9959	0,9960	0,9960	0,9960
	B(AB)	0,0144	0,0126	0,0103	0,0079	0,0063	0,0056	0,0054	0,0053	0,0053	0,0053
	B(AC)	0,0003	-0,0015	-0,0028	-0,0034	-0,0035	-0,0034	-0,0034	-0,0034	-0,0034	-0,0034
	B(AD)	0,0000	0,0001	0,0005	0,0007	0,0008	0,0009	0,0009	0,0009	0,0009	0,0009
	B(BA)	0,0241	0,0211	0,0172	0,0132	0,0105	0,0094	0,0090	0,0089	0,0088	0,0088
	B(BB)	0,9666	0,9711	0,9761	0,9809	0,9841	0,9853	0,9858	0,9859	0,9860	0,9860
	B(BC)	0,0187	0,0178	0,0164	0,0145	0,0131	0,0125	0,0123	0,0122	0,0122	0,0121
	B(BD)	0,0005	-0,0025	-0,0047	-0,0056	-0,0058	-0,0057	-0,0057	-0,0057	-0,0057	-0,0057
	D(AA)/A	-0,0112	-0,0083	-0,0053	-0,0027	-0,0010	-0,0004	-0,0001	-0,0000	-0,0000	-0,0000
	D(AB)/A	0,0066	0,0053	0,0037	0,0020	0,0007	0,0003	0,0001	0,0000	0,0000	0,0000
	D(AC)/A	0,0001	-0,0004	-0,0006	-0,0004	-0,0002	-0,0001	-0,0000	-0,0000	-0,0000	-0,0000
	D(AD)/A	0,0000	0,0000	0,0001	0,0001	0,0000	0,0000	0,0000	0,0000	0,0000	-0,0000
	D(BA)/A	-0,0135	-0,0086	-0,0045	-0,0019	-0,0006	-0,0002	-0,0001	-0,0000	-0,0000	-0,0000
	D(BB)/A	-0,0017	-0,0012	-0,0008	-0,0004	-0,0002	-0,0001	-0,0000	-0,0000	-0,0000	-0,0000
	D(BC)/A	0,0096	0,0066	0,0039	0,0018	0,0006	0,0002	0,0001	0,0000	0,0000	0,0000
	D(BD)/A	0,0002	-0,0006	-0,0007	-0,0004	-0,0002	-0,0001	-0,0000	-0,0000	-0,0000	-0,0000
0,02	B(AA)	0,9527	0,9639	0,9747	0,9837	0,9891	0,9911	0,9919	0,9921	0,9922	0,9922
	B(AB)	0,0273	0,0241	0,0198	0,0153	0,0122	0,0110	0,0105	0,0104	0,0103	0,0103
	B(AC)	0,0010	-0,0025	-0,0051	-0,0063	-0,0066	-0,0066	-0,0066	-0,0066	-0,0066	-0,0066
	B(AD)	0,0000	0,0001	0,0007	0,0013	0,0015	0,0016	0,0016	0,0016	0,0016	0,0016
	B(BA)	0,0455	0,0402	0,0330	0,0255	0,0203	0,0183	0,0175	0,0173	0,0172	0,0172
	B(BB)	0,9366	0,9449	0,9542	0,9632	0,9692	0,9715	0,9724	0,9726	0,9727	0,9728
	B(BC)	0,0350	0,0335	0,0310	0,0278	0,0252	0,0242	0,0237	0,0236	0,0235	0,0235
	B(BD)	0,0017	-0,0041	-0,0084	-0,0105	-0,0110	-0,0110	-0,0110	-0,0110	-0,0110	-0,0110
	D(AA)/A	-0,0217	-0,0161	-0,0103	-0,0052	-0,0019	-0,0007	-0,0002	-0,0001	-0,0000	-0,0000
	D(AB)/A	0,0125	0,0102	0,0071	0,0038	0,0014	0,0005	0,0002	0,0001	0,0000	0,0000
	D(AC)/A	0,0005	-0,0005	-0,0009	-0,0007	-0,0003	-0,0001	-0,0000	-0,0000	-0,0000	0
	D(AD)/A	0,0000	0,0000	0,0001	0,0001	0,0001	0,0000	0,0000	0,0000	0,0000	0,0000
	D(BA)/A	-0,0265	-0,0169	-0,0090	-0,0037	-0,0012	-0,0004	-0,0001	-0,0000	-0,0000	-0,0000
	D(BB)/A	-0,0032	-0,0022	-0,0015	-0,0009	-0,0003	-0,0001	-0,0000	-0,0000	-0,0000	-0,0000
	D(BC)/A	0,0186	0,0129	0,0076	0,0036	0,0012	0,0004	0,0001	0,0000	0,0000	0,0000
	D(BD)/A	0,0009	-0,0008	-0,0012	-0,0008	-0,0003	-0,0001	-0,0000	-0,0000	-0,0000	-0,0000

Z	Z(T)	0,00	0,03	0,10	0,30	1,00	3,00	10,0	30,0	100	UNENDL
0,05	B(AA)	0,8934	0,9173	0,9414	0,9618	0,9744	0,9790	0,9808	0,9813	0,9815	0,9816
	B(AB)	0,0586	0,0527	0,0442	0,0349	0,0282	0,0255	0,0244	0,0241	0,0240	0,0240
	B(AC)	0,0050	-0,0030	-0,0095	-0,0132	-0,0145	-0,0147	-0,0148	-0,0148	-0,0148	-0,0148
	B(AD)	0,0006	-0,0002	0,0007	0,0021	0,0028	0,0030	0,0031	0,0031	0,0032	0,0032
	B(BA)	0,0976	0,0879	0,0737	0,0582	0,0469	0,0425	0,0407	0,0402	0,0400	0,0399
	B(BB)	0,8625	0,8790	0,8980	0,9166	0,9294	0,9344	0,9364	0,9369	0,9371	0,9372
	B(BC)	0,0739	0,0713	0,0672	0,0617	0,0569	0,0548	0,0540	0,0537	0,0537	0,0536
	B(BD)	0,0084	-0,0050	-0,0158	-0,0220	-0,0241	-0,0246	-0,0247	-0,0247	-0,0247	-0,0247
	D(AA)/A	-0,0488	-0,0369	-0,0241	-0,0124	-0,0046	-0,0017	-0,0005	-0,0002	-0,0001	-0,0000
	D(AB)/A	0,0269	0,0223	0,0158	0,0087	0,0034	0,0012	0,0004	0,0001	0,0000	0
	D(AC)/A	0,0023	-0,0000	-0,0013	-0,0013	-0,0006	-0,0002	-0,0001	-0,0000	-0,0000	-0,0000
	D(AD)/A	0,0003	-0,0001	0,0000	0,0001	0,0001	0,0000	0,0000	0,0000	0,0000	0
	D(BA)/A	-0,0622	-0,0406	-0,0221	-0,0093	-0,0030	-0,0010	-0,0003	-0,0001	-0,0000	0,0000
	D(BB)/A	-0,0077	-0,0051	-0,0033	-0,0019	-0,0008	-0,0003	-0,0001	-0,0000	-0,0000	-0,0000
	D(BC)/A	0,0422	0,0297	0,0178	0,0084	0,0030	0,0010	0,0003	0,0001	0,0000	0,0000
	D(BD)/A	0,0048	-0,0003	-0,0020	-0,0015	-0,0006	-0,0002	-0,0001	-0,0000	-0,0000	-0,0000
0,10	B(AA)	0,8158	0,8544	0,8947	0,9302	0,9529	0,9614	0,9647	0,9657	0,9660	0,9662
	B(AB)	0,0945	0,0873	0,0754	0,0610	0,0501	0,0456	0,0438	0,0433	0,0431	0,0430
	B(AC)	0,0143	0,0005	-0,0118	-0,0200	-0,0237	-0,0247	-0,0250	-0,0251	-0,0251	-0,0252
	B(AD)	0,0029	-0,0007	-0,0007	0,0014	0,0031	0,0037	0,0040	0,0040	0,0040	0,0041
	B(BA)	0,1574	0,1455	0,1256	0,1017	0,0835	0,0760	0,0730	0,0721	0,0718	0,0717
	B(BB)	0,7741	0,7982	0,8269	0,8557	0,8761	0,8842	0,8874	0,8883	0,8887	0,8888
	B(BC)	0,1171	0,1140	0,1095	0,1033	0,0975	0,0949	0,0938	0,0935	0,0934	0,0933
	B(BD)	0,0238	0,0009	-0,0196	-0,0334	-0,0395	-0,0412	-0,0417	-0,0419	-0,0419	-0,0419
	D(AA)/A	-0,0844	-0,0653	-0,0437	-0,0230	-0,0088	-0,0032	-0,0010	-0,0003	-0,0001	-0,0000
	D(AB)/A	0,0433	0,0368	0,0269	0,0152	0,0060	0,0022	0,0007	0,0002	0,0001	0,0000
	D(AC)/A	0,0066	0,0024	-0,0004	-0,0013	-0,0007	-0,0003	-0,0001	-0,0000	-0,0000	-0,0000
	D(AD)/A	0,0013	-0,0002	-0,0004	-0,0002	-0,0000	0,0000	0,0000	0,0000	0,0000	0,0000
	D(BA)/A	-0,1131	-0,0761	-0,0426	-0,0185	-0,0061	-0,0021	-0,0006	-0,0002	-0,0001	-0,0000
	D(BB)/A	-0,0145	-0,0094	-0,0058	-0,0032	-0,0013	-0,0005	-0,0002	-0,0001	-0,0000	-0,0000
	D(BC)/A	0,0734	0,0527	0,0323	0,0155	0,0055	0,0019	0,0006	0,0002	0,0001	0,0000
	D(BD)/A	0,0149	0,0038	-0,0015	-0,0021	-0,0010	-0,0004	-0,0001	-0,0000	-0,0000	-0,0000
0,20	B(AA)	0,7076	0,7622	0,8228	0,8796	0,9179	0,9327	0,9385	0,9402	0,9408	0,9411
	B(AB)	0,1349	0,1292	0,1164	0,0981	0,0826	0,0759	0,0732	0,0723	0,0720	0,0719
	B(AC)	0,0337	0,0131	-0,0076	-0,0242	-0,0333	-0,0363	-0,0374	-0,0377	-0,0378	-0,0378
	B(AD)	0,0114	0,0006	-0,0041	-0,0029	-0,0001	0,0013	0,0018	0,0020	0,0021	0,0021
	B(BA)	0,2249	0,2154	0,1940	0,1636	0,1376	0,1264	0,1219	0,1206	0,1201	0,1199
	B(BB)	0,6653	0,6953	0,7323	0,77112	0,7999	0,8116	0,8162	0,8176	0,8181	0,8183
	B(BC)	0,1660	0,1624	0,1590	0,1549	0,1508	0,1488	0,1480	0,1477	0,1476	0,1476
	B(BD)	0,0561	0,0218	-0,0127	-0,0403	-0,0554	-0,0604	-0,0623	-0,0628	-0,0630	-0,0631
	D(AA)/A	-0,1340	-0,1070	-0,0745	-0,0407	-0,0159	-0,0058	-0,0018	-0,0006	-0,0002	-0,0000
	D(AB)/A	0,0618	0,0544	0,0415	0,0244	0,0100	0,0037	0,0012	0,0004	0,0001	0
	D(AC)/A	0,0154	0,0092	0,0038	0,0007	-0,0001	-0,0001	-0,0000	-0,0000	-0,0000	0,0000
	D(AD)/A	0,0052	0,0010	-0,0010	-0,0011	-0,0005	-0,0002	-0,0001	-0,0000	-0,0000	-0,0000
	D(BA)/A	-0,1921	-0,1350	-0,0792	-0,0358	-0,0121	-0,0042	-0,0013	-0,0004	-0,0001	-0,0000
	D(BB)/A	-0,0268	-0,0171	-0,0098	-0,0050	-0,0020	-0,0007	-0,0002	-0,0001	-0,0000	-0,0000
	D(BC)/A	0,1181	0,0874	0,0551	0,0272	0,0099	0,0035	0,0011	0,0004	0,0001	0,0000
	D(BD)/A	0,0399	0,0178	0,0037	-0,0012	-0,0010	-0,0004	-0,0001	-0,0000	-0,0000	-0,0000
0,50	B(AA)	0,5381	0,6053	0,6893	0,7783	0,8453	0,8732	0,8844	0,8877	0,8889	0,8894
	B(AB)	0,1763	0,1776	0,1719	0,1564	0,1385	0,1296	0,1258	0,1246	0,1242	0,1240
	B(AC)	0,0755	0,0491	0,0175	-0,0137	-0,0355	-0,0441	-0,0475	-0,0485	-0,0489	-0,0490
	B(AD)	0,0423	0,0168	-0,0051	-0,0161	-0,0169	-0,0156	-0,0148	-0,0146	-0,0145	-0,0144
	B(BA)	0,2938	0,2961	0,2866	0,2607	0,2308	0,2160	0,2097	0,2077	0,2070	0,2067
	B(BB)	0,5240	0,5543	0,5946	0,6407	0,6776	0,6935	0,6999	0,7019	0,7026	0,7029
	B(BC)	0,2243	0,2190	0,2159	0,2166	0,2194	0,2211	0,2218	0,2220	0,2221	0,2221
	B(BD)	0,1258	0,0818	0,0292	-0,0229	-0,0592	-0,0736	-0,0792	-0,0809	-0,0815	-0,0817
	D(AA)/A	-0,2117	-0,1789	-0,1335	-0,0788	-0,0327	-0,0123	-0,0038	-0,0013	-0,0004	-0,0000
	D(AB)/A	0,0808	0,0742	0,0605	0,0386	0,0168	0,0064	0,0020	0,0007	0,0002	0,0000
	D(AC)/A	0,0346	0,0272	0,0184	0,0098	0,0038	0,0014	0,0004	0,0001	0,0000	-0,0000
	D(AD)/A	0,0194	0,0100	0,0019	-0,0019	-0,0016	-0,0007	-0,0002	-0,0001	-0,0000	-0,0000
	D(BA)/A	-0,3342	-0,2539	-0,1630	-0,0805	-0,0290	-0,0102	-0,0031	-0,0011	-0,0003	-0,0000
	D(BB)/A	-0,0544	-0,0373	-0,0211	-0,0093	-0,0032	-0,0011	-0,0003	-0,0001	-0,0000	-0,0000
	D(BC)/A	0,1907	0,1492	0,1000	0,0522	0,0197	0,0071	0,0022	0,0007	0,0002	0,0000
	D(BD)/A	0,1070	0,0673	0,0314	0,0091	0,0015	0,0003	0,0001	0,0000	0,0000	0,0000

Z	Z(T)	0,00	0,03	0,10	0,30	1,00	3,00	10,0	30,0	100	UNENDL
1,00	B(AA)	0,4182	0,4814	0,5708	0,6789	0,7703	0,8114	0,8285	0,8337	0,8355	0,8363
	B(AB)	0,1903	0,1967	0,2002	0,1952	0,1829	0,1751	0,1714	0,1702	0,1698	0,1696
	B(AC)	0,1109	0,0859	0,0515	0,0115	-0,0214	-0,0359	-0,0419	-0,0437	-0,0444	-0,0446
	B(AD)	0,0797	0,0477	0,0096	-0,0234	-0,0396	-0,0434	-0,0443	-0,0445	-0,0446	-0,0446
	B(BA)	0,3172	0,3278	0,3337	0,3254	0,3049	0,2918	0,2857	0,2837	0,2830	0,2827
	B(BB)	0,4414	0,4665	0,5027	0,5478	0,5870	0,6050	0,6126	0,6149	0,6157	0,6161
	B(BC)	0,2573	0,2509	0,2455	0,2455	0,2514	0,2558	0,2579	0,2586	0,2588	0,2589
	B(BD)	0,1849	0,1432	0,0859	0,0191	-0,0356	-0,0598	-0,0698	-0,0728	-0,0739	-0,0744
	D(AA)/A	-0,2667	-0,2364	-0,1879	-0,1194	-0,0528	-0,0204	-0,0065	-0,0022	-0,0007	0
	D(AB)/A	0,0872	0,0813	0,0688	0,0467	0,0216	0,0085	0,0027	0,0009	0,0003	0,0000
	D(AC)/A	0,0508	0,0450	0,0361	0,0234	0,0106	0,0042	0,0013	0,0005	0,0001	0,0000
	D(AD)/A	0,0365	0,0258	0,0131	0,0026	-0,0009	-0,0007	-0,0003	-0,0001	-0,0000	-0,0000
	D(BA)/A	-0,4474	-0,3638	-0,2541	-0,1374	-0,0531	-0,0193	-0,0060	-0,0020	-0,0006	0,0000
	D(BB)/A	-0,0810	-0,0614	-0,0381	-0,0172	-0,0055	-0,0018	-0,0005	-0,0002	-0,0001	-0,0000
	D(BC)/A	0,2442	0,2009	0,1430	0,0793	0,0313	0,0115	0,0036	0,0012	0,0004	-0,0000
	D(BD)/A	0,1755	0,1312	0,0793	0,0339	0,0100	0,0031	0,0009	0,0003	0,0001	-0,0000
2,00	B(AA)	0,3255	0,3746	0,4543	0,5687	0,6827	0,7396	0,7645	0,7722	0,7750	0,7762
	B(AB)	0,1935	0,2011	0,2108	0,2189	0,2198	0,2177	0,2162	0,2157	0,2155	0,2154
	B(AC)	0,1407	0,1212	0,0904	0,0476	0,0060	-0,0146	-0,0236	-0,0264	-0,0274	-0,0279
	B(AD)	0,1176	0,0883	0,0436	-0,0129	-0,0590	-0,0780	-0,0854	-0,0876	-0,0884	-0,0887
	B(BA)	0,3224	0,3351	0,3513	0,3648	0,3663	0,3628	0,3603	0,3594	0,3591	0,3590
	B(BB)	0,3856	0,4034	0,4317	0,4712	0,5098	0,5290	0,5374	0,5400	0,5410	0,5414
	B(BC)	0,2803	0,2743	0,2670	0,2623	0,2644	0,2680	0,2700	0,2707	0,2710	0,2711
	B(BD)	0,2344	0,2021	0,1507	0,0794	0,0101	-0,0244	-0,0394	-0,0441	-0,0457	-0,0465
	D(AA)/A	-0,3091	-0,2863	-0,2430	-0,1685	-0,0808	-0,0324	-0,0105	-0,0036	-0,0011	-0,0000
	D(AB)/A	0,0887	0,0820	0,0698	0,0488	0,0238	0,0097	0,0031	0,0011	0,0003	0,0000
	D(AC)/A	0,0645	0,0620	0,0558	0,0415	0,0212	0,0088	0,0029	0,0010	0,0003	0,0000
	D(AD)/A	0,0539	0,0461	0,0338	0,0179	0,0057	0,0017	0,0005	0,0001	0,0000	0,0000
	D(BA)/A	-0,5414	-0,4684	-0,3580	-0,2160	-0,0915	-0,0348	-0,0110	-0,0037	-0,0011	0,0000
	D(BB)/A	-0,1057	-0,0883	-0,0628	-0,0330	-0,0116	-0,0039	-0,0012	-0,0004	-0,0001	0,0000
	D(BC)/A	0,2867	0,2474	0,1883	0,1130	0,0477	0,0181	0,0057	0,0019	0,0006	0,0000
	D(BD)/A	0,2397	0,2032	0,1488	0,0826	0,0313	0,0111	0,0034	0,0011	0,0003	-0,0000
5,00	B(AA)	0,2504	0,2778	0,3301	0,4262	0,5570	0,6409	0,6825	0,6961	0,7011	0,7033
	B(AB)	0,1917	0,1970	0,2067	0,2233	0,2442	0,2570	0,2632	0,2652	0,2660	0,2663
	B(AC)	0,1658	0,1550	0,1349	0,0992	0,0524	0,0231	0,0087	0,0040	0,0023	0,0016
	B(AD)	0,1538	0,1355	0,1006	0,0363	-0,0514	-0,1078	-0,1357	-0,1449	-0,1482	-0,1497
	B(BA)	0,3194	0,3283	0,3445	0,3722	0,4070	0,4283	0,4387	0,4420	0,4433	0,4438
	B(BB)	0,3444	0,3538	0,3706	0,3987	0,4333	0,4541	0,4641	0,4673	0,4685	0,4690
	B(BC)	0,2981	0,2942	0,2879	0,2788	0,2701	0,2658	0,2640	0,2634	0,2632	0,2631
	B(BD)	0,2764	0,2583	0,2248	0,1653	0,0874	0,0385	0,0145	0,0067	0,0039	0,0026
	D(AA)/A	-0,3436	-0,3318	-0,3034	-0,2377	-0,1314	-0,0572	-0,0192	-0,0066	-0,0020	0
	D(AB)/A	0,0878	0,0791	0,0641	0,0416	0,0188	0,0073	0,0023	0,0008	0,0002	0,0000
	D(AC)/A	0,0760	0,0783	0,0782	0,0677	0,0404	0,0181	0,0062	0,0021	0,0006	0,0000
	D(AD)/A	0,0705	0,0695	0,0662	0,0554	0,0327	0,0147	0,0050	0,0017	0,0005	-0,0000
	D(BA)/A	-0,6211	-0,5699	-0,4817	-0,3400	-0,1713	-0,0714	-0,0235	-0,0081	-0,0024	0,0000
	D(BB)/A	-0,1281	-0,1171	-0,0973	-0,0655	-0,0308	-0,0123	-0,0040	-0,0014	-0,0004	0,0000
	D(BC)/A	0,3218	0,2909	0,2396	0,1624	0,0783	0,0319	0,0104	0,0036	0,0011	0,0000
	D(BD)/A	0,2984	0,2803	0,2445	0,1785	0,0921	0,0388	0,0128	0,0044	0,0013	-0,0000
10,00	B(AA)	0,2205	0,2361	0,2683	0,3374	0,4602	0,5654	0,6287	0,6515	0,6600	0,6638
	B(AB)	0,1900	0,1932	0,2000	0,2147	0,2425	0,2678	0,2837	0,2894	0,2916	0,2926
	B(AC)	0,1761	0,1699	0,1575	0,1320	0,0887	0,0529	0,0316	0,0240	0,0211	0,0199
	B(AD)	0,1694	0,1587	0,1358	0,0846	-0,0123	-0,0999	-0,1542	-0,1739	-0,1814	-0,1847
	B(BA)	0,3166	0,3220	0,3333	0,3579	0,4042	0,4464	0,4728	0,4824	0,4861	0,4877
	B(BB)	0,3290	0,3342	0,3441	0,3630	0,3922	0,4147	0,4277	0,4322	0,4339	0,4347
	B(BC)	0,3050	0,3027	0,2984	0,2902	0,2766	0,2646	0,2571	0,2543	0,2533	0,2528
	B(BD)	0,2935	0,2832	0,2626	0,2201	0,1479	0,0881	0,0526	0,0400	0,0352	0,0331
	D(AA)/A	-0,3573	-0,3514	-0,3340	-0,2834	-0,1787	-0,0861	-0,0306	-0,0108	-0,0033	-0,0000
	D(AB)/A	0,0871	0,0769	0,0593	0,0327	0,0084	0,0006	-0,0004	-0,0002	-0,0001	0
	D(AC)/A	0,0807	0,0854	0,0897	0,0849	0,0577	0,0285	0,0102	0,0036	0,0011	-0,0000
	D(AD)/A	0,0777	0,0809	0,0857	0,0874	0,0685	0,0375	0,0141	0,0051	0,0016	0
	D(BA)/A	-0,6537	-0,6154	-0,5473	-0,4273	-0,2521	-0,1184	-0,0416	-0,0146	-0,0045	0,0000
	D(BB)/A	-0,1376	-0,1307	-0,1171	-0,0916	-0,0546	-0,0261	-0,0093	-0,0033	-0,0010	-0,0000
	D(BC)/A	0,3359	0,3100	0,2660	0,1957	0,1076	0,0485	0,0167	0,0058	0,0018	-0,0000
	D(BD)/A	0,3232	0,3166	0,2990	0,2537	0,1637	0,0810	0,0292	0,0103	0,0032	-0,0000

Z	Z(T)	0,00	0,03	0,10	0,30	1,00	3,00	10,0	30,0	100	UNENDL
20,00	B(AA)	0,2044	0,2128	0,2309	0,2740	0,3706	0,4852	0,5772	0,6162	0,6319	0,6390
	B(AB)	0,1888	0,1906	0,1947	0,2048	0,2300	0,2627	0,2901	0,3020	0,3067	0,3089
	B(AC)	0,1816	0,1783	0,1714	0,1555	0,1217	0,0830	0,0524	0,0395	0,0343	0,0320
	B(AD)	0,1781	0,1722	0,1591	0,1254	0,0431	-0,0614	-0,1481	-0,1853	-0,2003	-0,2072
	B(BA)	0,3147	0,3177	0,3244	0,3413	0,3834	0,4379	0,4836	0,5033	0,5112	0,5149
	B(BB)	0,3209	0,3237	0,3291	0,3405	0,3622	0,3851	0,4026	0,4099	0,4128	0,4142
	B(BC)	0,3086	0,3074	0,3048	0,2992	0,2861	0,2692	0,2548	0,2486	0,2461	0,2449
	B(BD)	0,3027	0,2972	0,2856	0,2592	0,2029	0,1383	0,0873	0,0659	0,0572	0,0533
	D(AA)/A	-0,3646	-0,3625	-0,3526	-0,3169	-0,2271	-0,1260	-0,0496	-0,0182	-0,0057	-0,0000
	D(AB)/A	0,0866	0,0755	0,0558	0,0248	-0,0049	-0,0110	-0,0060	-0,0024	-0,0008	0
	D(AC)/A	0,0832	0,0895	0,0967	0,0974	0,0751	0,0424	0,0167	0,0061	0,0019	0,0000
	D(AD)/A	0,0816	0,0876	0,0984	0,1133	0,1101	0,0736	0,0317	0,0120	0,0038	0,0000
	D(BA)/A	-0,6714	-0,6412	-0,5881	-0,4931	-0,3376	-0,1855	-0,0730	-0,0268	-0,0083	-0,0000
	D(BB)/A	-0,1428	-0,1386	-0,1298	-0,1123	-0,0816	-0,0474	-0,0193	-0,0072	-0,0022	-0,0000
	D(BC)/A	0,3435	0,3208	0,2823	0,2205	0,1379	0,0716	0,0274	0,0100	0,0031	0,0000
	D(BD)/A	0,3369	0,3376	0,3339	0,3127	0,2437	0,1452	0,0595	0,0221	0,0069	-0,0000
50,00	B(AA)	0,1944	0,1979	0,2057	0,2257	0,2809	0,3763	0,4974	0,5702	0,6049	0,6219
	B(AB)	0,1881	0,1888	0,1906	0,1956	0,2112	0,2407	0,2795	0,3032	0,3145	0,3200
	B(AC)	0,1851	0,1837	0,1807	0,1734	0,1542	0,1220	0,0818	0,0577	0,0462	0,0405
	B(AD)	0,1837	0,1812	0,1754	0,1593	0,1102	0,0192	-0,0995	-0,1715	-0,2060	-0,2228
	B(BA)	0,3134	0,3147	0,3177	0,3260	0,3520	0,4011	0,4659	0,5053	0,5242	0,5334
	B(BB)	0,3159	0,3170	0,3194	0,3245	0,3365	0,3550	0,3776	0,3910	0,3973	0,4005
	B(BC)	0,3109	0,3104	0,3093	0,3065	0,2981	0,2823	0,2611	0,2482	0,2420	0,2390
	B(BD)	0,3085	0,3062	0,3012	0,2890	0,2569	0,2034	0,1363	0,0961	0,0769	0,0676
	D(AA)/A	-0,3692	-0,3695	-0,3652	-0,3428	-0,2782	-0,1886	-0,0921	-0,0378	-0,0123	-0,0000
	D(AB)/A	0,0862	0,0745	0,0533	0,0181	-0,0202	-0,0308	-0,0198	-0,0088	-0,0030	-0,0000
	D(AC)/A	0,0848	0,0921	0,1015	0,1071	0,0931	0,0638	0,0311	0,0127	0,0041	0,0000
	D(AD)/A	0,0842	0,0920	0,1073	0,1343	0,1567	0,1336	0,0733	0,0312	0,0103	0,0000
	D(BA)/A	-0,6825	-0,6579	-0,6159	-0,5447	-0,4295	-0,2927	-0,1443	-0,0594	-0,0194	0,0000
	D(BB)/A	-0,1462	-0,1438	-0,1386	-0,1289	-0,1117	-0,0828	-0,0428	-0,0179	-0,0059	-0,0000
	D(BC)/A	0,3483	0,3277	0,2933	0,2397	0,1702	0,1081	0,0514	0,0209	0,0068	-0,0000
	D(BD)/A	0,3456	0,3513	0,3580	0,3600	0,3320	0,2505	0,1301	0,0545	0,0179	-0,0000
100,00	B(AA)	0,1910	0,1927	0,1967	0,2073	0,2391	0,3059	0,4241	0,5239	0,5832	0,6157
	B(AB)	0,1878	0,1882	0,1891	0,1918	0,2010	0,2221	0,2607	0,2937	0,3133	0,3240
	B(AC)	0,1863	0,1856	0,1841	0,1802	0,1691	0,1466	0,1073	0,0741	0,0544	0,0436
	B(AD)	0,1856	0,1843	0,1813	0,1727	0,1441	0,0795	-0,0374	-0,1369	-0,1960	-0,2285
	B(BA)	0,3130	0,3136	0,3152	0,3196	0,3350	0,3702	0,4346	0,4895	0,5221	0,5400
	B(BB)	0,3142	0,3148	0,3160	0,3187	0,3255	0,3384	0,3603	0,3787	0,3896	0,3956
	B(BC)	0,3117	0,3114	0,3109	0,3093	0,3044	0,2929	0,2716	0,2535	0,2427	0,2367
	B(BD)	0,3105	0,3093	0,3068	0,3003	0,2819	0,2444	0,1788	0,1235	0,0907	0,0727
	D(AA)/A	-0,3708	-0,3720	-0,3696	-0,3528	-0,3027	-0,2315	-0,1370	-0,0646	-0,0227	-0,0000
	D(AB)/A	0,0861	0,0741	0,0523	0,0154	-0,0279	-0,0449	-0,0346	-0,0177	-0,0064	-0,0000
	D(AC)/A	0,0854	0,0929	0,1032	0,1107	0,1017	0,0784	0,0461	0,0217	0,0076	0
	D(AD)/A	0,0851	0,0935	0,1105	0,1425	0,1796	0,1756	0,1178	0,0579	0,0207	0,0000
	D(BA)/A	-0,6863	-0,6637	-0,6259	-0,5647	-0,4737	-0,3666	-0,2198	-0,1042	-0,0368	0,0000
	D(BB)/A	-0,1473	-0,1456	-0,1418	-0,1354	-0,1264	-0,1074	-0,0680	-0,0328	-0,0117	0,0000
	D(BC)/A	0,3499	0,3301	0,2973	0,2472	0,1857	0,1332	0,0767	0,0358	0,0126	0,0000
	D(BD)/A	0,3486	0,3561	0,3667	0,3784	0,3750	0,3236	0,2053	0,0992	0,0352	-0,0000
200,00	B(AA)	0,1892	0,1901	0,1921	0,1976	0,2147	0,2555	0,3492	0,4620	0,5523	0,6126
	B(AB)	0,1876	0,1878	0,1883	0,1897	0,1947	0,2078	0,2386	0,2760	0,3060	0,3260
	B(AC)	0,1869	0,1865	0,1858	0,1838	0,1778	0,1641	0,1328	0,0953	0,0653	0,0452
	B(AD)	0,1865	0,1859	0,1844	0,1799	0,1644	0,1247	0,0317	-0,0809	-0,1711	-0,2314
	B(BA)	0,3127	0,3131	0,3139	0,3162	0,3245	0,3463	0,3977	0,4600	0,5100	0,5434
	B(BB)	0,3134	0,3136	0,3142	0,3156	0,3193	0,3271	0,3445	0,3654	0,3820	0,3931
	B(BC)	0,3121	0,3120	0,3117	0,3109	0,3082	0,3010	0,2840	0,2633	0,2467	0,2356
	B(BD)	0,3115	0,3109	0,3096	0,3063	0,2964	0,2735	0,2214	0,1589	0,1088	0,0754
	D(AA)/A	-0,3716	-0,3732	-0,3719	-0,3581	-0,3170	-0,2629	-0,1846	-0,1037	-0,0413	-0,0000
	D(AB)/A	0,0860	0,0740	0,0518	0,0140	-0,0324	-0,0553	-0,0505	-0,0307	-0,0126	-0,0000
	D(AC)/A	0,0857	0,0934	0,1040	0,1127	0,1068	0,0891	0,0621	0,0348	0,0138	-0,0000
	D(AD)/A	0,0855	0,0943	0,1121	0,1470	0,1931	0,2065	0,1653	0,0970	0,0392	0,0000
	D(BA)/A	-0,6882	-0,6666	-0,6310	-0,5753	-0,4998	-0,4207	-0,3001	-0,1697	-0,0677	0,0000
	D(BB)/A	-0,1479	-0,1465	-0,1434	-0,1389	-0,1351	-0,1255	-0,0948	-0,0547	-0,0220	0,0000
	D(BC)/A	0,3507	0,3313	0,2993	0,2511	0,1948	0,1515	0,1036	0,0577	0,0229	0
	D(BD)/A	0,3501	0,3585	0,3712	0,3883	0,4004	0,3773	0,2855	0,1647	0,0661	-0,0000

Z	Z(T)	0,00	0,03	0,10	0,30	1,00	3,00	10,0	30,0	100	UNENDL
500,00	B(AA)	0,1882	0,1886	0,1894	0,1916	0,1988	0,2174	0,2707	0,3655	0,4866	0,6107
	B(AB)	0,1876	0,1876	0,1878	0,1884	0,1905	0,1965	0,2142	0,2457	0,2860	0,3273
	B(AC)	0,1873	0,1871	0,1868	0,1860	0,1835	0,1772	0,1594	0,1279	0,0875	0,0462
	B(AD)	0,1871	0,1869	0,1862	0,1844	0,1779	0,1597	0,1066	0,0119	-0,1091	-0,2332
	B(BA)	0,3126	0,3127	0,3130	0,3140	0,3175	0,3275	0,3569	0,4095	0,4766	0,5455
	B(BB)	0,3128	0,3130	0,3132	0,3138	0,3153	0,3189	0,3288	0,3463	0,3687	0,3916
	B(BC)	0,3123	0,3123	0,3122	0,3118	0,3107	0,3074	0,2976	0,2801	0,2578	0,2349
	B(BD)	0,3121	0,3119	0,3113	0,3100	0,3058	0,2954	0,2657	0,2131	0,1459	0,0770
	D(AA)/A	-0,3721	-0,3739	-0,3733	-0,3613	-0,3265	-0,2868	-0,2354	-0,1666	-0,0838	0,0000
	D(AB)/A	0,0860	0,0738	0,0515	0,0131	-0,0354	-0,0632	-0,0675	-0,0517	-0,0267	0
	D(AC)/A	0,0858	0,0937	0,1046	0,1139	0,1101	0,0972	0,0791	0,0558	0,0280	0,0000
	D(AD)/A	0,0858	0,0947	0,1132	0,1497	0,2021	0,2301	0,2160	0,1599	0,0817	-0,0000
	D(BA)/A	-0,6893	-0,6684	-0,6341	-0,5818	-0,5170	-0,4620	-0,3858	-0,2750	-0,1386	-0,0000
	D(BB)/A	-0,1482	-0,1470	-0,1444	-0,1411	-0,1409	-0,1394	-0,1235	-0,0898	-0,0456	0,0000
	D(BC)/A	0,3512	0,3320	0,3005	0,2535	0,2008	0,1655	0,1323	0,0929	0,0465	0,0000
	D(BD)/A	0,3510	0,3600	0,3739	0,3944	0,4172	0,4184	0,3711	0,2699	0,1370	0,0000
1000,00	B(AA)	0,1878	0,1880	0,1884	0,1896	0,1932	0,2030	0,2335	0,2999	0,4183	0,6100
	B(AB)	0,1875	0,1876	0,1877	0,1880	0,1890	0,1922	0,2023	0,2244	0,2638	0,3277
	B(AC)	0,1874	0,1873	0,1872	0,1867	0,1855	0,1822	0,1720	0,1499	0,1104	0,0465
	B(AD)	0,1873	0,1872	0,1869	0,1860	0,1826	0,1731	0,1427	0,0763	-0,0421	-0,2338
	B(BA)	0,3125	0,3126	0,3128	0,3133	0,3150	0,3203	0,3372	0,3740	0,4397	0,5462
	B(BB)	0,3127	0,3127	0,3128	0,3131	0,3139	0,3158	0,3215	0,3338	0,3557	0,3911
	B(BC)	0,3124	0,3124	0,3123	0,3122	0,3116	0,3099	0,3042	0,2920	0,2701	0,2346
	B(BD)	0,3123	0,3122	0,3119	0,3112	0,3091	0,3036	0,2866	0,2498	0,1840	0,0776
	D(AA)/A	-0,3722	-0,3742	-0,3738	-0,3624	-0,3298	-0,2959	-0,2597	-0,2099	-0,1288	0
	D(AB)/A	0,0860	0,0738	0,0514	0,0128	-0,0365	-0,0662	-0,0755	-0,0661	-0,0418	0
	D(AC)/A	0,0859	0,0938	0,1047	0,1143	0,1112	0,1003	0,0872	0,0702	0,0430	-0,0000
	D(AD)/A	0,0858	0,0949	0,1135	0,1506	0,2052	0,2392	0,2402	0,2031	0,1268	0,0000
	D(BA)/A	-0,6897	-0,6690	-0,6351	-0,5840	-0,5230	-0,4777	-0,4267	-0,3473	-0,2138	-0,0000
	D(BB)/A	-0,1483	-0,1472	-0,1448	-0,1418	-0,1429	-0,1447	-0,1371	-0,1140	-0,0707	-0,0000
	D(BC)/A	0,3514	0,3323	0,3009	0,2544	0,2029	0,1709	0,1460	0,1170	0,0716	0,0000
	D(BD)/A	0,3513	0,3605	0,3748	0,3965	0,4231	0,4341	0,4119	0,3422	0,2122	0,0000

b) $r_a : r_b : r_c : r_d = 0{,}8 : 1{,}0 : 1{,}0 : 0{,}8$

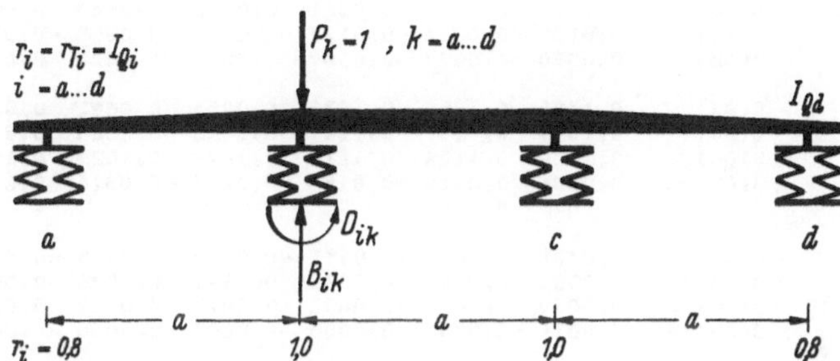

Z	Z(T)	0,00	0,03	0,10	0,30	1,00	3,00	10,0	30,0	100	UNENDL
0,01	B(AA)	0,9785	0,9837	0,9887	0,9929	0,9954	0,9963	0,9967	0,9968	0,9968	0,9968
	B(AB)	0,0168	0,0146	0,0118	0,0089	0,0068	0,0061	0,0058	0,0057	0,0056	0,0056
	B(AC)	0,0003	-0,0017	-0,0031	-0,0037	-0,0037	-0,0037	-0,0037	-0,0037	-0,0037	-0,0037
	B(AD)	0,0000	0,0001	0,0004	0,0006	0,0007	0,0007	0,0007	0,0007	0,0007	0,0007
	B(BA)	0,0210	0,0183	0,0147	0,0111	0,0086	0,0076	0,0072	0,0071	0,0070	0,0070
	B(BB)	0,9642	0,9689	0,9743	0,9794	0,9830	0,9843	0,9848	0,9850	0,9851	0,9851
	B(BC)	0,0186	0,0181	0,0170	0,0154	0,0139	0,0133	0,0131	0,0130	0,0130	0,0130
	B(BD)	0,0004	-0,0021	-0,0039	-0,0046	-0,0047	-0,0046	-0,0046	-0,0046	-0,0046	-0,0046
	D(AA)/A	-0,0103	-0,0077	-0,0050	-0,0025	-0,0009	-0,0003	-0,0001	-0,0000	-0,0000	0,0000
	D(AB)/A	0,0081	0,0066	0,0046	0,0025	0,0009	0,0003	0,0001	0,0000	0,0000	0,0000
	D(AC)/A	0,0002	-0,0004	-0,0007	-0,0005	-0,0002	-0,0001	-0,0000	-0,0000	-0,0000	-0,0000
	D(AD)/A	0,0000	0,0000	0,0001	0,0001	0,0000	0,0000	0,0000	0,0000	0,0000	0,0000
	D(BA)/A	-0,0113	-0,0071	-0,0037	-0,0015	-0,0005	-0,0002	-0,0000	-0,0000	-0,0000	-0,0000
	D(BB)/A	-0,0007	-0,0005	-0,0005	-0,0003	-0,0001	-0,0001	-0,0000	-0,0000	-0,0000	-0,0000
	D(BC)/A	0,0096	0,0066	0,0039	0,0018	0,0006	0,0002	0,0001	0,0000	0,0000	0,0000
	D(BD)/A	0,0002	-0,0005	-0,0005	-0,0003	-0,0001	-0,0000	-0,0000	-0,0000	-0,0000	-0,0000
0,02	B(AA)	0,9586	0,9685	0,9781	0,9861	0,9910	0,9928	0,9935	0,9937	0,9938	0,9938
	B(AB)	0,0319	0,0278	0,0226	0,0171	0,0133	0,0118	0,0112	0,0110	0,0110	0,0109
	B(AC)	0,0012	-0,0027	-0,0056	-0,0069	-0,0071	-0,0071	-0,0071	-0,0071	-0,0071	-0,0071
	B(AD)	0,0001	0,0001	0,0006	0,0011	0,0013	0,0013	0,0013	0,0013	0,0013	0,0013
	B(BA)	0,0398	0,0348	0,0282	0,0214	0,0166	0,0147	0,0140	0,0138	0,0137	0,0137
	B(BB)	0,9322	0,9409	0,9507	0,9604	0,9670	0,9696	0,9706	0,9709	0,9710	0,9710
	B(BC)	0,0347	0,0340	0,0322	0,0294	0,0268	0,0257	0,0253	0,0252	0,0251	0,0251
	B(BD)	0,0015	-0,0034	-0,0069	-0,0086	-0,0089	-0,0089	-0,0089	-0,0089	-0,0088	-0,0088
	D(AA)/A	-0,0199	-0,0149	-0,0097	-0,0050	-0,0019	-0,0007	-0,0002	-0,0001	-0,0000	-0,0000
	D(AB)/A	0,0153	0,0125	0,0088	0,0048	0,0018	0,0007	0,0002	0,0001	0,0000	0,0000
	D(AC)/A	0,0006	-0,0006	-0,0011	-0,0009	-0,0004	-0,0002	-0,0000	-0,0000	-0,0000	-0,0000
	D(AD)/A	0,0000	0,0000	0,0001	0,0001	0,0001	0,0000	0,0000	0,0000	0,0000	0,0000
	D(BA)/A	-0,0222	-0,0141	-0,0074	-0,0030	-0,0010	-0,0003	-0,0001	-0,0000	-0,0000	0,0000
	D(BB)/A	-0,0014	-0,0010	-0,0009	-0,0006	-0,0003	-0,0001	-0,0000	-0,0000	-0,0000	-0,0000
	D(BC)/A	0,0186	0,0128	0,0075	0,0035	0,0012	0,0004	0,0001	0,0000	0,0000	0,0000
	D(BD)/A	0,0008	-0,0007	-0,0010	-0,0006	-0,0002	-0,0001	-0,0000	-0,0000	-0,0000	0,0000

Z	Z(T)	0,00	0,03	0,10	0,30	1,00	3,00	10,0	30,0	100	UNENDL
0,05	B(AA)	0,9065	0,9278	0,9491	0,9673	0,9788	0,9831	0,9847	0,9852	0,9854	0,9854
	B(AB)	0,0685	0,0610	0,0505	0,0390	0,0307	0,0273	0,0260	0,0256	0,0255	0,0254
	B(AC)	0,0058	-0,0031	-0,0103	-0,0143	-0,0156	-0,0158	-0,0158	-0,0158	-0,0158	-0,0158
	B(AD)	0,0006	-0,0002	0,0006	0,0017	0,0024	0,0025	0,0026	0,0026	0,0026	0,0026
	B(BA)	0,0857	0,0763	0,0631	0,0488	0,0383	0,0341	0,0325	0,0320	0,0318	0,0317
	B(BB)	0,8534	0,8705	0,8905	0,9105	0,9246	0,9302	0,9324	0,9330	0,9333	0,9334
	B(BC)	0,0723	0,0716	0,0692	0,0647	0,0603	0,0583	0,0575	0,0572	0,0571	0,0571
	B(BD)	0,0073	-0,0039	-0,0128	-0,0179	-0,0195	-0,0197	-0,0198	-0,0198	-0,0198	-0,0198
	D(AA)/A	-0,0450	-0,0343	-0,0227	-0,0118	-0,0045	-0,0016	-0,0005	-0,0002	-0,0001	-0,0000
	D(AB)/A	0,0330	0,0274	0,0196	0,0109	0,0043	0,0016	0,0005	0,0002	0,0000	0,0000
	D(AC)/A	0,0028	0,0001	-0,0015	-0,0015	-0,0007	-0,0003	-0,0001	-0,0000	-0,0000	0,0000
	D(AD)/A	0,0003	-0,0001	-0,0000	0,0001	0,0001	0,0000	0,0000	0,0000	0,0000	0
	D(BA)/A	-0,0524	-0,0338	-0,0181	-0,0075	-0,0024	-0,0008	-0,0002	-0,0001	-0,0000	0,0000
	D(BB)/A	-0,0035	-0,0023	-0,0018	-0,0013	-0,0006	-0,0002	-0,0001	-0,0000	-0,0000	-0,0000
	D(BC)/A	0,0421	0,0294	0,0176	0,0082	0,0029	0,0010	0,0003	0,0001	0,0000	0,0000
	D(BD)/A	0,0042	-0,0001	-0,0016	-0,0012	-0,0005	-0,0002	-0,0001	-0,0000	-0,0000	-0,0000
0,10	B(AA)	0,8378	0,8726	0,9085	0,9403	0,9610	0,9688	0,9719	0,9728	0,9731	0,9733
	B(AB)	0,1109	0,1013	0,0861	0,0682	0,0545	0,0488	0,0465	0,0458	0,0456	0,0455
	B(AC)	0,0165	0,0012	-0,0123	-0,0214	-0,0253	-0,0263	-0,0267	-0,0268	-0,0268	-0,0268
	B(AD)	0,0030	-0,0007	-0,0007	0,0011	0,0026	0,0031	0,0033	0,0033	0,0034	0,0034
	B(BA)	0,1386	0,1266	0,1076	0,0853	0,0681	0,0610	0,0581	0,0573	0,0570	0,0569
	B(BB)	0,7597	0,7847	0,8147	0,8456	0,8680	0,8770	0,8806	0,8817	0,8821	0,8822
	B(BC)	0,1129	0,1128	0,1115	0,1076	0,1029	0,1005	0,0995	0,0992	0,0991	0,0991
	B(BD)	0,0206	0,0015	-0,0154	-0,0267	-0,0316	-0,0329	-0,0333	-0,0334	-0,0335	-0,0335
	D(AA)/A	-0,0781	-0,0607	-0,0411	-0,0220	-0,0085	-0,0031	-0,0010	-0,0003	-0,0001	0,0000
	D(AB)/A	0,0534	0,0455	0,0335	0,0191	0,0076	0,0028	0,0009	0,0003	0,0001	0,0000
	D(AC)/A	0,0079	0,0032	-0,0002	-0,0013	-0,0008	-0,0003	-0,0001	-0,0000	-0,0000	-0,0000
	D(AD)/A	0,0014	-0,0001	-0,0005	-0,0002	-0,0000	-0,0000	-0,0000	0,0000	0,0000	-0,0000
	D(BA)/A	-0,0959	-0,0636	-0,0351	-0,0149	-0,0048	-0,0016	-0,0005	-0,0002	-0,0000	0,0000
	D(BB)/A	-0,0072	-0,0042	-0,0028	-0,0019	-0,0009	-0,0004	-0,0001	-0,0000	-0,0000	-0,0000
	D(BC)/A	0,0732	0,0522	0,0317	0,0151	0,0054	0,0019	0,0006	0,0002	0,0001	0,0000
	D(BD)/A	0,0134	0,0035	-0,0011	-0,0016	-0,0008	-0,0003	-0,0001	-0,0000	-0,0000	-0,0000
0,20	B(AA)	0,7406	0,7909	0,8456	0,8968	0,9318	0,9456	0,9510	0,9526	0,9532	0,9534
	B(AB)	0,1593	0,1507	0,1335	0,1098	0,0897	0,0811	0,0775	0,0765	0,0761	0,0759
	B(AC)	0,0387	0,0159	-0,0069	-0,0250	-0,0350	-0,0383	-0,0395	-0,0399	-0,0400	-0,0400
	B(AD)	0,0119	0,0009	-0,0038	-0,0028	-0,0003	0,0010	0,0015	0,0017	0,0017	0,0017
	B(BA)	0,1991	0,1884	0,1668	0,1373	0,1122	0,1013	0,0969	0,0956	0,0951	0,0949
	B(BB)	0,6453	0,6760	0,7145	0,7560	0,7875	0,8005	0,8058	0,8073	0,8079	0,8081
	B(BC)	0,1567	0,1574	0,1589	0,1592	0,1578	0,1567	0,1562	0,1561	0,1560	0,1560
	B(BD)	0,0484	0,0199	-0,0086	-0,0313	-0,0438	-0,0479	-0,0494	-0,0498	-0,0500	-0,0500
	D(AA)/A	-0,1249	-0,1001	-0,0703	-0,0391	-0,0155	-0,0057	-0,0018	-0,0006	-0,0002	0,0000
	D(AB)/A	0,0767	0,0676	0,0519	0,0309	0,0128	0,0048	0,0015	0,0005	0,0002	0,0000
	D(AC)/A	0,0186	0,0115	0,0052	0,0012	0,0001	-0,0000	-0,0000	-0,0000	-0,0000	0
	D(AD)/A	0,0057	0,0012	-0,0010	-0,0011	-0,0005	-0,0002	-0,0001	-0,0000	-0,0000	0
	D(BA)/A	-0,1647	-0,1136	-0,0654	-0,0291	-0,0097	-0,0033	-0,0010	-0,0003	-0,0001	0
	D(BB)/A	-0,0151	-0,0083	-0,0044	-0,0025	-0,0012	-0,0005	-0,0002	-0,0001	-0,0000	-0,0000
	D(BC)/A	0,1178	0,0864	0,0541	0,0265	0,0096	0,0034	0,0010	0,0003	0,0001	-0,0000
	D(BD)/A	0,0363	0,0159	0,0034	-0,0009	-0,0008	-0,0003	-0,0001	-0,0000	-0,0000	-0,0000
0,50	B(AA)	0,5834	0,6484	0,7268	0,8086	0,8706	0,8967	0,9073	0,9105	0,9116	0,9121
	B(AB)	0,2100	0,2094	0,1991	0,1763	0,1511	0,1387	0,1334	0,1317	0,1312	0,1309
	B(AC)	0,0867	0,0572	0,0226	-0,0115	-0,0356	-0,0453	-0,0492	-0,0503	-0,0507	-0,0509
	B(AD)	0,0457	0,0184	-0,0040	-0,0146	-0,0150	-0,0134	-0,0126	-0,0123	-0,0122	-0,0121
	B(BA)	0,2625	0,2618	0,2489	0,2204	0,1889	0,1734	0,1667	0,1647	0,1640	0,1636
	B(BB)	0,4978	0,5284	0,5697	0,6183	0,6587	0,6765	0,6839	0,6861	0,6869	0,6873
	B(BC)	0,2055	0,2050	0,2085	0,2169	0,2258	0,2301	0,2319	0,2324	0,2326	0,2327
	B(BD)	0,1084	0,0715	0,0283	-0,0143	-0,0445	-0,0566	-0,0615	-0,0629	-0,0634	-0,0636
	D(AA)/A	-0,2006	-0,1696	-0,1274	-0,0763	-0,0322	-0,0122	-0,0038	-0,0013	-0,0004	-0,0000
	D(AB)/A	0,1011	0,0934	0,0769	0,0497	0,0219	0,0084	0,0027	0,0009	0,0003	0,0000
	D(AC)/A	0,0417	0,0332	0,0231	0,0128	0,0051	0,0019	0,0006	0,0002	0,0001	0,0000
	D(AD)/A	0,0220	0,0114	0,0024	-0,0018	-0,0016	-0,0007	-0,0002	-0,0001	-0,0000	-0,0000
	D(BA)/A	-0,2931	-0,2176	-0,1362	-0,0657	-0,0233	-0,0082	-0,0025	-0,0008	-0,0003	-0,0000
	D(BB)/A	-0,0372	-0,0226	-0,0107	-0,0040	-0,0013	-0,0004	-0,0001	-0,0000	-0,0000	0
	D(BC)/A	0,1911	0,1476	0,0977	0,0505	0,0190	0,0068	0,0021	0,0007	0,0002	-0,0000
	D(BD)/A	0,1008	0,0613	0,0275	0,0076	0,0011	0,0002	0,0000	0,0000	0,0000	0,0000

Z	Z(T)	0,00	0,03	0,10	0,30	1,00	3,00	10,0	30,0	100	UNENDL
1,00	B(AA)	0,4667	0,5309	0,6180	0,7199	0,8057	0,8446	0,8610	0,8660	0,8678	0,8685
	B(AB)	0,2277	0,2338	0,2344	0,2225	0,2013	0,1886	0,1828	0,1809	0,1802	0,1799
	B(AC)	0,1282	0,0995	0,0614	0,0180	-0,0180	-0,0343	-0,0412	-0,0433	-0,0440	-0,0444
	B(AD)	0,0885	0,0525	0,0122	-0,0205	-0,0349	-0,0375	-0,0380	-0,0380	-0,0380	-0,0380
	B(BA)	0,2846	0,2922	0,2930	0,2781	0,2517	0,2358	0,2284	0,2261	0,2253	0,2249
	B(BB)	0,4121	0,4374	0,4739	0,5203	0,5627	0,5830	0,5917	0,5944	0,5953	0,5958
	B(BC)	0,2320	0,2293	0,2302	0,2392	0,2539	0,2626	0,2667	0,2680	0,2685	0,2687
	B(BD)	0,1602	0,1244	0,0768	0,0225	-0,0225	-0,0429	-0,0515	-0,0541	-0,0550	-0,0554
	D(AA)/A	-0,2568	-0,2276	-0,1818	-0,1171	-0,0527	-0,0205	-0,0065	-0,0022	-0,0007	-0,0000
	D(AB)/A	0,1096	0,1033	0,0889	0,0616	0,0291	0,0115	0,0037	0,0013	0,0004	0,0000
	D(AC)/A	0,0617	0,0549	0,0445	0,0296	0,0138	0,0055	0,0018	0,0006	0,0002	0,0000
	D(AD)/A	0,0426	0,0298	0,0151	0,0031	-0,0010	-0,0008	-0,0003	-0,0001	-0,0000	-0,0000
	D(BA)/A	-0,4009	-0,3181	-0,2156	-0,1131	-0,0428	-0,0155	-0,0048	-0,0016	-0,0005	-0,0000
	D(BB)/A	-0,0620	-0,0434	-0,0235	-0,0084	-0,0019	-0,0004	-0,0001	-0,0000	-0,0000	-0,0000
	D(BC)/A	0,2466	0,1996	0,1396	0,0763	0,0300	0,0110	0,0034	0,0012	0,0003	-0,0000
	D(BD)/A	0,1703	0,1228	0,0706	0,0283	0,0077	0,0023	0,0006	0,0002	0,0001	-0,0000
2,00	B(AA)	0,3722	0,4246	0,5064	0,6185	0,7275	0,7820	0,8059	0,8134	0,8161	0,8172
	B(AB)	0,2315	0,2401	0,2494	0,2528	0,2452	0,2373	0,2331	0,2316	0,2311	0,2309
	B(AC)	0,1638	0,1408	0,1059	0,0593	0,0144	-0,0082	-0,0183	-0,0215	-0,0226	-0,0231
	B(AD)	0,1338	0,0992	0,0496	-0,0086	-0,0520	-0,0684	-0,0744	-0,0761	-0,0767	-0,0770
	B(BA)	0,2893	0,3001	0,3117	0,3160	0,3065	0,2967	0,2913	0,2895	0,2889	0,2886
	B(BB)	0,3542	0,3723	0,4006	0,4401	0,4802	0,5012	0,5106	0,5136	0,5147	0,5152
	B(BC)	0,2506	0,2468	0,2442	0,2478	0,2602	0,2697	0,2746	0,2762	0,2768	0,2771
	B(BD)	0,2047	0,1760	0,1324	0,0741	0,0180	-0,0103	-0,0229	-0,0268	-0,0282	-0,0289
	D(AA)/A	-0,3023	-0,2807	-0,2396	-0,1679	-0,0817	-0,0331	-0,0108	-0,0037	-0,0011	-0,0000
	D(AB)/A	0,1114	0,1049	0,0917	0,0666	0,0337	0,0139	0,0046	0,0016	0,0005	-0,0000
	D(AC)/A	0,0789	0,0760	0,0685	0,0518	0,0271	0,0114	0,0037	0,0013	0,0004	-0,0000
	D(AD)/A	0,0644	0,0546	0,0393	0,0200	0,0058	0,0015	0,0004	0,0001	0,0000	0,0000
	D(BA)/A	-0,4948	-0,4189	-0,3102	-0,1803	-0,0744	-0,0279	-0,0088	-0,0030	-0,0009	0,0000
	D(BB)/A	-0,0872	-0,0693	-0,0452	-0,0202	-0,0053	-0,0014	-0,0003	-0,0001	-0,0000	0,0000
	D(BC)/A	0,2921	0,2479	0,1845	0,1082	0,0451	0,0171	0,0054	0,0018	0,0005	-0,0000
	D(BD)/A	0,2386	0,1957	0,1360	0,0702	0,0246	0,0083	0,0025	0,0008	0,0002	-0,0000
5,00	B(AA)	0,2920	0,3230	0,3800	0,4804	0,6109	0,6922	0,7320	0,7449	0,7496	0,7517
	B(AB)	0,2286	0,2352	0,2462	0,2623	0,2783	0,2860	0,2892	0,2901	0,2905	0,2906
	B(AC)	0,1948	0,1815	0,1577	0,1176	0,0676	0,0370	0,0221	0,0173	0,0155	0,0147
	B(AD)	0,1788	0,1562	0,1152	0,0446	-0,0433	-0,0959	-0,1211	-0,1292	-0,1321	-0,1334
	B(BA)	0,2857	0,2940	0,3077	0,3279	0,3479	0,3575	0,3614	0,3626	0,3631	0,3633
	B(BB)	0,3113	0,3210	0,3378	0,3654	0,3987	0,4189	0,4287	0,4319	0,4330	0,4335
	B(BC)	0,2653	0,2624	0,2583	0,2547	0,2553	0,2581	0,2600	0,2607	0,2610	0,2611
	B(BD)	0,2435	0,2268	0,1971	0,1471	0,0845	0,0463	0,0277	0,0216	0,0194	0,0184
	D(AA)/A	-0,3409	-0,3317	-0,3068	-0,2434	-0,1360	-0,0595	-0,0200	-0,0069	-0,0021	0,0000
	D(AB)/A	0,1101	0,1012	0,0855	0,0603	0,0307	0,0130	0,0043	0,0015	0,0004	0,0000
	D(AC)/A	0,0938	0,0967	0,0966	0,0838	0,0503	0,0227	0,0077	0,0027	0,0008	0,0000
	D(AD)/A	0,0861	0,0844	0,0791	0,0633	0,0349	0,0149	0,0049	0,0017	0,0005	0,0000
	D(BA)/A	-0,5782	-0,5222	-0,4298	-0,2916	-0,1412	-0,0577	-0,0189	-0,0065	-0,0020	0,0000
	D(BB)/A	-0,1115	-0,0997	-0,0790	-0,0484	-0,0198	-0,0072	-0,0022	-0,0007	-0,0002	-0,0000
	D(BC)/A	0,3311	0,2950	0,2374	0,1557	0,0728	0,0293	0,0095	0,0032	0,0010	-0,0000
	D(BD)/A	0,3038	0,2780	0,2318	0,1576	0,0749	0,0301	0,0097	0,0033	0,0010	-0,0000
10,00	B(AA)	0,2592	0,2772	0,3135	0,3889	0,5168	0,6211	0,6817	0,7030	0,7111	0,7146
	B(AB)	0,2260	0,2301	0,2382	0,2542	0,2808	0,3028	0,3158	0,3205	0,3222	0,3230
	B(AC)	0,2077	0,1999	0,1850	0,1554	0,1083	0,0713	0,0503	0,0429	0,0402	0,0390
	B(AD)	0,1988	0,1852	0,1575	0,0989	-0,0031	-0,0887	-0,1393	-0,1573	-0,1641	-0,1671
	B(BA)	0,2825	0,2877	0,2978	0,3178	0,3510	0,3785	0,3948	0,4006	0,4028	0,4038
	B(BB)	0,2951	0,3006	0,3107	0,3292	0,3563	0,3762	0,3872	0,3909	0,3924	0,3930
	B(BC)	0,2712	0,2693	0,2662	0,2611	0,2546	0,2497	0,2467	0,2456	0,2452	0,2450
	B(BD)	0,2596	0,2499	0,2312	0,1943	0,1353	0,0892	0,0629	0,0537	0,0502	0,0487
	D(AA)/A	-0,3567	-0,3548	-0,3427	-0,2964	-0,1889	-0,0908	-0,0321	-0,0113	-0,0034	0
	D(AB)/A	0,1088	0,0981	0,0793	0,0500	0,0200	0,0066	0,0018	0,0006	0,0002	0
	D(AC)/A	0,1000	0,1061	0,1115	0,1054	0,0711	0,0347	0,0123	0,0043	0,0013	0,0000
	D(AD)/A	0,0957	0,0995	0,1041	0,1022	0,0751	0,0392	0,0144	0,0051	0,0016	0,0000
	D(BA)/A	-0,6133	-0,5704	-0,4967	-0,3746	-0,2114	-0,0963	-0,0333	-0,0116	-0,0035	-0,0000
	D(BB)/A	-0,1223	-0,1147	-0,0998	-0,0734	-0,0398	-0,0179	-0,0062	-0,0022	-0,0007	0,0000
	D(BC)/A	0,3471	0,3164	0,2658	0,1890	0,0995	0,0435	0,0148	0,0051	0,0016	0,0000
	D(BD)/A	0,3322	0,3183	0,2892	0,2301	0,1369	0,0643	0,0226	0,0079	0,0024	0,0000

Z	Z(T)	0,00	0,03	0,10	0,30	1,00	3,00	10,0	30,0	100	UNENDL
20,00	B(AA)	0,2413	0,2511	0,2719	0,3205	0,4254	0,5432	0,6328	0,6694	0,6840	0,6906
	B(AB)	0,2243	0,2266	0,2316	0,2432	0,2697	0,3016	0,3269	0,3375	0,3417	0,3436
	B(AC)	0,2147	0,2105	0,2020	0,1832	0,1452	0,1047	0,0746	0,0624	0,0575	0,0554
	B(AD)	0,2100	0,2025	0,1862	0,1466	0,0560	-0,0510	-0,1347	-0,1693	-0,1831	-0,1893
	B(BA)	0,2803	0,2833	0,2895	0,3040	0,3371	0,3770	0,4087	0,4219	0,4272	0,4296
	B(BB)	0,2866	0,2895	0,2951	0,3064	0,3264	0,3459	0,3595	0,3650	0,3671	0,3681
	B(BC)	0,2744	0,2733	0,2713	0,2673	0,2587	0,2479	0,2389	0,2352	0,2336	0,2329
	B(BD)	0,2684	0,2632	0,2525	0,2290	0,1815	0,1308	0,0932	0,0780	0,0719	0,0692
	D(AA)/A	-0,3653	-0,3680	-0,3653	-0,3371	-0,2454	-0,1351	-0,0525	-0,0191	-0,0059	0,0000
	D(AB)/A	0,1080	0,0961	0,0747	0,0401	0,0048	-0,0058	-0,0040	-0,0017	-0,0005	-0,0000
	D(AC)/A	0,1034	0,1115	0,1209	0,1216	0,0922	0,0507	0,0195	0,0071	0,0022	0
	D(AD)/A	0,1011	0,1085	0,1209	0,1350	0,1240	0,0791	0,0331	0,0123	0,0039	-0,0000
	D(BA)/A	-0,6326	-0,5984	-0,5396	-0,4399	-0,2891	-0,1530	-0,0586	-0,0213	-0,0066	-0,0000
	D(BB)/A	-0,1283	-0,1237	-0,1138	-0,0943	-0,0643	-0,0356	-0,0141	-0,0052	-0,0016	-0,0000
	D(BC)/A	0,3559	0,3287	0,2838	0,2146	0,1278	0,0634	0,0235	0,0084	0,0026	-0,0000
	D(BD)/A	0,3481	0,3422	0,3271	0,2896	0,2096	0,1183	0,0469	0,0172	0,0053	-0,0000
50,00	B(AA)	0,2300	0,2341	0,2432	0,2664	0,3289	0,4324	0,5556	0,6257	0,6581	0,6737
	B(AB)	0,2231	0,2241	0,2263	0,2323	0,2497	0,2811	0,3201	0,3425	0,3530	0,3580
	B(AC)	0,2192	0,2174	0,2137	0,2048	0,1824	0,1472	0,1061	0,0829	0,0722	0,0671
	B(AD)	0,2172	0,2140	0,2068	0,1873	0,1310	0,0322	-0,0884	-0,1575	-0,1896	-0,2051
	B(BA)	0,2789	0,2801	0,2829	0,2903	0,3121	0,3514	0,4001	0,4282	0,4412	0,4475
	B(BB)	0,2814	0,2826	0,2850	0,2901	0,3013	0,3172	0,3347	0,3445	0,3489	0,3511
	B(BC)	0,2764	0,2759	0,2750	0,2729	0,2665	0,2545	0,2391	0,2301	0,2259	0,2238
	B(BD)	0,2739	0,2718	0,2671	0,2560	0,2280	0,1840	0,1327	0,1037	0,0903	0,0839
	D(AA)/A	-0,3707	-0,3766	-0,3810	-0,3697	-0,3082	-0,2081	-0,0992	-0,0400	-0,0129	-0,0000
	D(AB)/A	0,1074	0,0947	0,0712	0,0313	-0,0141	-0,0288	-0,0190	-0,0084	-0,0028	-0,0000
	D(AC)/A	0,1055	0,1150	0,1273	0,1344	0,1152	0,0761	0,0354	0,0141	0,0046	-0,0000
	D(AD)/A	0,1046	0,1145	0,1329	0,1626	0,1818	0,1489	0,0786	0,0327	0,0107	0,0000
	D(BA)/A	-0,6448	-0,6167	-0,5696	-0,4931	-0,3769	-0,2478	-0,1175	-0,0473	-0,0153	0,0000
	D(BB)/A	-0,1321	-0,1297	-0,1237	-0,1118	-0,0931	-0,0668	-0,0334	-0,0137	-0,0045	0,0000
	D(BC)/A	0,3614	0,3367	0,2963	0,2352	0,1593	0,0961	0,0434	0,0172	0,0055	-0,0000
	D(BD)/A	0,3582	0,3579	0,3539	0,3389	0,2941	0,2112	0,1050	0,0430	0,0140	-0,0000
100,00	B(AA)	0,2261	0,2282	0,2329	0,2453	0,2819	0,3570	0,4822	0,5814	0,6376	0,6676
	B(AB)	0,2227	0,2232	0,2244	0,2276	0,2381	0,2616	0,3023	0,3348	0,3533	0,3632
	B(AC)	0,2207	0,2198	0,2179	0,2131	0,2001	0,1746	0,1328	0,0999	0,0813	0,0714
	B(AD)	0,2197	0,2181	0,2143	0,2039	0,1703	0,0977	-0,0262	-0,1249	-0,1809	-0,2108
	B(BA)	0,2783	0,2790	0,2804	0,2845	0,2977	0,3271	0,3779	0,4185	0,4416	0,4540
	B(BB)	0,2796	0,2802	0,2814	0,2841	0,2906	0,3018	0,3194	0,3332	0,3409	0,3450
	B(BC)	0,2771	0,2769	0,2764	0,2752	0,2712	0,2619	0,2454	0,2321	0,2245	0,2204
	B(BD)	0,2758	0,2747	0,2723	0,2664	0,2501	0,2182	0,1660	0,1249	0,1016	0,0892
	D(AA)/A	-0,3726	-0,3795	-0,3866	-0,3825	-0,3395	-0,2606	-0,1503	-0,0690	-0,0239	0,0000
	D(AB)/A	0,1072	0,0942	0,0699	0,0277	-0,0239	-0,0460	-0,0359	-0,0180	-0,0064	0,0000
	D(AC)/A	0,1063	0,1162	0,1296	0,1394	0,1264	0,0942	0,0527	0,0239	0,0082	0,0000
	D(AD)/A	0,1058	0,1166	0,1373	0,1736	0,2114	0,2004	0,1293	0,0616	0,0217	0,0000
	D(BA)/A	-0,6490	-0,6231	-0,5804	-0,5141	-0,4209	-0,3165	-0,1823	-0,0838	-0,0290	0,0000
	D(BB)/A	-0,1334	-0,1318	-0,1273	-0,1189	-0,1079	-0,0897	-0,0550	-0,0258	-0,0090	-0,0000
	D(BC)/A	0,3633	0,3395	0,3007	0,2432	0,1750	0,1196	0,0652	0,0294	0,0101	0,0000
	D(BD)/A	0,3617	0,3634	0,3637	0,3586	0,3370	0,2792	0,1696	0,0793	0,0277	0,0000
200,00	B(AA)	0,2242	0,2252	0,2276	0,2340	0,2540	0,3009	0,4041	0,5206	0,6084	0,6645
	B(AB)	0,2224	0,2227	0,2233	0,2250	0,2308	0,2457	0,2796	0,3181	0,3472	0,3658
	B(AC)	0,2214	0,2210	0,2200	0,2176	0,2105	0,1946	0,1601	0,1214	0,0922	0,0736
	B(AD)	0,2210	0,2201	0,2182	0,2128	0,1944	0,1487	0,0463	-0,0700	-0,1577	-0,2138
	B(BA)	0,2781	0,2784	0,2791	0,2812	0,2885	0,3072	0,3495	0,3977	0,4341	0,4573
	B(BB)	0,2787	0,2790	0,2796	0,2810	0,2845	0,2914	0,3059	0,3221	0,3342	0,3419
	B(BC)	0,2774	0,2773	0,2771	0,2764	0,2742	0,2683	0,2543	0,2384	0,2263	0,2186
	B(BD)	0,2768	0,2762	0,2750	0,2720	0,2631	0,2432	0,2002	0,1517	0,1153	0,0920
	D(AA)/A	-0,3735	-0,3810	-0,3895	-0,3894	-0,3583	-0,3004	-0,2071	-0,1128	-0,0437	-0,0000
	D(AB)/A	0,1071	0,0939	0,0692	0,0257	-0,0299	-0,0592	-0,0547	-0,0326	-0,0130	0
	D(AC)/A	0,1066	0,1168	0,1308	0,1421	0,1332	0,1078	0,0718	0,0385	0,0148	0
	D(AD)/A	0,1064	0,1177	0,1396	0,1796	0,2293	0,2396	0,1858	0,1053	0,0414	0,0000
	D(BA)/A	-0,6512	-0,6263	-0,5860	-0,5253	-0,4474	-0,3687	-0,2543	-0,1388	-0,0538	0,0000
	D(BB)/A	-0,1341	-0,1328	-0,1292	-0,1227	-0,1168	-0,1073	-0,0791	-0,0442	-0,0173	0,0000
	D(BC)/A	0,3643	0,3409	0,3030	0,2476	0,1844	0,1374	0,0894	0,0478	0,0184	0
	D(BD)/A	0,3634	0,3662	0,3687	0,3692	0,3629	0,3311	0,2414	0,1343	0,0525	-0,0000

Z	Z(T)	0,00	0,03	0,10	0,30	1,00	3,00	10,0	30,0	100	UNENDL
500,00	B(AA)	0,2230	0,2234	0,2244	0,2270	0,2354	0,2572	0,3181	0,4215	0,5450	0,6625
	B(AB)	0,2223	0,2224	0,2227	0,2234	0,2258	0,2328	0,2529	0,2873	0,3283	0,3675
	B(AC)	0,2219	0,2217	0,2213	0,2203	0,2173	0,2100	0,1896	0,1552	0,1141	0,0750
	B(AD)	0,2217	0,2214	0,2206	0,2184	0,2106	0,1893	0,1287	0,0254	-0,0980	-0,2156
	B(BA)	0,2779	0,2780	0,2783	0,2792	0,2823	0,2910	0,3162	0,3591	0,4104	0,4593
	B(BB)	0,2781	0,2783	0,2785	0,2791	0,2805	0,2838	0,2923	0,3066	0,3237	0,3400
	B(BC)	0,2776	0,2776	0,2775	0,2772	0,2763	0,2735	0,2652	0,2509	0,2338	0,2175
	B(BD)	0,2774	0,2772	0,2767	0,2754	0,2717	0,2624	0,2370	0,1940	0,1426	0,0937
	D(AA)/A	-0,3741	-0,3819	-0,3913	-0,3937	-0,3708	-0,3317	-0,2705	-0,1864	-0,0904	-0,0000
	D(AB)/A	0,1070	0,0937	0,0688	0,0245	-0,0340	-0,0696	-0,0759	-0,0571	-0,0286	-0,0000
	D(AC)/A	0,1068	0,1172	0,1315	0,1437	0,1377	0,1185	0,0930	0,0631	0,0304	-0,0000
	D(AD)/A	0,1068	0,1183	0,1410	0,1834	0,2412	0,2706	0,2491	0,1789	0,0881	0
	D(BA)/A	-0,6524	-0,6283	-0,5894	-0,5323	-0,4651	-0,4097	-0,3348	-0,2313	-0,1123	0,0000
	D(BB)/A	-0,1345	-0,1335	-0,1303	-0,1251	-0,1228	-0,1211	-0,1060	-0,0751	-0,0368	0,0000
	D(BC)/A	0,3648	0,3417	0,3045	0,2503	0,1907	0,1514	0,1164	0,0787	0,0379	-0,0000
	D(BD)/A	0,3645	0,3679	0,3718	0,3758	0,3802	0,3718	0,3219	0,2268	0,1109	-0,0000
1000,00	B(AA)	0,2226	0,2228	0,2233	0,2246	0,2289	0,2404	0,2759	0,3507	0,4764	0,6619
	B(AB)	0,2223	0,2223	0,2224	0,2228	0,2241	0,2278	0,2395	0,2644	0,3063	0,3680
	B(AC)	0,2221	0,2220	0,2218	0,2213	0,2197	0,2159	0,2040	0,1791	0,1372	0,0754
	B(AD)	0,2220	0,2218	0,2214	0,2203	0,2163	0,2051	0,1697	0,0950	-0,0307	-0,2162
	B(BA)	0,2778	0,2779	0,2781	0,2785	0,2801	0,2847	0,2994	0,3305	0,3828	0,4600
	B(BB)	0,2780	0,2780	0,2781	0,2784	0,2792	0,2809	0,2858	0,2962	0,3137	0,3394
	B(BC)	0,2777	0,2777	0,2776	0,2775	0,2770	0,2755	0,2707	0,2603	0,2429	0,2172
	B(BD)	0,2776	0,2775	0,2772	0,2766	0,2747	0,2698	0,2550	0,2238	0,1715	0,0943
	D(AA)/A	-0,3743	-0,3823	-0,3919	-0,3951	-0,3753	-0,3438	-0,3018	-0,2395	-0,1419	-0,0000
	D(AB)/A	0,1070	0,0937	0,0686	0,0241	-0,0354	-0,0736	-0,0864	-0,0749	-0,0458	-0,0000
	D(AC)/A	0,1069	0,1173	0,1317	0,1443	0,1393	0,1226	0,1036	0,0809	0,0476	0
	D(AD)/A	0,1069	0,1185	0,1415	0,1846	0,2455	0,2825	0,2804	0,2320	0,1396	0,0000
	D(BA)/A	-0,6529	-0,6289	-0,5906	-0,5347	-0,4713	-0,4256	-0,3746	-0,2980	-0,1767	-0,0000
	D(BB)/A	-0,1346	-0,1337	-0,1307	-0,1259	-0,1249	-0,1264	-0,1194	-0,0974	-0,0583	-0,0000
	D(BC)/A	0,3650	0,3420	0,3049	0,2512	0,1929	0,1568	0,1298	0,1010	0,0594	-0,0000
	D(BD)/A	0,3649	0,3685	0,3728	0,3781	0,3863	0,3876	0,3617	0,2935	0,1754	-0,0000

3. Der dachförmige Balken auf fünf ungleichen, elastischen Stützen, Steifigkeitsverhältnis $r_a : r_b : r_c : r_d : r_e$

a) $r_a : r_b : r_c : r_d : r_e = 0{,}6 : 0{,}8 : 1{,}0 : 0{,}8 : 0{,}6$

Z	Z(T)	0,00	0,03	0,10	0,30	1,00	3,00	10,0	30,0	100	UNENDL
0,01	B(AA)	0,9779	0,9832	0,9883	0,9925	0,9951	0,9961	0,9964	0,9965	0,9966	0,9966
	B(AB)	0,0162	0,0143	0,0116	0,0089	0,0070	0,0062	0,0059	0,0058	0,0058	0,0058
	B(AC)	0,0003	-0,0014	-0,0026	-0,0031	-0,0033	-0,0033	-0,0032	-0,0032	-0,0032	-0,0032
	B(AD)	0,0000	0,0001	0,0004	0,0007	0,0009	0,0009	0,0009	0,0009	0,0009	0,0009
	B(AE)	0,0000	-0,0000	-0,0001	-0,0001	-0,0002	-0,0002	-0,0002	-0,0002	-0,0002	-0,0002
	B(BA)	0,0217	0,0190	0,0155	0,0118	0,0093	0,0083	0,0079	0,0078	0,0078	0,0077
	B(BB)	0,9626	0,9675	0,9730	0,9782	0,9817	0,9831	0,9836	0,9837	0,9838	0,9838
	B(BC)	0,0166	0,0162	0,0153	0,0142	0,0133	0,0130	0,0128	0,0128	0,0127	0,0127
	B(BD)	0,0004	-0,0021	-0,0042	-0,0056	-0,0062	-0,0064	-0,0065	-0,0065	-0,0065	-0,0065
	B(BE)	0,0000	0,0001	0,0006	0,0010	0,0012	0,0012	0,0013	0,0013	0,0013	0,0013
	B(CA)	0,0005	-0,0023	-0,0043	-0,0052	-0,0054	-0,0054	-0,0054	-0,0054	-0,0054	-0,0054
	B(CB)	0,0207	0,0202	0,0192	0,0178	0,0167	0,0162	0,0160	0,0160	0,0159	0,0159
	B(CC)	0,9662	0,9705	0,9745	0,9778	0,9798	0,9806	0,9809	0,9810	0,9810	0,9810
	B(CD)	0,0207	0,0202	0,0192	0,0178	0,0167	0,0162	0,0160	0,0160	0,0159	0,0159
	B(CE)	0,0005	-0,0023	-0,0043	-0,0052	-0,0054	-0,0054	-0,0054	-0,0054	-0,0054	-0,0054
	D(AA)/A	-0,0105	-0,0078	-0,0051	-0,0026	-0,0010	-0,0003	-0,0001	-0,0000	-0,0000	-0,0000
	D(AB)/A	0,0077	0,0063	0,0044	0,0024	0,0009	0,0003	0,0001	0,0000	0,0000	0
	D(AC)/A	0,0001	-0,0004	-0,0005	-0,0004	-0,0002	-0,0001	-0,0000	-0,0000	-0,0000	-0,0000
	D(AD)/A	0,0000	0,0000	0,0001	0,0001	0,0000	0,0000	0,0000	0,0000	0,0000	0,0000
	D(AE)/A	0,0000	-0,0000	-0,0000	-0,0000	-0,0000	-0,0000	-0,0000	-0,0000	-0,0000	-0,0000
	D(BA)/A	-0,0118	-0,0074	-0,0038	-0,0015	-0,0005	-0,0002	-0,0000	-0,0000	-0,0000	0,0000
	D(BB)/A	-0,0017	-0,0011	-0,0008	-0,0005	-0,0002	-0,0001	-0,0000	-0,0000	-0,0000	-0,0000
	D(BC)/A	0,0083	0,0057	0,0033	0,0016	0,0006	0,0002	0,0001	0,0000	0,0000	0
	D(BD)/A	0,0002	-0,0004	-0,0006	-0,0004	-0,0002	-0,0001	-0,0000	-0,0000	-0,0000	0,0000
	D(BE)/A	0,0000	0,0000	0,0001	0,0001	0,0000	0,0000	0,0000	0,0000	0,0000	0,0000
	D(CA)/A	-0,0003	0,0005	0,0006	0,0004	0,0001	0,0000	0,0000	0,0000	0,0000	0,0000
	D(CB)/A	-0,0111	-0,0077	-0,0045	-0,0020	-0,0007	-0,0002	-0,0001	-0,0000	-0,0000	-0,0000
	D(CC)/A	0	-0,0000	-0,0000	-0,0000	-0,0000	-0,0000	0,0000	-0,0000	-0,0000	-0,0000
	D(CD)/A	0,0111	0,0077	0,0045	0,0020	0,0007	0,0002	0,0001	0,0000	0,0000	0
	D(CE)/A	0,0003	-0,0005	-0,0006	-0,0004	-0,0001	-0,0000	-0,0000	-0,0000	-0,0000	-0,0000
0,02	B(AA)	0,9573	0,9675	0,9773	0,9854	0,9904	0,9923	0,9930	0,9932	0,9933	0,9933
	B(AB)	0,0307	0,0271	0,0223	0,0171	0,0135	0,0121	0,0115	0,0114	0,0113	0,0113
	B(AC)	0,0010	-0,0022	-0,0047	-0,0059	-0,0062	-0,0062	-0,0062	-0,0062	-0,0062	-0,0062
	B(AD)	0,0000	0,0001	0,0006	0,0012	0,0016	0,0016	0,0017	0,0017	0,0017	0,0017
	B(AE)	0,0000	-0,0000	-0,0001	-0,0002	-0,0003	-0,0003	-0,0003	-0,0003	-0,0003	-0,0003
	B(BA)	0,0409	0,0362	0,0297	0,0229	0,0180	0,0161	0,0154	0,0151	0,0151	0,0150
	B(BB)	0,9292	0,9382	0,9483	0,9581	0,9647	0,9672	0,9682	0,9685	0,9686	0,9687
	B(BC)	0,0310	0,0303	0,0290	0,0271	0,0255	0,0248	0,0245	0,0244	0,0244	0,0244
	B(BD)	0,0013	-0,0033	-0,0074	-0,0103	-0,0116	-0,0120	-0,0121	-0,0121	-0,0121	-0,0122
	B(BE)	0,0001	0,0001	0,0008	0,0016	0,0021	0,0022	0,0022	0,0022	0,0023	0,0023
	B(CA)	0,0017	-0,0037	-0,0078	-0,0098	-0,0103	-0,0103	-0,0103	-0,0103	-0,0103	-0,0103
	B(CB)	0,0388	0,0379	0,0362	0,0338	0,0318	0,0310	0,0307	0,0306	0,0305	0,0305
	B(CC)	0,9359	0,9438	0,9514	0,9576	0,9614	0,9628	0,9633	0,9635	0,9635	0,9635
	B(CD)	0,0388	0,0379	0,0362	0,0338	0,0318	0,0310	0,0307	0,0306	0,0305	0,0305
	B(CE)	0,0017	-0,0037	-0,0078	-0,0098	-0,0103	-0,0103	-0,0103	-0,0103	-0,0103	-0,0103

Z	Z(T)	0,00	0,03	0,10	0,30	1,00	3,00	10,0	30,0	100	UNENDL
	D(AA)/A	-0,0203	-0,0152	-0,0099	-0,0051	-0,0019	-0,0007	-0,0002	-0,0001	-0,0000	-0,0000
	D(AB)/A	0,0146	0,0120	0,0084	0,0046	0,0018	0,0006	0,0002	0,0001	0,0000	0
	D(AC)/A	0,0005	-0,0005	-0,0009	-0,0007	-0,0003	-0,0001	-0,0000	-0,0000	-0,0000	-0,0000
	D(AD)/A	0,0000	0,0000	0,0001	0,0001	0,0001	0,0000	0,0000	0,0000	0,0000	0,0000
	D(AE)/A	0,0000	0,0000	-0,0000	-0,0000	-0,0000	-0,0000	-0,0000	-0,0000	-0,0000	-0,0000
	D(BA)/A	-0,0232	-0,0146	-0,0076	-0,0031	-0,0010	-0,0003	-0,0001	-0,0000	-0,0000	0,0000
	D(BB)/A	-0,0032	-0,0022	-0,0015	-0,0009	-0,0004	-0,0001	-0,0000	-0,0000	-0,0000	-0,0000
	D(BC)/A	0,0160	0,0110	0,0065	0,0030	0,0011	0,0004	0,0001	0,0000	0,0000	-0,0000
	D(BD)/A	0,0007	-0,0006	-0,0010	-0,0007	-0,0003	-0,0001	-0,0000	-0,0000	-0,0000	-0,0000
	D(BE)/A	0,0000	0,0000	0,0001	0,0001	0,0000	0,0000	0,0000	0,0000	0,0000	0,0000
	D(CA)/A	-0,0009	0,0008	0,0011	0,0007	0,0003	0,0001	0,0000	0,0000	0,0000	0,0000
	D(CB)/A	-0,0215	-0,0149	-0,0087	-0,0040	-0,0014	-0,0005	-0,0001	-0,0000	-0,0000	-0,0000
	D(CC)/A	-0,0000	0	0	-0,0000	-0,0000	0	-0,0000	-0,0000	-0,0000	-0,0000
	D(CD)/A	0,0215	0,0149	0,0087	0,0040	0,0014	0,0005	0,0001	0,0000	0,0000	-0,0000
	D(CE)/A	0,0009	-0,0008	-0,0011	-0,0007	-0,0003	-0,0001	-0,0000	-0,0000	-0,0000	0
0,05	B(AA)	0,9036	0,9255	0,9473	0,9658	0,9775	0,9818	0,9835	0,9840	0,9842	0,9842
	B(AB)	0,0656	0,0592	0,0496	0,0389	0,0310	0,0278	0,0266	0,0262	0,0261	0,0260
	B(AC)	0,0050	-0,0025	-0,0085	-0,0119	-0,0131	-0,0134	-0,0135	-0,0135	-0,0135	-0,0135
	B(AD)	0,0005	-0,0002	0,0005	0,0017	0,0025	0,0028	0,0029	0,0029	0,0029	0,0029
	B(AE)	0,0000	0,0000	0,0000	-0,0001	-0,0003	-0,0003	-0,0004	-0,0004	-0,0004	-0,0004
	B(BA)	0,0874	0,0789	0,0662	0,0519	0,0413	0,0371	0,0355	0,0350	0,0348	0,0347
	B(BB)	0,8471	0,8648	0,8854	0,9058	0,9199	0,9255	0,9276	0,9283	0,9285	0,9286
	B(BC)	0,0646	0,0639	0,0619	0,0588	0,0561	0,0549	0,0544	0,0542	0,0542	0,0542
	B(BD)	0,0061	-0,0036	-0,0129	-0,0199	-0,0235	-0,0247	-0,0251	-0,0252	-0,0252	-0,0253
	B(BE)	0,0006	-0,0003	0,0006	0,0023	0,0034	0,0037	0,0039	0,0039	0,0039	0,0039
	B(CA)	0,0083	-0,0041	-0,0141	-0,0199	-0,0219	-0,0223	-0,0225	-0,0225	-0,0225	-0,0225
	B(CB)	0,0808	0,0798	0,0773	0,0735	0,0701	0,0686	0,0680	0,0678	0,0677	0,0677
	B(CC)	0,8608	0,8772	0,8932	0,9063	0,9142	0,9171	0,9182	0,9185	0,9186	0,9187
	B(CD)	0,0808	0,0798	0,0773	0,0735	0,0701	0,0686	0,0680	0,0678	0,0677	0,0677
	B(CE)	0,0083	-0,0041	-0,0141	-0,0199	-0,0219	-0,0223	-0,0225	-0,0225	-0,0225	-0,0225
	D(AA)/A	-0,0459	-0,0349	-0,0230	-0,0120	-0,0045	-0,0016	-0,0005	-0,0002	-0,0001	0,0000
	D(AB)/A	0,0312	0,0261	0,0188	0,0104	0,0041	0,0015	0,0005	0,0002	0,0000	0
	D(AC)/A	0,0024	0,0001	-0,0012	-0,0012	-0,0006	-0,0002	-0,0001	-0,0000	-0,0000	-0,0000
	D(AD)/A	0,0002	-0,0001	-0,0000	0,0001	0,0001	0,0000	0,0000	0,0000	0,0000	0,0000
	D(AE)/A	0,0000	-0,0000	0,0000	-0,0000	-0,0000	-0,0000	-0,0000	-0,0000	-0,0000	-0,0000
	D(BA)/A	-0,0548	-0,0351	-0,0187	-0,0077	-0,0025	-0,0008	-0,0002	-0,0001	-0,0000	0,0000
	D(BB)/A	-0,0077	-0,0051	-0,0033	-0,0019	-0,0008	-0,0003	-0,0001	-0,0000	-0,0000	0,0000
	D(BC)/A	0,0361	0,0253	0,0151	0,0071	0,0025	0,0009	0,0003	0,0001	0,0000	0,0000
	D(BD)/A	0,0034	-0,0001	-0,0015	-0,0012	-0,0005	-0,0002	-0,0001	-0,0000	-0,0000	-0,0000
	D(BE)/A	0,0003	-0,0001	0,0000	0,0001	0,0001	0,0000	0,0000	0,0000	0,0000	0
	D(CA)/A	-0,0050	0,0001	0,0018	0,0014	0,0006	0,0002	0,0001	0,0000	0,0000	0,0000
	D(CB)/A	-0,0487	-0,0341	-0,0204	-0,0095	-0,0033	-0,0012	-0,0004	-0,0001	-0,0000	-0,0000
	D(CC)/A	0,0000	0	-0,0000	0	-0,0000	-0,0000	-0,0000	0	-0,0000	-0,0000
	D(CD)/A	0,0487	0,0341	0,0204	0,0095	0,0033	0,0012	0,0004	0,0001	0,0000	0,0000
	D(CE)/A	0,0050	-0,0001	-0,0018	-0,0014	-0,0006	-0,0002	-0,0001	-0,0000	-0,0000	-0,0000
0,10	B(AA)	0,8326	0,8685	0,9053	0,9377	0,9586	0,9666	0,9697	0,9706	0,9709	0,9710
	B(AB)	0,1052	0,0975	0,0841	0,0677	0,0548	0,0495	0,0474	0,0467	0,0465	0,0464
	B(AC)	0,0141	0,0014	-0,0099	-0,0175	-0,0208	-0,0217	-0,0220	-0,0221	-0,0221	-0,0221
	B(AD)	0,0023	-0,0006	-0,0008	0,0006	0,0020	0,0026	0,0028	0,0029	0,0029	0,0029
	B(AE)	0,0004	-0,0001	0,0002	0,0003	0,0002	0,0001	0,0001	0,0000	0,0000	0,0000
	B(BA)	0,1403	0,1300	0,1122	0,0903	0,0731	0,0660	0,0632	0,0623	0,0620	0,0619
	B(BB)	0,7499	0,7757	0,8065	0,8380	0,8606	0,8697	0,8733	0,8743	0,8747	0,8749
	B(BC)	0,1008	0,1008	0,0994	0,0964	0,0934	0,0920	0,0914	0,0913	0,0912	0,0912
	B(BD)	0,0165	0,0014	-0,0140	-0,0268	-0,0342	-0,0368	-0,0378	-0,0380	-0,0381	-0,0382
	B(BE)	0,0031	-0,0007	-0,0011	0,0008	0,0027	0,0035	0,0038	0,0039	0,0039	0,0039
	B(CA)	0,0236	0,0023	-0,0166	-0,0291	-0,0346	-0,0362	-0,0367	-0,0368	-0,0369	-0,0369
	B(CB)	0,1260	0,1260	0,1242	0,1204	0,1167	0,1150	0,1143	0,1141	0,1140	0,1140
	B(CC)	0,7701	0,7956	0,8212	0,8422	0,8548	0,8594	0,8611	0,8617	0,8618	0,8619
	B(CD)	0,1260	0,1260	0,1242	0,1204	0,1167	0,1150	0,1143	0,1141	0,1140	0,1140
	B(CE)	0,0236	0,0023	-0,0166	-0,0291	-0,0346	-0,0362	-0,0367	-0,0368	-0,0369	-0,0369
	D(AA)/A	-0,0797	-0,0618	-0,0418	-0,0223	-0,0086	-0,0031	-0,0010	-0,0003	-0,0001	-0,0000
	D(AB)/A	0,0501	0,0430	0,0318	0,0182	0,0073	0,0027	0,0008	0,0003	0,0001	0,0000
	D(AC)/A	0,0067	0,0028	-0,0001	-0,0010	-0,0006	-0,0003	-0,0001	-0,0000	-0,0000	-0,0000
	D(AD)/A	0,0011	-0,0001	-0,0004	-0,0002	-0,0001	-0,0000	-0,0000	-0,0000	-0,0000	0,0000
	D(AE)/A	0,0002	-0,0000	0,0000	0,0000	0,0000	0,0000	0,0000	0,0000	0,0000	-0,0000
	D(BA)/A	-0,1007	-0,0663	-0,0363	-0,0154	-0,0050	-0,0017	-0,0005	-0,0002	-0,0001	0,0000
	D(BB)/A	-0,0146	-0,0092	-0,0057	-0,0032	-0,0013	-0,0005	-0,0002	-0,0001	-0,0000	-0,0000
	D(BC)/A	0,0628	0,0448	0,0271	0,0129	0,0046	0,0016	0,0005	0,0002	0,0000	-0,0000
	D(BD)/A	0,0103	0,0030	-0,0008	-0,0014	-0,0007	-0,0003	-0,0001	-0,0000	-0,0000	-0,0000
	D(BE)/A	0,0019	-0,0002	-0,0004	-0,0001	-0,0000	0,0000	0,0000	0,0000	0,0000	0,0000
	D(CA)/A	-0,0159	-0,0043	0,0012	0,0018	0,0009	0,0003	0,0001	0,0000	0,0000	0,0000
	D(CB)/A	-0,0849	-0,0606	-0,0370	-0,0177	-0,0063	-0,0022	-0,0007	-0,0002	-0,0001	-0,0000
	D(CC)/A	0	-0,0000	0	-0,0000	-0,0000	-0,0000	0,0000	-0,0000	-0,0000	0
	D(CD)/A	0,0849	0,0606	0,0370	0,0177	0,0063	0,0022	0,0007	0,0002	0,0001	0
	D(CE)/A	0,0159	0,0043	-0,0012	-0,0018	-0,0009	-0,0003	-0,0001	-0,0000	-0,0000	-0,0000

Z	Z(T)	0,00	0,03	0,10	0,30	1,00	3,00	10,0	30,0	100	UNENDL
0,20	B(AA)	0,7318	0,7841	0,8403	0,8924	0,9278	0,9416	0,9471	0,9487	0,9493	0,9495
	B(AB)	0,1492	0,1435	0,1293	0,1083	0,0900	0,0820	0,0787	0,0777	0,0774	0,0772
	B(AC)	0,0329	0,0141	-0,0049	-0,0198	-0,0278	-0,0304	-0,0314	-0,0317	-0,0318	-0,0318
	B(AD)	0,0087	0,0008	-0,0033	-0,0035	-0,0020	-0,0012	-0,0009	-0,0008	-0,0007	-0,0007
	B(AE)	0,0028	-0,0001	-0,0001	0,0008	0,0013	0,0014	0,0015	0,0015	0,0015	0,0015
	B(BA)	0,1990	0,1913	0,1723	0,1444	0,1200	0,1093	0,1049	0,1036	0,1032	0,1030
	B(BB)	0,6312	0,6633	0,7027	0,7448	0,7766	0,7897	0,7950	0,7966	0,7972	0,7974
	B(BC)	0,1392	0,1408	0,1416	0,1410	0,1395	0,1388	0,1384	0,1383	0,1383	0,1383
	B(BD)	0,0369	0,0164	-0,0056	-0,0258	-0,0390	-0,0440	-0,0459	-0,0465	-0,0467	-0,0468
	B(BE)	0,0116	0,0011	-0,0044	-0,0046	-0,0027	-0,0016	-0,0011	-0,0010	-0,0010	-0,0009
	B(CA)	0,0548	0,0236	-0,0082	-0,0330	-0,0464	-0,0507	-0,0523	-0,0528	-0,0529	-0,0530
	B(CB)	0,1740	0,1760	0,1770	0,1762	0,1744	0,1735	0,1730	0,1729	0,1728	0,1728
	B(CC)	0,6559	0,6901	0,7266	0,7577	0,7766	0,7834	0,7860	0,7867	0,7870	0,7871
	B(CD)	0,1740	0,1760	0,1770	0,1762	0,1744	0,1735	0,1730	0,1729	0,1728	0,1728
	B(CE)	0,0548	0,0236	-0,0082	-0,0330	-0,0464	-0,0507	-0,0523	-0,0528	-0,0529	-0,0530
	D(AA)/A	-0,1277	-0,1019	-0,0714	-0,0395	-0,0156	-0,0058	-0,0018	-0,0006	-0,0002	-0,0000
	D(AB)/A	0,0711	0,0631	0,0488	0,0291	0,0120	0,0045	0,0014	0,0005	0,0001	0
	D(AC)/A	0,0157	0,0099	0,0045	0,0012	0,0001	0,0000	-0,0000	-0,0000	-0,0000	0,0000
	D(AD)/A	0,0042	0,0010	-0,0008	-0,0010	-0,0005	-0,0002	-0,0001	-0,0000	-0,0000	-0,0000
	D(AE)/A	0,0013	0,0000	-0,0002	-0,0000	0,0000	0,0000	0,0000	0,0000	0,0000	-0,0000
	D(BA)/A	-0,1738	-0,1189	-0,0679	-0,0299	-0,0099	-0,0034	-0,0010	-0,0003	-0,0001	0,0000
	D(BB)/A	-0,0276	-0,0169	-0,0095	-0,0049	-0,0020	-0,0007	-0,0002	-0,0001	-0,0000	-0,0000
	D(BC)/A	0,1001	0,0740	0,0461	0,0224	0,0080	0,0028	0,0009	0,0003	0,0001	-0,0000
	D(BD)/A	0,0265	0,0126	0,0036	0,0000	-0,0004	-0,0002	-0,0001	-0,0000	-0,0000	0,0000
	D(BE)/A	0,0084	0,0013	-0,0011	-0,0008	-0,0003	-0,0001	-0,0000	-0,0000	-0,0000	0,0000
	D(CA)/A	-0,0433	-0,0192	-0,0044	0,0008	0,0009	0,0004	0,0001	0,0000	0,0000	-0,0000
	D(CB)/A	-0,1375	-0,1004	-0,0630	-0,0311	-0,0113	-0,0040	-0,0012	-0,0004	-0,0001	-0,0000
	D(CC)/A	-0,0000	0	0	-0,0000	-0,0000	-0,0000	-0,0000	-0,0000	-0,0000	-0,0000
	D(CD)/A	0,1375	0,1004	0,0630	0,0311	0,0113	0,0040	0,0012	0,0004	0,0001	0
	D(CE)/A	0,0433	0,0192	0,0044	-0,0008	-0,0009	-0,0004	-0,0001	-0,0000	-0,0000	0
0,50	B(AA)	0,5672	0,6359	0,7172	0,8008	0,8632	0,8893	0,8998	0,9030	0,9041	0,9046
	B(AB)	0,1911	0,1951	0,1894	0,1713	0,1501	0,1395	0,1349	0,1335	0,1330	0,1328
	B(AC)	0,0714	0,0490	0,0210	-0,0072	-0,0267	-0,0343	-0,0372	-0,0381	-0,0384	-0,0385
	B(AD)	0,0316	0,0134	-0,0022	-0,0119	-0,0152	-0,0157	-0,0157	-0,0157	-0,0157	-0,0157
	B(AE)	0,0169	0,0044	-0,0018	-0,0013	0,0014	0,0028	0,0034	0,0035	0,0036	0,0036
	B(BA)	0,2548	0,2601	0,2526	0,2285	0,2001	0,1859	0,1799	0,1780	0,1773	0,1770
	B(BB)	0,4761	0,5107	0,5539	0,6022	0,6413	0,6584	0,6655	0,6676	0,6684	0,6687
	B(BC)	0,1779	0,1815	0,1864	0,1919	0,1961	0,1978	0,1985	0,1988	0,1988	0,1989
	B(BD)	0,0788	0,0539	0,0258	-0,0015	-0,0213	-0,0295	-0,0328	-0,0338	-0,0341	-0,0343
	B(BE)	0,0422	0,0179	-0,0030	-0,0158	-0,0202	-0,0209	-0,0210	-0,0210	-0,0210	-0,0210
	B(CA)	0,1189	0,0817	0,0350	-0,0121	-0,0445	-0,0571	-0,0621	-0,0635	-0,0640	-0,0642
	B(CB)	0,2223	0,2269	0,2331	0,2399	0,2451	0,2473	0,2482	0,2484	0,2485	0,2486
	B(CC)	0,5015	0,5389	0,5851	0,6307	0,6613	0,6729	0,6774	0,6787	0,6792	0,6794
	B(CD)	0,2223	0,2269	0,2331	0,2399	0,2451	0,2473	0,2482	0,2484	0,2485	0,2486
	B(CE)	0,1189	0,0817	0,0350	-0,0121	-0,0445	-0,0571	-0,0621	-0,0635	-0,0640	-0,0642
	D(AA)/A	-0,2061	-0,1733	-0,1294	-0,0770	-0,0323	-0,0122	-0,0038	-0,0013	-0,0004	-0,0000
	D(AB)/A	0,0910	0,0851	0,0706	0,0457	0,0201	0,0077	0,0024	0,0008	0,0002	0
	D(AC)/A	0,0340	0,0278	0,0197	0,0109	0,0043	0,0016	0,0005	0,0002	0,0001	-0,0000
	D(AD)/A	0,0151	0,0081	0,0022	-0,0008	-0,0009	-0,0004	-0,0001	-0,0001	-0,0000	-0,0000
	D(AE)/A	0,0081	0,0027	-0,0005	-0,0010	-0,0005	-0,0002	-0,0001	-0,0000	-0,0000	0
	D(BA)/A	-0,3124	-0,2295	-0,1422	-0,0680	-0,0239	-0,0084	-0,0025	-0,0009	-0,0003	-0,0000
	D(BB)/A	-0,0602	-0,0384	-0,0205	-0,0089	-0,0031	-0,0011	-0,0003	-0,0001	-0,0000	-0,0000
	D(BC)/A	0,1574	0,1239	0,0828	0,0425	0,0157	0,0056	0,0017	0,0006	0,0002	0,0000
	D(BD)/A	0,0698	0,0441	0,0223	0,0084	0,0024	0,0008	0,0002	0,0001	0,0000	0,0000
	D(BE)/A	0,0373	0,0153	0,0018	-0,0021	-0,0013	-0,0005	-0,0002	-0,0001	-0,0000	-0,0000
	D(CA)/A	-0,1230	-0,0739	-0,0333	-0,0096	-0,0017	-0,0003	-0,0001	-0,0000	-0,0000	0,0000
	D(CB)/A	-0,2298	-0,1744	-0,1142	-0,0590	-0,0223	-0,0081	-0,0025	-0,0008	-0,0003	0
	D(CC)/A	-0,0000	-0,0000	-0,0000	-0,0000	0	-0,0000	-0,0000	-0,0000	0	0
	D(CD)/A	0,2298	0,1744	0,1142	0,0590	0,0223	0,0081	0,0025	0,0008	0,0003	-0,0000
	D(CE)/A	0,1230	0,0739	0,0333	0,0096	0,0017	0,0003	0,0001	0,0000	0,0000	0,0000
1,00	B(AA)	0,4421	0,5121	0,6037	0,7082	0,7948	0,8337	0,8500	0,8549	0,8567	0,8574
	B(AB)	0,1996	0,2121	0,2190	0,2127	0,1968	0,1869	0,1823	0,1809	0,1803	0,1801
	B(AC)	0,1015	0,0822	0,0540	0,0191	-0,0106	-0,0239	-0,0295	-0,0311	-0,0317	-0,0320
	B(AD)	0,0604	0,0364	0,0102	-0,0123	-0,0256	-0,0302	-0,0319	-0,0324	-0,0326	-0,0327
	B(AE)	0,0421	0,0195	0,0007	-0,0073	-0,0054	-0,0027	-0,0014	-0,0010	-0,0008	-0,0007
	B(BA)	0,2662	0,2828	0,2920	0,2837	0,2624	0,2492	0,2431	0,2412	0,2405	0,2402
	B(BB)	0,3818	0,4138	0,4552	0,5023	0,5414	0,5590	0,5664	0,5686	0,5694	0,5698
	B(BC)	0,1942	0,1980	0,2042	0,2134	0,2226	0,2271	0,2290	0,2296	0,2298	0,2299
	B(BD)	0,1154	0,0902	0,0603	0,0305	0,0092	0,0005	-0,0031	-0,0041	-0,0045	-0,0047
	B(BE)	0,0805	0,0485	0,0137	-0,0165	-0,0342	-0,0403	-0,0426	-0,0432	-0,0434	-0,0435
	B(CA)	0,1692	0,1371	0,0900	0,0318	-0,0177	-0,0399	-0,0491	-0,0519	-0,0529	-0,0533
	B(CB)	0,2428	0,2475	0,2553	0,2668	0,2782	0,2839	0,2863	0,2870	0,2873	0,2874
	B(CC)	0,4085	0,4395	0,4835	0,5350	0,5762	0,5937	0,6009	0,6030	0,6038	0,6041
	B(CD)	0,2428	0,2475	0,2553	0,2668	0,2782	0,2839	0,2863	0,2870	0,2873	0,2874
	B(CE)	0,1692	0,1371	0,0900	0,0318	-0,0177	-0,0399	-0,0491	-0,0519	-0,0529	-0,0533

Z	Z(T)	0,00	0,03	0,10	0,30	1,00	3,00	10,0	30,0	100	UNENDL
	D(AA)/A	-0,2657	-0,2337	-0,1852	-0,1182	-0,0527	-0,0204	-0,0065	-0,0022	-0,0007	-0,0000
	D(AB)/A	0,0951	0,0913	0,0795	0,0551	0,0259	0,0102	0,0033	0,0011	0,0003	0,0000
	D(AC)/A	0,0484	0,0444	0,0371	0,0248	0,0114	0,0045	0,0014	0,0005	0,0001	0,0000
	D(AD)/A	0,0287	0,0203	0,0111	0,0039	0,0007	0,0001	0,0000	0,0000	0,0000	-0,0000
	D(AE)/A	0,0200	0,0109	0,0026	-0,0018	-0,0017	-0,0008	-0,0003	-0,0001	-0,0000	-0,0000
	D(BA)/A	-0,4327	-0,3385	-0,2263	-0,1174	-0,0440	-0,0158	-0,0049	-0,0016	-0,0005	0,0000
	D(BB)/A	-0,0970	-0,0678	-0,0384	-0,0163	-0,0051	-0,0017	-0,0005	-0,0002	-0,0001	-0,0000
	D(BC)/A	0,1956	0,1619	0,1156	0,0637	0,0248	0,0091	0,0028	0,0009	0,0003	-0,0000
	D(BD)/A	0,1163	0,0845	0,0512	0,0240	0,0084	0,0030	0,0009	0,0003	0,0001	0,0000
	D(BE)/A	0,0810	0,0463	0,0165	0,0008	-0,0018	-0,0009	-0,0003	-0,0001	-0,0000	0,0000
	D(CA)/A	-0,2148	-0,1512	-0,0852	-0,0342	-0,0096	-0,0029	-0,0008	-0,0003	-0,0001	0,0000
	D(CB)/A	-0,3082	-0,2438	-0,1663	-0,0891	-0,0345	-0,0126	-0,0039	-0,0013	-0,0004	0,0000
	D(CC)/A	-0,0000	-0,0000	0	-0,0000	-0,0000	0,0000	0,0000	-0,0000	-0,0000	0,0000
	D(CD)/A	0,3082	0,2438	0,1663	0,0891	0,0345	0,0126	0,0039	0,0013	0,0004	0,0000
	D(CE)/A	0,2148	0,1512	0,0852	0,0342	0,0096	0,0029	0,0008	0,0003	0,0001	-0,0000
2,00	B(AA)	0,3370	0,3970	0,4858	0,6019	0,7113	0,7653	0,7889	0,7963	0,7989	0,8000
	B(AB)	0,1930	0,2091	0,2268	0,2375	0,2349	0,2296	0,2266	0,2255	0,2251	0,2250
	B(AC)	0,1249	0,1113	0,0889	0,0553	0,0198	0,0010	-0,0074	-0,0101	-0,0110	-0,0114
	B(AD)	0,0917	0,0678	0,0357	-0,0000	-0,0276	-0,0394	-0,0443	-0,0458	-0,0463	-0,0465
	B(AE)	0,0753	0,0483	0,0161	-0,0107	-0,0206	-0,0205	-0,0196	-0,0192	-0,0190	-0,0190
	B(BA)	0,2574	0,2789	0,3024	0,3166	0,3132	0,3061	0,3021	0,3007	0,3002	0,3000
	B(BB)	0,3133	0,3395	0,3765	0,4210	0,4587	0,4759	0,4832	0,4854	0,4862	0,4866
	B(BC)	0,2026	0,2055	0,2110	0,2207	0,2327	0,2396	0,2428	0,2438	0,2441	0,2443
	B(BD)	0,1488	0,1267	0,0973	0,0657	0,0431	0,0344	0,0311	0,0301	0,0297	0,0296
	B(BE)	0,1222	0,0904	0,0476	-0,0000	-0,0368	-0,0526	-0,0590	-0,0610	-0,0617	-0,0620
	B(CA)	0,2081	0,1855	0,1481	0,0922	0,0329	0,0017	-0,0124	-0,0168	-0,0183	-0,0190
	B(CB)	0,2533	0,2569	0,2637	0,2759	0,2909	0,2995	0,3035	0,3047	0,3052	0,3054
	B(CC)	0,3450	0,3664	0,4004	0,4480	0,4951	0,5189	0,5293	0,5326	0,5337	0,5342
	B(CD)	0,2533	0,2569	0,2637	0,2759	0,2909	0,2995	0,3035	0,3047	0,3052	0,3054
	B(CE)	0,2081	0,1855	0,1481	0,0922	0,0329	0,0017	-0,0124	-0,0168	-0,0183	-0,0190
	D(AA)/A	-0,3157	-0,2905	-0,2451	-0,1696	-0,0817	-0,0329	-0,0107	-0,0036	-0,0011	-0,0000
	D(AB)/A	0,0919	0,0881	0,0784	0,0574	0,0287	0,0118	0,0038	0,0013	0,0004	0
	D(AC)/A	0,0595	0,0588	0,0548	0,0423	0,0222	0,0092	0,0030	0,0010	0,0003	0
	D(AD)/A	0,0436	0,0366	0,0268	0,0155	0,0065	0,0025	0,0008	0,0003	0,0001	0,0000
	D(AE)/A	0,0359	0,0261	0,0135	0,0019	-0,0022	-0,0014	-0,0005	-0,0002	-0,0001	0
	D(BA)/A	-0,5425	-0,4518	-0,3280	-0,1873	-0,0764	-0,0286	-0,0090	-0,0030	-0,0009	0,0000
	D(BB)/A	-0,1366	-0,1061	-0,0682	-0,0318	-0,0102	-0,0033	-0,0010	-0,0003	-0,0001	-0,0000
	D(BC)/A	0,2231	0,1922	0,1460	0,0875	0,0370	0,0140	0,0044	0,0015	0,0005	-0,0000
	D(BD)/A	0,1638	0,1329	0,0930	0,0509	0,0201	0,0074	0,0023	0,0008	0,0002	-0,0000
	D(BE)/A	0,1345	0,0958	0,0517	0,0161	0,0016	-0,0003	-0,0002	-0,0001	-0,0000	0,0000
	D(CA)/A	-0,3127	-0,2498	-0,1676	-0,0834	-0,0287	-0,0098	-0,0029	-0,0010	-0,0003	0,0000
	D(CB)/A	-0,3807	-0,3170	-0,2290	-0,1288	-0,0514	-0,0190	-0,0059	-0,0020	-0,0006	-0,0000
	D(CC)/A	0	-0,0000	-0,0000	-0,0000	0	0,0000	-0,0000	-0,0000	-0,0000	-0,0000
	D(CD)/A	0,3807	0,3170	0,2290	0,1288	0,0514	0,0190	0,0059	0,0020	0,0006	-0,0000
	D(CE)/A	0,3127	0,2498	0,1676	0,0834	0,0287	0,0098	0,0029	0,0010	0,0003	-0,0000
5,00	B(AA)	0,2438	0,2815	0,3479	0,4564	0,5855	0,6610	0,6970	0,7086	0,7128	0,7146
	B(AB)	0,1781	0,1908	0,2112	0,2384	0,2609	0,2695	0,2725	0,2733	0,2736	0,2737
	B(AC)	0,1432	0,1363	0,1237	0,1012	0,0704	0,0501	0,0398	0,0364	0,0352	0,0347
	B(AD)	0,1243	0,1077	0,0795	0,0366	-0,0097	-0,0347	-0,0461	-0,0498	-0,0511	-0,0517
	B(AE)	0,1144	0,0932	0,0582	0,0084	-0,0378	-0,0577	-0,0652	-0,0674	-0,0681	-0,0685
	B(BA)	0,2374	0,2545	0,2817	0,3179	0,3479	0,3593	0,3633	0,3644	0,3648	0,3650
	B(BB)	0,2580	0,2743	0,3012	0,3403	0,3794	0,3990	0,4076	0,4103	0,4112	0,4117
	B(BC)	0,2075	0,2090	0,2122	0,2191	0,2297	0,2372	0,2411	0,2424	0,2429	0,2431
	B(BD)	0,1802	0,1659	0,1428	0,1109	0,0822	0,0697	0,0647	0,0632	0,0626	0,0624
	B(BE)	0,1658	0,1436	0,1060	0,0487	-0,0129	-0,0462	-0,0615	-0,0664	-0,0681	-0,0689
	B(CA)	0,2386	0,2272	0,2062	0,1686	0,1173	0,0835	0,0664	0,0607	0,0587	0,0578
	B(CB)	0,2594	0,2613	0,2653	0,2738	0,2872	0,2965	0,3014	0,3030	0,3036	0,3039
	B(CC)	0,2987	0,3093	0,3281	0,3596	0,3998	0,4253	0,4381	0,4423	0,4438	0,4445
	B(CD)	0,2594	0,2613	0,2653	0,2738	0,2872	0,2965	0,3014	0,3030	0,3036	0,3039
	B(CE)	0,2386	0,2272	0,2062	0,1686	0,1173	0,0835	0,0664	0,0607	0,0587	0,0578
	D(AA)/A	-0,3601	-0,3479	-0,3174	-0,2465	-0,1346	-0,0582	-0,0195	-0,0067	-0,0020	-0,0000
	D(AB)/A	0,0848	0,0776	0,0653	0,0461	0,0235	0,0099	0,0033	0,0011	0,0003	0,0000
	D(AC)/A	0,0682	0,0712	0,0723	0,0637	0,0387	0,0176	0,0060	0,0021	0,0006	0,0000
	D(AD)/A	0,0592	0,0572	0,0525	0,0417	0,0236	0,0104	0,0035	0,0012	0,0004	0
	D(AE)/A	0,0545	0,0496	0,0398	0,0233	0,0073	0,0017	0,0003	0,0001	0,0000	-0,0000
	D(BA)/A	-0,6459	-0,5756	-0,4635	-0,3047	-0,1428	-0,0575	-0,0187	-0,0064	-0,0019	-0,0000
	D(BB)/A	-0,1782	-0,1552	-0,1187	-0,0698	-0,0275	-0,0098	-0,0030	-0,0010	-0,0003	-0,0000
	D(BC)/A	0,2438	0,2169	0,1744	0,1150	0,0547	0,0223	0,0073	0,0025	0,0008	-0,0000
	D(BD)/A	0,2118	0,1909	0,1557	0,1030	0,0479	0,0192	0,0062	0,0021	0,0006	0
	D(BE)/A	0,1948	0,1665	0,1235	0,0688	0,0245	0,0079	0,0022	0,0007	0,0002	0,0000
	D(CA)/A	-0,4143	-0,3731	-0,3008	-0,1914	-0,0834	-0,0318	-0,0101	-0,0034	-0,0010	0,0000
	D(CB)/A	-0,4503	-0,3997	-0,3165	-0,1984	-0,0860	-0,0328	-0,0104	-0,0035	-0,0011	-0,0000
	D(CC)/A	0	0	0,0000	-0,0000	0	-0,0000	0	0,0000	-0,0000	0
	D(CD)/A	0,4503	0,3997	0,3165	0,1984	0,0860	0,0328	0,0104	0,0035	0,0011	-0,0000
	D(CE)/A	0,4143	0,3731	0,3008	0,1914	0,0834	0,0318	0,0101	0,0034	0,0010	-0,0000

Z	Z(T)	0,00	0,03	0,10	0,30	1,00	3,00	10,0	30,0	100	UNENDL
10,00	B(AA)	0,2040	0,2268	0,2712	0,3575	0,4868	0,5790	0,6280	0,6446	0,6507	0,6534
	B(AB)	0,1694	0,1777	0,1934	0,2214	0,2589	0,2829	0,2949	0,2988	0,3003	0,3009
	B(AC)	0,1502	0,1465	0,1394	0,1255	0,1039	0,0876	0,0786	0,0755	0,0744	0,0739
	B(AD)	0,1395	0,1291	0,1091	0,0715	0,0180	-0,0187	-0,0378	-0,0441	-0,0465	-0,0475
	B(AE)	0,1337	0,1199	0,0932	0.0428	-0,0291	-0,0773	-0,1019	-0,1101	-0,1131	-0,1144
	B(BA)	0,2259	0,2370	0,2578	0,2952	0,3452	0,3772	0,3932	0,3984	0,4004	0,4012
	B(BB)	0,2357	0,2455	0,2634	0,2947	0,3347	0,3596	0,3720	0,3761	0,3776	0,3782
	B(BC)	0,2090	0,2099	0,2117	0,2160	0,2235	0,2295	0,2329	0,2340	0,2345	0,2347
	B(BD)	0,1941	0,1853	0,1694	0,1423	0,1091	0,0893	0,0798	0,0767	0,0756	0,0751
	B(BE)	0,1860	0,1721	0,1455	0,0954	0,0240	-0,0249	-0,0504	-0,0589	-0,0620	-0,0634
	B(CA)	0,2504	0,2442	0,2323	0,2091	0,1731	0,1460	0,1310	0,1259	0,1240	0,1232
	B(CB)	0,2613	0,2623	0,2647	0,2700	0,2794	0,2869	0,2911	0,2925	0,2931	0,2933
	B(CC)	0,2814	0,2872	0,2978	0,3171	0,3453	0,3658	0,3770	0,3809	0,3823	0,3829
	B(CD)	0,2613	0,2623	0,2647	0,2700	0,2794	0,2869	0,2911	0,2925	0,2931	0,2933
	B(CE)	0,2504	0,2442	0,2323	0,2091	0,1731	0,1460	0,1310	0,1259	0,1240	0,1232
	D(AA)/A	-0,3790	-0,3752	-0,3585	-0,3028	-0,1850	-0,0859	-0,0298	-0,0104	-0,0032	-0,0000
	D(AB)/A	0,0807	0,0705	0,0535	0,0299	0,0100	0,0030	0,0008	0,0003	0,0001	-0,0000
	D(AC)/A	0,0715	0,0762	0,0801	0,0748	0,0494	0,0238	0,0084	0,0029	0,0009	-0,0000
	D(AD)/A	0,0664	0,0682	0,0696	0,0653	0,0444	0,0217	0,0077	0,0027	0,0008	0,0000
	D(AE)/A	0,0637	0,0634	0,0609	0,0512	0,0302	0,0134	0,0045	0,0016	0,0005	0,0000
	D(BA)/A	-0,6915	-0,6371	-0,5452	-0,3974	-0,2120	-0,0923	-0,0311	-0,0108	-0,0033	0,0000
	D(BB)/A	-0,1977	-0,1819	-0,1536	-0,1072	-0,0527	-0,0216	-0,0071	-0,0024	-0,0007	0,0000
	D(BC)/A	0,2517	0,2268	0,1868	0,1290	0,0658	0,0282	0,0095	0,0033	0,0010	0,0000
	D(BD)/A	0,2337	0,2212	0,1961	0,1479	0,0800	0,0349	0,0117	0,0041	0,0012	-0,0000
	D(BE)/A	0,2240	0,2067	0,1772	0,1281	0,0659	0,0276	0,0091	0,0031	0,0009	-0,0000
	D(CA)/A	-0,4614	-0,4389	-0,3899	-0,2913	-0,1541	-0,0659	-0,0220	-0,0076	-0,0023	-0,0000
	D(CB)/A	-0,4814	-0,4419	-0,3716	-0,2573	-0,1255	-0,0513	-0,0168	-0,0057	-0,0017	-0,0000
	D(CC)/A	-0,0000	0,0000	-0,0000	0,0000	0,0000	0,0000	-0,0000	0	0,0000	0
	D(CD)/A	0,4814	0,4419	0,3716	0,2573	0,1255	0,0513	0,0168	0,0057	0,0017	0,0000
	D(CE)/A	0,4614	0,4389	0.3899	0,2913	0,1541	0,0659	0,0220	0,0076	0,0023	0,0000
20,00	B(AA)	0,1818	0,1945	0,2209	0,2797	0,3921	0,4976	0,5658	0,5912	0,6009	0,6052
	B(AB)	0,1641	0,1689	0,1788	0,2004	0,2413	0,2798	0,3050	0,3145	0,3181	0,3197
	B(AC)	0,1540	0,1520	0,1482	0,1404	0,1273	0,1165	0,1102	0,1079	0,1071	0,1067
	B(AD)	0,1482	0,1424	0,1301	0,1032	0,0528	0,0060	-0,0241	-0,0353	-0,0396	-0,0415
	B(AE)	0,1451	0,1371	0,1202	0,0814	0,0037	-0,0728	-0,1239	-0,1432	-0,1507	-0,1540
	B(BA)	0,2188	0,2252	0,2384	0,2672	0,3217	0,3731	0,4067	0,4193	0,4241	0,4263
	B(BB)	0,2235	0,2289	0,2396	0,2611	0,2972	0,3282	0,3475	0,3546	0,3573	0,3585
	B(BC)	0,2098	0,2102	0,2112	0,2136	0,2182	0,2222	0,2245	0,2254	0,2257	0,2258
	B(BD)	0,2019	0,1971	0,1874	0,1682	0,1360	0,1083	0,0909	0,0845	0,0821	0,0810
	B(BE)	0,1976	0,1898	0,1735	0,1376	0,0703	0,0080	-0,0322	-0,0471	-0,0528	-0,0553
	B(CA)	0,2567	0,2534	0,2470	0,2341	0,2122	0,1942	0,1836	0,1798	0,1784	0,1778
	B(CB)	0,2622	0,2628	0,2640	0,2670	0,2727	0,2777	0,2807	0,2817	0,2821	0,2823
	B(CC)	0,2724	0,2754	0,2811	0,2919	0,3090	0,3227	0,3306	0,3334	0,3345	0,3350
	B(CD)	0,2622	0,2628	0,2640	0,2670	0,2727	0,2777	0,2807	0,2817	0,2821	0,2823
	B(CE)	0,2567	0,2534	0,2470	0,2341	0,2122	0,1942	0,1836	0,1798	0,1784	0,1778
	D(AA)/A	-0,3896	-0,3914	-0,3858	-0,3488	-0,2406	-0,1238	-0,0456	-0,0162	-0,0050	-0,0000
	D(AB)/A	0,0781	0,0657	0,0444	0,0132	-0,0105	-0,0110	-0,0051	-0,0019	-0,0006	-0,0000
	D(AC)/A	0,0733	0,0789	0,0845	0,0816	0,0568	0,0285	0,0103	0,0036	0,0011	-0,0000
	D(AD)/A	0,0706	0,0750	0,0817	0,0864	0,0699	0,0390	0,0149	0,0054	0,0017	0,0000
	D(AE)/A	0,0691	0,0723	0,0769	0,0799	0,0668	0,0390	0,0154	0,0056	0,0017	0,0000
	D(BA)/A	-0,7172	-0,6742	-0,6007	-0,4762	-0,2922	-0,1426	-0,0514	-0,0182	-0,0056	-0,0000
	D(BB)/A	-0,2089	-0,1985	-0,1788	-0,1423	-0,0872	-0,0428	-0,0155	-0,0055	-0,0017	-0,0000
	D(BC)/A	0,2558	0,2321	0,1937	0,1376	0,0735	0,0327	0,0112	0,0039	0,0012	-0,0000
	D(BD)/A	0,2463	0,2398	0,2243	0,1876	0,1193	0,0590	0,0214	0,0076	0,0023	-0,0000
	D(BE)/A	0,2410	0,2323	0,2171	0,1866	0,1269	0,0664	0,0248	0,0089	0,0027	-0,0000
	D(CA)/A	-0,4885	-0,4797	-0,4532	-0,3824	-0,2455	-0,1223	-0,0445	-0,0158	-0,0049	-0,0000
	D(CB)/A	-0,4991	-0,4676	-0,4100	-0,3096	-0,1748	-0,0806	-0,0283	-0,0099	-0,0030	-0,0000
	D(CC)/A	0,0000	0,0000	-0,0000	0,0000	-0,0000	-0,0000	-0,0000	0,0000	-0,0000	0
	D(CD)/A	0,4991	0,4676	0,4100	0,3096	0,1748	0,0806	0,0283	0,0099	0,0030	-0,0000
	D(CE)/A	0,4885	0,4797	0,4532	0,3824	0,2455	0,1223	0,0445	0,0158	0,0049	-0,0000
50,00	B(AA)	0,1677	0,1731	0,1850	0,2144	0,2875	0,3898	0,4885	0,5361	0,5564	0,5659
	B(AB)	0,1605	0,1626	0,1672	0,1789	0,2090	0,2536	0,2983	0,3202	0,3296	0,3340
	B(AC)	0,1563	0,1555	0,1539	0,1506	0,1446	0,1394	0,1361	0,1350	0,1345	0,1343
	B(AD)	0,1539	0,1514	0,1458	0,1319	0,0974	0,0489	0,0017	-0,0211	-0,0308	-0,0354
	B(AE)	0,1526	0,1491	0,1412	0,1203	0,0630	-0,0254	-0,1154	-0,1599	-0,1790	-0,1879
	B(BA)	0,2140	0,2168	0,2229	0,2385	0,2787	0,3381	0,3977	0,4269	0,4395	0,4453
	B(BB)	0,2158	0,2181	0,2229	0,2338	0,2581	0,2904	0,3212	0,3360	0,3423	0,3452
	B(BC)	0,2102	0,2104	0,2108	0,2119	0,2139	0,2159	0,2171	0,2175	0,2177	0,2177
	B(BD)	0,2070	0,2049	0,2005	0,1906	0,1681	0,1373	0,1075	0,0930	0,0868	0,0840
	B(BE)	0,2052	0,2018	0,1944	0,1758	0,1299	0,0651	0,0023	-0,0281	-0,0411	-0,0472
	B(CA)	0,2605	0,2592	0,2565	0,2510	0,2410	0,2323	0,2269	0,2249	0,2242	0,2239
	B(CB)	0,2628	0,2630	0,2635	0,2648	0,2674	0,2698	0,2713	0,2719	0,2721	0,2722
	B(CC)	0,2669	0,2681	0,2705	0,2751	0,2829	0,2895	0,2936	0,2951	0,2956	0,2959
	B(CD)	0,2628	0,2630	0,2635	0,2648	0,2674	0,2698	0,2713	0,2719	0,2721	0,2722
	B(CE)	0,2605	0,2592	0,2565	0,2510	0,2410	0,2323	0,2269	0,2249	0,2242	0,2239

Z	Z(T)	0,00	0,03	0,10	0,30	1,00	3,00	10,0	30,0	100	UNENDL
	D(AA)/A	-0,3963	-0,4021	-0,4054	-0,3883	-0,3082	-0,1895	-0,0811	-0,0309	-0,0098	-0,0000
	D(AB)/A	0,0764	0,0623	0,0372	-0,0028	-0,0399	-0,0405	-0,0213	-0,0086	-0,0028	0,0000
	D(AC)/A	0,0744	0,0806	0,0873	0,0863	0,0623	0,0322	0,0118	0,0042	0,0013	0
	D(AD)/A	0,0733	0,0796	0,0907	0,1053	0,1029	0,0710	0,0322	0,0125	0,0040	-0,0000
	D(AE)/A	0,0727	0,0785	0,0893	0,1078	0,1205	0,0952	0,0469	0,0187	0,0060	-0,0000
	D(BA)/A	-0,7337	-0,6990	-0,6412	-0,5454	-0,3929	-0,2330	-0,0987	-0,0375	-0,0118	-0,0000
	D(BB)/A	-0,2162	-0,2098	-0,1977	-0,1748	-0,1345	-0,0854	-0,0379	-0,0146	-0,0047	-0,0000
	D(BC)/A	0,2584	0,2354	0,1982	0,1433	0,0791	0,0363	0,0127	0,0044	0,0014	0
	D(BD)/A	0,2544	0,2523	0,2452	0,2232	0,1701	0,1039	0,0447	0,0171	0,0054	0,0000
	D(BE)/A	0,2522	0,2500	0,2475	0,2420	0,2135	0,1478	0,0685	0,0268	0,0086	0,0000
	D(CA)/A	-0,5061	-0,5075	-0,5005	-0,4655	-0,3671	-0,2314	-0,1016	-0,0391	-0,0124	-0,0000
	D(CB)/A	-0,5105	-0,4849	-0,4384	-0,3566	-0,2395	-0,1367	-0,0572	-0,0216	-0,0068	0,0000
	D(CC)/A	0,0000	-0,0000	-0,0000	0,0000	0,0000	-0,0000	-0,0000	0,0000	-0,0000	0,0000
	D(CD)/A	0,5105	0,4849	0,4384	0,3566	0,2395	0,1367	0,0572	0,0216	0,0068	0
	D(CE)/A	0,5061	0,5075	0,5005	0,4655	0,3671	0,2314	0,1016	0,0391	0,0124	0,0000
100,00	B(AA)	0,1628	0,1656	0,1718	0,1878	0,2328	0,3138	0,4245	0,4964	0,5322	0,5502
	B(AB)	0,1592	0,1603	0,1627	0,1692	0,1886	0,2257	0,2786	0,3133	0,3307	0,3395
	B(AC)	0,1571	0,1567	0,1559	0,1542	0,1511	0,1483	0,1465	0,1458	0,1456	0,1455
	B(AD)	0,1559	0,1546	0,1517	0,1440	0,1224	0,0831	0,0290	-0,0063	-0,0239	-0,0327
	B(AE)	0,1552	0,1534	0,1492	0,1376	0,1008	0,0273	-0,0787	-0,1488	-0,1841	-0,2017
	B(BA)	0,2123	0,2137	0,2170	0,2256	0,2514	0,3010	0,3714	0,4177	0,4410	0,4526
	B(BB)	0,2132	0,2144	0,2169	0,2228	0,2380	0,2642	0,2999	0,3231	0,3347	0,3405
	B(BC)	0,2104	0,2105	0,2107	0,2112	0,2123	0,2133	0,2140	0,2142	0,2143	0,2144
	B(BD)	0,2087	0,2077	0,2054	0,1999	0,1857	0,1603	0,1251	0,1021	0,0906	0,0848
	B(BE)	0,2078	0,2061	0,2022	0,1920	0,1632	0,1108	0,0386	-0,0084	-0,0318	-0,0436
	B(CA)	0,2618	0,2612	0,2598	0,2570	0,2518	0,2471	0,2442	0,2431	0,2427	0,2425
	B(CB)	0,2630	0,2631	0,2634	0,2640	0,2654	0,2667	0,2675	0,2678	0,2679	0,2679
	B(CC)	0,2650	0,2657	0,2669	0,2692	0,2733	0,2768	0,2791	0,2799	0,2802	0,2803
	B(CD)	0,2630	0,2631	0,2634	0,2640	0,2654	0,2667	0,2675	0,2678	0,2679	0,2679
	B(CE)	0,2618	0,2612	0,2598	0,2570	0,2518	0,2471	0,2442	0,2431	0,2427	0,2425
	D(AA)/A	-0,3986	-0,4059	-0,4126	-0,4046	-0,3454	-0,2427	-0,1230	-0,0517	-0,0171	0,0000
	D(AB)/A	0,0758	0,0611	0,0345	-0,0098	-0,0571	-0,0661	-0,0417	-0,0188	-0,0064	0,0000
	D(AC)/A	0,0748	0,0812	0,0883	0,0879	0,0643	0,0336	0,0124	0,0044	0,0014	0,0000
	D(AD)/A	0,0742	0,0812	0,0941	0,1134	0,1214	0,0976	0,0530	0,0228	0,0076	0,0000
	D(AE)/A	0,0739	0,0807	0,0940	0,1200	0,1525	0,1447	0,0872	0,0389	0,0132	-0,0000
	D(BA)/A	-0,7394	-0,7078	-0,6563	-0,5743	-0,4489	-0,3072	-0,1552	-0,0652	-0,0216	-0,0000
	D(BB)/A	-0,2188	-0,2139	-0,2048	-0,1887	-0,1619	-0,1219	-0,0658	-0,0284	-0,0095	-0,0000
	D(BC)/A	0,2592	0,2365	0,1997	0,1453	0,0812	0,0377	0,0132	0,0047	0,0014	-0,0000
	D(BD)/A	0,2572	0,2568	0,2530	0,2382	0,1988	0,1413	0,0730	0,0309	0,0103	-0,0000
	D(BE)/A	0,2561	0,2563	0,2590	0,2660	0,2643	0,2185	0,1235	0,0541	0,0182	0
	D(CA)/A	-0,5123	-0,5173	-0,5183	-0,5009	-0,4367	-0,3237	-0,1718	-0,0735	-0,0245	0,0000
	D(CB)/A	-0,5145	-0,4911	-0,4489	-0,3765	-0,2763	-0,1839	-0,0925	-0,0389	-0,0129	0,0000
	D(CC)/A	0,0000	-0,0000	0,0000	0,0000	-0,0000	-0,0000	-0,0000	-0,0000	-0,0000	0,0000
	D(CD)/A	0,5145	0,4911	0,4489	0,3765	0,2763	0,1839	0,0925	0,0389	0,0129	-0,0000
	D(CE)/A	0,5123	0,5173	0,5183	0,5009	0,4367	0,3237	0,1718	0,0735	0,0245	0,0000
200,00	B(AA)	0,1604	0,1618	0,1649	0,1733	0,1986	0,2529	0,3546	0,4484	0,5078	0,5418
	B(AB)	0,1586	0,1591	0,1604	0,1638	0,1749	0,2004	0,2500	0,2962	0,3256	0,3424
	B(AC)	0,1575	0,1573	0,1569	0,1560	0,1544	0,1530	0,1521	0,1517	0,1516	0,1515
	B(AD)	0,1569	0,1562	0,1547	0,1507	0,1385	0,1119	0,0616	0,0151	-0,0144	-0,0312
	B(AE)	0,1565	0,1556	0,1535	0,1473	0,1262	0,0758	-0,0235	-0,1163	-0,1754	-0,2092
	B(BA)	0,2114	0,2121	0,2138	0,2184	0,2332	0,2672	0,3334	0,3949	0,4341	0,4565
	B(BB)	0,2119	0,2125	0,2137	0,2169	0,2254	0,2432	0,2766	0,3074	0,3269	0,3380
	B(BC)	0,2105	0,2105	0,2106	0,2109	0,2114	0,2120	0,2123	0,2124	0,2125	0,2125
	B(BD)	0,2096	0,2091	0,2079	0,2050	0,1969	0,1795	0,1464	0,1158	0,0963	0,0852
	B(BE)	0,2092	0,2083	0,2063	0,2009	0,1846	0,1492	0,0821	0,0202	-0,0192	-0,0416
	B(CA)	0,2625	0,2622	0,2615	0,2600	0,2574	0,2550	0,2534	0,2529	0,2526	0,2525
	B(CB)	0,2631	0,2631	0,2633	0,2636	0,2643	0,2649	0,2654	0,2655	0,2656	0,2656
	B(CC)	0,2641	0,2644	0,2650	0,2662	0,2683	0,2701	0,2713	0,2717	0,2719	0,2720
	B(CD)	0,2631	0,2631	0,2633	0,2636	0,2643	0,2649	0,2654	0,2655	0,2656	0,2656
	B(CE)	0,2625	0,2622	0,2615	0,2600	0,2574	0,2550	0,2534	0,2529	0,2526	0,2525
	D(AA)/A	-0,3998	-0,4078	-0,4163	-0,4136	-0,3691	-0,2876	-0,1751	-0,0852	-0,0307	0,0000
	D(AB)/A	0,0755	0,0605	0,0331	-0,0137	-0,0684	-0,0882	-0,0676	-0,0355	-0,0131	0,0000
	D(AC)/A	0,0750	0,0815	0,0888	0,0887	0,0653	0,0344	0,0128	0,0046	0,0014	0,0000
	D(AD)/A	0,0747	0,0821	0,0958	0,1178	0,1334	0,1202	0,0791	0,0396	0,0144	0,0000
	D(AE)/A	0,0745	0,0818	0,0965	0,1269	0,1735	0,1877	0,1384	0,0722	0,0267	-0,0000
	D(BA)/A	-0,7423	-0,7122	-0,6641	-0,5902	-0,4848	-0,3702	-0,2257	-0,1102	-0,0397	-0,0000
	D(BB)/A	-0,2201	-0,2159	-0,2085	-0,1965	-0,1796	-0,1533	-0,1010	-0,0508	-0,0185	-0,0000
	D(BC)/A	0,2597	0,2371	0,2005	0,1464	0,0823	0,0384	0,0136	0,0048	0,0015	-0,0000
	D(BD)/A	0,2586	0,2591	0,2571	0,2465	0,2172	0,1732	0,1084	0,0534	0,0193	-0,0000
	D(BE)/A	0,2581	0,2596	0,2651	0,2794	0,2975	0,2797	0,1933	0,0987	0,0362	-0,0000
	D(CA)/A	-0,5154	-0,5224	-0,5276	-0,5205	-0,4817	-0,4027	-0,2600	-0,1296	-0,0471	0,0000
	D(CB)/A	-0,5165	-0,4942	-0,4545	-0,3876	-0,3000	-0,2243	-0,1369	-0,0670	-0,0242	0
	D(CC)/A	-0,0000	-0,0000	0,0000	0,0000	0,0000	0,0000	-0,0000	0,0000	0,0000	0,0000
	D(CD)/A	0,5165	0,4942	0,4545	0,3876	0,3000	0,2243	0,1369	0,0670	0,0242	0,0000
	D(CE)/A	0,5154	0,5224	0,5276	0,5205	0,4817	0,4027	0,2600	0,1296	0,0471	0,0000

Z	Z(T)	0,00	0,03	0,10	0,30	1,00	3,00	10,0	30,0	100	UNENDL
500,00	B(AA)	0,1589	0,1595	0,1607	0,1642	0,1751	0,2018	0,2694	0,3669	0,4620	0,5365
	B(AB)	0,1582	0,1584	0,1589	0,1603	0,1652	0,1779	0,2112	0,2597	0,3071	0,3442
	B(AC)	0,1577	0,1577	0,1575	0,1571	0,1565	0,1559	0,1555	0,1554	0,1553	0,1553
	B(AD)	0,1575	0,1572	0,1566	0,1550	0,1497	0,1365	0,1029	0,0543	0,0069	-0,0303
	B(AE)	0,1574	0,1570	0,1561	0,1536	0,1443	0,1193	0,0526	-0,0445	-0,1395	-0,2139
	B(BA)	0,2109	0,2112	0,2119	0,2138	0,2202	0,2372	0,2816	0,3463	0,4094	0,4589
	B(BB)	0,2111	0,2113	0,2118	0,2131	0,2168	0,2256	0,2480	0,2803	0,3119	0,3365
	B(BC)	0,2105	0,2105	0,2106	0,2107	0,2109	0,2111	0,2112	0,2113	0,2113	0,2113
	B(BD)	0,2102	0,2099	0,2095	0,2083	0,2048	0,1961	0,1738	0,1416	0,1101	0,0854
	B(BE)	0,2100	0,2096	0,2088	0,2066	0,1995	0,1820	0,1371	0,0724	0,0091	-0,0403
	B(CA)	0,2629	0,2628	0,2625	0,2619	0,2608	0,2598	0,2592	0,2590	0,2589	0,2588
	B(CB)	0,2631	0,2631	0,2632	0,2633	0,2636	0,2639	0,2641	0,2641	0,2642	0,2642
	B(CC)	0,2635	0,2637	0,2639	0,2644	0,2652	0,2660	0,2665	0,2666	0,2667	0,2667
	B(CD)	0,2631	0,2631	0,2632	0,2633	0,2636	0,2639	0,2641	0,2641	0,2642	0,2642
	B(CE)	0,2629	0,2628	0,2625	0,2619	0,2608	0,2598	0,2592	0,2590	0,2589	0,2588
	D(AA)/A	-0,4005	-0,4090	-0,4186	-0,4192	-0,3856	-0,3263	-0,2422	-0,1493	-0,0648	0,0000
	D(AB)/A	0,0753	0,0601	0,0322	-0,0162	-0,0763	-0,1074	-0,1011	-0,0675	-0,0302	0,0000
	D(AC)/A	0,0751	0,0817	0,0891	0,0892	0,0660	0,0349	0,0130	0,0046	0,0014	0,0000
	D(AD)/A	0,0750	0,0826	0,0969	0,1206	0,1417	0,1397	0,1128	0,0717	0,0315	0,0000
	D(AE)/A	0,0749	0,0825	0,0980	0,1312	0,1883	0,2251	0,2050	0,1361	0,0607	0,0000
	D(BA)/A	-0,7440	-0,7150	-0,6689	-0,6002	-0,5099	-0,4245	-0,3168	-0,1961	-0,0853	0,0000
	D(BB)/A	-0,2209	-0,2172	-0,2108	-0,2014	-0,1921	-0,1806	-0,1466	-0,0938	-0,0413	0,0000
	D(BC)/A	0,2599	0,2374	0,2010	0,1470	0,0830	0,0388	0,0137	0,0048	0,0015	0,0000
	D(BD)/A	0,2595	0,2605	0,2596	0,2518	0,2301	0,2008	0,1541	0,0965	0,0421	-0,0000
	D(BE)/A	0,2593	0,2615	0,2689	0,2880	0,3209	0,3328	0,2838	0,1845	0,0817	-0,0000
	D(CA)/A	-0,5173	-0,5255	-0,5333	-0,5330	-0,5132	-0,4711	-0,3742	-0,2372	-0,1041	0
	D(CB)/A	-0,5177	-0,4961	-0,4579	-0,3945	-0,3167	-0,2592	-0,1944	-0,1209	-0,0527	-0,0000
	D(CC)/A	0	-0,0000	-0,0000	0	0,0000	-0,0000	0,0000	-0,0000	0	-0,0000
	D(CD)/A	0,5177	0,4961	0,4579	0,3945	0,3167	0,2592	0,1944	0,1209	0,0527	-0,0000
	D(CE)/A	0,5173	0,5255	0,5333	0,5330	0,5132	0,4711	0,3742	0,2372	0,1041	-0,0000
1000,00	B(AA)	0,1584	0,1587	0,1593	0,1611	0,1667	0,1810	0,2228	0,3013	0,4105	0,5347
	B(AB)	0,1580	0,1581	0,1584	0,1591	0,1616	0,1685	0,1892	0,2283	0,2828	0,3448
	B(AC)	0,1578	0,1578	0,1577	0,1575	0,1572	0,1569	0,1567	0,1566	0,1566	0,1566
	B(AD)	0,1577	0,1576	0,1573	0,1564	0,1537	0,1466	0,1258	0,0866	0,0321	-0,0299
	B(AE)	0,1576	0,1574	0,1570	0,1557	0,1510	0,1374	0,0961	0,0178	-0,0914	-0,2155
	B(BA)	0,2107	0,2109	0,2112	0,2122	0,2155	0,2247	0,2522	0,3044	0,3771	0,4597
	B(BB)	0,2108	0,2109	0,2112	0,2118	0,2137	0,2185	0,2324	0,2584	0,2948	0,3360
	B(BC)	0,2105	0,2105	0,2105	0,2106	0,2107	0,2108	0,2109	0,2109	0,2109	0,2109
	B(BD)	0,2103	0,2102	0,2100	0,2094	0,2076	0,2029	0,1891	0,1630	0,1267	0,0855
	B(BE)	0,2103	0,2101	0,2097	0,2086	0,2049	0,1954	0,1677	0,1155	0,0427	-0,0399
	B(CA)	0,2630	0,2630	0,2628	0,2625	0,2620	0,2615	0,2612	0,2611	0,2610	0,2610
	B(CB)	0,2631	0,2632	0,2632	0,2632	0,2634	0,2635	0,2636	0,2636	0,2637	0,2637
	B(CC)	0,2633	0,2634	0,2635	0,2638	0,2642	0,2646	0,2648	0,2649	0,2649	0,2650
	B(CD)	0,2631	0,2632	0,2632	0,2632	0,2634	0,2635	0,2636	0,2636	0,2637	0,2637
	B(CE)	0,2630	0,2630	0,2628	0,2625	0,2620	0,2615	0,2612	0,2611	0,2610	0,2610
	D(AA)/A	-0,4008	-0,4094	-0,4194	-0,4212	-0,3915	-0,3421	-0,2797	-0,2029	-0,1066	0,0000
	D(AB)/A	0,0753	0,0600	0,0319	-0,0170	-0,0792	-0,1153	-0,1199	-0,0944	-0,0511	0,0000
	D(AC)/A	0,0752	0,0817	0,0892	0,0894	0,0662	0,0350	0,0131	0,0047	0,0014	0,0000
	D(AD)/A	0,0751	0,0828	0,0973	0,1216	0,1448	0,1477	0,1316	0,0985	0,0524	0
	D(AE)/A	0,0751	0,0828	0,0985	0,1327	0,1937	0,2405	0,2423	0,1896	0,1025	-0,0000
	D(BA)/A	-0,7446	-0,7159	-0,6705	-0,6037	-0,5189	-0,4468	-0,3676	-0,2681	-0,1412	-0,0000
	D(BB)/A	-0,2211	-0,2176	-0,2116	-0,2031	-0,1966	-0,1918	-0,1721	-0,1298	-0,0692	-0,0000
	D(BC)/A	0,2600	0,2375	0,2011	0,1472	0,0832	0,0390	0,0138	0,0049	0,0015	-0,0000
	D(BD)/A	0,2598	0,2610	0,2605	0,2536	0,2348	0,2121	0,1797	0,1325	0,0701	-0,0000
	D(BE)/A	0,2597	0,2622	0,2701	0,2909	0,3294	0,3548	0,3345	0,2564	0,1376	-0,0000
	D(CA)/A	-0,5179	-0,5265	-0,5353	-0,5372	-0,5246	-0,4993	-0,4380	-0,3273	-0,1740	0,0000
	D(CB)/A	-0,5181	-0,4968	-0,4590	-0,3969	-0,3227	-0,2736	-0,2265	-0,1661	-0,0877	-0,0000
	D(CC)/A	0,0000	0,0000	0	0	0,0000	-0,0000	0,0000	0,0000	0,0000	-0,0000
	D(CD)/A	0,5181	0,4968	0,4590	0,3969	0,3227	0,2736	0,2266	0,1661	0,0877	-0,0000
	D(CE)/A	0,5179	0,5265	0,5352	0,5372	0,5246	0,4993	0,4380	0,3273	0,1740	-0,0000

b) $r_a : r_b : r_c : r_d : r_e = 0{,}8 : 0{,}9 : 1{,}0 : 0{,}9 : 0{,}8$

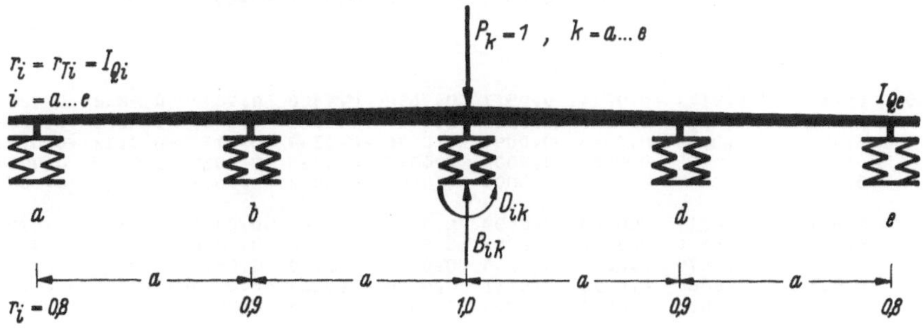

Z	Z(T)	0,00	0,03	0,10	0,30	1,00	3,00	10,0	30,0	100	UNENDL
0,01	B(AA)	0,9796	0,9845	0,9893	0,9932	0,9957	0,9966	0,9969	0,9970	0,9971	0,9971
	B(AB)	0,0178	0,0154	0,0124	0,0094	0,0072	0,0064	0,0060	0,0059	0,0059	0,0059
	B(AC)	0,0003	-0,0016	-0,0030	-0,0036	-0,0037	-0,0037	-0,0037	-0,0037	-0,0037	-0,0037
	B(AD)	0,0000	0,0001	0,0004	0,0008	0,0009	0,0009	0,0010	0,0010	0,0010	0,0010
	B(AE)	0,0000	-0,0000	-0,0001	-0,0001	-0,0001	-0,0002	-0,0002	-0,0002	-0,0002	-0,0002
	B(BA)	0,0200	0,0174	0,0140	0,0105	0,0081	0,0071	0,0068	0,0067	0,0066	0,0066
	B(BB)	0,9623	0,9672	0,9728	0,9781	0,9817	0,9831	0,9837	0,9838	0,9839	0,9839
	B(BC)	0,0176	0,0173	0,0166	0,0155	0,0146	0,0142	0,0140	0,0140	0,0139	0,0139
	B(BD)	0,0004	-0,0020	-0,0041	-0,0054	-0,0060	-0,0062	-0,0062	-0,0062	-0,0062	-0,0062
	B(BE)	0,0000	0,0001	0,0005	0,0008	0,0010	0,0011	0,0011	0,0011	0,0011	0,0011
	B(CA)	0,0004	-0,0020	-0,0037	-0,0045	-0,0046	-0,0046	-0,0046	-0,0046	-0,0046	-0,0046
	B(CB)	0,0195	0,0192	0,0184	0,0172	0,0162	0,0157	0,0156	0,0155	0,0155	0,0155
	B(CC)	0,9642	0,9686	0,9728	0,9762	0,9783	0,9791	0,9794	0,9795	0,9795	0,9795
	B(CD)	0,0195	0,0192	0,0184	0,0172	0,0162	0,0157	0,0156	0,0155	0,0155	0,0155
	B(CE)	0,0004	-0,0020	-0,0037	-0,0045	-0,0046	-0,0046	-0,0046	-0,0046	-0,0046	-0,0046
	D(AA)/A	-0,0100	-0,0075	-0,0049	-0,0025	-0,0009	-0,0003	-0,0001	-0,0000	-0,0000	-0,0000
	D(AB)/A	0,0087	0,0071	0,0050	0,0027	0,0010	0,0004	0,0001	0,0000	0,0000	-0,0000
	D(AC)/A	0,0002	-0,0004	-0,0006	-0,0005	-0,0002	-0,0001	-0,0000	-0,0000	-0,0000	-0,0000
	D(AD)/A	0,0000	0,0000	0,0001	0,0001	0,0001	0,0000	0,0000	0,0000	0,0000	-0,0000
	D(AE)/A	0,0000	-0,0000	-0,0000	-0,0000	-0,0000	-0,0000	-0,0000	-0,0000	-0,0000	-0,0000
	D(BA)/A	-0,0106	-0,0066	-0,0034	-0,0014	-0,0004	-0,0001	-0,0000	-0,0000	-0,0000	-0,0000
	D(BB)/A	-0,0007	-0,0005	-0,0005	-0,0003	-0,0002	-0,0001	-0,0000	-0,0000	-0,0000	0,0000
	D(BC)/A	0,0090	0,0061	0,0036	0,0017	0,0006	0,0002	0,0001	0,0000	0,0000	-0,0000
	D(BD)/A	0,0002	-0,0004	-0,0005	-0,0004	-0,0001	-0,0001	-0,0000	-0,0000	-0,0000	0,0000
	D(BE)/A	0,0000	0,0000	0,0001	0,0001	0,0000	0,0000	0,0000	0,0000	0,0000	-0,0000
	D(CA)/A	-0,0002	0,0004	0,0005	0,0003	0,0001	0,0000	0,0000	0,0000	0,0000	0,0000
	D(CB)/A	-0,0103	-0,0071	-0,0041	-0,0019	-0,0006	-0,0002	-0,0001	-0,0000	-0,0000	0,0000
	D(CC)/A	-0,0000	0	-0,0000	-0,0000	-0,0000	0	-0,0000	0,0000	0,0000	-0,0000
	D(CD)/A	0,0103	0,0071	0,0041	0,0019	0,0006	0,0002	0,0001	0,0000	0,0000	0,0000
	D(CE)/A	0,0002	-0,0004	-0,0005	-0,0003	-0,0001	-0,0000	-0,0000	-0,0000	-0,0000	-0,0000
0,02	B(AA)	0,9607	0,9701	0,9792	0,9868	0,9915	0,9933	0,9940	0,9942	0,9942	0,9943
	B(AB)	0,0336	0,0294	0,0239	0,0181	0,0140	0,0123	0,0117	0,0115	0,0114	0,0114
	B(AC)	0,0012	-0,0026	-0,0053	-0,0067	-0,0070	-0,0070	-0,0070	-0,0070	-0,0070	-0,0070
	B(AD)	0,0000	0,0001	0,0006	0,0013	0,0016	0,0017	0,0017	0,0017	0,0017	0,0017
	B(AE)	0,0000	0,0000	-0,0001	-0,0002	-0,0002	-0,0003	-0,0003	-0,0003	-0,0003	-0,0003
	B(BA)	0,0378	0,0331	0,0268	0,0203	0,0157	0,0139	0,0132	0,0130	0,0129	0,0128
	B(BB)	0,9287	0,9376	0,9479	0,9579	0,9647	0,9674	0,9684	0,9688	0,9689	0,9689
	B(BC)	0,0328	0,0324	0,0313	0,0294	0,0278	0,0271	0,0268	0,0267	0,0267	0,0267
	B(BD)	0,0013	-0,0031	-0,0071	-0,0099	-0,0111	-0,0115	-0,0116	-0,0116	-0,0116	-0,0116
	B(BE)	0,0001	0,0001	0,0007	0,0014	0,0018	0,0019	0,0019	0,0019	0,0019	0,0019
	B(CA)	0,0015	-0,0032	-0,0067	-0,0084	-0,0088	-0,0088	-0,0088	-0,0088	-0,0088	-0,0088
	B(CB)	0,0364	0,0360	0,0348	0,0327	0,0309	0,0301	0,0298	0,0297	0,0296	0,0296
	B(CC)	0,9321	0,9403	0,9481	0,9545	0,9584	0,9599	0,9604	0,9606	0,9607	0,9607
	B(CD)	0,0364	0,0360	0,0348	0,0327	0,0309	0,0301	0,0298	0,0297	0,0296	0,0296
	B(CE)	0,0015	-0,0032	-0,0067	-0,0084	-0,0088	-0,0088	-0,0088	-0,0088	-0,0088	-0,0088

Z	Z(T)	0,00	0,03	0,10	0,30	1,00	3,00	10,0	30,0	100	UNENDL
	D(AA)/A	-0,0193	-0,0145	-0,0095	-0,0049	-0,0019	-0,0007	-0,0002	-0,0001	-0,0000	-0,0000
	D(AB)/A	0,0165	0,0135	0,0095	0,0052	0,0020	0,0007	0,0002	0,0001	0,0000	-0,0000
	D(AC)/A	0,0006	-0,0006	-0,0011	-0,0009	-0,0004	-0,0002	-0,0000	-0,0000	-0,0000	0
	D(AD)/A	0,0000	0,0000	0,0001	0,0002	0,0001	0,0000	0,0000	0,0000	0,0000	0,0000
	D(AE)/A	0,0000	0,0000	-0,0000	-0,0000	-0,0000	-0,0000	-0,0000	-0,0000	-0,0000	0,0000
	D(BA)/A	-0,0208	-0,0131	-0,0068	-0,0027	-0,0009	-0,0003	-0,0001	-0,0000	-0,0000	-0,0000
	D(BB)/A	-0,0014	-0,0010	-0,0009	-0,0006	-0,0003	-0,0001	-0,0000	-0,0000	-0,0000	0,0000
	D(BC)/A	0,0173	0,0119	0,0070	0,0033	0,0012	0,0004	0,0001	0,0000	0,0000	0
	D(BD)/A	0,0007	-0,0006	-0,0009	-0,0007	-0,0003	-0,0001	-0,0000	-0,0000	-0,0000	0,0000
	D(BE)/A	0,0000	0,0000	0,0001	0,0001	0,0000	0,0000	0,0000	0,0000	0,0000	0,0000
	D(CA)/A	-0,0008	0,0006	0,0009	0,0006	0,0002	0,0001	0,0000	0,0000	0,0000	-0,0000
	D(CB)/A	-0,0199	-0,0137	-0,0080	-0,0037	-0,0013	-0,0004	-0,0001	-0,0000	-0,0000	0,0000
	D(CC)/A	0,0000	0,0000	-0,0000	0,0000	-0,0000	-0,0000	-0,0000	-0,0000	0,0000	0
	D(CD)/A	0,0199	0,0137	0,0080	0,0037	0,0013	0,0004	0,0001	0,0000	0,0000	0
	D(CE)/A	0,0008	-0,0006	-0,0009	-0,0006	-0,0002	-0,0001	-0,0000	-0,0000	-0,0000	-0,0000
0,05	B(AA)	0,9111	0,9314	0,9517	0,9690	0,9800	0,9842	0,9858	0,9863	0,9864	0,9865
	B(AB)	0,0721	0,0643	0,0532	0,0410	0,0321	0,0284	0,0270	0,0266	0,0264	0,0263
	B(AC)	0,0058	-0,0028	-0,0097	-0,0136	-0,0149	-0,0152	-0,0153	-0,0153	-0,0153	-0,0153
	B(AD)	0,0005	-0,0002	0,0005	0,0017	0,0025	0,0028	0,0029	0,0029	0,0029	0,0029
	B(AE)	0,0000	0,0000	0,0000	-0,0001	-0,0002	-0,0003	-0,0003	-0,0003	-0,0003	-0,0003
	B(BA)	0,0811	0,0723	0,0599	0,0462	0,0361	0,0320	0,0304	0,0299	0,0297	0,0296
	B(BB)	0,8460	0,8636	0,8845	0,9053	0,9200	0,9258	0,9281	0,9288	0,9290	0,9291
	B(BC)	0,0679	0,0679	0,0665	0,0637	0,0610	0,0598	0,0593	0,0591	0,0590	0,0590
	B(BD)	0,0060	-0,0032	-0,0121	-0,0189	-0,0224	-0,0234	-0,0238	-0,0239	-0,0240	-0,0240
	B(BE)	0,0006	-0,0003	0,0005	0,0019	0,0028	0,0031	0,0032	0,0033	0,0033	0,0033
	B(CA)	0,0072	-0,0035	-0,0121	-0,0170	-0,0187	-0,0190	-0,0191	-0,0191	-0,0191	-0,0191
	B(CB)	0,0755	0,0755	0,0739	0,0708	0,0678	0,0664	0,0658	0,0657	0,0656	0,0656
	B(CC)	0,8526	0,8697	0,8863	0,8997	0,9079	0,9109	0,9120	0,9124	0,9125	0,9125
	B(CD)	0,0755	0,0755	0,0739	0,0708	0,0678	0,0664	0,0658	0,0657	0,0656	0,0656
	B(CE)	0,0072	-0,0035	-0,0121	-0,0170	-0,0187	-0,0190	-0,0191	-0,0191	-0,0191	-0,0191
	D(AA)/A	-0,0436	-0,0333	-0,0222	-0,0117	-0,0044	-0,0016	-0,0005	-0,0002	-0,0001	0,0000
	D(AB)/A	0,0353	0,0295	0,0213	0,0119	0,0047	0,0017	0,0005	0,0002	0,0001	-0,0000
	D(AC)/A	0,0028	0,0002	-0,0014	-0,0014	-0,0007	-0,0003	-0,0001	-0,0000	-0,0000	-0,0000
	D(AD)/A	0,0003	-0,0001	-0,0000	0,0001	0,0001	0,0000	0,0000	0,0000	0,0000	0,0000
	D(AE)/A	0,0000	-0,0000	0,0000	-0,0000	-0,0000	-0,0000	-0,0000	-0,0000	-0,0000	-0,0000
	D(BA)/A	-0,0492	-0,0315	-0,0167	-0,0069	-0,0022	-0,0007	-0,0002	-0,0001	-0,0000	-0,0000
	D(BB)/A	-0,0035	-0,0023	-0,0018	-0,0013	-0,0006	-0,0002	-0,0001	-0,0000	-0,0000	0,0000
	D(BC)/A	0,0391	0,0273	0,0162	0,0076	0,0027	0,0010	0,0003	0,0001	0,0000	-0,0000
	D(BD)/A	0,0035	-0,0000	-0,0014	-0,0012	-0,0005	-0,0002	-0,0001	-0,0000	-0,0000	0,0000
	D(BE)/A	0,0003	-0,0001	0,0000	0,0001	0,0001	0,0000	0,0000	0,0000	0,0000	-0,0000
	D(CA)/A	-0,0043	0,0001	0,0015	0,0011	0,0005	0,0002	0,0001	0,0000	0,0000	0,0000
	D(CB)/A	-0,0450	-0,0315	-0,0187	-0,0087	-0,0030	-0,0011	-0,0003	-0,0001	-0,0000	-0,0000
	D(CC)/A	-0,0000	0	0	-0,0000	-0,0000	-0,0000	-0,0000	-0,0000	-0,0000	-0,0000
	D(CD)/A	0,0450	0,0315	0,0187	0,0087	0,0030	0,0011	0,0003	0,0001	0,0000	0,0000
	D(CE)/A	0,0043	-0,0001	-0,0015	-0,0011	-0,0005	-0,0002	-0,0001	-0,0000	-0,0000	-0,0000
0,10	B(AA)	0,8454	0,8788	0,9131	0,9434	0,9633	0,9709	0,9739	0,9748	0,9751	0,9752
	B(AB)	0,1163	0,1064	0,0906	0,0716	0,0567	0,0506	0,0481	0,0474	0,0471	0,0470
	B(AC)	0,0163	0,0017	-0,0113	-0,0198	-0,0236	-0,0246	-0,0249	-0,0250	-0,0250	-0,0251
	B(AD)	0,0025	-0,0006	-0,0009	0,0005	0,0019	0,0025	0,0027	0,0028	0,0028	0,0028
	B(AE)	0,0004	-0,0001	0,0002	0,0003	0,0002	0,0001	0,0001	0,0001	0,0001	0,0001
	B(BA)	0,1309	0,1197	0,1019	0,0805	0,0638	0,0569	0,0541	0,0533	0,0530	0,0529
	B(BB)	0,7482	0,7738	0,8049	0,8372	0,8608	0,8704	0,8741	0,8753	0,8757	0,8759
	B(BC)	0,1051	0,1065	0,1062	0,1040	0,1012	0,0999	0,0993	0,0992	0,0991	0,0991
	B(BD)	0,0162	0,0020	-0,0126	-0,0248	-0,0320	-0,0344	-0,0353	-0,0356	-0,0357	-0,0358
	B(BE)	0,0028	-0,0006	-0,0011	0,0006	0,0021	0,0028	0,0030	0,0031	0,0031	0,0032
	B(CA)	0,0204	0,0021	-0,0141	-0,0248	-0,0295	-0,0307	-0,0312	-0,0313	-0,0313	-0,0313
	B(CB)	0,1168	0,1183	0,1180	0,1155	0,1125	0,1110	0,1104	0,1102	0,1101	0,1101
	B(CC)	0,7571	0,7837	0,8101	0,8317	0,8447	0,8494	0,8512	0,8517	0,8519	0,8520
	B(CD)	0,1168	0,1183	0,1180	0,1155	0,1125	0,1110	0,1104	0,1102	0,1101	0,1101
	B(CE)	0,0204	0,0021	-0,0141	-0,0248	-0,0295	-0,0307	-0,0312	-0,0313	-0,0313	-0,0313
	D(AA)/A	-0,0758	-0,0590	-0,0402	-0,0217	-0,0084	-0,0031	-0,0010	-0,0003	-0,0001	-0,0000
	D(AB)/A	0,0570	0,0488	0,0362	0,0208	0,0084	0,0031	0,0010	0,0003	0,0001	0,0000
	D(AC)/A	0,0080	0,0034	-0,0000	-0,0012	-0,0007	-0,0003	-0,0001	-0,0000	-0,0000	0
	D(AD)/A	0,0012	-0,0001	-0,0005	-0,0003	-0,0001	-0,0000	-0,0000	-0,0000	-0,0000	0
	D(AE)/A	0,0002	-0,0000	0,0000	0,0000	0,0000	0,0000	0,0000	0,0000	0,0000	0,0000
	D(BA)/A	-0,0904	-0,0593	-0,0324	-0,0136	-0,0044	-0,0015	-0,0004	-0,0001	-0,0000	-0,0000
	D(BB)/A	-0,0073	-0,0041	-0,0028	-0,0019	-0,0009	-0,0004	-0,0001	-0,0000	-0,0000	0,0000
	D(BC)/A	0,0680	0,0484	0,0292	0,0139	0,0049	0,0017	0,0005	0,0002	0,0001	-0,0000
	D(BD)/A	0,0105	0,0032	-0,0006	-0,0012	-0,0006	-0,0002	-0,0001	-0,0000	-0,0000	-0,0000
	D(BE)/A	0,0018	-0,0001	-0,0004	-0,0001	-0,0000	0,0000	0,0000	0,0000	0,0000	0,0000
	D(CA)/A	-0,0137	-0,0037	0,0010	0,0015	0,0007	0,0003	0,0001	0,0000	0,0000	0,0000
	D(CB)/A	-0,0785	-0,0558	-0,0339	-0,0161	-0,0057	-0,0020	-0,0006	-0,0002	-0,0001	-0,0000
	D(CC)/A	-0,0000	-0,0000	-0,0000	-0,0000	-0,0000	0,0000	0	-0,0000	0,0000	-0,0000
	D(CD)/A	0,0785	0,0558	0,0339	0,0161	0,0057	0,0020	0,0006	0,0002	0,0001	0
	D(CE)/A	0,0137	0,0037	-0,0010	-0,0015	-0,0007	-0,0003	-0,0001	-0,0000	-0,0000	0,0000

Z	Z(T)	0,00	0,03	0,10	0,30	1,00	3,00	10,0	30,0	100	UNENDL
0,20	B(AA)	0,7518	0,8008	0,8532	0,9022	0,9358	0,9492	0,9544	0,9560	0,9565	0,9568
	B(AB)	0,1665	0,1579	0,1400	0,1149	0,0934	0,0839	0,0801	0,0789	0,0785	0,0783
	B(AC)	0,0379	0,0164	-0,0054	-0,0224	-0,0316	-0,0345	-0,0356	-0,0359	-0,0360	-0,0361
	B(AD)	0,0095	0,0010	-0,0035	-0,0038	-0,0024	-0,0016	-0,0012	-0,0011	-0,0011	-0,0011
	B(AE)	0,0028	-0,0000	-0,0001	0,0008	0,0013	0,0014	0,0014	0,0014	0,0014	0,0014
	B(BA)	0,1873	0,1776	0,1575	0,1293	0,1051	0,0944	0,0901	0,0888	0,0883	0,0881
	B(BB)	0,6289	0,6608	0,7003	0,7435	0,7767	0,7907	0,7963	0,7980	0,7986	0,7988
	B(BC)	0,1434	0,1471	0,1500	0,1511	0,1505	0,1500	0,1498	0,1497	0,1497	0,1497
	B(BD)	0,0358	0,0169	-0,0035	-0,0224	-0,0349	-0,0397	-0,0416	-0,0421	-0,0423	-0,0424
	B(BE)	0,0107	0,0011	-0,0039	-0,0043	-0,0027	-0,0018	-0,0014	-0,0013	-0,0012	-0,0012
	B(CA)	0,0474	0,0205	-0,0067	-0,0281	-0,0395	-0,0432	-0,0445	-0,0449	-0,0450	-0,0451
	B(CB)	0,1593	0,1634	0,1667	0,1678	0,1673	0,1667	0,1665	0,1664	0,1663	0,1663
	B(CC)	0,6374	0,6730	0,7107	0,7428	0,7621	0,7690	0,7716	0,7724	0,7727	0,7728
	B(CD)	0,1593	0,1634	0,1667	0,1678	0,1673	0,1667	0,1665	0,1664	0,1663	0,1663
	B(CE)	0,0474	0,0205	-0,0067	-0,0281	-0,0395	-0,0432	-0,0445	-0,0449	-0,0450	-0,0451
	D(AA)/A	-0,1217	-0,0975	-0,0688	-0,0385	-0,0154	-0,0057	-0,0018	-0,0006	-0,0002	-0,0000
	D(AB)/A	0,0816	0,0723	0,0559	0,0336	0,0139	0,0052	0,0016	0,0006	0,0002	-0,0000
	D(AC)/A	0,0186	0,0118	0,0055	0,0016	0,0002	0,0000	0,0000	-0,0000	-0,0000	0,0000
	D(AD)/A	0,0046	0,0012	-0,0008	-0,0011	-0,0005	-0,0002	-0,0001	-0,0000	-0,0000	0
	D(AE)/A	0,0014	0,0001	-0,0002	-0,0000	0,0000	0,0000	0,0000	0,0000	0,0000	-0,0000
	D(BA)/A	-0,1565	-0,1066	-0,0606	-0,0266	-0,0088	-0,0030	-0,0009	-0,0003	-0,0001	-0,0000
	D(BB)/A	-0,0157	-0,0083	-0,0044	-0,0026	-0,0012	-0,0005	-0,0002	-0,0001	-0,0000	0,0000
	D(BC)/A	0,1084	0,0799	0,0497	0,0240	0,0086	0,0030	0,0009	0,0003	0,0001	-0,0000
	D(BD)/A	0,0271	0,0131	0,0040	0,0003	-0,0003	-0,0001	-0,0000	-0,0000	-0,0000	-0,0000
	D(BE)/A	0,0081	0,0013	-0,0010	-0,0008	-0,0003	-0,0001	-0,0000	-0,0000	-0,0000	0,0000
	D(CA)/A	-0,0379	-0,0165	-0,0037	0,0007	0,0008	0,0003	0,0001	0,0000	0,0000	0,0000
	D(CB)/A	-0,1272	-0,0923	-0,0576	-0,0283	-0,0103	-0,0036	-0,0011	-0,0004	-0,0001	0,0000
	D(CC)/A	-0,0000	0	-0,0000	-0,0000	-0,0000	0	-0,0000	-0,0000	0	-0,0000
	D(CD)/A	0,1272	0,0923	0,0576	0,0283	0,0103	0,0036	0,0011	0,0004	0,0001	0,0000
	D(CE)/A	0,0379	0,0165	0,0037	-0,0007	-0,0008	-0,0003	-0,0001	-0,0000	-0,0000	-0,0000
0,50	B(AA)	0,5969	0,6626	0,7394	0,8182	0,8779	0,9032	0,9135	0,9166	0,9177	0,9181
	B(AB)	0,2167	0,2181	0,2079	0,1837	0,1570	0,1437	0,1380	0,1363	0,1356	0,1354
	B(AC)	0,0822	0,0565	0,0244	-0,0080	-0,0305	-0,0393	-0,0427	-0,0437	-0,0441	-0,0442
	B(AD)	0,0345	0,0149	-0,0018	-0,0122	-0,0159	-0,0166	-0,0167	-0,0167	-0,0167	-0,0167
	B(AE)	0,0178	0,0046	-0,0017	-0,0012	0,0015	0,0029	0,0034	0,0036	0,0037	0,0037
	B(BA)	0,2437	0,2453	0,2339	0,2067	0,1766	0,1617	0,1553	0,1533	0,1526	0,1523
	B(BB)	0,4737	0,5075	0,5504	0,5995	0,6404	0,6586	0,6662	0,6685	0,6693	0,6697
	B(BC)	0,1798	0,1860	0,1941	0,2029	0,2096	0,2124	0,2135	0,2139	0,2140	0,2140
	B(BD)	0,0754	0,0529	0,0279	0,0036	-0,0143	-0,0217	-0,0248	-0,0257	-0,0260	-0,0261
	B(BE)	0,0388	0,0168	-0,0021	-0,0137	-0,0179	-0,0187	-0,0188	-0,0188	-0,0188	-0,0188
	B(CA)	0,1028	0,0707	0,0306	-0,0100	-0,0381	-0,0491	-0,0534	-0,0547	-0,0551	-0,0553
	B(CB)	0,1997	0,2066	0,2156	0,2254	0,2329	0,2360	0,2372	0,2376	0,2377	0,2378
	B(CC)	0,4760	0,5150	0,5630	0,6102	0,6418	0,6538	0,6584	0,6598	0,6602	0,6604
	B(CD)	0,1997	0,2066	0,2156	0,2254	0,2329	0,2360	0,2372	0,2376	0,2377	0,2378
	B(CE)	0,1028	0,0707	0,0306	-0,0100	-0,0381	-0,0491	-0,0534	-0,0547	-0,0551	-0,0553
	D(AA)/A	-0,1976	-0,1665	-0,1252	-0,0753	-0,0320	-0,0121	-0,0038	-0,0013	-0,0004	-0,0000
	D(AB)/A	0,1062	0,0993	0,0824	0,0536	0,0238	0,0092	0,0029	0,0010	0,0003	0
	D(AC)/A	0,0403	0,0332	0,0238	0,0133	0,0053	0,0020	0,0006	0,0002	0,0001	-0,0000
	D(AD)/A	0,0169	0,0093	0,0028	-0,0006	-0,0009	-0,0004	-0,0001	-0,0001	-0,0000	-0,0000
	D(AE)/A	0,0087	0,0029	-0,0004	-0,0010	-0,0005	-0,0002	-0,0001	-0,0000	-0,0000	-0,0000
	D(BA)/A	-0,2838	-0,2067	-0,1272	-0,0604	-0,0211	-0,0074	-0,0022	-0,0008	-0,0002	-0,0000
	D(BB)/A	-0,0417	-0,0236	-0,0107	-0,0042	-0,0015	-0,0005	-0,0002	-0,0001	-0,0000	0
	D(BC)/A	0,1706	0,1340	0,0892	0,0456	0,0168	0,0060	0,0018	0,0006	0,0002	0,0000
	D(BD)/A	0,0716	0,0452	0,0230	0,0089	0,0027	0,0009	0,0003	0,0001	0,0000	0,0000
	D(BE)/A	0,0368	0,0149	0,0018	-0,0019	-0,0012	-0,0005	-0,0002	-0,0001	-0,0000	-0,0000
	D(CA)/A	-0,1099	-0,0644	-0,0282	-0,0078	-0,0012	-0,0002	-0,0000	-0,0000	-0,0000	0,0000
	D(CB)/A	-0,2135	-0,1602	-0,1040	-0,0534	-0,0201	-0,0073	-0,0022	-0,0008	-0,0002	0,0000
	D(CC)/A	-0,0000	-0,0000	-0,0000	-0,0000	-0,0000	-0,0000	0,0000	-0,0000	-0,0000	0,0000
	D(CD)/A	0,2135	0,1602	0,1040	0,0534	0,0201	0,0073	0,0022	0,0008	0,0002	0
	D(CE)/A	0,1099	0,0644	0,0282	0,0078	0,0012	0,0002	0,0000	0,0000	0,0000	-0,0000
1,00	B(AA)	0,4762	0,5451	0,6332	0,7327	0,8160	0,8539	0,8699	0,8747	0,8765	0,8772
	B(AB)	0,2291	0,2405	0,2437	0,2309	0,2078	0,1941	0,1879	0,1859	0,1852	0,1849
	B(AC)	0,1169	0,0948	0,0623	0,0220	-0,0126	-0,0283	-0,0349	-0,0369	-0,0376	-0,0379
	B(AD)	0,0664	0,0401	0,0121	-0,0119	-0,0262	-0,0312	-0,0331	-0,0337	-0,0339	-0,0340
	B(AE)	0,0451	0,0207	0,0011	-0,0067	-0,0046	-0,0018	-0,0003	0,0001	0,0003	0,0004
	B(BA)	0,2578	0,2706	0,2742	0,2598	0,2338	0,2184	0,2114	0,2092	0,2084	0,2080
	B(BB)	0,3794	0,4108	0,4513	0,4981	0,5385	0,5573	0,5652	0,5677	0,5685	0,5689
	B(BC)	0,1936	0,1996	0,2091	0,2225	0,2356	0,2421	0,2448	0,2457	0,2460	0,2461
	B(BD)	0,1099	0,0869	0,0607	0,0356	0,0181	0,0109	0,0080	0,0071	0,0068	0,0067
	B(BE)	0,0747	0,0451	0,0136	-0,0133	-0,0294	-0,0351	-0,0373	-0,0379	-0,0381	-0,0382
	B(CA)	0,1462	0,1184	0,0779	0,0276	-0,0158	-0,0354	-0,0436	-0,0461	-0,0470	-0,0474
	B(CB)	0,2151	0,2217	0,2323	0,2472	0,2618	0,2689	0,2720	0,2730	0,2733	0,2735
	B(CC)	0,3789	0,4114	0,4572	0,5109	0,5540	0,5726	0,5801	0,5824	0,5832	0,5836
	B(CD)	0,2151	0,2217	0,2323	0,2472	0,2618	0,2689	0,2720	0,2730	0,2733	0,2735
	B(CE)	0,1462	0,1184	0,0779	0,0276	-0,0158	-0,0354	-0,0436	-0,0461	-0,0470	-0,0474

Z	Z(T)	0,00	0,03	0,10	0,30	1,00	3,00	10,0	30,0	100	UNENDL
	D(AA)/A	-0,2568	-0,2260	-0,1800	-0,1162	-0,0525	-0,0205	-0,0065	-0,0022	-0,0007	-0,0000
	D(AB)/A	0,1123	0,1083	0,0948	0,0663	0,0314	0,0125	0,0040	0,0014	0,0004	0,0000
	D(AC)/A	0,0573	0,0530	0,0446	0,0303	0,0141	0,0056	0,0018	0,0006	0,0002	0
	D(AD)/A	0,0325	0,0231	0,0130	0,0050	0,0012	0,0003	0,0001	0,0000	0,0000	0,0000
	D(AE)/A	0,0221	0,0120	0,0029	-0,0018	-0,0017	-0,0008	-0,0003	-0,0001	-0,0000	-0,0000
	D(BA)/A	-0,3977	-0,3076	-0,2034	-0,1046	-0,0391	-0,0140	-0,0043	-0,0015	-0,0004	-0,0000
	D(BB)/A	-0,0755	-0,0488	-0,0244	-0,0086	-0,0022	-0,0006	-0,0002	-0,0001	-0,0000	-0,0000
	D(BC)/A	0,2122	0,1753	0,1248	0,0686	0,0267	0,0097	0,0030	0,0010	0,0003	0
	D(BD)/A	0,1205	0,0867	0,0524	0,0247	0,0088	0,0031	0,0009	0,0003	0,0001	0,0000
	D(BE)/A	0,0819	0,0458	0,0159	0,0007	-0,0017	-0,0009	-0,0003	-0,0001	-0,0000	0,0000
	D(CA)/A	-0,1963	-0,1343	-0,0731	-0,0281	-0,0075	-0,0022	-0,0006	-0,0002	-0,0001	0,0000
	D(CB)/A	-0,2889	-0,2250	-0,1511	-0,0800	-0,0309	-0,0113	-0,0035	-0,0012	-0,0004	-0,0000
	D(CC)/A	-0,0000	-0,0000	-0,0000	-0,0000	0	0,0000	0	0	-0,0000	0,0000
	D(CD)/A	0,2889	0,2250	0,1511	0,0800	0,0309	0,0113	0,0035	0,0012	0,0004	-0,0000
	D(CE)/A	0,1963	0,1343	0,0731	0,0281	0,0075	0,0022	0,0006	0,0002	0,0001	0
2,00	B(AA)	0,3715	0,4329	0,5209	0,6333	0,7392	0,7923	0,8157	0,8230	0,8257	0,8268
	B(AB)	0,2233	0,2402	0,2564	0,2617	0,2512	0,2411	0,2358	0,2340	0,2334	0,2331
	B(AC)	0,1438	0,1282	0,1023	0,0635	0,0215	-0,0011	-0,0113	-0,0145	-0,0157	-0,0162
	B(AD)	0,1021	0,0751	0,0400	0,0023	-0,0268	-0,0396	-0,0449	-0,0465	-0,0471	-0,0474
	B(AE)	0,0826	0,0523	0,0177	-0,0096	-0,0185	-0,0177	-0,0163	-0,0158	-0,0155	-0,0154
	B(BA)	0,2512	0,2702	0,2884	0,2944	0,2826	0,2712	0,2652	0,2633	0,2625	0,2622
	B(BB)	0,3105	0,3366	0,3727	0,4158	0,4533	0,4712	0,4789	0,4813	0,4821	0,4825
	B(BC)	0,1999	0,2043	0,2124	0,2262	0,2431	0,2528	0,2574	0,2588	0,2593	0,2596
	B(BD)	0,1420	0,1212	0,0949	0,0689	0,0522	0,0464	0,0443	0,0437	0,0435	0,0434
	B(BE)	0,1149	0,0845	0,0450	0,0026	-0,0302	-0,0445	-0,0505	-0,0524	-0,0530	-0,0533
	B(CA)	0,1797	0,1602	0,1279	0,0794	0,0269	-0,0013	-0,0141	-0,0182	-0,0196	-0,0203
	B(CB)	0,2221	0,2270	0,2360	0,2514	0,2701	0,2809	0,2860	0,2876	0,2881	0,2884
	B(CC)	0,3127	0,3351	0,3706	0,4206	0,4707	0,4964	0,5079	0,5115	0,5127	0,5133
	B(CD)	0,2221	0,2270	0,2360	0,2514	0,2701	0,2809	0,2860	0,2876	0,2881	0,2884
	B(CE)	0,1797	0,1602	0,1279	0,0794	0,0269	-0,0013	-0,0141	-0,0182	-0,0196	-0,0203
	D(AA)/A	-0,3081	-0,2835	-0,2401	-0,1679	-0,0821	-0,0334	-0,0109	-0,0037	-0,0011	-0,0000
	D(AB)/A	0,1095	0,1062	0,0959	0,0713	0,0363	0,0150	0,0049	0,0017	0,0005	0,0000
	D(AC)/A	0,0705	0,0701	0,0659	0,0517	0,0275	0,0116	0,0038	0,0013	0,0004	0,0000
	D(AD)/A	0,0501	0,0419	0,0309	0,0185	0,0081	0,0032	0,0010	0,0003	0,0001	0,0000
	D(AE)/A	0,0405	0,0292	0,0150	0,0023	-0,0023	-0,0016	-0,0006	-0,0002	-0,0001	-0,0000
	D(BA)/A	-0,5057	-0,4161	-0,2978	-0,1679	-0,0681	-0,0254	-0,0080	-0,0027	-0,0008	0,0000
	D(BB)/A	-0,1151	-0,0853	-0,0506	-0,0205	-0,0052	-0,0014	-0,0004	-0,0001	-0,0000	0,0000
	D(BC)/A	0,2421	0,2082	0,1578	0,0945	0,0399	0,0152	0,0048	0,0016	0,0005	0,0000
	D(BD)/A	0,1720	0,1377	0,0950	0,0516	0,0204	0,0076	0,0024	0,0008	0,0002	-0,0000
	D(BE)/A	0,1391	0,0970	0,0506	0,0149	0,0010	-0,0005	-0,0003	-0,0001	-0,0000	-0,0000
	D(CA)/A	-0,2924	-0,2272	-0,1467	-0,0696	-0,0229	-0,0076	-0,0022	-0,0007	-0,0002	-0,0000
	D(CB)/A	-0,3614	-0,2956	-0,2089	-0,1151	-0,0454	-0,0167	-0,0052	-0,0018	-0,0005	0,0000
	D(CC)/A	0,0000	0	0	0	-0,0000	0	-0,0000	-0,0000	0	0
	D(CD)/A	0,3614	0,2956	0,2089	0,1151	0,0454	0,0167	0,0052	0,0018	0,0005	0,0000
	D(CE)/A	0,2924	0,2272	0,1467	0,0696	0,0229	0,0076	0,0022	0,0007	0,0002	-0,0000
5,00	B(AA)	0,2749	0,3154	0,3846	0,4939	0,6213	0,6960	0,7319	0,7435	0,7477	0,7496
	B(AB)	0,2065	0,2210	0,2428	0,2685	0,2848	0,2880	0,2881	0,2879	0,2878	0,2878
	B(AC)	0,1649	0,1570	0,1424	0,1162	0,0793	0,0542	0,0412	0,0368	0,0352	0,0345
	B(AD)	0,1407	0,1211	0,0890	0,0425	-0,0057	-0,0317	-0,0438	-0,0476	-0,0490	-0,0496
	B(AE)	0,1285	0,1036	0,0641	0,0110	-0,0344	-0,0521	-0,0582	-0,0599	-0,0604	-0,0606
	B(BA)	0,2323	0,2486	0,2731	0,3021	0,3204	0,3240	0,3241	0,3239	0,3238	0,3237
	B(BB)	0,2542	0,2708	0,2976	0,3350	0,3716	0,3901	0,3984	0,4010	0,4019	0,4023
	B(BC)	0,2030	0,2053	0,2100	0,2196	0,2347	0,2455	0,2512	0,2531	0,2539	0,2542
	B(BD)	0,1732	0,1591	0,1373	0,1099	0,0885	0,0808	0,0782	0,0775	0,0772	0,0771
	B(BE)	0,1583	0,1362	0,1001	0,0479	-0,0064	-0,0357	-0,0492	-0,0536	-0,0552	-0,0558
	B(CA)	0,2061	0,1962	0,1780	0,1452	0,0991	0,0677	0,0515	0,0460	0,0441	0,0432
	B(CB)	0,2255	0,2281	0,2333	0,2440	0,2608	0,2728	0,2791	0,2813	0,2821	0,2824
	B(CC)	0,2643	0,2755	0,2952	0,3284	0,3720	0,4006	0,4152	0,4200	0,4218	0,4226
	B(CD)	0,2255	0,2281	0,2333	0,2440	0,2608	0,2728	0,2791	0,2813	0,2821	0,2824
	B(CE)	0,2061	0,1962	0,1780	0,1452	0,0991	0,0677	0,0515	0,0460	0,0441	0,0432
	D(AA)/A	-0,3555	-0,3443	-0,3156	-0,2474	-0,1370	-0,0598	-0,0201	-0,0069	-0,0021	-0,0000
	D(AB)/A	0,1012	0,0946	0,0827	0,0617	0,0334	0,0145	0,0049	0,0017	0,0005	-0,0000
	D(AC)/A	0,0808	0,0848	0,0870	0,0778	0,0485	0,0224	0,0077	0,0027	0,0008	-0,0000
	D(AD)/A	0,0690	0,0665	0,0610	0,0487	0,0280	0,0125	0,0043	0,0015	0,0005	-0,0000
	D(AE)/A	0,0630	0,0570	0,0453	0,0259	0,0075	0,0014	0,0001	0,0000	-0,0000	0,0000
	D(BA)/A	-0,6118	-0,5403	-0,4290	-0,2771	-0,1283	-0,0515	-0,0167	-0,0057	-0,0017	-0,0000
	D(BB)/A	-0,1597	-0,1362	-0,1001	-0,0545	-0,0189	-0,0061	-0,0017	-0,0006	-0,0002	0
	D(BC)/A	0,2647	0,2352	0,1888	0,1246	0,0596	0,0245	0,0080	0,0028	0,0008	0
	D(BD)/A	0,2259	0,2011	0,1608	0,1040	0,0478	0,0191	0,0062	0,0021	0,0006	0,0000
	D(BE)/A	0,2064	0,1734	0,1246	0,0656	0,0213	0,0063	0,0017	0,0005	0,0002	0,0000
	D(CA)/A	-0,3967	-0,3492	-0,2714	-0,1639	-0,0676	-0,0251	-0,0078	-0,0026	-0,0008	-0,0000
	D(CB)/A	-0,4341	-0,3793	-0,2929	-0,1775	-0,0746	-0,0281	-0,0088	-0,0030	-0,0009	-0,0000
	D(CC)/A	-0,0000	-0,0000	-0,0000	0	0	-0,0000	-0,0000	-0,0000	-0,0000	0
	D(CD)/A	0,4341	0,3793	0,2929	0,1775	0,0746	0,0281	0,0088	0,0030	0,0009	-0,0000
	D(CE)/A	0,3967	0,3492	0,2714	0,1639	0,0676	0,0251	0,0078	0,0026	0,0008	0,0000

Z	Z(T)	0,00	0,03	0,10	0,30	1,00	3,00	10,0	30,0	100	UNENDL
10,00	B(AA)	0,2323	0,2574	0,3053	0,3955	0,5264	0,6182	0,6669	0,6833	0,6893	0,6920
	B(AB)	0,1961	0,2059	0,2235	0,2528	0,2873	0,3068	0,3158	0,3186	0,3196	0,3201
	B(AC)	0,1730	0,1687	0,1605	0,1442	0,1181	0,0976	0,0859	0,0818	0,0803	0,0796
	B(AD)	0,1591	0,1465	0,1231	0,0813	0,0248	-0,0127	-0,0320	-0,0384	-0,0408	-0,0419
	B(AE)	0,1519	0,1353	0,1041	0,0484	-0,0252	-0,0711	-0,0935	-0,1007	-0,1033	-0,1044
	B(BA)	0,2206	0,2316	0,2515	0,2844	0,3232	0,3452	0,3552	0,3584	0,3596	0,3601
	B(BB)	0,2310	0,2412	0,2595	0,2899	0,3267	0,3488	0,3596	0,3632	0,3645	0,3650
	B(BC)	0,2038	0,2051	0,2078	0,2138	0,2245	0,2333	0,2384	0,2402	0,2408	0,2411
	B(BD)	0,1874	0,1785	0,1630	0,1385	0,1118	0,0979	0,0917	0,0898	0,0892	0,0889
	B(BE)	0,1789	0,1648	0,1385	0,0914	0,0279	-0,0142	-0,0360	-0,0432	-0,0459	-0,0471
	B(CA)	0,2163	0,2109	0,2006	0,1803	0,1477	0,1220	0,1073	0,1022	0,1003	0,0995
	B(CB)	0,2265	0,2279	0,2309	0,2376	0,2494	0,2592	0,2649	0,2668	0,2676	0,2679
	B(CC)	0,2463	0,2524	0,2635	0,2839	0,3148	0,3383	0,3515	0,3561	0,3578	0,3586
	B(CD)	0,2265	0,2279	0,2309	0,2376	0,2494	0,2592	0,2649	0,2668	0,2676	0,2679
	B(CE)	0,2163	0,2109	0,2006	0,1803	0,1477	0,1220	0,1073	0,1022	0,1003	0,0995
	D(AA)/A	-0,3763	-0,3744	-0,3606	-0,3079	-0,1906	-0,0894	-0,0311	-0,0109	-0,0033	-0,0000
	D(AB)/A	0,0961	0,0861	0,0692	0,0444	0,0203	0,0083	0,0027	0,0009	0,0003	0,0000
	D(AC)/A	0,0848	0,0908	0,0963	0,0916	0,0622	0,0306	0,0109	0,0038	0,0012	0,0000
	D(AD)/A	0,0780	0,0800	0,0816	0,0763	0,0517	0,0253	0,0090	0,0032	0,0010	0,0000
	D(AE)/A	0,0745	0,0740	0,0705	0,0577	0,0320	0,0133	0,0043	0,0015	0,0004	0,0000
	D(BA)/A	-0,6601	-0,6047	-0,5121	-0,3670	-0,1924	-0,0832	-0,0280	-0,0097	-0,0029	0,0000
	D(BB)/A	-0,1815	-0,1655	-0,1368	-0,0909	-0,0412	-0,0159	-0,0050	-0,0017	-0,0005	0,0000
	D(BC)/A	0,2733	0,2460	0,2024	0,1401	0,0722	0,0314	0,0106	0,0037	0,0011	0
	D(BD)/A	0,2513	0,2354	0,2049	0,1502	0,0791	0,0341	0,0114	0,0039	0,0012	-0,0000
	D(BE)/A	0,2399	0,2186	0,1825	0,1252	0,0595	0,0235	0,0075	0,0025	0,0008	-0,0000
	D(CA)/A	-0,4467	-0,4172	-0,3591	-0,2550	-0,1270	-0,0525	-0,0172	-0,0059	-0,0018	-0,0000
	D(CB)/A	-0,4677	-0,4238	-0,3485	-0,2325	-0,1084	-0,0432	-0,0139	-0,0047	-0,0014	-0,0000
	D(CC)/A	0,0000	-0,0000	0,0000	-0,0000	-0,0000	0,0000	0,0000	-0,0000	-0,0000	-0,0000
	D(CD)/A	0,4677	0,4238	0,3485	0,2325	0,1084	0,0432	0,0139	0,0047	0,0014	-0,0000
	D(CE)/A	0,4467	0,4172	0,3591	0,2550	0,1270	0,0525	0,0172	0,0059	0,0018	-0,0000
20,00	B(AA)	0,2082	0,2224	0,2515	0,3150	0,4325	0,5393	0,6068	0,6316	0,6410	0,6452
	B(AB)	0,1895	0,1953	0,2068	0,2307	0,2720	0,3081	0,3306	0,3389	0,3420	0,3434
	B(AC)	0,1773	0,1751	0,1707	0,1616	0,1456	0,1318	0,1233	0,1202	0,1191	0,1185
	B(AD)	0,1698	0,1626	0,1480	0,1172	0,0627	0,0147	-0,0152	-0,0261	-0,0303	-0,0321
	B(AE)	0,1659	0,1562	0,1360	0,0917	0,0090	-0,0671	-0,1157	-0,1337	-0,1405	-0,1436
	B(BA)	0,2132	0,2197	0,2327	0,2595	0,3060	0,3466	0,3719	0,3812	0,3848	0,3863
	B(BB)	0,2183	0,2240	0,2351	0,2565	0,2901	0,3171	0,3332	0,3391	0,3413	0,3422
	B(BC)	0,2042	0,2049	0,2063	0,2097	0,2162	0,2221	0,2258	0,2271	0,2276	0,2279
	B(BD)	0,1955	0,1905	0,1809	0,1627	0,1351	0,1133	0,1005	0,0958	0,0941	0,0933
	B(BE)	0,1910	0,1829	0,1665	0,1318	0,0705	0,0165	-0,0171	-0,0294	-0,0341	-0,0362
	B(CA)	0,2217	0,2189	0,2133	0,2020	0,1820	0,1647	0,1541	0,1503	0,1488	0,1482
	B(CB)	0,2269	0,2276	0,2292	0,2330	0,2402	0,2468	0,2509	0,2524	0,2529	0,2532
	B(CC)	0,2369	0,2401	0,2461	0,2575	0,2763	0,2922	0,3018	0,3053	0,3066	0,3072
	B(CD)	0,2269	0,2276	0,2292	0,2330	0,2402	0,2468	0,2509	0,2524	0,2529	0,2532
	B(CE)	0,2217	0,2189	0,2133	0,2020	0,1820	0,1647	0,1541	0,1503	0,1488	0,1482
	D(AA)/A	-0,3881	-0,3927	-0,3914	-0,3596	-0,2516	-0,1301	-0,0480	-0,0171	-0,0053	-0,0000
	D(AB)/A	0,0929	0,0802	0,0581	0,0252	-0,0018	-0,0060	-0,0031	-0,0012	-0,0004	-0,0000
	D(AC)/A	0,0869	0,0941	0,1017	0,1001	0,0718	0,0370	0,0135	0,0048	0,0015	-0,0000
	D(AD)/A	0,0832	0,0886	0,0966	0,1016	0,0811	0,0446	0,0169	0,0061	0,0019	0
	D(AE)/A	0,0813	0,0851	0,0902	0,0918	0,0726	0,0404	0,0155	0,0056	0,0017	0,0000
	D(BA)/A	-0,6879	-0,6445	-0,5706	-0,4466	-0,2690	-0,1294	-0,0463	-0,0163	-0,0050	0,0000
	D(BB)/A	-0,1943	-0,1842	-0,1644	-0,1272	-0,0737	-0,0346	-0,0122	-0,0043	-0,0013	-0,0000
	D(BC)/A	0,2778	0,2518	0,2100	0,1495	0,0810	0,0367	0,0128	0,0045	0,0014	0,0000
	D(BD)/A	0,2660	0,2569	0,2367	0,1925	0,1180	0,0568	0,0203	0,0072	0,0022	-0,0000
	D(BE)/A	0,2599	0,2481	0,2268	0,1863	0,1180	0,0585	0,0212	0,0075	0,0023	-0,0000
	D(CA)/A	-0,4759	-0,4604	-0,4236	-0,3416	-0,2063	-0,0986	-0,0351	-0,0124	-0,0038	-0,0000
	D(CB)/A	-0,4872	-0,4516	-0,3885	-0,2832	-0,1518	-0,0674	-0,0231	-0,0080	-0,0025	0,0000
	D(CC)/A	0,0000	0	-0,0000	0,0000	-0,0000	-0,0000	-0,0000	0	0,0000	-0,0000
	D(CD)/A	0,4872	0,4516	0,3885	0,2832	0,1518	0,0674	0,0231	0,0080	0,0025	0
	D(CE)/A	0,4759	0,4604	0,4236	0,3416	0,2063	0,0986	0,0351	0,0124	0,0038	0,0000
50,00	B(AA)	0,1927	0,1988	0,2121	0,2449	0,3243	0,4318	0,5311	0,5774	0,5969	0,6058
	B(AB)	0,1851	0,1876	0,1931	0,2065	0,2391	0,2848	0,3283	0,3490	0,3578	0,3618
	B(AC)	0,1800	0,1791	0,1772	0,1733	0,1661	0,1593	0,1549	0,1532	0,1526	0,1523
	B(AD)	0,1768	0,1737	0,1669	0,1506	0,1120	0,0606	0,0132	-0,0089	-0,0181	-0,0224
	B(AE)	0,1752	0,1709	0,1613	0,1368	0,0731	-0,0194	-0,1089	-0,1516	-0,1697	-0,1780
	B(BA)	0,2082	0,2111	0,2172	0,2323	0,2690	0,3204	0,3694	0,3926	0,4025	0,4070
	B(BB)	0,2102	0,2126	0,2177	0,2288	0,2520	0,2809	0,3069	0,3189	0,3240	0,3263
	B(BC)	0,2044	0,2047	0,2053	0,2067	0,2097	0,2126	0,2145	0,2152	0,2155	0,2156
	B(BD)	0,2008	0,1986	0,1942	0,1845	0,1639	0,1375	0,1132	0,1018	0,0970	0,0948
	B(BE)	0,1989	0,1954	0,1878	0,1694	0,1260	0,0681	0,0149	-0,0100	-0,0204	-0,0252
	B(CA)	0,2250	0,2238	0,2215	0,2167	0,2076	0,1991	0,1936	0,1915	0,1907	0,1904
	B(CB)	0,2271	0,2274	0,2281	0,2297	0,2330	0,2362	0,2383	0,2391	0,2394	0,2396
	B(CC)	0,2312	0,2325	0,2349	0,2399	0,2485	0,2563	0,2613	0,2631	0,2638	0,2642
	B(CD)	0,2271	0,2274	0,2281	0,2297	0,2330	0,2362	0,2383	0,2391	0,2394	0,2396
	B(CE)	0,2250	0,2238	0,2215	0,2167	0,2076	0,1991	0,1936	0,1915	0,1907	0,1904

Z	Z(T)	0,00	0,03	0,10	0,30	1,00	3,00	10,0	30,0	100	UNENDL
	D(AA)/A	-0,3957	-0,4050	-0,4142	-0,4057	-0,3291	-0,2028	-0,0861	-0,0326	-0,0103	-0,0000
	D(AB)/A	0,0907	0,0760	0,0493	0,0059	-0,0354	-0,0381	-0,0201	-0,0081	-0,0026	-0,0000
	D(AC)/A	0,0882	0,0961	0,1051	0,1058	0,0789	0,0421	0,0158	0,0056	0,0017	-0,0000
	D(AD)/A	0,0867	0,0945	0,1080	0,1251	0,1202	0,0807	0,0357	0,0137	0,0043	-0,0000
	D(AE)/A	0,0859	0,0930	0,1059	0,1261	0,1351	0,1023	0,0488	0,0193	0,0062	0,0000
	D(BA)/A	-0,7059	-0,6716	-0,6144	-0,5192	-0,3691	-0,2148	-0,0892	-0,0335	-0,0105	0,0000
	D(BB)/A	-0,2027	-0,1973	-0,1858	-0,1623	-0,1210	-0,0744	-0,0322	-0,0123	-0,0039	-0,0000
	D(BC)/A	0,2806	0,2554	0,2148	0,1558	0,0875	0,0410	0,0145	0,0051	0,0016	0
	D(BD)/A	0,2757	0,2717	0,2607	0,2317	0,1699	0,0999	0,0417	0,0157	0,0049	0,0000
	D(BE)/A	0,2731	0,2687	0,2615	0,2464	0,2047	0,1348	0,0604	0,0233	0,0074	-0,0000
	D(CA)/A	-0,4952	-0,4903	-0,4731	-0,4237	-0,3166	-0,1907	-0,0810	-0,0307	-0,0097	0,0000
	D(CB)/A	-0,4999	-0,4707	-0,4188	-0,3307	-0,2112	-0,1150	-0,0464	-0,0173	-0,0054	0
	D(CC)/A	-0,0000	-0,0000	0,0000	0,0000	-0,0000	-0,0000	-0,0000	0,0000	0	0
	D(CD)/A	0,4999	0,4707	0,4188	0,3307	0,2112	0,1150	0,0464	0,0173	0,0054	0,0000
	D(CE)/A	0,4952	0,4903	0,4731	0,4237	0,3166	0,1907	0,0810	0,0307	0,0097	0,0000
100,00	B(AA)	0,1873	0,1904	0,1974	0,2155	0,2655	0,3531	0,4675	0,5384	0,5729	0,5899
	B(AB)	0,1835	0,1848	0,1877	0,1953	0,2168	0,2566	0,3104	0,3443	0,3608	0,3690
	B(AC)	0,1809	0,1804	0,1795	0,1775	0,1737	0,1700	0,1676	0,1667	0,1664	0,1662
	B(AD)	0,1793	0,1777	0,1741	0,1650	0,1404	0,0975	0,0416	0,0070	-0,0099	-0,0182
	B(AE)	0,1785	0,1762	0,1712	0,1573	0,1156	0,0360	-0,0731	-0,1420	-0,1757	-0,1923
	B(BA)	0,2064	0,2079	0,2112	0,2197	0,2439	0,2887	0,3492	0,3873	0,4059	0,4151
	B(BB)	0,2074	0,2086	0,2113	0,2174	0,2322	0,2564	0,2874	0,3066	0,3159	0,3205
	B(BC)	0,2045	0,2046	0,2049	0,2057	0,2072	0,2088	0,2098	0,2102	0,2104	0,2104
	B(BD)	0,2027	0,2015	0,1992	0,1938	0,1804	0,1575	0,1274	0,1086	0,0994	0,0949
	B(BE)	0,2017	0,1999	0,1959	0,1857	0,1579	0,1097	0,0468	0,0078	-0,0111	-0,0205
	B(CA)	0,2261	0,2256	0,2244	0,2219	0,2171	0,2126	0,2095	0,2084	0,2080	0,2078
	B(CB)	0,2272	0,2274	0,2277	0,2285	0,2303	0,2320	0,2331	0,2336	0,2337	0,2338
	B(CC)	0,2292	0,2299	0,2311	0,2337	0,2382	0,2424	0,2451	0,2461	0,2465	0,2467
	B(CD)	0,2272	0,2274	0,2277	0,2285	0,2303	0,2320	0,2331	0,2336	0,2337	0,2338
	B(CE)	0,2261	0,2256	0,2244	0,2219	0,2171	0,2126	0,2095	0,2084	0,2080	0,2078
	D(AA)/A	-0,3984	-0,4093	-0,4227	-0,4252	-0,3734	-0,2640	-0,1319	-0,0547	-0,0180	-0,0000
	D(AB)/A	0,0899	0,0744	0,0458	-0,0029	-0,0562	-0,0675	-0,0423	-0,0189	-0,0064	-0,0000
	D(AC)/A	0,0887	0,0968	0,1062	0,1078	0,0816	0,0441	0,0167	0,0060	0,0018	-0,0000
	D(AD)/A	0,0879	0,0966	0,1124	0,1353	0,1430	0,1117	0,0586	0,0247	0,0082	0
	D(AE)/A	0,0875	0,0959	0,1119	0,1415	0,1738	0,1592	0,0928	0,0407	0,0136	0,0000
	D(BA)/A	-0,7122	-0,6813	-0,6308	-0,5504	-0,4271	-0,2876	-0,1416	-0,0585	-0,0192	0,0000
	D(BB)/A	-0,2057	-0,2020	-0,1940	-0,1778	-0,1496	-0,1102	-0,0579	-0,0246	-0,0081	0,0000
	D(BC)/A	0,2815	0,2566	0,2165	0,1581	0,0899	0,0427	0,0153	0,0054	0,0017	0,0000
	D(BD)/A	0,2790	0,2770	0,2699	0,2486	0,2002	0,1369	0,0680	0,0282	0,0092	0,0000
	D(BE)/A	0,2777	0,2761	0,2749	0,2731	0,2577	0,2041	0,1112	0,0477	0,0159	0,0000
	D(CA)/A	-0,5019	-0,5010	-0,4919	-0,4596	-0,3822	-0,2718	-0,1389	-0,0582	-0,0192	-0,0000
	D(CB)/A	-0,5043	-0,4775	-0,4303	-0,3513	-0,2463	-0,1567	-0,0756	-0,0311	-0,0102	0,0000
	D(CC)/A	-0,0000	-0,0000	0,0000	0,0000	-0,0000	0	-0,0000	0,0000	0,0000	0
	D(CD)/A	0,5043	0,4775	0,4303	0,3513	0,2463	0,1567	0,0756	0,0311	0,0102	0,0000
	D(CE)/A	0,5019	0,5010	0,4919	0,4596	0,3822	0,2718	0,1389	0,0582	0,0192	0,0000
200,00	B(AA)	0,1846	0,1862	0,1897	0,1992	0,2277	0,2879	0,3963	0,4911	0,5490	0,5812
	B(AB)	0,1826	0,1833	0,1848	0,1889	0,2014	0,2296	0,2821	0,3286	0,3570	0,3729
	B(AC)	0,1814	0,1811	0,1807	0,1796	0,1777	0,1758	0,1745	0,1740	0,1739	0,1738
	B(AD)	0,1806	0,1797	0,1779	0,1731	0,1589	0,1292	0,0756	0,0287	0,0001	-0,0158
	B(AE)	0,1801	0,1790	0,1764	0,1690	0,1447	0,0887	-0,0169	-0,1106	-0,1681	-0,2001
	B(BA)	0,2055	0,2062	0,2079	0,2125	0,2266	0,2582	0,3173	0,3696	0,4016	0,4195
	B(BB)	0,2060	0,2066	0,2080	0,2112	0,2197	0,2365	0,2665	0,2926	0,3085	0,3174
	B(BC)	0,2045	0,2046	0,2047	0,2051	0,2059	0,2067	0,2073	0,2075	0,2075	0,2076
	B(BD)	0,2036	0,2030	0,2018	0,1990	0,1912	0,1750	0,1456	0,1196	0,1037	0,0949
	B(BE)	0,2031	0,2022	0,2001	0,1947	0,1788	0,1454	0,0851	0,0323	0,0001	-0,0178
	B(CA)	0,2267	0,2264	0,2258	0,2246	0,2221	0,2197	0,2182	0,2176	0,2173	0,2172
	B(CB)	0,2272	0,2273	0,2275	0,2279	0,2288	0,2297	0,2303	0,2305	0,2306	0,2306
	B(CC)	0,2283	0,2286	0,2292	0,2305	0,2328	0,2350	0,2364	0,2370	0,2372	0,2373
	B(CD)	0,2272	0,2273	0,2275	0,2279	0,2288	0,2297	0,2303	0,2305	0,2306	0,2306
	B(CE)	0,2267	0,2264	0,2258	0,2246	0,2221	0,2197	0,2182	0,2176	0,2173	0,2172
	D(AA)/A	-0,3997	-0,4115	-0,4271	-0,4361	-0,4023	-0,3174	-0,1906	-0,0909	-0,0323	0
	D(AB)/A	0,0895	0,0736	0,0440	-0,0078	-0,0701	-0,0938	-0,0714	-0,0369	-0,0135	0,0000
	D(AC)/A	0,0889	0,0971	0,1068	0,1088	0,0830	0,0452	0,0171	0,0062	0,0019	0,0000
	D(AD)/A	0,0885	0,0977	0,1146	0,1410	0,1579	0,1388	0,0881	0,0428	0,0153	-0,0000
	D(AE)/A	0,0883	0,0974	0,1151	0,1502	0,1998	0,2103	0,1504	0,0765	0,0278	-0,0000
	D(BA)/A	-0,7153	-0,6862	-0,6395	-0,5677	-0,4652	-0,3514	-0,2088	-0,0995	-0,0353	-0,0000
	D(BB)/A	-0,2072	-0,2044	-0,1983	-0,1865	-0,1686	-0,1421	-0,0915	-0,0450	-0,0162	-0,0000
	D(BC)/A	0,2820	0,2572	0,2174	0,1592	0,0912	0,0435	0,0156	0,0055	0,0017	-0,0000
	D(BD)/A	0,2808	0,2797	0,2747	0,2581	0,2202	0,1695	0,1018	0,0487	0,0173	0,0000
	D(BE)/A	0,2801	0,2800	0,2819	0,2882	0,2932	0,2661	0,1777	0,0884	0,0319	0,0000
	D(CA)/A	-0,5053	-0,5065	-0,5018	-0,4797	-0,4257	-0,3436	-0,2138	-0,1037	-0,0371	-0,0000
	D(CB)/A	-0,5065	-0,4810	-0,4363	-0,3628	-0,2696	-0,1936	-0,1134	-0,0539	-0,0191	-0,0000
	D(CC)/A	-0,0000	-0,0000	0,0000	0,0000	-0,0000	0,0000	0,0000	-0,0000	0,0000	0,0000
	D(CD)/A	0,5065	0,4810	0,4363	0,3628	0,2696	0,1936	0,1134	0,0539	0,0191	0,0000
	D(CE)/A	0,5053	0,5065	0,5018	0,4797	0,4257	0,3436	0,2138	0,1037	0,0371	0,0000

Z	Z(T)	0,00	0,03	0,10	0,30	1,00	3,00	10,0	30,0	100	UNENDL
500,00	B(AA)	0,1829	0,1836	0,1850	0,1889	0,2013	0,2315	0,3062	0,4091	0,5044	0,5758
	B(AB)	0,1822	0,1824	0,1830	0,1847	0,1903	0,2046	0,2413	0,2924	0,3398	0,3753
	B(AC)	0,1816	0,1815	0,1814	0,1809	0,1802	0,1794	0,1789	0,1787	0,1786	0,1785
	B(AD)	0,1813	0,1810	0,1802	0,1782	0,1721	0,1571	0,1199	0,0687	0,0212	-0,0143
	B(AE)	0,1811	0,1807	0,1796	0,1766	0,1659	0,1374	0,0639	-0,0386	-0,1337	-0,2050
	B(BA)	0,2049	0,2052	0,2059	0,2078	0,2140	0,2302	0,2715	0,3289	0,3822	0,4222
	B(BB)	0,2051	0,2054	0,2059	0,2073	0,2110	0,2195	0,2403	0,2690	0,2956	0,3156
	B(BC)	0,2045	0,2046	0,2046	0,2048	0,2051	0,2054	0,2057	0,2057	0,2058	0,2058
	B(BD)	0,2042	0,2039	0,2034	0,2023	0,1988	0,1906	0,1700	0,1413	0,1147	0,0948
	B(BE)	0,2040	0,2036	0,2028	0,2005	0,1936	0,1767	0,1349	0,0773	0,0239	-0,0161
	B(CA)	0,2270	0,2269	0,2267	0,2262	0,2252	0,2242	0,2236	0,2233	0,2232	0,2232
	B(CB)	0,2273	0,2273	0,2274	0,2275	0,2279	0,2283	0,2285	0,2286	0,2286	0,2287
	B(CC)	0,2277	0,2278	0,2281	0,2286	0,2295	0,2304	0,2310	0,2312	0,2313	0,2313
	B(CD)	0,2273	0,2273	0,2274	0,2275	0,2279	0,2283	0,2285	0,2286	0,2286	0,2287
	B(CE)	0,2270	0,2269	0,2267	0,2262	0,2252	0,2242	0,2236	0,2233	0,2232	0,2232
	D(AA)/A	-0,4005	-0,4129	-0,4299	-0,4430	-0,4227	-0,3647	-0,2692	-0,1623	-0,0688	0,0000
	D(AB)/A	0,0893	0,0731	0,0428	-0,0110	-0,0801	-0,1174	-0,1108	-0,0726	-0,0317	0,0000
	D(AC)/A	0,0890	0,0974	0,1072	0,1095	0,0838	0,0458	0,0174	0,0063	0,0019	0,0000
	D(AD)/A	0,0889	0,0984	0,1160	0,1446	0,1686	0,1629	0,1277	0,0786	0,0336	0,0000
	D(AE)/A	0,0888	0,0983	0,1171	0,1558	0,2184	0,2562	0,2284	0,1477	0,0643	-0,0000
	D(BA)/A	-0,7173	-0,6892	-0,6448	-0,5788	-0,4922	-0,4081	-0,2991	-0,1804	-0,0765	-0,0000
	D(BB)/A	-0,2081	-0,2059	-0,2010	-0,1921	-0,1822	-0,1706	-0,1368	-0,0855	-0,0367	-0,0000
	D(BC)/A	0,2823	0,2576	0,2179	0,1599	0,0920	0,0441	0,0159	0,0056	0,0017	-0,0000
	D(BD)/A	0,2818	0,2814	0,2776	0,2641	0,2344	0,1985	0,1473	0,0892	0,0379	-0,0000
	D(BE)/A	0,2815	0,2823	0,2863	0,2979	0,3186	0,3216	0,2674	0,1691	0,0730	-0,0000
	D(CA)/A	-0,5074	-0,5099	-0,5080	-0,4925	-0,4566	-0,4077	-0,3148	-0,1938	-0,0828	0,0000
	D(CB)/A	-0,5079	-0,4832	-0,4401	-0,3702	-0,2861	-0,2265	-0,1643	-0,0991	-0,0420	0,0000
	D(CC)/A	0,0000	-0,0000	0	0,0000	-0,0000	-0,0000	0,0000	-0,0000	0,0000	0,0000
	D(CD)/A	0,5079	0,4832	0,4401	0,3702	0,2861	0,2265	0,1643	0,0991	0,0420	0,0000
	D(CE)/A	0,5074	0,5099	0,5080	0,4925	0,4566	0,4077	0,3148	0,1938	0,0828	0,0000
1000,00	B(AA)	0,1824	0,1827	0,1834	0,1854	0,1918	0,2082	0,2551	0,3404	0,4533	0,5739
	B(AB)	0,1820	0,1821	0,1824	0,1833	0,1862	0,1940	0,2172	0,2596	0,3159	0,3761
	B(AC)	0,1817	0,1817	0,1816	0,1814	0,1810	0,1806	0,1803	0,1802	0,1802	0,1802
	B(AD)	0,1816	0,1814	0,1810	0,1800	0,1768	0,1687	0,1452	0,1027	0,0464	-0,0138
	B(AE)	0,1815	0,1812	0,1807	0,1792	0,1736	0,1581	0,1117	0,0267	-0,0861	-0,2067
	B(BA)	0,2047	0,2049	0,2052	0,2062	0,2094	0,2182	0,2443	0,2921	0,3554	0,4231
	B(BB)	0,2048	0,2050	0,2052	0,2059	0,2078	0,2125	0,2256	0,2495	0,2811	0,3149
	B(BC)	0,2045	0,2046	0,2046	0,2047	0,2048	0,2050	0,2051	0,2051	0,2052	0,2052
	B(BD)	0,2044	0,2042	0,2040	0,2034	0,2016	0,1971	0,1841	0,1602	0,1286	0,0948
	B(BE)	0,2043	0,2041	0,2036	0,2025	0,1989	0,1897	0,1634	0,1155	0,0522	-0,0156
	B(CA)	0,2272	0,2271	0,2270	0,2267	0,2262	0,2257	0,2254	0,2253	0,2252	0,2252
	B(CB)	0,2273	0,2273	0,2273	0,2274	0,2276	0,2278	0,2279	0,2279	0,2280	0,2280
	B(CC)	0,2275	0,2275	0,2277	0,2279	0,2284	0,2288	0,2291	0,2293	0,2293	0,2293
	B(CD)	0,2273	0,2273	0,2273	0,2274	0,2276	0,2278	0,2279	0,2279	0,2280	0,2280
	B(CE)	0,2272	0,2271	0,2270	0,2267	0,2262	0,2257	0,2254	0,2253	0,2252	0,2252
	D(AA)/A	-0,4008	-0,4134	-0,4308	-0,4454	-0,4302	-0,3844	-0,3147	-0,2243	-0,1146	0,0000
	D(AB)/A	0,0892	0,0730	0,0424	-0,0121	-0,0838	-0,1273	-0,1336	-0,1036	-0,0546	0
	D(AC)/A	0,0891	0,0974	0,1073	0,1097	0,0841	0,0460	0,0175	0,0063	0,0020	0,0000
	D(AD)/A	0,0890	0,0986	0,1165	0,1459	0,1724	0,1730	0,1506	0,1097	0,0565	0,0000
	D(AE)/A	0,0890	0,0986	0,1178	0,1577	0,2252	0,2755	0,2736	0,2096	0,1101	0,0000
	D(BA)/A	-0,7179	-0,6902	-0,6466	-0,5826	-0,5020	-0,4318	-0,3513	-0,2506	-0,1282	0,0000
	D(BB)/A	-0,2084	-0,2064	-0,2019	-0,1940	-0,1872	-0,1826	-0,1630	-0,1207	-0,0626	0,0000
	D(BC)/A	0,2824	0,2577	0,2180	0,1602	0,0922	0,0443	0,0160	0,0057	0,0017	0,0000
	D(BD)/A	0,2821	0,2819	0,2786	0,2662	0,2396	0,2107	0,1736	0,1245	0,0638	0,0000
	D(BE)/A	0,2820	0,2831	0,2878	0,3012	0,3278	0,3450	0,3194	0,2393	0,1247	0,0000
	D(CA)/A	-0,5081	-0,5110	-0,5100	-0,4970	-0,4679	-0,4346	-0,3732	-0,2721	-0,1403	0,0000
	D(CB)/A	-0,5083	-0,4839	-0,4413	-0,3728	-0,2922	-0,2403	-0,1938	-0,1383	-0,0708	0,0000
	D(CC)/A	-0,0000	-0,0000	0	-0,0000	-0,0000	0,0000	0,0000	-0,0000	-0,0000	0,0000
	D(CD)/A	0,5083	0,4839	0,4413	0,3728	0,2922	0,2403	0,1938	0,1383	0,0708	0,0000
	D(CE)/A	0,5081	0,5110	0,5100	0,4970	0,4679	0,4346	0,3732	0,2721	0,1403	0,0000

4. Der dachförmige Balken auf sechs ungleichen, elastischen Stützen, Steifigkeitsverhältnis $r_a : r_b : r_c : r_d : r_e : r_f$

a) $r_a : r_b : r_c : r_d : r_e : r_f = 0{,}6 : 0{,}8 : 1{,}0 : 1{,}0 : 0{,}8 : 0{,}6$

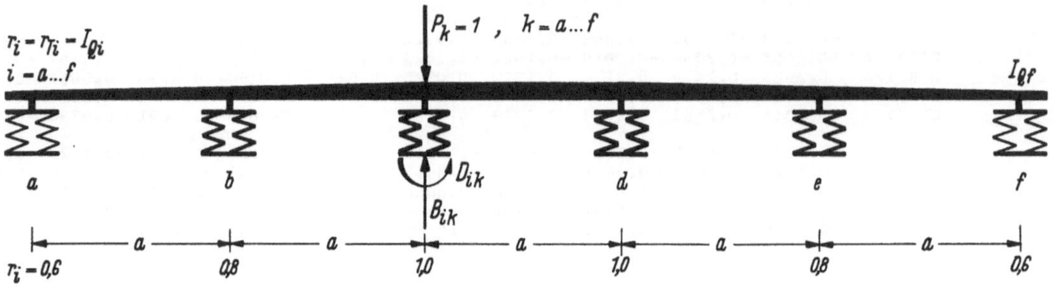

Z	Z(T)	0,00	0,03	0,10	0,30	1,00	3,00	10,0	30,0	100	UNENDL
0,01	B(AA)	0,9779	0,9832	0,9883	0,9925	0,9951	0,9961	0,9964	0,9965	0,9966	0,9966
	B(AB)	0,0162	0,0143	0,0116	0,0089	0,0070	0,0063	0,0060	0,0059	0,0059	0,0058
	B(AC)	0,0003	-0,0014	-0,0026	-0,0032	-0,0033	-0,0033	-0,0033	-0,0033	-0,0033	-0,0033
	B(AD)	0,0000	0,0001	0,0004	0,0006	0,0008	0,0008	0,0008	0,0008	0,0008	0,0008
	B(AE)	0,0000	-0,0000	-0,0001	-0,0001	-0,0002	-0,0002	-0,0002	-0,0002	-0,0002	-0,0002
	B(AF)	0.0000	0,0000	0,0000	0,0000	0,0000	0,0000	0,0000	0,0000	0,0000	0,0000
	B(BA)	0,0217	0,0190	0,0155	0,0119	0,0093	0,0083	0,0080	0,0078	0,0078	0,0078
	B(BB)	0,9626	0,9675	0,9729	0,9781	0,9815	0,9828	0,9833	0,9835	0,9836	0,9836
	B(BC)	0,0166	0,0163	0,0156	0,0146	0,0137	0,0134	0,0132	0,0132	0,0132	0,0132
	B(BD)	0,0003	-0,0018	-0,0036	-0,0049	-0,0055	-0,0057	-0,0058	-0,0058	-0,0058	-0,0058
	B(BE)	0,0000	0,0001	0,0006	0,0011	0,0014	0,0015	0,0016	0,0016	0,0016	0,0016
	B(BF)	0,0000	-0,0000	-0,0001	-0,0002	-0,0003	-0,0003	-0,0003	-0,0003	-0,0003	-0,0003
	B(CA)	0,0005	-0,0023	-0,0044	-0,0053	-0,0055	-0,0055	-0,0055	-0,0055	-0,0055	-0,0055
	B(CB)	0,0207	0,0204	0,0195	0,0182	0,0172	0,0167	0,0166	0,0165	0,0165	0,0165
	B(CC)	0,9642	0,9687	0,9729	0,9763	0,9783	0,9791	0,9793	0,9794	0,9794	0,9795
	B(CD)	0,0186	0,0182	0,0174	0,0166	0,0160	0,0158	0,0157	0,0156	0,0156	0,0156
	B(CE)	0,0004	-0,0022	-0,0045	-0,0061	-0,0069	-0,0071	-0,0072	-0,0072	-0,0072	-0,0072
	B(CF)	0,0000	0,0001	0,0006	0,0011	0,0013	0,0014	0,0014	0,0014	0,0014	0,0014
	D(AA)/A	-0,0105	-0,0078	-0,0051	-0,0026	-0,0010	-0,0003	-0,0001	-0,0000	-0,0000	-0,0000
	D(AB)/A	0,0077	0,0063	0,0044	0,0024	0,0009	0,0003	0,0001	0,0000	0,0000	0,0000
	D(AC)/A	0,0001	-0,0004	-0,0005	-0,0004	-0,0002	-0,0001	-0,0000	-0,0000	-0,0000	-0,0000
	D(AD)/A	0,0000	0,0000	0,0001	0,0001	0,0000	0,0000	0,0000	0,0000	0,0000	0,0000
	D(AE)/A	0,0000	-0,0000	-0,0000	-0,0000	-0,0000	-0,0000	-0,0000	-0,0000	-0,0000	-0,0000
	D(AF)/A	0,0000	0,0000	0,0000	0,0000	0,0000	0,0000	0,0000	0,0000	0,0000	0,0000
	D(BA)/A	-0,0118	-0,0074	-0,0038	-0,0015	-0,0005	-0,0002	-0,0000	-0,0000	-0,0000	0,0000
	D(BB)/A	-0,0017	-0,0012	-0,0008	-0,0005	-0,0002	-0,0001	-0,0000	-0,0000	-0,0000	-0,0000
	D(BC)/A	0,0083	0,0057	0,0034	0,0016	0,0006	0,0002	0,0001	0,0000	0,0000	0,0000
	D(BD)/A	0,0002	-0,0004	-0,0005	-0,0003	-0,0001	-0,0001	-0,0000	-0,0000	-0,0000	0,0000
	D(BE)/A	0,0000	0,0000	0,0001	0,0001	0,0000	0,0000	0,0000	0,0000	0,0000	-0,0000
	D(BF)/A	0,0000	-0,0000	-0,0000	-0,0000	-0,0000	-0,0000	-0,0000	-0,0000	-0,0000	0
	D(CA)/A	-0,0003	0,0005	0,0006	0,0004	0,0001	0,0000	0,0000	0,0000	0,0000	0,0000
	D(CB)/A	-0,0111	-0,0076	-0,0044	-0,0020	-0,0007	-0,0002	-0,0001	-0,0000	-0,0000	-0,0000
	D(CC)/A	-0,0007	-0,0005	-0,0003	-0,0001	-0,0000	-0,0000	-0,0000	-0,0000	-0,0000	0
	D(CD)/A	0,0096	0,0066	0,0039	0,0018	0,0006	0,0002	0,0001	0,0000	0,0000	-0,0000
	D(CE)/A	0,0002	-0,0005	-0,0006	-0,0004	-0,0002	-0,0001	-0,0000	-0,0000	-0,0000	-0,0000
	D(CF)/A	0,0000	0,0000	0,0001	0,0001	0,0000	0,0000	0,0000	0,0000	0,0000	-0,0000

Z	Z(T)	0,00	0,03	0,10	0,30	1,00	3,00	10,0	30,0	100	UNENDL
0,02	B(AA)	0,9573	0,9675	0,9773	0,9854	0,9904	0,9923	0,9930	0,9932	0,9933	0,9933
	B(AB)	0,0307	0,0271	0,0223	0,0172	0,0136	0,0121	0,0116	0,0114	0,0114	0,0113
	B(AC)	0,0010	-0,0023	-0,0047	-0,0059	-0,0063	-0,0063	-0,0063	-0,0063	-0,0063	-0,0063
	B(AD)	0,0000	0,0001	0,0005	0,0011	0,0014	0,0014	0,0015	0,0015	0,0015	0,0015
	B(AE)	0,0000	0,0000	-0,0001	-0,0002	-0,0003	-0,0003	-0,0004	-0,0004	-0,0004	-0,0004
	B(AF)	0,0000	-0,0000	0,0000	0,0000	0,0001	0,0001	0,0001	0,0001	0,0001	0,0001
	B(BA)	0,0409	0,0362	0,0297	0,0229	0,0181	0,0162	0,0154	0,0152	0,0151	0,0151
	B(BB)	0,9292	0,9381	0,9482	0,9578	0,9643	0,9668	0,9678	0,9681	0,9682	0,9683
	B(BC)	0,0309	0,0305	0,0294	0,0277	0,0262	0,0256	0,0253	0,0252	0,0252	0,0252
	B(BD)	0,0012	-0,0028	-0,0064	-0,0089	-0,0102	-0,0105	-0,0107	-0,0107	-0,0107	-0,0107
	B(BE)	0,0000	0,0001	0,0008	0,0018	0,0024	0,0026	0,0027	0,0027	0,0027	0,0027
	B(BF)	0,0000	0,0000	-0,0001	-0,0003	-0,0004	-0,0005	-0,0005	-0,0005	-0,0005	-0,0005
	B(CA)	0,0017	-0,0038	-0,0078	-0,0099	-0,0104	-0,0105	-0,0105	-0,0105	-0,0105	-0,0105
	B(CB)	0,0386	0,0381	0,0367	0,0346	0,0327	0,0319	0,0316	0,0315	0,0315	0,0315
	B(CC)	0,9322	0,9404	0,9484	0,9548	0,9586	0,9600	0,9605	0,9606	0,9607	0,9607
	B(CD)	0,0347	0,0340	0,0328	0,0313	0,0303	0,0299	0,0297	0,0297	0,0297	0,0296
	B(CE)	0,0014	-0,0035	-0,0080	-0,0111	-0,0127	-0,0132	-0,0134	-0,0134	-0,0134	-0,0134
	B(CF)	0,0001	0,0001	0,0009	0,0018	0,0023	0,0024	0,0025	0,0025	0,0025	0,0025
	D(AA)/A	-0,0203	-0,0152	-0,0099	-0,0051	-0,0019	-0,0007	-0,0002	-0,0001	-0,0000	-0,0000
	D(AB)/A	0,0146	0,0120	0,0084	0,0046	0,0018	0,0006	0,0002	0,0001	0,0000	0
	D(AC)/A	0,0005	-0,0005	-0,0009	-0,0007	-0,0003	-0,0001	-0,0000	-0,0000	-0,0000	-0,0000
	D(AD)/A	0,0000	0,0000	0,0001	0,0001	0,0001	0,0000	0,0000	0,0000	0,0000	0,0000
	D(AE)/A	0,0000	0,0000	-0,0000	-0,0000	-0,0000	-0,0000	-0,0000	-0,0000	-0,0000	0,0000
	D(AF)/A	0,0000	-0,0000	0,0000	0,0000	0,0000	0,0000	0,0000	0,0000	0,0000	0,0000
	D(BA)/A	-0,0232	-0,0146	-0,0076	-0,0031	-0,0010	-0,0003	-0,0001	-0,0000	-0,0000	0,0000
	D(BB)/A	-0,0032	-0,0022	-0,0015	-0,0009	-0,0004	-0,0001	-0,0000	-0,0000	-0,0000	-0,0000
	D(BC)/A	0,0159	0,0110	0,0066	0,0031	0,0011	0,0004	0,0001	0,0000	0,0000	0,0000
	D(BD)/A	0,0006	-0,0005	-0,0008	-0,0006	-0,0002	-0,0001	-0,0000	-0,0000	-0,0000	-0,0000
	D(BE)/A	0,0000	0,0000	0,0001	0,0001	0,0001	0,0000	0,0000	0,0000	0,0000	0,0000
	D(BF)/A	0,0000	0,0000	-0,0000	-0,0000	-0,0000	-0,0000	-0,0000	-0,0000	-0,0000	0,0000
	D(CA)/A	-0,0009	0,0008	0,0011	0,0007	0,0003	0,0001	0,0000	0,0000	0,0000	0,0000
	D(CB)/A	-0,0215	-0,0147	-0,0086	-0,0039	-0,0013	-0,0005	-0,0001	-0,0000	-0,0000	0
	D(CC)/A	-0,0014	-0,0009	-0,0005	-0,0002	-0,0001	-0,0000	-0,0000	-0,0000	-0,0000	-0,0000
	D(CD)/A	0,0186	0,0128	0,0075	0,0035	0,0012	0,0004	0,0001	0,0000	0,0000	0
	D(CE)/A	0,0008	-0,0007	-0,0011	-0,0007	-0,0003	-0,0001	-0,0000	-0,0000	-0,0000	0,0000
	D(CF)/A	0,0000	0,0000	0,0001	0,0001	0,0001	0,0000	0,0000	0,0000	0,0000	-0,0000
0,05	B(AA)	0,9036	0,9255	0,9473	0,9658	0,9775	0,9818	0,9835	0,9840	0,9841	0,9842
	B(AB)	0,0656	0,0592	0,0496	0,0390	0,0311	0,0279	0,0267	0,0263	0,0262	0,0261
	B(AC)	0,0050	-0,0025	-0,0085	-0,0120	-0,0133	-0,0135	-0,0136	-0,0136	-0,0136	-0,0137
	B(AD)	0,0004	-0,0002	0,0004	0,0014	0,0021	0,0024	0,0025	0,0025	0,0025	0,0025
	B(AE)	0,0000	0,0000	0,0000	-0,0001	-0,0003	-0,0003	-0,0004	-0,0004	-0,0004	-0,0004
	B(AF)	0,0000	0,0000	-0,0000	-0,0000	0,0000	0,0000	0,0000	0,0000	0,0000	0,0000
	B(BA)	0,0874	0,0789	0,0662	0,0519	0,0414	0,0372	0,0356	0,0351	0,0349	0,0348
	B(BB)	0,8471	0,8648	0,8852	0,9053	0,9192	0,9247	0,9268	0,9274	0,9277	0,9278
	B(BC)	0,0640	0,0639	0,0625	0,0599	0,0574	0,0563	0,0558	0,0557	0,0556	0,0556
	B(BD)	0,0054	-0,0029	-0,0108	-0,0169	-0,0201	-0,0212	-0,0215	-0,0217	-0,0217	-0,0217
	B(BE)	0,0005	-0,0003	0,0005	0,0021	0,0034	0,0039	0,0041	0,0041	0,0041	0,0041
	B(BF)	0,0001	0,0000	0,0000	-0,0001	-0,0004	-0,0004	-0,0005	-0,0005	-0,0005	-0,0005
	B(CA)	0,0083	-0,0041	-0,0141	-0,0200	-0,0221	-0,0226	-0,0227	-0,0227	-0,0227	-0,0228
	B(CB)	0,0800	0,0799	0,0782	0,0748	0,0717	0,0703	0,0697	0,0696	0,0695	0,0695
	B(CC)	0,8529	0,8700	0,8868	0,9004	0,9085	0,9114	0,9126	0,9129	0,9130	0,9130
	B(CD)	0,0722	0,0716	0,0696	0,0672	0,0654	0,0646	0,0644	0,0643	0,0642	0,0642
	B(CE)	0,0068	-0,0036	-0,0135	-0,0211	-0,0251	-0,0264	-0,0269	-0,0271	-0,0271	-0,0271
	B(CF)	0,0007	-0,0003	0,0006	0,0024	0,0035	0,0039	0,0041	0,0041	0,0041	0,0042
	D(AA)/A	-0,0459	-0,0349	-0,0230	-0,0120	-0,0045	-0,0016	-0,0005	-0,0002	-0,0001	-0,0000
	D(AB)/A	0,0312	0,0261	0,0188	0,0104	0,0041	0,0015	0,0005	0,0002	0,0000	0,0000
	D(AC)/A	0,0024	0,0001	-0,0012	-0,0012	-0,0006	-0,0002	-0,0001	-0,0000	-0,0000	-0,0000
	D(AD)/A	0,0002	-0,0001	-0,0000	0,0001	0,0001	0,0000	0,0000	0,0000	0,0000	0,0000
	D(AE)/A	0,0000	-0,0000	0,0000	-0,0000	-0,0000	-0,0000	-0,0000	-0,0000	-0,0000	-0,0000
	D(AF)/A	0,0000	0,0000	-0,0000	-0,0000	0,0000	0,0000	0,0000	0,0000	0,0000	0,0000
	D(BA)/A	-0,0549	-0,0351	-0,0187	-0,0077	-0,0025	-0,0008	-0,0002	-0,0001	-0,0000	0,0000
	D(BB)/A	-0,0077	-0,0051	-0,0033	-0,0020	-0,0008	-0,0003	-0,0001	-0,0000	-0,0000	-0,0000
	D(BC)/A	0,0358	0,0252	0,0151	0,0072	0,0025	0,0009	0,0003	0,0001	0,0000	0,0000
	D(BD)/A	0,0030	-0,0000	-0,0012	-0,0010	-0,0005	-0,0002	-0,0001	-0,0000	-0,0000	0
	D(BE)/A	0,0003	-0,0001	-0,0000	0,0001	0,0001	0,0000	0,0000	0,0000	0,0000	0,0000
	D(BF)/A	0,0000	0,0000	0,0000	-0,0000	-0,0000	-0,0000	-0,0000	-0,0000	-0,0000	-0,0000
	D(CA)/A	-0,0051	0,0001	0,0018	0,0014	0,0005	0,0002	0,0001	0,0000	0,0000	0,0000
	D(CB)/A	-0,0490	-0,0340	-0,0201	-0,0093	-0,0032	-0,0011	-0,0003	-0,0001	-0,0000	-0,0000
	D(CC)/A	-0,0033	-0,0022	-0,0012	-0,0006	-0,0002	-0,0001	-0,0000	-0,0000	-0,0000	-0,0000
	D(CD)/A	0,0421	0,0294	0,0175	0,0082	0,0029	0,0010	0,0003	0,0001	0,0000	0,0000
	D(CE)/A	0,0039	-0,0000	-0,0016	-0,0013	-0,0006	-0,0002	-0,0001	-0,0000	-0,0000	-0,0000
	D(CF)/A	0,0004	-0,0001	0,0000	0,0001	0,0001	0,0000	0,0000	0,0000	0,0000	-0,0000

Z	Z(T)	0,00	0,03	0,10	0,30	1,00	3,00	10,0	30,0	100	UNENDL
0,10	B(AA)	0,8326	0,8685	0,9053	0,9377	0,9586	0,9666	0,9697	0,9706	0,9709	0,9710
	B(AB)	0,1052	0,0975	0,0841	0,0677	0,0549	0,0496	0,0475	0,0468	0,0466	0,0465
	B(AC)	0,0139	0,0014	-0,0099	-0,0175	-0,0208	-0,0218	-0,0221	-0,0222	-0,0222	-0,0222
	B(AD)	0,0021	-0,0005	-0,0008	0,0004	0,0016	0,0020	0,0022	0,0023	0,0023	0,0023
	B(AE)	0,0003	-0,0000	0,0002	0,0003	0,0003	0,0002	0,0002	0,0002	0,0002	0,0002
	B(AF)	0,0001	0,0000	0,0000	-0,0000	-0,0001	-0,0001	-0,0001	-0,0001	-0,0001	-0,0001
	B(BA)	0,1402	0,1300	0,1122	0,0903	0,0732	0,0661	0,0633	0,0625	0,0622	0,0620
	B(BB)	0,7497	0,7756	0,8062	0,8373	0,8596	0,8685	0,8720	0,8731	0,8734	0,8736
	B(BC)	0,0992	0,1003	0,0999	0,0977	0,0951	0,0939	0,0934	0,0932	0,0931	0,0931
	B(BD)	0,0147	0,0017	-0,0114	-0,0221	-0,0283	-0,0305	-0,0313	-0,0315	-0,0316	-0,0316
	B(BE)	0,0024	-0,0006	-0,0012	0,0001	0,0017	0,0024	0,0027	0,0028	0,0028	0,0028
	B(BF)	0,0005	-0,0001	0,0002	0,0004	0,0004	0,0003	0,0003	0,0003	0,0003	0,0003
	B(CA)	0,0232	0,0024	-0,0164	-0,0291	-0,0347	-0,0363	-0,0369	-0,0370	-0,0371	-0,0371
	B(CB)	0,1240	0,1254	0,1249	0,1221	0,1189	0,1173	0,1167	0,1165	0,1164	0,1164
	B(CC)	0,7578	0,7842	0,8108	0,8329	0,8461	0,8508	0,8526	0,8532	0,8534	0,8534
	B(CD)	0,1123	0,1128	0,1113	0,1086	0,1064	0,1055	0,1052	0,1051	0,1050	0,1050
	B(CE)	0,0184	0,0022	-0,0142	-0,0276	-0,0354	-0,0381	-0,0391	-0,0394	-0,0395	-0,0395
	B(CF)	0,0034	-0,0008	-0,0013	0,0007	0,0026	0,0034	0,0037	0,0038	0,0038	0,0038
	D(AA)/A	-0,0797	-0,0618	-0,0418	-0,0223	-0,0086	-0,0031	-0,0010	-0,0003	-0,0001	-0,0000
	D(AB)/A	0,0501	0,0430	0,0318	0,0182	0,0073	0,0027	0,0008	0,0003	0,0001	-0,0000
	D(AC)/A	0,0066	0,0028	-0,0000	-0,0010	-0,0006	-0,0003	-0,0001	-0,0000	-0,0000	-0,0000
	D(AD)/A	0,0010	-0,0001	-0,0004	-0,0002	-0,0001	-0,0000	-0,0000	-0,0000	-0,0000	0
	D(AE)/A	0,0002	-0,0000	0,0000	0,0000	0,0000	0,0000	0,0000	0,0000	0,0000	0
	D(AF)/A	0,0000	-0,0000	0,0000	0,0000	-0,0000	-0,0000	-0,0000	-0,0000	-0,0000	-0,0000
	D(BA)/A	-0,1008	-0,0663	-0,0363	-0,0153	-0,0050	-0,0017	-0,0005	-0,0002	-0,0001	0,0000
	D(BB)/A	-0,0148	-0,0092	-0,0057	-0,0032	-0,0013	-0,0005	-0,0002	-0,0001	-0,0000	0,0000
	D(BC)/A	0,0618	0,0445	0,0271	0,0130	0,0046	0,0016	0,0005	0,0002	0,0001	-0,0000
	D(BD)/A	0,0092	0,0028	-0,0005	-0,0011	-0,0006	-0,0002	-0,0001	-0,0000	-0,0000	-0,0000
	D(BE)/A	0,0015	-0,0001	-0,0004	-0,0002	-0,0000	-0,0000	-0,0000	-0,0000	-0,0000	0
	D(BF)/A	0,0003	-0,0000	0,0000	0,0000	0,0000	0,0000	0,0000	0,0000	0,0000	-0,0000
	D(CA)/A	-0,0161	-0,0043	0,0012	0,0018	0,0009	0,0003	0,0001	0,0000	0,0000	0,0000
	D(CB)/A	-0,0858	-0,0606	-0,0366	-0,0173	-0,0061	-0,0021	-0,0007	-0,0002	-0,0001	-0,0000
	D(CC)/A	-0,0059	-0,0040	-0,0023	-0,0010	-0,0004	-0,0001	-0,0000	-0,0000	-0,0000	-0,0000
	D(CD)/A	0,0732	0,0522	0,0317	0,0151	0,0053	0,0019	0,0006	0,0002	0,0001	0,0000
	D(CE)/A	0,0120	0,0036	-0,0007	-0,0014	-0,0007	-0,0003	-0,0001	-0,0000	-0,0000	0,0000
	D(CF)/A	0,0022	-0,0002	-0,0005	-0,0002	-0,0000	0,0000	0,0000	0,0000	0,0000	0
0,20	B(AA)	0,7318	0,7841	0,8403	0,8924	0,9278	0,9416	0,9471	0,9487	0,9493	0,9495
	B(AB)	0,1490	0,1435	0,1293	0,1083	0,0900	0,0820	0,0788	0,0778	0,0774	0,0773
	B(AC)	0,0320	0,0140	-0,0047	-0,0195	-0,0276	-0,0303	-0,0313	-0,0315	-0,0316	-0,0317
	B(AD)	0,0077	0,0008	-0,0029	-0,0031	-0,0020	-0,0014	-0,0011	-0,0011	-0,0010	-0,0010
	B(AE)	0,0020	-0,0000	-0,0001	0,0007	0,0013	0,0014	0,0015	0,0015	0,0015	0,0015
	B(AF)	0,0006	-0,0000	0,0001	0,0001	-0,0000	-0,0001	-0,0001	-0,0001	-0,0001	-0,0001
	B(BA)	0,1986	0,1913	0,1723	0,1444	0,1200	0,1094	0,1050	0,1037	0,1033	0,1031
	B(BB)	0,6302	0,6629	0,7023	0,7440	0,7752	0,7882	0,7933	0,7949	0,7954	0,7957
	B(BC)	0,1355	0,1389	0,1413	0,1420	0,1414	0,1409	0,1407	0,1406	0,1406	0,1406
	B(BD)	0,0326	0,0153	-0,0035	-0,0202	-0,0308	-0,0347	-0,0362	-0,0366	-0,0368	-0,0368
	B(BE)	0,0086	0,0010	-0,0037	-0,0052	-0,0048	-0,0044	-0,0043	-0,0042	-0,0042	-0,0042
	B(BF)	0,0027	-0,0000	-0,0002	0,0009	0,0017	0,0019	0,0020	0,0020	0,0021	0,0021
	B(CA)	0,0534	0,0233	-0,0078	-0,0326	-0,0460	-0,0505	-0,0521	-0,0526	-0,0527	-0,0528
	B(CB)	0,1694	0,1736	0,1766	0,1775	0,1768	0,1762	0,1759	0,1758	0,1757	0,1757
	B(CC)	0,6385	0,6740	0,7116	0,7440	0,7639	0,7711	0,7738	0,7746	0,7749	0,7750
	B(CD)	0,1536	0,1571	0,1581	0,1568	0,1552	0,1544	0,1541	0,1540	0,1540	0,1539
	B(CE)	0,0408	0,0191	-0,0043	-0,0253	-0,0385	-0,0434	-0,0452	-0,0458	-0,0460	-0,0460
	B(CF)	0,0128	0,0013	-0,0048	-0,0052	-0,0034	-0,0024	-0,0019	-0,0018	-0,0017	-0,0017
	D(AA)/A	-0,1277	-0,1019	-0,0714	-0,0395	-0,0156	-0,0058	-0,0018	-0,0006	-0,0002	0
	D(AB)/A	0,0709	0,0631	0,0488	0,0291	0,0120	0,0045	0,0014	0,0005	0,0001	-0,0000
	D(AC)/A	0,0153	0,0097	0,0046	0,0013	0,0002	0,0000	0,0000	-0,0000	-0,0000	0,0000
	D(AD)/A	0,0037	0,0009	-0,0006	-0,0008	-0,0004	-0,0002	-0,0001	-0,0000	-0,0000	-0,0000
	D(AE)/A	0,0010	0,0000	-0,0002	-0,0001	0,0000	0,0000	0,0000	0,0000	0,0000	0
	D(AF)/A	0,0003	-0,0000	0,0000	0,0000	0,0000	0,0000	0,0000	0,0000	0,0000	0
	D(BA)/A	-0,1740	-0,1189	-0,0679	-0,0299	-0,0099	-0,0034	-0,0010	-0,0003	-0,0001	0,0000
	D(BB)/A	-0,0283	-0,0171	-0,0096	-0,0049	-0,0020	-0,0008	-0,0002	-0,0001	-0,0000	-0,0000
	D(BC)/A	0,0974	0,0726	0,0457	0,0223	0,0080	0,0028	0,0009	0,0003	0,0001	-0,0000
	D(BD)/A	0,0234	0,0115	0,0035	0,0002	-0,0002	-0,0001	-0,0000	-0,0000	-0,0000	0,0000
	D(BE)/A	0,0062	0,0011	-0,0008	-0,0008	-0,0003	-0,0001	-0,0000	-0,0000	-0,0000	0,0000
	D(BF)/A	0,0020	0,0000	-0,0002	0,0000	0,0000	0,0000	0,0000	0,0000	0,0000	-0,0000
	D(CA)/A	-0,0442	-0,0193	-0,0043	0,0009	0,0009	0,0004	0,0001	0,0000	0,0000	0,0000
	D(CB)/A	-0,1402	-0,1010	-0,0626	-0,0305	-0,0110	-0,0039	-0,0012	-0,0004	-0,0001	0,0000
	D(CC)/A	-0,0101	-0,0069	-0,0041	-0,0019	-0,0007	-0,0002	-0,0001	-0,0000	-0,0000	-0,0000
	D(CD)/A	0,1179	0,0863	0,0539	0,0262	0,0094	0,0033	0,0010	0,0003	0,0001	-0,0000
	D(CE)/A	0,0313	0,0150	0,0045	0,0003	-0,0003	-0,0002	-0,0001	-0,0000	-0,0000	-0,0000
	D(CF)/A	0,0099	0,0016	-0,0012	-0,0010	-0,0004	-0,0001	-0,0000	-0,0000	-0,0000	-0,0000

Z	Z(T)	0,00	0,03	0,10	0,30	1,00	3,00	10,0	30,0	100	UNENDL
0,50	B(AA)	0,5664	0,6357	0,7172	0,8007	0,8631	0,8892	0,8997	0,9029	0,9040	0,9045
	B(AB)	0,1895	0,1946	0,1893	0,1713	0,1500	0,1393	0,1347	0,1333	0,1328	0,1326
	B(AC)	0,0679	0,0475	0,0210	-0,0064	-0,0256	-0,0331	-0,0360	-0,0369	-0,0372	-0,0373
	B(AD)	0,0272	0,0121	-0,0016	-0,0101	-0,0130	-0,0134	-0,0135	-0,0135	-0,0135	-0,0135
	B(AE)	0,0121	0,0033	-0,0013	-0,0016	-0,0000	0,0009	0,0013	0,0015	0,0015	0,0015
	B(AF)	0,0064	0,0011	-0,0003	0,0006	0,0012	0,0014	0,0014	0,0014	0,0014	0,0014
	B(BA)	0,2527	0,2595	0,2525	0,2284	0,2000	0,1857	0,1796	0,1778	0,1771	0,1768
	B(BB)	0,4723	0,5087	0,5528	0,6011	0,6397	0,6565	0,6634	0,6655	0,6662	0,6665
	B(BC)	0,1692	0,1759	0,1833	0,1909	0,1967	0,1992	0,2002	0,2005	0,2006	0,2006
	B(BD)	0,0677	0,0481	0,0250	0,0021	-0,0140	-0,0204	-0,0229	-0,0237	-0,0240	-0,0241
	B(BE)	0,0300	0,0134	-0,0012	-0,0120	-0,0181	-0,0202	-0,0210	-0,0212	-0,0213	-0,0214
	B(BF)	0,0161	0,0044	-0,0018	-0,0021	-0,0000	0,0012	0,0018	0,0019	0,0020	0,0020
	B(CA)	0,1131	0,0792	0,0350	-0,0107	-0,0426	-0,0551	-0,0600	-0,0614	-0,0620	-0,0622
	B(CB)	0,2114	0,2199	0,2292	0,2387	0,2459	0,2490	0,2502	0,2506	0,2507	0,2508
	B(CC)	0,4770	0,5170	0,5647	0,6107	0,6414	0,6530	0,6575	0,6589	0,6593	0,6595
	B(CD)	0,1910	0,1995	0,2076	0,2127	0,2144	0,2147	0,2147	0,2147	0,2147	0,2147
	B(CE)	0,0847	0,0601	0,0312	0,0026	-0,0175	-0,0255	-0,0287	-0,0296	-0,0300	-0,0301
	B(CF)	0,0453	0,0201	-0,0026	-0,0168	-0,0217	-0,0224	-0,0225	-0,0225	-0,0225	-0,0225
	D(AA)/A	-0,2065	-0,1734	-0,1295	-0,0770	-0,0323	-0,0122	-0,0038	-0,0013	-0,0004	-0,0000
	D(AB)/A	0,0902	0,0848	0,0705	0,0456	0,0201	0,0077	0,0024	0,0008	0,0002	0,0000
	D(AC)/A	0,0323	0,0269	0,0194	0,0109	0,0044	0,0016	0,0005	0,0002	0,0001	-0,0000
	D(AD)/A	0,0129	0,0072	0,0022	-0,0005	-0,0007	-0,0003	-0,0001	-0,0000	-0,0000	-0,0000
	D(AE)/A	0,0057	0,0020	-0,0002	-0,0008	-0,0005	-0,0002	-0,0001	-0,0000	-0,0000	0
	D(AF)/A	0,0031	0,0007	-0,0002	-0,0001	0,0000	0,0000	0,0000	0,0000	0,0000	0,0000
	D(BA)/A	-0,3143	-0,2300	-0,1422	-0,0679	-0,0239	-0,0083	-0,0025	-0,0009	-0,0003	0,0000
	D(BB)/A	-0,0636	-0,0399	-0,0210	-0,0091	-0,0032	-0,0011	-0,0003	-0,0001	-0,0000	-0,0000
	D(BC)/A	0,1497	0,1195	0,0807	0,0416	0,0154	0,0055	0,0017	0,0006	0,0002	-0,0000
	D(BD)/A	0,0599	0,0390	0,0203	0,0078	0,0023	0,0007	0,0002	0,0001	0,0000	0,0000
	D(BE)/A	0,0266	0,0114	0,0019	-0,0012	-0,0009	-0,0004	-0,0001	-0,0000	-0,0000	-0,0000
	D(BF)/A	0,0142	0,0038	-0,0006	-0,0008	-0,0003	-0,0001	-0,0000	-0,0000	-0,0000	-0,0000
	D(CA)/A	-0,1277	-0,0750	-0,0330	-0,0092	-0,0015	-0,0003	-0,0000	-0,0000	-0,0000	-0,0000
	D(CB)/A	-0,2387	-0,1779	-0,1147	-0,0585	-0,0219	-0,0079	-0,0024	-0,0008	-0,0002	-0,0000
	D(CC)/A	-0,0201	-0,0133	-0,0080	-0,0041	-0,0016	-0,0006	-0,0002	-0,0001	-0,0000	-0,0000
	D(CD)/A	0,1922	0,1476	0,0971	0,0496	0,0184	0,0066	0,0020	0,0007	0,0002	-0,0000
	D(CE)/A	0,0852	0,0526	0,0264	0,0102	0,0031	0,0010	0,0003	0,0001	0,0000	0,0000
	D(CF)/A	0,0456	0,0183	0,0022	-0,0024	-0,0015	-0,0006	-0,0002	-0,0001	-0,0000	0,0000
1,00	B(AA)	0,4389	0,5110	0,6035	0,7081	0,7945	0,8332	0,8494	0,8543	0,8561	0,8568
	B(AB)	0,1950	0,2101	0,2184	0,2125	0,1966	0,1867	0,1821	0,1806	0,1801	0,1799
	B(AC)	0,0938	0,0781	0,0528	0,0199	-0,0086	-0,0214	-0,0267	-0,0283	-0,0289	-0,0291
	B(AD)	0,0504	0,0315	0,0098	-0,0098	-0,0215	-0,0254	-0,0268	-0,0273	-0,0274	-0,0275
	B(AE)	0,0299	0,0140	0,0010	-0,0055	-0,0062	-0,0055	-0,0051	-0,0049	-0,0049	-0,0049
	B(AF)	0,0209	0,0075	-0,0003	-0,0008	0,0018	0,0032	0,0038	0,0040	0,0041	0,0041
	B(BA)	0,2600	0,2802	0,2911	0,2834	0,2622	0,2489	0,2428	0,2408	0,2401	0,2398
	B(BB)	0,3730	0,4089	0,4526	0,5003	0,5391	0,5565	0,5638	0,5660	0,5668	0,5672
	B(BC)	0,1794	0,1878	0,1980	0,2097	0,2204	0,2255	0,2278	0,2284	0,2287	0,2288
	B(BD)	0,0964	0,0779	0,0551	0,0312	0,0134	0,0060	0,0031	0,0022	0,0019	0,0017
	B(BE)	0,0573	0,0348	0,0117	-0,0084	-0,0218	-0,0272	-0,0293	-0,0300	-0,0302	-0,0303
	B(BF)	0,0399	0,0187	0,0013	-0,0074	-0,0083	-0,0074	-0,0068	-0,0066	-0,0065	-0,0065
	B(CA)	0,1564	0,1302	0,0880	0,0331	-0,0144	-0,0356	-0,0445	-0,0471	-0,0481	-0,0485
	B(CB)	0,2243	0,2348	0,2475	0,2621	0,2755	0,2819	0,2847	0,2855	0,2859	0,2860
	B(CC)	0,3774	0,4127	0,4599	0,5119	0,5511	0,5672	0,5737	0,5756	0,5763	0,5766
	B(CD)	0,2027	0,2119	0,2244	0,2371	0,2452	0,2480	0,2491	0,2493	0,2494	0,2495
	B(CE)	0,1205	0,0974	0,0689	0,0390	0,0168	0,0075	0,0038	0,0027	0,0023	0,0022
	B(CF)	0,0840	0,0525	0,0164	-0,0163	-0,0358	-0,0424	-0,0447	-0,0454	-0,0457	-0,0458
	D(AA)/A	-0,2672	-0,2343	-0,1853	-0,1183	-0,0527	-0,0205	-0,0065	-0,0022	-0,0007	0,0000
	D(AB)/A	0,0929	0,0902	0,0790	0,0549	0,0257	0,0102	0,0033	0,0011	0,0003	0,0000
	D(AC)/A	0,0447	0,0422	0,0359	0,0244	0,0113	0,0044	0,0014	0,0005	0,0001	0,0000
	D(AD)/A	0,0240	0,0175	0,0102	0,0039	0,0009	0,0002	0,0000	0,0000	0,0000	-0,0000
	D(AE)/A	0,0143	0,0078	0,0022	-0,0009	-0,0011	-0,0005	-0,0002	-0,0001	-0,0000	-0,0000
	D(AF)/A	0,0099	0,0042	0,0003	-0,0009	-0,0004	-0,0002	-0,0000	-0,0000	-0,0000	-0,0000
	D(BA)/A	-0,4389	-0,3409	-0,2267	-0,1173	-0,0440	-0,0158	-0,0049	-0,0016	-0,0005	0,0000
	D(BB)/A	-0,1058	-0,0722	-0,0402	-0,0168	-0,0053	-0,0017	-0,0005	-0,0002	-0,0001	-0,0000
	D(BC)/A	0,1807	0,1526	0,1107	0,0615	0,0240	0,0088	0,0027	0,0009	0,0003	-0,0000
	D(BD)/A	0,0970	0,0725	0,0455	0,0218	0,0076	0,0027	0,0008	0,0003	0,0001	0,0000
	D(BE)/A	0,0577	0,0330	0,0129	0,0022	-0,0003	-0,0003	-0,0001	-0,0000	-0,0000	0,0000
	D(BF)/A	0,0402	0,0178	0,0028	-0,0020	-0,0013	-0,0005	-0,0002	-0,0001	-0,0000	0,0000
	D(CA)/A	-0,2285	-0,1561	-0,0854	-0,0333	-0,0091	-0,0027	-0,0008	-0,0002	-0,0001	0,0000
	D(CB)/A	-0,3278	-0,2530	-0,1687	-0,0889	-0,0341	-0,0124	-0,0039	-0,0013	-0,0004	0,0000
	D(CC)/A	-0,0330	-0,0221	-0,0129	-0,0065	-0,0026	-0,0010	-0,0003	-0,0001	-0,0000	-0,0000
	D(CD)/A	0,2508	0,2008	0,1386	0,0744	0,0286	0,0104	0,0032	0,0011	0,0003	0,0000
	D(CE)/A	0,1491	0,1040	0,0609	0,0282	0,0099	0,0035	0,0011	0,0004	0,0001	0
	D(CF)/A	0,1039	0,0570	0,0195	0,0010	-0,0020	-0,0010	-0,0004	-0,0001	-0,0000	-0,0000

Z	Z(T)	0,00	0,03	0,10	0,30	1,00	3,00	10,0	30,0	100	UNENDL
2,00	B(AA)	0,3287	0,3930	0,4847	0,6014	0,7104	0,7642	0,7876	0,7949	0,7975	0,7987
	B(AB)	0,1829	0,2035	0,2246	0,2367	0,2343	0,2291	0,2261	0,2251	0,2248	0,2246
	B(AC)	0,1110	0,1024	0,0849	0,0550	0,0217	0,0040	-0,0038	-0,0063	-0,0072	-0,0076
	B(AD)	0,0746	0,0566	0,0316	0,0023	-0,0218	-0,0324	-0,0367	-0,0381	-0,0385	-0,0387
	B(AE)	0,0548	0,0346	0,0122	-0,0060	-0,0150	-0,0173	-0,0179	-0,0181	-0,0182	-0,0182
	B(AF)	0,0450	0,0246	0,0054	-0,0043	-0,0027	0,0006	0,0024	0,0030	0,0032	0,0033
	B(BA)	0,2438	0,2713	0,2994	0,3155	0,3124	0,3055	0,3015	0,3002	0,2997	0,2995
	B(BB)	0,2968	0,3290	0,3709	0,4173	0,4547	0,4715	0,4785	0,4806	0,4814	0,4817
	B(BC)	0,1802	0,1888	0,2003	0,2141	0,2272	0,2339	0,2370	0,2379	0,2382	0,2384
	B(BD)	0,1211	0,1058	0,0853	0,0625	0,0452	0,0380	0,0351	0,0342	0,0339	0,0337
	B(BE)	0,0889	0,0647	0,0354	0,0062	-0,0146	-0,0232	-0,0267	-0,0278	-0,0282	-0,0283
	B(BF)	0,0731	0,0461	0,0163	-0,0080	-0,0200	-0,0230	-0,0239	-0,0242	-0,0242	-0,0243
	B(CA)	0,1850	0,1706	0,1414	0,0916	0,0361	0,0067	-0,0064	-0,0105	-0,0120	-0,0126
	B(CB)	0,2252	0,2360	0,2503	0,2676	0,2840	0,2924	0,2962	0,2974	0,2978	0,2980
	B(CC)	0,3068	0,3332	0,3726	0,4233	0,4683	0,4892	0,4981	0,5008	0,5018	0,5022
	B(CD)	0,2063	0,2132	0,2253	0,2428	0,2594	0,2672	0,2705	0,2715	0,2718	0,2720
	B(CE)	0,1514	0,1322	0,1066	0,0782	0,0565	0,0475	0,0438	0,0427	0,0423	0,0422
	B(CF)	0,1244	0,0943	0,0527	0,0038	-0,0363	-0,0540	-0,0612	-0,0634	-0,0642	-0,0646
	D(AA)/A	-0,3197	-0,2926	-0,2458	-0,1698	-0,0817	-0,0329	-0,0107	-0,0036	-0,0011	-0,0000
	D(AB)/A	0,0871	0,0851	0,0769	0,0567	0,0284	0,0116	0,0038	0,0013	0,0004	-0,0000
	D(AC)/A	0,0529	0,0540	0,0519	0,0408	0,0215	0,0089	0,0029	0,0010	0,0003	0
	D(AD)/A	0,0355	0,0305	0,0234	0,0144	0,0063	0,0024	0,0008	0,0003	0,0001	0,0000
	D(AE)/A	0,0261	0,0187	0,0099	0,0025	-0,0003	-0,0004	-0,0002	-0,0001	-0,0000	0
	D(AF)/A	0,0214	0,0133	0,0047	-0,0011	-0,0018	-0,0009	-0,0003	-0,0001	-0,0000	0
	D(BA)/A	-0,5575	-0,4595	-0,3304	-0,1875	-0,0762	-0,0285	-0,0089	-0,0030	-0,0009	0,0000
	D(BB)/A	-0,1548	-0,1169	-0,0729	-0,0334	-0,0107	-0,0035	-0,0010	-0,0003	-0,0001	-0,0000
	D(BC)/A	0,1983	0,1749	0,1362	0,0829	0,0351	0,0133	0,0042	0,0014	0,0004	-0,0000
	D(BD)/A	0,1334	0,1104	0,0796	0,0450	0,0181	0,0067	0,0021	0,0007	0,0002	-0,0000
	D(BE)/A	0,0979	0,0683	0,0373	0,0139	0,0035	0,0010	0,0003	0,0001	0,0000	-0,0000
	D(BF)/A	0,0804	0,0488	0,0183	0,0003	-0,0028	-0,0014	-0,0005	-0,0002	-0,0001	0,0000
	D(CA)/A	-0,3429	-0,2647	-0,1707	-0,0819	-0,0275	-0,0092	-0,0027	-0,0009	-0,0003	-0,0000
	D(CB)/A	-0,4174	-0,3380	-0,2366	-0,1296	-0,0510	-0,0188	-0,0059	-0,0020	-0,0006	-0,0000
	D(CC)/A	-0,0500	-0,0362	-0,0217	-0,0103	-0,0039	-0,0015	-0,0005	-0,0002	-0,0000	-0,0000
	D(CD)/A	0,3025	0,2529	0,1842	0,1048	0,0422	0,0156	0,0049	0,0016	0,0005	0,0000
	D(CE)/A	0,2221	0,1725	0,1142	0,0592	0,0226	0,0083	0,0026	0,0009	0,0003	0,0000
	D(CF)/A	0,1825	0,1243	0,0629	0,0181	0,0016	-0,0003	-0,0002	-0,0001	-0,0000	0,0000
5,00	B(AA)	0,2261	0,2694	0,3421	0,4545	0,5830	0,6572	0,6926	0,7039	0,7081	0,7099
	B(AB)	0,1588	0,1768	0,2035	0,2354	0,2586	0,2665	0,2691	0,2698	0,2701	0,2702
	B(AC)	0,1211	0,1188	0,1128	0,0973	0,0709	0,0519	0,0421	0,0389	0,0377	0,0372
	B(AD)	0,0994	0,0871	0,0663	0,0345	-0,0016	-0,0224	-0,0323	-0,0355	-0,0367	-0,0372
	B(AE)	0,0864	0,0689	0,0426	0,0092	-0,0191	-0,0315	-0,0367	-0,0382	-0,0388	-0,0390
	B(AF)	0,0795	0,0597	0,0312	-0,0003	-0,0179	-0,0198	-0,0189	-0,0184	-0,0181	-0,0180
	B(BA)	0,2118	0,2358	0,2714	0,3139	0,3448	0,3553	0,3588	0,3598	0,3601	0,3602
	B(BB)	0,2302	0,2527	0,2875	0,3329	0,3728	0,3909	0,3985	0,4008	0,4016	0,4019
	B(BC)	0,1754	0,1821	0,1926	0,2073	0,2218	0,2293	0,2327	0,2338	0,2341	0,2343
	B(BD)	0,1441	0,1341	0,1187	0,0987	0,0820	0,0750	0,0722	0,0714	0,0712	0,0710
	B(BE)	0,1252	0,1062	0,0772	0,0399	0,0079	-0,0063	-0,0121	-0,0138	-0,0145	-0,0147
	B(BF)	0,1151	0,0919	0,0568	0,0123	-0,0254	-0,0420	-0,0489	-0,0510	-0,0517	-0,0520
	B(CA)	0,2018	0,1981	0,1880	0,1622	0,1182	0,0866	0,0702	0,0648	0,0628	0,0619
	B(CB)	0,2193	0,2276	0,2408	0,2591	0,2773	0,2867	0,2909	0,2922	0,2927	0,2929
	B(CC)	0,2525	0,2672	0,2919	0,3303	0,3739	0,3989	0,4108	0,4146	0,4160	0,4166
	B(CD)	0,2074	0,2107	0,2176	0,2318	0,2529	0,2672	0,2744	0,2768	0,2777	0,2780
	B(CE)	0,1801	0,1677	0,1484	0,1234	0,1025	0,0937	0,0903	0,0893	0,0889	0,0888
	B(CF)	0,1657	0,1452	0,1106	0,0574	-0,0026	-0,0373	-0,0538	-0,0591	-0,0611	-0,0619
	D(AA)/A	-0,3685	-0,3543	-0,3211	-0,2477	-0,1347	-0,0582	-0,0194	-0,0067	-0,0020	-0,0000
	D(AB)/A	0,0756	0,0702	0,0604	0,0437	0,0225	0,0095	0,0031	0,0011	0,0003	0,0000
	D(AC)/A	0,0576	0,0619	0,0651	0,0592	0,0366	0,0167	0,0057	0,0020	0,0006	0
	D(AD)/A	0,0474	0,0462	0,0434	0,0359	0,0213	0,0096	0,0033	0,0011	0,0003	0
	D(AE)/A	0,0411	0,0366	0,0288	0,0176	0,0073	0,0027	0,0009	0,0003	0,0001	-0,0000
	D(AF)/A	0,0378	0,0317	0,0213	0,0074	-0,0015	-0,0020	-0,0009	-0,0003	-0,0001	-0,0000
	D(BA)/A	-0,6760	-0,5968	-0,4740	-0,3067	-0,1423	-0,0571	-0,0185	-0,0063	-0,0019	-0,0000
	D(BB)/A	-0,2110	-0,1797	-0,1329	-0,0749	-0,0288	-0,0102	-0,0031	-0,0010	-0,0003	-0,0000
	D(BC)/A	0,2062	0,1862	0,1533	0,1040	0,0504	0,0206	0,0068	0,0023	0,0007	-0,0000
	D(BD)/A	0,1694	0,1537	0,1269	0,0859	0,0412	0,0168	0,0055	0,0019	0,0006	0
	D(BE)/A	0,1471	0,1227	0,0884	0,0492	0,0194	0,0071	0,0022	0,0007	0,0002	0,0000
	D(BF)/A	0,1353	0,1063	0,0663	0,0246	0,0021	-0,0012	-0,0007	-0,0003	-0,0001	0,0000
	D(CA)/A	-0,4716	-0,4120	-0,3175	-0,1911	-0,0796	-0,0299	-0,0094	-0,0032	-0,0010	0,0000
	D(CB)/A	-0,5126	-0,4448	-0,3402	-0,2040	-0,0851	-0,0320	-0,0100	-0,0034	-0,0010	-0,0000
	D(CC)/A	-0,0717	-0,0594	-0,0416	-0,0214	-0,0072	-0,0023	-0,0007	-0,0002	-0,0001	-0,0000
	D(CD)/A	0,3518	0,3094	0,2423	0,1508	0,0658	0,0254	0,0081	0,0027	0,0008	-0,0000
	D(CE)/A	0,3055	0,2669	0,2061	0,1251	0,0530	0,0201	0,0063	0,0021	0,0006	-0,0000
	D(CF)/A	0,2811	0,2325	0,1619	0,0806	0,0248	0,0073	0,0020	0,0006	0,0002	0

Z	Z(T)	0,00	0,03	0,10	0,30	1,00	3,00	10,0	30,0	100	UNENDL
10,00	B(AA)	0,1803	0,2075	0,2589	0,3525	0,4824	0,5702	0,6159	0,6311	0,6367	0,6392
	B(AB)	0,1446	0,1570	0,1790	0,2146	0,2549	0,2770	0,2870	0,2902	0,2914	0,2919
	B(AC)	0,1236	0,1231	0,1217	0,1165	0,1029	0,0896	0,0815	0,0786	0,0775	0,0770
	B(AD)	0,1109	0,1032	0,0886	0,0621	0,0251	-0,0003	-0,0137	-0,0183	-0,0200	-0,0207
	B(AE)	0,1030	0,0910	0,0694	0,0336	-0,0091	-0,0339	-0,0456	-0,0494	-0,0507	-0,0513
	B(AF)	0,0987	0,0845	0,0593	0,0191	-0,0236	-0,0433	-0,0507	-0,0527	-0,0534	-0,0537
	B(BA)	0,1928	0,2094	0,2387	0,2861	0,3399	0,3693	0,3827	0,3870	0,3885	0,3891
	B(BB)	0,2012	0,2157	0,2412	0,2817	0,3263	0,3501	0,3608	0,3641	0,3654	0,3659
	B(BC)	0,1719	0,1763	0,1843	0,1978	0,2135	0,2223	0,2265	0,2278	0,2283	0,2285
	B(BD)	0,1543	0,1481	0,1373	0,1207	0,1035	0,0951	0,0916	0,0905	0,0902	0,0900
	B(BE)	0,1433	0,1307	0,1082	0,0720	0,0316	0,0099	0,0002	-0,0029	-0,0040	-0,0045
	B(BF)	0,1373	0,1213	0,0926	0,0448	-0,0122	-0,0451	-0,0608	-0,0658	-0,0676	-0,0684
	B(CA)	0,2059	0,2052	0,2029	0,1941	0,1715	0,1493	0,1358	0,1309	0,1291	0,1283
	B(CB)	0,2149	0,2204	0,2304	0,2472	0,2668	0,2779	0,2831	0,2847	0,2853	0,2856
	B(CC)	0,2314	0,2398	0,2551	0,2816	0,3173	0,3414	0,3541	0,3584	0,3600	0,3607
	B(CD)	0,2078	0,2094	0,2129	0,2214	0,2377	0,2518	0,2601	0,2630	0,2641	0,2646
	B(CE)	0,1929	0,1852	0,1717	0,1509	0,1294	0,1189	0,1145	0,1132	0,1127	0,1125
	B(CF)	0,1849	0,1720	0,1477	0,1034	0,0419	-0,0004	-0,0229	-0,0305	-0,0333	-0,0345
	D(AA)/A	-0,3904	-0,3854	-0,3663	-0,3063	-0,1849	-0,0854	-0,0295	-0,0103	-0,0031	-0,0000
	D(AB)/A	0,0689	0,0595	0,0445	0,0244	0,0082	0,0025	0,0007	0,0002	0,0001	-0,0000
	D(AC)/A	0,0588	0,0639	0,0688	0,0662	0,0449	0,0219	0,0078	0,0027	0,0008	-0,0000
	D(AD)/A	0,0528	0,0545	0,0561	0,0534	0,0371	0,0185	0,0066	0,0023	0,0007	-0,0000
	D(AE)/A	0,0490	0,0481	0,0450	0,0368	0,0217	0,0099	0,0034	0,0012	0,0004	0,0000
	D(AF)/A	0,0470	0,0447	0,0387	0,0254	0,0084	0,0015	0,0001	-0,0000	-0,0000	0,0000
	D(BA)/A	-0,7312	-0,6697	-0,5664	-0,4045	-0,2107	-0,0907	-0,0304	-0,0105	-0,0032	0,0000
	D(BB)/A	-0,2392	-0,2170	-0,1785	-0,1188	-0,0550	-0,0218	-0,0070	-0,0024	-0,0007	0,0000
	D(BC)/A	0,2070	0,1870	0,1552	0,1092	0,0575	0,0252	0,0086	0,0030	0,0009	0,0000
	D(BD)/A	0,1858	0,1761	0,1560	0,1176	0,0641	0,0282	0,0096	0,0033	0,0010	0,0000
	D(BE)/A	0,1725	0,1564	0,1299	0,0895	0,0441	0,0182	0,0060	0,0021	0,0006	-0,0000
	D(BF)/A	0,1654	0,1453	0,1125	0,0656	0,0226	0,0063	0,0015	0,0004	0,0001	-0,0000
	D(CA)/A	-0,5355	-0,4976	-0,4248	-0,2982	-0,1467	-0,0603	-0,0197	-0,0068	-0,0020	-0,0000
	D(CB)/A	-0,5588	-0,5052	-0,4136	-0,2733	-0,1251	-0,0491	-0,0157	-0,0053	-0,0016	0
	D(CC)/A	-0,0833	-0,0745	-0,0594	-0,0366	-0,0141	-0,0046	-0,0013	-0,0004	-0,0001	-0,0000
	D(CD)/A	0,3741	0,3385	0,2781	0,1862	0,0880	0,0356	0,0116	0,0040	0,0012	-0,0000
	D(CE)/A	0,3473	0,3225	0,2746	0,1906	0,0912	0,0366	0,0118	0,0040	0,0012	-0,0000
	D(CF)/A	0,3329	0,3011	0,2457	0,1591	0,0687	0,0254	0,0078	0,0026	0,0008	0,0000
20,00	B(AA)	0,1540	0,1696	0,2014	0,2688	0,3860	0,4842	0,5424	0,5632	0,5710	0,5744
	B(AB)	0,1356	0,1430	0,1578	0,1874	0,2351	0,2722	0,2933	0,3007	0,3034	0,3046
	B(AC)	0,1245	0,1245	0,1247	0,1247	0,1228	0,1193	0,1165	0,1154	0,1150	0,1148
	B(AD)	0,1176	0,1132	0,1042	0,0855	0,0535	0,0270	0,0112	0,0056	0,0035	0,0025
	B(AE)	0,1132	0,1060	0,0916	0,0619	0,0132	-0,0253	-0,0474	-0,0551	-0,0580	-0,0593
	B(AF)	0,1108	0,1021	0,0846	0,0485	-0,0110	-0,0573	-0,0833	-0,0923	-0,0956	-0,0971
	B(BA)	0,1808	0,1907	0,2104	0,2499	0,3135	0,3630	0,3911	0,4009	0,4046	0,4062
	B(BB)	0,1848	0,1932	0,2094	0,2402	0,2856	0,3181	0,3358	0,3418	0,3441	0,3451
	B(BC)	0,1696	0,1721	0,1773	0,1877	0,2034	0,2147	0,2208	0,2229	0,2237	0,2241
	B(BD)	0,1602	0,1567	0,1500	0,1378	0,1212	0,1102	0,1045	0,1025	0,1018	0,1015
	B(BE)	0,1542	0,1468	0,1321	0,1035	0,0603	0,0288	0,0117	0,0058	0,0036	0,0026
	B(BF)	0,1509	0,1414	0,1221	0,0826	0,0177	-0,0337	-0,0632	-0,0735	-0,0773	-0,0790
	B(CA)	0,2074	0,2076	0,2078	0,2078	0,2046	0,1989	0,1942	0,1923	0,1916	0,1913
	B(CB)	0,2119	0,2152	0,2217	0,2346	0,2542	0,2684	0,2760	0,2787	0,2796	0,2801
	B(CC)	0,2202	0,2247	0,2334	0,2499	0,2755	0,2958	0,3077	0,3119	0,3135	0,3142
	B(CD)	0,2080	0,2088	0,2104	0,2145	0,2235	0,2330	0,2393	0,2416	0,2425	0,2429
	B(CE)	0,2002	0,1958	0,1875	0,1723	0,1515	0,1377	0,1306	0,1282	0,1273	0,1269
	B(CF)	0,1960	0,1886	0,1737	0,1424	0,0892	0,0450	0,0187	0,0093	0,0058	0,0042
	D(AA)/A	-0,4028	-0,4045	-0,3979	-0,3570	-0,2410	-0,1210	-0,0438	-0,0155	-0,0048	-0,0000
	D(AB)/A	0,0646	0,0521	0,0313	0,0029	-0,0145	-0,0112	-0,0047	-0,0017	-0,0005	-0,0000
	D(AC)/A	0,0593	0,0644	0,0697	0,0678	0,0476	0,0242	0,0088	0,0031	0,0010	-0,0000
	D(AD)/A	0,0560	0,0596	0,0650	0,0682	0,0539	0,0293	0,0110	0,0039	0,0012	0
	D(AE)/A	0,0539	0,0559	0,0582	0,0579	0,0442	0,0237	0,0088	0,0031	0,0010	0,0000
	D(AF)/A	0,0528	0,0538	0,0540	0,0491	0,0322	0,0152	0,0053	0,0018	0,0006	0
	D(BA)/A	-0,7634	-0,7157	-0,6333	-0,4930	-0,2913	-0,1371	-0,0483	-0,0170	-0,0052	0,0000
	D(BB)/A	-0,2562	-0,2416	-0,2141	-0,1640	-0,0930	-0,0424	-0,0146	-0,0051	-0,0016	-0,0000
	D(BC)/A	0,2068	0,1860	0,1532	0,1069	0,0571	0,0259	0,0091	0,0032	0,0010	-0,0000
	D(BD)/A	0,1953	0,1899	0,1764	0,1444	0,0884	0,0423	0,0150	0,0053	0,0016	-0,0000
	D(BE)/A	0,1880	0,1791	0,1631	0,1324	0,0810	0,0385	0,0136	0,0048	0,0015	-0,0000
	D(BF)/A	0,1840	0,1726	0,1521	0,1162	0,0648	0,0286	0,0096	0,0033	0,0010	0,0000
	D(CA)/A	-0,5737	-0,5536	-0,5072	-0,4043	-0,2367	-0,1093	-0,0380	-0,0133	-0,0041	-0,0000
	D(CB)/A	-0,5862	-0,5445	-0,4695	-0,3417	-0,1792	-0,0771	-0,0258	-0,0089	-0,0027	-0,0000
	D(CC)/A	-0,0905	-0,0849	-0,0743	-0,0544	-0,0271	-0,0107	-0,0034	-0,0011	-0,0003	-0,0000
	D(CD)/A	0,3869	0,3566	0,3035	0,2173	0,1131	0,0488	0,0165	0,0057	0,0017	-0,0000
	D(CE)/A	0,3725	0,3593	0,3278	0,2568	0,1442	0,0642	0,0219	0,0076	0,0023	-0,0000
	D(CF)/A	0,3646	0,3476	0,3140	0,2460	0,1400	0,0629	0,0215	0,0075	0,0023	0,0000

Z	Z(T)	0,00	0,03	0,10	0,30	1,00	3,00	10,0	30,0	100	UNENDL
50,00	B(AA)	0,1370	0,1438	0,1585	0,1944	0,2765	0,3758	0,4566	0,4911	0,5050	0,5114
	B(AB)	0,1295	0,1328	0,1400	0,1572	0,1967	0,2452	0,2854	0,3028	0,3098	0,3130
	B(AC)	0,1248	0,1250	0,1253	0,1268	0,1314	0,1390	0,1464	0,1499	0,1514	0,1521
	B(AD)	0,1219	0,1200	0,1159	0,1061	0,0849	0,0609	0,0422	0,0344	0,0313	0,0299
	B(AE)	0,1201	0,1168	0,1098	0,0926	0,0528	0,0038	-0,0369	-0,0545	-0,0616	-0,0648
	B(AF)	0,1190	0,1151	0,1064	0,0844	0,0303	-0,0408	-0,1024	-0,1295	-0,1406	-0,1456
	B(BA)	0,1726	0,1771	0,1866	0,2096	0,2622	0,3269	0,3805	0,4037	0,4131	0,4174
	B(BB)	0,1741	0,1778	0,1855	0,2026	0,2378	0,2778	0,3098	0,3234	0,3289	0,3314
	B(BC)	0,1679	0,1690	0,1715	0,1773	0,1894	0,2029	0,2136	0,2182	0,2200	0,2208
	B(BD)	0,1640	0,1625	0,1594	0,1528	0,1403	0,1268	0,1163	0,1119	0,1101	0,1093
	B(BE)	0,1615	0,1582	0,1511	0,1349	0,1006	0,0610	0,0293	0,0157	0,0102	0,0077
	B(BF)	0,1601	0,1558	0,1464	0,1235	0,0705	0,0050	-0,0492	-0,0726	-0,0821	-0,0864
	B(CA)	0,2081	0,2083	0,2089	0,2113	0,2190	0,2316	0,2441	0,2499	0,2523	0,2534
	B(CB)	0,2099	0,2113	0,2144	0,2216	0,2367	0,2537	0,2670	0,2727	0,2750	0,2760
	B(CC)	0,2131	0,2150	0,2188	0,2266	0,2410	0,2551	0,2651	0,2691	0,2706	0,2713
	B(CD)	0,2082	0,2085	0,2091	0,2104	0,2130	0,2153	0,2163	0,2165	0,2165	0,2166
	B(CE)	0,2050	0,2031	0,1992	0,1910	0,1753	0,1585	0,1454	0,1399	0,1376	0,1366
	B(CF)	0,2032	0,2000	0,1931	0,1769	0,1416	0,1015	0,0704	0,0574	0,0522	0,0499
	D(AA)/A	-0,4110	-0,4175	-0,4217	-0,4036	-0,3134	-0,1826	-0,0736	-0,0272	-0,0085	-0,0000
	D(AB)/A	0,0617	0,0467	0,0204	-0,0197	-0,0504	-0,0420	-0,0196	-0,0076	-0,0024	-0,0000
	D(AC)/A	0,0594	0,0646	0,0695	0,0664	0,0438	0,0202	0,0067	0,0022	0,0007	-0,0000
	D(AD)/A	0,0581	0,0631	0,0716	0,0814	0,0737	0,0455	0,0186	0,0069	0,0022	-0,0000
	D(AE)/A	0,0572	0,0615	0,0691	0,0802	0,0798	0,0543	0,0237	0,0090	0,0028	-0,0000
	D(AF)/A	0,0567	0,0606	0,0671	0,0766	0,0783	0,0566	0,0259	0,0100	0,0032	-0,0000
	D(BA)/A	-0,7845	-0,7475	-0,6847	-0,5768	-0,3996	-0,2212	-0,0873	-0,0321	-0,0100	-0,0000
	D(BB)/A	-0,2675	-0,2591	-0,2426	-0,2102	-0,1513	-0,0868	-0,0352	-0,0130	-0,0041	-0,0000
	D(BC)/A	0,2063	0,1847	0,1500	0,1004	0,0475	0,0180	0,0052	0,0017	0,0005	0,0000
	D(BD)/A	0,2015	0,1993	0,1916	0,1685	0,1177	0,0639	0,0248	0,0090	0,0028	0,0000
	D(BE)/A	0,1984	0,1953	0,1900	0,1770	0,1383	0,0826	0,0340	0,0127	0,0040	0,0000
	D(BF)/A	0,1967	0,1925	0,1855	0,1730	0,1417	0,0903	0,0389	0,0148	0,0046	0,0000
	D(CA)/A	-0,5992	-0,5931	-0,5724	-0,5105	-0,3687	-0,2084	-0,0832	-0,0307	-0,0096	0,0000
	D(CB)/A	-0,6044	-0,5721	-0,5138	-0,4106	-0,2600	-0,1356	-0,0521	-0,0190	-0,0059	0,0000
	D(CC)/A	-0,0953	-0,0924	-0,0867	-0,0740	-0,0501	-0,0273	-0,0108	-0,0040	-0,0012	0,0000
	D(CD)/A	0,3953	0,3690	0,3228	0,2464	0,1460	0,0721	0,0267	0,0096	0,0030	0,0000
	D(CE)/A	0,3892	0,3853	0,3704	0,3242	0,2242	0,1224	0,0481	0,0176	0,0055	0,0000
	D(CF)/A	0,3859	0,3811	0,3700	0,3383	0,2565	0,1513	0,0622	0,0232	0,0072	0,0000
100,00	B(AA)	0,1311	0,1346	0,1423	0,1624	0,2156	0,3000	0,3954	0,4477	0,4714	0,4828
	B(AB)	0,1273	0,1290	0,1328	0,1428	0,1698	0,2146	0,2670	0,2962	0,3096	0,3160
	B(AC)	0,1249	0,1250	0,1253	0,1263	0,1309	0,1410	0,1550	0,1633	0,1672	0,1691
	B(AD)	0,1235	0,1225	0,1203	0,1149	0,1015	0,0821	0,0615	0,0506	0,0457	0,0434
	B(AE)	0,1225	0,1208	0,1171	0,1072	0,0800	0,0349	-0,0178	-0,0470	-0,0604	-0,0669
	B(AF)	0,1220	0,1199	0,1152	0,1023	0,0641	-0,0045	-0,0886	-0,1365	-0,1585	-0,1691
	B(BA)	0,1697	0,1720	0,1771	0,1904	0,2264	0,2862	0,3560	0,3949	0,4128	0,4213
	B(BB)	0,1704	0,1723	0,1764	0,1861	0,2099	0,2465	0,2882	0,3112	0,3217	0,3267
	B(BC)	0,1673	0,1679	0,1692	0,1725	0,1806	0,1930	0,2069	0,2145	0,2180	0,2196
	B(BD)	0,1653	0,1645	0,1629	0,1592	0,1508	0,1385	0,1248	0,1172	0,1137	0,1121
	B(BE)	0,1640	0,1623	0,1586	0,1493	0,1260	0,0896	0,0480	0,0251	0,0146	0,0096
	B(BF)	0,1633	0,1611	0,1561	0,1429	0,1066	0,0465	-0,0237	-0,0627	-0,0806	-0,0891
	B(CA)	0,2082	0,2083	0,2088	0,2106	0,2181	0,2350	0,2583	0,2722	0,2787	0,2818
	B(CB)	0,2091	0,2099	0,2115	0,2156	0,2258	0,2412	0,2586	0,2681	0,2725	0,2745
	B(CC)	0,2107	0,2117	0,2137	0,2178	0,2262	0,2361	0,2452	0,2496	0,2515	0,2524
	B(CD)	0,2083	0,2084	0,2087	0,2092	0,2100	0,2093	0,2067	0,2048	0,2039	0,2034
	B(CE)	0,2066	0,2057	0,2036	0,1990	0,1885	0,1732	0,1559	0,1465	0,1422	0,1401
	B(CF)	0,2058	0,2041	0,2005	0,1915	0,1691	0,1368	0,1025	0,0844	0,0762	0,0724
	D(AA)/A	-0,4138	-0,4222	-0,4307	-0,4240	-0,3568	-0,2362	-0,1089	-0,0431	-0,0138	0,0000
	D(AB)/A	0,0606	0,0447	0,0161	-0,0303	-0,0741	-0,0719	-0,0396	-0,0166	-0,0055	0,0000
	D(AC)/A	0,0595	0,0646	0,0693	0,0651	0,0391	0,0128	0,0012	-0,0003	-0,0002	0,0000
	D(AD)/A	0,0588	0,0643	0,0742	0,0870	0,0848	0,0582	0,0265	0,0104	0,0033	0,0000
	D(AE)/A	0,0583	0,0635	0,0734	0,0906	0,1033	0,0842	0,0437	0,0180	0,0059	-0,0000
	D(AF)/A	0,0581	0,0631	0,0724	0,0901	0,1113	0,1015	0,0571	0,0243	0,0080	-0,0000
	D(BA)/A	-0,7918	-0,7589	-0,7044	-0,6141	-0,4660	-0,2960	-0,1348	-0,0532	-0,0171	-0,0000
	D(BB)/A	-0,2715	-0,2654	-0,2538	-0,2315	-0,1892	-0,1298	-0,0625	-0,0252	-0,0082	-0,0000
	D(BC)/A	0,2061	0,1841	0,1485	0,0964	0,0386	0,0065	-0,0026	-0,0019	-0,0007	-0,0000
	D(BD)/A	0,2037	0,2027	0,1973	0,1789	0,1344	0,0813	0,0352	0,0136	0,0043	-0,0000
	D(BE)/A	0,2021	0,2013	0,2006	0,1977	0,1759	0,1254	0,0613	0,0248	0,0081	-0,0000
	D(BF)/A	0,2012	0,1998	0,1989	0,2004	0,1955	0,1555	0,0819	0,0342	0,0112	0,0000
	D(CA)/A	-0,6081	-0,6075	-0,5978	-0,5590	-0,4529	-0,3012	-0,1414	-0,0565	-0,0182	0,0000
	D(CB)/A	-0,6107	-0,5821	-0,5310	-0,4421	-0,3122	-0,1916	-0,0868	-0,0343	-0,0110	0
	D(CC)/A	-0,0970	-0,0952	-0,0917	-0,0834	-0,0661	-0,0449	-0,0218	-0,0089	-0,0029	0,0000
	D(CD)/A	0,3982	0,3734	0,3302	0,2593	0,1660	0,0925	0,0390	0,0150	0,0048	0,0000
	D(CE)/A	0,3952	0,3948	0,3871	0,3552	0,2761	0,1783	0,0827	0,0329	0,0106	0,0000
	D(CF)/A	0,3934	0,3934	0,3922	0,3818	0,3346	0,2396	0,1183	0,0482	0,0157	0,0000

Z	Z(T)	0,00	0,03	0,10	0,30	1,00	3,00	10,0	30,0	100	UNENDL
200,00	B(AA)	0,1280	0,1298	0,1338	0,1444	0,1755	0,2361	0,3320	0,4048	0,4451	0,4664
	B(AB)	0,1261	0,1270	0,1290	0,1344	0,1506	0,1840	0,2390	0,2814	0,3050	0,3175
	B(AC)	0,1250	0,1250	0,1252	0,1258	0,1289	0,1375	0,1540	0,1673	0,1749	0,1788
	B(AD)	0,1242	0,1237	0,1226	0,1197	0,1121	0,0985	0,0785	0,0637	0,0556	0,0514
	B(AE)	0,1237	0,1229	0,1209	0,1156	0,0993	0,0657	0,0106	-0,0318	-0,0554	-0,0679
	B(AF)	0,1235	0,1224	0,1200	0,1130	0,0897	0,0375	-0,0523	-0,1227	-0,1620	-0,1828
	B(BA)	0,1682	0,1694	0,1720	0,1792	0,2008	0,2454	0,3187	0,3752	0,4067	0,4233
	B(BB)	0,1686	0,1695	0,1716	0,1768	0,1910	0,2183	0,2621	0,2958	0,3144	0,3243
	B(BC)	0,1670	0,1673	0,1680	0,1697	0,1746	0,1838	0,1984	0,2096	0,2157	0,2190
	B(BD)	0,1660	0,1656	0,1647	0,1628	0,1578	0,1486	0,1341	0,1229	0,1168	0,1135
	B(BE)	0,1653	0,1645	0,1625	0,1576	0,1436	0,1165	0,0726	0,0390	0,0204	0,0105
	B(BF)	0,1650	0,1638	0,1612	0,1541	0,1324	0,0876	0,0142	-0,0425	-0,0739	-0,0905
	B(CA)	0,2083	0,2083	0,2086	0,2097	0,2148	0,2292	0,2566	0,2789	0,2914	0,2981
	B(CB)	0,2087	0,2091	0,2100	0,2122	0,2182	0,2297	0,2480	0,2619	0,2697	0,2738
	B(CC)	0,2095	0,2100	0,2110	0,2132	0,2178	0,2242	0,2320	0,2374	0,2402	0,2417
	B(CD)	0,2083	0,2084	0,2085	0,2088	0,2089	0,2074	0,2031	0,1991	0,1968	0,1956
	B(CE)	0,2075	0,2070	0,2059	0,2035	0,1973	0,1858	0,1676	0,1537	0,1460	0,1419
	B(CF)	0,2070	0,2062	0,2043	0,1996	0,1868	0,1641	0.1308	0,1062	0,0927	0,0856
	D(AA)/A	-0,4152	-0,4246	-0,4355	-0,4355	-0,3864	-0,2859	-0,1563	-0,0695	-0,0237	0,0000
	D(AB)/A	0,0601	0,0437	0,0138	-0,0364	-0,0908	-0,1009	-0,0674	-0,0322	-0,0113	0,0000
	D(AC)/A	0,0595	0,0646	0,0691	0,0642	0,0352	0,0045	-0,0074	-0,0052	-0,0020	0,0000
	D(AD)/A	0,0592	0,0650	0,0755	0,0902	0,0922	0,0694	0,0366	0,0159	0,0054	0,0000
	D(AE)/A	0,0589	0,0646	0,0757	0,0966	0,1200	0,1131	0,0716	0,0336	0,0117	-0,0000
	D(AF)/A	0,0588	0,0644	0,0753	0,0980	0,1352	0,1464	0,1021	0,0498	0,0176	-0,0000
	D(BA)/A	-0,7956	-0,7648	-0,7148	-0,6352	-0,5115	-0,3661	-0,1989	-0,0885	-0,0302	-0,0000
	D(BB)/A	-0,2735	-0,2687	-0,2598	-0,2438	-0,2159	-0,1711	-0,1005	-0,0462	-0,0160	-0,0000
	D(BC)/A	0,2060	0,1838	0,1476	0,0939	0,0316	-0,0058	-0,0145	-0,0086	-0,0032	-0,0000
	D(BD)/A	0,2048	0,2044	0,2004	0,1847	0,1456	0,0969	0,0487	0,0209	0,0070	-0,0000
	D(BE)/A	0,2040	0,2043	0,2063	0,2097	0,2023	0,1667	0,0993	0,0458	0,0158	-0,0000
	D(BF)/A	0,2036	0,2036	0,2061	0,2164	0,2343	0,2202	0,1435	0,0685	0,0240	0,0000
	D(CA)/A	-0,6127	-0,6149	-0,6114	-0,5868	-0,5117	-0,3899	-0,2216	-0,1004	-0,0345	-0,0000
	D(CB)/A	-0,6140	-0,5873	-0,5402	-0,4603	-0,3488	-0,2455	-0,1350	-0,0606	-0,0208	0,0000
	D(CC)/A	-0,0979	-0,0966	-0,0943	-0,0889	-0,0777	-0,0623	-0,0376	-0,0175	-0,0061	0,0000
	D(CD)/A	0,3997	0,3757	0,3341	0,2665	0,1796	0,1115	0,0555	0,0239	0,0081	0,0000
	D(CE)/A	0,3982	0,3997	0,3960	0,3731	0,3126	0,2321	0,1309	0,0592	0,0204	0,0000
	D(CF)/A	0,3973	0,3998	0,4040	0,4070	0,3901	0,3257	0,1972	0,0916	0,0318	0,0000
500,00	B(AA)	0,1262	0,1269	0,1286	0,1330	0,1467	0,1785	0,2502	0,3372	0,4080	0,4557
	B(AB)	0,1255	0,1258	0,1266	0,1289	0,1362	0,1541	0,1962	0,2478	0,2899	0,3184
	B(AC)	0,1250	0,1250	0,1251	0,1254	0,1269	0,1318	0,1450	0,1619	0,1758	0,1852
	B(AD)	0,1247	0,1245	0,1240	0,1228	0,1195	0,1125	0,0977	0,0803	0,0661	0,0566
	B(AE)	0,1245	0,1241	0,1233	0,1211	0,1138	0,0958	0,0537	0,0020	-0,0401	-0,0685
	B(AF)	0,1244	0,1240	0,1230	0,1200	0,1095	0,0812	0,0120	-0,0740	-0,1443	-0,1919
	B(BA)	0,1673	0,1678	0,1688	0,1718	0,1816	0,2055	0,2616	0,3304	0,3865	0,4245
	B(BB)	0,1674	0,1678	0,1687	0,1708	0,1772	0,1918	0,2255	0,2666	0,3002	0,3228
	B(BC)	0,1668	0,1669	0,1672	0,1679	0,1701	0,1750	0,1863	0,2000	0,2111	0,2186
	B(BD)	0,1664	0,1662	0,1659	0,1651	0,1629	0,1579	0,1467	0,1330	0,1219	0,1144
	B(BE)	0,1661	0,1658	0,1650	0,1629	0,1567	0,1421	0,1084	0,0673	0,0338	0,0111
	B(BF)	0,1660	0,1655	0,1645	0,1615	0,1517	0,1277	0,0716	0,0027	-0,0534	-0,0914
	B(CA)	0,2083	0,2083	0,2085	0,2089	0,2114	0,2197	0,2417	0,2699	0,2930	0,3087
	B(CB)	0,2085	0,2086	0,2090	0,2099	0,2126	0,2188	0,2328	0,2499	0,2639	0,2733
	B(CC)	0,2088	0,2090	0,2094	0,2103	0,2123	0,2154	0,2208	0,2268	0,2315	0,2347
	B(CD)	0,2083	0,2083	0,2084	0,2085	0,2085	0,2074	0,2034	0,1980	0,1935	0,1904
	B(CE)	0,2080	0,2078	0,2074	0,2063	0,2036	0,1974	0,1834	0,1663	0,1524	0,1430
	B(CF)	0,2078	0,2075	0,2067	0,2047	0,1991	0,1875	0,1629	0,1338	0,1102	0,0944
	D(AA)/A	-0,4161	-0,4260	-0,4384	-0,4429	-0,4079	-0,3331	-0,2256	-0,1249	-0,0495	0,0000
	D(AB)/A	0,0597	0,0430	0,0123	-0,0404	-0,1032	-0,1288	-0,1089	-0,0653	-0,0267	0,0000
	D(AC)/A	0,0595	0,0645	0,0690	0,0635	0,0320	-0,0039	-0,0208	-0,0161	-0,0071	0,0000
	D(AD)/A	0,0594	0,0654	0,0763	0,0922	0,0975	0,0797	0,0509	0,0271	0,0106	0,0000
	D(AE)/A	0,0593	0,0652	0,0771	0,1006	0,1323	0,1410	0,1130	0,0668	0,0272	0,0000
	D(AF)/A	0,0592	0,0652	0,0770	0,1031	0,1533	0,1905	0,1699	0,1046	0,0432	0,0000
	D(BA)/A	-0,7979	-0,7684	-0,7212	-0,6489	-0,5448	-0,4328	-0,2931	-0,1628	-0,0647	0,0000
	D(BB)/A	-0,2747	-0,2708	-0,2635	-0,2518	-0,2357	-0,2111	-0,1570	-0,0907	-0,0366	0,0000
	D(BC)/A	0,2060	0,1836	0,1471	0,0922	0,0262	-0,0182	-0,0329	-0,0232	-0,0100	0
	D(BD)/A	0,2055	0,2055	0,2022	0,1884	0,1536	0,1114	0,0681	0,0359	0,0140	-0,0000
	D(BE)/A	0,2051	0,2062	0,2098	0,2175	0,2220	0,2066	0,1558	0,0903	0,0365	-0,0000
	D(BF)/A	0,2050	0,2060	0,2106	0,2269	0,2634	0,2835	0,2361	0,1422	0,0583	-0,0000
	D(CA)/A	-0,6154	-0,6194	-0,6198	-0,6048	-0,5551	-0,4750	-0,3402	-0,1935	-0,0776	-0,0000
	D(CB)/A	-0,6160	-0,5904	-0,5459	-0,4720	-0,3759	-0,2974	-0,2065	-0,1165	-0,0466	0
	D(CC)/A	-0,0984	-0,0975	-0,0960	-0,0925	-0,0863	-0,0793	-0,0613	-0,0361	-0,0147	0,0000
	D(CD)/A	0,4006	0,3771	0,3365	0,2712	0,1896	0,1295	0,0797	0,0427	0,0167	-0,0000
	D(CE)/A	0,4000	0,4027	0,4015	0,3847	0,3396	0,2840	0,2024	0,1151	0,0462	-0,0000
	D(CF)/A	0,3997	0,4037	0,4114	0,4234	0,4314	0,4092	0,3151	0,1844	0,0748	-0,0000

Z	Z(T)	0,00	0,03	0,10	0,30	1,00	3,00	10,0	30,0	100	UNENDL
1000,00	B(AA)	0,1256	0,1260	0,1268	0,1290	0,1361	0,1537	0,2011	0,2789	0,3690	0,4520
	B(AB)	0,1252	0,1254	0,1258	0,1270	0,1308	0,1408	0,1687	0,2152	0,2690	0,3187
	B(AC)	0,1250	0,1250	0,1250	0,1252	0,1260	0,1288	0,1377	0,1530	0,1709	0,1874
	B(AD)	0,1248	0,1247	0,1245	0,1239	0,1222	0,1183	0,1086	0,0930	0,0750	0,0585
	B(AE)	0,1247	0,1246	0,1242	0,1230	0,1192	0,1092	0,0812	0,0348	-0,0191	-0,0687
	B(AF)	0,1247	0,1245	0,1240	0,1225	0,1170	0,1011	0,0551	-0,0222	-0,1121	-0,1950
	B(BA)	0,1670	0,1672	0,1678	0,1693	0,1743	0,1877	0,2249	0,2869	0,3587	0,4249
	B(BB)	0,1670	0,1672	0,1677	0,1688	0,1721	0,1802	0,2026	0,2397	0,2827	0,3223
	B(BC)	0,1667	0,1668	0,1669	0,1673	0,1684	0,1712	0,1787	0,1910	0,2053	0,2185
	B(BD)	0,1665	0,1664	0,1663	0,1659	0,1647	0,1620	0,1545	0,1422	0,1278	0,1147
	B(BE)	0,1664	0,1662	0,1658	0,1648	0,1615	0,1534	0,1310	0,0939	0,0509	0,0113
	B(BF)	0,1663	0,1661	0,1656	0,1641	0,1590	0,1456	0,1083	0,0464	-0,0254	-0,0917
	B(CA)	0,2083	0,2083	0,2084	0,2086	0,2100	0,2147	0,2295	0,2551	0,2848	0,3123
	B(CB)	0,2084	0,2085	0,2087	0,2091	0,2105	0,2140	0,2233	0,2388	0,2566	0,2731
	B(CC)	0,2086	0,2087	0,2089	0,2093	0,2103	0,2120	0,2155	0,2208	0,2268	0,2323
	B(CD)	0,2083	0,2083	0,2084	0,2084	0,2084	0,2077	0,2050	0,2000	0,1941	0,1886
	B(CE)	0,2082	0,2081	0,2078	0,2073	0,2059	0,2025	0,1931	0,1777	0,1598	0,1433
	B(CF)	0,2081	0,2079	0,2075	0,2065	0,2036	0,1972	0,1810	0,1550	0,1250	0,0974
	D(AA)/A	-0,4164	-0,4265	-0,4394	-0,4454	-0,4159	-0,3538	-0,2694	-0,1776	-0,0836	0,0000
	D(AB)/A	0,0596	0,0428	0,0118	-0,0418	-0,1079	-0,1412	-0,1352	-0,0970	-0,0472	0,0000
	D(AC)/A	0,0595	0,0645	0,0690	0,0633	0,0308	-0,0078	-0,0294	-0,0266	-0,0139	0
	D(AD)/A	0,0594	0,0655	0,0766	0,0929	0,0994	0,0842	0,0599	0,0377	0,0174	0
	D(AE)/A	0,0594	0,0655	0,0776	0,1019	0,1369	0,1534	0,1393	0,0984	0,0476	0
	D(AF)/A	0,0594	0,0654	0,0777	0,1050	0,1601	0,2101	0,2132	0,1571	0,0773	0
	D(BA)/A	-0,7986	-0,7696	-0,7234	-0,6536	-0,5572	-0,4622	-0,3527	-0,2336	-0,1102	-0,0000
	D(BB)/A	-0,2752	-0,2714	-0,2647	-0,2546	-0,2431	-0,2287	-0,1928	-0,1332	-0,0639	-0,0000
	D(BC)/A	0,2059	0,1835	0,1469	0,0916	0,0241	-0,0238	-0,0448	-0,0374	-0,0191	-0,0000
	D(BD)/A	0,2057	0,2059	0,2028	0,1897	0,1566	0,1177	0,0803	0,0502	0,0231	-0,0000
	D(BE)/A	0,2055	0,2069	0,2110	0,2202	0,2294	0,2243	0,1916	0,1328	0,0638	-0,0000
	D(BF)/A	0,2054	0,2068	0,2122	0,2306	0,2744	0,3117	0,2952	0,2127	0,1038	0
	D(CA)/A	-0,6164	-0,6210	-0,6226	-0,6110	-0,5713	-0,5126	-0,4154	-0,2822	-0,1346	-0,0000
	D(CB)/A	-0,6166	-0,5915	-0,5478	-0,4761	-0,3860	-0,3204	-0,2520	-0,1699	-0,0808	-0,0000
	D(CC)/A	-0,0986	-0,0978	-0,0965	-0,0938	-0,0896	-0,0869	-0,0765	-0,0539	-0,0261	-0,0000
	D(CD)/A	0,4009	0,3776	0,3373	0,2728	0,1933	0,1375	0,0950	0,0605	0,0281	-0,0000
	D(CE)/A	0,4006	0,4037	0,4034	0,3887	0,3497	0,3070	0,2478	0,1685	0,0804	-0,0000
	D(CF)/A	0,4004	0,4050	0,4140	0,4291	0,4469	0,4462	0,3900	0,2730	0,1317	-0,0000

b) $r_a : r_b : r_c : r_d : r_e : r_f = 0{,}8 : 0{,}9 : 1{,}0 : 1{,}0 : 0{,}9 : 0{,}8$

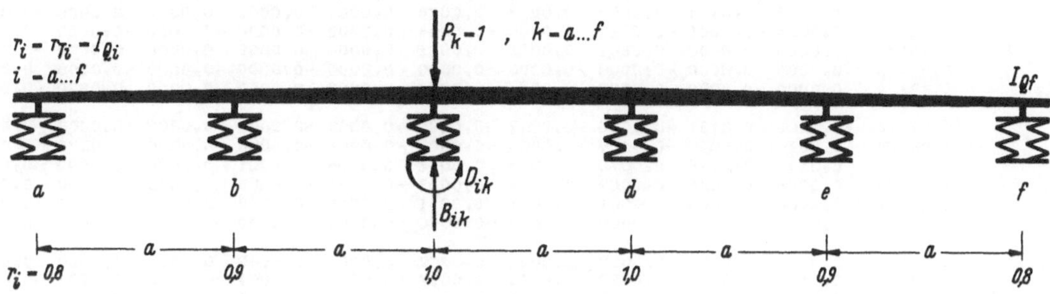

Z	Z(T)	0,00	0,03	0,10	0,30	1,00	3,00	10,0	30,0	100	UNENDL
0,01	B(AA)	0,9796	0,9845	0,9893	0,9932	0,9957	0,9966	0,9969	0,9970	0,9971	0,9971
	B(AB)	0,0178	0,0154	0,0124	0,0094	0,0072	0,0064	0,0060	0,0059	0,0059	0,0059
	B(AC)	0,0003	-0,0016	-0,0030	-0,0036	-0,0037	-0,0037	-0,0037	-0,0037	-0,0037	-0,0037
	B(AD)	0,0000	0,0001	0,0004	0,0007	0,0009	0,0009	0,0009	0,0009	0,0009	0,0009
	B(AE)	0,0000	-0,0000	-0,0001	-0,0001	-0,0002	-0,0002	-0,0002	-0,0002	-0,0002	-0,0002
	B(AF)	0,0000	0,0000	0,0000	0,0000	0,0000	0,0000	0,0000	0,0000	0,0000	0,0000
	B(BA)	0,0200	0,0174	0,0140	0,0105	0,0081	0,0072	0,0068	0,0067	0,0066	0,0066
	B(BB)	0,9623	0,9672	0,9727	0,9780	0,9816	0,9830	0,9836	0,9837	0,9838	0,9838
	B(BC)	0,0176	0,0174	0,0167	0,0157	0,0148	0,0144	0,0143	0,0142	0,0142	0,0142
	B(BD)	0,0003	-0,0018	-0,0038	-0,0052	-0,0058	-0,0060	-0,0061	-0,0061	-0,0061	-0,0061
	B(BE)	0,0000	0,0001	0,0005	0,0010	0,0014	0,0015	0,0015	0,0015	0,0015	0,0015
	B(BF)	0,0000	-0,0000	-0,0001	-0,0002	-0,0002	-0,0002	-0,0003	-0,0003	-0,0003	-0,0003
	B(CA)	0,0004	-0,0020	-0,0037	-0,0045	-0,0047	-0,0047	-0,0046	-0,0046	-0,0046	-0,0046
	B(CB)	0,0195	0,0193	0,0186	0,0174	0,0164	0,0160	0,0158	0,0158	0,0158	0,0158
	B(CC)	0,9632	0,9677	0,9720	0,9754	0,9774	0,9781	0,9784	0,9785	0,9785	0,9786
	B(CD)	0,0185	0,0183	0,0177	0,0170	0,0165	0,0163	0,0162	0,0161	0,0161	0,0161
	B(CE)	0,0004	-0,0021	-0,0042	-0,0057	-0,0064	-0,0067	-0,0067	-0,0068	-0,0068	-0,0068
	B(CF)	0,0000	0,0001	0,0005	0,0009	0,0011	0,0011	0,0012	0,0012	0,0012	0,0012
	D(AA)/A	-0,0100	-0,0075	-0,0049	-0,0025	-0,0009	-0,0003	-0,0001	-0,0000	-0,0000	-0,0000
	D(AB)/A	0,0087	0,0071	0,0050	0,0027	0,0010	0,0004	0,0001	0,0000	0,0000	0,0000
	D(AC)/A	0,0002	-0,0004	-0,0006	-0,0005	-0,0002	-0,0001	-0,0000	-0,0000	-0,0000	0,0000
	D(AD)/A	0,0000	0,0000	0,0001	0,0001	0,0001	0,0000	0,0000	0,0000	0,0000	0,0000
	D(AE)/A	0,0000	-0,0000	-0,0000	-0,0000	-0,0000	-0,0000	-0,0000	-0,0000	-0,0000	-0,0000
	D(AF)/A	0,0000	0,0000	0,0000	0,0000	0,0000	0,0000	0,0000	0,0000	0,0000	0,0000
	D(BA)/A	-0,0106	-0,0066	-0,0034	-0,0014	-0,0004	-0,0001	-0,0000	-0,0000	-0,0000	-0,0000
	D(BB)/A	-0,0007	-0,0005	-0,0005	-0,0003	-0,0002	-0,0001	-0,0000	-0,0000	-0,0000	0,0000
	D(BC)/A	0,0090	0,0062	0,0036	0,0017	0,0006	0,0002	0,0001	0,0000	0,0000	-0,0000
	D(BD)/A	0,0002	-0,0004	-0,0005	-0,0003	-0,0001	-0,0001	-0,0000	-0,0000	-0,0000	0,0000
	D(BE)/A	0,0000	0,0000	0,0001	0,0001	0,0000	0,0000	0,0000	0,0000	0,0000	0,0000
	D(BF)/A	0,0000	-0,0000	-0,0000	-0,0000	-0,0000	-0,0000	-0,0000	-0,0000	-0,0000	0,0000
	D(CA)/A	-0,0002	0,0004	0,0005	0,0003	0,0001	0,0000	0,0000	0,0000	0,0000	0,0000
	D(CB)/A	-0,0103	-0,0070	-0,0041	-0,0018	-0,0006	-0,0002	-0,0001	-0,0000	-0,0000	-0,0000
	D(CC)/A	-0,0003	-0,0002	-0,0001	-0,0001	-0,0000	-0,0000	-0,0000	-0,0000	-0,0000	0,0000
	D(CD)/A	0,0096	0,0066	0,0038	0,0018	0,0006	0,0002	0,0001	0,0000	0,0000	0,0000
	D(CE)/A	0,0002	-0,0004	-0,0006	-0,0004	-0,0001	-0,0001	-0,0000	-0,0000	-0,0000	-0,0000
	D(CF)/A	0,0000	0,0000	0,0001	0,0001	0,0000	0,0000	0,0000	0,0000	0,0000	0,0000

Z	Z(T)	0,00	0,03	0,10	0,30	1,00	3,00	10,0	30,0	100	UNENDL
0,02	B(AA)	0,9607	0,9701	0,9792	0,9868	0,9915	0,9933	0,9940	0,9942	0,9942	0,9943
	B(AB)	0,0336	0,0294	0,0239	0,0181	0,0140	0,0124	0,0117	0,0115	0,0115	0,0114
	B(AC)	0,0012	-0,0026	-0,0054	-0,0067	-0,0071	-0,0071	-0,0071	-0,0071	-0,0071	-0,0071
	B(AD)	0,0000	0,0001	0,0006	0,0012	0,0015	0,0016	0,0016	0,0016	0,0016	0,0016
	B(AE)	0,0000	0,0000	-0,0001	-0,0002	-0,0003	-0,0003	-0,0004	-0,0004	-0,0004	-0,0004
	B(AF)	0,0000	-0,0000	0,0000	0,0000	0,0000	0,0001	0,0001	0,0001	0,0001	0,0001
	B(BA)	0,0378	0,0331	0,0268	0,0203	0,0157	0,0139	0,0132	0,0130	0,0129	0,0129
	B(BB)	0,9287	0,9376	0,9478	0,9578	0,9646	0,9672	0,9683	0,9686	0,9687	0,9687
	B(BC)	0,0327	0,0325	0,0315	0,0297	0,0282	0,0275	0,0272	0,0271	0,0271	0,0271
	B(BD)	0,0012	-0,0029	-0,0066	-0,0093	-0,0106	-0,0110	-0,0112	-0,0112	-0,0112	-0,0113
	B(BE)	0,0000	0,0001	0,0008	0,0017	0,0023	0,0025	0,0026	0,0026	0,0026	0,0026
	B(BF)	0,0000	0,0000	-0,0001	-0,0002	-0,0003	-0,0004	-0,0004	-0,0004	-0,0004	-0,0004
	B(CA)	0,0015	-0,0032	-0,0067	-0,0084	-0,0088	-0,0088	-0,0088	-0,0088	-0,0088	-0,0088
	B(CB)	0,0364	0,0361	0,0350	0,0330	0,0313	0,0305	0,0302	0,0301	0,0301	0,0301
	B(CC)	0,9303	0,9386	0,9466	0,9530	0,9569	0,9583	0,9588	0,9589	0,9590	0,9590
	B(CD)	0,0346	0,0342	0,0333	0,0321	0,0312	0,0308	0,0306	0,0306	0,0306	0,0306
	B(CE)	0,0014	-0,0032	-0,0074	-0,0104	-0,0118	-0,0123	-0,0124	-0,0125	-0,0125	-0,0125
	B(CF)	0,0001	0,0001	0,0007	0,0015	0,0019	0,0020	0,0020	0,0020	0,0020	0,0020
	D(AA)/A	-0,0193	-0,0145	-0,0095	-0,0049	-0,0019	-0,0007	-0,0002	-0,0001	-0,0000	-0,0000
	D(AB)/A	0,0165	0,0135	0,0095	0,0052	0,0020	0,0007	0,0002	0,0001	0,0000	-0,0000
	D(AC)/A	0,0006	-0,0006	-0,0011	-0,0009	-0,0004	-0,0002	-0,0000	-0,0000	-0,0000	0,0000
	D(AD)/A	0,0000	0,0000	0,0001	0,0001	0,0001	0,0000	0,0000	0,0000	0,0000	-0,0000
	D(AE)/A	0,0000	0,0000	-0,0000	-0,0000	-0,0000	-0,0000	-0,0000	-0,0000	-0,0000	0,0000
	D(AF)/A	0,0000	-0,0000	0,0000	0,0000	0,0000	0,0000	0,0000	0,0000	0,0000	0,0000
	D(BA)/A	-0,0208	-0,0131	-0,0068	-0,0027	-0,0009	-0,0003	-0,0001	-0,0000	-0,0000	-0,0000
	D(BB)/A	-0,0014	-0,0010	-0,0009	-0,0006	-0,0003	-0,0001	-0,0000	-0,0000	-0,0000	0,0000
	D(BC)/A	0,0173	0,0119	0,0070	0,0033	0,0012	0,0004	0,0001	0,0000	0,0000	-0,0000
	D(BD)/A	0,0006	-0,0006	-0,0009	-0,0006	-0,0003	-0,0001	-0,0000	-0,0000	-0,0000	0,0000
	D(BE)/A	0,0000	0,0000	0,0001	0,0001	0,0001	0,0000	0,0000	0,0000	0,0000	-0,0000
	D(BF)/A	0,0000	0,0000	-0,0000	-0,0000	-0,0000	-0,0000	-0,0000	-0,0000	-0,0000	0,0000
	D(CA)/A	-0,0008	0,0006	0,0009	0,0006	0,0002	0,0001	0,0000	0,0000	0,0000	0,0000
	D(CB)/A	-0,0199	-0,0137	-0,0080	-0,0036	-0,0012	-0,0004	-0,0001	-0,0000	-0,0000	-0,0000
	D(CC)/A	-0,0007	-0,0004	-0,0002	-0,0001	-0,0000	-0,0000	-0,0000	-0,0000	-0,0000	0,0000
	D(CD)/A	0,0186	0,0128	0,0075	0,0035	0,0012	0,0004	0,0001	0,0000	0,0000	0,0000
	D(CE)/A	0,0007	-0,0006	-0,0010	-0,0007	-0,0003	-0,0001	-0,0000	-0,0000	-0,0000	-0,0000
	D(CF)/A	0,0000	0,0000	0,0001	0,0001	0,0000	0,0000	0,0000	0,0000	0,0000	0
0,05	B(AA)	0,9111	0,9314	0,9517	0,9690	0,9800	0,9842	0,9858	0,9863	0,9864	0,9865
	B(AB)	0,0721	0,0643	0,0532	0,0411	0,0321	0,0285	0,0270	0,0266	0,0265	0,0264
	B(AC)	0,0058	-0,0028	-0,0097	-0,0136	-0,0150	-0,0153	-0,0153	-0,0154	-0,0154	-0,0154
	B(AD)	0,0005	-0,0002	0,0004	0,0015	0,0023	0,0026	0,0027	0,0027	0,0027	0,0027
	B(AE)	0,0000	0,0000	0,0000	-0,0001	-0,0003	-0,0003	-0,0003	-0,0004	-0,0004	-0,0004
	B(AF)	0,0000	0,0000	-0,0000	-0,0000	0,0000	0,0000	0,0000	0,0000	0,0000	0,0000
	B(BA)	0,0811	0,0723	0,0599	0,0462	0,0361	0,0320	0,0304	0,0299	0,0298	0,0297
	B(BB)	0,8459	0,8636	0,8844	0,9051	0,9197	0,9255	0,9278	0,9284	0,9287	0,9288
	B(BC)	0,0676	0,0680	0,0669	0,0643	0,0616	0,0605	0,0600	0,0598	0,0598	0,0597
	B(BD)	0,0057	-0,0029	-0,0112	-0,0175	-0,0209	-0,0220	-0,0224	-0,0225	-0,0226	-0,0226
	B(BE)	0,0005	-0,0003	0,0004	0,0019	0,0031	0,0036	0,0038	0,0038	0,0039	0,0039
	B(BF)	0,0000	0,0000	0,0000	-0,0001	-0,0003	-0,0004	-0,0004	-0,0004	-0,0004	-0,0004
	B(CA)	0,0072	-0,0035	-0,0121	-0,0170	-0,0188	-0,0191	-0,0192	-0,0192	-0,0192	-0,0192
	B(CB)	0,0751	0,0755	0,0743	0,0714	0,0685	0,0672	0,0666	0,0665	0,0664	0,0664
	B(CC)	0,8489	0,8663	0,8832	0,8968	0,9049	0,9079	0,9090	0,9093	0,9094	0,9095
	B(CD)	0,0716	0,0716	0,0704	0,0685	0,0670	0,0664	0,0661	0,0660	0,0660	0,0660
	B(CE)	0,0063	-0,0032	-0,0124	-0,0194	-0,0232	-0,0244	-0,0249	-0,0250	-0,0251	-0,0251
	B(CF)	0,0006	-0,0003	0,0005	0,0019	0,0029	0,0032	0,0033	0,0034	0,0034	0,0034
	D(AA)/A	-0,0436	-0,0333	-0,0222	-0,0117	-0,0045	-0,0016	-0,0005	-0,0002	-0,0001	-0,0000
	D(AB)/A	0,0353	0,0295	0,0213	0,0119	0,0047	0,0017	0,0005	0,0002	0,0001	-0,0000
	D(AC)/A	0,0028	0,0002	-0,0014	-0,0014	-0,0007	-0,0003	-0,0001	-0,0000	-0,0000	-0,0000
	D(AD)/A	0,0002	-0,0001	-0,0000	0,0001	0,0001	0,0000	0,0000	0,0000	0,0000	0,0000
	D(AE)/A	0,0000	-0,0000	0,0000	0,0000	-0,0000	-0,0000	-0,0000	-0,0000	-0,0000	-0,0000
	D(AF)/A	0,0000	0,0000	-0,0000	-0,0000	0,0000	0,0000	0,0000	0,0000	0,0000	0,0000
	D(BA)/A	-0,0492	-0,0315	-0,0167	-0,0069	-0,0022	-0,0007	-0,0002	-0,0001	-0,0000	-0,0000
	D(BB)/A	-0,0035	-0,0023	-0,0018	-0,0013	-0,0006	-0,0002	-0,0001	-0,0000	-0,0000	0,0000
	D(BC)/A	0,0390	0,0273	0,0163	0,0077	0,0027	0,0010	0,0003	0,0001	0,0000	0,0000
	D(BD)/A	0,0033	0,0000	-0,0013	-0,0011	-0,0005	-0,0002	-0,0001	-0,0000	-0,0000	0,0000
	D(BE)/A	0,0003	-0,0001	-0,0000	0,0001	0,0001	0,0000	0,0000	0,0000	0,0000	-0,0000
	D(BF)/A	0,0000	0,0000	0,0000	-0,0000	-0,0000	-0,0000	-0,0000	-0,0000	-0,0000	0,0000
	D(CA)/A	-0,0043	0,0001	0,0015	0,0011	0,0005	0,0002	0,0001	0,0000	0,0000	0,0000
	D(CB)/A	-0,0452	-0,0314	-0,0186	-0,0086	-0,0030	-0,0010	-0,0003	-0,0001	-0,0000	-0,0000
	D(CC)/A	-0,0015	-0,0010	-0,0006	-0,0003	-0,0001	-0,0000	-0,0000	-0,0000	-0,0000	-0,0000
	D(CD)/A	0,0420	0,0293	0,0174	0,0081	0,0029	0,0010	0,0003	0,0001	0,0000	0,0000
	D(CE)/A	0,0037	0,0000	-0,0014	-0,0012	-0,0005	-0,0002	-0,0001	-0,0000	-0,0000	-0,0000
	D(CF)/A	0,0004	-0,0001	-0,0000	0,0001	0,0001	0,0000	0,0000	0,0000	0,0000	-0,0000

Z	Z(T)	0,00	0,03	0,10	0,30	1,00	3,00	10,0	30,0	100	UNENDL
0,10	B(AA)	0,8454	0,8788	0,9131	0,9434	0,9633	0,9709	0,9739	0,9748	0,9751	0,9752
	B(AB)	0,1163	0,1064	0,0906	0,0716	0,0568	0,0506	0,0482	0,0474	0,0472	0,0471
	B(AC)	0,0162	0,0017	-0,0112	-0,0198	-0,0236	-0,0246	-0,0250	-0,0251	-0,0251	-0,0251
	B(AD)	0,0024	-0,0005	-0,0009	0,0004	0,0016	0,0022	0,0024	0,0024	0,0024	0,0024
	B(AE)	0,0004	-0,0000	0,0002	0,0003	0,0003	0,0003	0,0002	0,0002	0,0002	0,0002
	B(AF)	0,0001	0,0000	0,0000	-0,0000	-0,0001	-0,0001	-0,0001	-0,0001	-0,0001	-0,0001
	B(BA)	0,1308	0,1197	0,1019	0,0805	0,0639	0,0570	0,0542	0,0534	0,0531	0,0529
	B(BB)	0,7480	0,7738	0,8048	0,8369	0,8604	0,8699	0,8736	0,8747	0,8751	0,8753
	B(BC)	0,1043	0,1062	0,1065	0,1046	0,1020	0,1008	0,1002	0,1001	0,1000	0,1000
	B(BD)	0,0153	0,0021	-0,0114	-0,0225	-0,0290	-0,0313	-0,0321	-0,0324	-0,0325	-0,0325
	B(BE)	0,0024	-0,0006	-0,0012	-0,0001	0,0014	0,0020	0,0023	0,0024	0,0024	0,0024
	B(BF)	0,0004	-0,0001	0,0002	0,0004	0,0004	0,0003	0,0003	0,0003	0,0003	0,0003
	B(CA)	0,0203	0,0021	-0,0140	-0,0248	-0,0295	-0,0308	-0,0312	-0,0313	-0,0314	-0,0314
	B(CB)	0,1159	0,1180	0,1183	0,1162	0,1134	0,1120	0,1114	0,1112	0,1111	0,1111
	B(CC)	0,7513	0,7783	0,8051	0,8273	0,8404	0,8452	0,8469	0,8475	0,8477	0,8477
	B(CD)	0,1105	0,1122	0,1119	0,1101	0,1085	0,1078	0,1076	0,1075	0,1075	0,1074
	B(CE)	0,0170	0,0024	-0,0126	-0,0250	-0,0322	-0,0348	-0,0357	-0,0360	-0,0361	-0,0361
	B(CF)	0,0030	-0,0007	-0,0011	0,0005	0,0021	0,0027	0,0029	0,0030	0,0030	0,0031
	D(AA)/A	-0,0758	-0,0590	-0,0402	-0,0217	-0,0084	-0,0031	-0,0010	-0,0003	-0,0001	-0,0000
	D(AB)/A	0,0570	0,0488	0,0362	0,0208	0,0084	0,0031	0,0010	0,0003	0,0001	0
	D(AC)/A	0,0079	0,0034	-0,0000	-0,0011	-0,0007	-0,0003	-0,0001	-0,0000	-0,0000	-0,0000
	D(AD)/A	0,0012	-0,0001	-0,0004	-0,0003	-0,0001	-0,0000	-0,0000	-0,0000	-0,0000	0
	D(AE)/A	0,0002	-0,0000	0,0000	0,0000	0,0000	0,0000	0,0000	0,0000	0,0000	0
	D(AF)/A	0,0000	-0,0000	0,0000	0,0000	-0,0000	-0,0000	-0,0000	-0,0000	-0,0000	-0,0000
	D(BA)/A	-0,0905	-0,0593	-0,0324	-0,0136	-0,0044	-0,0015	-0,0004	-0,0001	-0,0000	-0,0000
	D(BB)/A	-0,0073	-0,0041	-0,0028	-0,0020	-0,0009	-0,0004	-0,0001	-0,0000	-0,0000	0,0000
	D(BC)/A	0,0675	0,0482	0,0292	0,0139	0,0049	0,0017	0,0005	0,0002	0,0001	-0,0000
	D(BD)/A	0,0099	0,0031	-0,0004	-0,0011	-0,0006	-0,0002	-0,0001	-0,0000	-0,0000	-0,0000
	D(BE)/A	0,0015	-0,0001	-0,0004	-0,0002	-0,0000	-0,0000	-0,0000	-0,0000	-0,0000	-0,0000
	D(BF)/A	0,0003	-0,0000	0,0000	0,0000	0,0000	0,0000	0,0000	0,0000	0,0000	-0,0000
	D(CA)/A	-0,0138	-0,0037	0,0010	0,0015	0,0007	0,0003	0,0001	0,0000	0,0000	0,0000
	D(CB)/A	-0,0789	-0,0558	-0,0337	-0,0160	-0,0056	-0,0020	-0,0006	-0,0002	-0,0001	-0,0000
	D(CC)/A	-0,0028	-0,0019	-0,0011	-0,0005	-0,0002	-0,0001	-0,0000	-0,0000	-0,0000	-0,0000
	D(CD)/A	0,0731	0,0520	0,0314	0,0149	0,0053	0,0019	0,0006	0,0002	0,0001	0,0000
	D(CE)/A	0,0113	0,0035	-0,0005	-0,0013	-0,0007	-0,0003	-0,0001	-0,0000	-0,0000	0
	D(CF)/A	0,0020	-0,0001	-0,0004	-0,0001	-0,0000	0,0000	0,0000	0,0000	0,0000	-0,0000
0,20	B(AA)	0,7518	0,8008	0,8532	0,9022	0,9358	0,9491	0,9544	0,9560	0,9565	0,9568
	B(AB)	0,1663	0,1579	0,1400	0,1149	0,0934	0,0840	0,0801	0,0790	0,0785	0,0784
	B(AC)	0,0375	0,0163	-0,0052	-0,0223	-0,0315	-0,0345	-0,0355	-0,0358	-0,0360	-0,0360
	B(AD)	0,0089	0,0010	-0,0032	-0,0036	-0,0024	-0,0017	-0,0014	-0,0013	-0,0013	-0,0013
	B(AE)	0,0022	-0,0000	-0,0001	0,0007	0,0013	0,0015	0,0016	0,0016	0,0016	0,0016
	B(AF)	0,0007	-0,0000	0,0001	0,0001	-0,0000	-0,0001	-0,0001	-0,0001	-0,0001	-0,0001
	B(BA)	0,1871	0,1776	0,1574	0,1293	0,1051	0,0945	0,0901	0,0888	0,0884	0,0882
	B(BB)	0,6285	0,6606	0,7002	0,7431	0,7761	0,7899	0,7955	0,7972	0,7978	0,7980
	B(BC)	0,1415	0,1461	0,1498	0,1515	0,1514	0,1511	0,1509	0,1508	0,1508	0,1508
	B(BD)	0,0336	0,0164	-0,0026	-0,0197	-0,0306	-0,0347	-0,0362	-0,0367	-0,0368	-0,0369
	B(BE)	0,0084	0,0011	-0,0036	-0,0052	-0,0051	-0,0048	-0,0046	-0,0046	-0,0045	-0,0045
	B(BF)	0,0025	-0,0000	-0,0002	0,0008	0,0015	0,0017	0,0018	0,0018	0,0018	0,0018
	B(CA)	0,0468	0,0204	-0,0066	-0,0279	-0,0393	-0,0431	-0,0444	-0,0448	-0,0449	-0,0450
	B(CB)	0,1572	0,1623	0,1664	0,1684	0,1683	0,1679	0,1676	0,1676	0,1676	0,1675
	B(CC)	0,6291	0,6654	0,7035	0,7361	0,7559	0,7631	0,7658	0,7666	0,7669	0,7670
	B(CD)	0,1494	0,1548	0,1577	0,1579	0,1571	0,1567	0,1565	0,1565	0,1564	0,1564
	B(CE)	0,0373	0,0182	-0,0029	-0,0219	-0,0340	-0,0385	-0,0402	-0,0407	-0,0409	-0,0410
	B(CF)	0,0111	0,0012	-0,0040	-0,0045	-0,0030	-0,0022	-0,0018	-0,0017	-0,0016	-0,0016
	D(AA)/A	-0,1217	-0,0975	-0,0688	-0,0385	-0,0154	-0,0057	-0,0018	-0,0006	-0,0002	-0,0000
	D(AB)/A	0,0815	0,0723	0,0559	0,0335	0,0139	0,0052	0,0016	0,0006	0,0002	0,0000
	D(AC)/A	0,0184	0,0117	0,0056	0,0016	0,0002	0,0000	0,0000	0,0000	0,0000	-0,0000
	D(AD)/A	0,0044	0,0011	-0,0007	-0,0010	-0,0005	-0,0002	-0,0001	-0,0000	-0,0000	0
	D(AE)/A	0,0011	0,0001	-0,0002	-0,0001	0,0000	0,0000	0,0000	0,0000	0,0000	0,0000
	D(AF)/A	0,0003	-0,0000	0,0000	0,0000	0,0000	0,0000	0,0000	0,0000	0,0000	0
	D(BA)/A	-0,1566	-0,1066	-0,0606	-0,0266	-0,0088	-0,0030	-0,0009	-0,0003	-0,0001	-0,0000
	D(BB)/A	-0,0160	-0,0084	-0,0045	-0,0026	-0,0012	-0,0005	-0,0002	-0,0001	-0,0000	0,0000
	D(BC)/A	0,1070	0,0792	0,0494	0,0240	0,0086	0,0030	0,0009	0,0003	0,0001	-0,0000
	D(BD)/A	0,0254	0,0125	0,0039	0,0004	-0,0002	-0,0001	-0,0000	-0,0000	-0,0000	0,0000
	D(BE)/A	0,0064	0,0012	-0,0008	-0,0008	-0,0003	-0,0001	-0,0000	-0,0000	-0,0000	0,0000
	D(BF)/A	0,0019	0,0001	-0,0001	0,0000	0,0000	0,0000	0,0000	0,0000	0,0000	0,0000
	D(CA)/A	-0,0382	-0,0165	-0,0036	0,0007	0,0008	0,0003	0,0001	0,0000	0,0000	-0,0000
	D(CB)/A	-0,1284	-0,0926	-0,0575	-0,0281	-0,0101	-0,0036	-0,0011	-0,0004	-0,0001	-0,0000
	D(CC)/A	-0,0049	-0,0032	-0,0019	-0,0009	-0,0003	-0,0001	-0,0000	-0,0000	-0,0000	0,0000
	D(CD)/A	0,1176	0,0859	0,0534	0,0259	0,0093	0,0033	0,0010	0,0003	0,0001	0,0000
	D(CE)/A	0,0294	0,0141	0,0044	0,0004	-0,0002	-0,0001	-0,0000	-0,0000	-0,0000	0,0000
	D(CF)/A	0,0088	0,0014	-0,0010	-0,0008	-0,0003	-0,0001	-0,0000	-0,0000	-0,0000	-0,0000

Z	Z(T)	0,00	0,03	0,10	0,30	1,00	3,00	10,0	30,0	100	UNENDL
0,50	B(AA)	0,5964	0,6625	0,7393	0,8182	0,8779	0,9031	0,9134	0,9165	0,9176	0,9181
	B(AB)	0,2157	0,2178	0,2078	0,1837	0,1569	0,1436	0,1379	0,1362	0,1356	0,1353
	B(AC)	0,0800	0,0557	0,0244	-0,0075	-0,0298	-0,0385	-0,0419	-0,0429	-0,0433	-0,0434
	B(AD)	0,0314	0,0141	-0,0015	-0,0112	-0,0146	-0,0151	-0,0152	-0,0152	-0,0152	-0,0152
	B(AE)	0,0132	0,0037	-0,0014	-0,0018	-0,0001	0,0008	0,0013	0,0014	0,0015	0,0015
	B(AF)	0,0068	0,0011	-0,0003	0,0005	0,0012	0,0013	0,0013	0,0013	0,0013	0,0013
	B(BA)	0,2427	0,2450	0,2338	0,2067	0,1765	0,1616	0,1552	0,1532	0,1525	0,1522
	B(BB)	0,4717	0,5066	0,5499	0,5989	0,6397	0,6578	0,6653	0,6676	0,6684	0,6688
	B(BC)	0,1750	0,1831	0,1924	0,2022	0,2098	0,2130	0,2143	0,2147	0,2148	0,2149
	B(BD)	0,0686	0,0497	0,0274	0,0050	-0,0110	-0,0175	-0,0200	-0,0208	-0,0211	-0,0212
	B(BE)	0,0288	0,0132	-0,0006	-0,0111	-0,0173	-0,0195	-0,0204	-0,0206	-0,0207	-0,0208
	B(BF)	0,0148	0,0041	-0,0015	-0,0020	-0,0002	0,0009	0,0014	0,0016	0,0016	0,0017
	B(CA)	0,1000	0,0696	0,0305	-0,0094	-0,0372	-0,0481	-0,0524	-0,0537	-0,0541	-0,0543
	B(CB)	0,1944	0,2034	0,2138	0,2247	0,2331	0,2367	0,2381	0,2385	0,2387	0,2388
	B(CC)	0,4633	0,5046	0,5534	0,6000	0,6309	0,6425	0,6470	0,6484	0,6488	0,6490
	B(CD)	0,1817	0,1928	0,2039	0,2115	0,2147	0,2155	0,2158	0,2158	0,2158	0,2159
	B(CE)	0,0762	0,0552	0,0304	0,0055	-0,0123	-0,0194	-0,0223	-0,0231	-0,0234	-0,0235
	B(CF)	0,0392	0,0176	-0,0019	-0,0141	-0,0182	-0,0189	-0,0189	-0,0190	-0,0190	-0,0190
	C(AA)/A	-0,1978	-0,1665	-0,1252	-0,0754	-0,0320	-0,0121	-0,0038	-0,0013	-0,0004	0
	C(AB)/A	0,1058	0,0991	0,0824	0,0536	0,0238	0,0092	0,0029	0,0010	0,0003	0,0000
	C(AC)/A	0,0392	0,0327	0,0236	0,0133	0,0054	0,0020	0,0006	0,0002	0,0001	0,0000
	C(AD)/A	0,0154	0,0087	0,0028	-0,0004	-0,0008	-0,0004	-0,0001	-0,0000	-0,0000	-0,0000
	C(AE)/A	0,0065	0,0023	-0,0002	-0,0009	-0,0005	-0,0002	-0,0001	-0,0000	-0,0000	-0,0000
	C(AF)/A	0,0033	0,0007	-0,0002	-0,0001	0,0000	0,0000	0,0000	0,0000	0,0000	-0,0000
	C(BA)/A	-0,2848	-0,2070	-0,1272	-0,0604	-0,0211	-0,0074	-0,0022	-0,0008	-0,0002	-0,0000
	D(BB)/A	-0,0436	-0,0243	-0,0110	-0,0042	-0,0015	-0,0005	-0,0002	-0,0001	-0,0000	-0,0000
	C(BC)/A	0,1661	0,1317	0,0881	0,0451	0,0167	0,0059	0,0018	0,0006	0,0002	0,0000
	C(BD)/A	0,0651	0,0423	0,0220	0,0085	0,0025	0,0008	0,0002	0,0001	0,0000	0,0000
	C(BE)/A	0,0273	0,0117	0,0022	-0,0010	-0,0008	-0,0004	-0,0001	-0,0000	-0,0000	0
	D(BF)/A	0,0141	0,0037	-0,0005	-0,0007	-0,0003	-0,0001	-0,0000	-0,0000	-0,0000	-0,0000
	C(CA)/A	-0,1122	-0,0649	-0,0281	-0,0076	-0,0011	-0,0002	-0,0000	-0,0000	-0,0000	0,0000
	C(CB)/A	-0,2181	-0,1619	-0,1042	-0,0532	-0,0200	-0,0072	-0,0022	-0,0007	-0,0002	0,0000
	C(CC)/A	-0,0111	-0,0065	-0,0037	-0,0020	-0,0008	-0,0003	-0,0001	-0,0000	-0,0000	-0,0000
	C(CD)/A	0,1917	0,1467	0,0960	0,0489	0,0181	0,0065	0,0020	0,0007	0,0002	0,0000
	C(CE)/A	0,0804	0,0494	0,0249	0,0097	0,0030	0,0010	0,0003	0,0001	0,0000	0,0000
	C(CF)/A	0,0414	0,0163	0,0020	-0,0020	-0,0013	-0,0005	-0,0002	-0,0001	-0,0000	-0,0000
1,00	B(AA)	0,4740	0,5445	0,6331	0,7327	0,8158	0,8536	0,8696	0,8744	0,8762	0,8769
	B(AB)	0,2260	0,2393	0,2434	0,2308	0,2078	0,1942	0,1879	0,1860	0,1853	0,1850
	B(AC)	0,1113	0,0921	0,0616	0,0224	-0,0113	-0,0266	-0,0329	-0,0348	-0,0355	-0,0358
	B(AD)	0,0583	0,0365	0,0118	-0,0105	-0,0238	-0,0283	-0,0300	-0,0304	-0,0306	-0,0307
	B(AE)	0,0331	0,0155	0,0014	-0,0057	-0,0066	-0,0059	-0,0055	-0,0053	-0,0053	-0,0053
	B(AF)	0,0225	0,0080	-0,0002	-0,0008	0,0018	0,0032	0,0038	0,0039	0,0040	0,0040
	B(BA)	0,2542	0,2692	0,2738	0,2596	0,2338	0,2184	0,2114	0,2092	0,2084	0,2081
	B(BB)	0,3741	0,4082	0,4500	0,4971	0,5373	0,5560	0,5640	0,5664	0,5673	0,5676
	B(BC)	0,1843	0,1939	0,2059	0,2203	0,2337	0,2403	0,2431	0,2440	0,2443	0,2444
	B(BD)	0,0965	0,0791	0,0578	0,0356	0,0190	0,0120	0,0092	0,0084	0,0081	0,0079
	B(BE)	0,0548	0,0336	0,0122	-0,0065	-0,0193	-0,0246	-0,0267	-0,0274	-0,0276	-0,0277
	B(BF)	0,0372	0,0174	0,0015	-0,0064	-0,0074	-0,0067	-0,0062	-0,0060	-0,0059	-0,0059
	B(CA)	0,1392	0,1152	0,0771	0,0280	-0,0142	-0,0332	-0,0411	-0,0435	-0,0444	-0,0448
	B(CB)	0,2048	0,2155	0,2288	0,2447	0,2596	0,2670	0,2701	0,2711	0,2714	0,2716
	B(CC)	0,3607	0,3974	0,4460	0,4993	0,5352	0,5556	0,5622	0,5641	0,5648	0,5651
	B(CD)	0,1889	0,2009	0,2168	0,2329	0,2433	0,2470	0,2484	0,2488	0,2489	0,2490
	B(CE)	0,1072	0,0879	0,0643	0,0396	0,0211	0,0134	0,0102	0,0093	0,0089	0,0088
	B(CF)	0,0729	0,0457	0,0147	-0,0132	-0,0298	-0,0354	-0,0375	-0,0380	-0,0382	-0,0383
	D(AA)/A	-0,2578	-0,2263	-0,1801	-0,1163	-0,0525	-0,0205	-0,0065	-0,0022	-0,0007	-0,0000
	C(AB)/A	0,1108	0,1076	0,0945	0,0661	0,0313	0,0124	0,0040	0,0014	0,0004	0
	C(AC)/A	0,0546	0,0515	0,0439	0,0300	0,0140	0,0055	0,0018	0,0006	0,0002	0
	C(AD)/A	0,0286	0,0210	0,0124	0,0050	0,0012	0,0003	0,0001	0,0000	0,0000	-0,0000
	D(AE)/A	0,0162	0,0089	0,0026	-0,0008	-0,0011	-0,0006	-0,0002	-0,0001	-0,0000	0,0000
	C(AF)/A	0,0110	0,0046	0,0003	-0,0009	-0,0004	-0,0002	-0,0000	-0,0000	-0,0000	0
	C(BA)/A	-0,4016	-0,3089	-0,2036	-0,1046	-0,0390	-0,0140	-0,0043	-0,0015	-0,0004	-0,0000
	D(BB)/A	-0,0813	-0,0513	-0,0253	-0,0089	-0,0023	-0,0007	-0,0002	-0,0001	-0,0000	-0,0000
	C(BC)/A	0,2020	0,1697	0,1222	0,0673	0,0261	0,0095	0,0029	0,0010	0,0003	0
	C(BD)/A	0,1058	0,0787	0,0492	0,0235	0,0082	0,0029	0,0009	0,0003	0,0001	-0,0000
	C(BE)/A	0,0601	0,0341	0,0134	0,0025	-0,0001	-0,0002	-0,0001	-0,0000	-0,0000	-0,0000
	D(BF)/A	0,0408	0,0177	0,0028	-0,0018	-0,0012	-0,0005	-0,0002	-0,0001	-0,0000	0
	D(CA)/A	-0,2046	-0,1369	-0,0732	-0,0278	-0,0073	-0,0021	-0,0006	-0,0002	-0,0001	0,0000
	C(CB)/A	-0,3010	-0,2301	-0,1523	-0,0800	-0,0308	-0,0112	-0,0035	-0,0012	-0,0004	-0,0000
	D(CC)/A	-0,0214	-0,0125	-0,0063	-0,0032	-0,0014	-0,0006	-0,0002	-0,0001	-0,0000	0,0000
	C(CD)/A	0,2506	0,1995	0,1369	0,0731	0,0280	0,0101	0,0031	0,0011	0,0003	0,0000
	D(CE)/A	0,1423	0,0980	0,0569	0,0263	0,0094	0,0033	0,0010	0,0003	0,0001	0,0000
	C(CF)/A	0,0967	0,0517	0,0172	0,0008	-0,0017	-0,0009	-0,0003	-0,0001	-0,0000	-0,0000

Z	Z(T)	0,00	0,03	0,10	0,30	1,00	3,00	10,0	30,0	100	UNENDL
2,00	B(AA)	0,3649	0,4301	0,5203	0,6330	0,7389	0,7918	0,8151	0,8224	0,8250	0,8262
	B(AB)	0,2152	0,2362	0,2551	0,2612	0,2509	0,2411	0,2359	0,2342	0,2336	0,2333
	B(AC)	0,1323	0,1215	0,0998	0,0632	0,0225	0,0008	-0,0089	-0,0120	-0,0131	-0,0135
	B(AD)	0,0868	0,0657	0,0370	0,0037	-0,0238	-0,0360	-0,0411	-0,0426	-0,0432	-0,0434
	B(AE)	0,0616	0,0385	0,0139	-0,0057	-0,0154	-0,0180	-0,0187	-0,0189	-0,0190	-0,0190
	B(AF)	0,0499	0,0268	0,0060	-0,0041	-0,0022	0,0012	0,0030	0,0036	0,0039	0,0040
	B(BA)	0,2421	0,2657	0,2870	0,2939	0,2823	0,2712	0,2654	0,2635	0,2628	0,2625
	B(BB)	0,2992	0,3302	0,3698	0,4139	0,4508	0,4681	0,4755	0,4778	0,4786	0,4790
	B(BC)	0,1839	0,1936	0,2064	0,2226	0,2388	0,2474	0,2514	0,2526	0,2530	0,2532
	B(BD)	0,1206	0,1060	0,0872	0,0672	0,0525	0,0466	0,0442	0,0435	0,0433	0,0432
	B(BE)	0,0857	0,0622	0,0349	0,0086	-0,0101	-0,0179	-0,0211	-0,0221	-0,0225	-0,0226
	B(BF)	0,0693	0,0433	0,0156	-0,0064	-0,0173	-0,0202	-0,0211	-0,0213	-0,0214	-0,0214
	B(CA)	0,1654	0,1519	0,1248	0,0790	0,0281	0,0010	-0,0111	-0,0150	-0,0163	-0,0169
	B(CB)	0,2044	0,2151	0,2294	0,2473	0,2653	0,2749	0,2793	0,2807	0,2812	0,2814
	B(CC)	0,2877	0,3152	0,3561	0,4084	0,4550	0,4769	0,4862	0,4890	0,4901	0,4905
	B(CD)	0,1887	0,1979	0,2134	0,2349	0,2549	0,2643	0,2682	0,2694	0,2699	0,2700
	B(CE)	0,1340	0,1178	0,0969	0,0747	0,0584	0,0518	0,0492	0,0484	0,0481	0,0480
	B(CF)	0,1084	0,0821	0,0463	0,0046	-0,0298	-0,0450	-0,0514	-0,0533	-0,0540	-0,0543
	D(AA)/A	-0,3113	-0,2850	-0,2405	-0,1680	-0,0821	-0,0334	-0,0108	-0,0037	-0,0011	-0,0000
	D(AB)/A	0,1055	0,1039	0,0949	0,0709	0,0360	0,0149	0,0049	0,0017	0,0005	0,0000
	D(AC)/A	0,0648	0,0664	0,0640	0,0507	0,0269	0,0113	0,0037	0,0013	0,0004	0,0000
	D(AD)/A	0,0425	0,0367	0,0284	0,0178	0,0080	0,0031	0,0010	0,0003	0,0001	0,0000
	D(AE)/A	0,0302	0,0215	0,0116	0,0033	-0,0001	-0,0003	-0,0001	-0,0001	-0,0000	0
	D(AF)/A	0,0244	0,0150	0,0053	-0,0011	-0,0019	-0,0010	-0,0003	-0,0001	-0,0000	-0,0000
	D(BA)/A	-0,5168	-0,4212	-0,2991	-0,1680	-0,0680	-0,0254	-0,0080	-0,0027	-0,0008	-0,0000
	D(BB)/A	-0,1289	-0,0925	-0,0533	-0,0214	-0,0057	-0,0016	-0,0004	-0,0001	-0,0000	0
	D(BC)/A	0,2228	0,1961	0,1519	0,0920	0,0387	0,0146	0,0046	0,0016	0,0005	0
	D(BD)/A	0,1461	0,1201	0,0861	0,0484	0,0194	0,0072	0,0022	0,0008	0,0002	-0,0000
	D(BE)/A	0,1038	0,0713	0,0385	0,0145	0,0038	0,0011	0,0003	0,0001	0,0000	-0,0000
	D(BF)/A	0,0840	0,0497	0,0182	0,0004	-0,0026	-0,0013	-0,0005	-0,0002	-0,0000	0
	D(CA)/A	-0,3138	-0,2368	-0,1485	-0,0690	-0,0224	-0,0074	-0,0022	-0,0007	-0,0002	-0,0000
	D(CB)/A	-0,3878	-0,3095	-0,2133	-0,1155	-0,0453	-0,0167	-0,0052	-0,0018	-0,0005	-0,0000
	D(CC)/A	-0,0372	-0,0244	-0,0125	-0,0051	-0,0020	-0,0008	-0,0003	-0,0001	-0,0000	-0,0000
	D(CD)/A	0,3035	0,2518	0,1818	0,1027	0,0411	0,0152	0,0047	0,0016	0,0005	-0,0000
	D(CE)/A	0,2156	0,1644	0,1069	0,0548	0,0209	0,0077	0,0024	0,0008	0,0002	0,0000
	D(CF)/A	0,1745	0,1157	0,0565	0,0154	0,0010	-0,0005	-0,0003	-0,0001	-0,0000	-0,0000
5,00	B(AA)	0,2588	0,3052	0,3805	0,4929	0,6198	0,6940	0,7297	0,7413	0,7455	0,7473
	B(AB)	0,1889	0,2091	0,2371	0,2667	0,2831	0,2858	0,2856	0,2854	0,2853	0,2852
	B(AC)	0,1443	0,1417	0,1339	0,1137	0,0792	0,0542	0,0412	0,0368	0,0352	0,0345
	B(AD)	0,1165	0,1017	0,0774	0,0409	-0,0003	-0,0245	-0,0363	-0,0401	-0,0415	-0,0421
	B(AE)	0,0994	0,0785	0,0481	0,0116	-0,0182	-0,0314	-0,0369	-0,0386	-0,0392	-0,0395
	B(AF)	0,0908	0,0672	0,0346	0,0007	-0,0164	-0,0173	-0,0156	-0,0148	-0,0145	-0,0143
	B(BA)	0,2125	0,2352	0,2667	0,3001	0,3185	0,3215	0,3213	0,3211	0,3210	0,3209
	B(BB)	0,2326	0,2552	0,2888	0,3311	0,3674	0,3839	0,3909	0,3931	0,3938	0,3942
	B(BC)	0,1777	0,1851	0,1967	0,2128	0,2295	0,2387	0,2431	0,2445	0,2450	0,2452
	B(BD)	0,1434	0,1336	0,1191	0,1018	0,0892	0,0849	0,0835	0,0831	0,0830	0,0829
	B(BE)	0,1223	0,1031	0,0750	0,0410	0,0137	0,0022	-0,0024	-0,0038	-0,0043	-0,0045
	B(BF)	0,1118	0,0883	0,0541	0,0130	-0,0205	-0,0353	-0,0415	-0,0434	-0,0441	-0,0444
	B(CA)	0,1804	0,1771	0,1674	0,1421	0,0990	0,0678	0,0515	0,0460	0,0440	0,0432
	B(CB)	0,1974	0,2057	0,2186	0,2365	0,2550	0,2652	0,2701	0,2717	0,2722	0,2725
	B(CC)	0,2314	0,2467	0,2725	0,3123	0,3582	0,3851	0,3982	0,4024	0,4039	0,4046
	B(CD)	0,1867	0,1912	0,2004	0,2184	0,2443	0,2616	0,2704	0,2733	0,2744	0,2748
	B(CE)	0,1593	0,1484	0,1323	0,1131	0,0991	0,0943	0,0928	0,0923	0,0922	0,0922
	B(CF)	0,1456	0,1271	0,0967	0,0512	-0,0003	-0,0306	-0,0454	-0,0502	-0,0519	-0,0527
	D(AA)/A	-0,3633	-0,3498	-0,3184	-0,2481	-0,1372	-0,0599	-0,0201	-0,0070	-0,0021	-0,0000
	D(AB)/A	0,0926	0,0881	0,0788	0,0601	0,0326	0,0141	0,0047	0,0016	0,0005	-0,0000
	D(AC)/A	0,0707	0,0764	0,0811	0,0747	0,0469	0,0216	0,0074	0,0026	0,0008	-0,0000
	D(AD)/A	0,0571	0,0558	0,0527	0,0442	0,0267	0,0123	0,0042	0,0015	0,0004	-0,0000
	D(AE)/A	0,0487	0,0431	0,0338	0,0208	0,0090	0,0035	0,0011	0,0004	0,0001	0,0000
	D(AF)/A	0,0445	0,0369	0,0245	0,0085	-0,0016	-0,0022	-0,0010	-0,0004	-0,0001	0,0000
	D(BA)/A	-0,6375	-0,5572	-0,4363	-0,2782	-0,1282	-0,0515	-0,0167	-0,0057	-0,0017	-0,0000
	D(BB)/A	-0,1879	-0,1559	-0,1102	-0,0576	-0,0198	-0,0065	-0,0019	-0,0006	-0,0002	0,0000
	D(BC)/A	0,2318	0,2098	0,1731	0,1176	0,0571	0,0235	0,0077	0,0026	0,0008	0,0000
	D(BD)/A	0,1870	0,1684	0,1377	0,0923	0,0443	0,0181	0,0059	0,0020	0,0006	0,0000
	D(BE)/A	0,1596	0,1311	0,0924	0,0503	0,0197	0,0073	0,0023	0,0008	0,0002	0,0000
	D(BF)/A	0,1458	0,1123	0,0678	0,0239	0,0016	-0,0014	-0,0008	-0,0003	-0,0001	-0,0000
	D(CA)/A	-0,4430	-0,3794	-0,2837	-0,1641	-0,0659	-0,0243	-0,0076	-0,0025	-0,0008	-0,0000
	D(CB)/A	-0,4848	-0,4146	-0,3104	-0,1812	-0,0741	-0,0276	-0,0086	-0,0029	-0,0009	-0,0000
	D(CC)/A	-0,0595	-0,0468	-0,0301	-0,0132	-0,0034	-0,0009	-0,0002	-0,0001	-0,0000	-0,0000
	D(CD)/A	0,3555	0,3101	0,2400	0,1473	0,0637	0,0245	0,0078	0,0026	0,0008	0
	D(CE)/A	0,3033	0,2602	0,1957	0,1153	0,0479	0,0181	0,0057	0,0019	0,0006	0,0000
	D(CF)/A	0,2772	0,2240	0,1503	0,0706	0,0199	0,0054	0,0014	0,0004	0,0001	0,0000

Z	Z(T)	0,00	0,03	0,10	0,30	1,00	3,00	10,0	30,0	100	UNENDL
10,00	B(AA)	0,2095	0,2397	0,2950	0,3922	0,5235	0,6121	0,6586	0,6743	0,6801	0,6826
	B(AB)	0,1722	0,1867	0,2113	0,2480	0,2846	0,3019	0,3091	0,3112	0,3119	0,3123
	B(AC)	0,1471	0,1467	0,1449	0,1374	0,1175	0,0979	0,0858	0,0814	0,0798	0,0790
	B(AD)	0,1306	0,1211	0,1036	0,0729	0,0307	0,0012	-0,0149	-0,0204	-0,0224	-0,0233
	B(AE)	0,1200	0,1052	0,0794	0,0389	-0,0065	-0,0320	-0,0441	-0,0480	-0,0494	-0,0501
	B(AF)	0,1146	0,0971	0,0672	0,0221	-0,0217	-0,0396	-0,0453	-0,0466	-0,0471	-0,0472
	B(BA)	0,1938	0,2101	0,2377	0,2790	0,3202	0,3397	0,3477	0,3501	0,3509	0,3513
	B(BB)	0,2029	0,2179	0,2434	0,2819	0,3217	0,3419	0,3508	0,3535	0,3545	0,3550
	B(BC)	0,1733	0,1783	0,1872	0,2016	0,2184	0,2282	0,2329	0,2345	0,2351	0,2353
	B(BD)	0,1538	0,1475	0,1370	0,1221	0,1090	0,1040	0,1023	0,1019	0,1018	0,1018
	B(BE)	0,1414	0,1282	0,1056	0,0714	0,0365	0,0192	0,0118	0,0095	0,0087	0,0083
	B(BF)	0,1350	0,1183	0,0894	0,0438	-0,0073	-0,0360	-0,0496	-0,0540	-0,0556	-0,0563
	B(CA)	0,1838	0,1834	0,1812	0,1717	0,1468	0,1223	0,1072	0,1018	0,0997	0,0988
	B(CB)	0,1925	0,1981	0,2080	0,2240	0,2426	0,2535	0,2588	0,2606	0,2612	0,2615
	B(CC)	0,2094	0,2182	0,2342	0,2617	0,2992	0,3255	0,3398	0,3447	0,3466	0,3474
	B(CD)	0,1859	0,1881	0,1930	0,2042	0,2252	0,2433	0,2540	0,2578	0,2592	0,2598
	B(CE)	0,1709	0,1639	0,1523	0,1357	0,1211	0,1155	0,1137	0,1133	0,1131	0,1131
	B(CF)	0,1632	0,1514	0,1296	0,0911	0,0384	0,0015	-0,0186	-0,0255	-0,0280	-0,0291
	D(AA)/A	-0,3875	-0,3840	-0,3674	-0,3107	-0,1907	-0,0892	-0,0311	-0,0109	-0,0033	-0,0000
	D(AB)/A	0,0844	0,0757	0,0611	0,0400	0,0189	0,0078	0,0026	0,0009	0,0003	0
	D(AC)/A	0,0721	0,0788	0,0860	0,0845	0,0589	0,0294	0,0105	0,0037	0,0011	0,0000
	D(AD)/A	0,0640	0,0661	0,0684	0,0656	0,0464	0,0235	0,0085	0,0030	0,0009	0,0000
	D(AE)/A	0,0588	0,0575	0,0536	0,0435	0,0257	0,0118	0,0041	0,0014	0,0004	0,0000
	D(AF)/A	0,0562	0,0531	0,0455	0,0292	0,0089	0,0010	-0,0003	-0,0002	-0,0001	0
	D(BA)/A	-0,6961	-0,6331	-0,5292	-0,3721	-0,1918	-0,0825	-0,0277	-0,0096	-0,0029	-0,0000
	D(BB)/A	-0,2191	-0,1961	-0,1571	-0,0994	-0,0427	-0,0160	-0,0050	-0,0017	-0,0005	0,0000
	D(BC)/A	0,2323	0,2107	0,1760	0,1253	0,0670	0,0297	0,0102	0,0035	0,0011	-0,0000
	D(BD)/A	0,2062	0,1940	0,1702	0,1266	0,0688	0,0305	0,0104	0,0036	0,0011	-0,0000
	D(BE)/A	0,1896	0,1698	0,1379	0,0922	0,0443	0,0182	0,0060	0,0021	0,0006	-0,0000
	D(BF)/A	0,1811	0,1568	0,1180	0,0653	0,0203	0,0047	0,0009	0,0002	0,0001	-0,0000
	D(CA)/A	-0,5100	-0,4666	-0,3879	-0,2613	-0,1230	-0,0494	-0,0160	-0,0055	-0,0017	-0,0000
	D(CB)/A	-0,5341	-0,4773	-0,3830	-0,2450	-0,1082	-0,0416	-0,0132	-0,0045	-0,0013	-0,0000
	D(CC)/A	-0,0722	-0,0628	-0,0476	-0,0264	-0,0082	-0,0020	-0,0004	-0,0001	-0,0000	-0,0000
	D(CD)/A	0,3798	0,3412	0,2768	0,1820	0,0847	0,0341	0,0111	0,0038	0,0011	-0,0000
	D(CE)/A	0,3492	0,3194	0,2651	0,1773	0,0818	0,0323	0,0103	0,0035	0,0011	0
	D(CF)/A	0,3334	0,2963	0,2340	0,1430	0,0569	0,0198	0,0059	0,0019	0,0006	0,0000
20,00	B(AA)	0,1807	0,1983	0,2336	0,3063	0,4285	0,5289	0,5882	0,6094	0,6173	0,6208
	B(AB)	0,1613	0,1702	0,1874	0,2200	0,2679	0,3020	0,3204	0,3266	0,3290	0,3300
	B(AC)	0,1479	0,1481	0,1485	0,1479	0,1425	0,1340	0,1273	0,1246	0,1236	0,1231
	B(AD)	0,1388	0,1334	0,1224	0,1003	0,0637	0,0333	0,0149	0,0083	0,0058	0,0046
	B(AE)	0,1329	0,1239	0,1061	0,0715	0,0184	-0,0214	-0,0436	-0,0513	-0,0542	-0,0554
	B(AF)	0,1299	0,1190	0,0975	0,0554	-0,0083	-0,0537	-0,0774	-0,0852	-0,0881	-0,0894
	B(BA)	0,1815	0,1915	0,2108	0,2475	0,3014	0,3398	0,3604	0,3675	0,3701	0,3712
	B(BB)	0,1858	0,1946	0,2113	0,2416	0,2829	0,3104	0,3247	0,3295	0,3312	0,3320
	B(BC)	0,1703	0,1733	0,1792	0,1903	0,2064	0,2177	0,2237	0,2258	0,2266	0,2269
	B(BD)	0,1599	0,1562	0,1495	0,1382	0,1245	0,1169	0,1135	0,1124	0,1121	0,1119
	B(BE)	0,1531	0,1451	0,1299	0,1019	0,0631	0,0373	0,0239	0,0194	0,0177	0,0170
	B(BF)	0,1496	0,1394	0,1194	0,0804	0,0207	-0,0241	-0,0490	-0,0577	-0,0609	-0,0624
	B(CA)	0,1849	0,1852	0,1856	0,1849	0,1781	0,1675	0,1591	0,1558	0,1545	0,1539
	B(CB)	0,1892	0,1926	0,1991	0,2115	0,2294	0,2419	0,2486	0,2509	0,2518	0,2522
	B(CC)	0,1976	0,2024	0,2115	0,2286	0,2555	0,2773	0,2906	0,2954	0,2972	0,2980
	B(CD)	0,1855	0,1866	0,1889	0,1947	0,2074	0,2209	0,2300	0,2335	0,2348	0,2354
	B(CE)	0,1776	0,1736	0,1662	0,1535	0,1384	0,1299	0,1261	0,1249	0,1245	0,1243
	B(CF)	0,1735	0,1667	0,1530	0,1254	0,0796	0,0416	0,0186	0,0103	0,0072	0,0058
	D(AA)/A	-0,4016	-0,4058	-0,4031	-0,3670	-0,2521	-0,1281	-0,0468	-0,0166	-0,0051	-0,0000
	D(AB)/A	0,0791	0,0666	0,0454	0,0158	-0,0051	-0,0061	-0,0027	-0,0010	-0,0003	-0,0000
	D(AC)/A	0,0725	0,0794	0,0871	0,0871	0,0641	0,0339	0,0126	0,0045	0,0014	-0,0000
	D(AD)/A	0,0681	0,0726	0,0796	0,0840	0,0672	0,0371	0,0141	0,0051	0,0016	0
	D(AE)/A	0,0652	0,0675	0,0702	0,0691	0,0518	0,0275	0,0102	0,0036	0,0011	0,0000
	D(AF)/A	0,0637	0,0649	0,0647	0,0576	0,0353	0,0153	0,0049	0,0016	0,0005	0,0000
	D(BA)/A	-0,7310	-0,6825	-0,5993	-0,4606	-0,2687	-0,1260	-0,0444	-0,0156	-0,0048	0,0000
	D(BB)/A	-0,2385	-0,2238	-0,1957	-0,1453	-0,0781	-0,0342	-0,0115	-0,0040	-0,0012	0,0000
	D(BC)/A	0,2317	0,2092	0,1738	0,1240	0,0690	0,0325	0,0116	0,0041	0,0013	-0,0000
	D(BD)/A	0,2175	0,2102	0,1933	0,1561	0,0947	0,0455	0,0162	0,0057	0,0018	0,0000
	D(BE)/A	0,2083	0,1965	0,1757	0,1381	0,0811	0,0377	0,0132	0,0046	0,0014	-0,0000
	D(BF)/A	0,2035	0,1888	0,1628	0,1186	0,0607	0,0246	0,0078	0,0026	0,0008	-0,0000
	D(CA)/A	-0,5510	-0,5255	-0,4713	-0,3618	-0,2017	-0,0904	-0,0310	-0,0108	-0,0033	-0,0000
	D(CB)/A	-0,5640	-0,5195	-0,4408	-0,3111	-0,1556	-0,0647	-0,0213	-0,0073	-0,0022	-0,0000
	D(CC)/A	-0,0802	-0,0743	-0,0633	-0,0434	-0,0187	-0,0062	-0,0017	-0,0005	-0,0002	0
	D(CD)/A	0,3941	0,3610	0,3038	0,2133	0,1084	0,0462	0,0155	0,0054	0,0016	0
	D(CE)/A	0,3773	0,3597	0,3213	0,2423	0,1294	0,0557	0,0187	0,0064	0,0020	0,0000
	D(CF)/A	0,3686	0,3469	0,3051	0,2268	0,1192	0,0505	0,0167	0,0057	0,0017	0,0000

Z	Z(T)	0,00	0,03	0,10	0,30	1,00	3,00	10,0	30,0	100	UNENDL
50,00	B(AA)	0,1616	0,1695	0,1863	0,2264	0,3160	0,4209	0,5034	0,5379	0,5517	0,5580
	B(AB)	0,1537	0,1578	0,1664	0,1863	0,2292	0,2786	0,3175	0,3338	0,3404	0,3433
	B(AC)	0,1481	0,1484	0,1490	0,1506	0,1547	0,1601	0,1650	0,1673	0,1682	0,1686
	B(AD)	0,1443	0,1419	0,1368	0,1250	0,1002	0,0730	0,0524	0,0440	0,0407	0,0392
	B(AE)	0,1418	0,1376	0,1288	0,1080	0,0627	0,0105	-0,0305	-0,0477	-0,0546	-0,0577
	B(AF)	0,1404	0,1354	0,1245	0,0979	0,0369	-0,0375	-0,0980	-0,1238	-0,1342	-0,1389
	B(BA)	0,1730	0,1775	0,1872	0,2096	0,2579	0,3134	0,3572	0,3755	0,3829	0,3862
	B(BB)	0,1746	0,1785	0,1866	0,2040	0,2376	0,2729	0,2995	0,3104	0,3148	0,3168
	B(BC)	0,1682	0,1696	0,1724	0,1788	0,1912	0,2040	0,2136	0,2174	0,2190	0,2197
	B(BD)	0,1638	0,1622	0,1591	0,1526	0,1414	0,1305	0,1226	0,1193	0,1181	0,1175
	B(BE)	0,1610	0,1574	0,1499	0,1334	0,1009	0,0663	0,0401	0,0293	0,0250	0,0231
	B(BF)	0,1595	0,1548	0,1449	0,1215	0,0706	0,0118	-0,0344	-0,0537	-0,0615	-0,0650
	B(CA)	0,1852	0,1854	0,1862	0,1883	0,1934	0,2001	0,2063	0,2091	0,2102	0,2108
	B(CB)	0,1869	0,1884	0,1916	0,1986	0,2124	0,2267	0,2373	0,2416	0,2433	0,2441
	B(CC)	0,1902	0,1923	0,1962	0,2044	0,2192	0,2338	0,2442	0,2483	0,2499	0,2506
	B(CD)	0,1853	0,1857	0,1866	0,1886	0,1933	0,1985	0,2022	0,2037	0,2042	0,2045
	B(CE)	0,1821	0,1803	0,1767	0,1696	0,1571	0,1450	0,1362	0,1326	0,1312	0,1305
	B(CF)	0,1804	0,1773	0,1710	0,1562	0,1252	0,0912	0,0655	0,0550	0,0508	0,0489
	D(AA)/A	-0,4110	-0,4209	-0,4309	-0,4213	-0,3349	-0,1970	-0,0795	-0,0293	-0,0091	-0,0000
	D(AB)/A	0,0754	0,0598	0,0319	-0,0115	-0,0461	-0,0396	-0,0184	-0,0071	-0,0022	-0,0000
	D(AC)/A	0,0726	0,0794	0,0866	0,0855	0,0610	0,0312	0,0114	0,0040	0,0012	-0,0000
	D(AD)/A	0,0707	0,0772	0,0881	0,1007	0,0920	0,0571	0,0234	0,0087	0,0027	-0,0000
	D(AE)/A	0,0695	0,0749	0,0843	0,0972	0,0945	0,0625	0,0267	0,0100	0,0032	-0,0000
	D(AF)/A	0,0688	0,0737	0,0817	0,0920	0,0892	0,0608	0,0267	0,0102	0,0032	0
	D(BA)/A	-0,7543	-0,7174	-0,6550	-0,5485	-0,3765	-0,2063	-0,0807	-0,0295	-0,0092	-0,0000
	D(BB)/A	-0,2516	-0,2439	-0,2279	-0,1950	-0,1361	-0,0757	-0,0300	-0,0110	-0,0034	0,0000
	D(BC)/A	0,2309	0,2073	0,1699	0,1169	0,0608	0,0268	0,0091	0,0031	0,0010	0,0000
	D(BD)/A	0,2249	0,2214	0,2111	0,1833	0,1263	0,0681	0,0262	0,0095	0,0030	0,0000
	D(BE)/A	0,2210	0,2161	0,2074	0,1878	0,1402	0,0805	0,0323	0,0119	0,0037	0
	D(BF)/A	0,2189	0,2127	0,2018	0,1813	0,1381	0,0824	0,0340	0,0127	0,0040	0,0000
	D(CA)/A	-0,5787	-0,5680	-0,5397	-0,4673	-0,3224	-0,1753	-0,0683	-0,0249	-0,0077	-0,0000
	D(CB)/A	-0,5841	-0,5498	-0,4883	-0,3808	-0,2301	-0,1146	-0,0427	-0,0154	-0,0047	-0,0000
	D(CC)/A	-0,0858	-0,0829	-0,0770	-0,0636	-0,0396	-0,0197	-0,0074	-0,0027	-0,0008	-0,0000
	D(CD)/A	0,4035	0,3748	0,3250	0,2436	0,1400	0,0672	0,0245	0,0087	0,0027	0
	D(CE)/A	0,3964	0,3889	0,3677	0,3115	0,2041	0,1061	0,0403	0,0146	0,0045	0,0000
	D(CF)/A	0,3927	0,3841	0,3654	0,3202	0,2260	0,1255	0,0496	0,0182	0,0057	0
100,00	B(AA)	0,1550	0,1590	0,1680	0,1908	0,2506	0,3426	0,4419	0,4941	0,5174	0,5284
	B(AB)	0,1510	0,1531	0,1578	0,1695	0,2001	0,2481	0,3013	0,3297	0,3425	0,3485
	B(AC)	0,1481	0,1483	0,1487	0,1501	0,1548	0,1646	0,1776	0,1851	0,1885	0,1901
	B(AD)	0,1462	0,1449	0,1422	0,1356	0,1197	0,0975	0,0753	0,0640	0,0591	0,0568
	B(AE)	0,1449	0,1427	0,1380	0,1258	0,0940	0,0444	-0,0100	-0,0390	-0,0519	-0,0581
	B(AF)	0,1442	0,1416	0,1356	0,1199	0,0754	0,0007	-0,0856	-0,1325	-0,1537	-0,1638
	B(BA)	0,1699	0,1723	0,1775	0,1907	0,2251	0,2791	0,3390	0,3710	0,3853	0,3921
	B(BB)	0,1707	0,1727	0,1770	0,1871	0,2104	0,2441	0,2800	0,2989	0,3074	0,3114
	B(BC)	0,1675	0,1682	0,1697	0,1733	0,1818	0,1937	0,2060	0,2124	0,2153	0,2166
	B(BD)	0,1652	0,1644	0,1627	0,1590	0,1512	0,1404	0,1290	0,1230	0,1203	0,1190
	B(BE)	0,1638	0,1619	0,1579	0,1483	0,1255	0,0922	0,0565	0,0377	0,0292	0,0252
	B(BF)	0,1630	0,1606	0,1552	0,1415	0,1058	0,0500	-0,0113	-0,0439	-0,0584	-0,0654
	B(CA)	0,1852	0,1854	0,1859	0,1876	0,1935	0,2058	0,2220	0,2313	0,2356	0,2377
	B(CB)	0,1861	0,1868	0,1885	0,1926	0,2020	0,2152	0,2289	0,2360	0,2392	0,2407
	B(CC)	0,1877	0,1888	0,1908	0,1952	0,2038	0,2138	0,2224	0,2264	0,2281	0,2289
	B(CD)	0,1852	0,1854	0,1859	0,1868	0,1886	0,1899	0,1897	0,1891	0,1888	0,1886
	B(CE)	0,1836	0,1827	0,1808	0,1767	0,1680	0,1560	0,1434	0,1367	0,1337	0,1323
	B(CF)	0,1827	0,1812	0,1778	0,1695	0,1496	0,1219	0,0941	0,0800	0,0738	0,0709
	D(AA)/A	-0,4142	-0,4264	-0,4417	-0,4460	-0,3869	-0,2590	-0,1187	-0,0466	-0,0149	-0,0000
	D(AB)/A	0,0740	0,0572	0,0264	-0,0248	-0,0748	-0,0740	-0,0403	-0,0168	-0,0055	-0,0000
	D(AC)/A	0,0726	0,0793	0,0862	0,0838	0,0555	0,0233	0,0059	0,0015	0,0004	-0,0000
	D(AD)/A	0,0717	0,0788	0,0914	0,1081	0,1062	0,0726	0,0327	0,0127	0,0040	-0,0000
	D(AE)/A	0,0710	0,0777	0,0900	0,1108	0,1238	0,0976	0,0490	0,0199	0,0064	0,0000
	D(AF)/A	0,0707	0,0770	0,0887	0,1093	0,1296	0,1125	0,0608	0,0254	0,0083	0,0000
	D(BA)/A	-0,7624	-0,7301	-0,6768	-0,5890	-0,4456	-0,2802	-0,1253	-0,0489	-0,0156	0,0000
	D(BB)/A	-0,2562	-0,2513	-0,2408	-0,2189	-0,1760	-0,1179	-0,0554	-0,0220	-0,0071	0,0000
	D(BC)/A	0,2306	0,2065	0,1679	0,1123	0,0516	0,0161	0,0023	0,0001	-0,0001	0,0000
	D(BD)/A	0,2275	0,2255	0,2179	0,1953	0,1447	0,0861	0,0365	0,0139	0,0044	0,0000
	D(BE)/A	0,2255	0,2234	0,2201	0,2117	0,1806	0,1233	0,0580	0,0230	0,0074	0,0000
	D(BF)/A	0,2244	0,2216	0,2178	0,2126	0,1950	0,1464	0,0739	0,0302	0,0098	-0,0000
	D(CA)/A	-0,5885	-0,5837	-0,5669	-0,5172	-0,4030	-0,2578	-0,1170	-0,0459	-0,0147	-0,0000
	D(CB)/A	-0,5912	-0,5610	-0,5072	-0,4140	-0,2806	-0,1645	-0,0716	-0,0278	-0,0089	-0,0000
	D(CC)/A	-0,0878	-0,0861	-0,0826	-0,0736	-0,0550	-0,0351	-0,0163	-0,0065	-0,0021	-0,0000
	D(CD)/A	0,4068	0,3798	0,3332	0,2574	0,1598	0,0859	0,0350	0,0132	0,0042	-0,0000
	D(CE)/A	0,4032	0,3997	0,3862	0,3445	0,2547	0,1562	0,0694	0,0271	0,0086	-0,0000
	D(CF)/A	0,4013	0,3979	0,3897	0,3657	0,3012	0,2037	0,0962	0,0384	0,0124	-0,0000

Z	Z(T)	0,00	0,03	0,10	0,30	1,00	3,00	10,0	30,0	100	UNENDL
200,00	B(AA)	0,1516	0,1536	0,1583	0,1705	0,2060	0,2741	0,3769	0,4510	0,4906	0,5111
	B(AB)	0,1496	0,1507	0,1531	0,1595	0,1782	0,2155	0,2738	0,3165	0,3395	0,3514
	B(AC)	0,1482	0,1482	0,1485	0,1493	0,1528	0,1619	0,1788	0,1918	0,1990	0,2027
	B(AD)	0,1472	0,1465	0,1451	0,1416	0,1323	0,1166	0,0946	0,0795	0,0715	0,0673
	B(AE)	0,1465	0,1454	0,1429	0,1363	0,1169	0,0788	0,0199	-0,0231	-0,0462	-0,0581
	B(AF)	0,1462	0,1448	0,1417	0,1331	0,1055	0,0467	-0,0490	-0,1202	-0,1587	-0,1786
	B(BA)	0,1683	0,1695	0,1722	0,1794	0,2005	0,2425	0,3080	0,3561	0,3819	0,3953
	B(BB)	0,1687	0,1697	0,1720	0,1774	0,1916	0,2175	0,2569	0,2854	0,3007	0,3086
	B(BC)	0,1671	0,1674	0,1682	0,1702	0,1753	0,1843	0,1976	0,2072	0,2123	0,2149
	B(BD)	0,1659	0,1655	0,1646	0,1627	0,1579	0,1494	0,1366	0,1273	0,1223	0,1197
	B(BE)	0,1652	0,1643	0,1622	0,1570	0,1431	0,1173	0,0781	0,0496	0,0343	0,0264
	B(BF)	0,1648	0,1636	0,1608	0,1534	0,1315	0,0887	0,0223	-0,0260	-0,0519	-0,0654
	B(CA)	0,1852	0,1853	0,1856	0,1866	0,1910	0,2024	0,2234	0,2398	0,2488	0,2534
	B(CB)	0,1856	0,1860	0,1869	0,1891	0,1948	0,2048	0,2196	0,2302	0,2359	0,2388
	B(CC)	0,1865	0,1870	0,1880	0,1903	0,1951	0,2014	0,2086	0,2130	0,2152	0,2163
	B(CD)	0,1852	0,1853	0,1855	0,1860	0,1866	0,1863	0,1838	0,1813	0,1798	0,1790
	B(CE)	0,1844	0,1839	0,1829	0,1807	0,1754	0,1660	0,1518	0,1414	0,1359	0,1330
	B(CF)	0,1840	0,1832	0,1814	0,1770	0,1654	0,1457	0,1183	0,0993	0,0893	0,0842
	D(AA)/A	-0,4159	-0,4292	-0,4474	-0,4601	-0,4234	-0,3187	-0,1726	-0,0756	-0,0255	-0,0000
	D(AB)/A	0,0733	0,0559	0,0234	-0,0326	-0,0958	-0,1088	-0,0719	-0,0338	-0,0117	0,0000
	D(AC)/A	0,0726	0,0793	0,0860	0,0825	0,0507	0,0137	-0,0036	-0,0037	-0,0016	0,0000
	D(AD)/A	0,0721	0,0796	0,0931	0,1122	0,1158	0,0866	0,0444	0,0188	0,0062	0
	D(AE)/A	0,0718	0,0791	0,0931	0,1188	0,1451	0,1328	0,0808	0,0370	0,0127	-0,0000
	D(AF)/A	0,0716	0,0788	0,0925	0,1197	0,1599	0,1664	0,1117	0,0532	0,0186	-0,0000
	D(BA)/A	-0,7666	-0,7367	-0,6884	-0,6125	-0,4945	-0,3520	-0,1871	-0,0816	-0,0275	-0,0000
	D(BB)/A	-0,2586	-0,2552	-0,2478	-0,2329	-0,2050	-0,1603	-0,0919	-0,0414	-0,0141	-0,0000
	D(BC)/A	0,2304	0,2060	0,1667	0,1094	0,0441	0,0038	-0,0090	-0,0059	-0,0023	-0,0000
	D(BD)/A	0,2288	0,2276	0,2215	0,2021	0,1573	0,1026	0,0498	0,0208	0,0069	0
	D(BE)/A	0,2278	0,2271	0,2270	0,2258	0,2099	0,1660	0,0946	0,0424	0,0145	0,0000
	D(BF)/A	0,2273	0,2263	0,2265	0,2312	0,2374	0,2126	0,1329	0,0618	0,0214	0,0000
	D(CA)/A	-0,5935	-0,5918	-0,5816	-0,5464	-0,4611	-0,3396	-0,1858	-0,0821	-0,0279	-0,0000
	D(CB)/A	-0,5949	-0,5668	-0,5173	-0,4334	-0,3172	-0,2144	-0,1130	-0,0494	-0,0167	-0,0000
	D(CC)/A	-0,0888	-0,0878	-0,0856	-0,0796	-0,0666	-0,0512	-0,0298	-0,0136	-0,0047	-0,0000
	D(CD)/A	0,4085	0,3824	0,3375	0,2653	0,1737	0,1038	0,0493	0,0206	0,0068	-0,0000
	D(CE)/A	0,4066	0,4053	0,3962	0,3638	0,2914	0,2062	0,1108	0,0487	0,0165	-0,0000
	D(CF)/A	0,4057	0,4051	0,4029	0,3926	0,3562	0,2830	0,1639	0,0741	0,0254	-0,0000
500,00	B(AA)	0,1495	0,1504	0,1523	0,1574	0,1733	0,2099	0,2901	0,3823	0,4535	0,4998
	B(AB)	0,1487	0,1492	0,1502	0,1529	0,1614	0,1821	0,2289	0,2834	0,3256	0,3531
	B(AC)	0,1482	0,1482	0,1483	0,1487	0,1504	0,1559	0,1704	0,1881	0,2020	0,2110
	B(AD)	0,1478	0,1475	0,1469	0,1455	0,1414	0,1330	0,1164	0,0978	0,0836	0,0744
	B(AE)	0,1475	0,1470	0,1460	0,1432	0,1344	0,1134	0,0664	0,0117	-0,0306	-0,0581
	B(AF)	0,1473	0,1468	0,1455	0,1419	0,1292	0,0964	0,0192	-0,0717	-0,1424	-0,1885
	B(BA)	0,1673	0,1678	0,1689	0,1720	0,1816	0,2048	0,2575	0,3188	0,3663	0,3973
	B(BB)	0,1675	0,1679	0,1688	0,1711	0,1775	0,1919	0,2235	0,2602	0,2885	0,3070
	B(BC)	0,1668	0,1670	0,1673	0,1681	0,1704	0,1754	0,1860	0,1982	0,2077	0,2138
	B(BD)	0,1664	0,1662	0,1658	0,1650	0,1628	0,1581	0,1477	0,1356	0,1262	0,1201
	B(BE)	0,1661	0,1657	0,1648	0,1627	0,1563	0,1421	0,1105	0,0738	0,0455	0,0270
	B(BF)	0,1659	0,1654	0,1643	0,1611	0,1512	0,1276	0,0747	0,0132	-0,0344	-0,0653
	B(CA)	0,1852	0,1852	0,1854	0,1858	0,1880	0,1949	0,2131	0,2351	0,2525	0,2638
	B(CB)	0,1854	0,1855	0,1859	0,1868	0,1894	0,1949	0,2067	0,2203	0,2308	0,2376
	B(CC)	0,1857	0,1859	0,1863	0,1873	0,1893	0,1924	0,1973	0,2022	0,2058	0,2081
	B(CD)	0,1852	0,1852	0,1853	0,1855	0,1857	0,1851	0,1822	0,1781	0,1748	0,1726
	B(CE)	0,1849	0,1847	0,1843	0,1834	0,1809	0,1757	0,1641	0,1506	0,1402	0,1334
	B(CF)	0,1847	0,1844	0,1837	0,1818	0,1767	0,1663	0,1455	0,1223	0,1045	0,0930
	D(AA)/A	-0,4169	-0,4309	-0,4510	-0,4694	-0,4507	-0,3775	-0,2547	-0,1379	-0,0536	0,0000
	D(AB)/A	0,0729	0,0551	0,0216	-0,0378	-0,1117	-0,1437	-0,1210	-0,0711	-0,0285	0,0000
	D(AC)/A	0,0726	0,0792	0,0858	0,0816	0,0466	0,0032	-0,0194	-0,0159	-0,0071	0,0000
	D(AD)/A	0,0724	0,0801	0,0942	0,1149	0,1227	0,0998	0,0615	0,0315	0,0119	0,0000
	D(AE)/A	0,0723	0,0800	0,0950	0,1241	0,1613	0,1679	0,1300	0,0743	0,0295	0,0000
	D(AF)/A	0,0722	0,0798	0,0949	0,1266	0,1833	0,2214	0,1919	0,1148	0,0464	-0,0000
	D(BA)/A	-0,7692	-0,7408	-0,6957	-0,6277	-0,5312	-0,4229	-0,2815	-0,1523	-0,0591	-0,0000
	D(BB)/A	-0,2601	-0,2575	-0,2521	-0,2421	-0,2271	-0,2029	-0,1485	-0,0837	-0,0331	-0,0000
	D(BC)/A	0,2303	0,2057	0,1660	0,1073	0,0381	-0,0094	-0,0273	-0,0198	-0,0085	-0,0000
	D(BD)/A	0,2296	0,2288	0,2237	0,2064	0,1665	0,1184	0,0695	0,0352	0,0133	-0,0000
	D(BE)/A	0,2292	0,2295	0,2313	0,2350	0,2321	0,2088	0,1514	0,0848	0,0334	-0,0000
	D(BF)/A	0,2290	0,2292	0,2319	0,2435	0,2699	0,2800	0,2256	0,1318	0,0528	-0,0000
	D(CA)/A	-0,5966	-0,5968	-0,5907	-0,5655	-0,5050	-0,4211	-0,2919	-0,1608	-0,0630	0
	D(CB)/A	-0,5971	-0,5703	-0,5237	-0,4461	-0,3450	-0,2644	-0,1771	-0,0967	-0,0378	0,0000
	D(CC)/A	-0,0894	-0,0888	-0,0875	-0,0836	-0,0756	-0,0676	-0,0510	-0,0293	-0,0117	0
	D(CD)/A	0,4095	0,3840	0,3403	0,2705	0,1841	0,1214	0,0711	0,0365	0,0139	-0,0000
	D(CE)/A	0,4088	0,4088	0,4024	0,3765	0,3192	0,2563	0,1750	0,0961	0,0376	0,0000
	D(CF)/A	0,4084	0,4096	0,4112	0,4103	0,3983	0,3630	0,2692	0,1525	0,0604	0,0000

Z	Z(T)	0,00	0,03	0,10	0,30	1,00	3,00	10,0	30,0	100	UNENDL
1000,00	B(AA)	0,1488	0,1493	0,1502	0,1528	0,1611	0,1816	0,2358	0,3211	0,4145	0,4958
	B(AB)	0,1484	0,1487	0,1492	0,1505	0,1550	0,1667	0,1986	0,2494	0,3051	0,3537
	B(AC)	0,1481	0,1482	0,1482	0,1484	0,1493	0,1526	0,1626	0,1793	0,1978	0,2139
	B(AD)	0,1479	0,1478	0,1475	0,1468	0,1447	0,1400	0,1289	0,1117	0,0931	0,0769
	B(AE)	0,1478	0,1476	0,1471	0,1457	0,1410	0,1292	0,0972	0,0463	-0,0095	-0,0581
	B(AF)	0,1477	0,1475	0,1468	0,1450	0,1383	0,1197	0,0671	-0,0176	-0,1107	-0,1919
	B(BA)	0,1670	0,1672	0,1678	0,1694	0,1744	0,1875	0,2234	0,2806	0,3433	0,3979
	B(BB)	0,1671	0,1673	0,1677	0,1689	0,1723	0,1804	0,2020	0,2362	0,2737	0,3064
	B(BC)	0,1667	0,1668	0,1670	0,1674	0,1686	0,1714	0,1787	0,1901	0,2026	0,2134
	B(BD)	0,1665	0,1664	0,1663	0,1658	0,1647	0,1620	0,1549	0,1435	0,1310	0,1202
	B(BE)	0,1664	0,1662	0,1657	0,1646	0,1613	0,1533	0,1317	0,0975	0,0600	0,0273
	B(BF)	0,1663	0,1660	0,1655	0,1639	0,1587	0,1453	0,1093	0,0521	-0,0106	-0,0653
	B(CA)	0,1852	0,1852	0,1853	0,1855	0,1867	0,1907	0,2033	0,2242	0,2472	0,2674
	B(CB)	0,1853	0,1854	0,1855	0,1860	0,1873	0,1904	0,1985	0,2112	0,2251	0,2372
	B(CC)	0,1854	0,1855	0,1858	0,1862	0,1873	0,1889	0,1921	0,1965	0,2012	0,2053
	B(CD)	0,1852	0,1852	0,1852	0,1853	0,1854	0,1850	0,1828	0,1788	0,1743	0,1703
	B(CE)	0,1850	0,1849	0,1847	0,1843	0,1830	0,1800	0,1721	0,1595	0,1456	0,1335
	B(CF)	0,1849	0,1848	0,1844	0,1835	0,1808	0,1751	0,1611	0,1396	0,1163	0,0961
	D(AA)/A	-0,4172	-0,4315	-0,4522	-0,4726	-0,4610	-0,4040	-0,3087	-0,1995	-0,0914	0,0000
	D(AB)/A	0,0728	0,0548	0,0209	-0,0396	-0,1178	-0,1596	-0,1535	-0,1080	-0,0512	0
	D(AC)/A	0,0726	0,0792	0,0857	0,0813	0,0450	-0,0017	-0,0301	-0,0282	-0,0146	0,0000
	D(AD)/A	0,0725	0,0803	0,0946	0,1158	0,1253	0,1057	0,0727	0,0440	0,0195	0,0000
	D(AE)/A	0,0725	0,0803	0,0957	0,1259	0,1674	0,1839	0,1625	0,1113	0,0522	0,0000
	D(AF)/A	0,0724	0,0802	0,0957	0,1290	0,1922	0,2467	0,2453	0,1761	0,0841	0,0000
	D(BA)/A	-0,7700	-0,7421	-0,6981	-0,6330	-0,5451	-0,4550	-0,3438	-0,2221	-0,1018	0,0000
	D(BB)/A	-0,2606	-0,2583	-0,2536	-0,2453	-0,2355	-0,2223	-0,1860	-0,1256	-0,0586	0,0000
	D(BC)/A	0,2302	0,2056	0,1657	0,1066	0,0357	-0,0155	-0,0396	-0,0337	-0,0170	0,0000
	D(BD)/A	0,2299	0,2293	0,2245	0,2080	0,1699	0,1254	0,0823	0,0493	0,0218	0,0000
	D(BE)/A	0,2297	0,2302	0,2327	0,2382	0,2405	0,2283	0,1889	0,1268	0,0590	0,0000
	D(BF)/A	0,2296	0,2301	0,2338	0,2478	0,2824	0,3108	0,2872	0,2013	0,0953	0,0000
	D(CA)/A	-0,5976	-0,5985	-0,5938	-0,5722	-0,5216	-0,4582	-0,3621	-0,2388	-0,1104	0,0000
	D(CB)/A	-0,5979	-0,5715	-0,5258	-0,4506	-0,3555	-0,2871	-0,2195	-0,1436	-0,0662	-0,0000
	D(CC)/A	-0,0896	-0,0891	-0,0882	-0,0850	-0,0790	-0,0751	-0,0652	-0,0449	-0,0211	0,0000
	D(CD)/A	0,4098	0,3845	0,3412	0,2723	0,1880	0,1293	0,0854	0,0522	0,0234	0,0000
	D(CE)/A	0,4095	0,4099	0,4045	0,3809	0,3297	0,2790	0,2174	0,1430	0,0660	0,0000
	D(CF)/A	0,4093	0,4111	0,4140	0,4165	0,4142	0,3995	0,3391	0,2304	0,1078	0,0000

Berichtigungen

Seite 7, Zeile 9 von oben:

statt $\omega_{(o)}$ **lies** $\omega_{(n)}$

Seite 8, die Zeilen 8 u. 9 von oben

(Bei einem lastverteilenden Querträger in Stützweitenmitte des frei aufliegenden Kreuzwerkes lauten hierfür die Formeln)

gehören zu den 2 Zeilen tiefer stehenden Formeln

Seite 8, Zeile 8 von unten

statt Systemen II und II
lies Systemen II und III

Homberg, Lastverteilungszahlen, I